Krahn/Eh/Kaufmann/Vogel

1000 Konstruktionsbeispiele Werkzeugbau

Bleiben Sie einfach auf dem Laufenden:
www.hanser.de/newsletter
Sofort anmelden und Monat für Monat
die neuesten Infos und Updates erhalten.

Heinrich Krahn / Dieter Eh
Nelli Kaufmann / Harald Vogel

1000 Konstruktionsbeispiele Werkzeugbau

Umformtechnik – Schneidetechnik – Fügetechnik

HANSER

Die Autoren
Heinrich Krahn war 28 Jahre Konstrukteur bei VW und 5 Jahre Projektplaner bei VW in Kassel. Er hält zahlreiche Patente und ist Mitautor von mehreren Fachbüchern.
Dieter Eh ist Industriemeister und Fertigungstechniker mit 20 Jahren Erfahrung als Fertigungsplaner bei VW.
Nelli Kaufmann ist selbständige Konstrukteurin und Zeichnerin, Niesetal.
Harald Vogel befasst sich seit über 10 Jahren mit dem Thema CAD: Er unterrichtet CAD und CAE an Bildungseinrichtungen rund um Aachen. Er publiziert regelmäßig in Computerzeitschriften und Zeitungen.

Bibliografische Information Der Deutschen Bibliothek:
Die Deutsche Bibliothek verzeichnet diese Publikation in der Deutschen Nationalbibliografie; detaillierte bibliografische Daten sind im Internet über <http://dnb.ddb.de> abrufbar.

ISBN 978-3-446-41275-0

Die Wiedergabe von Gebrauchsnamen, Handelsnamen, Warenbezeichnungen usw. in diesem Werk berechtigt auch ohne besondere Kennzeichnung nicht zu der Annahme, dass solche Namen im Sinne der Warenzeichen- und Markenschutzgesetzgebung als frei zu betrachten wären und daher von jedermann benutzt werden dürften.

Alle in diesem Buch enthaltenen Verfahren bzw. Daten wurden nach bestem Wissen dargestellt. Dennoch sind Fehler nicht ganz auszuschließen.

Aus diesem Grund sind die in diesem Buch enthaltenen Darstellungen und Daten mit keiner Verpflichtung oder Garantie irgendeiner Art verbunden. Autoren und Verlag übernehmen infolgedessen keine Verantwortung und werden keine daraus folgende oder sonstige Haftung übernehmen, die auf irgendeine Art aus der Benutzung dieser Darstellungen oder Daten oder Teilen davon entsteht.

Dieses Werk ist urheberrechtlich geschützt.

Alle Rechte, auch die der Übersetzung, des Nachdruckes und der Vervielfältigung des Buches oder Teilen daraus, vorbehalten. Kein Teil des Werkes darf ohne schriftliche Einwilligung des Verlages in irgendeiner Form (Fotokopie, Mikrofilm oder einem anderen Verfahren), auch nicht für Zwecke der Unterrichtsgestaltung – mit Ausnahme der in den §§ 53, 54 URG genannten Sonderfälle –, reproduziert oder unter Verwendung elektronischer Systeme verarbeitet, vervielfältigt oder verbreitet werden.

© 2009 Carl Hanser Verlag München Wien
www.hanser.de
Lektorat: Dipl.-Ing. Volker Herzberg
Gestaltung, Seitenlayout und Herstellung: Der Buchmacher, Arthur Lenner, München
Coverconcept: Marc Müller-Bremer, Rebranding, München, Germany
Titelillustration: Atelier Frank Wohlgemuth, Bremen
Coverrealisierung: Stephan Rönigk
Druck und Bindung: Druckhaus „Thomas Müntzer" GmbH, Bad Langensalza
Printed in Germany

Vorwort

Das Konstruieren von Umform- und Schneidwerkzeugen ist an viele Erfahrungswerte gebunden, die sich im Laufe der Zeit bewährt haben und von Generation zu Generation weitergegeben und ergänzt werden.
Die Autoren haben für diese Beispielsammlung in ihrer langjährigen Praxis gesammelte Konstruktionslösungen von Werkzeugen zusammengefasst. Konstrukteure, Techniker, und Stundeten erhalten damit Gelegenheit, Bewährtes zu übernehmen und können ihre Entwürfe mit erprobten Konstruktionen vergleichen. Das erspart den Umstand, vorhandene Lösungen neu erfinden zu müssen .

Teile aus Blech haben bei der Herstellung vieler technischer Produkte große Bedeutung. Aus industrieller Sicht ist die Technik des Ausschneidens von Blechteilen etwa 130 Jahre alt.
Seitdem haben sich die Verfahren des Schneidens und Umformens mannigfaltig entwickelt. Neben der Verarbeitung von Feinblechen im Großformat (Karosserie und Haushaltsgeräte) hat vor allem die Herstellung von Massenteilen auf Exzenterpressen stark an Bedeutung gewonnen. Alle Verfahren werden mit hochwertigen Werkzeugen ausgeführt, die man meistens noch auf die jeweiligen verarbeitenden Maschinen abstimmen muss. Ein typisches Beispiel sind Präzisionswerkzeuge für das Feinschneiden.

Das vorliegende Fachbuch wendet sich insbesondere an Konstrukteure in der Praxis, die auf der Suche nach neuen Lösungen sind oder Varianten bewährter Lösungen entwickeln. Diese Beispielsammlung ist aber auch für alle Studierenden der technischen Fachrichtungen an Universitäten, Fachhochschulen und Aus- und Weiterbildungseinrichtungen eine wertvolle Quelle. Ihnen wird die Möglichkeit geboten, sich aus dem Fundus Umformtechnik, Schneidtechnik, Stanztechnik, Fügetechnik zu bedienen und zu sehen, wie es andere gemacht haben.

Der besondere Vorzug dieses Buches liegt in der enormen Fülle der gezeigten praktischen Anwendungsbeispiele und dem bequemen Zugriff auf die zugehörige CAD-Zeichnung. Natürlich gibt es immer auch noch andere konstruktive Umsetzungen. Es geht bei den gezeigten Beispielen um Anregung und Ideenfindung. Der Konstrukteur wird immer seine eigenen Wege gehen, um die Anforderungen seiner Konstruktion umzusetzen. Wenn er hin und wieder ein Detail aus den gezeigten Beispielen übernehmen kann, hat das Buch seinen Zweck erfüllt. Noch ein Hinweis: bei den Beispielen wurde nicht geprüft, ob in jedem Fall Patentfreiheit vorliegt.

Verlag und Autoren wünschen ihren Lesern, Freude am Beruf und viel Erfolg beim Entwerfen und Gestalten. Kritik und Anregungen nehmen die Autoren gerne entgegen .

Heinrich Krahn
Baunatal, Bad Wildungen, Mai 2009

Inhaltsverzeichnis

Vorwort V

Teil I: Entwerfen von Werkzeugen 1

Gliederung der Umform- und Schneidwerkzeuge und Stanzen 3
    Regeln für den Konstrukteur 4

Schneidwerkzeuge, Biege- und Prägewerkzeuge, Zieh- und Verbundwerkzeuge 6

Teil II: Werkzeuge für das Zerteilen 7

1. Scherschneiden 9
    Schneidvorgang 9
    Schneidverfahren 9
    Schneidspalt 9
    Schneidvorgang 11
    Schneiden – Zerteilen 12
    Unterteilung der Schneidverfahren 13
    Scherschneiden als Zerteilverfahren nach DIN 8588 14
    Typischer Aufbau eines Schneidwerkzeugs 14
    Schneidwerkzeug mit Plattenführung 14
    Schneidkraftreduzierung beim Scherschneiden 15
    Schneidkraftberechnung beim Scherschneiden 15
    Scherschneiden: Anwendungen/Begriffe 16
    Verfahrensprinzip des Feinschneidens 16
    Schnittfläche beim Scherschneiden 17
    Kräfte beim Scherschneiden 17
    Scherschneiden: Anwendungen/Begriffe 18
    Scherschneiden: Definition nach DIN 8588 18
    Verfahrensablauf beim Scherschneiden 19
    Dimensionierung von Schneidstempel und Matrize 19
    Scherschneiden – Verfahrensvarianten 20
    Kontinuierliches Scherschneiden 21
    Scherschneidwerkzeuge 21
    Kontinuierliches Schlitzen 21
    Schneidstempel – Schneidkantenabschrägung 22
    Werkzeugtypen Schneidwerkzeug – Bauart 23
    Schneidwerkzeug Rohrabschneider mit Schneidrad 24

Messerschneidwerkzeug 25
Messerschneidwerkzeug – Auswerfer 26

2. Schneidwerkzeuge 27
Schneidwerkzeuge mit Schneidplattenführung 27
Abgratschneidwerkzeuge 27
Grundbegriffe der Schneidtechnik 27
Federelemente 28
Einteilung der Schneidwerkzeuge nach dem Fertigungsablauf 29
Arbeitsprinzip des Einverfahren-Ausschneidwerkzeugs 29
Ausschneidwerkzeug ohne Führung 29
Schneidwerkzeuge nach der Art der Stempelführung 30
Schneidwerkzeug ohne Führung 30
Schneidwerkzeug mit Plattenführung 30
Werkzeug mit Führungsplatte 31
Ausgegossene Führungsplatte 31
Spannplatten 31
Ausschneidwerkzeug 32
Hinterschneidwerkzeug 32
Zwischenlage – Streifenführung 33
Beschneidwerkzeug – Säulenführungsgestell 33
Knabberschneidwerkzeug 34
Ausklinkwerkzeug 34
Arbeitsprinzip beim Beschneidwerkzeug 35
Beschneidwerkzeug mit Keiltrieb 35
Beschneidwerkzeug als Blockstanze 36
Schüttelbeschneidwerkzeug 36
Abgraten 36
Messerschnitt – Gesamtschnitt 37
Formstanzwerkzeug Auswerfer – Formstempel 37
Nutenschnitt – Federabstreifer 37
Arbeitsprinzip beim Feinschneiden 38
Feinschneiden Arbeitsprinzip – Richtwerte 39
Gesamtschneidwerkzeug – Arbeitsprinzip 39
Werkzeug zum Entgraten 40
Feinschneidwerkzeug – Ringzacke 41
Feinschneidwerkzeug – Werkzeugaufbau 42
Schüttelbeschneidwerkzeug 43
Säulenführungswerkzeug 44
Plattenwerkzeug – Schneiden 45
Beschneidwerkzeug – Abfalltrenner 46
Beschneidwerkzeug – Großwerkzeug 46
Beschneidwerkzeug – Plattenbauweise 47
Beschneidwerkzeug – Wackelschnitt 48
Freischnitt – Federabstreifer 49

Folgeschnitt – Einhängestift	49
Plattenführungsschnitt – Einhängestift	50
Plattenführungsschnitt – Auswerfer	50
Ausschneidwerkzeug – Säulenführung	51
Feinschneidwerkzeug	52
Ringzackenform	52
Beschneidwerkzeug – Wackelschnitt	53
Abschneider – Abfalltrenner	53
Auswerfer – Sicherung	54
Plattenführungsschnitt – stempelgeführte Werkzeuge	55
Säulenführungsschnitt	55
Trennwerkzeug – Trennschnitt	56
Abtrennwerkzeug – Säulenführung	56
Einschneidwerkzeug	57
Abschneidwerkzeug – Ausklinkung	57
Platinenschneidwerkzeug – Großwerkzeug	58
Auswerfer – Druckkissen	59
Wendeschnitt – Anschlaggestaltung	60
Wendeschnitt – Säulenführung	60
Beschneidwerkzeug – Keiltrieb	61
Feinschneidwerkzeug	62
Schüttelbeschneidwerkzeug	63
Werkzeug mit abgefederten Elementen	64
Folgewerkzeug	65

3. Mehrfachwerkzeuge – Folgeschneiden, Gesamtschneiden ... 66

Folgeverbundarbeitsweise	67
Arbeitsprinzip beim Folgeschneiden	68
Folgeschneidwerkzeug mit zwei hintenstehenden Führungssäulen	69
Folgeverbundwerkzeug mit Streifenbild	70
Folgeschneidwerkzeug mit Plattenführung	71
Arbeitsstufen	72
Plattenbauweise	72
Säulenbauweise	72
Folgeschneidwerkzeug	73
Streifenführung – Federbügel	74
Streifenführung – Federeinsatz	74
Lochschnitt – Säulenführung	75
Folgeschnitt – Streifenführung	76
Folgeschnitt – Mehrfachwerkzeug	77
Folgeschnitt – Formschneidstempel	78
Folgeschneidwerkzeug	79
Verbundwerkzeug	80
Folgeschneidwerkzeug – Einhängeanschlag	81
Plattenführungswerkzeug	82

Stanzwerkzeug mit Säulenführung 83
Folgeverbundwerkzeug mit Schnittstreifen und fertigem Werkstück 84
Folgeschneidwerkzeug 84
Gesamtverbundwerkzeug zum Ausschneiden, Tiefziehen, Stülpziehen und Hohlprägen 85
Folgeverbundwerkzeug – säulengeführt 86
Trennstanzeinheiten 87
Arbeitsprinzip beim Gesamtschneiden 88
Hauptteile des Gesamtschneidwerkzeuges 89
Ausschneidstempel 89
Gesamtschneidwerkzeug 89
Hauptteile des Gesamtschneidwerkzeuges 90
Säulenführung – Doppelwerkzeug 91
Gesamtschnitt – Säulenführung 92
Gesamtschnitt 93
Schneidzugwerkzeug 94
Gesamtschnitt – Formlochstempel 95
Gesamtschnitt – Kugelführung 96
Schnittzugschnitt – Werkzeugaufbau 97
Gesamtschnitt – Zylinderführung 98
Gesamtschnitt – Formschneidstempel 99
Schneidwerkzeug zur Herstellung einer gelochten Scheibe (ähnlich AWF 5202) 100

4. Lochen und Ausschneiden 101
Säulenführungsschnitt Mehrfachlochung 102
Säulenführungsschnitt Mehrfachlochung 103
Keiltrieb – Keilwerkzeug 104
Rohrstanze mit Kassettenwechselsystem 105
Seitenlocher – Seitenschlitzstempel 106
Seitenlocher – Keilstempel 106
Pneumatikstanzeinheit 107
Formteillochung – Keilschieber 108
Lochwerkzeug – Formteillochung 108
Lochwerkzeug – Keilschieber 108
Lochwerkzeug – Keiltrieb 109
Platinenschneidwerkzeug 110
Beschneid- und Lochwerkzeug 110
Schneidbuchsen, Schneidstempel und Stempelführungsbuchsen beim Lochen 111
Rundteillocher 112
Lochwerkzeug – Langloch-Aufspannleiste 112
Arbeitsprinzip beim Einverfahren-Lochwerkzeug 113
Ausführung eines Lochwerkzeugs 113
Spannplatte 113
Locheinheit – Schlagplatte 114
Locheinheit – Abfallführung 114
Locheinheit – Stempelform 115

Locheinheit – Rundlochwerkzeug	116
Stechwerkzeug – Formteilherstellung	117
Lochwerkzeug – Formteillochung	117
Lochwerkzeug – Formlochung	118
Vierkantlochung, Formlochung – Schneidbuchsensicherung	119
Vorlochwerkzeug – Anschneidanschlag	120
Seitenschneider – Seitenschneideranordnung	121
Schneidwerkzeug – Vorschubbegrenzung	122
Seitenschneider	123
Streifenbild – Seitenschneider	124
Streifenbild – Stegbreite	125
Streifenbild – Werkstoffausnutzung	126
Streifenbild – Schneidautomat	127
Randbreite – Stegbreite	128
Lochschnitt – Zentrierleiste	129
Profillocheinheiten	130
Säulengestell mit Wechselkassetten	131
Säulengestelle – Sonderausführung	132
Rohrlocheinheit	133
Pneumatikrohrlocheinheit	133
Locheinheit mit schnellem Werkzeugwechsel	134
Locheinheit mit schnellem Werkzeugwechsel	135
Profillocheinheit	136
Einsatzbeispiele	136
Hydrauliklocheinheit	137
Pneumatiklocheinheit	138
Pneumatiklocheinheit	139
Locheinheit	140
Ausführung eines Lochwerkzeuges	141
Ausschneidwerkzeug ohne Führung	141
Vorlochstufen mit Suchstift	142
Lochstempel – Schräglochberechnung	143
Ausklinkwerkzeug – Werkstückaufnahme	144
Lochwerkzeug – Teilezuführung	144

Teil III: Umformwerkzeuge ... 145

1. Druckumformen – Fließpressen ... 147

Querfließpressen	147
Voll-Rückwärts-Fließpressen	148
Querfließpressen	148
Voll-Vorwärts-Fließpressen	148
Hohl-Vorwärts-Fließpressen	148

Typische Teile für kombinierte Fließpressen ... 149
Vorwärtsfließpressen und Rückwärtsfließpressen ... 149
Kombiniertes Fließpressverfahren ... 149
Vorwärts- und Rückwärts-Vollfließpressen ... 150
Kombination Vorwärts-Rückwärts-Fließpressen ... 150
Vorwärts-Hohlfließpressen mit Gegenstempel ... 150
Vorwärts-Hohlfließpressen ohne Gegenstempel ... 150
Rückwärts-Hohlfließpressen ... 151
Querfließpressen ... 151
Fließpress-Werkzeug ... 151
Typische Teile für das kombinierte Fließpressen ... 152
Vorwärts-Fließpressteile ... 152
Rückwärts-Fließpressteile ... 152
Werkzeug für das Vorwärtsfließpressen ... 153
Werkzeug für das Rückwärtsfließpressen ... 153

2. Druckumformen - Strangpressen ... 154
Strangpressen – Definition ... 155
Direktes Strangpressen (Vorwärtspressen) ... 155
Strangpressverfahren ... 156
Strangpressen von Rohren ... 157
Werkzeug zum indirekten Strangpressen von Rohren über mitlaufenden Dorn ... 157

3. Druckumformen - Stauchen ... 158
Elemente eines Stauchwerkzeuges ... 159
Abscherwerkzeug zum Ausstanzen des Sechskantes ... 159
Stauchwerkzeug ... 160
Typische Stauchteile ... 161
Prinzipieller Aufbau eines Stauchwerkzeuges ... 162
Die wichtigsten Elemente eines Stauchwerkzeuges ... 162
Abscherwerkzeug zum Ausstanzen des Sechskantes ... 162

4. Druckumformen - Walzen ... 163
Längswalzen ... 163
Reckwalzen ... 163
Querwalzen ... 163
Schrägwalzen ... 163
Walzen von Rohren ... 163
Sonderverfahren ... 164
Hohlkörperfeinwalzen ... 165
Gewindewalzen ... 165
Profilglattwalzen ... 165
Glattwalzen ... 165
Scheibenwalzen ... 165
Vielnutwalzen ... 166

Reckwalzen 166
Stopfenwalzen 166
Rohrwalzen mittels Stange 166
Rohrwalzen ohne Innenwerkzeug 166
Pilgerschrittwalzen 166
Stabwalzen 167
Walzen von Vierkantrohr 167
Profilstabwalzen 167
Formstanzwerkzeug Gesenk 168
Planierwerkzeug Prägegesenk 168
Formpressen ohne Grat 169
Gesenkteilung 169
Gesenkteilung beim Backengesenk 169

5. Zugdruckumformen – Ziehwerkzeuge 170
Tiefziehen mit Werkzeugen 170
Tiefziehen mit Wirkmedien 170
Effekte beim Tiefziehen 171
Gleitziehen von Vollkörpern 171
Gleitziehen von Hohlkörpern: 171
Prinzip des Tiefziehens 171
Ziehring – Niederhalter 172
Ziehring – Konusziehring 172
Ziehring – Ziehkantenform 172
Gummikissen – Schneiden mit Gummi 173
Folgezug – Gummikissen 173
Ziehstufe – Abmessungsverhältnisse 174
Zugabstufung – Werkzeugaufbau 175
Ziehstempel – Stempelform 176
Kragenziehwerkzeug-Vorlochstempel – Durchziehstempel 177
Kragenziehwerkzeug-Werkzeugkombination – Durchziehstempel 178
Gewindedurchziehwerkzeug-Durchziehstempel – Durchziehmatrize 178
Abstreckziehwerkzeug – Abstreckziehring 179
Abstreckziehwerkzeug – Durchziehwerkzeug 179
Ziehringteilung 180
Niederhalter – Zentralfeder 181
Ziehwerkzeug-Blechhalter – Großwerkzeug 181
Niederhalter – Federsatz 181
Stülpziehwerkzeug – Blechhalter 182
Stülpziehwerkzeug – Ziehring 182
Kegelform – Ringniederhalter 183
Blechhalter – Federsatz 184
Blechhalterring – Auflageschieber 185
Ziehring – Ziehringform 186
Einlegehilfe – Rondenanschlag 187

Inhaltsverzeichnis

Zieheinrichtung-Ziehkissen – Pneumatikzylinder 188
Hydroformung – Niederhalter 189
Hydroformung – Werkzeugaufbau 189
Hydroformung – Hohlteilformung 189
Hydroformung – Werkzeugaufbau 190
Hydroformung – Ausbauchwerkzeug 190
Werkzeugsatz – Mehrstufenpresse 191
Werkzeugsatz – Mehrstufenpresse 192
Stufenwerkzeug – Werkzeugsatz 193
Blechhalter – Großwerkzeug 194
Werkzeugführung – Blechhalter 195
Bremswulst – Anordnung 196
Ziehleiste – Bremswulst 197
Zugschnittwerkzeug – Großwerkzeug 198
Großwerkzeug – Ziehstempelverlängerung 199
Lochvorrichtung – Großwerkzeug 200
Tiefziehen-Napfziehen – Ziehstempel 201
Tiefziehen-Zweifachzug – Stülpzug 201
Tiefziehen-Blechhalter – Einlaufwulst 201
Ziehen-Reckziehen – Arbeitsprinzip 201
Tiefziehen-Gummikissen – Blechhalter 201
Tiefziehen-Blechhalter – Ziehstempel 201
Mehrstufenwerkzeug – Drehtellerzuführung 202
Tiefziehvorgang 203
Federnder Abstreifer 203
Tiefziehen eines Werkstückes mit Flansch 203
Stülpziehen 204
Abstreckziehen 204
Ziehkanten- und Ziehstempelradien 205
Stempel und Blechhalter für Erst- und Weiterzug 205
Ziehspaltenweite beim Erst- und Weiterzug 205
Luftloch im Ziehstempel 205
Tiefziehwerkzeug für doppelt wirkende Pressen 206
Tiefziehwerkzeug mit Zentralfeder 206
Tiefziehen mit zweitem Zug 207
Konstruktive Ausführung der Ziehwerkzeuge 208
Zieharbeit 209
Aufbau eines Tiefziehwerkzeuges für doppelt wirkende Pressen 210
Einziehwulst 211
Bremswulst 211
Stempelformen beim Kaltfließpressen 212
Gleitziehen von Vollkörpern 212
Gleitziehen von Hohlkörpern 212
Ziehwerkzeug 212
Warmformwerkzeug zur Herstellung von Kunststoff-Hohlkörpern 213

Kombiniertes Umformen mechanisch-pneumatisch (nach Höger)		213
Kombiniertes Umformen pneumatisch-mechanisch-pneumatisch (nach Höger)		213
Prägen thermoplastischer Kunststoffe		214
Streckziehen mit Druckluft		214
Streckziehen mit Druckluft und Negativwerkzeug		214
Tiefziehen mit Stempel		214

6. Biegeumformen – Biegewerkzeuge 215

Gesenkbiegen	215
Freies Biegen	215
V-Biegen	215
Walzbiegen	215
U-Biegen	215
Biegen Z-förmiger Teile.	215
Handbetätigte Biegewerkzeuge	215
Biegen mit Biegeautomaten	216
Biegewerkzeuge mit Gummikissen	216
Werkstoffverhalten	216
Biegewerkzeug für genaue Teile	217
Biegewerkzeug mit beweglichen Backen	217
Biegeverbundwerkzeug	217
Biegewerkzeug für L-förmige Teile	218
Biegewerkzeug für Z-förmige Teile	218
Biegewerkzeug für U-förmige Teile	218
Biegewerkzeug mit Gummikissen	219
Hohlprägen mit Gummikissen	219
Weiten mit Gummistempel	219
Weiten mit Flüssigkeiten	219
Arbeitsbeispiele zur Erzeugung von Profilen mit Schwenkbiegemaschinen	220
Arbeitsbeispiele zur Erzeugung von Profilen mit Abkantpressen	220
Biegestempelgestaltung – Sonderbiegewerkzeug	221
Biegestempel, Biegematrize	222
Formbiegung – Keilschieber	223
Randbördelung – Keilschieber	223
Rohrbiegen – Füllstangen	223
Rohrbiegen – Biegedorn	224
Rohrbiegen – Keilschieber	224
Biegegesenk – Paketbiegung	225
Biegebacken – Schwenkbiegebacken	225
U-Biegung – Biegebacken	226
Auswerfer – Federboden	227
Biegegesenk – V-Biegung	227
Gegenhalter – U-Biegung	228
Drehbiegebacken – Rückfederung	228
Spreizbiegestempel – Biegeendkraft	229

Kcilschieber – Doppelbiegung 229
Rohrbiegewerkzeug – Streifenbiegewerkzeug 230
U-Biegewerkzeug – Prägedruck 231
U-Biegewerkzeug – Keilschieber 231
Doppelbiegung – Biegehaken 232
Rohrbiegen – Biegeelemente 232
Biegerolle – Mehrfachbiegung 233
Biegehebel – Kernleiste 233
Ringbördelung – Keilschieber 234
Ringbördelung – Ringkalibrierung 234
Mehrfachbiegung – Werkzeugaufbau 235
Mehrfachbiegung – Biegestempelgestaltung 235
Innenformleiste – Schwenkbiegebacken 236
Biegestempel – Kipphebelantrieb 236
Biegestempel – Werkzeugaufbau 237
Biegefolge – Mehrfachbiegung 237
Formbiegung – Biegestempel 238
Biegeelemente – Hartstoffeinatz 239
Biegen über Keilstempel 240
Biegefolge bei Mehrfachbiegung 240
V-Biegung bei vorgebogenem Teil 240
Biegevorgang 241
Gesenkwelle und Rückfederung 241
Querschnittsveränderung beim Biegen 241
Faserverlauf und Biegekanten 241
Bohrungen an Biegekanten 241
Aufnahme für genaue Biegeteile 241
Zuschnittführung 242
Zuschnittaufnahme – Aufnahmeelement 242
Biegen von Kunststofftafeln (nach Bielomatik) 243
Umformverfahren thermoplstischer Kunststoffe 243

7. Biegumformen – Abkantwerkzeuge 244
Matrizenadapter 245
Beispiele für UKB-Sonder-Abkantwerkzeuge 246
Sonder-Abkantwerkzeuge 247
Beispiele für Sonderabkantwerkzeuge 248
Werkzeuge für Spezialkantungen 249
Oberwerkzeugverlängerungen 250

8. Biegeumformen – Biegewerkzeuge mit Gummiunterlage 251
Werkzeug mit Schwalbenschwanz-Formstempel 252
Werkzeug mit prismatischem Formstempel 253
Werkzeug mit ausgerundetem Formstempel 254
Werkzeug mit Formbügel 255

Werkzeug mit prismatischem und rundem Formstempel ... 256
Werkzeug mit Stützringen ... 257
Werkzeug mit Haltering ... 258
Werkzeug mit Mulde und Stützring ... 259
Werkzeug mit durchbrochener und dünner Matrize ... 260
Werkzeug mit Stützrollen ... 261
Werkzeug mit Gummifeder ... 262
Werkzeug für V- und U-Biegen ... 263
Werkzeug zum Rundbiegen – zwei Varianten ... 264
Gummimatrize mit Hinterschneidung ... 265
Werkzeug mit flachem und spitzem Stempel mit Kantenumrundung ... 266
Werkzeug mit Gummiunterlage zum mehrstufigen Biegen rechter Winkel ... 267
Werkzeug mit Gummiunterlage zum mehrstufigen Biegen spitzer und stumpfer Winkel ... 268
Werkzeug mit Gummiunterlage für Rundungen ... 269
Werkzeug mit Gummiunterlage für flache Rundungen und U-Formen ... 270
Werkzeug mit Gummiunterlage für spitze Winkel und abgerundete W-Form ... 271
Werkzeug mit Gummiunterlage für dicke und dünne Bleche – U-Form ... 272
Werkzeug mit Gummiunterlage für kombinierte Verformung – rund, eckig ... 273
Werkzeug mit Gummistempel ... 274
Werkzeug mit Gummiunterlage ... 275
Werkzeug mit Gummiunterlage ... 276
Biegewerkzeug mit Gummikissen ... 277
Hohlprägen mit Gummikissen ... 277
Weiten mit Gummistempel ... 277
Weiten mit Flüssigkeiten ... 277
Werkzeug zum Umformen und Abschneiden ... 277

9. Umformwerkzeuge für Kleinteile ... 278

Drücken mit Formrollen ... 279
Spreizwerkzeug ... 279
Einziehwerkzeug ... 279
Biegen mit geradliniger Werkzeugbewegung ... 279
Biegen mit drehender Werkzeugbewegung ... 279
Einrollwerkzeug – Rollbiegen ... 280
Einrollwerkzeug – Rollbiegen, Zwangsauswerfer ... 280
Rollstanze – Keilschieber ... 281
Außenformung – Formrolle ... 282
Rollstanze – Keilschieber ... 283
Endlos-Sickenwerkzeug gefedert – Umformung von unten nach oben ... 284
Kiemenwerkzeug starr für s = 0,8–2,5 mm – Umformung von oben nach unten ... 284
Starres Senkwerkzeug – Ansenkung von oben, ohne Durchstellung ... 285
Gewindedurchzugswerkzeug mit gefertem Auswerfer – Durchzug von oben nach unten geformt ... 285
Endlos-Sickenwerkzeug starr – Umformung von unten nach oben ... 286
Endlos-Bördelwerkzeug starr – Umformung von oben nach unten ... 286
Endlos-Sickenwerkzeug starr – Umformung von unten nach oben ... 287

Endlos-Kiemenwerkzeug starr – Umformung von unten nach oben 287
Einbau-Endlos-Sickenwerkzeug gefedert für s = 0,8–2,5 mm – Umformung von unten nach oben 288
Endlos-Kiemenwerkzeug starr für s = 0,8–2,5 mm – Umformung von unten nach oben 289
Senkformwerkzeug gefedert – Umformung von unten nach oben 290
Gewindeform- und Vorstanzwerkzeug für Blechschrauben – Umformung von oben nach unten 290
Endlos-Absetzwerkzeug starr – Umformung in beide Richtungen 291
Gewindedurchzugswerkzeug mit gefedertem Auswerfer – Durchzug von oben nach unten geformt 291
Umformwerkzeug rund – Umformung von oben nach unten 292
Umformwerkzeug Lasche bördeln 293
Folgeschnittwerkzeug mit gefedertem Niederhalter 294
Ziffernprägewerkzeug mit auswechselbaren Zifferneinsätzen – Prägung von unten,
vertieft ins Blech (V-Linie) 295
Napf-Umformwerkzeug gefedert – Umformung von unten nach oben 295
Erdungs- und Schutzleiterzeichen Prägewerkzeug gefedert – Prägung von unten, vertieft ins (V-Linie) 296
Stichprägewerkzeug starr – Prägung von oben, vertieft ins Blech (V-Linie) 296
Zentrierwarzenwerkzeug mit gefedertem Auswerfer – Umformung von oben nach unten
(bis s = 3,0 mm) 297
Schweißbuckelwerkzeug gefedert – Umformung von unten nach oben 297
Ziffernprägewerkzeug mit auswechselbaren Zifferneinsätzen – Prägung von oben,
vertieft ins Blech (V-Linie) 298
Zentrierwarzenwerkzeug gefedert – Umformung von unten nach oben (bis s = 3,0 mm) 298
Trennwerkzeug mit PU-Niederhalter zum Trennen an Umformungen 5 x 56 299
Napf-Umformwerkzeug starr – Umformung von oben nach unten 300
Werkzeugsatz zur Scharnierherstellung – Umformung von unten nach oben 301
Anstanzwerkzeug 302
Umformwerkzeug – Brücke von oben 303
Schweißnoppenwerkzeug 304
Zentrierwarzenwerkzeug 305
Gewindedurchzugswerkzeug 306
Kantenführungswerkzeug – Umformung von unten nach oben 307
Schweißbuckelwerkzeug mit gefedertem Auswerfer – Umformung von oben nach unten 308
Gewindeform- und Vorstanzwerkzeug für Blechschrauben – Umformung von unten nach oben 308
Umformwerkzeug – federnd durch Tellerfedern 309
Gesenkschmieden 310

Teil IV: Werkzeugelemente 311

1. Werkzeugelemente 313

2. Säulengestelle und Führungen 315
Stahlsäulengestelle mit/ohne Stempelführungsplatte 316
Säulenführungsgestell – 4-Säulen-Bauart 317
Säulenführungsgestell – 2-Säulen-Bauart 317

Halte- und Führungslager	318
Säulenführungsgestell – Rundbauform	319
Säulenführungsgestell – Rechteckbauform	319
Säulengestelle in Gussbauweise	320
Säulengestelle aus Stahl	320
Anwendungsbeispiele für Säulengestelle	320
Säulengeführte Streifendruckplatte	321
Säulenführung mit Kugelbuchsen	322
Säulenführung – Kombinatonsbeispiele	323
Führungseinheiten	324
Säulengestell-Kleinpressen-Zubehör	325
Präzisions-Werkzeugaufbauten für Folgeverbundwerkzeuge	325
Präzisionsführungen	326
Führungselemente	327
Befestigungsarten	327
Säulensarten	327
Streifenführung – Zwischenlagen	328
Streifenführung – Führungsleisten	328
Streifenführung – Führungspilze	328
Streifenführung – Druckstück	328
Streifenführung – Federnde Führungsstücke	328
Säulenführungsgestell – Schmieranschluss	329
Schieberführung – Schmieranschluss	329
Schieberführung – Führungsleiste	329
Einbau wartungsarmer Gleitelemente	330
Einbaubeispiele wartungsarmer Gleitelemente	331
Einbaubeispiele wartungsarmer Gleitelemente	332
Wechselgestell	333
Auswechselgestell – Gestelleinsatz	334
Pressengesenk – Prinzipaufbau	335
Einteilung der Schneidwerkzeuge nach dem Fertigungsablauf	335

3. Schneidelemente – Stempel, Buchsen, Schneidleisten, Seitenschneider, Abfalltrennung ... 336

Fertigungsart beeinflusst die Standzeit maßgeblich	336
Schneidstempelarten	336
Schneidbuchsen	336
Schneiddurchbruch – Nichtmetalle	338
Schneiddurchbruch – Richtwerte	339
Spaltweitendiagramm – Schneidspalt	340
Schneidspalt	341
Formbeispiele – Schneidstempel und Schneidbuchsen	341
Schneidwerkzeug – Schneidspalt, Nichtmetallstoffe	342
Schneidwerkzeug – Schneidspalt, Blechbeschichtung	342
Formbeispiele – Schneidstempel und Schneidbuchsen	343

Verdrehsicherung für Formschneidstempel 343
Beispiele für Sonderanfertigungen von Schneidstempeln 344
Lochstempel 345
Ausschneidstempel für Werkzeuge ohne Führung 345
Aufnahmehülsen (Docken) 345
Werkzeug mit Aufschlagstücken 345
Schneidstempelarten 346
Stempelbefestigung 346
PASS-Stempel mit Scherschräge 347
Schneidstempel – Hartmetalleinsatz 348
Schneidstempel – Stempelführung, Docke 349
Schneidstempelbefestigung – Stempelhalterung 350
Stempelhalter 351
Schneidstempel – Stempelbefestigung 352
Schneidstempel – Schraubenbefestigung 352
Schneidstempel – Stempelteilung 352
Beispiele für Stempelbefestigung 353
Schneidplattenteilung 354
Abschneidstempel 355
Freischneidwerkzeug – Schneidstempel 355
Hinterführung 355
Schneidbuchsenbefestigung 356
Schneidleiste 357
Platinenschneidwerkzeug – Schneidleistenbefestigung 358
Seitenschneider – Gießharzanwendung 359
Seitenschneider – Seitenschneiderführung 360
Streifenführung – Zentrierbrücke 361
Abfallkanal – Abfallbrecher 362
Schneidkontur – Abfalltrenner 363
Abfallbeseitigung – Abfalltrenner 364

4. Druckübertragungsmittel – Druckbolzen, Federdruckapparate, Einspannzapfen, Kupplungszapfen 365

Einspannzapfen 365
Kupplungszapfen 365
Druckbolzen 365
Federdruckapparate 365
Werkzeugoberteil 366
Einspann- und Kupplungszapfen 366
Einspannzapfen – Kupplungszapfen 367
Ausstoßer – Federdruckeinrichtung 368
Druckelement Zylinderfeder 369
Druckelement Federeinbau – Federkraft 369
Druckelement Tellerfeder – Federsäule 369
Federkissen – Federapparat 370

Feder- und Distanzeinheiten ... 371
Abstreifer – Gummifeder ... 372
Federblöcke ... 373
Streifenführungsbolzen ... 373
Einweiser – Suchweg ... 374
Einweiser – Federeinweiser ... 374
Einspannzapfen – Pendelaufnahme ... 375
Einspannzapfen – Befestigungsarten ... 376
Gesenkeinsatz – Gesenkbefestigung ... 377
Mehrfachwerkzeug mit gefedertem Niederhalter ... 378
Trennwerkzeugoberteile ... 379
Federtyp 1 ... 380
Gefedertes Senkwerkzeug – Ansenkung von unten, ohne Durchstellung ... 380
Federtyp 2 ... 380
Federtyp 3 ... 380

5. Schraubverbindungen, Suchstifte, Spannelemente ... 381
Schraubverbindungen ... 381
Spannelemente ... 381
Werkstückspannsysteme ... 381
Oberwerkzeug – Schraubenverbindung ... 382
Unterwerkzeug – Schraubenverbindung ... 382
Werkzeugoberteil – Stiftverbindungen ... 383
Werkzeugunterteil – Stiftverbindungen ... 383
Suchstift – Befestigungsarten ... 384
Suchstift – Befestigungsarten ... 385
Suchstift im Abstreifer eines Folgewerkzeuges ... 386
Suchstift im Stufenfolgewerkzeug mit Suchstiftfeder ... 386
Werkzeugaufspannung – Spannrand-Spannelement ... 387
Werkzeugaufspannung – Spannschlitz-Spannelement ... 387
Werkzeugaufspannung – Spanneisen-Spannelement ... 387

6. Hilfselemente – Auswerfer, Abstreifer, Anschläge, Zentrierung, Ausrichtung ... 388
Hilfsspannelemente ... 388
Spanneisen ... 388
Auswerfer ... 388
Anschläge ... 388
Zentrierelemente. ... 388
Zentriereinheit für Ober- und Unterteil ... 389
Federnder Ausstoßer ... 390
Zwangsweiser Ausstoßer ... 390
Abfallsicherung ... 390
Zentrierelement – Dämpfungseinheit ... 391
Wechselsäule – Führungssäule ... 391
Führungsbuchse – Rollenführung ... 391

Aufnahmeplatte – Schnellwechsel-Schneidelement 391
Zentrierelement – Dämpfungseinheit 392
Einrichthilfen – Zentrierelemente 393
Distanzstück – Abstandsring 394
Auswerfer – Ausgeber 395
Abstreifer – Federabstreifer 396
Vorschubüberwachung – Abstreifer 397
Optoelektronische Vorschubüberwachung 397
Fester Abstreifer 397
Fester Abstreifer 397
Auswerfer – Zylinderführung 398
Freischnitt – Abstreifer 398
Spanneisen für auswechselbare Schneidplatte 399
Freischneidwerkzeug – Abstreifer 400
Gesamtschneidwerkzeug – Ausstoßer, Auswerferbolzen 401
Gesamtschneidwerkzeug – Ausstoßer, Ausstoßtraverse 401
Auswerfer 402
Druckluftauswerfer 402
Zwangsauswerfer – Auswerfereinstellung 403
Niederhalter – Bundbuchse 404
Hubbegrenzung – Verdrehsicherung 404
Werkzeugwechselsystem – Klemmsystem 405
Einstellvorrichtung für Stempel 406
Spannvorrichtung zum Scharfschleifen der Stempel 407
Erstanschlag – Federbolzenanschlag 408
Werkzeuganschlag – Anschlaggestaltung 409
Werkzeuganschlag – Hakenschlag 409
Anschlag – Stellanschlag 410
Anschlag – Anschneidanschlag 410
Einhängestift – Anschlaggestaltung 411

7. Pressenautomatisierung, Werkstückzuführung, Werkstückabführung 412

Pressenautomatisierung – Werkzeugkontakt, Abtasteinrichtung 413
Pressenautomatisierung – Werkzeugkontrolle, Kontrolltaster 414
Pressenautomatisierung – Saugergreifer 415
Pressenautomatisierung – Saugplatte 415
Pressenautomatisierung – Blechzuführung 416
Pressenautomatisierung – Auswerfer 417
Werkstückabführung – Scherenarmausgeber als Rollenbahn 418
Werkstückabführung, Tablettausgeber als Rollenbahn 418
Werkstückabführung – Röllchenbahn 419
Werkstückabführung – Gleitblech als Rutsche 420
Werkstückabführung – Gleitbahn als Buckelblechrinne 420
Zuführeinrichtung – Bandzuführung, Walzenvorschubapparat 421

Zuführeinrichtung – Bandzuführung, Klemmmesser-Vorschubapparat 421
Entnahmeeinrichtung – Mittenarmentnehmer, Beschickungseinrichtung 422
Abführeinrichtung – Dornmagazin, Drehtellermagazin 423

Teil V: Fügen 425

1. Fügen 427
Elementare Schlussarten und Einsatzformen 428
Fügen mittels thermischer Energie 428
Verfahrensvarianten zum Fügen durch Umformen eines Verbindungselementes 429
Fügen durch Umformen 430
Kennmaße bei der Herstellung von Falzverbindungen 431
Herstellung einer Flachfalzverbindung (ein- und zweistufig) 432
Herstellung einer Wulstfalzverbindung 432
Fügen durch Bördeln 433
Fügen durch Falzen 433
Beispiele verschiedener Falz- und Bördelverbindungen 433
Verfahrensablauf beim Clinchen (mehrstufig, nicht schneidend) 434
Ablauf beim linienförmigen Fügen 435
Ablauf beim Verschrauben mit einer fresslochformenden Schraube 436

2. Nietverbindungen 437
Arten von Nietverbindungen 437
Bedeutung der Nietverbindung in der Technik 438
Nietwerkzeug – Werkzeugelemente 439
Verfahrensablauf beim Stanznieten mit Halbhohlniet 440
Verfahrensablauf beim Stanznieten mit Halbhohlniet 440
Einsatz verschiedener Schließring- und Blindnieten im Nutzfahrzeugbau 441
Auswahl verschiedener Blindnietarten mit schematischem Fügeablauf 442
Verfahrensablauf beim Blindnieten 443
Herstellung einer Hohlnietverbindung durch Rollen 443
Fügevorgang eines Schließringbolzensystems 444
Nietwerkzeug – Tox-Verbindung, Arbeitsprinzip 445

3. Löten 446
Einteilung der Lötverfahren 446
Löten von Rohren 447
Gestaltungsbeispiele für das Löten 448
Konstruktive Ausbildung von Lötverbindungen 449
Gestaltungsbeispiele für das Löten 450
Gestaltungsbeispiele für das Löten 451
Gestaltungsbeispiele für das Löten 452

4. Kleben 453
Vorteile des Klebens gegenüber herkömmlichen Verbindungs-verfahren 453
Nachteile des Klebens 454
Klebgerechte Konstruktionen 455
Gestaltungsbeispiele für eine Beanspruchung der Klebeverbindung durch Schälen 456
Gestaltungsbeispiele für eine Beanspruchung der Klebeverbindung durch Verdrehen 457

5. Schweißen 458
Feuerschweißen 458
Gasschmelzschweißen 458
Schutzgasschweißen 459
WIG-Impulsschweißen 459
Beispiele für Schmelzschweißverfahren 460
Beispiele für Pressschweißverfahren 461
Schweißgerechtes Gestalten 462
Schweißgerechtes Gestalten 463
Beanspruchungsgerechte Gestaltung 464
Konstruktionsbeispiele für Stumpfnähte 465
Kesselwandverstärkungen 466
Beispiele ein- und doppelarmiger Hebel mit verschiedenartig eingesetzten Naben 467

Teil VI: 3 D-Konstruktionen 469

3 D-Konstruktionen im Überblick 471

Folgeschneidwerkzeug für Platte mit 2 Bohrungen 472

Folgeverbundwerkzeug 474

Säulenführungsgestell-Folgeschnitt für Platte mit Formloch 476

Beschneidewerkzeug 478

Ziehwerkzeug mit Wanne 480

Ziehwerkzeug mit Bremswulst 482

Komplettschnitt Profilplatte 484

Lochwerkzeug mit Keiltrieb 486

Doppelwerkzeug-Beschneiden und Formlochen 488

Komplettschnitt für Formplatte 490

Komplettschnitt für Stern 492

Lochschnitt für Profilplatte 494

Säulenführungsgestell-Schneid- und Ziehwerkzeug für Kappe mit Bohrung 496

Schnittzugschnitt für Napf 498

Abtrennwerkzeug 500

Lochwerkzeug mit Keilschieber 502

Teil VII: Anhang 505

1. Glossar 507

2. Literatur- und Quellenverzeichnis 509

3. Normen und Richtlinien 510
    Begriffe: DIN-Normen zur Umformtechnik und Blechbearbeitung 510
    Pressen, Scheren, Blechbearbeitungsmaschinen 510
    Maschinenelemente – genormte Teile. 510
    Werkzeugeinsätze, Führungssäulen 512
    Internationale Normen 512
    Werkzeuge und Arbeitsverfahren der Stanztechnik 512
    Werkstoffe 512
    VDI-Richtlinien für die Umform- und Schneidtechnik ....
    513

4. Stichwortverzeichnis 515

Teil I

Entwerfen von Werkzeugen

Gliederung der Umform- und Schneidwerkzeuge und Stanzen

Werkzeuge der Umform- und Schneidtechnik lassen sich grob in Schneid-, Biege- und Prägewerkzeuge sowie Zieh- und Verbundwerkzeuge unterscheiden. Schneidwerkzeuge sind Fertigungsmittel zum Ab-, Aus-, Ein-, Be- und Nachschneiden sowie zum Lochen, Ausklinken und Abgraten von Werkstücken bzw. Zuschnitten aus Tafeln, Streifen, Bändern und Profilen metallischer und auch nichtmetallischer Werkstoffe. Für Art und Ausführung der Werkzeuge sind Stückzahl und geforderte Maßgenauigkeit bestimmend. Beim Verfahren ist zwischen Scherschneiden (Zerteilen zwischen zwei Schneiden, die sich aneinander vorbeibewegen) und Keilschneiden (Messerschneiden, Beißschneiden) zu unterscheiden. Schneidoperationen können auch als Folge ablaufen. Man spricht dann von Folgeschneidwerkzeugen. Sie vereinigen mehrere Schneidoperationen in einem Werkzeug, wobei die einzeln Arbeitsstufen hintereinander waagerecht in technologischer Arbeitsfolge angeordnet sind (max. Blechdicke bis 4 mm).

Beim Feinschneiden entstehen Teile mit völlig glatter, abrissfreier Schnittfläche bei höchster Maßgenauigkeit (Rauhtiefe 2 µm, Toleranz 0.01mm)
Das wird durch einen kleinen Schneidspalt und eine Ringzacke längs der auszuschneidenden Kontur erreicht, die als zusätzliches Werkzeugelement enthalten ist. Der Schneidspalt beträgt etwa 0,5 % der Blechdicke.
Das Verfahren erfordert dreifach wirkende Pressen (Schneidkraft, Gegenhaltekraft, Ringzackenkraft).

Biegewerkzeuge dienen zur Herstellung abgewinkelter Teile. Sie werden als Biegegesenk bezeichnet, wenn V-förmig oder U-förmig gebogen wird.
Beim U-Biegen wird häufig mit Gegenhalter gearbeitet, damit sich der Boden des Biegeteils nicht auswölbt. Beim Gesenkbiegen wird die V- oder U-Form am exaktesten ausgebildet, wenn am Ende der Umformung ein großer Prägedruck anliegt.
Massivprägewerkzeuge erhalten ihre Führung durch ein Säulenführungsgestell und dienen zur Erzeugung von Oberflächenformen. Die Werkzeuge enthalten die negative Form (Gravur) zu der am Teil herzustellenden Oberflächenform. Man unterscheidet geschlossene (kleine Werkstoffverdrängung) und offene Werkzeuge (Gratbildung und großer Umformgrad).
Ziehwerkzeuge für das Tiefziehen von Blechen werden in ihrer konstruktiven Ausführung von der Art des Tiefzugs (1. Zug, Weiterschlag, Stülpzug u.a.) und von der zur Verfügung
stehenden Presse (einfachwirkend, doppeltwirkend) bestimmt. Soll auf einer einfachwirkenden Presse tiefgezogen werden, dann muss der Ziehring am Stößel befestigt sein und der Niederhalter zum Ziehkissen betätigt werden.
Eine besondere Art sind Großwerkzeuge, die vorwiegend zur Herstellung von Karosserieteilen eingesetzt werden. Um ein solches Teil herzustellen, braucht man eigentlich einen Satz von Werkzeugen und zwar das Platinenschneidwerkzeug, das Tiefziehwerkzeug sowie Beschneid- und eventuell Lochwerkzeuge. Mitunter kommen auch Abkant-, Biege- und Nachschlagwerkzeuge hinzu.
Zum Beschicken von Großwerkzeugen werden wegen der Größe und Masse der Teile auch Entnahme und Einlegehilfen (Magnetrollen, Auflagen u.a.) integriert.

Verbundwerkzeuge sind Fertigungsmittel, die mehrere Verfahren realisieren, wie Zerteilen, Umformen und Fügen. Man kann in Folgeverbund- und Gesamtverbundwerkzeuge unterscheiden. Folgeverbundwerkzeuge vereinigen mehrere Schneid- und Umformoperationen in einem Werkzeug, wobei die einzelnen Arbeitsstufen hintereinander waagerecht in technischer Arbeitsfolge angeordnet sind.
Sie werden bei hohen Stückzahlen eingesetzt. Somit wird ein Teil in mehreren Pressenhüben mit je einem Vorschubschritt je Hub gefertigt.
In Gesamtverbundwerkzeugen werden verschiedene Fertigungsverfahren in einem Pressenhub durchgeführt.
Eine Spezialität sind Mehrstreifenwerkzeuge, bei denen innerhalb eines Werkzeugs zwei verschiedene

Teile aus getrennt einlaufenden Streifen hergestellt und im Kreuzungspunkt der Streifen miteinander gefügt werden. Die Anwendung erfolgt z.B. in der Elektrotechnik/ Feinmechanik für Kontaktklemmen [16].

Regeln für den Konstrukteur

Nachfolgend Hinweise für Ingenieure, Meister, Techniker und Konstrukteure, sich an wichtige Konstruktionsregeln zu halten, die die Arbeit unterstützen und erleichtern.

- Gesamtschneidwerkzeuge setzt man ein, wenn zwischen Innen- und Außenkontur eines Teils nur kleine Toleranzen zulässig sind (Blechdicke bis 4 mm) Für sehr große Stückzahlen sind Mehrfachwerkzeuge möglich.

- Bei der Gestaltung von Schneidplatten und Formstempeln ist die Gefahr von Härteverzug und Härterissen zu beachten, soweit das Härten nach der Endbearbeitung erfolgt.

- Das Schnittbild ist so abfallarm wie möglich einzurichten. Mitunter lassen sich Teileformen für eine abfallarme Fertigung verändern (Flächenschlussverfahren)

- Auch Abfall muss ungestört aus dem Werkzeug fließen können, deshalb sind tote Ecken zu vermeiden und Abgleitschrägen einzurichten.

- Vor allem dünne Schneidstempel sind auf Knickung nach Euler nachzurechnen. Wenn nötig, sind Zusatzführungen (Docke) und Verstärkungen vorzusehen.

- Die Größe des Schneidstempels hängt von den Festigkeitseigenschaften und der Dicke des zu schneidenden Werkstoffs ab.

- Die Vorschubbegrenzungselemente müssen so angeordnet sein, dass der Suchstift den Streifen von der Vorschubbegrenzung um einen Betrag zurückzieht, damit es kein Verklemmen gibt.

- Es ist oft wirtschaftlicher, wenn Stempel oder Werkzeugsegmente mit Kunstharz oder leicht schmelzbaren Legierungen eingegossen werden.

- Mit Titannitrid-Beschichtung (Schichtdicke 2 bis 3 μm) versehene Schneidelemente (auch Umformwerkzeuge) kommen auf wesentlich höhere Standmengen als unbehandelte Normalien

- Der Schneidspalt ist von großer Bedeutung für die Außenflächen und den Schneidgrat.
Je nach Werkzeugart bedingt, kann der Grat auch auf beiden Seiten entstehen. Wenn nicht vorgegeben, ist die Lage des Grates mit dem Auftraggeber zu klären.

- Gleitführungen für Schneidwerkzeuge, die mit hoher Hubzahl laufen, haben keine große Lebensdauer. Dafür sind Walzkörperführungen vorzusehen.

- Bei aufwendigen Werkzeugen soll man nicht unbedingt am Material sparen (außer bei Hartmetall) Stabile Werkzeugplatten vermeiden elastische Deformationen.

- Schnittteile sind auf schneidgerechtes Gestalten zu überprüfen. Schneidgerecht sind solche Teile, die das Halbzeug gut ausnutzen und keine übertrieben engen Toleranzen enthalten. Die verlangte Schneidflächengüte soll verfahrensgerecht sein. Die Ecken dürfen nicht scharfkantig, die Lochdurchmesser nicht zu klein und die Stegbreiten nicht zu schmal sein.

- Der Einspannzapfen soll im Linienschwerpunkt der zu schneidenden Kontur liegen, damit die Verkantung in der Führungsplatte klein wird.

- Teile, die gehärtet werden, dürfen nicht zu groß sein und keine scharfen Ecken haben. Schneidplatten und -leisten werden deshalb sinnvoll geteilt.

- Hartmetallbestückte Werkzeuge sollten grundsätzlich mit Säulenführung ausgestattet werden. Hartmetall kann übrigens hohen Druck aushalten, aber nur niedrige Zug- und Schubbelastungen. Es ist kerbempfindlich und verlangt bei Querschnittsänderungen mit Fasen und Radien versehene Übergänge.

- Genaues Zentrieren des Blechstreifens in Folgewerkzeugen lässt sich nicht allein durch Anschläge erreichen. Deshalb werden zusätzlich Suchstifte vorgesehen.

- U- und V-Biegewerkzeuge sind Nachbearbeitungswerkzeuge, die eingesetzt werden, wenn Verbundwerkzeuge unrentabel oder technisch unmöglich sind.

- Für höchste Stückzahlen sind die Biegewerkzeuge mit Hartmetall- oder Keramikleisten auszustatten. Das gilt auch für Ziehringe in Ziehwerkzeugen oder Schneidstempel und Buchsen, die auch aus Hartmetall sein können.

- Hartes rückfederndes Material muss überzogen werden, damit der gewünschte Biegewinkel verbleibt.

- Scharfkantiges Biegen ist zu vermeiden, weil die gereckte Faserschicht diese Beanspruchung kaum aushält. Anderseits sollen Biegeradien nicht zu groß sein, weil dann die Rückfederung immer unbeherrschbar wird.

- Bei Biegeteilen ist die Lage der Walzrichtung des Bleches zur Biegekante zu beachten.
  Biegen quer zur Walzrichtung ist besser. Das muss oft bereits beim Entwurf des Schneidwerkzeugs beachtet werden.

- Bei Ziehwerkzeugen sind die Abrundungsradien am Flansch bzw. an der Ziehkante mit Sorgfalt festzulegen. Zu große Radien begünstigen Faltenbildung, zu kleine Radien führen zu Reißern.

- Je rissfreier und glatter eine Ziehkante poliert und je härter sie ist, desto besser werden die Ziehteile.

- Leichtes und rasches Abstreifen eines Ziehteils vom Stempel wird durch ein genügend großes Luftloch im Stempel unterstützt.

- Bei Großwerkzeugen sind Schrauben und Einbauteile von der Gesichtsseite so einzusetzen, dass Montieren oder Nacharbeiten im Falle einer Reparatur innerhalb der Presse vorgenommen werden kann, ohne das Werkzeug ausspannen zu müssen. [19]

Schneidwerkzeuge, Biege- und Prägewerkzeuge, Zieh- und Verbundwerkzeuge

Schneidwerkzeuge						
ohne Führung		Plattenführung	Folgeschnitt	Säulenführung		Zylinderführung
Messerschnitt	Freischnitt	Unterteil = Schnittkasten		Säulenführungsschnitt	Gesamtschnitt	Blockschnitt

Biege- und Prägewerkzeuge						
Einfachbiegen		Keilschieber	Rollbiegen	Hohlprägen	Massivprägen	Flachprägen
freies Biegen	Gesenkbiegen	Biegewerkzeug	Rollstanze	Prägewerkzeug	Massivprägewerkzeug	Richtprägewerkzeug

Zieh- und Verbundwerkzeuge					
Zwangsniederhalter, für doppelt wirkende Pressen		Federniederhalter, für einfach wirkende Pressen	für doppelt wirkende Pressen		für einfach wirkende Pressen
Ziehwerkzeuge		Schneidwerkzeuge, Verbundwerkzeug			

Verbundwerkzeuge				
für einfach und doppelt wirkende Pressen	für doppelt wirkende Pressen	für einfach wirkende Pressen	für einfach wirkende Pressen	für einfach und doppelt wirkende Pressen
Zugschnitt	Schnittzugschnitt	Schnittzugprägen	Schnittprägen	Zugprägen

Teil II

Werkzeuge für das Zerteilen

1. Scherschneiden

Das Scherscheiden oder Scheren ist das Zerteilen eines Werkstoffes durch zwei aneinander vorbeibewegende Schneiden (DIN 8588). Der Werkstoff wird dabei durch Scherkräfte abgeschert. In der Blechbearbeitung gehört dieses Trennverfahren zu den am häufigsten angewendeten Fertigungsverfahren.

Werkzeuge für dieses Trennverfahren sind die Schere (Haushalts-Scheren, Tafelscheren, Blechscheren, Kabelscheren) sowie u. a. Stanzen, hydraulische Bergscheren oder Nibbler.

Schneidvorgang

Die Werkstofftrennung durch Scherschneiden lässt sich in vier Phasen einteilen:

1. Aufsetzen von Ober- und Untermesser mit elastischer Verformung des Werkstoffes mit Verdrängung in Schnittrichtung sowie rechtwinklig zur Bewegungsachse.
2. plastische Verformung und Fließen des Werkstoffes
3. Rissbildung ausgehend von den Schneidkanten
4. Durchreißen

Maßgeblich für die Qualität der Schnittflächen bei der Fertigung sind die Materialdicke, der Schneidspalt (3-5% bei offenem, 5-10% bei geschlossenem Schnitt, beim Feinschneiden 0,5-1%) im Verhältnis zur Materialdicke, der Verschleißzustand der Schneidwerkzeuge, die Materialart, die Werkzeugführung und die Teilgeometrie.

Die Qualität einer Innenform wird maßgeblich durch den Stempel beeinflusst, da nur eine Relativbewegung zwischen dem Stempel und der Innenform stattfindet. Für eine Außenform gilt entsprechendes für die Schneidplatte.

Schneidverfahren

Nach der Lage zur Werkstückbegrenzung unterscheidet man folgende Verfahren:

Beim Ausschneiden wird das Teil meist aus einem Blechstreifen (Coil), teilweise auch aus Blechzuschnitten herausgetrennt. Der Streifen ist nach dem Schneidvorgang Abfall, die Schnittlinie beim Ausschneiden ist immer geschlossen. Die Schnittkante führt außen um das Werkstück, ähnlich wie beim Stanzen. Andere Verfahren sind: Abschneiden, Ausklinken, Beschneiden, Einschneiden, Feinschneiden, Knabberschneiden, Lochen, Nachschneiden.

Schneidspalt

Als Schneidspalt (auch Scherspalt) wird der rechtwinklig zur Schneidebene gemessene Abstand zwischen Ober- und Untermesser beim Scherschneiden bezeichnet, also der seitliche Abstand zwischen den sich aneinander vorbei bewegenden Schneidkanten.

Beim Schneiden von Blechen hängt die Größe des optimalen Schneidspaltes von der Blechdicke und der Werkstofffestigkeit ab. Er beträgt in der Regel 2-5 % der Blechdicke. Der untere Wert gilt für geringeren Kanteneinzug und somit eine bessere Qualität der Schnittflächen. Ein großer Schneidspalt, wie er durch Werkzeugabnutzung entstehen kann, bewirkt eine verstärkte Gratbildung an den Schnittkanten der Werkstücke. In der Regel wird der Spalt so ausgelegt, dass die Risse ausgehend von der Ober- und Untermesserkante auf einander zulaufen und nicht aneinander vorbeilaufen. Die erreichbare Oberflächengüte ist hier zwar eher schlecht, doch die Maßhaltigkeit ist ausreichend und die Wirtschaftlichkeit am höchsten. Schneidkraft- und arbeit, Werkzeugverschleiß und die Belastung aller Bauteile sind dann am niedrigsten.

Die Größe und Lage des Schneidspaltes beeinflusst deshalb die Standzeit bzw. die Anzahl der möglichen Schnitte bis zum Verschleiß des Werkzeuges. Beim Scherschneiden spricht man hier auch von der

Standmenge des Schneidwerkzeuges. Ein zu großer Schneidspalt verhindert das Schneiden und bewirkt ein Abquetschen des Werkstückes mit starker Gratbildung.

Zusammengefasst hat die Größe des Schneidspaltes Einfluss auf:

- Grathöhe am Schnittteil
- Einzug und Konizität der Schnittflächen
- Oberflächengüte der Schnittflächen
- Maßgenauigkeit des Schnittteiles
- erforderliche Schneidkraft
- Verschleiß des Schneidwerkzeuges und die mögliche Standmenge

1 Werkstoff
2 Schneidplatte
3 Einziehrundung
4 Beginn des Abscherens und Rissbildung
5 Bruch
6 Abstreifer
7 Einziehrundung
8 Rückfederung
9 Schnittfläche, verursacht durch Stempel
10 Grat
11 Rückfederung
12 Schnittfläche, verursacht durch Schneidplatte
13 Bruchfläche

1. Scherschneiden

Schneidvorgang

Das Scherschneiden mit Schneidwerkzeugen ist dem Scheren ähnlich, wobei das Zerteilen des Werkstoffs mittels Schneidstempel und Schneidplatte erfolgt. Der Schneidvorgang läuft dabei in folgenden Stufen ab:

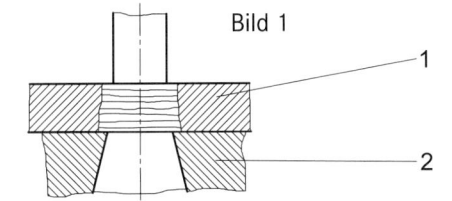

1. Stufe — Bild 1

Der Werkstoff wird durch den eindringenden Stempel zunächst elastisch verformt.

2. Stufe

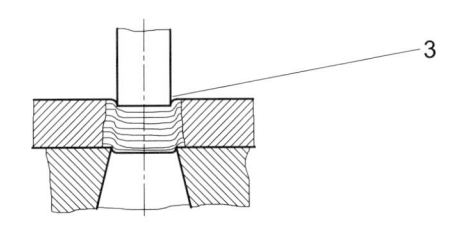

Beim weiteren Eindringen des Stempels in den Werkstoff werden die Werkstofffasern noch weiter gedehnt. Die Elastizitätsgrenze des Werkstoffes wird überschritten, sodass eine bleibende Verformung eintritt. Der Werkstoff wird von außen her zur Schneide des Stempels hineingezogen, sodass sich Einziehrundungen ergeben.

3. Stufe

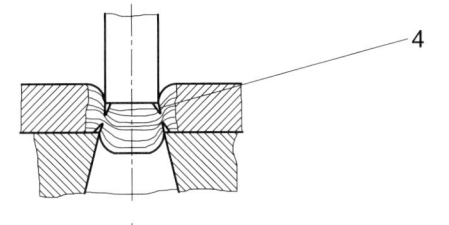

Werden die Werkstofffasern durch den tiefer eindringenden Stempel noch weiter gedehnt, so wird die Scherfestigkeit überschritten. Der Werkstoff wird an der Schneide abgeschert. Von den Schneidkanten des Stempels und der Schneidplatte aus entstehen Risse, die aufeinander zulaufen.

4. Stufe

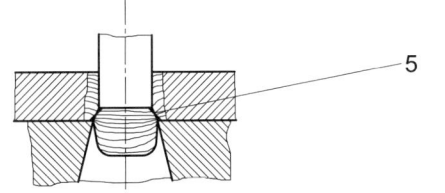

Die Festigkeit des Restquerschnittes ist so gering, dass sich die Rissbildung beim weiteren Eindringen des Stempels fortsetzt, bis der Bruch des Werkstoffes eintritt. Die Bruchfläche verläuft nicht senkrecht, sondern schräg zur Schnittstreifen bzw. zur Schnittteiloberfläche.

5. Stufe

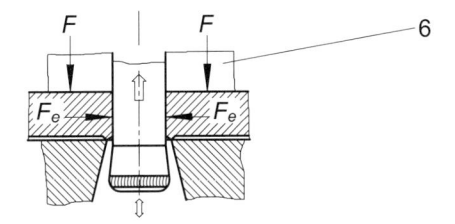

Beim Eindringen des Stempels in den Werkstoff wirken elastische Kräfte, die eine Rückverformung des Werkstoffes bewirken. Das bedeutet, dass der Stempel großem Druck ausgesetzt ist. Der Schnittstreifen bleibt deshalb am zurückgehenden Stempel haften und muss durch einen Abstreifer nach unten gedrückt werden.

6. Stufe

Nach dem Rückhub des Stempels federt der Werkstoff zurück. Diese Rückfederung führt dazu, dass Lochungen etwas kleiner und ausgeschnittene Teile etwas größer als der Stempeldurchmesser bzw. der Schneidplattendurchmesser werden.

Schneiden – Zerteilen

Definition

Zerteilen ist ein spanloses Trennen von Werkstoffen. Nach Art der Schneidenausbildung unterscheidet man zwischen dem Scherschneiden und dem Keilschneiden.
Bei industriell überwiegend angewandtem Scherschneiden erfolgt die Werkstofftrennung durch zwei Schneiden mit großem Keilwinkel β

Bild 2

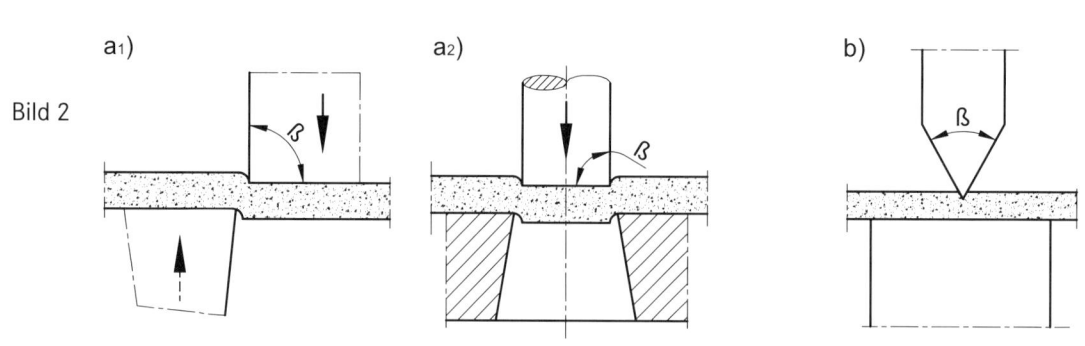

Zerteilverfahren a) Scherschneiden: a_1 offener Schnitt, a_2 geschlossener Schnitt, b Keilschneiden

Ablauf des Schneidvorganges

Der Stempel setzt auf das Blech auf. Die Schneiden pressen sich in den Werkstoff, bis der aufgebrachte Druck der Scherwiderstand überwindet. Von der Schnittplatte ausgehend, kommt es zur Rissbildung (sogenannter vorteilender Riss). Die die Werkstofftrennung einleitenden Risse setzen sich in das Blechinnere fort und führen dann zur Materialtrennung.

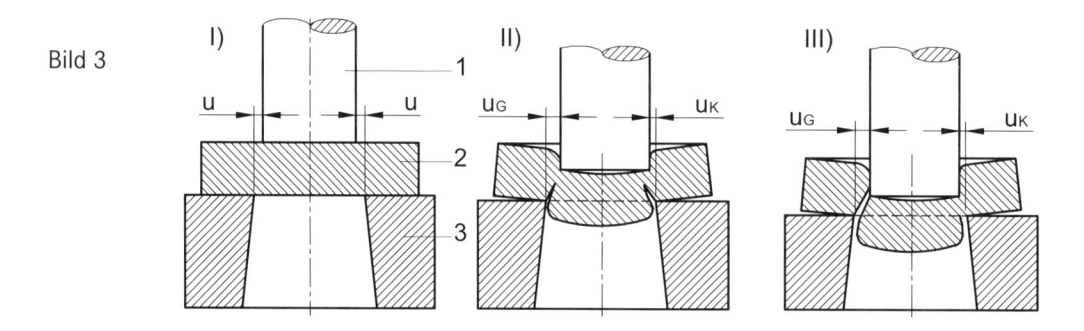

Bild 3

Ablauf des Schneidvorganges: I) Aufsetzen des Stempels, II) Rissbildung in der Schneidphase, III) Trennung am Ende des Schneidvorganges.
1 Stempel, 2 Blech, 3 Schnittplatte

u_G) großer Schneidspalt, u_K) kleiner Schneidspalt, u) Schneidspalt

Unterteilung der Schneidverfahren

Bild 4

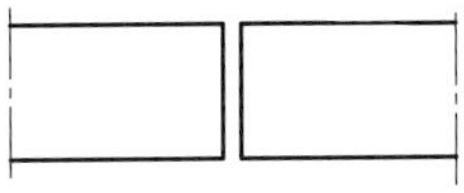	**1. Offener Schneidvorgang** **1.1 Abschneiden (Trennen)** Vollständiges Trennen, einer in sich nicht geschlossenen Linie
	**1.2 Einschneiden** Teilweises Trennen einer offenen Schnittlinie.
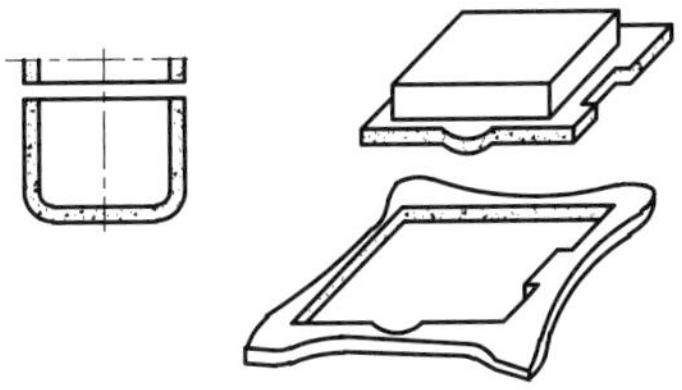	**1.3 Beschneiden** Vollständiges Trennen einer offenen, oder in sich geschlossenen Linie. Abschneiden von überflüssigem Restwerkstoff von flachen oder hohlen Teilen.
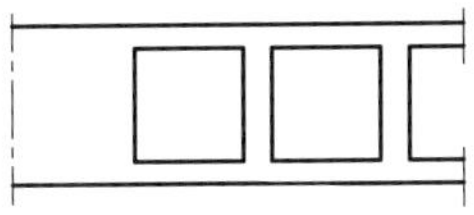	**2. Geschlosseener Schneidvorgang** **2.1 Ausschneiden** Vollständiges Trennen einer in sich geschlossenen Linie.
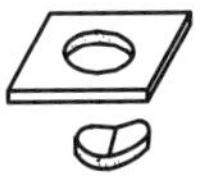	**2.2 Lochen** Vollständiges Trennen einer in sich geschlossenen Linie, aus einem Einzelteil, oder aus einem Streifen
	**2.3 Nachschneiden** Herstellen von Fertigmassen durch zusätzliches Abschneiden (Schaben) einer Bearbeitungszuugabe
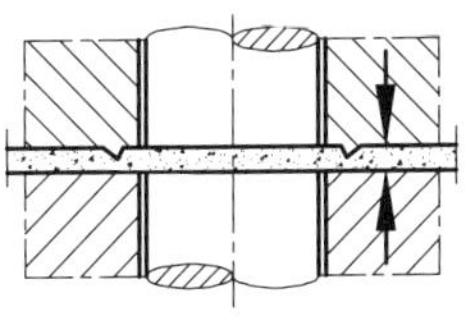	**2.4 Feinschneiden** Ausschneiden oder Lochen, wobei der Werkstoff allseitig eingespannt ist. Dabei werden in einem Arbeitsgang die gleichen Gütegrate erreicht, wie beim Nachschneiden.
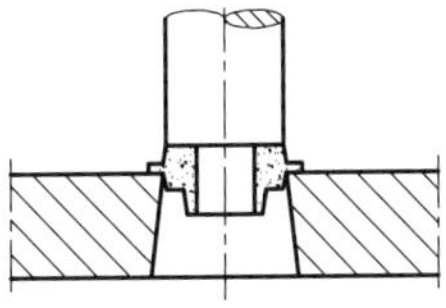	**2.5 Abgratschneiden** Vollständiges Abtrennen des Grates an Gussteilen, Formpress- oder Schmiedeteilen

Scherschneiden als Zerteilverfahren nach DIN 8588

Bild 5

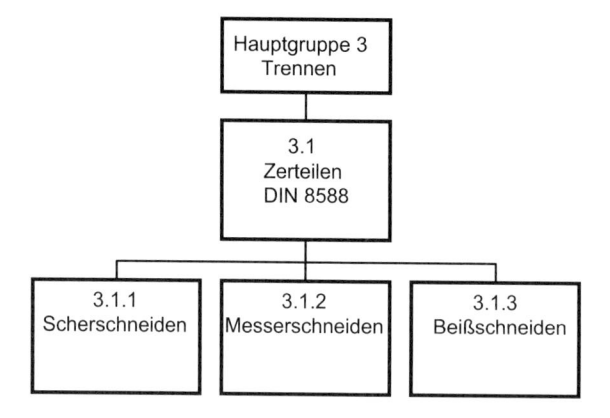

```
            ┌──────────────┐
            │ Hauptgruppe 3│
            │   Trennen    │
            └──────┬───────┘
                   │
            ┌──────┴───────┐
            │     3.1      │
            │   Zerteilen  │
            │   DIN 8588   │
            └──────┬───────┘
        ┌──────────┼──────────┐
   ┌────┴────┐┌────┴────┐┌────┴────┐
   │  3.1.1  ││  3.1.2  ││  3.1.3  │
   │Scher-   ││Messer-  ││Beiß-    │
   │schneiden││schneiden││schneiden│
   └─────────┘└─────────┘└─────────┘
```

Zerteilen ist mechanisches Trennen von Werkstücken ohne Entstehen von formlosem Stoff, also auch ohne Späne (spanlos).

Typischer Aufbau eines Schneidwerkzeugs

Schneidwerkzeug mit Plattenführung

Bild 6

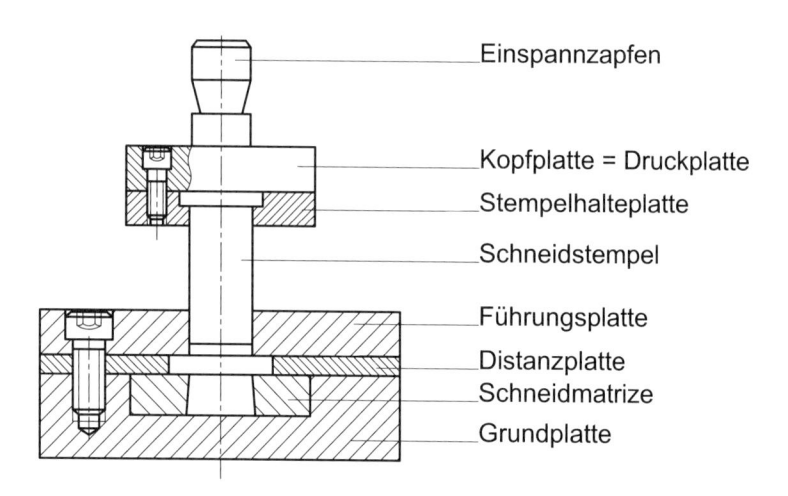

- Einspannzapfen
- Kopfplatte = Druckplatte
- Stempelhalteplatte
- Schneidstempel
- Führungsplatte
- Distanzplatte
- Schneidmatrize
- Grundplatte

Schneidkraftreduzierung beim Scherschneiden

Bild 7

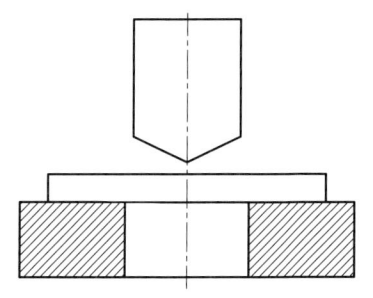

Ein sogenannter Dachschliff entweder an der Schneidmatrize oder am Schneidstempel (siehe Bild) führt zu einem *allmählichen Durchschneiden* des Werkstoffs entlang der Schnittkante. Auf diese Weise kann die Schneidkraft deutlich reduziert werden. Die schneidarbeit bleibt dabei gleich. Man spricht in diesem Zusammenhang von einem *„ziehenden Schnitt"*.

Schneidkraftberechnung beim Scherschneiden

$$F_{s\,max} = k_s \cdot A_s \quad \text{mit} \quad A_s = l_s \cdot s$$

k_s: bezogene Schneidkraft in N/mm² (auch Schneidwiderstand genannt)
A_s: Schnittfläche
l_s: Länge der Schnittfläche
s: Blechdicke

k_s lässt sich näherungsweise als lineare Funktion der Zugfestigkeit des zu schneidenden Werkstoffes bestimmen:

$$k_s = 0{,}8 \cdot R_m$$

Bei der Berechnung der maximalen Schneidkraft nach dieser Beziehung ist mit Abweichungen von bis zu ± 20% zu rechnen.

Scherschneiden: Anwendungen/Begriffe

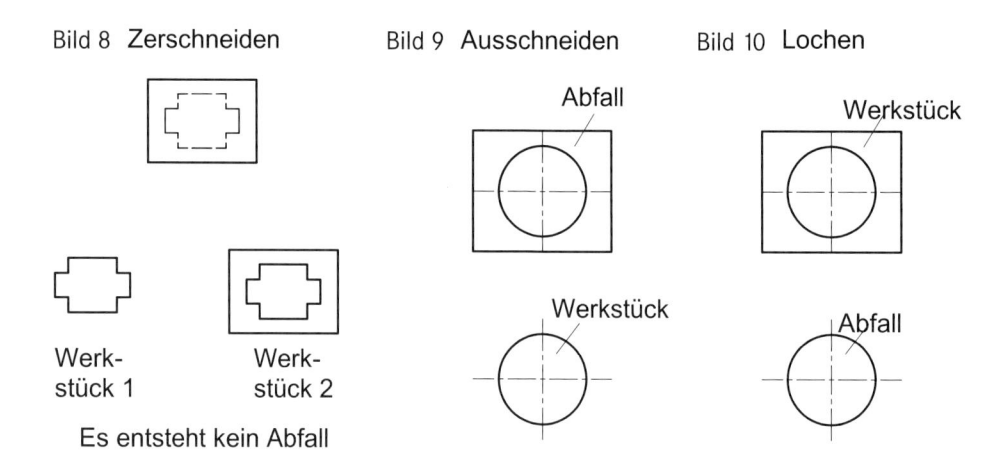

Bild 8 Zerschneiden

Werkstück 1   Werkstück 2

Es entsteht kein Abfall

Bild 9 Ausschneiden

Abfall

Werkstück

Bild 10 Lochen

Werkstück

Abfall

Verfahrensprinzip des Feinschneidens

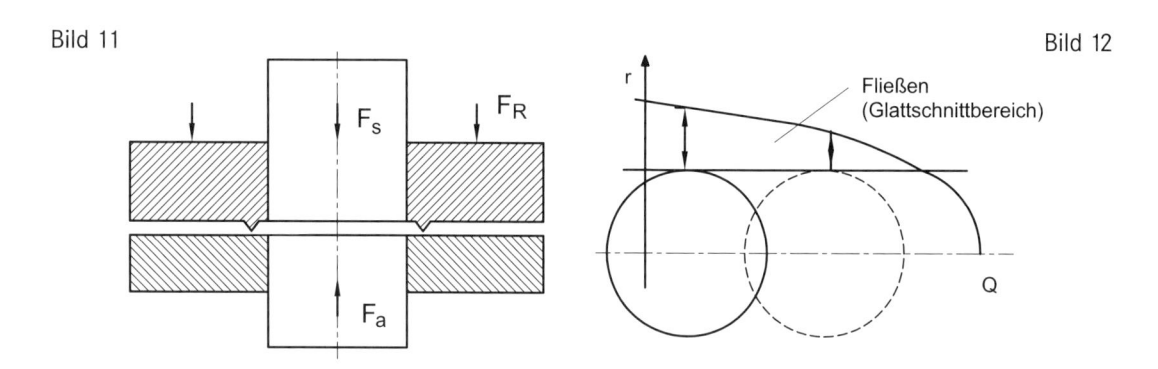

Bild 11

F_s, F_R, F_a

Bild 12

Fließen (Glattschnittbereich)

r, Q

Beim Feinschneiden wird mit einem Niederhalter gearbeitet, der Ringzacken erhält, welche parallel zur Schnittlinie angeordnet sind. Diese bewirken die gezielte Einleitung von Druckspannungen in den Scherbereich. Diese Druckspannungen ermöglichen einen Schervorgang der ausschließlich durch Fließen zustandekommt. Ein Bruch erfolgt nicht.

1. Scherschneiden

Schnittfläche beim Scherschneiden

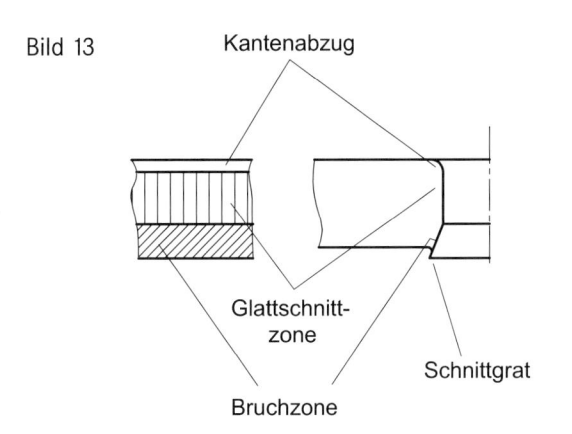

Bild 13

Merke:
Ist von Flächen, Kanten usw. am Werkstück die Rede, so spricht man von *Schnitt*kanten usw.

Handelt es sich um Flächen, Kanten usw. am Werkzeug, so spricht man von *Schneid*kanten usw.

Der Schnittgrat kann mehr oder weniger stark ausgeprägt sein und wird in seiner Ausprägung beeinflusst durch den Werkstoff, den Schneidspalt, die Scharfkantigkeit der Schneidwerkzeuge und andere Genauigkeitskenngrößen von Werkzeug und Maschine.

Kräfte beim Scherschneiden

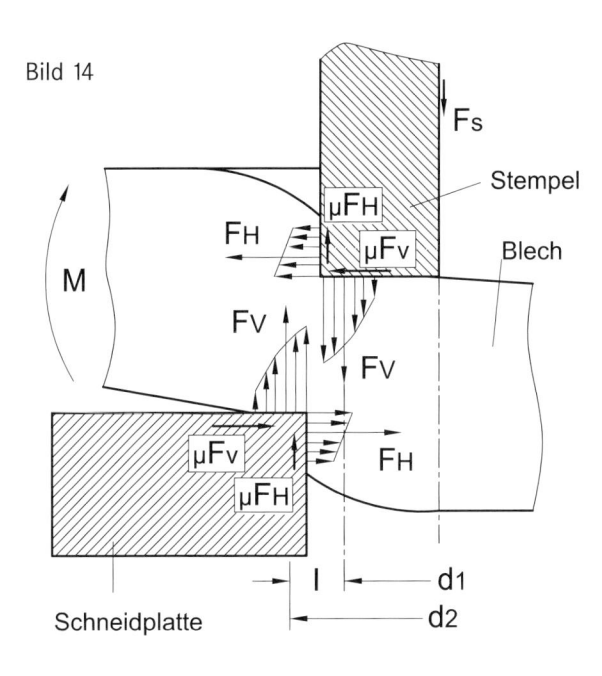

Bild 14

Die Schneidkräfte wirken in einem gewissen Bereich um die Schneidkante. Aus dem horizontalen Versatz resultiert ein Moment M, welches zu einer Verwölbung des Werkstücks führt.

Ferner wirken aufgrund der auftretenden Relativbewegung Reinkräfte, die zu einem Verschleiß der Schneidkanten und Schneidflächen an den Werkzeugen führen können.

Scherschneiden: Anwendungen/Begriffe

Bild 15

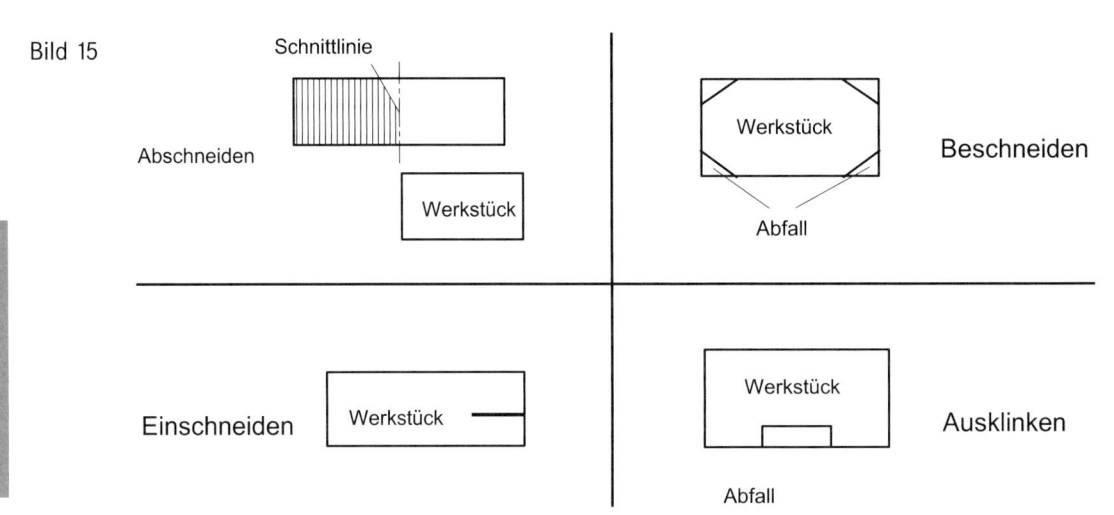

Abschneiden — Schnittlinie, Werkstück

Beschneiden — Werkstück, Abfall

Einschneiden — Werkstück

Ausklinken — Werkstück, Abfall

Scherschneiden: Definition nach DIN 8588

Bild 16
Werkstück — Werkzeug — Werkzeug

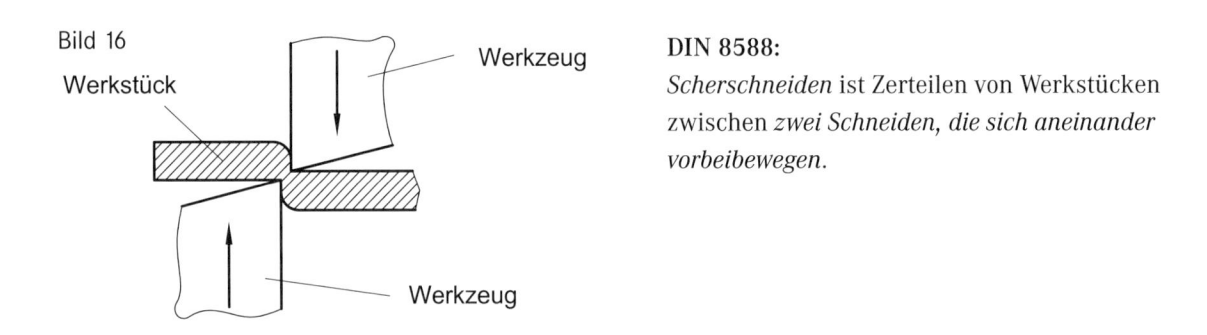

DIN 8588:
Scherschneiden ist Zerteilen von Werkstücken zwischen *zwei Schneiden, die sich aneinander vorbeibewegen.*

Das Scherschneiden wird häufig angewandt, um umformtechnisch (z.B. durch Tief- oder Streckziehen) hergestellte Werkstücke zu beschneiden. Ferner wird das Scherschneiden zur Herstellung von Halbzeugen sowohl für die Blechumformung (Schneiden von Platinen) als auch für die Massivumformung (Abscheren von Schmiederohlingen) etc.) eingesetzt.

1. Scherschneiden

Verfahrensablauf beim Scherschneiden

Bild 17

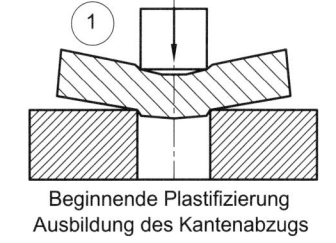

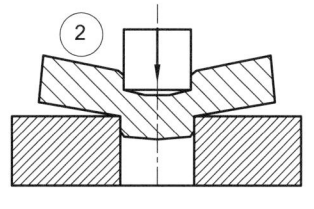

1. Beginnende Plastifizierung
Ausbildung des Kantenabzugs

2. Eigentlicher Schervorgang,
Ausbildung
der glatten Schnittfläche

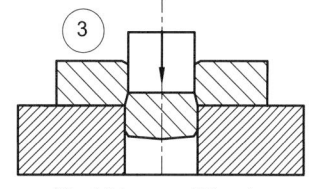

3. Rissbildung und Bruch
Ausbildung der Bruchfläche

Dimensionierung von Schneidstempel und Matrize

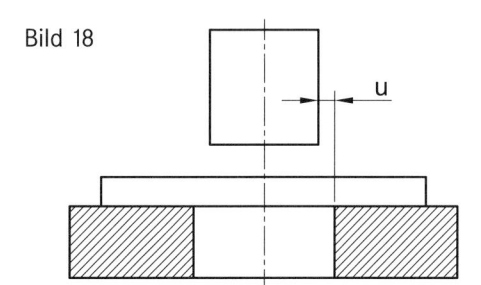

Bild 18

Dimesionierung:

Beim Lochen erhält der Stempel das geforderte Maß. Die Matrize wird entsprechend größer ausgelegt

Beim Ausschneiden erhält die Matrize das geforderte Maß. Der Stempel wird entsprechend kleiner ausgelegt.

Grundsätzlich werden Schneidwerkzeuge so ausgelegt, dass zwischen Schneidstempel und Schneidmatrize ein Spalt, der sogenannte Schneidspalt u vorhanden ist:

Der Schneidspalt u wird in Abhängigkeit zur Blechdicke sowie der Festigkeit des Werkstoffes festgelegt. Bei der Auswahl geeigneter Schneidspalte helfen spezielle Tabellen, die der Fachliteratur zu entnehmen sind. Optimale Schneidspalte hinsichtlich Gratbildung und Werkzeugverschleiß bewegen sich in einer Größenordnung um 5 % Blechdicke.

Scherschneiden – Verfahrensvarianten

Bild 19

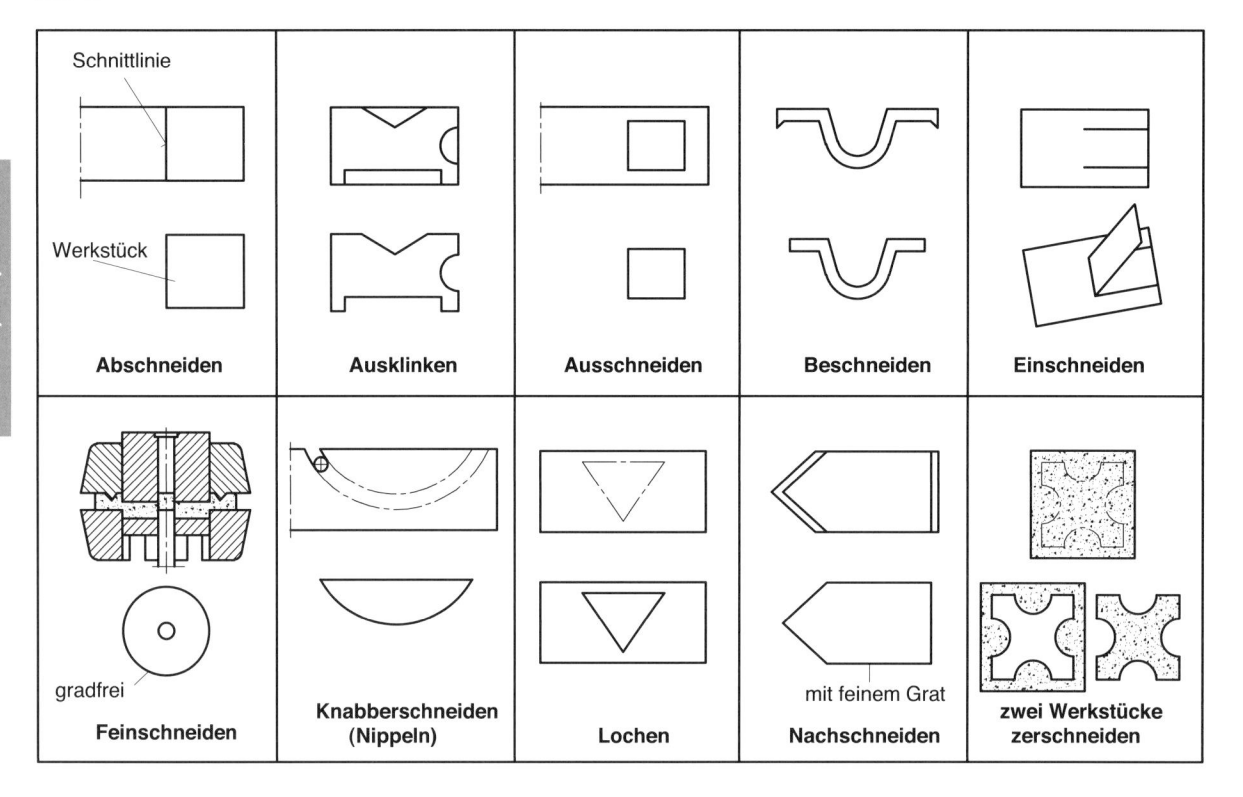

Abschneiden	Ausklinken	Ausschneiden	Beschneiden	Einschneiden
Feinschneiden	Knabberschneiden (Nippeln)	Lochen	Nachschneiden	zwei Werkstücke zerschneiden

Schnittlinie
Werkstück
gradfrei
mit feinem Grat

1. Scherschneiden

Kontinuierliches Scherschneiden

Bild 20

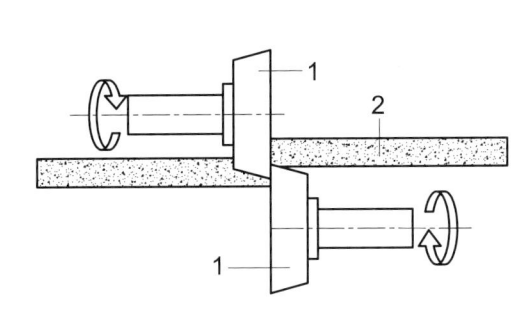

1 Werkzeuge, 2 Werkstück

Kontinuierliches Schlitzen

Bild 21

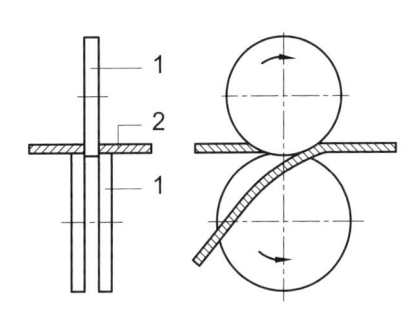

1 doppelschneidige kreisförmige Scherwerkzeuge, 2 Werkstück

Scherschneidwerkzeuge

Bild 22

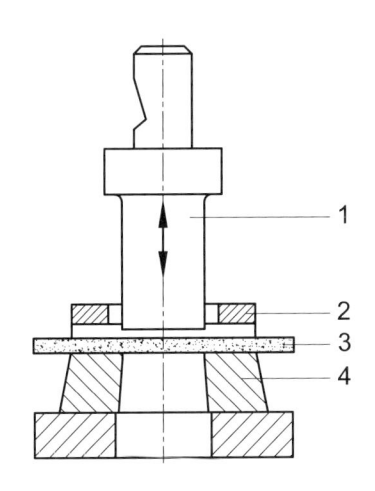

ohne Führung

1 Stempel, 2 Abstreifer, 3 Werkstück, 4 Schneidplatte

Bild 23

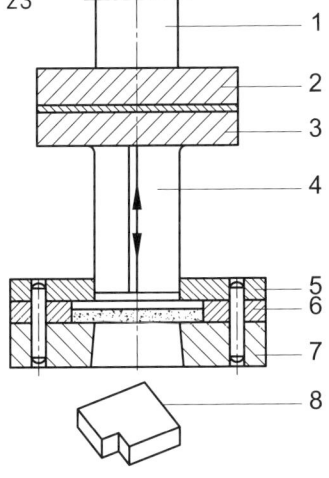

mit Plattenführung

1 Einspannzapfen,
2 Kopfplatte, 3 Stempelhalteplatte, 4 Stempel,
5 Führungsplatte,
6 Streifenführung,
7 Schneidplatte
8 Werkstück

Bild 24

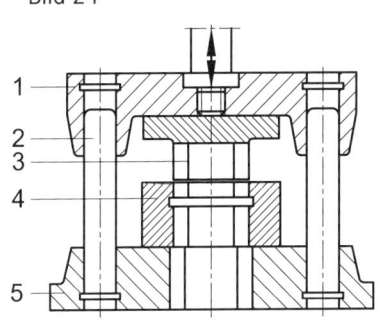

mit Säulenführung

1 Oberteil, 2 Führungssäule
3 Schneidstempel
4 Schneidplatte
5 Unterteil

Schneidstempel – Schneidkantenabschrägung

Bild 25

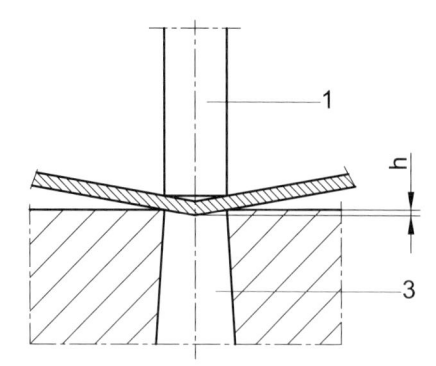

Bild 26

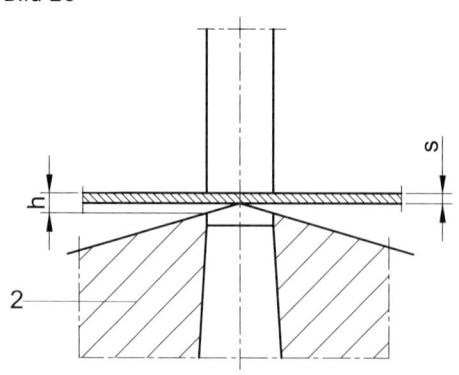

Bild 27

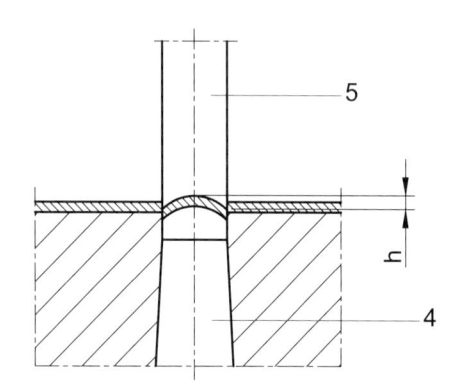

Bild 28

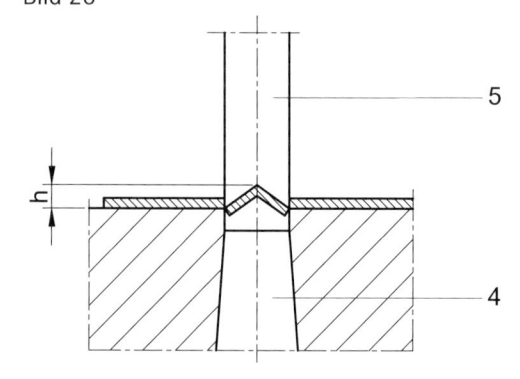

Bild 29

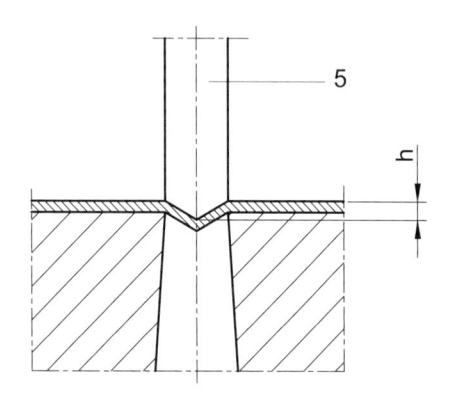

Bild 30

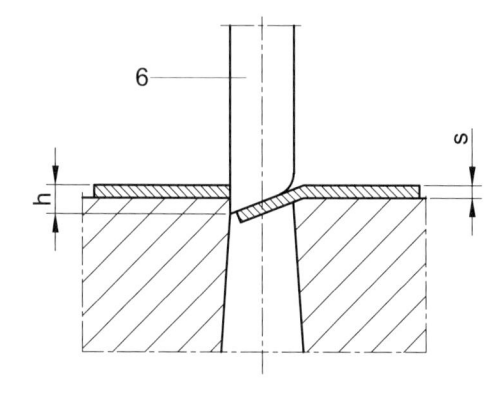

Beim Ausschneiden von dickem Werkstoff oder großen Zuschnitten verringert sich die erforderliche Kraft, wenn die Schneidkanten entweder am Stempel oder am Schneidring abgeschrägt werden.

1 Schneidstempel, 2 Schneidplatte, 3 Fertigteil, 4 Abfall, 5 Lochstempel, 6 Einschneidstempel

h Abschrägungshöhe, h = (1...2 x s) s Blechdicke

Werkzeugtypen Schneidwerkzeug – Bauart

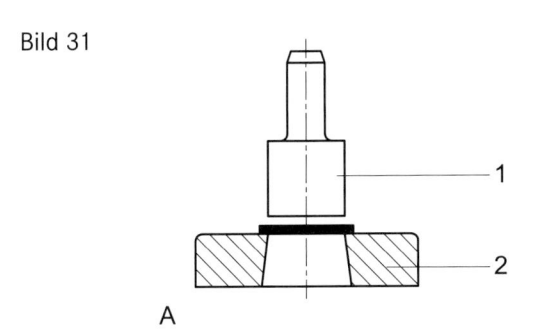

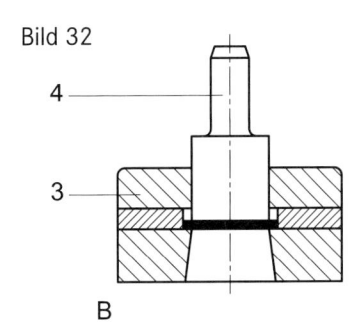

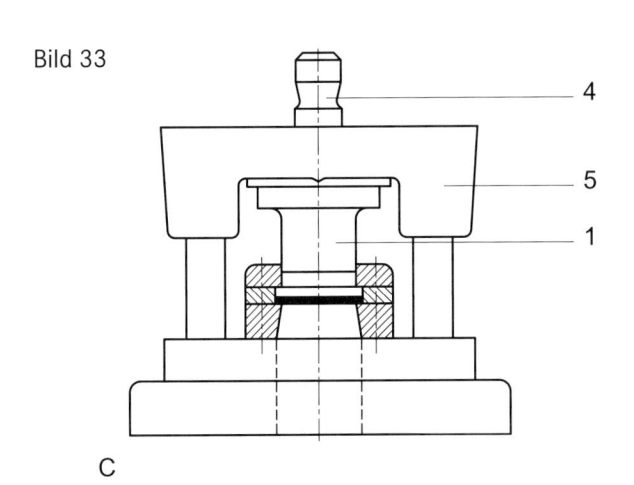

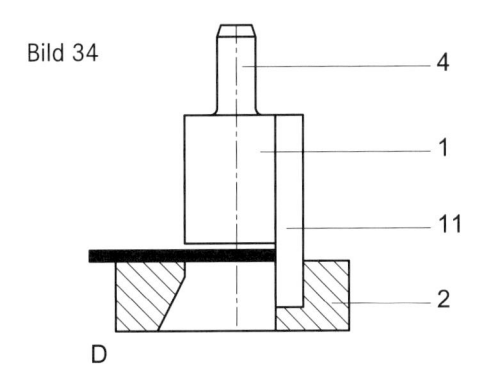

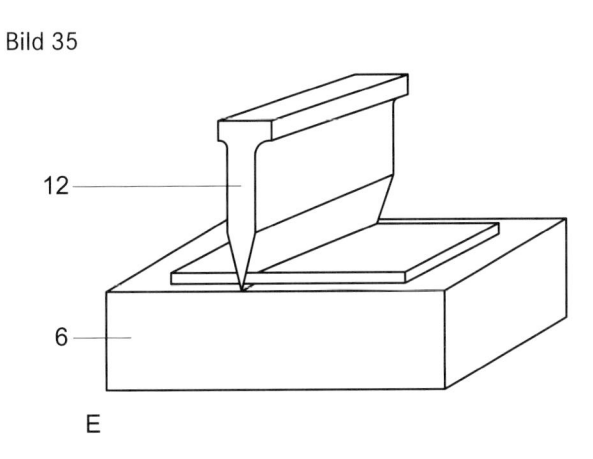

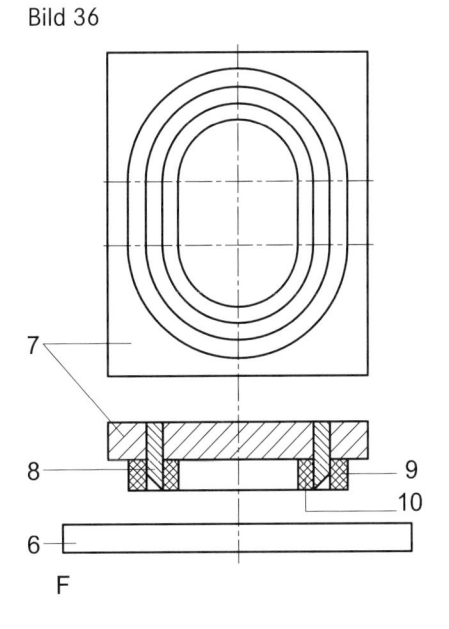

Bild 31

A

Bild 32

B

Bild 33

C

Bild 34

D

Bild 35

E

Bild 36

F

A Freischnitt, B Plattenführungsschnitt, C Säulenführungsschnitt, D Hinterführungsschnitt,
E offener Messerschnitt, F geschlossener Messerschnitt.
1 Schneidstempel, 2 Schneidplatte, 3 Führungsplatte, 4 Einspannzapfen, 5 Säulenführungsgestell,
6 Hartgewebe- Holzunterlage, 7 Kopfplatte, 8 Bandstahlstempel, 9 Gummiabstreifer außen,
10 Gummiabstreifer, 11 Hinterführung, 12 Messer

Schneidwerkzeug Rohrabschneider mit Schneidrad

Bild 37

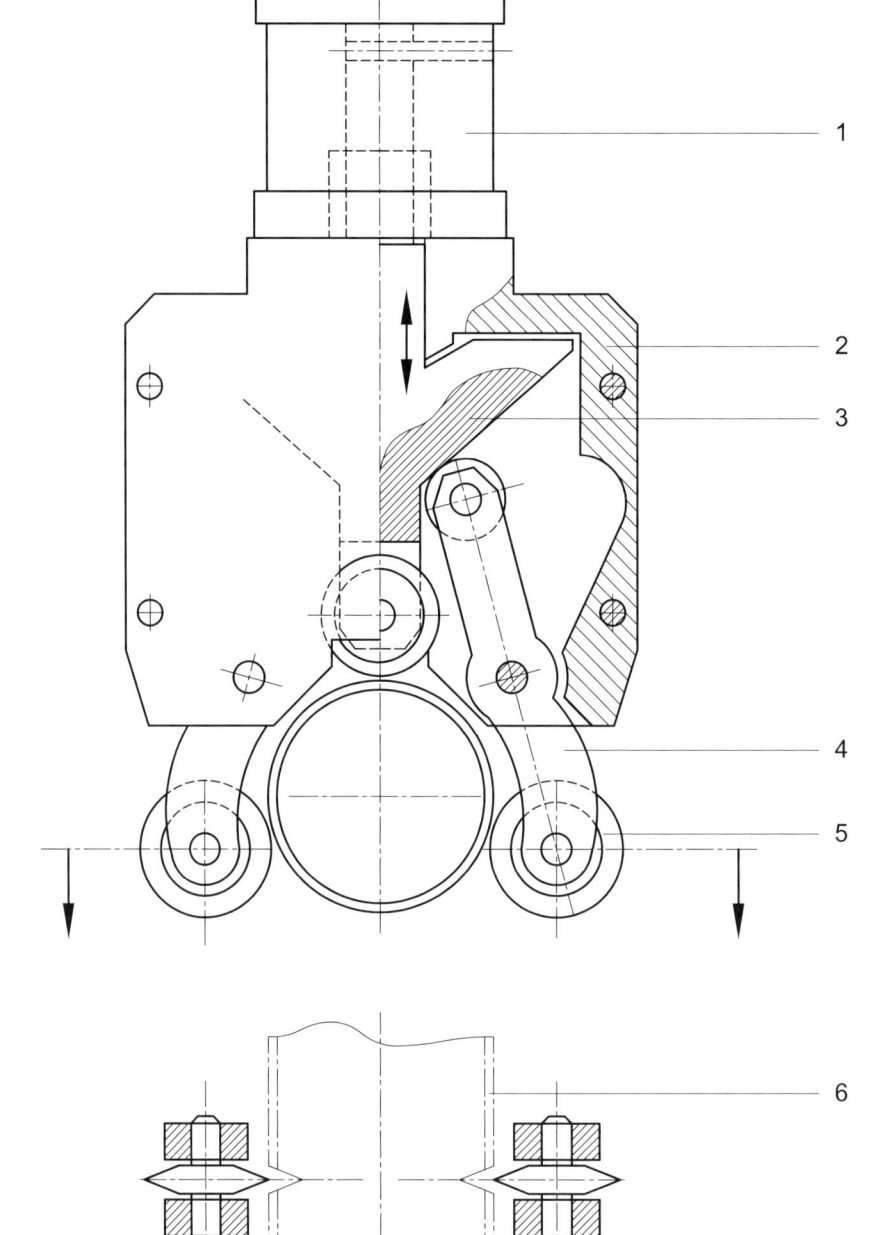

Dünnwandige Rohre werden mit drei gleichmässig zusammenfahrenden Schneidräder ohne Verschnitt getrennt. Das Rohr rotiert hierbei.
1 Hydraulikzylinder, 2 Gehäuse, 3 Keilschieber, 4 Hebelarm, 5 Schneidrad, 6 Werkstück

Messerschneidwerkzeug

Bild 38

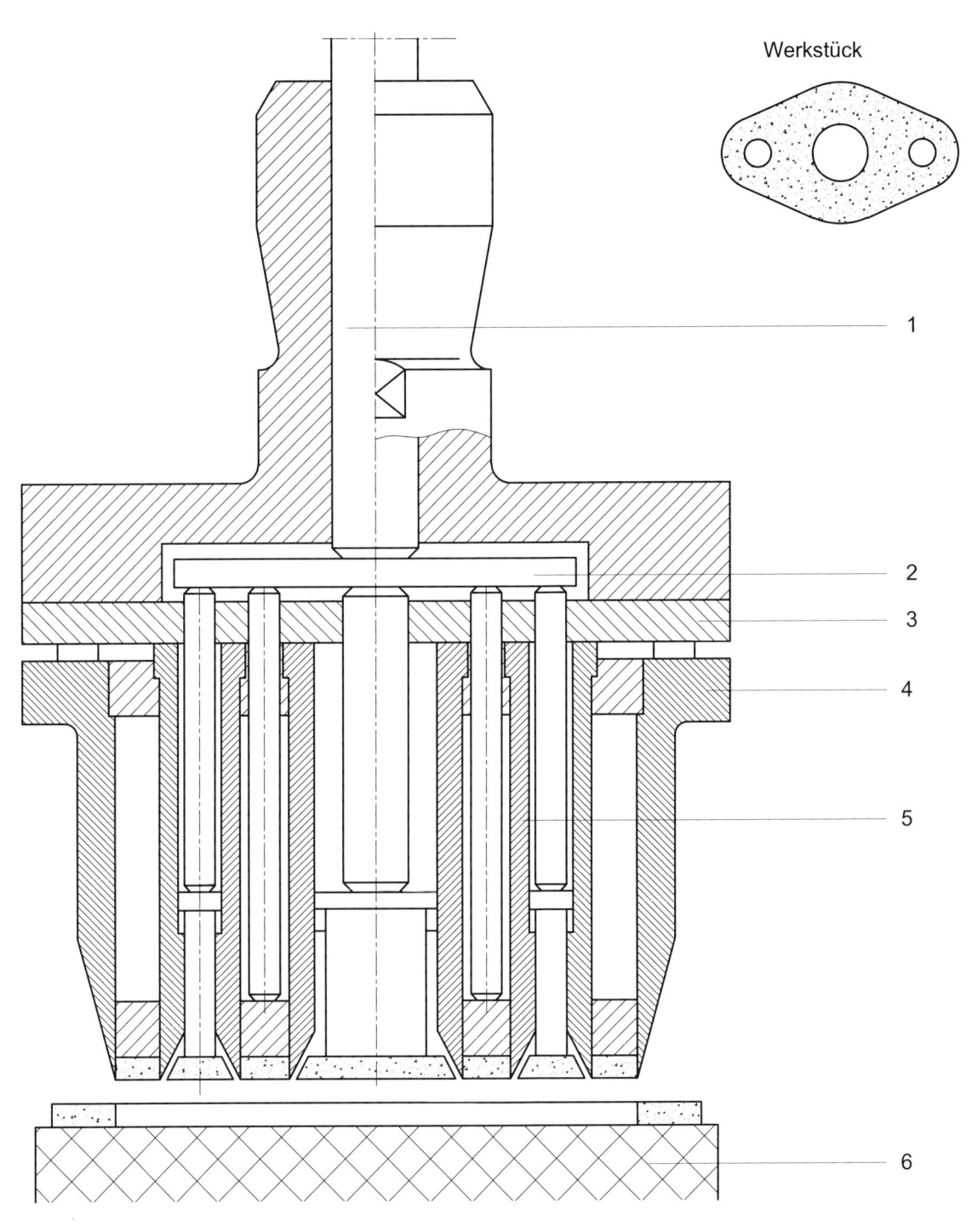

1 Ausstoßerbolzen, 2 Ausstoßerplatte mit 4 Ausstoßerstiften, 3 Druckplatte, 4 Ausschneidstempel, 5 Lochstempel, 6 Unterlage

Messerschneidwerkzeug – Auswerfer

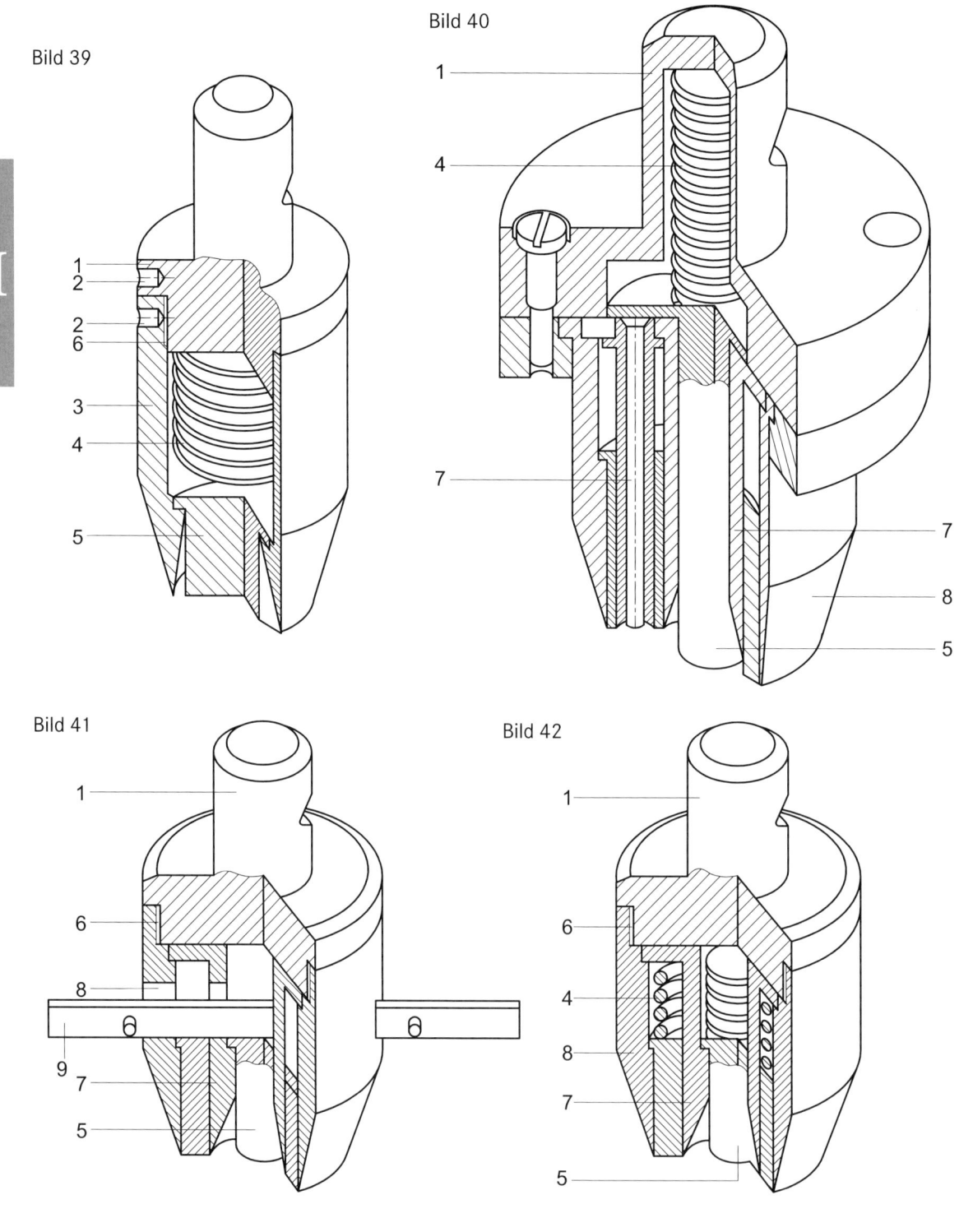

Bild 39

Bild 40

Bild 41

Bild 42

1 Stempelkopf, 2 Bohrung für Kreuzlochmutterschlüssel, 3 Schneidstempel, 4 Auswerferfeder,
5 Auswerferbolzen, 6 Feingewinde, 7 Lochstempel, 8 Ausschneidstempel, 9 Auswerferhebel

2. Schneidwerkzeuge

Bei einem Schneidwerkzeug mit Säulenführung erfolgt die Führung der Stempel durch zwei, bei großen Werkzeugen auch durch vier gehärtete, geschliffene und geläppte Säulen.

Die Säulen sitzen in der Regel mit Übermaß im Werkzeugunterteil. Im Gegensatz zur Plattenführung wird bei der Säulenführung nicht der einzelne Stempel geführt, sondern das ganze Oberteil. Durch den großen Abstand der Führungssäulen ergibt sich eine wesentlich bessere Führung als bei einer Plattenführung.

Außerdem wird eine viel größere Lebensdauer erreicht, weil die längeren Gleitflächen und die bessere Abstimmung der Gleitwerkstoffe auch bei ungünstigen Kraftverhältnissen nur geringen Verschleiß zulassen.

Für dünne Stempel muss auch eine Führungsplatte eingebaut werden.

Schneidwerkzeuge mit Schneidplattenführung

Bei Schneidwerkzeugen mit Schneidplattenführung erfolgt die Führung des Stempels durch die Schneidplatte. Der nicht schneidende Teil des Stempels wird so weit verlängert, dass dieser in den Schneidplattendurchbruch eintaucht.

Abgratschneidwerkzeuge

Beim Abgraten wird der Grat von Gesenkschmiedestücken und Pressteilen abgetrennt. Der Durchbruch der Schneidplatte entspricht der Außenform der Werkstücke. Der Stempel darf unten nur dann eben sein, wenn die Pressteile oben eine genügend große ebene Fläche haben. Ist dies nicht der Fall, so muss eine dem Werkstück entsprechende Form in den Stempel eingearbeitet werden. Die Werkstücke fallen nach dem Abgraten durch die Schneidplatte oder werden von einem Ausstoßer nach oben ausgestoßen.

Grundbegriffe der Schneidtechnik

Abgratschneiden: Vollständiges Abtrennen des Grates an Gussteilen, Formpress- und Schmiedeteilen.

Abschneiden: Beim Abschneiden wird entlang einer offenen Schnittlinie geschnitten. Das Abschneiden kann mit oder ohne Abfall erfolgen.

Ausklinken: Soll aus einem rechteckigen Blechabschnitt ein Behälter gekantet werden, müssen die Ecken ausgeklinkt werden. Soll ein Profil scharfkantig gebogen werden, müssen die Teile des Profils ausgeklinkt werden. Für diesen Arbeitsgang können Handscheren, Handhebelscheren, kraftbetätigte Hebelscheren oder hydraulische Ausklinkmaschinen mit oder ohne Steuerung verwendet werden.

Beschneiden: Vollständiges Trennen von Bearbeitungszugaben und Rändern an flachen oder hohlen Werkstücken entlang einer offenen oder in sich geschlossenen Schnittlinie.

Einschneiden: Teilweises Trennen am oder im Werkstück entlang einer offenen Schnittlinie. Im Allgemeinen zur Vorbereitung zum Biegen.

Einstanzen: Nachträgliche Herstellung einzelner Vertiefungen in einem Werkstück. Anwendungsbereich: Auflageflächen, Versteifungen, Zentrierungen in Karosserieteilen.

Knabberschneiden (Nibbeln): Beim Nibbeln wird ein schmaler Schlitz bzw. Streifen in ein Blech gearbeitet. Nibbeln ist kontinuierliches mehrhubiges Stanzen. Durch die ständige Ab- und Aufwärtsbewegung des Stempels wird Material ausgeschnitten und die gewünschte Form erreicht. Das Verfahren wird von der Einzel- bis zur Serienfertigung eingesetzt. Die Stanzabfälle sind halbmondförmig oder rechteckig.

Lochen: Herstellung von Aussparungen beliebiger Form durch Lochwerkzeug. Anwendungsbereich: Befestigungslöcher, Aussparungen, Schlitze, Lüftungsöffnungen an Karosserieteilen.
Werkzeug: Lochstempel in einem Folgewerkzeug mit Keilschieberfunktion.

Nachschneiden: Abtrennen schmaler Ränder von vorgearbeiteten Flächen entlang offener oder in sich geschlossener Schnittlinien. Es werden bessere, saubere und glatte Innen- und Außenformen hergestellt.

Trennschneiden: Vollständiges Trennen zweier Werkstücke durch einen Schneidvorgang.
Anwendungsbereich: Trennen von Doppel- bzw. Mehrfachteilen, wie Kotflügel, Türen, Innenteilen
Werkzeug: Trennschneidwerkzeug bei der Mehrfachteile-Fertigung.

Zerschneiden: Beim Zerschneiden wird das Werkstück in mehrere Werkstücke getrennt. Der Schnitt erfolgt längs einer offenen oder in sich geschlossenen Schnittlinie. Es entsteht kein Abfall.

Federelemente

Federn dienen in Schneidwerkzeugen zum Abfedern der Niederhalter, Ausstoßer und beweglichen Führungsplatten. Da diese Bauelemente auch als Abstreifer wirken, muss die Federkraft ausreichend groß sein, um die Abstreifkraft zu überwinden bzw. die erforderliche Niederhaltekraft zu erzeugen.

Der Federweg (Arbeitshub) ist von der Blechdicke, vom Scherweg und vom Stempelabschliffmaß abhängig. Bei Elastomerdruckfedern soll der Federweg maximal 30 % der ungespannten Federhöhe haben. Welche Federart zu verwenden ist, hängt von der erforderlichen Federkraft, dem Federweg, den Platzverhältnissen und der Hubzahl ab. Der Einbau der Federn muss so erfolgen, dass die Feder gut geführt wird und eine genügend große Vorspannung gegeben ist. Die Führung kann mittels Federbolzen oder Führungshülsen erfolgen. Die Einstellung der Vorspannung ist über Ansatzschrauben oder Führungshülsen möglich. Beim Bruch einer Feder sollte der ganze Federsatz eines Werkzeuges erneuert werden, was die Betriebssicherheit wieder erhöht. Beim Einbau von Tellerfedersäulen ist auf die richtige wechselseitige Schichtung zu achten. Die Bestimmung der Federkraft kann am einfachsten mit einer Federkennlinie erfolgen.

2. Schneidwerkzeuge

Einteilung der Schneidwerkzeuge nach dem Fertigungsablauf

Bild 1

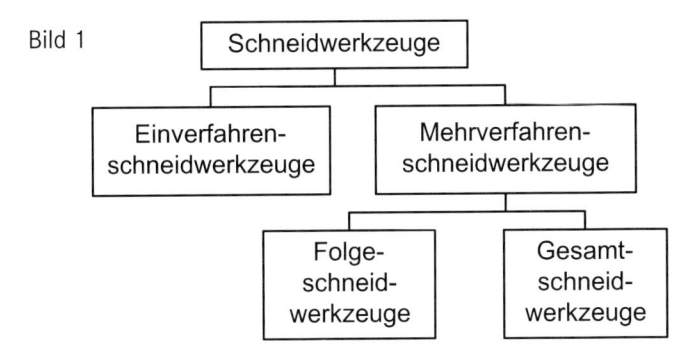

- Schneidwerkzeuge
  - Einverfahrenschneidwerkzeuge
  - Mehrverfahrenschneidwerkzeuge
    - Folgeschneidwerkzeuge
    - Gesamtschneidwerkzeuge

Arbeitsprinzip des Einverfahren-Ausschneidwerkzeugs

Bild 2

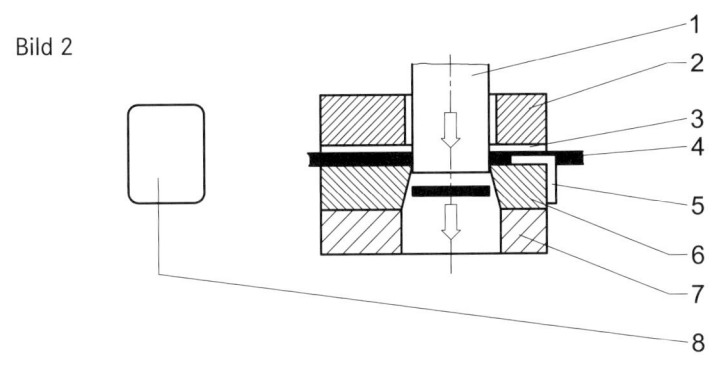

1 Ausschneidstempel
2 Abstreiferplatte
3 Zwischenlage
4 Schnittstreifen
5 Anlagewinkel
6 Schneidplatte
7 Grundplatte
8 Werkstück

Ausschneidwerkzeug ohne Führung

Bild 3

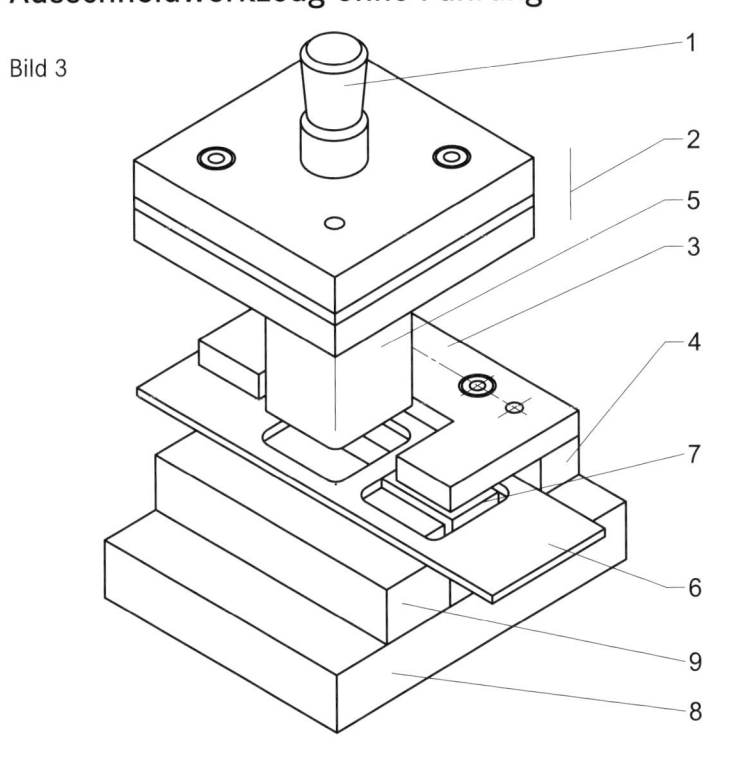

1 Einspannzapfen
2 Stempelkopf
3 Abstreifer
4 Zwischenlagen
5 Ausschneidstempel
6 Schnittstreifen
7 Anschlagwinkel
8 Grundplatte
9 Schneidplatte

Schneidwerkzeuge nach der Art der Stempelführung

Bild 4

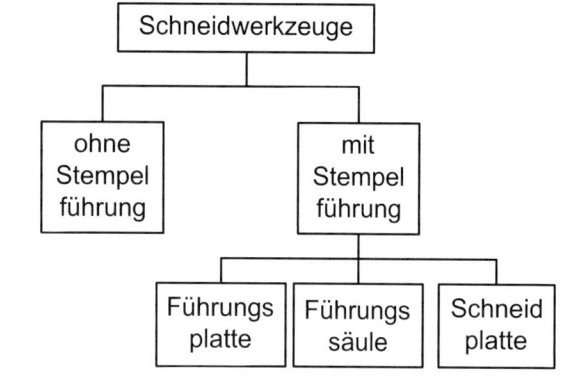

```
                Schneidwerkzeuge
                /              \
         ohne                  mit
        Stempel              Stempel
        führung              führung
                          /     |     \
                  Führungs  Führungs  Schneid
                  platte    säule     platte
```

Schneidwerkzeug ohne Führung

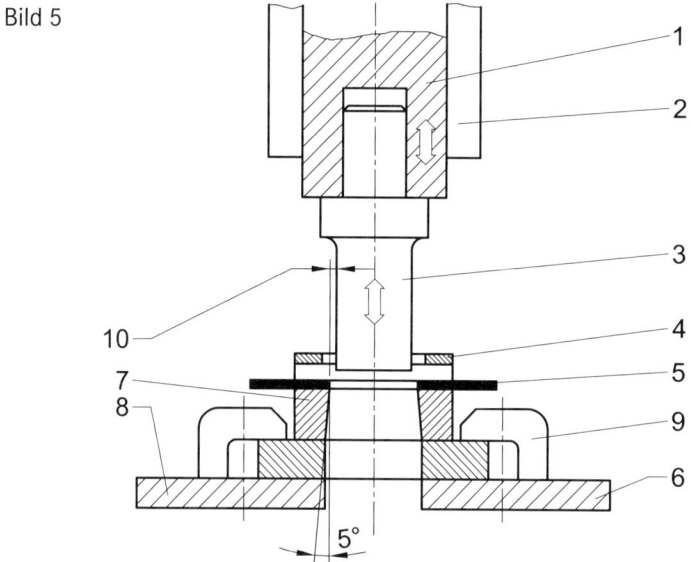

Bild 5

1 Pressenstößel
2 Stößelführung
3 Schneidstempel
4 Abstreifer
5 Schnittstreifen
6 Pressentisch
7 Schneidplatte
8 Grundplatte
9 Spanneisen
10 Schneidspalt

Schneidwerkzeug mit Plattenführung

Bild 6

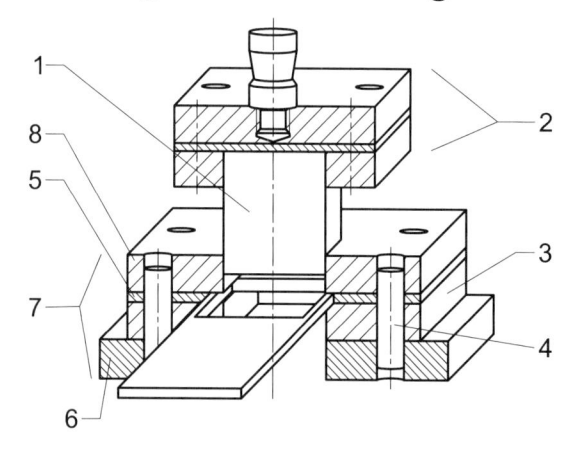

1 Schneidstempel
2 Werkzeugoberteil
3 Schneidplatte
4 Zylinderstift
5 Zwischenlage
6 Grundplatte
7 Werkzeugunterteil
8 Führungsplatte

Werkzeug mit Führungsplatte

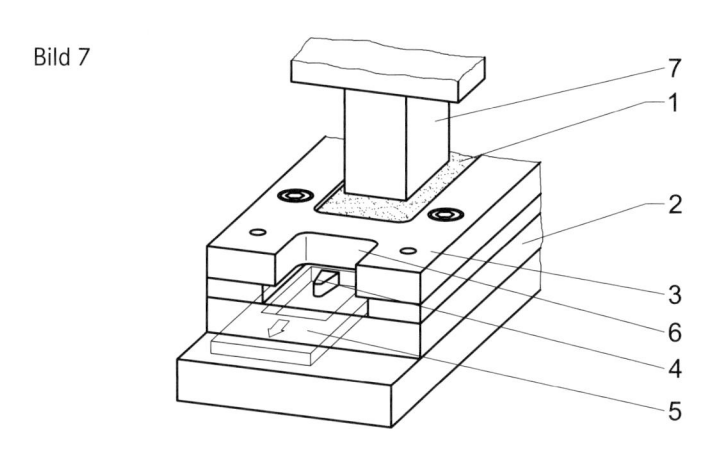

Bild 7

1 Ölwanne
2 Schneidplatte
3 Führungsplatte
4 Anlagestift
5 Schnittstreifen
6 Aussparung
7 Schneidstempel

Ausgegossene Führungsplatte

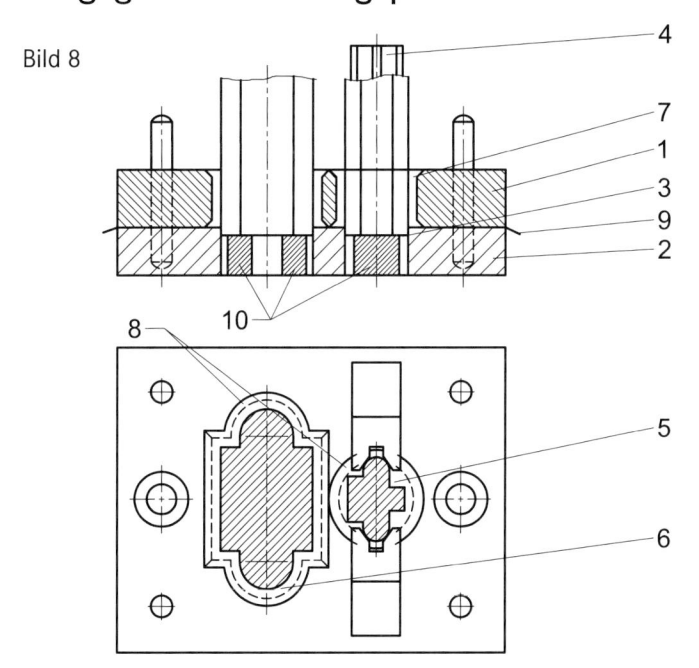

Bild 8

1 Führungsplatte
2 Schneidplatte
3 Metallfolie für Schneidspalt
4 Haftmagnetwinkel
5 Durchbruch gebohrt
6 Durchbruch gebohrt und gesägt
7 Trennmittel (Silikonöl)
8 Gießharz
9 Trennmittel (Papier)
10 Parallelstück

Spannplatten

Bild 9

a) Spannen mit Spannelementen

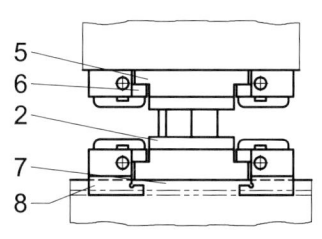

b) Spannen mit Spannleiste

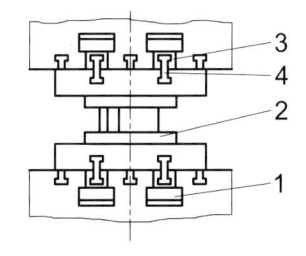

1 Zugspannzylinder
2 Werkzeug
3 Spannleiste
4 Spannnut
5 Spannplatte
6 Spannrad
7 Tischnut
8 Winkelspannelement

II Werkzeuge für das Zerteilen

Ausschneidwerkzeug

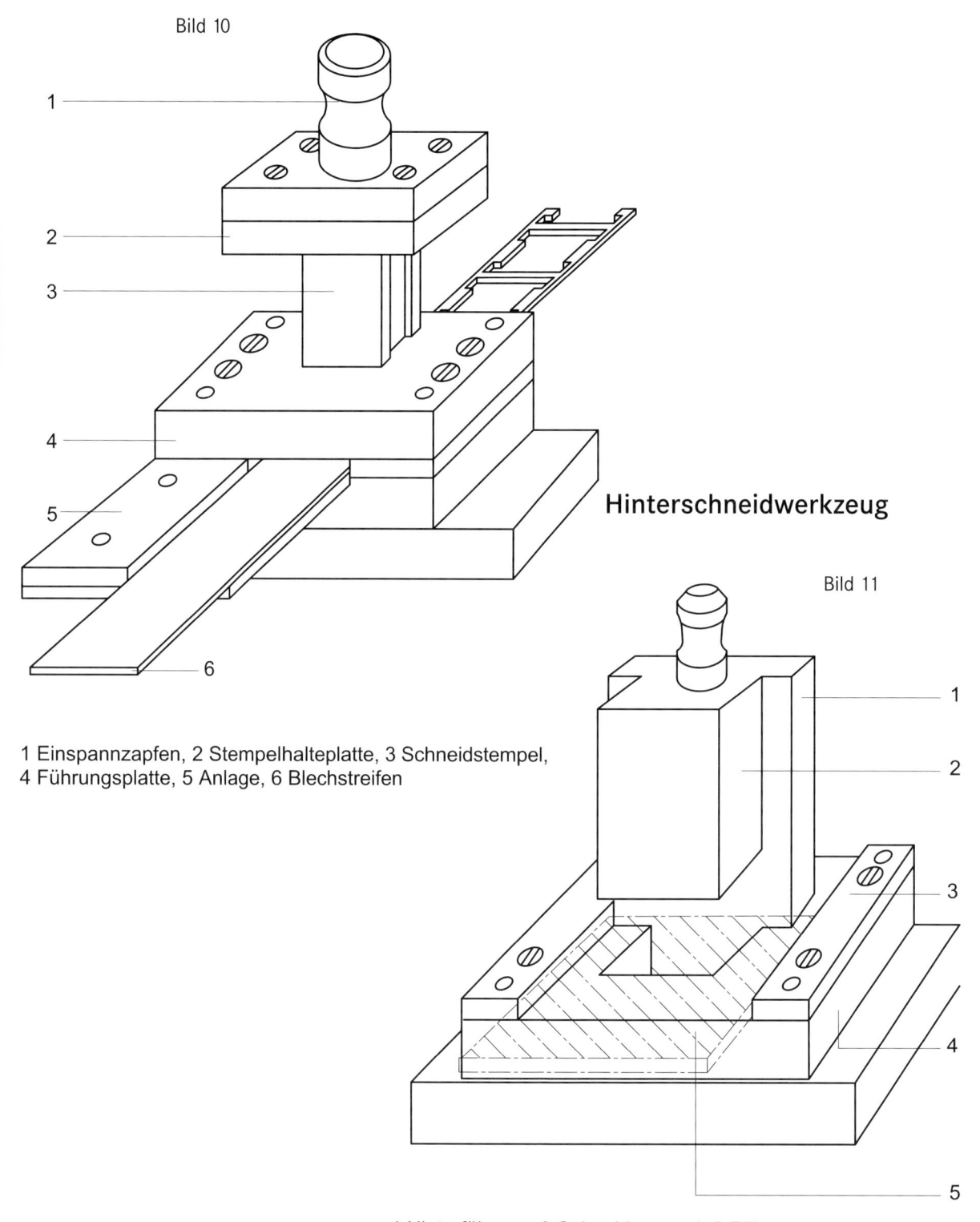

Bild 10

1 Einspannzapfen, 2 Stempelhalteplatte, 3 Schneidstempel,
4 Führungsplatte, 5 Anlage, 6 Blechstreifen

Hinterschneidwerkzeug

Bild 11

1 Hinterführung, 2 Schneidstempel, 3 Führung,
4 Schneidplatte, 5 Blechstreifen

Zwischenlage – Streifenführung

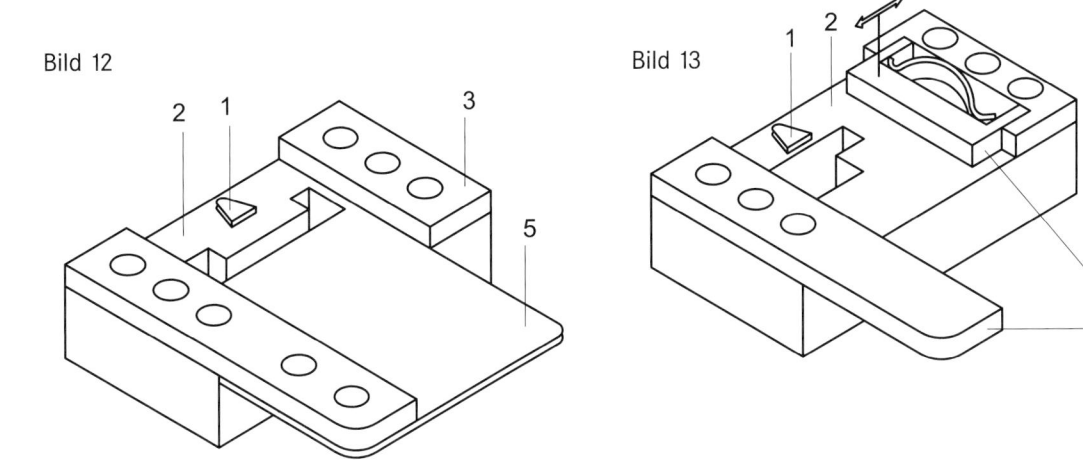

Bild 12

Bild 13

1 Einhängeanschlag, 2 Schneidplatte, 3 feste Zwischenlage, 4 federnde Zwischenlage
5 Auflageblech, 6 Anlageleiste

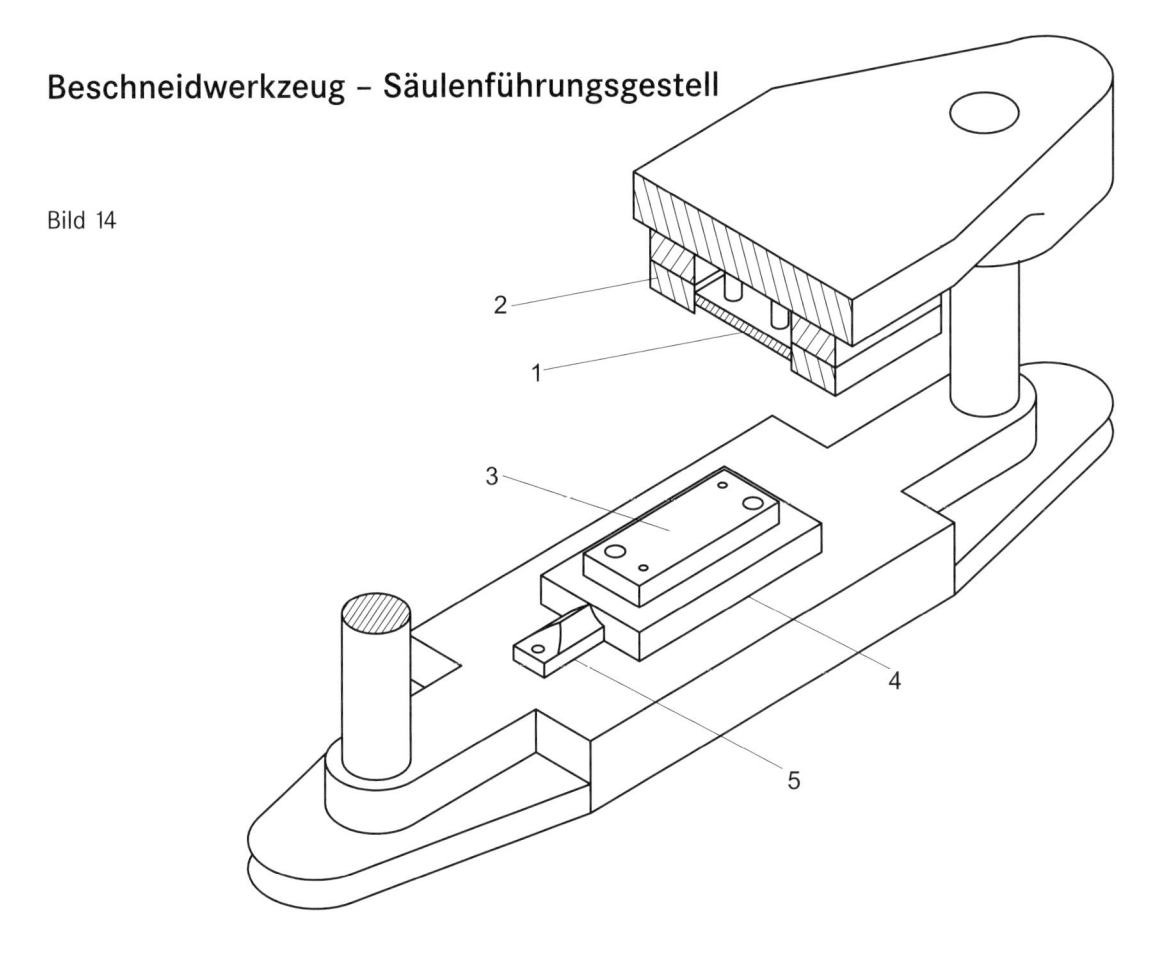

Beschneidwerkzeug – Säulenführungsgestell

Bild 14

1 Niederhalter, 2 Schneidplatte, 3 Werkstückaufnahme, 4 Schneidstempel, 5 Abfalltrennmesser

Knabberschneidwerkzeug

Bild 15

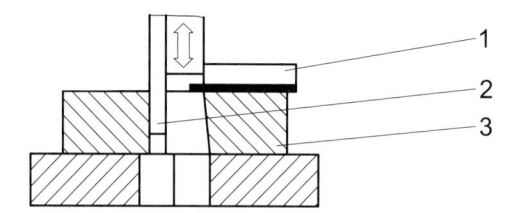

1 Schablone auf Werkstück geklemmt
2 Stempel durch Schneidplatte geführt
3 Schneidplatte

Ausklinkwerkzeug

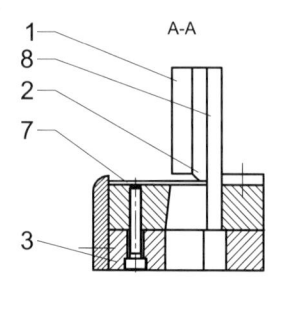

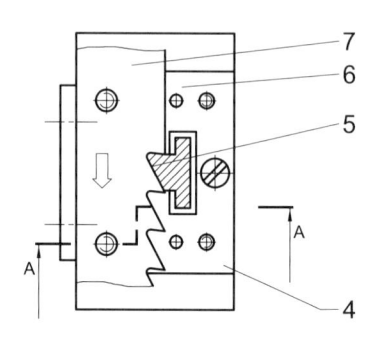

1 Stempel
2 Streifenführung
3 Grundplatte
4 Streifenführung
5 Anschlagfläche
6 Schneidplatte
7 Werkstück
8 Stempelführung

Bild 16

Arbeitsprinzip beim Beschneidwerkzeug

a) Einlegen des unbeschnittenen Ziehteiles

b) Festhalten des Ziehteiles

a) Beschneiden des Ziehteiles

Bild 17

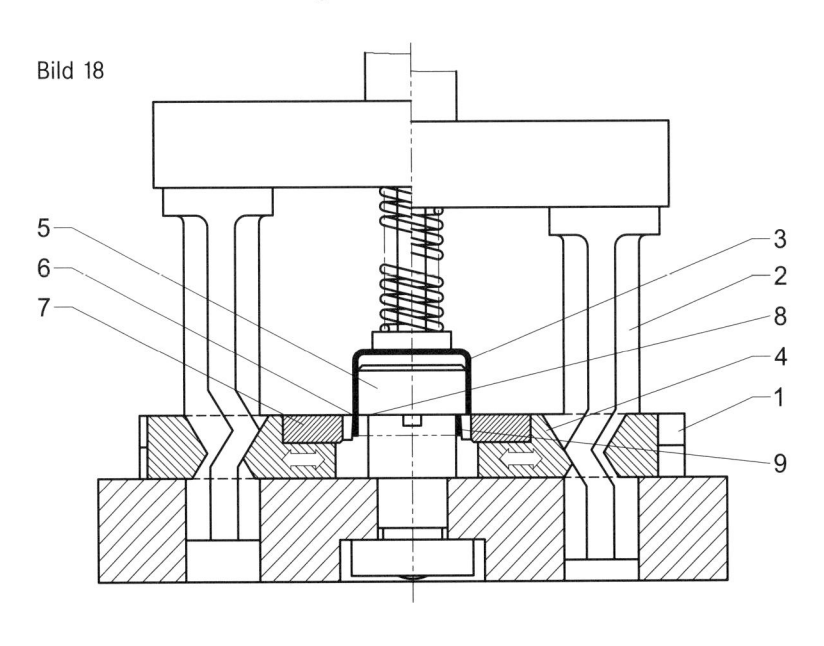

1 Werkstück
2 Werkstückaufnahme
3 Abfalltrenner
4 Niederhalter
5 Abfall
6 Schneidplatte
7 Schneidstempel

Beschneidwerkzeug mit Keiltrieb

Bild 18

1 Schieberführung
2 Keilstempel
3 Werkstück
4 Schieber
5 Aufnahmedorn
6 Schneidkante
7 Schneidmesser
8 Abfalltrenner
9 Abfall

II Werkzeuge für das Zerteilen

Beschneidwerkzeug als Blockstanze

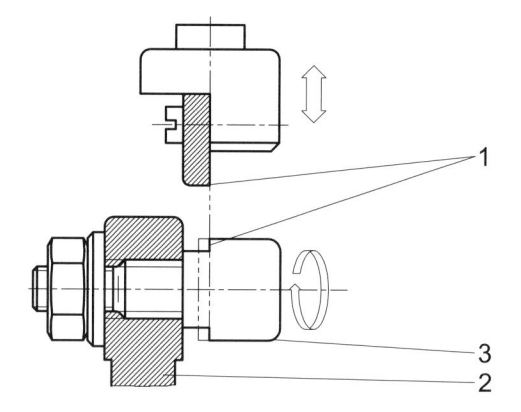

Bild 19

1 Schneidkanten
2 Abfalltrenner
3 Werkstück

Schüttelbeschneidwerkzeug

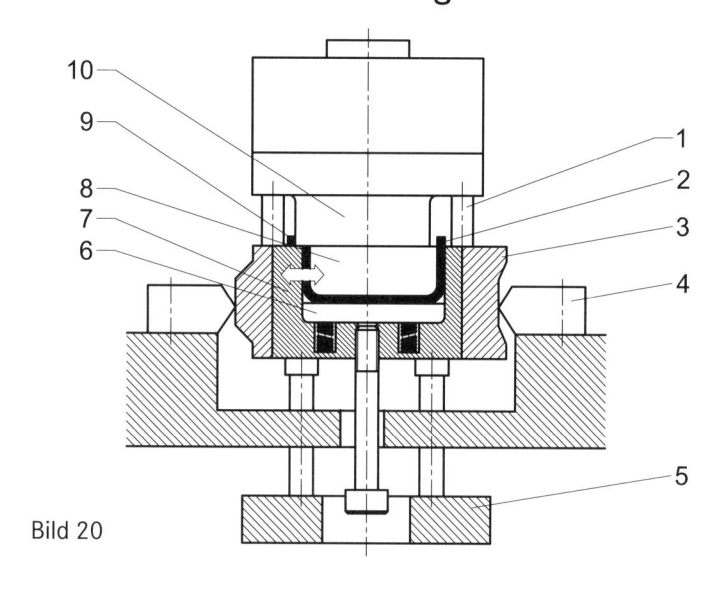

1 Distanzbolzen
2 Werkstück
3 Kurvenleiste
4 Keilleiste
5 Federdruckapparat
6 Federboden
7 Schneidplatte
8 bewegliche Distanzplatt
9 Abfall
10 Stempel

Bild 20

Abgraten

Bild 21

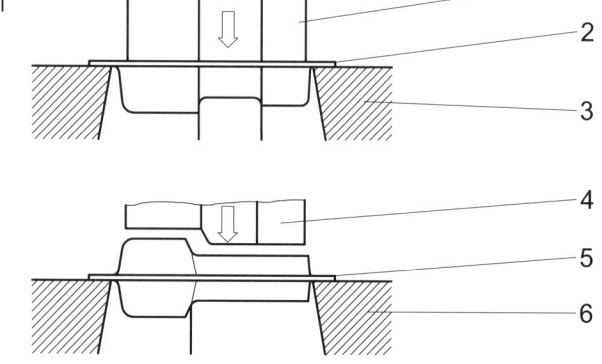

1 Stempel
2 Grat
3 Schneidplatte

4 Stempel
5 Grat
6 Schneidplatte

2. Schneidwerkzeuge

Messerschnitt – Gesamtschnitt

Bild 22

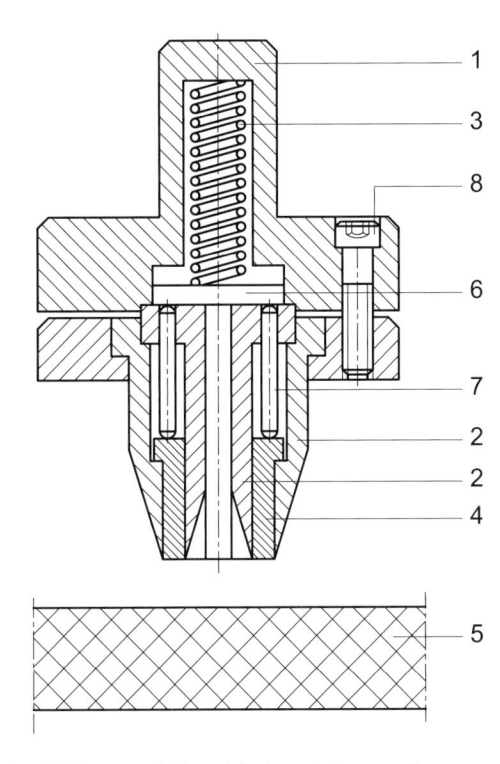

1 Kopfstück, 2 Messer, 3 Druckfeder, 4 Auswerferring, 5 Unterlage, 6 Druckscheibe, 7 Auswerferbolzen, 8 Zylinderkopfschraube

Formstanzwerkzeug Auswerfer – Formstempel

Bild 24

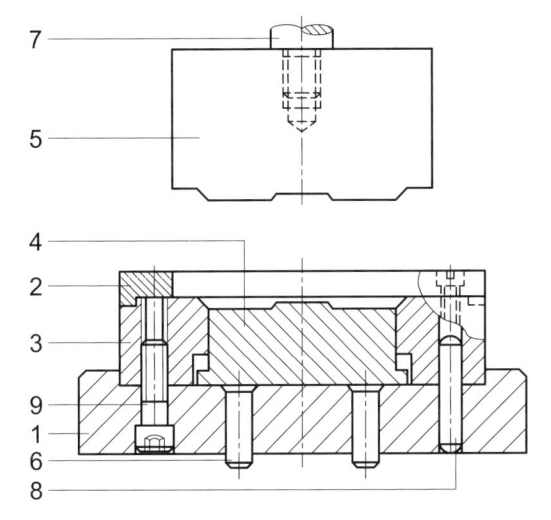

1 Grundplatte, 2 Einlage, 3 Aufnahmeplatte
4 Auswerfer, 5 Formstempel, 6 Druckbolzen
7 Einspannzapfen, 8 Zylinderstift, 9 Schraube

Nutenschnitt – Federabstreifer

Bild 23

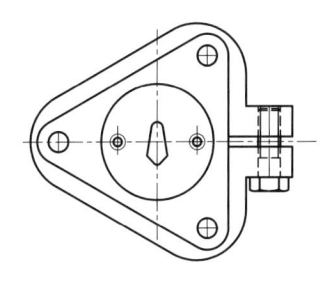

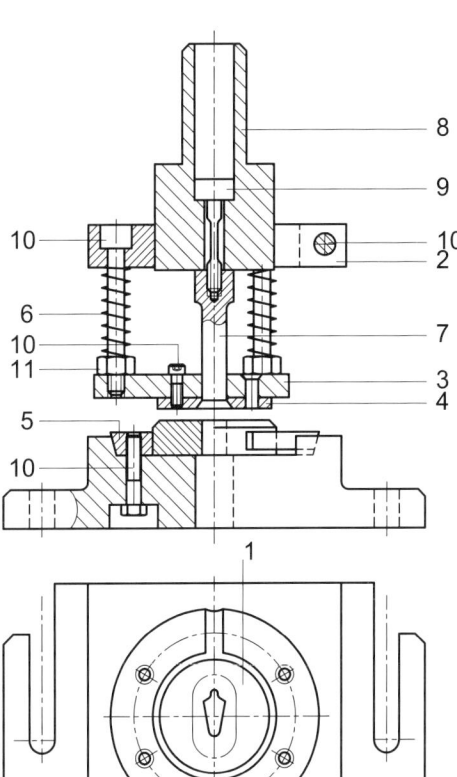

1 Unterteil, 2 Klemmplatte, 3 Abstreiferplatte, 4 Abstreifer, 5 Klemmringstück,
6 Druckfeder, 7 Stempel, 8 Stempelkopf,
9 Dehnschraube, 10 Zylinderschraube,
11 Mutter

Arbeitsprinzip beim Feinschneiden

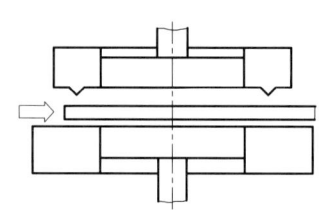

1 Ausschneidstempel
2 Schnittstreifen
3 Pressplatte
4 Ringzacke
5 Gegenhalter und Auswerfer
6 Schneidplatte

Bild 25

1. Stufe
Streifen vorschieben

2. Stufe
Streifen spannen mit Pressplatte, Ringzacke dringt in den Werkstoff ein

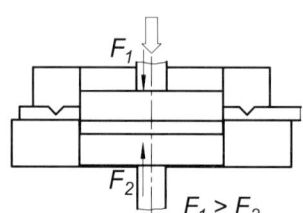

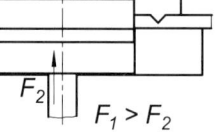

3. Stufe
Ausschneiden unter Gegendruck
$F_1 > F_2$

4. Stufe
Gegenhalterdruck abschalten, Stempel und Pressplatte fahren zurück, Streifen bleibt am Stempel hängen

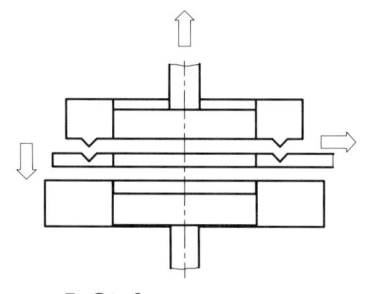

5. Stufe
Streifen vom Stempel abstreifen, Streifen vorschieben

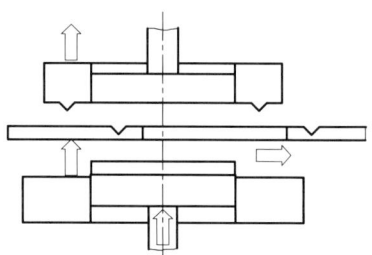

6. Stufe
Werkstück ausstoßen und entfernen

Feinschneiden Arbeitsprinzip – Richtwerte

Bild 26

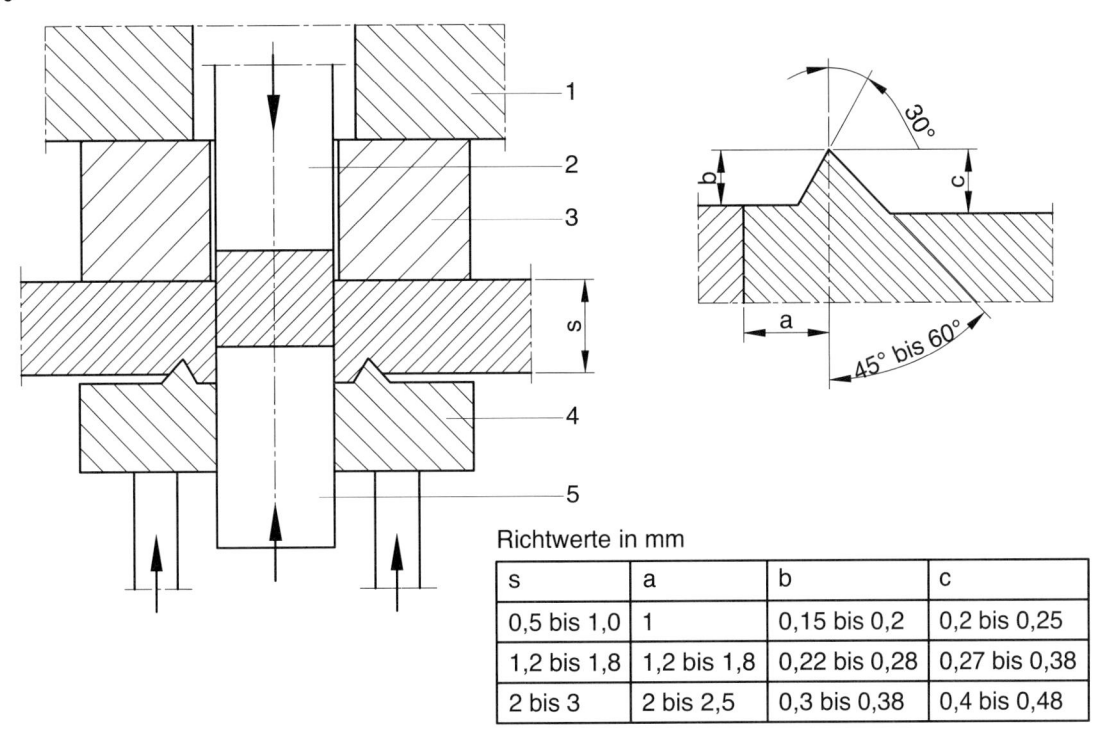

Richtwerte in mm

s	a	b	c
0,5 bis 1,0	1	0,15 bis 0,2	0,2 bis 0,25
1,2 bis 1,8	1,2 bis 1,8	0,22 bis 0,28	0,27 bis 0,38
2 bis 3	2 bis 2,5	0,3 bis 0,38	0,4 bis 0,48

Die Ringzacke drückt den Werkstoff beim Schneiden gegen den Schneidstempel
1 Auflage, 2 Auswerfer, 3 Schneidplatte, 4 Pressplatte, 5 Schneidstempel, s Blechdicke

Gesamtschneidwerkzeug – Arbeitsprinzip

Bild 27

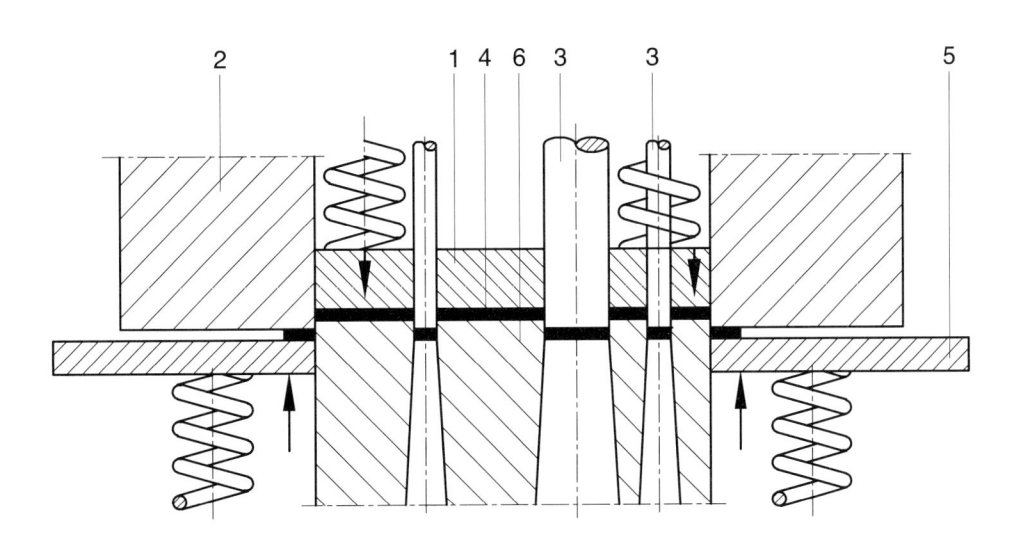

1 Auswerfer, 2 Schneidplatte, 3 Lochstempel, 4 Materialstreifen, 5 Abstreifer, 6 Umrissstempel

Werkzeug zum Entgraten

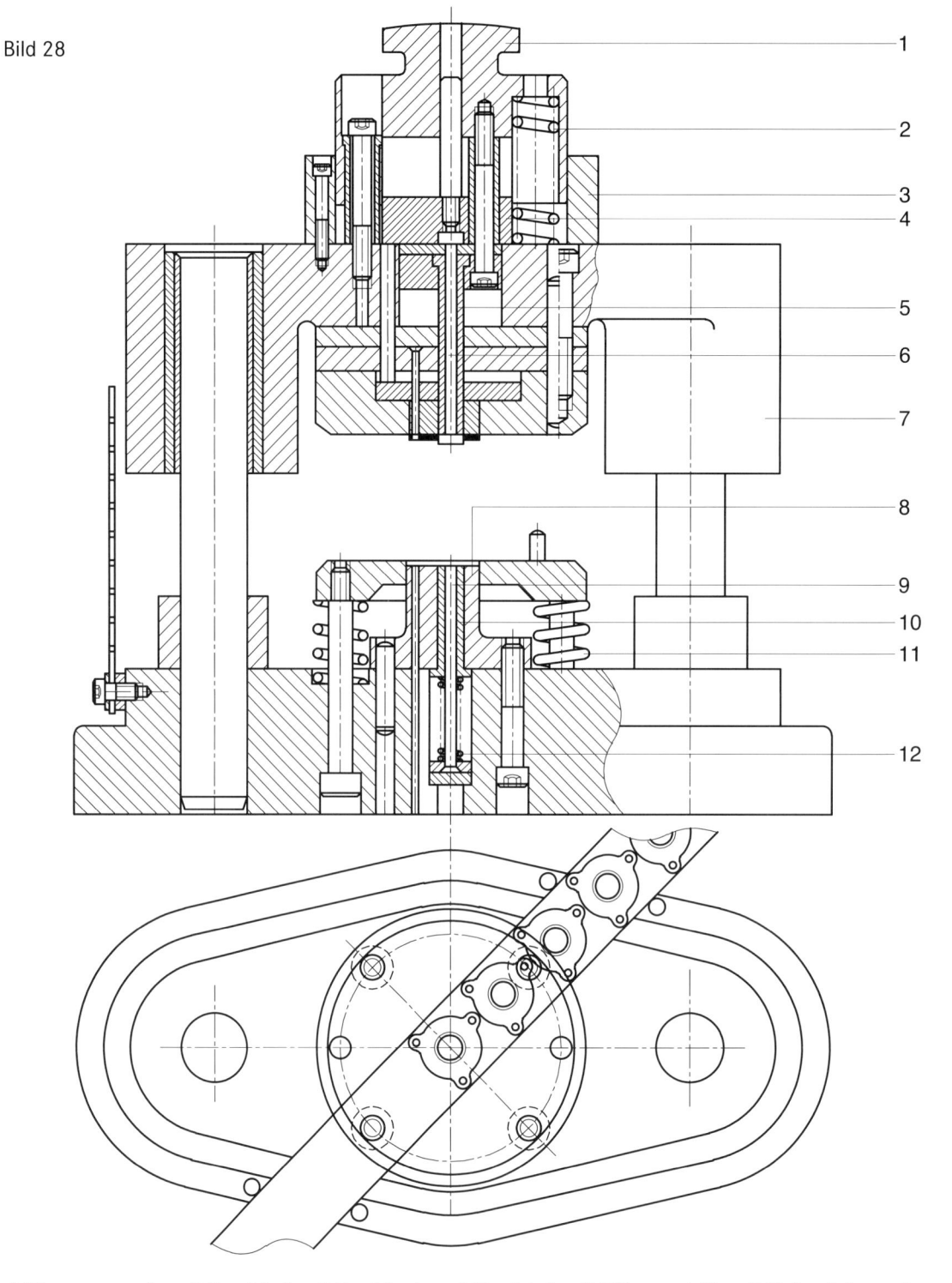

Bild 28

1 Einspannzapfen, 2 Druckfeder, 3 Zentrierring, 4 Kopfplatte, 5 Führungshülse, 6 Entgratstempel.
7 Säulenführungsgestell (2-Säulen-Bauart), 8 Stempelaufnahme, 9 Entgratstempel, 10 Führungshülse,
11 Druckfeder, 12 Druckfeder

Feinschneidwerkzeug – Ringzacke

Bild 29

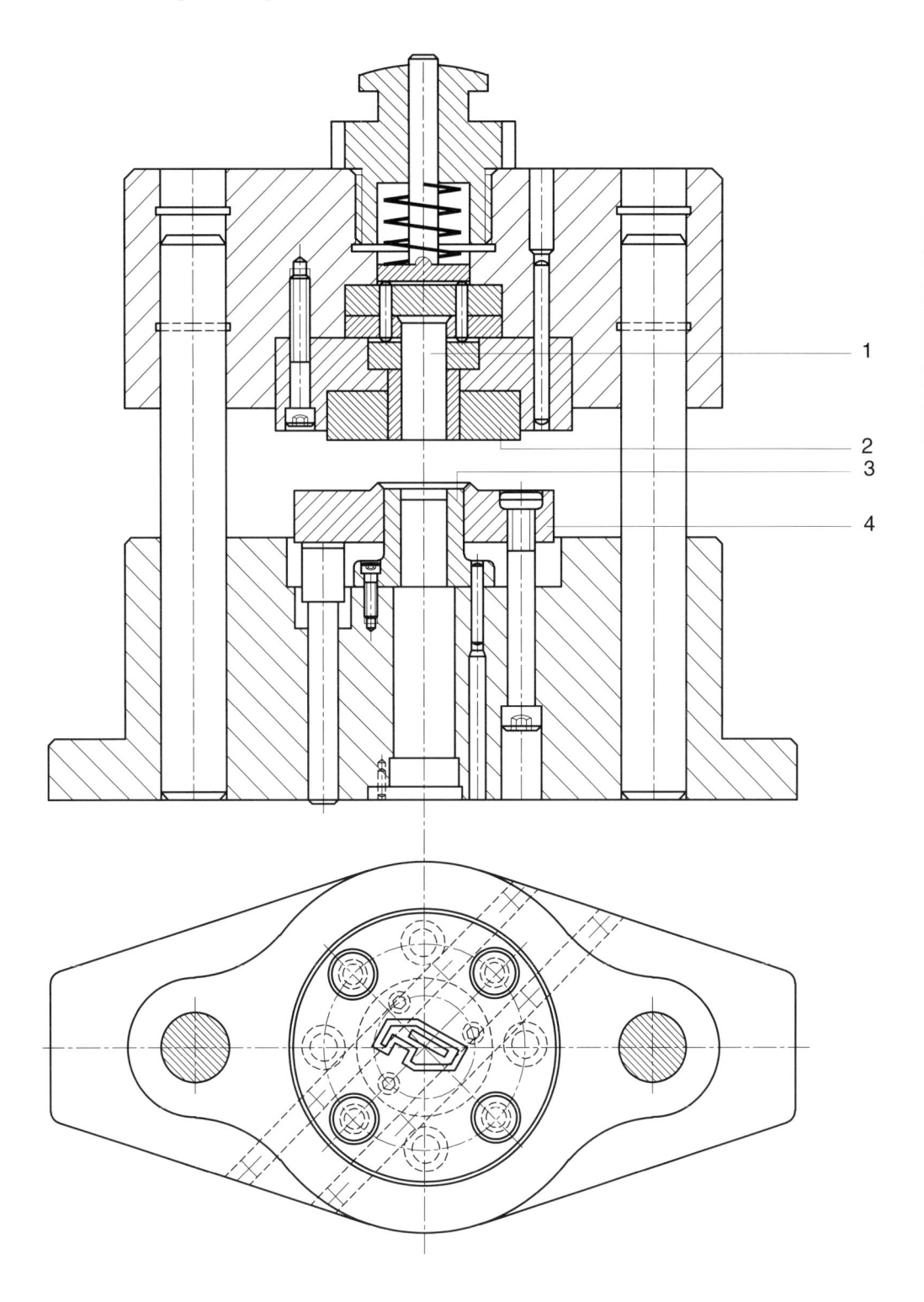

Die Pressplatte ist mit einer Ringzacke entlang der Werkstückkontur versehen.

1 Formlochstempel, 2 Schneidplatte, 3 Schneidstempel, 4 Ringzackenplatte

Feinschneidwerkzeug – Werkzeugaufbau

Bild 30

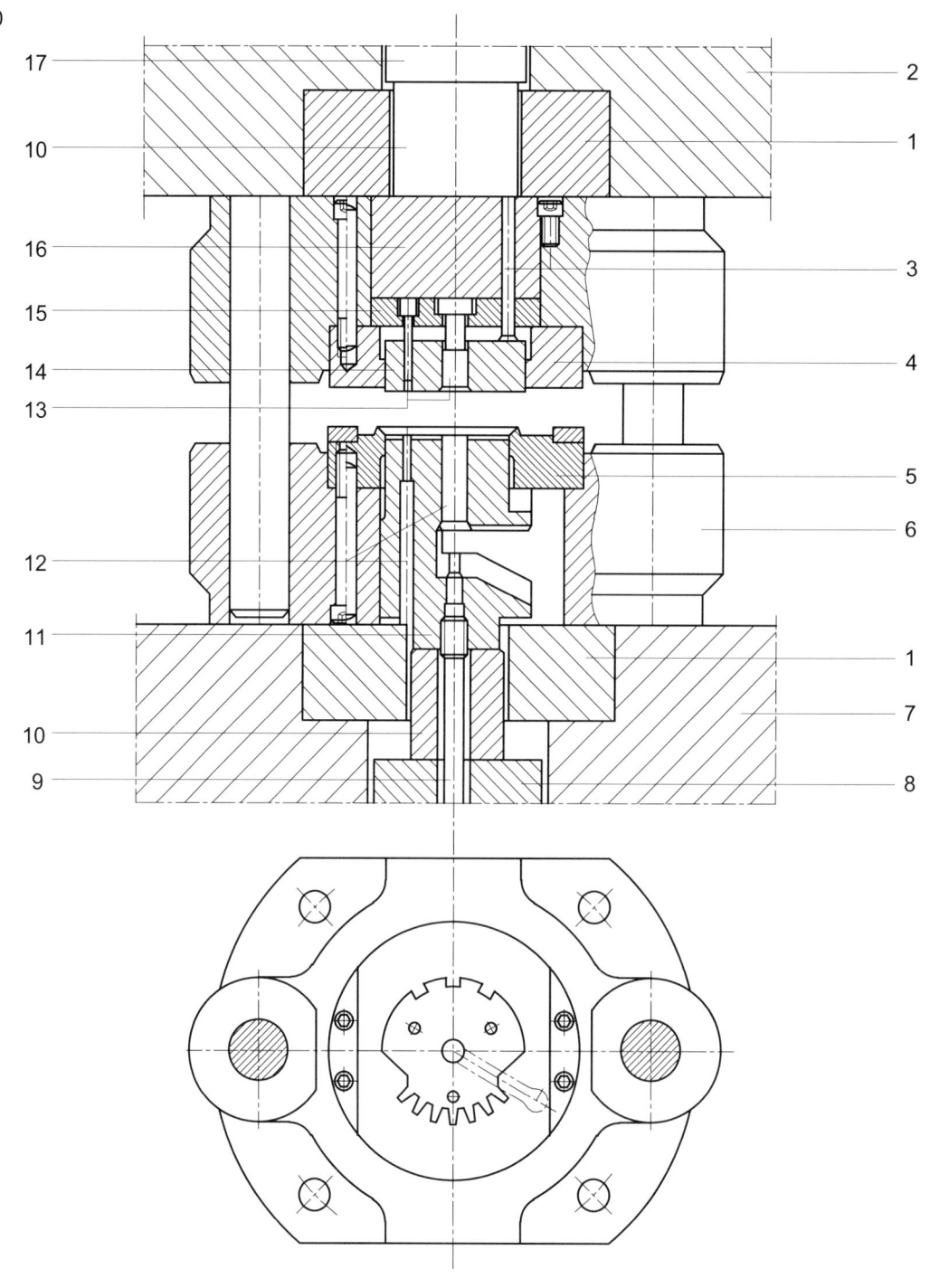

1 Druckring, 2 obere Aufspannplatte, 3 Druckbolzen, 4 Schneidplatte, 5 Pressplatte mit Ringzacke, 6 Säulengestell, 7 untere Aufspannplatte, 8 Stempelabstützung, 9 Stempelbefestigungsspindel, 10 Druckringeinsatz, 11 Stempel, 12 Butzenauswurf, 13 Lochstempel, 14 Auswerfer, 15 Lochstempelhalteplatte, 16 Einsatz, 17 Gegenkraftkolben

Schüttelbeschneidwerkzeug

Bild 31

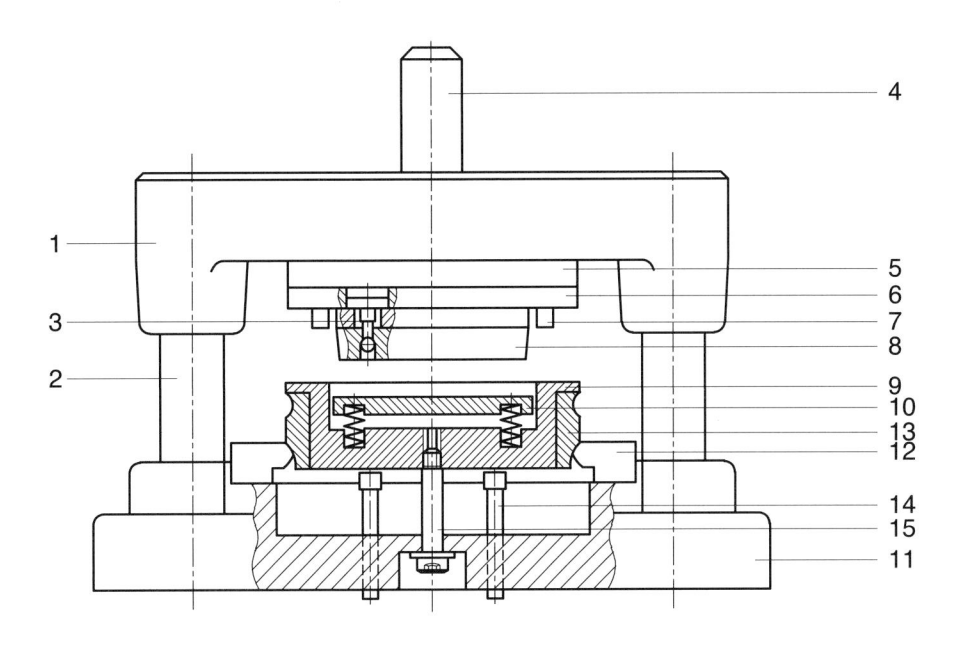

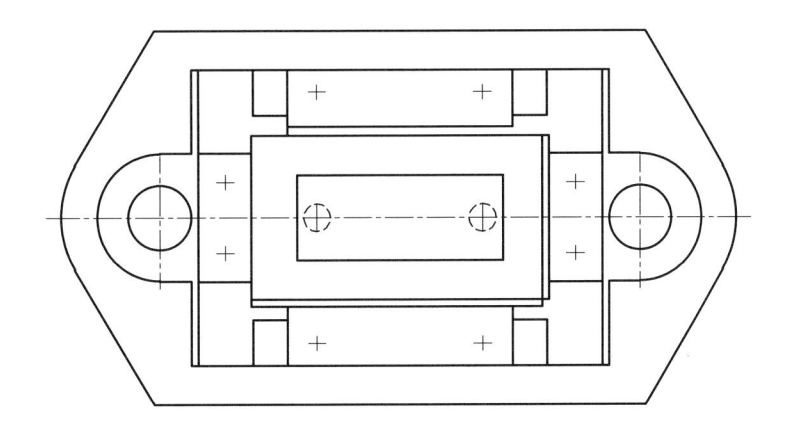

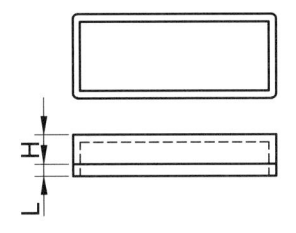

Beim Niedergang des Werkzeugs wird über eine Kurvenleiste eine Querbewegung des Schneidkörpers erzeugt, wobei der Rand des Werkstücks umlaufend beschnitten wird.
1 Oberteil, 2 Führungssäule, 3 Sicherungsbolzen, 4 Einspannzapfen, 5 Zwischenplatte, 6 Schneidplatte, 7 Distanzbolzen, 8 Distanzplatte, 9 Schneidkörper, 10 Auswerfer, 11 Unterteil, 12 Keilleiste, 13 Kurvenleiste, 14 Druckbolzen, 15 Halteschraube
H Fertigteilhöhe, L Beschneiderand

Säulenführungswerkzeug

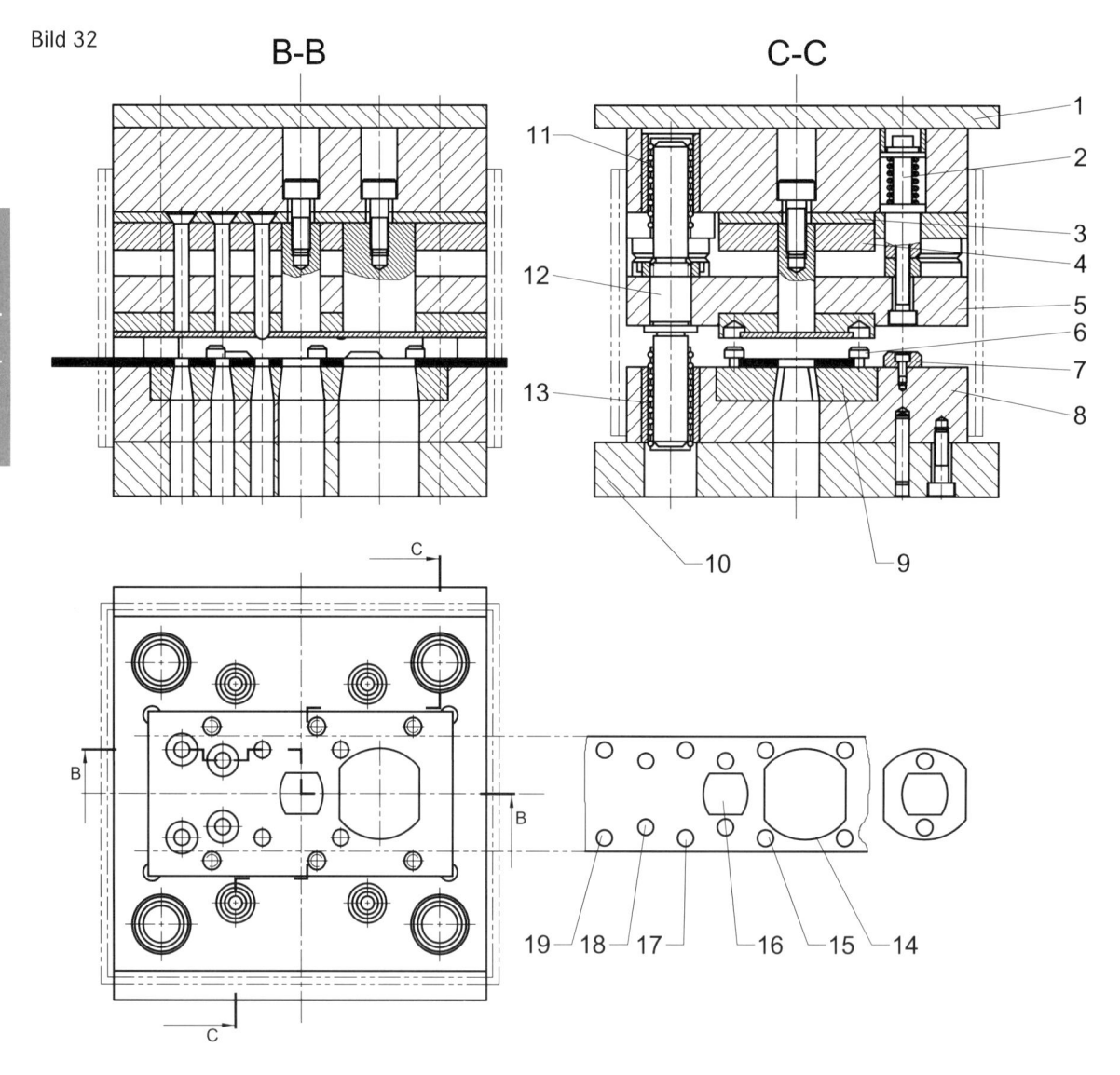

Bild 32

1 Kopfplatte
2 Federelement
3 Druckplatte
4 Stempelplatte
5 Führungsplatte
6 Streifenführungselement
7 Distanzstück
8 Aufnahmeplatte
9 Schneidplatteneinsatz
10 Grundplatte

11 Kugelführung
12 Führungssäule
13 Kugelführung

14 Ausschneiden
15 Suchen
16 Innenform lochen
17 Suchen
18 Werkstück lochen
19 Lochung für Suchstifte

Plattenwerkzeug – Schneiden

Bild 33

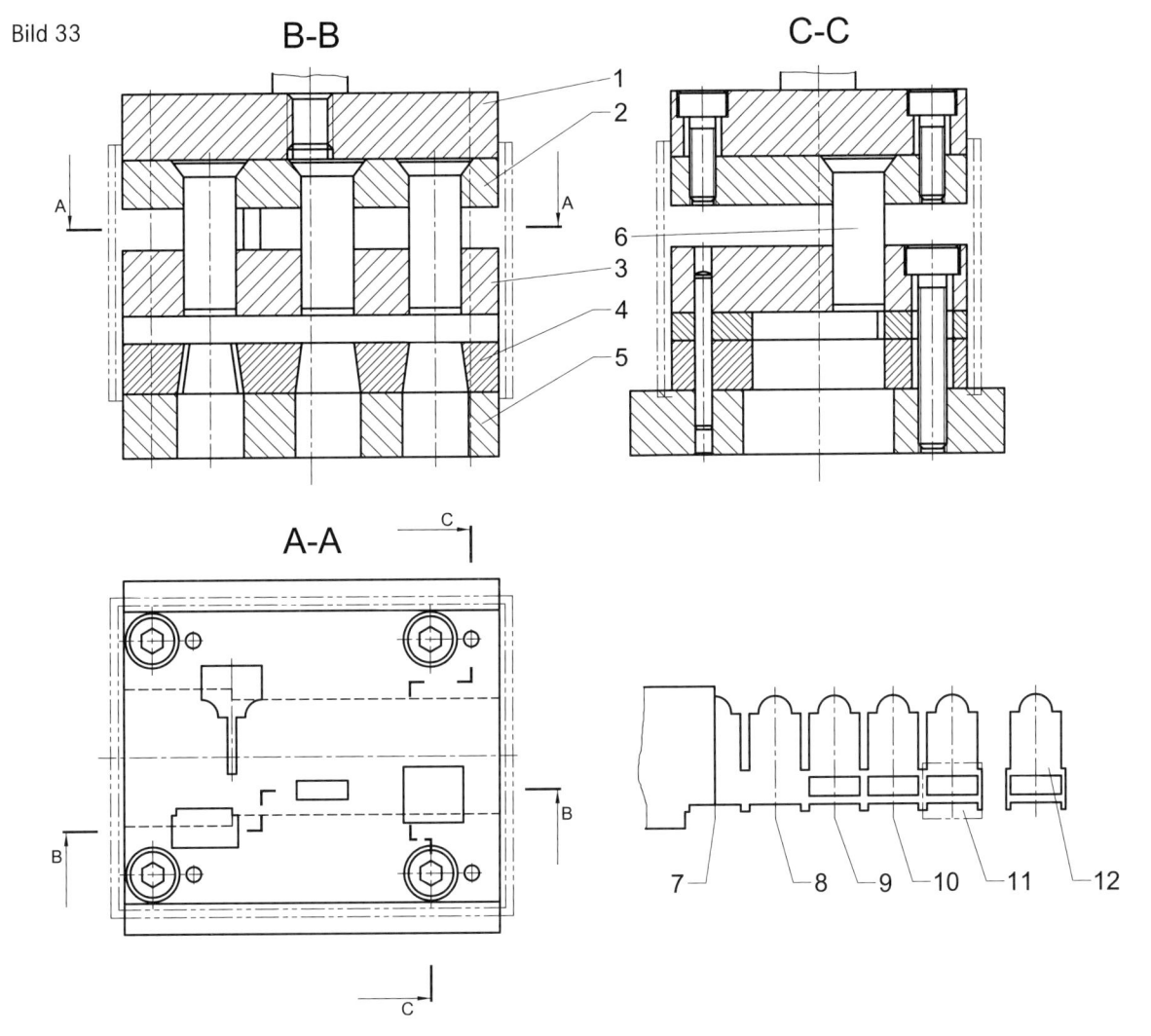

B-B

C-C

A-A

1 Kopfplatte
2 Stempelplatte
3 Führungsplatte
4 Schneidplatte
5 Grundplatte
6 Abschneidplatte

7 Formseitenschneiden
8 Einschneiden
9 Formlochen
10 Leerstufe
11 Abschneiden
12 Fertiges Werkstück

Bild 2: Schneidwerkzeug mit Säulenführung

1 Oberteil
2 Schneidplatte
3 Führungssäule
4 Schneidstempel
5 Abstreifplatte
6 Schnittstreifen
7 Unterteil

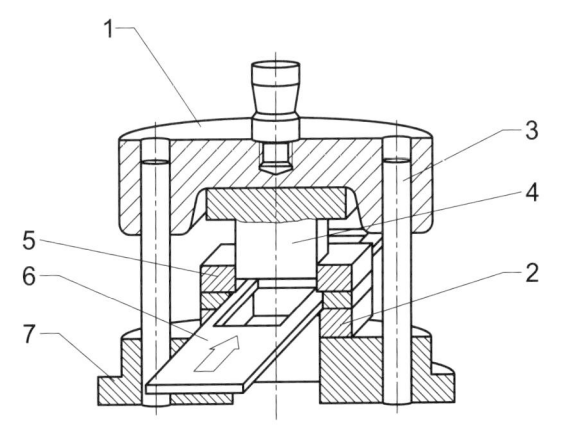

Beschneidwerkzeug – Abfalltrenner

Bild 34

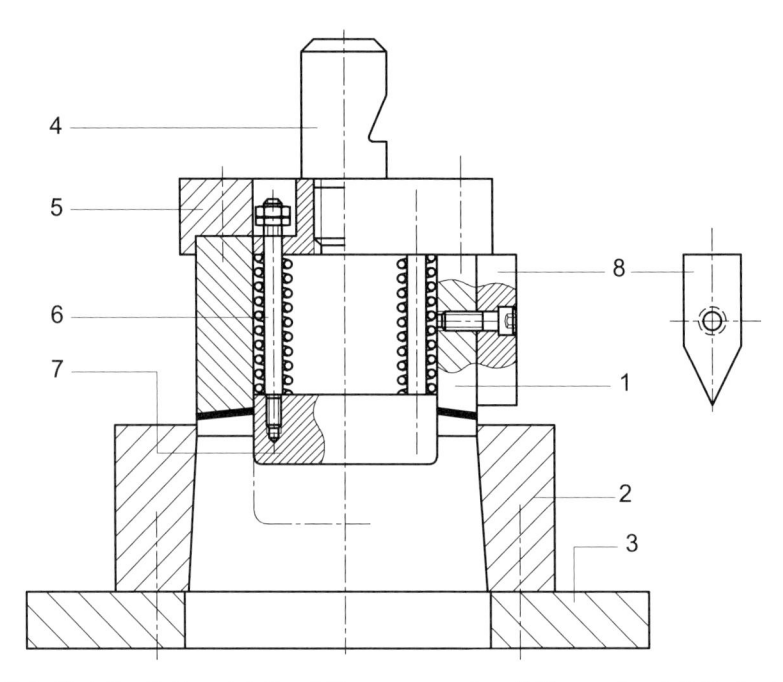

1 Ringstempel, 2 Schnittplatte, 3 Grundplatte, 4 Einspannzapfen, 5 Stempelkopf, 6 Federdruckbolzen, 7 Zentrierstempel, 8 Abfalltrenner

Beschneidwerkzeug – Großwerkzeug

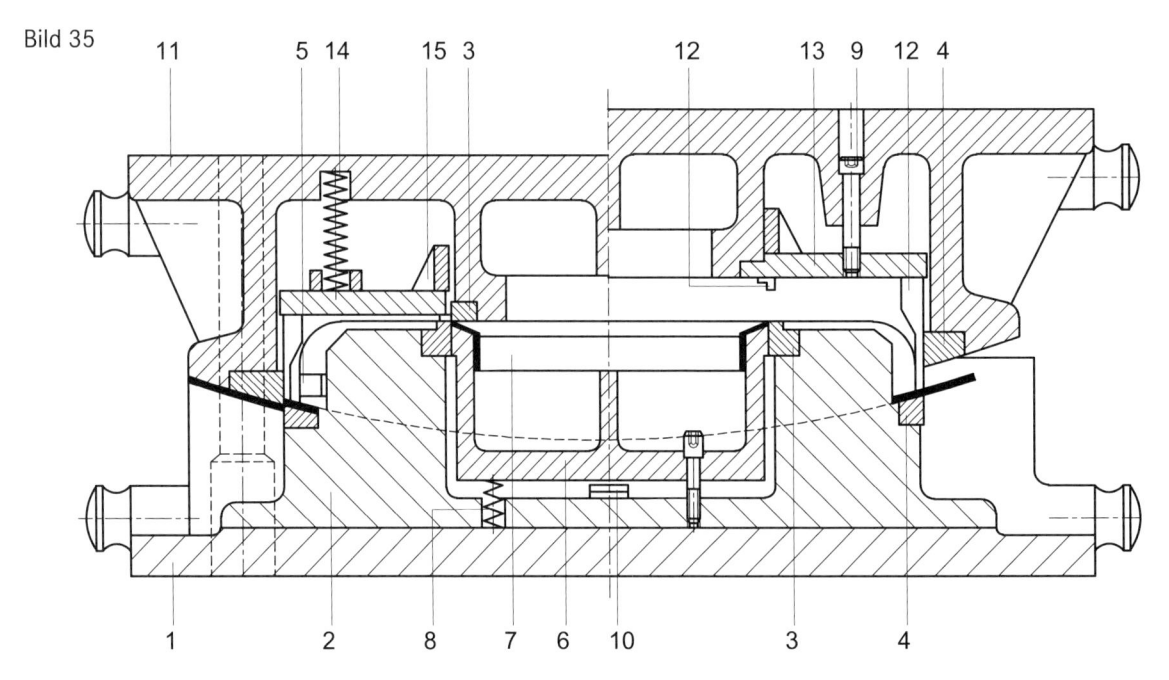

Bild 35

1 Grundplatte mit Tragzapfen, 2 Auflage, 3 innere Schneidleiste, 4 äußere Schneidleiste, 5 Anlageleiste, 6 Ausschnittauswerfer, 7 Deckplatte des Ausschnittauswerfers, 8 Auswerferfeder, 9 Innensechskantschr., 10 Anschlagplatte, 11 Stempelkopf, 12 Niederhalteleiste, 13 Niederhalteplatte, 14 Druckfeder, 15 Winkel

Beschneidwerkzeug – Plattenbauweise

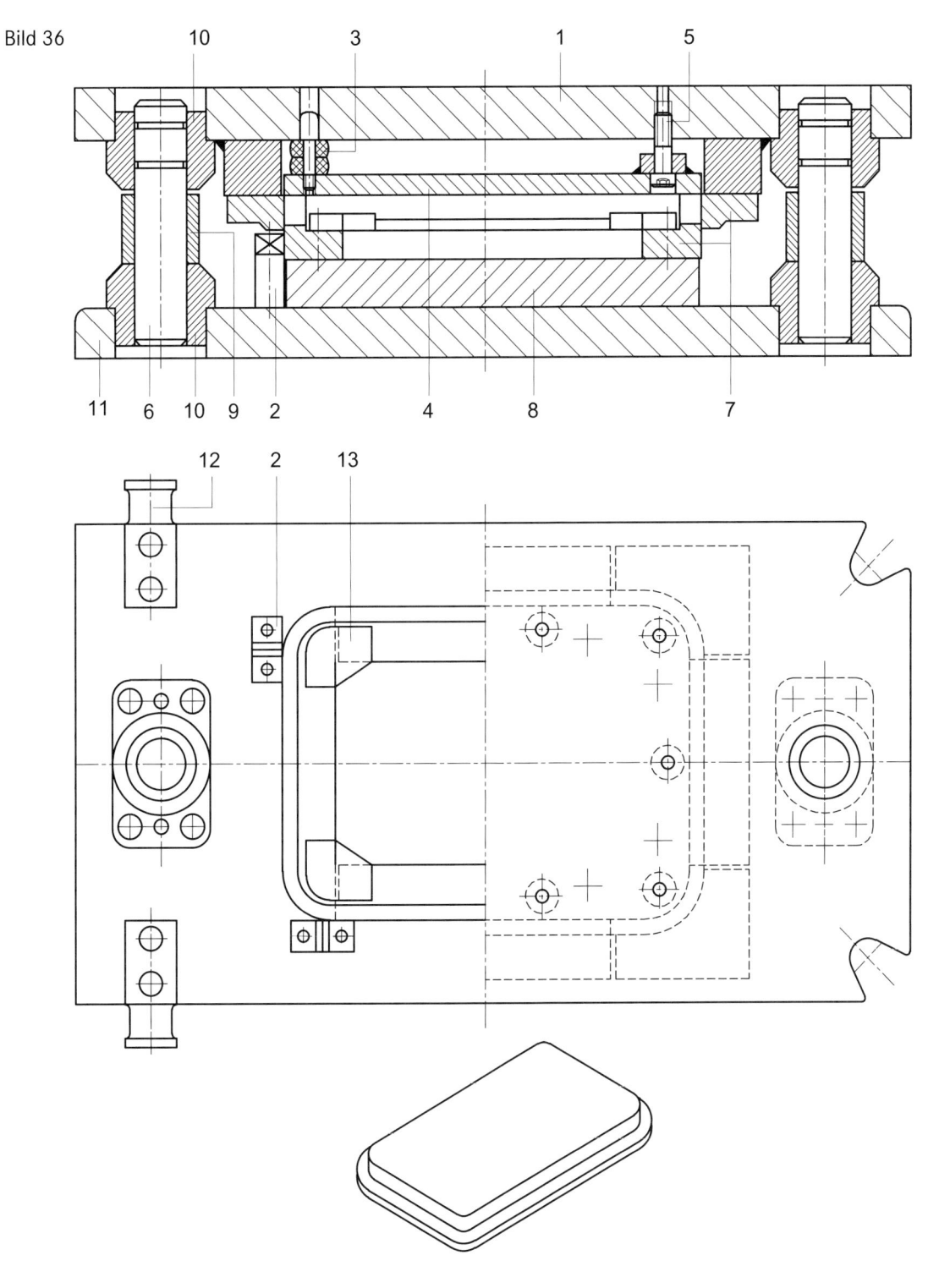

Bild 36

1 Kopfplatte, 2 Abfalltrennmesser, 3 Gummifeder, 4 Ausstoßer, 5 Bundschraube, 6 Führungssäule,
7 Schneidleiste, 8 Messeraufnahmeplatte, 9 Abstandsbuchse, 10 Säulenlager, 11 Grundplatte,
12 Tragzapfen, 13 Formaufnahmestück

Beschneidwerkzeug – Wackelschnitt

Bild 37

Fertigteil

Ausgangsteil

1 Keilsegment, 2 Matrizenaufnahme, 3 Matrize, 4 Drehtellereinsatz, 5 Drehteller, 6 Schneidstempel

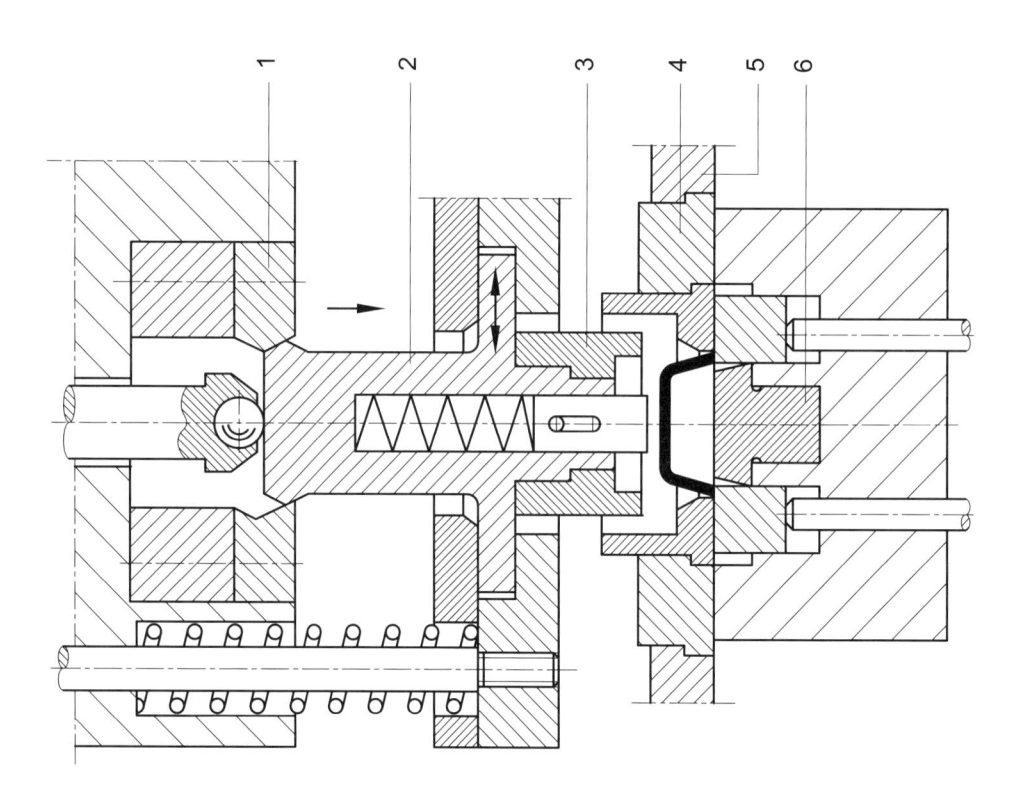

Es wird ein konisches Teil am Boden beschnitten. Die horizontale Schneidbewegung wird aus der vertikalen Bewegung mit Hilfe von 4 bis 6 Keilsegmenten abgeleitet. Die Zuführung der Teile in die Arbeitsposition geschieht mit einem Drehteller.

2. Schneidwerkzeuge

Freischnitt – Federabstreifer

Bild 38

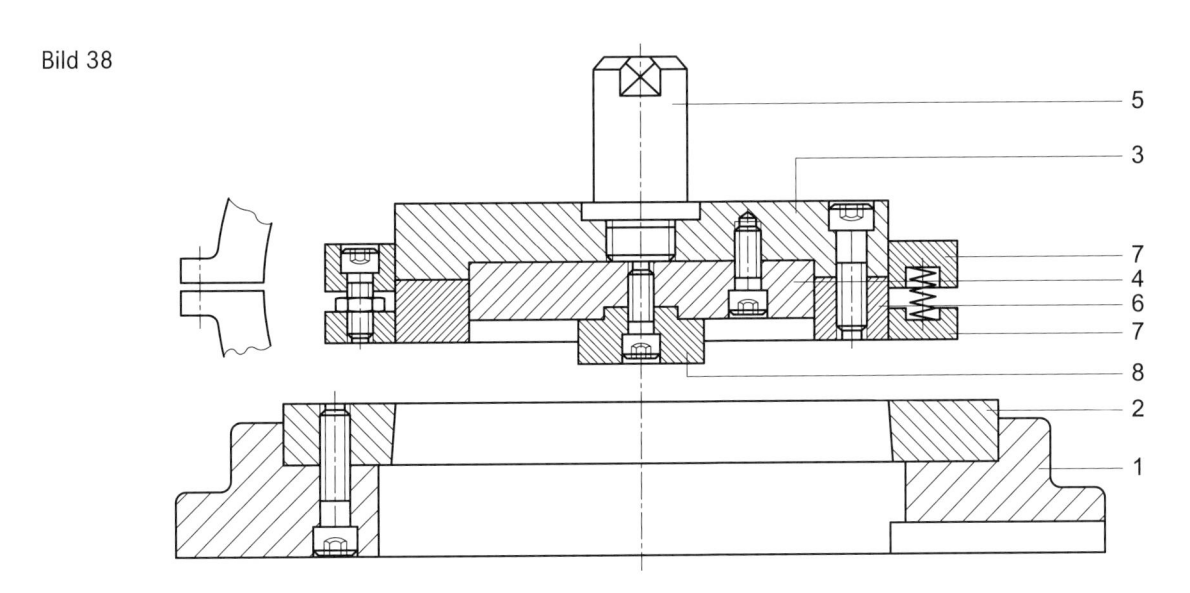

1 Gestell, 2 geteilter Schneidring, 3 Stempelaufnahmeplatte, 4 Zentrierscheibe, 5 Einspannzapfen,
6 Schneidring, 7 Abstreifer, 8 Fangscheibe

Folgeschnitt – Einhängestift

Bild 39

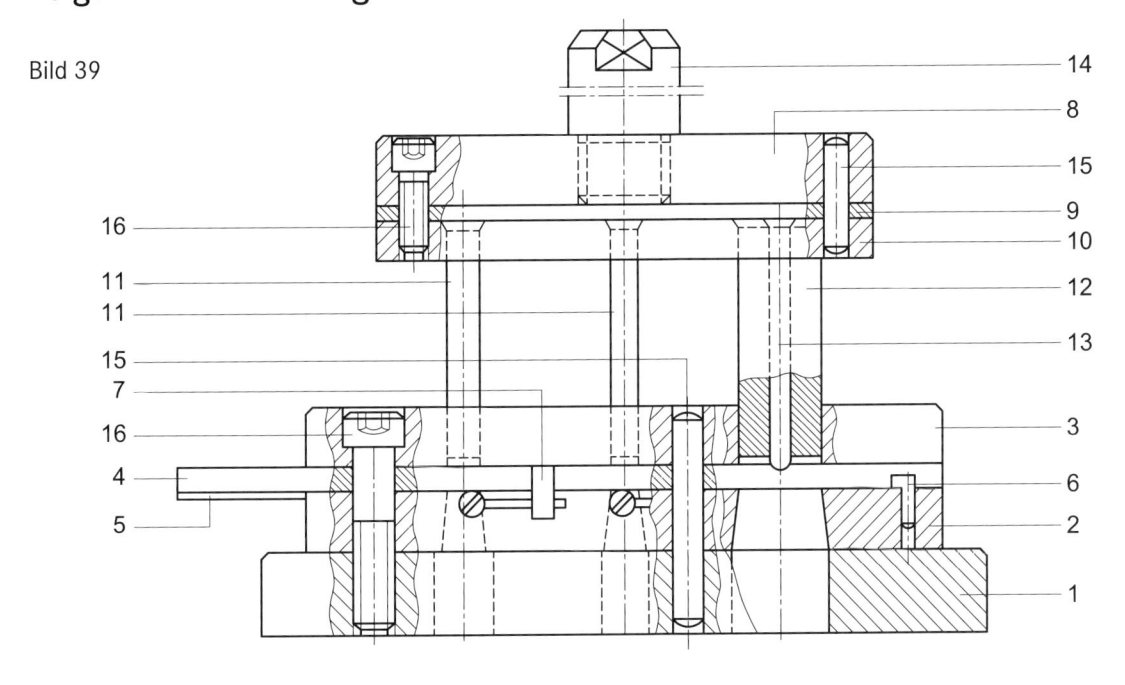

1 Grundplatte, 2 Schneidplatte, 3 Führungsplatte, 4 Führungsleiste, 5 Auflageblech, 6 Einhängestift,
7 Anschneidanschlag, 8 Kopfplatte, 9 Druckplatte, 10 Stempelhalteplatte, 11 Vorlochstempel,
12 Schneidstempel, 13 Suchstift, 14 Einspannzapfen, 15 Zylinderstift, 16 Zylinderkopfschraube

Plattenführungsschnitt – Einhängestift

Bild 40

Plattenführungsschnitt – Auswerfer

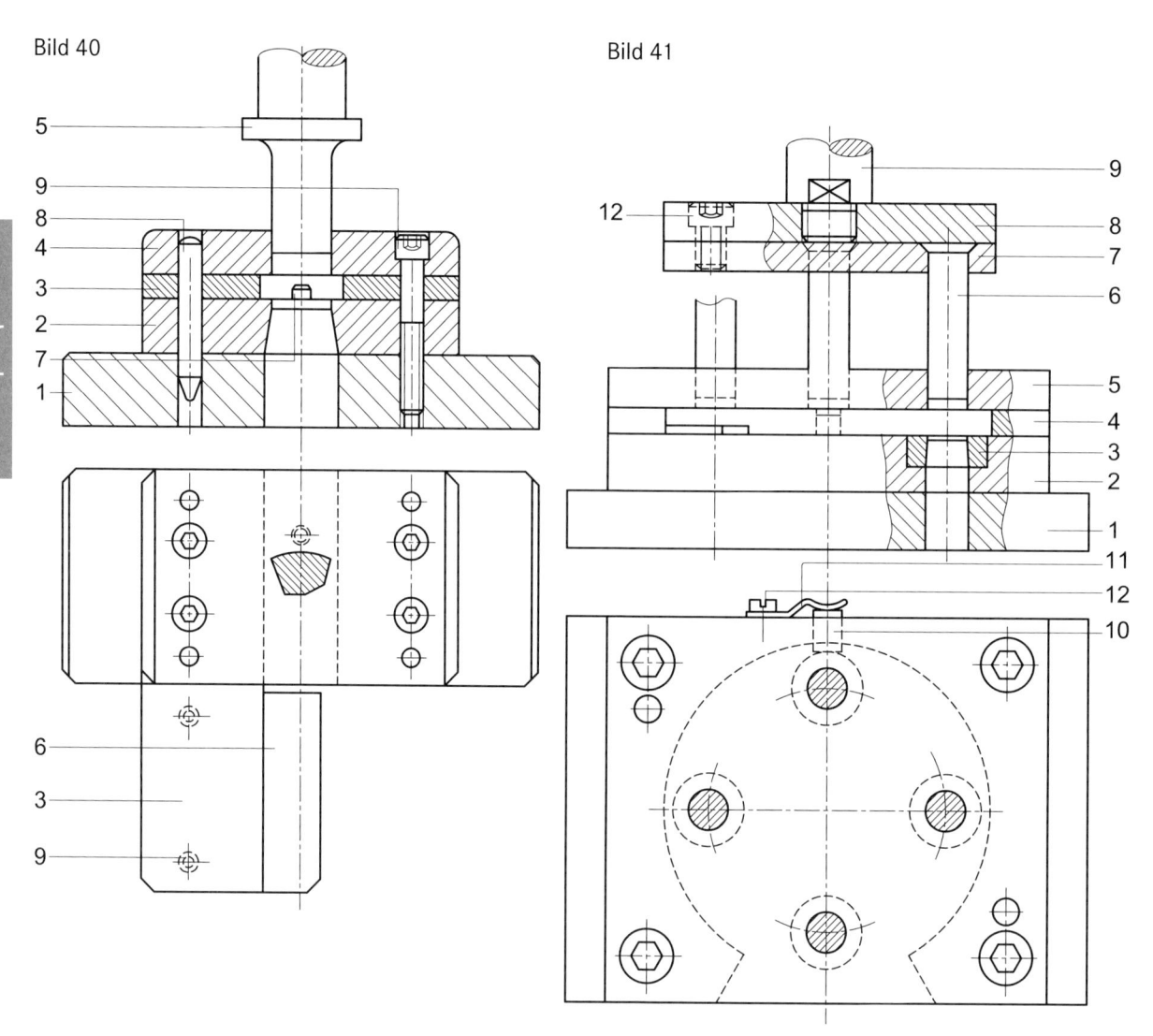

Bild 41

1 Unterlage, 2 Schneidplatte,
3 Zwischenlage, 4 Führungsplatte,
5 Stempel, 6 Streifenauflage,
7 Einhängestift, 8 Zylinderstift,
9 Zylinderkopfschraube

1 Grundplatte, 2 Aufnahmeplatte, 3 Schneidbuchse, 4 Beilage
5 Führungsplatte, 6 Lochstempel, 7 Stempelaufnahmeplatte,
8 Kopfplatte, 9 Einspannzapfen, 10 Auswerfer, 11 Blattfeder,
12 Zylinderkopfschraube

Ausschneidwerkzeug – Säulenführung

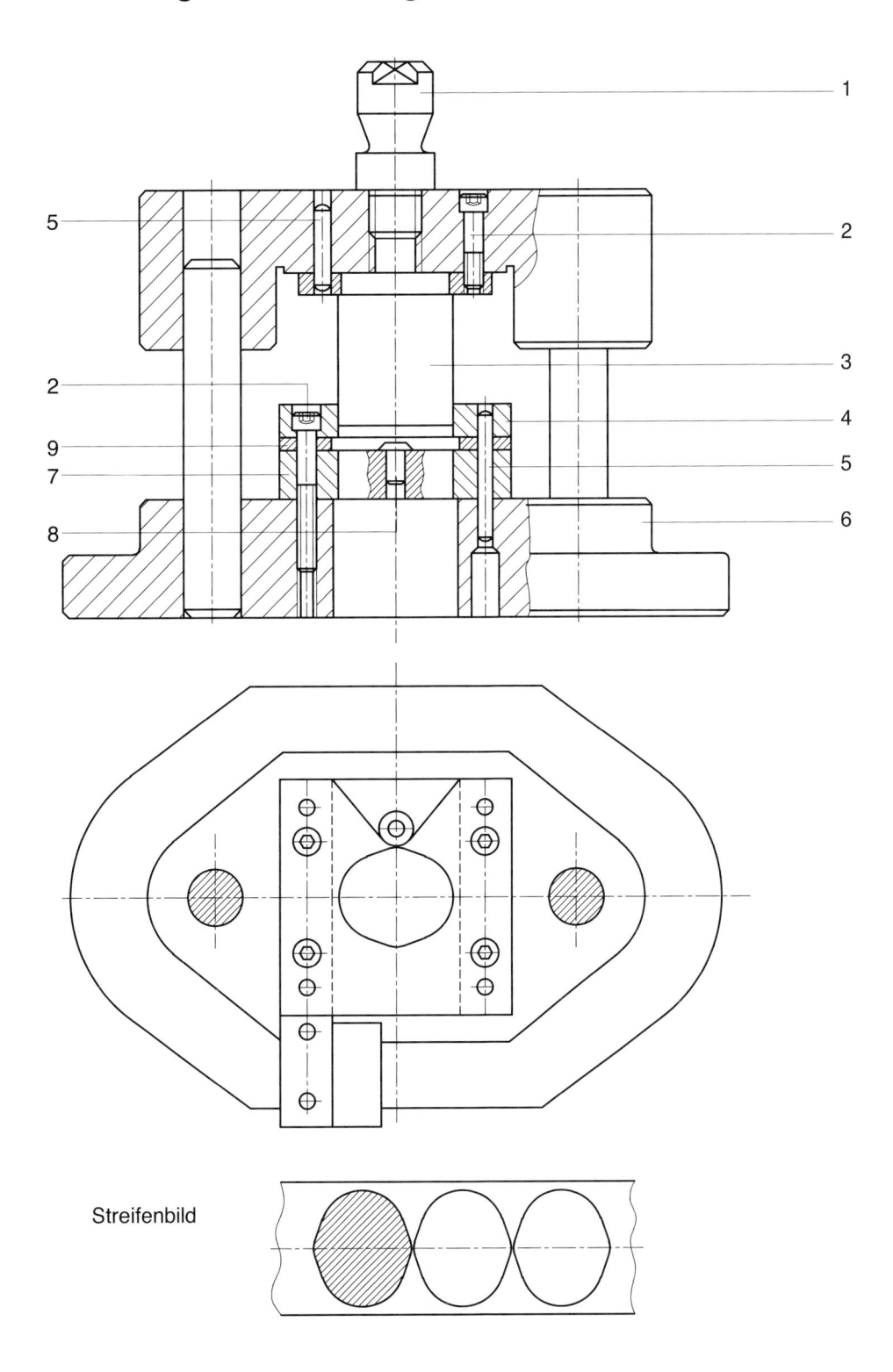

Bild 42

Streifenbild

1 Einspannzapfen, 2 Zylinderkopfschraube, 3 Schneidstempel, 4 Führungsplatte, 5 Zylinderstift,
6 Säulenführungsgestell, 7 Schneidplatte, 8 Einhängestift, 9 Zwischenlage

Feinschneidwerkzeug

Bild 43

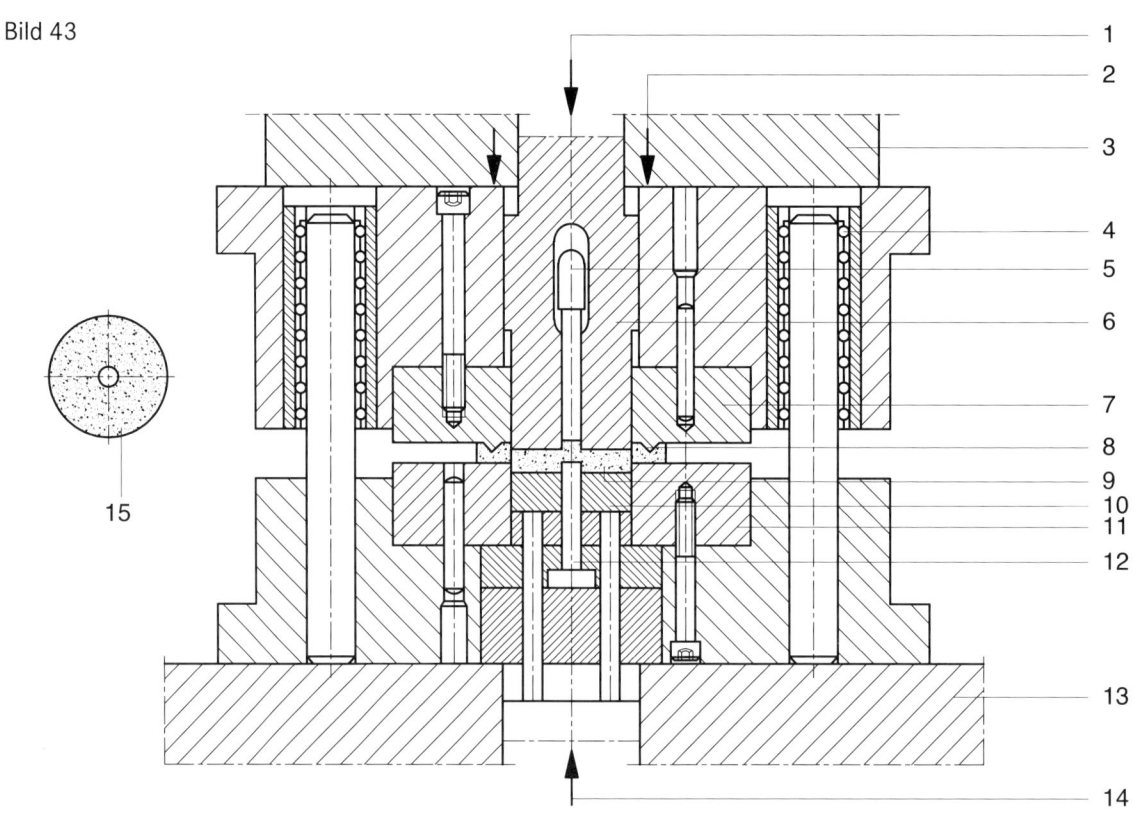

1 Schnittkraft, 2 Presskraft, 3 beweglicher Pressenstössel, 4 Kugelführung, 5 Ausstoßleiste,
6 Ausschneidstempel, 7 Pressplatte, 8 Ringzacke, 9 Werkstück, 10 Gegenhalter, 11 Schneidplatte,
12 Lochsempel, 13 feststehender Pressentisch, 14 Gegenhaltekraft, 15 Schnittteil

Ringzackenform

Bild 44

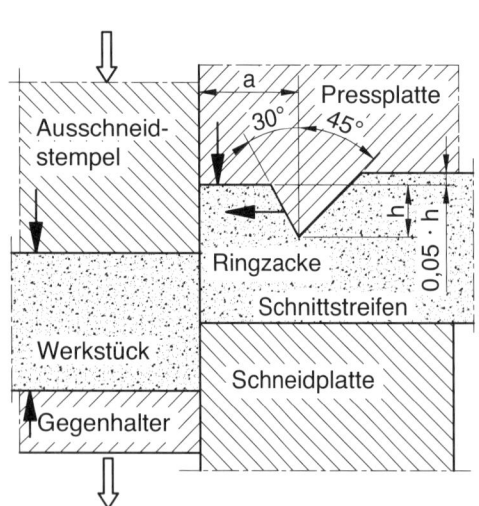

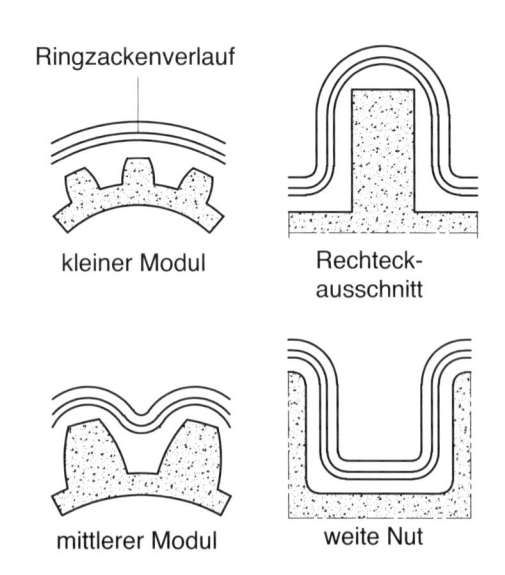

Beschneidwerkzeug – Wackelschnitt

Bild 45

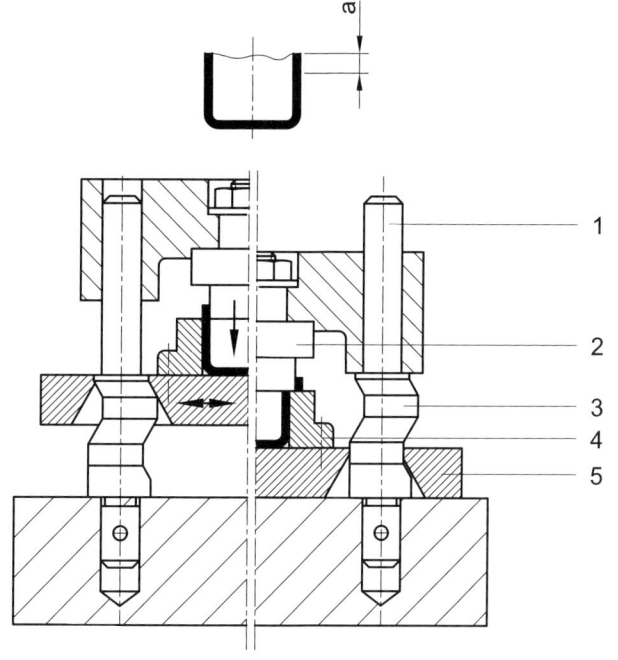

Beim Niedergang des Werkzeugoberteils wird die Matrize waagerecht verschoben, so dass deren Rand "a" abgeschnitten wird.
1 Führungssäule, 2 Schneidstempel, 3 Keilscheibe, 4 Schneidring, 5 Matrizenplatte

Abschneider – Abfalltrenner

Bild 47

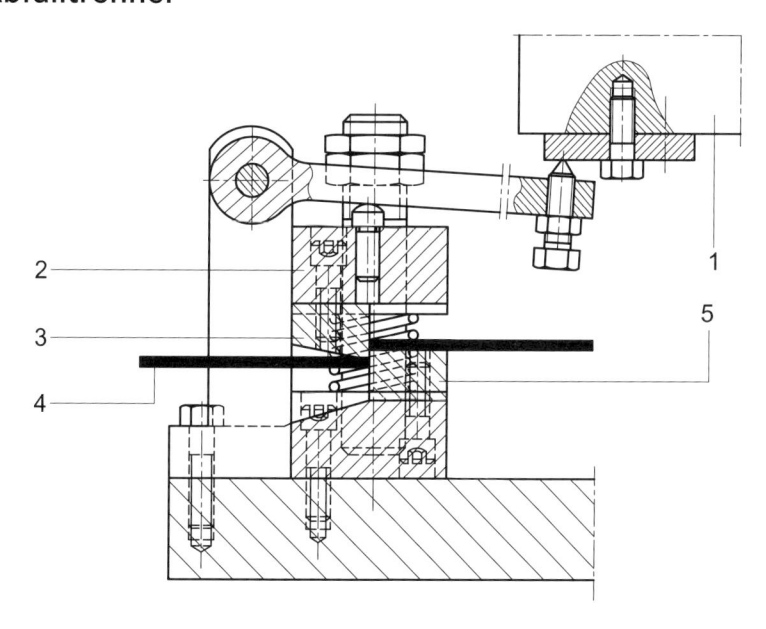

Werkzeug zum Abschneiden von Streifenstücken oder Trennen des Abfallgitters.
1 Pressenstössel, 2 Hubschieber, 3 Trennmesser, 4 Materialstreifen, 5 Streifenauflage mit Schneidkante

Auswerfer – Sicherung

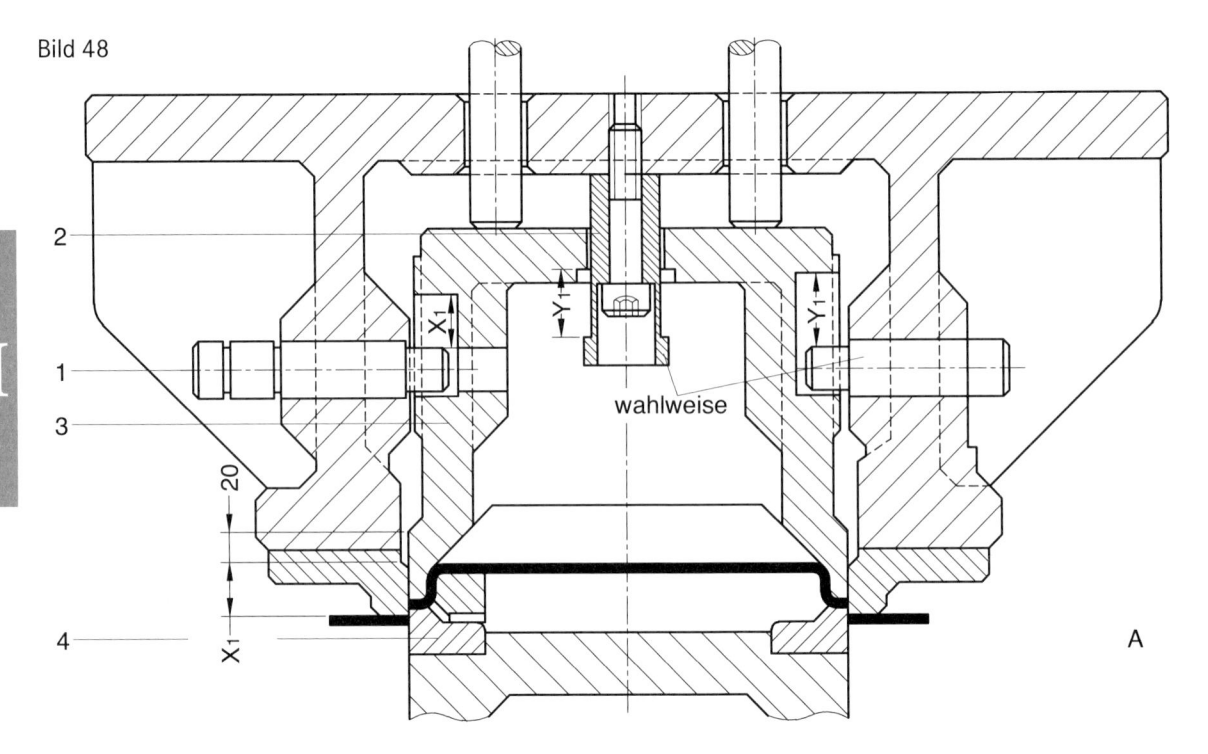

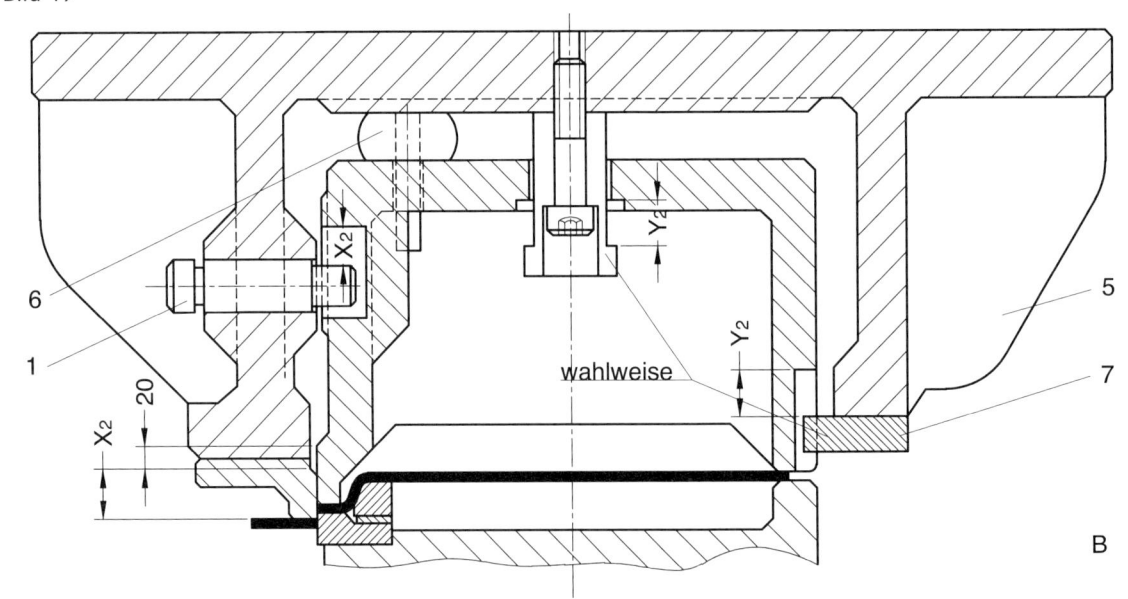

Bild 48

Bild 49

A Werkzeug mit Oberluft; x_1 = Auswerferhub + 5 mm Sicherheitszuschlag, $y_1 = x_1 + 20$ mm;
B Werkzeug mit Federn im Oberteil; x_2 = Federweg + 5 mm Zuschlag; $y_2 = x_2 + 20$ mm;
1 Sicherungsbolzen, 2 Buchse zur Hubbegrenzung, 3 Niederhalter, 4 Schneidstempel,
5 Werkzeugoberteil, 6 Teller- oder Gummifeder, 7 Sicherungsplatte

Plattenführungsschnitt – stempelgeführte Werkzeuge

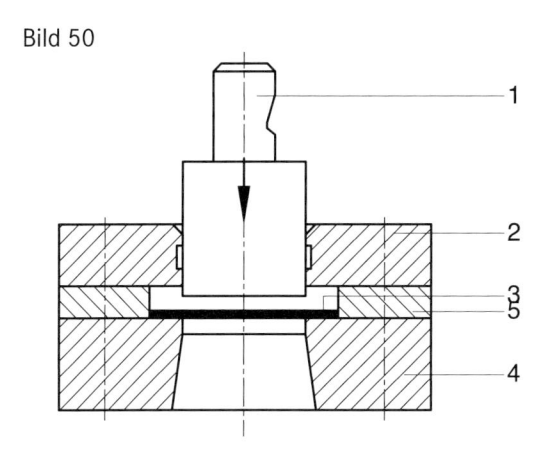

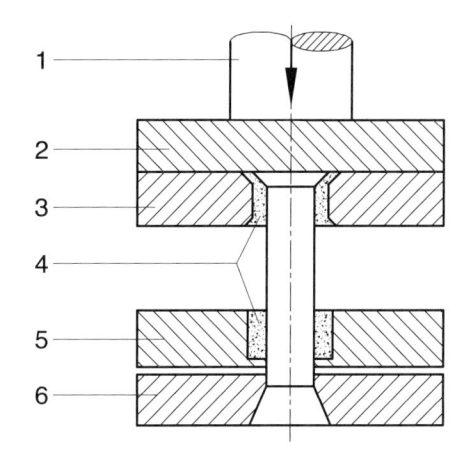

Bild 50

1 Stempel, 2 Stempelführungsplatte,
3 Werkstück, 4 Schnittplatte
5 Zwischenlage (Streifenführung)

1 Einspannzapfen, 2 Kopfplatte, 3 Stempelaufnahmeplatte, 4 Kunststoff oder Zamak,
5 Führungsplatte, 6 Schnittplatte

Säulenführungsschnitt

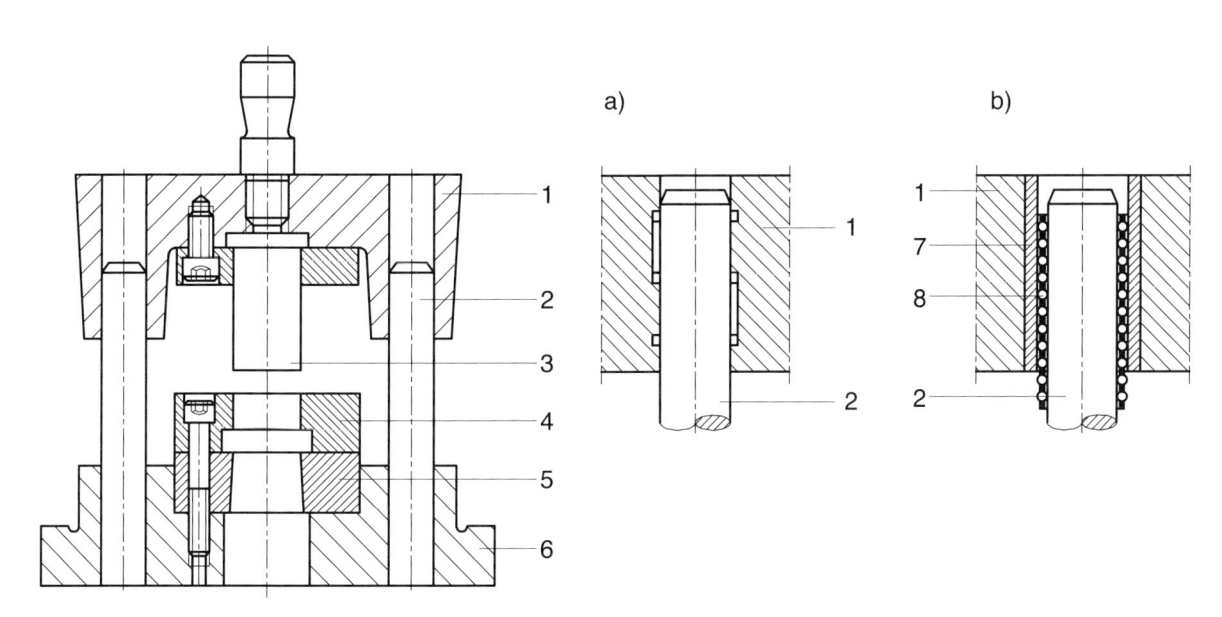

Bild 51

a) mit Führungsbüchse, b) mit Kugelführung
1 Gestelloberteil, 2 Führungssäule, 3 Stempel, 4 Abstreifer, 5 Schnittplatte, 6 Gestellunterteil,
7 Führungsbüchse, 8 Kugelkäfig

Trennwerkzeug – Trennschnitt

Bild 52

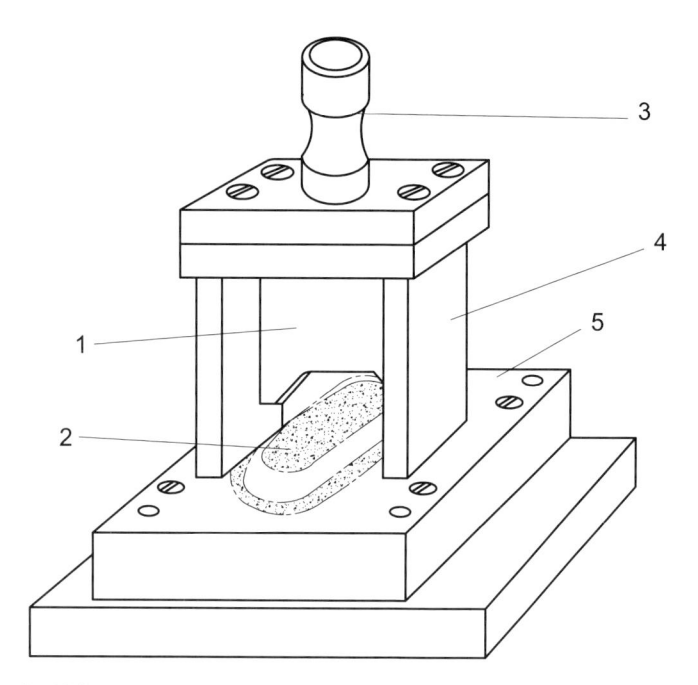

Beim Trennen entsteht ein Abfallsteg. Anwendung: Trennen flacher oder umgeformter Werkstücke
1 Trennstempel, 2 zu trennendes Teil, 3 Einspannzapfen, 4 Führungsteil, 5 Schneidplatte

Abtrennwerkzeug – Säulenführung

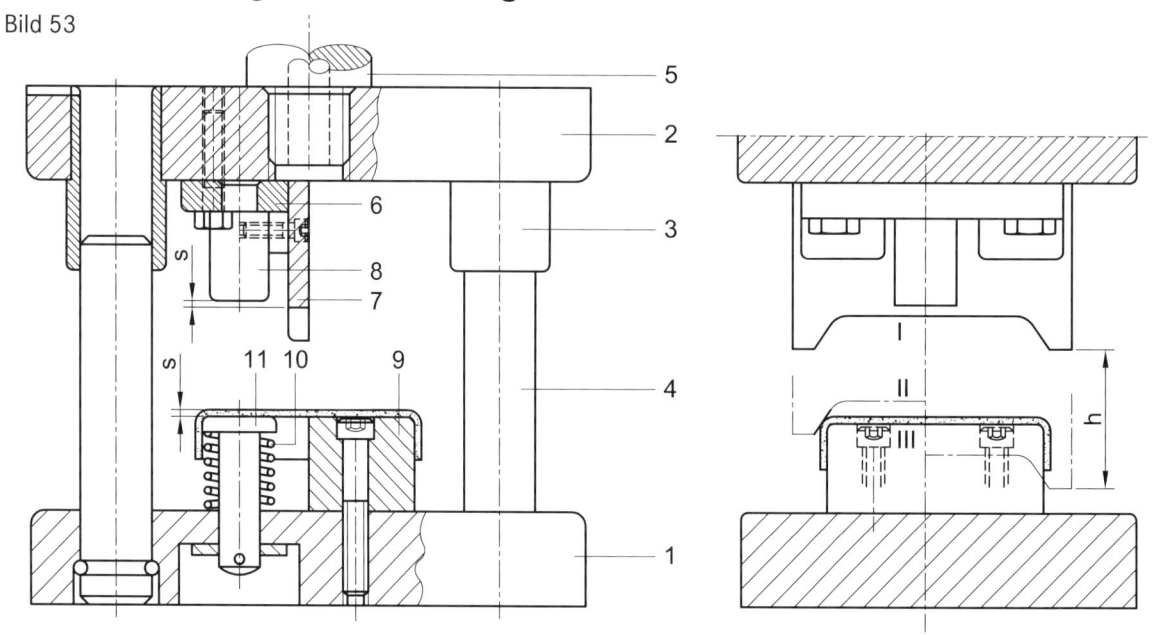

Bild 53

Beim Trennen entsteht kein Abfallsteg.
1 Grundplatte, 2 Kopfplatte, 3 Führungsbuchse, 4 Führungssäule, 5 Einspannzapfen, 6 Haltewinkel.
7 Trennmesser, 8 Druckbolzen, 9 Schneidplatte, 10 Druckfeder, 11 Auflagebolzen, h Hub, s Blechdicke,
I geöffnete Werkzeugstellung, II Schneidbeginn, III Ende der Schneidbewegung.

2. Schneidwerkzeuge

Einschneidwerkzeug

Bild 54

Abschneidwerkzeug – Ausklinkung

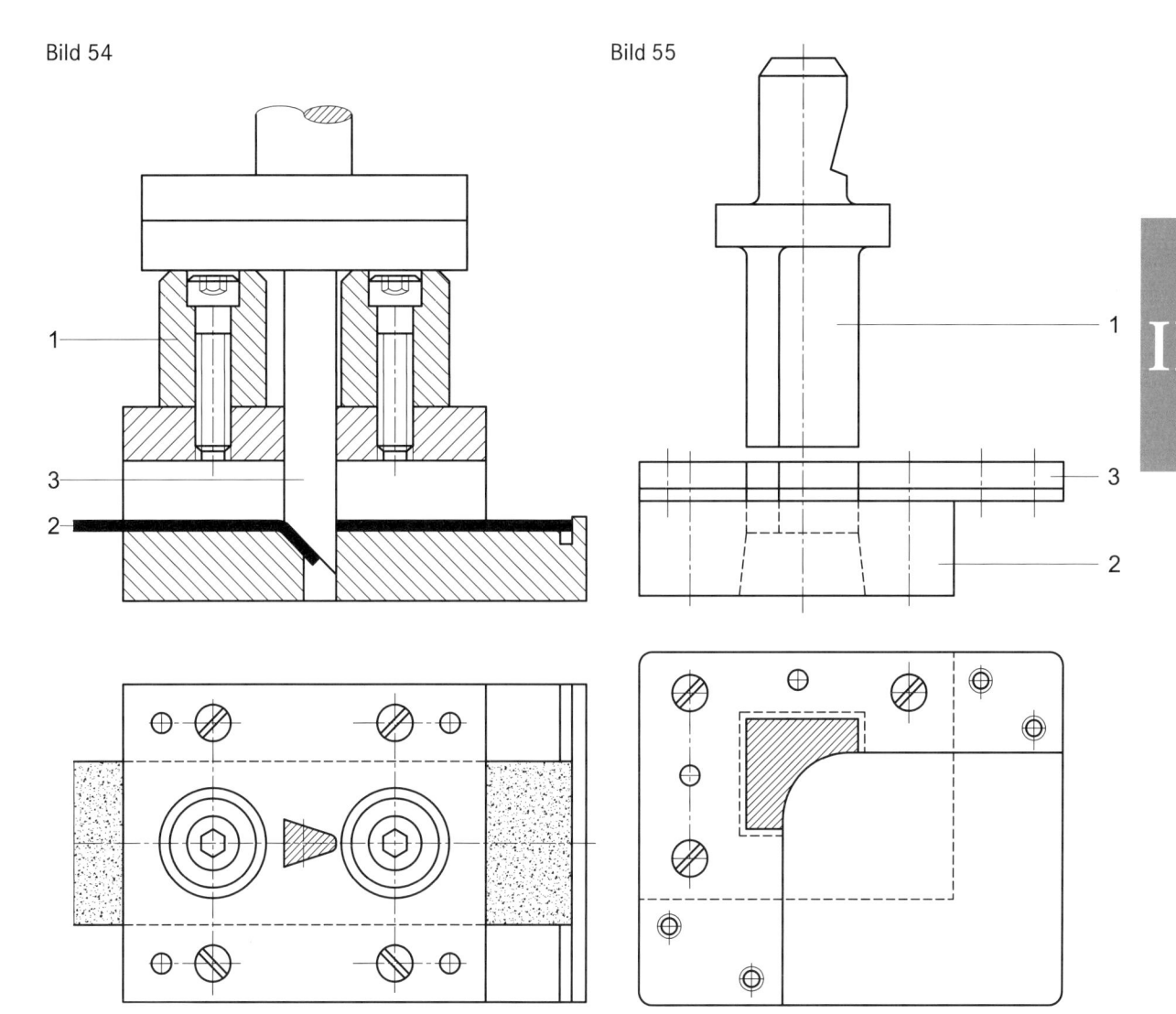

Bild 55

II

Einschneiden; 1 Aufschlagstück zur Hubbegrenzung, 2 Werkstück, 3 Einschneidstempel

1 Schneidstempel, 2 Schneidplatte, 3 Anlage

Platinenschneidwerkzeug – Großwerkzeug

Bild 56

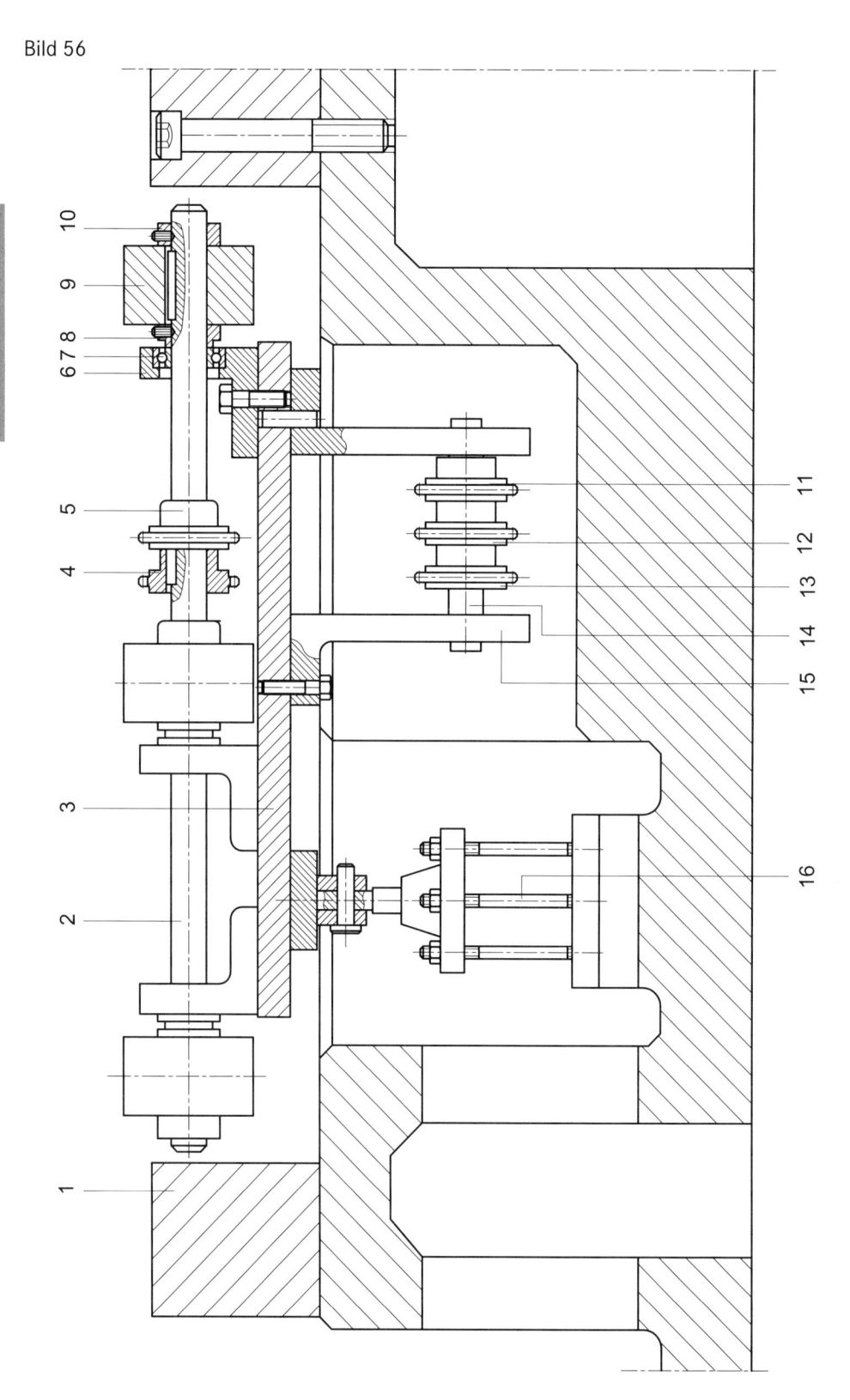

Die vollmechanisierte Zu- und Abfuhr von Blechen erfolgt mit einem im Werkzeug eingebauten Magnetrollenmechanismus.
1 Messerträger, 2 Welle, 3 Hubplatte, 4 Kettenrad, 5 Kettenrad zur Bewegungsübertragung auf eine zweite Welle, 6 Lagerbock, 7 Kugellager, 8 Abstandsring, 9 Magnetrolle, 10 Stellring, 11 Kettenrad, 12 Kettenrad für Antrieb von aussen, 13 Kettenantrieb nach oben, 14 Welle, 15 Winkel, 16 Pneumatikzylinder

Auswerfer – Druckkissen

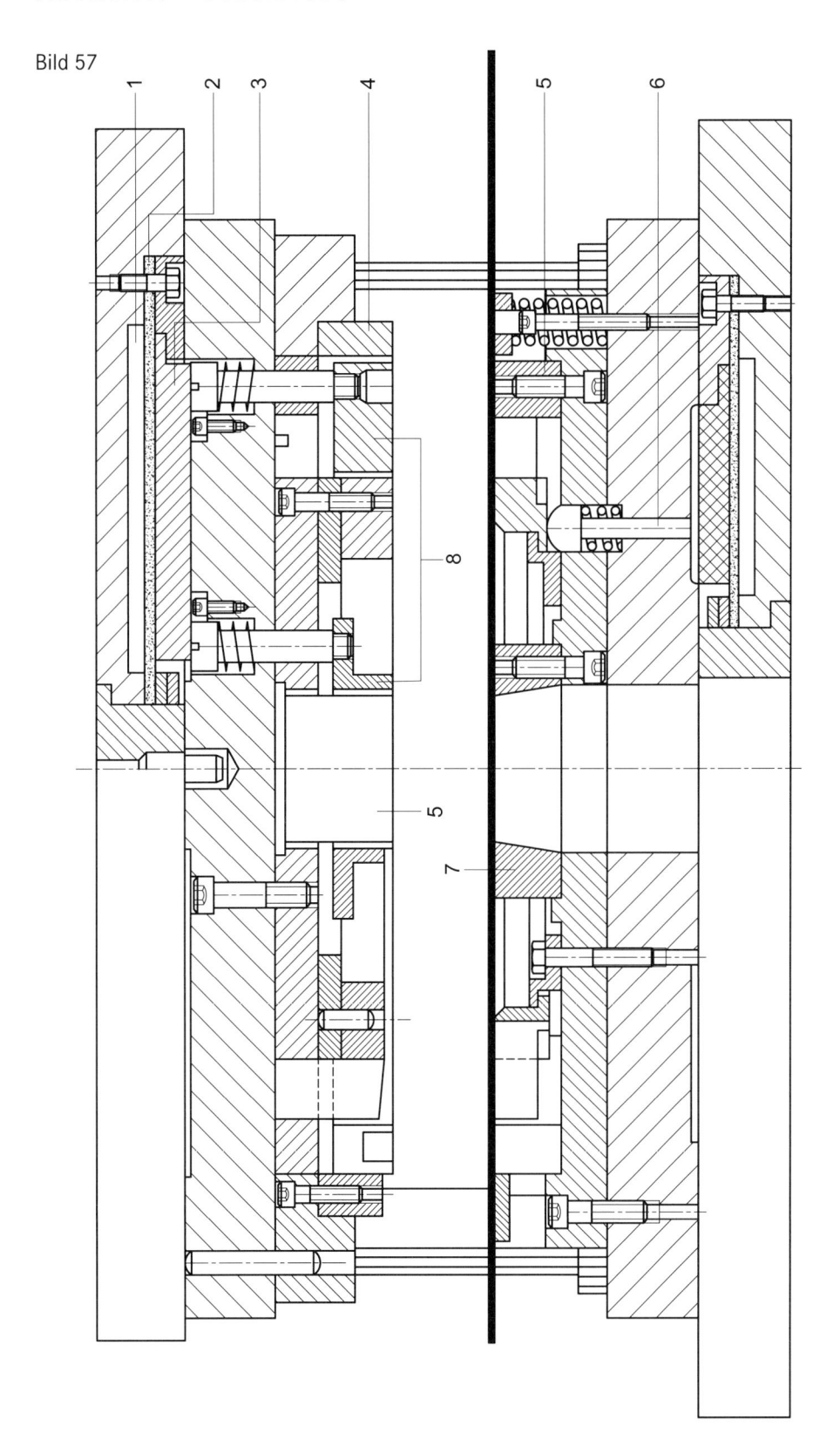

Bild 57

Pneumatische Druckkissen mit flachem Druckraum in einem Einbaubeispiel (schweres Werkzeug) zum Abstreifen und Auswerfen. Schwere Schneid- und kombinierte Schneidwerkzeuge verlangen besonders bei komplizierten Teileumrissen viele Federn. Eine gleichmäßige Vorspannung kann pneumatisch besser erreicht werden.
1 Luftkammer, 2 Gummimembran, 3 Druckscheibe, 4 Schneidring, 5 Schneidstempel, 6 Druckstössel, 7 Lochmatrize, 8 Abstreifer

Wendeschnitt – Anschlaggestaltung

Bild 58

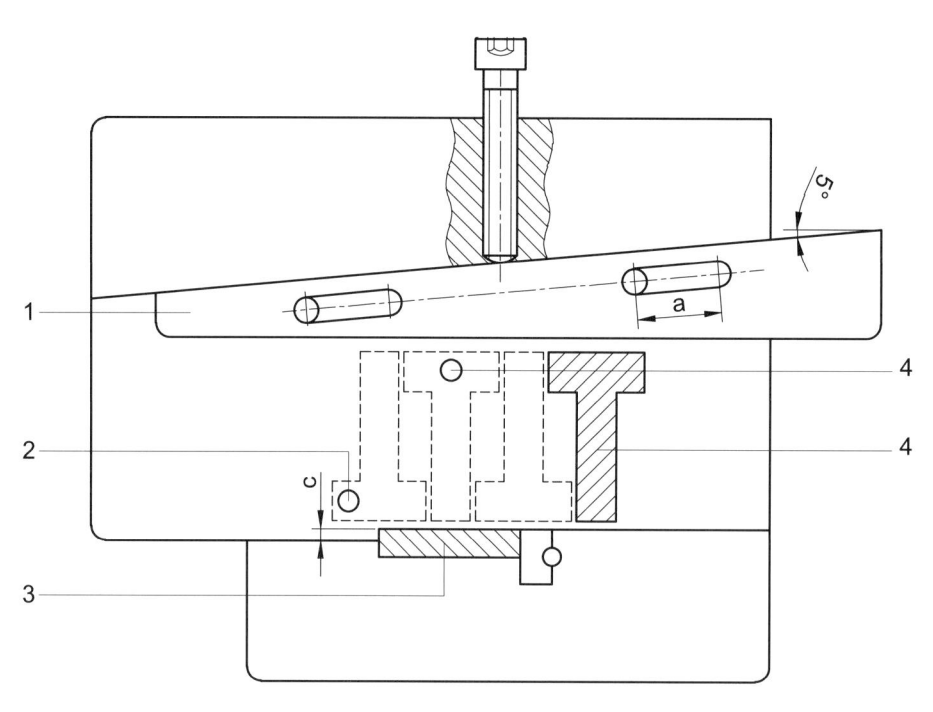

1 Stellkeil, 2 federnder Stift für Wendeschnitt, 3 Seitenschneider, 4 Schneidstempel, $a = c \cdot \cot 5°$

Wendeschnitt – Säulenführung

Bild 59

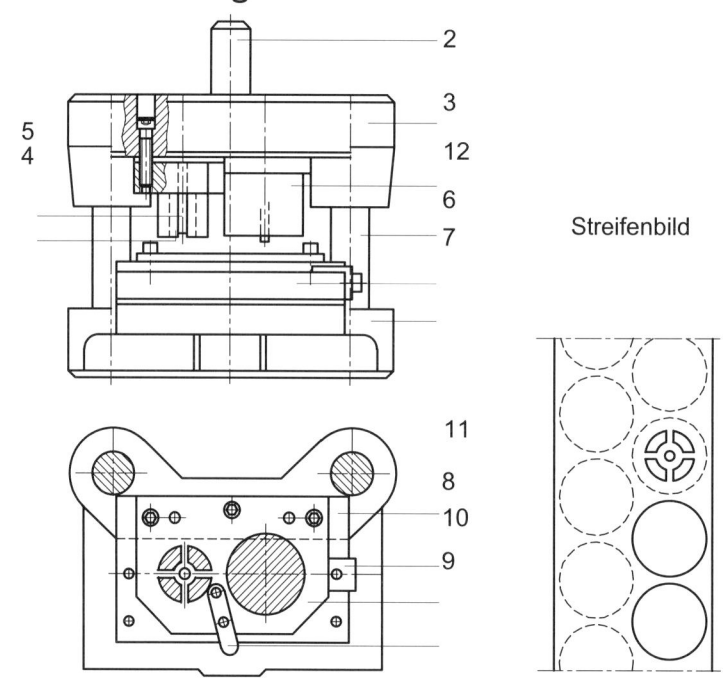

Streifenbild

1 Einspannzapfen, 2 Oberteil, 3 Ausschneidstempel, 4 äußerer Formlochstempel, 5 innerer Formlochstempel, 6 Schneidplatte, 7 Grundplatte, 8 Anschlag, 9 Anschneidanschlag, 10 Abstreiferplatte, 11 Anlageleiste, 12 Säule rückseitig

Beschneidwerkzeug – Keiltrieb

Bild 60

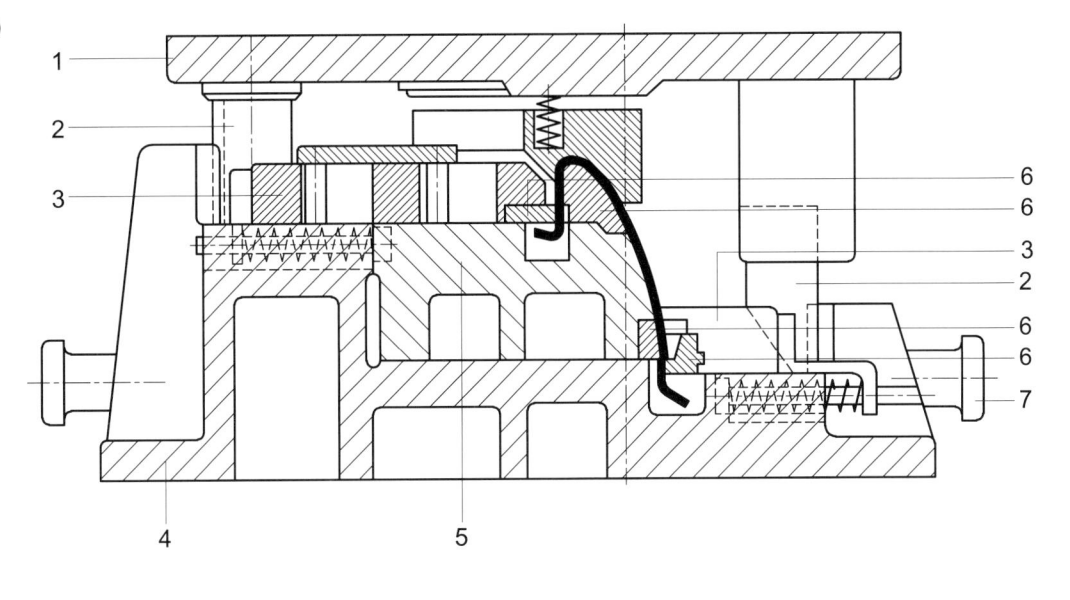

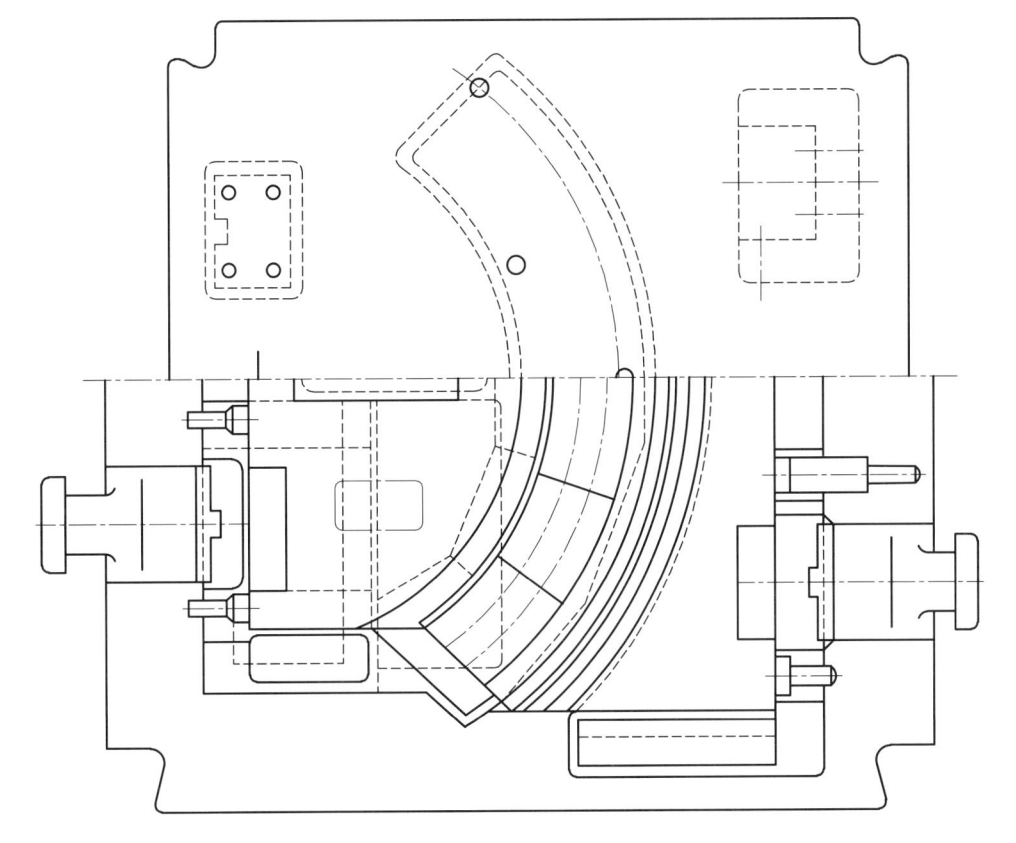

Bei großen Werkstücken und Werkzeugen ist ein senkrechtes Beschneiden nicht möglich. Deshalb werden Keilwerkzeuge eingesetzt.
1 Werkzeugoberteil, 2 Keilstempel, 3 einstellbarer Schieber, 4 Werkzeugunterteil, 5 Werkstückauflage, 6 Schneidmesser, 7 Tragzapfen

Feinschneidwerkzeug

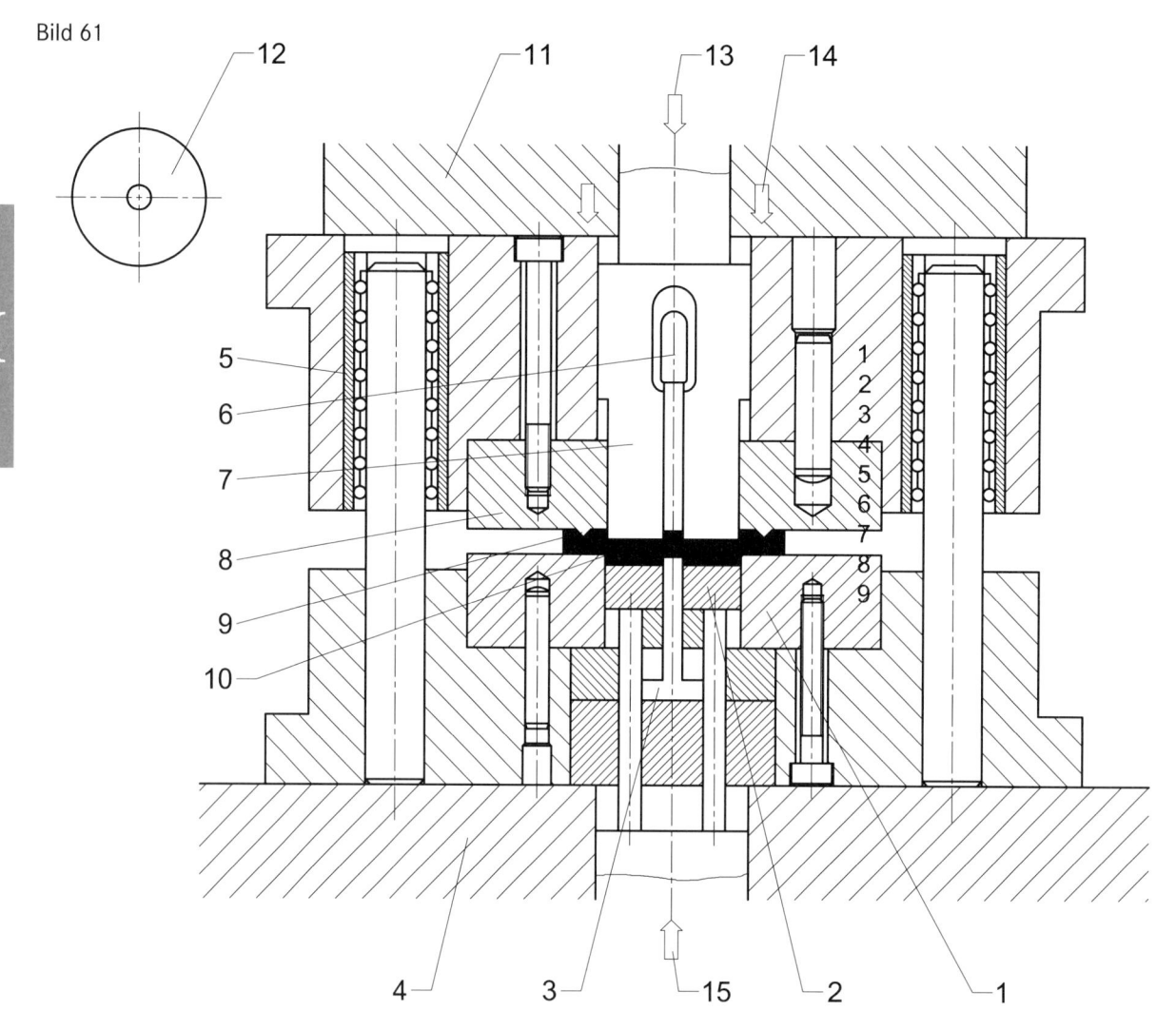

Bild 61

1 Schneidplatte
2 Gegenhalter
3 Lochstempel
4 Pressentisch
5 Kugelführung
6 Ausstoßleiste
7 Ausschneidstempel
8 Pressplatte
9 Ringzacke
10 Werkstück
11 Pressenstößel
12 Schnittteil

13 Schnittkraft
14 Presskraft
15 Gegenhaltekraft

Schüttelbeschneidwerkzeug

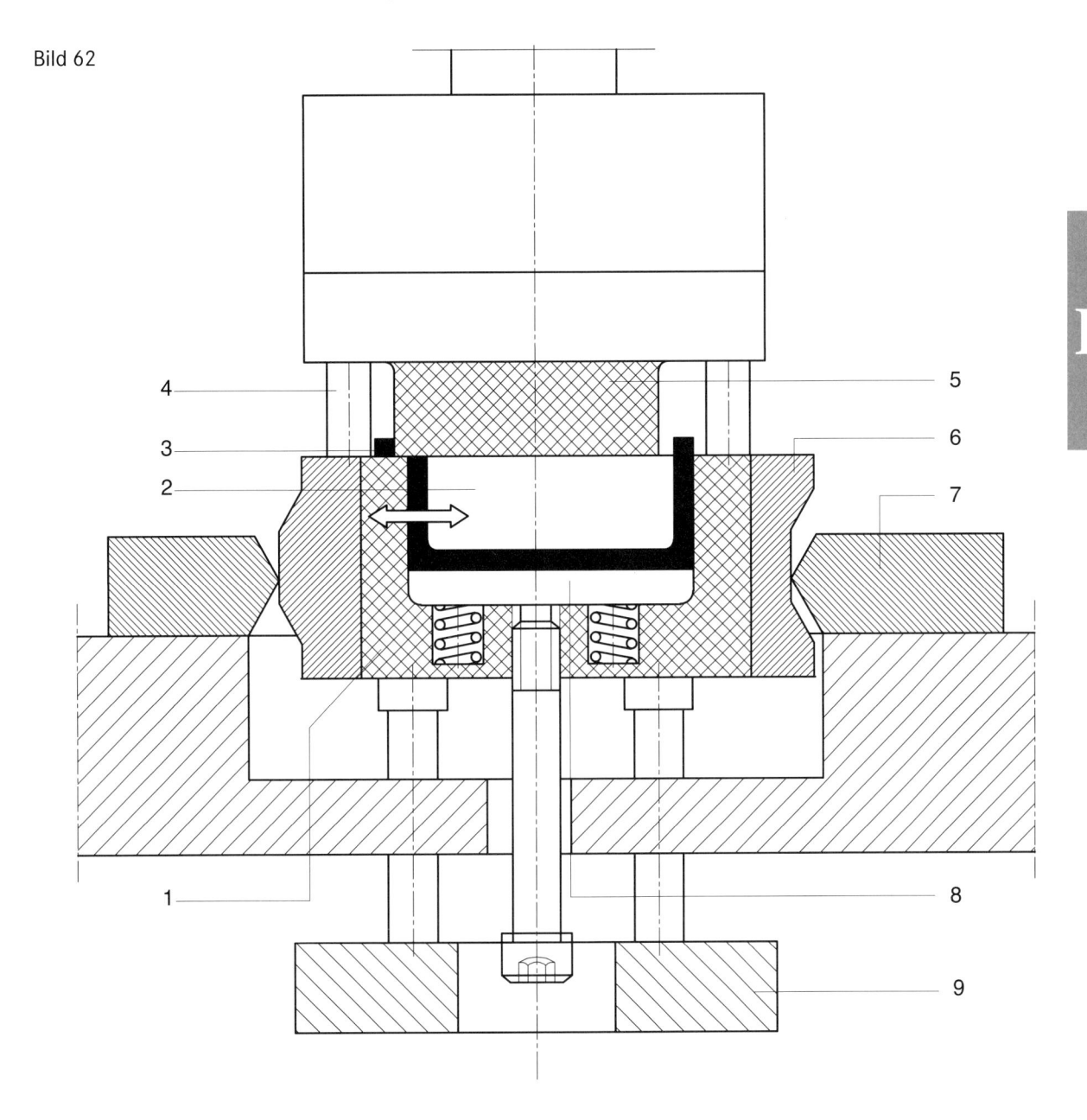

Bild 62

1 Schneidplatte, 2 bewegliche Distanzplatte, 3 Abfall, 4 Distanzbolzen, 5 Stempel, 6 Kurvenleiste, 7 Keilleiste, 8 Federboden, 9 Federdruckapparat

Werkzeug mit abgefederten Elementen

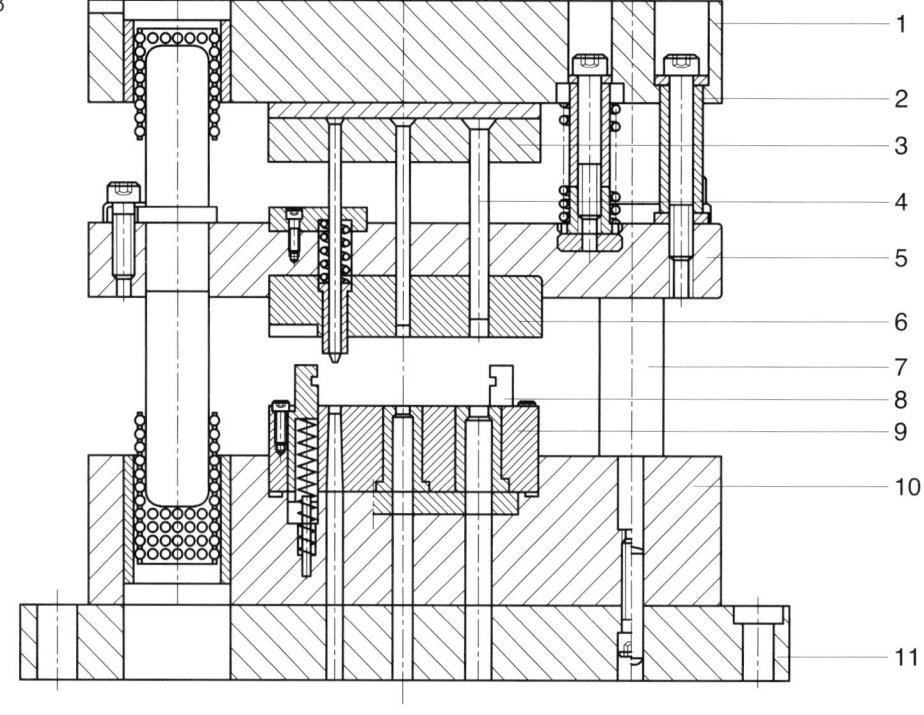

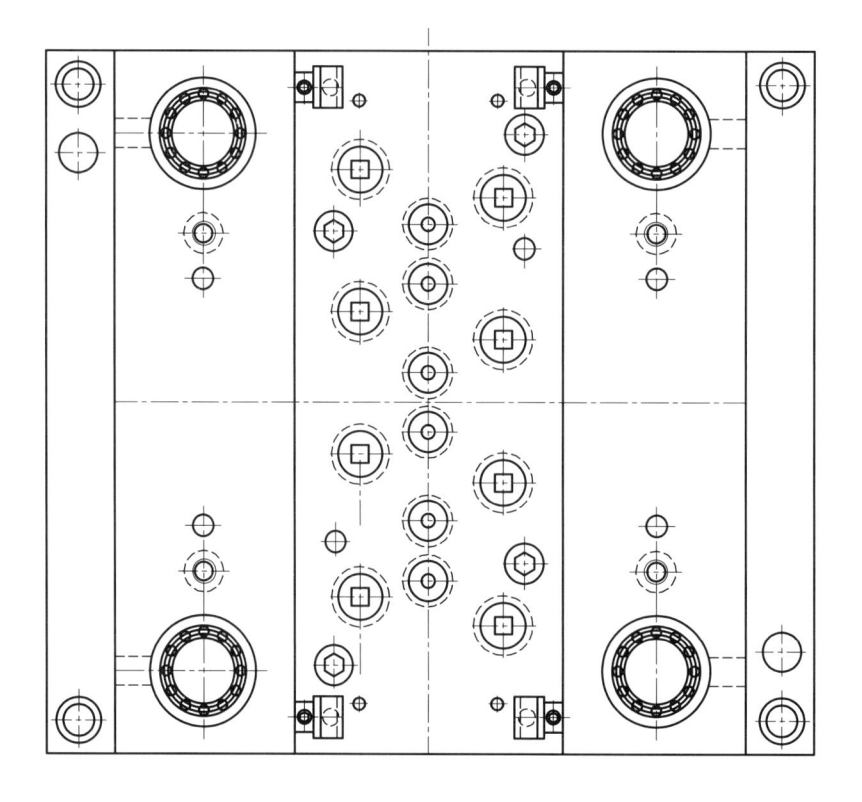

Bild 63

1 Kopfplatte
2 Distanzhülse
3 Stempelaufnahme
4 Formstempel
5 Stempelführung
6 Niederhalter
7 Führungssäule
8 Werkstoffführung
9 Schnittplatte
10 Aufnahmeplatte
11 Grundplatte

2. Schneidwerkzeuge

Folgewerkzeug

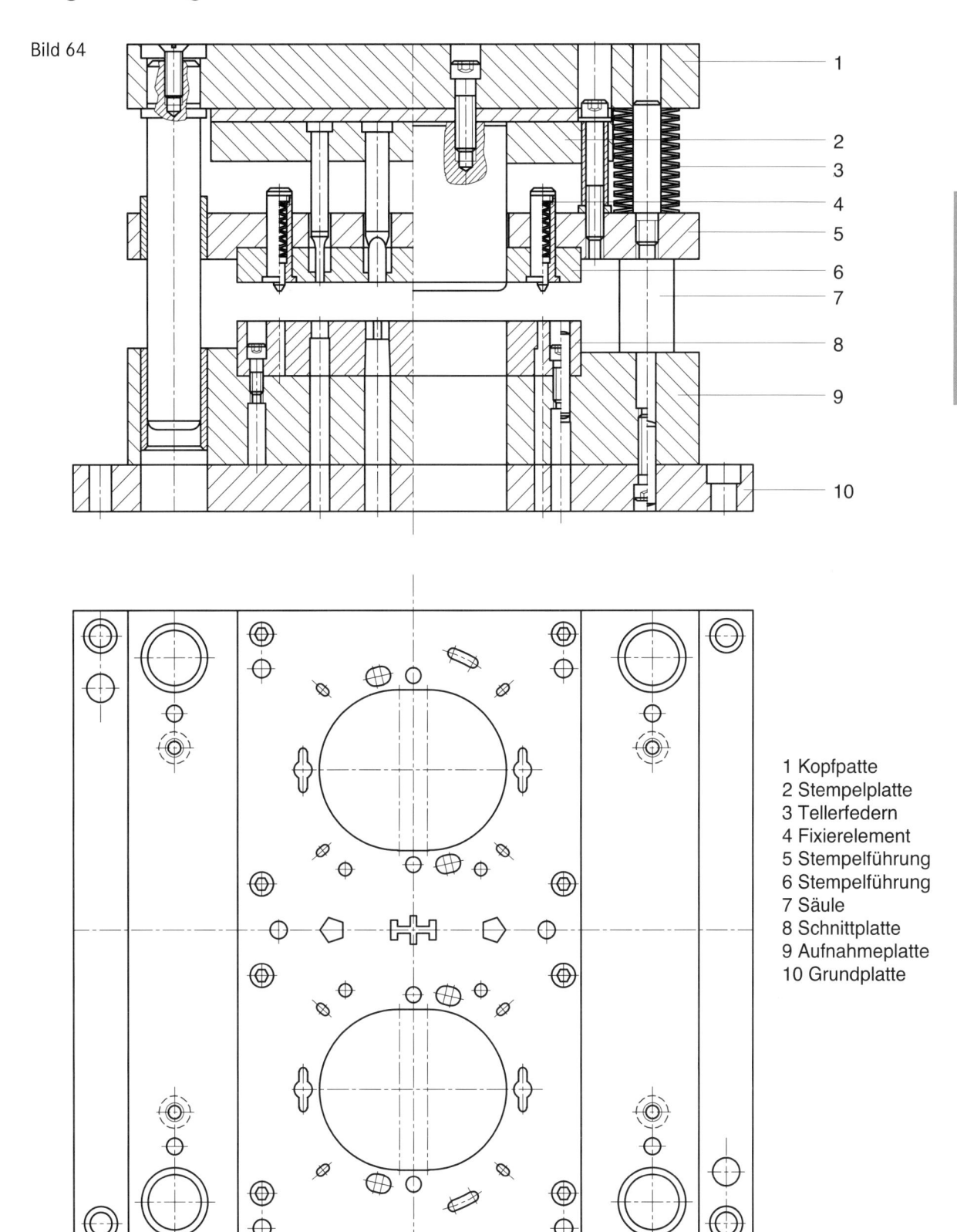

Bild 64

1 Kopfpatte
2 Stempelplatte
3 Tellerfedern
4 Fixierelement
5 Stempelführung
6 Stempelführung
7 Säule
8 Schnittplatte
9 Aufnahmeplatte
10 Grundplatte

3. Mehrfachwerkzeuge – Folgeschneiden, Gesamtschneiden

Als Folgeschneiden bezeichnet man das Schneiden mehrerer Schnittlinien am gleichen Werkstück in mehreren Hüben. Dabei werden Teile hergestellt, die Innen- und Außenform besitzen. Die Lagegenauigkeit von Innen- zu Außenform ist schlechter als beim Gesamtschneiden. Im Folgewerkzeug wird der Blechstreifen solange um die jeweilige Vorschublänge durch das Werkzeug getaktet bis die letzte Station erreicht ist. Entweder wird das Werkstück vom so genannten Trägerstreifen abgetrennt (vereinzelt) oder als Endlosband für den nächsten Arbeitsgang aufgewickelt. Am im Werkzeug befindlichen Materiallstreifen sind alle einzelnen Arbeitsschritte zu erkennen.

Bei schwierigen Teilen mit schmalen Stegen wird das Werkstück in der Regel im Folgeschneidwerkzeug gefertigt. Bei einem Folgeschneidwerkzeug werden verschiedenartige Schneidverfahren nacheinander und in direkter Folge angewendet. Soll z.B. ein Schnittteil hergestellt werden, in dem mit einem Hub sowohl gelocht als auch der bereits gelochte Teil des Schnittstreifens ausgeschnitten wird, so verwendet man ein Folgeschneidwerkzeug. Um die Lage der Lochungen zum Schneidplattendurchbruch des Ausschneidestempels genau festzulegen, ist es wichtig den Streifen exakt um den Vorschub weiter zu schieben. Je exakter der Schnittstreifen vorgeschoben wird, desto genauer wird das Schnittteil. Zur Herstellung eines Schnittteils sind daher mehrere Hübe notwendig.

Die Anzahl ist davon abhängig, in wie viel Stufen der Fertigungsablauf aufgeteilt wird. Die Mindesthubzahl ist jedoch gleich der Zahl der zur Anwendung kommenden Schneidverfahren. Bei dem Schnittteil sind also zwei Hübe notwendig, je nach Werkstück einmal Lochen und einmal Ausschneiden. Durch die Aufteilung der Fertigung in mehrere Stufen ist es möglich, auch schwierige Formen bei großer Maßgenauigkeit herzustellen. Der große Herstellungsaufwand lohnt sich nur bei größeren Stückzahlen. Allerdings ist bei Folgeschneidwerkzeugen zu beachten, dass die Schnittteile auf beiden Seiten einen Grat haben. Die oben erwähnte Aufteilung der Fertigung in mehreren Stufen zu dünnen Stempeln, die dann im Werkzeug durch zusätzliche Docken verstärkt und durch Säulen und bzw. oder eine Platte geführt oder gestützt werden müssen. Dies führt zur notwendigen Lagegenauigkeit und Stabilität der Stempel. Eine steigende Zahl von Stempeln erfordert auch eine entsprechend größere Anzahl von Durchbrüchen in der Schneidplatte. Diese verlängert sich dadurch und führt zu einer Verlängerung des Folgeschneidwerkzeuges.

Liegen die Durchbrüche von zwei aufeinander folgenden Stufen zu dicht beieinander, so kann mit der Leerstation gearbeitet werden.

Bei Folgeschneidwerkzeugen genügen Anlagestifte als Vorschubbegrenzung nicht aus, da durch ungenaues Vorschieben des Schnittstreifens und durch Spiel in der Streifenführung Fehler in der Lage der Außenform zur Innenform entstehen. Dieser Fehler kann durch Einbau von Suchstiften vermindert werden. Die am Ausschneidstempel befestigten Suchstifte greifen in die im Schnittstreifen vorgeschnittenen Löcher. Somit wird der Schnittstreifen in die richtige Lage gerückt. Damit die Suchstifte leicht in die Löcher gleiten, sind sie meist kegelförmig angeschrägt und poliert. Der vorstehende zylindrische Teil soll eine Länge von ungefähr 0,7 bis 0,8 mal Blechdicke haben, darf allerdings nicht weniger als 0,5 mm lang sein. Wenn es nicht möglich ist die Suchstempel in den Ausschneidstempel einzubauen, werden in solchen Fällen mit Lochstempeln Hilfslöcher in den Streifenrand geschnitten, in die die Suchstifte dann eintauchen können. Der Anlagestift dient nur zur Vorschubbegrenzung und der Suchstift zur Vorschub- und Lageberichtigung. Wenn die Gefahr besteht, dass bei dünnen Stahlblechen oder bei weichen Werkstoffen Lochränder durch die Suchstifte verformt werden, so ist es nicht ratsam sie zu verwenden. Die Lagesicherung wäre somit nicht gewährleistet.

Folgeverbundarbeitsweise

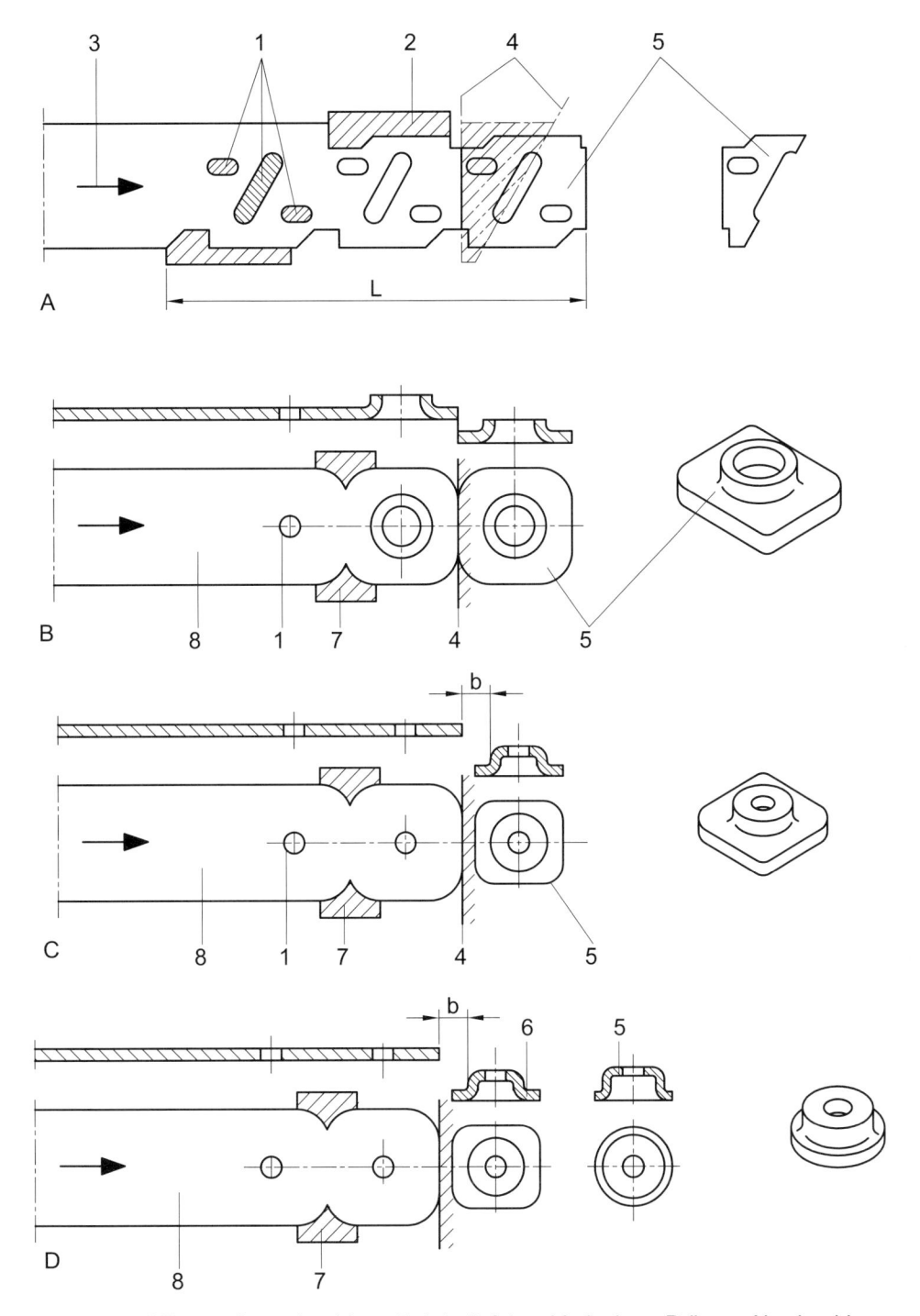

Bild 1

A Werkzeug mit zwei Formseitenschneidern, B Arbeitsfolge: Vorlochen, Prägen, Abschneiden,
C Arbeitsfolge: Vorlochen, Abschneiden und Prägen, D Vorlochen, Abschneiden und Prägen,
Weitergeben mit Greifer, dann Beschneiden des Randes.
1 Vorlochstempel, 2 Seitenschneider, 3 Durchlaufrichtung, 4 Abschneidkante, 5 Fertigteil, 6 Zwischenteil,
7 Formstempel, 8 Werkstoffstreifen
b Mindeststegbreite beachten, L Lochbildlänge.

Arbeitsprinzip beim Folgeschneiden

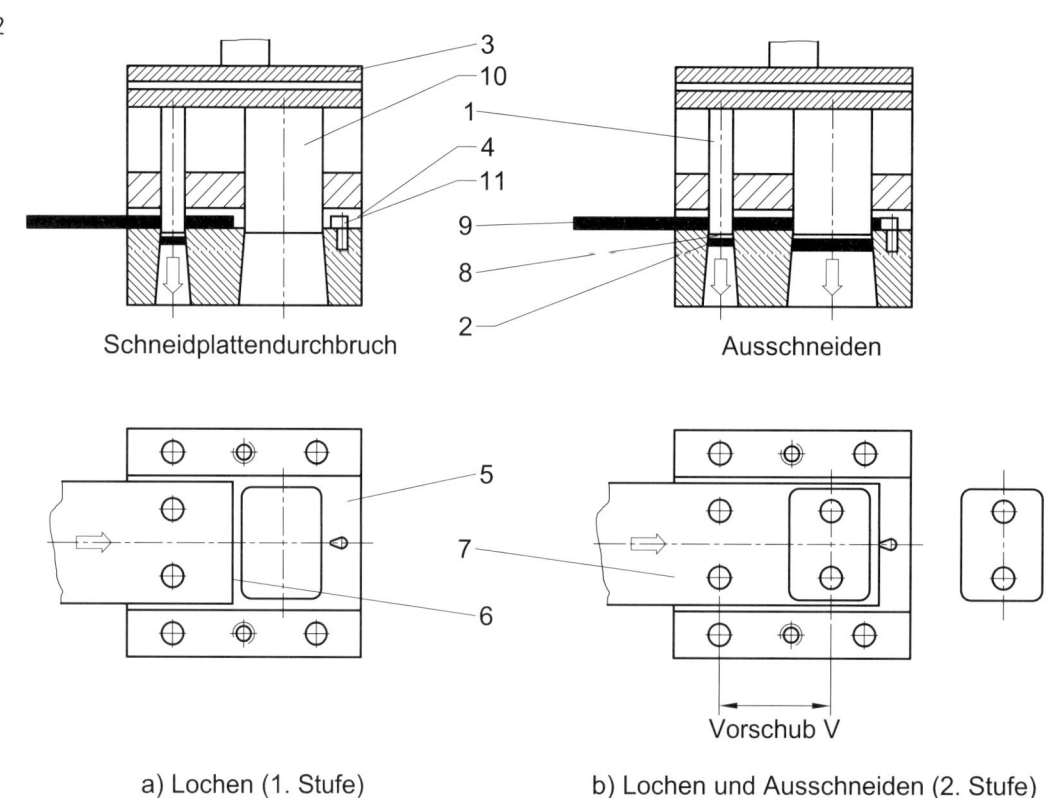

Bild 2

Schneidplattendurchbruch   Ausschneiden

a) Lochen (1. Stufe)   b) Lochen und Ausschneiden (2. Stufe)

1 Lochstempel
2 Abfall
3 Stempelkopf
4 Zwischenlage
5 Schneidplatte
6 Anfang des Schnittstreifens
7 Streifen um den Vorschub V vorgeschoben
8 Lochen
9 Schnittstreifen
10 Ausschneidstempel
11 Anlagestift

Folgeschneidwerkzeug mit zwei hintenstehenden Führungssäulen

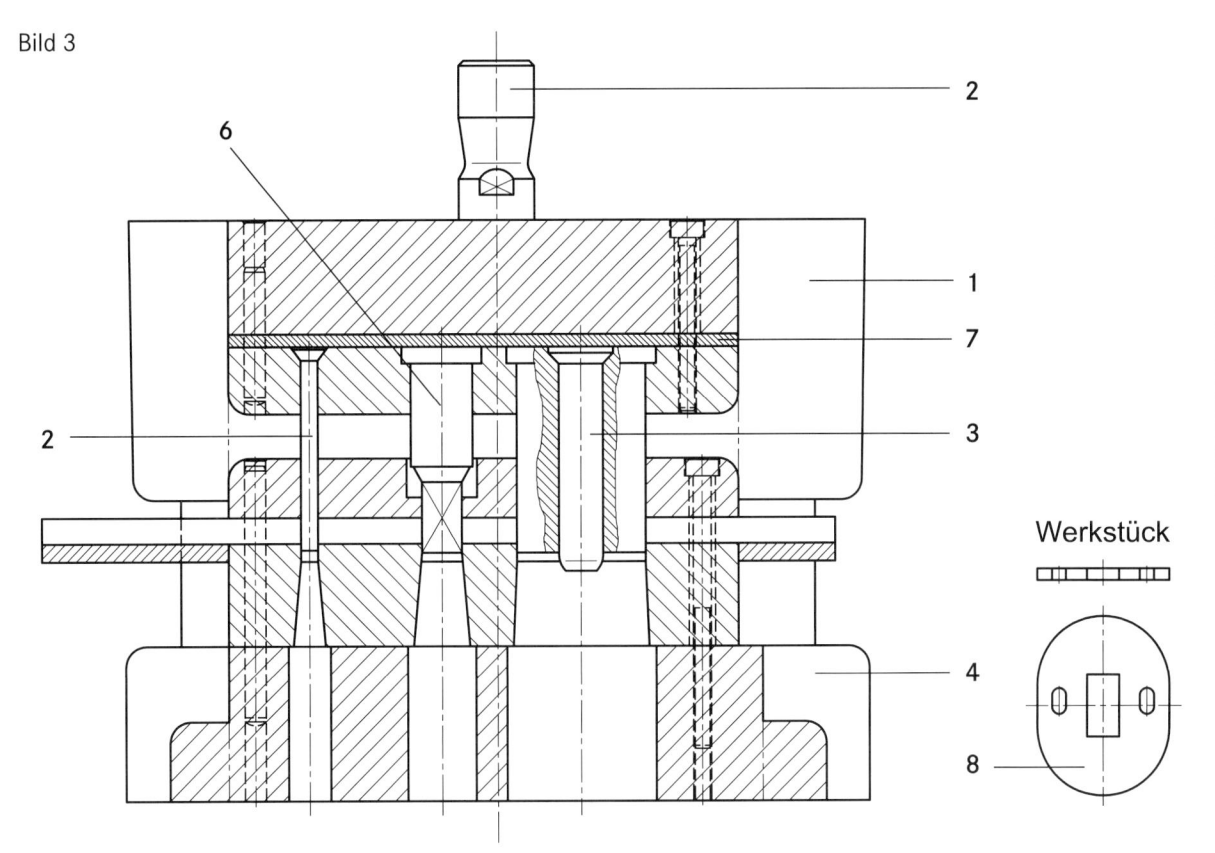

Bild 3

1 Kopfplatte
2 Einspannzapfen
3 Suchstift
4 Grundplatte
5 Lochstempel
6 Formstempel
7 Druckplatte
8 Werkstück

Folgeverbundwerkzeug mit Streifenbild

Bild 4

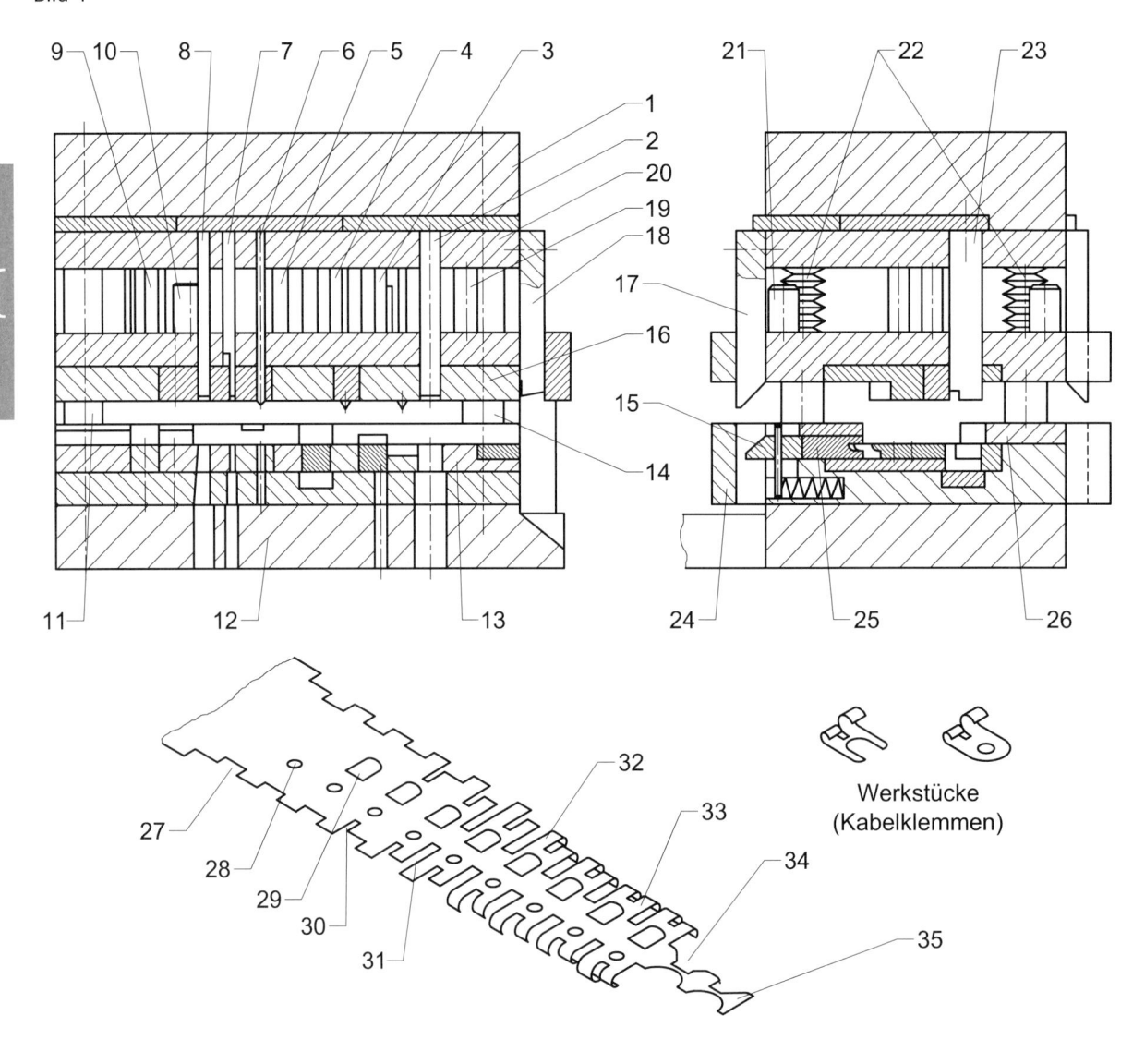

1 Kopfplatte	11 Führungssäule	21 Aufschlagstücke	31 Freischneiden
2 Abschneidstempel	12 Grundplatte	22 Druckfedern	32 Vorrollen
3 Niederhalter zum Rollen	13 Schneidplatte mit Einsätzen	23 Vorrollstempel	33 Rollen
4 Vorrollstempel	14 Führungssäule	24 Keilstempelführung	34 Abschneiden
5 Freischneidstempel	15 Keilschieber	25 Rollstempel	35 Abfalltrennen
6 Suchstift	16 Führungseinsätze	26 Führungsleiste	
7 Einschneidstempel	17 Keilstempel	27 Formseitenschneiden	
8 Formlochstempel	18 Abfalltrenne	28 Lochen	
9 Formseitenschneider	19 Führungsstift	29 Formlochen	
10 Aufschlagstücke	20 Stempelplatte	30 Einschneiden	

Folgeschneidwerkzeug mit Plattenführung

Bild 5

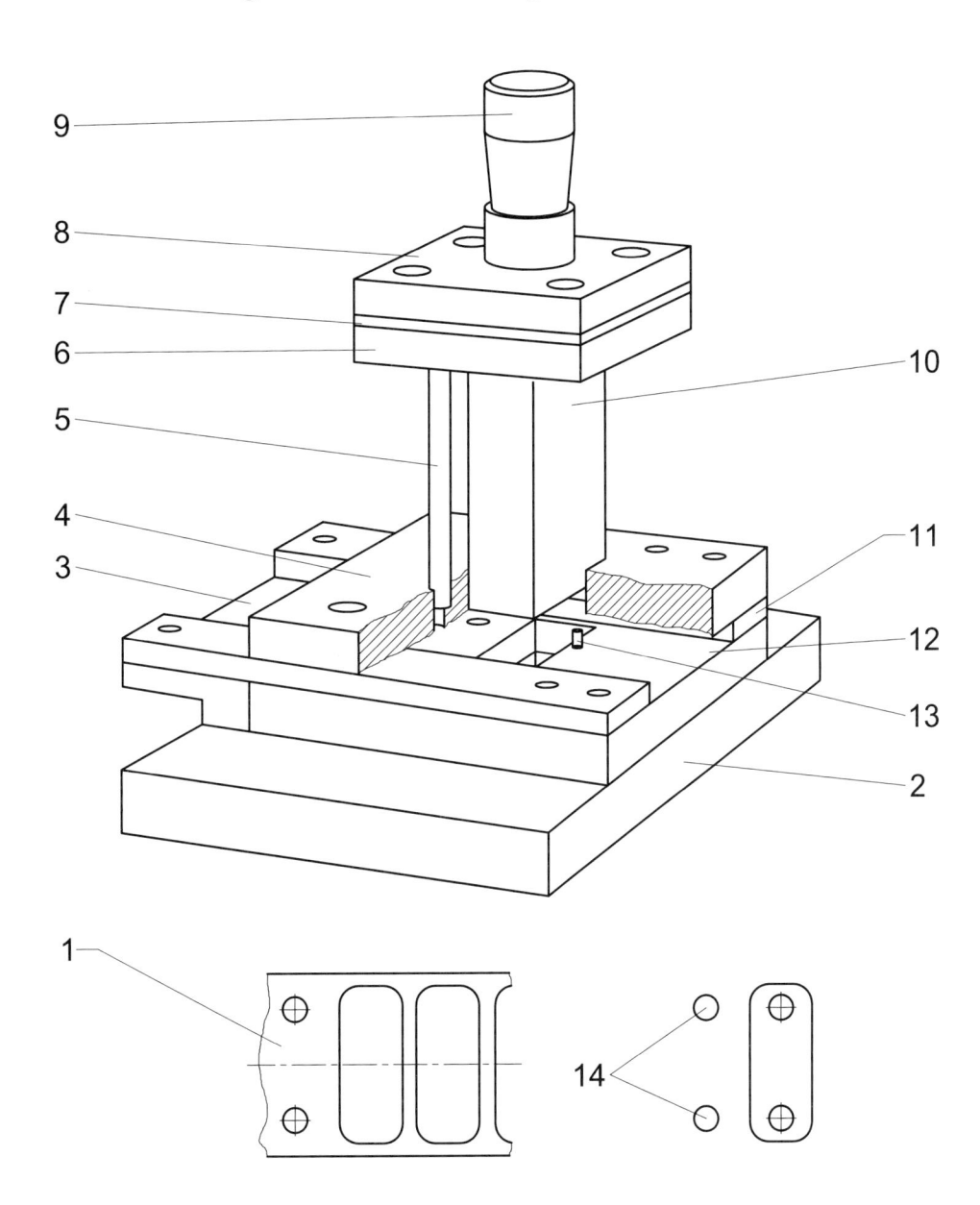

1 Schnittstreifen
2 Grundplatte
3 Auflage
4 Führungsplatte
5 Lochstempel
6 Stempelplatte
7 Druckplatte
8 Kopfplatte
9 Einspannplatte
10 Ausschneidstempel
11 Zwischenlage
12 Schneidplatte
13 Anlagestift

Arbeitsstufen

Bild 6

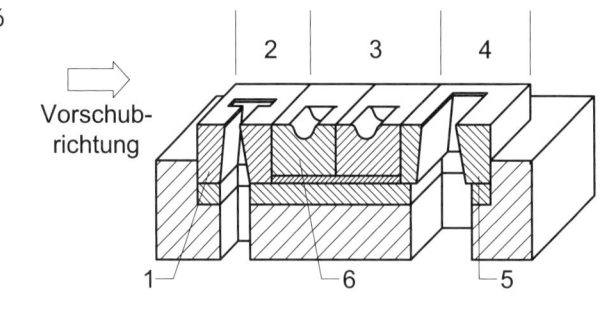

Vorschubrichtung

1 Schneidplatteneinsatz
2 Schneiden (z.B. Freischneiden
3 Umformen (z.B. Biegen)
4 Trennen (z.B. Ausschneiden)
5 Schneidplatteneinsatz
6 Biegeeinsätze

Plattenbauweise

Bild 7

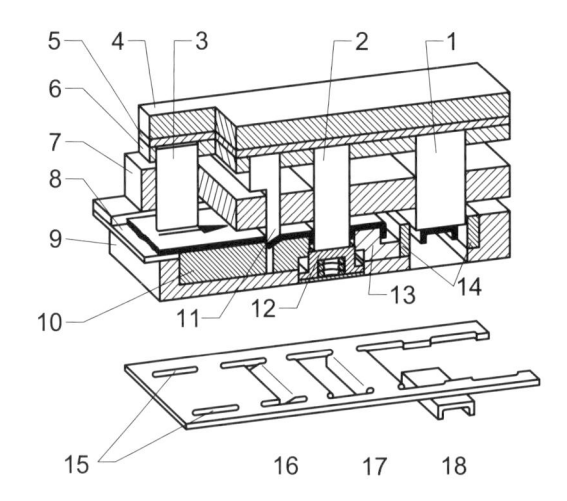

1 Abschneidestempel
2 Biegestempel angeschraubt
3 Freischneidestempel
4 Kopfplatte
5 Druckplatte
6 Stempelplatte
7 Führungsplatte
8 Auflage
9 Grundplatte
10 Schneidplatteneinsatz
11 Schneid- und Biegestempel
12 Gegenhalter
13 Biegegesenk
14 Schneidplatteneinsatz
15 Freischneiden
16 Einschneiden und Biegen
17 Biegen
18 Abschneiden

Säulenbauweise

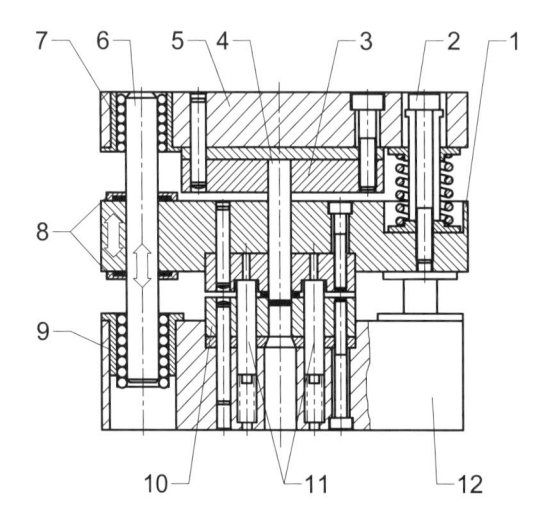

Bild 8

1 gefederte Führungsplatte
2 Vorspannelement
3 Stempelplatte
4 Schneidstempel
5 Kopfplatte
6 Führungssäule
7 Kugelführungsbuchse
8 Klemmring
9 Säulenführung
10 Schneidplatte
11 Streifenführung und Streifenheber
12 Grundplatte

3. Mehrfachwerkzeuge – Folgeschneiden, Gesamtschneiden

Folgeschneidwerkzeug

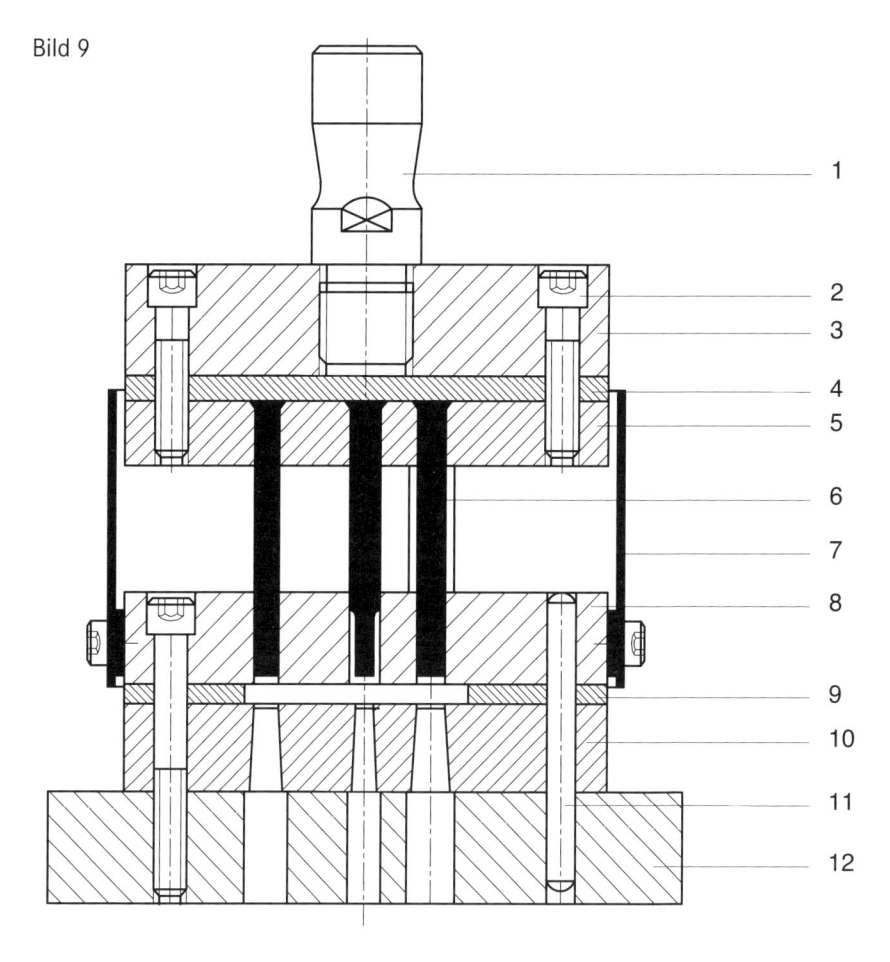

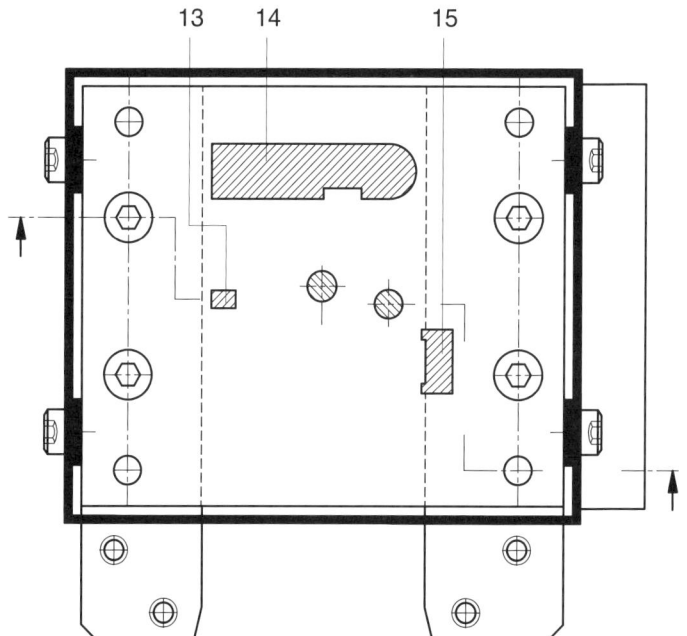

Bild 9

1 Einspannzapfen
2 Innensechskantschraube
3 Kopfplatte
4 Druckplatte
5 Stempelaufnahmeplatte
6 Lochstempel
7 Schutzgitter
8 Führungsplatte
9 Streifenführung
10 Schnittplatte
11 Zylinderstift
12 Grundplatte
13 Formstempel
14 Ausschneidstempel
15 Seitenschneider

Streifenführung – Federbügel

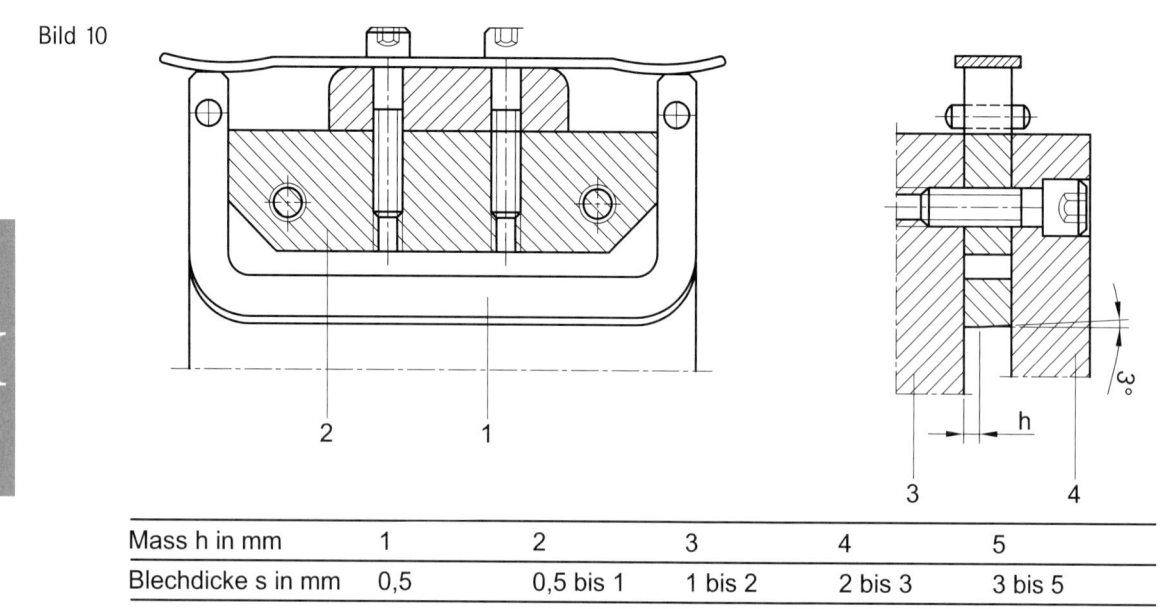

Bild 10

Mass h in mm	1	2	3	4	5
Blechdicke s in mm	0,5	0,5 bis 1	1 bis 2	2 bis 3	3 bis 5

1 federnder Bügel, 2 Halteplatte für Blattfeder, 3 Schneidplatte, 4 Stempelführungsplatte

Streifenführung – Federeinsatz

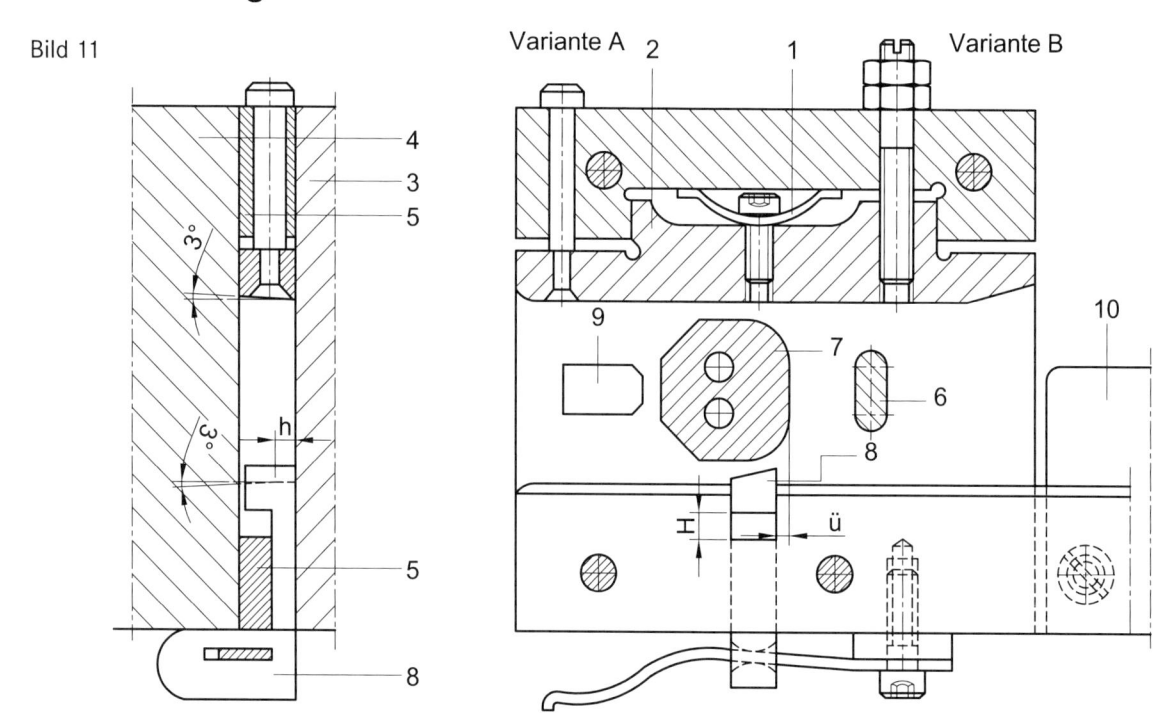

Bild 11

Variante A   Variante B

1 Blattfeder, 2 Federeinsatz, 3 Schneidplatte, 4 Stempelführungsplatte, 5 Zwischenlage, 6 Lochstempel, 7 Ausschneidstempel, 8 Anschneidanschlag, 9 Einhängestift, 10 Streifenauflageblech
h Höhe bis zur 3° Abschrägung, H Hub des Anschneidanschlags, ü Überschneidung

3. Mehrfachwerkzeuge – Folgeschneiden, Gesamtschneiden

Lochschnitt – Säulenführung

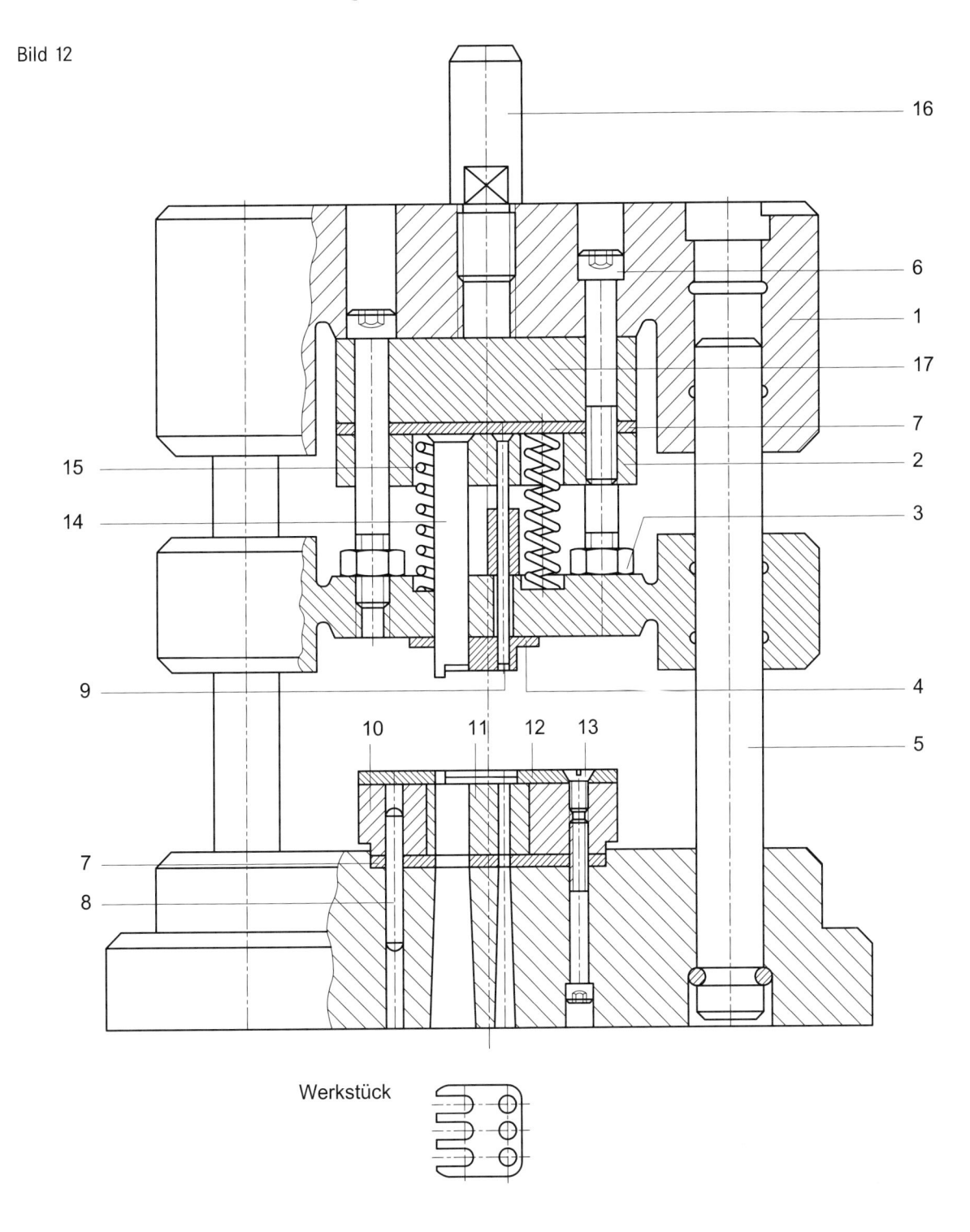

Bild 12

Werkstück

1 Säulenführungsgestell, 2 Stempelhalteplatte, 3 Mutter, 4 Stempelführungsplatte, 5 Führungssäule, 6 Innensechskantschraube, 7 Druckplatte, 8 Zylinderstift, 9 Lochstempel, 10 Einsatzplatte, 11 Schnitteinsatz, 12 Einlage, 13 Senkschraube, 14 Stempel, 15 Druckfeder, 16 Einspannzapfen, 17 Kopfplatte

Folgeschnitt – Streifenführung

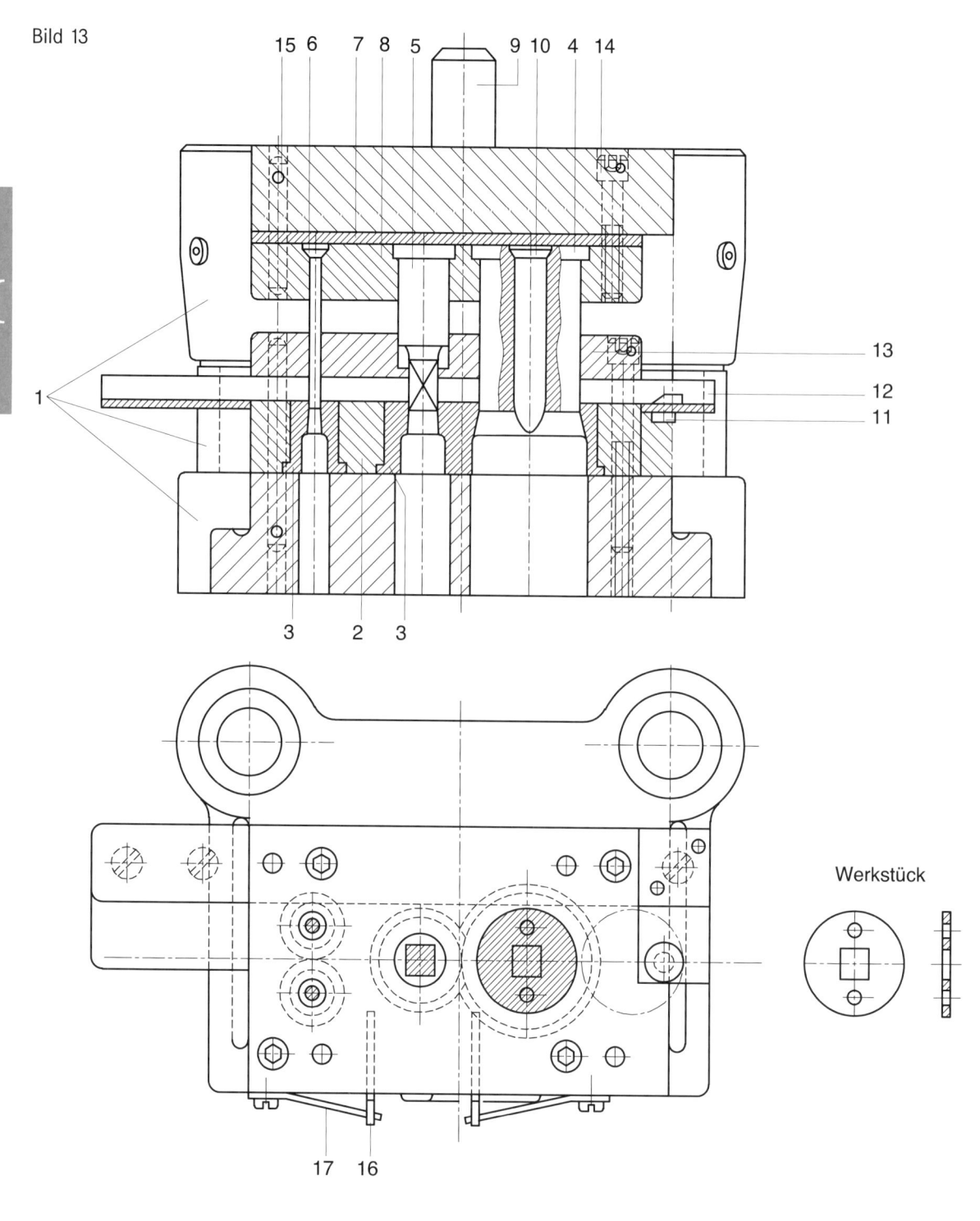

Bild 13

1 Säulenführungsgestell, 2 Schneidbuchsenplatte, 3 Schneidbuchse, 4 Schneidstempel, 5 Formstempel, 6 Lochstempel, 7 Druckplatte, 8 Stempelhalteplatte, 9 Einspannzapfen, 10 Fangzapfen, 11 Einhängestift, 12 Führungsleiste, 13 Abstreiferplatte, 14 Innensechskantschraube, 15 Zylinderstift, 16 Anschneidanschlag, 17 Blattfeder

Folgeschnitt – Mehrfachwerkzeug

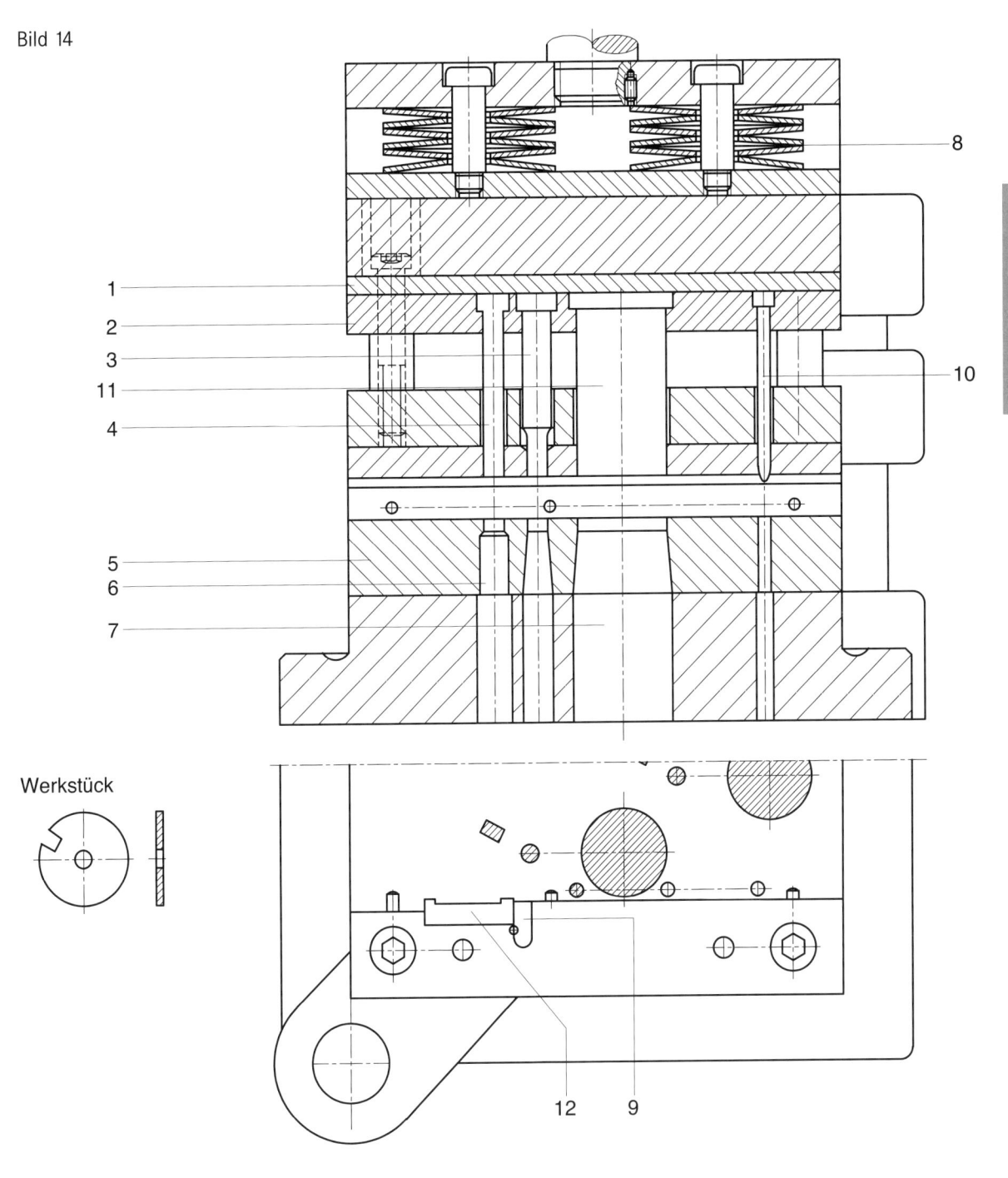

Bild 14

1 Druckplatte, 2 Stempelhalteplatte, 3 Lochstempel, 4 Vierkantlochstempel, 5 Schneidplatte,
6 Abfallöffnung, 7 Fertigteilausfall, 8 Tellerfedersatz, 9 Anschlag, 10 Suchstift, 11 Ausschneidstempel.
12 Seitenschneider

Folgeschnitt – Formschneidstempel

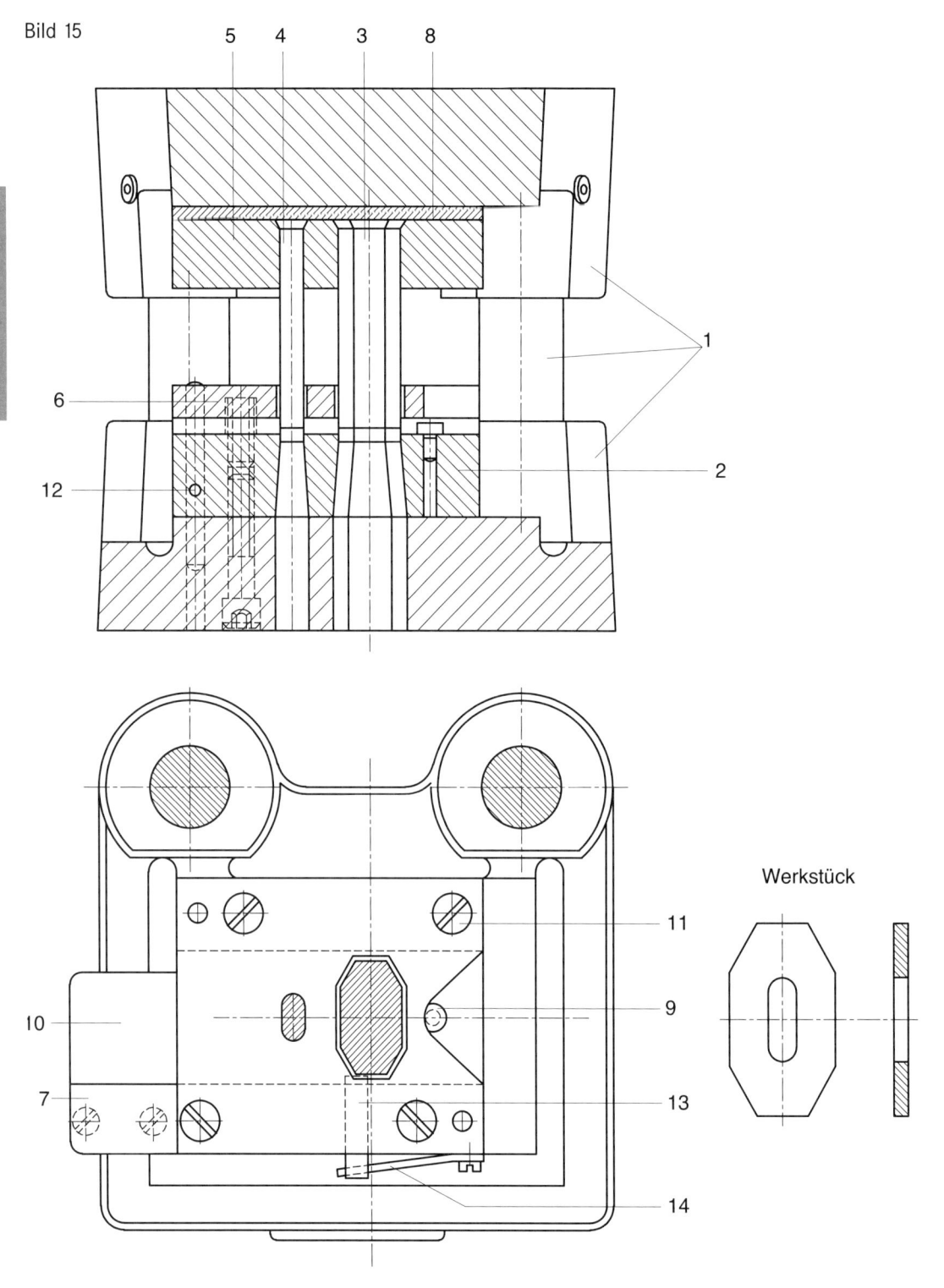

Bild 15

1 Säulengestell, 2 Schneidplatte, 3 Schneidstempel, 4 Lochstempel, 5 Stempelhalteplatte, 6 Abstreiferplatte, 7 Anschlagleiste, 8 Druckplatte, 9 Einhängestift, 10 Auflageplatte, 11 Senkschraube, 12 Zylinderstift, 13 Anschneidanschlag, 14 Blattfeder

3. Mehrfachwerkzeuge – Folgeschneiden, Gesamtschneiden

Folgeschneidwerkzeug

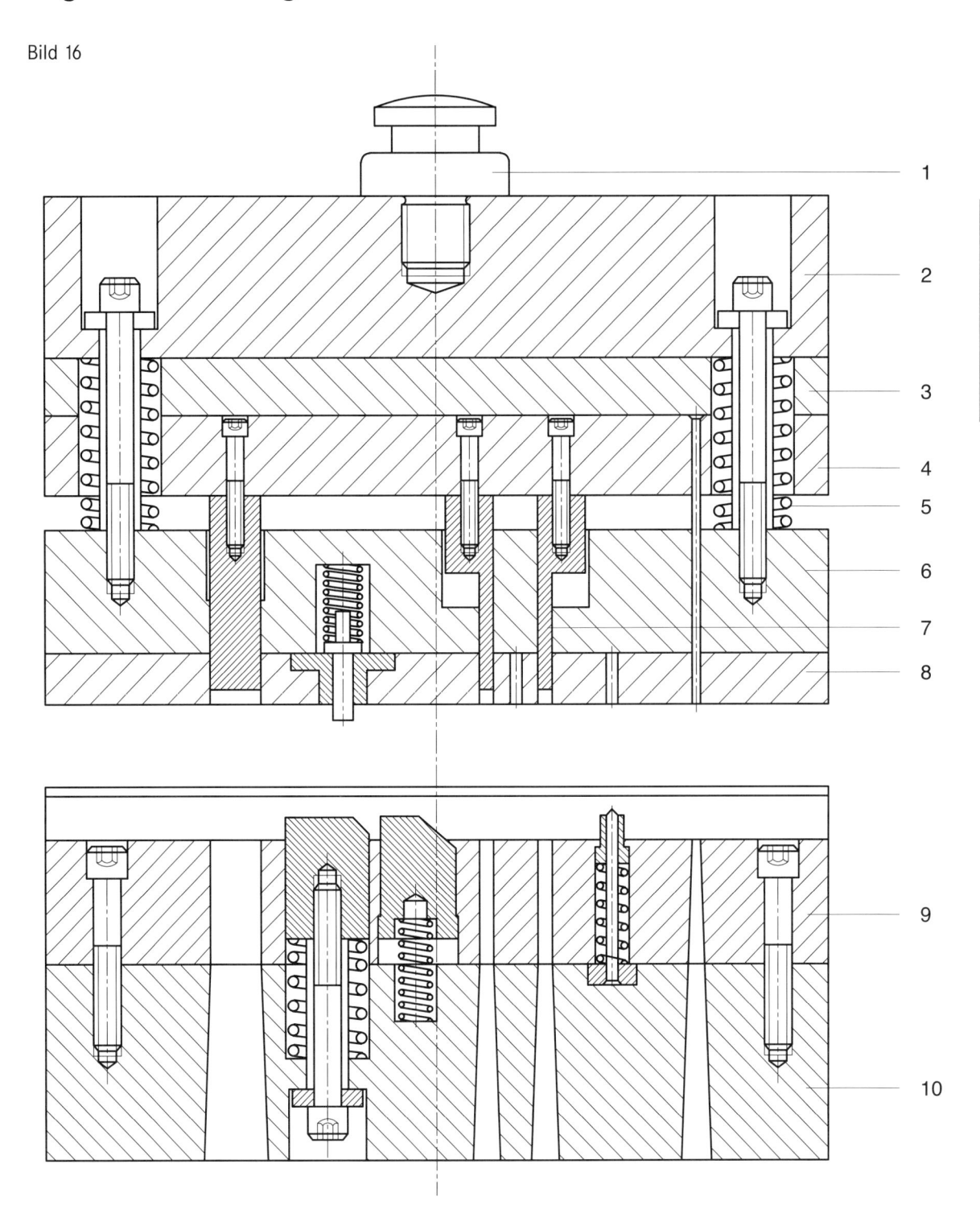

Bild 16

1 Einspannzapfen, 2 Kopfplatte, 3 Zwischenplatte, 4 Stempelaufnahmeplatte, 5 Druckfeder,
6 Stempelführungsplatte, 7 Formstempel, 8 Führungsplatte, 9 Schnittplatte 10 Halteplatte

Verbundwerkzeug

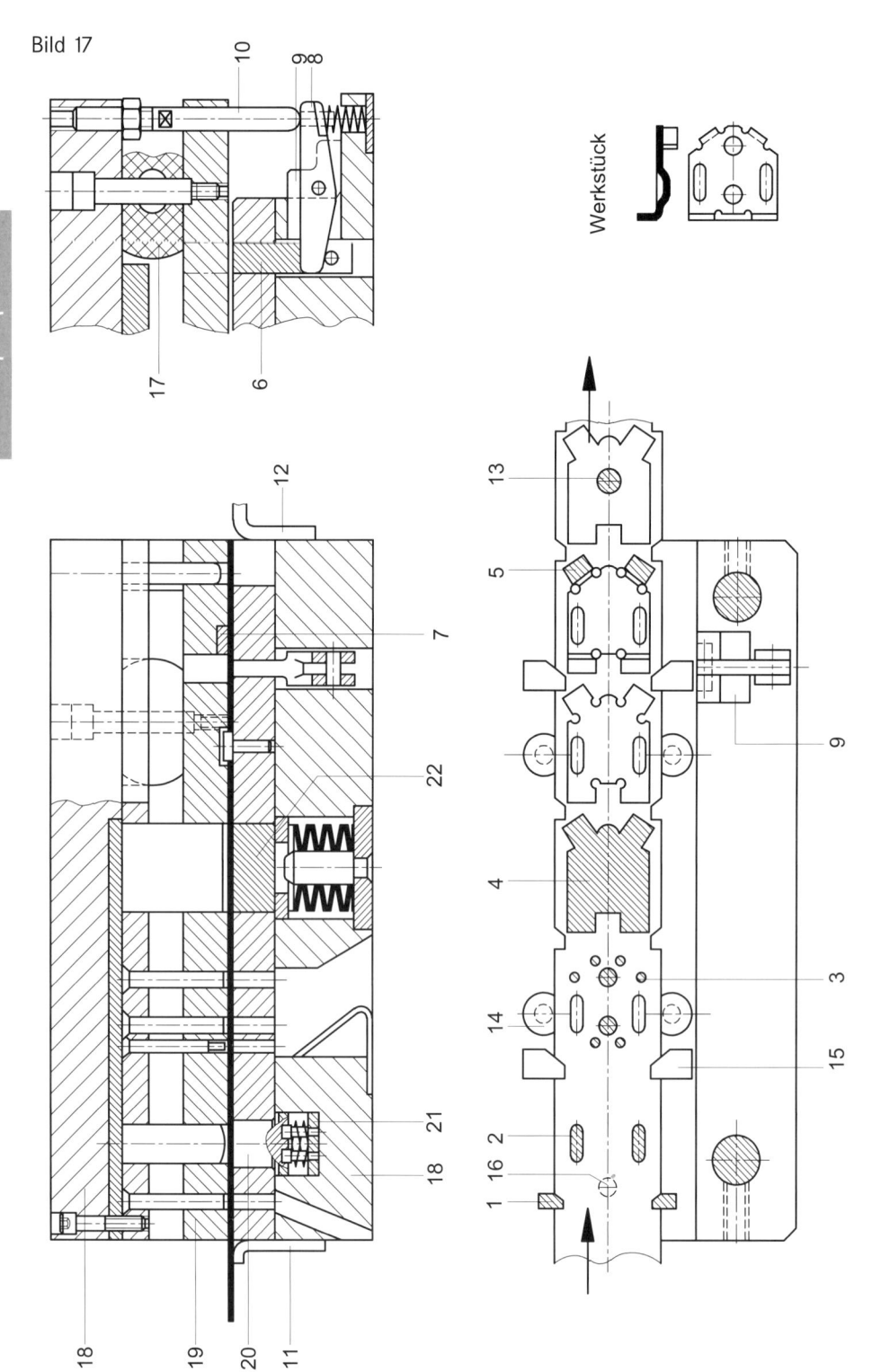

Bild 17

Werkstück

1 Einschneidstempel für Sucherplatte, 2 Hohlprägestempel, 3 Lochstempel, 4 Ausschneidstempel, 5 Stempel für Abwärtsbiegung, 6 Hochbiegestempel, 7 Einsatz für Biegekante, 8 Hebel, 9 Lagerbock, 10 Druckbolzen einstellbar, 11 Auflagebügel mit federnder Streifenführung, 12 Auflagewinkel für Abfallgitter, 13 Druckstift zum Herausdrücken aus dem Streifen, 14 Streifenführungsbolzen, 15 Sucherplatte, 16 Anschneidanschlag, 17 Gummifeder, 18 Säulenführungsgestell, 19 Stempelführungsplatte, 20 Ausstoßer, 21 Federelement, 22 Ausstoßer der Teile in Streifen zurückdrückt

3. Mehrfachwerkzeuge – Folgeschneiden, Gesamtschneiden

Folgeschneidwerkzeug – Einhängeanschlag

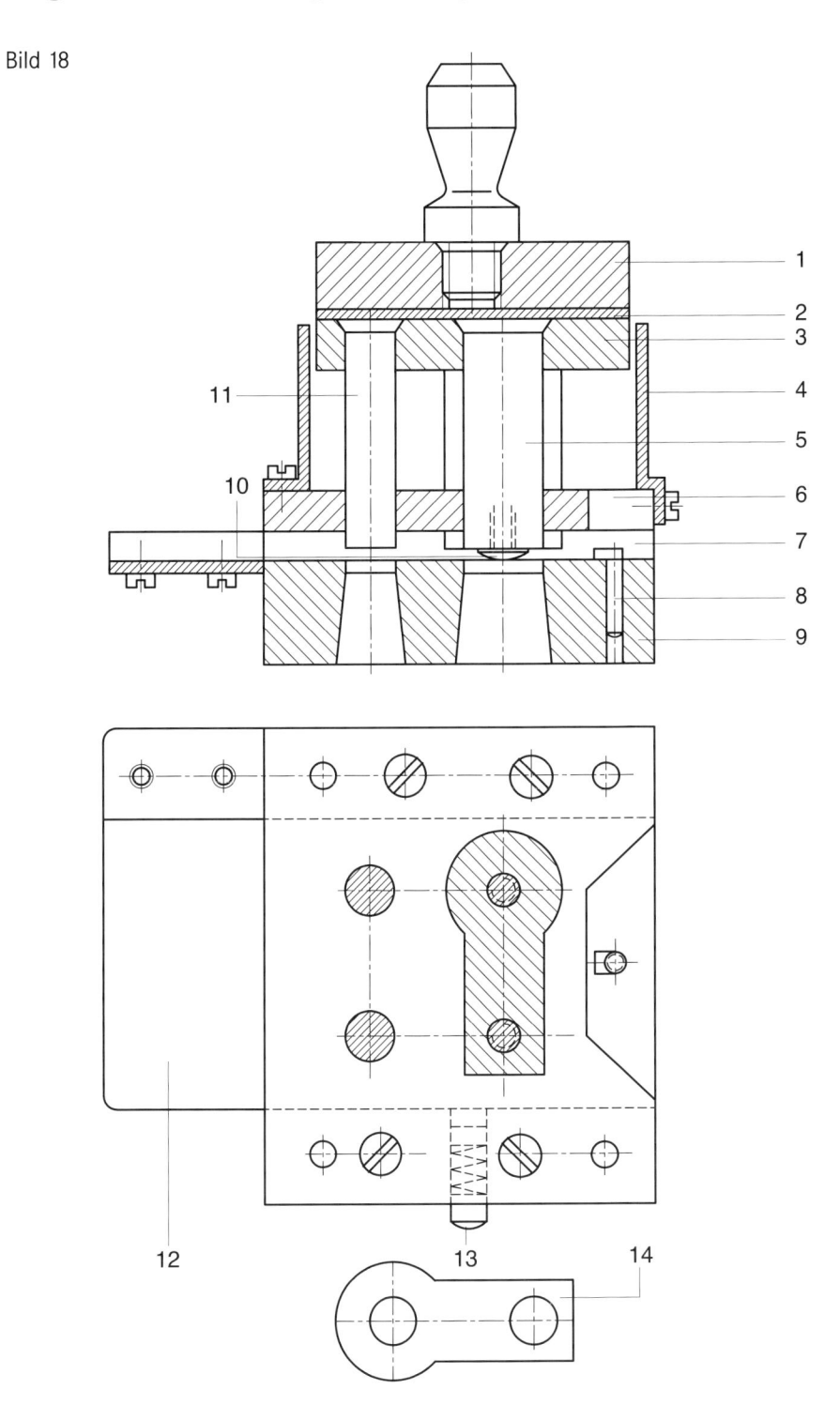

Bild 18

1 Kopfplatte, 2 Druckplatte, 3 Stempelhalteplatte, 4 Schutzkorb, 5 Ausschneidstempel, 6 Führungsplatte, 7 Zwischenlage, 8 Einhängestift zur Vorschubbegrenzung, 9 Schneidplatte, 10 Suchstift, 11 runder Schneidstempel (Vorlochen), 12 Streifenführung, 13 Anschneidanschlag, 4 Werkstück

Plattenführungswerkzeug

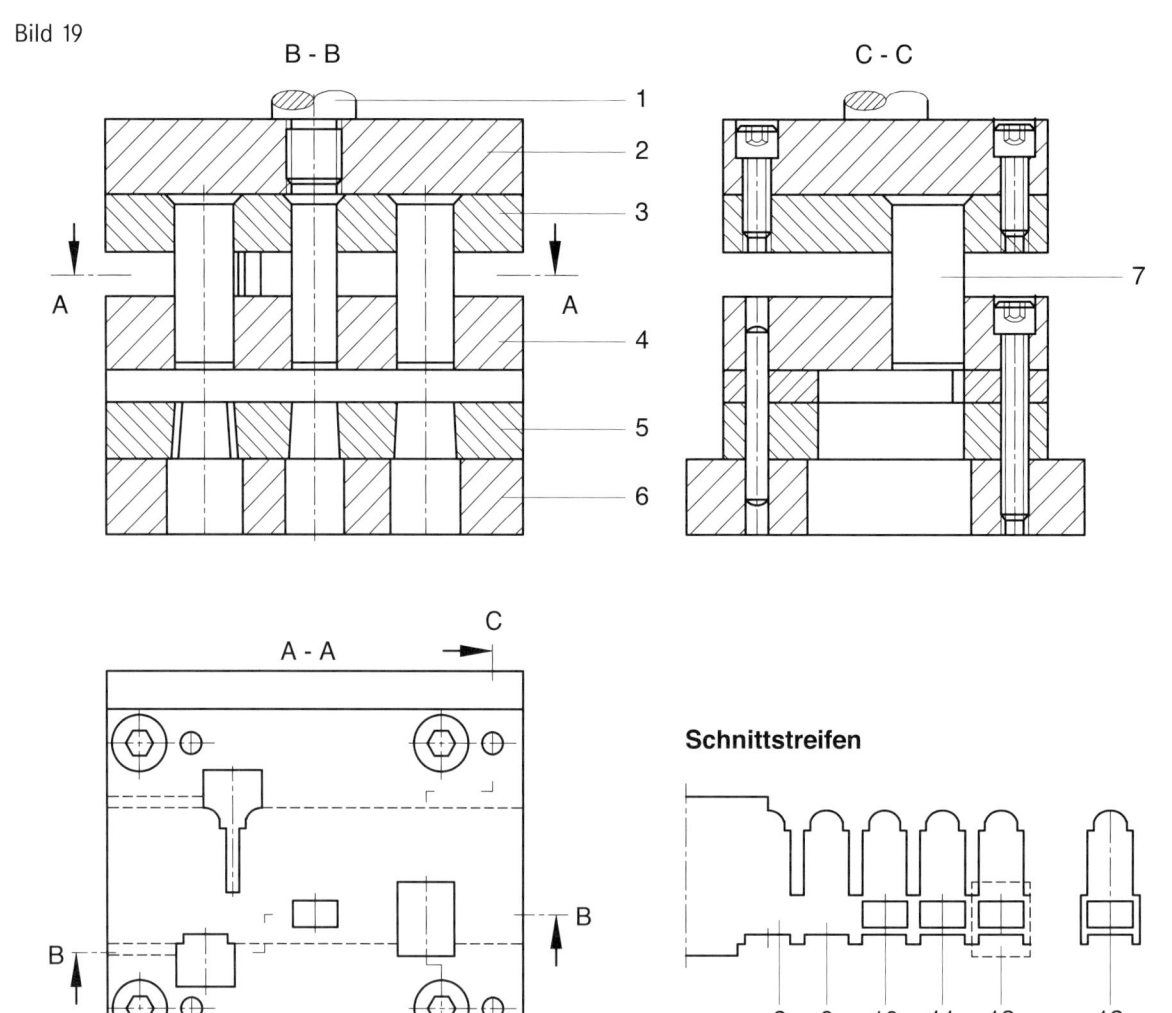

Bild 19

1 Einspannzapfen, 2 Kopfplatte, 3 Stempelaufnahmeplatte, 4 Stempelführungsplatte, 5 Schneidplatte, 6 Grundplatte, 7 Abschneidstempel,
8 Formseitenschneiden, 9 Einschneiden, 10 Formlochen, 11 Leerstufe, 12 Abschneiden,
13 fertiges Werkstück

3. Mehrfachwerkzeuge – Folgeschneiden, Gesamtschneiden

Stanzwerkzeug mit Säulenführung

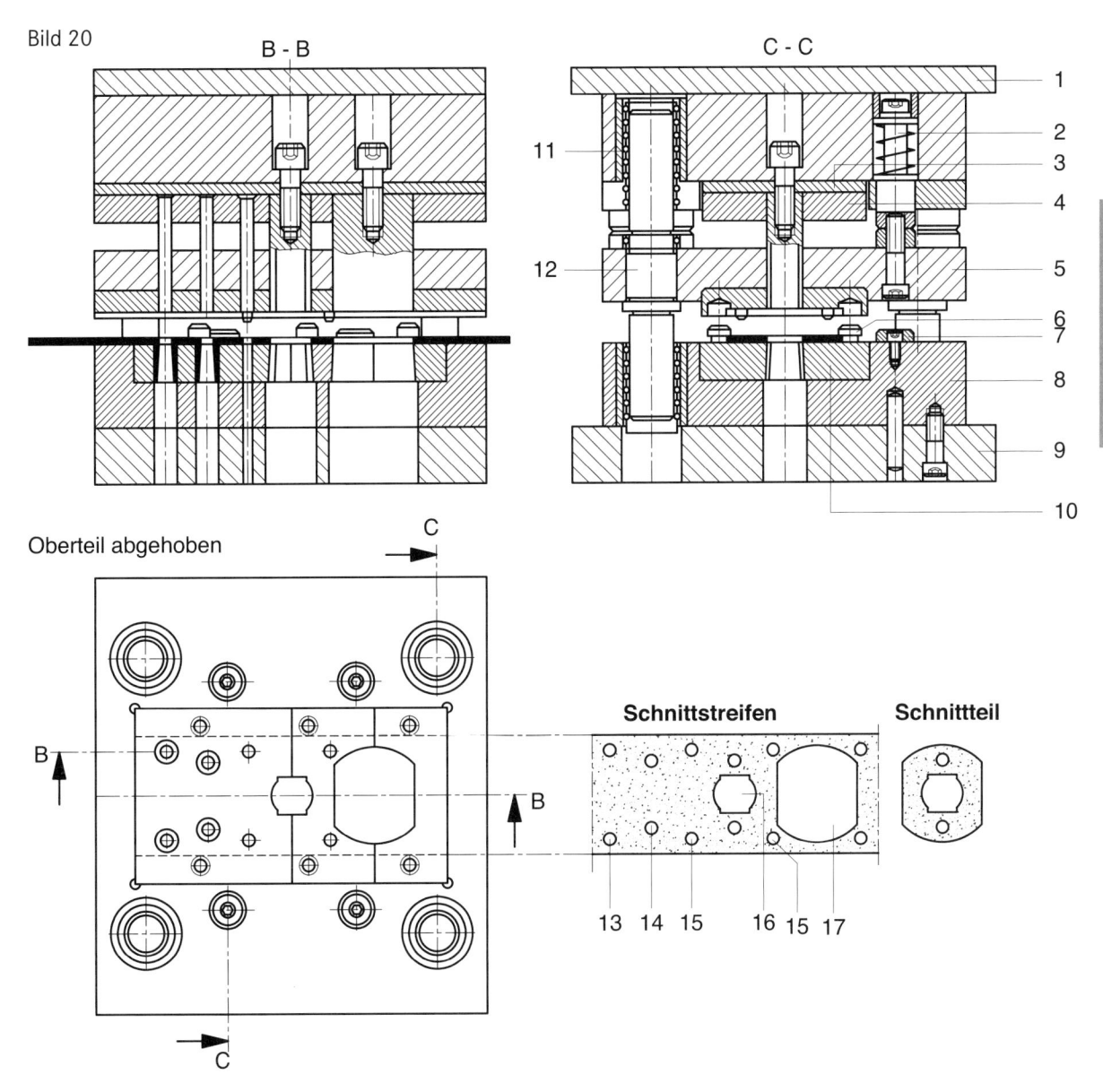

Bild 20

1 Kopfplatte, 2 Federelement, 3 Druckplatte, 4 Stempelplatte, 5 Führungsplatte, 6 Streifenführungselement, 7 Distanzstück, 8 Aufnahmeplatte, 9 Grundplatte, 10 Schneidplatteneinsatz geteilt mit Schneidbuchsen, 11 Kugelführung, 12 Führungssäule
13 Lochung für Suchstifte, 14 Lochung für Werkstück, 15 Suchen, 16 Lochung der Innenform, 17 Ausschneiden

Folgeverbundwerkzeug mit Schnittstreifen und fertigem Werkstück

Bild 21

Vorziehen | Zwischenziehen | Fertigziehen | Randbeschneiden

fertiges Werkstück

Folgeschneidwerkzeug

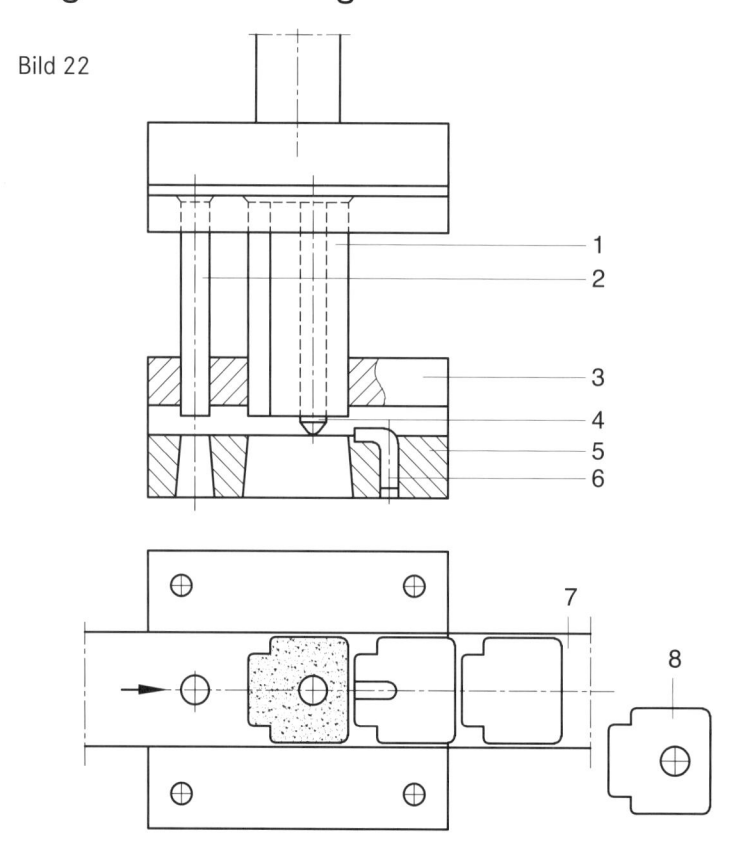

Bild 22

1 Ausschneidstempel
2 Lochstempel
3 Führungsplatte
4 Suchstift
5 Schneidplatte
6 Anlagestift
7 Abfall
8 Werkstück

3. Mehrfachwerkzeuge – Folgeschneiden, Gesamtschneiden

Gesamtverbundwerkzeug zum Ausschneiden, Tiefziehen, Stülpziehen und Hohlprägen

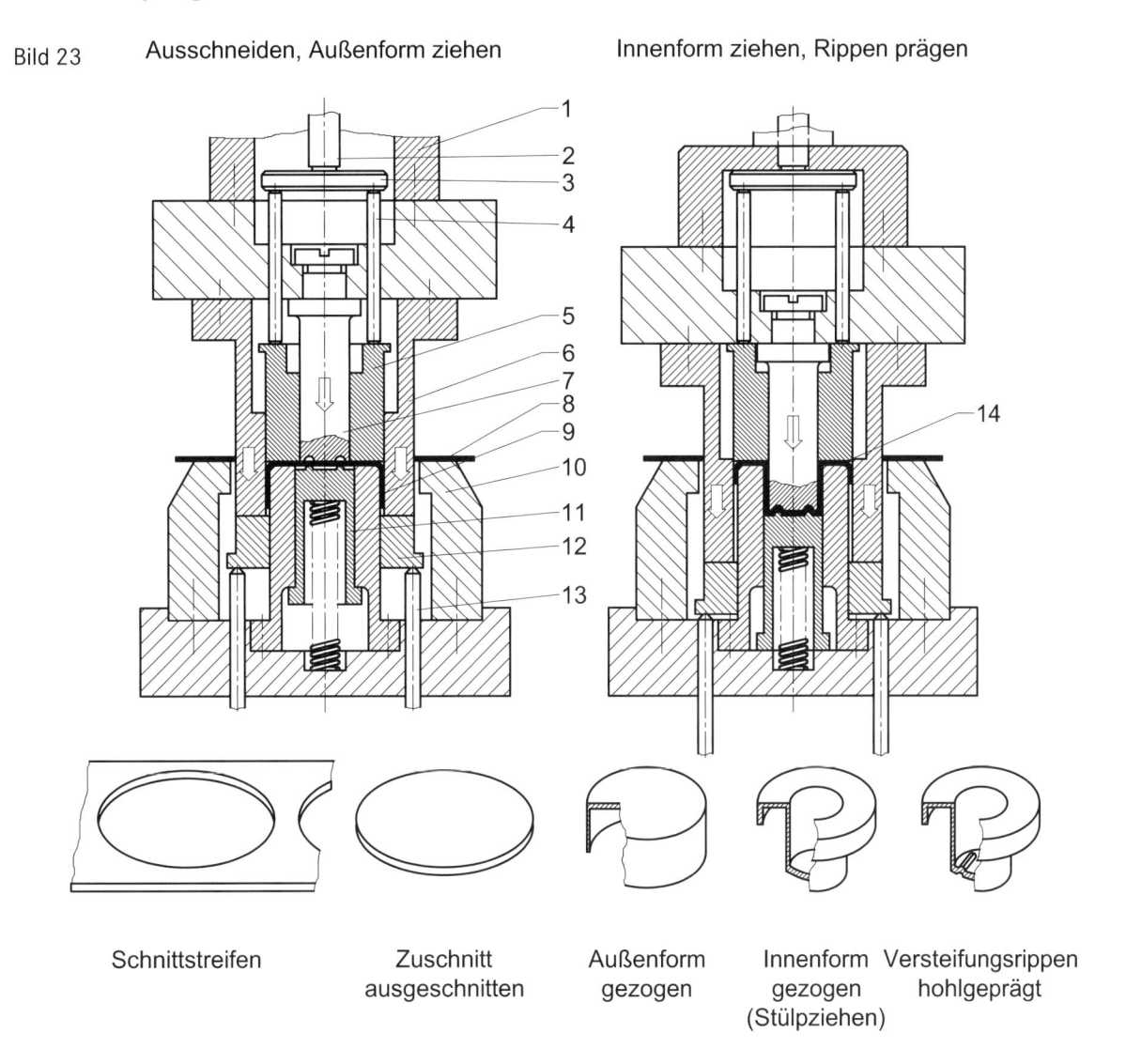

Bild 23

Ausschneiden, Außenform ziehen

Innenform ziehen, Rippen prägen

Schnittstreifen | Zuschnitt ausgeschnitten | Außenform gezogen | Innenform gezogen (Stülpziehen) | Versteifungsrippen hohlgeprägt

1 Einspannzapfen, 2 Ausstoßerbolzen, 3 Druckplatte, 4 Ausstoßerstifte, 5 Ausstoßer, 6 Ziehstempel für Außenform und Ziehmatrize für Innenform, 7 Ziehstempel für Innenform und Matrize für Hohlprägewerkzeug, 8 Schnittstreifen, 9 vorgezogenes Werkstück, 10 Schnittplatte, 11 Federboden und Stempel für Hohlprägewerkzeug, 12 Niederhalter, 13 Druckbolzen des Federdruckapparates, 14 fertiges Werkstück

Folgeverbundwerkzeug – säulengeführt

Bild 24

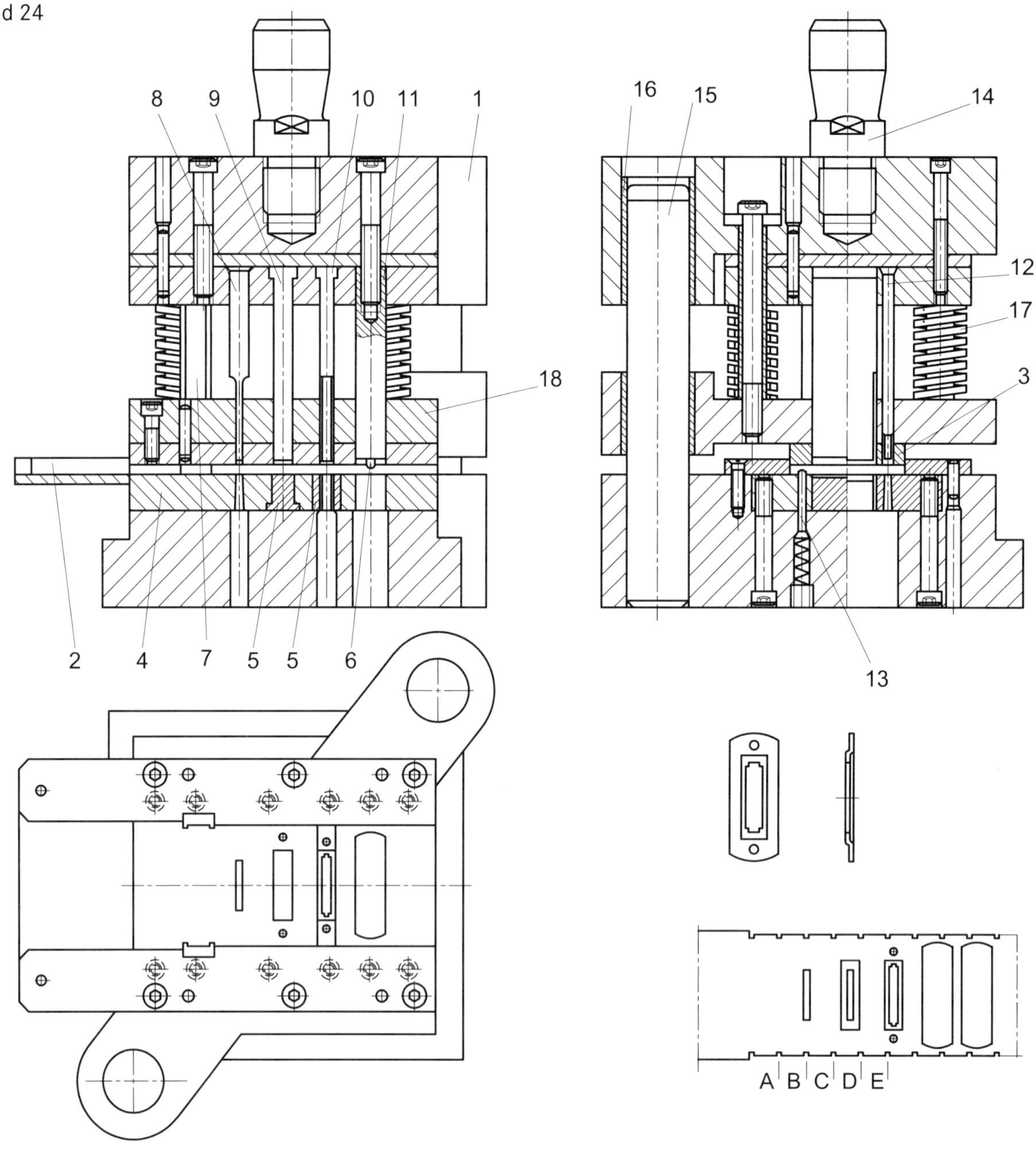

1 Säulengestell, 2 Streifenführung, 3 Führungsplatteneinsatz, 4 Schneidplatte, 5 Schneideinsatz, 6 Sucher, 7 Seitenschneider, 8 Vorschneidstempel, 9 Biegestempel, 10 Lochstempel, 11 Ausschneidstempel, 12 Lochstempel, 13 Abdrückstift, 14 Einspannzapfen, 15 Säule, 16 Führungsbuchse, 17 Druckfeder, 18 Führungsplatte.

Mit dem Folgeverbundwerkzeug werden Abdeckplatten aus Bandmaterial gefertigt. In der Arbeitsstufe "A" wird mit dem Seitenschneider (7) das Vorschubmass ausgeklinkt. In der Stufe "B" erfolgt das Ausschneiden eines Entlastungsschlitzes für das Biegen. In der Stufe "C" wird die Vertiefung gebogen.

3. Mehrfachwerkzeuge – Folgeschneiden, Gesamtschneiden

Trennstanzeinheiten

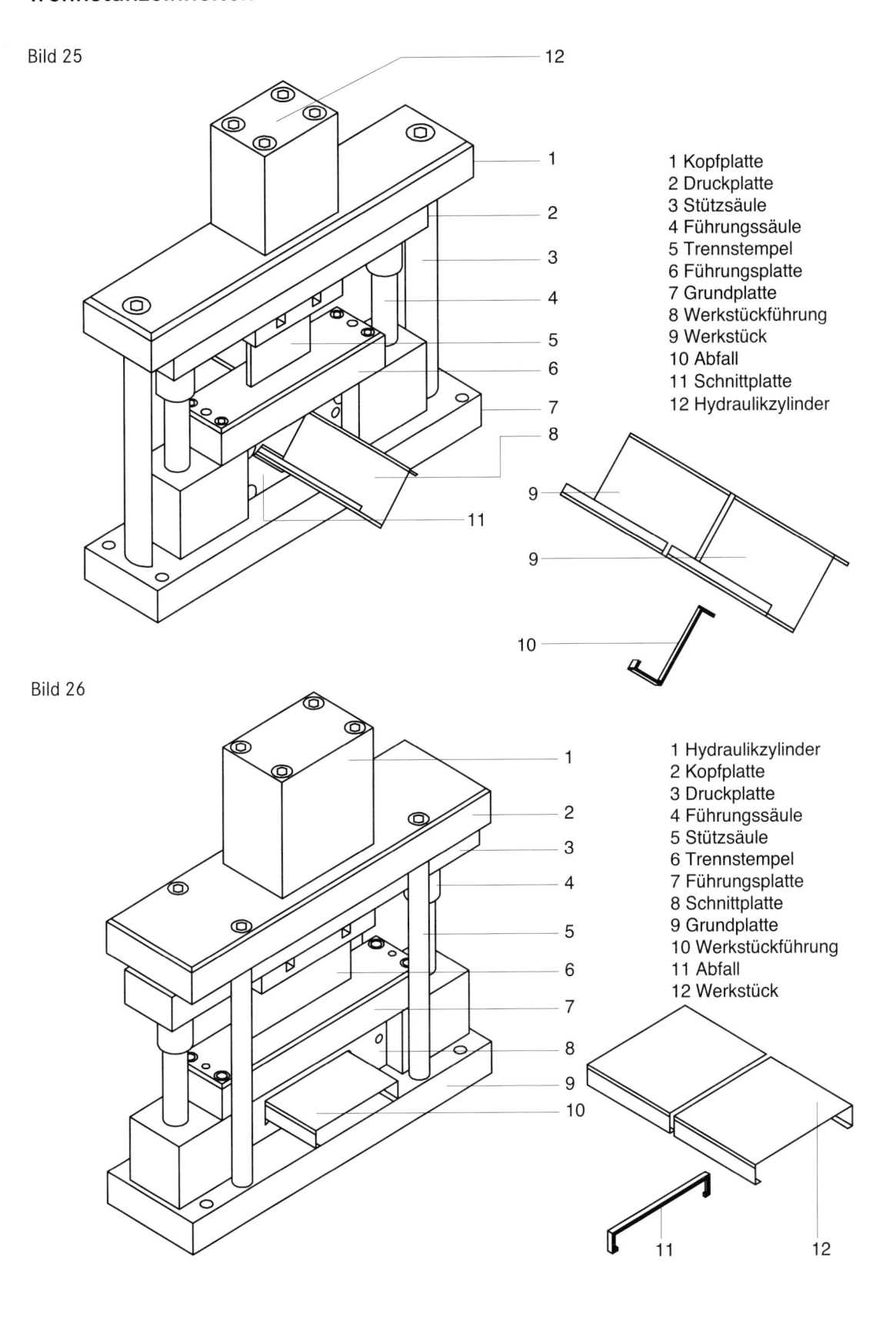

Bild 25

1 Kopfplatte
2 Druckplatte
3 Stützsäule
4 Führungssäule
5 Trennstempel
6 Führungsplatte
7 Grundplatte
8 Werkstückführung
9 Werkstück
10 Abfall
11 Schnittplatte
12 Hydraulikzylinder

Bild 26

1 Hydraulikzylinder
2 Kopfplatte
3 Druckplatte
4 Führungssäule
5 Stützsäule
6 Trennstempel
7 Führungsplatte
8 Schnittplatte
9 Grundplatte
10 Werkstückführung
11 Abfall
12 Werkstück

Arbeitsprinzip beim Gesamtschneiden

Bild 27

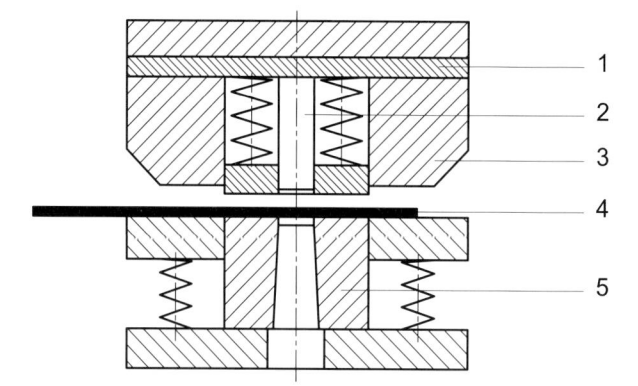

a) Ausgangslage

1 Druckplatte
2 Lochstempel
3 Ausschneidplatte beweglich
4 Schnittstreifen
5 Ausschneidstempel bzw Schneidplatte für Lochstempel (fest)

b) Schneidvorgang

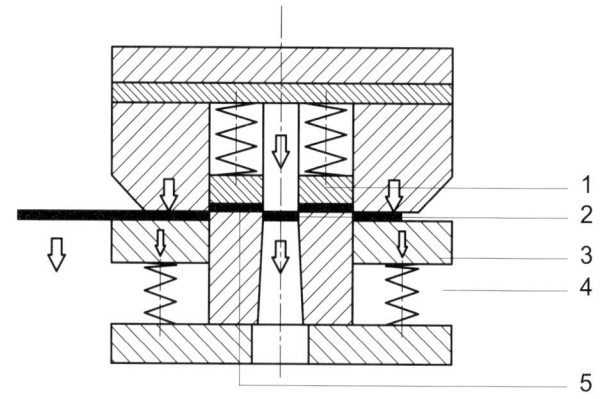

1 Ausstoßer
2 Butzen (Abfall)
3 Abstreifer
4 Unterteil
5 Schnittteil

c) Nach dem Schneidvorgang

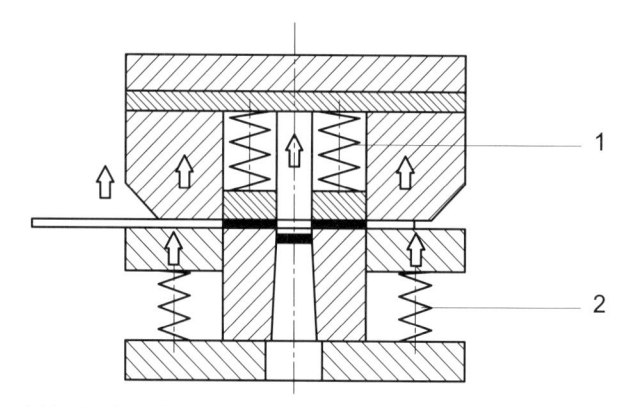

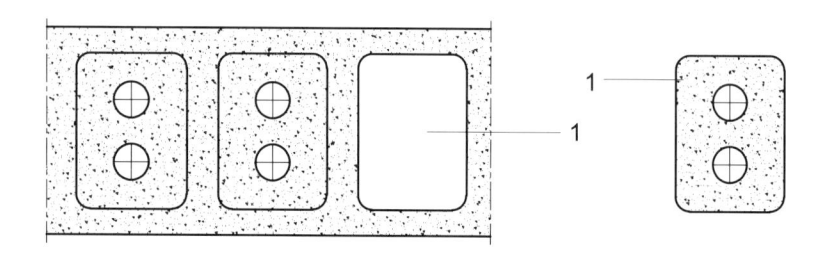

1 Feder für Ausstoßer
2 Feder für Abstreifer

1 Schnittteil aus dem Streifen entfernen

Hauptteile des Gesamtschneidwerkzeuges

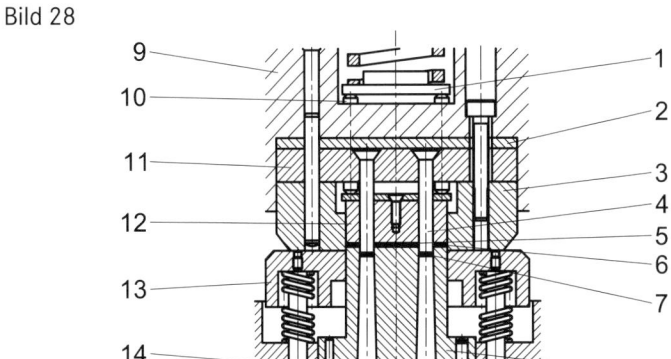

Bild 28

1 Federteller
2 Druckplatte
3 Schneidplatte
4 Lochstempel
5 Werkstück
6 Schnittstreifen
7 Abfall
8 Ausschneidstempel
9 Oberteil
10 Ausstoßerstift
11 Stempelplatte
12 Ausstoßer
13 Abstreifer
14 Unterteil

Ausschneidstempel

Bild 29

1 Werkstück
2 Schneidplatte für Lochung
3 Schnittstreifen
4 Ausschneidstempel

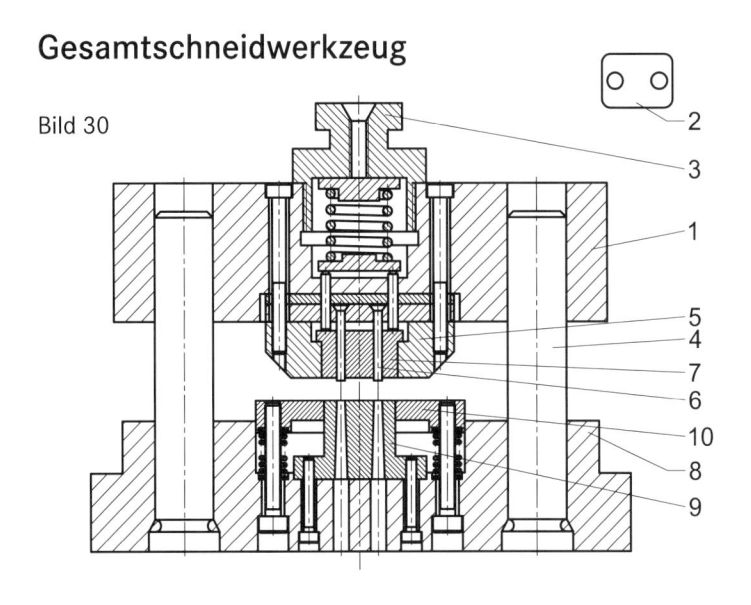

Gesamtschneidwerkzeug

Bild 30

1 Oberteil
2 Werkstück
3 Kupplungszapfen
4 Führungssäule
5 Schneidplatte
6 Lochstempel
7 Ausstoßer
8 Unterteil
9 Ausschneidstempel
10 Abstreifer

Hauptteile des Gesamtschneidwerkzeuges

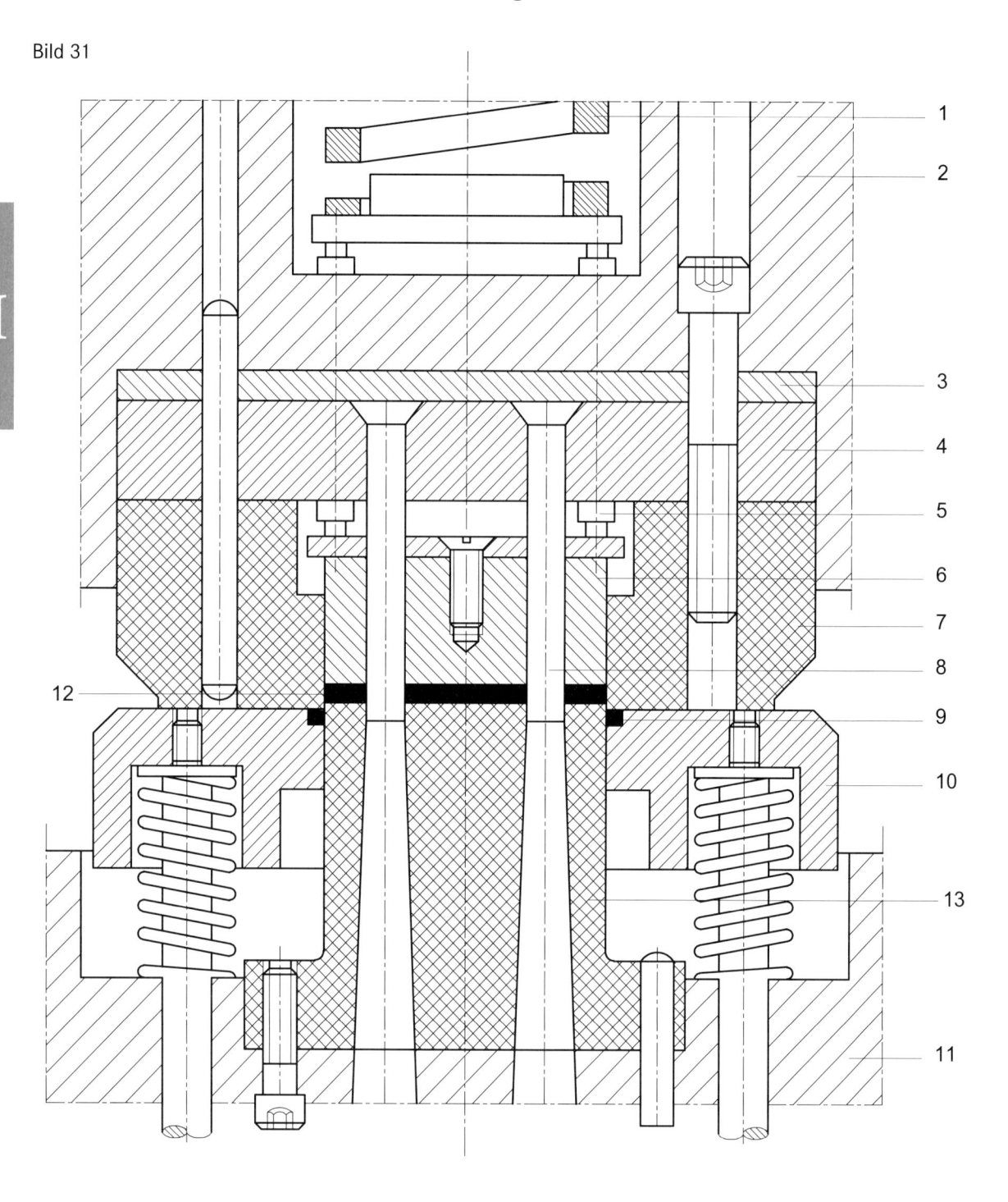

Bild 31

1 Tellerfeder, 2 Oberteil, 3 Druckplatte, 4 Stempelplatte, 5 Ausstoßerstift, 6 Ausstoßer, 7 Schneidplatte
8 Lochstempel, 9 Abfall, 10 Abstreifer, 11 Unterteil, 12 Werkstück-Schnittstreifen, 13 Ausschneidstempel

3. Mehrfachwerkzeuge – Folgeschneiden, Gesamtschneiden

Säulenführung – Doppelwerkzeug

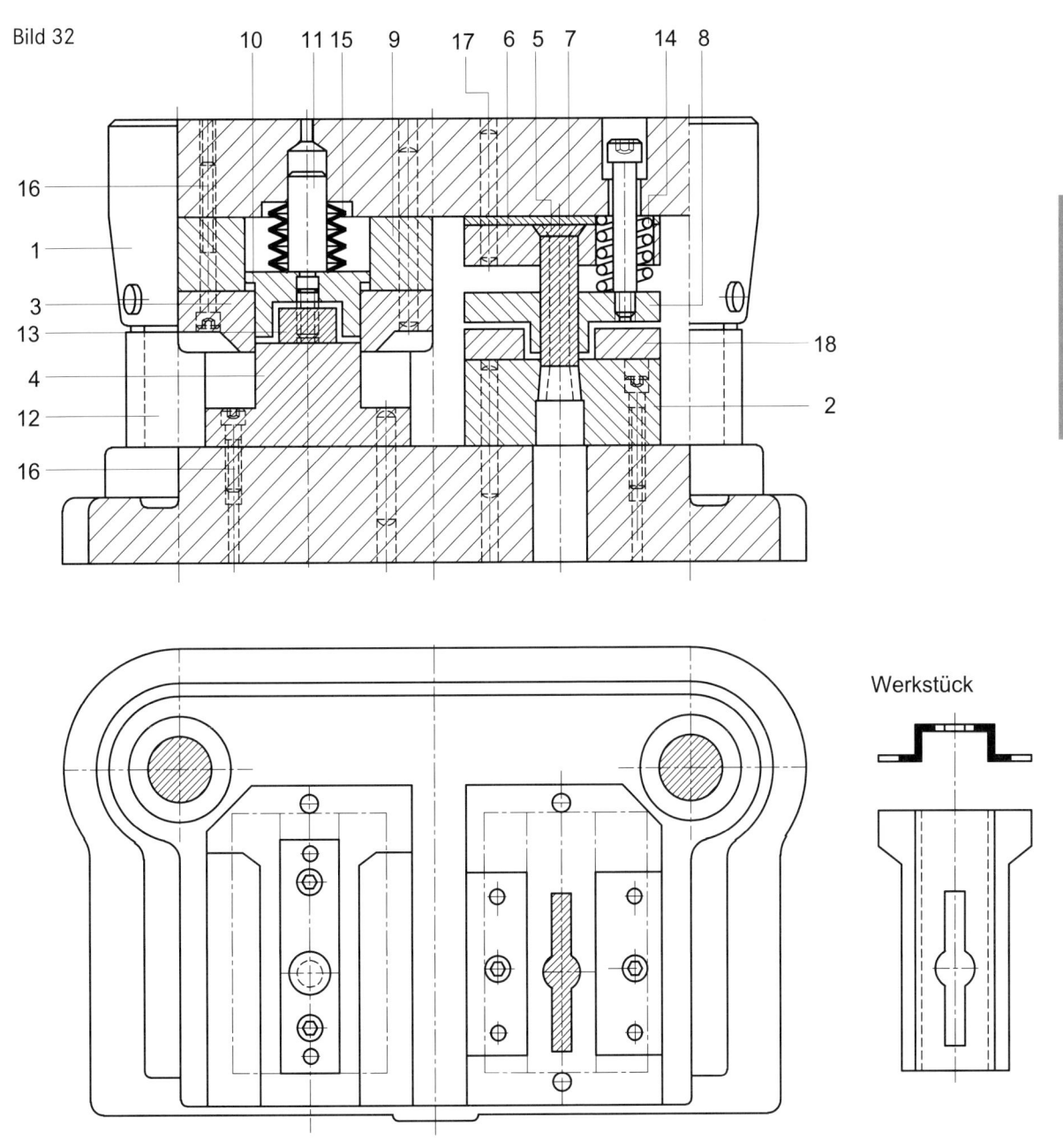

Bild 32

Im linken Werkzeug wird die Kontur beschnitten, im rechten Werkzeug wird der Formdurchbruch erzeugt.
1 Säulengestell, 2 Schneidplatte, 3 Schneidmesser, 4 Schneidstempel, 5 Formstempel, 6 Stempelhalteplatte, 7 Druckplatte, 8 Abstreiferplatte, 9 Zwischenleiste, 10 Auswerfer, 1 Federbolzen, 12 Distanzhülse, 13 Zentrierstück, 14 Schraubenfeder, 15 Tellerfeder, 16 Innensechskantschraube, 17 Zylinderstift, 18 Auflage

Gesamtschnitt – Säulenführung

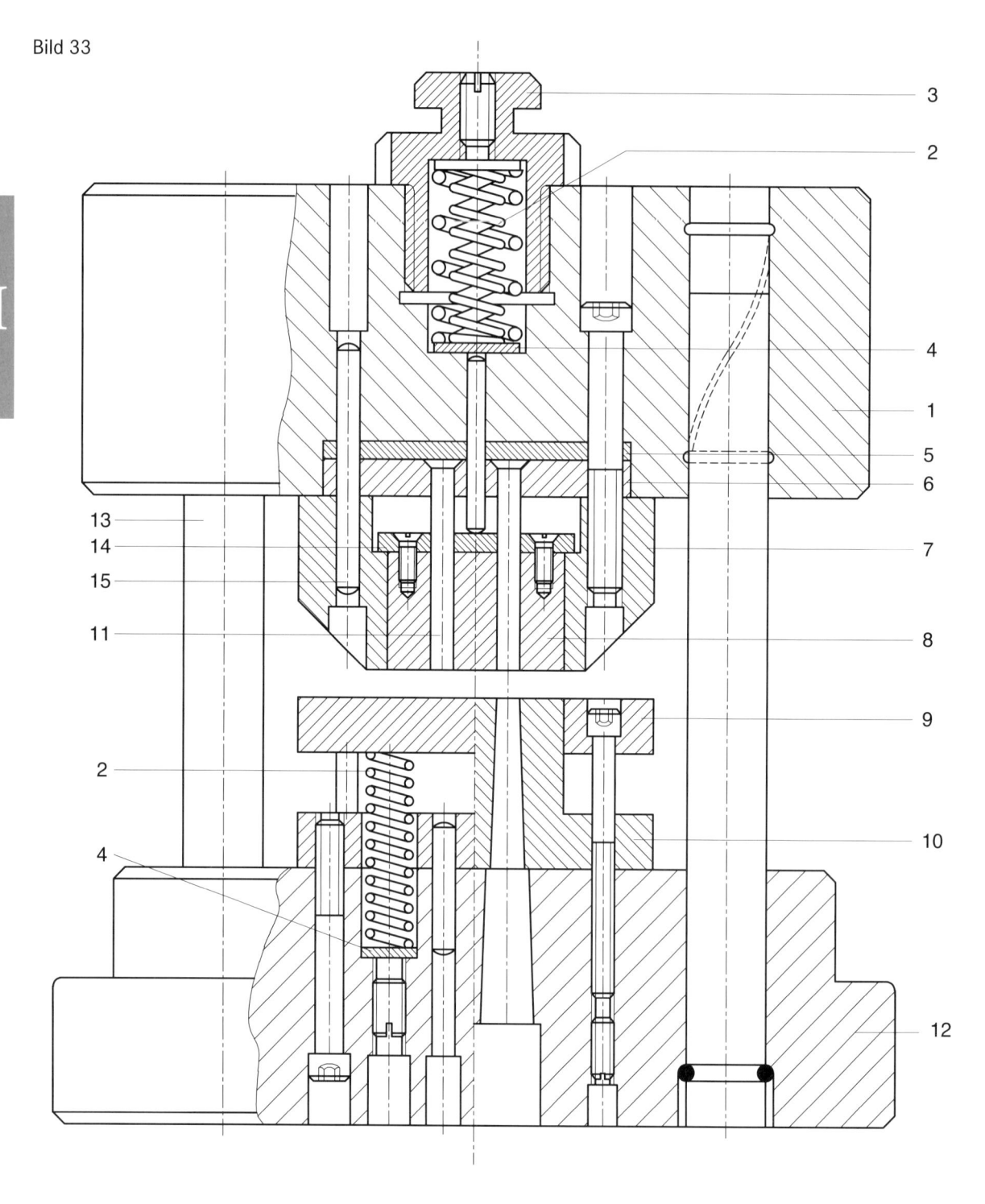

Bild 33

1 Gestelloberteil, 2 Druckfeder, 3 Kupplungszapfen, 4 Federdruckplatte, 5 Druckplatte, 6 Stempelhalteplatte, 7 Schneidplatte, 8 Auswerferplatte, 9 Abstreiferplatte, 10 Schneidstempel, 11 Lochstempel, 12 Gestellunterteil, 13 Führungssäule, 14 Auswerferhalteplatte, 15 Zylinderstift

3. Mehrfachwerkzeuge – Folgeschneiden, Gesamtschneiden

Gesamtschnitt

Bild 34

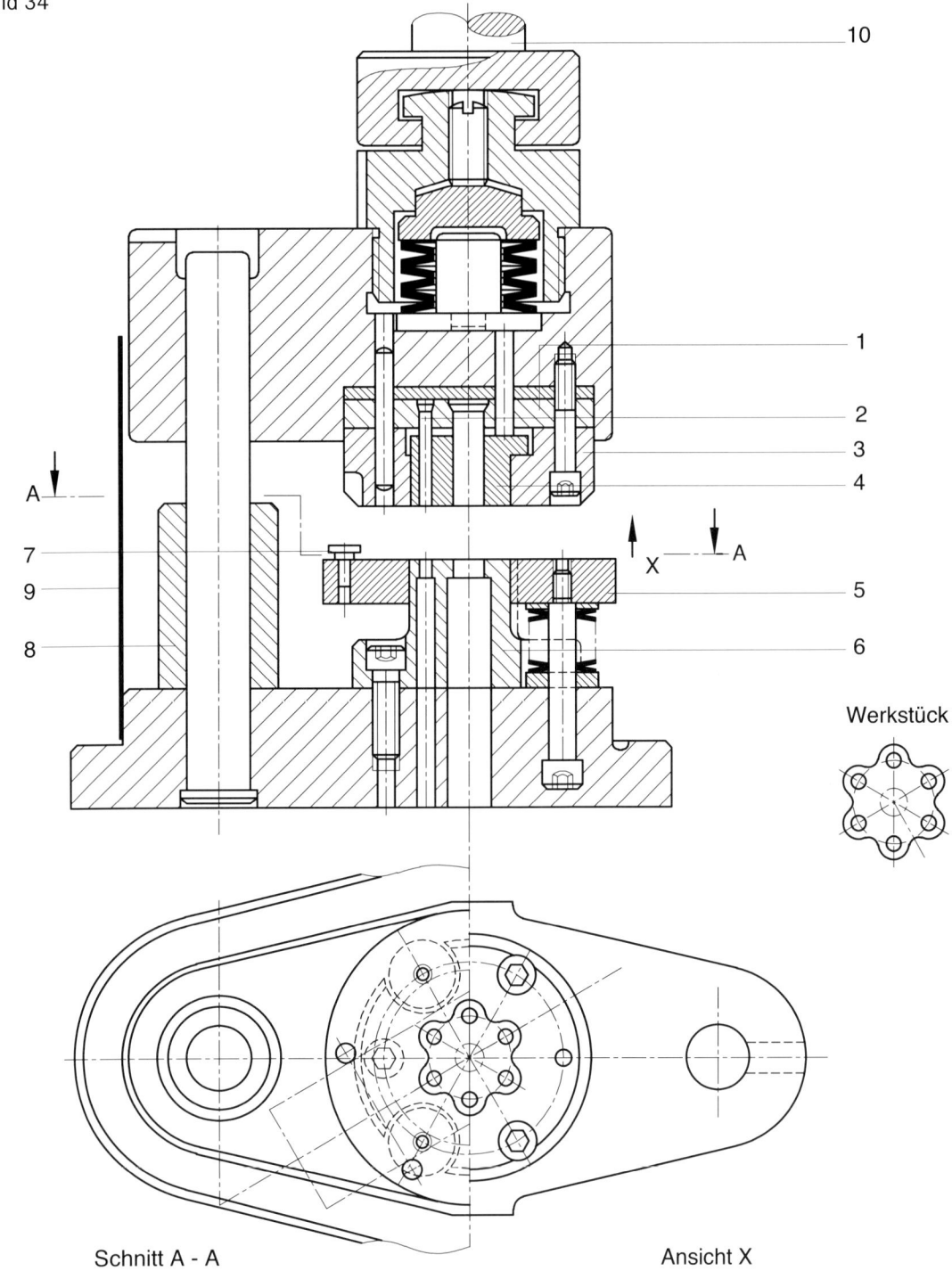

Schnitt A - A   Ansicht X

Werkstück

1 Stempelhalteplatte, 2 Lochstempel, 3 Schneidplatte, 4 Auswerferplatte, 5 Schneidstempel, 6 Abstreiferplatte, 7 Streifenführung, 8 Distanzbuchse, 9 Schutzgitter, 10 Einspannzapfen

Säulenführungsschnitt Mehrfachlochung

Bild 1

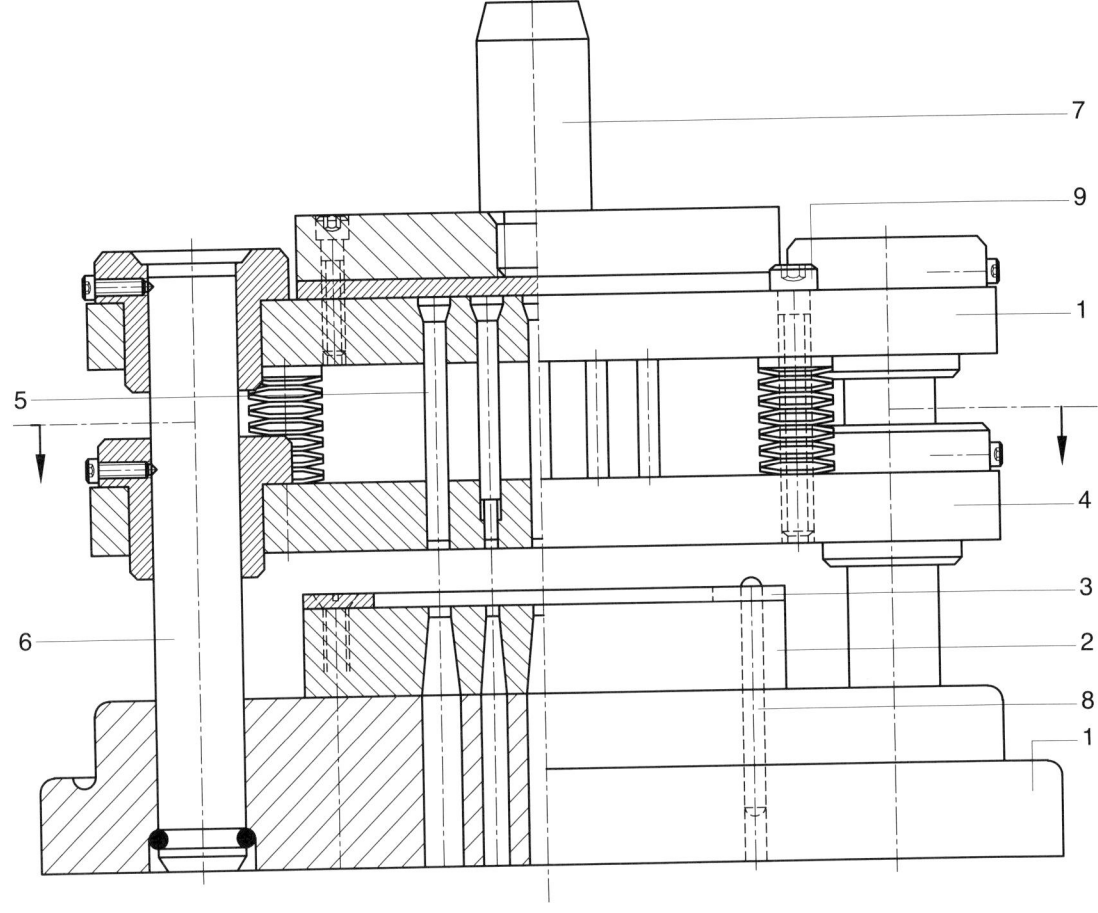

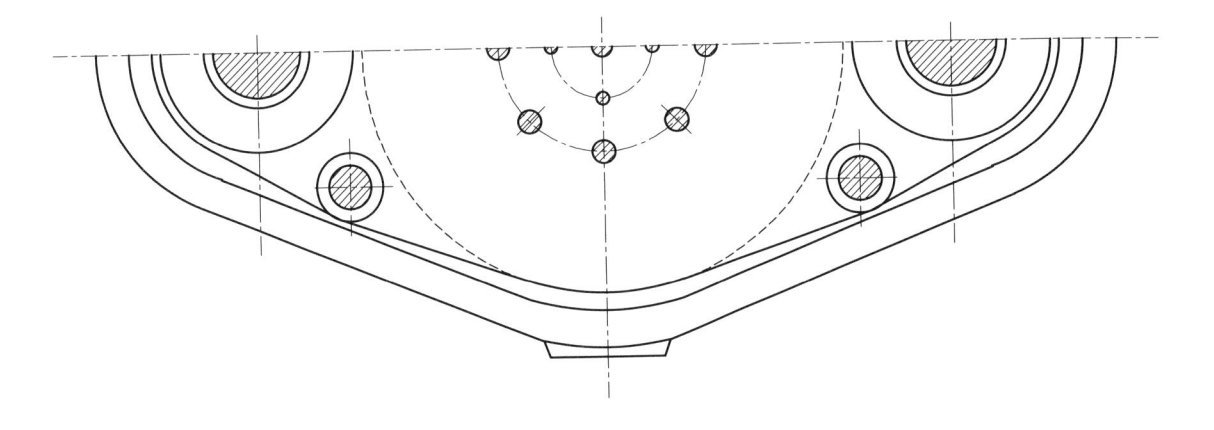

1 Säulenführungsgestell, 2 Schneidplatte, 3 Anschlagring für Zuschnitt, 4 Stempelführungsplatte, 5 Lochstempel, 6 Führungssäule, 7 Einspannzapfen, 8 Zylinderstift, 9 Innensechskantschraube

Säulenführungsschnitt Mehrfachlochung

Bild 2

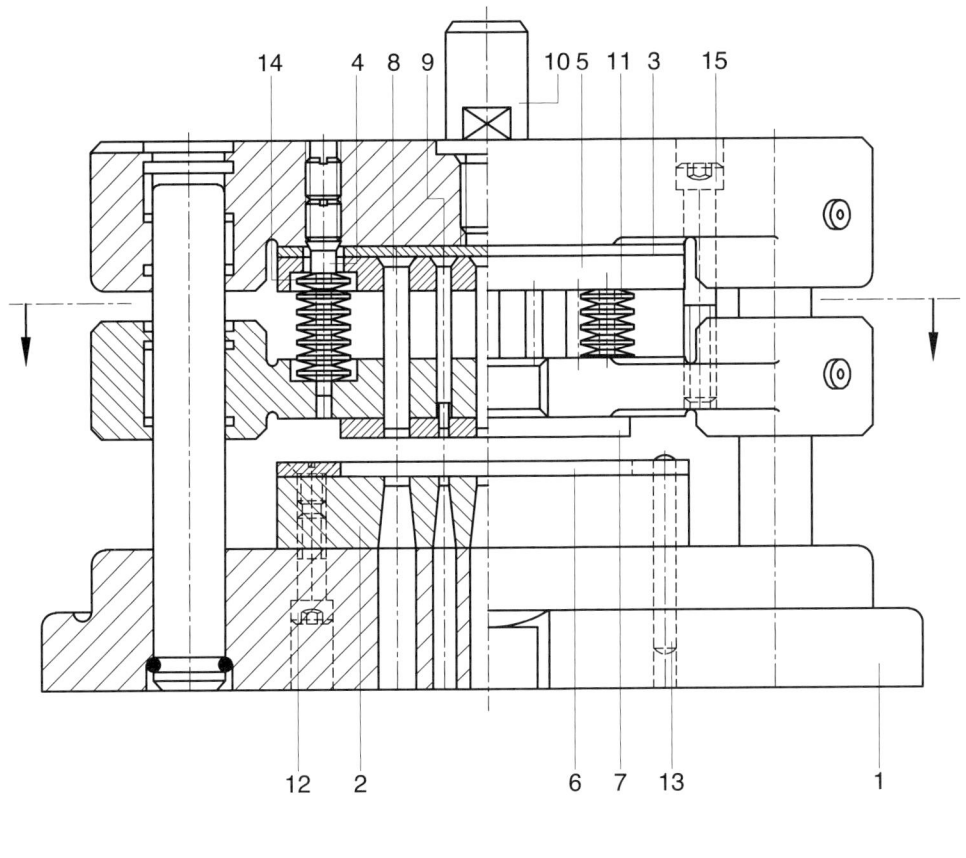

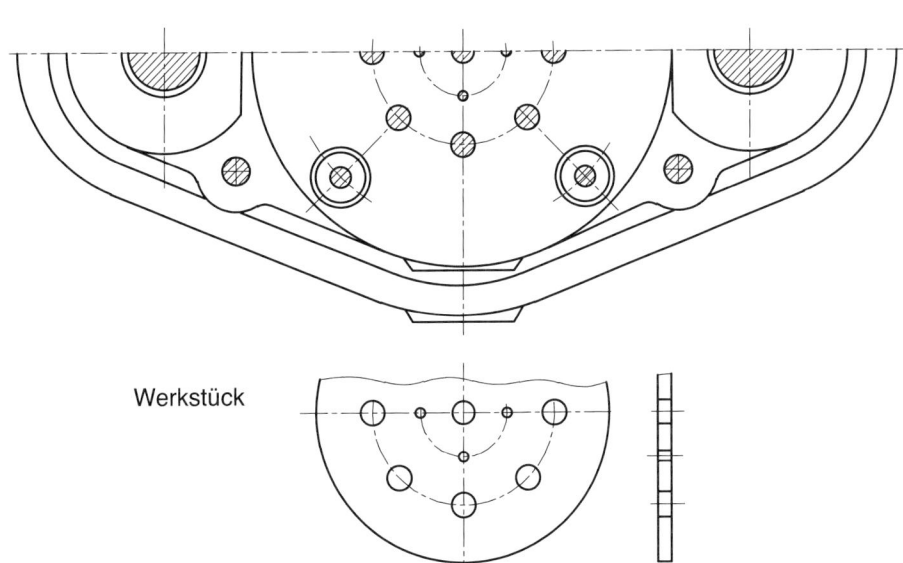

1 Säulenführungsgestell, 2 Schneidplatte, 3 Druckplatte, 4 Federbolzen, 5 Stempelhalteplatte,
6 Anschlag für Ronde, 7 Führungsplatte, 8 Lochstempel, 9 Lochstempel, 10 Einspannzapfen,
11 Tellerfedern, 12 Innensechskantschraube, 13 Zylinderstift, 14 Tellerfedern, 15 Halteschraube

Keiltrieb – Keilwerkzeug

Bild 3

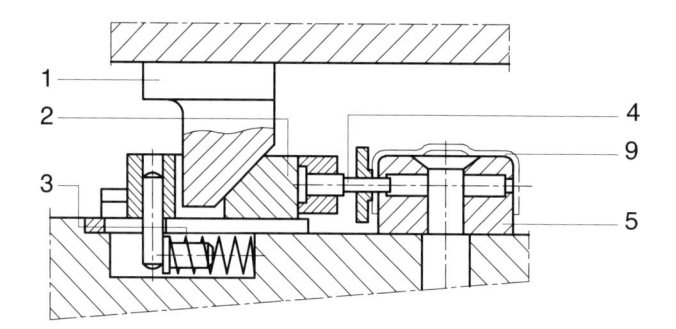

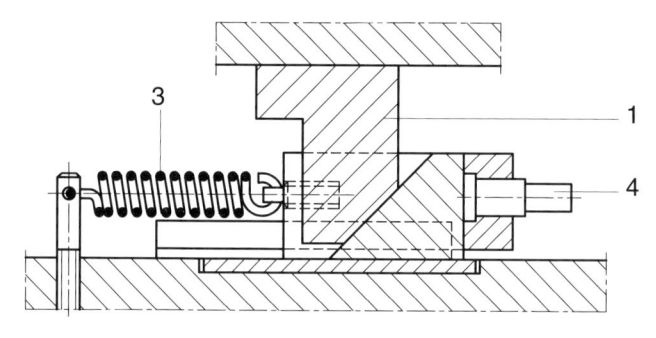

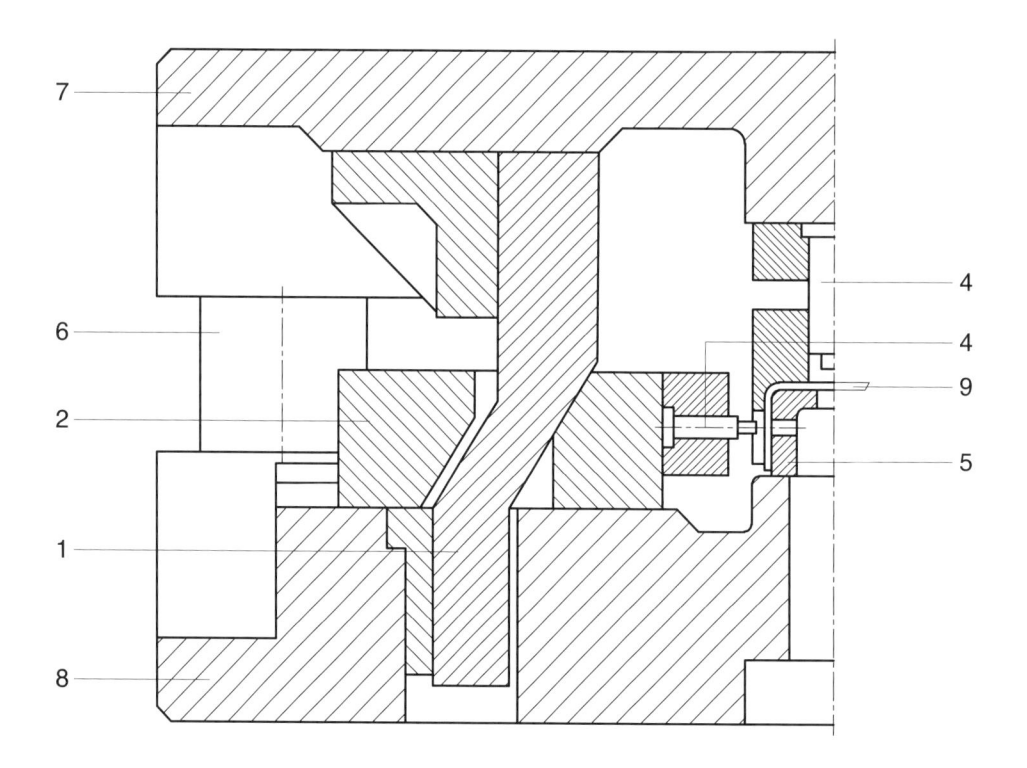

Der Keilschieber kann zwangsweise oder mit Federunterstützung zurückgefahren werden.
1 Keilstempel, 2 Schieber, 3 Rückzugfeder, 4 Lochstempel, 5 Schneidplatte, 6 Säulenführung,
7 Oberplatte, 8 Unterplatte, 9 Werkstück

Rohrstanze mit Kassettenwechselsystem

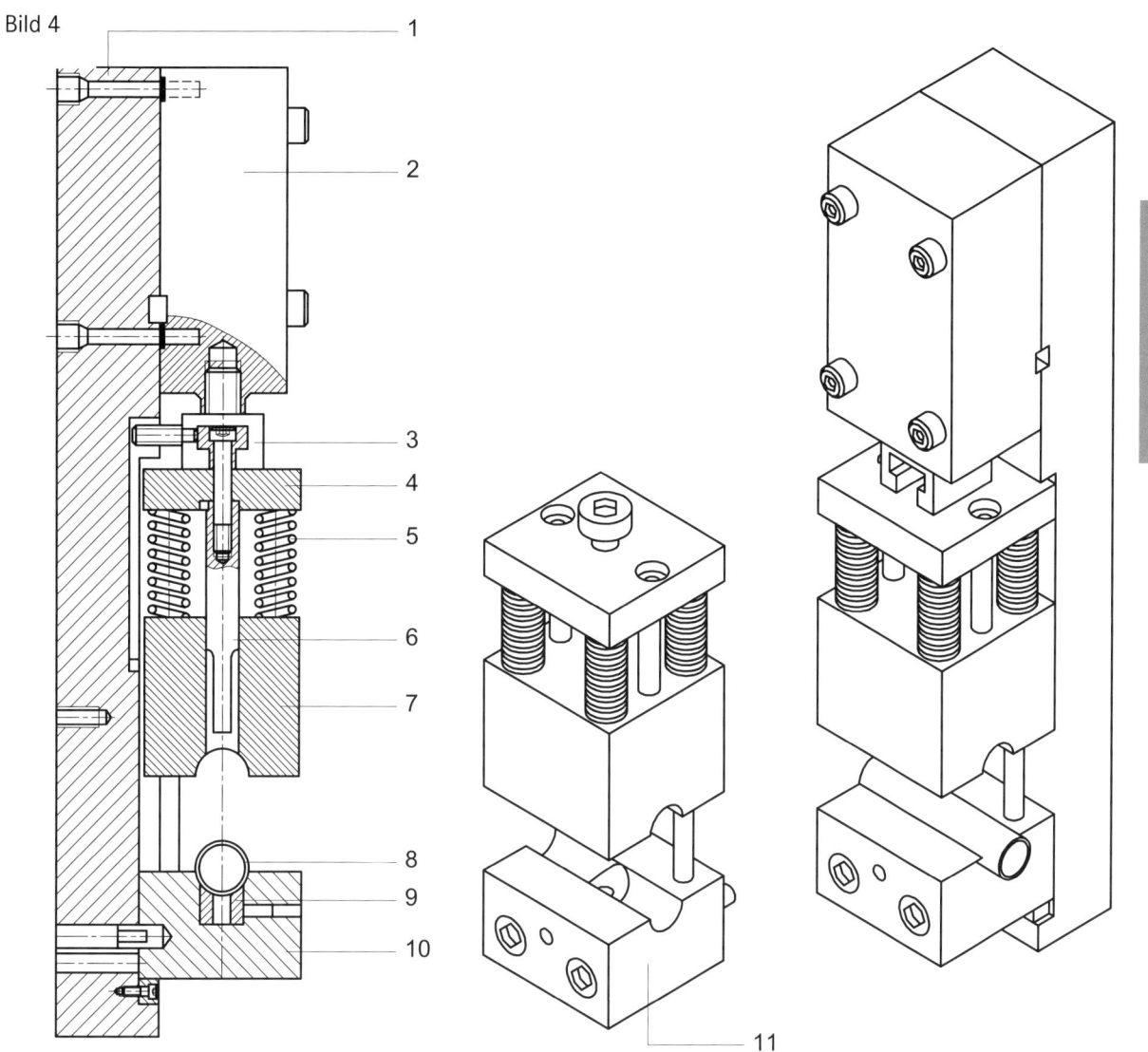

Bild 4

1 Grundaufnahme, 2 Hydraulikzylinder, 3 Verbindungsstück, 4 Kopfplatte, 5 Druckfeder,
6 Lochstempel, 7 Stempelführung, 8 Werkstück (Rohr), 9 Schneidbuchse, 10 Schneidbuchsenaufnahme,
11 Wechselkassette

Seitenlocher – Seitenschlitzstempel

Bild 5

Ein Hohlkörper wird gleichzeitig an mehreren Stellen bearbeitet.
1 Mittenstempel
2 Stempelkopf
3 Druckplatte
4 Stempelaufnahmeplatte
5 Vorschubstempel
6 Versteifungsschiene
7 Schieberführungsplatte
8 Seitenlochstempel
9 Sockelplatte
10 Einspannzapfen
11 Feder
12 Führungsplatte
13 Aufnahme und Schneidp.
14 Seitenschlitzstempel
15 Anschlagstift
16 Grundplatte
17 Hinterführung
18 Werkstück

Seitenlocher – Keilstempel

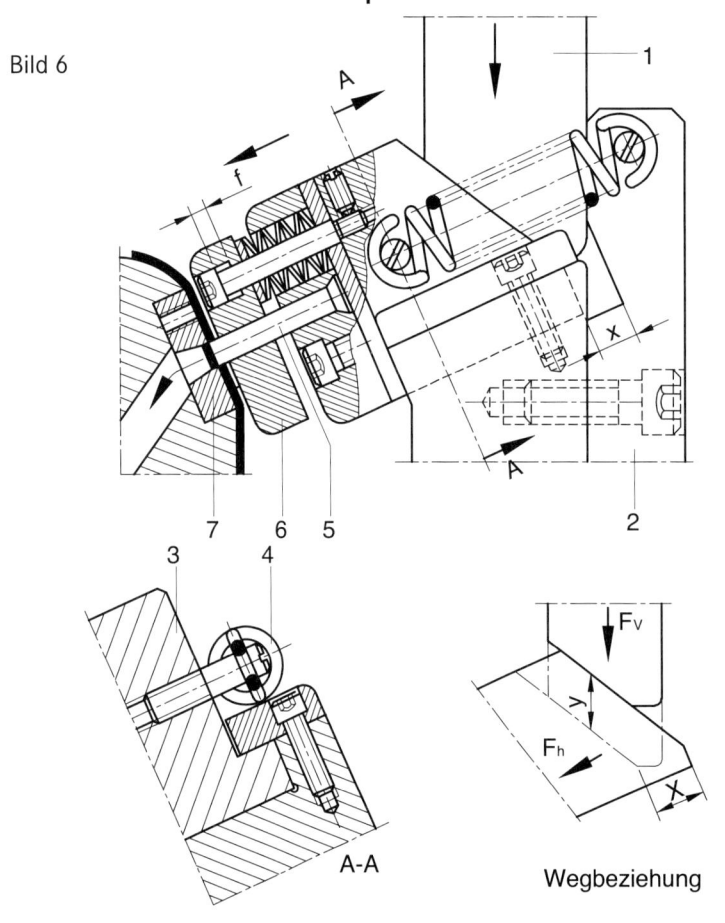

Bild 6

1 einseitig wirkender Keilstempel
2 Abstützleiste zur Führung
3 Schieber in Flachführung
4 Zugfeder für Rückhub
5 Lochstempel
6 Blechhalter gefedert
7 Schneidplatte

f Federweg, F_v Vertikalkraft.
F_h Horizontalkraft, x Hub.
y Vertikalhub

Pneumatikstanzeinheit

Bild 7

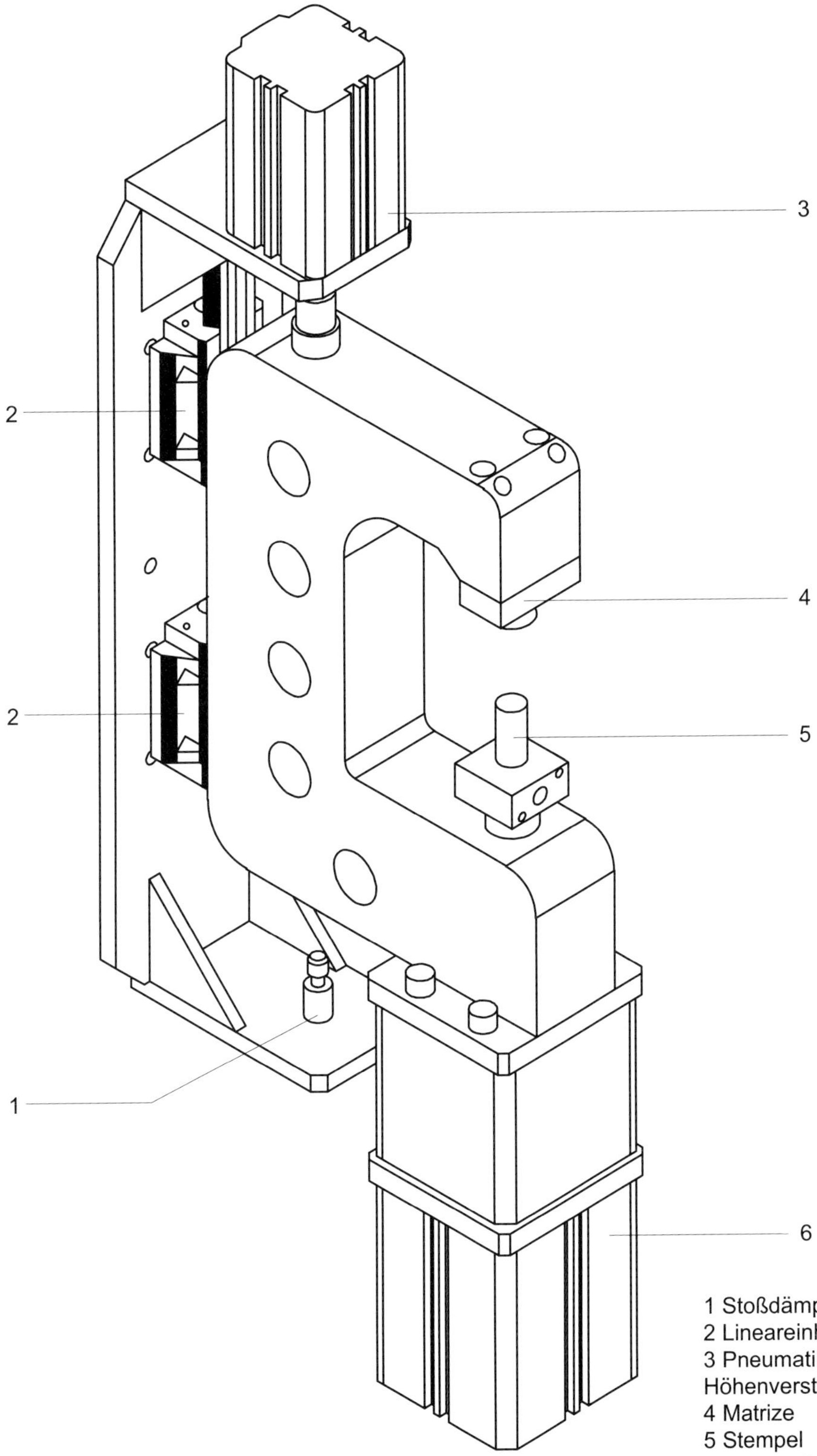

1 Stoßdämpfer
2 Lineareinheit
3 Pneumatikzylinder für Höhenverstellung
4 Matrize
5 Stempel
6 Stanzzylinder

Formteillochung – Keilschieber

Bild 8

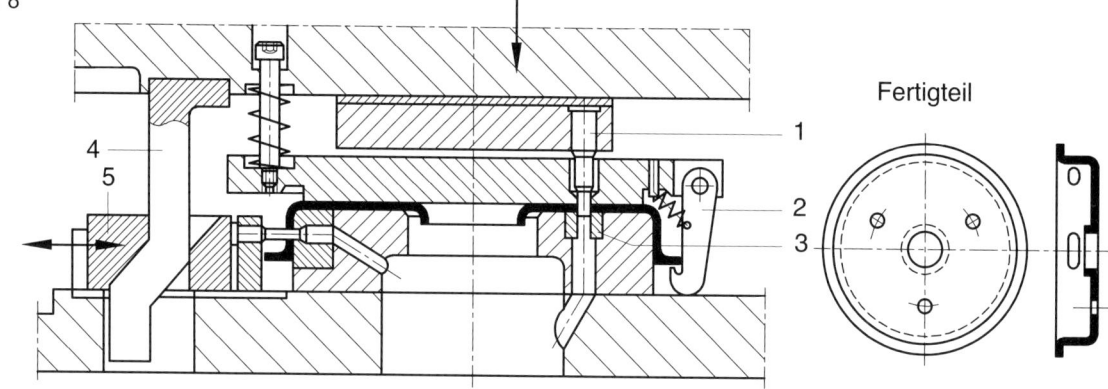

1 Lochstempel, 2 Auswerferkralle, 3 Schneidbuchse, 4 Keilstempel, 5 Keilschieber

Lochwerkzeug – Formteillochung

Bild 9

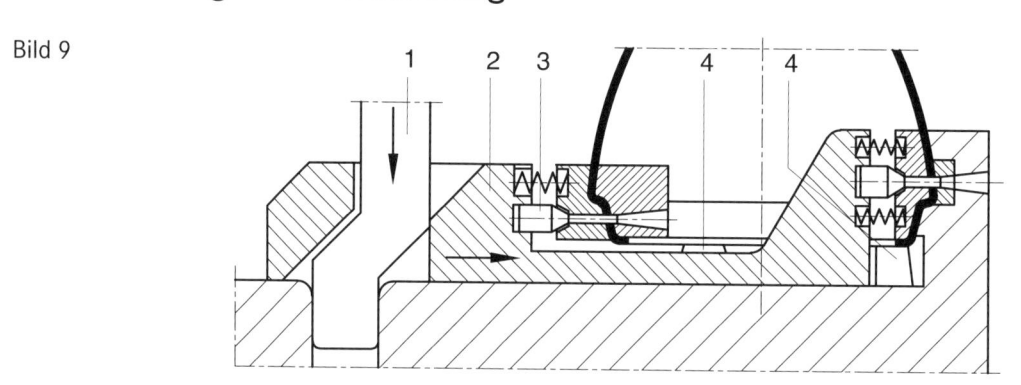

1 Keilstempel, 2 Keilschieber, 3 Lochstempel, 4 Formteilauflage

Lochwerkzeug – Keilschieber

Bild 10

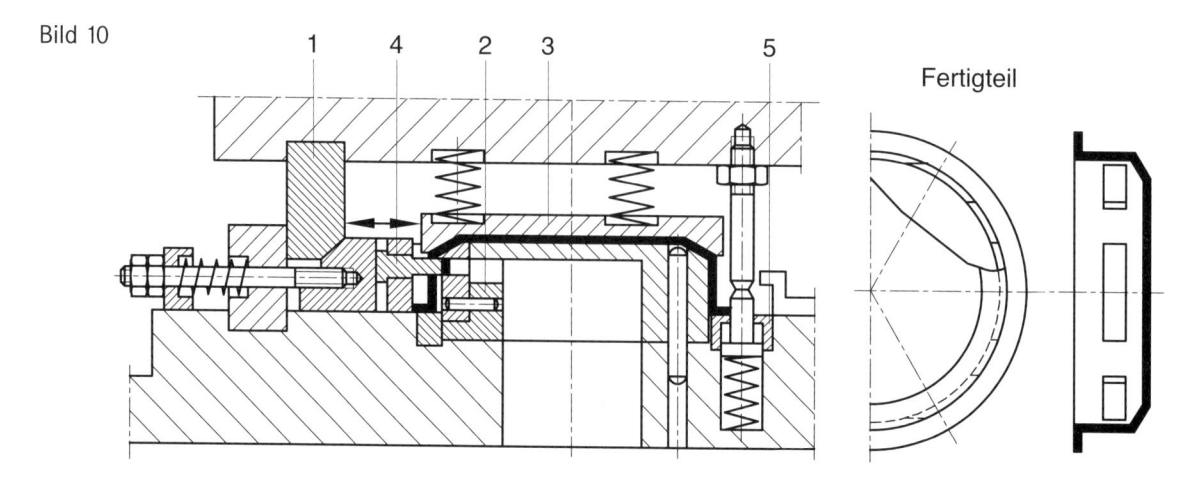

4. Lochen und Ausschneiden

Lochwerkzeug – Keiltrieb

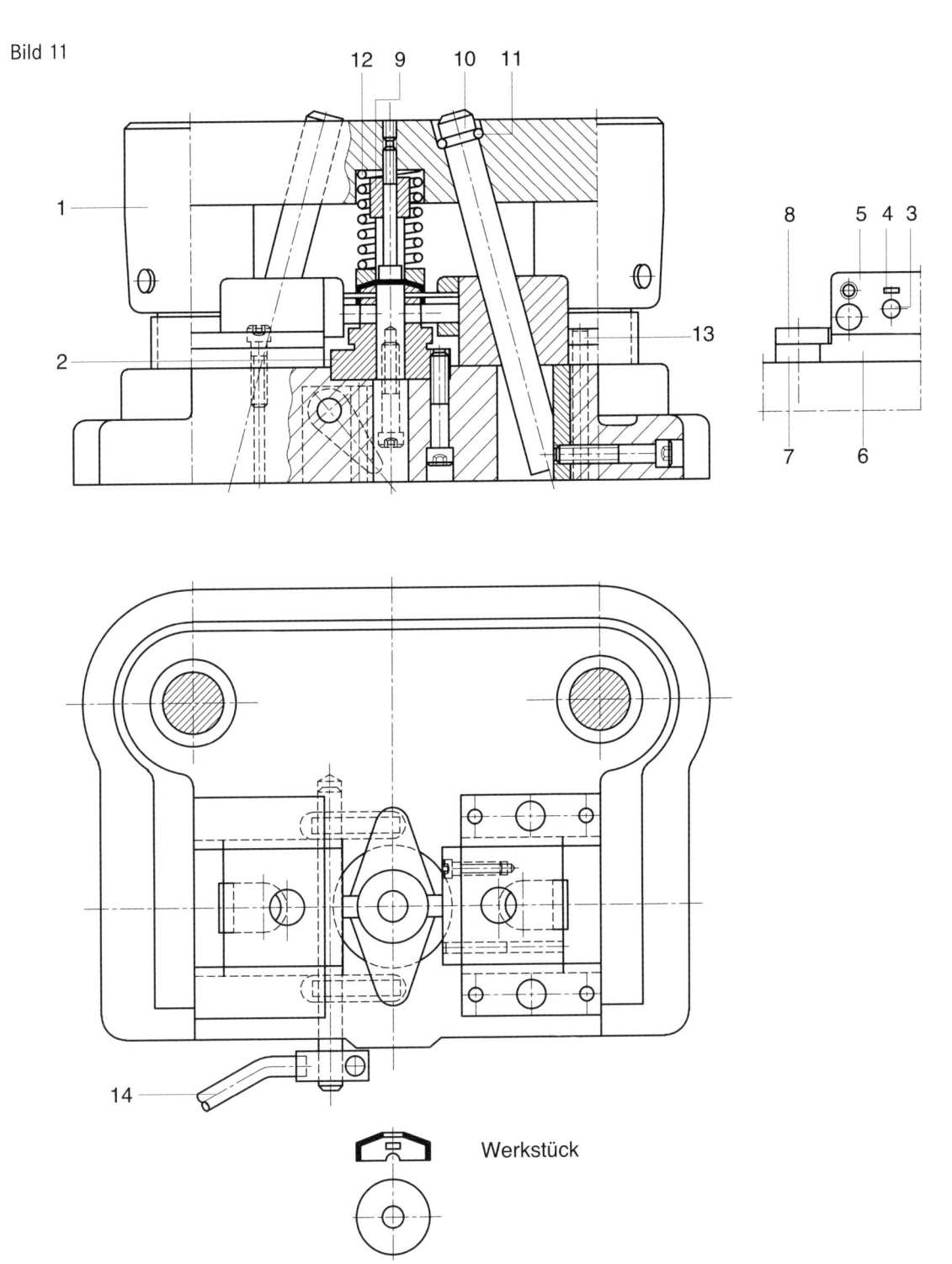

Bild 11

1 Säulenführungsgestell mit hinten liegenden Säulen, 2 Lochmatrize, 3 Lochstempel, 4 Formlochstempel, 5 Stempelhalteplatte, 6 Schieber, 7 Führungsleiste, 8 Deckleiste, 9 Druckstück, 10 Schrägsäule als Schieberantrieb, 11 Säulenbefestigung, 12 Schraubenfeder, 13 Zylinderstift, 14 Auswerfer handbetätigt

Platinenschneidwerkzeug

Bild 21

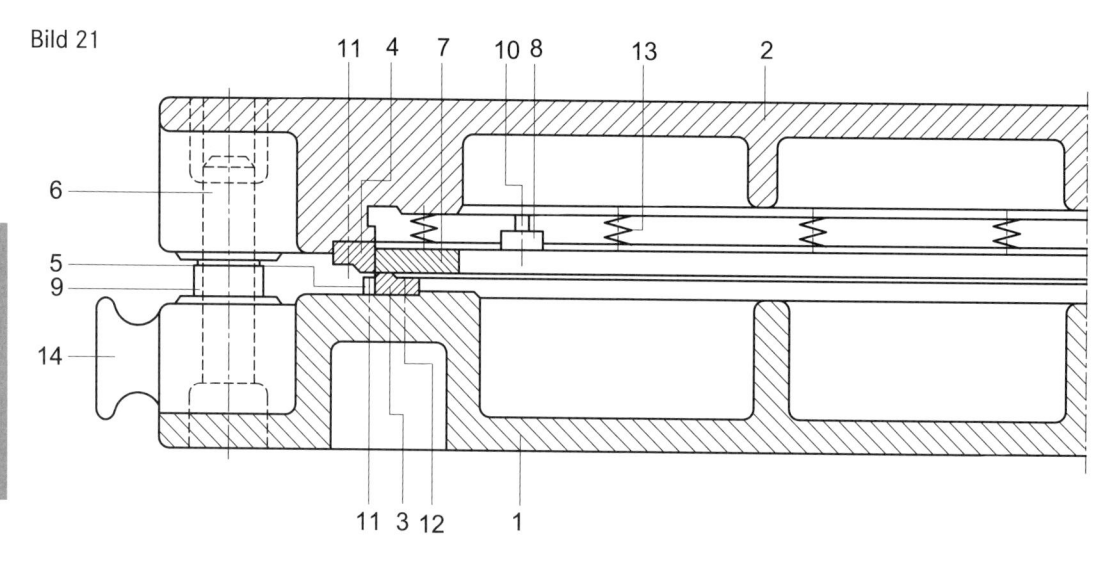

Der Schneidstempel ist auf dem Unterteil befestigt, der Schneidring im Oberteil

1 Werkzeugunterteil, 2 Werkzeugoberteil, 3 Unterteil Schneidmesser, 4 Oberteil Schneidmesser,
5 Trennmesser (4 Stück am Umfang), 6 Säule (4 Stück), 7 Auswerfer, 8 Haltebuchse (20 Stück)
9 Abstandsring, 10 Bundschraube, 11 Innensechskantschraube, 12 Passstift, 13 Feder, 14 Tragzapfen

Beschneid- und Lochwerkzeug

Bild 22

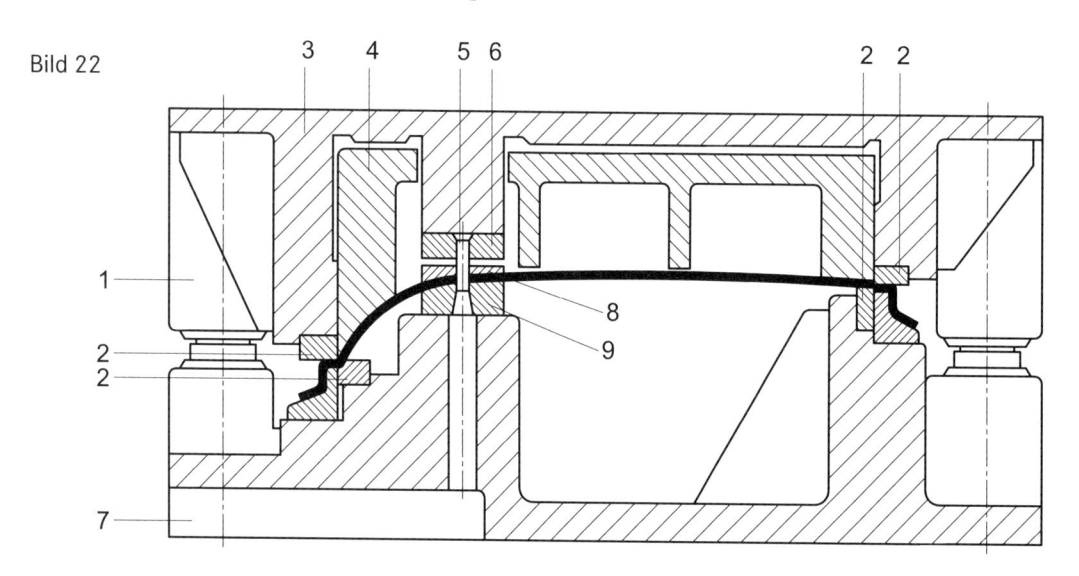

Das Beschneid- und Lochwerkzeug in Grossbauweise wurde mit vierfacher Säulenführung ausgeführt.
1 Säulenführung, 2 Schneidleiste, -ring, 3 Werkzeugoberteil, 4 Ausstosser ohne Abstreifer, 5 Lochstempel,
6 Halteplatte für Lochstempel, 7 Werkzeugunterteil (Kanal für Lochbutzen) 8 Führungsplatte, 9 Lochplatte

Schneidbuchsen, Schneidstempel und Stempelführungsbuchsen beim Lochen

Bild 23 **Form A**

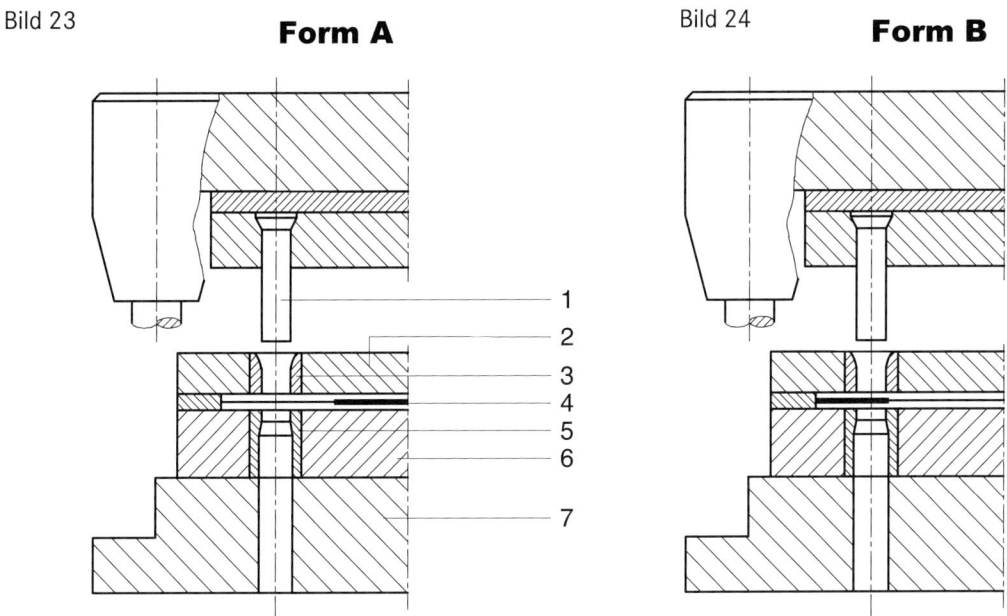

Bild 24 **Form B**

1 Lochstempel, 2 Arbeitsplatte, 3 Stempelführungsbuchse, 4 Werkstück, 5 Schneidbuchse, 6 Aufnahmeplatte, 7 Säulengestell

Bild 25 **Form B**

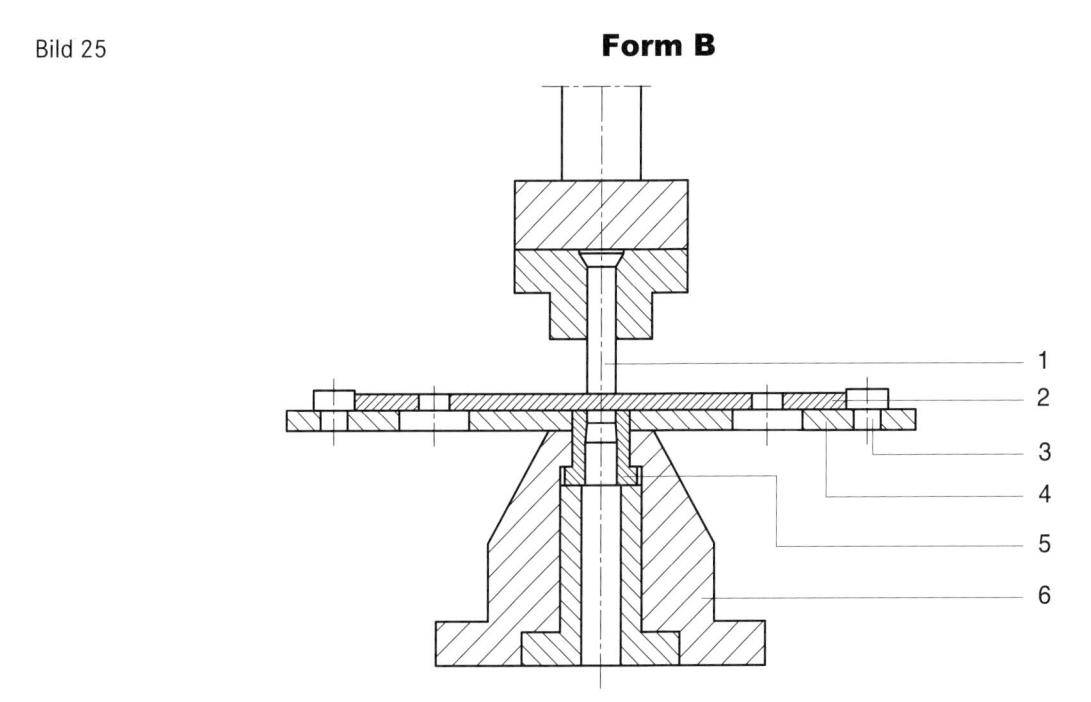

1 Lochstempel, 2 Werkstück, 3 Fixierbolzen, 4 Lochschablone, 5 Schneidbuchse, 6 Aufnahme

Rundteillocher

Bild 26

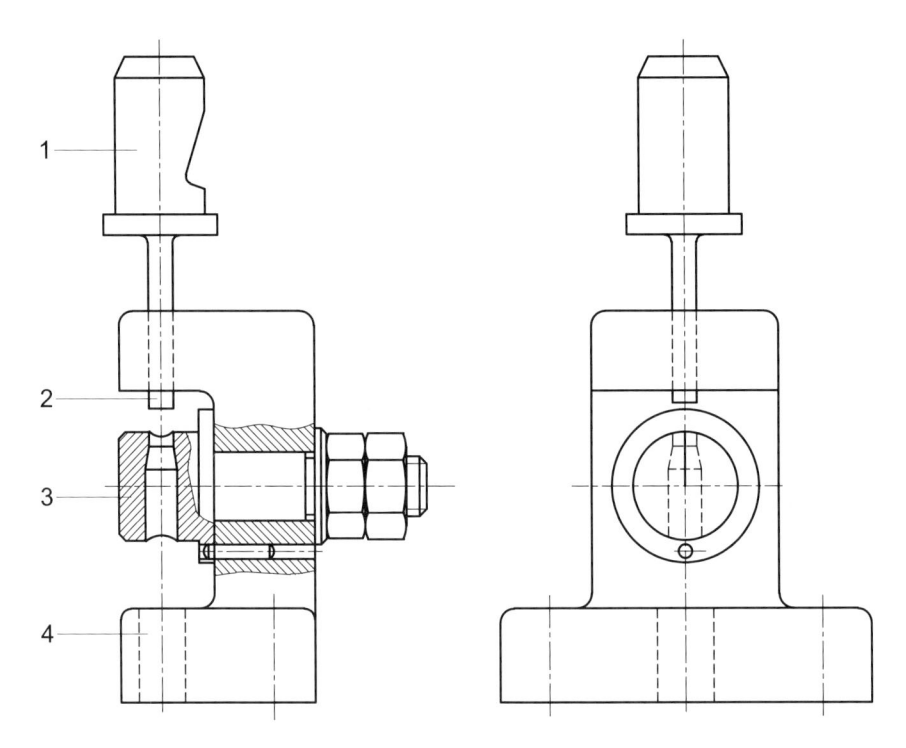

1 Einspannzapfen, 2 Lochstempel, 3 Schneidplatte, 4 Werkzeuggestell

Lochwerkzeug – Langloch-Aufspannleiste

Bild 27

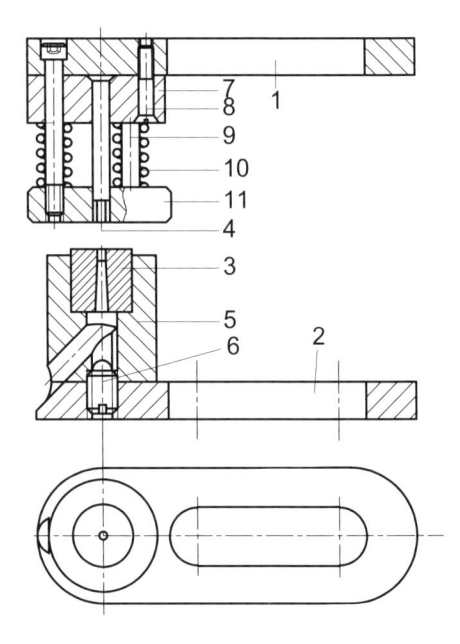

1 Aufspannleiste, 2 untere Langlochleiste, 3 Schneidbuchse, 4 Lochstempel, 5 Schneidbuchsensockel, 6 Stiftschraube, 7 Stempelhalteplatte, 8 Senkkopfschraube, 9 Zylinderkopfschraube, 10 Druckfeder, 11 Niederhalteplatte

4. Lochen und Ausschneiden

Arbeitsprinzip beim Einverfahren-Lochwerkzeug

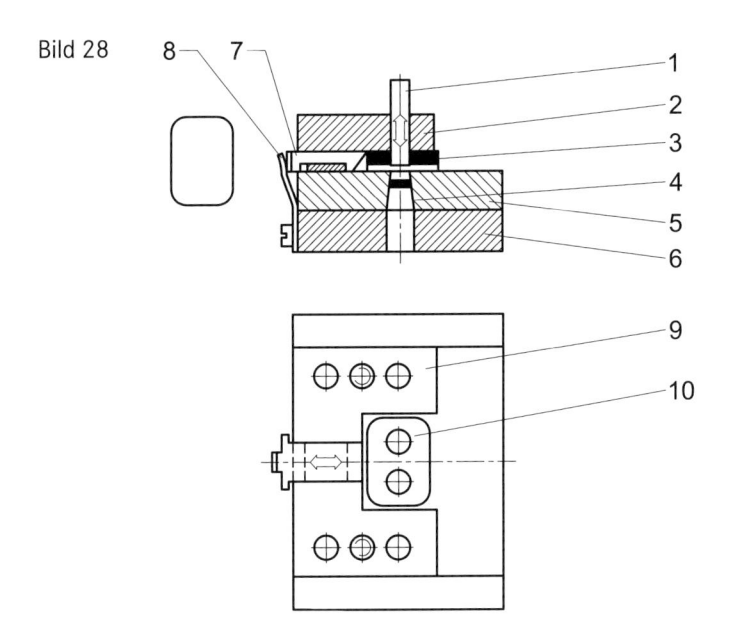

Bild 28

1 Lochstempel
2 Führungsplatte und Abstreifer
3 Werkstück
4 Abschrägung
5 Schneidplatte
6 Grundplatte
7 Auswerfer
8 Blattfeder
9 Zwischenlage und Aufnahme
10 fertiges Werkstück

Ausführung eines Lochwerkzeugs

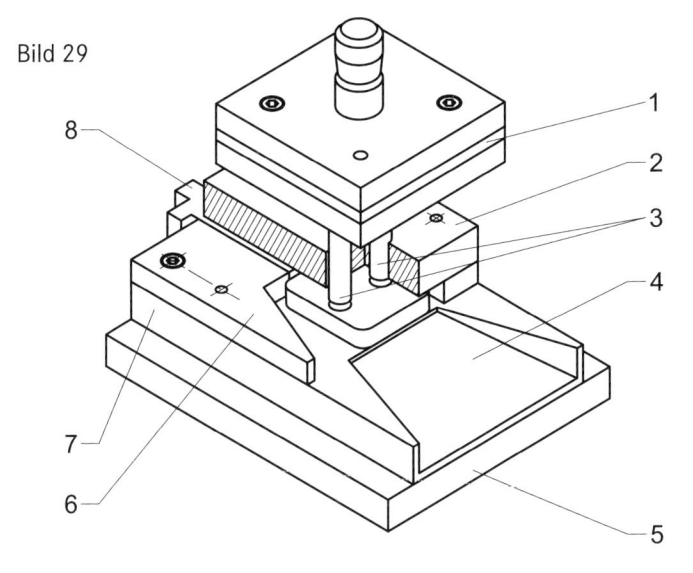

Bild 29

1 Stempelkopf
2 Führungsplatte
3 Lochstempel
4 Auswurfkanal
5 Grundplatte
6 Zwischenlage und Aufnahme
7 Schneidplatte
8 gefederter Auswerfer

Spannplatte

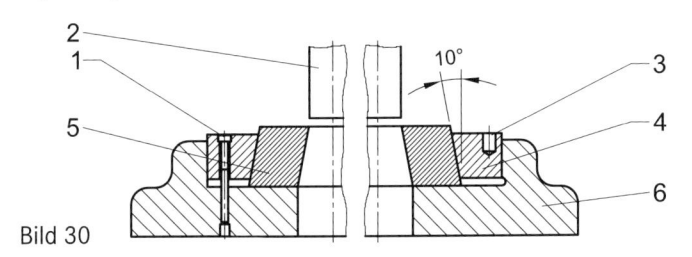

Bild 30

1 Befestigung mit Schraube
2 Stempel
3 Befestigung mit Gewindering
4 Spannring
5 Schneidplatte
6 Spannplatte

Locheinheit – Schlagplatte

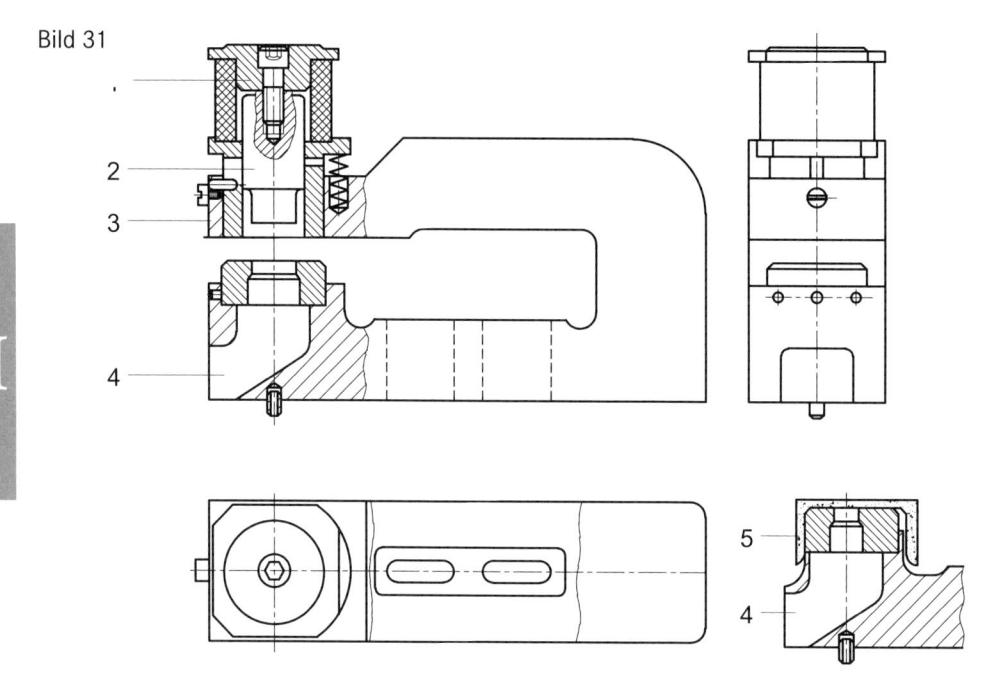

Bild 31

1 Schlagplatte, 2 Lochstempel, 3 Bügelarm, 4 Abfallschacht, 5 Werkstück

Locheinheit – Abfallführung

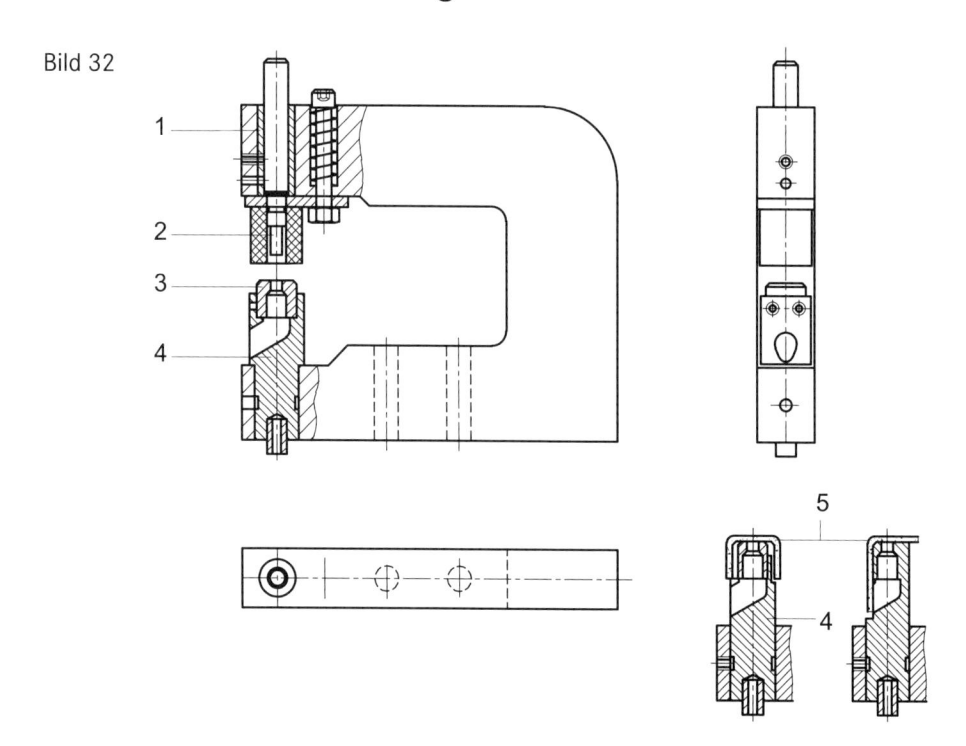

Bild 32

1 Stößelführung, 2 Lochstempel, 3 Schneidbuchse, 4 Blockmatrize, 5 Werkstück

Locheinheit – Stempelform

Bild 33

Bild 34

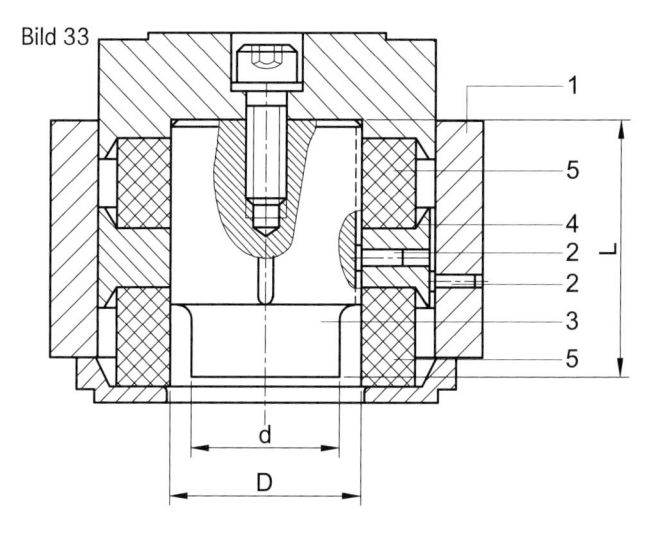

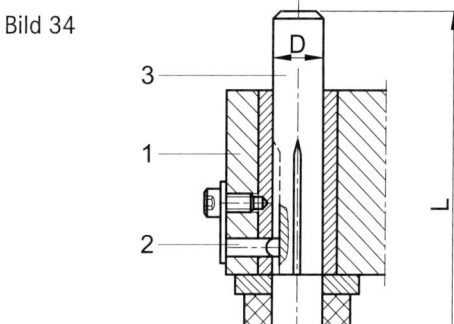

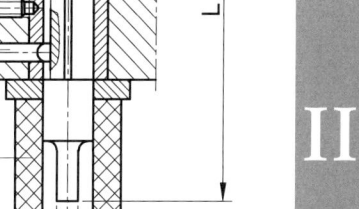

Bild 35

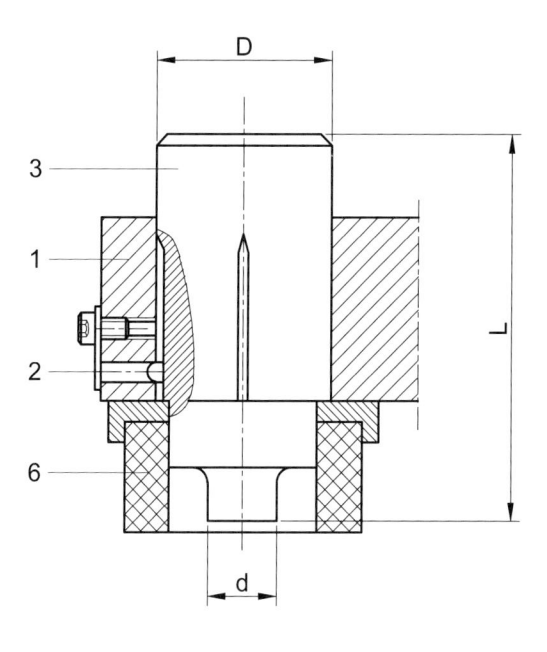

Bild 36

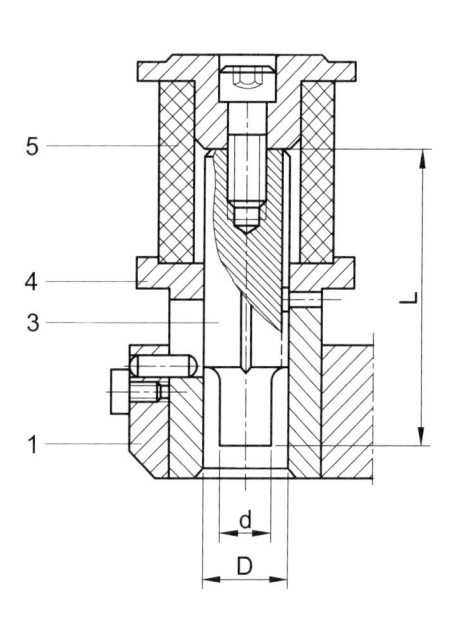

Bei Locheinheiten müssen Stempel und Niederhalter eine in sich funktionsfähige Einheit darstellen. Hieraus ergibt sich eine abweichende Gestaltung. Verdrehsicherungen sind nur beim Einsatz von Formlochwerkzeugen nötig.
1 Gestell der Locheinheit, 2 Verdrehsicherung, 3 Schneidstempel, 4 Führungskörper, 5 Gummifeder,
6 Gumminiederhalter und Abdrücker.
d Lochdurchmesser, D Führungsdurchmesser, L Stempellänge

Locheinheit – Rundlochwerkzeug

Bild 37

A

Bild 38

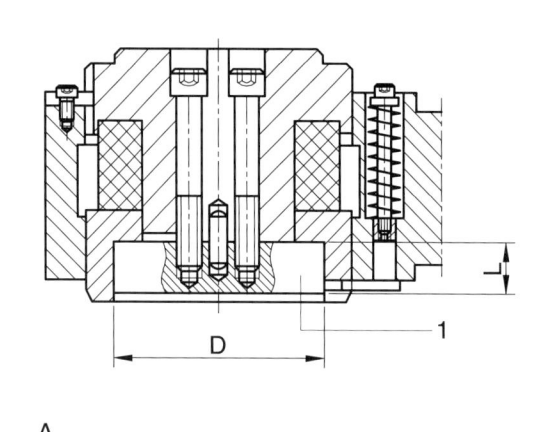

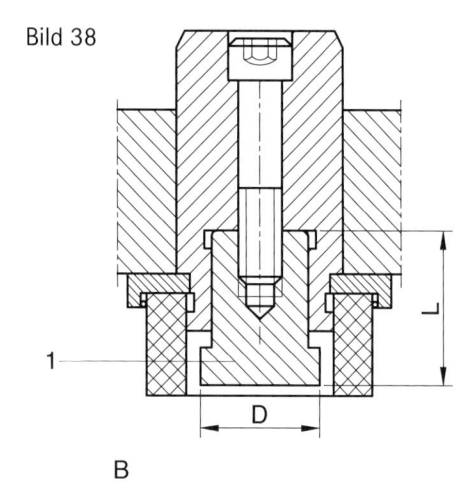

B

Bild 39

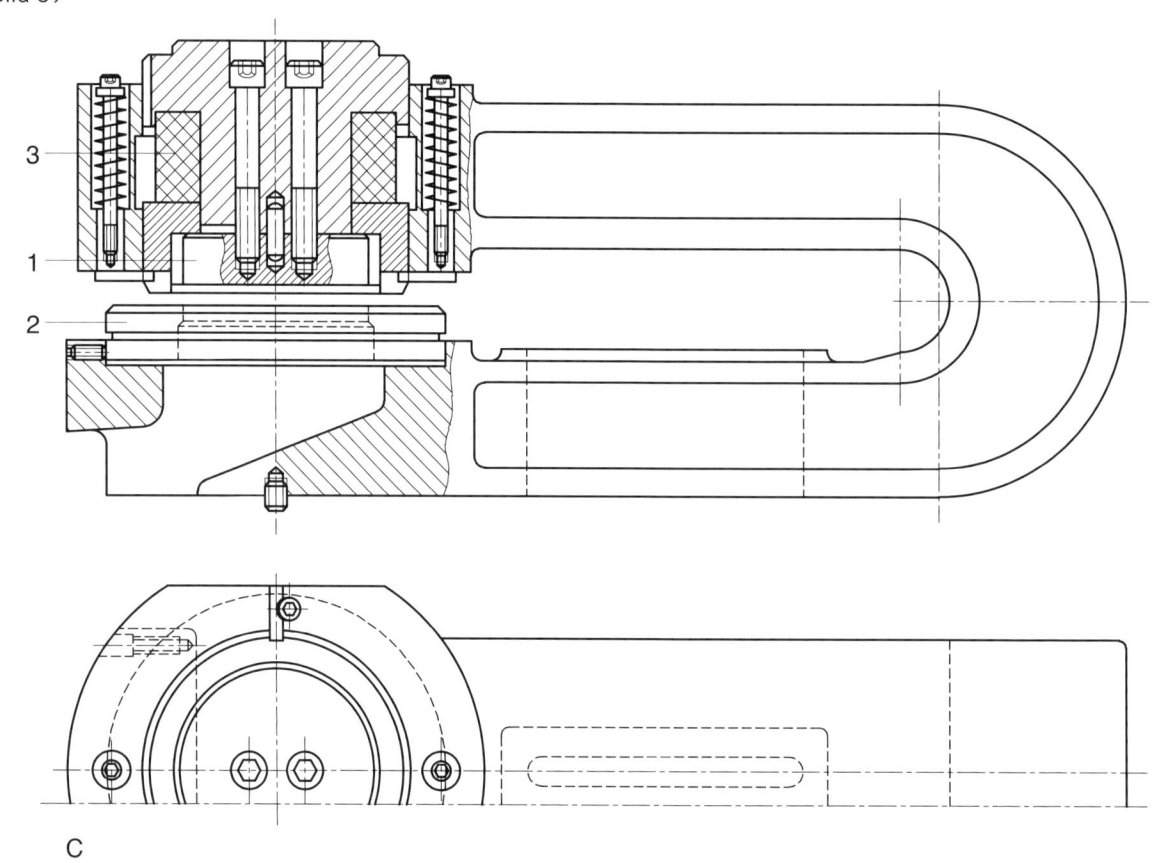

C

A Lochwerkzeug mit Lochdurchmesser D bis 100 mm, B Lochwerkzeug mit Gummiabstreifer,
C komplette Locheinheit mit eingebautem Werkzeug, L Stempellänge
1 Schneidstempel, 2 Schneidplatte, 3 Gummifeder

Stechwerkzeug – Formteilherstellung

Bild 40

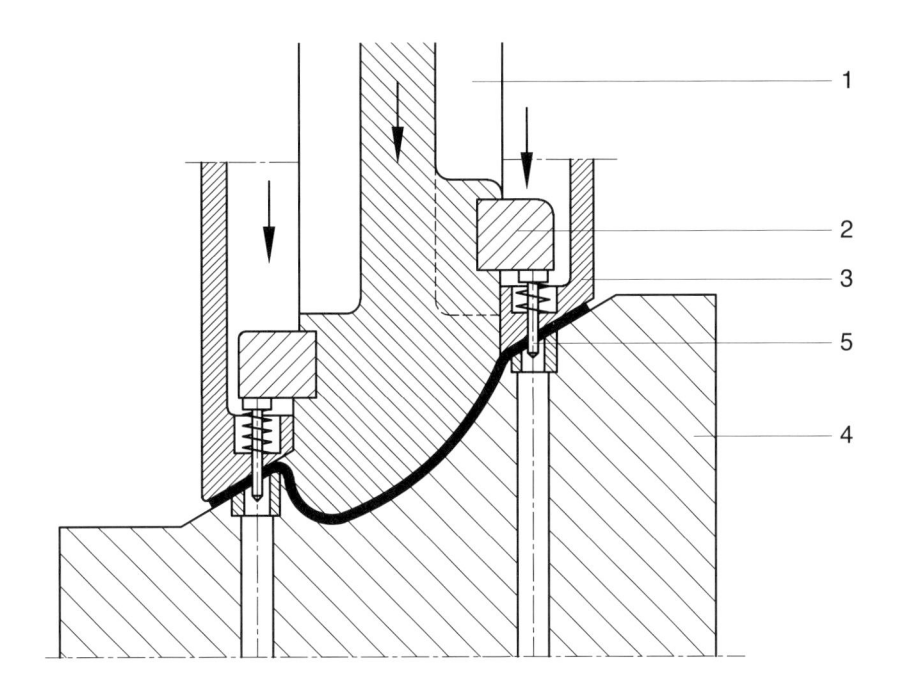

1 Ziehstempel, 2 Druckplatte, 3 Blechhalter, 4 Ziehmatrize, 5 gefedertes Stechwerkzeug zur Erzeugung eines Loches mit Kragen.

Lochwerkzeug – Formteillochung

Bild 41

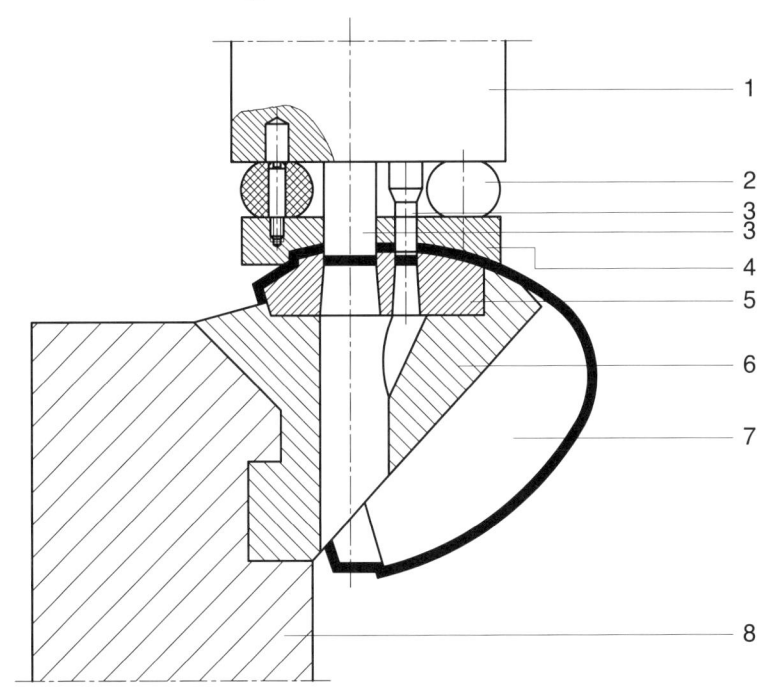

1 Werkzeugoberteil, 2 Gummifeder, 3 Schneid- bzw. Lochstempel, 4 Niederhalter, 5 Schneidplatte, 6 Werkstückaufnahme, 7 Formteil, 8 Werkzeugunterteil

Lochwerkzeug – Formlochung

Bild 42

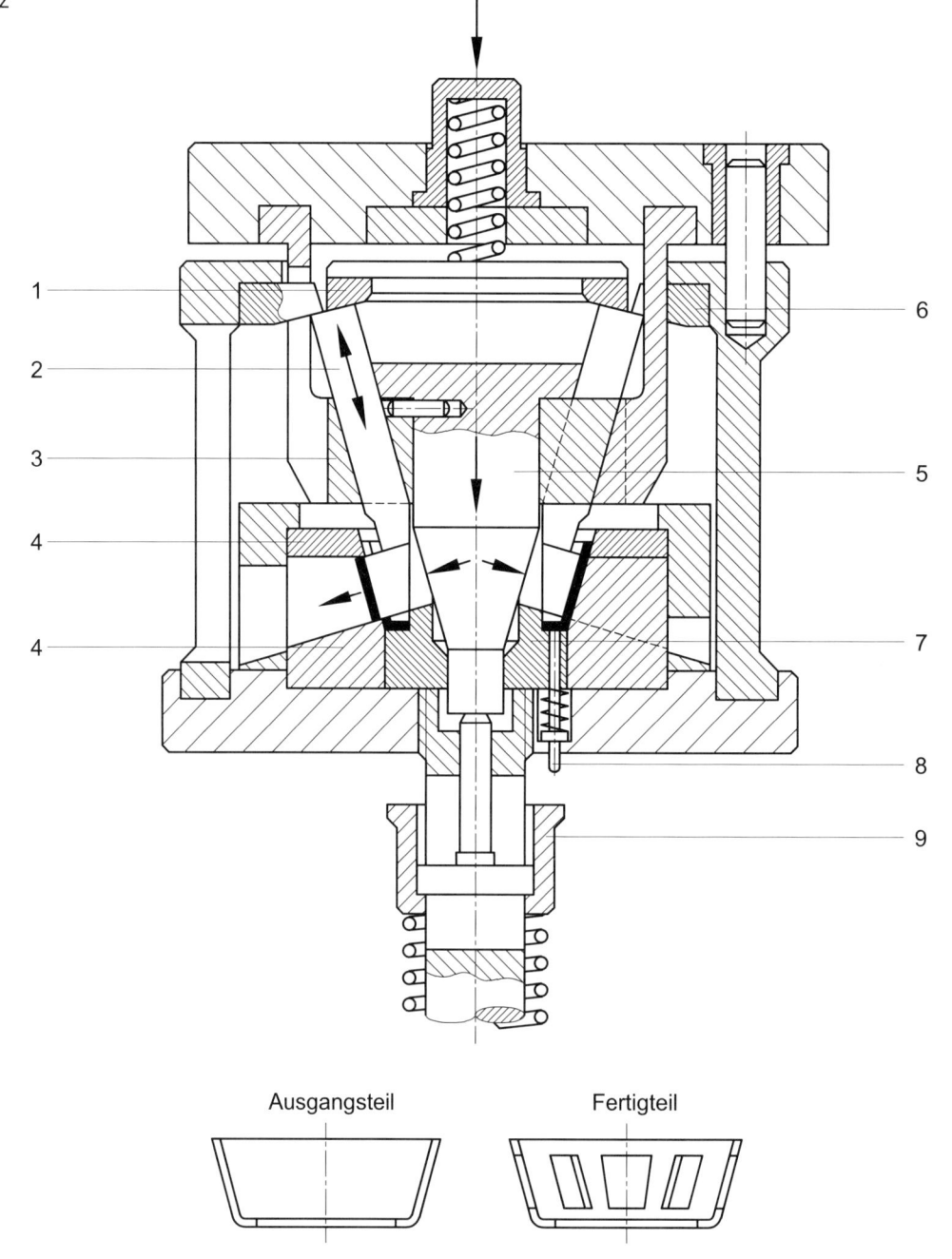

Auf der Oberfläche eines konischen Teils werden Fenster ausgeschnitten. Beim Niedergang des Schneidstempels 2 trifft dieser auf den Stützring 7. Damit ist eine senkrechte Bewegung abgeschlossen. Bei weiteren Bewegungen des Führungsringes 3 tritt die Schneidbewegung ein, gleichzeitig verschiebt sich der Mitteldorn 5 relativ zu den Schneidstempeln. Beim Rückhub werden die Schneidstempel zunächst am Ring 6 festgehalten. Dadurch werden sie wieder zurückgefahren, bis sie sich am Ring 6 vorbei in die Ausgangsstellung begeben können.
1 gefederter Druckring, 2 Schneidstempel, 3 Führungsring, 4 Schneidplatte, 5 Mitteldorn, 6 Anschlagring, 7 Stützring, 8 Auswerferbolzen, 9 gefederte Auswerferhülse

4. Lochen und Ausschneiden

Vierkantlochung, Formlochung – Schneidbuchsensicherung

Bild 43

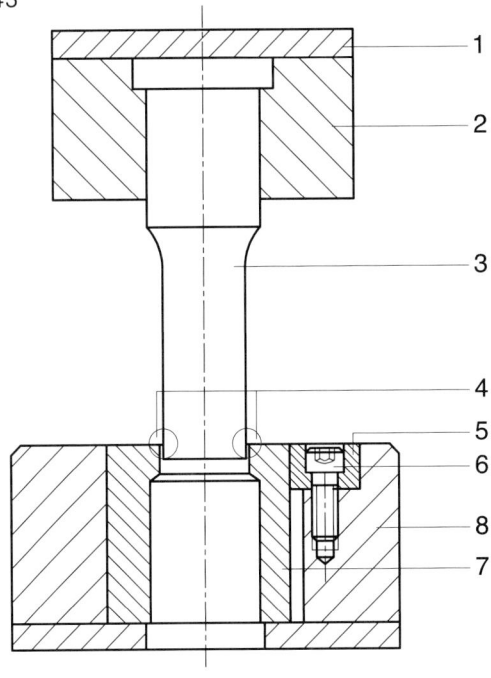

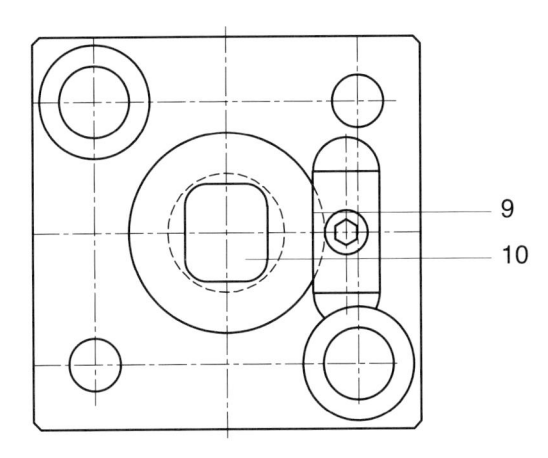

Bild 44

1 Druckplatte, 2 Stempelhalteplatte, 3 Rundlochstempel, 4 Schneidspalt, 5 Passfeder, 6 Innensechskantschraube, 7 Schneidbuchse, 8 Aufnahme der Buchse, 9 Anlagefläche für Verdrehsicherung, 10 Formdurchbruch der Schneidbuchse

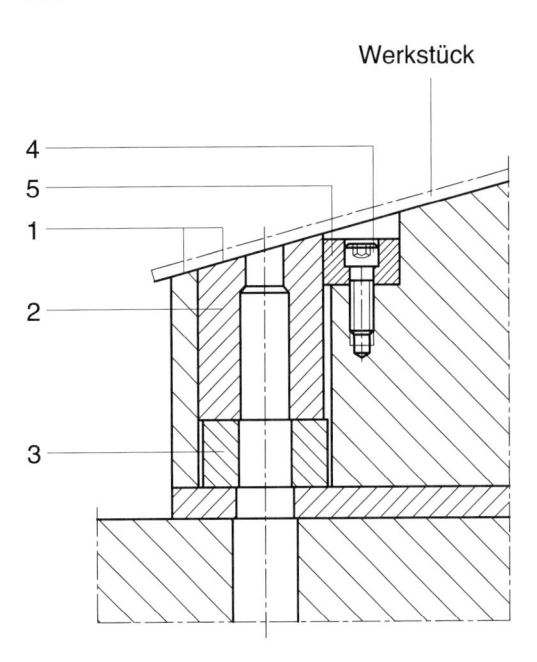

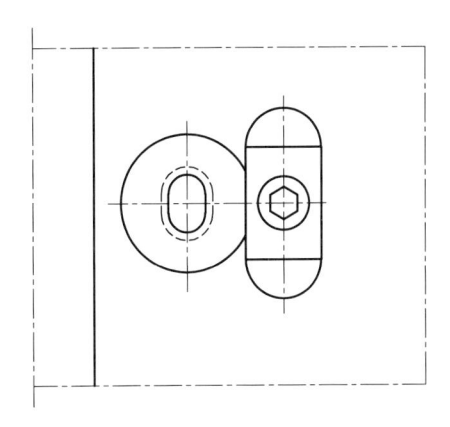

1 Fläche bündig geschliffen, 2 Schneidbuchse, 3 Zwischenlage, 4 Innensechskantschraube, 5 Passfeder für Verdrehsicherung

Vorlochwerkzeug – Anschneidanschlag

Bild 45

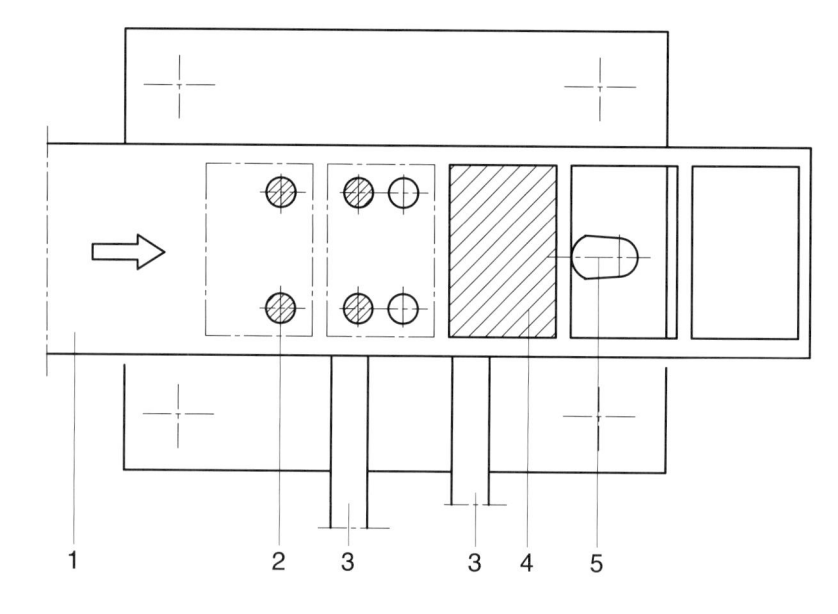

Bild 46

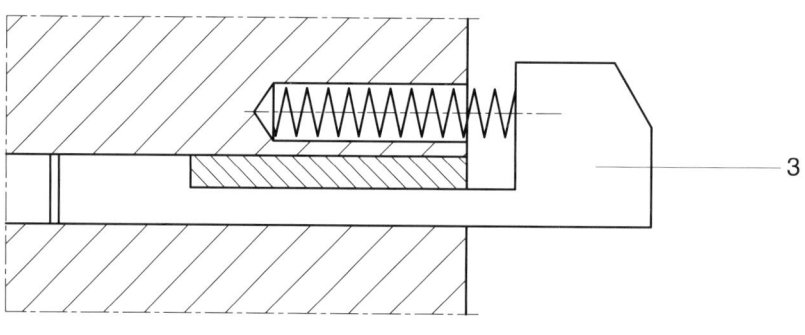

Bild 47

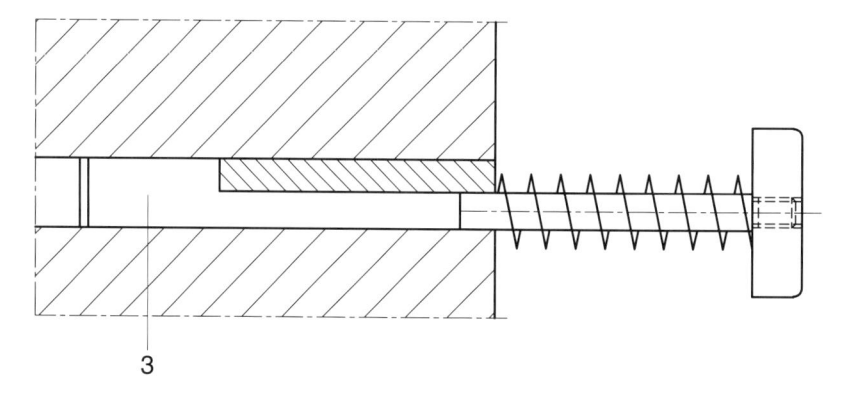

1 Streifen, 2 Vorlochstempel, 3 Anschneidanschlag, 4 Schneidstempel, 5 Festanschlag

Seitenschneider – Seitenschneideranordnung

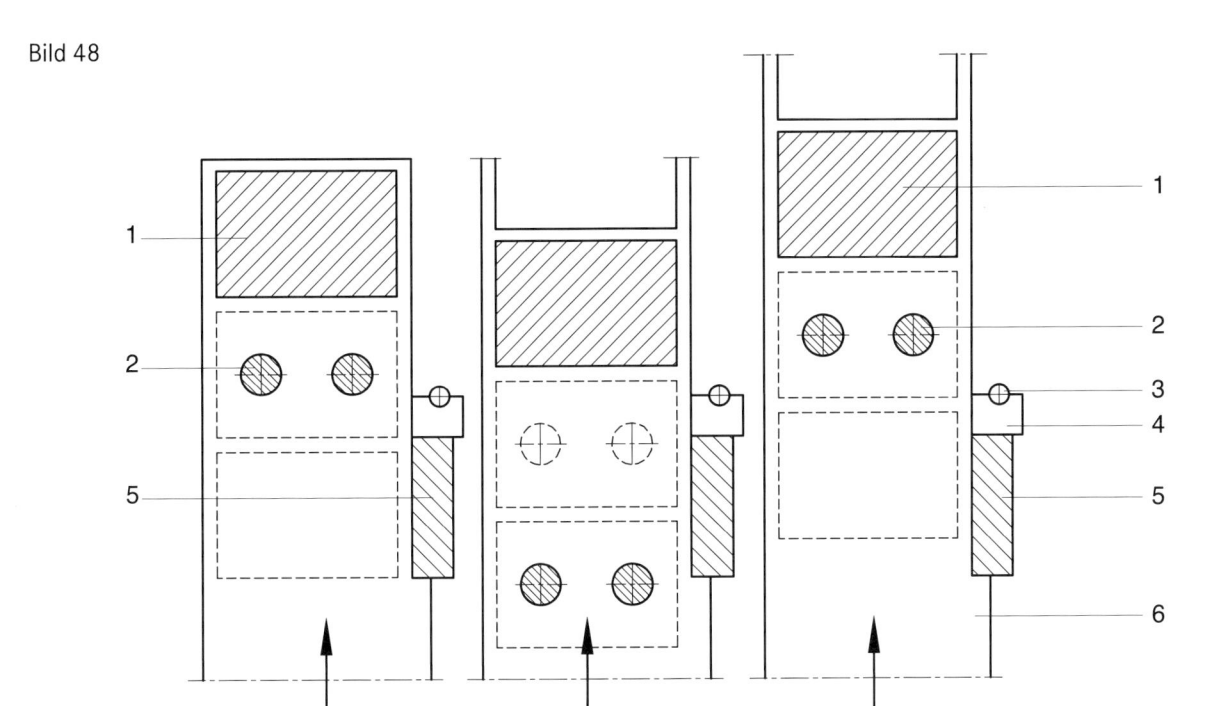

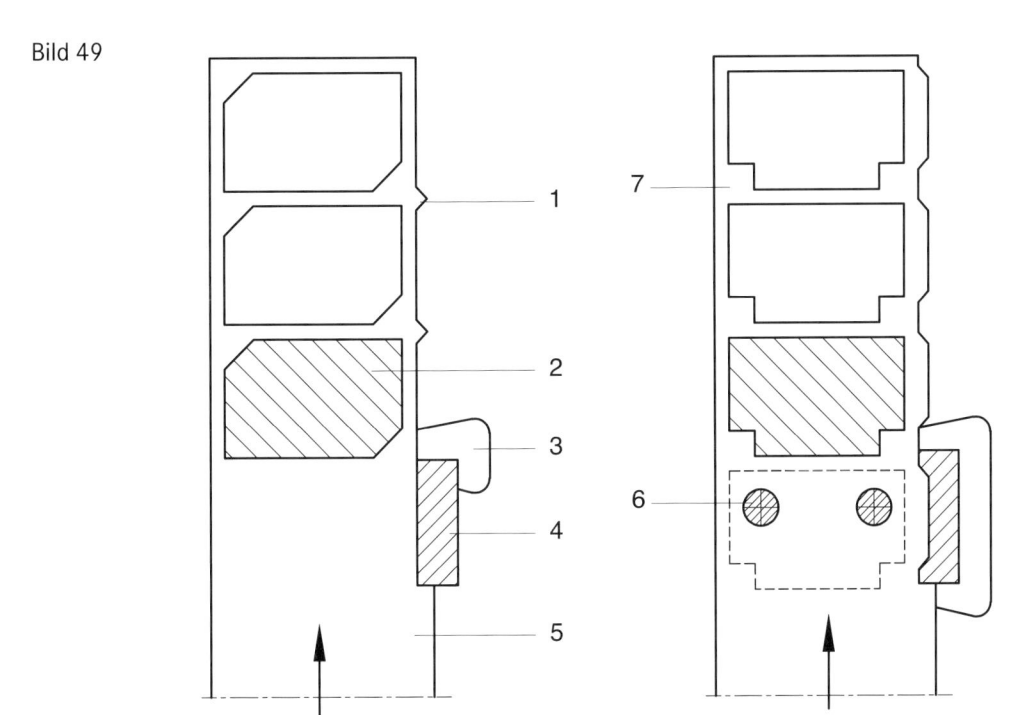

Bild 48

1 Schneidstempel, 2 Lochstempel, 3 Passstift, 4 Führung, 5 Seitenschneider, 6 Streifen

Bild 49

1 Zacken im Abfallgitter, 2 Schneidstempel, 3 Führung, 4 Seitenschneider, 5 Streifen, 6 Lochstempel, 7 Abfallgitter ohne Zacken

Schneidwerkzeug – Vorschubbegrenzung

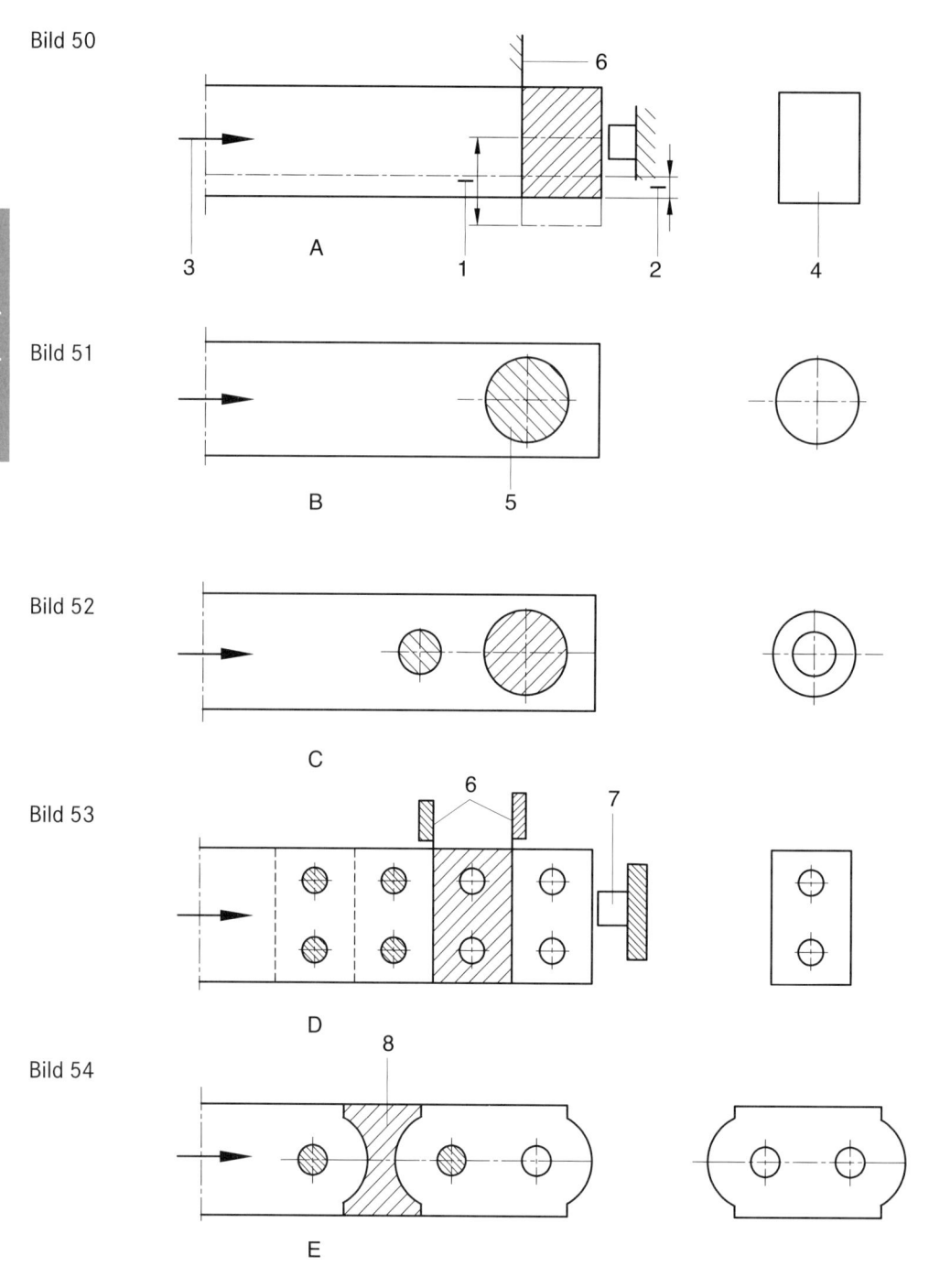

Bild 50

A

Bild 51

B

Bild 52

C

Bild 53

D

Bild 54

E

Werkzeuge ohne Seitenschneider werden für Teile mit untergeordneter Genauigkeit eingesetzt.
A Einfaches Abschneiden ist nur zulässig, wenn die Bandbreitentoleranz kleiner ist als die zulässige Werkstücktoleranz, B Ausschneiden ohne Vorlochen, Vorschubbegrenzung z.B. mit Einhängeanschlag, C Ausschneiden mit Vorlochen, Suchstempel einsetzbar, D Vorschub bis Anschlag, gleichzeitiges Abschneiden von zwei Teilen, E Vorschub bis Anschlag, Trennen durch Aufschneiden der Zwischenräume, 1 Werkstücktoleranz, 2 Bandbreitentoleranz, 3 Durchlaufrichtung, 4 Fertigteil, 5 Lochstempel. 6 Schneidkante, 7 Anschlag, 8 Formstempel

4. Lochen und Ausschneiden

Seitenschneider

Bild 55

A

Bild 56

B

Bild 57

C

Bild 58

D

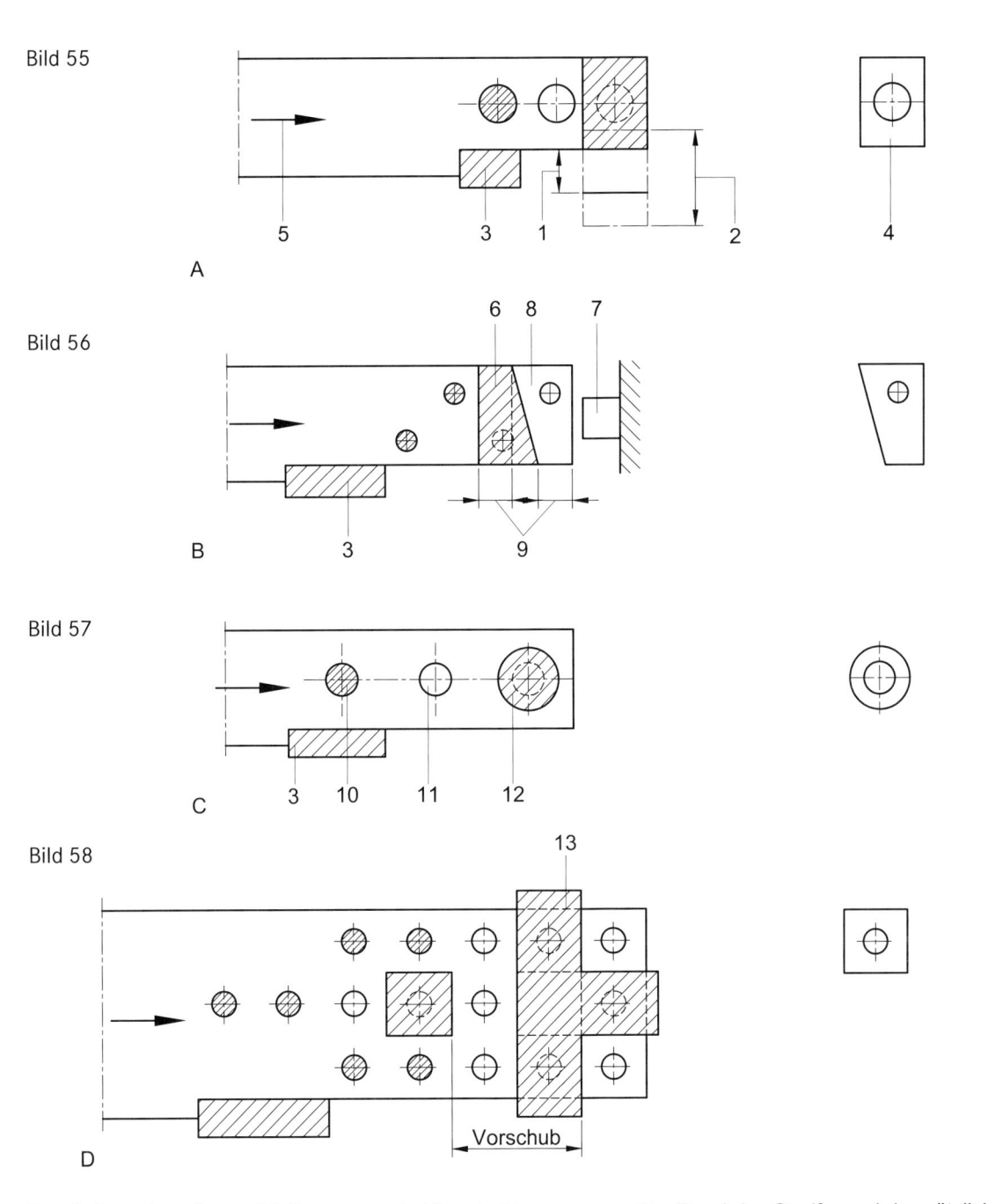

Der Seitenschneider ergibt die genaueste Vorschubbegrenzung. Der Rand des Streifens wird zusätzlich beschnitten. Die Anordnung des Seitenschneiders erfolgt stets in Durchlaufrichtung rechts neben dem gefederten Andrückteil. A Wenn die Bandbreitentoleranz grösser ist als die zulässige Werkstückbreite, ist ein Seitenschneider erforderlich. B Beim zweifachen Abschneiden mit Vorlochen ist ein Seitenschneider meistens nötig, weil sonst die Teile masslich unterschiedlich werden. C Beim Walzenvorschub wird ein Seitenschneider empfohlen. D Abfallarmes Schneiden im Folgewerkzeug.
1 Werkstücktoleranz, 2 Bandbreitentoleranz, 3 Seitenschneider, 4 Fertigteil, 5 Durchlaufrichtung, 6 Durchlaufteil, 7 Endanschlag, 8 Anschlagteil, 9 Maße sind ohne Seitenschneider unterschiedlich groß, 10 Vorlochen, 11 Suchen, 12 Ausschneiden, 13 Formstempel zum gleichzeitigen Abschneiden von fünf Teilen

Streifenbild – Seitenschneider

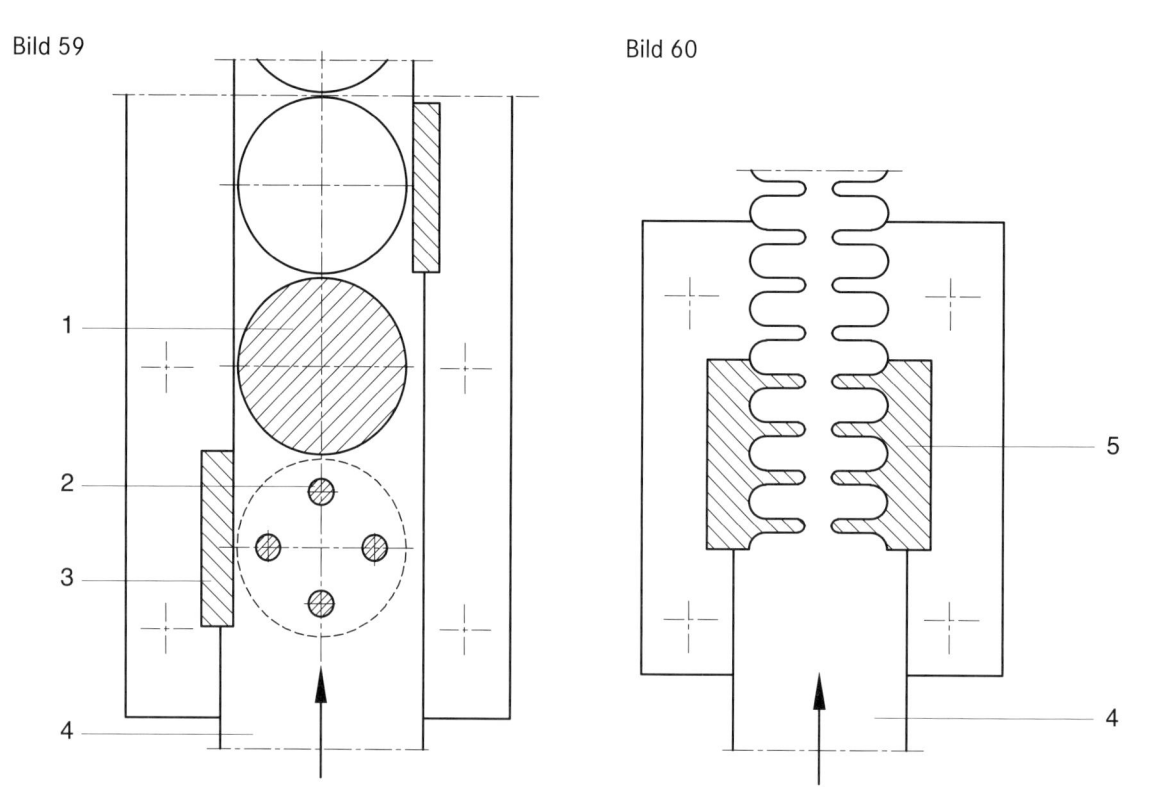

Bild 59

Bild 60

1 Schneidstempel, 2 Schneidnadel, 3 Seitenschneider, 4 Sreifen, 5 Formseitenschneider

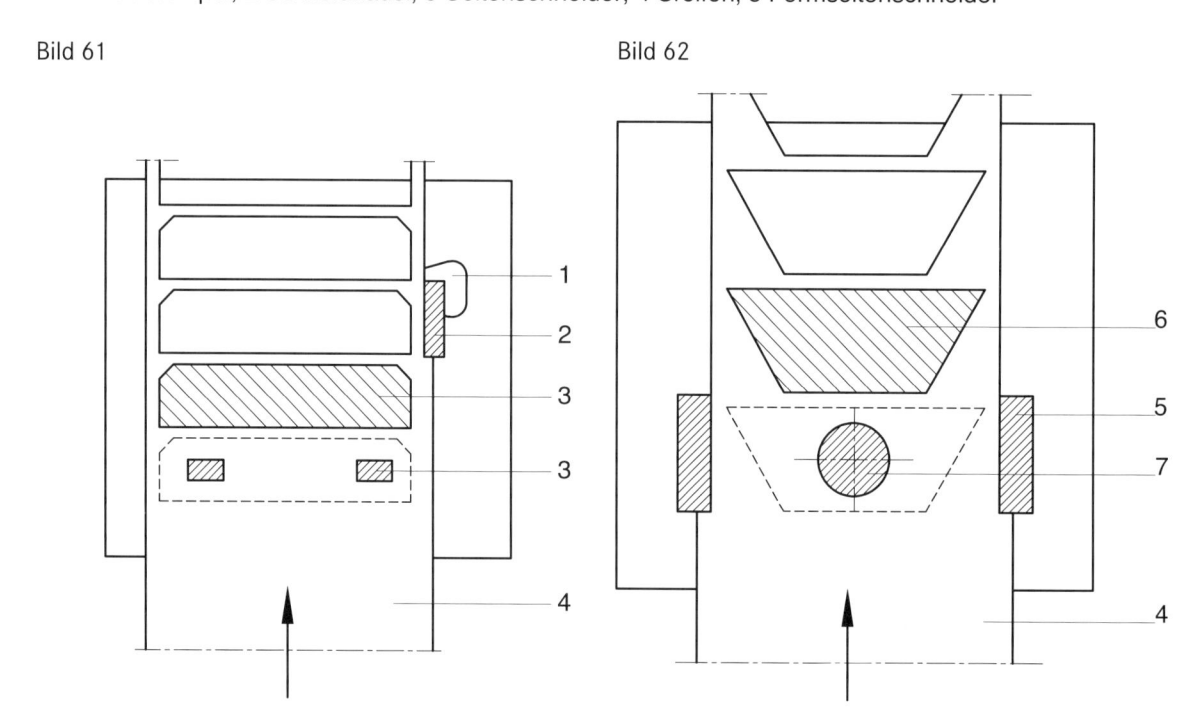

Bild 61

Bild 62

1 Führung, 2 Seitenschneider, 3 Schneidstempel, 4 Streifen, 5 paarweise gegenüberstehene Seitenschneider, 6 Ausschneidstempel, 7 Lochstempel

Streifenbild – Stegbreite

Bild 63

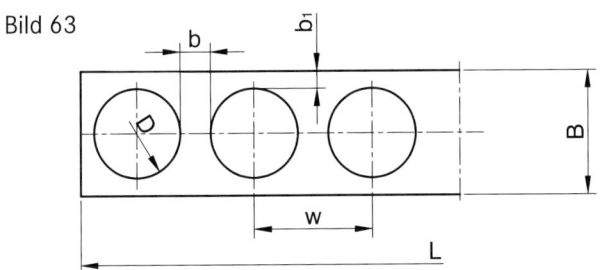

$$B = D + 2 \cdot b_1$$
$$w = D + b$$
$$z = (L - b) \cdot w$$

Bild 64

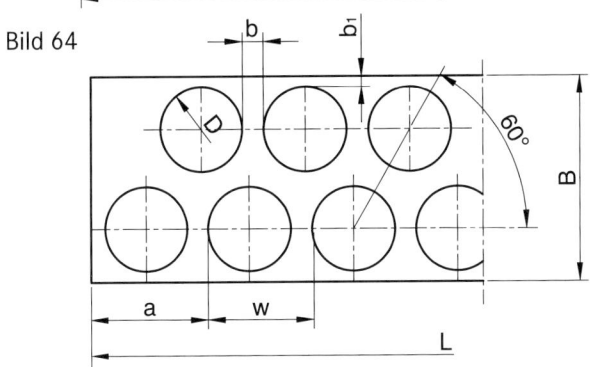

$$B = 0{,}866 \cdot (D + b_1) + D + 2 \cdot b_1$$
$$w = D + b$$
$$z = [2 \cdot (L - a)/w] + 1$$

Bild 65

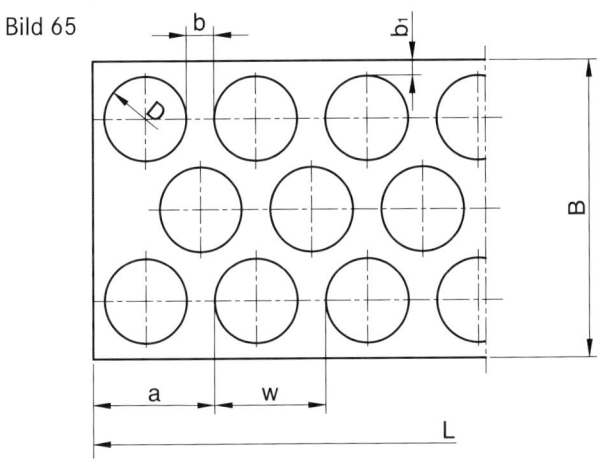

$$B = 1{,}732 \cdot (D + b_1) + D + 2 \cdot b_1$$
$$w = D + b$$
$$z = [3 \cdot (L - a)/w] + 2$$

Bild 66

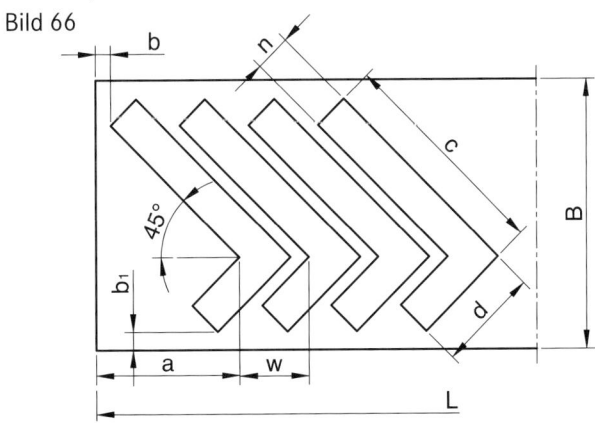

$$B = 0{,}707\,(c + d) + 2 \cdot b_1$$
$$w = 1{,}414\,(n + b)$$
$$z = (L - a)/w$$

Es werden einige Berechnungsbeziehungen zum Streifenbild vorgestellt
B Streifenbreite, L Streifenlänge, z Anzahl von Teilen je Streifen

Streifenbild – Werkstoffausnutzung

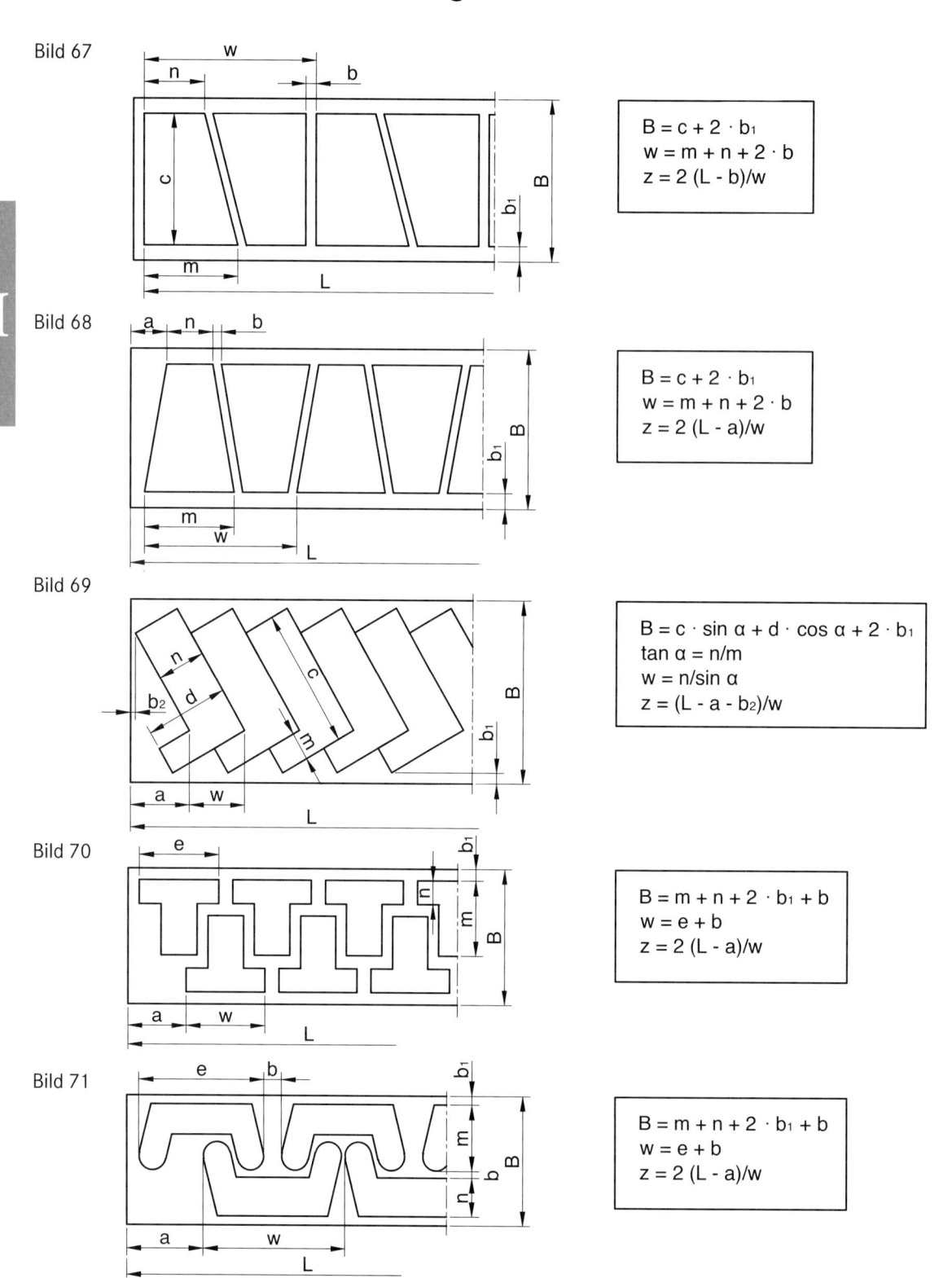

Bild 67

$B = c + 2 \cdot b_1$
$w = m + n + 2 \cdot b$
$z = 2 (L - b)/w$

Bild 68

$B = c + 2 \cdot b_1$
$w = m + n + 2 \cdot b$
$z = 2 (L - a)/w$

Bild 69

$B = c \cdot \sin \alpha + d \cdot \cos \alpha + 2 \cdot b_1$
$\tan \alpha = n/m$
$w = n/\sin \alpha$
$z = (L - a - b_2)/w$

Bild 70

$B = m + n + 2 \cdot b_1 + b$
$w = e + b$
$z = 2 (L - a)/w$

Bild 71

$B = m + n + 2 \cdot b_1 + b$
$w = e + b$
$z = 2 (L - a)/w$

Werkstücke sollen das Band bzw. Streifenmaterial möglichst gut ausnutzen.
z Anzahl von Teilen je Streifen mit der Länge L

Streifenbild – Schneidautomat

Bild 72

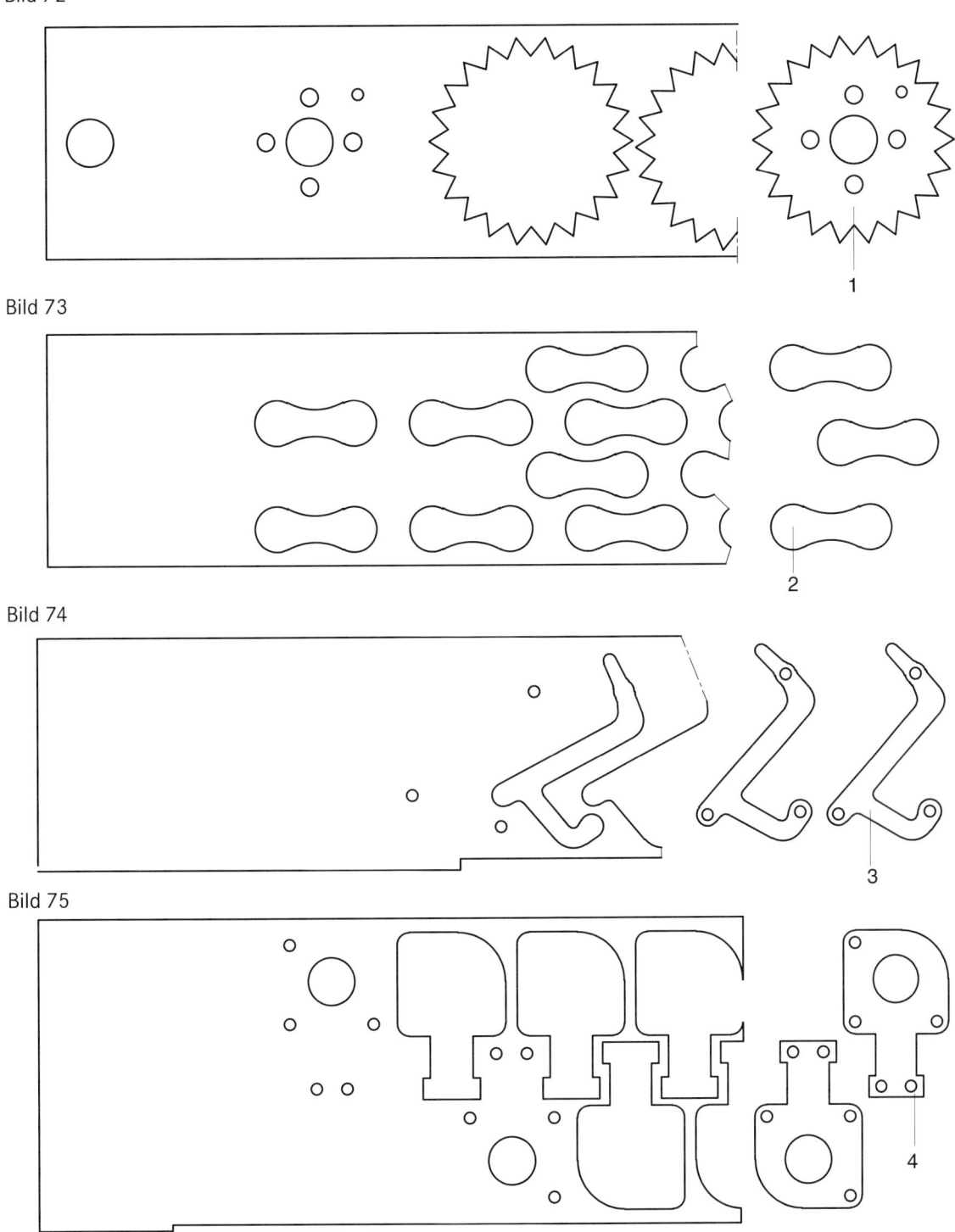

Bild 73

Bild 74

Bild 75

Typische Bearbeitungsbeispiele für Schneid- und Umformautomaten.
1 Zahnscheibe, 2 Kettenlasche, 3 Verbindungshebel, 4 Fassungskörper

Randbreite – Stegbreite

Bild 76

A

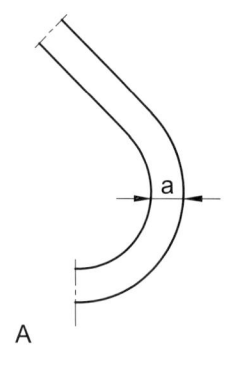

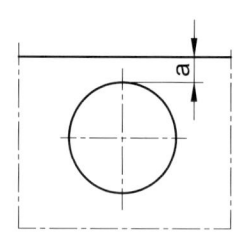

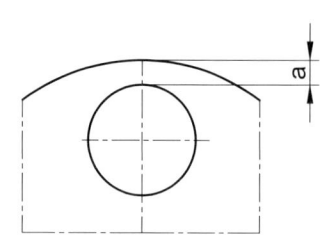

Bild 77

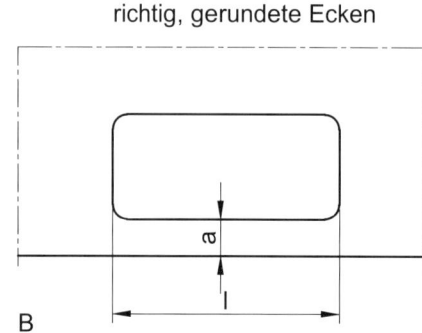

richtig, gerundete Ecken   falsch, scharfe Ecken

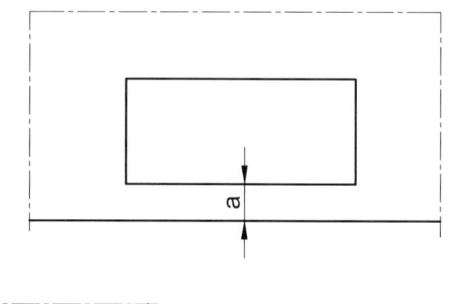

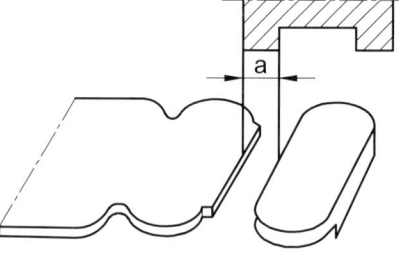

B

Bild 78   C

Blechdicke in mm		≤ 1	1 bis 1,6	1,6 bis 2	2 bis 2,5	2,5 bis 3,2	3,2 bis 4	4 bis 5
A	Mindeststegbreite a in mm	2,5	3,2	4	4,5	5	6	8
B	Steglänge/in mm > 5 bis 50 > 50 bis 100 >100 bis 200 >200	3 8 13 20	4,5 8 13 20	6 10 16 25	7 10 16 25	8 13 20 28	9 13 20 28	10 16 22 32
C	Steglänge/in mm <10 <10bis25 <25bis50	6 8 10	6 8 10	8 10 13	8 10 14	10 13 16	13 16 16	13 16 20

Bei Gesamtschneidwerkzeugen liegen häufig die Lochungen zu dicht an der Außenkontur, so dass Ausbruchgefahr besteht.
A schwächster Steg bei Rundungen, B Stegbreite bei rechteckigen Lochungen, C Stegbreite, wenn neben Schnittkanten noch Umformkräfte aufzunehmen sind.

Lochschnitt – Zentrierleiste

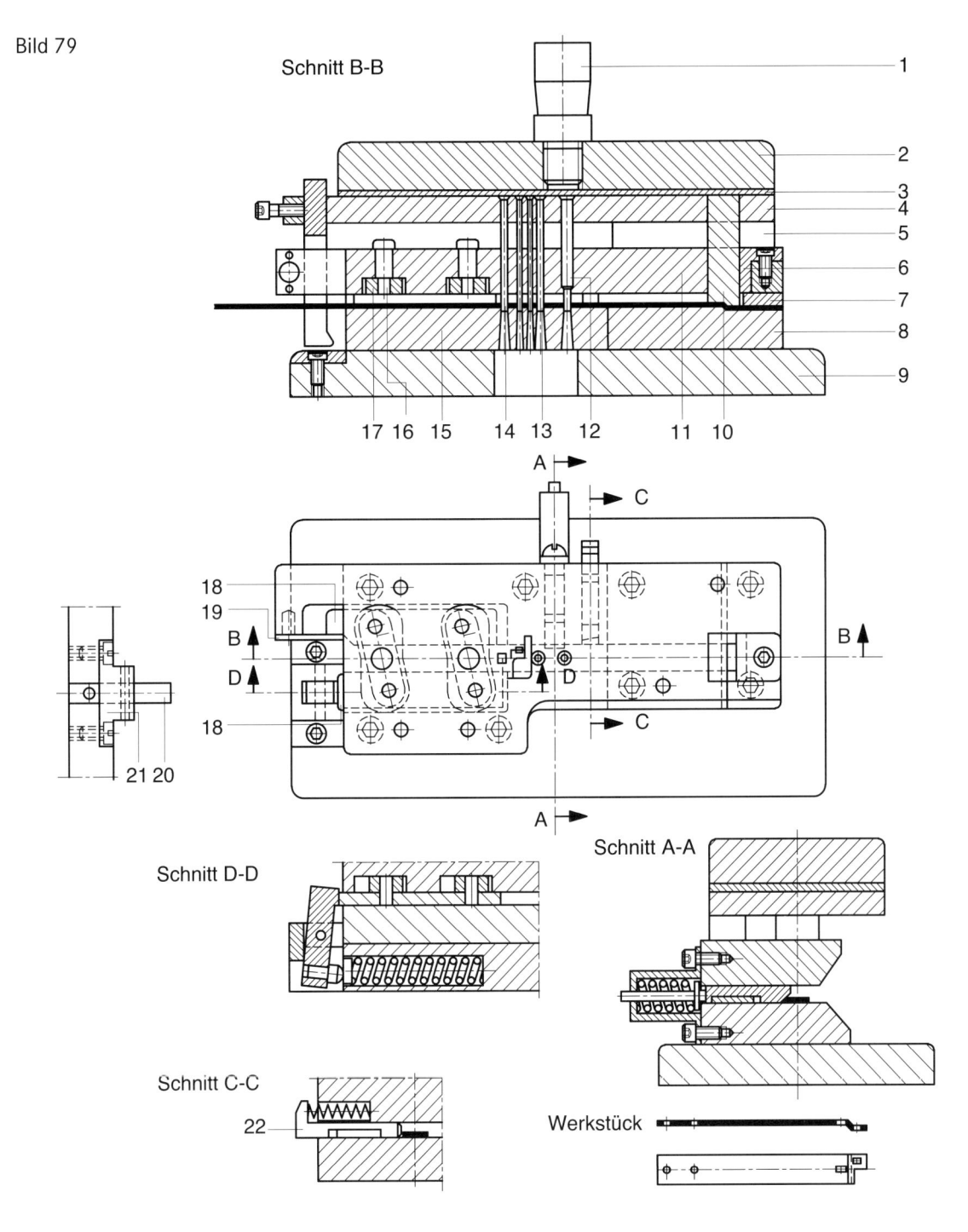

Bild 79

Schnitt B-B

Schnitt D-D

Schnitt C-C

Schnitt A-A

Werkstück

Der Streifen wird durch zwei Zentrierleisten durch Federkraft auf Streifenmitte ausgerichtet. Beim Rückhub werden die Zentrierleisten gelüftet.
1 Einspannzapfen, 2 Werkzeugkopfteil, 3 Druckplatte, 4 Stempelhalteplatte, 5 Werkzeugoberteil, 6 Biegestempelführung, 7 Anschlag, 8 Biegematrize, 9 Grundplatte, 10 Biegestempel, 11 Stempelführung, 12 Lochstempel, 13 Trennstempel 14 Formlochstempel, 15 Schneidplatte, 16 Bolzen, 17 Querlenker, 18 Zentrierleiste, 19 Haltelech, 20 Druckhebel für Federkraftübertragung, 21 Bock, 22 Anschneidanschlag

Profillocheinheiten

Bild 80

8 Stück Profillocheinheiten auf Grundplatte aufgebaut

Rechteck 7 x 8

Rechteck 7 x 8

6 x Rechteck 27 x 4

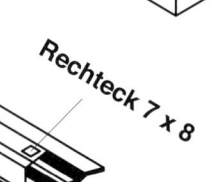

Al-Profil

Säulengestell mit Wechselkassetten

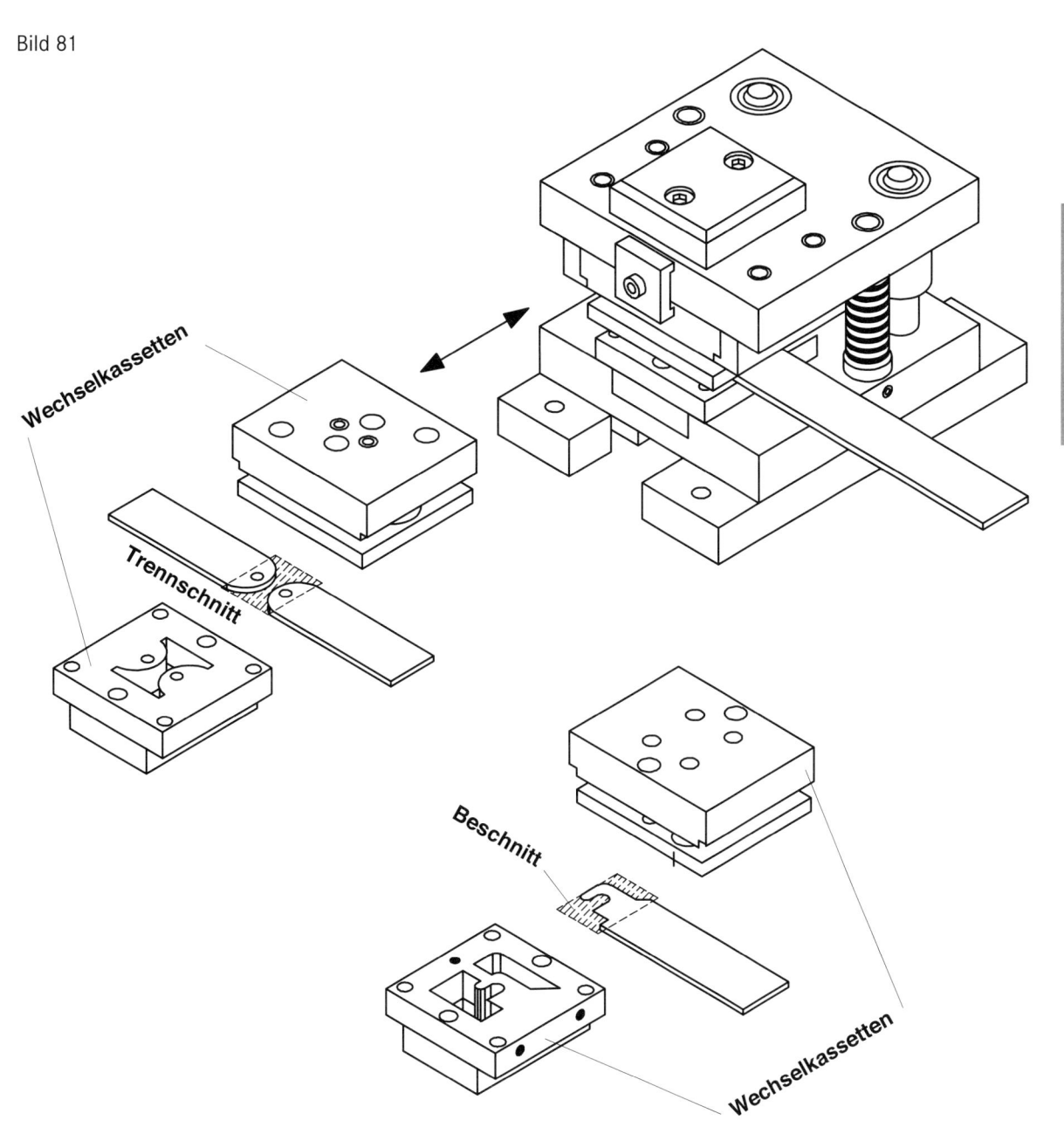

Bild 81

Säulengestelle – Sonderausführung

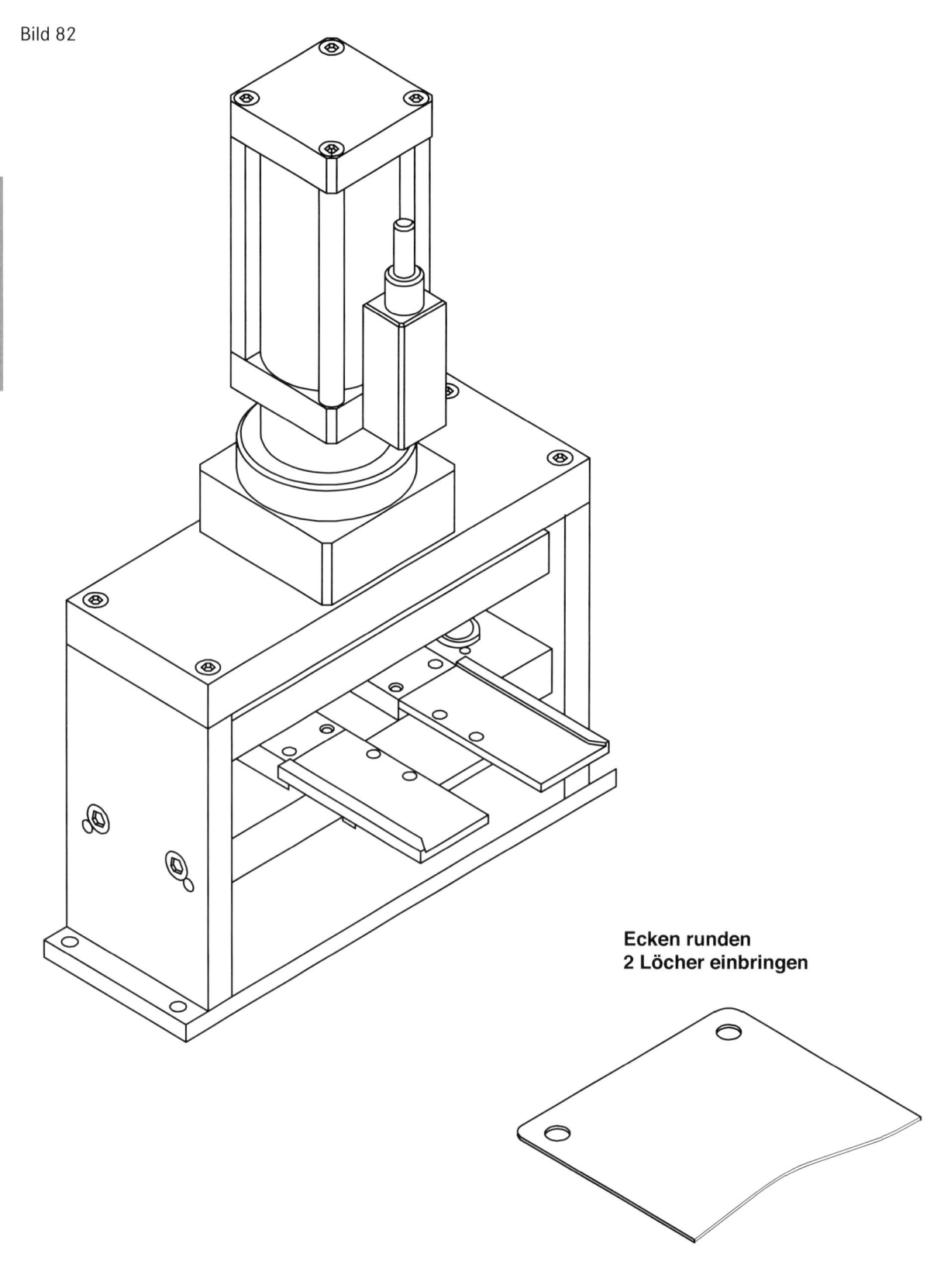

Bild 82

**Ecken runden
2 Löcher einbringen**

Rohrlocheinheit

Bild 83

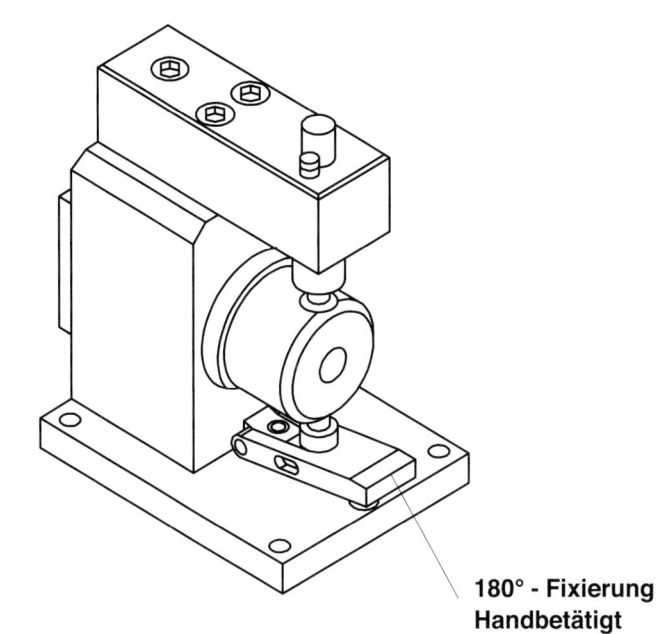

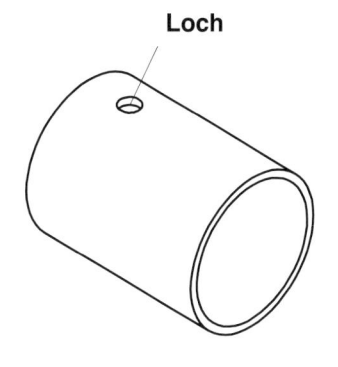

Loch

180° - Fixierung Handbetätigt

Pneumatikrohrlocheinheit

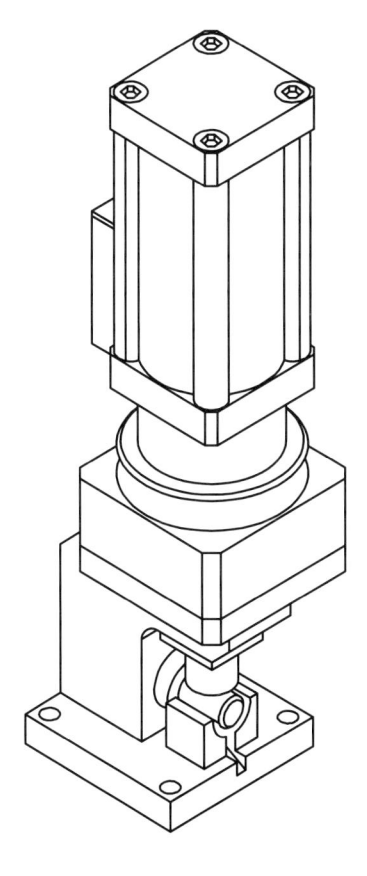

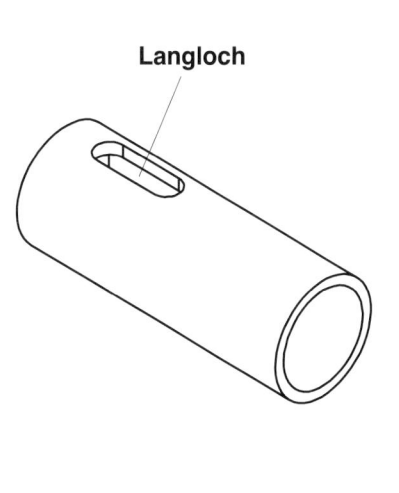

Bild 84

Langloch

Locheinheit mit schnellem Werkzeugwechsel

Bild 85

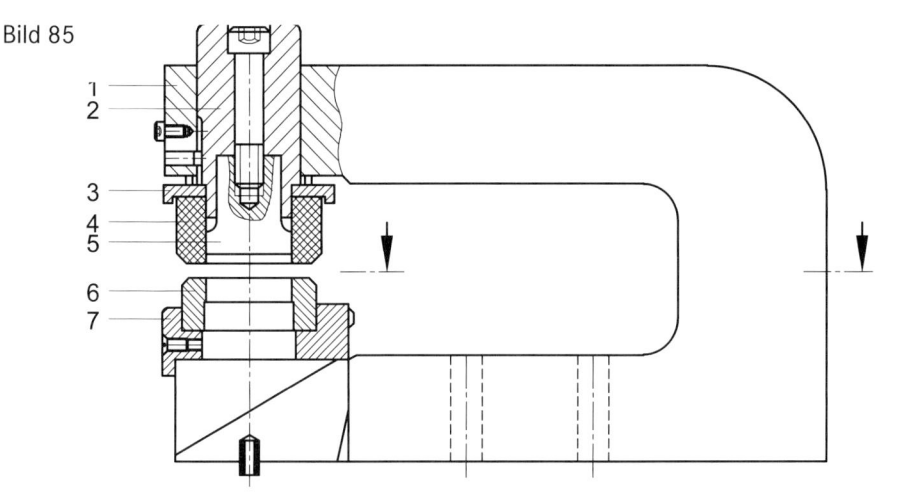

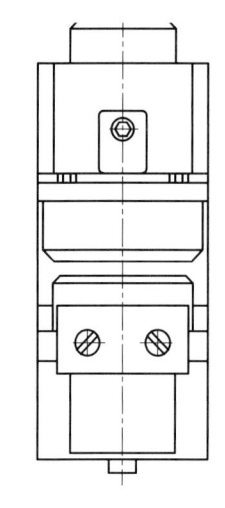

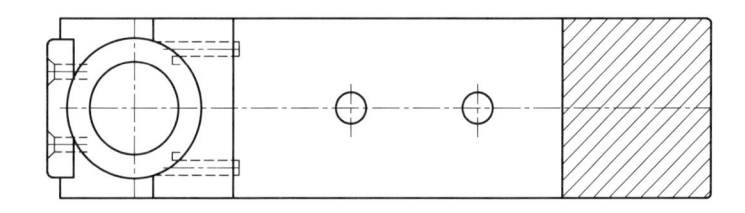

Locheinheit für Materialstärken von 0,5 - 5,0 mm

1 Bügelaufnahme, 2 Stempelaufnahme, 3 Zwischenring, 4 Gummifeder, 5 Auswechselstempel,
6 Auswechselschneidring, 7 Schneidringaufnahme

Locheinheit mit schnellem Werkzeugwechsel

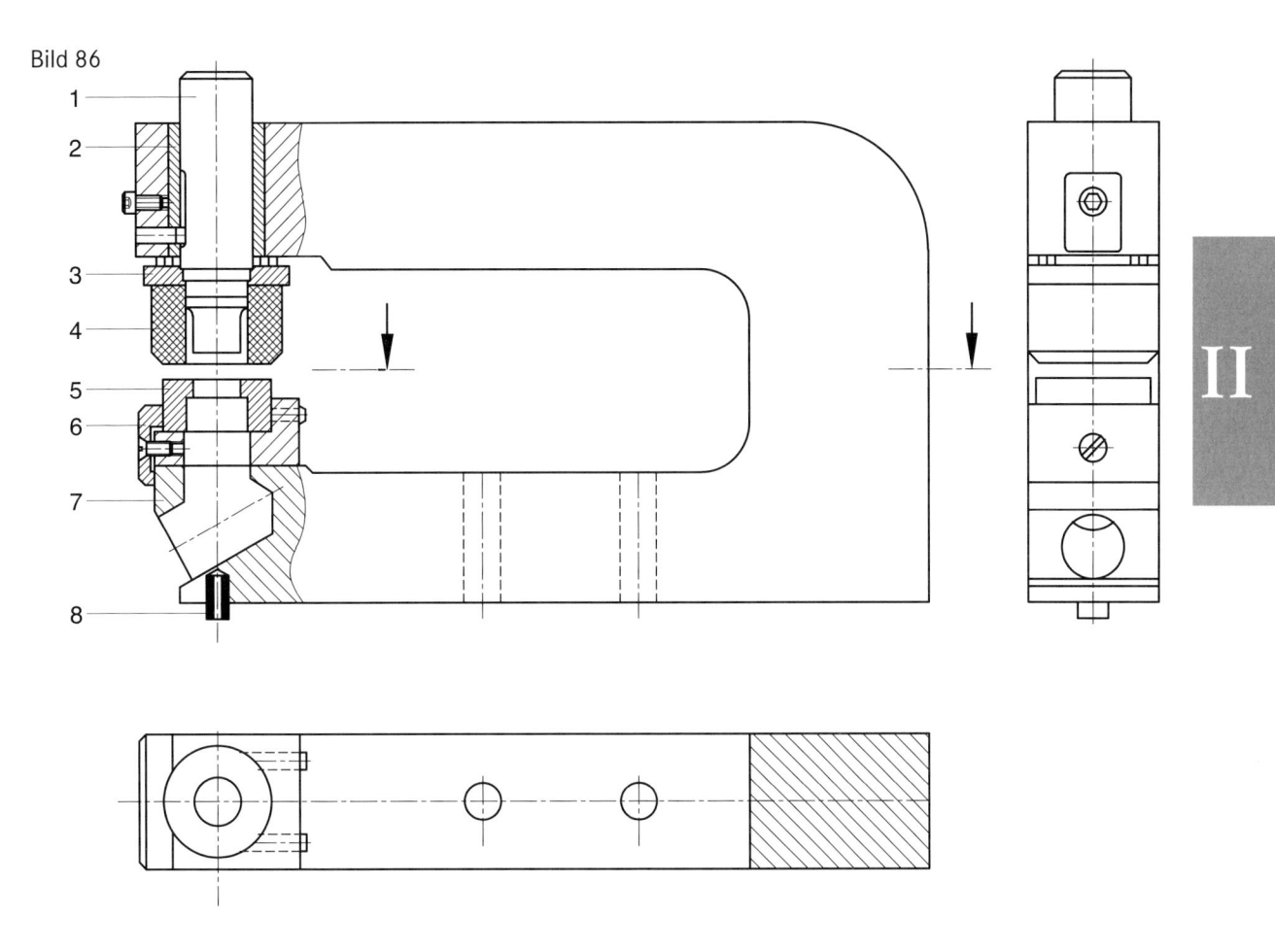

Bild 86

Locheinheit für Materialstärken von 0,5 - 5,0 mm

1 Lochstempel, 2 Führungsbuchse, 3 Zwischenring, 4 Gummifeder, 5 Schneidring, 6 Schneidringbefestigung, 7 Bügelaufnahme, 8 Zentrierstift

Profillocheinheit

Bild 87

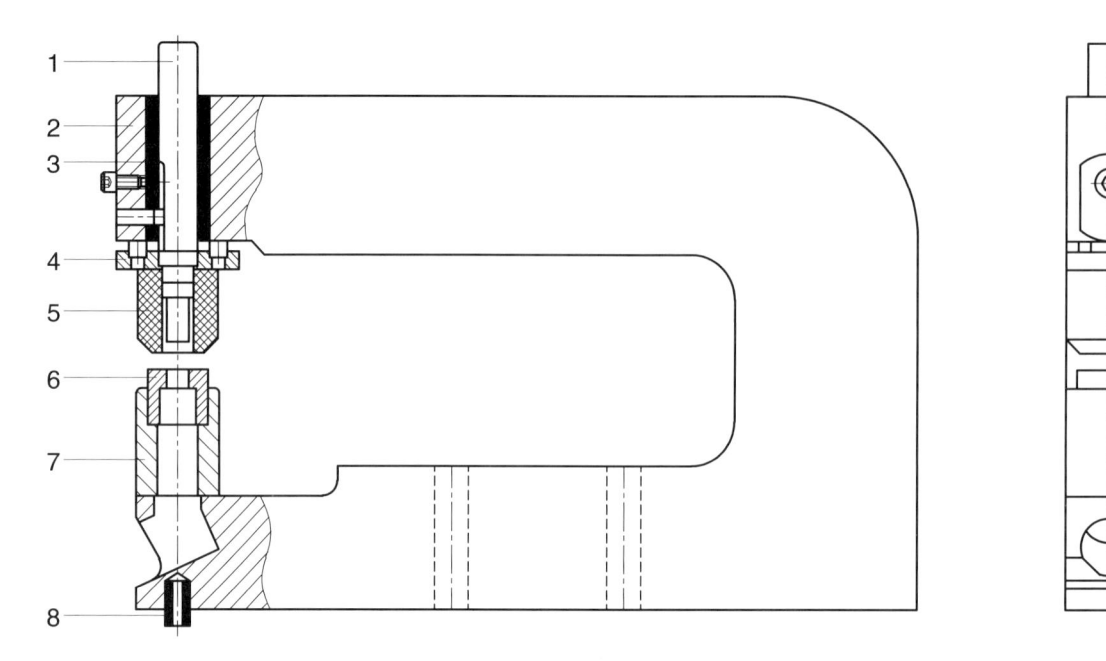

Einsatzbeispiele

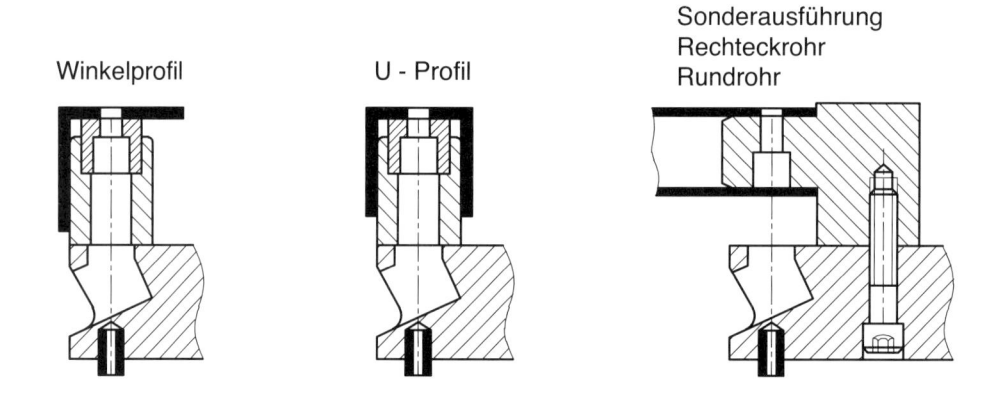

Winkelprofil U - Profil Sonderausführung Rechteckrohr Rundrohr

Locheinheit für Materialstärken von 0,5 - 5 mm für Winkel, U- Profile und Rohre

1 Lochstempel, 2 Bügelaufnahme, 3 Führungshülse, 4 Zwischenring, 5 Gummifeder, 6 Schneidring
7 Schneidringaufnahme, 8 Zentrierstift

Hydrauliklocheinheit

Bild 88

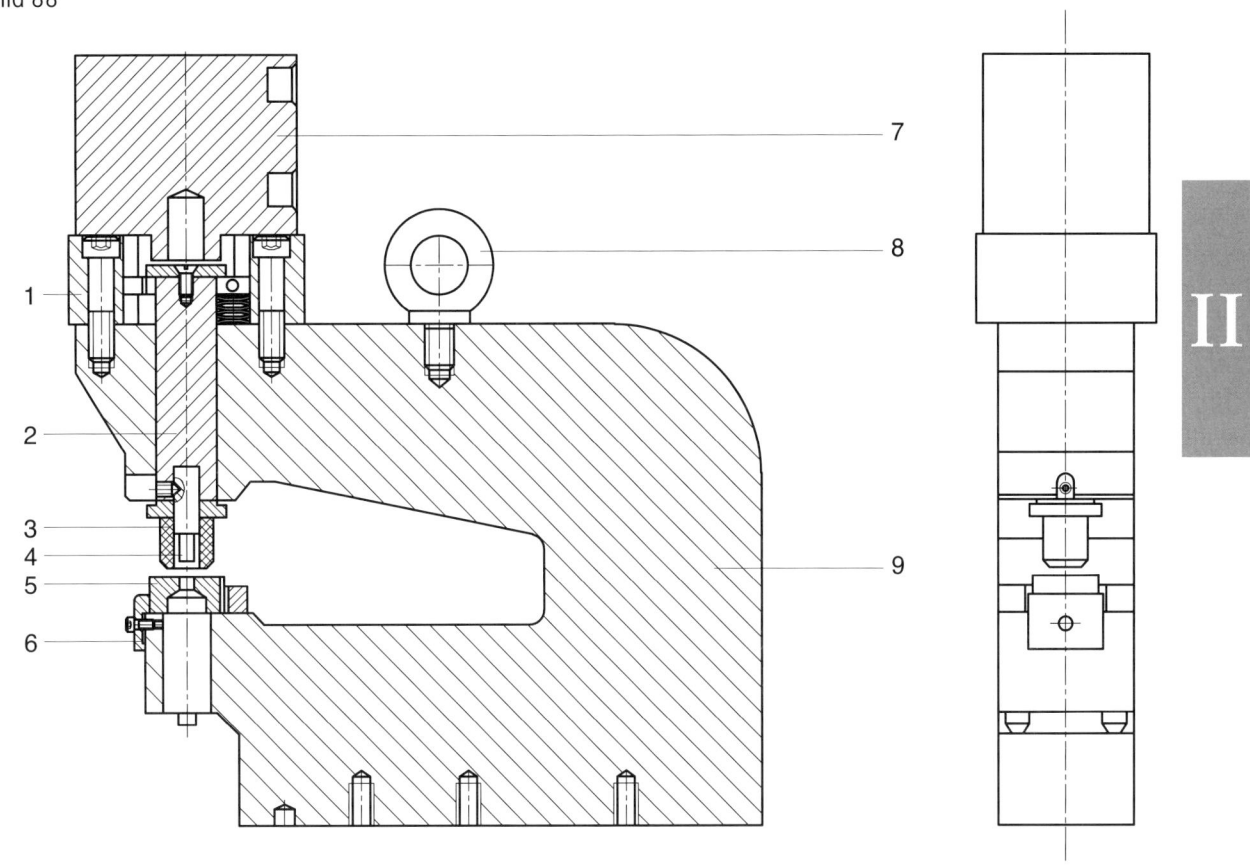

Locheinheit für Materialstärken von 0,5 - 5,0 mm, schneller Werkzeugwechsel ohne Zylinderdemontage

1 Anschlussplatte, 2 Stempelaufnahme, 3 Gummifeder, 4 Lochstempel, 5 Schneidring, 6 Schneidringbefestigung, 7 Hydraulikzylinder, 8 Transportring, 9 Bügelaufnahme

Pneumatiklocheinheit

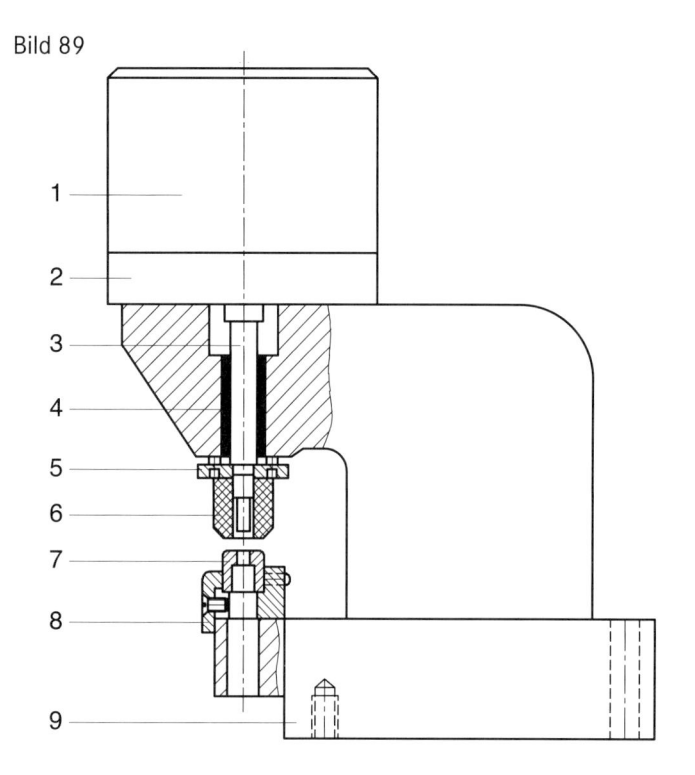

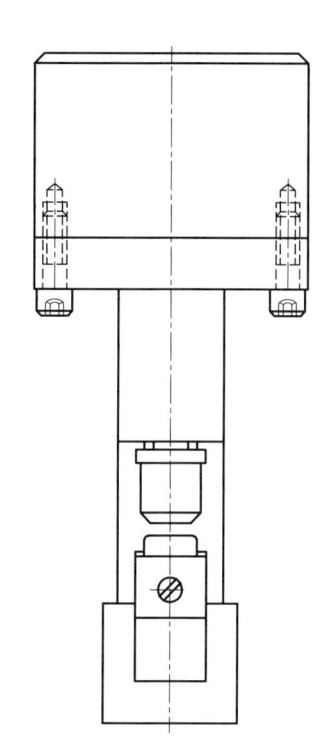

Bild 89

Locheinheit für Materialstärken von 0,5 - 5,0 mm mit Pneumatikzylinder doppeltwirkend

1 Pneumatikzylinder, 2 Zwischenflansch, 3 Lochstempel, 4 Führungshülse, 5 Zwischenring,
6 Gummifeder, 7 Schneidring, 8 Schneidringbefestigung, 9 Grundaufnahme

Pneumatiklocheinheit

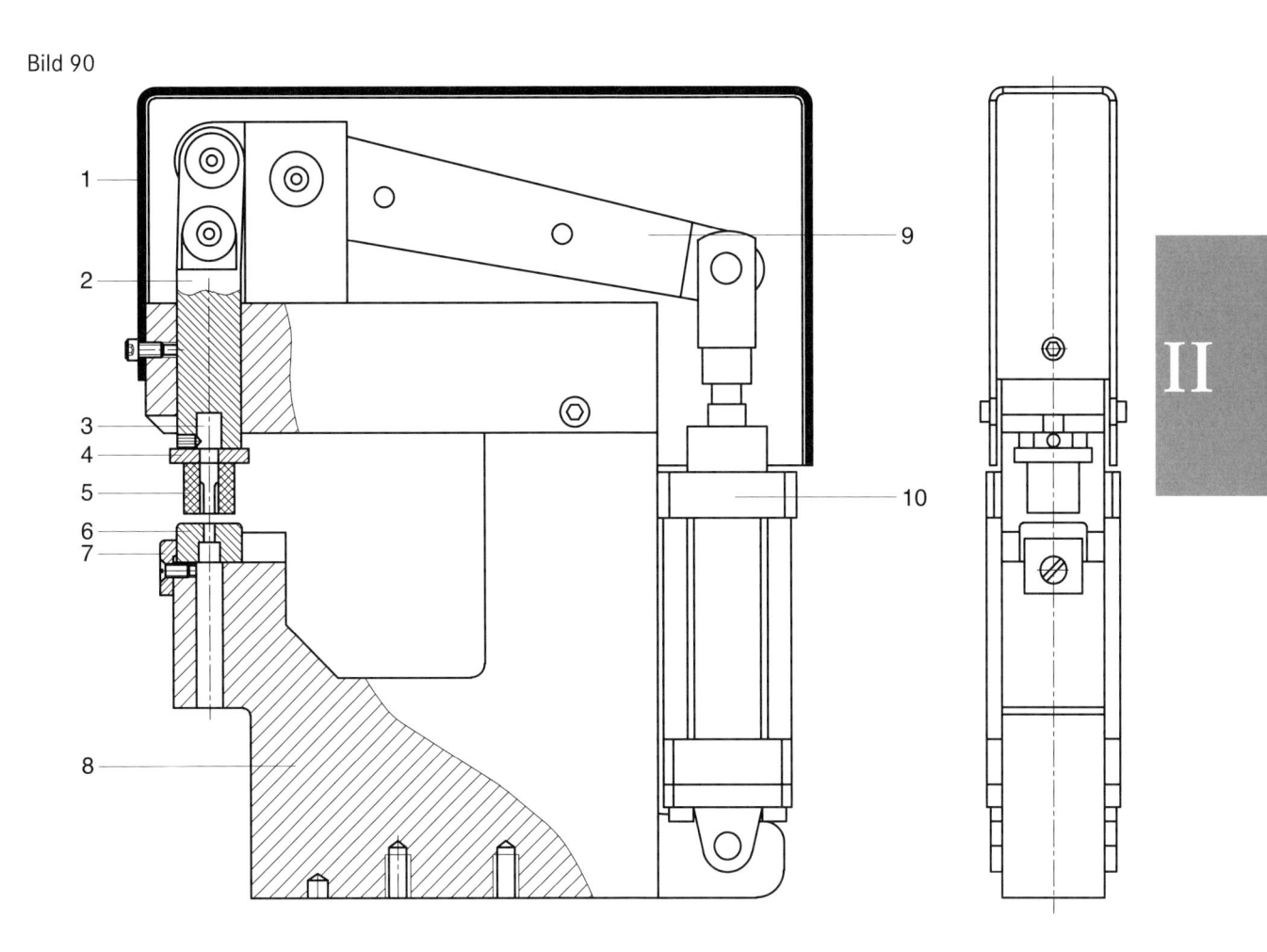

Bild 90

Locheinheit für Materialstärken von 0,5 - 3,0 mm, schneller Werkzeugwechsel ohne Zylinderdemontage

1 Schutzhaube, 2 Stempelaufnahme, 3 Lochstempel, 4 Zwischenring, 5 Gummifeder, 6 Schneidring,
7 Schneidringbefestigung, 8 Grundaufnahe, 9 Kniehebel, 10 Peumatikzylinder

Locheinheit

Bild 91

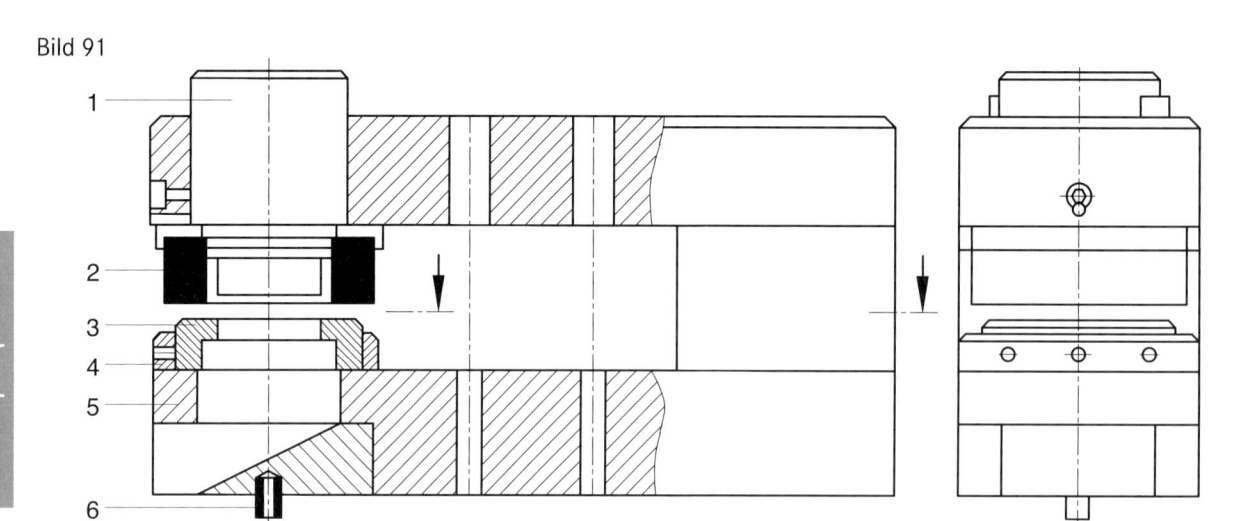

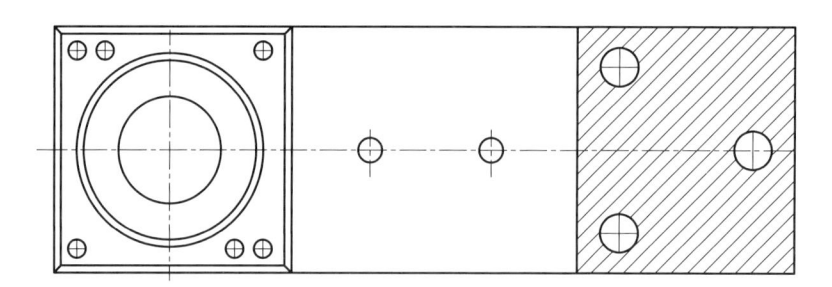

Locheinheit für Materialstärken 0,5 - 5,0 mm und Löcher   Ø 40 - 63

1 Lochstempel, 2 Gummifeder, 3 Schneidring, 4 Schneidringbefestigung, 5 Grundaufnahme, 6 Zentrierung

4. Lochen und Ausschneiden

Ausführung eines Lochwerkzeuges

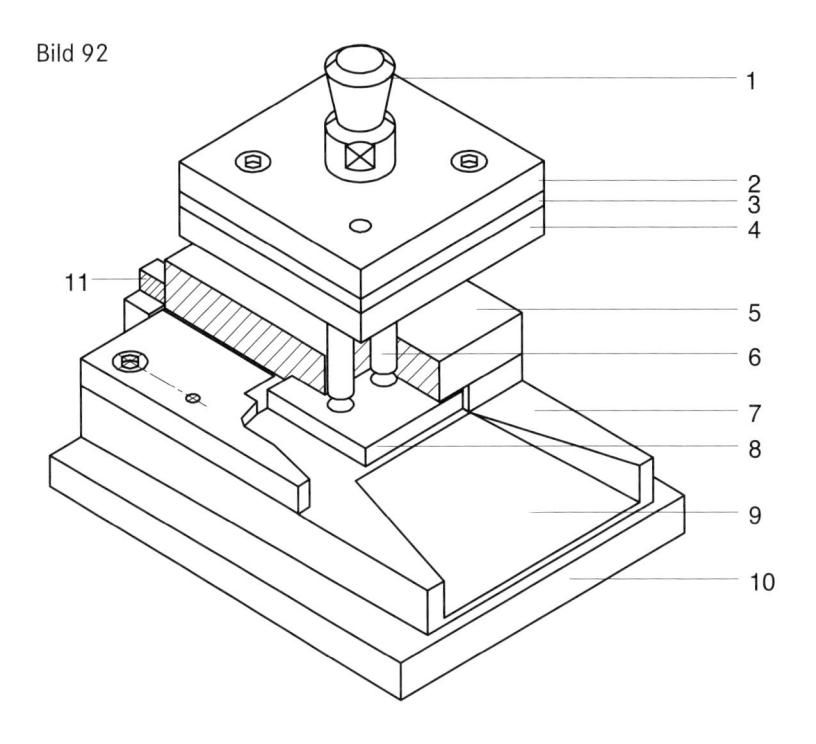

Bild 92

1 Einspannzapfen
2 Kopfplatte
3 Druckplatte
4 Stempelaufnahmeplatte
5 Stempelführungsplatte
6 Lochstempel
7 Schnittplatte
8 Werkstück
9 Auswurfkanal
10 Grundplatte
11 gefederter Auswerfer

Ausschneidwerkzeug ohne Führung

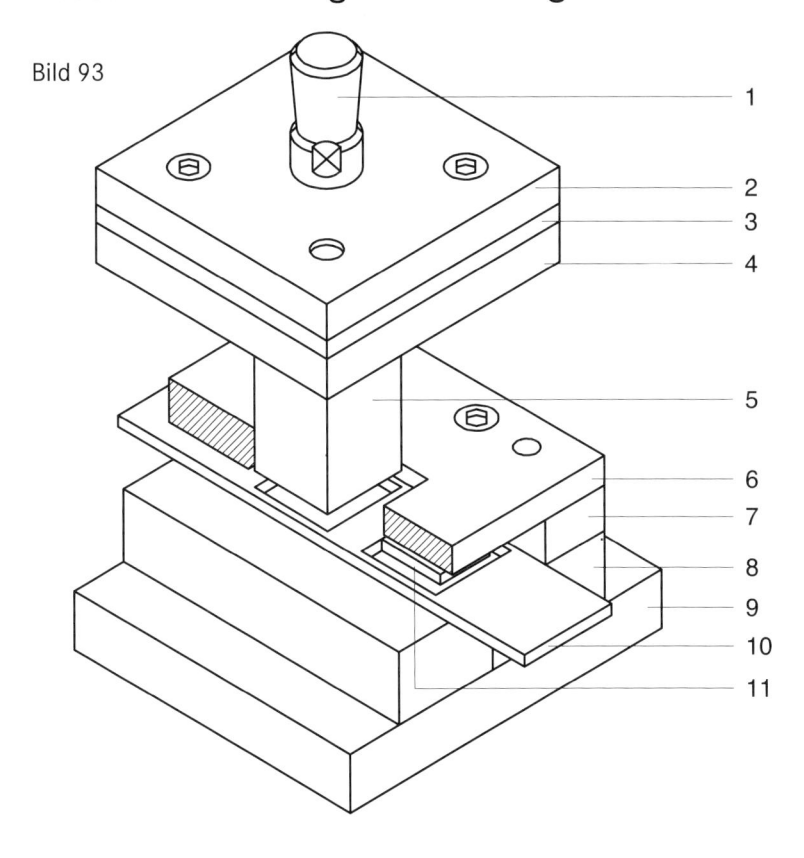

Bild 93

1 Einspannzapfen
2 Kopfplatte
3 Druckplatte
4 Stempelaufnahmeplatte
5 Formstempel
6 Abstreiferplatte
7 Streifenführung
8 Schnittplatte
9 Grundplatte
10 Schnittstreifen
11 Anschlagklotz

Vorlochstufen mit Suchstift

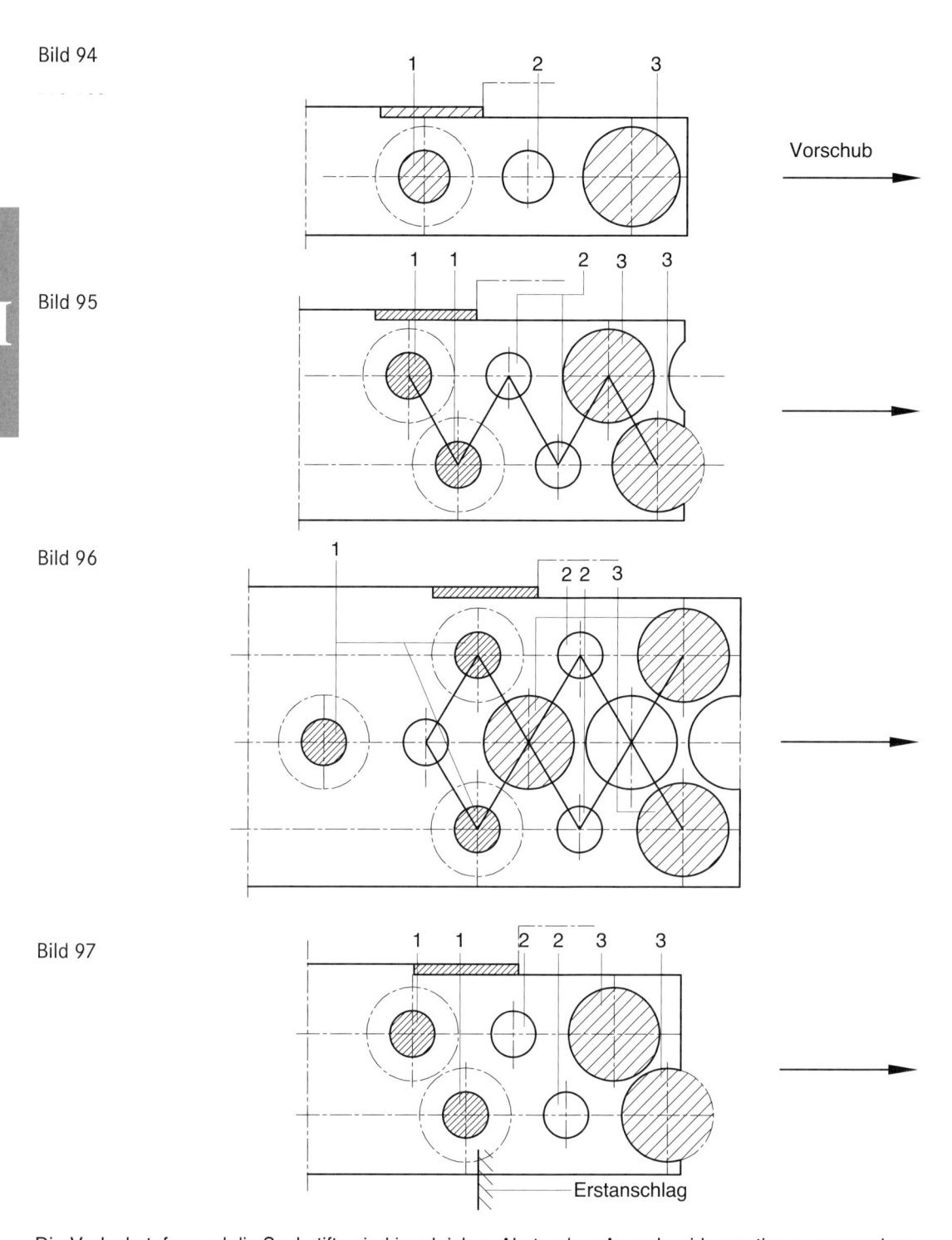

Bild 94

Vorschub →

Bild 95

Bild 96

Bild 97

Erstanschlag

Die Vorlochstufen und die Suchstifte sind im gleichen Abstand zu Ausschneidoperationen anzuordnen. Bei unterschiedlichen Abständen ergeben sich bedingt durch das Längen Abweichungen, die von den Suchstiften nicht ausgeglichen werden können. Kann z.B. wegen der Form des Werkstücks der Anschlag des Seitenschneiders nicht zum Einsatz kommen, dann muss mit Hilfe eines Erstanschlags dafür gesorgt werden, dass der Suchstift in ein vorhandenes Loch eintaucht. 1 Lochen, 2 Suchen, 3 Ausschneiden

Lochstempel – Schräglochberechnung

Bild 98

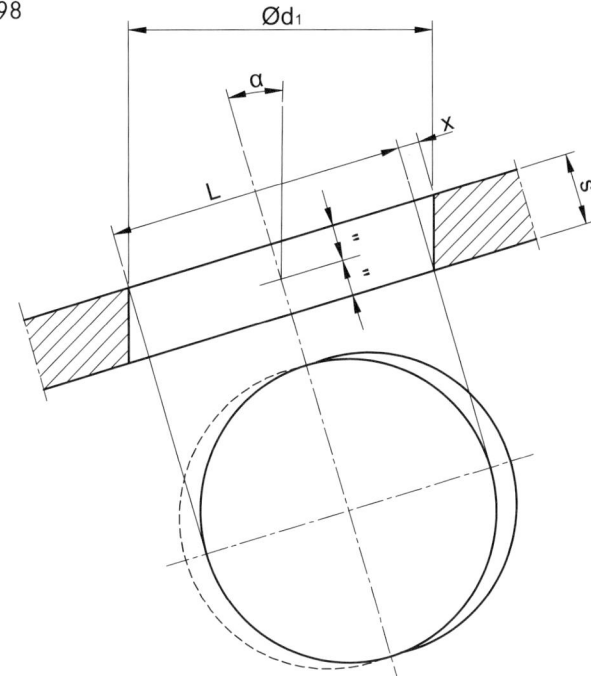

$$x = \tan\alpha \cdot s$$

$$\cos\alpha = \frac{d_1}{L + x}$$

$$d_1 = \cos\alpha \cdot (L + \tan\alpha \cdot s)$$

$$L = \frac{d_1}{\cos\alpha} - \tan\alpha \cdot s$$

Beispiel 1
Gegeben: L = 5,8 mm
α = 15°
s = 1,5 mm
Gesucht: d_1

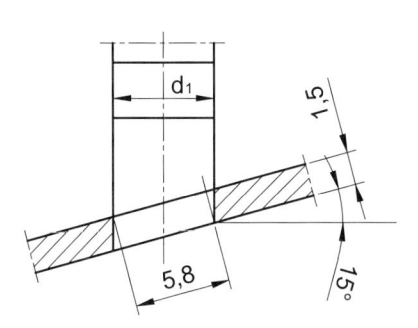

Beispiel 2
Gegeben: d_1 = 30 mm
α = 10°
s = 1 mm
Gesucht: L

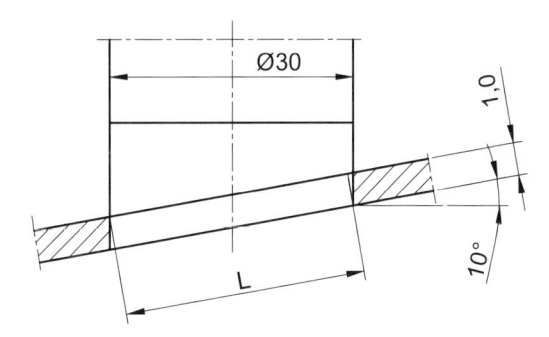

$d_1 = \cos\alpha \, (L + \tan\alpha \cdot s)$
$d_1 = 0{,}9659 \, (5{,}8 + 0{,}2679 \cdot 1{,}5)$
$d_1 = 5{,}99$; gewählt $d_1 = 6{,}0$ mm

$L = (d_1/\cos\alpha) - \tan\alpha \cdot s$
$L = (30{,}0/0{,}9848) - 0{,}1763 \cdot 1{,}0$
$\underline{L = 30{,}29}$

Senkrechtes Lochen schrägliegender Teile erzeugt im Werkstück Löcher, deren Durchmesser vom Stempeldurchmesser abweicht. Dieser ist deshalb zu berechnen. d_1 Stempel- bzw. Lochdurchmesser in Lochrichtung, s Blechdicke, L Durchmesser des Durchgangsloches rechtwinklig zur Werkstückoberfläche, α Neigungswinkel der Werkstückoberfläche im Werkzeug.

Ausklinkwerkzeug – Werkstückaufnahme

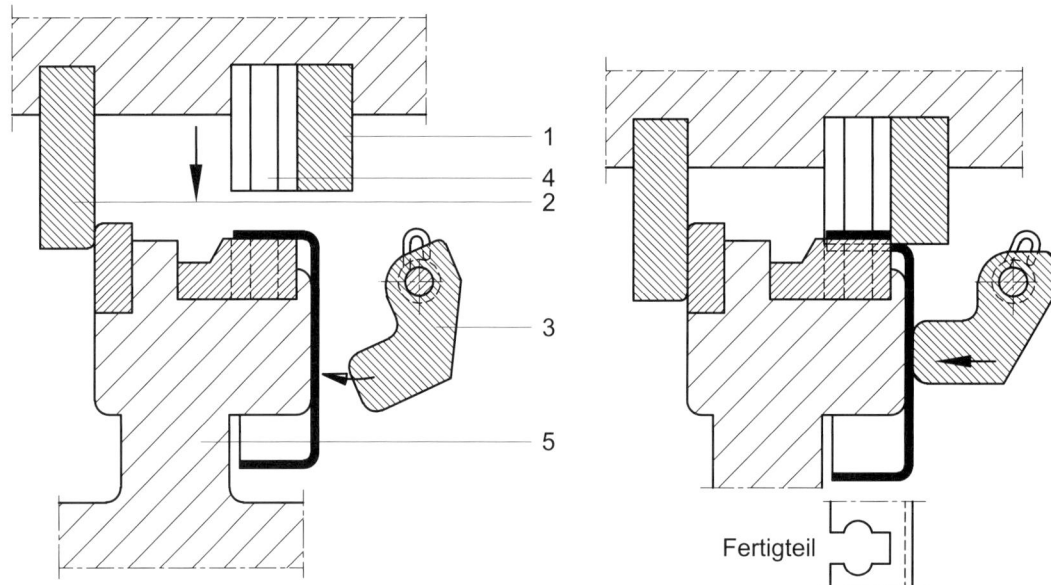

Bild 99

1 Schneidplatte, 2 Werkzeugführungsplatte, 3 Andrückhebel, gefedert, 4 Schneidstempel, 5 Werkzeugunterteil

Lochwerkzeug – Teilezuführung

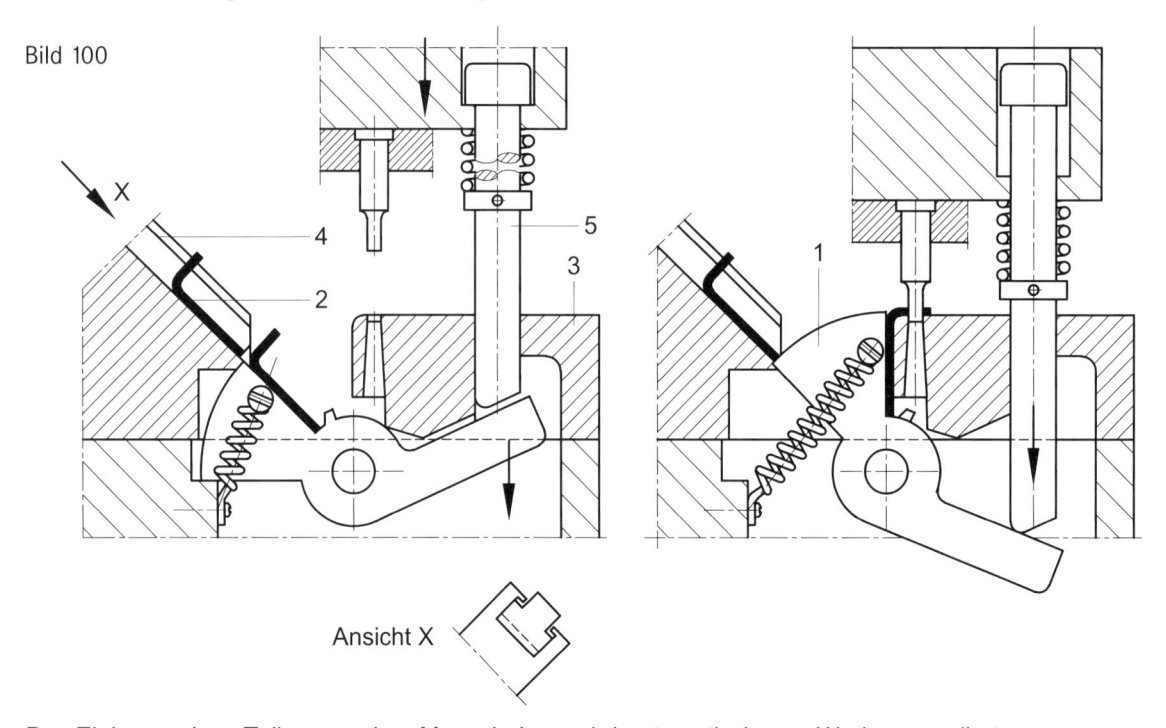

Bild 100

Das Einlegen eines Teiles aus einer Magazinrinne wird automatisch vom Werkzeug selbst vorgenommen. Das Fertigteil wird seitlich ausgeblasen. 1 Schwenkzuteiler, 2 Ausgangsteil, 3 Werkzeugunterteil, Schneidplatte, Stößelführung, 4 Zuführrinne, 5 gefederter Antriebsstössel für Zuteiler

Teil III

Umformwerkzeuge

1. Druckumformen - Fließpressen

Bei der Einordnung der Umformverfahren hilft die Einteilung der Hauptgruppe Umformen in fünf Untergruppen nach DIN 8582.

1. Druckumformen DIN 8583: Walzen, Freiformen (Elektrostauchen, Prägen, Rundkneten, Aufreiben), Gesenkformen (Schmieden), Eindrücken (Körnen, Anreißen), Durchdrücken (Strangpressen, Kaltfließpressen), Umformstrahlen, Oberflächenveredelungsstrahlen

2. Zugdruckumformen DIN 8584: Durchziehen (Drahtziehen, Rohre, Profile),Tiefziehen, Drücken, Kragenziehen, Knickbauchen, Innenhochdruck-Weitstauchen

3. Zugumformen DIN 8585: Längen: Weiten, Tiefen, Werkzeugloses Drahtziehen

4. Biegeumformen DIN 8586: Biegen mit geradliniger Werkzeugbewegung, Biegen mit drehender Werkzeugbewegung

5. Schubumformen DIN 8587: Verschieben, Verdrehen

Das Fließpressen gehört in die Hauptgruppe Druckumformen und bildet zusammen mit dem Strangpressen und dem Verjüngen die Gruppe Durchdrücken. In der Herstellung von Formteilen hat es in der Aluminiumindustrie eine große Bedeutung.
Ein Rohling wird in eine Gesenk-Matrize gelegt und mit einem Pressstempel eingepresst. Der Werkstoff wird dabei plastisch verformt, fließt durch überwiegend axiale oder radiale Materialveränderungen durch Öffnungen im Gesenk, im Stempel selbst oder dazwischen und bildet so die gewünschte Form ab.

Vorwärtsfließpressen und Rückwärtsfließpressen sind mit dem direkten und indirekten Strangpressen sowohl im Ablauf als auch, was die Spannungs- und Reibungsverhältnisse des Werkstoffes betrifft, identisch.

Beim Rückwärtsfließpressen, auch indirektes Fließpressen genannt, fließt der Werkstoff gegen die Bewegungsrichtung des Stempels. Er wird in Form einer Platine in das Werkzeugunterteil gelegt. Während der Stempel auf die Platine drückt, steigt der Werkstoff in entgegengesetzter Richtung empor. Die so erreichbaren Wanddicken sind im Verhältnis zum Durchmesser sehr klein.

Beim Vorwärtsfließpressen, auch direktes Fließpressen genannt, fließt der Werkstoff in Richtung der Stempelbewegung. Als Rohling ist ein Napf erforderlich. Der Stempel drückt auf die Stirnseite des Napfes und presst den Werkstoff durch die Matrizenöffnung.

Das Coldflow-Verfahren ist eine Kombination aus direktem und indirektem Fließpressen. Hier bewegen sich zwei Stempel gegeneinander. Als Rohlinge werden Näpfe eingelegt. Dieses Verfahren wird häufig beim Fließpressen von Stahl eingesetzt.

Querfließpressen

Mit dem Querfließpressen werden seitliche Formelemente in das Formteil eingebracht. Dies bedingt eine zusätzliche, vertikale oder horizontale Werkzeugtrennung und eine mit dem Pressstempel synchronisierte Matrizenschließ- bzw. Matritzenöffnungsbewegung.

Querfließpressen bedeutet einen quer zum Pressdruck fließenden Werkstoff. Die querliegende formgebende Düse bleibt unverändert, im Gegensatz zum Stauchverfahren, bei dem ähnliche Werkstücke hergestellt werden können.

Bei Voll-Querfließpressen ist die Matritze und somit der Aufnehmer rechtwinklig zur Pressachse geteilt. In der Teilung ist die formgebende Aussparung als Düse angebracht. Der Auswerfer übernimmt gleichzeitig die Funktion als zweiter Pressstempel oder Gegenstempel. Dringen die beiden Pressstempel mit synchroner Geschwindigkeit und Kraft in den Werkstoff ein, ist ein Pressvorgang gewährleistet.

Voll-Rückwärts-Fließpressen

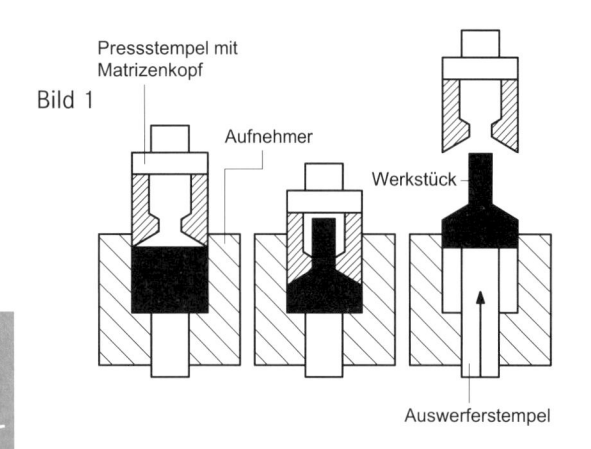

Bild 1

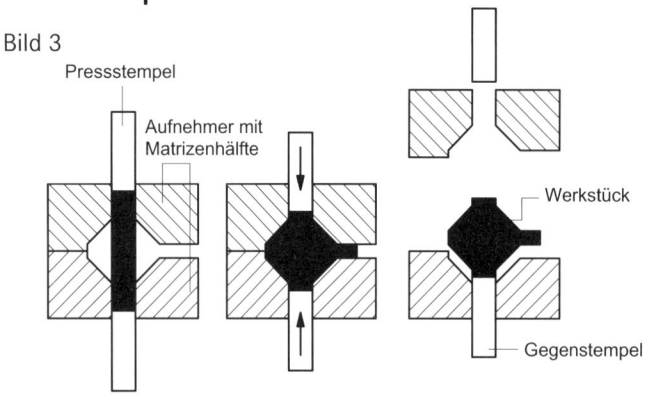

Hohl-Vorwärts-Fließpressen

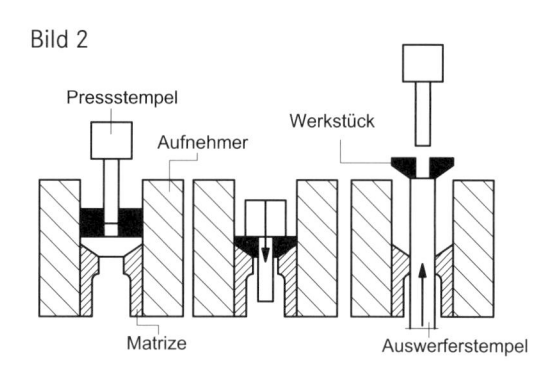

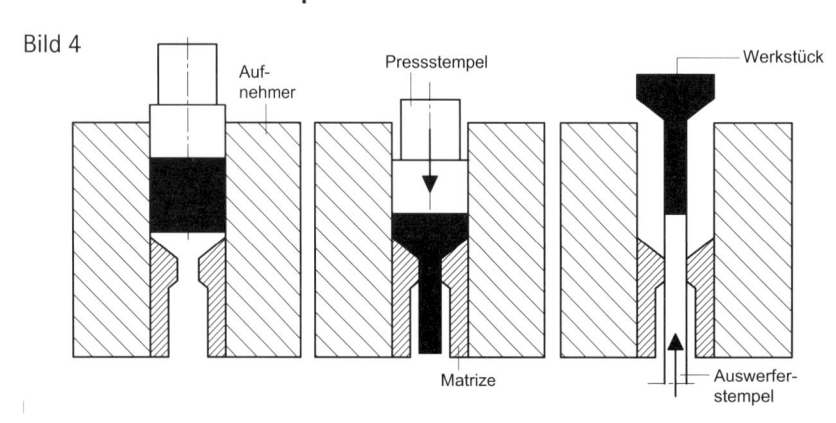

Bild 2

Querfließpressen

Bild 3

Voll-Vorwärts-Fließpressen

Bild 4

Typische Teile für kombinierte Fließpressen

Bild 5

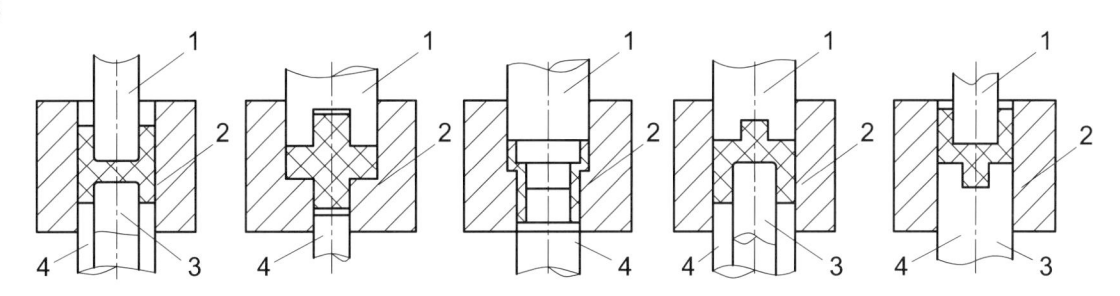

1 Stempel, 2 Matrize, 3 Gegenstempel, 4 Ausstoßer

Vorwärtsfließpressen und Rückwärtsfließpressen

Bild 6

Stempelbewegung und Werkstofffluss haben die gleiche Richtung.
Beim Pressvorgang wird durch den Druck des Stempels der Werkstoff in Richtung der Stempelbewegung zum Fließen gebracht. Dabei nimmt das entstehende Werkstück die Innenform der Matrize an.

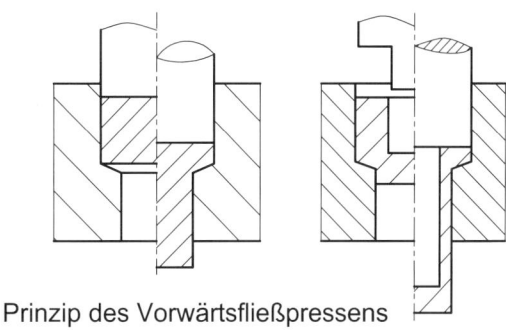

Prinzip des Vorwärtsfließpressens

Bild 7

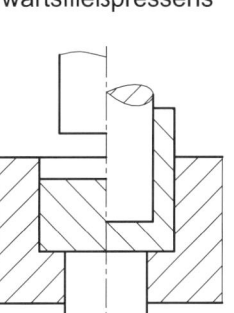

Prinzip des Rückwärtsfließverfahrens

Kombiniertes Fließpressverfahren

Bild 8

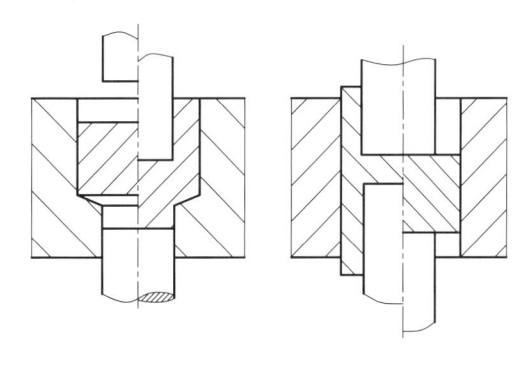

Hierbei fließt der Werkstoff bei einem Stößelniedergang sowohl in Richtung, als auch gegen die Richtung der Stempelbewegung.

Vorwärts- und Rückwärts-Vollfließpressen

Bild 9

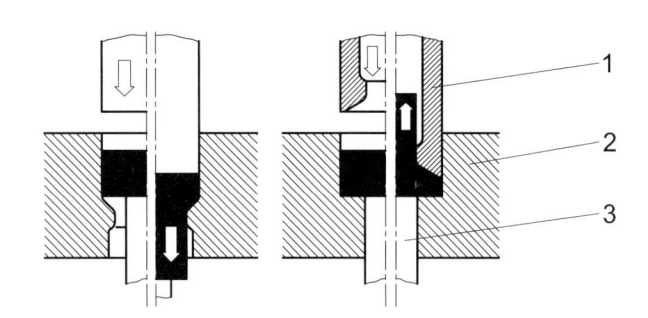

1 Pressstempel
2 Pressbuchse
3 Ausstoßer

Kombination Vorwärts-Rückwärts-Fließpressen

Bild 10

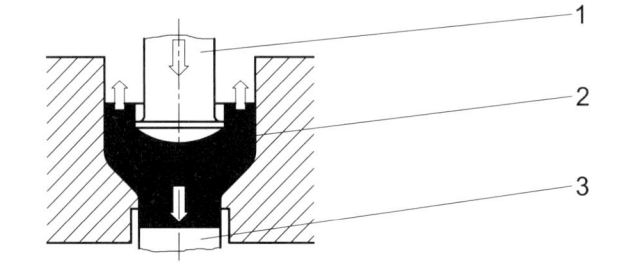

1 Stempel
2 Werkstück
3 Ausstoßer

Vorwärts-Hohlfließpressen mit Gegenstempel

Bild 11

1 Fließrichtung des Werkstoffes
2 Stempelbewegung
3 Pressstempel
4 Pressbuchse
5 Fließspalt
6 Werkstück
7 Gegenstempel
8 Stempelführung
9 Platine

Vorwärts-Hohlfließpressen ohne Gegenstempel

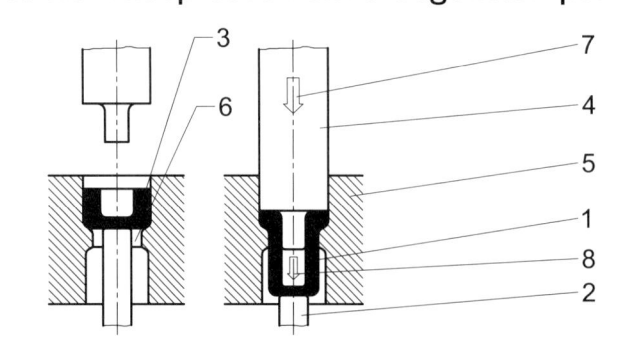

Bild 12

1 Werkstück
2 Ausstoßer
3 Napf
4 Pressstempel
5 Pressbuchse
6 Fließspalt
7 Stempelbewegung
8 Fließrichtung des Werkstoffes

Rückwärts-Hohlfließpressen

Bild 13

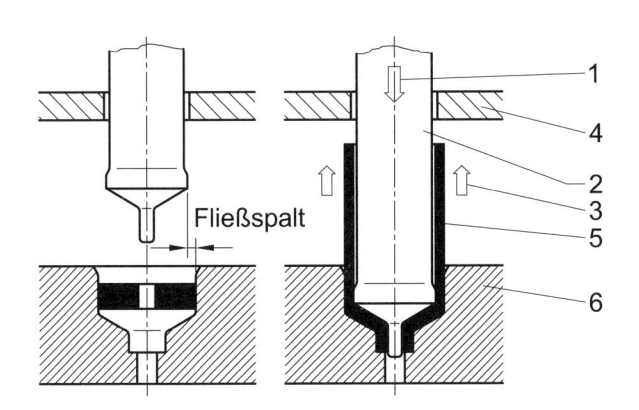

1 Stempelbewegung
2 Pressstempel
3 Fließrichtung des Werkstoffes
4 Abstreifer
5 Werkstück
6 Pressbuchse

Querfließpressen

Bild 14

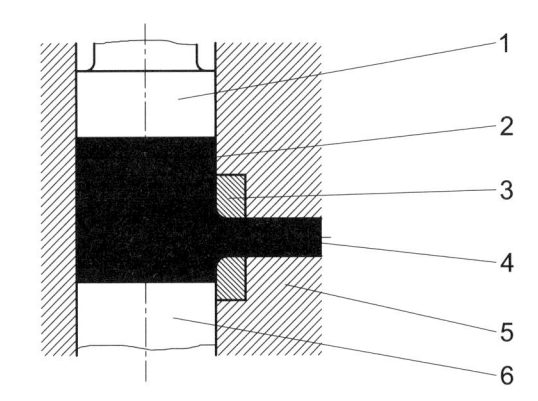

1 Druckstempel
2 Werkstoff
3 Matrize
4 Fließrichtung
5 Presswerkzeug
6 Gegenhalter

Fließpress-Werkzeug

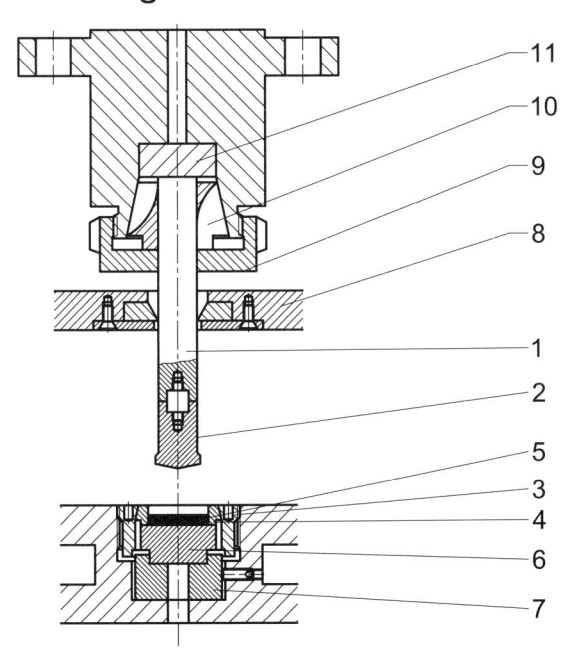

Bild 15

1 Stempelschaft
2 Pressstempel
3 Spannmutter
4 Pressbuchse
5 Platine
6 Pressplatte
7 Zentrierbuchse
8 Abstreifer
9 Spannmutter
10 Spannzange
11 Stempeldruckplatte

Typische Teile für das kombinierte Fließpressen

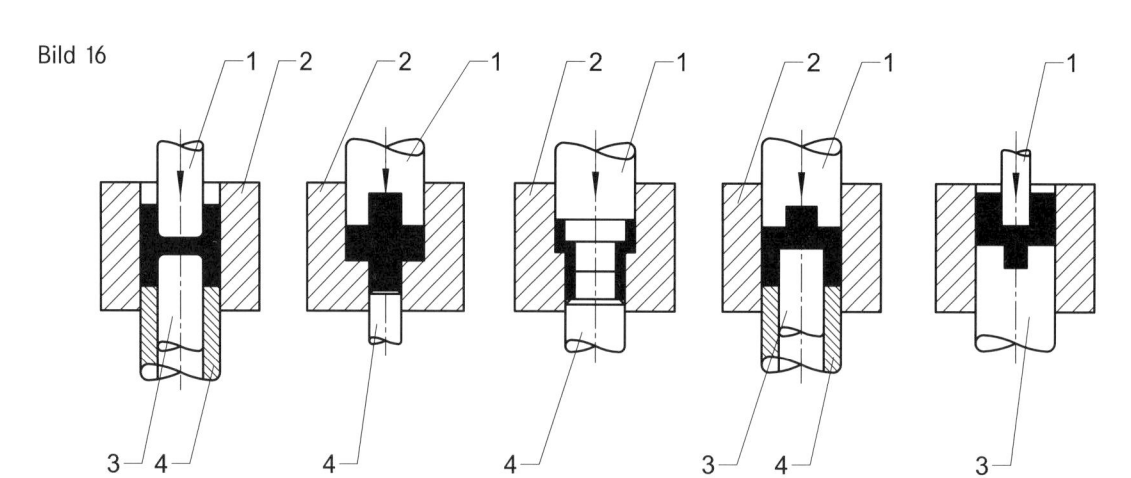

Bild 16

1 Stempel
2 Matrize
3 Stempel
4 Ausstoßer

Vorwärts-Fließpressteile

Bild 17

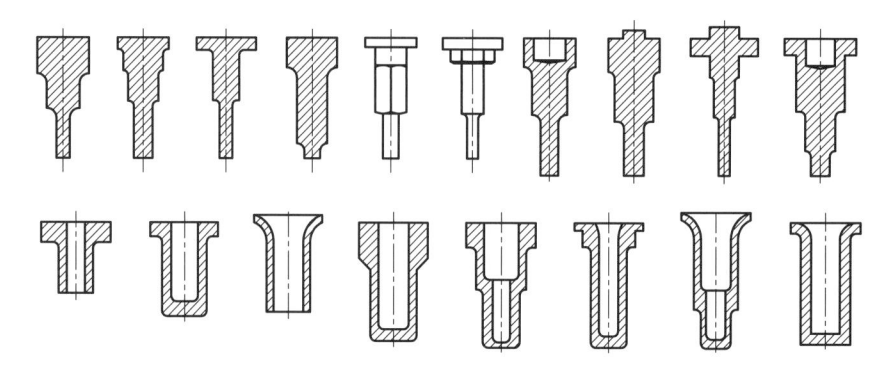

Rückwärts-Fließpressteile

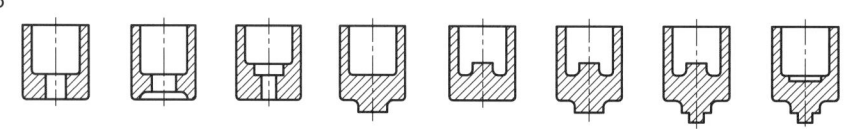

Bild 18

1. Druckumformen - Fließpressen

Werkzeug für das Vorwärtsfließpressen

Bild 19

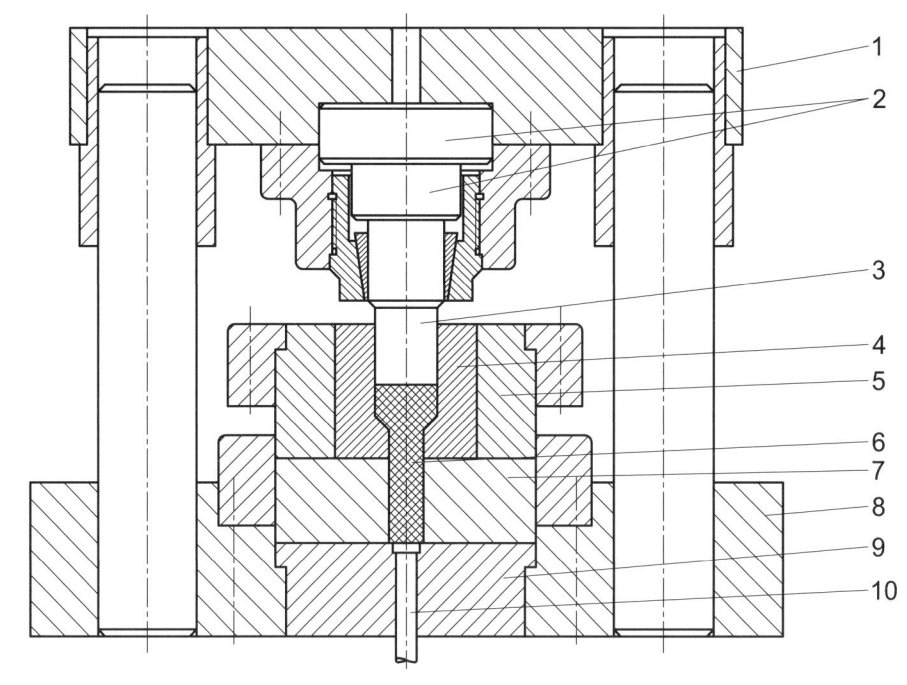

1 Kopfplatte
2 Druckplatte
3 Stempel
4 Pressbuchse
5 Schrumpfring
6 Werkstück
7 Zwischenplatte
8 Grundplatte
9 Druckplatte
10 Auswerfer

Werkzeug für das Rückwärtsfließpressen

Bild 20

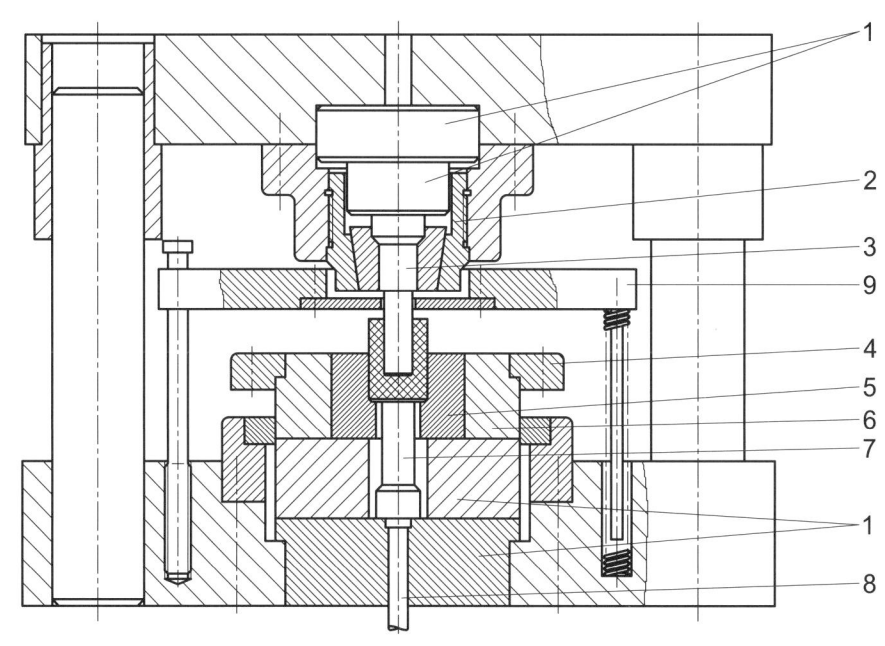

1 Druckplatte
2 Spannmutter für Stempel
3 Pressstempel
4 Spannring für Matrize
5 Pressbuchse
6 Schrumpfring (Armierung)
7 Gegenstempel
8 Auswerfer
9 Abstreifer

2. Druckumformen - Strangpressen

Das Strangpressen ist neben dem Formgießen das wirtschaftlichste Formgebungsverfahren für Aluminium. Die Herausforderung für den Konstrukteur besteht darin, möglichst viele Funktionen durch Integration geeigneter Formelemente in einem Querschnitt zu vereinigen, um Fertigungsschritte und Fügeoperationen zu vermeiden.

Durch das direkte Runden beim Strangpressen können Profile mit hoher Qualität bezüglich Querschnittstreue und Rundungsgenauigkeit gefertigt werden. Eine hohe Flexibilität und eine Verkürzung der Prozesskette sind weitere Kennzeichen des Verfahrens.

Für den Leichtbau ist die Produktion von rund gebogenen Aluminiumprofilen von großer Bedeutung. Vor allem im Flug- und Fahrzeugbau, etwa beim ICE oder beim Automobilbau, werden sie als Konstruktionselemente eingesetzt. Nach dem herkömmlichen Produktionsverfahren werden zunächst gerade Profile gefertigt, die dann in einem zweiten Arbeitsschritt in die gewünschte Form gebogen werden.

Das Strangpressen bezeichnet eine Form der Profilherstellung, bei der ein aufgeheizter Block des Ausgangsmaterials in einem Presszylinder mit hohen Druck durch die Matritze gedrückt wird. Durch den hohen Druck beginnt der Werkstoff zu fließen und kann so durch die Matrizenöffnungen austreten. Es entsteht ein Strang (daher der Name Strangpressen). Durch das Strangpressen können verschiedene Profilquerschnitte produziert werden. Beispiele sind unter anderem Vollprofile, Winkelprofile, Rohr und komplexe Hohlprofile.

Da der Werkstoff durch dem Pressvorgang bereits fließt, kann er mit Hilfe eines Führungswerkzeug auch auf die gewünschte Kontur gekrümmt werden. Durch dieses Verfahren entsteht in einem Arbeitsschritt direkt ein rundes Profil und aufwendiges nachträgliches Biegen ist nicht mehr notwendig.

Beim hydrostatischen Strangpressen wird die Presskraft vom Stempel nicht unmittelbar, sondern über ein Wirkmedium (Wasser, Öl) auf den Block aufgebracht. In diesem Verfahren ist der so genannte hydrostatische Spannungsanteil – die allseitig auf das Werkstück wirkende Druckspannung – noch höher und es kann sogar Draht von einer Spule gepresst werden.

Strangpressen – Definition

Strangpressen ist ein Massivumformverfahren, bei dem ein erwärmter Block, der von einem Aufnehmer (Rezipienten) umschlossen ist, mittels Pressstempel durch eine Formmatrize gedrückt wird. Dabei nimmt der austretende Strang die Form der Matrize an. Srtrangpressen ist ein Druckformverfahren und gehört nach DIN 8583 zur Untergruppe Durchdrücken. Die eigentliche Umformung vom Pressblock zum Pressstrang erfolgt in der trichterförmigen Umformzone vor der Matrize.

Bild 1

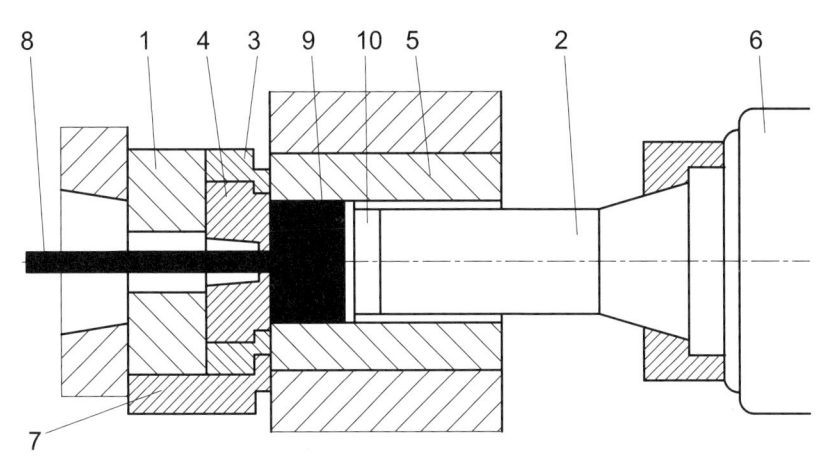

Prinzip des direkten Volstrangpressens.
1 Druckplatte, 2 Stempel, 3 Werkzeugträger, 4 Matrize, 5 Rizipient, 6 Plunger, 7 Schieber, 8 Profilstrang, 9 Block, 10 Pressscheibe

Direktes Strangpressen (Vorwärtspressen)

Bild 2

Hier sind Werkstofffluss des austretenden Stranges und Stempelbewegung gleichgerichtet.

Der auf Umformungstemperatur erwärmte Block wird in die Maschine eingebracht. Der Stempel, der durch die Pressscheibe vom Werkstoff getrennt ist, drückt den Block durch die Matrize.

Der Pressrest wird durch Rückfahren des Aufnehmers freigelegt und abgeschert oder abgesägt.

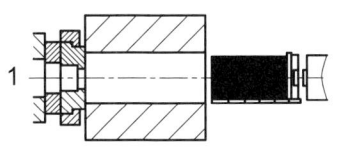

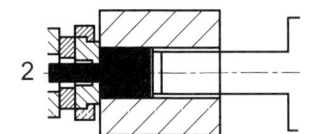

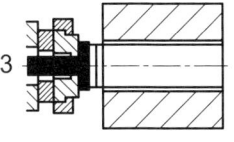

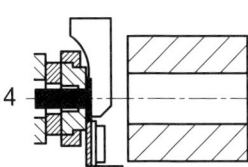

Arbeitsablauf beim direkten Strangpressen.
1 Block und Pressscheibe in Presse einbringen.
2 Block auspressen.
3 Rückfahren des Aufnehmers.
4 Pressrest abtrennen.

Strangpressverfahren

Bild 3

Prinzipskizze	Verfahren	Anwendung
	Direktes Strangpressen: Matrize und Aufheber liegen fest zueinander. Stempel bewegt sich und drückt den Block durch die Matrize	Vollprofile Stangen und Bänder aus Vollblöcken
	Indirektes Strangpressen: Am festehenden, hohlgebohrten Stempel befindet sich die Matrize mit Pressscheibe. Bewegung führt am Ende verschlossener Aufnehmer mit Rohling aus. Er fährt gegen die feststehende Matrize.	Drähte und Profile aus Vollblöcken
	Direktes hydrostatisches Strangpressen: Die Umformung des Blockes erfolgt durch eine unter hohem Druck stehende Flüssigkeit (12 000 bar). Er fährt gegen die feststehende Matrize.	Einfache kleine Profile aus schwer pressbaren Werkstoffen, die mit den anderen Verfahren nicht pressbar sind.
	Direktes Rohrpressen über feststehenden Dorn: Der Rohling ist ein Hohlblock. Der feststehende Dorn bildet mit der Matrize den Ringspalt. Der Hohlstempel macht die Arbeitsbewegung.	Rohre und Hohlprofile aus Hohlblöcken.
	Indirektes Rohrpressen über feststehenden Dorn, Arbeitsbewegung führt verschlossenen Aufnehmer aus. Am feststehenden Stempel befindet sich vorn die Matrize.	Rohre und Vollprofile aus Hohlblöcken oder Vollblöcken, die in der Presse gelocht werden.

Strangpressen von Rohren

Bild 4

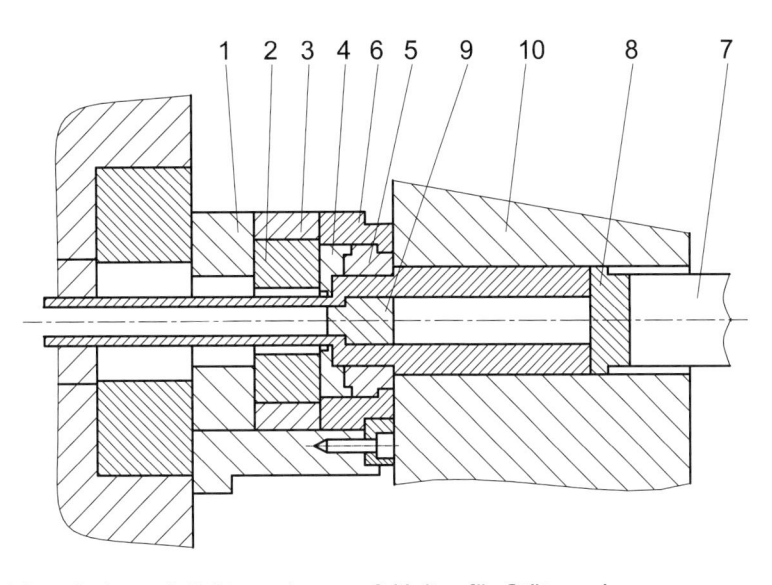

1 Druckplatte, 2 Stützwerkzeug, 3 Halter für Stützwerkzeug, 4 Matrize, 5 Dornteil, 6 Werkzeughalter, 7 Preßstempel, 8 Preßscheibe, 9 Dorn, 10 Rezipient

Werkzeug zum indirekten Strangpressen von Rohren über mitlaufenden Dorn

Bild 5

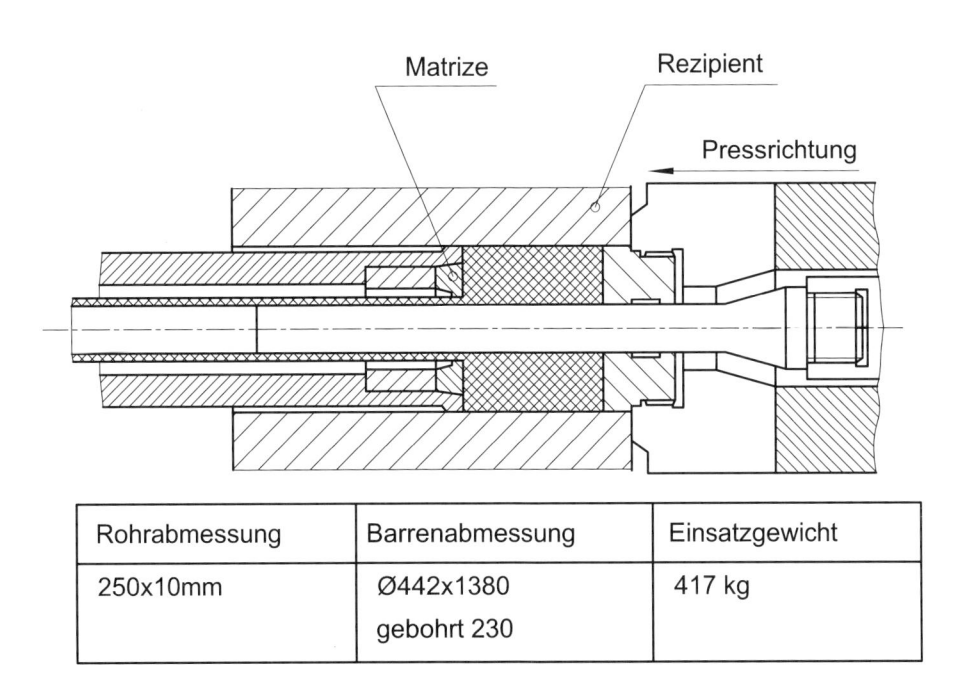

Rohrabmessung	Barrenabmessung	Einsatzgewicht
250x10mm	Ø442x1380 gebohrt 230	417 kg

3. Druckumformen - Stauchen

Unter Stauchung versteht man eine relative Längenänderung eines durch Druckkräfte beanspruchten Körpers. Zwischen Stauchung und Dehnung gelten auf Grund der Gegensätze entsprechende Beziehungen. Stauchen ist Metallbearbeitungsverfahren, bei dem der Werkstoff kalt oder warm verarbeitet wird. Durch Stauchen lassen sich Materialien in ihrer Form, ihrer Länge oder Dicke verändern. Hierbei behalten sie ihr ursprüngliches Volumen, vorausgesetzt das Material ist nicht porös.

Stauchen wird beim Schmieden zum vergrößern des Querschnitts benutzt. Dadurch wird aber die Länge des Werkstückes verringert. Es ist die Gegenbewegung vom Absetzen. Der Vorgang: Für das Stauchen muss das Werkstück stark erwärmt werden. Es sollte nur die zu stauchende Stelle erwärmt werden, denn bei zu stark erwärmten Stücken besteht die Gefahr, dass das Werkstück einknickt. Beim eigentlichen Stauchen wird das Werkstück nun auf den Amboss geschlagen, sodass Material aus der Längsrichtung den Querschnitt verstärkt.

Beim Stauchen muss die Schlagkraft des Hammers in den Kern hinein wirken, sonst wird das Werkstück nicht gleichmäßig gestaucht.

Von Anstauchen spricht man, wenn das Werkstück durch örtliches Stauchen oder Gesenkschmieden nur an den Enden verformt wird, z.B. beim Nieten. Das Werkstück erhält dadurch einen Kopf, der beim Gesenkschmieden durch seine Form gekennzeichnet ist.

Elemente eines Stauchwerkzeuges

Bild 1

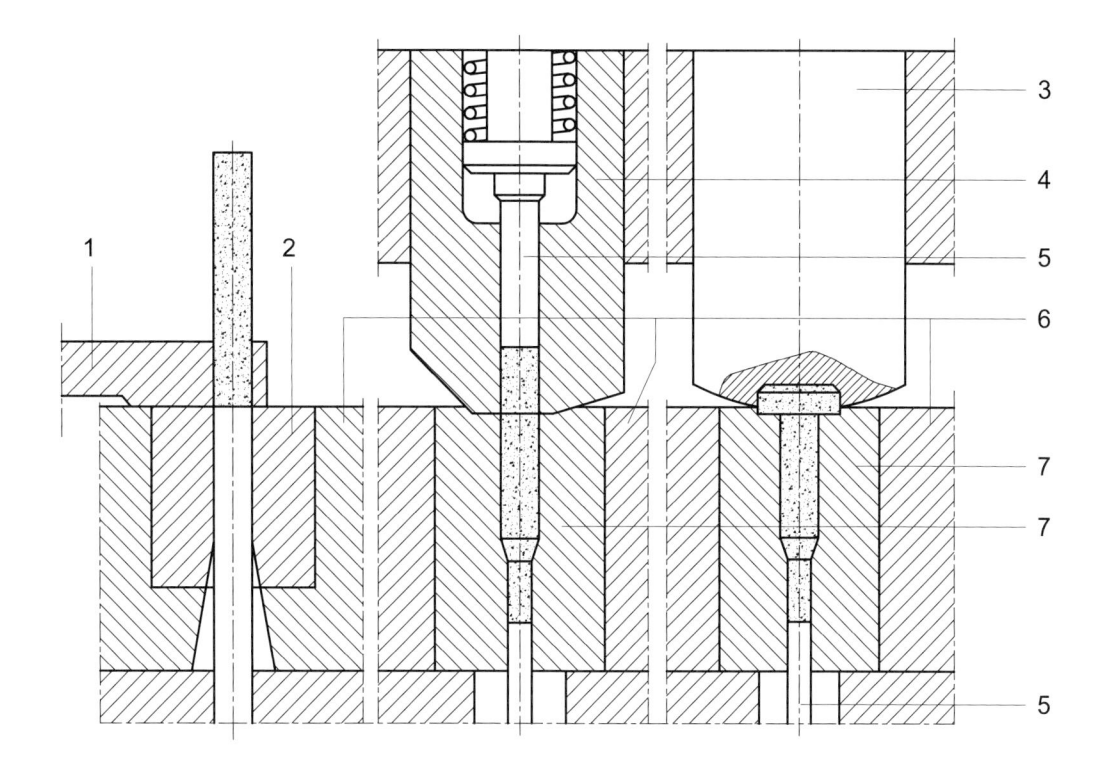

1 Schermesser, 2 Schermatrize, 3 Kopfstempel, 4 Vorstaucher, 5 Auswerfer, 6 Armierung, 7 Matrize, Reduziermatrize

Abscherwerkzeug zum Ausstanzen des Sechskantes

Bild 2

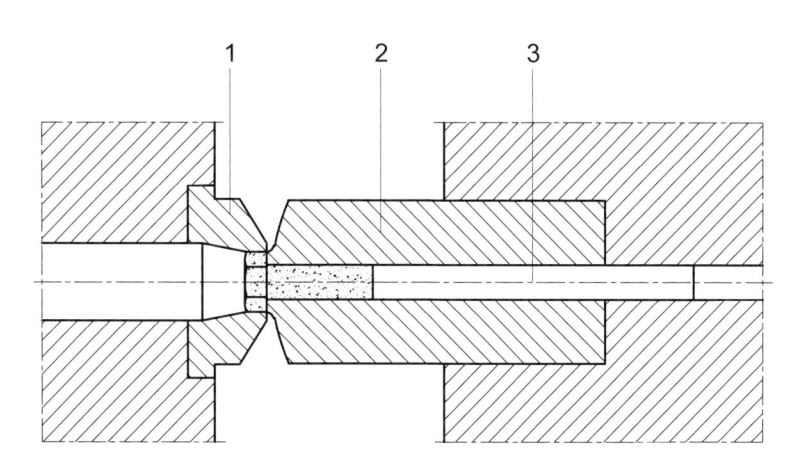

1 Matrize, 2 Stempel, 3 Auswerfer

Stauchwerkzeug

Bild 3

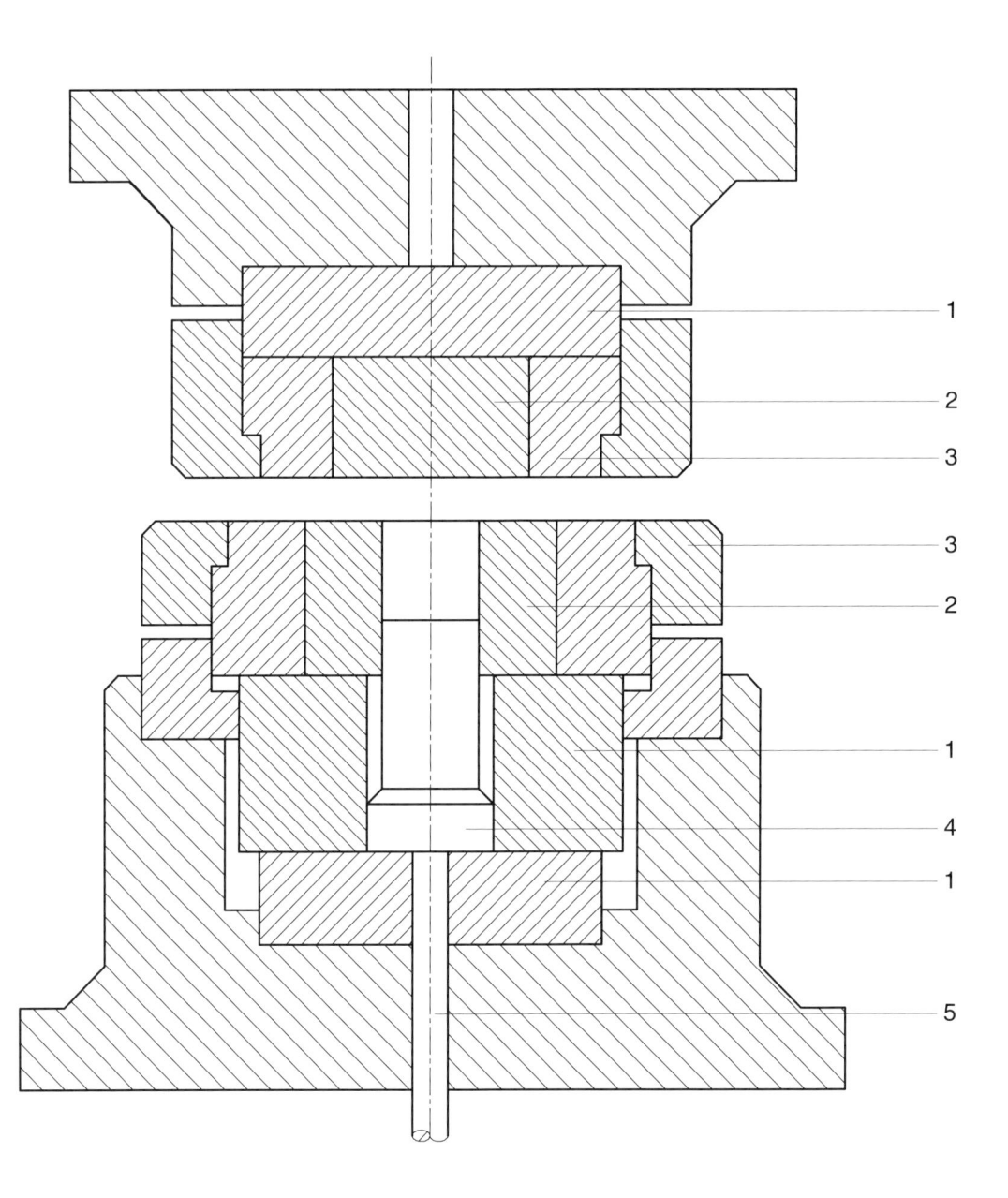

Stauchwerkzeuge werden überwiegend auf Druck und Reibung beansprucht. Sie müssen deshalb gegen Bruch und Verschleiss ausgelegt werden.

1 Druckplatte, 2 Döpper, 3 Schrumpfring, 4 Gegenstempel, 5 Auswerfer

Typische Stauchteile

Bild 4

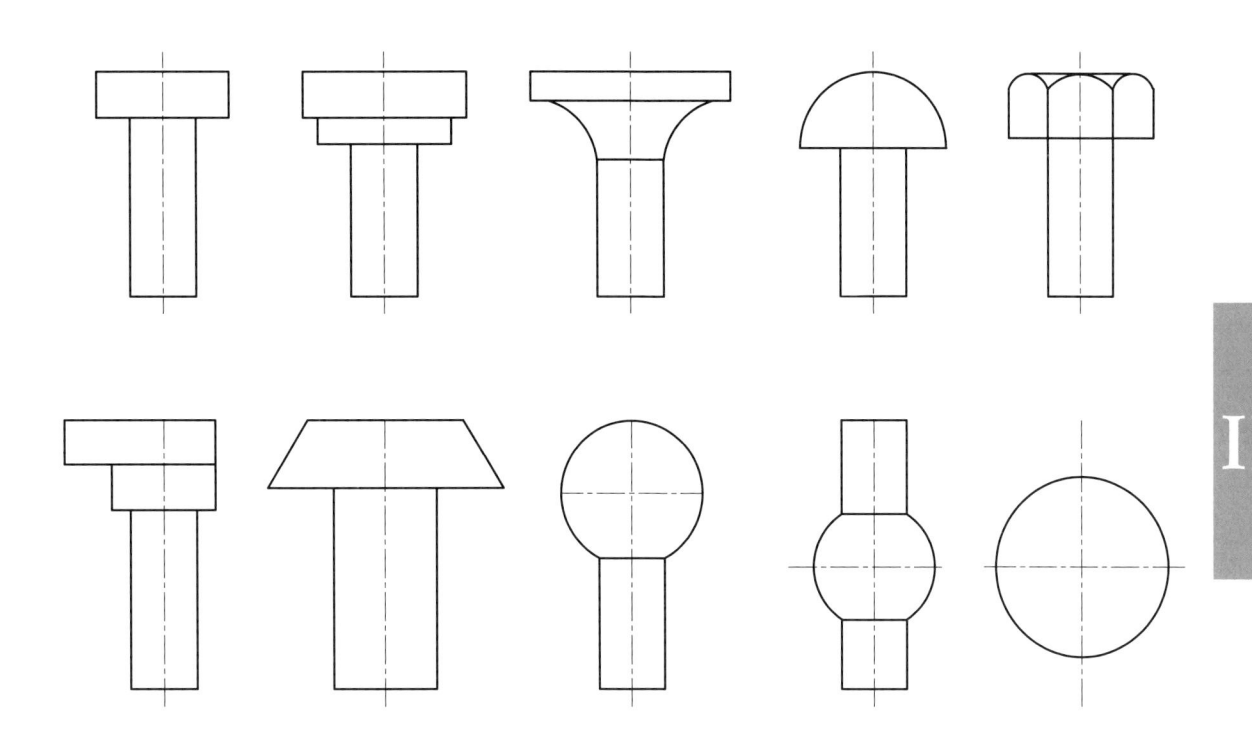

Ausgangsrohling ist ein Stangenabschnitt aus Rund- oder Profilmaterial.
In vielen Fällen, vor allem in der Schraubenfertigung, wird vom Drahtbund gearbeitet.
Da Walzmaterial billiger ist als gezogenes Material, wird es bevorzugt eingesetzt.

Dazu können zum Beispiel Schrägwalzwerke und Längswalzwerke verwendet werden. Das Reduzieren auf den gewünschten Außendurchmesser ist der letzte Umformschritt.

Sonderverfahren

- Das Gießwalzen fasst das Urformen und die erste Stufe des Umformens in einem Prozessschritt zusammen. Dabei wird die Metallschmelze z.B. zwischen zwei Innengekühlten Walzen erstarrt und zusammengedrückt, was Seigerungen verhindert.
- Das Gewindewalzen dient der Herstellung von Gewinden in größerer Stückzahl beispielsweise für Schrauben.
- Das Walzprofilieren ist ein kontinuierliches Biegeverfahren, bei dem Blech schrittweise zum gewünschten Endquerschnitt umgeformt wird.
- Das Spaltprofilieren ist ein Verfahren zur Massivumformung von Blechen, mit dem Verzweigungen in Blechprofile eingebracht werden können.
- Durch Walzplattieren können Verbundwerkstoffe aus Metallen hergestellt werden, um etwa Aluminium mit einer niedriger schmelzenden Lotlegierung zu überziehen.

4. Druckumformen - Walzen

Hohlkörperfeinwalzen

Bild 1

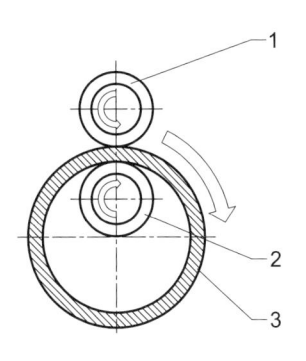

Glattwalzen

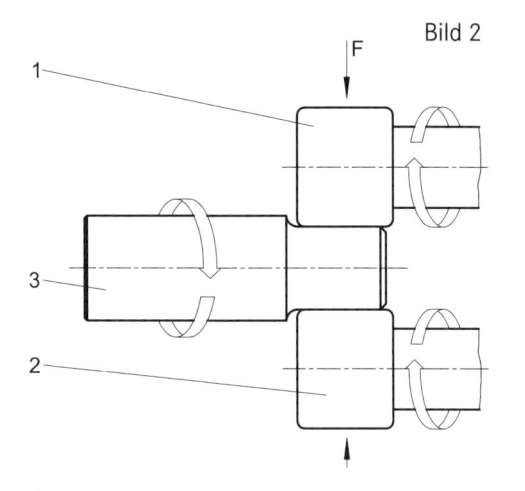

Bild 2

1 Oberwalze
2 Unterwalze
3 rotierendes Werkstück (Ring)

1 Oberwalze
2 Unterwalze
3 Werkstück

Gewindewalzen

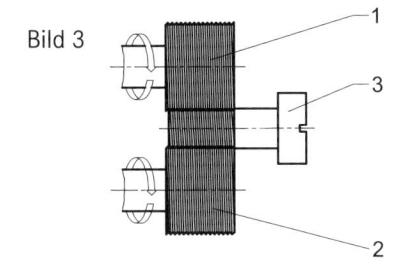

Bild 3

Scheibenwalzen

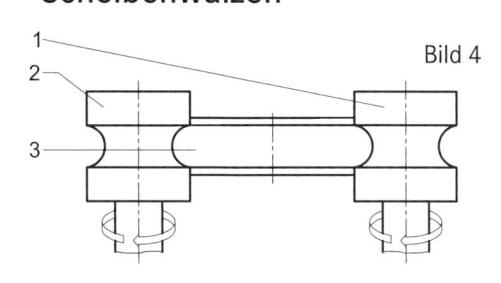

Bild 4

1 Oberwalze
2 Unterwalze
3 rotierendes Werkstück (Schraube)

1 Walze
2 Walze
3 rotierendes Werkstück

Profilglattwalzen

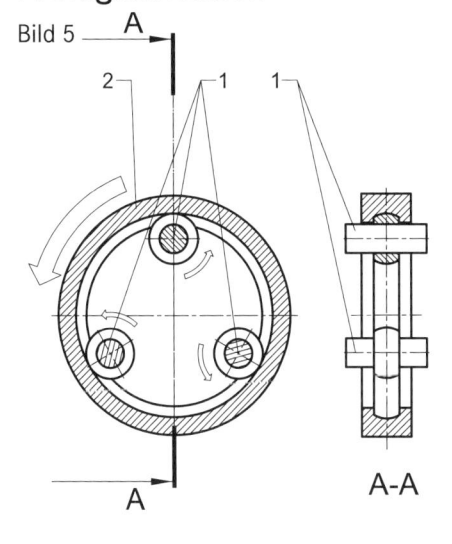

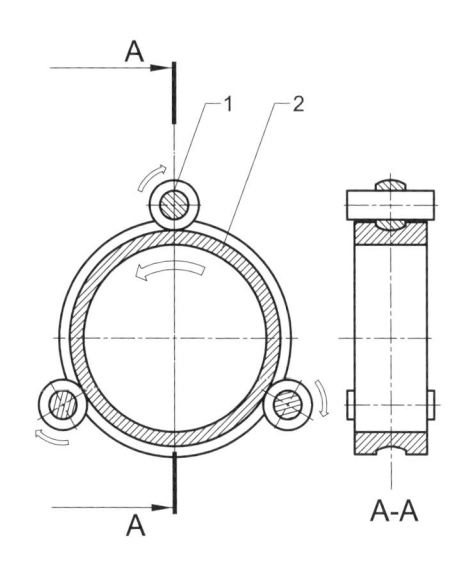

Bild 5

A-A

A-A

1 Walze
2 rotierendes Werkstück

Vielnutwalzen

Bild 6

Rohrwalzen ohne Innenwerkzeug

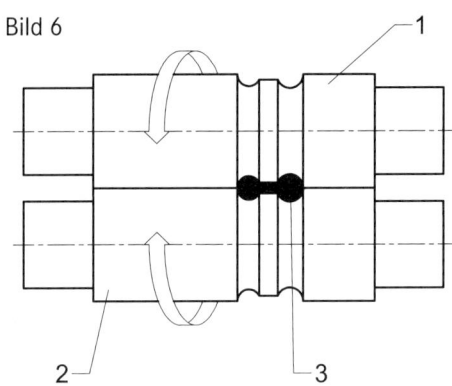

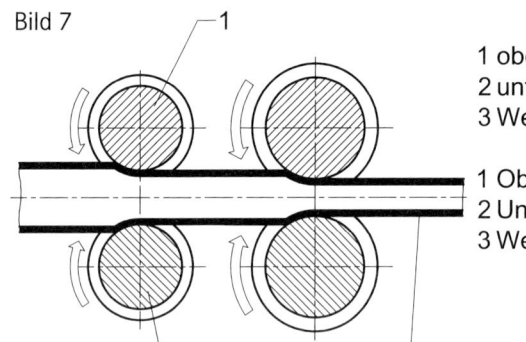

Bild 7

1 obere Profilwalze
2 untere Profilwalze
3 Werkstück (Profil)

1 Oberwalzen
2 Unterwalzen
3 Werkstück (Rohr)

Reckwalzen

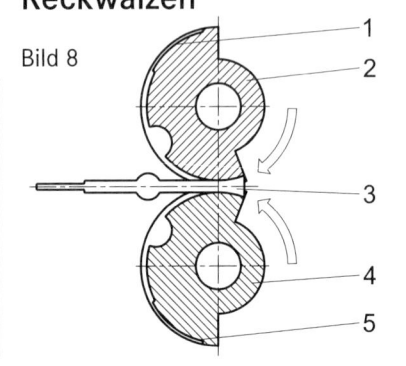

Bild 8

Pilgerschrittwalzen

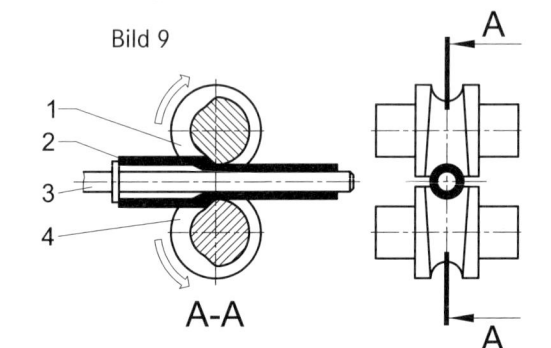

Bild 9

1 Walzsegment
2 Oberwalze
3 Werkstück (Profil)
4 Unterwalze
5 Walzsegment

1 Obere Pilgerwalze
2 Werkstück
3 Pilgerdorn
4 Untere Pilgerwalze

A-A

Stopfenwalzen

1 Oberwalze
2 Werkstück (Rohr)
3 Stopfenstange
4 Unterwalze

Bild 10

Rohrwalzen mittels Stange

1 Oberwalze
2 Werkstück (Rohr)
3 Stange (mitgeführt)
4 Unterwalze

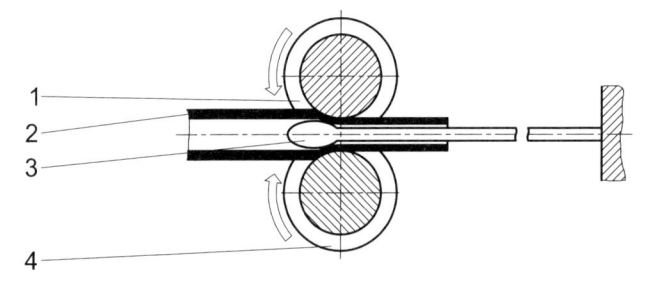

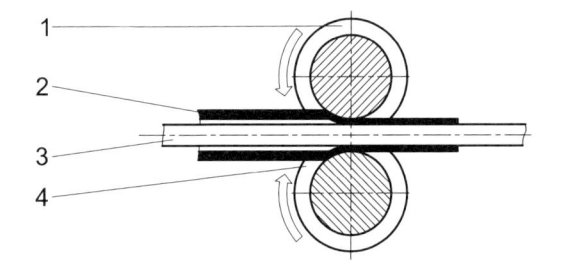

Bild 11

4. Druckumformen - Walzen

Stabwalzen

Bild 12

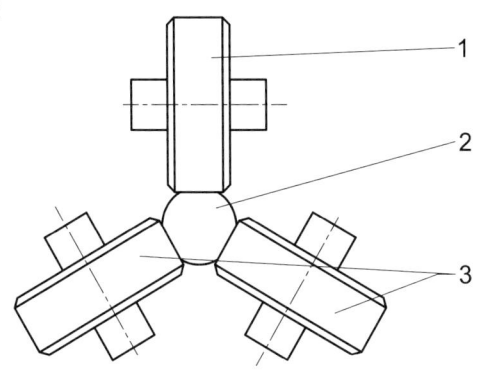

1 Walze
2 Werkstück
3 Walzen

Walzen von Vierkantrohr

Bild 13

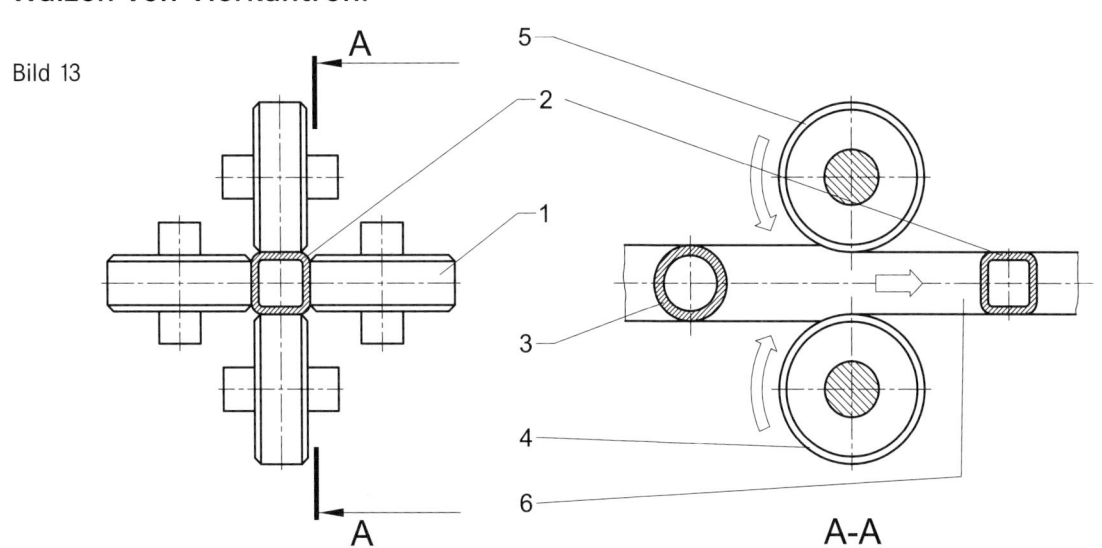

A-A

1 Walze
2 Werkstück
 (Vierkantquerschnitt als
 Profil
3 Ausgangsform
4 Unterwalze
5 Oberwalze
6 Endform

Profilstabwalzen

Bild 14

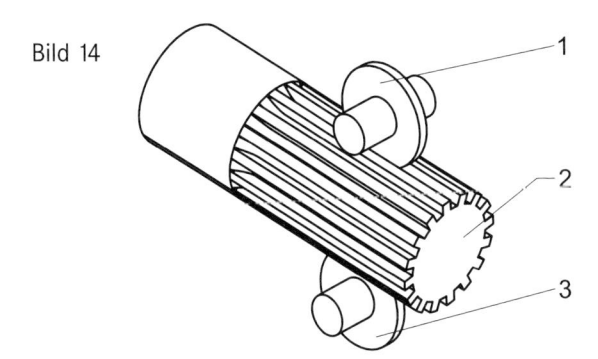

1 Oberwalze
2 Werkstück (Nutwelle)
3 Unterwalze

III

Formstanzwerkzeug Gesenk

Bild 15

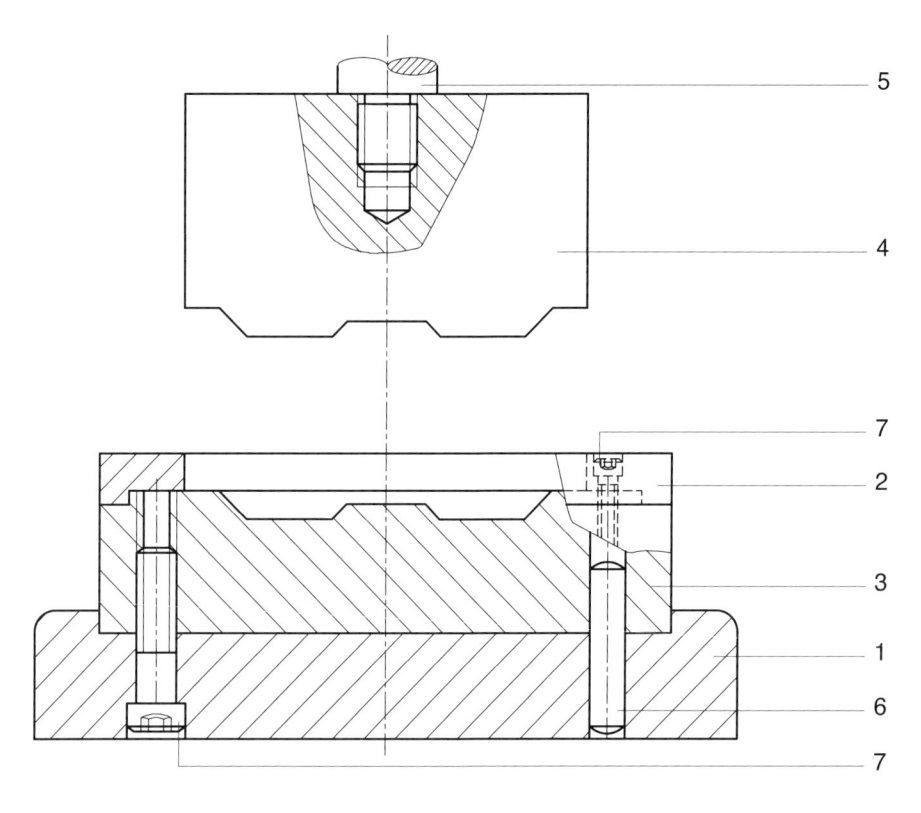

1 Grundplatte, 2 Einlage, 3 Prägeunterteil, 4 Prägeoberteil, 5 Einspannzapfen, 6 Zylinderstift, 7 Innensechskantschraube

Planierwerkzeug Prägegesenk

Bild 16

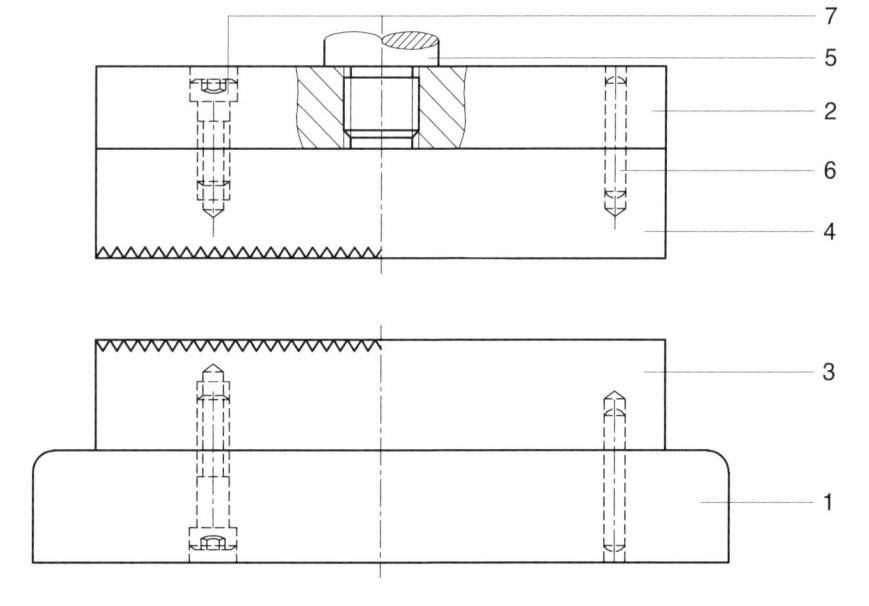

1 Grundplatte, 2 Kopfplatte, 3 Prägeunterteil, 4 Prägeoberteil, 5 Einspannzapfen, 6 Zylinderstift, 7 Innensechskantschraube

Formpressen ohne Grat

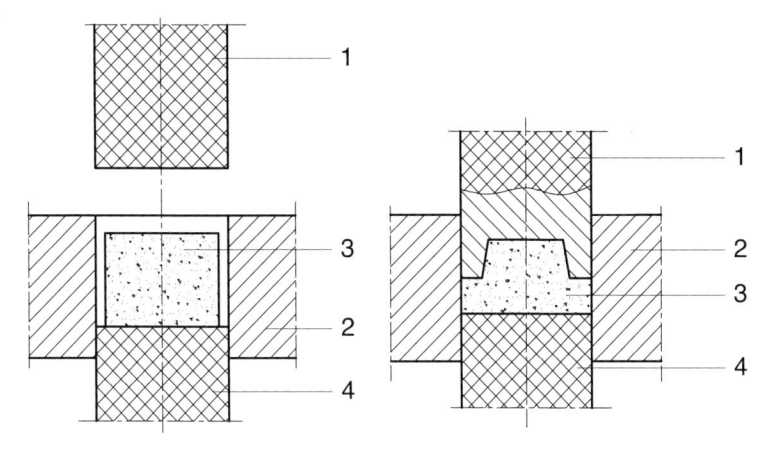

Bild 17

1 Stempel
2 Werkstückaufnahr
3 Werkstück
4 Auswerfer

Gesenkteilung

Bild 18

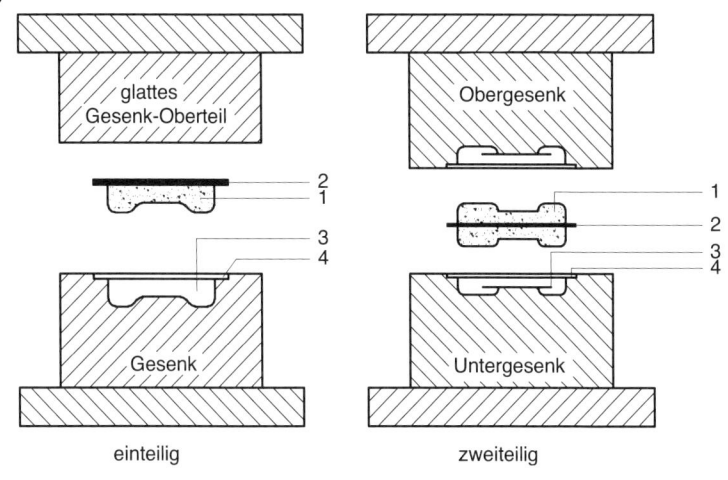

1 Werkstück
2 Grat
3 Gravur
4 Gratspalt

einteilig   zweiteilig

Gesenkteilung beim Backengesenk

Bild 19

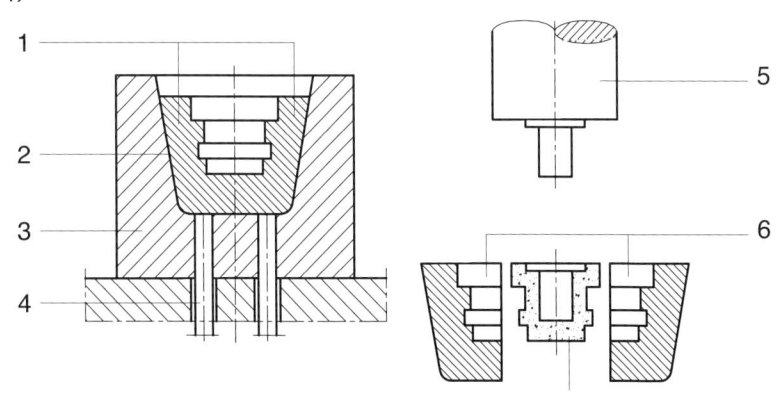

1 Gesenkbacken
2 Passkegel
3 Gesenk-Unterteil
4 Auswerfer
5 Gesenk-Oberteil
6 Backen geöffnet
7 Werkstück

5. Zugdruckumformen – Ziehwerkzeuge

Das Ziehen ist ein Verfahren der Kaltumformung metallischer Werkstoffe, bei dem die Kraft durch das Ziehgut selbst übertragen wird. Ziehen dient bei Blech zur Umformung von Ronden, Platinen oder Zuschnitten zu Hohlkörpern durch Tiefziehen; zu flachen, großflächigen Karosserieteilen durch Streckziehen. Bei massivem Halbzeug (Draht, Stabstahl, Profil) dient Ziehen unter Verringerung des Querschnitts zur Verbesserung von Maßhaltigkeit und Oberflächengüte. Beim Durchziehen wird das Ziehgut wird durch einen Ziehstein oder Ziehring hindurchgezogen.

Tiefziehen ist nach DIN 8584 das Zugdruckumformen eines Blechzuschnitts (auch Folie, Platte Tafel oder Platine genannt) in einen einseitig offenen Hohlkörper oder eines verzogenen Hohlkörpers in einen solchen mit geringerem Querschnitt ohne gewollte Veränderung der Blechdicke. Ein runder Zuschnitt wird auch Ronde genannt.

Das Tiefziehen zählt zu den bedeutendsten Blechformverfahren und wird sowohl in der Massenfertigung als auch in Kleinserien eingesetzt, wie z. B. in der Verpackungs- und Automobilindustrie sowie im Flugzeugbau. Man unterscheidet folgende Verfahren:

- Tiefziehen mit Formwerkzeugen (Ziehring, Stempel u. Blechhalter)
- Tiefziehen mit Wirkmedien (Gase, Flüssigkeiten)
- Tiefziehen mit Wirkenergie (z. B. Hochgeschwindigkeitsumformen)

Tiefziehen mit Werkzeugen

Das klassische und bevorzugte Verfahren ist Tiefziehen mit starren Werkzeugen aus dem Werkzeugbau. Zum Tiefziehen werden hier Pressen verwendet. Die zur Umformung notwendige Presskraft wird mit Hilfe eines Stempels eingebracht. Die Umformung erfolgt durch radiale Zugspannung und dadurch bewirkte tangentiale Druckspannungen. Durch die Druckspannungen erfolgt eine Durchmesserreduzierung z.B. bei einer Ronde. Durch die radialen Zugspannungen im Umformbereich wird eine Blechverdickung vermieden. Der Blechhalter (Niederhalter) soll dabei eine Faltenbildung durch das Aufstauchen vermeiden. Mit dem Stempel wird der Blechzuschnitt durch den Ziehring (auch Matrize genannt) gedrückt. Der Blechhalter verhindert die Bildung von Falten am Ziehteil. Es werden auch Ziehleisten und Ziehwülste/Ziehsicken verwendet, um die Wirkung der Niederhalter zu verbessern. Die Kanten von Stempel und Ziehring müssen abgerundet sein, da sonst das Blech reißen würde. Wenn die Rundungen zu groß sind, kann das Blech am Ende des Zugs nicht mehr durch den Niederhalter festgehalten werden. Die Folge ist Faltenbildung. Der Positivradius des Stempels muss kleiner als der Negativradius der Matrize sein, da sonst der Stempel einschneidet.

Wenn die endgültige Ziehtiefe durch einen einzigen Zug nicht erreicht werden kann, so wird in mehreren Stufen gezogen.

Tiefziehen mit Wirkmedien

Eine Abwandlung des klassischen Ziehverfahrens ist das hydromechanische Tiefziehen. Ein druckreguliertes Wasserkissen ersetzt dabei die Matrize. Der absinkende Stempel des Werkzeugoberteils presst die Blechplatine an ein Wasserkissen, zieht sie beim Eintauchen mit sich und bringt so exakt die gewünschte Geometrie auf das Ziehteil auf.

Aufgrund der verteilten Pressung des Blechs an den Stempel durch das Wirkmedium verschiebt sich die Lage des kritischen Ziehbereiches vom Werkstückboden hin zum Ziehradius. Daher lassen sich höhere Ziehverhältnisse als beim klassischen Ziehverfahren realisieren, und das bei geringeren Herstellkosten aufgrund des relativ kleinen Bauraums. Die erreichbaren Presskräfte sind jedoch geringer als bei herkömmlichen Anlagen, weshalb sich nur eine beschränkte Auswahl an Blechteilen mit dieser Technologie fertigen lässt.

5. Zugdruckumformen – Ziehwerkzeuge

K Gummikissen – S

Bild 4

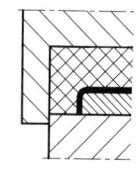

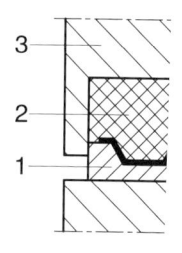

Mit Gummikissen ist d
1 Matritze, 2 Gummiki

Folgezug – Gum

Bild 5

1 Gummikoffer, 2 Gu

Effekte beim Tiefziehen

Beim Tiefziehen zeigt das Werkstück verschiedene Effekte. Im Wesentlichen werden die Molekühle gegeneinander verschoben, was zu Festigkeitsänderungen führt. Anisotrope (richtungsabhängige) Werkstoffeigenschaften beeinflussen das Bauteilverhalten. Dies lässt sich nachweisen, indem man die verschiedenen Kräfte misst, die nötig sind, ein Werkstück aus einem Tiefziehteil (z.B. Joghurtbecher) zu zerreißen: Kunststoffe werden in Richtung der Dehnung gestreckt, deren Makromolekühle richten sich teilweise parallel zueinander in Richtung der Kraft aus. Bei Kunststoffen wird dadurch auch der Grad der Kristallinität erhöht.

Ein teilweise gewünschter Effekt ist der Aufbau von latenten Spannungen im Werkstück (Kaltverfestigung bei Metallen).

An warm tiefgezogenen Joghurtbechern lässt sich gut die Wanddickenänderung beobachten, die auch bei Metallteilen in Bereichen starker Dehnung zu sehr dünnen Wänden führen kann.

Beispiele für klassische Tiefziehteile sind Kfz-Karosserieteile, wobei beim Karosserieteil fast immer eine Kombination aus dem klassischen Tiefziehen und dem Streckziehen zur Anwendung kommt. Man nennt diese Kombination deshalb auch Karosserieziehen.

Gleitziehen von Vollkörpern

Gleitziehen von Vollkörpern wird als Drahtziehen bzw. Stangenziehen in der Halbzeugfertigung in großen Umfang vorzugsweise als Kaltumformverfahren zur Herstellungen von eng toleriertem Draht und Stangenmaterial angewendet. Eine zunehmende Bedeutung gewinnen hierbei Profildrähte und Stangen mit unsymmetrischen und komplizierten Querschnittformen.

Gleitziehen von Hohlkörpern:

Gleitziehen von Hohlkörpern findet in der Halbzeugfertigung breite Anwendung zur Herstellung eng tolerierter, dünnwandiger Rohre und Hohlprofile der verschiedenartigsten Querschnittsformen. Je nach den Toleranzanforderungen, welche an die Genauigkeit der Innenform gestellt werden, kann hierbei mit oder ohne Innenwerkzeug (Dorn, Stopfen oder Stange) gearbeitet werden.

III

Prinzip des Tiefziehens

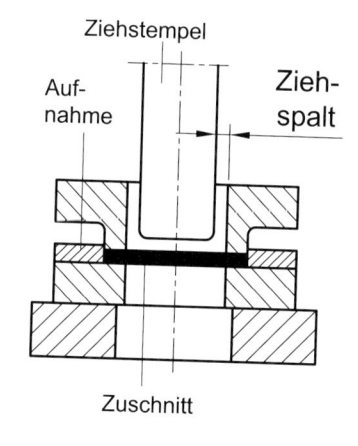

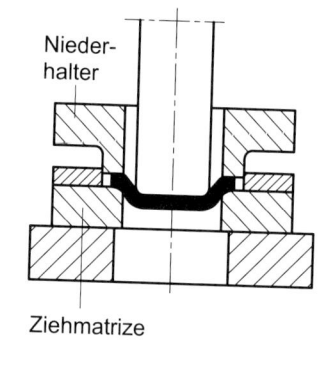

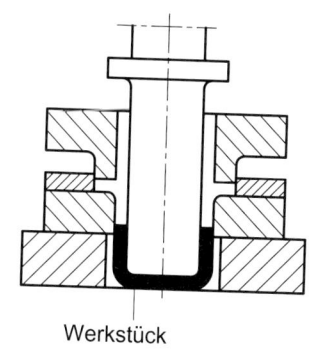

Ziehringteilung

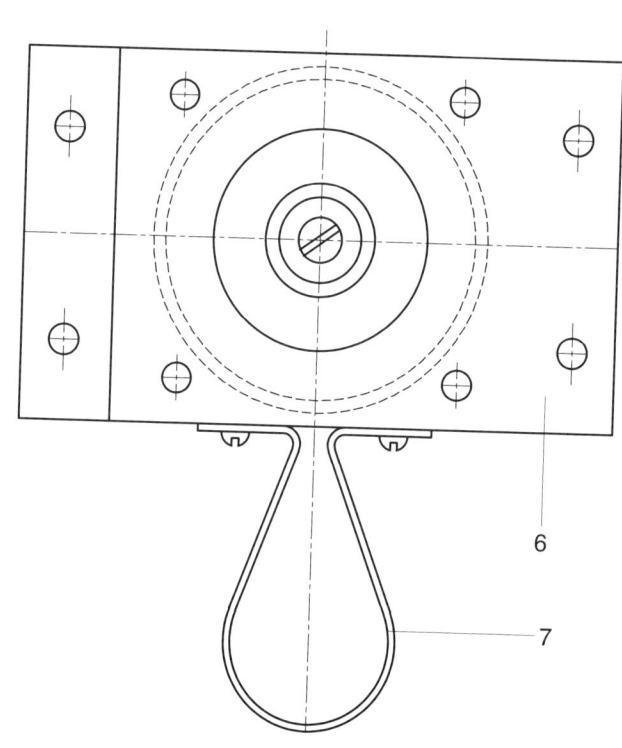

Bild 25

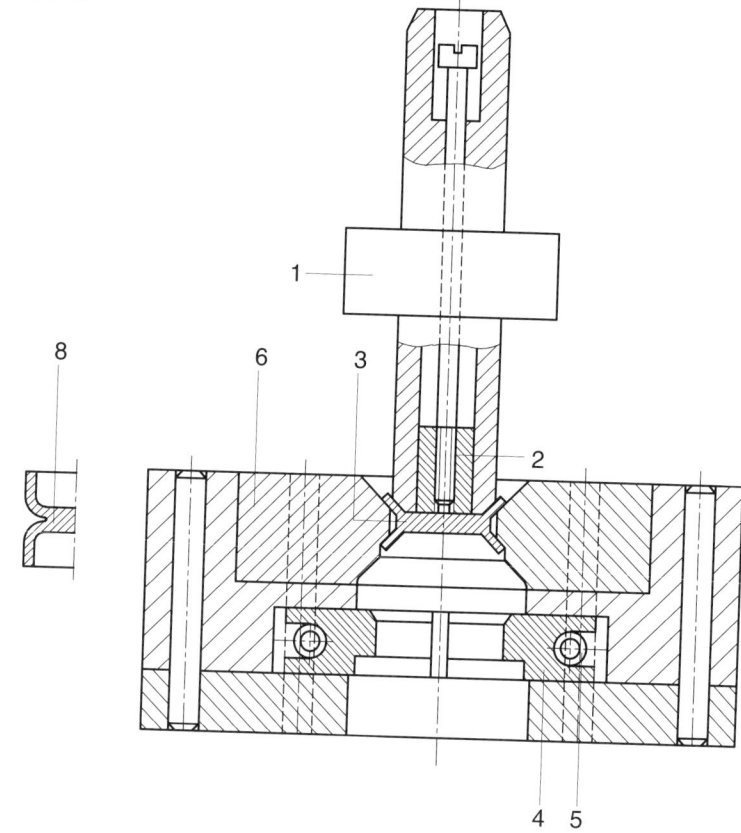

Abstreifer
Der Ziehring des Werkzeugs ist geteilt, die Hälften sind zur besseren Handhabung mit einer Blattfeder verbunden. Das Einlegen der Vorform erfordert die Teilung (7)
1 Ziehstempel
2 Auswerfer
3 Werkstück (Vorform)
4 dreiteiliger Abstreifer
5 Zugfeder, die Abstreifringsegmente umschliesst,
6 geteilter Ziehring
7 Blattfeder
8 Ziehstück nach dem Abstreckziehen

Niederhalter – Zentralfeder

Bild 26

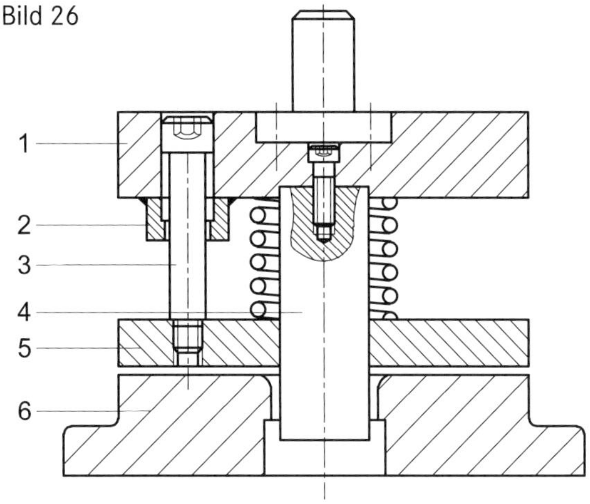

Zentralfeder

1 Kopfplatte, 2 angeschweißte Zwischenbuchse, 3 Hubbegrenzungsschraube am Umfang verteilt, 4 Ziehstempel, 5 Niederhalter, 6 Ziehring

Niederhalter – Federsatz

Bild 27

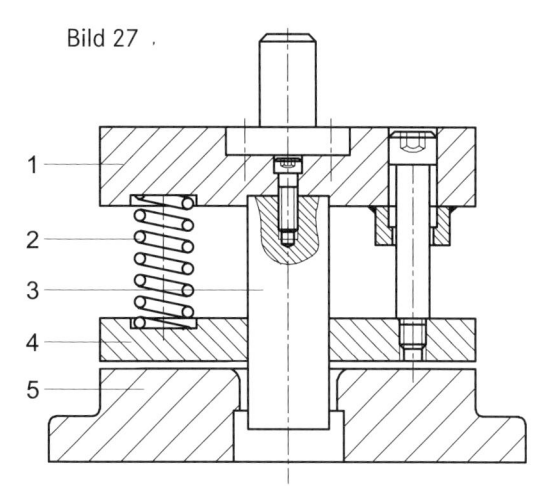

Federsatz

1 Kopfplatte, 2 Schraubenfeder (mehrere am Umfang verteilt), 3 Ziehstempel, 4 Niederhalter, 5 Unterteil und Ziehring

Ziehwerkzeug-Blechhalter – Großwerkzeug

Bild 28

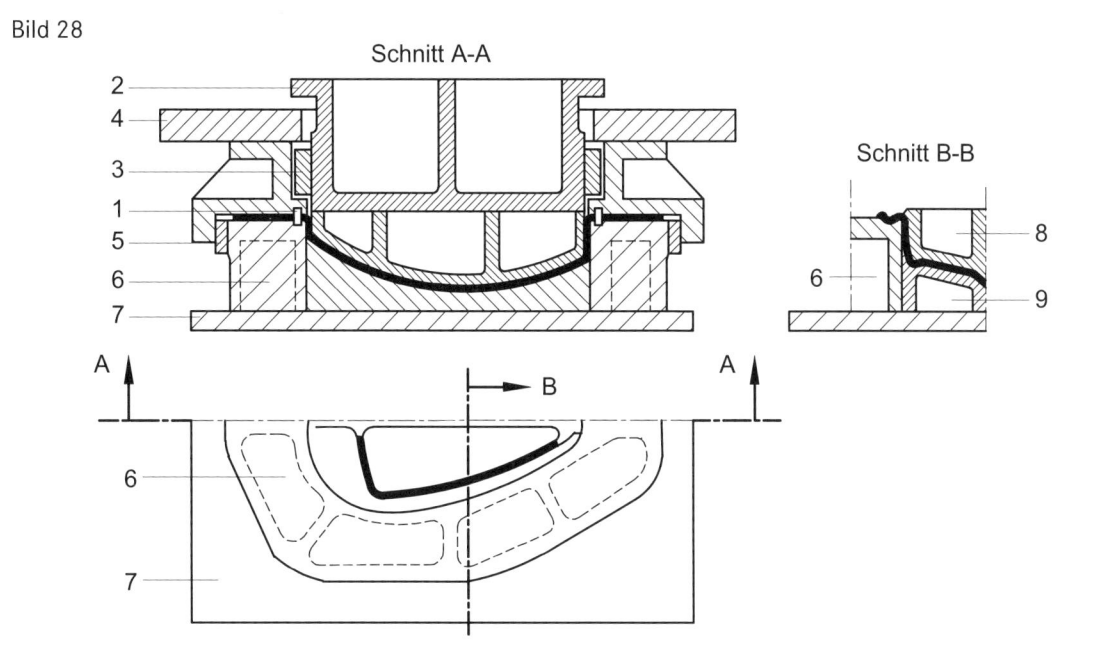

Schnitt A-A

Schnitt B-B

1 Ziehleiste, 2 Ziehstempelverlängerung aus Grauguss, 3 Führungsplatte für den Ziehstempel,
4 Zwischenplatte mit Blechhalter, 5 Führungsleiste für den Blechhalter, 6 Ziehring, 7 Grundplatte
8 Ziehstempel, 9 Matrizeneinsatz

Stülpziehwerkzeug – Blechhalter

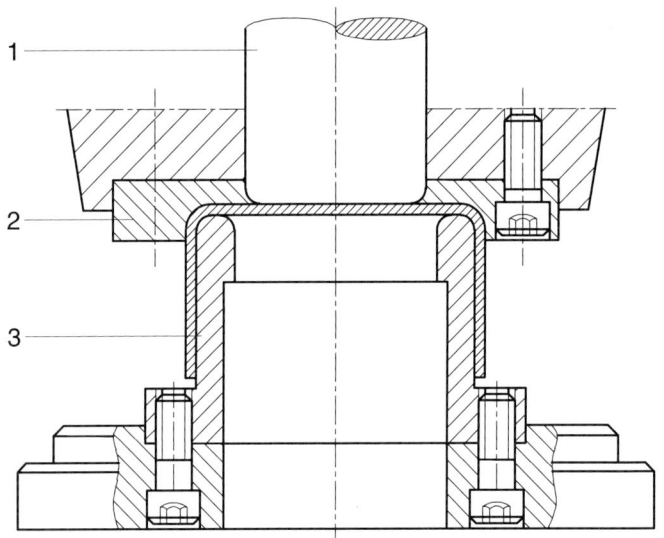

Bild 29

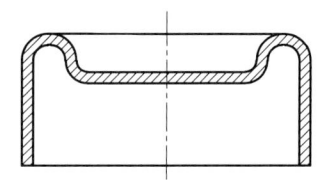

1 Ziehstempel, 2 Blechhalter, 3 Ziehring

Stülpziehwerkzeug – Ziehring

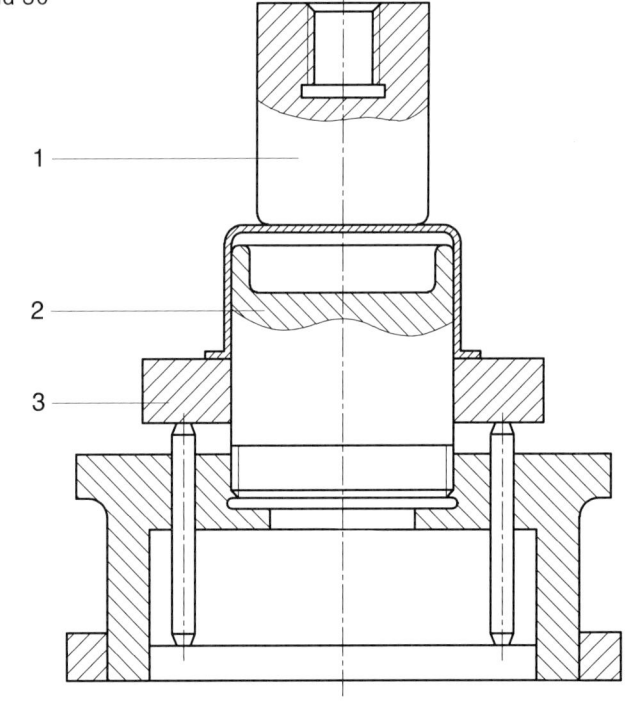

Bild 30

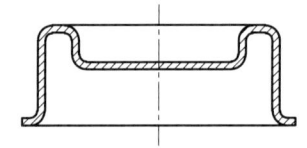

1 Ziehstempel, 2 Ziehring, 3 Auswerferplatte

Kegelform – Ringniederhalter

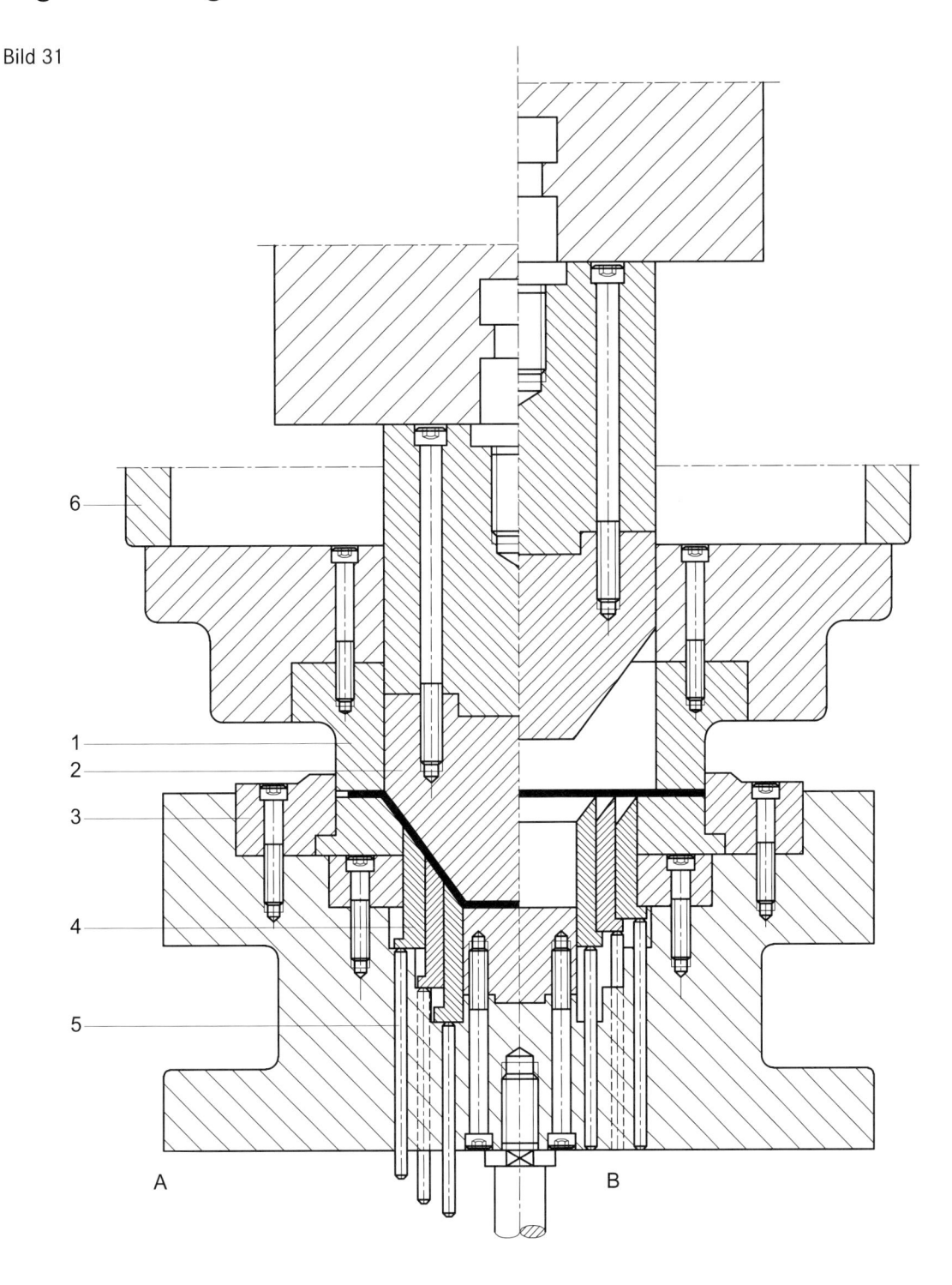

Bild 31

Das Ziehen konischer Teile erfolgt mit ringförmig angeordneten Niederhalter. Vorher wird die Ronde ausgeschnitten   A Ringe in Tiefstellung, B Ringe in Hochstellung.
1 Blechhalter mit Schneidstempel, 2 Ziehstempel, 3 Schneidring, 4 Ringniederhalter, 5 Druckstift zum Federapparat oder Druckkissen, 6 Blechhaltestößel

Blechhalter – Federsatz

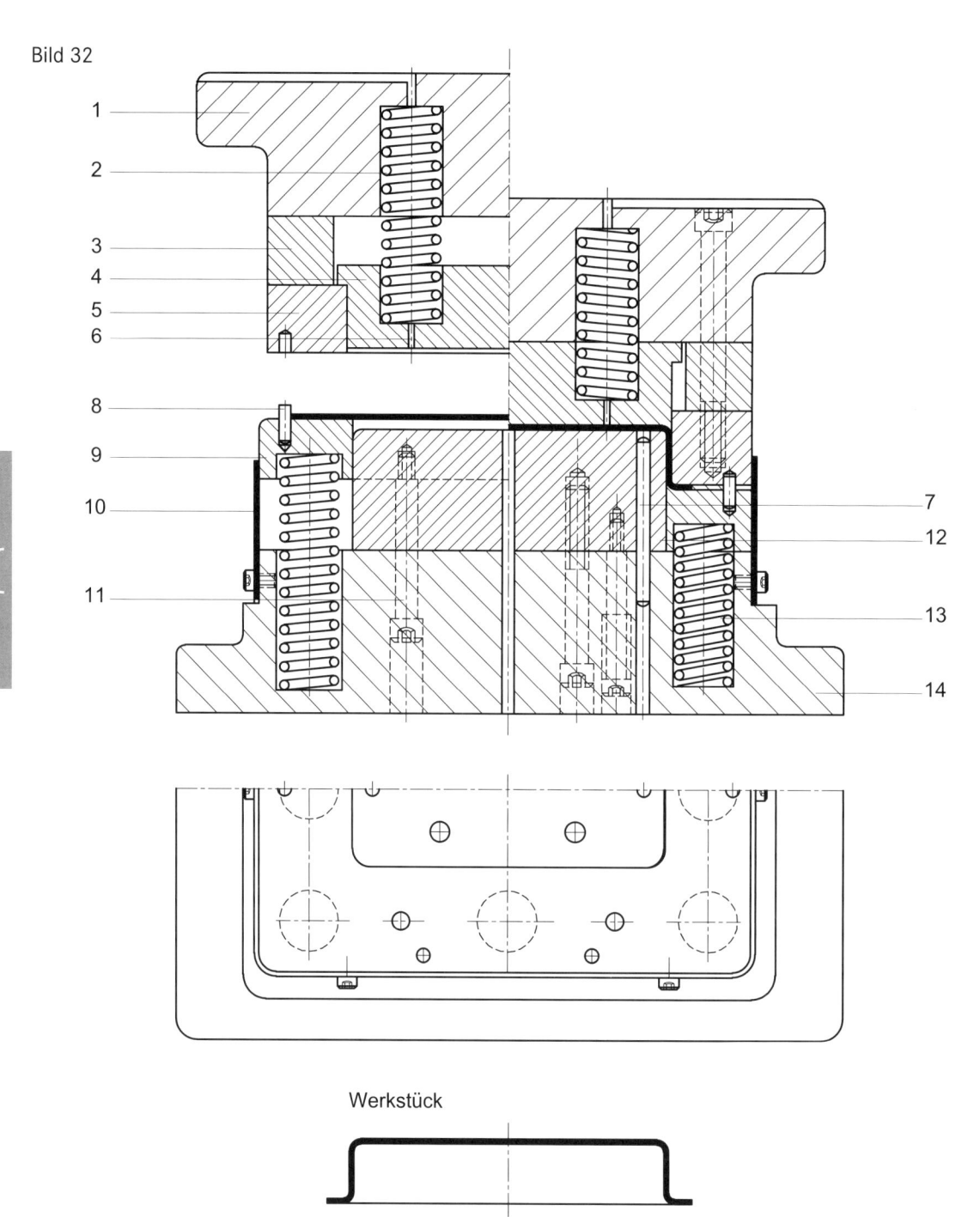

Bild 32

Der Federsatz für den Blechhalter ist in das Werkzeugunterteil eingebaut.
1 Werkzeugoberteil, 2 Auswerferfeder, 3 Zwischenstück, 4 Auswerfer, 5 Ziehkante, 6 Luftbohrung,
7 Zylinderstift, 8 Stift zur Einlegebegrenzung, 9 Blechhalter gefedert, 10 Schutzgitter, 11 Bundschraube,
12 Ziehstempel, 13 Schraubenfeder, 14 Werkzeugunterteil

Blechhalterring – Auflageschieber

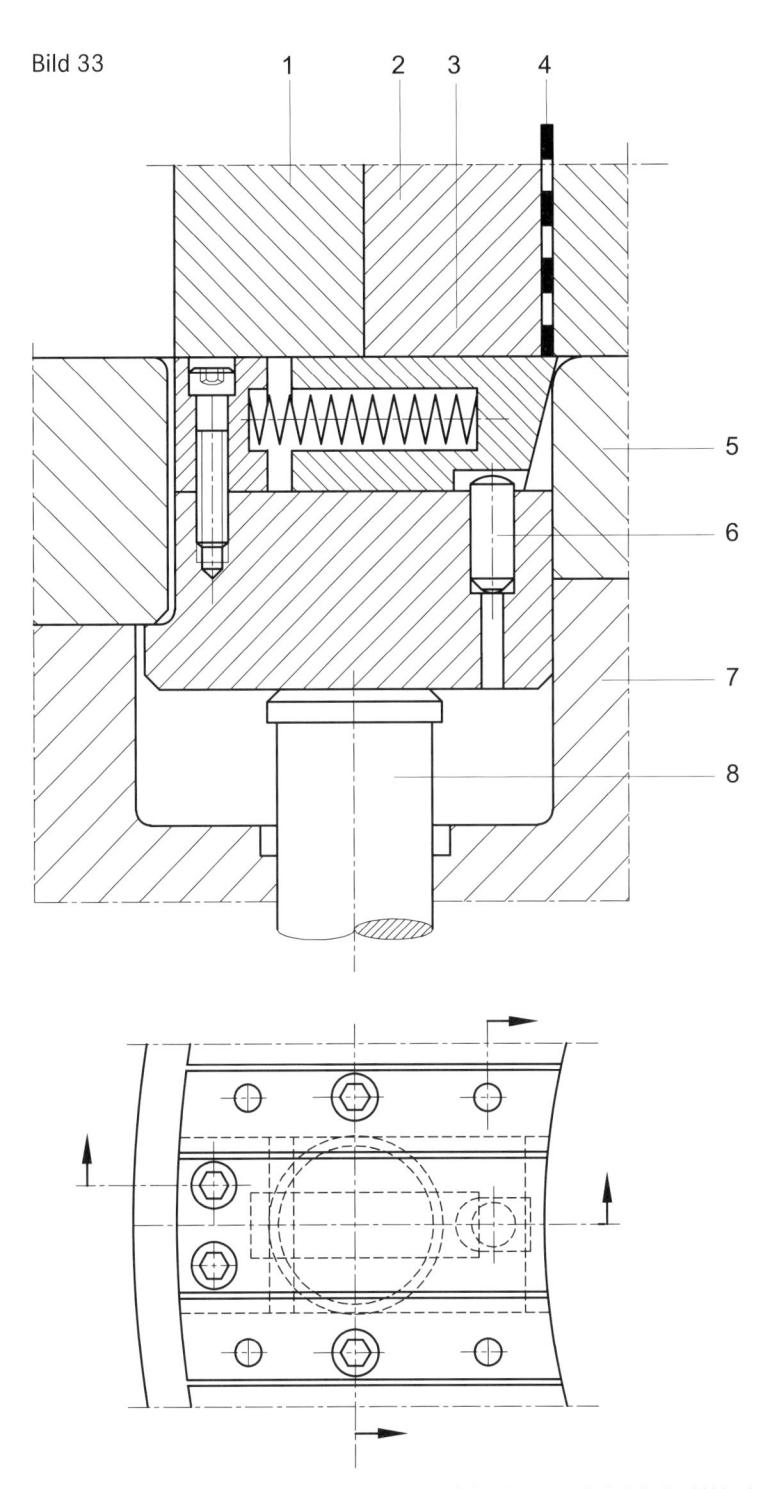

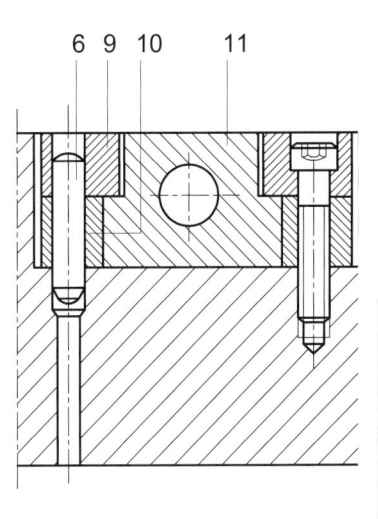

Bild 33

Der Einbau eines Auflageschiebers erfolgt hauptsächlich bei Werkzeugen für Stufenpressen (Zieh-Abkant- und Hochstellwerkzeuge), damit die Teile nicht in den Ziehspalt fallen können, Größe und Anzahl der Auflageschieber hängt vom Werkstückdurchmesser ab.
1 Halter, 2 Ziehring, 3 Druckfeder, 4 Werkstück, 5 Ziehstempel, 6 Zylinderstift, 7 Werkzeugunterteil, 8 Zwischenbolzen zum Federapparat, 9 Deckleiste, 10 Führungsleiste, 11 Schieber

Ziehring – Ziehringform

Bild 34

A

Bild 35

B

Bild 36

C

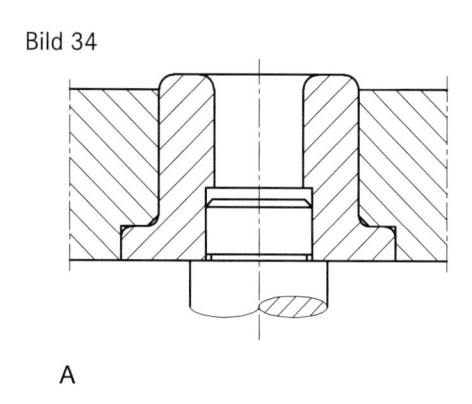

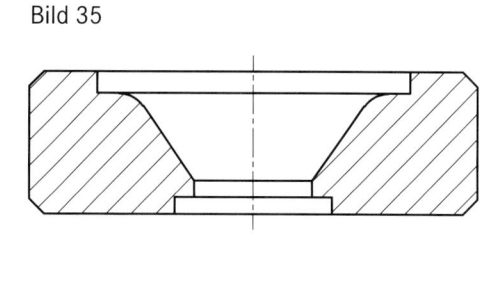

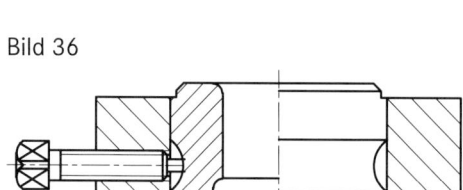

Bild 37

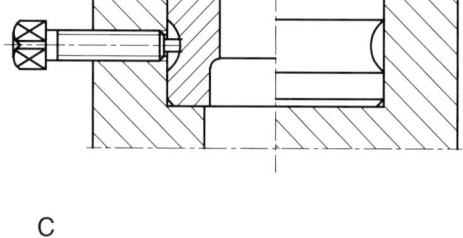

D

Bild 38

E

Bild 39

F

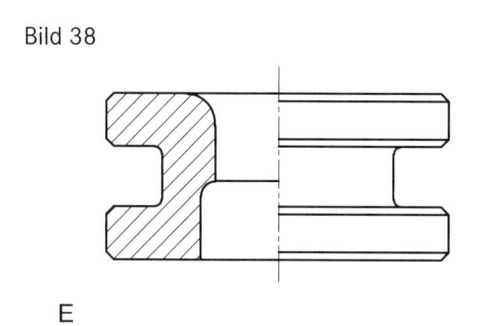

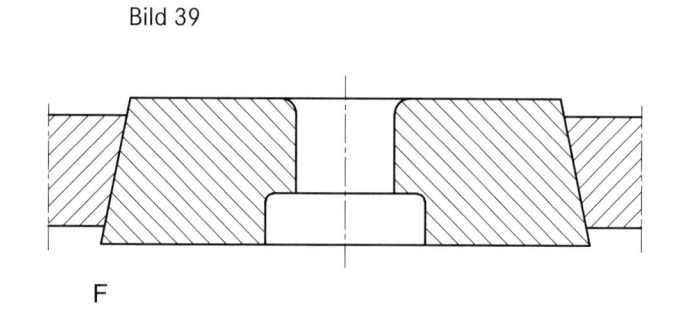

A Ziehring mit Bund für dünne Bleche, B Ziehring für Tiefziehen ohne Niederhalter (Anschlagzug), C Ziehring mit Befestigungsschraube bis Durchmesser 200 mm, D eingepresster Ziehring bis 30 mm Ziehteildurchmesser, E gegossener Ziehring mit Spannrand für Spanneisen (100...1000 mm) Ziehteildurchmesser), F Ziehring mit Kegelspannring.

Einlegehilfe – Rondenanschlag

Bild 40

Bild 41

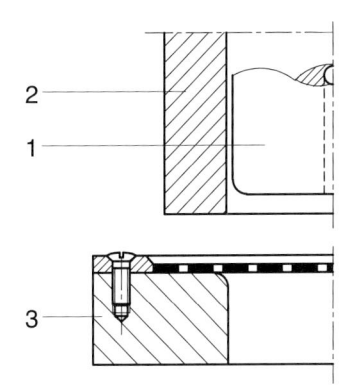

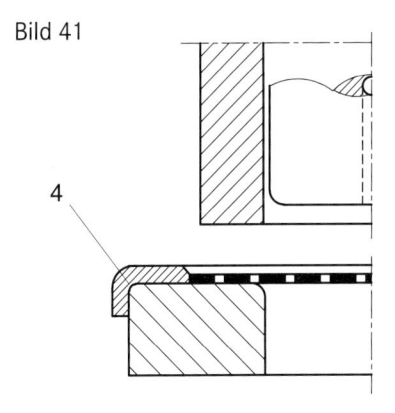

Bild 42

Bild 43

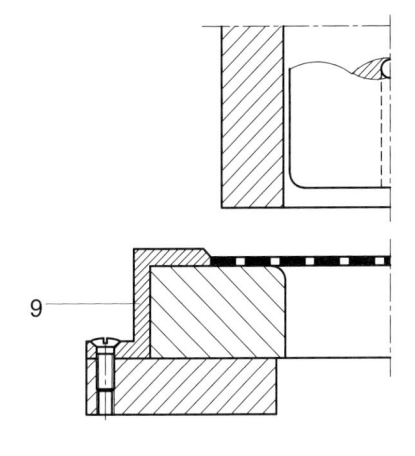

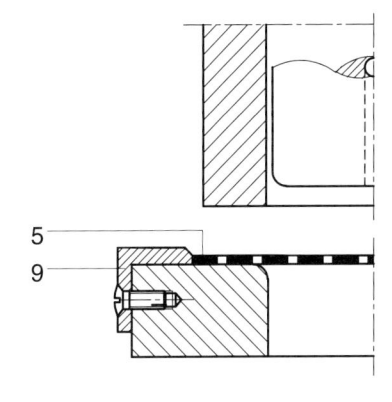

Bild 44

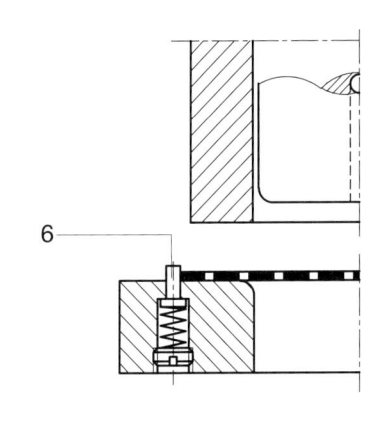

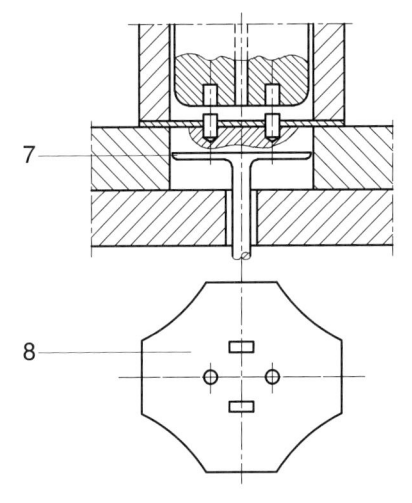

Bild 45

1 Ziehstempel, 2 Blechhalter, 3 Ziehring, 4 Anschlagring, 5 Ronde, 6 gefederter Stift, 7 Auswerfer,
8 Formzuschnitt, 9 Anschlagwinkel

Zieheinrichtung-Ziehkissen – Pneumatikzylinder

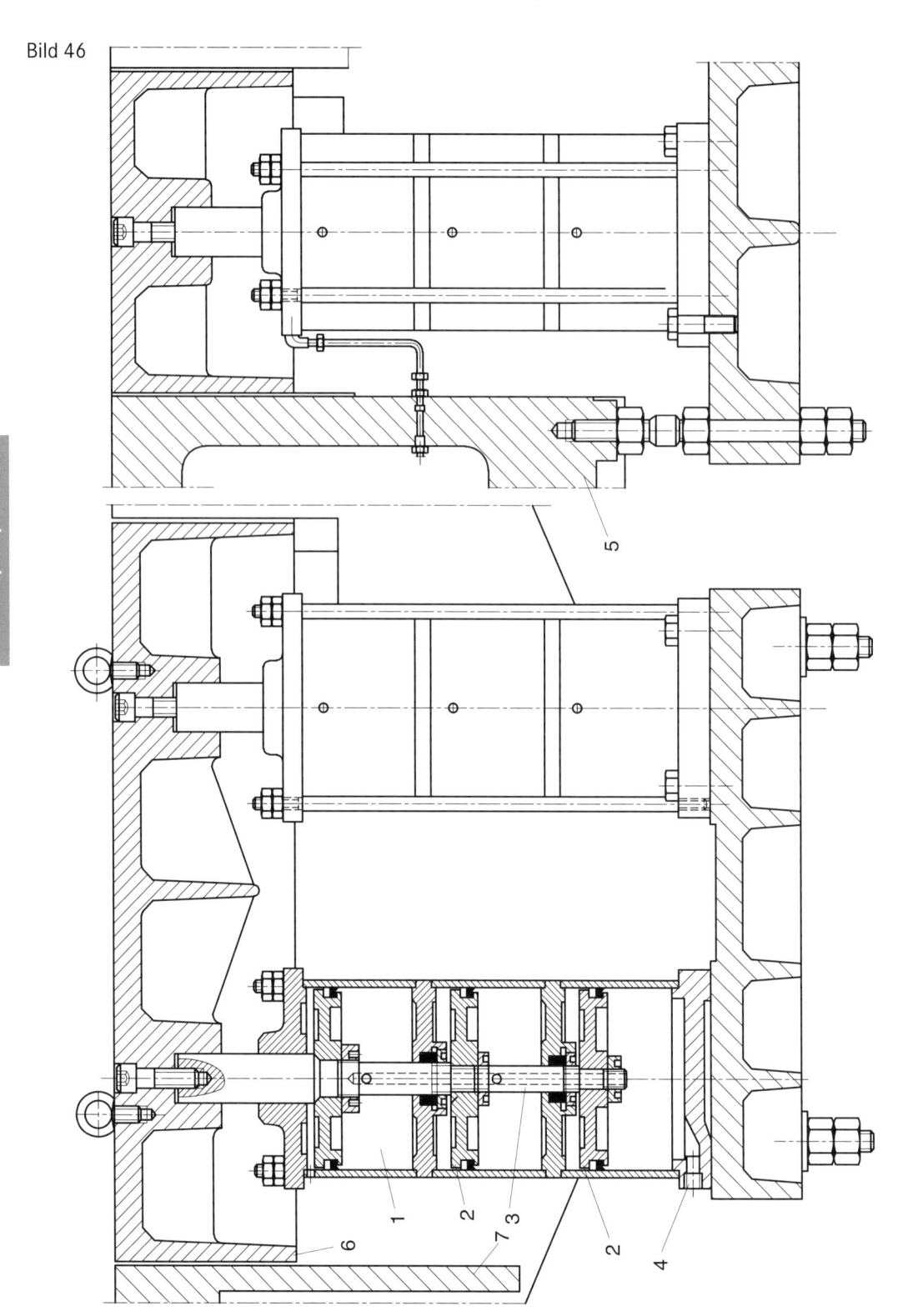

Bild 46

1 Pneumatikzylinder, 2 Kolben in Parallelschaltung, 3 durchbohrte Kolbenstange für die Luftführung, 4 Druckluftanschluss, 5 Pressenständer, 6 beweglicher Tisch, Druckplatte, 7 Pressentisch

Hydroformung – Niederhalter

Bild 47

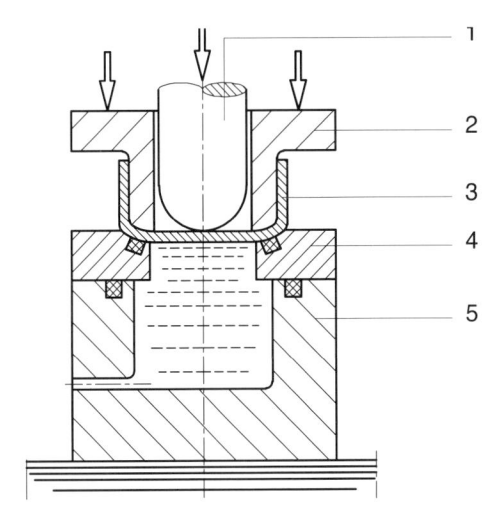

Ein Werkzeug für den zweiten Zug dargestellt. Zur Ziehstempelbewegung wird eine Niederhalterbewegung benötigt. 1 Ziehstempel, 2 Niederhalter, 3 Werkstück nach dem ersten Zug, 4 Ziehring mit Dichtkante, 5 Kasten für druckreguliertes Wasserkissen

Hydroformung – Werkzeugaufbau

Bild 48

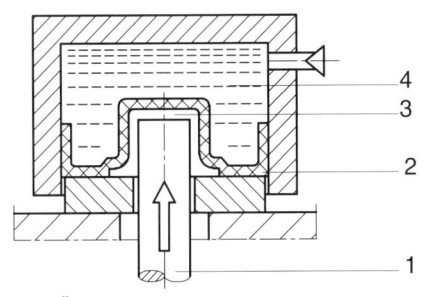

1 Ziehstempel, 2 Membrane, 3 Werkstück, 4 Ölkissen

Hydroformung – Hohlteilformung

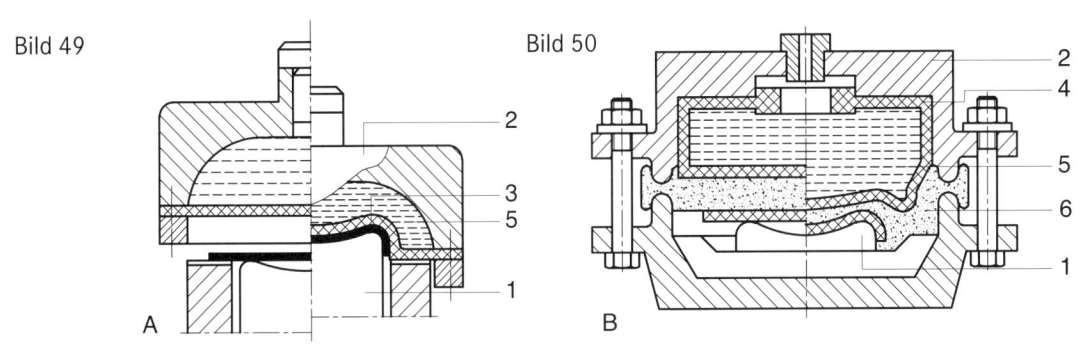

Bild 49   Bild 50

A Werkzeug für den Einsatz in einer Presse, B Werkzeug für eine Nutzung ohne Presse.
Für die Serien- und Kleinserienfertigung von Hohlteilen komplizierter Form aus dünnem Blech geeignet. Der Vorteil besteht in der Einsparung einer Ziehmatrize.
1 Stempel, 2 Oberwerkzeug, 3 Gummimembran, 4 Gummibeutel, 5 Druckflüssigkeit, 6 elastisches Druckkissen

Hydroformung – Werkzeugaufbau

Bild 51

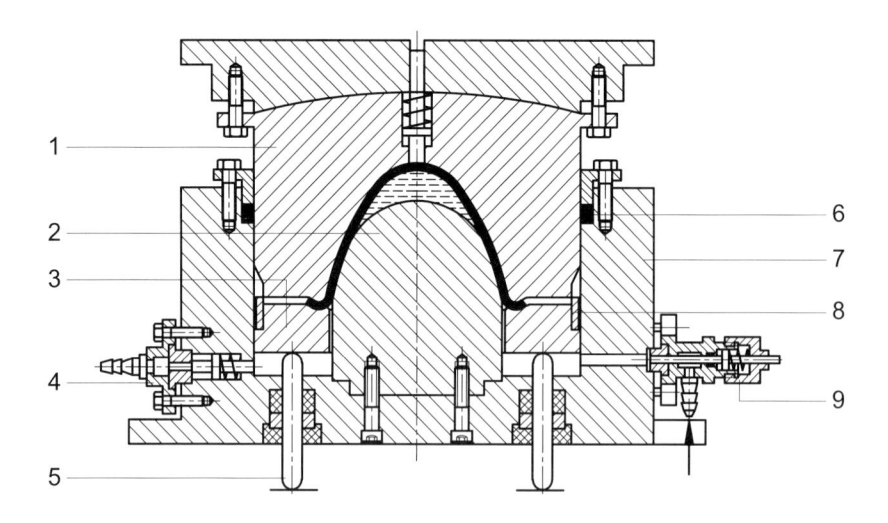

1 Tiefziehform, 2 Ziehstempel, 3 Niederhalterring, 4 Rücklaufventil, 5 Druckstößel,
6 Dichtmanschette, 7 Werkzeuggestell, 8 Zentrierring, 9 Sicherheitsventil

Hydroformung – Ausbauchwerkzeug

Bild 52

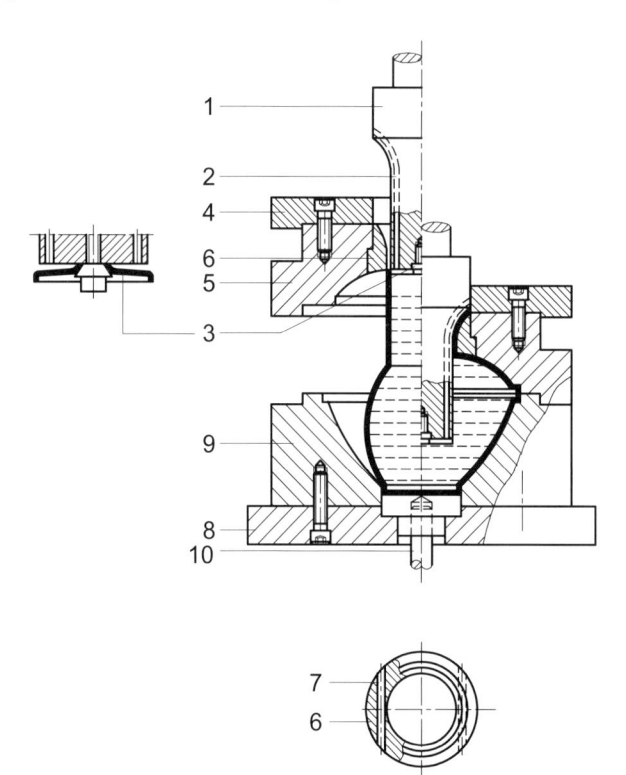

1 Druckstempel, 2 Luftkanal, 3 Dichtmanschette, 4 Oberplatte, 5 Werkzeugoberteil,
6 Führungsring, 7 Ringbefestigung, 8 Grundplatte, 9 Werkzeugunterteil, 10 Auswerfer

Werkzeugsatz – Mehrstufenpresse

Bild 53

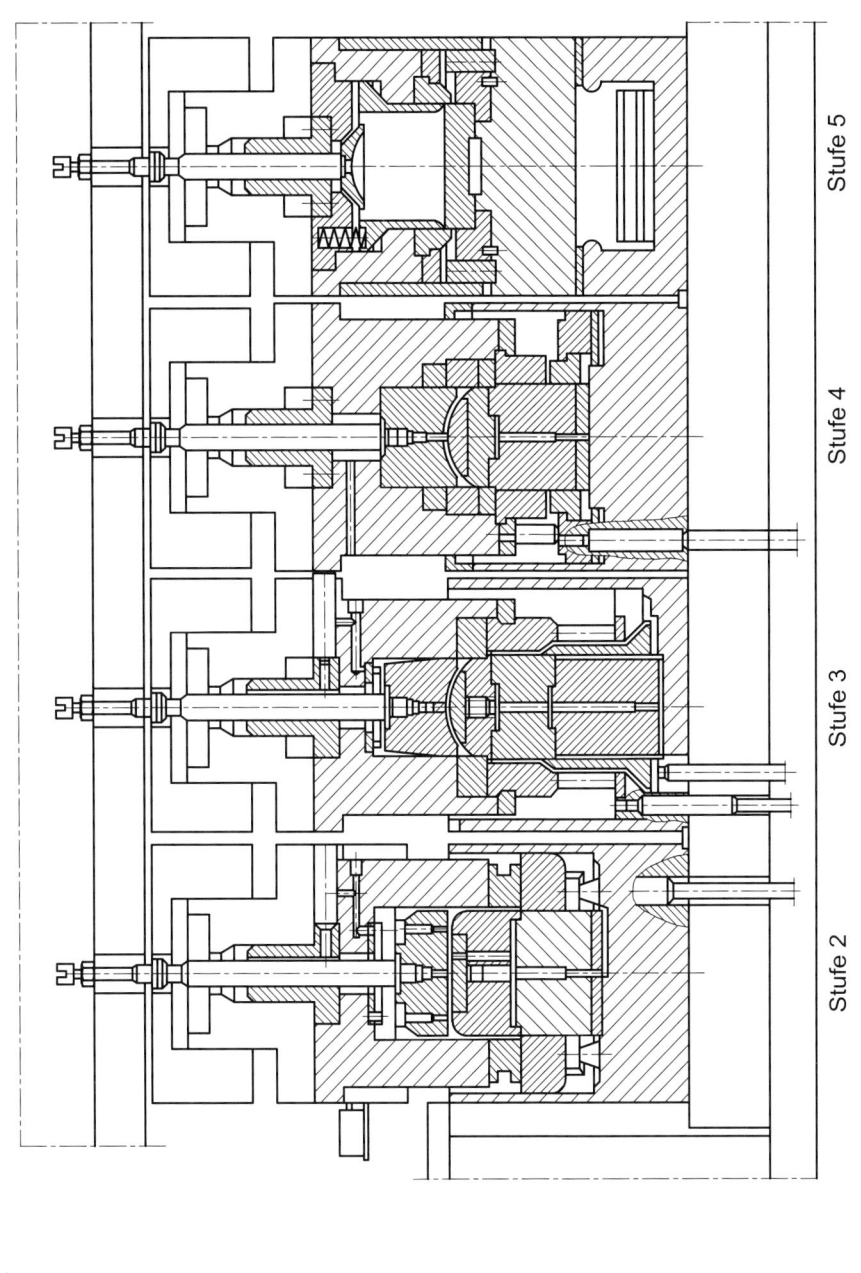

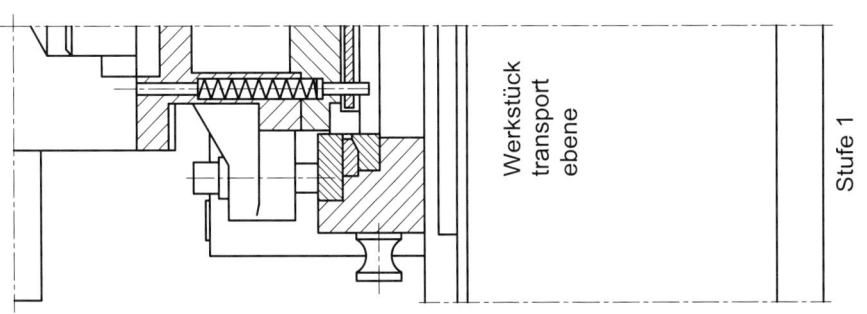

Blechteile lassen sich in einer Mehrstufenpresse komplett herstellen.
Stufe 1 Ausschneidwerkzeug betätigt durch einen Seitenstößel der Presse, Stufe 2 Tiefziehwerkzeug, Sufe 3 Fertigtiefziehwerkzeug, Stufe 4 Planierwerkzeug, Stufe 5 Beschneidwerkzeug.

III Umformwerkzeuge

Werkzeugsatz – Mehrstufenpresse

Bild 54

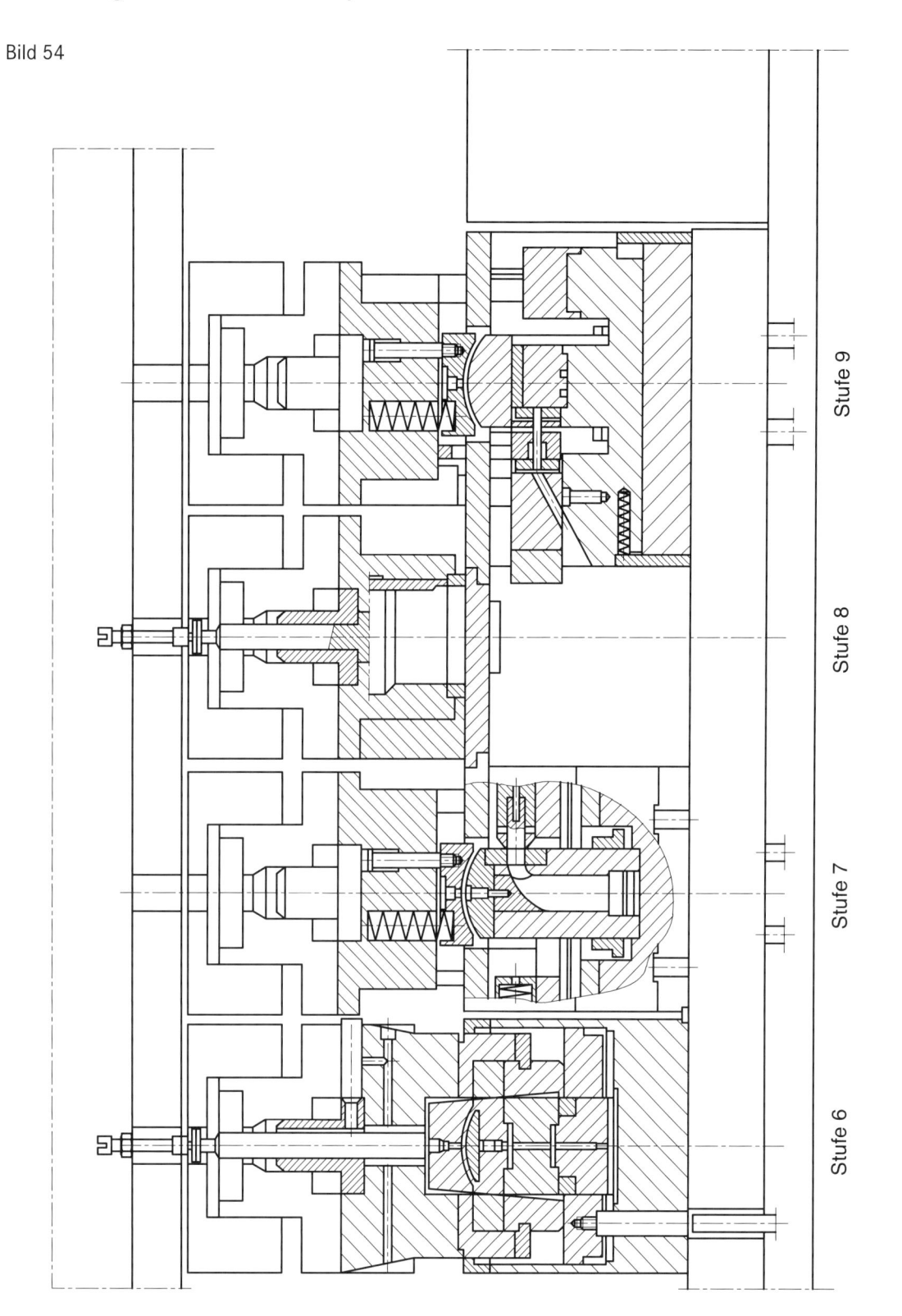

Stufe 6 | Stufe 7 | Stufe 8 | Stufe 9

Fortsetzung; 6 Nachschlagwerkzeug, 7 Lochwerkzeug, 8 Zentrieraufnahme, 9 Loch- und Durchziehwerkzeug

5. Zugdruckumformen – Ziehwerkzeuge

Stufenwerkzeug – Werkzeugsatz

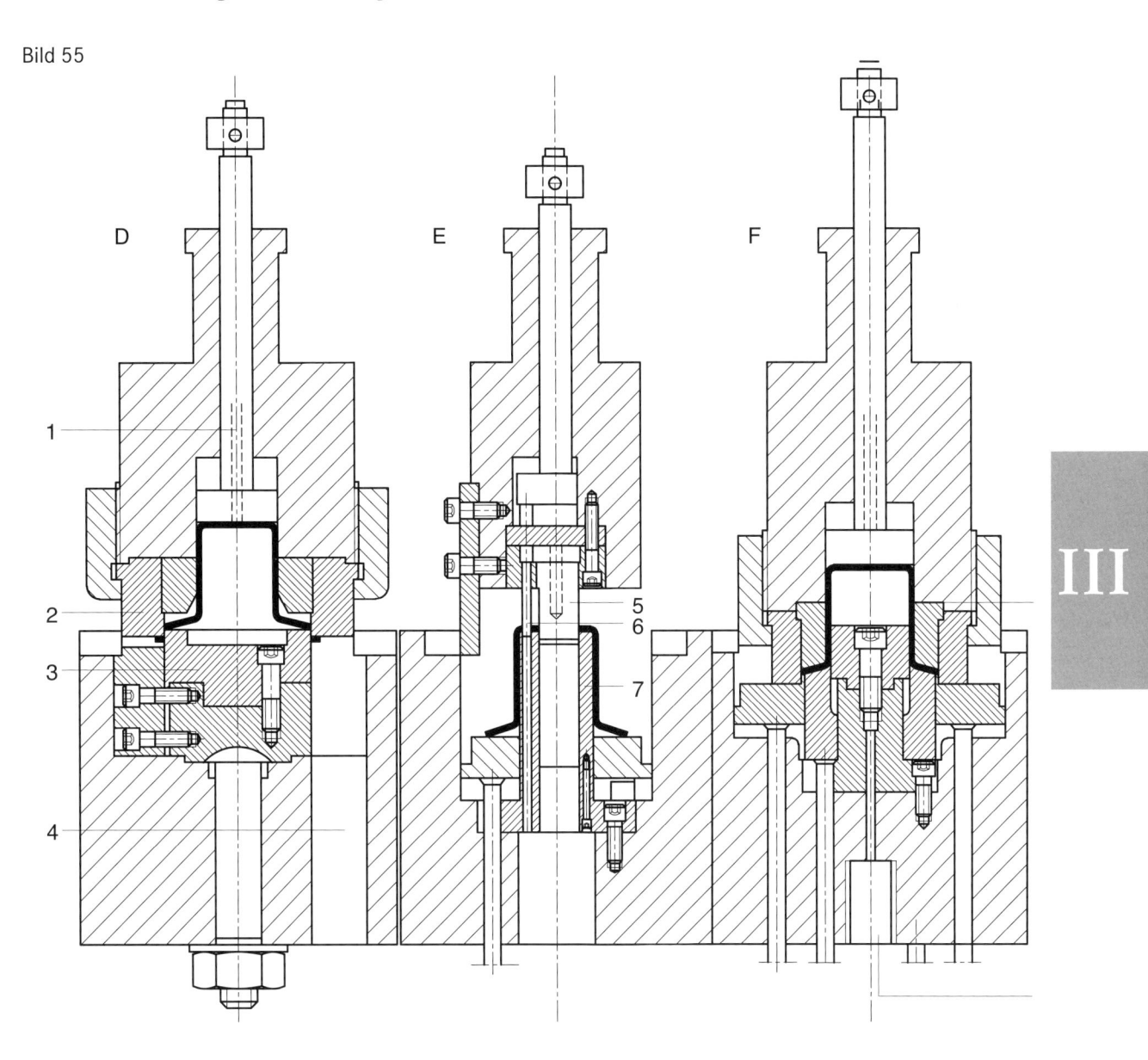

Bild 55

Fortsetzung: D Beschneiden des Randes, E Lochen des Bodens und Ausschneiden, F Nachschlagen des Kragens: Mittenabstand der Werkzeuge 210 mm

1 Entlüftungsbohrung, 2 Schneidring, 3 Schneidstempel, 4 Abfallschacht, 5 Ausschneidstempel, 6 Lochstempel, 7 Schneidbuchse, 8 Werkstück, 9 Druckluftanschluss

Blechhalter – Großwerkzeug

Bild 56

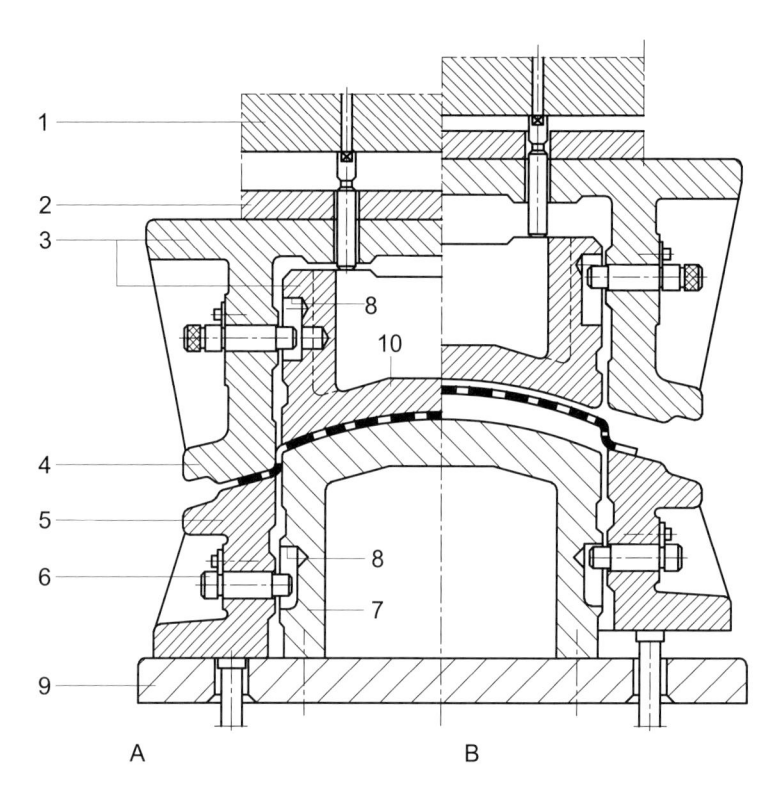

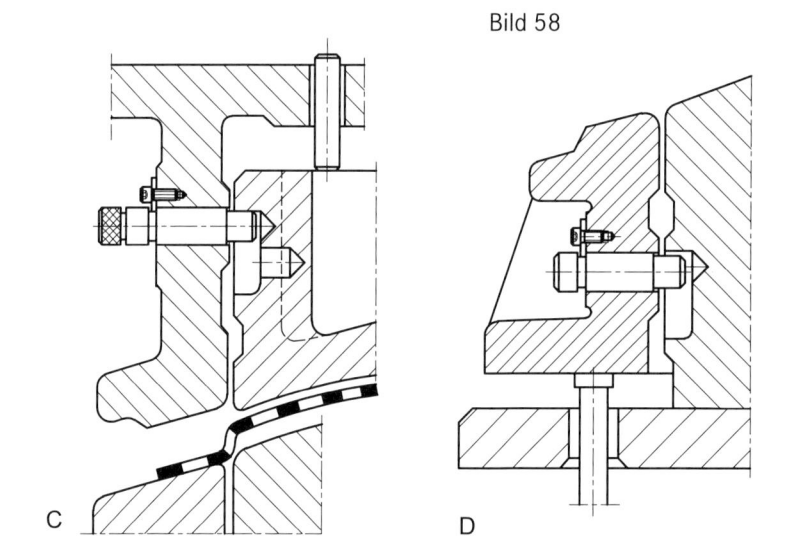

Bild 57

Bild 58

A Ende des Ziehhubs, B Werkzeug geöffnet, Presse oben, C Absteckbolzen oben Werkzeug geöffnet
D unterer Absteckbolzen, Werkzeug geöffnet.

1 Luftkissenplatte, 2 Pressenstößel, 3 Werkzeugoberteil, 4 Matrize, 5 Blechhalter, 6 Absteckbolzen,
7 Ziehstempel, 8 Anschlagfläche, 9 Grundplatte, 10 Niederhalter bzw. Matrizeneinsatz

Werkzeugführung – Blechhalter

Bild 59

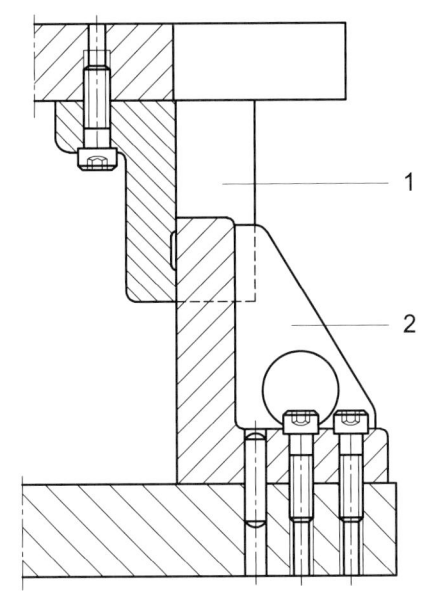

Bild 60

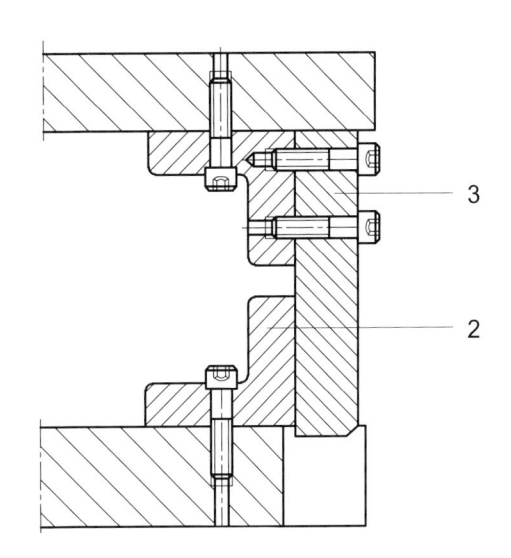

Ziehwerkzeug Werkzeugführung   Führungswinkel
1 Führungsrahmen, 2 Führungswinkel, 3 Führungsleiste

Bild 61

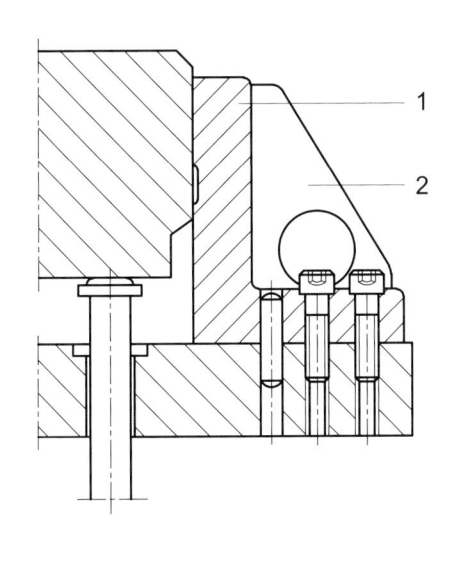

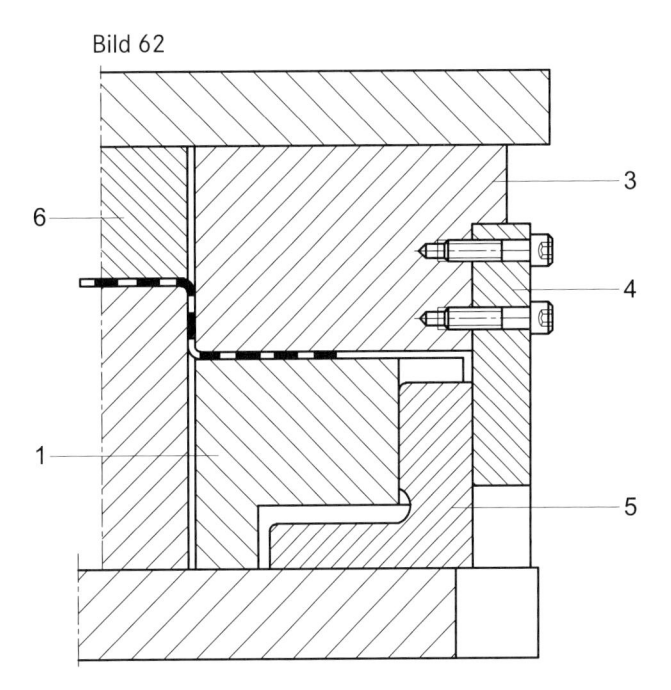

Bild 62

1 Blechhalter, 2 Führungswinkel, 3 Matrize, 4 Führungsplatte, 5 Doppelführungsrahmen, 6 Auswerferplatte

Bremswulst – Anordnung

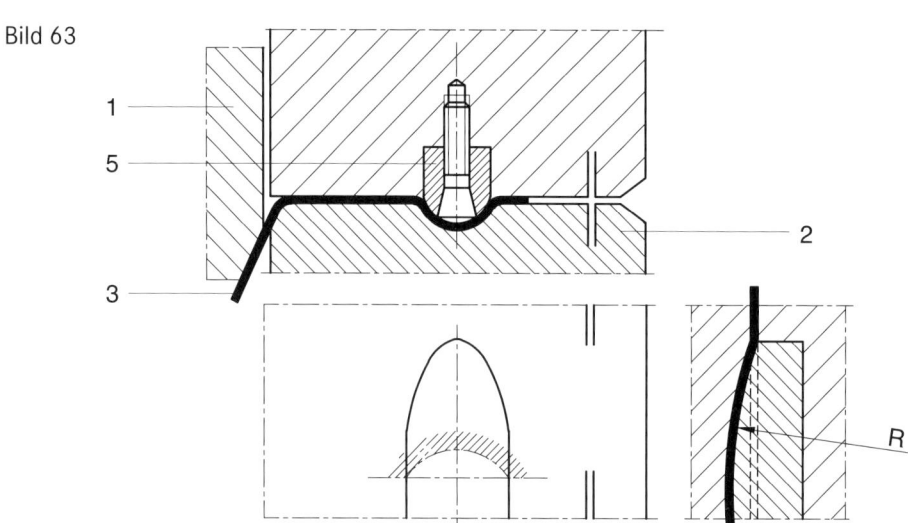

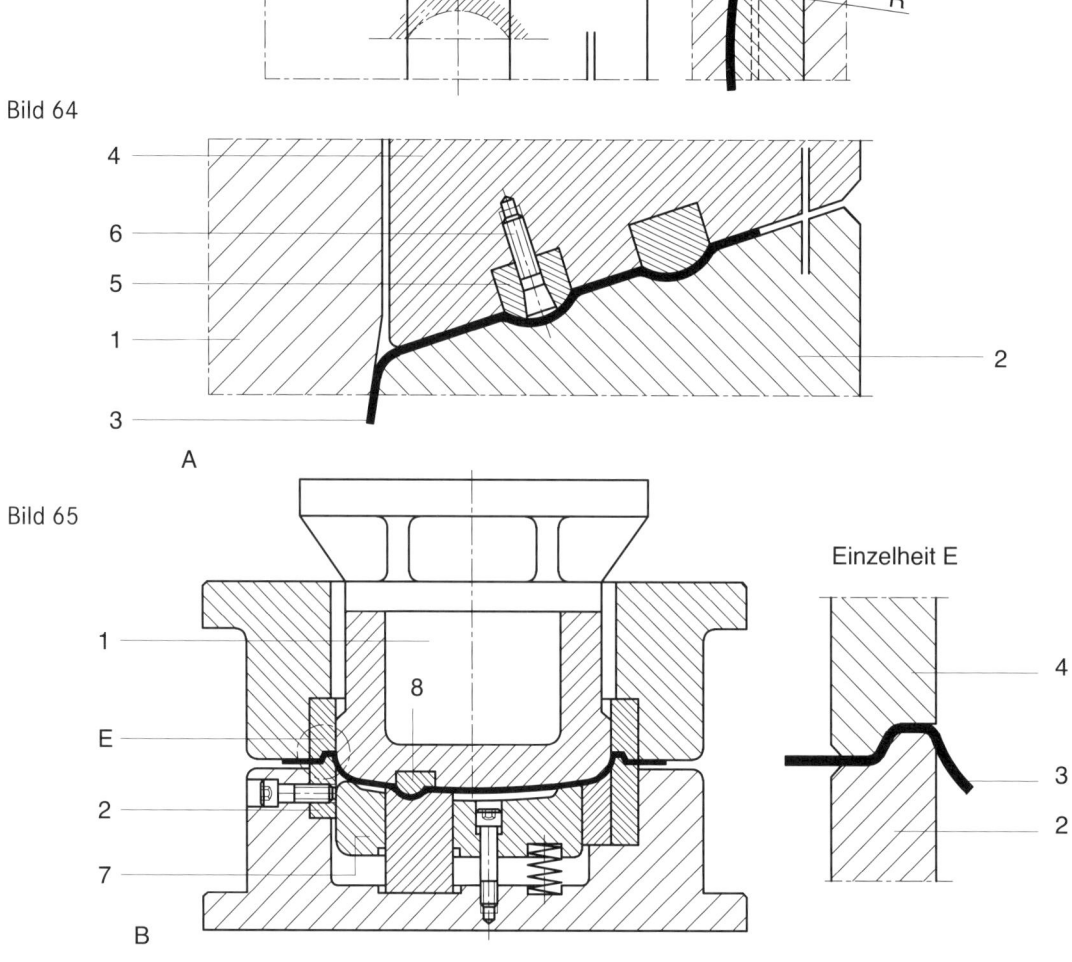

Bild 63

Bild 64

A

Bild 65

Einzelheit E

B

A Anordnung von Bremswulsten, B stufenförmige Wulstanordnung in der Nähe der Ziehkante; dadurch kann der Abfall geringer gehalten werden. Bremswülste werden nur an den Stellen angebracht, an denen der Werkstoff beim Ziehen zur Vermeidung von Falten zurückgehalten werden muss.
1 Ziehstempel, 2 Ziehring, 3 Blechteil, 4 Niederhalter, 5 Bremswulst, 6 Gewindestift, vernietet, 7 Auswerfer
8 Formstempel für Sicke

Werkzeugführung – Blechhalter

Bild 59

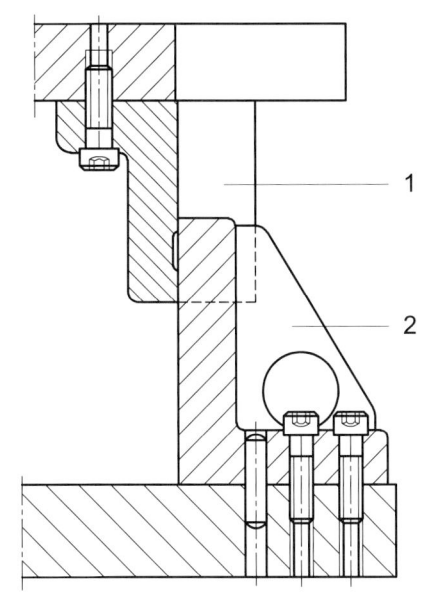

Bild 60

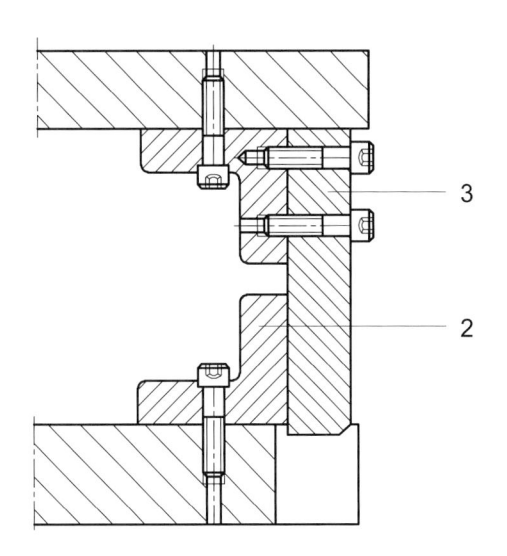

Ziehwerkzeug Werkzeugführung   Führungswinkel
1 Führungsrahmen, 2 Führungswinkel, 3 Führungsleiste

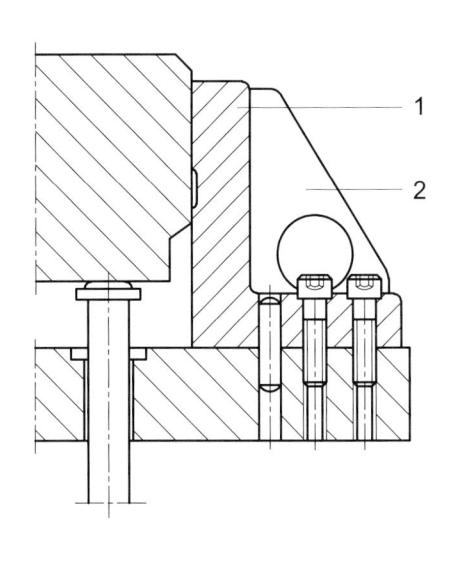

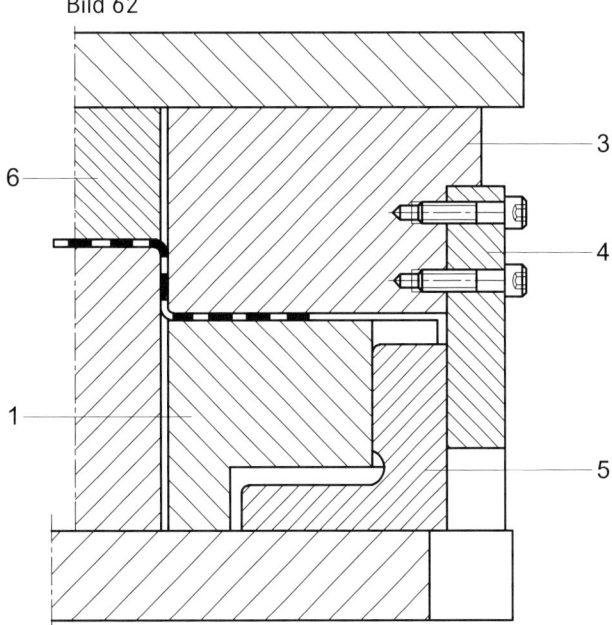

Bild 61

Bild 62

1 Blechhalter, 2 Führungswinkel, 3 Matrize, 4 Führungsplatte, 5 Doppelführungsrahmen, 6 Auswerferplatte

Bremswulst – Anordnung

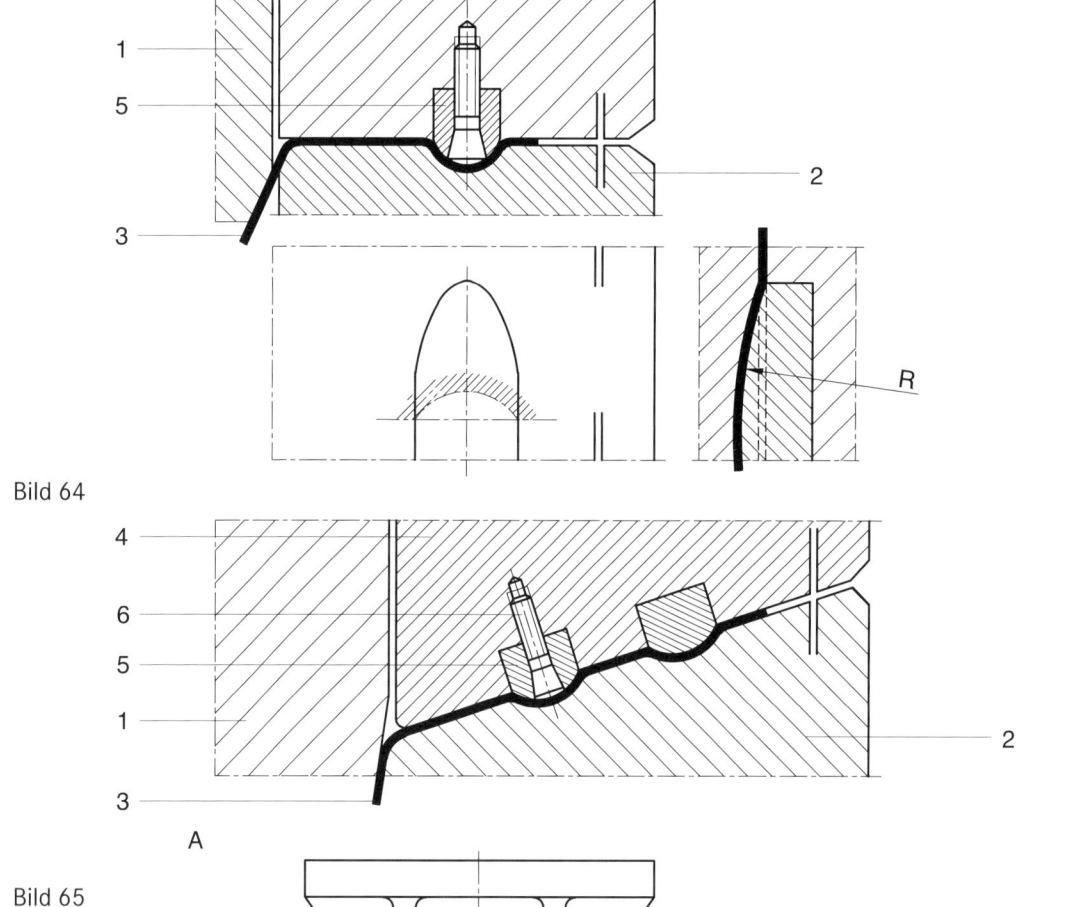

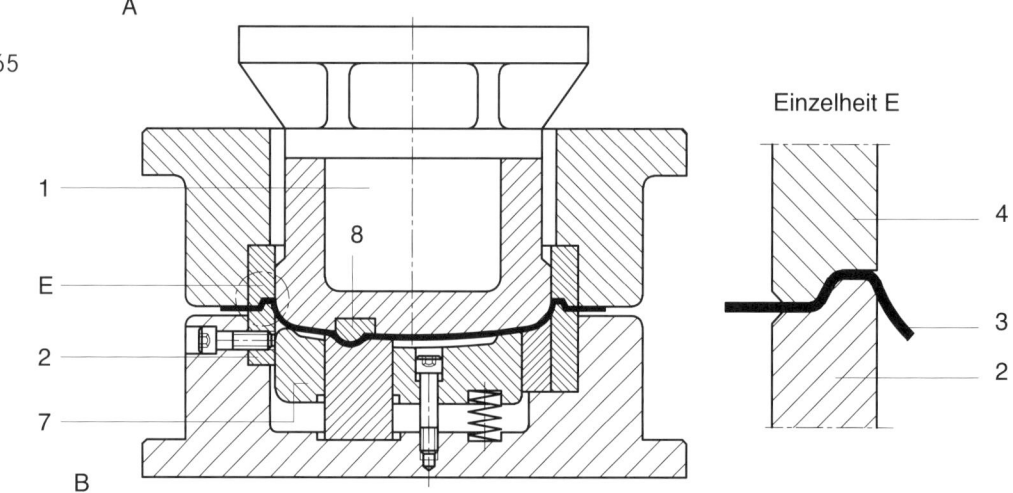

Bild 63

Bild 64

Bild 65

Einzelheit E

A Anordnung von Bremswulsten, B stufenförmige Wulstanordnung in der Nähe der Ziehkante; dadurch kann der Abfall geringer gehalten werden. Bremswülste werden nur an den Stellen angebracht, an denen der Werkstoff beim Ziehen zur Vermeidung von Falten zurückgehalten werden muss.
1 Ziehstempel, 2 Ziehring, 3 Blechteil, 4 Niederhalter, 5 Bremswulst, 6 Gewindestift, vernietet, 7 Auswerfer
8 Formstempel für Sicke

Ziehleiste – Bremswulst

Bild 66

A

Bild 67

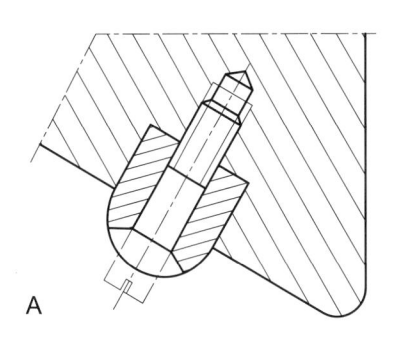

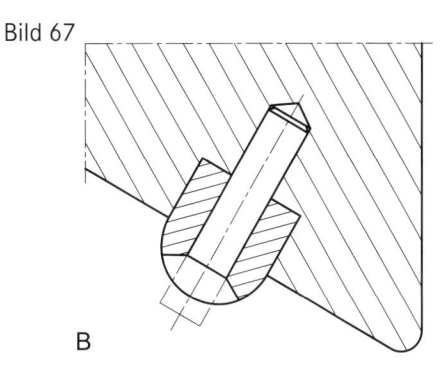

B

Bild 68

C

Bild 69

D

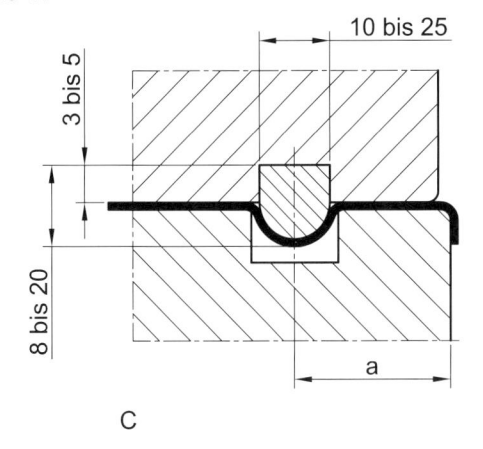

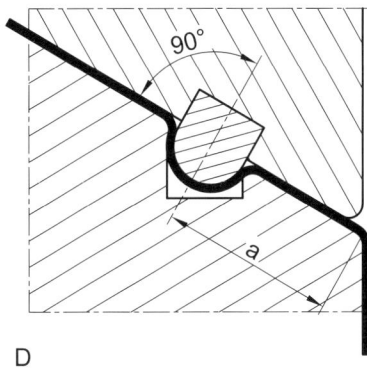

Bild 70

E

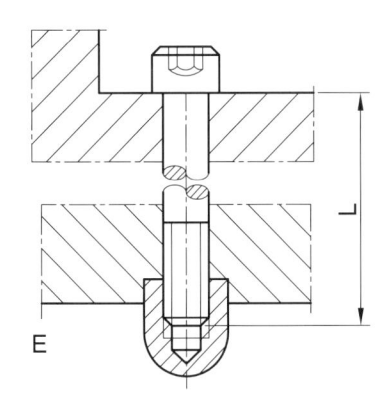

Bild 71

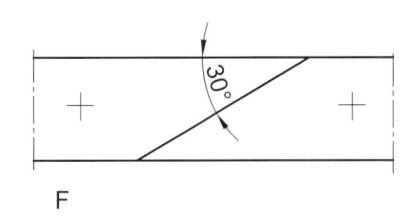

F

Ziehleisten sind gewalzte Profilstäbe, die das Nachfließen des Bleches beim Ziehen bremsen sollen. Sie sind am Blechhalter eingelassen.
A Befestigung mit Gewindestift, dessen Kopf zum Vernieten benutzt wird; anschliessend befeilen und polieren, B Befestigung mit Kerbstift und Vernieten, C Gestaltung der Blechhalteflächen, a = 20..40 mm, D Gestaltung bei schräger Blechhaltefläche, E Befestigung mit Sickenschraube, L = 50...100 mm bei M6..M8, F die Stöße von Ziehleisten sind zu schäften.

Zugschnittwerkzeug – Großwerkzeug

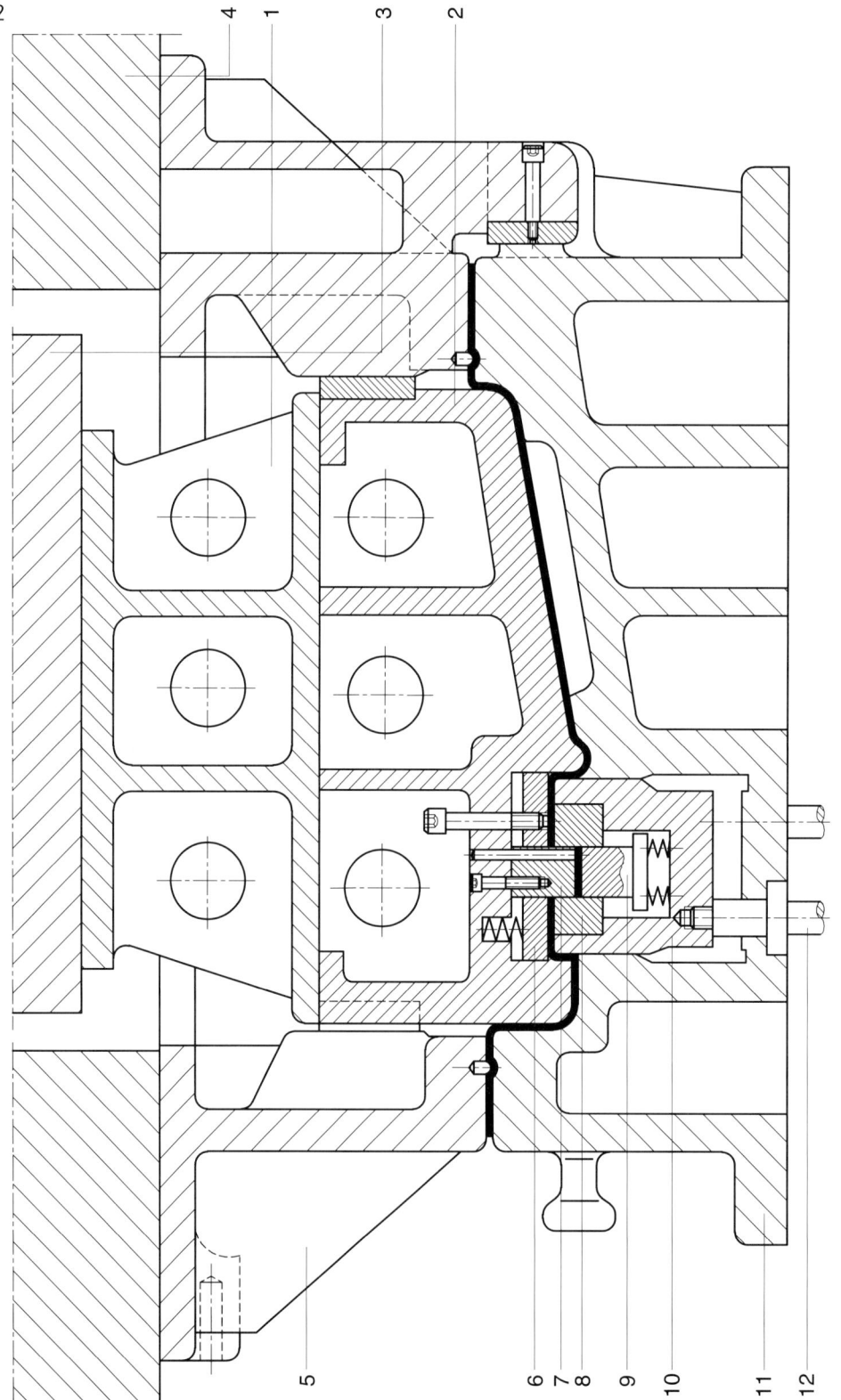

Bild 72

Es handelt sich um ein dreifach wirkendes Werkzeug. Der Schneidstempel erzeugt ein Entlastungsloch, damit der Werkstoff nachfliessen kann.
1 Stempelverlängerung, 2 Ziehstempel, 3 Ziehstössel der Presse, 4 Blechhalterstössel, 5 Blechhalter, 6 Ausstosser und gleichzeitig Blechhalter, 7 Schneidstempel, 8 Schneidplatte, 9 Abfallausheber, 10 Ziehplatte, 11 Werkzeugunterteil, 12 Antriebsstange vom Ziekissen

Großwerkzeug – Ziehstempelverlängerung

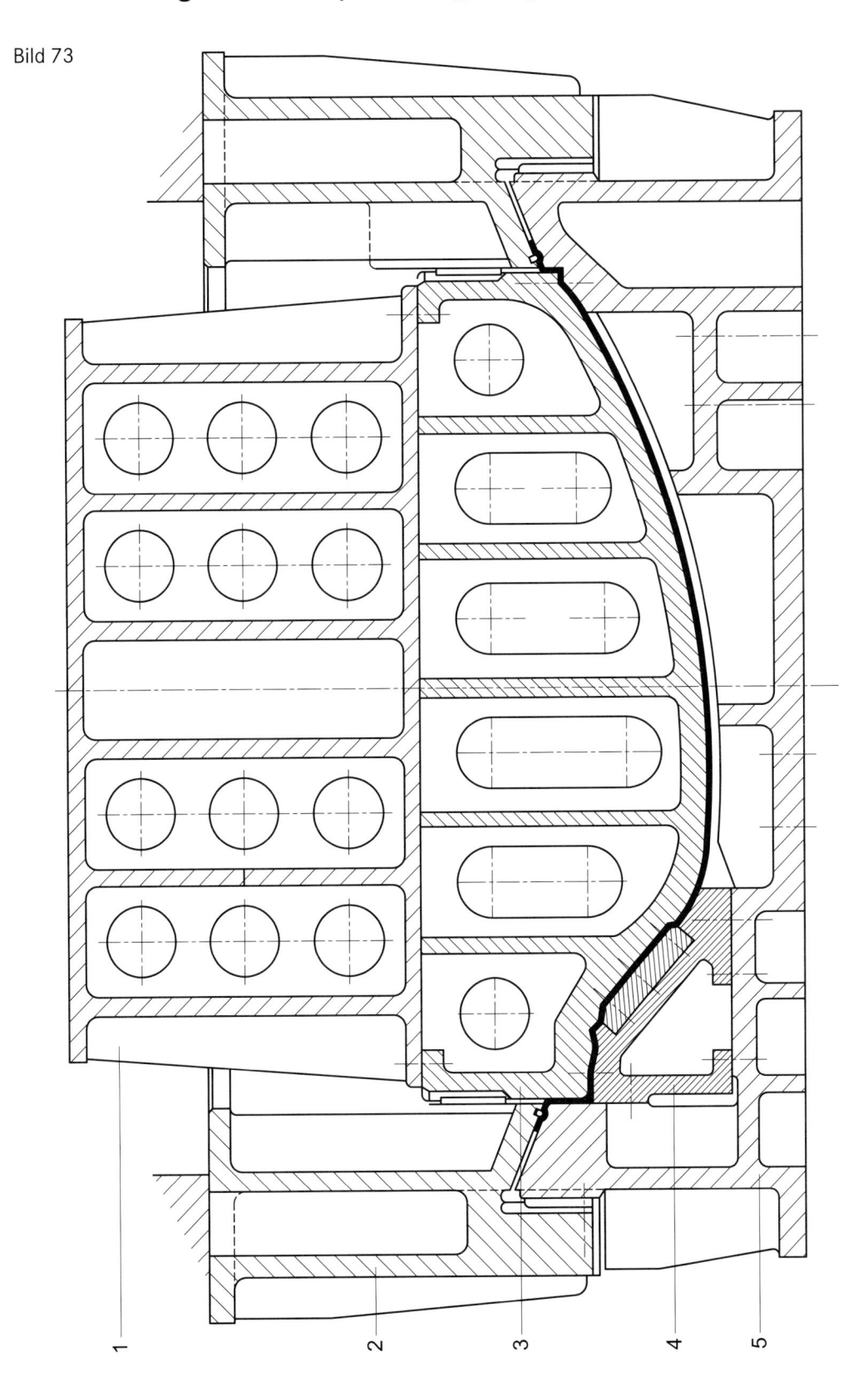

Bild 73

Es wird ein Werkzeug zum Ziehen eines Autodaches gezeigt. 1 Stempelverlängerung, 2 Blechhalter, 3 Flachführung, 4 Ziehstempel, 5 Werkzeugunterteil

Lochvorrichtung – Großwerkzeug

Bild 74

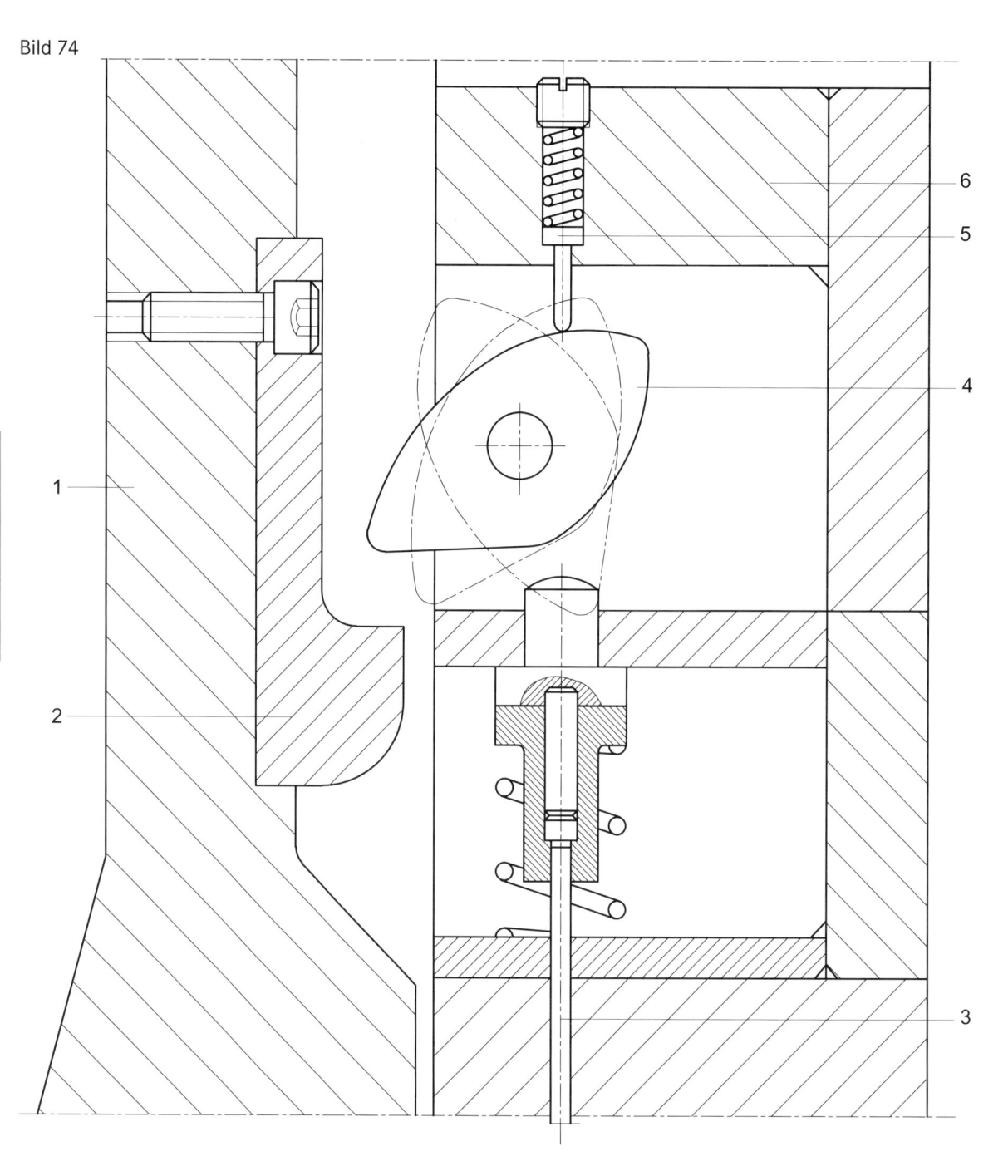

Es kann sinnvoll sein, in großen Ziehwerkzeugen Locheinheiten zu intregrieren, die Aufnahmelöcher für den nächsten Arbeitsgang Beschneiden durchbrechen. Die Locheinheit wird bei der Rückwärtsbewegung des Ziehstempels betätigt.
1 Ziehstempel, 2 Antriebsnocken, 3 Lochstempel, 4 Kurvenscheibe, 5 Andruckelement, 6 Blechhalter, der die Lochvorrichtung trägt.

Tiefziehen-Napfziehen – Ziehstempel

Bild 75

Tiefziehen ohne Niederhalter
1 Entlüftungsbohrung, 2 Ziehstempel, 3 Ziehring

Ziehen-Reckziehen – Arbeitsprinzip

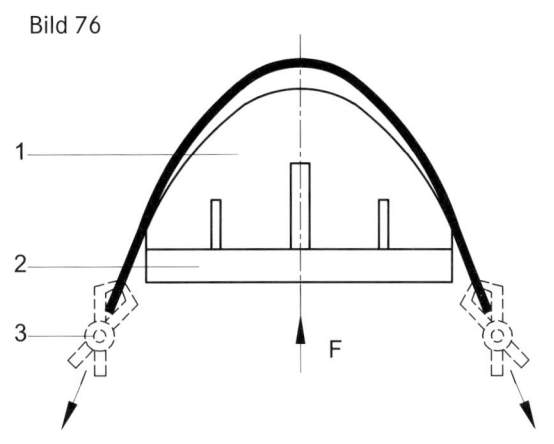

Bild 76

1 Ziehschablone, 2 Druckplatte, 3 Spannklaue
F Ziehkraft

Tiefziehen-Zweifachzug – Stülpzug

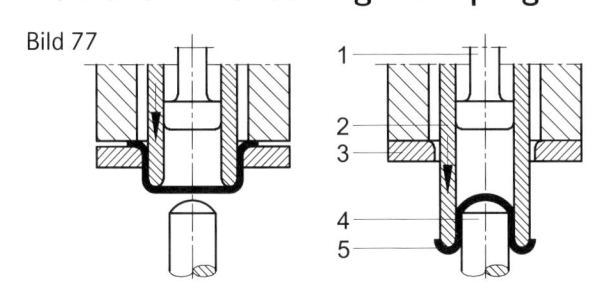

Bild 77

Ziehen in zwei Phasen oder Herstellung doppelwandiger Hohlkörper
1 Auswerfer, 2 und 3 Ziehring 4 Ziehstempel
5 Werkstück

Tiefziehen-Gummikissen – Blechhalter

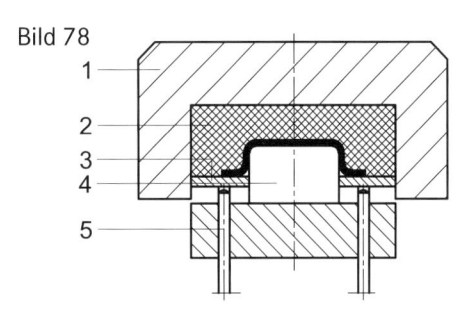

Bild 78

1 Werkzeugoberteil, 2 Gummikissen, 3 Blechhalter
4 Ziehstempel, 5 Druckstößel

Tiefziehen-Blechhalter – Einlaufwulst

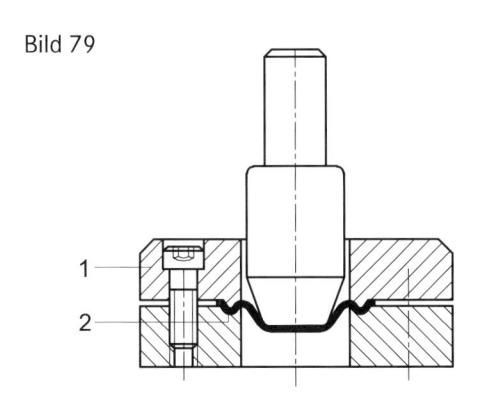

Bild 79

1 Blechhalter, 2 Einlaufwulst, Bremswulst

Tiefziehen-Blechhalter – Ziehstempel

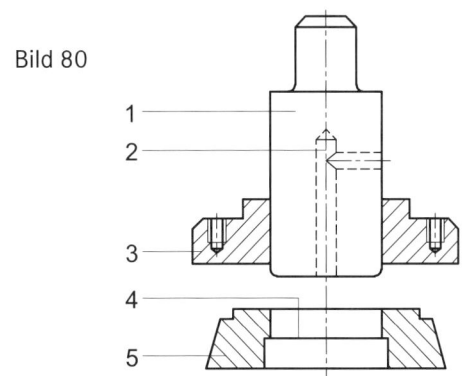

Bild 80

1 Ziehstempel, 2 Entlüftungsbohrung, 3 Blechhalter, 4 Abstreifkante, 5 Ziehring

Mehrstufenwerkzeug – Drehtellerzuführung

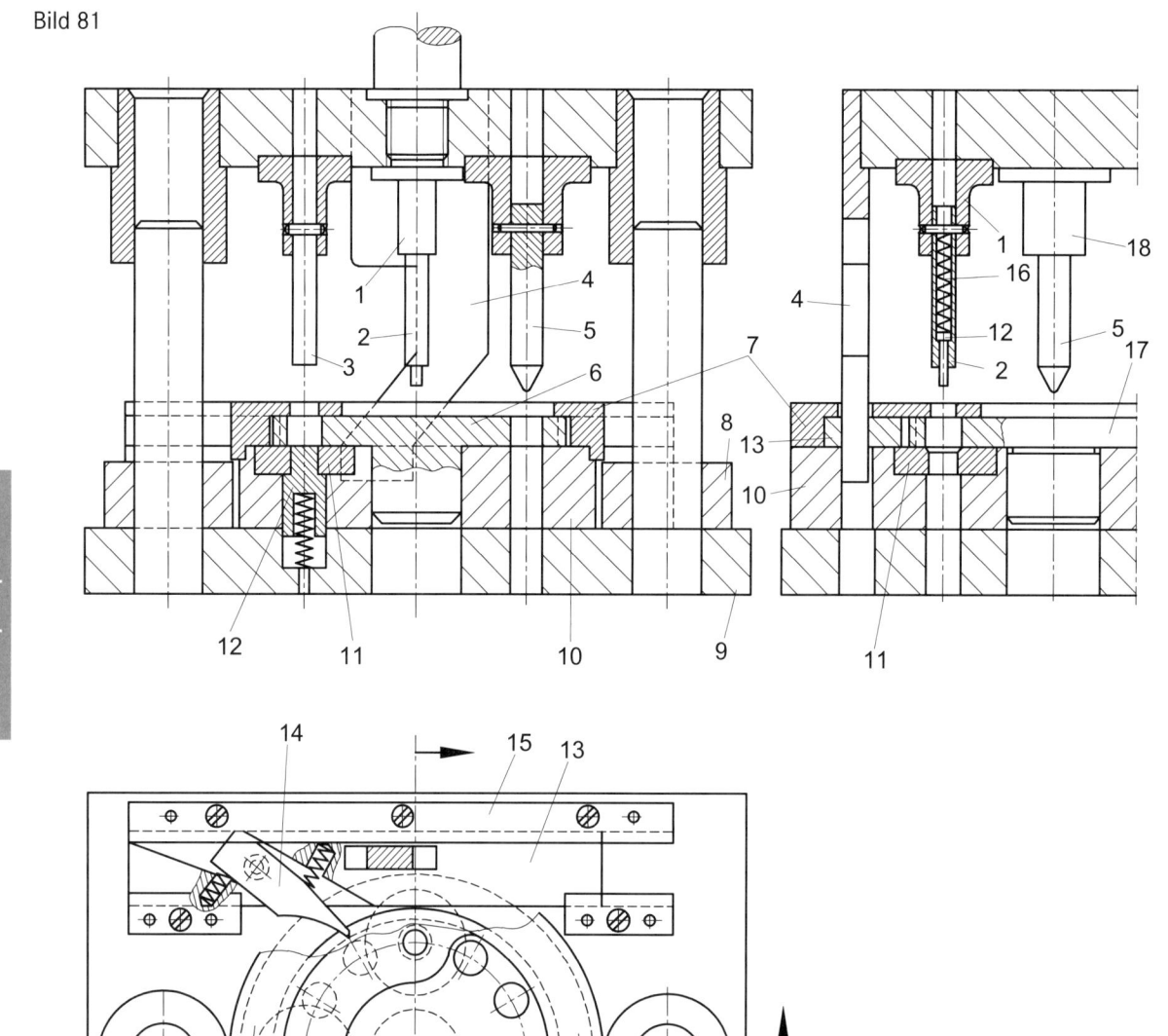

Bild 81

Das Werkzeug enthält eine Drehtellerzuführung, die von einem Keilschieber über ein Richtgesperre betätigt wird.
1 Stempelaufnahme, 2 Ziehstempel, 3 Ziehstempel für ersten Nachzug, 4 Keilstempel, 5 Positionierbolzen für Drehteller, 6 Drehteller, 7 Drehtellerabdeckung, 8 Distanzring, 9 Grundplatte, 10 Werkzeugunterteil 11 Ziehring, 12 Auswerfer, 13 Schieber mit Rastklinke, 14 Rastklinke, 15 Führungsleiste, 16 Auswerferfeder, 17 Drehführung für Drehteller, 18 Bolzenhalterung

Tiefziehvorgang

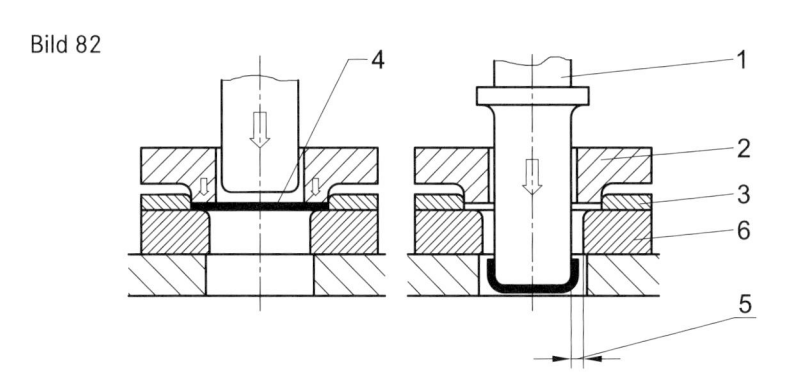

Bild 82

1 Ziehstempel
2 Niederhalter
3 Aufnahme
4 Zuschnitt
5 Ziehspalt
6 Ziehmatrize

Federnder Abstreifer

Bild 83

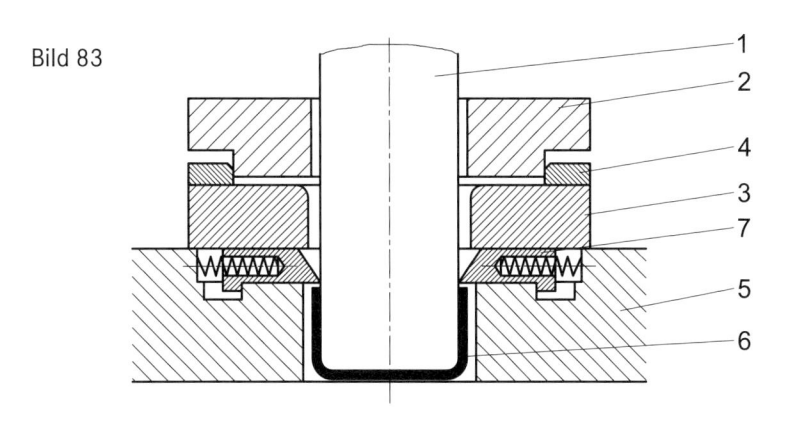

1 Ziehstempel
2 Niederhalter
3 Ziehmatrize (Ziehring)
4 Aufnahme
5 Unterplatte
6 Werkstück
7 federnder Abstreifer

Tiefziehen eines Werkstückes mit Flansch

Bild 84

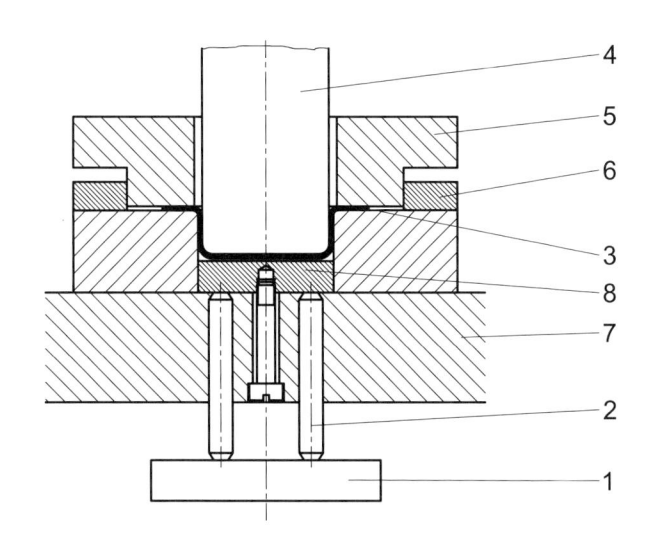

1 Federdruckapparat
2 Druckbolzen
3 Werkstück
4 Ziehstempel
5 Niederhalter
6 Aufnahme
7 Unterplatte
8 Ausstoßer

Stülpziehen

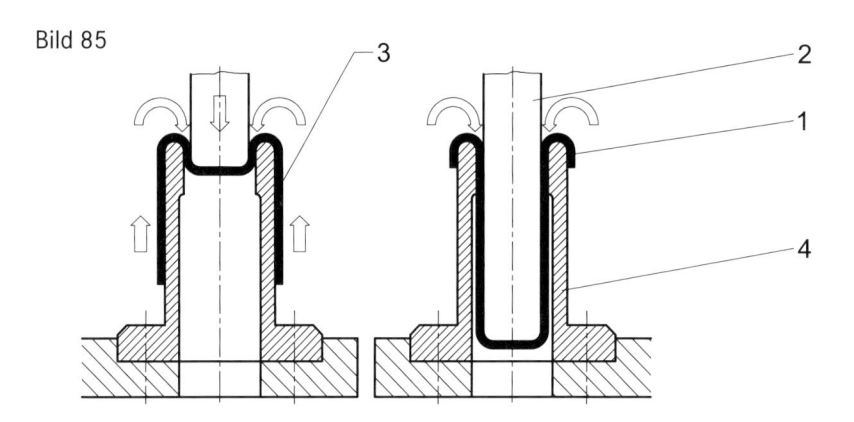

Bild 85

1 Fertiges Werkstück
2 Ziehstempel
3 vorgezogenes Werkstück
4 Stülpstempel

Abstreckziehen

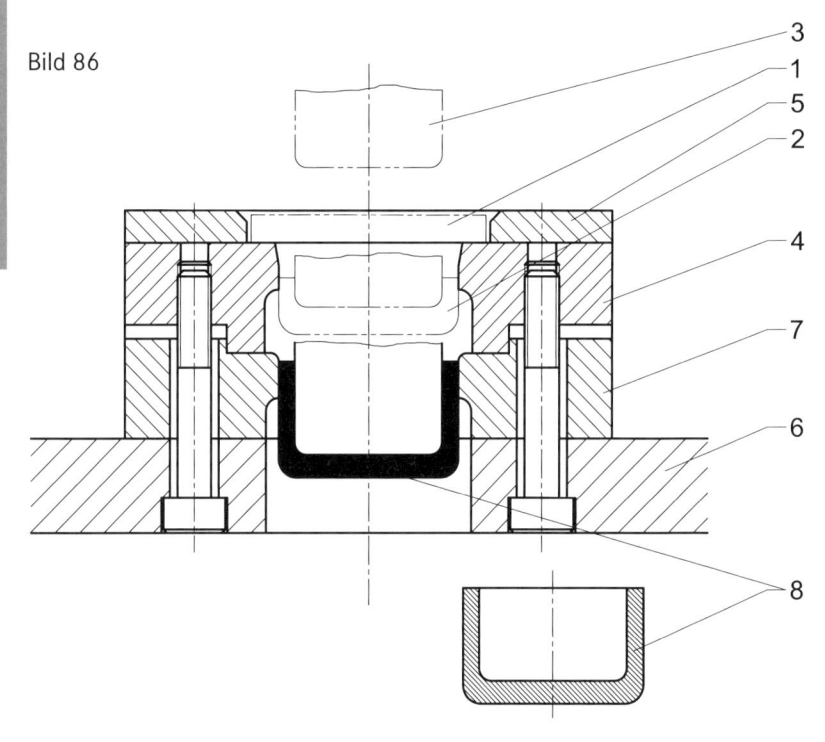

Bild 86

1 Zuschnitt
2 Werkstück vorgezogen
3 Ziehstempel
4 1. Ziehmatrize
5 Aufnahme
6 Unterplatte
7 2. Ziehmatrize
8 Werkstück durchgezogen

Ziehkanten- und Ziehstempelradien

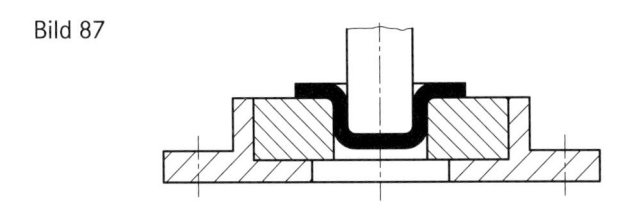

Bild 87

Stempel und Blechhalter für Erst- und Weiterzug

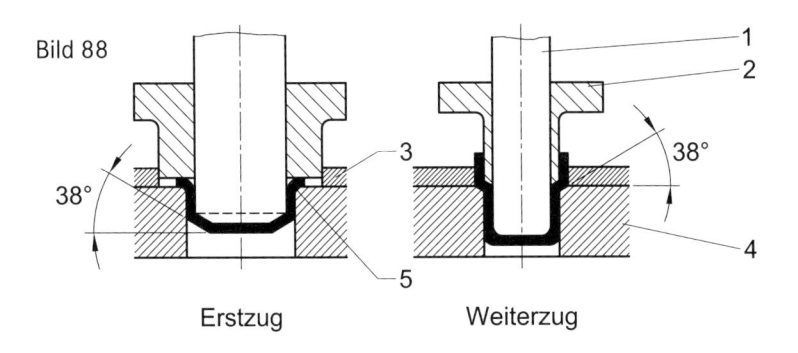

Bild 88

Erstzug   Weiterzug

1 Ziehstempel
2 Niederhalter
3 Aufnahme
4 Ziehmatrize
5 Ziehkantenrundung

Ziehspaltenweite beim Erst- und Weiterzug

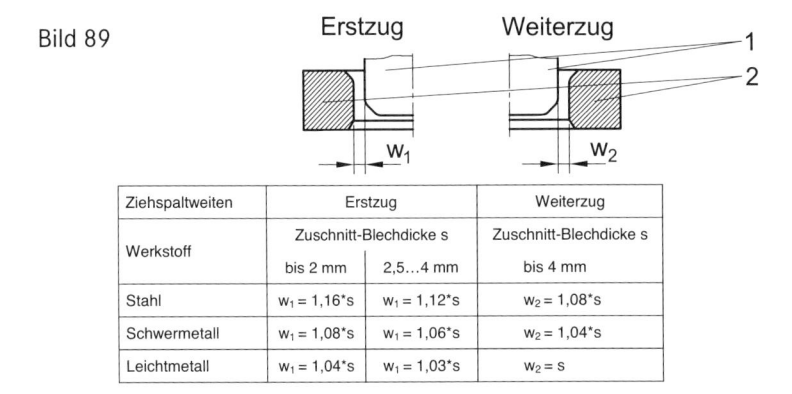

Bild 89

Erstzug   Weiterzug

1 Ziehstempel
2 Ziehring

Ziehspaltweiten	Erstzug		Weiterzug
Werkstoff	Zuschnitt-Blechdicke s		Zuschnitt-Blechdicke s
	bis 2 mm	2,5…4 mm	bis 4 mm
Stahl	$w_1 = 1{,}16 \cdot s$	$w_1 = 1{,}12 \cdot s$	$w_2 = 1{,}08 \cdot s$
Schwermetall	$w_1 = 1{,}08 \cdot s$	$w_1 = 1{,}06 \cdot s$	$w_2 = 1{,}04 \cdot s$
Leichtmetall	$w_1 = 1{,}04 \cdot s$	$w_1 = 1{,}03 \cdot s$	$w_2 = s$

Luftloch im Ziehstempel

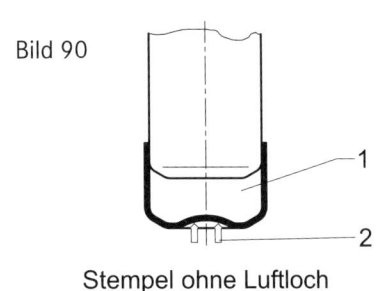

Bild 90

Stempel ohne Luftloch
Boden verbeult

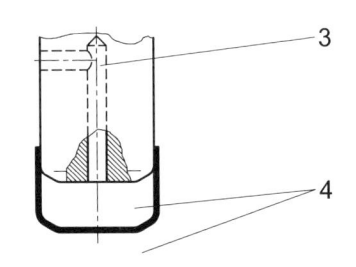

Stempel mit Luftloch
Boden bleibt eben

1 luftverdünnter Raum
2 äußerer Luftdruck
3 Luft strömt ein
4 innen und außen gleicher Luftdruck

Tiefziehwerkzeug für doppelt wirkende Pressen

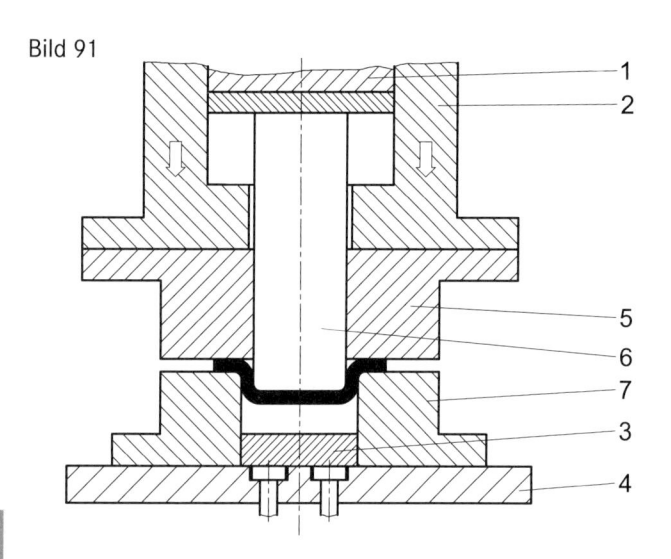

Bild 91

1 Ziehstößel
2 Niederhalterstößel
3 Auswerfer
4 Grundplatte
5 Niederhalter
6 Ziehstempel
7 Ziehring

Tiefziehwerkzeug mit Zentralfeder

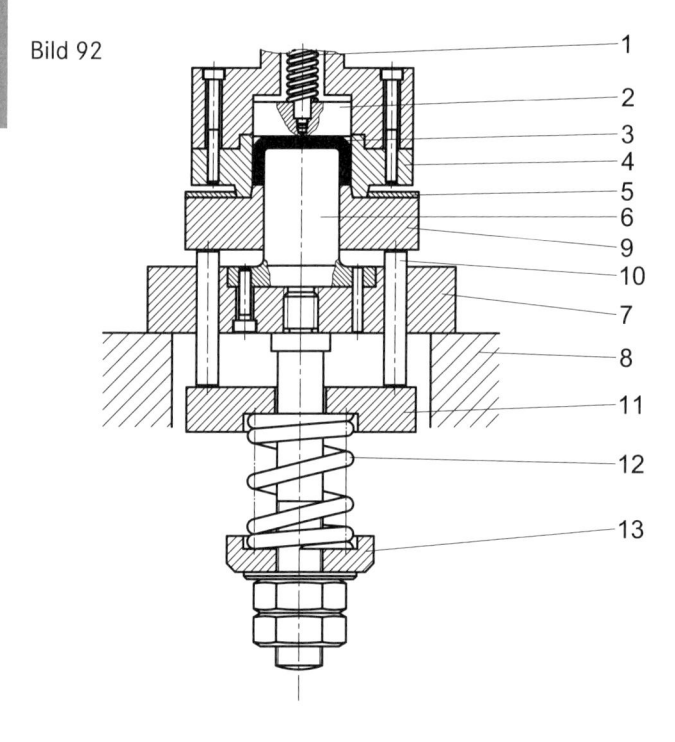

Bild 92

1 Ausstoßerfeder
2 Ausstoßer
3 Werkstück
4 Ziehmatrize
5 Aufnahme
6 Ziehstempel
7 Unterplatte
8 Pressentisch
9 Niederhalter
10 Druckbolzen
11 Druckplatte
12 Druckfeder
13 Federteller

Tiefziehen mit zweitem Zug

Das Prinzip des Werkzeugaufbaues für ein Werkzeug für den 2. Zug

Bild 93

Ziehwerkzeug für den 2. Zug für eine einfache Presse
1 Ziehring
2 Ziehstempel
3 Niederhalter
4 Auswerfer

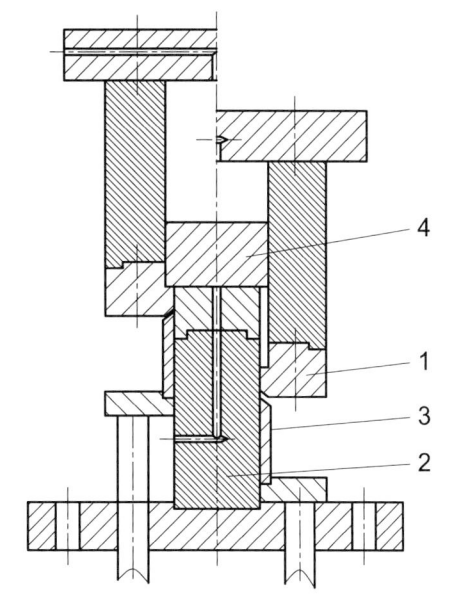

An Stelle des klassischen 2. Zuges, kann man auch den Stülpzug anwenden. Beim Stülpen wird der vorgeformte Napf durch den Umstülpvorgang auf den nächst kleineren Durchmesser gebracht. Dabei werden die Innenwände des vorgezogenen Napfes, nach dem Stülpen, zu Außenwänden.

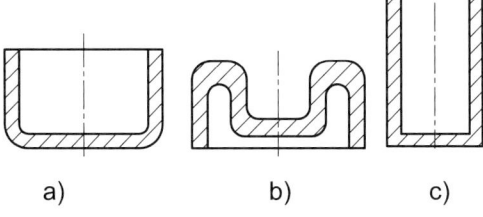

Bild 94

Gestülptes Werkstück
a) vor-,
b) während-,
c) nach dem Stülpen

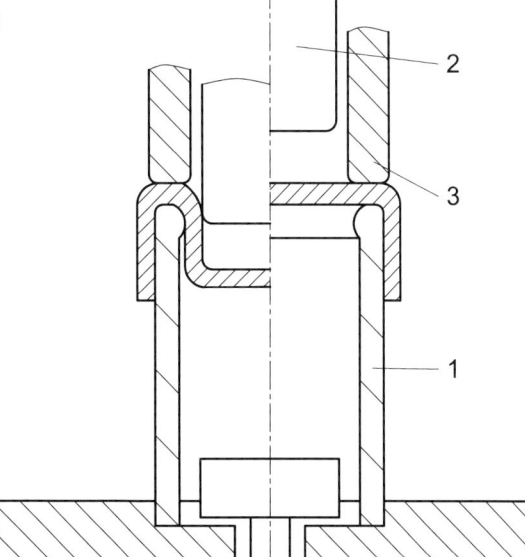

Bild 95

Prinzip des Stülpwerkzeuges:
1 Ziehring
2 Ziehstempel
3 Niederhalter
4 Auswerfer

Konstruktive Ausführung der Ziehwerkzeuge

Die Konsrtruktive Gestaltung eines Ziehwerkzeuges wird von zwei Faktoren bestimmt:1. von der Art des Tiefzuges.
Hier unterscheidet man Werkzeuge für den
1. Zug und Werkzeuge für den Weiterschlag (2. Zug; 3. Zug; 4. Zug).

Bild 96

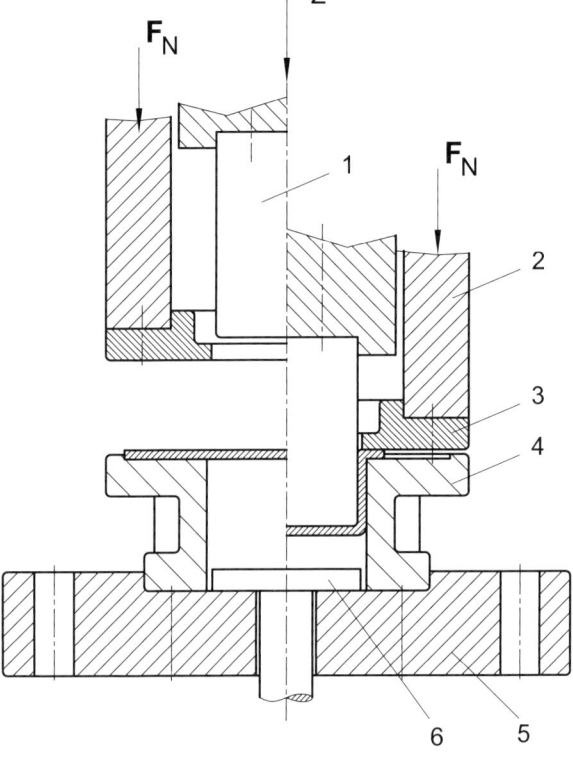

Tiefwerkzeug für den 1. Zug.

1 Ziehstempel, 2 Niederhalterstößel.
3 Niederhalter, 4 Ziehring,
5 Auswerfer, 6 Grundplatte

2. Von der zur Verfügung stehenden Presse (einfach- oder doppelwirkende Pressen).
Soll ein Tiefzug auf einer einfachwirkenden Presse ausgeführt werden, dann muss der Ziehring am Stößel befestigt sein und der Niederhalter vom Ziehkissen betätigt werden.

Bild 97

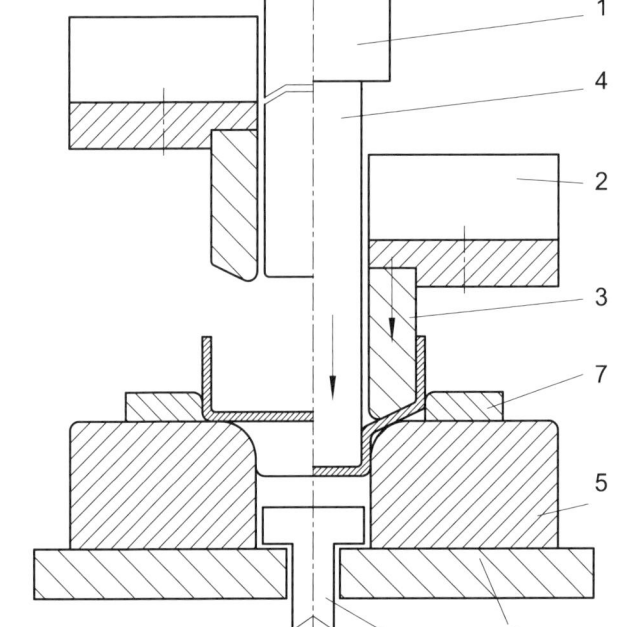

Tiefwerkzeug für den 2. Zug.

1 Ziehstößel, 2 Niederhalterstößel,
3 Niederhalter, 4 Ziehstempel,
5 Ziehring, 6 Grundplatte,
7 Zentrierring, 8 Auswerfer

Zieharbeit

Bei doppelt wirkenden Pressen:

$$W = F_z \cdot x \cdot h$$

Eine doppelt wirkende Presse hat praktisch zwei Stößel. Der äußere Stößel wird für den Niederhalter und der innere Stößel für den eigentliche Ziehvorgang benötigt.
Beide Stößel sind getrennt voneinander steuerbar. Der normale Tiefzug erfordert eine solche doppelt wirkende Presse oder anders ausgedrückt: eine Ziehpresse ist immer eine doppelt wirkende Maschine.

Bild 98

Prinzip des Ziehvorganges bei einer doppeltwirkenden Presse.

a) Ziehstößel
b) Niederhalter
c) Ziehring
d) Auswerfer

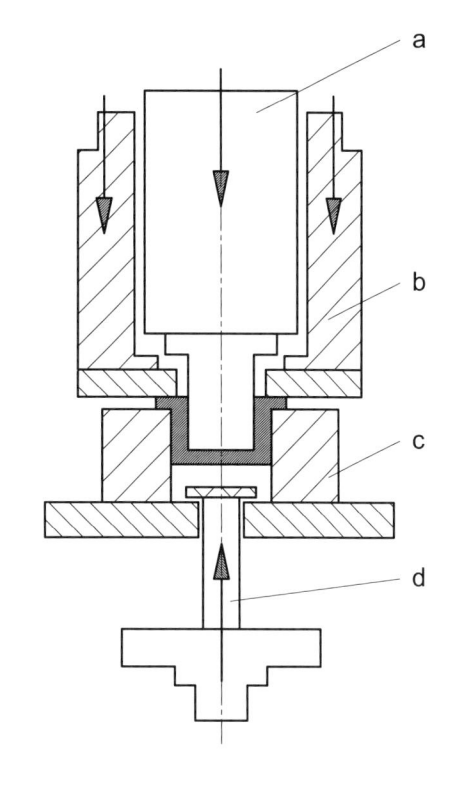

Bild 99

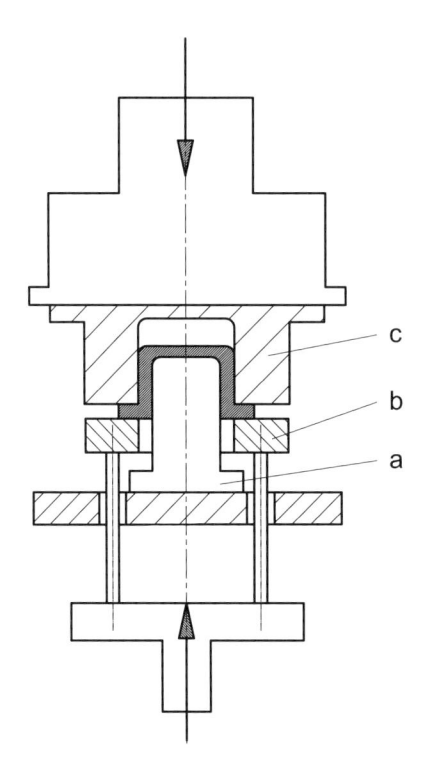

Prinzip des Ziehvorganges bei einer einfachwirkenden Presse.

a) Ziehstempel
b) Niederhalter
c) Ziehring

Aufbau eines Tiefziehwerkzeuges für doppelt wirkende Pressen

Bild 100

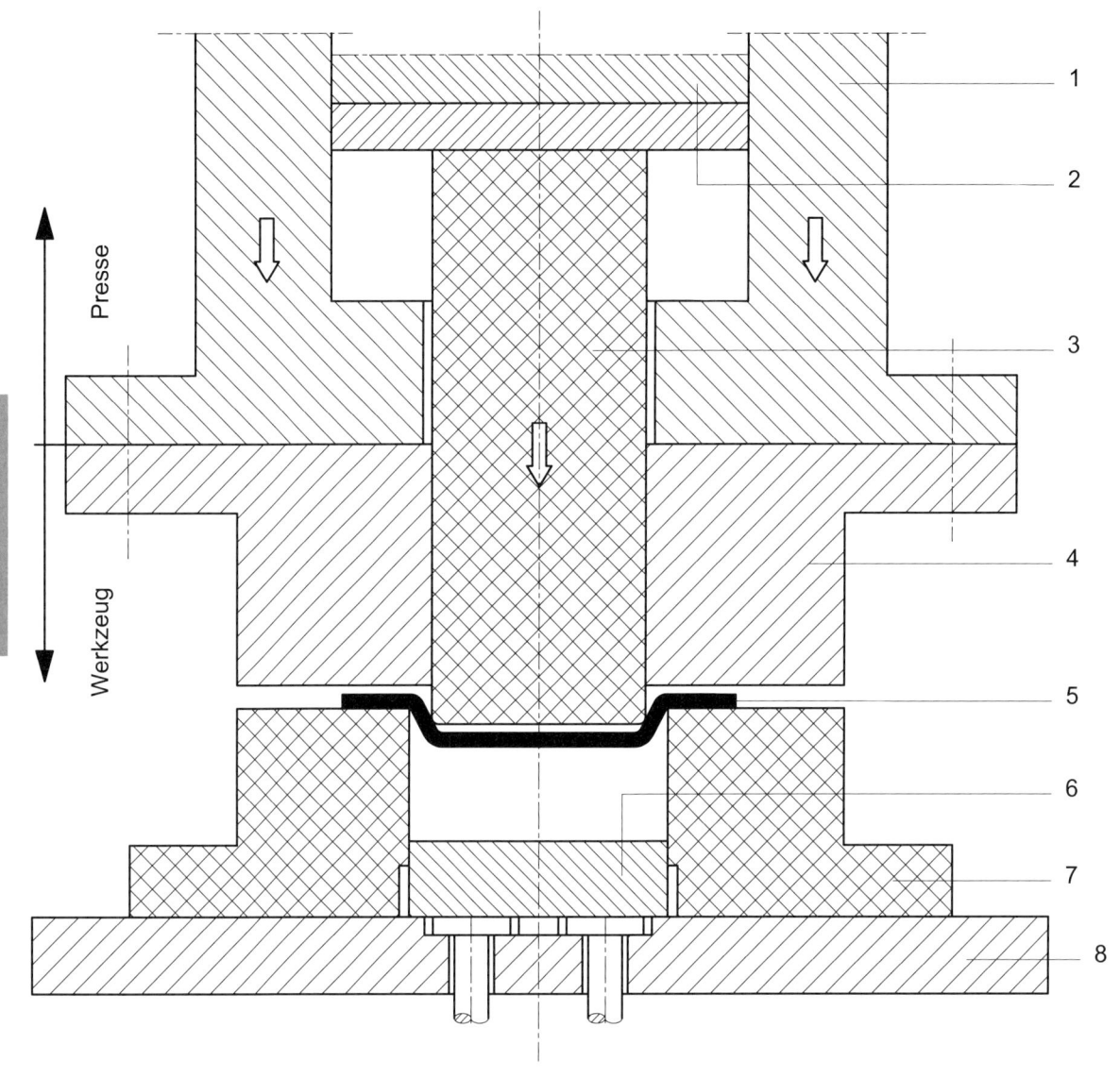

1 Niederhalterstössel, 2 Ziehstössel, 3 Ziehstempel, 4 Niederhalter, 5 Werkstück, 6 Auswerfer, 7 Ziehring, 8 Grundplatte

Einziehwulst

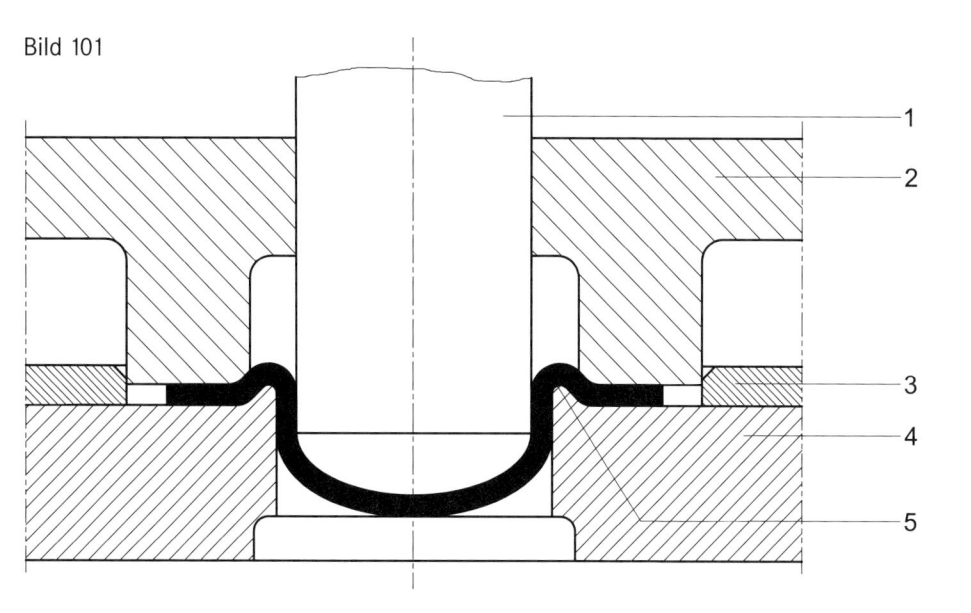

Bild 101

1 Ziehstempel
2 Niederhalter
3 Aufnahme
4 Ziehmatrize
5 Einziehwulst

Bremswulst

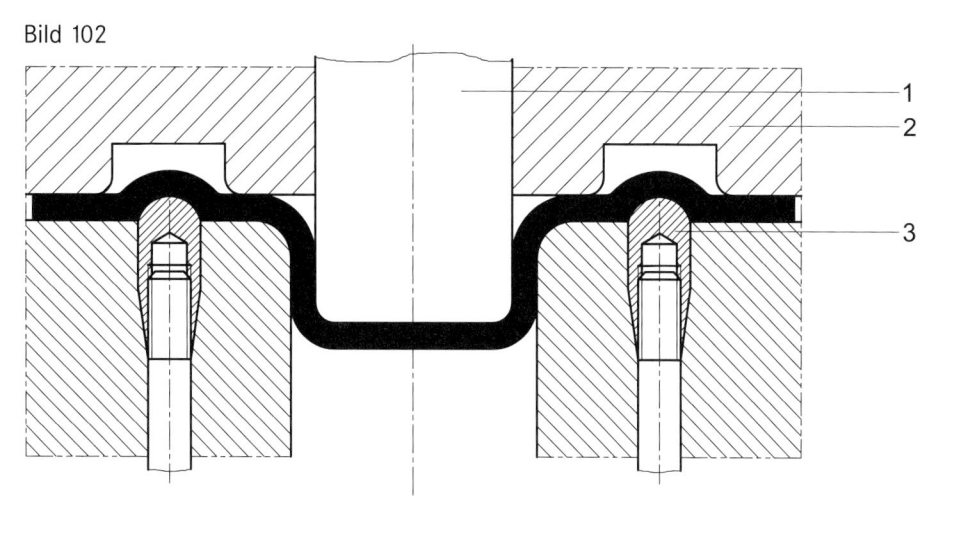

Bild 102

1 Ziehstempel
2 Niederhalter
3 Bremswulst

Stempelformen beim Kaltfließpressen

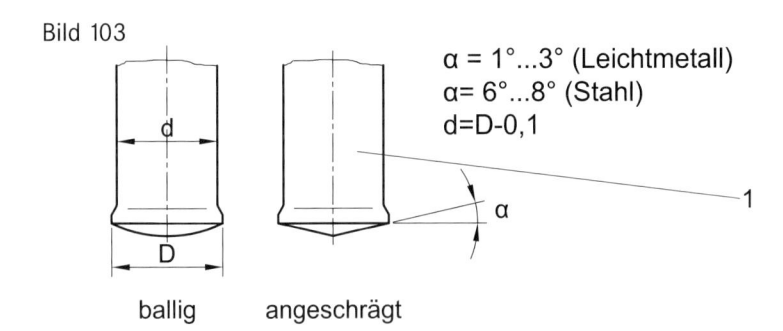

Bild 103

α = 1°...3° (Leichtmetall)
α = 6°...8° (Stahl)
d = D−0,1

ballig   angeschrägt

1 Stempel

Gleitziehen von Vollkörpern

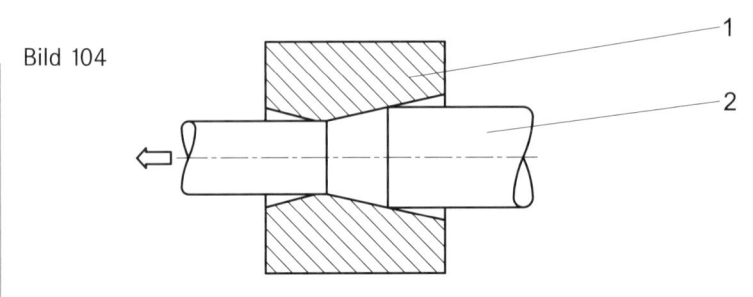

Bild 104

1 Ziehwerkzeug als Ziehring
2 Werkstück

Gleitziehen von Hohlkörpern

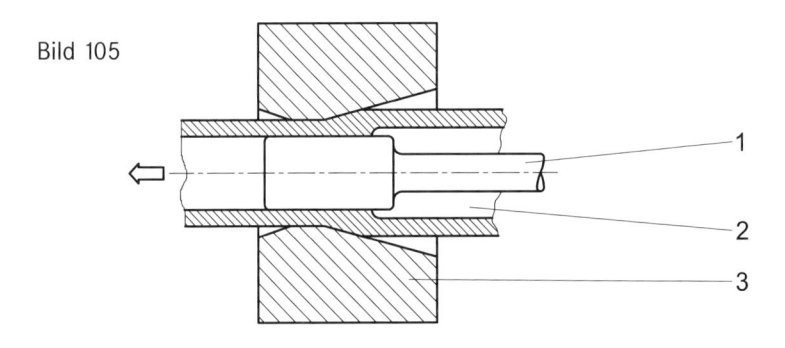

Bild 105

1 Stopfen bzw. Dorn
2 Werkstück
3 Ziehwerkzeug als Ziehring

Ziehwerkzeug

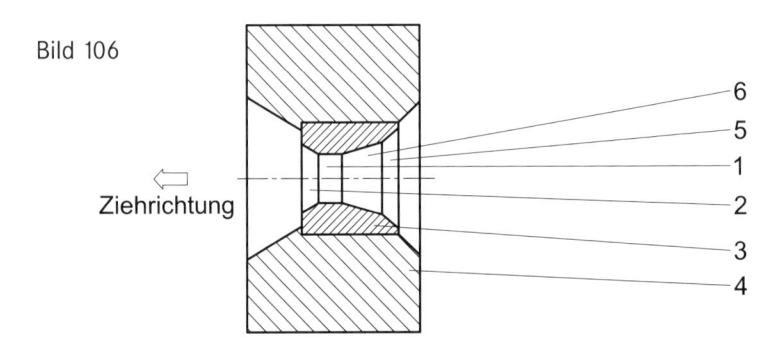

Bild 106

Ziehrichtung

1 Führung
2 Ausgangsschüssel
3 Ziehwerkzeug
4 Fassung
5 Eingangsschüssel
6 Ziehkegel

Warmformwerkzeug zur Herstellung von Kunststoff-Hohlkörpern

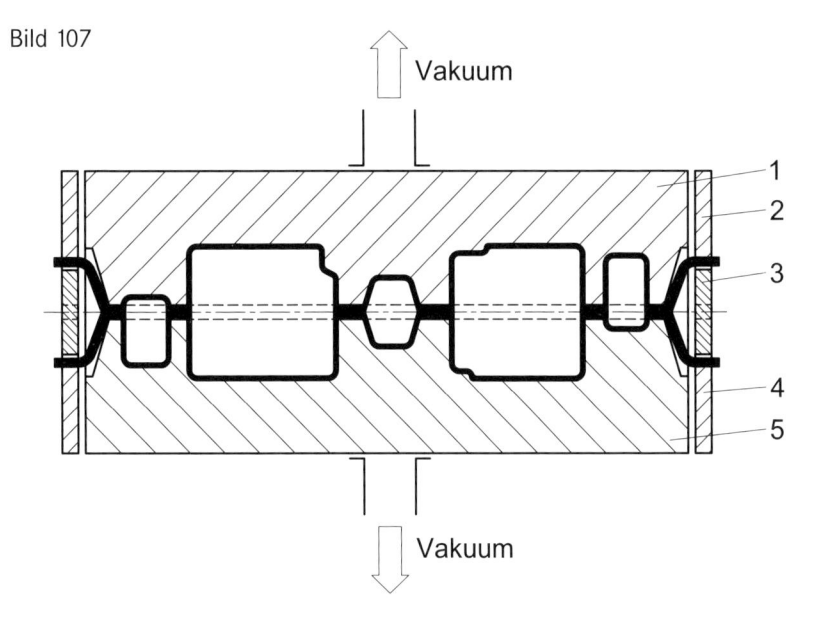

Bild 107

1 Werkzeugoberteil mit - hier nicht eingezeichneten - Öffnungen für die Evakuierung der Kavitäten
2 Oberer Spannrahmen
3 Zwischenrahmen
4 Unterer Spannrahmen
5 Werkzeugunterteil

Kombiniertes Umformen mechanisch-pneumatisch (nach Höger)

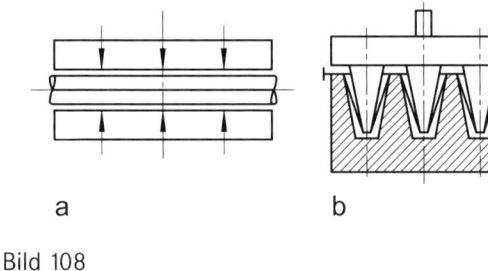

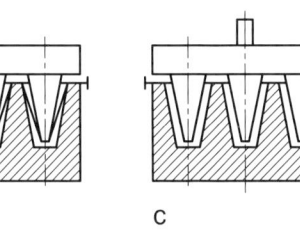

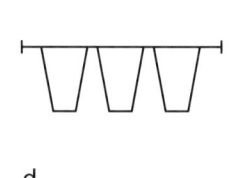

Bild 108

a Erwärmen des Tafelzuschnittes
b Mechanisches Vorstrecken
c Pneumatisches Ausformen durch Unterdruck
d Fertiges Teil

Kombiniertes Umformen pneumatisch-mechanisch-pneumatisch (nach Höger)

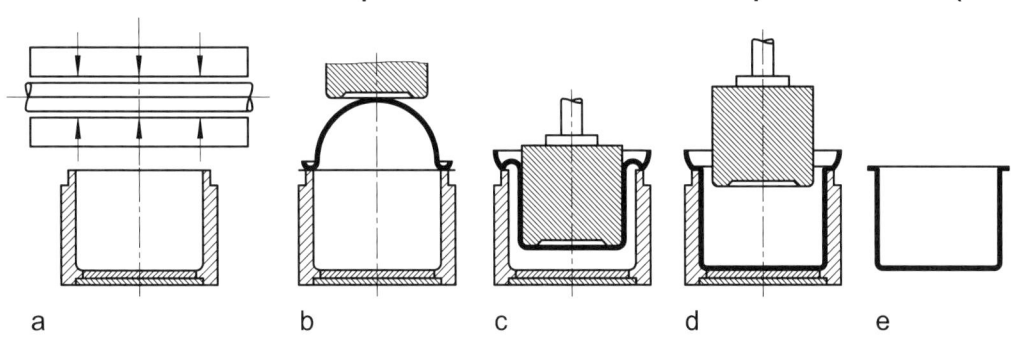

Bild 109

a Erwärmen des Tafelzuschnittes
b Pneumatisches Vorstrecken durch Druckluft
c Mechanisches Vorstrecken
d Pneumatisches Ausformen durch Unterdruck
e Fertiges Teil

Arbeitsbeispiele zur Erzeugung von Profilen mit Schwenkbiegemaschinen

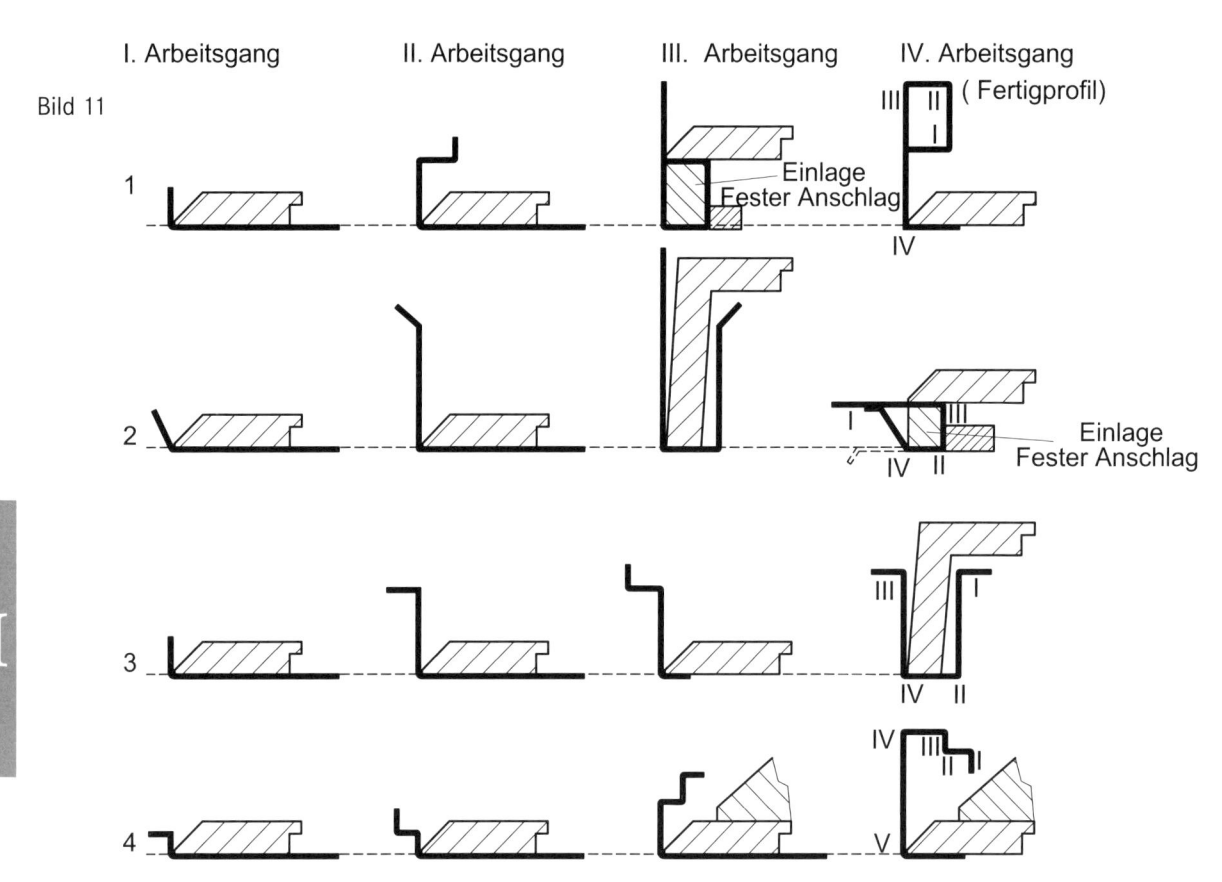

Bild 11

I. Arbeitsgang II. Arbeitsgang III. Arbeitsgang IV. Arbeitsgang (Fertigprofil)

Einlage
Fester Anschlag

Einlage
Fester Anschlag

Arbeitsbeispiele zur Erzeugung von Profilen mit Abkantpressen

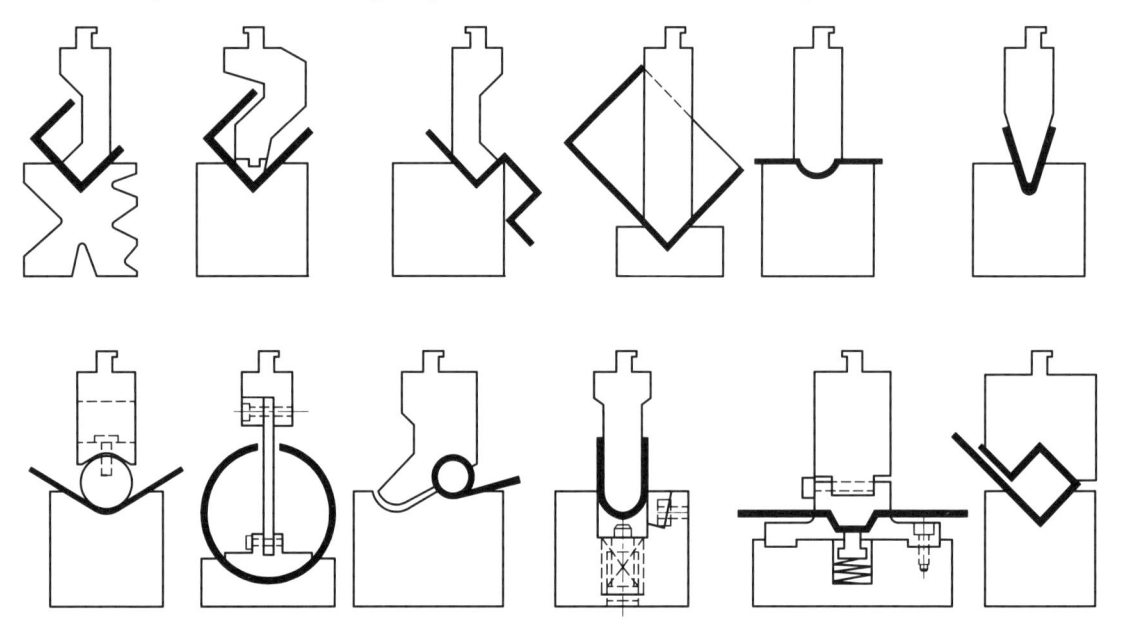

Bild 12

6. Biegeumformen - Biegewerkzeuge

Biegestempelgestaltung – Sonderbiegewerkzeug

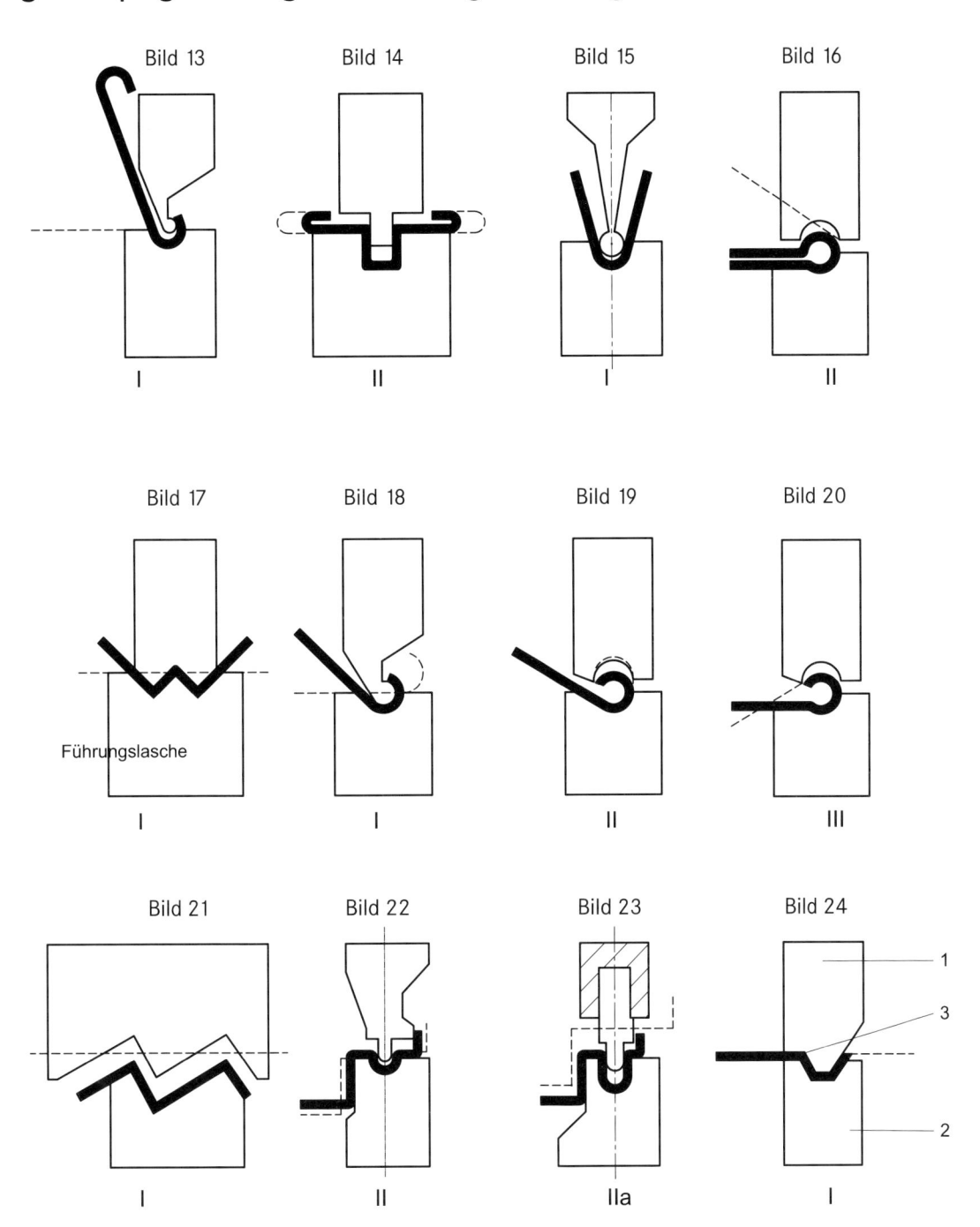

Bild 13 — I
Bild 14 — II
Bild 15 — I
Bild 16 — II

Bild 17 — I (Führungslasche)
Bild 18 — I
Bild 19 — II
Bild 20 — III

Bild 21 — I
Bild 22 — II
Bild 23 — IIa
Bild 24 — I

III

Das Biegen durch Abkanten kann mit Standard- und Sonderwerkzeugen erfolgen

1 Biegestempel, 2 Matrize mit mehreren Kimmen, 3 Werkstück

I...IV Arbeitsstufen an einem Werkstück.

Biegestempel, Biegematrize

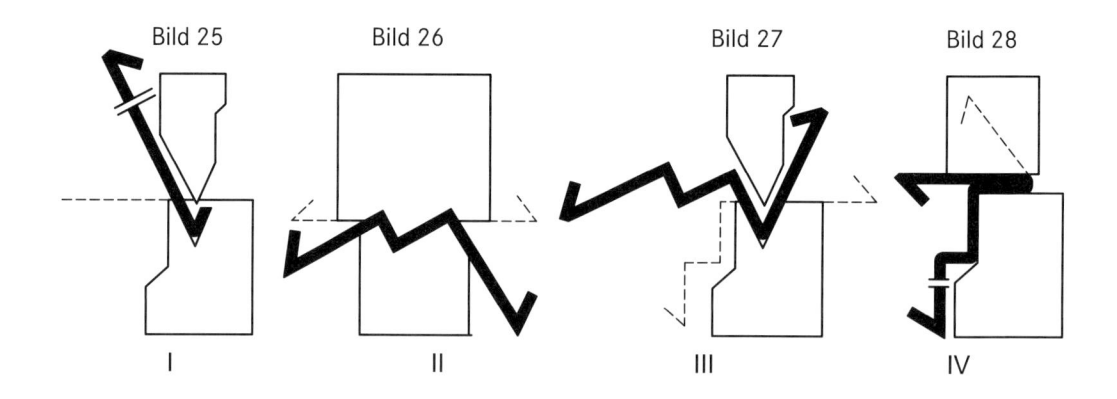

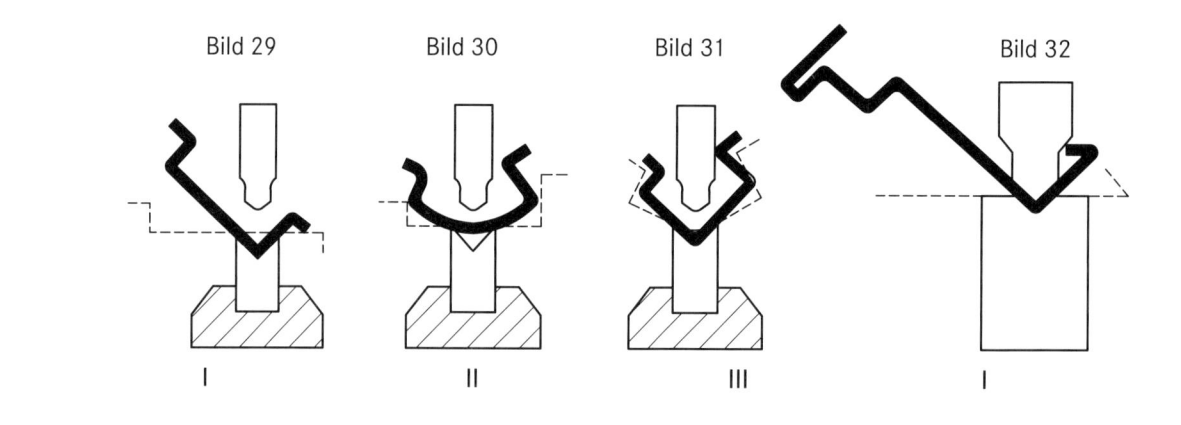

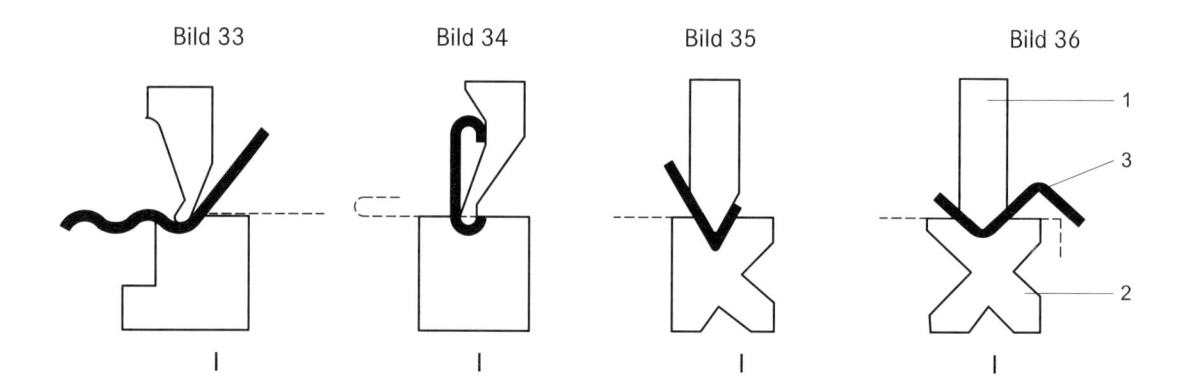

Bild 25 Bild 26 Bild 27 Bild 28
  I   II   III   IV

Bild 29 Bild 30 Bild 31 Bild 32
  I   II   III   I

Bild 33 Bild 34 Bild 35 Bild 36
  I   I   I   I

Die Kimmen werden immer etwas spitzer ausgeführt als die gewünschte Abkantung. Dadurch entsteht ein leichtes Überbiegen bei hartem, rückfederten Material. Außerdem setzt das Oberteil dadurch nicht hart im Grund auf.

1 Biegestempel, 2 Matrize mit mehreren Kimmen, 3 Werkstück,

I...IV Arbeitsstufen an einem Werkstück

Formbiegung – Keilschieber

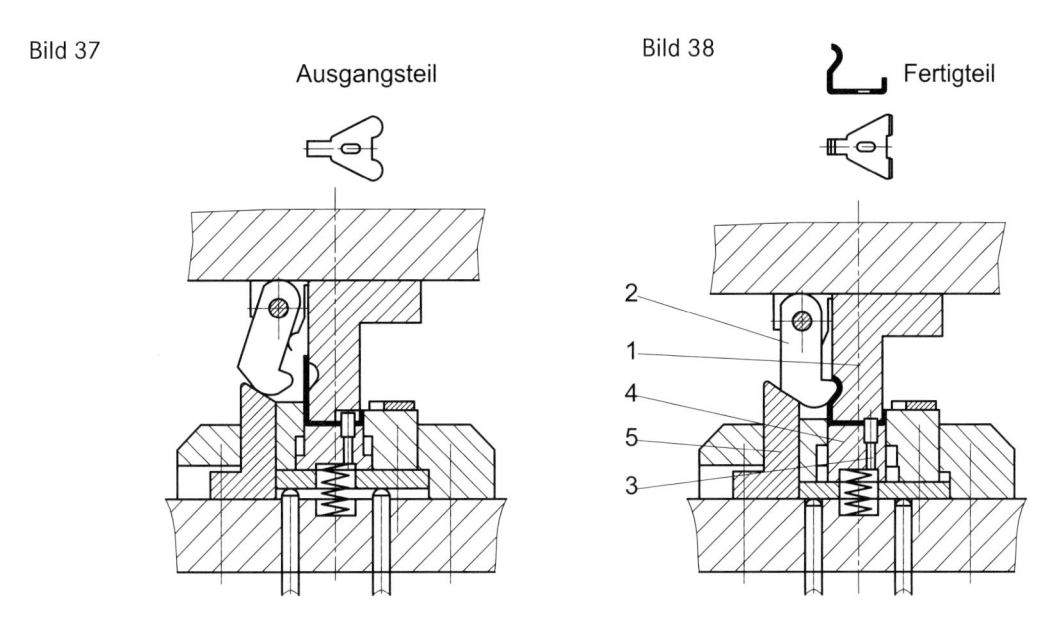

Bild 37 — Ausgangsteil

Bild 38 — Fertigteil

1 Biegestempel, 2 Formbiegestempel, 3 Aufnahmestift, 4 Auswerfer, 5 Keilstempel

Randbördelung – Keilschieber

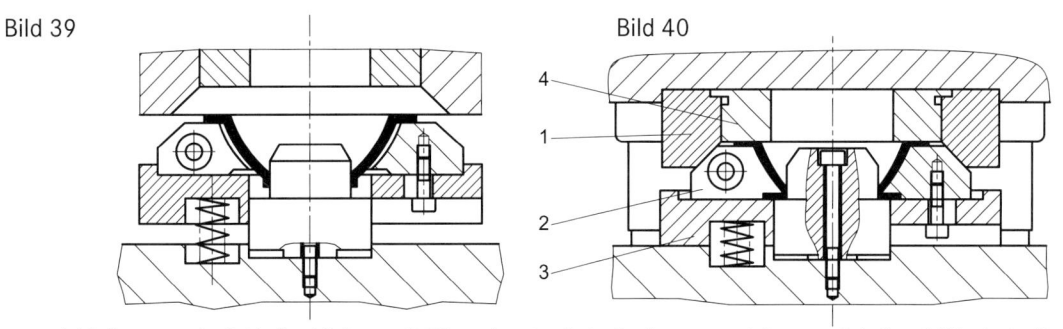

Bild 39

Bild 40

1 Keilstempel, 2 Keilschieber mit Biegekante, 3 Aufnahme- und Auswerfplatte, 4 Niederhalter

Rohrbiegen – Füllstangen

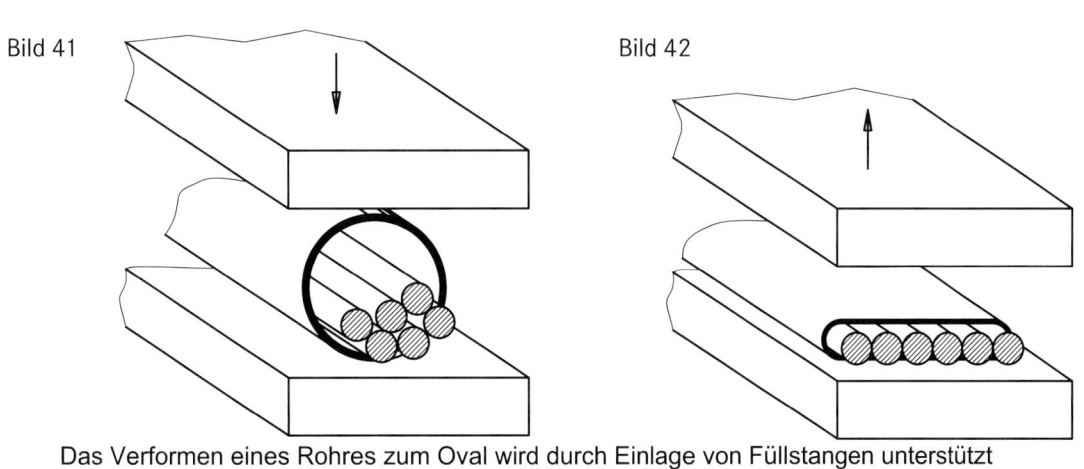

Bild 41

Bild 42

Das Verformen eines Rohres zum Oval wird durch Einlage von Füllstangen unterstützt

Rohrbiegen – Biegedorn

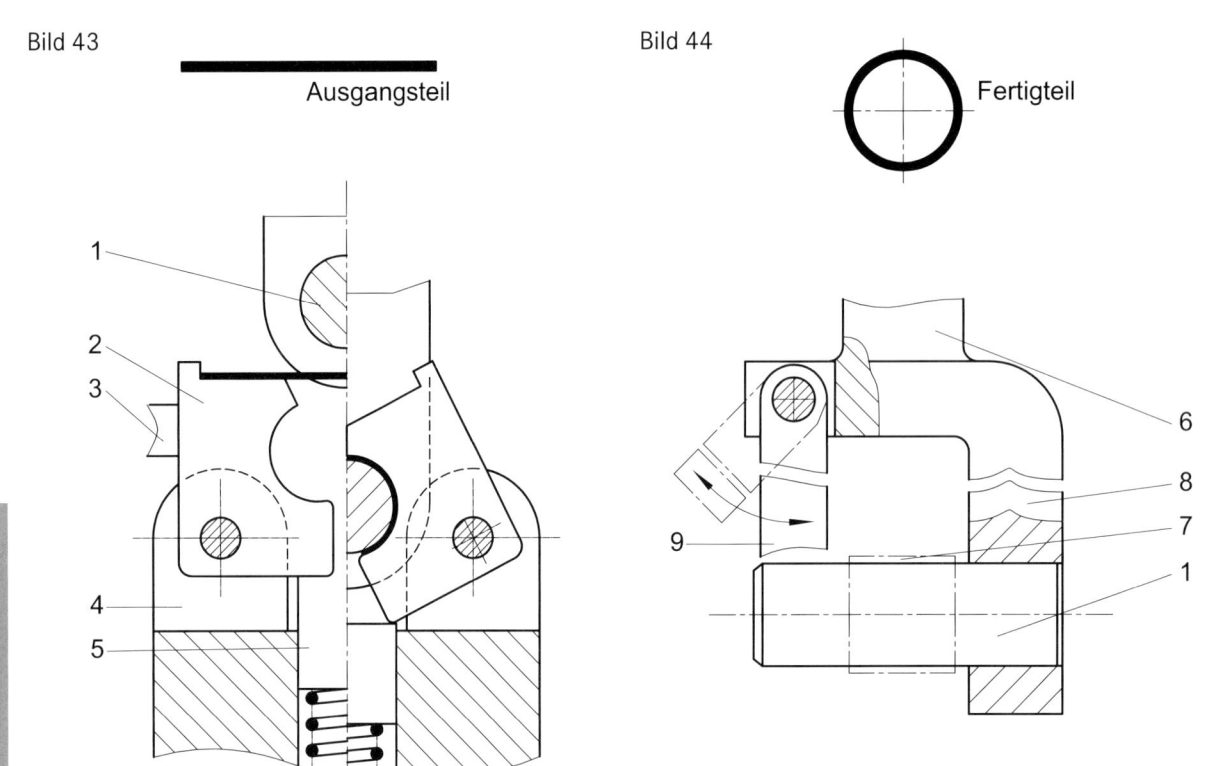

Bild 43 — Ausgangsteil

Bild 44 — Fertigteil

1 Biegedorn, 2 Formschwenkbacken, 3 Anschlag, 4 Lagerbock, 5 gefederter Ausheberbolzen, 6 Werkzeugeinspannung, 7 Werkstück, 8 Werkzeugoberteil, 9 Stützhebel

Rohrbiegen – Keilschieber

Bild 45

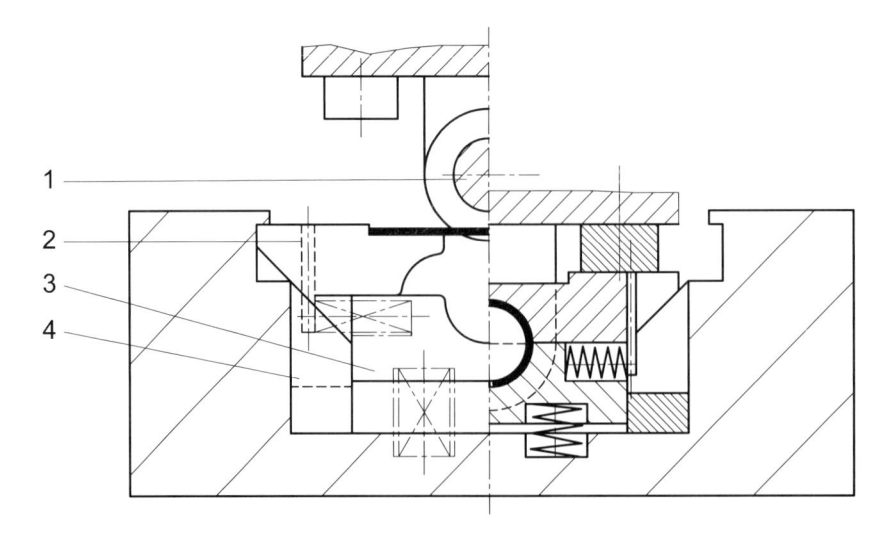

1 Biegedorn, 2 Biegekante am Formteilschieber, 3 Biegematrize, 4 Keilstück

Biegegesenk – Paketbiegung

Bild 46

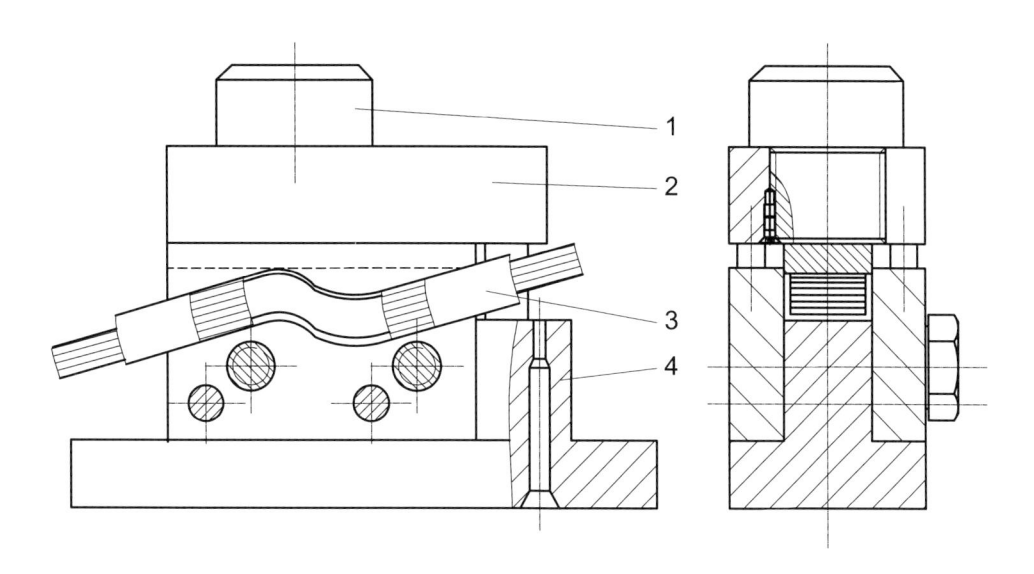

1 Einspannzapfen, 2 Oberteil mit Biegestempel, 3 Streifenpaket mit Profilrohr,
4 Unterteil mit Matrize

Biegebacken – Schwenkbiegebacken

Bild 47

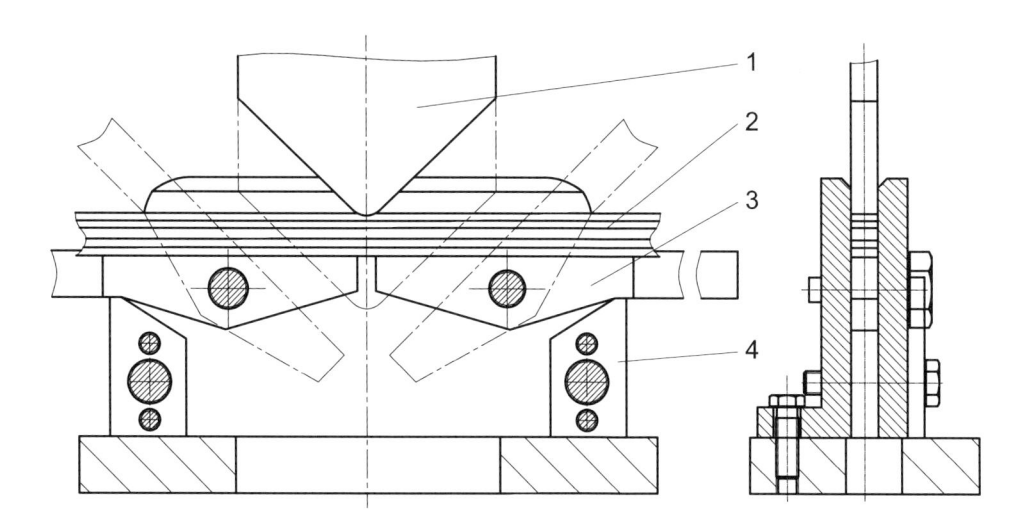

Gezeigt wird das Biegen von Rechteckrohren oder Blechstreifen im Paket.
Beim Biegen schwenken die Auflageklappen um den halben Biegewinkel ein.

1 Biegestempel, 2 Streifenpaket, 3 Auflageklappen, 4 Gestell

U-Biegung – Biegebacken

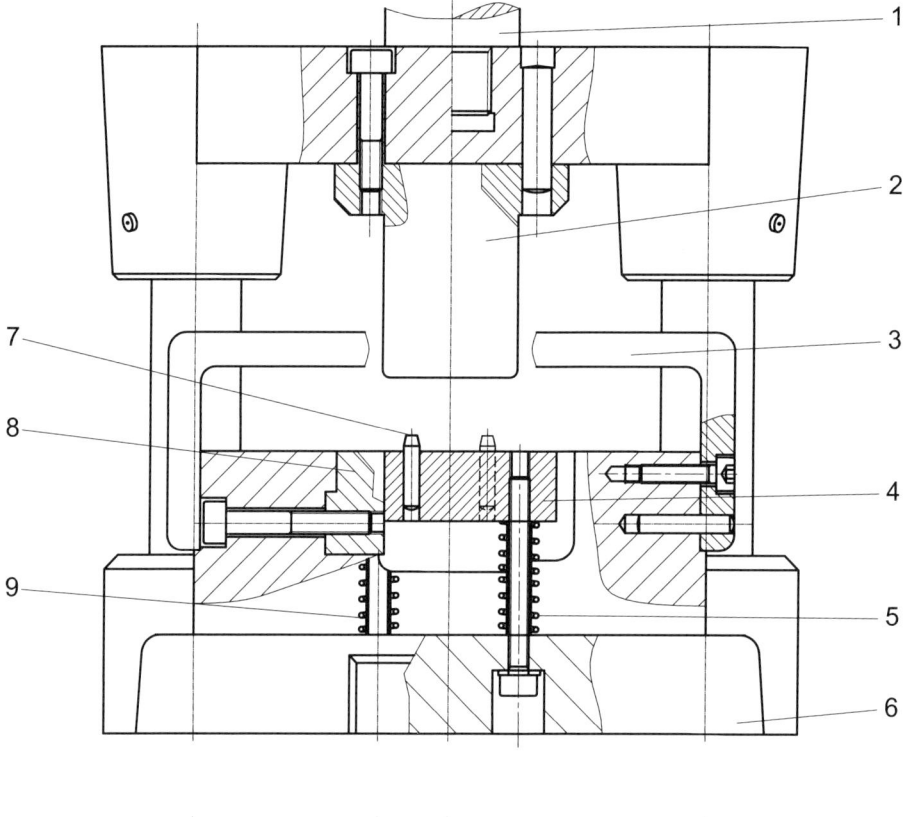

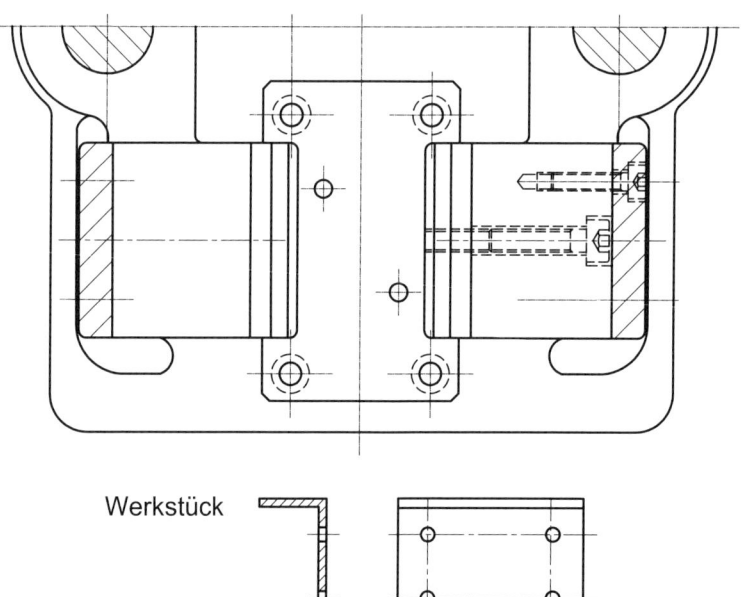

Bild 48

1 Einspannzapfen, 2 Biegestempel, 3 Abstreifer, 4 Auswerfer, 5 Distanzhülse,
6 Säulenführungsgestell, 7 Zentrierstift, 8 Biegebacken, 9 Schraubenfeder

Auswerfer – Federboden

Bild 49

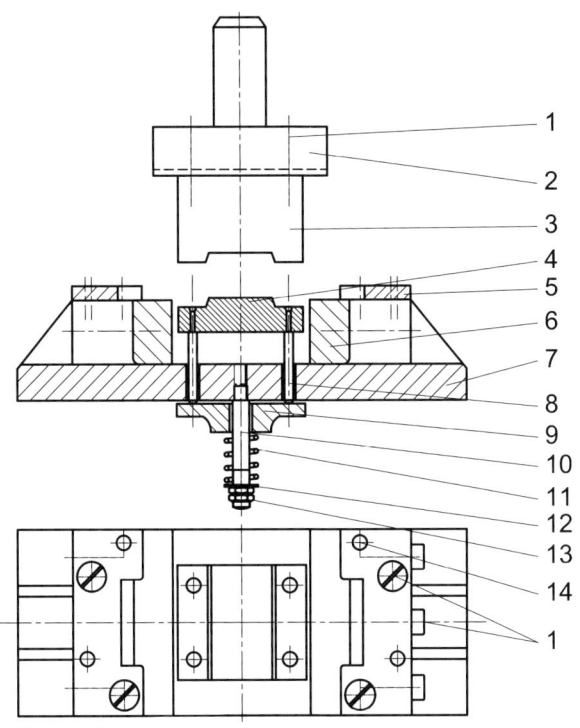

1 Zylinderschraube, 2 Stempelkopf, 3 Stempel, 4 Auswerfer, 5 Einlage,
6 Biegebacken, 7 Grundplatte, 8 Auswerfebolzen, 9 Federteller,
7 Gewindebolzen, 11 Druckfeder, 12 Scheibe, 13 Sechskantmutter, 14 Zylinderstift

Biegegesenk – V-Biegung

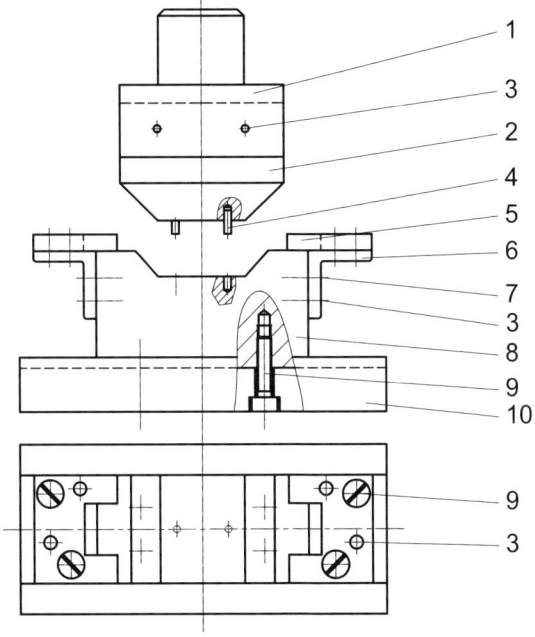

Bild 50

1 Stempelkopf, 2 Biegestempel, 3 Zylinderstift, 4 Fangstift, 5 Einlage
6 Winkel, 7 Senkschraube, 8 Biegeunterteil, 9 Zylinderschraube, 10 Grundplatte

Gegenhalter – U-Biegung

Bild 51

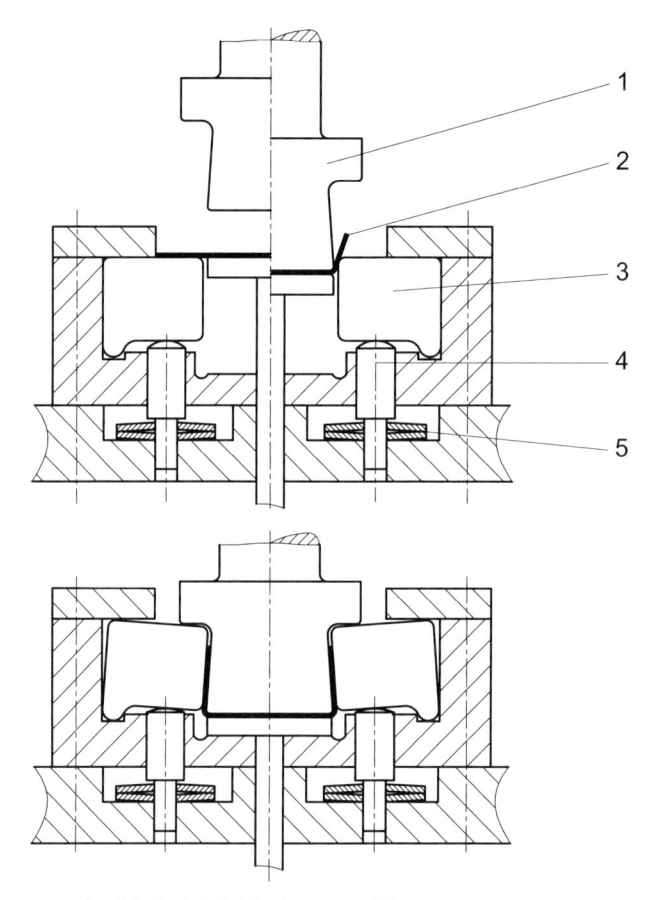

Das Überbiegen ist wegen der Materialrückfederung nötig.
1 Biegestempel, 2 Zuschnitt, 3 einkippender Biegebacken, 4 Stößel, 5 Tellerfeder, 6 Gegenhalter

Drehbiegebacken – Rückfederung

Bild 52

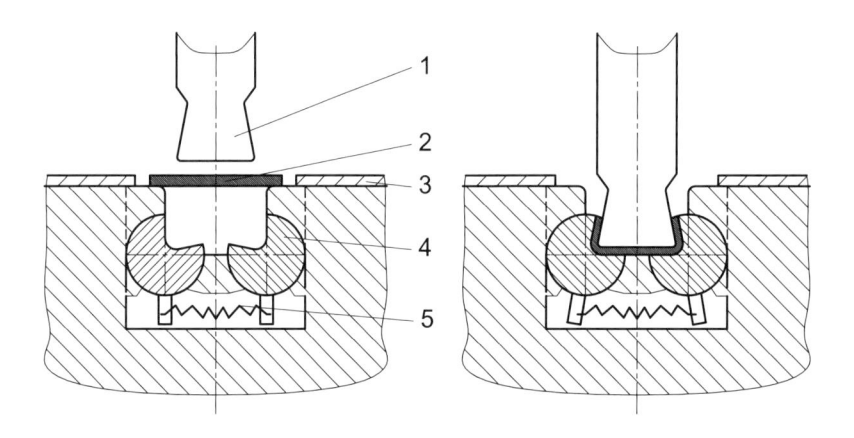

Der Biegevorgang erfolgt ohne Gegenhalter
1 Biegestempel, 2 Zuschnitt, 3 Führung mit Zuschnitt, 4 Drehbiegebacken, 5 Feder

Spreizbiegestempel – Biegeendkraft

Bild 53

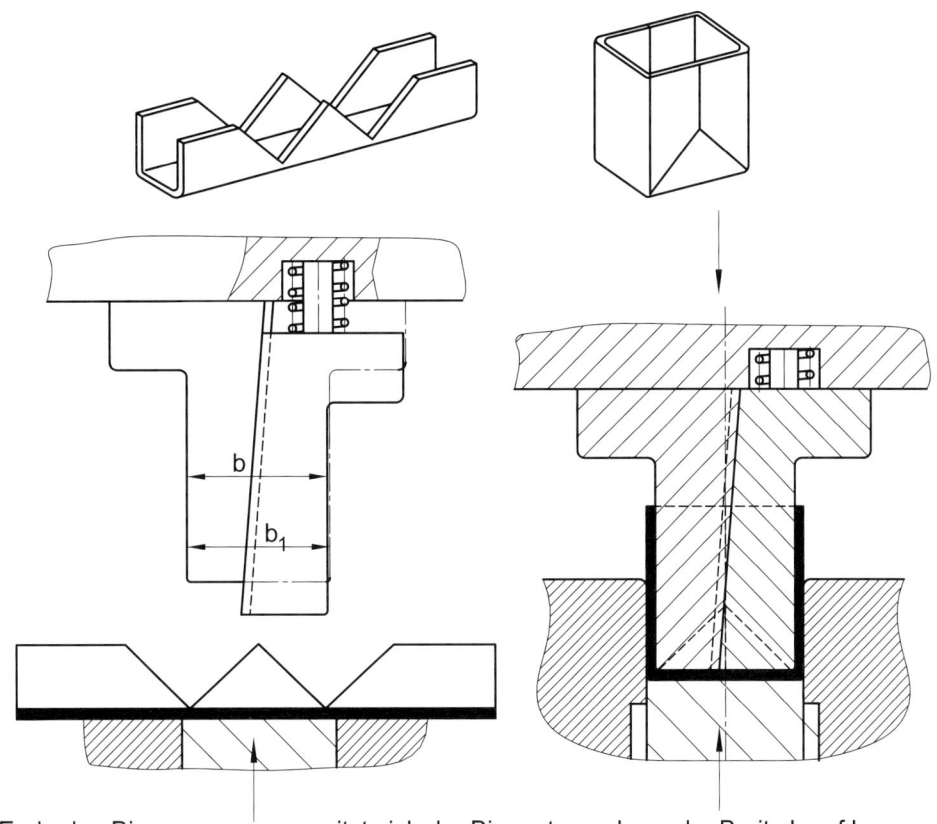

Am Ende des Biegevorgangs spreitzt sich der Biegestempel von der Breite b auf b_1. Damit wird eine Querprägekraft gegen das Biegegesenk erzeugt.

Keilschieber – Doppelbiegung

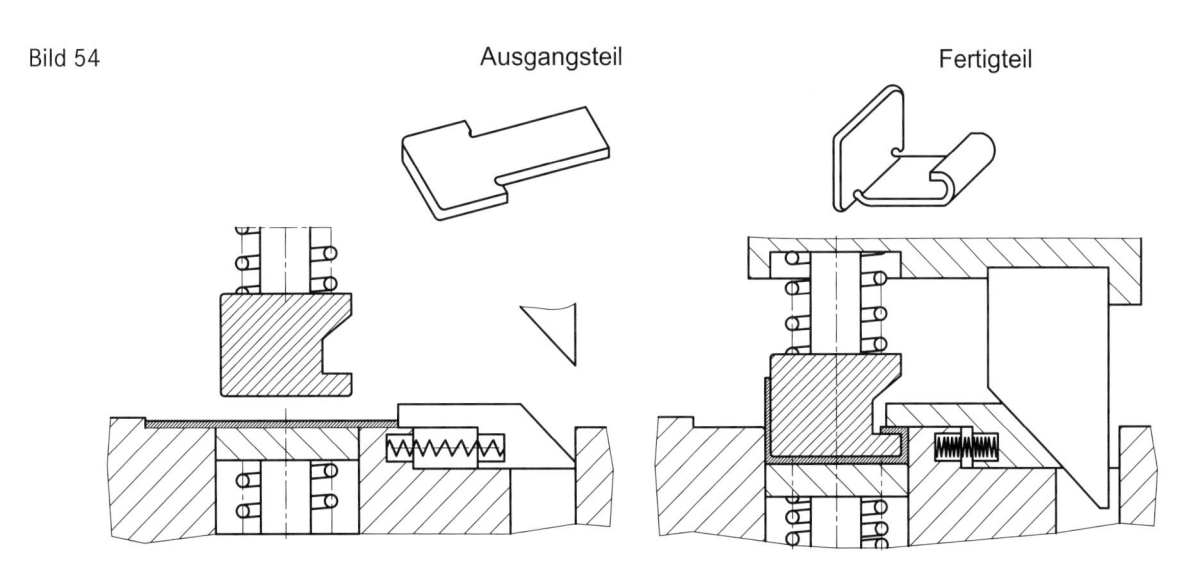

Bild 54

Ausgangsteil

Fertigteil

1 Stollenführung, 2 Führungsbuchse, 3 Sicherungsflansch, 4 Führungsbuchse

Rohrbiegewerkzeug – Streifenbiegewerkzeug

Bild 55

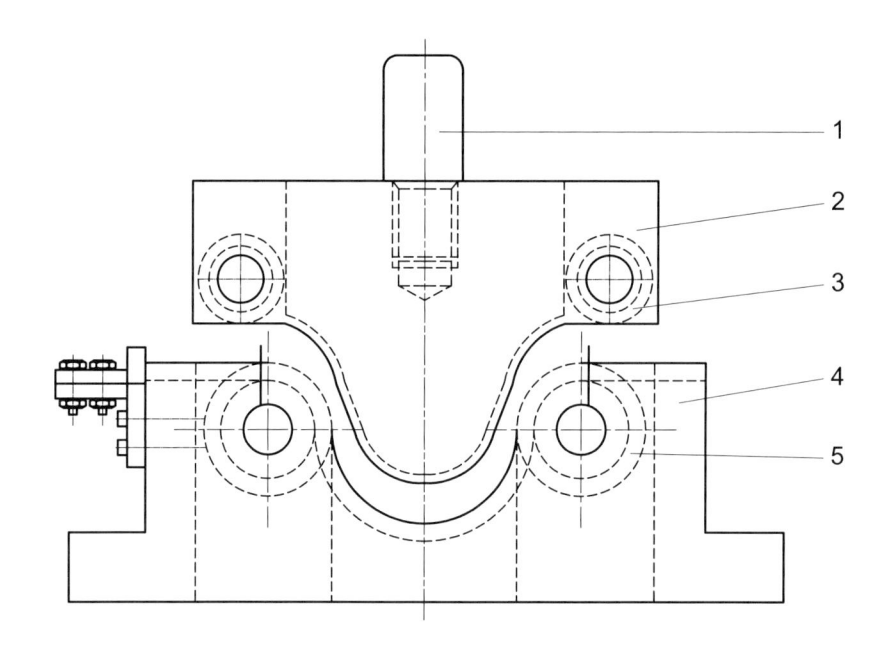

1 Einspannzapfen, 2 Biegestempel, 3 Stützrolle, 4 Werkzeugunterteil, 5 Biegerolle

Rohrbiegewerkzeug – Streifenbiegewerkzeug

Bild 56

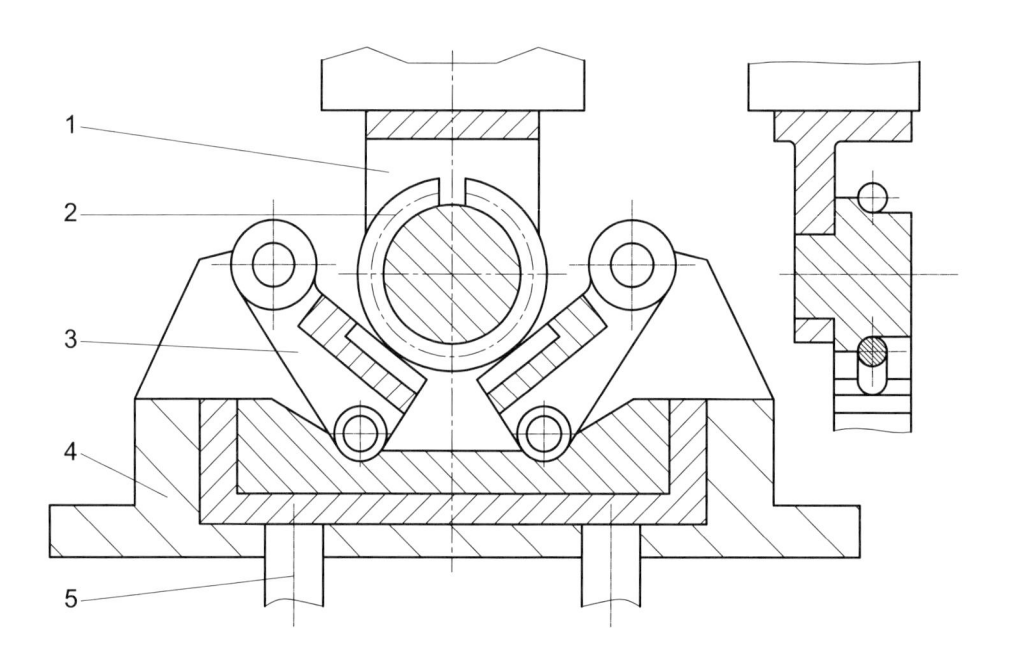

1 Werkzeugoberteil, 2 Werkstück, 3 Biegebacken, schwenkbar, 4 Grundplatte, 5 Auswerfer

U-Biegewerkzeug – Prägedruck

Bild 57

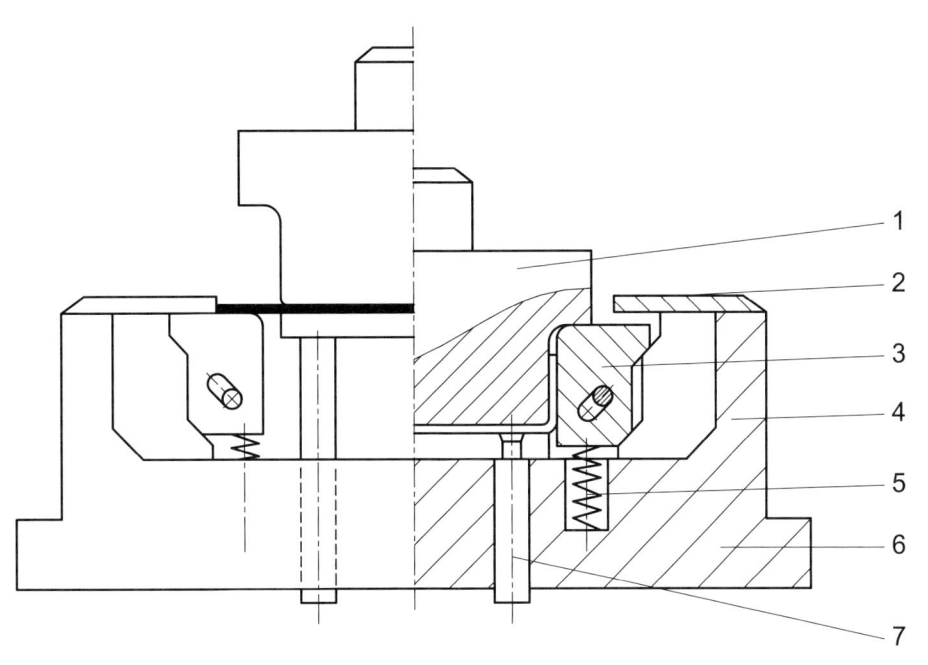

Am Ende der Biegung wird eine Querprägekraft ausgeübt. Sie wirkt gegen den Biegestempel.
1 Biegestempel, 2 Auflagebegrenzung, 3 Keilschieber, 4 Keilleiste,
5 Druckfeder, 6 Werkzeugunterteil, 7 Auswerfstößel

U-Biegewerkzeug – Keilschieber

Bild 58

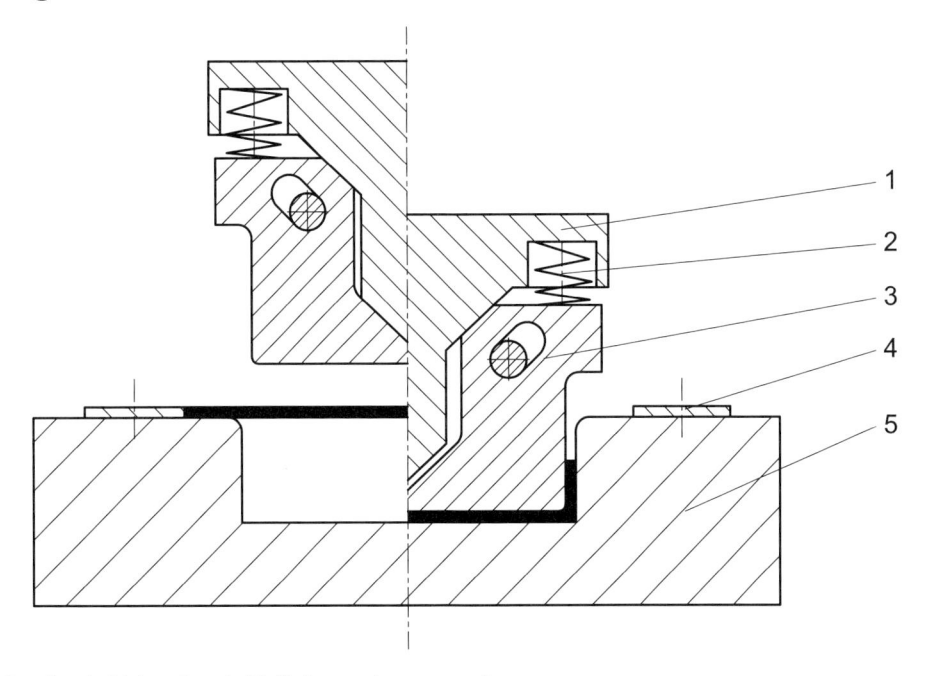

Eine Prägekraft wird hier durch Keilelemente erzeugt.
1 Werkzeugoberteil, (Keilstempel), 2 Druckfeder, 3 Biegestempel, 4 Auflagebegrenzung,
5 Biegegesenk

Doppelbiegung – Biegehaken

Bild 59

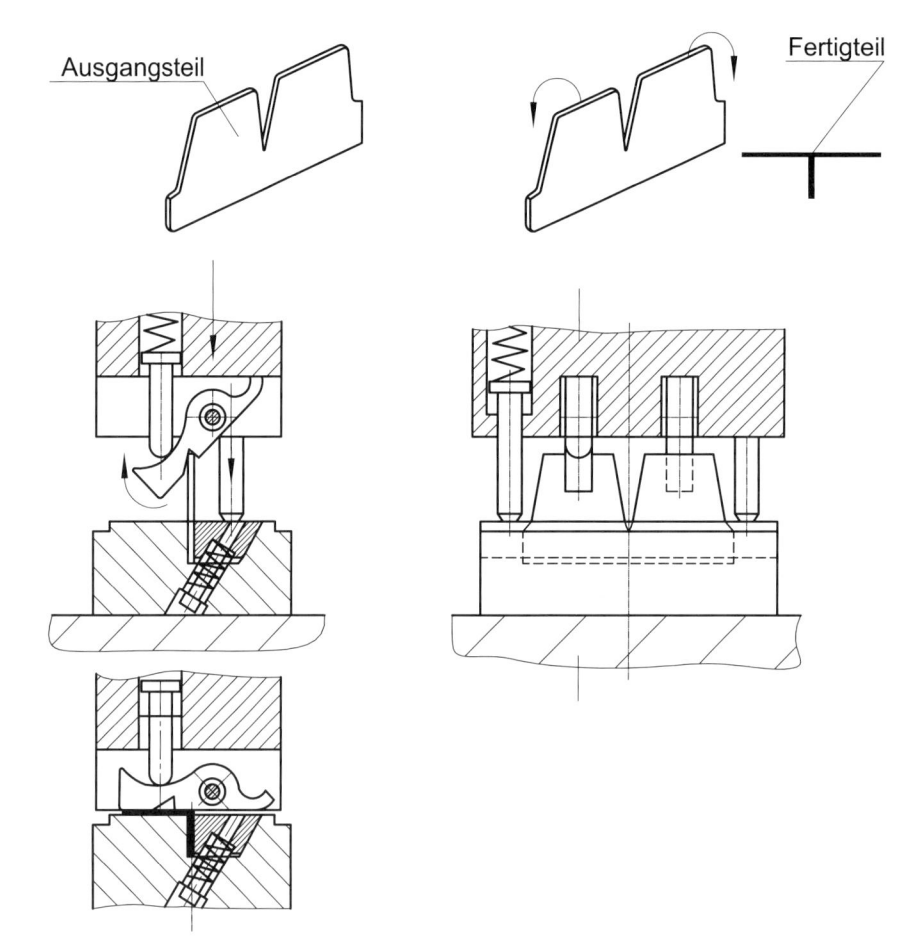

Das Biegen nach zwei Seiten wird durch Einrasten des Biegeteils an einem Biegehaken eingeleitet. Danach erfolgt das Anpressen gegen das Biegegesenk.

Rohrbiegen – Biegeelemente

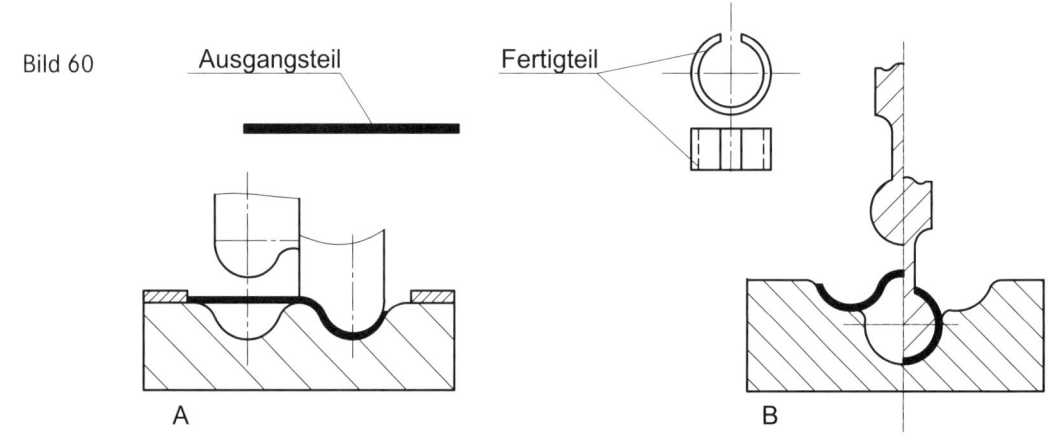

Bild 60

Es wird zunächst eine Zwischenform (A) erzeugt. Diese wird dann im Werkzeug eingelegt (B).

Biegerolle – Mehrfachbiegung

Bild 61

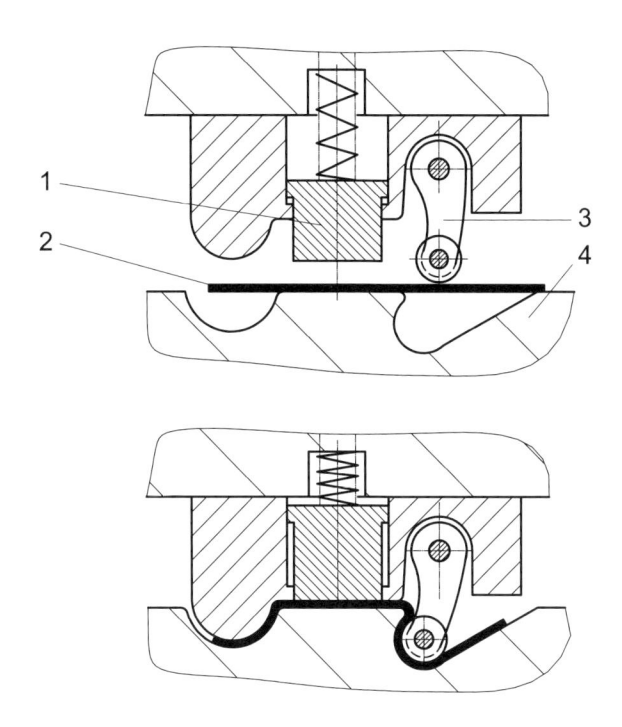

1 Werkstück, Zuschnitt, 2 Niederhalter, gefedert, 3 Rollenheber, 4 Biegegesenk

Biegehebel – Kernleiste

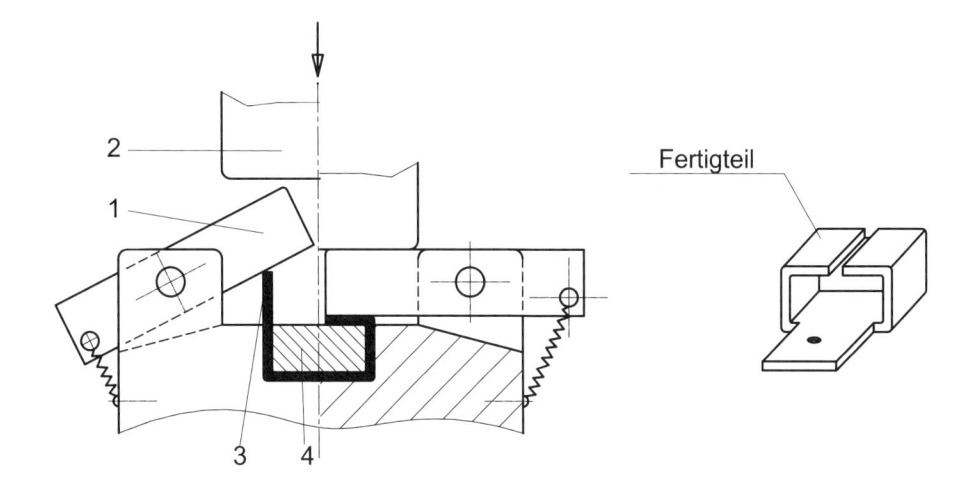

Bild 62

1 Biegehebel, 2 Druckstempel, 3 vorgebogenes Teil, 4 Kernleiste

Ringbördelung – Keilschieber

Bild 63

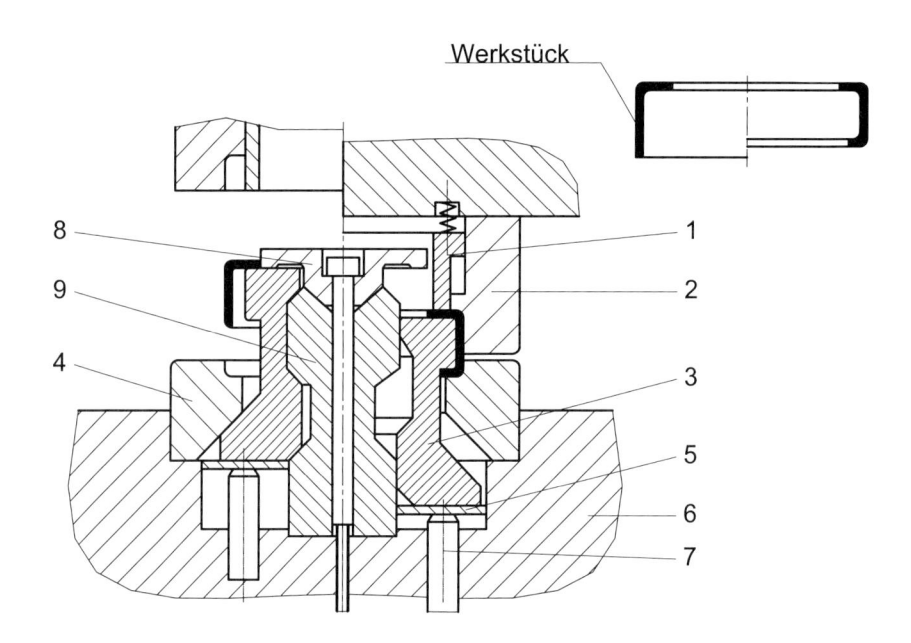

Durch eine Keilkombination werden die Keilstempelsegmente waagerecht verschoben, so das ein umlaufender Bord am Werkstück entsteht.
1 Niederhalter, 2 Formring, 3 Keilstempelsegment, 4 Matrize, 5 Druckplatte,
6 Werkzeugunterteil, 7 Auswerfebolzen, 8 Zentrieraufnahme, 9 Keilbolzen

Ringbördelung – Ringkalibrierung

Bild 64

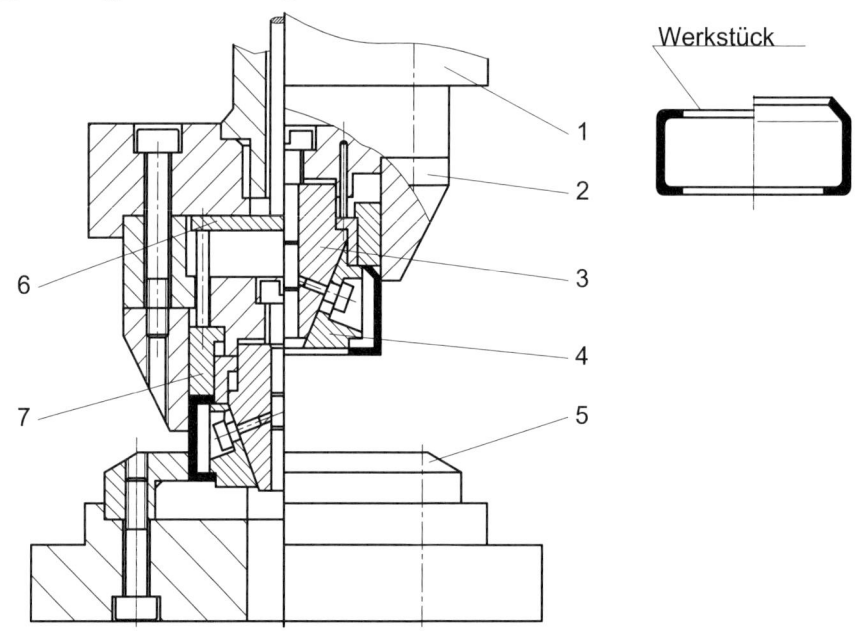

Werkzeugoberteil, 2 Ringführung, 3 Druckkegel, 4 Keilschiebersegment(4...6 Stück im Umfang)
5 Matrize, 6 Auswerferscheibe, 7 Druckring

Formbiegung – Biegestempel

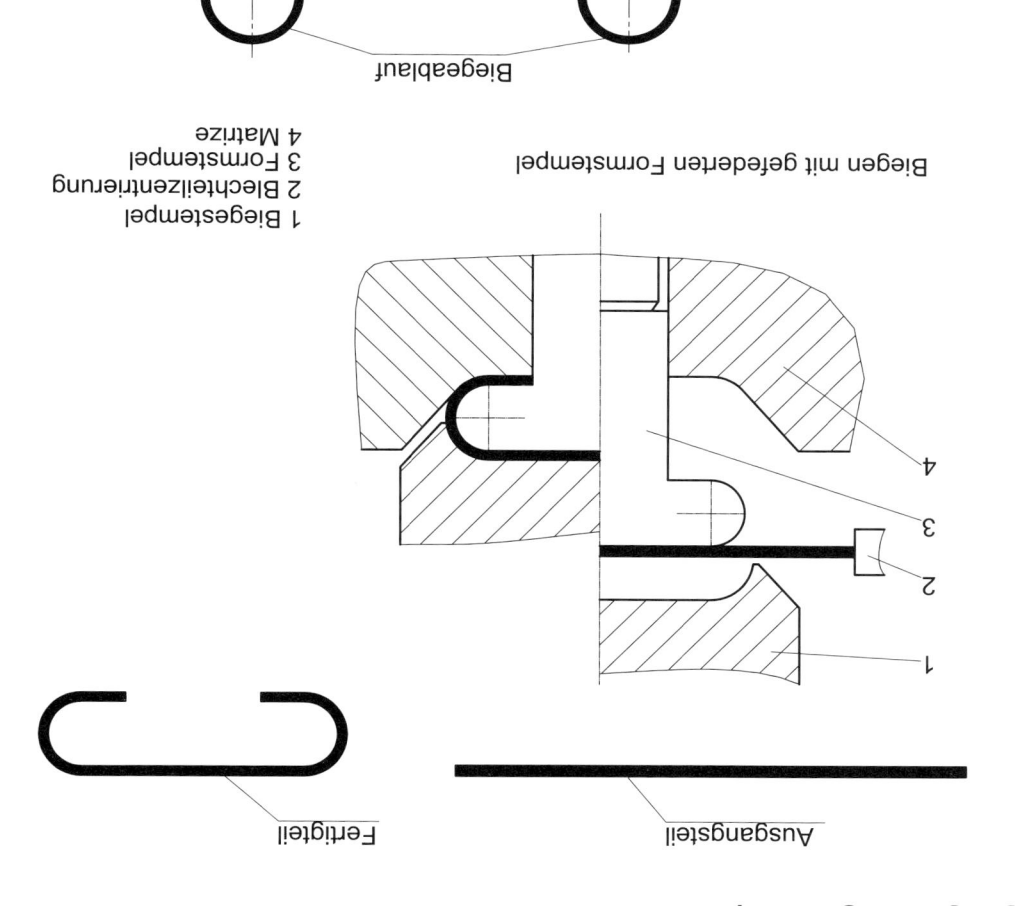

Bild 71

Biegen mit gefedertem Formstempel

1 Biegestempel
2 Blechteilzentrierung
3 Formstempel
4 Matrize

Ausgangsteil
Fertigteil

Bild 72

Biegen gegen gefederten Biegekern

1 Biegestempel
2 Blechteilzentrierung
3 Matrize
4 gefederte Biegekernhalterung
5 Biegekern

Biegeablauf

Biegestempel – Werkzeugaufbau

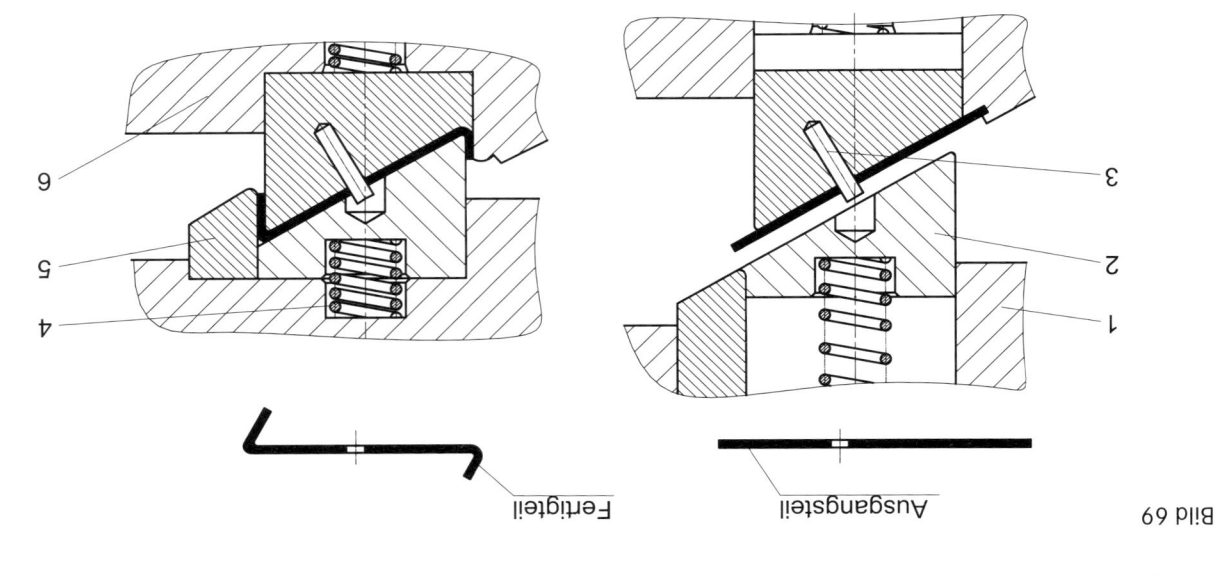

Bild 69

1 Werkzeugoberteil, 2 Biegeelement, 3 Aufnahmestift, 4 Druckfeder, 5 Biegebacken, 6 Unterteil mit Führung und Biegekante

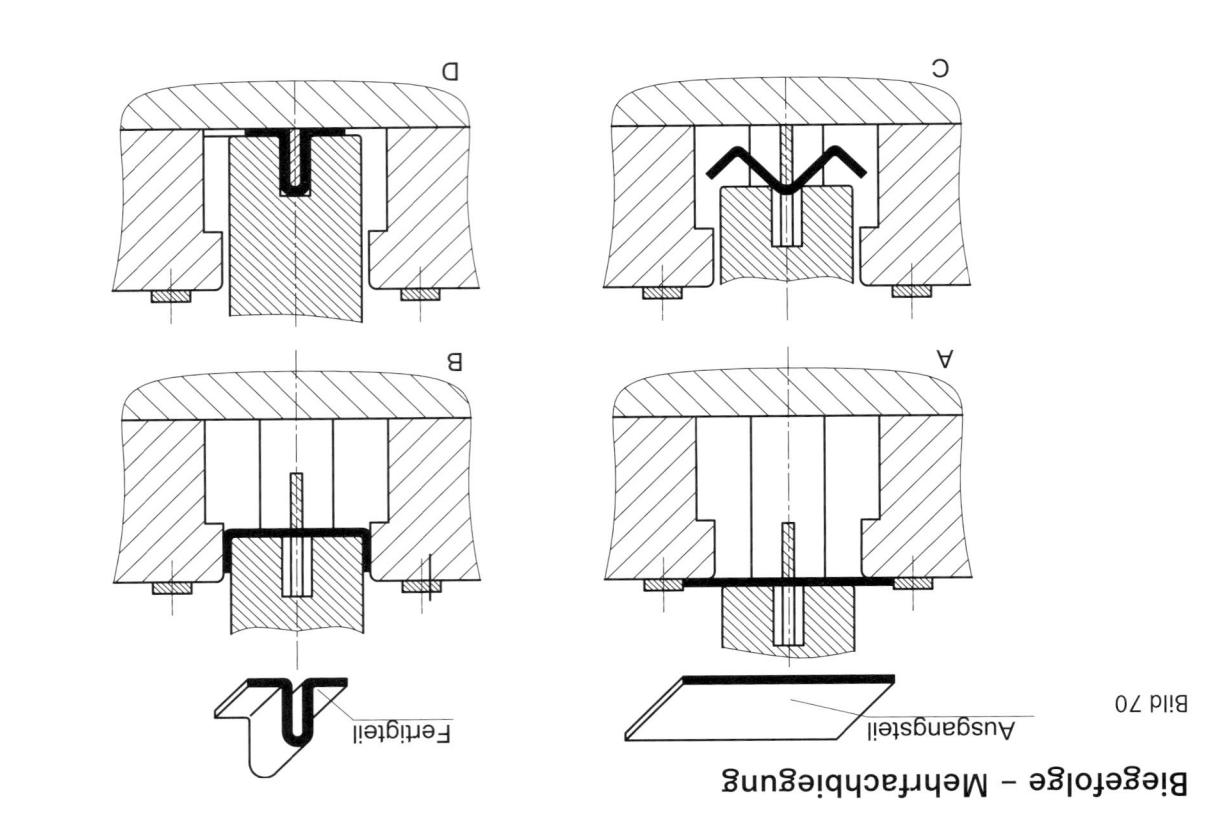

Biegefolge – Mehrfachbiegung

Bild 70

A Werkzeug mit eingelegtem Zuschnitt, B Ende der U-Biegephase, C Übergang zur zweiten Biegephase, D Abschluß der zweiten Biegung

Innenformleiste – Schwenkbiegebacken

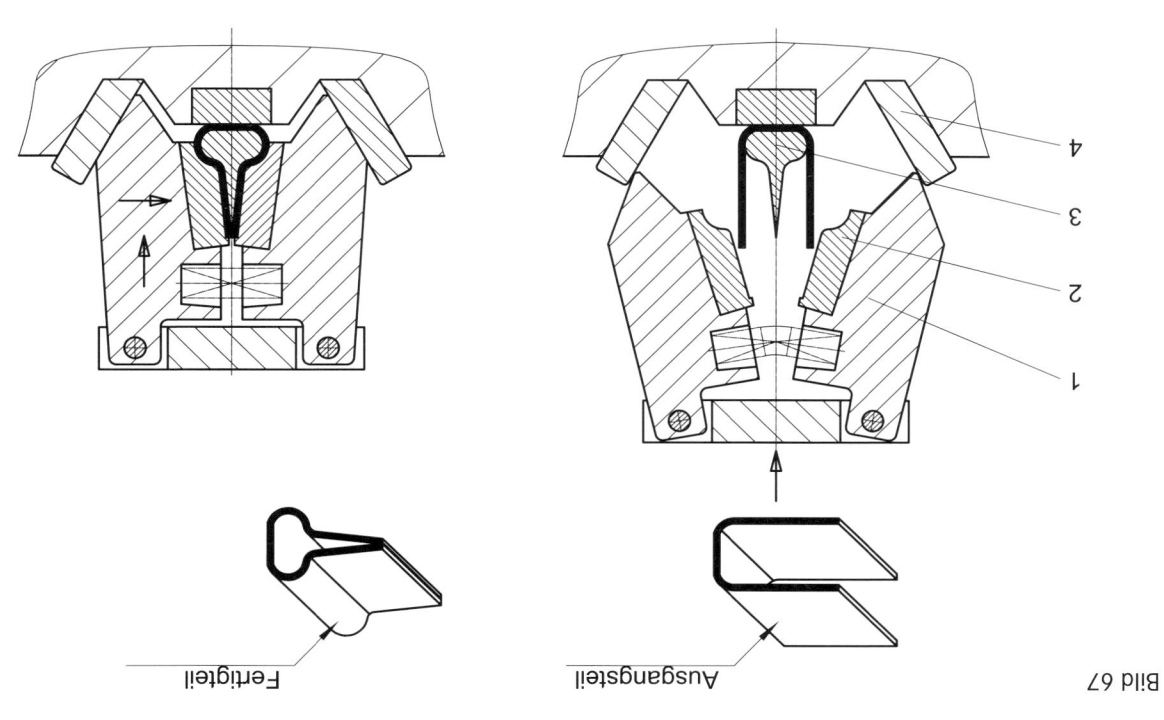

Bild 67

Beim Zusammenfahren des Werkzeuges nimmt das Werkstück die Form der Innenleiste an.
1 Schwenkhebel, 2 Biegebacken, 3 Innenformleiste, 3 Keilplatte

Biegestempel – Kipphebelantrieb

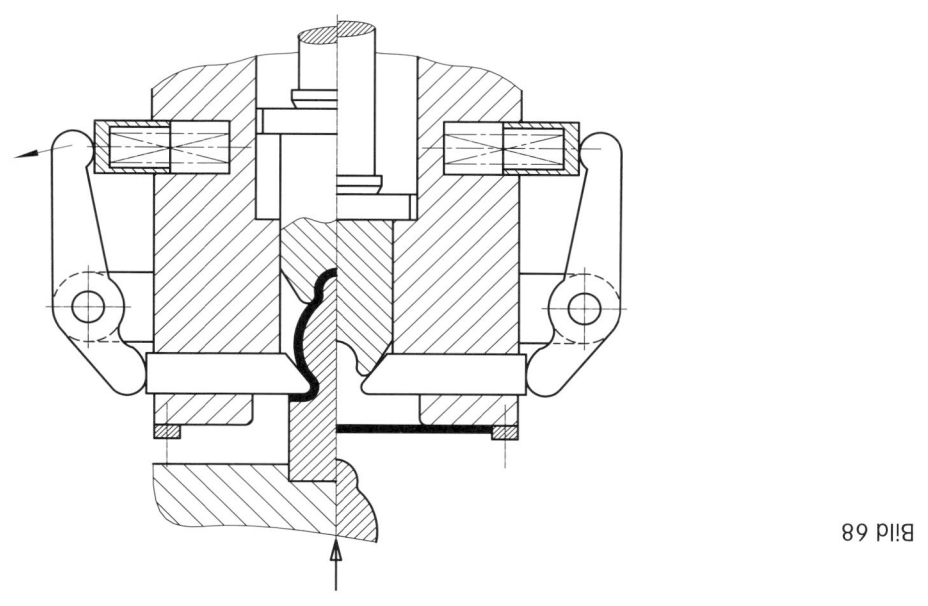

Bild 68

In der zweiten Biegephase werden die waagerechten Biegestempel allein durch die Federkraft bewegt.
Die Funktion ist nur bei dünnen Blechen bis 0,3 mm Blechdicke gesichert.

Mehrfachbiegung – Werkzeugaufbau

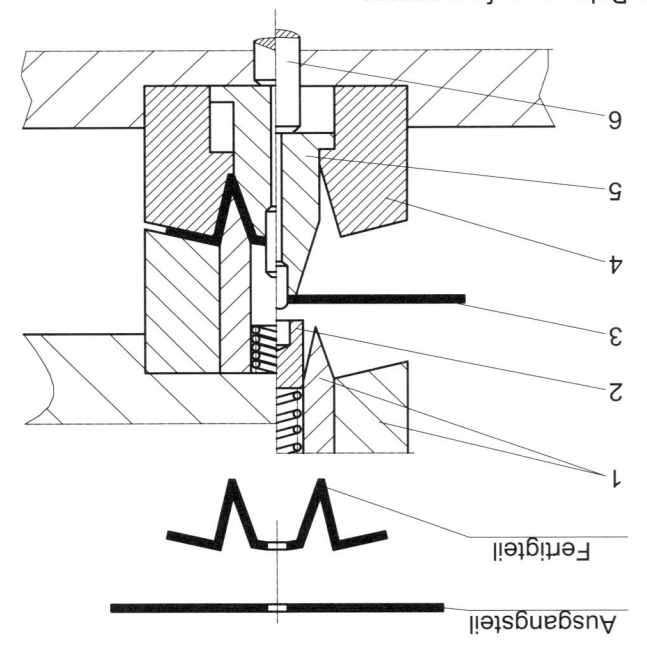

Bild 65

Der Zuschnitt wird in einer Bohrung aufgenommen.

1 Biegegesenk, 2 gefederter Blechhalter, 3 Zuschnitt, 4 Biegegesenk, 5 Biegestempel, 6 Ausheberbolzen

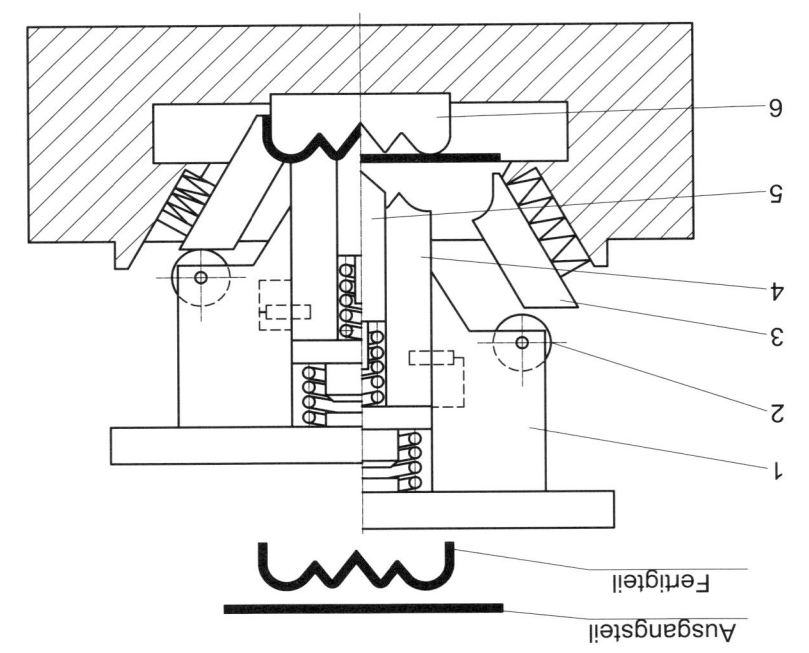

Mehrfachbiegung – Biegestempelgestaltung

Bild 66

Beim Zusammenfahren des Werkzeuges wird von innen nach außen gebogen.

1 Werkzeugoberteil mit Biegestempelführung, 2 Druckrolle, 3 Außenbiegestempel, 5 mittlerer Biegestempel, 6 Biegegesenk

Biegeelemente – Hartstoffeinatz

Bild 73

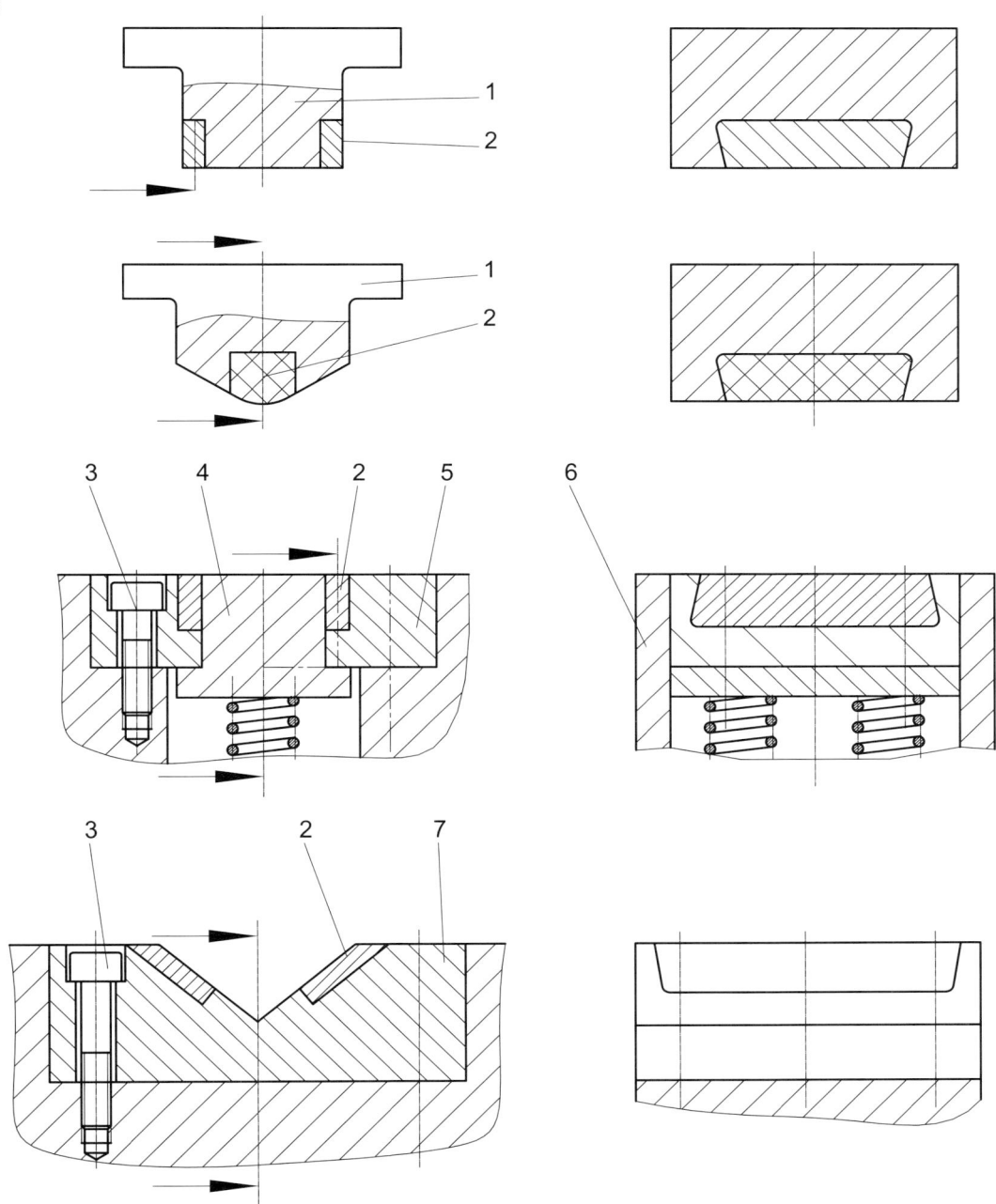

Für hohe Stückzahlen werden zur Verschleißminderung Biegeelemente mit Keramik oder Hartmetall bestückt.
Die Hartstoffeinsätze werden geklebt, die Biegekanten werden nach dem Kleben fertig gearbeitet.
Es werden einige Beispiele zur Gestaltung der Einsatznut gezeigt.

1 Biegestempel, 2 Hartstoffeinsatz, 3 Schraube, 4 Auswerfer, 5 hartstoffbestückte Biegeleiste,
6 Seitenplatte, 7 bestücktes Biegegesenk

Biegen über Keilstempel

Bild 74

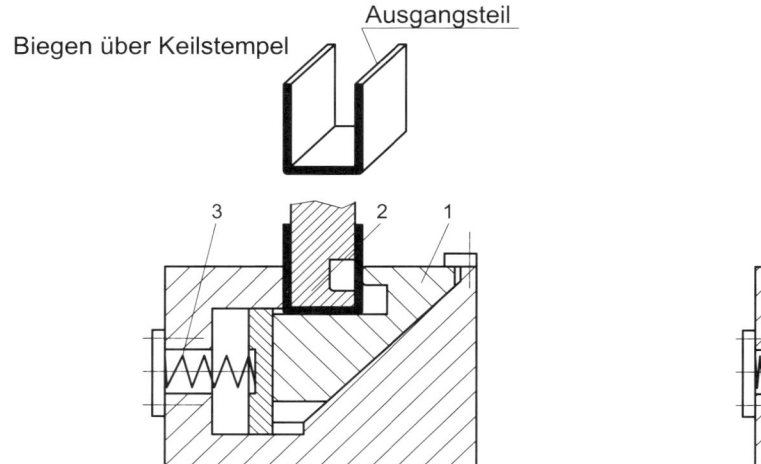

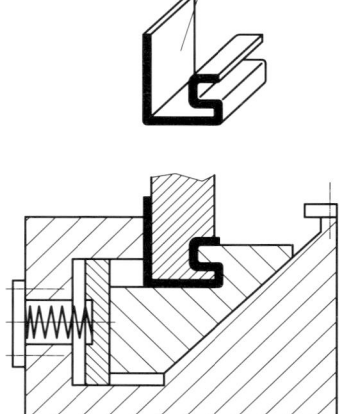

Biegefolge bei Mehrfachbiegung

Bild 75

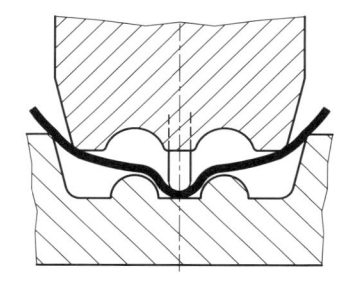

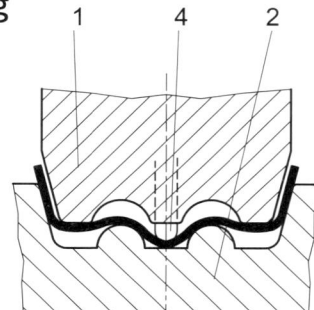

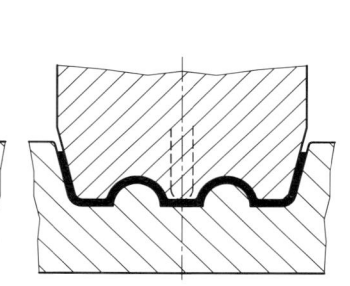

V-Biegung bei vorgebogenem Teil

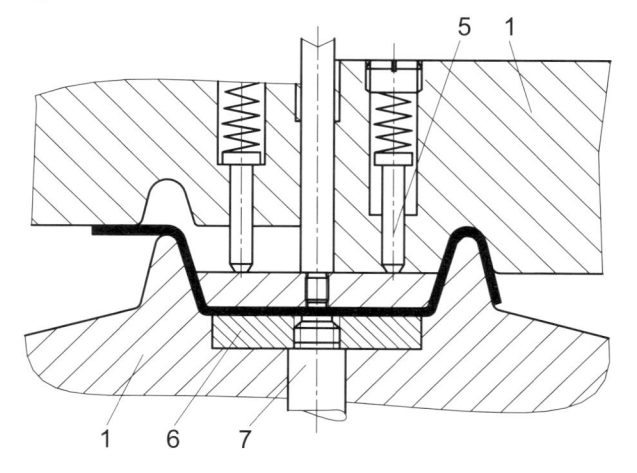

Bild 76

1 Biegestempel, 2 Matrize, 3 Rückhubfeder, 4 gefederte Biegeleiste, 5 Niederhalter, gefedert
6 Auswerfer, 7 Druckstange

Biegevorgang

Bild 77

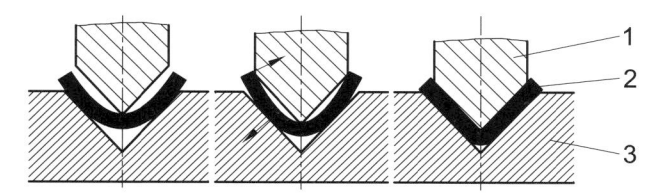

1 Stempel
2 Werkstück
3 Gesenk

Gesenkwelle und Rückfederung

Bild 78

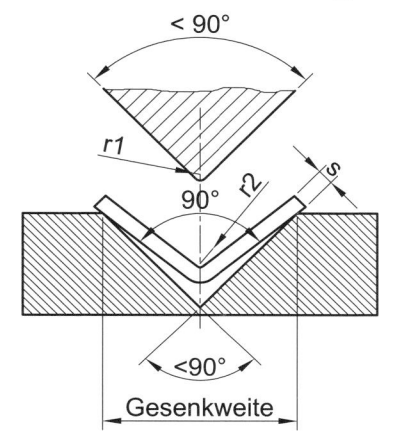

Querschnittsveränderung beim Biegen

Bild 79

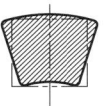

Faserverlauf und Biegekanten

Bild 80

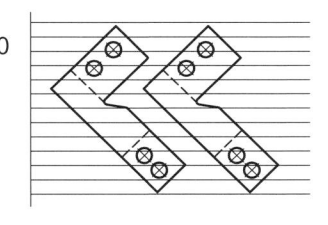

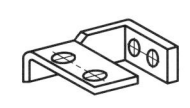

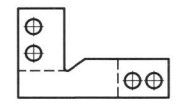

Bohrungen an Biegekanten

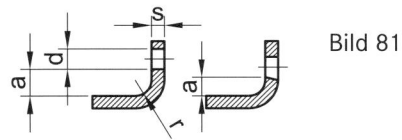

Bild 81

Aufnahme für genaue Biegeteile

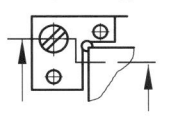

Bild 82

Zuschnittführung

Bild 83

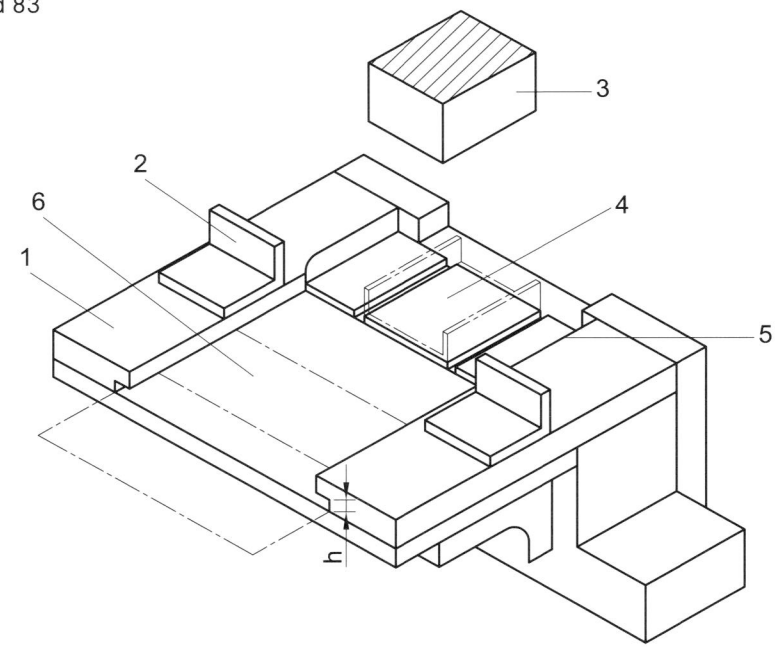

1 Führungsschiene,
2 Winkel für Schutzgitter
3 Biegestempel
4 federnder Auswerfer im Biegegesenk
5 Anschlagkante für Zuschnitt,
6 Zuschnitt
h = (1,2 bis 1,5) s

Zuschnittaufnahme – Aufnahmeelement

Bild 84

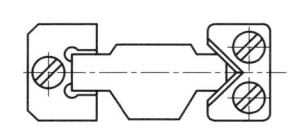

Bild 85

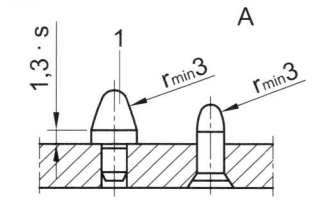

Bild 86

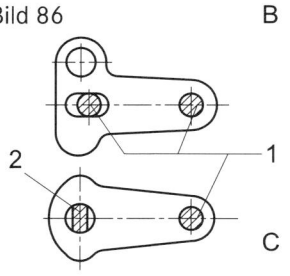

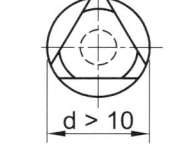

Bild 87

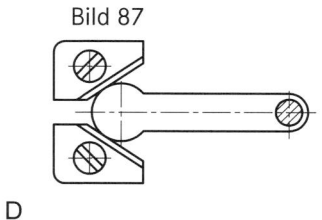

A Außenaufnahme
B Elemente für Lochaufnahme
C Innenaufnahme
D Innen- und Außenaufnahme kombiniert

1 Aufnahmebolzen
2 Schwertbolzen
s Blechdicke

Biegen von Kunststofftafeln (nach Bielomatik)

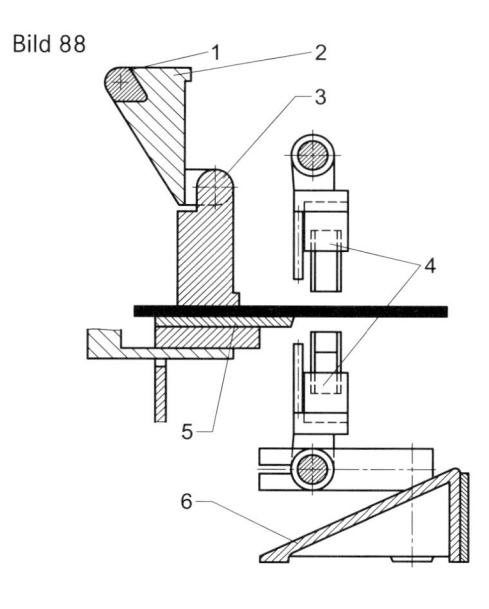

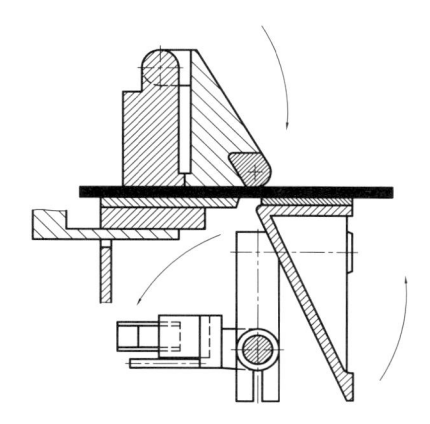

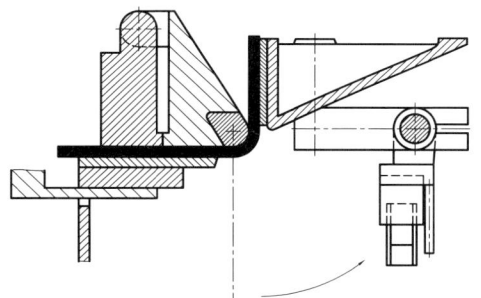

Bild 88

1 Einsatz für Innenradius
2 Schwenkarm
3 Spannbalken
4 aufsteckbarer Strahler
5 Auflagewinkel
6 Biegebalken

Umformverfahren thermoplstischer Kunststoffe

Grundverfahren	Ausführungsart	Merkmale
Biegeumformen	Abkanten, Biegen, Bördeln	Biegen um gerade oder gekrümmte Achsen, annähernd gleichbleibende Wanddicken
Druckumformen	Prägen, Rändeln, Stauchen	Stauchen des Materials unter Werkstoffverdrängung
Zugumformen	Streckziehen	Kraftwirkung durch Stempel oder Gase (Luft); Oberflächenvergrößerung auf Kosten der Materialdicke, Wanddickenveränderung
Zugdruckumformen	Tiefziehen	Kraftwirkung meist durch Stempel; Material fließt während des Umformens nach; annähernd gleichbleibende Wanddicken
Kombinierte Verfahren	meist Streckziehen	Kombination verschiedener Kraftwirkungen, z.B. Stempel + Luft

7. Biegumformen – Abkantwerkzeuge

Ein Abkantwerkzeug ist ein Werkzeug zur Blechbearbeitung. Abkantwerkzeuge werden in Abkantpressen eingesetzt. Beim Kantvorgang wird ein Werkstück (in der Regel Bleche) zwischen dem Stempel und der Matritze in einem Gesenk umgeformt. Die Ober- und Unterwerkzeuge sind auswechselbar. Das Oberwerkzeug besteht aus dem Oberbalken, der Klemmplatte und dem Stempel. Das Unterwerkzeug besteht aus dem Unterbalken, der Zentrierplatte und der Matrize. Stempel und Matrize sind auswechselbar und in verschiedenen Formen und Abmessungen erhältlich und können je nach dem gewünschten Profil hergestellt werden. Um die Standzeit der Werkzeuge und die Verschleißfestigkeit zu erhöhen, können die Werkzeuge gehärtet werden, oftmals wird hierzu eine Laserhärtung vorgenommen.

Das Biegen von Blechen und Bändern erfolgt um gerade Kanten. Zur Herstellung von Kantprofilen wird der Blech- oder Bandstreifen in die Matrize eingelegt, dann senkt sich der Stempel in die Matrize und verformt das Blech zu dem gewünschten Profil.

Bei Schwenkbiegemaschinen wird das Blech eingespannt und der herausragende Streifen von der schwenkbaren Biegewange umgebogen. So lassen sich auch dickere Bleche mit höherer Zugfestigkeit bei kürzeren Biegelängen und größeren Innenradien abkanten. Schwenkbiegen eignet sich besonders zum Biegen von flächigen Blechen, die im Randbereich umgeformt werden sollen. Beim Biegen bleibt das flächige Blech auf dem Hochhaltesystem in der Maschine liegen. Der Bediener muss das Gewicht des Bleches weder außerhalb der Maschine halten, noch muss er das Blech beim Biegen hochführen und nach dem Biegen das Blechgewicht abstützen. Ein einziger Bediener kann somit selbst große und schwere Bleche alleine handhaben. Große Teile belädt, biegt und entlädt der Bediener von der Rückseite der Maschine und nutzt dabei einen einseitig verlängerten Hinteranschlag. Kleine Teile bearbeitet er von der Vorderseite der Maschine.

Schwenkbiegemaschinen stellen sich beim Programmstart automatisch auf die verarbeitende Blechdicke und den gewünschten Biegeradius ein. Bei Dünnblechmaschinen (bis ca. 2 mm) wird meist nur die Höhe der Biegewange zum Drehpunkt eingestellt, wodurch sich die Maschine auf die Blechdicke einstellt. Oberhalb 2 mm ist eine Einstellung der Biegewange und der Unterwange unabdingbar, um Biegeergebnisse zu erzielen.

Einsatzgebiete:
- Metalltüren/Möbel/Regale
- Werbeschilder
- Transporteinrichtungen
- Gehäuse für elektrische und elektronische Geräte
- Klimageräte und Heizkesselverkleidungen
- Reinigungsmaschinen
- Maschinen und Maschinenverkleidungen
- Leuchtenkörper

Matrizenadapter

Bild 1

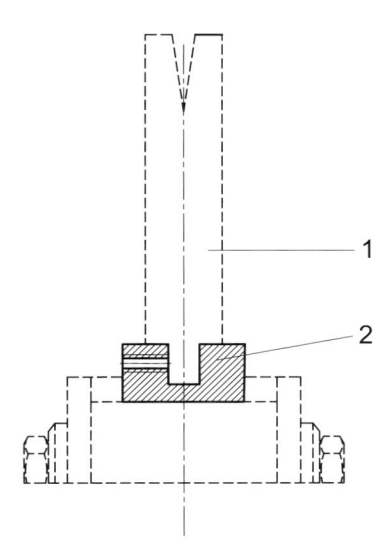

1 Matrize
  UKB-System B
2 Matrizenadapter
  UKB-System A

Bild 2

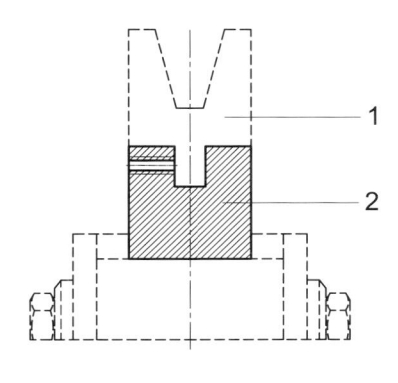

1 Matrize
  UKB-System C
2 Matrizenadapter
  UKB-System A

Bild 3

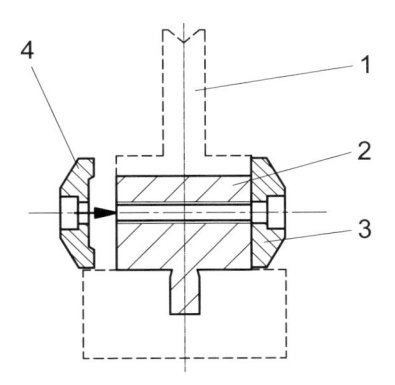

1 Matrize
  UKB-System A
2 Matrizenadapter
  UKB-System B/C
3 Klemmleiste
  durchgehend
4 Klemmleiste

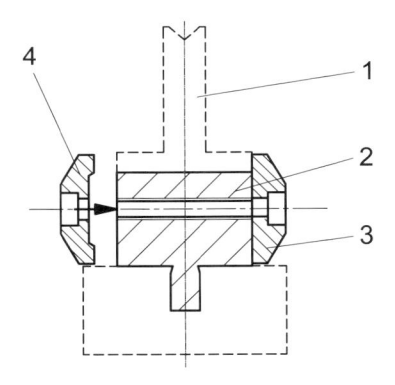

Bild 4

1 Matrize
  UKB-System A
2 Matrizenadapter
  System LVD
3 Klemmleiste
  durchgehend
4 Klemmleiste

III Umformwerkzeuge

Beispiele für UKB-Sonder-Abkantwerkzeuge

Bild 5
Trapezbieger

Bild 6 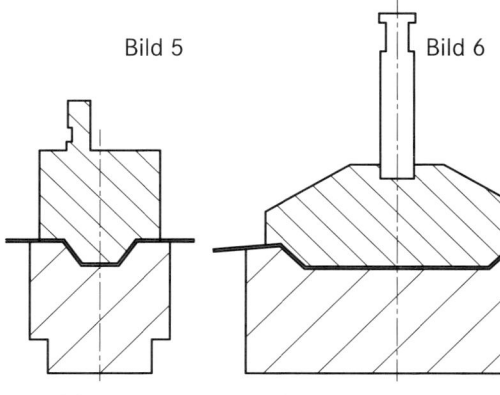
Großer Trapezbieger mit Gegenwölbung

Bild 7 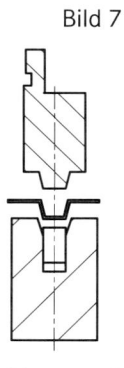
Trapezbieger mit federgelagertem Auswerfer

Bild 8 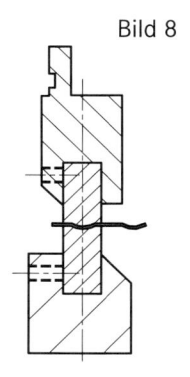
Sickenbieger für dreieckige Sicke

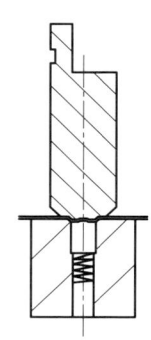

Bild 9 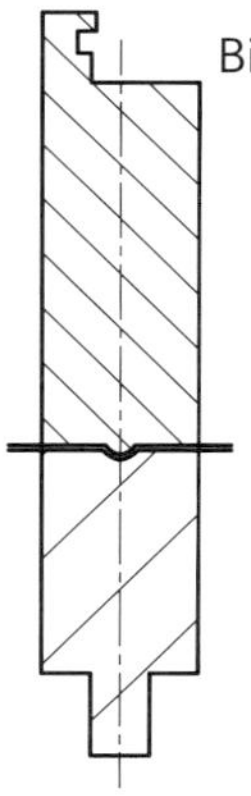
Sickenbieger für runde Sicke

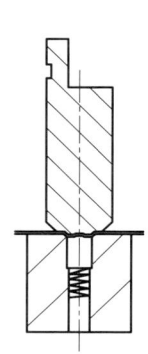

Bild 10
Sickenbieger mit federgelagertem Auswerfer für Konturstücke

Bild 11 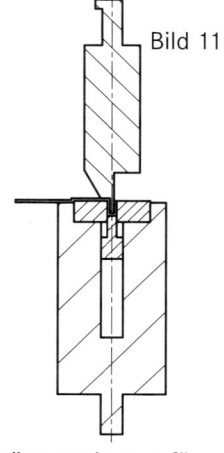
Prägewerkzeug für Klammer mit Biegebacken und federgelagertem Auswerfer

Bild 12 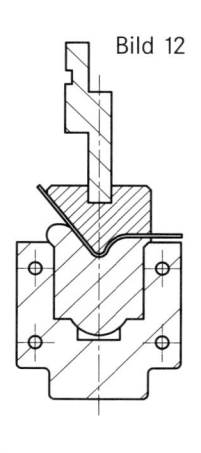
Prägewerkzeug im PU-Polster mit Formstempel (abdruckfrei)

Bild 13 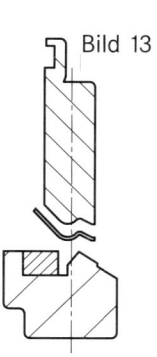
Prägewerkzeug mit einstellbarer Biegeleiste in der Matrize

Bild 14 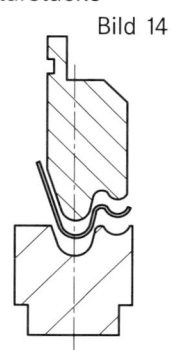
Prägewerkzeug für Z-Kantung mit unterschiedlichen Radien

Bild 15 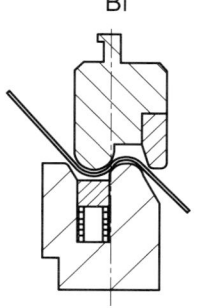
Einstellbares Z-Werkzeug mit federgelagertem Auswerfer

Bild 16 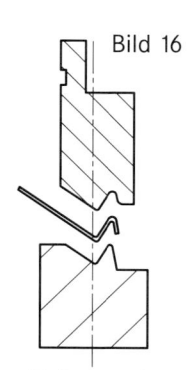
Prägewerkzeug für mehrfach-Biegungen in einem Hub

Sonder-Abkantwerkzeuge

Bild 17 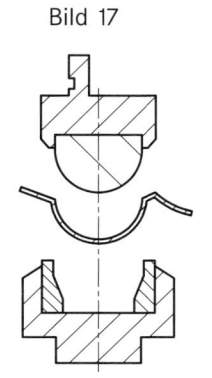
Radierwerkzeug mit einstellbaren Backen

Bild 18 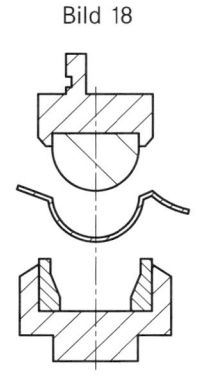
Radierwerkzeug mit Nachdrückbacken und Auswerfer

Bild 19 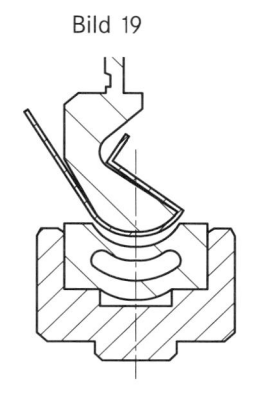
Radierwerkzeug zur Kantung in PU-Polster

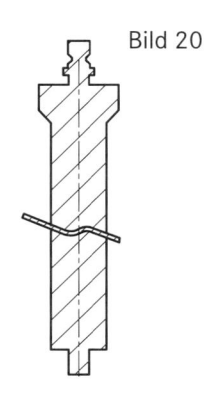

Bild 20
Z-Bieger

Bild 21 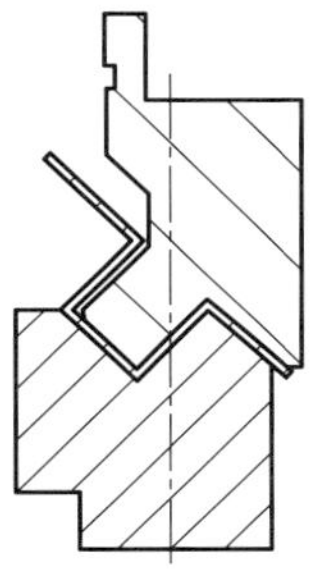
Z-Bieger für mehrfache Biegungen

Bild 22 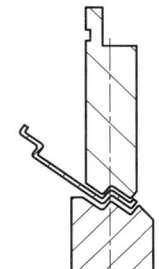
T-Bieger mit zusätzlicher Abkantung

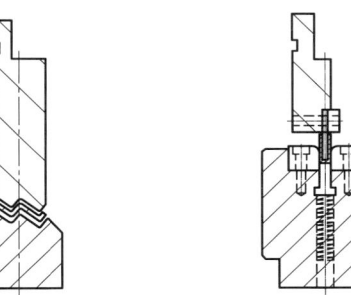

Bild 23
U-Bieger mit Biegeleisten und Auswerfer in der Matrize und Wechselklinge am Oberwerkzeug (Verschleißteile wechselbar)

Bild 24 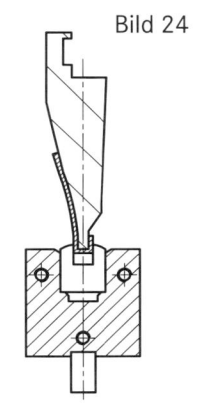
U-Bieger in PU-Polster mit Gegendruckleiste und Formstempel

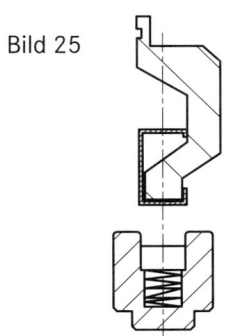

Bild 25
U-Bieger für C-Profil in 2 Hüben

Bild 26 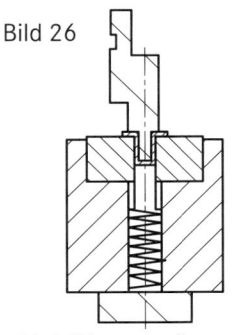
Hut-Bieger mit Biegeleisten und federgelagertem Auswerfer

Bild 27 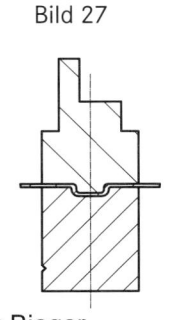
Hut-Bieger

Bild 28 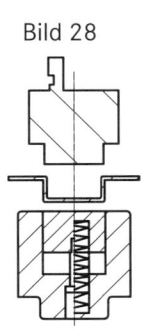
Hutbieger mit federgelagertem Auswerfer

III Umformwerkzeuge

Beispiele für Sonderabkantwerkzeuge

Bild 29

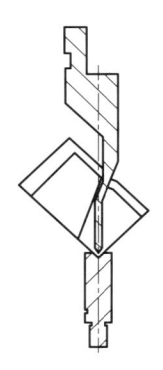

Oberwerkzeug und Matrize für spezielles Profil

Bild 30

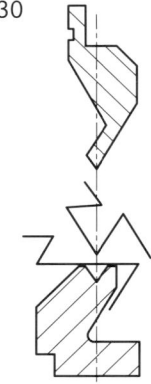

Oberwerkzeug und Matrize für spezielles Profil

Bild 31

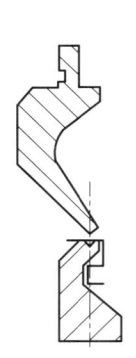

Oberwerkzeug und Matrize für spezielles Profil

Bild 32

Vor- und Zudrückwerkzeug mit federgelagerter Matrize

Bild 33

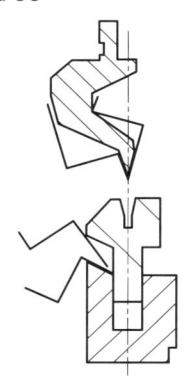

Vor- und Zudrückwerkzeug mit federgelagerter Matrize

Bild 34

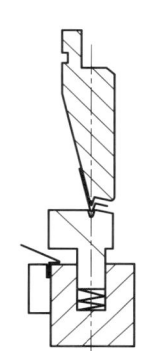

Vor- und Zudrückwerkzeug mit federgelagerter Matrize und Halteleiste

Bild 35

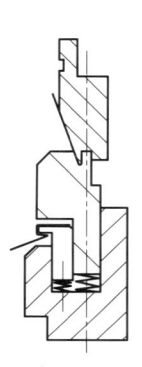

Vor- und Zudrückwerkzeug mit federgelagerter Prägematrize und Distanzzudrückeinheit

Bild 36

Vor- und Zudrückwerkzeug mit federgelagerter Matrize, Standardoberwerkzeug mit Modifikation

Bild 37

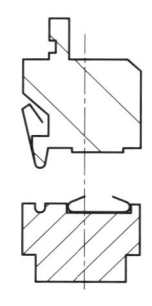

Vor- und Zudrückerkzeug für Klammer

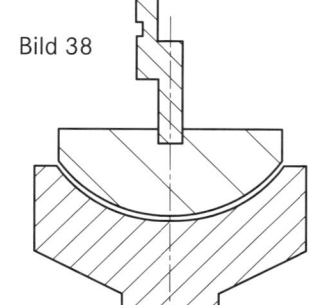

Bild 38

Radienprägewerkzeug

Bild 39

Radienwerkzeug mit Nachdrückbacken

Bild 40

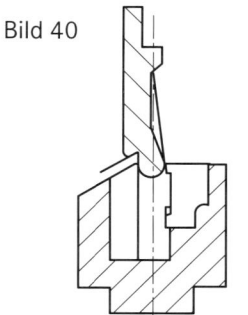

Radienwerkzeug mit Nachdrückbacken und federgelagertem Auswerfer

7. Biegumformen - Abkantwerkzeuge

Werkzeuge für Spezialkantungen

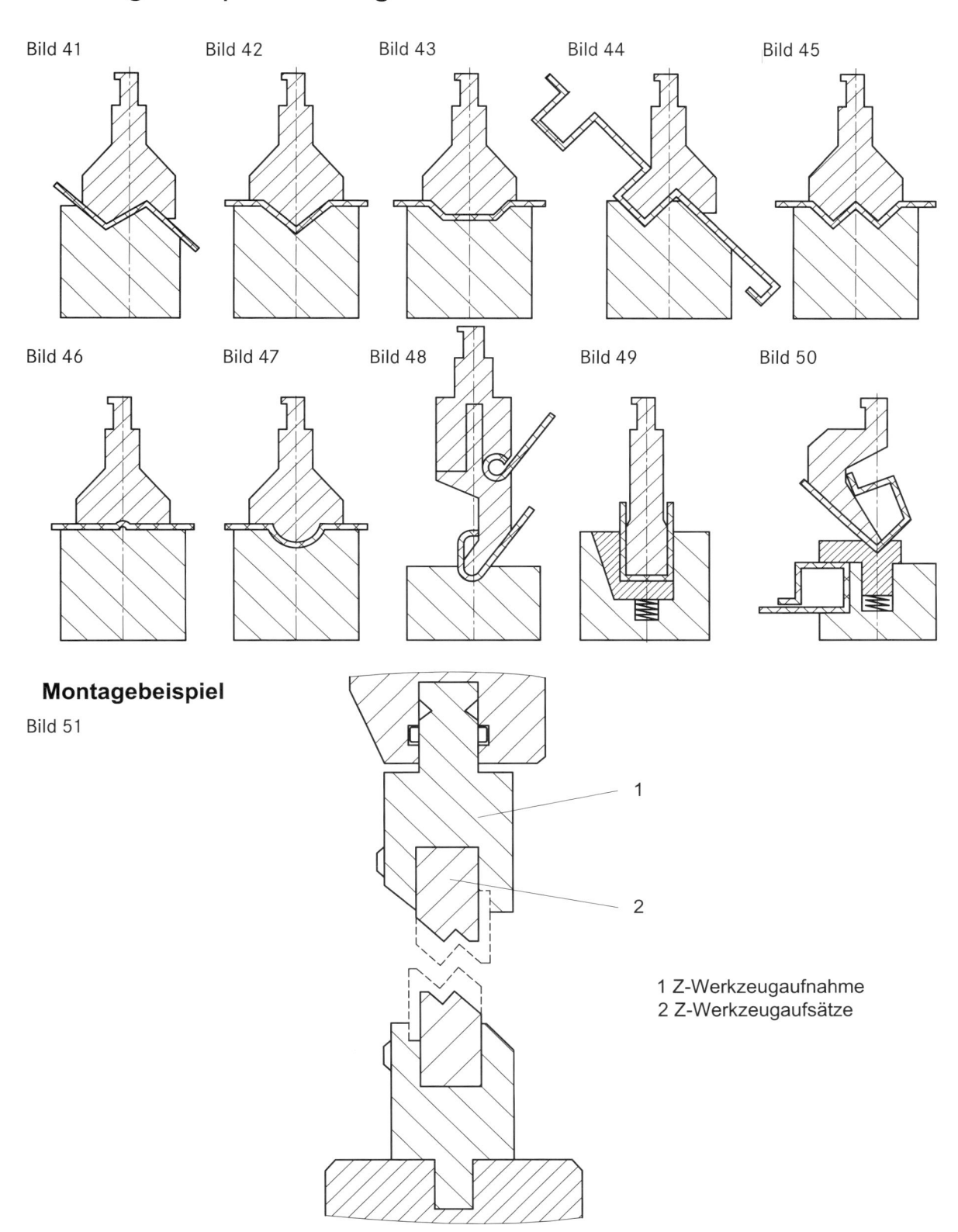

Bild 41   Bild 42   Bild 43   Bild 44   Bild 45

Bild 46   Bild 47   Bild 48   Bild 49   Bild 50

Montagebeispiel
Bild 51

1 Z-Werkzeugaufnahme
2 Z-Werkzeugaufsätze

Werkzeug mit Schwalbenschwanz-Formstempel

Bild 1

1. Arbeitsgang

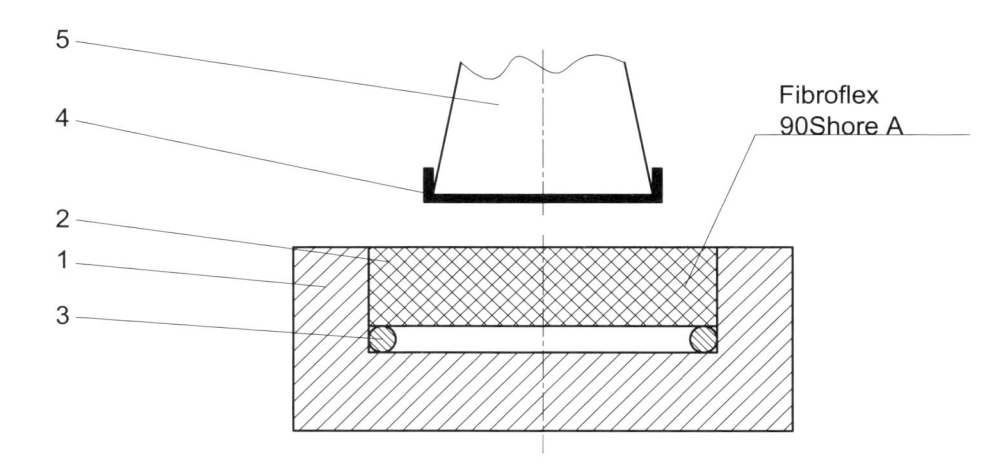

Fibroflex 90Shore A

1 Aufnahme
2 Matrize
3 Leiste
4 Werkstück
5 Formstempel

Bild 2

2. Arbeitsgang

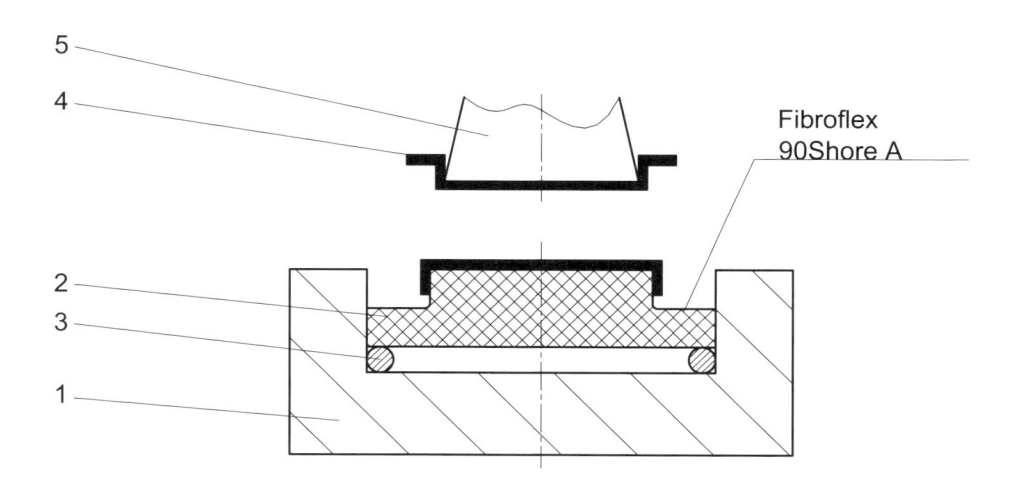

Fibroflex 90Shore A

1 Aufnahme
2 Matrize
3 Leiste
4 Werkstück
5 Formstempel

8. Biegeumformen - Biegewerkzeuge mit Gummiunterlage

Werkzeug mit prismatischem Formstempel

Bild 3

1. Arbeitsgang

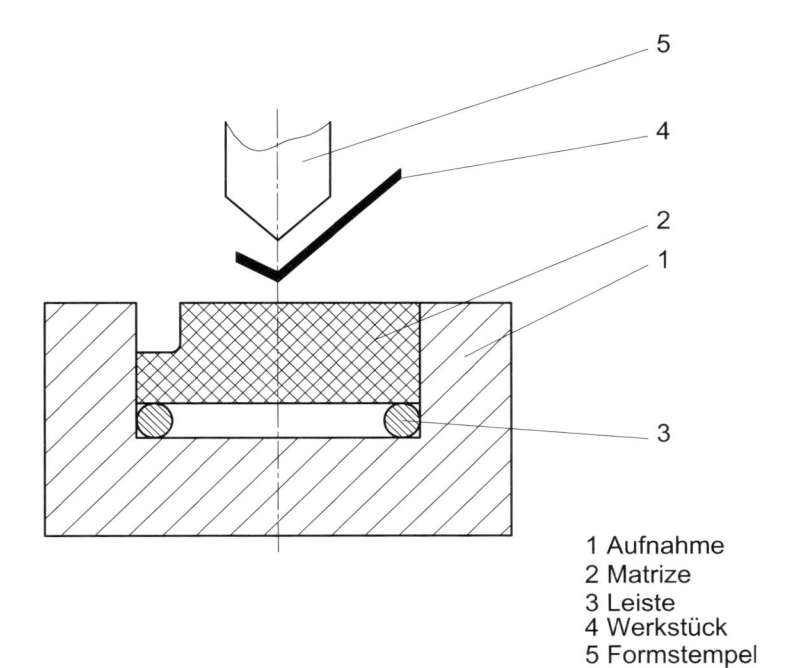

1 Aufnahme
2 Matrize
3 Leiste
4 Werkstück
5 Formstempel

III

Bild 4

2. Arbeitsgang

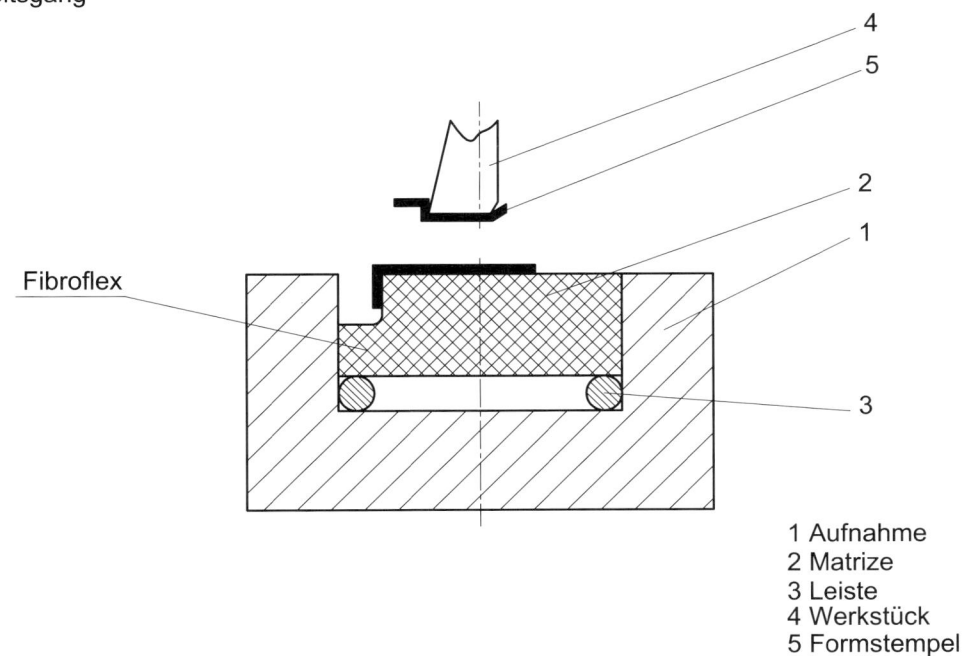

Fibroflex

1 Aufnahme
2 Matrize
3 Leiste
4 Werkstück
5 Formstempel

Werkzeug mit ausgerundetem Formstempel

Bild 5

1. Arbeitsgang

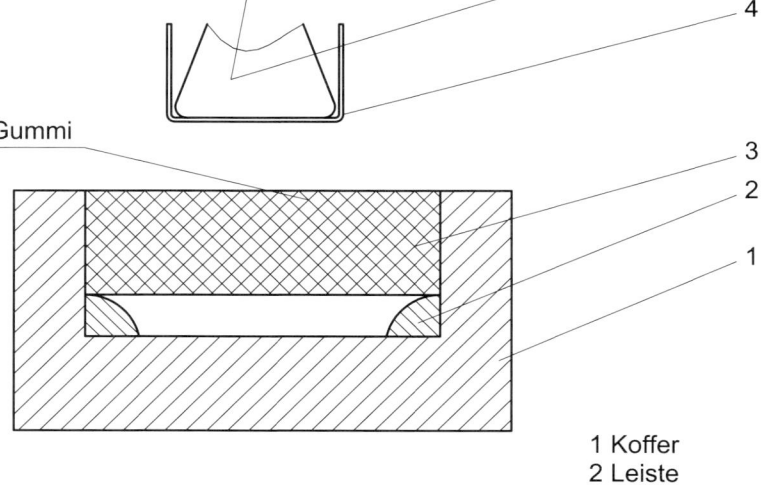

Stempel

Gummi

1 Koffer
2 Leiste
3 Matrize
4 Werkstück
5 Stempel

Bild 6

2. Arbeitsgang

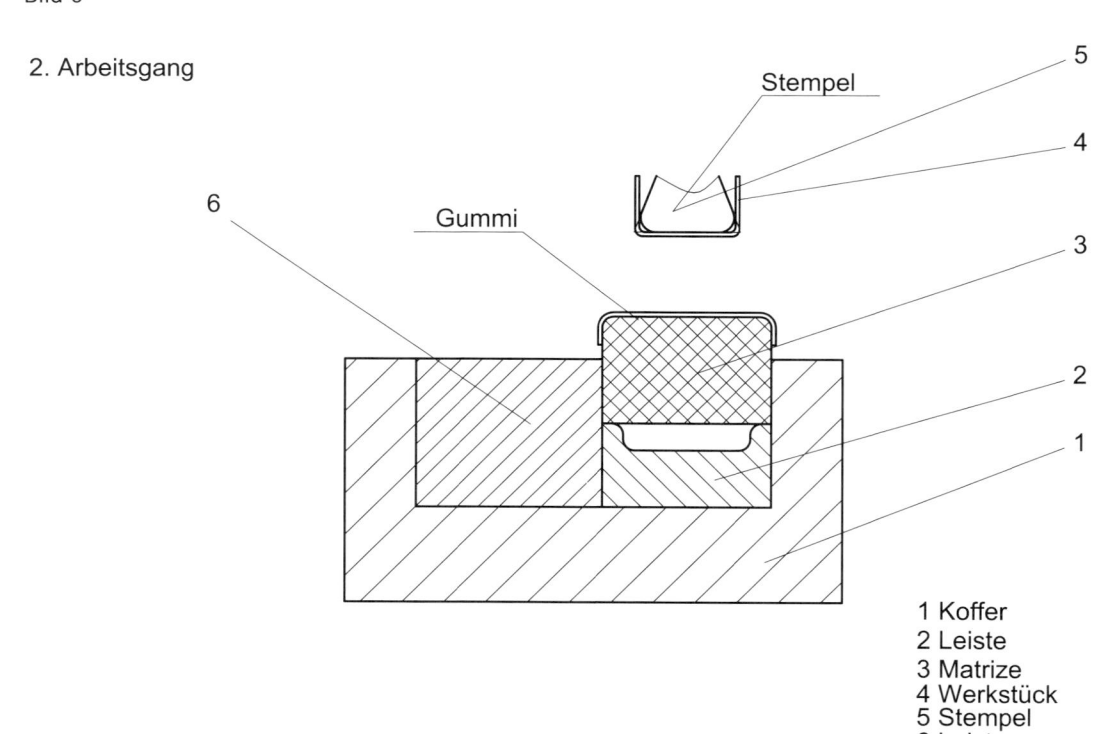

Stempel

Gummi

1 Koffer
2 Leiste
3 Matrize
4 Werkstück
5 Stempel
6 Leiste

Werkzeug mit Formbügel

Bild 7

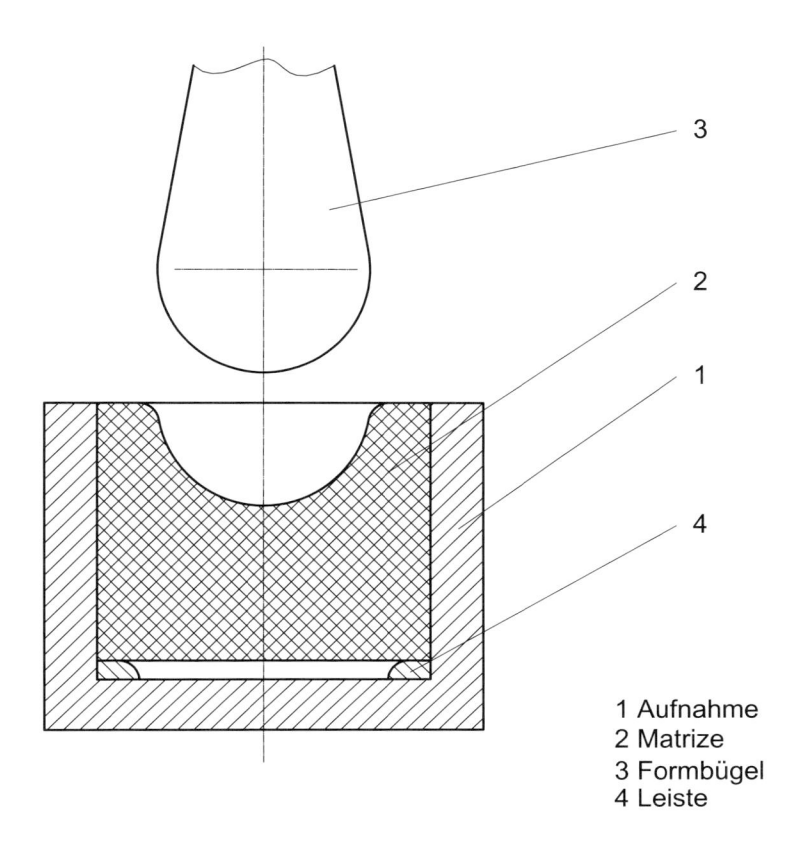

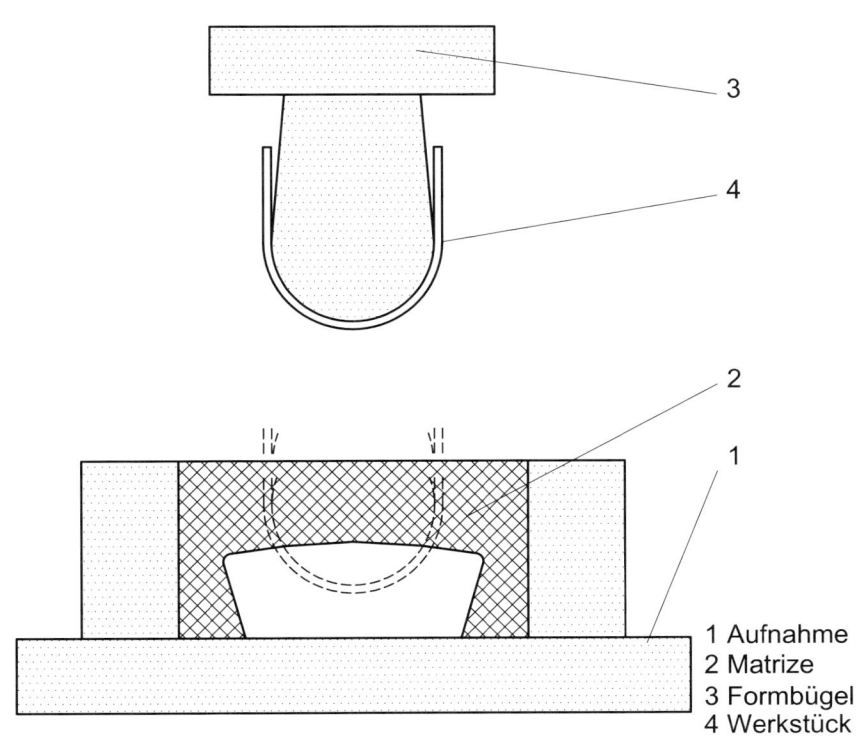

1 Aufnahme
2 Matrize
3 Formbügel
4 Leiste

Bild 8

1 Aufnahme
2 Matrize
3 Formbügel
4 Werkstück

III Umformwerkzeuge

Werkzeug mit prismatischem und rundem Formstempel

Bild 9

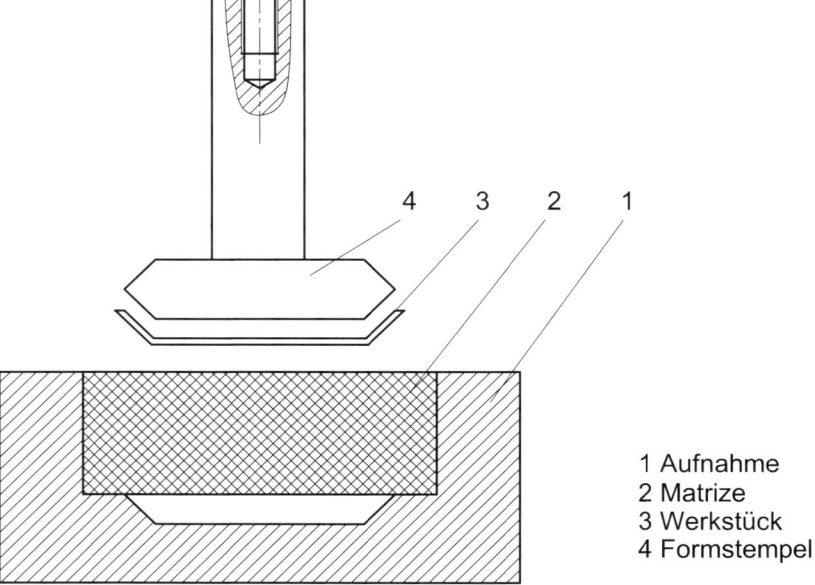

1 Aufnahme
2 Matrize
3 Werkstück
4 Formstempel

Bild 10

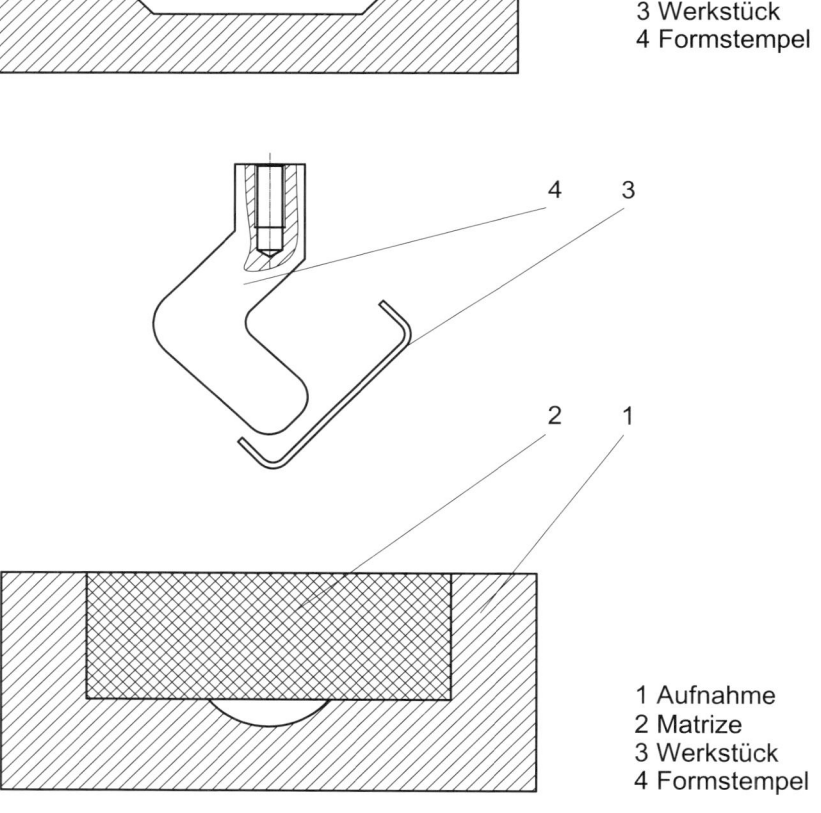

1 Aufnahme
2 Matrize
3 Werkstück
4 Formstempel

Werkzeug mit Stützringen

Bild 11

1. Arbeitsgang
vorbiegen

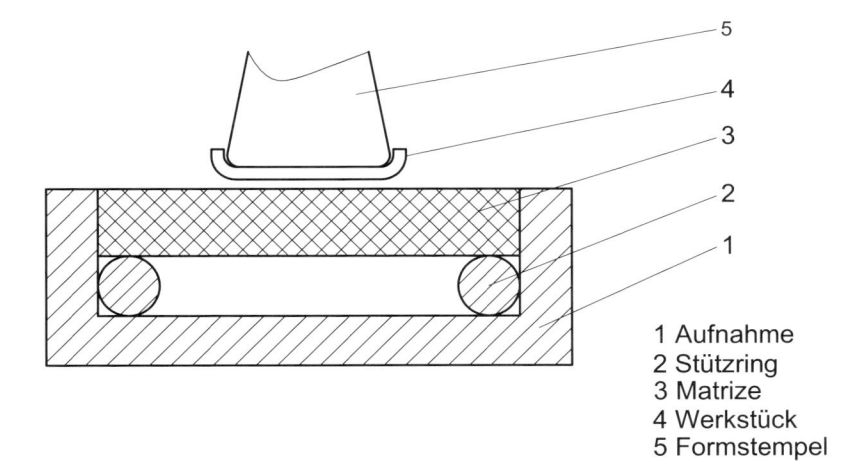

1 Aufnahme
2 Stützring
3 Matrize
4 Werkstück
5 Formstempel

Bild 12

2. Arbeitsgang
fertigbiegen

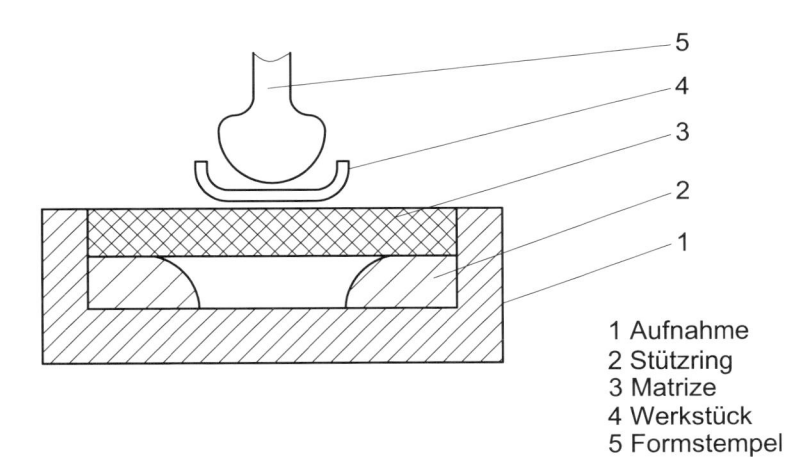

1 Aufnahme
2 Stützring
3 Matrize
4 Werkstück
5 Formstempel

Bild 13

1. Arbeitsgang
nachschlagen

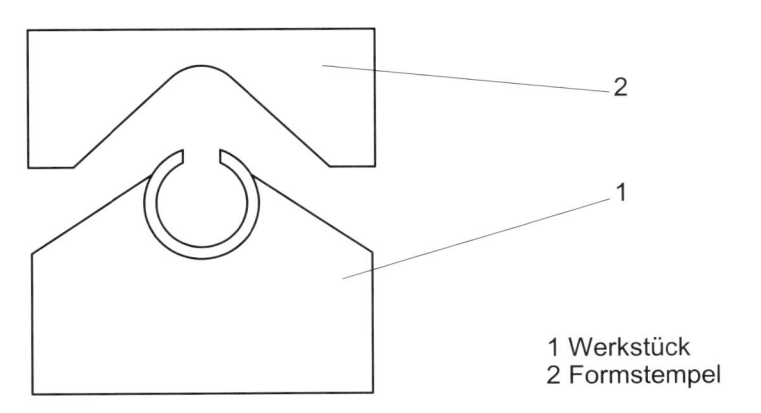

1 Werkstück
2 Formstempel

III Umformwerkzeuge

Werkzeug mit Haltering

Bild 14

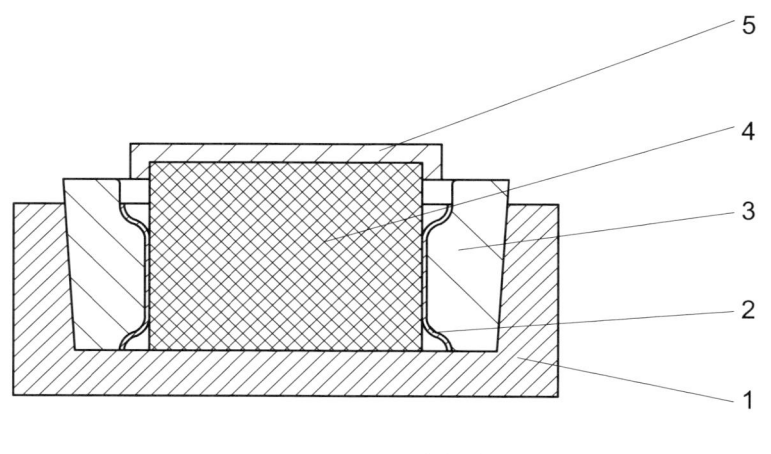

1 Aufnahme
2 Werkstück
3 Matrize
4 Gummifeder
5 Haltering

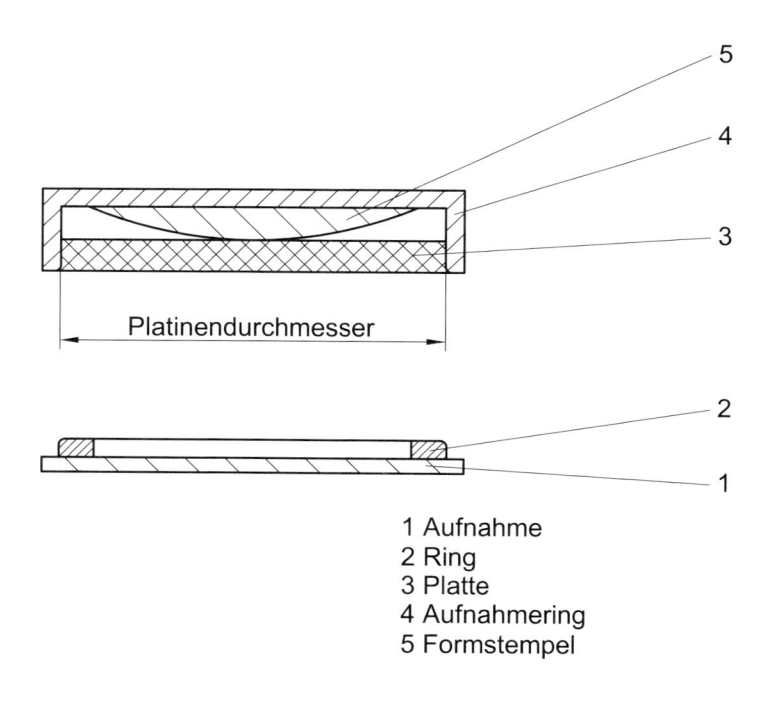

Bild 15

Platinendurchmesser

1 Aufnahme
2 Ring
3 Platte
4 Aufnahmering
5 Formstempel

Werkzeug mit Mulde und Stützring

Bild 16

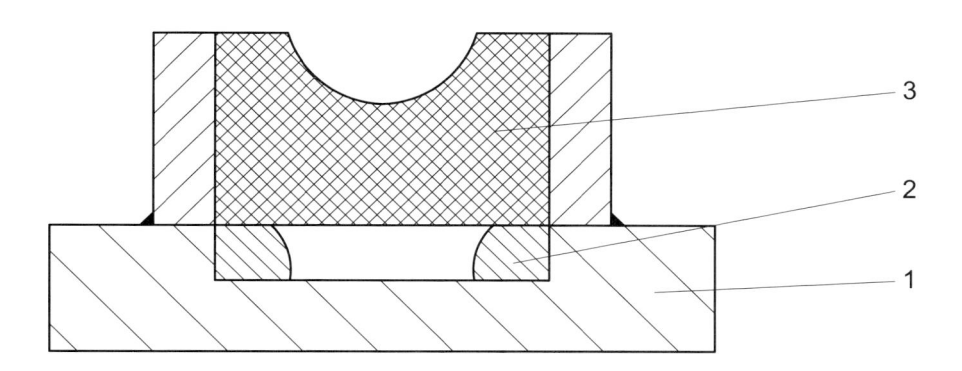

1 Aufnahme
2 Stützring
3 Matrize

Bild 17

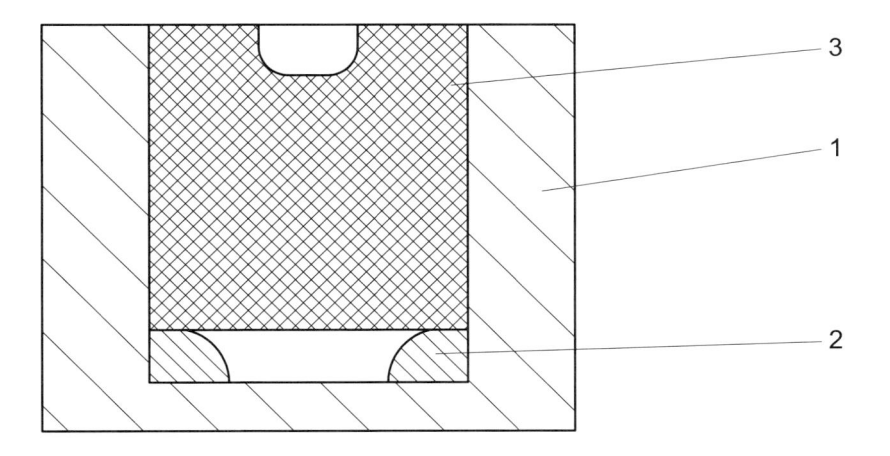

1 Aufnahme
2 Stützring
3 Matrize

Werkzeug mit durchbrochener und dünner Matrize

Bild 18

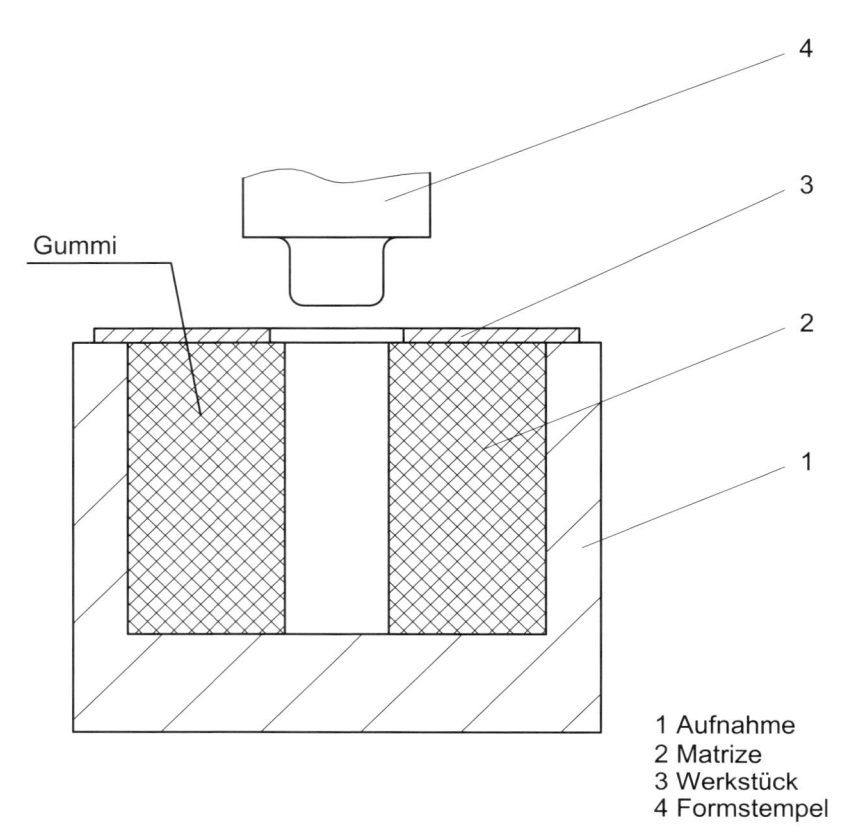

1 Aufnahme
2 Matrize
3 Werkstück
4 Formstempel

Bild 19

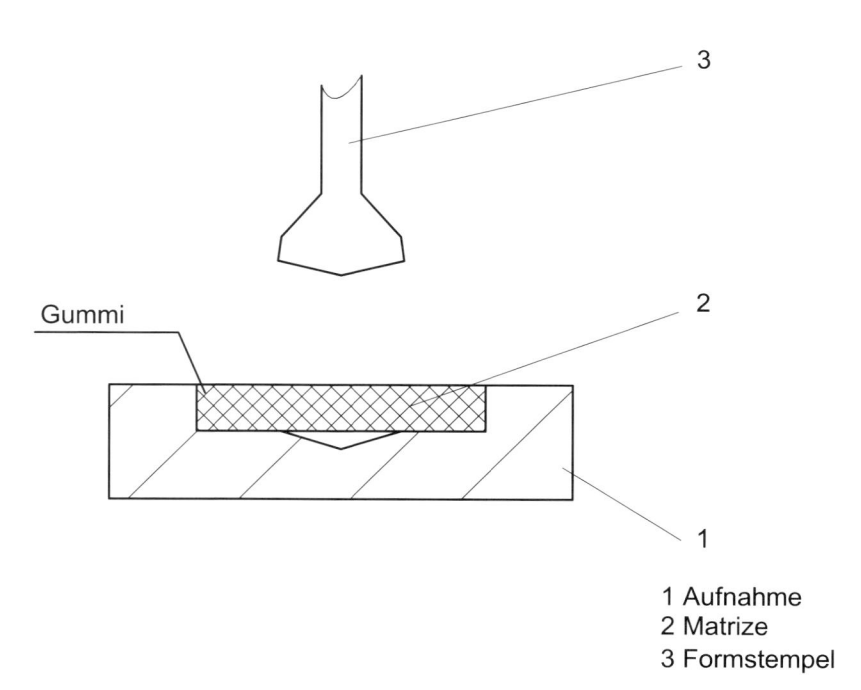

1 Aufnahme
2 Matrize
3 Formstempel

Werkzeug mit Stützrollen

Bild 20

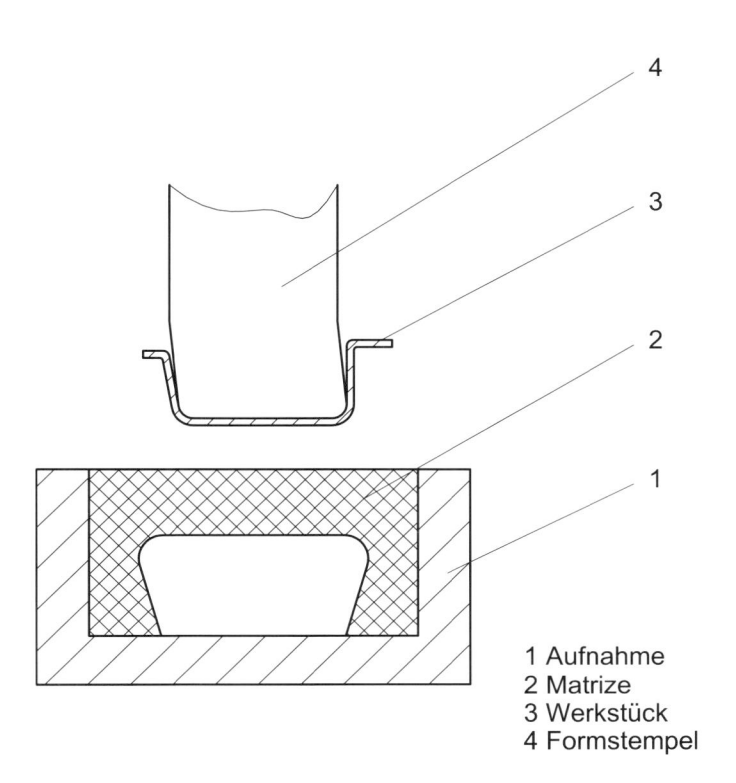

1 Aufnahme
2 Matrize
3 Werkstück
4 Formstempel

Bild 21

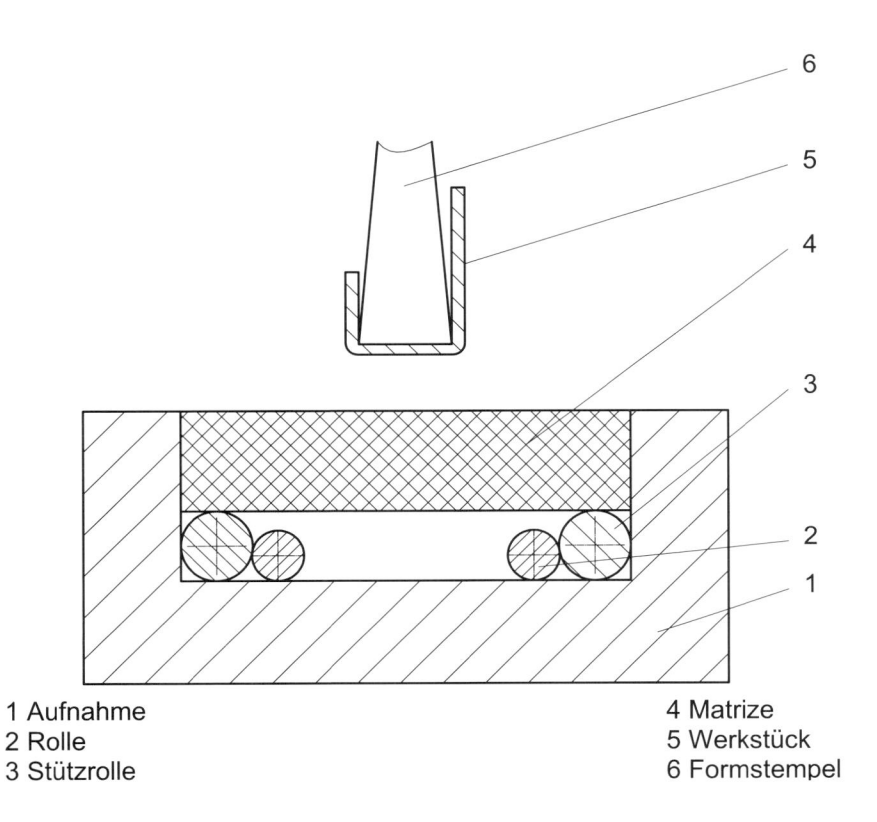

1 Aufnahme
2 Rolle
3 Stützrolle
4 Matrize
5 Werkstück
6 Formstempel

III Umformwerkzeuge

Werkzeug mit Gummifeder

Bild 22

Gummi

1 Aufnahme
2 Druckleiste
3 Gummifeder
4 Werkstück
5 Formstempel

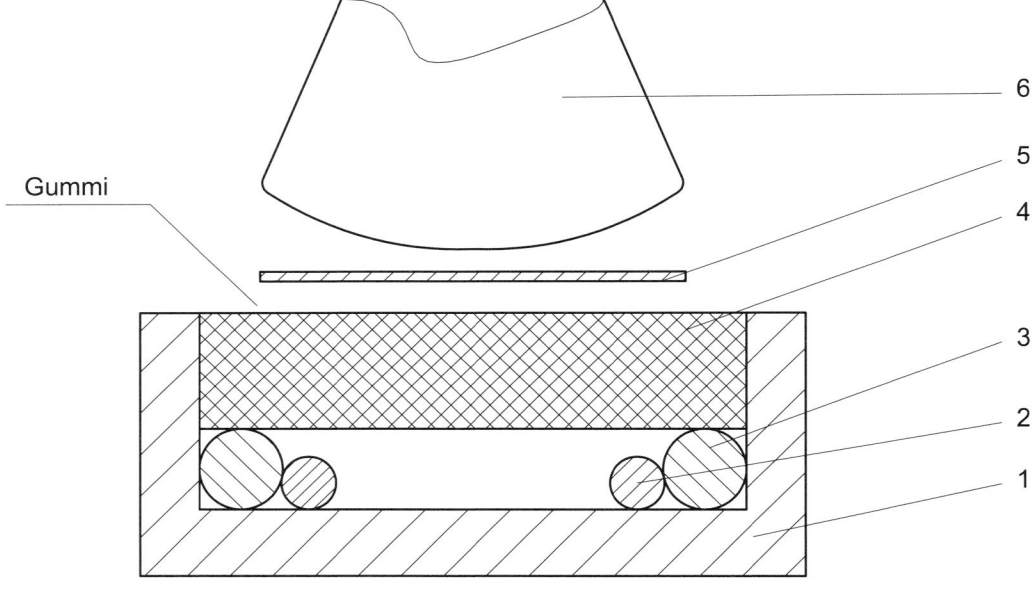

Bild 23

Gummi

1 Aufnahme
2 Gegenrolle
3 Abstützrolle
4 Gummifeder
5 Werkstück
6 Formstempel

Werkzeug für V- und U-Biegen

Bild 24

Arbeitsgang 1 V-Biegen

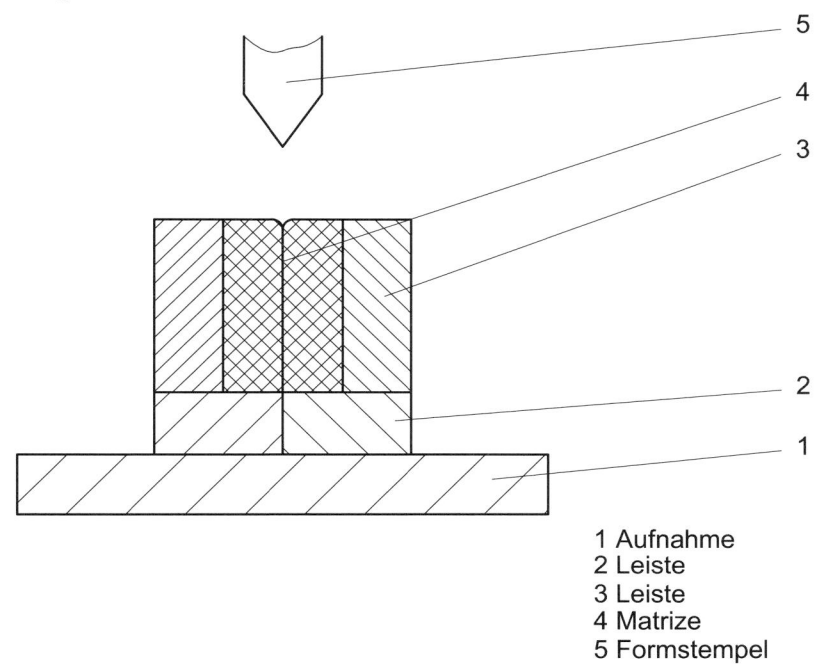

1 Aufnahme
2 Leiste
3 Leiste
4 Matrize
5 Formstempel

Bild 25

Arbeitsgang 2 U-Biegen

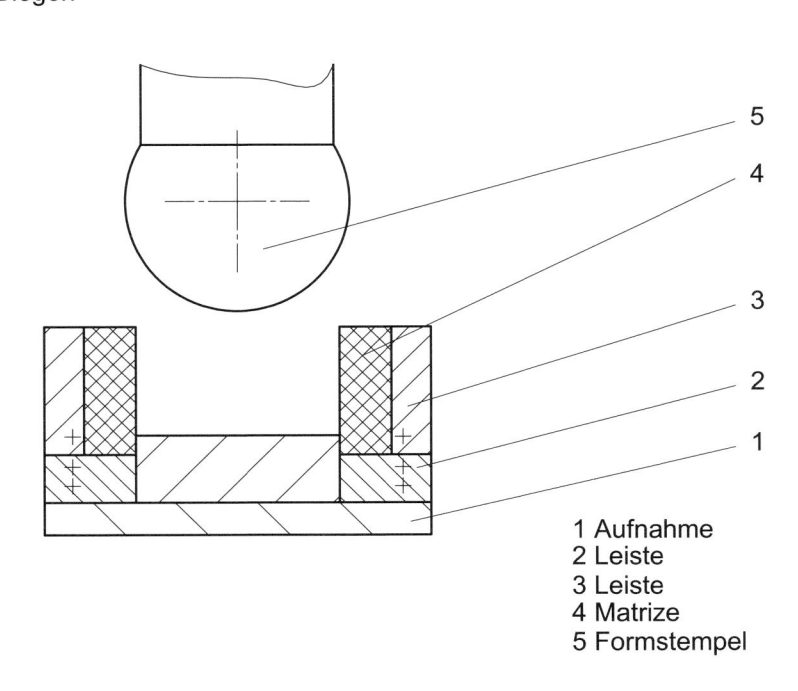

1 Aufnahme
2 Leiste
3 Leiste
4 Matrize
5 Formstempel

Werkzeug zum Rundbiegen – zwei Varianten

Bild 26

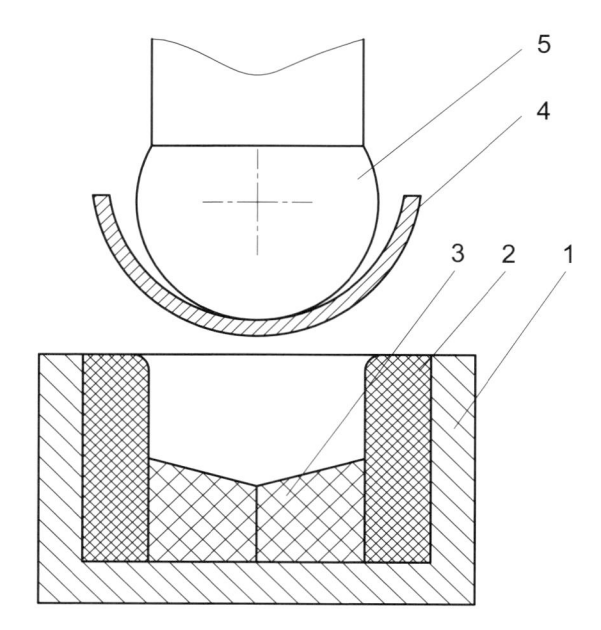

1 Aufnahme
2 Gummifeder
3 Matrize
4 Werkstück
5 Formstempel

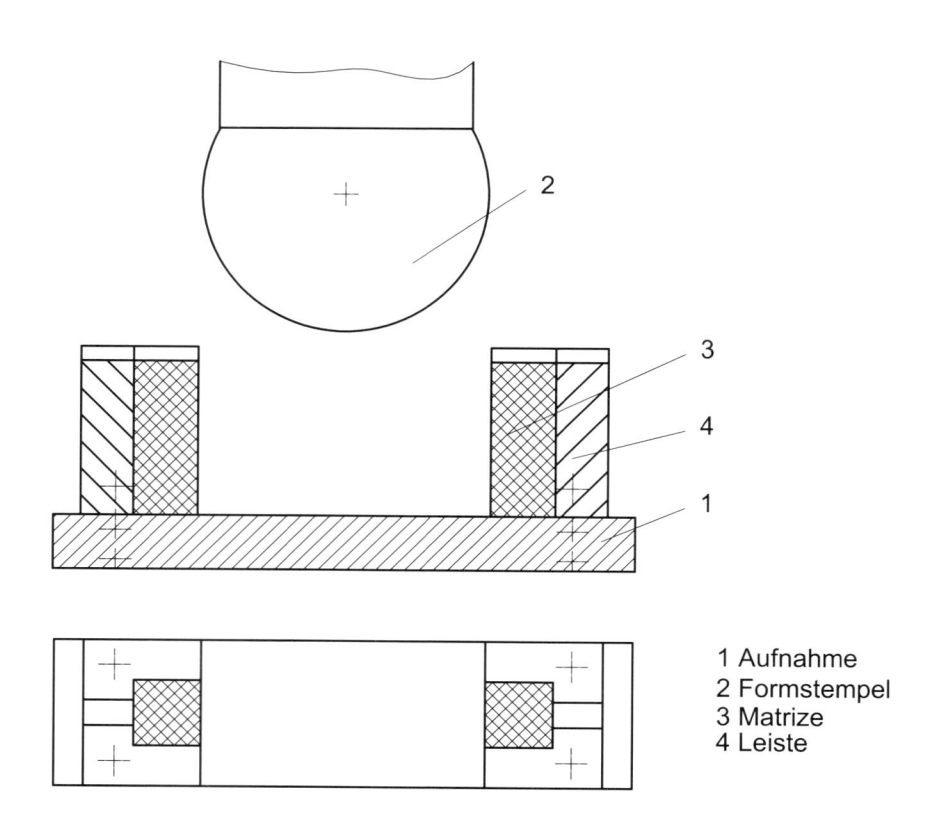

Bild 27

1 Aufnahme
2 Formstempel
3 Matrize
4 Leiste

Gummimatrize mit Hinterschneidung

Bild 28

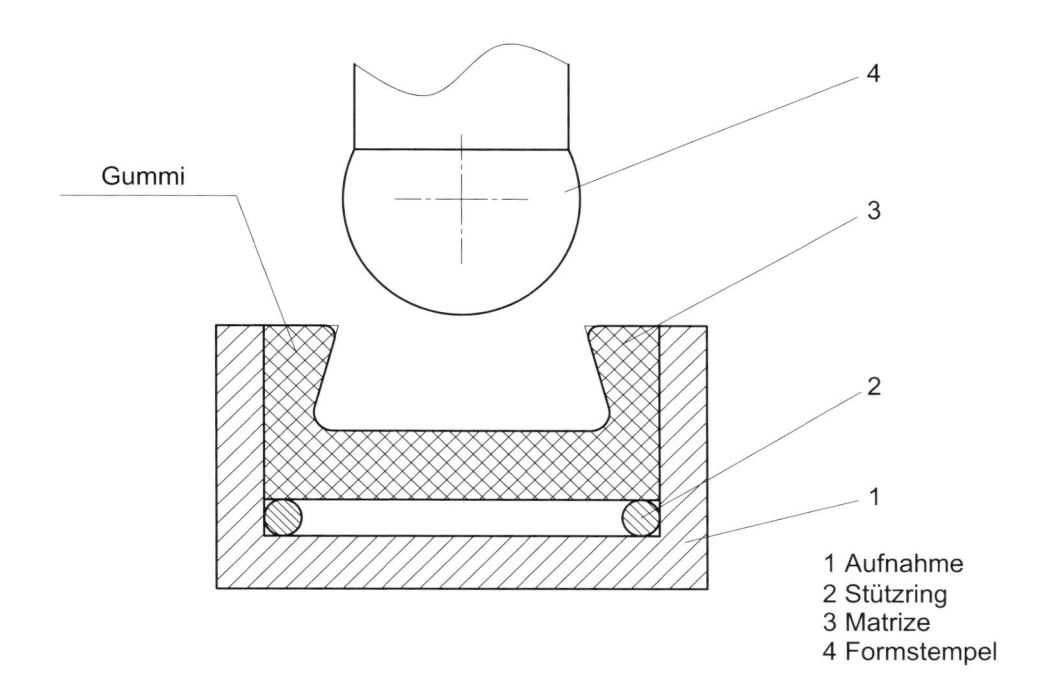

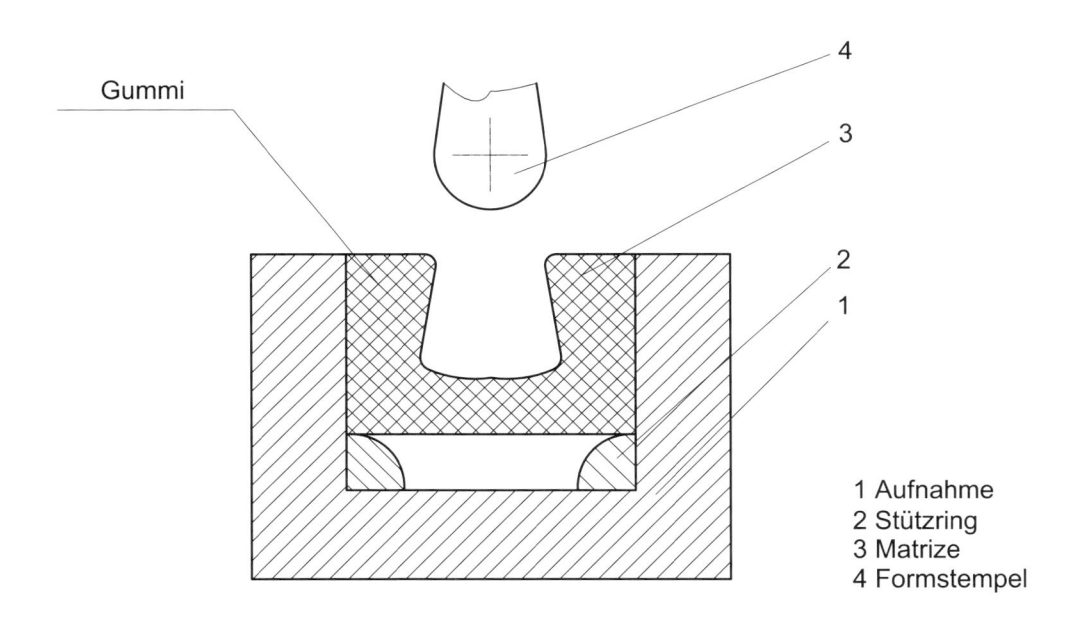

Gummi

1 Aufnahme
2 Stützring
3 Matrize
4 Formstempel

Bild 29

Gummi

1 Aufnahme
2 Stützring
3 Matrize
4 Formstempel

Werkzeug mit Gummiunterlage zum mehrstufigen Biegen spitzer und stumpfer Winkel

Bild 35

1. Arbeitsgang

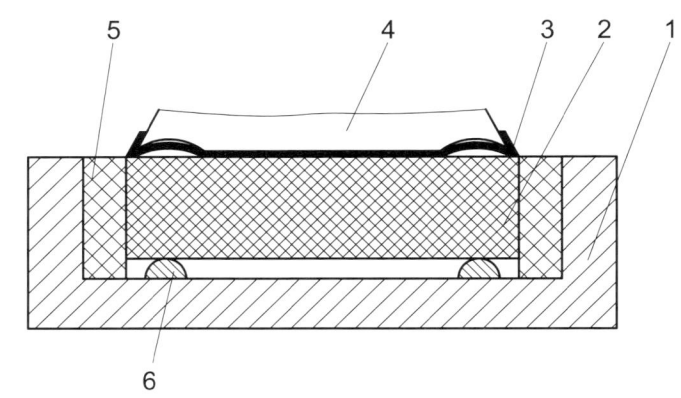

1 Aufnahme
2 Matrize
3 Werkstück
4 Formstempel
5 Gummiring
6 Stützring

Bild 36

2. Arbeitsgang

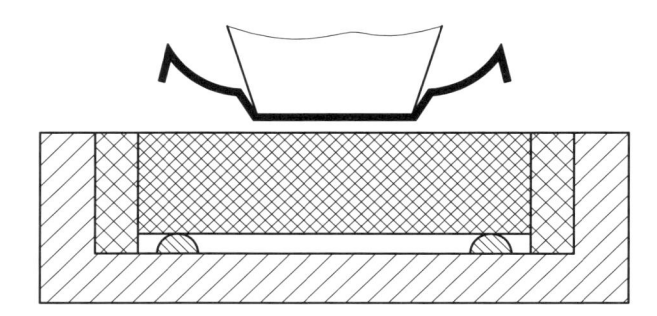

Bild 37

3. Arbeitsgang

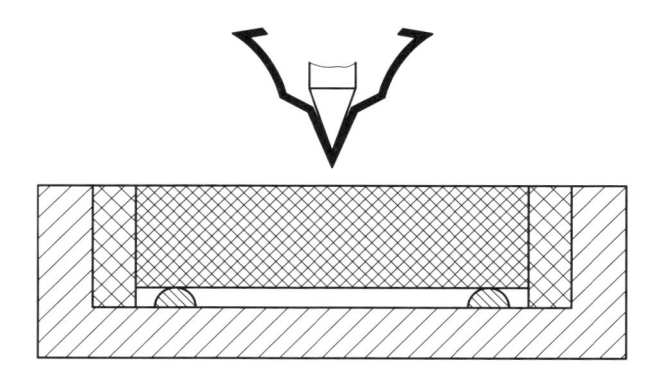

Werkzeug mit Gummiunterlage für Rundungen

Bild 38

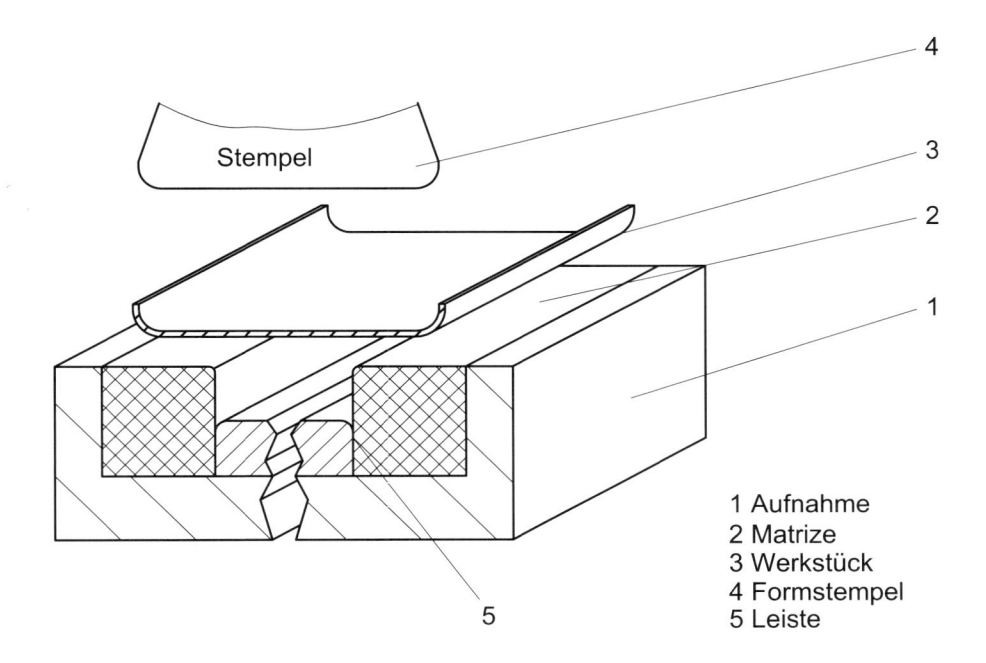

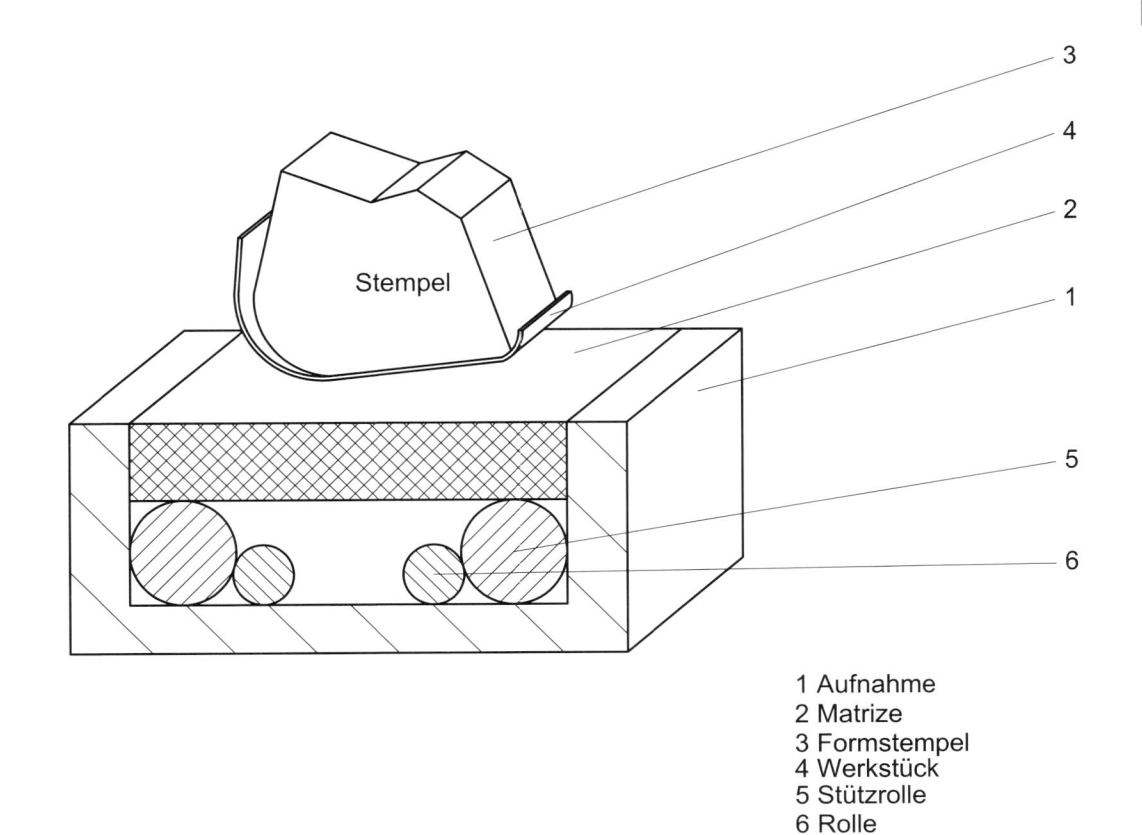

1 Aufnahme
2 Matrize
3 Werkstück
4 Formstempel
5 Leiste

Bild 39

1 Aufnahme
2 Matrize
3 Formstempel
4 Werkstück
5 Stützrolle
6 Rolle

Werkzeug mit Gummiunterlage für flache Rundungen und U-Formen

Bild 40

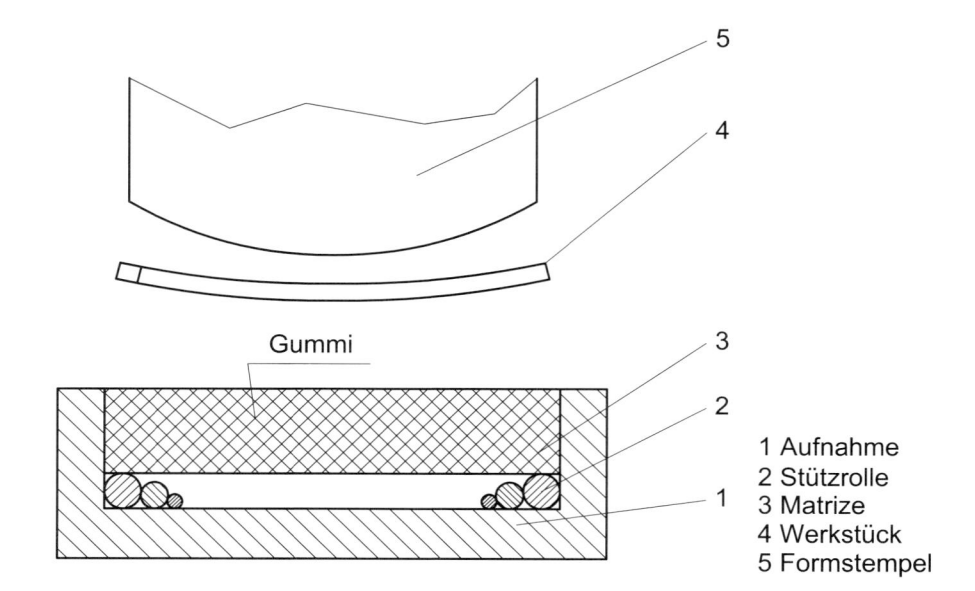

1 Aufnahme
2 Stützrolle
3 Matrize
4 Werkstück
5 Formstempel

Bild 41

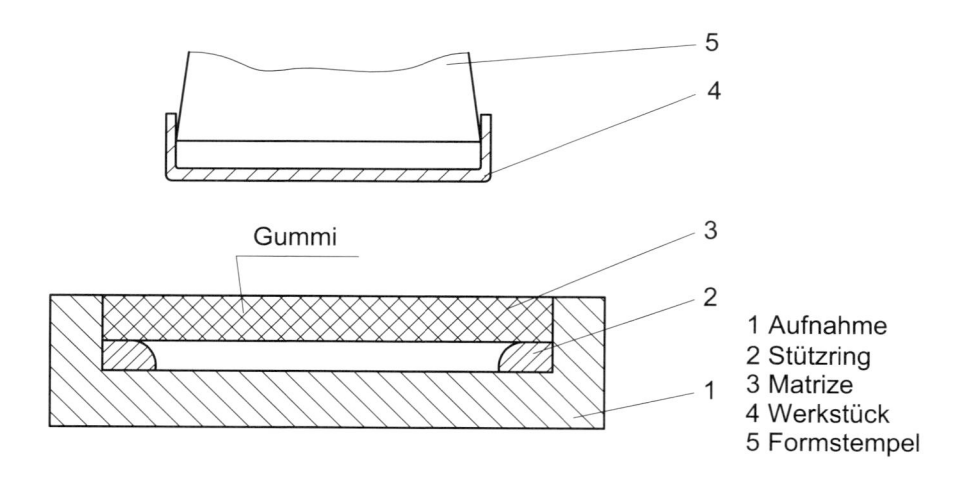

1 Aufnahme
2 Stützring
3 Matrize
4 Werkstück
5 Formstempel

Werkzeug mit Gummiunterlage für spitze Winkel und abgerundete W-Form

Bild 42

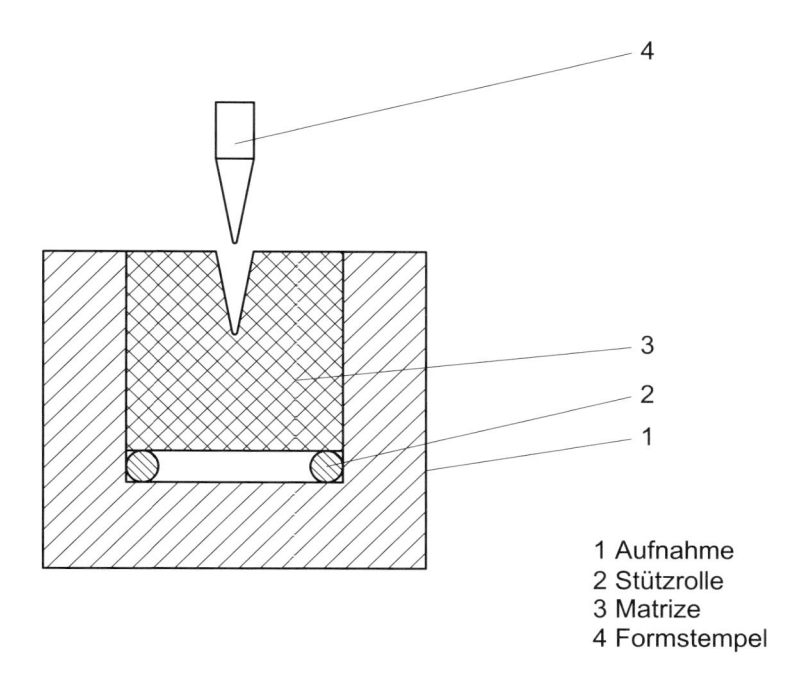

1 Aufnahme
2 Stützrolle
3 Matrize
4 Formstempel

Bild 43

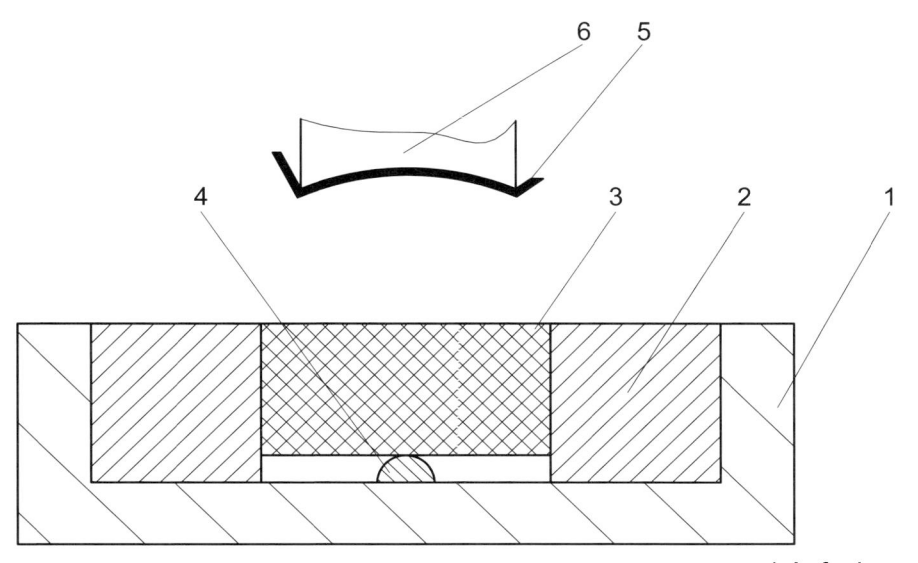

1 Aufnahme
2 Leiste
3 Matrize
4 Stützrolle
5 Werkstück
6 Formstempel

Werkzeug mit Gummiunterlage für dicke und dünne Bleche – U-Form

Bild 44

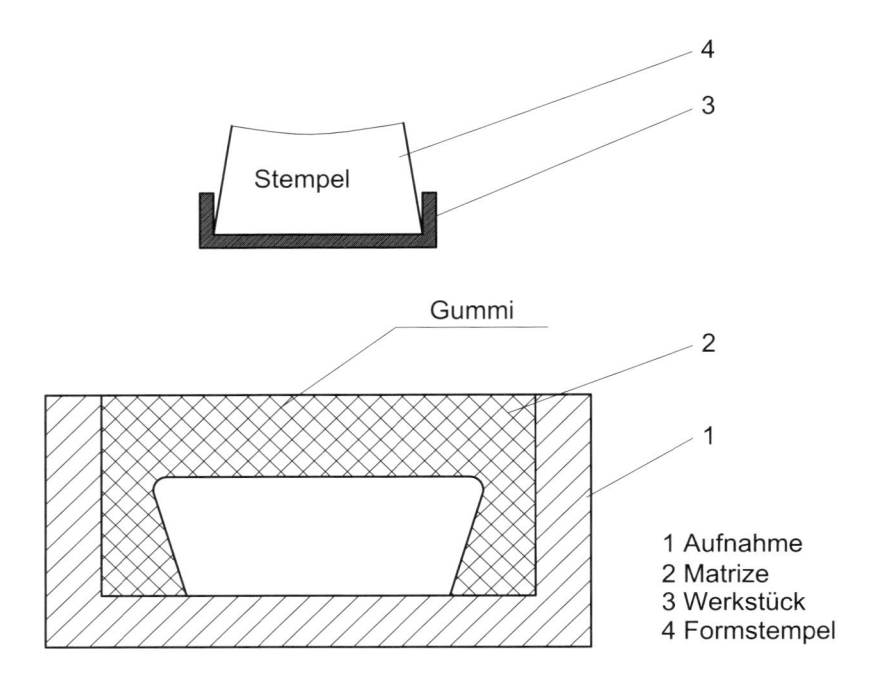

1 Aufnahme
2 Matrize
3 Werkstück
4 Formstempel

Bild 45

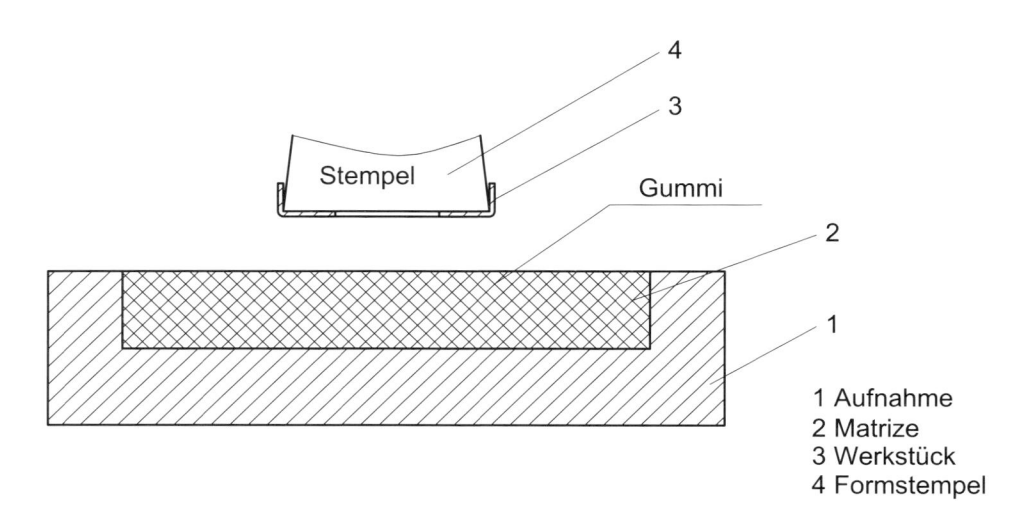

1 Aufnahme
2 Matrize
3 Werkstück
4 Formstempel

Werkzeug mit Gummiunterlage für kombinierte Verformung – rund, eckig

Bild 46

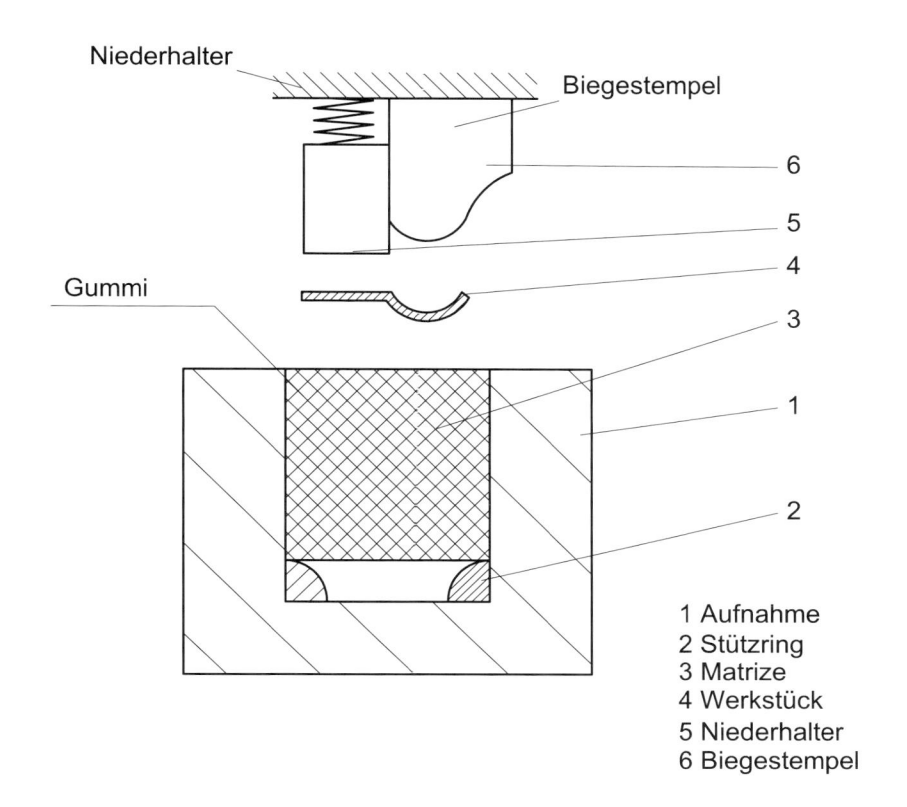

1 Aufnahme
2 Stützring
3 Matrize
4 Werkstück
5 Niederhalter
6 Biegestempel

Bild 47

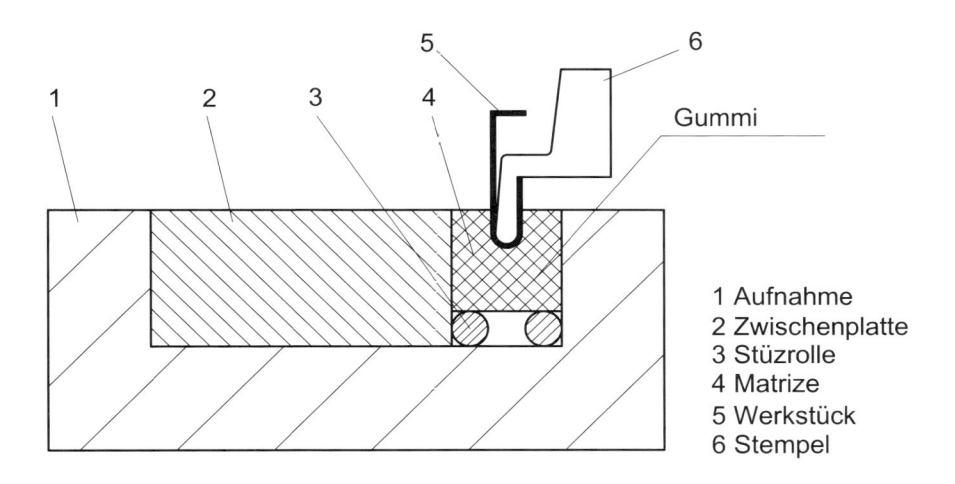

1 Aufnahme
2 Zwischenplatte
3 Stüzrolle
4 Matrize
5 Werkstück
6 Stempel

Werkzeug mit Gummistempel

Bild 48

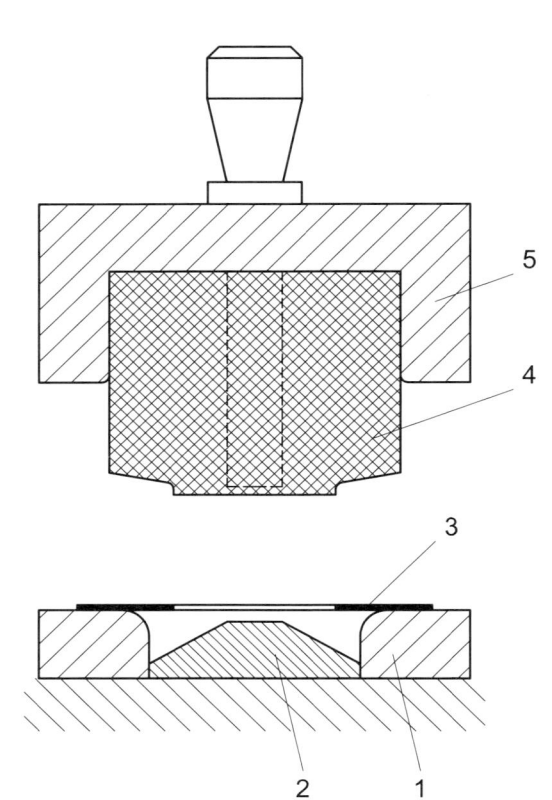

1 Aufnahme
2 Formplatte
3 Werkstück
4 Gummistempel
5 Aufnahme

Bild 49

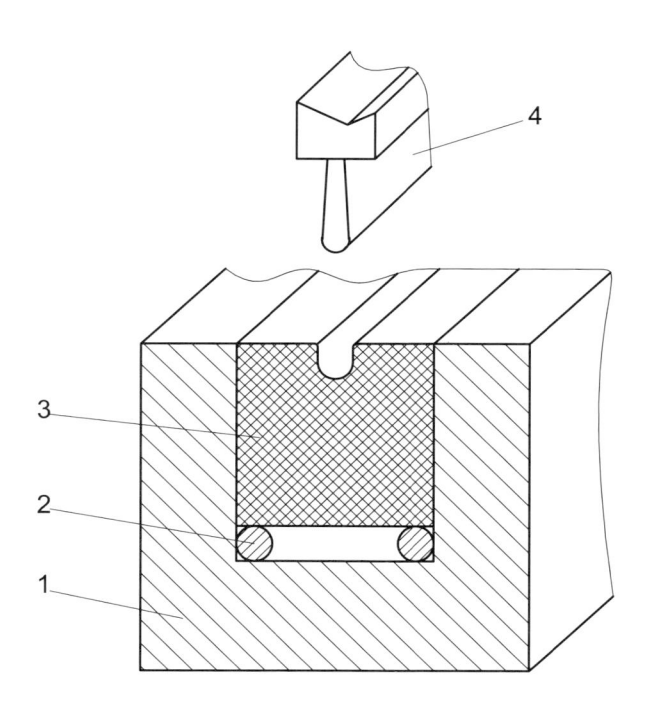

1 Aufnahme
2 Stützrolle
3 Matrize
4 Formstempel

Werkzeug mit Gummiunterlage

Bild 50

Gummi

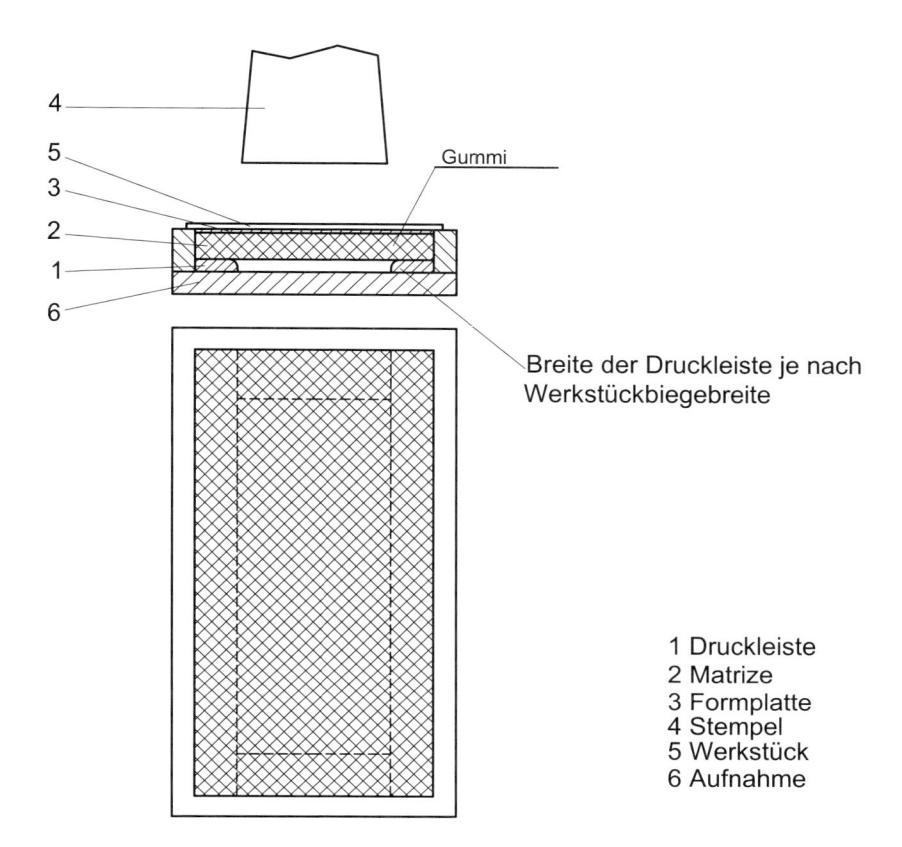

Breite der Druckleiste je nach Werkstückbiegebreite

1 Druckleiste
2 Matrize
3 Formplatte
4 Stempel
5 Werkstück
6 Aufnahme

Bild 51

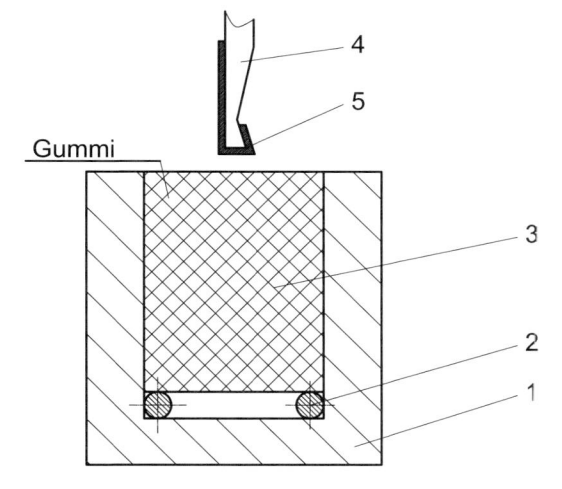

Gummi

1 Aufnahme
2 Entlastungsbolzen
3 Leiste
4 Formstempel
5 Werkstück

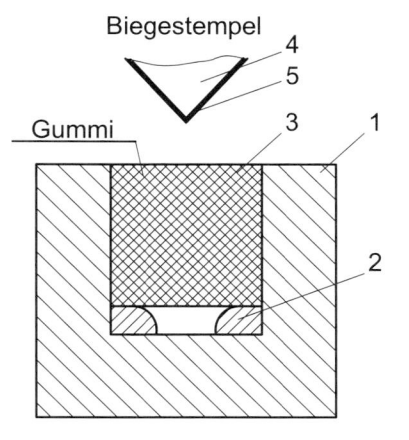

Bild 52

Biegestempel

Gummi

1 Aufnahme
2 Matrize
3 Leiste
4 Formstempel
5 Werkstück

III Umformwerkzeuge

Werkzeug mit Gummiunterlage

Bild 53

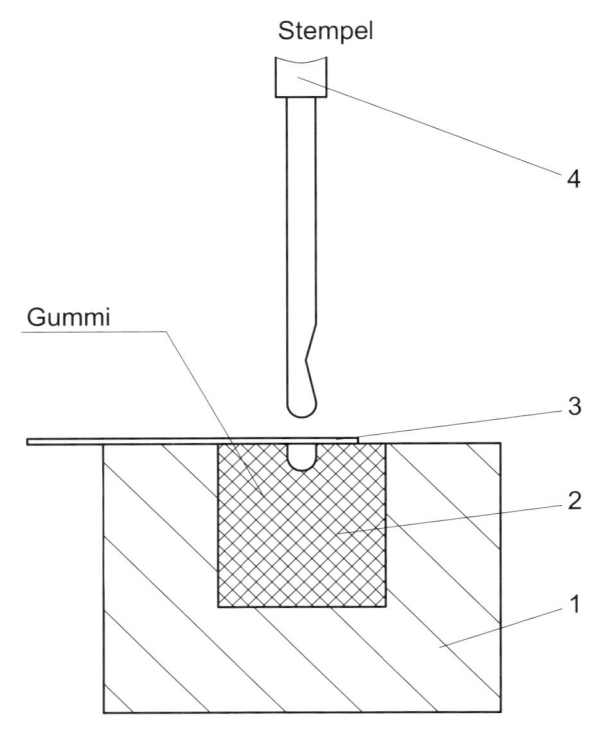

Stempel
Gummi

1 Aufnahme
2 Matrize
3 Werkstück
2 Formstempel

Bild 54

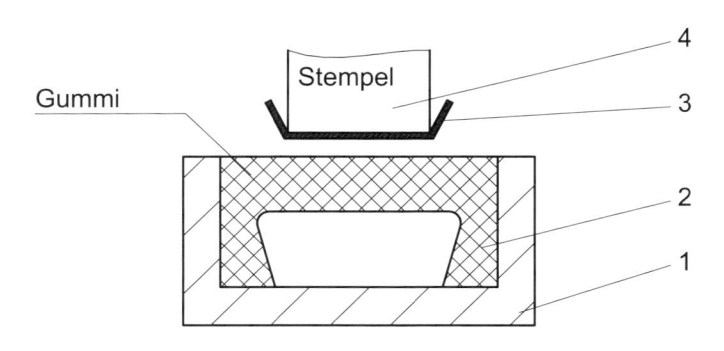

Stempel
Gummi

1 Aufnahme
2 Matrize
3 Werkstück
2 Formstempel

Biegewerkzeug mit Gummikissen

Bild 55

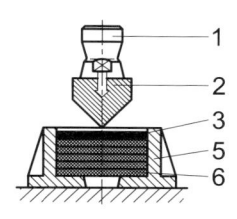

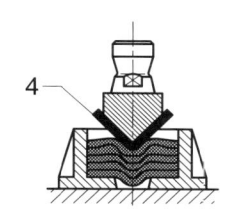

1 Einspannzapfen
2 Biegestempel
3 Zuschnitt
4 Werkstück
5 Koffer
6 Gummikissen

Hohlprägen mit Gummikissen

Bild 56

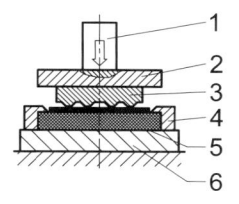

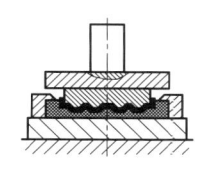

1 Einspannzapfen
2 Stempelplatte
3 Prägestempel
4 Aufnahme und Gummikoffer
5 Gummikissen
6 Unterplatte

Weiten mit Gummistempel

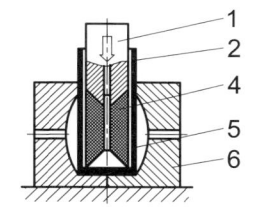

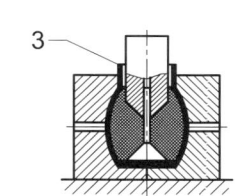

Bild 57

1 Stempel
2 Werkstück vorgezogen
3 Werkstück geweitet
4 Stempelkopf (Gummi)
5 Werkstück
6 Gesenk (zweiteilig)

Weiten mit Flüssigkeiten

Bild 58

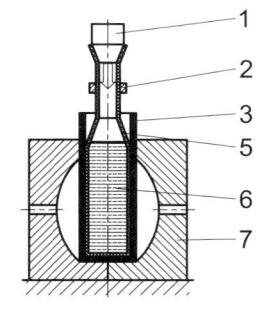

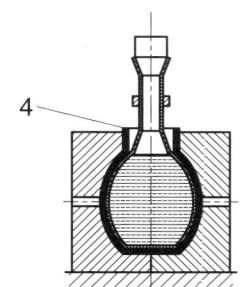

1 Stempel
2 Klemmring
3 Werkstück vorgezogen
4 Werkstück geweitet
5 Gummibeutel
6 Flüssigkeit
7 Gesenk (zweiteilig)

Werkzeug zum Umformen und Abschneiden

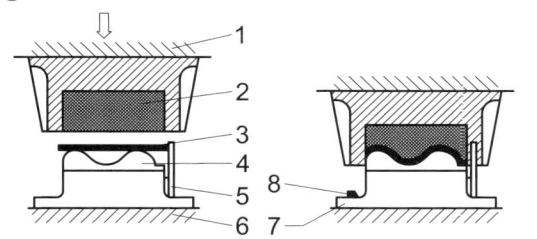

Bild 59

1 Pressenstößel
2 Gummikissen
3 Werkstück
4 Formstempel
5 Anschlag
6 Pressentisch
7 Tauchplatte
8 Abfall

9. Umformwerkzeuge für Kleinteile

Im folgenden Kapitel wird eine Auswahl von Umformwerkzeugen für diverse Kleinteile vorgestellt. Diese Lösungen finden dort Anwendung, wo aus dünnen Blechen mit Kaltumformung einfache Teile z.B. für Gehäuse, Armaturen und Verbindungselemente hergestellt werden. Die Umformung der metallischen Werkstoffe erfolgt bei Temperaturen unterhab der Rekristallisationstemperatur des betreffenden Metalls, überwiegend bei Raumtemperaturen. Im Gegensatz zur Warmformung steigt die Formänderungsfestigkeit mit zunehmender Formänderung. Bei der Kaltumformung kommt es zu einer Verfestigung bei verminderter Zähigkeit. Zu den Fertigungsverfahren, die als Kaltumformung durchgeführt werden können, gehört v. a. Stauchen, Prägen, Fließpressen, Einsenken, Walzen, Draht -, Rohr - und Tiefziehen.

Drücken mit Formrollen

Bild 1

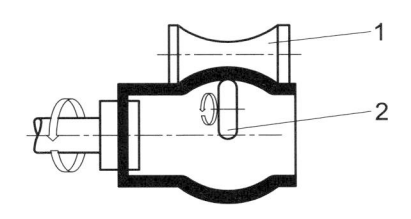

1 Formrolle
2 Drückrolle (Gegenrolle)

Spreizwerkzeug

Bild 2

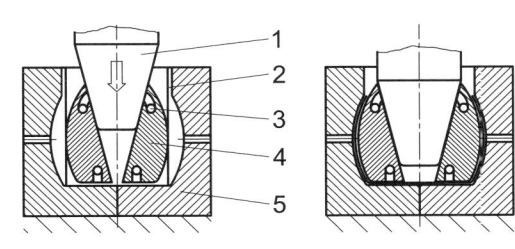

1 Spreizdorn
2 Werkstück tiefgezogen
3 Zugfeder
4 Spreizsegmente
5 Zweiteiliges Gesenk

Einziehwerkzeug

Bild 3

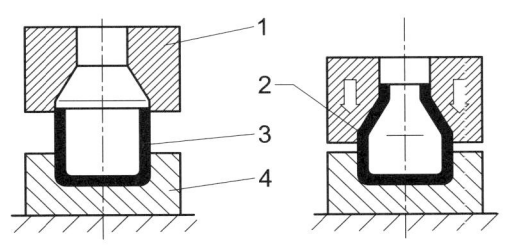

1 Gesenk
2 Werkstück eingezogen
3 Werkstück tiefgezogen
4 Aufnahme

Biegen mit geradliniger Werkzeugbewegung

Bild 4

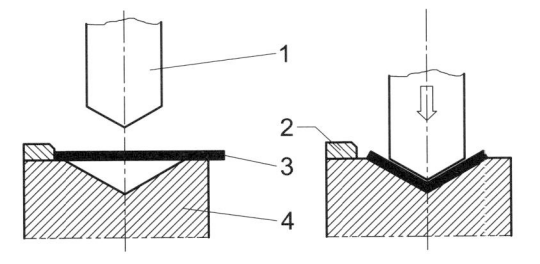

1 Biegestempel
2 Anschlag
3 Blech
4 Gesenk

Biegen mit drehender Werkzeugbewegung

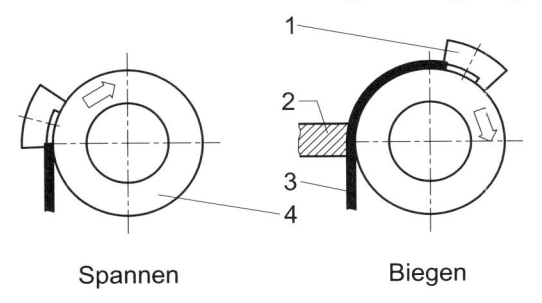

Bild 5

1 Klemmung
2 Gegenhalter
3 Blech
4 Biegerolle

Spannen   Biegen

Einrollwerkzeug – Rollbiegen

Bild 6

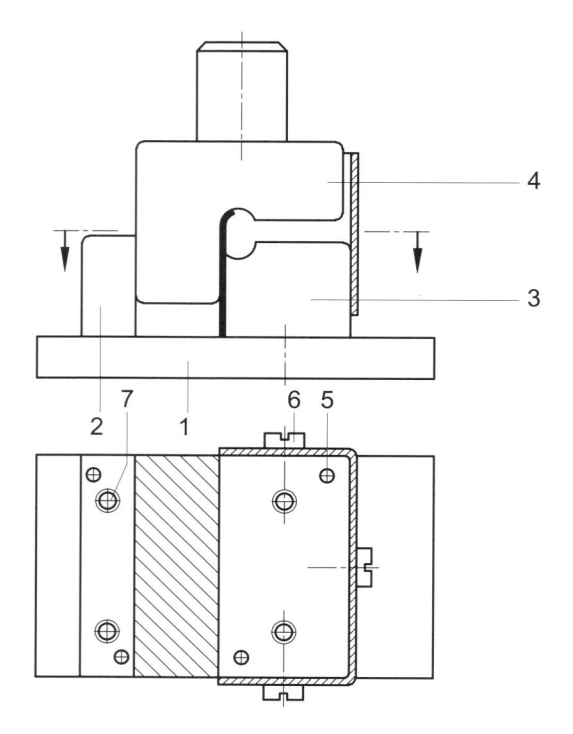

1 Grundplatte, 2 Gegenklotz, 3 Rollamboss, 4 Rollstempel, 5 Zylinderstift, 6 Zylinderschraube, 7 Schraube

Einrollwerkzeug – Rollbiegen, Zwangsauswerfer

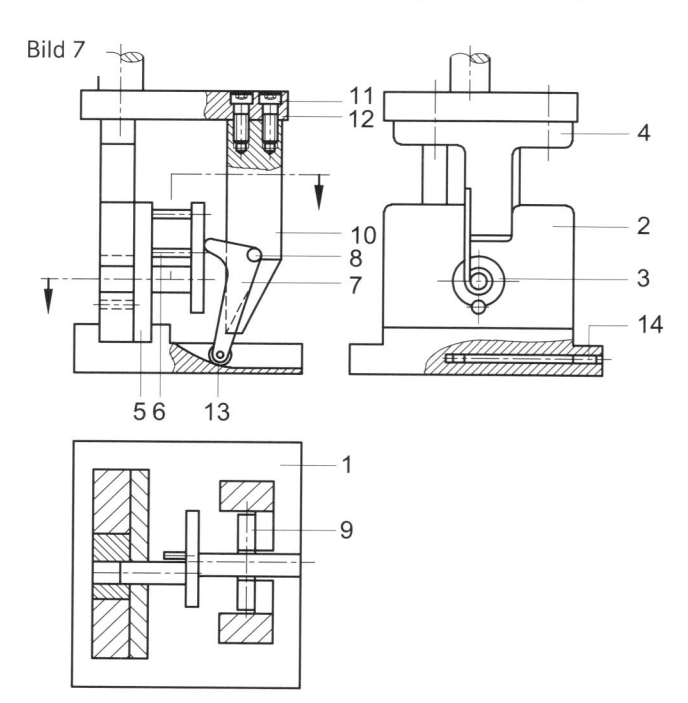

Bild 7

1 Grundplatte, 2 Rollbuchsenaufnahme, 3 Rollbuchse, 4 Druckstempel, 5 Führungsplatte, 6 Auswerferstift, 7 Auswerferhebel, 8 Bolzen, 9 Rolle, beidseitig am Hebel 7, 10 Kurvenstück für Schwinghebelbetätigung, links, rechts, 11 Innensechskantschraube, 12 Oberplatte mit Einspannzapfen, 13 Blattfeder, 14 Zylinderstift

Beim Abwärtshub laufen die Rollen 9 auf dem Rücken des Kurvenstücks 10. Im untersten Totpunkt schnappt der Hebel 7 nach vorn. Beim Aufwärtshub laufen die Rollen 9 an der Innenkurve und schieben den Schwinghebel zwangsweise nach vorn.

9. Umformwerkzeuge für Kleinteile

Rollstanze – Keilschieber

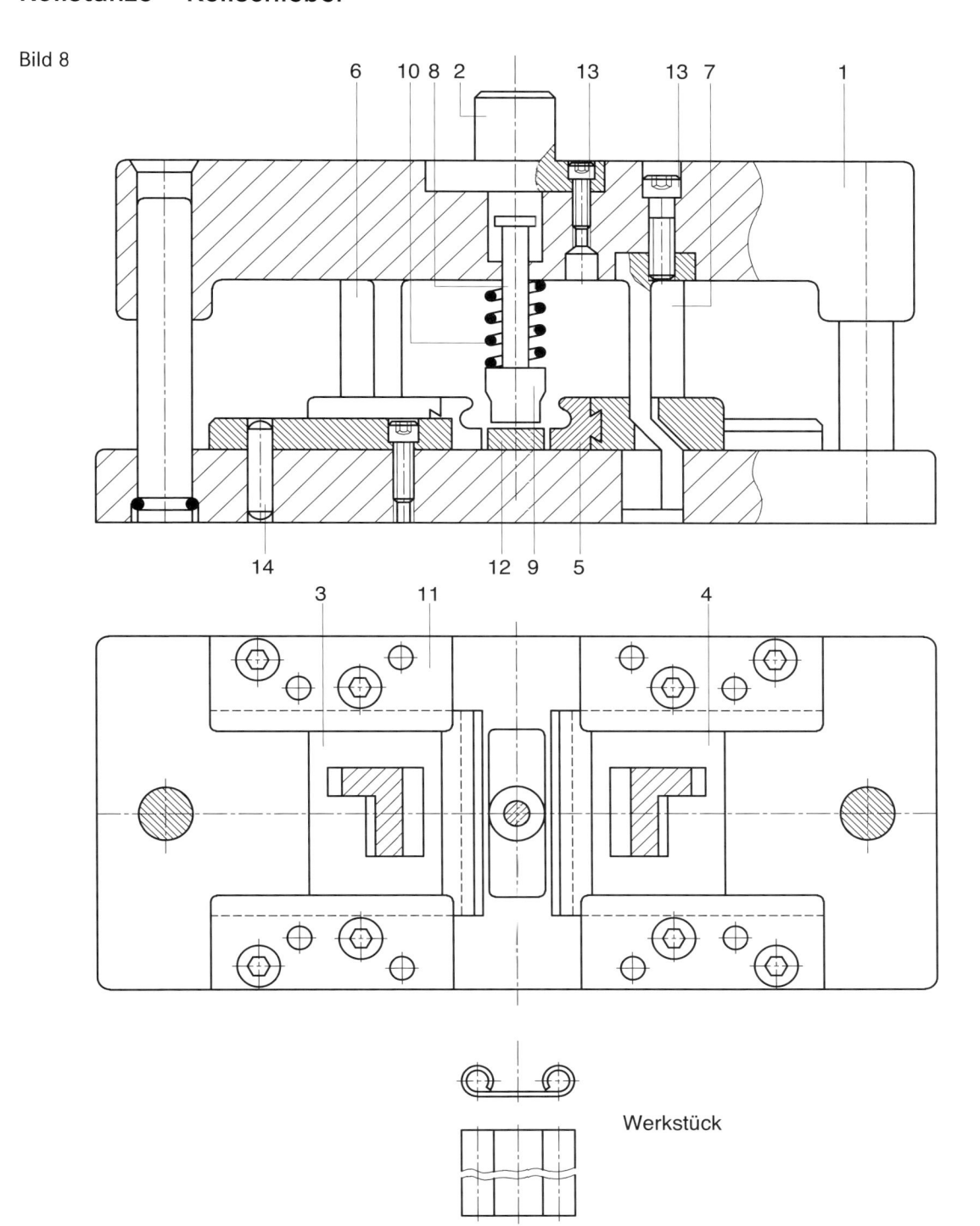

Bild 8

Werkstück

1 Säulenführungsgestell, 2 Einspannzapfen, 3 und 4 Rollschieber rechts und links, 5 Rollbacke.
6 und 7 Keil, rechts und links, 8 Niederhalterbolzen, 9 Niederhalter, 10 Druckfeder, 11 Führungsleiste,
12 Auflage, 13 Innensechskantschraube, 14 Zylinderstift

III Umformwerkzeuge

Außenformung – Formrolle

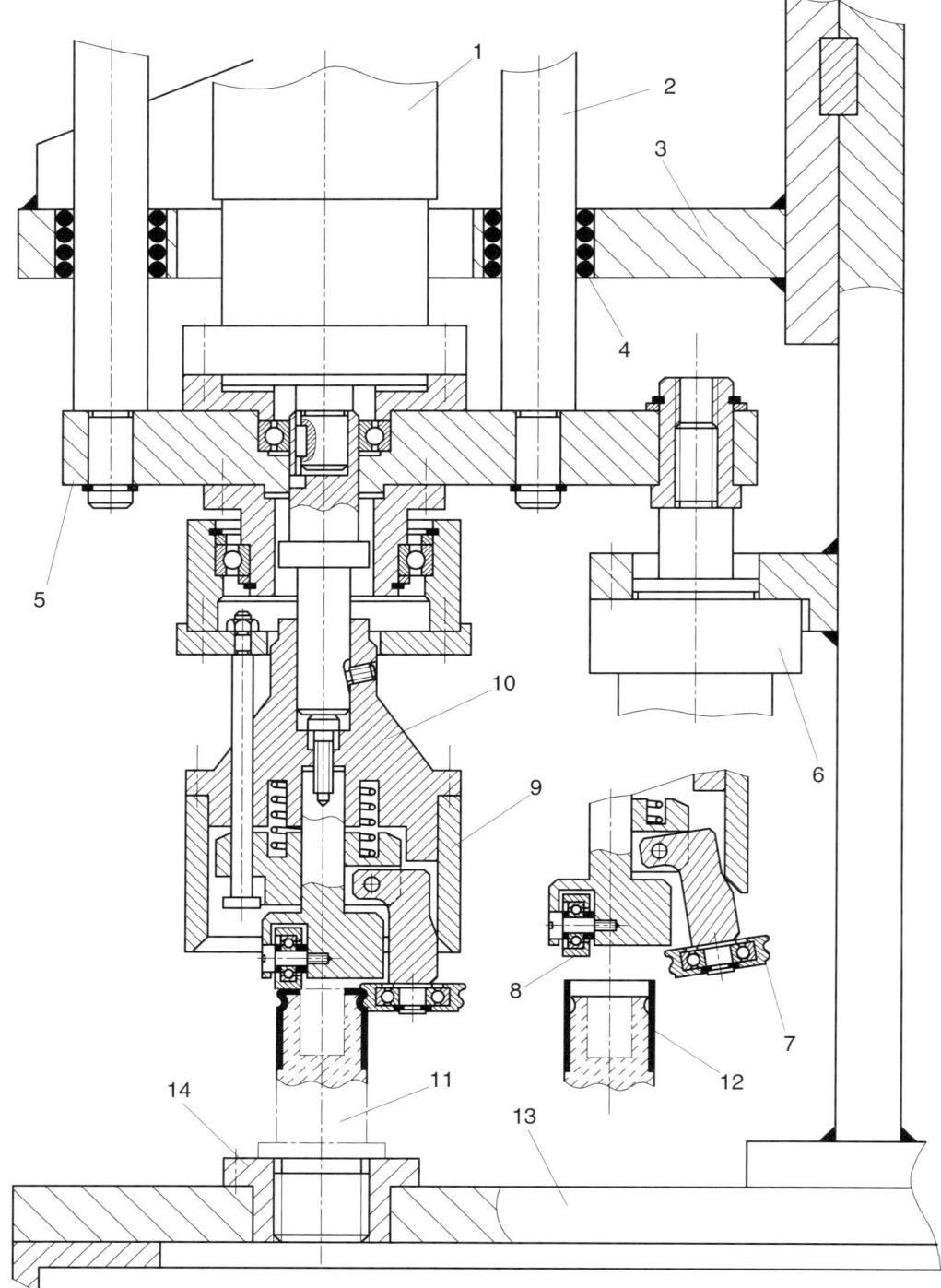

Bild 9

1 Getriebemotor, 2 Führungssäule, 3 Führungsplatte, 4 Kugelführung, 5 Druckplatte,
6 Arbeitszylinder, 7 Formrolle, 8 Planrolle, 9 Formkurve, 10 Bewegungsteil,
11 Basisteil, 12 Fügeteil, 13 Vorrichtungsgestell, 14 Werkstückaufnahme

9. Umformwerkzeuge für Kleinteile

Rollstanze – Keilschieber

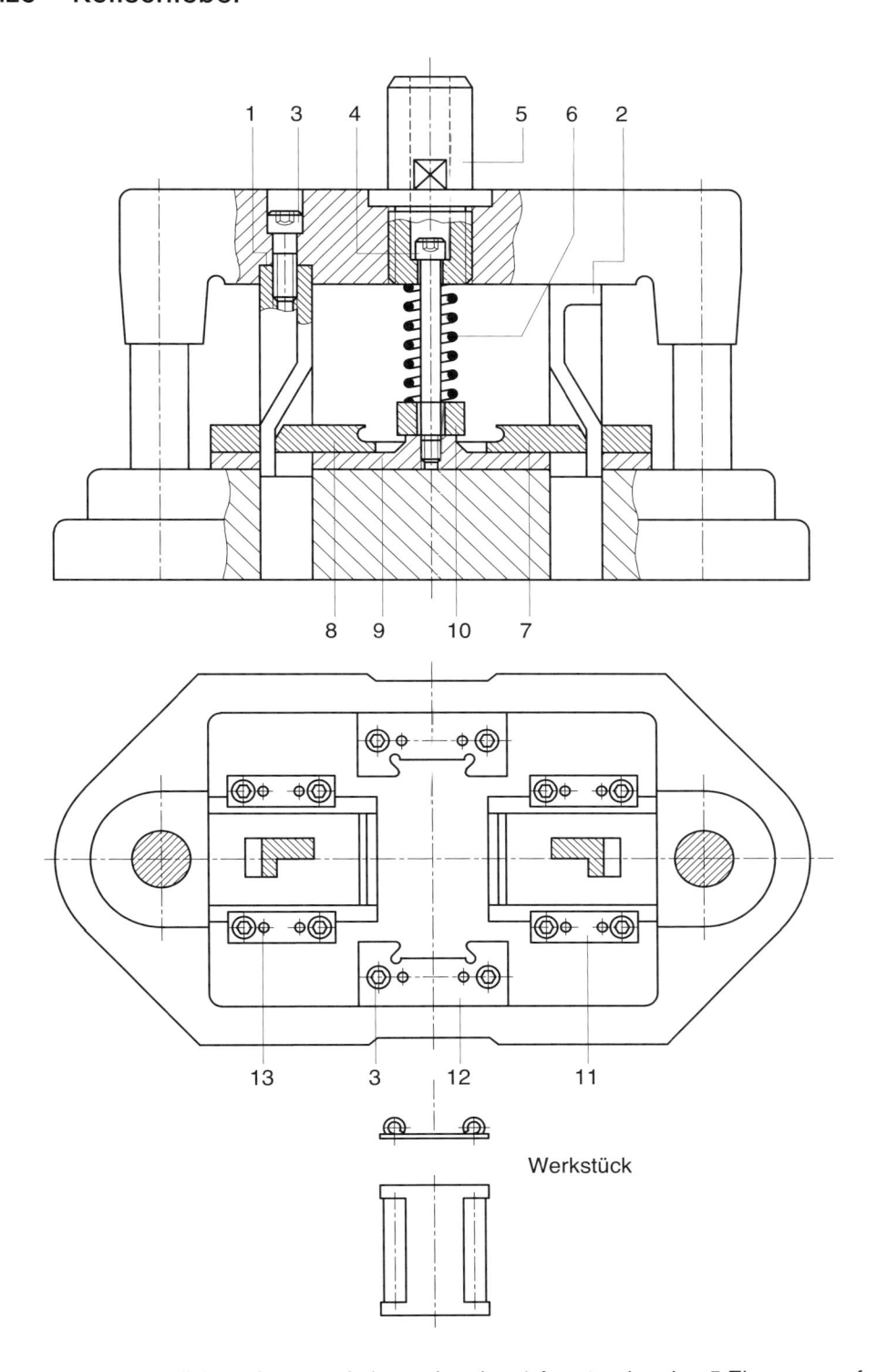

Bild 10

1 und 2 Keilschieber rechts, links, 3 Innensechskantschraube, 4 Ansatzschraube, 5 Einspannzapfen.
6 Druckfeder, 7 und 8 Rollschieber rechts, links, 9 Aufnahmeplatte, 10 federnder Niederhalter,
11 Schieberführung, 12 Einlage, 13 Zylinderstift

Endlos-Sickenwerkzeug gefedert – Umformung von unten nach oben

Bild 11

Vorschub/Hub~1-2mm

1 Einspannzapfen
2 Führungsplatte
3 Matrize
4 Formstempel
5 Halteplatte
6 Gummifeder
7 Gegenhalter

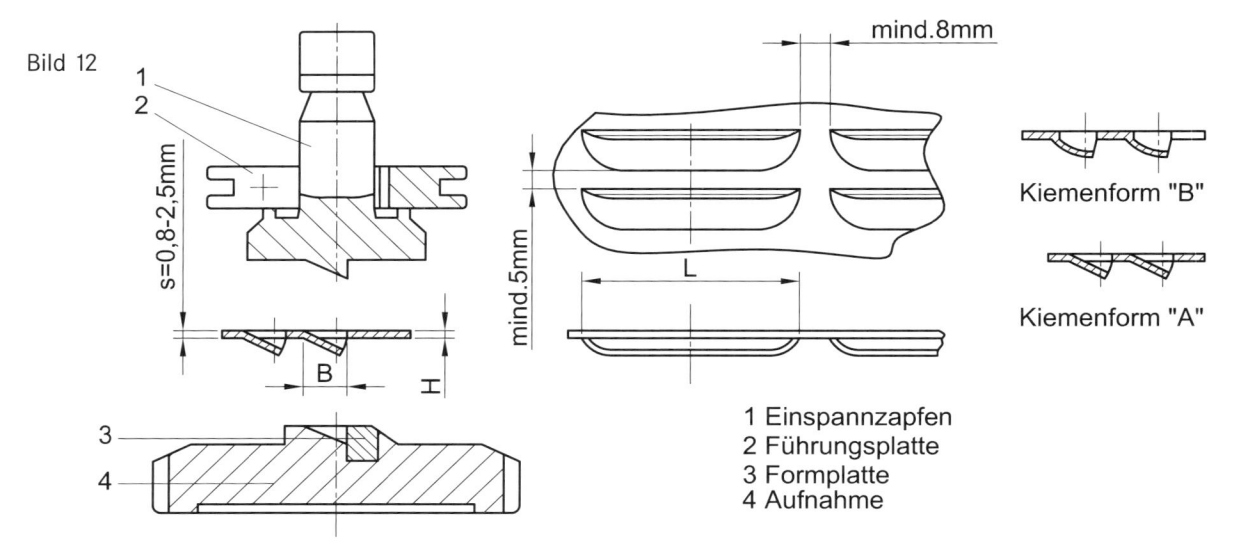

Kiemenwerkzeug starr für s = 0,8–2,5 mm – Umformung von oben nach unten

Bild 12

mind. 8mm
mind. 5mm
s=0,8-2,5mm

Kiemenform "B"

Kiemenform "A"

1 Einspannzapfen
2 Führungsplatte
3 Formplatte
4 Aufnahme

Starres Senkwerkzeug – Ansenkung von oben, ohne Durchstellung

Bild 13

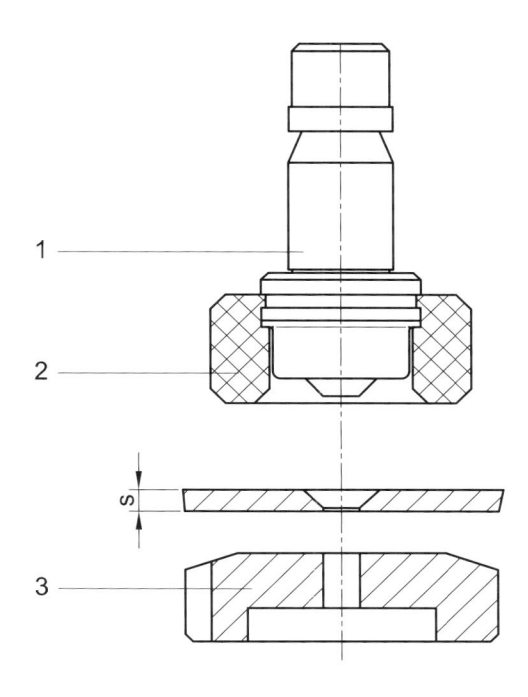

1 Einspannzapfen
2 Gummibuchse
3 Formplatte unten

Gewindedurchzugswerkzeug mit gefertem Auswerfer – Durchzug von oben nach unten geformt

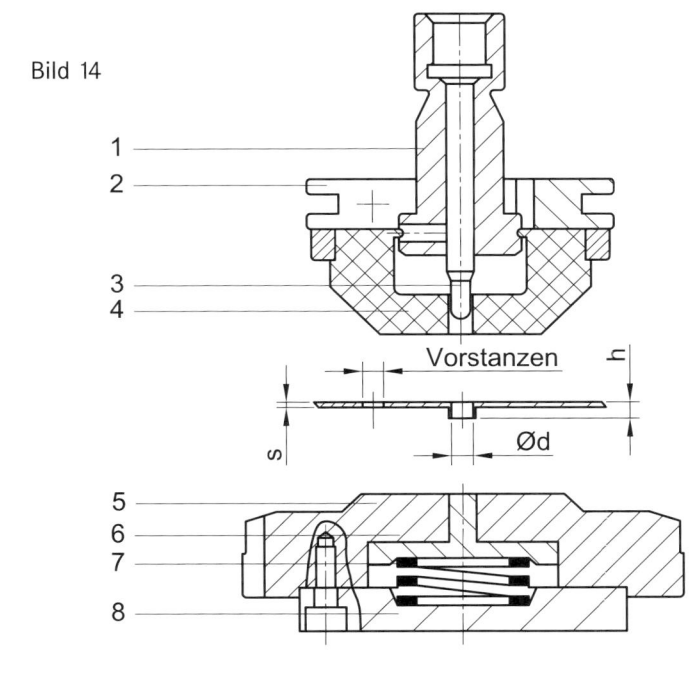

Bild 14

1 Einspannzapfen
2 Führungsplatte
3 Stempel
4 Gummibuchse
5 Formplatte unten
6 Auswerfer
7 Druckfeder
8 Zentrierung

III Umformwerkzeuge

Einbau-Endlos-Sickenwerkzeug gefedert für s = 0,8–2,5 mm – Umformung von unten nach oben

Bild 19

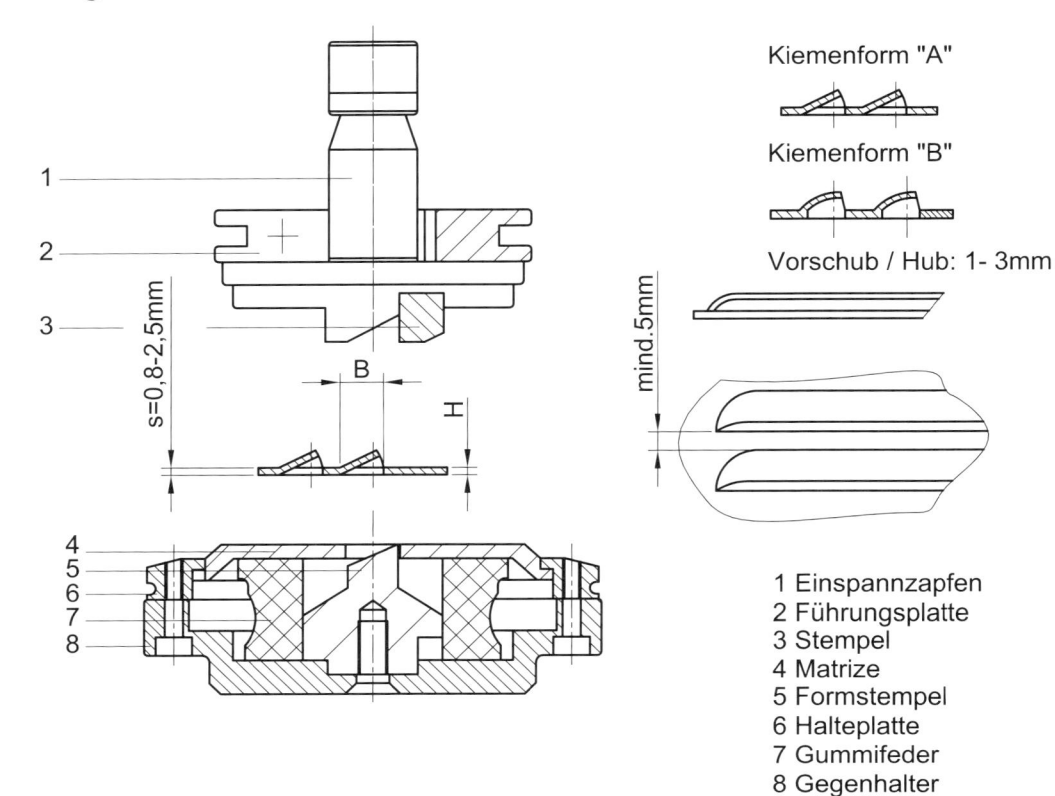

Kiemenform "A"

Kiemenform "B"

Vorschub / Hub: 1- 3mm

mind. 5mm

1 Einspannzapfen
2 Führungsplatte
3 Stempel
4 Matrize
5 Formstempel
6 Halteplatte
7 Gummifeder
8 Gegenhalter

Bild 20

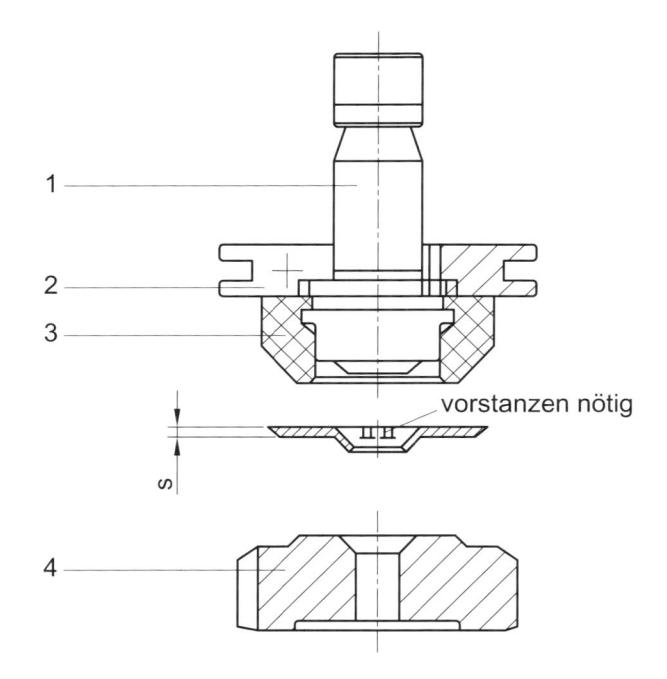

vorstanzen nötig

1 Einspannzapfen
2 Führungsplatte
3 Haltering
4 Matrize

9. Umformwerkzeuge für Kleinteile

Endlos-Kiemenwerkzeug starr für s = 0,8–2,5 mm – Umformung von unten nach oben

Bild 21

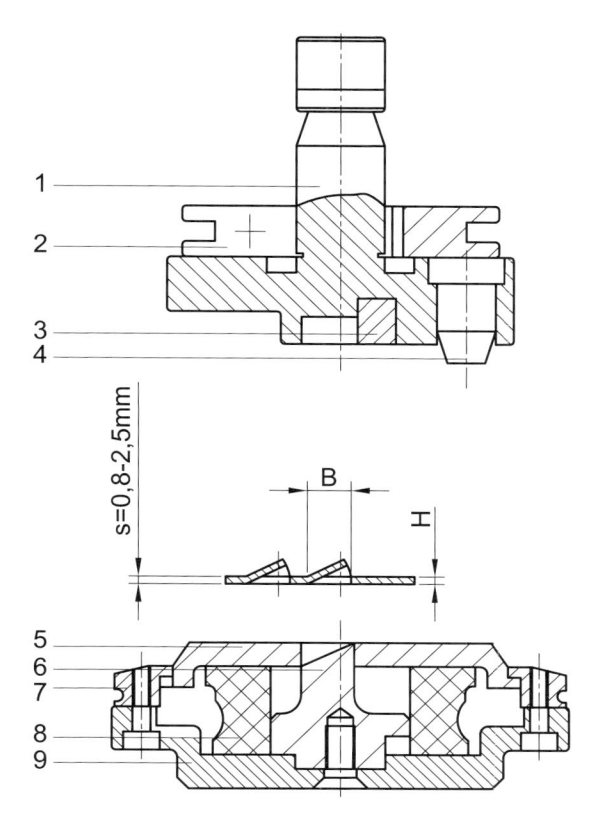

1 Einspannzapfen
2 Führungsplatte
3 Stempel
4 Zapfen
5 Matrize
6 Formstempel
7 Halteplatte
8 Gummifeder
9 Gegenhalter

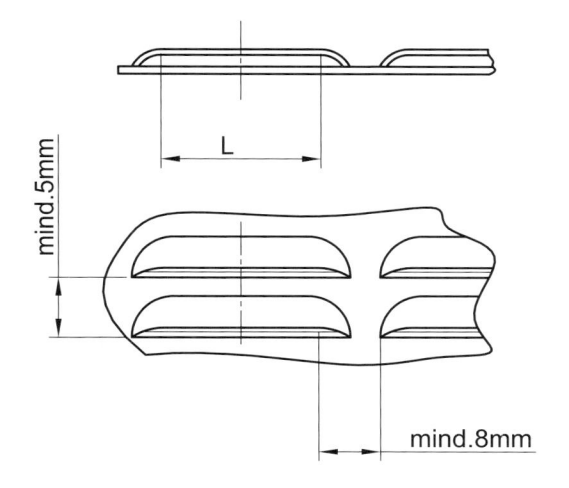

Kiemenform "A"

Kiemenform "B"

Senkformwerkzeug gefedert – Umformung von unten nach oben

Bild 22

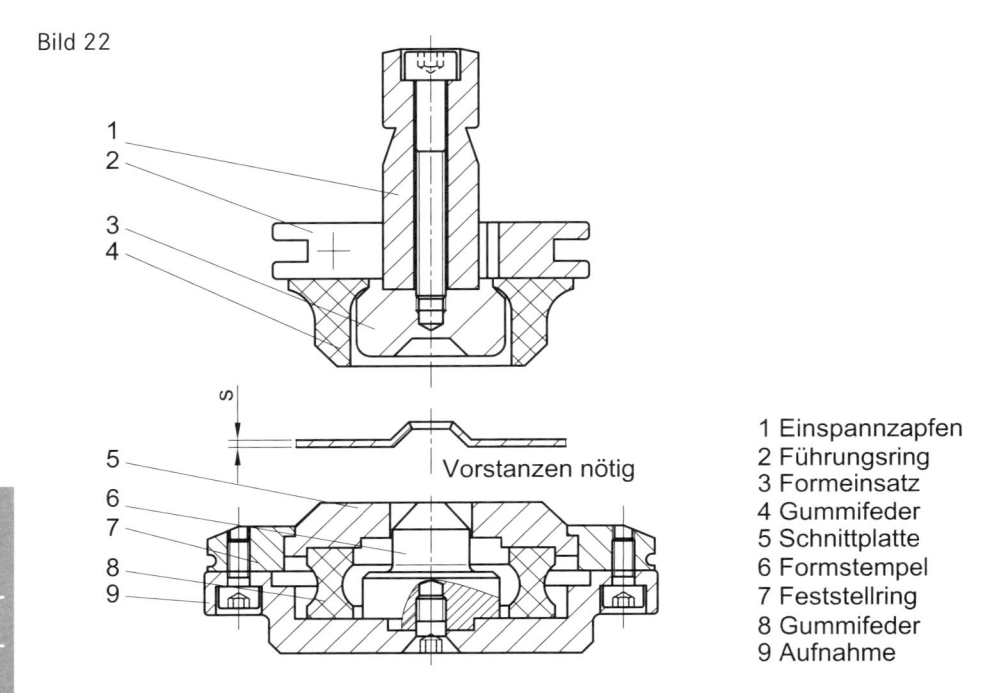

1 Einspannzapfen
2 Führungsring
3 Formeinsatz
4 Gummifeder
5 Schnittplatte
6 Formstempel
7 Feststellring
8 Gummifeder
9 Aufnahme

Vorstanzen nötig

Gewindeform- und Vorstanzwerkzeug für Blechschrauben – Umformung von oben nach unten

Bild 23

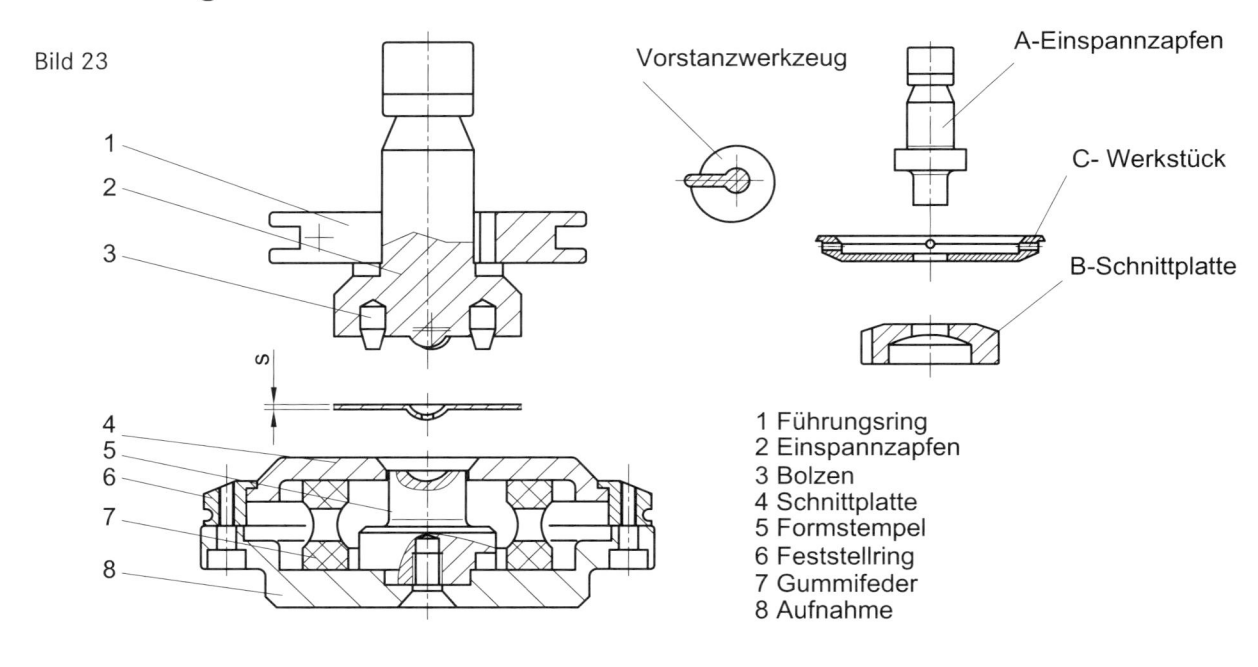

Vorstanzwerkzeug

A-Einspannzapfen
C-Werkstück
B-Schnittplatte

1 Führungsring
2 Einspannzapfen
3 Bolzen
4 Schnittplatte
5 Formstempel
6 Feststellring
7 Gummifeder
8 Aufnahme

Endlos-Absetzwerkzeug starr – Umformung in beide Richtungen

Bild 24

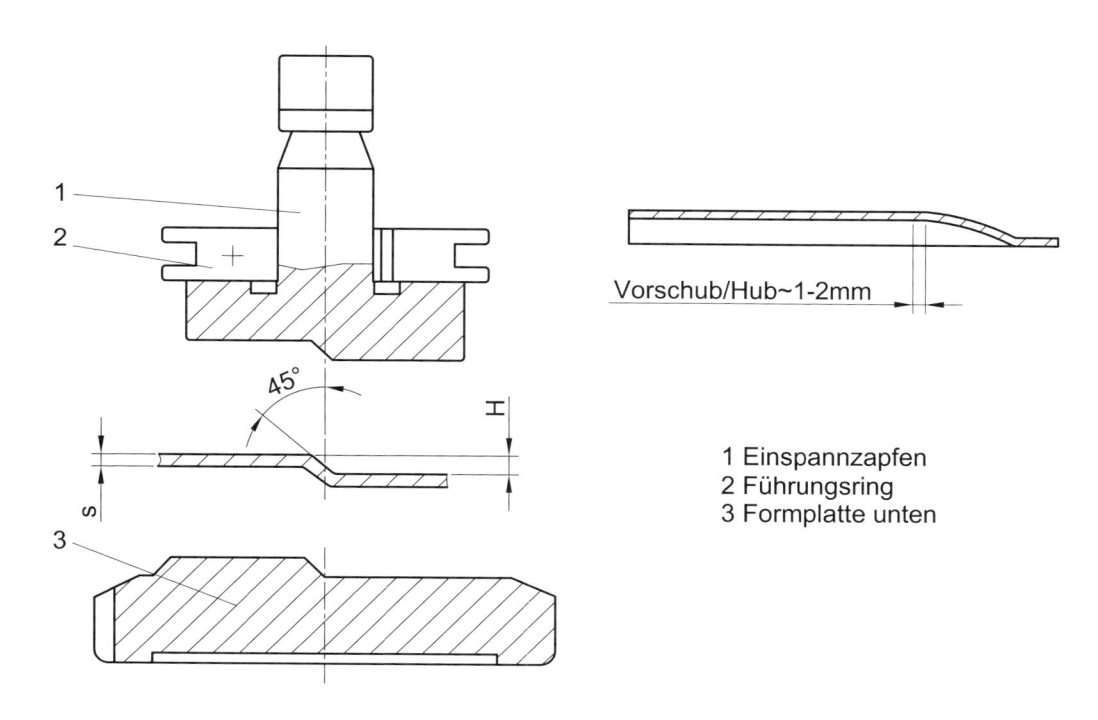

Vorschub/Hub~1-2mm

1 Einspannzapfen
2 Führungsring
3 Formplatte unten

Gewindedurchzugswerkzeug mit gefedertem Auswerfer – Durchzug von oben nach unten geformt

Bild 25

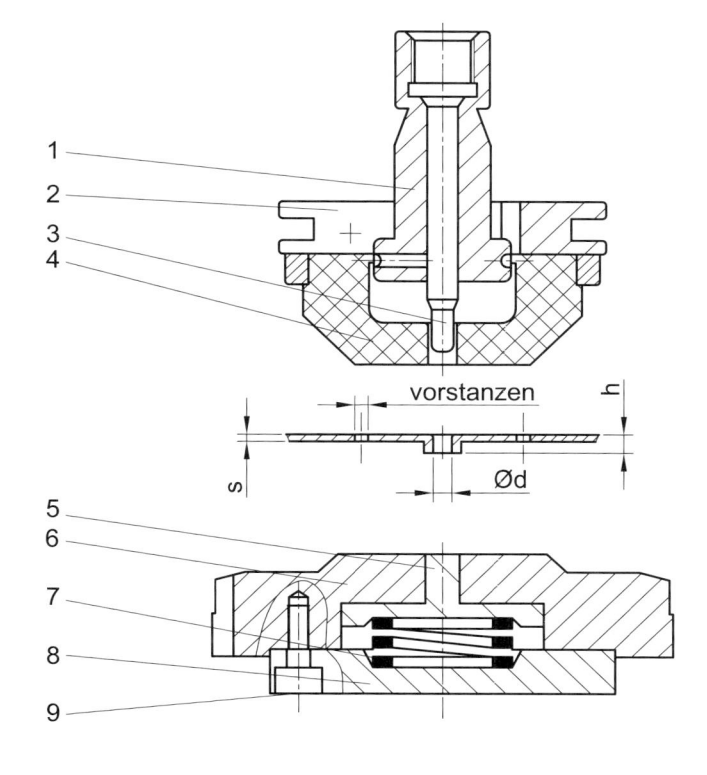

vorstanzen

Ød

1 Einspannzapfen
2 Führungsring
3 Formstempel
4 Gummifeder
5 Auswerfer
6 Formplatte unten
7 Feder
8 Zentrierring
9 Schraube

Umformwerkzeug rund – Umformung von oben nach unten

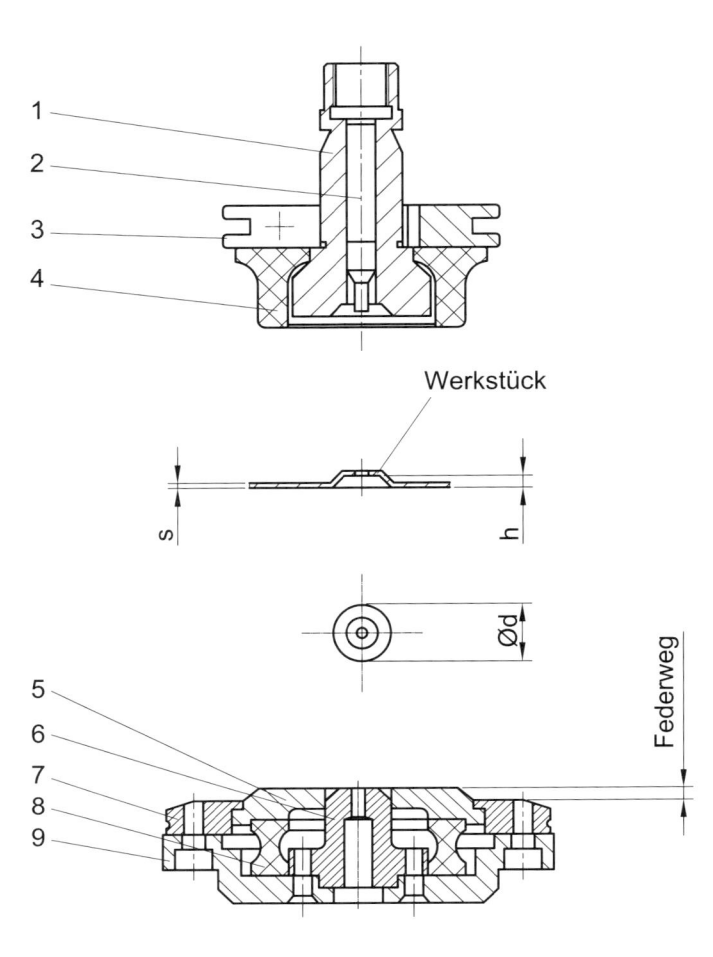

Bild 26

Werkstück

Federweg

1 Einspannzapfen
2 Stempel
3 Führungsring
4 Gummifeder
5 Schnittplatte
6 Formstempel
7 Haltering
8 Gummifeder
9 Aufnahmering

Umformwerkzeug Lasche bördeln

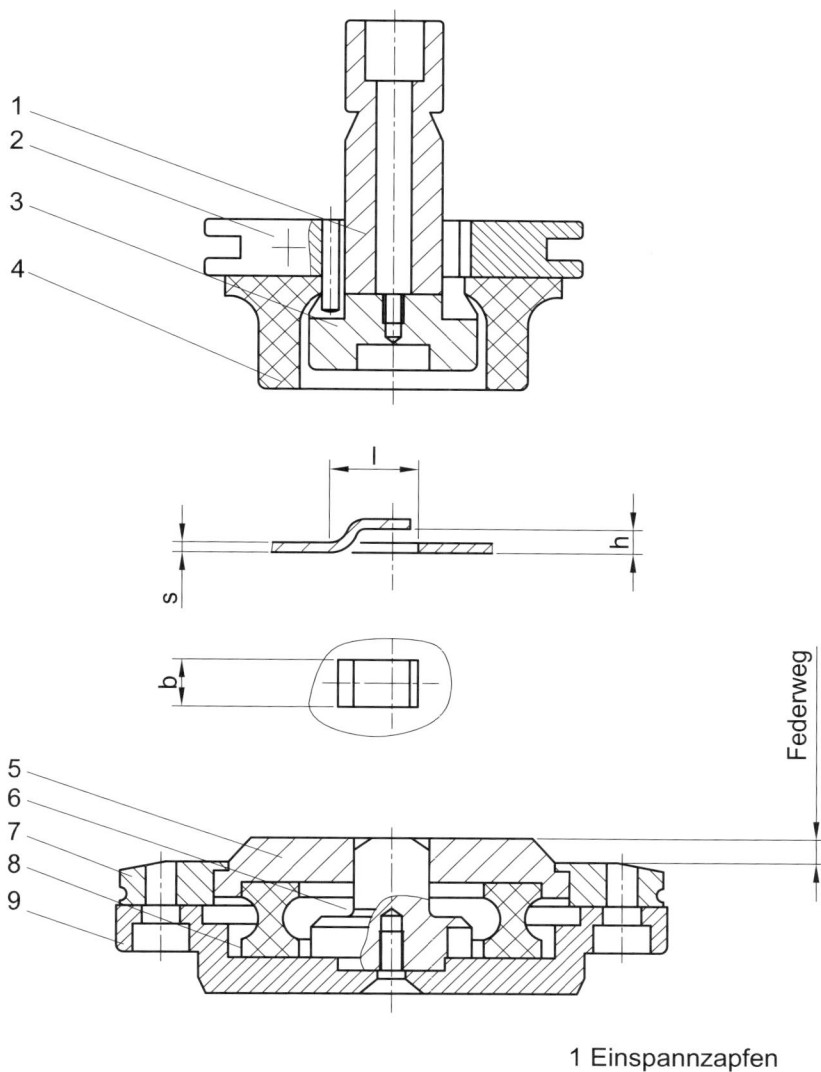

Bild 27

1 Einspannzapfen
2 Führungsring
3 Formstempel
4 Gummifeder
5 Schnittplatte
6 Formstempel
7 Haltering
8 Gummifeder
9 Aufnahmering

Folgeschnittwerkzeug mit gefedertem Niederhalter

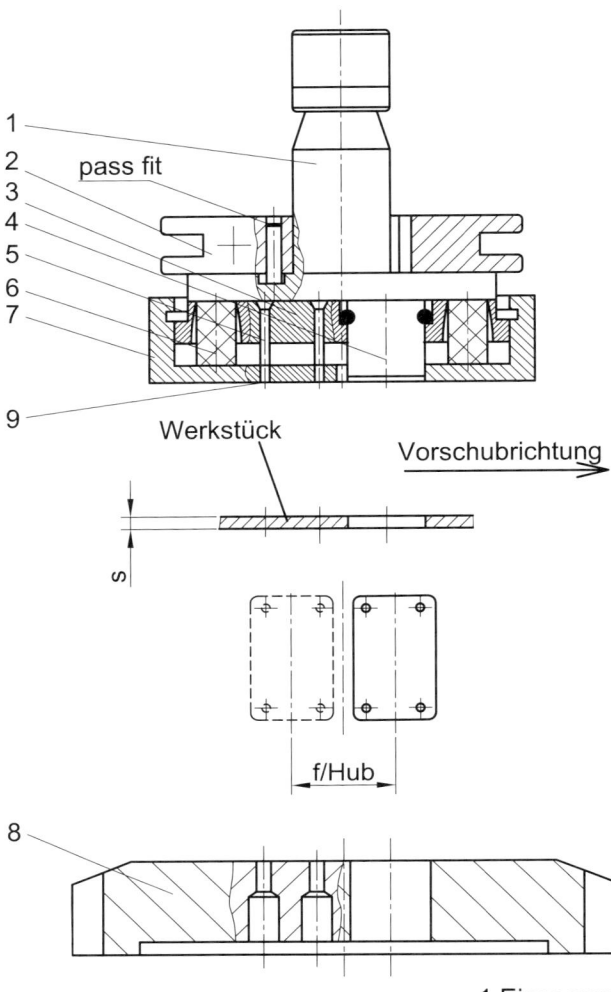

Bild 28

pass fit

Werkstück

Vorschubrichtung

s

f/Hub

1 Einspannzapfen
2 Führungsring
3 Stempelaufnahme
4 Lochstempel
5 Matrize
6 Gummifeder
7 Aufnahme
8 Formplatte unten
9 Stempel

Ziffernprägewerkzeug mit auswechselbaren Zifferneinsätzen – Prägung von unten, vertieft ins Blech (V-Linie)

Bild 29

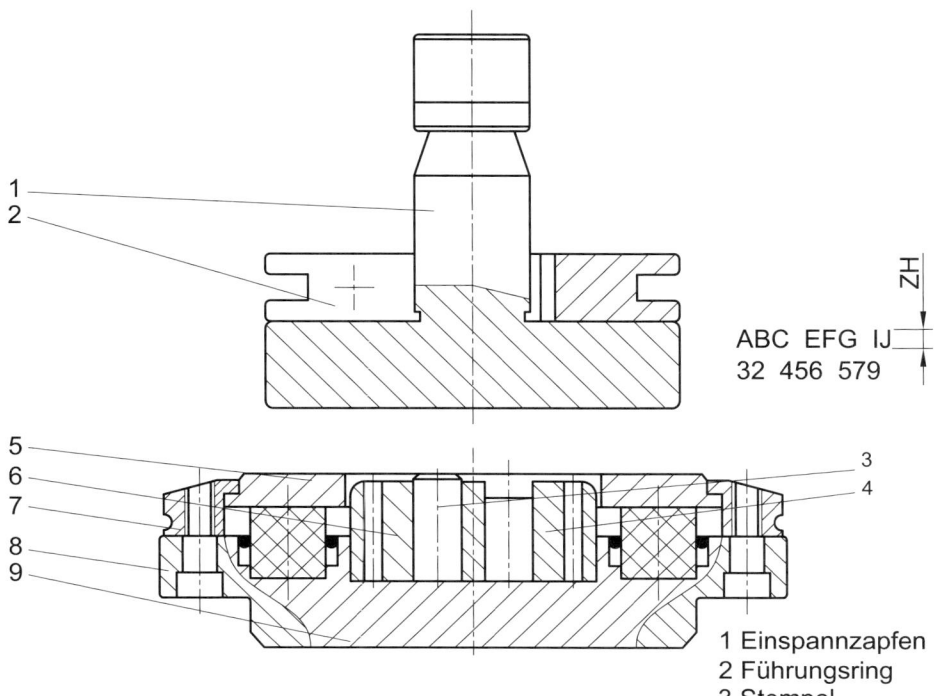

ABC EFG IJ
32 456 579

1 Einspannzapfen
2 Führungsring
3 Stempel
4 Stempelaufnahme
5 Zentrierring
6 Stempelaufnahme
7 Haltering
8 Druckplatte
9 Aufnahmering

Napf-Umformwerkzeug gefedert – Umformung von unten nach oben

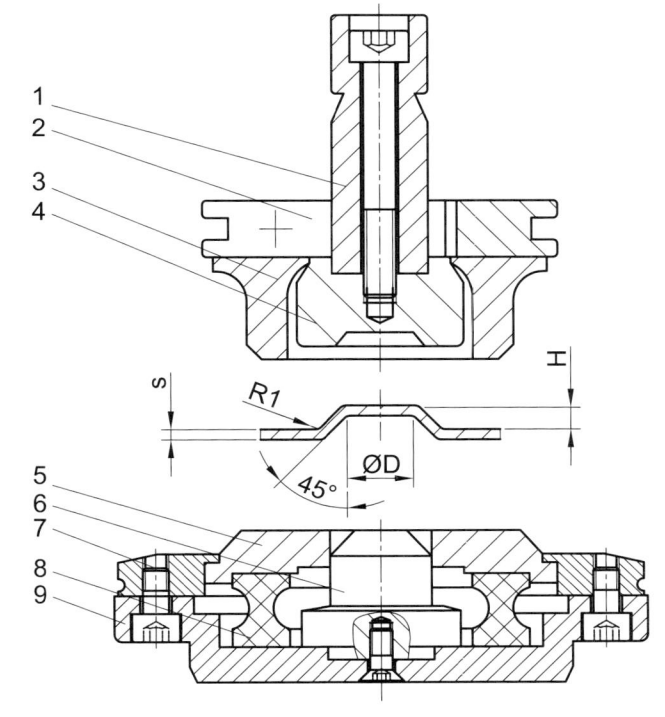

Bild 30

1 Einspannzapfen
2 Führungsring
3 Gummifeder
4 Formstempel
5 Schnittplatte
6 Formstempel
7 Haltering
8 Gummifeder
9 Aufnahmering

Erdungs- und Schutzleiterzeichen Prägewerkzeug gefedert – Prägung von unten, vertieft ins (V-Linie)

Bild 31

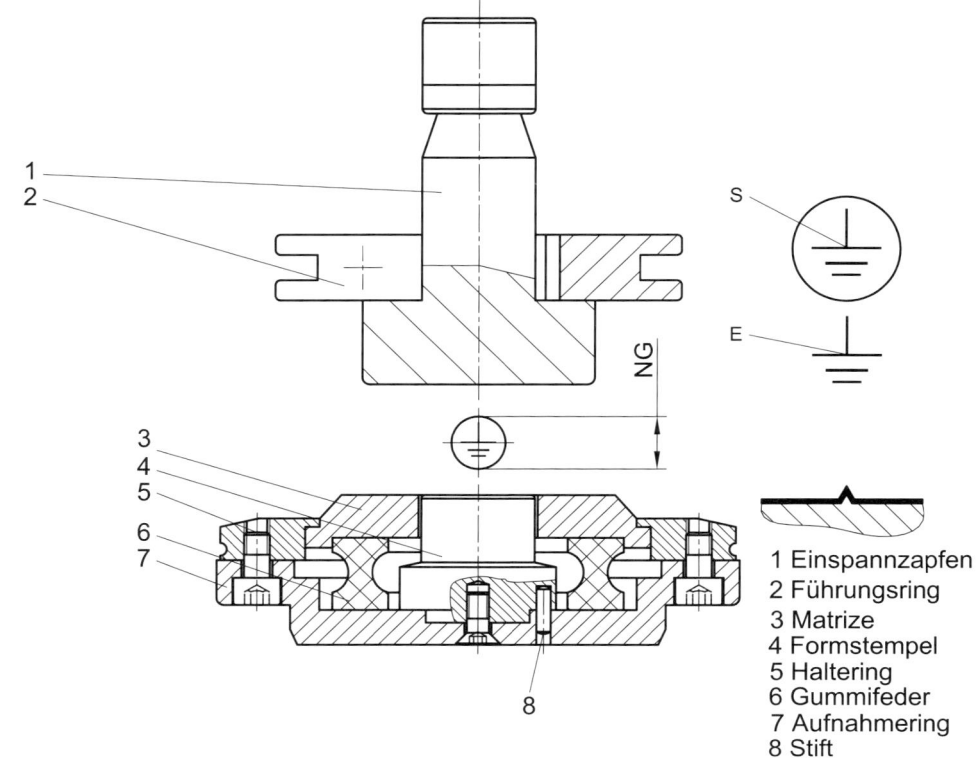

1 Einspannzapfen
2 Führungsring
3 Matrize
4 Formstempel
5 Haltering
6 Gummifeder
7 Aufnahmering
8 Stift

Stichprägewerkzeug starr – Prägung von oben, vertieft ins Blech (V-Linie)

Bild 32

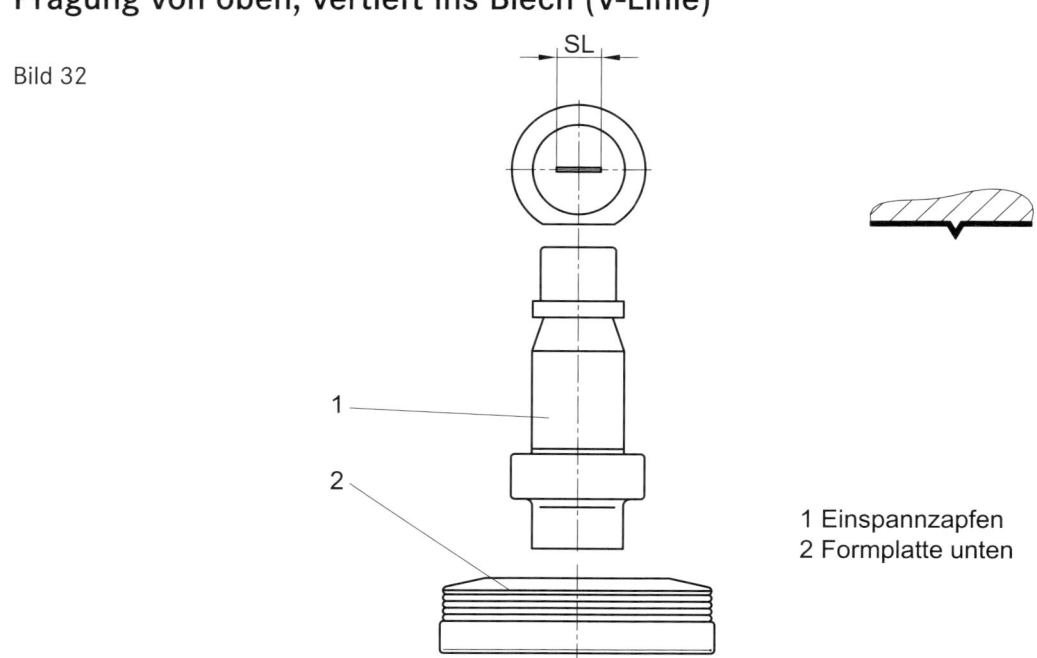

1 Einspannzapfen
2 Formplatte unten

Zentrierwarzenwerkzeug mit gefedertem Auswerfer – Umformung von oben nach unten (bis s = 3,0 mm)

Bild 33

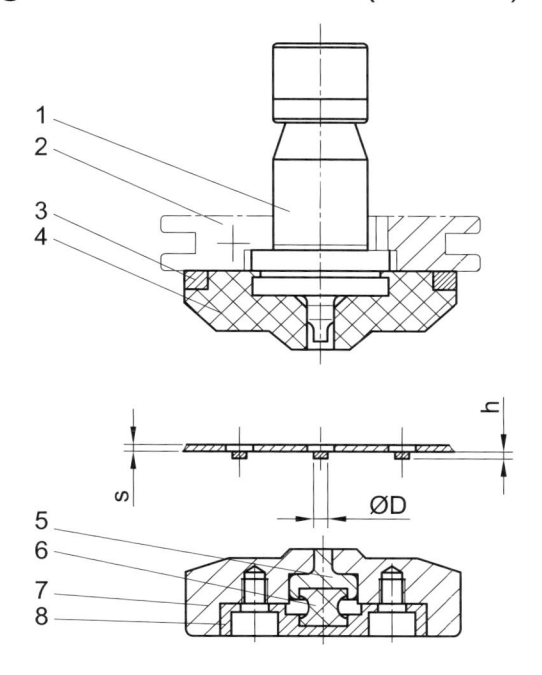

1 Einspannzapfen
2 Führungsring
3 Gummiring
4 Gummifeder
5 Auswerfer
6 Gummifeder
7 Druckplatte unten
8 Zentrierring

Schweißbuckelwerkzeug gefedert – Umformung von unten nach oben

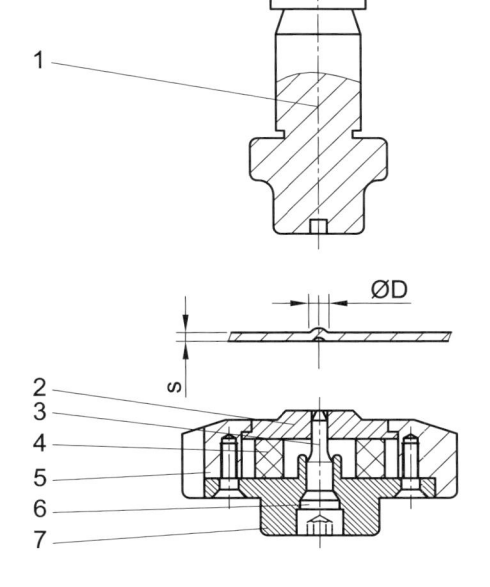

Bild 34

1 Einspannzapfen
2 Schnittplatte
3 Stempel
4 Gummifeder
5 Zentrierring
6 Verschlussschraube
7 Zentrierring

III Umformwerkzeuge

Ziffernprägewerkzeug mit auswechselbaren Ziffereinsätzen – Prägung von oben, vertieft ins Blech (V-Linie)

Bild 35

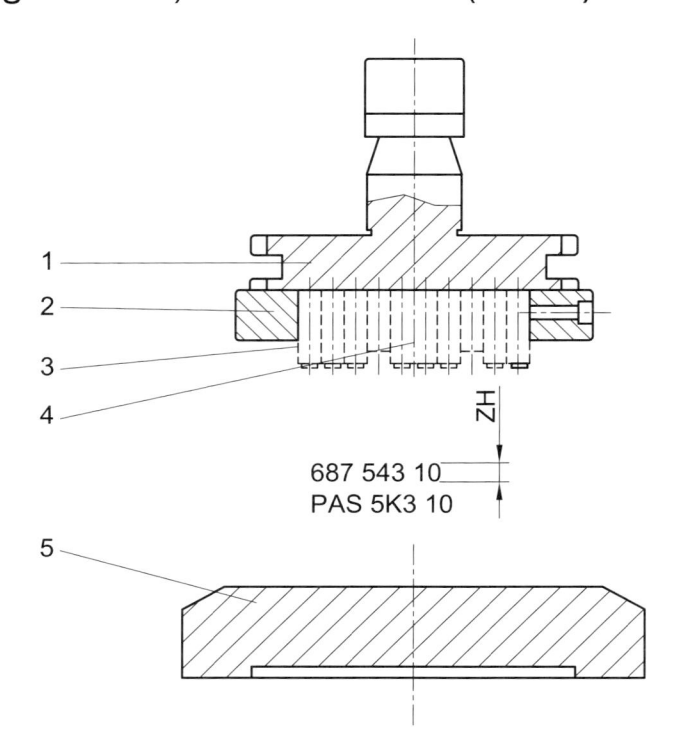

687 543 10
PAS 5K3 10

1 Einspannzapfen
2 Führungsring
3 Aufnahme
4 Stempel
5 Schnittplatte

Zentrierwarzenwerkzeug gefedert – Umformung von unten nach oben (bis s = 3,0 mm)

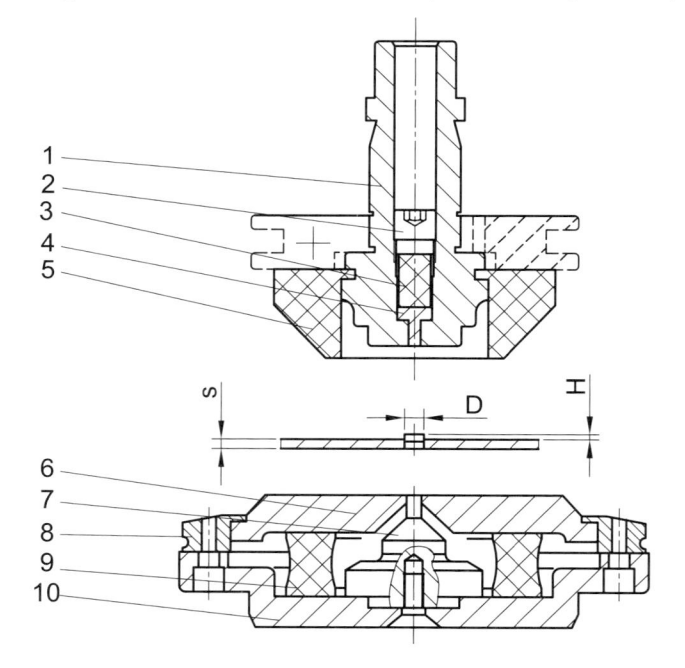

Bild 36

1 Einspannzapfen
2 Verschlussschraube
3 Gummistopfen
4 Formstempel
5 Gummifeder
6 Schnittplatte
7 Formstempel
8 Haltering
9 Gummifeder
10 Aufnahmering

Trennwerkzeug mit PU-Niederhalter zum Trennen an Umformungen 5 x 56

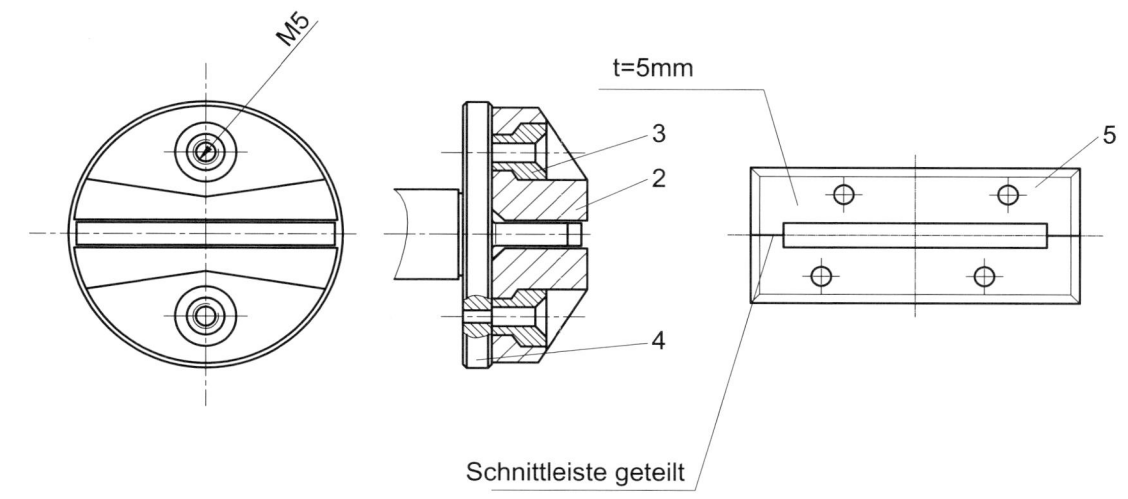

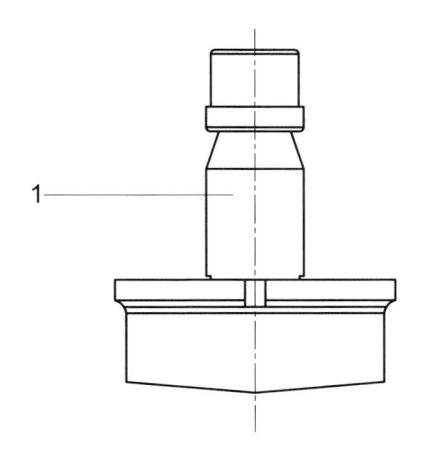

Bild 37

Schnittleiste geteilt

1 Einspannzapfen
2 Schnittplatte
3 Führungsbuchse
4 Druckplatte
5 Schnittplatte
6 Nutmutter

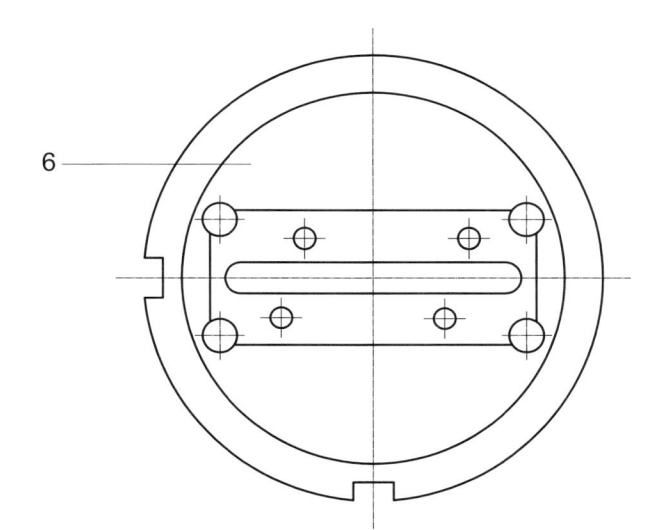

Napf-Umformwerkzeug starr – Umformung von oben nach unten

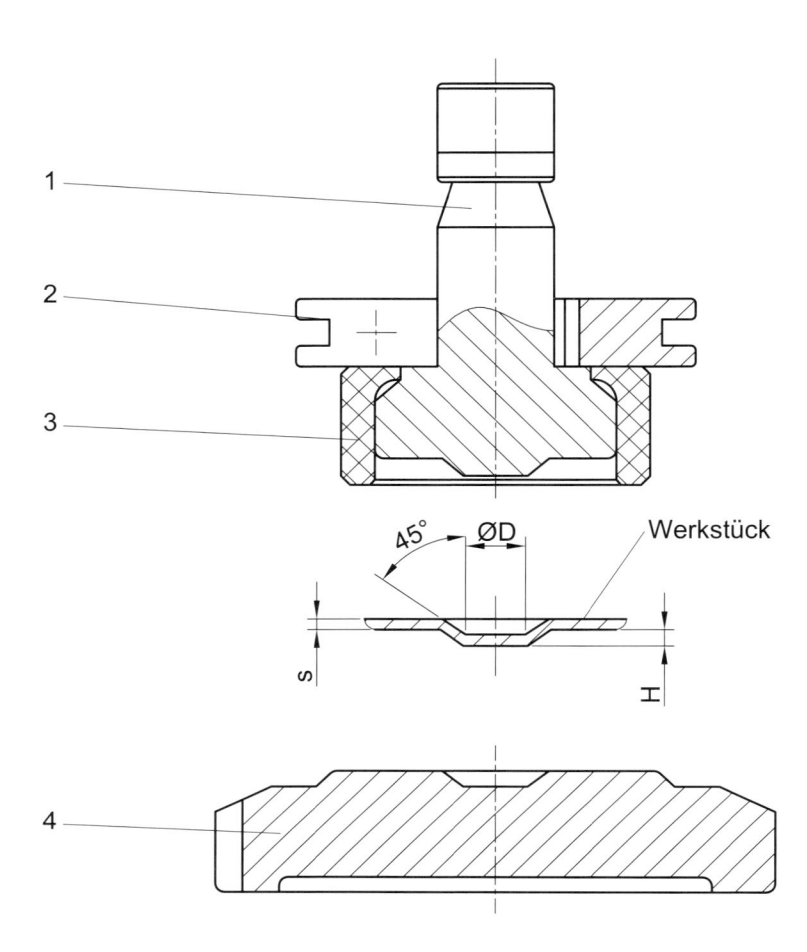

Bild 38

1 Einspannzapfen
2 Führungsring
3 Gummiring
4 Formplatte

Werkzeugsatz zur Scharnierherstellung – Umformung von unten nach oben

Bild 39

a)

Zugfeder

1. Hub   2. Hub

1 Einspannzapfen
2 Führungsring
3 Stempel
4 Leiste
5 Stift
6 Matrize
7 Formstempel
8 Haltering
9 Gummifeder
10 Gegenhalter

b)

3. Hub

1 Einspannzapfen
2 Führungsring
3 Formstempel
4 Matrize unten

Anstanzwerkzeug

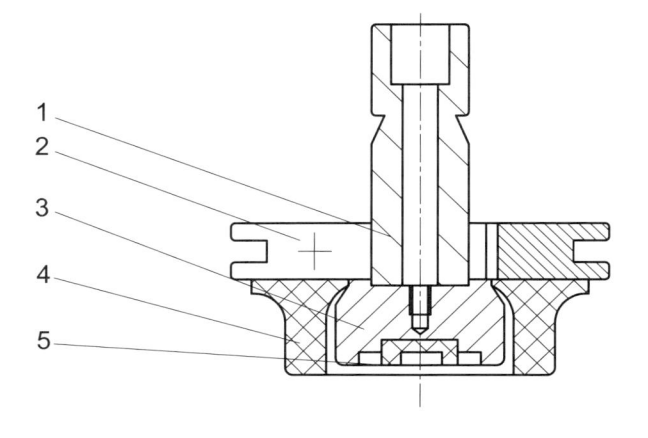

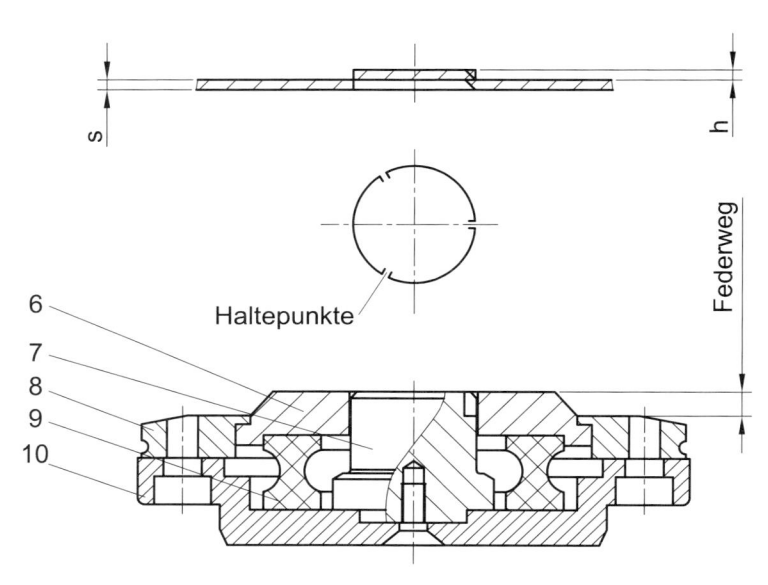

Bild 40

1 Einspannzapfen
2 Führungsplatte
3 Formeinsatz
4 Gummifeder
5 Buchse
6 Schnittplatte
7 Formstempel
8 Feststellring
9 Gummifeder
10 Aufnahme

Umformwerkzeug – Brücke von oben

Bild 41

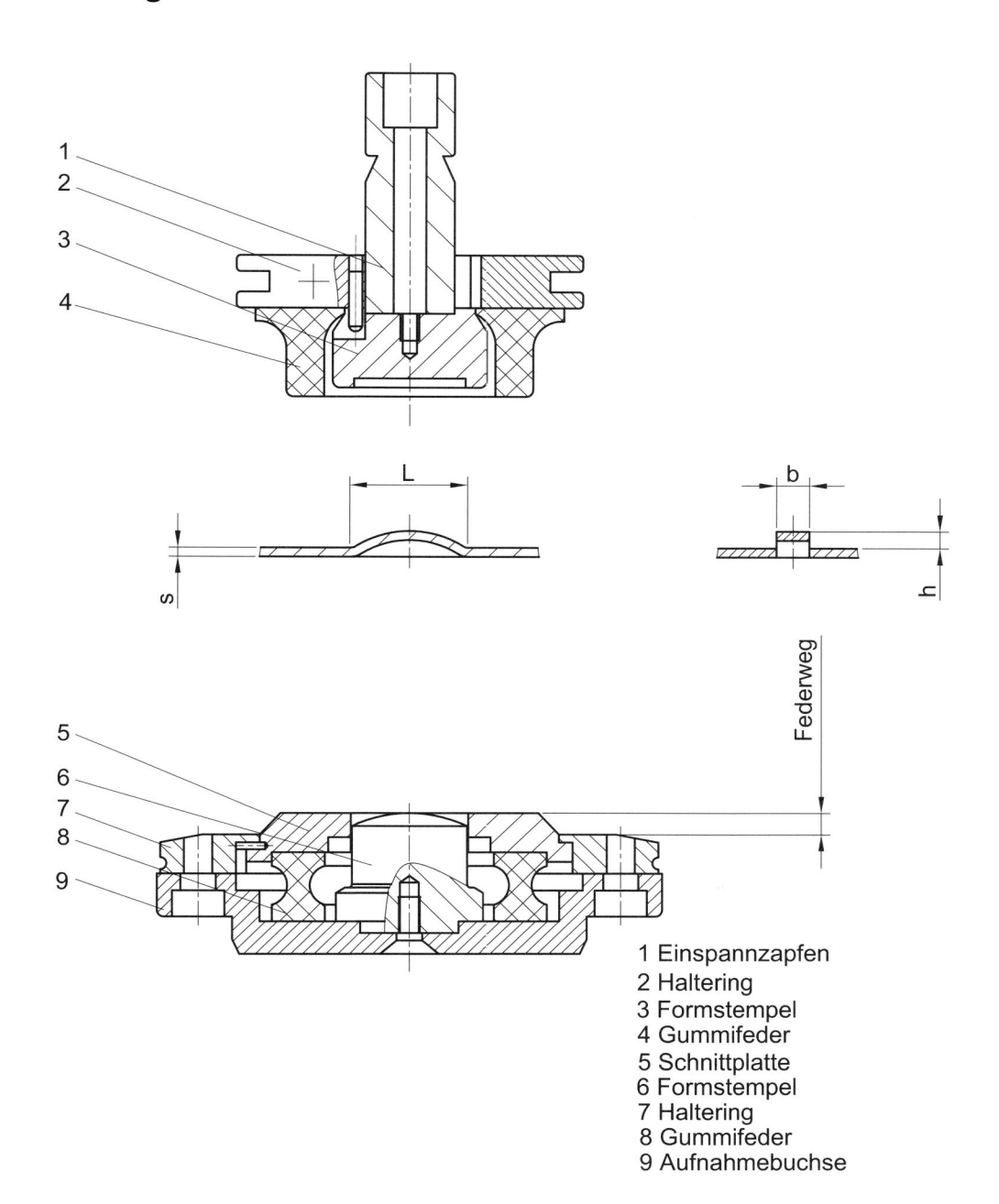

1 Einspannzapfen
2 Haltering
3 Formstempel
4 Gummifeder
5 Schnittplatte
6 Formstempel
7 Haltering
8 Gummifeder
9 Aufnahmebuchse

Schweißnoppenwerkzeug

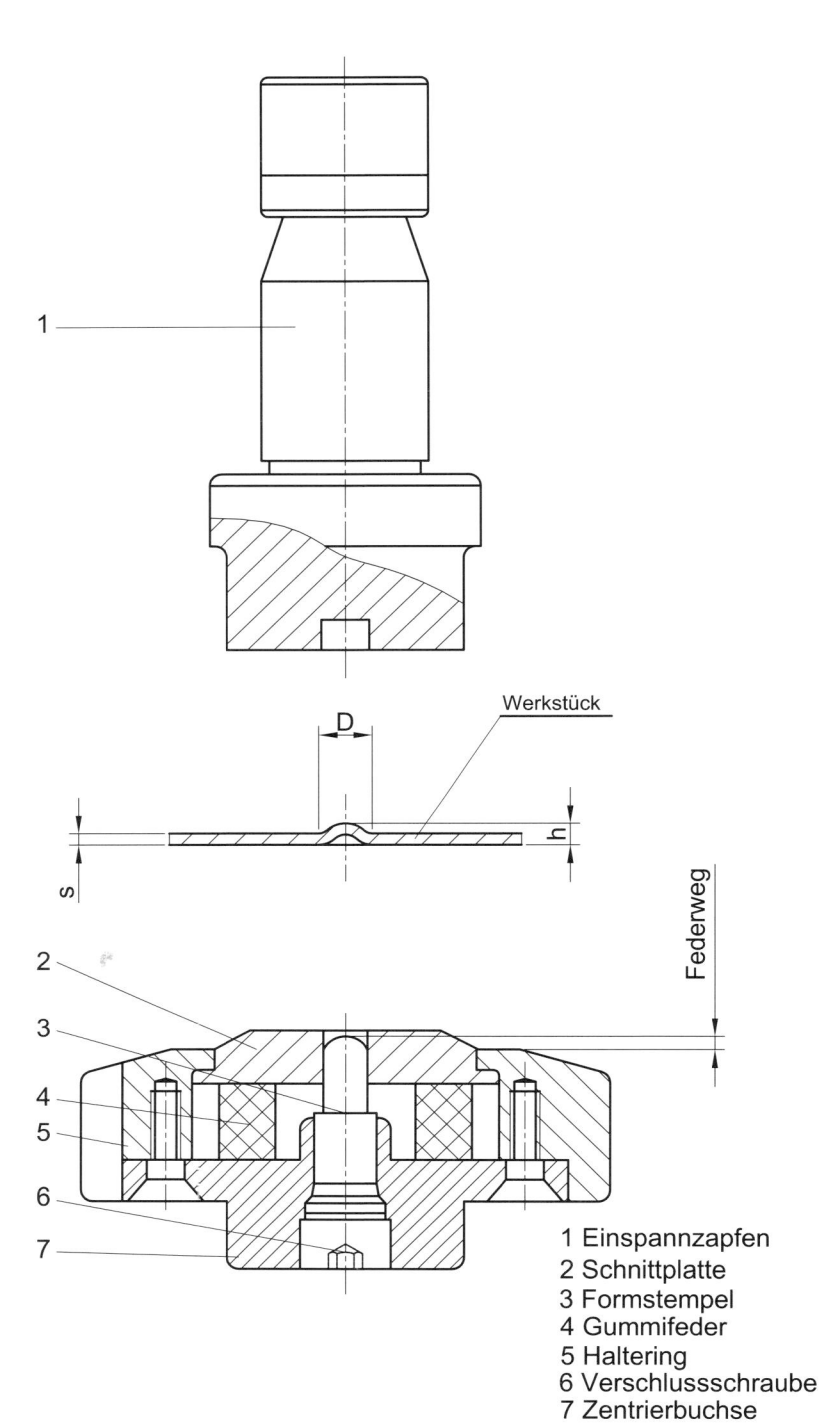

Bild 42

1 Einspannzapfen
2 Schnittplatte
3 Formstempel
4 Gummifeder
5 Haltering
6 Verschlussschraube
7 Zentrierbuchse

Zentrierwarzenwerkzeug

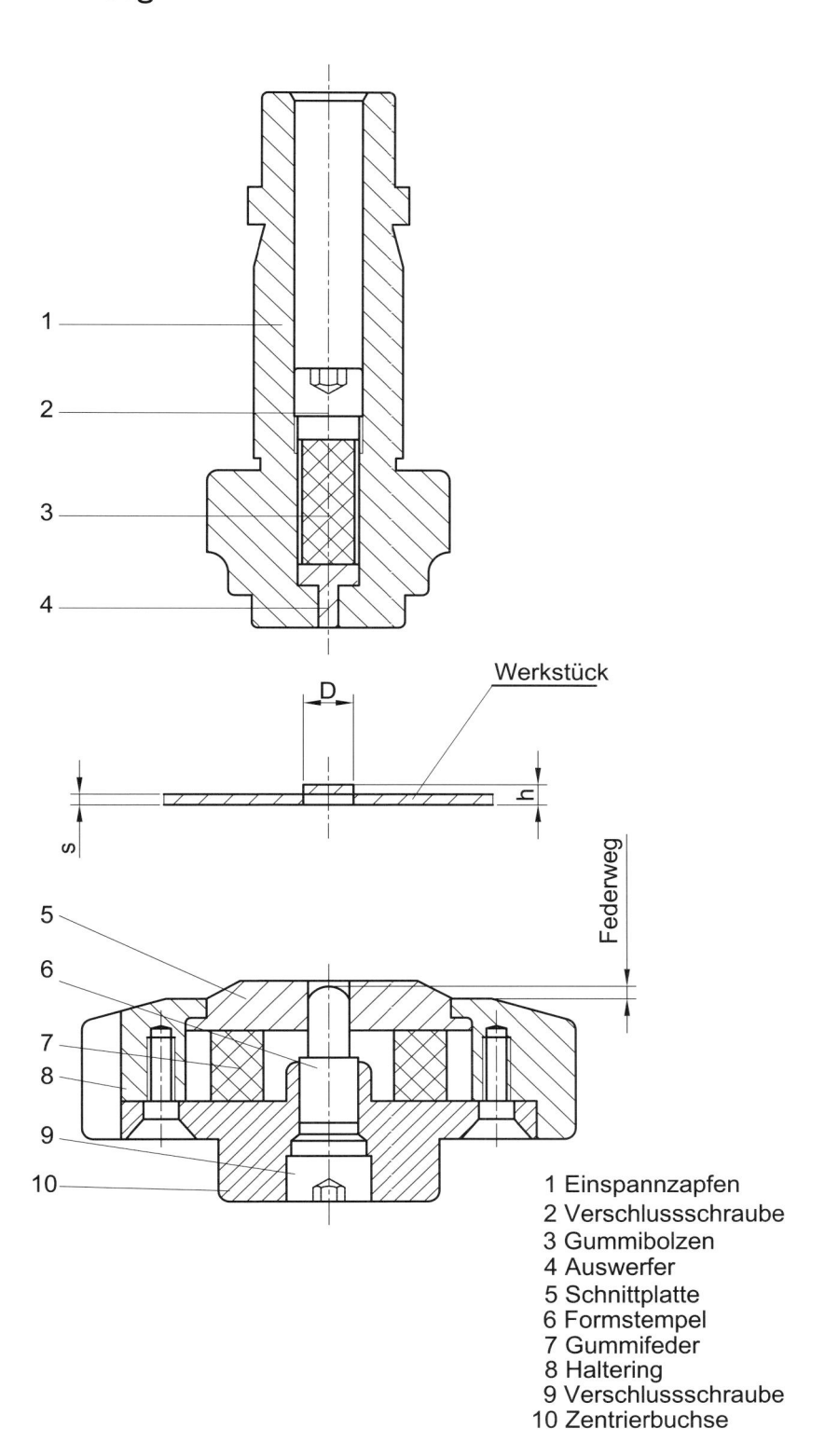

Bild 43

1 Einspannzapfen
2 Verschlussschraube
3 Gummibolzen
4 Auswerfer
5 Schnittplatte
6 Formstempel
7 Gummifeder
8 Haltering
9 Verschlussschraube
10 Zentrierbuchse

Gewindedurchzugswerkzeug

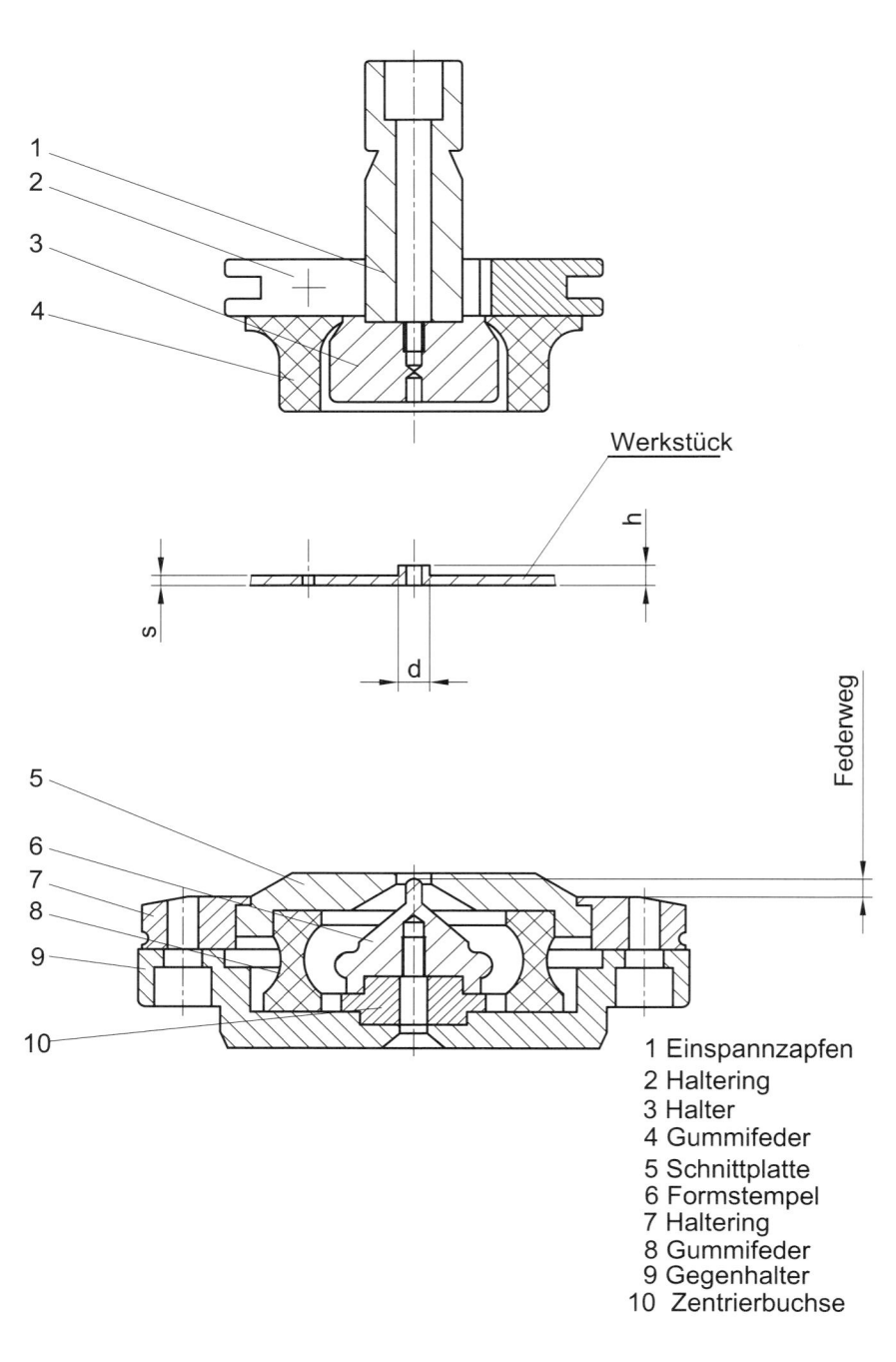

Bild 44

1 Einspannzapfen
2 Haltering
3 Halter
4 Gummifeder
5 Schnittplatte
6 Formstempel
7 Haltering
8 Gummifeder
9 Gegenhalter
10 Zentrierbuchse

Kantenführungswerkzeug – Umformung von unten nach oben

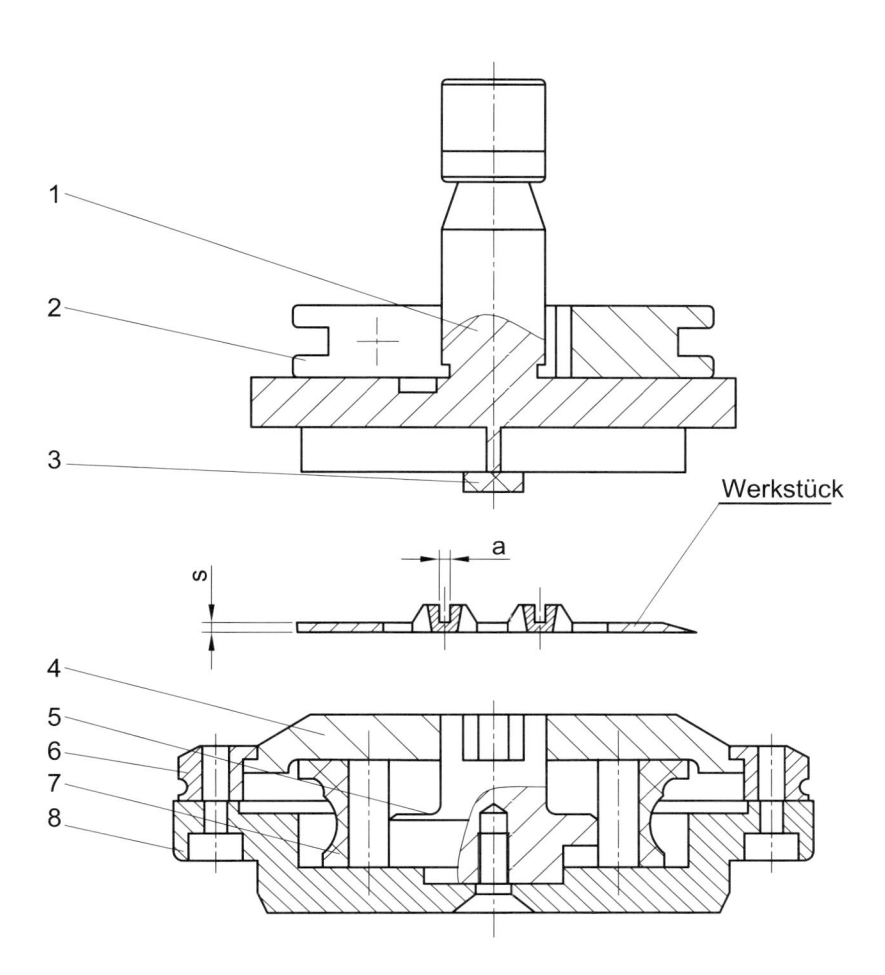

Bild 45

1 Einspannzapfen
2 Führungsring
3 Zentrierstück
4 Schnittplatte
5 Formstempel
6 Haltering
7 Gummifeder
8 Gegenhalter

Schweißbuckelwerkzeug mit gefedertem Auswerfer – Umformung von oben nach unten

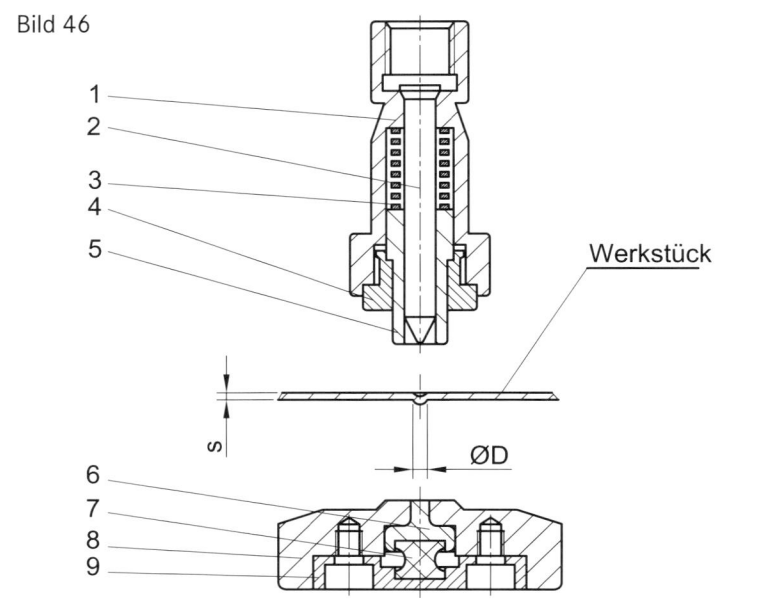

Bild 46

1 Einspannzapfen
2 Stempel
3 Feder
4 Buchse
5 Führungsbuchse
6 Auswerfer
7 Gummifeder
8 Matrize
9 Matrize

Gewindeform- und Vorstanzwerkzeug für Blechschrauben – Umformung von unten nach oben

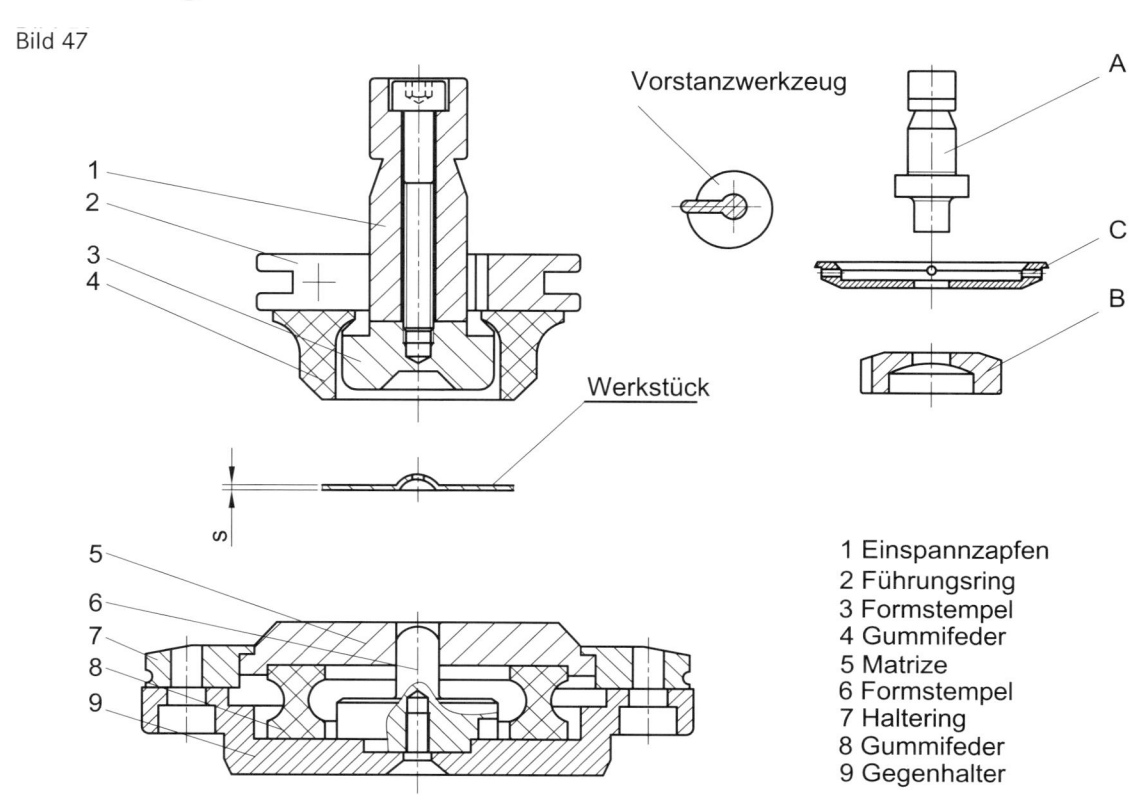

Bild 47

1 Einspannzapfen
2 Führungsring
3 Formstempel
4 Gummifeder
5 Matrize
6 Formstempel
7 Haltering
8 Gummifeder
9 Gegenhalter

Umformwerkzeug – federnd durch Tellerfedern

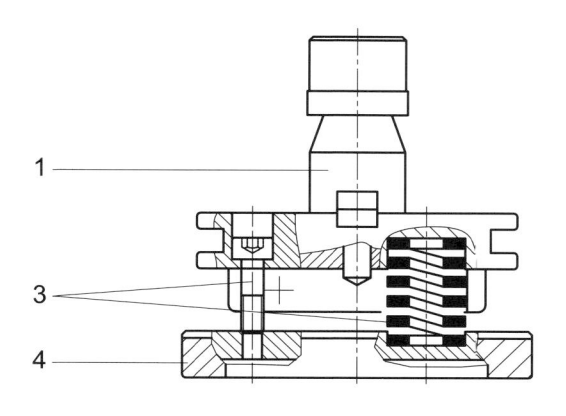

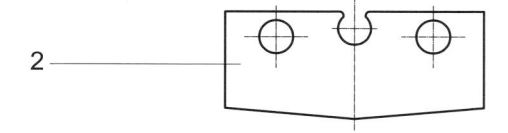

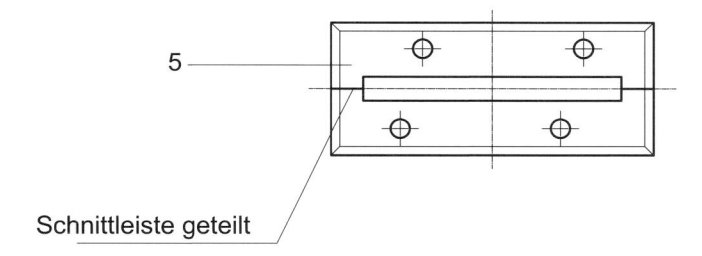

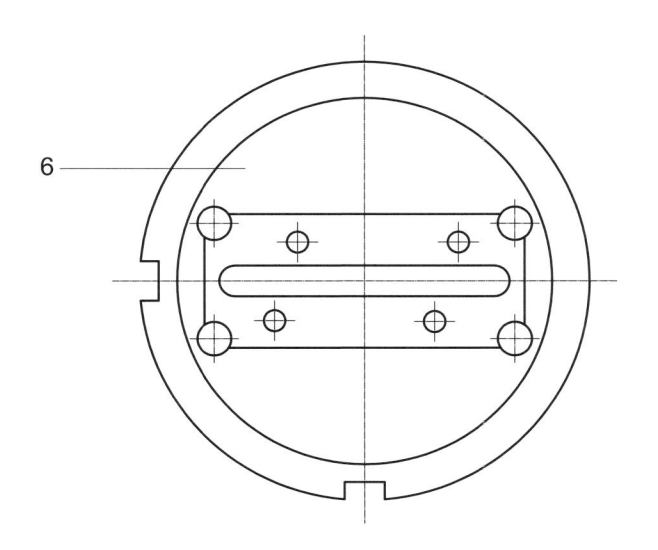

Bild 48

Schnittleiste geteilt

1 Einspannzapfen
2 Formeinsatz
3 Schraube
4 Druckring
5 Matrize
6 Haltering

Gesenkschmieden

Bild 49 Bauformen der Gesenke

Unterscheidungsmerkmal: Gratspalt	
1 Obergesenk, 2 Untergesenk, 3 Auswerfer	**Gesenk mit Gratspalt (offenes Gesenk)** Bei diesem Gesenk kann das überflüssige Volumen in den Gratspalt abfließen.
	Die Anzahl der Gravuren ist beliebig. Werkzeuge mit nur einer Gravur für ein Werkstück bezeichnet man als Einfachgesenk.
	Weist das Werkzeug mehrere Gravuren auf, für zwei oder mehr Werkstücke, z.B. eine Gravur zum Vorformen und eine Gravur zum Fertigformen, dann bezeichnet man es als Mehrfachgesenk.
1 Pressstempel, 2 Werkstück	**Gesenk ohne Gratspalt (Geschlossenes Gesenk)** Hier muss das Einsatzvolumen des Rohlings genau dem Volumen des Fertigteils entsprechen, weil überflüssiger Werkstoff nicht abfließen kann. Anwendung: für Genauschmiedteile
Unterscheidungsmerkmal: Gratspalt	
	Vollgesenk Gesenkunterteil und Gesenkoberteil sind jeweils aus einem Stück, aus hochwertigem Gesenkstahl
1 Muttergesenk, 2 Gegeneinsatz a) b1) b2)	**Gesenk mit Gesenkeinsätzen** Muttergesenk (Gesenkhalter) und Gesenkeinsatz sind aus unterschiedlichen Werkstoffen. Nur der Gesenkeinsatz ist aus teurem Gesenkstahl. Hier unterscheidet man nach der Art, wie der Gesenkeinsatz befestigt ist in: a) Kraftschlüssige Einsätze Einsatz eingepresst (Fugenpressung $p \approx 50\text{-}70 \text{ N/mm}^2$). Übermaß ca. 1 % vom Durchmesser b) Formschlüssige Einsätze b1 - mit Schraubenbefestigung b2 - mit Keilbefestigung

Teil IV

Werkzeugelemente

1. Werkzeugelemente

Werkzeugelemente sind Maschinenteile zum Aufbau eines Werkzeugs. Es sind Komponenten, die im Werkzeugbau vielfältig als vorgefertigte Kaufteile (Normalien) eingesetzt werden. Werkzeugelemente lassen sich im Werkzeugbau in folgende Gruppen einteilen:

- Säulengestelle
  Gestelle aus Stahl, Sondergrauguss oder Aluminium, Schnittkästen, Montageplatten, Auswechselgestelle
- Führungselemente
  Säulen, Führungsbuchsen, Wälzführungen, Haltebuchsen, Kugelkäfige, Führungsplatten, Haltestükke, Gleitführungen mit Festschmierstoff
- Schneidelemente
  Schneidstempel, Aufnahmehülsen, Schneidbuchsen, Schnellwechselelemente, Aufnahmeplatten, Schneidleisten, Seitenschneider, Abfalltrennmesser
- Druckübertragungsmittel
  Druckplatten, Druckbolzen, Biegestempel, Biegebacken, Federdruckapparate, Einspannzapfen, Kupplungszapfen
- Ziehorgane
  Ziehringe, Zieheinsätze, Ziehleisten
- Locheinheiten
  C- Gestell-Einheiten, Säulengestelle mit Druckluftzylinder, Messerschneidwerkzeuge
- Verbindungselemente
  Schrauben, Stifte, Nutensteine, Stiftschrauben
- Spannelemente
  Spanneisen, Spanntreppen, Spanneinheiten, Spannhaken
- Halteelemente
  Trageelemente, Ringschrauben, Tragschrauben, Tragösen
- Federn
  Federeinheiten, Elastomer-Federn, Tellerfedern, Systemfedern, Gummikissen, Federkissen
- Hilfselemente
  Auswerferstifte, Abstreifer, Scheiben, Distanzrohre, Anschneidanschläge, Auflage- und Aufnahmebolzen, Schutzgitter, Zentrier- und Dämpfungseinheiten, Anschläge

Werkzeugelemente sind Teile eines Gesamtwerkzeugs, z.B. eines Folgeschneidwerkzeugs. Ein Folgeschneidwerkzeug besteht aus vielen verschiedenen Einzelteilen. Um geringe Werkzeugkosten und kurze Herstellzeiten zu erreichen, sollte der Werkzeugaufbau soweit wie möglich mit Normalien erfolgen.
Wenn es sich um ein einfaches Teil ohne erhöhte Genauigkeitsanforderungen handelt, ist ein Werkzeug mit Plattenführung zweckmäßig. Bei seiner Herstellung können überwiegend Normalien verwendet werden. Folgende Teile sind einzubauen:

- Grundplatte
- Schneidplatte
- Führungsplatte
- Stempelplatte
- Druckplatte
- Kopfplatte
- Zwischenlage
- Seitenschneider
- Ausschneidstempel
- Lochstempel

Ein Werkzeug als Folgewerkzeug mit Säulenbauweise wird angewendet wenn:

- Außermittig liegende Umformungen entsprechende Seitenkräfte erzeugen.
- Umformungen entgegen der Pressenstößelbewegung durchzuführen sind, wo die Blechdicke ca. 0,5 mm beträgt.

Bei diesem Werkzeug werden folgende Teile eingebaut:
- Führungssäule
- Kugelführungsbuchsen
- Klemmring
- Kopfplatte

IV Werkzeugelemente

- Schneidstempel
- Stempelplatte
- Verspannelement

- Gefederte Führungsplatte
- Schneidplatte
- Streifenführung und Streifenheber

2. Säulengestelle und Führungen

Bei sehr genauen und größeren Werkzeugen werden Säulengestelle verwendet. Gesamt und Feinschneidwerkzeuge werden ausschließlich mit solchen Gestellen gebaut.

Das Säulengestell besteht aus dem Ober- und Unterteil und den Führungssäulen. Die Säulenführung ergibt eine sehr genaue Lage des Werkzeugoberteils zum Werkzeugunterteil. Gestelle können in Gussbauweise oder in Stahl ausgeführt werden. Genormt sind Gussgestelle mit rechteckigen und runden Arbeitsflächen sowie mit zwei und vier Führungssäulen. In den Gestellen können die Säulen mittig, hinten oder über Eck stehend angeordnet sein. Von jeder dieser Ausführungen sind wieder verschiedene Größen genormt.

Die Gestelle mit über Eck stehenden Säulen lassen die Nutzung der Arbeitsfläche in Längs- oder Querrichtung zu. Die einzelnen Gestellformen werden für Werkzeuge mit dünnen Stempeln mit beweglichen Führungsplatten, die auch als Abstreifer dienen, gefertigt.

Säulengestelle, in die verschiedene Werkzeugeinsätze eingebaut werden können, bezeichnet man als Wechselgestelle. Sie besitzen ein Oberteil, in dem der Schneidstempeleinsatz befestigt wird und ein Unterteil zur Aufnahme des Schneidplatteneinsatzes. Diese Bauweise hat den Vorteil, dass niedrige Werkzeugkosten entstehen und eine einfache Werkzeuginstandhaltung möglich ist. Die Spanneinrichtungen in den Wechselgestellen gewährleisten eine genaue Positionierung der Einsätze.

Säulengestelle werden mit Gleit- oder Wälzführungen ausgestattet. Gleitführungen eignen sich bei kleinen Hubzahlen und bei größeren Seitenkräften. Sie sind schmutzunempfindlich und geben dem Werkzeug eine große Steifigkeit.

Bei Gussgestellen reicht in vielen Fällen eine mit Schmiernuten versehene Führungsbohrung aus. Die am meisten verwendete Gleitführung ist die bronzeplattierte Stahlbuchse. Bei großen Hubzahlen über 500 Hübe/min sollte sie von der Zentralschmierung der Presse mit Öl versorgt werden.

Die Befestigung der Buchsen kann durch Einpressen (Bohrung eventuell nacharbeiten) oder Einkleben erfolgen. Flanschbuchsen und Flanschlager lassen sich mit Schrauben befestigen. Bundbuchsen können mittels Haltestücken befestigt werden.

Führungssäulen sind im Führungsdurchmesser mit dem Toleranzfeld h4 gefertigt und induktionsgehärtet. Um bei symmetrischen Gestellen ein seitenvertauschtes Aufsetzen des Oberteils unmöglich zu machen, haben die Führungssäulen verschiedene Durchmesser.

Die Befestigung der Führungssäulen erfolgt meist im Werkzeugunterteil. Dies hat den Vorteil, dass die Säulen beim Arbeitshub nicht beschleunigt werden müssen.

Bei Gussgestellen werden die Säulen meistens eingepresst. Säulen mit Bund können durch Haltestücke oder Nutmuttern gehalten werden. Diese Befestigung eignet sich besonders für Stahlgestelle, da die Säulen leicht ein- und ausgebaut werden können. Für Großwerkzeuge verwendet man flanschförmige Säulenlager, die angeschraubt werden. Zusammen mit entsprechenden Führungslagern können sie in aufgesetzter oder eingelassener Form verwendet werden.

Durch einen einheitlichen Außendurchmesser können die verschiedenen Säulen und Führungsbuchsen gegeneinander ausgetauscht werden.

Stahlsäulengestelle mit/ohne Stempelführungsplatte

Bild 1

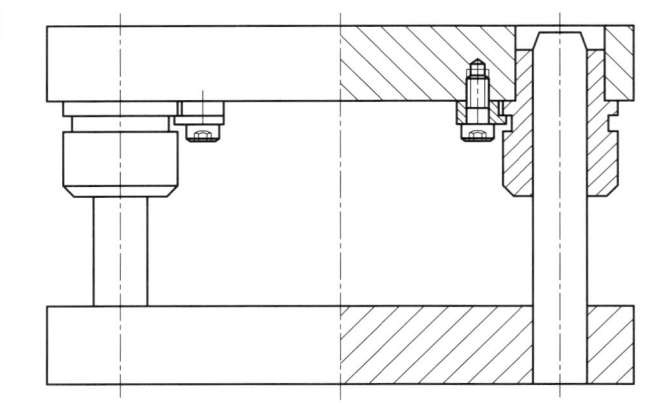

ohne Stempelführungsplatte

Bild 2

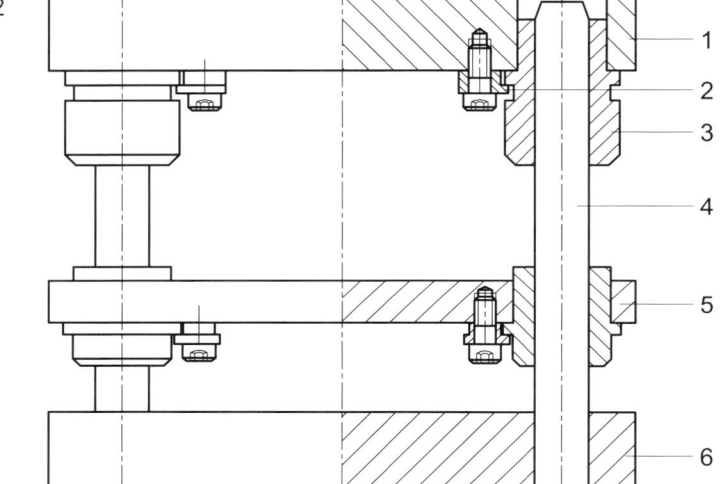

mit Stempelführungsplatte

1 Kopfplatte
2 Haltestück
3 Führungsbuchse
4 Säule
5 Stempelführungsplatte
6 Grundplatte

Bild 3

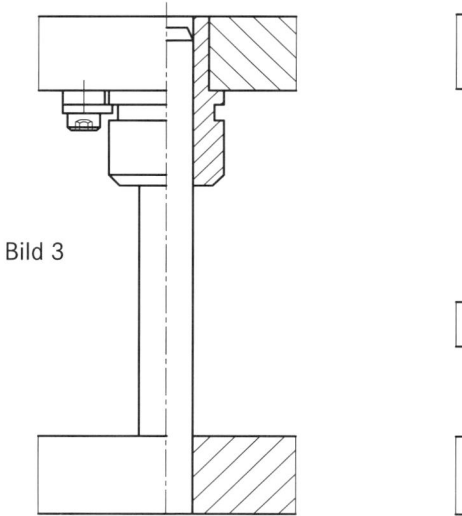

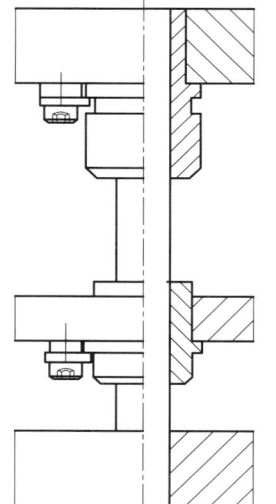

Beschreibung

Die Stahlsäulengestelle werden mit bronzebeschichteten Führungsbuchsen geliefert. Die Buchsen werden im Schiebesitz gefügt und mit Haltestücken befestigt.

Säulenführungsgestell – 4-Säulen-Bauart

Bild 4

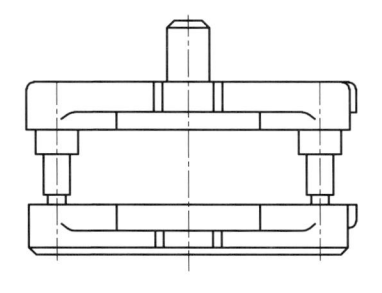

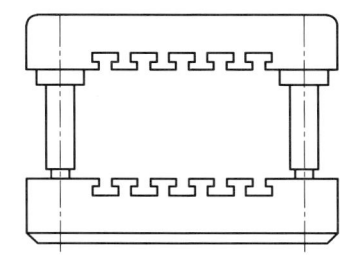

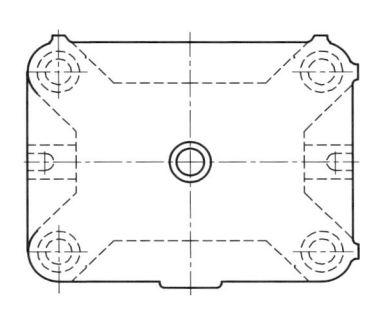

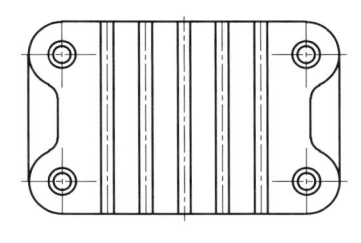

Geeignet für den Einbau von Werkzeugen für große und schwere Zuschnitte

Säulenführungsgestell – 2-Säulen-Bauart

Bild 5

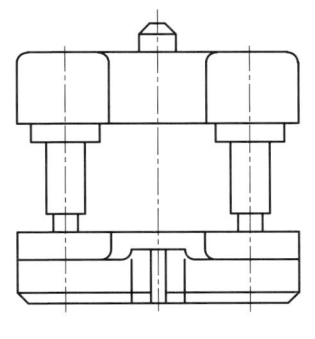

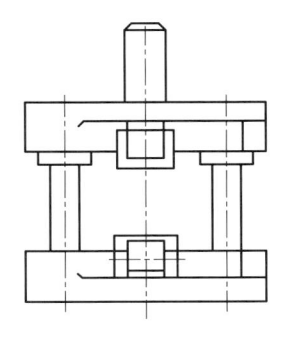

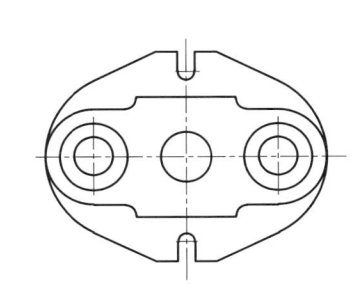

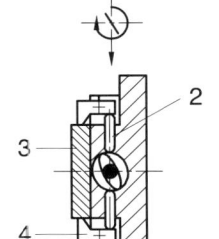

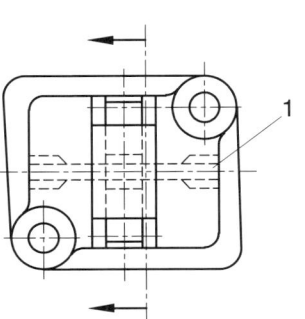

Geeignet für die universelle Verwendung für Werkzeuge für kleine genaue Fertigteile
1 Spindel mit Spannexzenter in der Mitte, 2 Druckstift, 3 auswechselbare Werkzeugplatte, 4 Spannhebel

Halte- und Führungslager

Bild 6

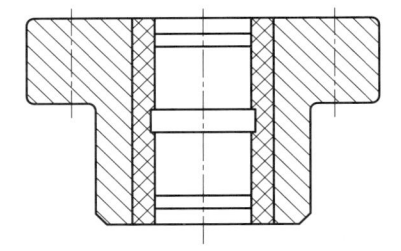

Führungslager-Sinderführung carbonitriert

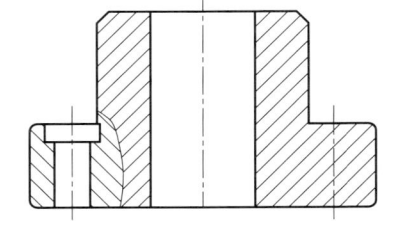

Haltelager

Bild 7

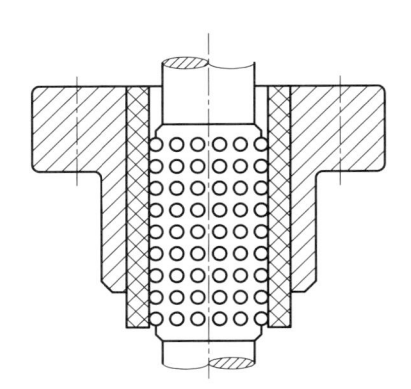

Führungslager für Kugelführung

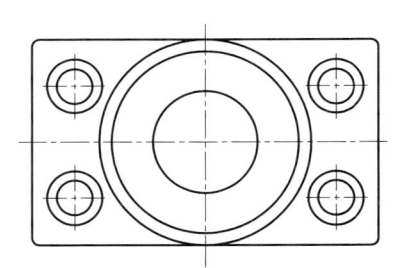

Bild 8

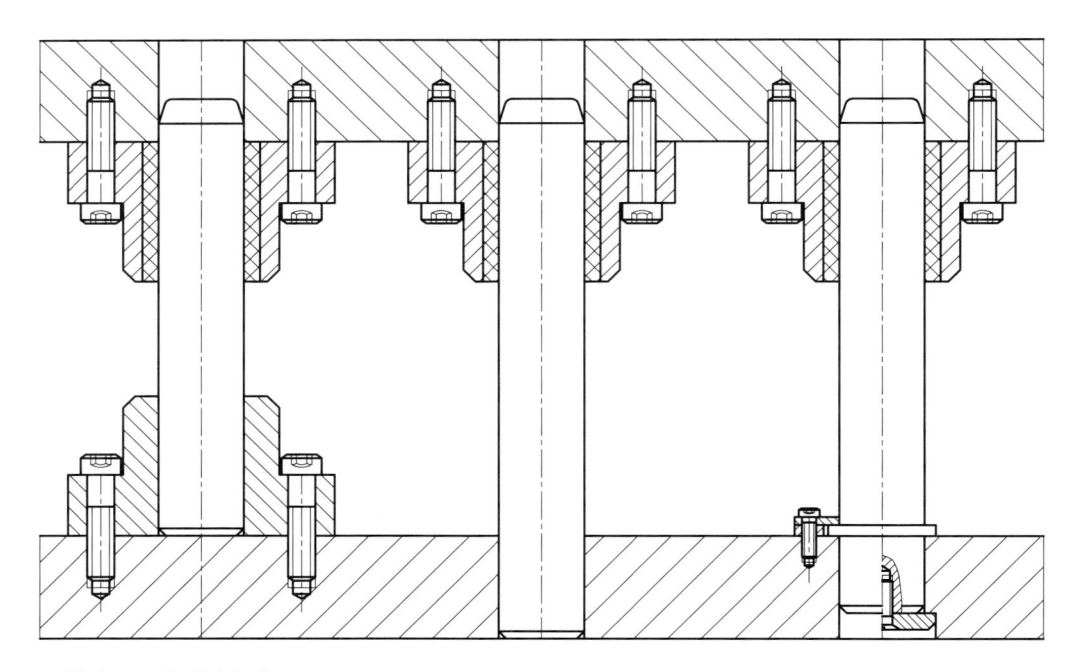

Einbaumöglichkeiten

Säulenführungsgestell – Rundbauform

Bild 9

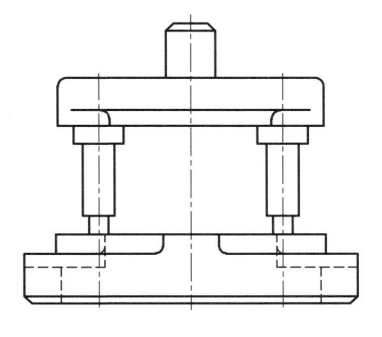

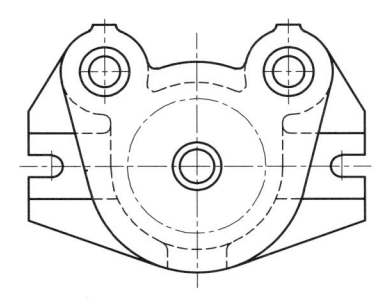

Geeignet für Tiefziehen und kombinierte Arbeiten aus Einzelzuschnitten.

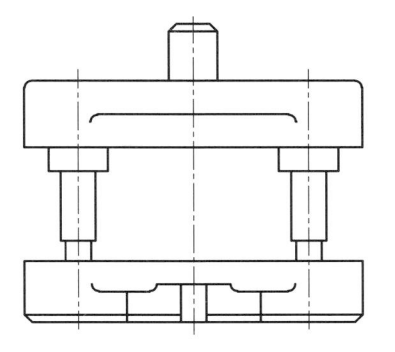

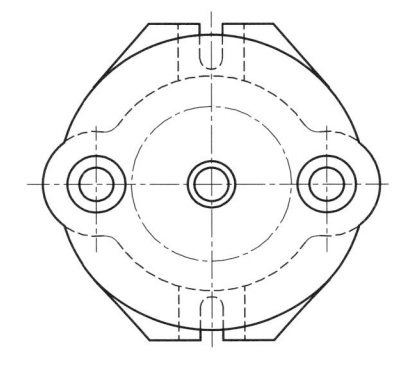

Säulenführungsgestell – Rechteckbauform

Bild 10

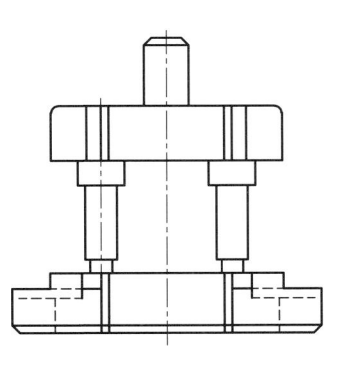

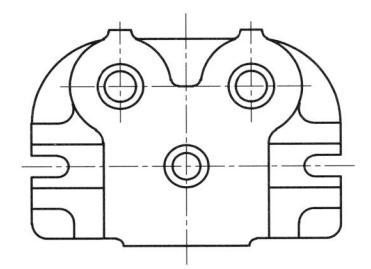

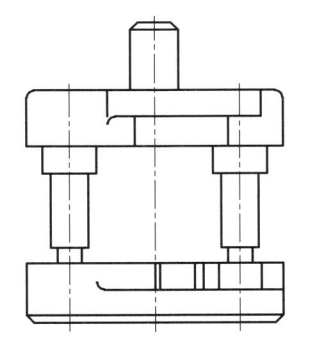

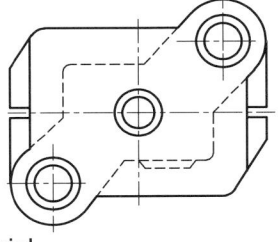

Geeignet für das Ausschneiden und Umformen aus Streifenmaterial

Säulengestelle in Gussbauweise

Bild 11

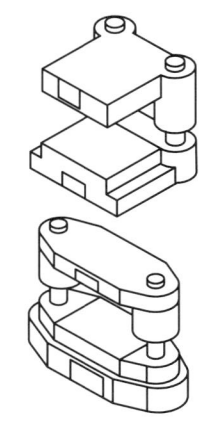

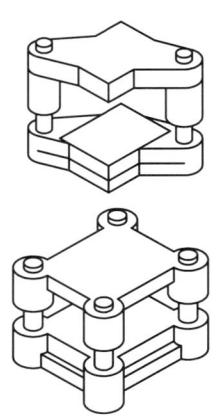

Säulengestelle aus Stahl

Bild 12

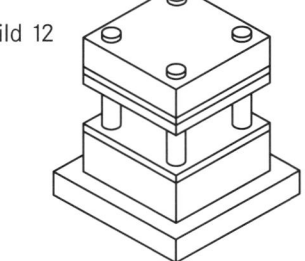

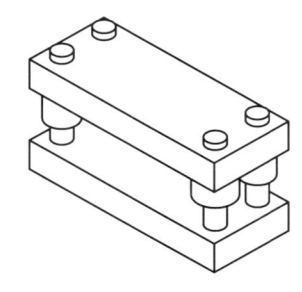

Anwendungsbeispiele für Säulengestelle

Bild 13

Säulengestell mit mittig stehenden Führungssäulen, nach DIN 9812 Form C

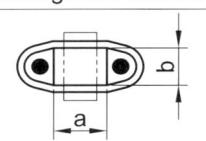

- Für Einverfahrenswerkzeuge
  z.B. Ausschneidwerkzeuge
- Für Gesamtschneidwerkzeuge
  (Gestell nach DIN 9816 Form D

Säulengestell mit hinten stehenden Führungssäulen, nach DIN 9822 Form C

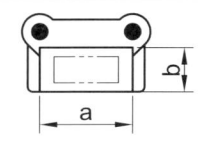

- Für Einverfahrenswerkzeuge
  mit Einlegearbeiten
- Für sperrige Werkstücke

Säulengestell mit übereck stehenden Führungssäulen, nach DIN 9819 Form C

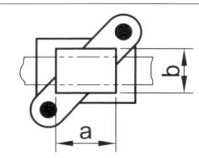

- Für Folgewerkzeuge mit
  mehreren Arbeitsstufen
- Für schmale Werkstücke

Säulengestell mit vier Führungssäulen

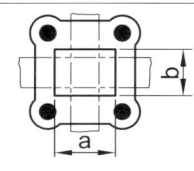

- Für sehr genaue
  Folgewerkzeuge
- Für große, sperrige Werkstücke

Säulengeführte Streifendruckplatte

Bild 14

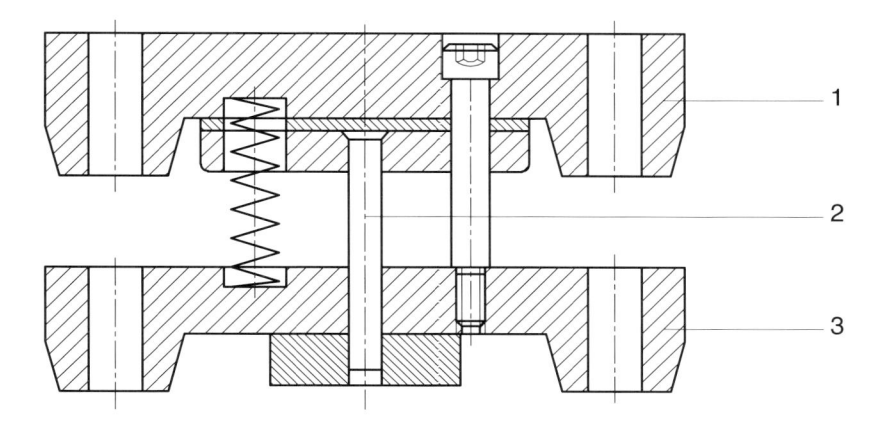

Bild 15

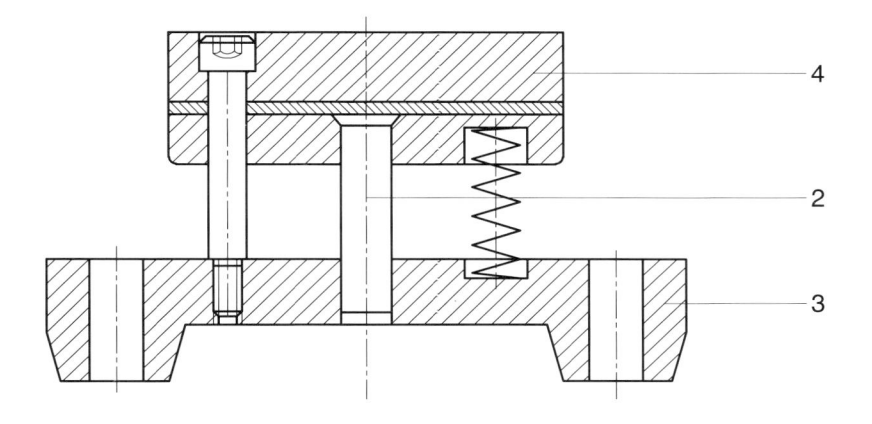

Bild 16

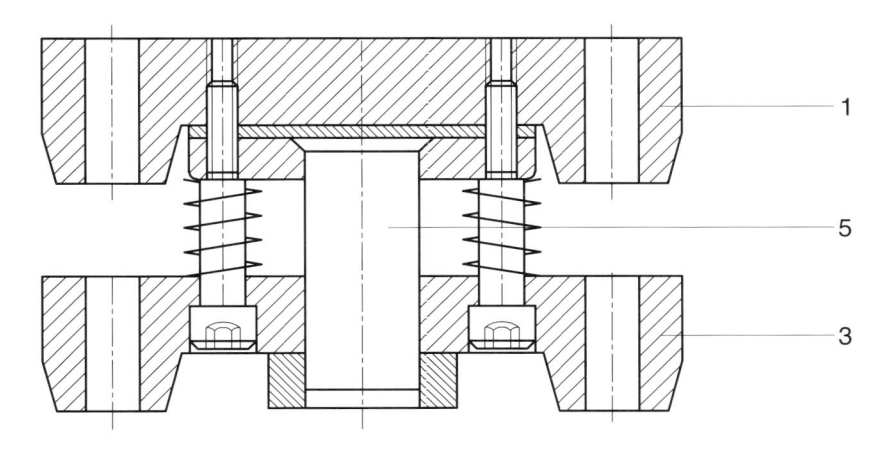

1 Werkzeugoberteil, 2 Lochstempel, 3 säulengeführte Streifendruckplatte, 4 Werkzeugoberteil ohne Säulenführung, 5 Schneidstempel

IV Werkzeugelemente

Führungseinheiten

Bild 21

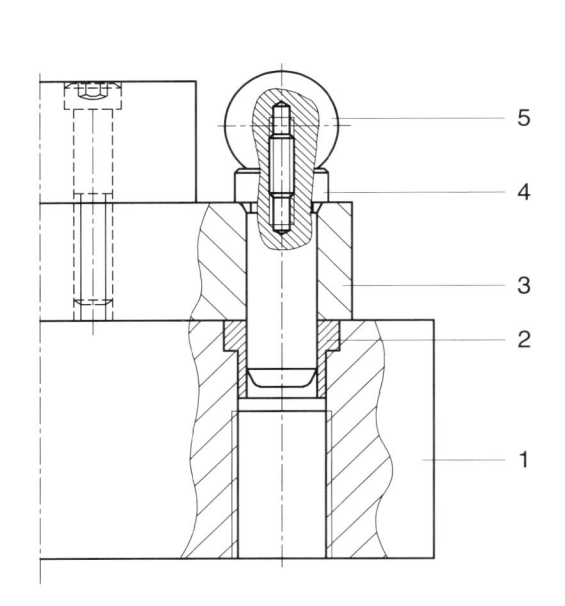

1 Grundplatte, 2 Führungsbuchse
3 Formplatte, 4 Führungsbolzen
5 Kugel

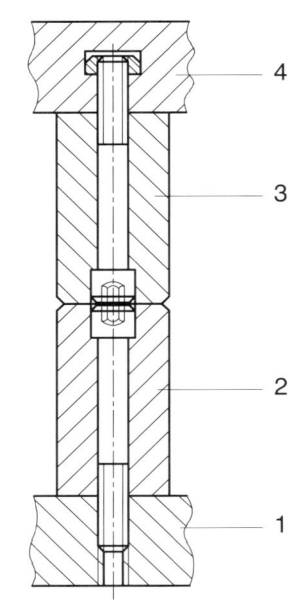

Bild 22

1 Grundplatte,
2 Führung unten
3 Führung oben
4 Kopfplatte

Bild 23

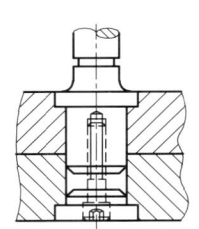

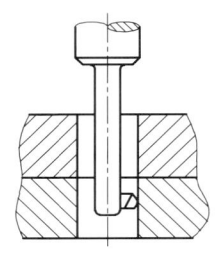

Spannen gegen
Platten nach vor-
herigem Ausbohren

Bild 24

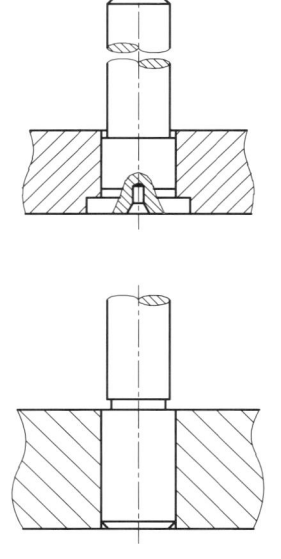

Einpressdurchmesser abgesetzt

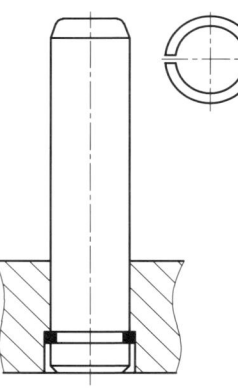

Bild 25

Befestigung
mit geteiltem
Ring

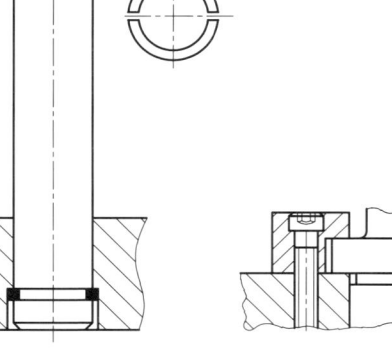

Bild 26

Befestigung mit Lasche gegen
Spannbund (Wechselsäule)

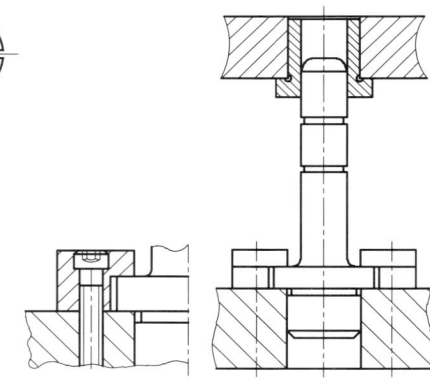

2. Säulengestelle und Führungen

Säulengestell-Kleinpressen-Zubehör

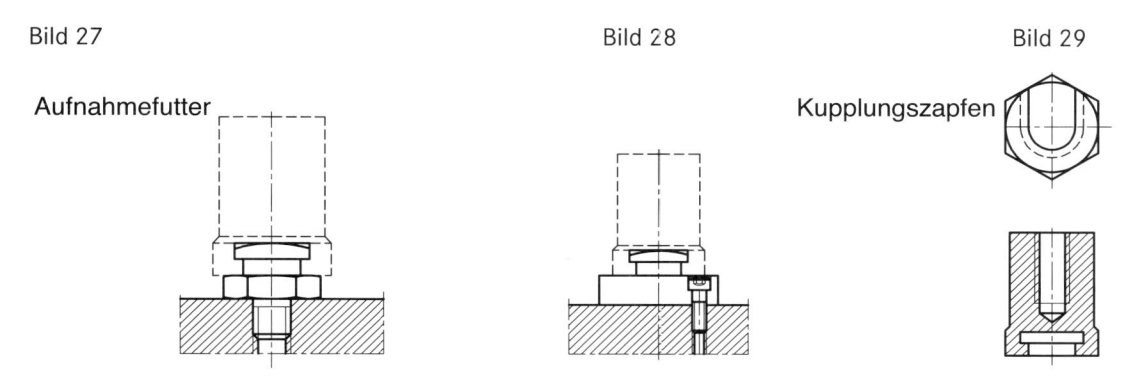

Bild 27

Aufnahmefutter

Bild 28

Bild 29

Kupplungszapfen

Präzisions-Werkzeugaufbauten für Folgeverbundwerkzeuge

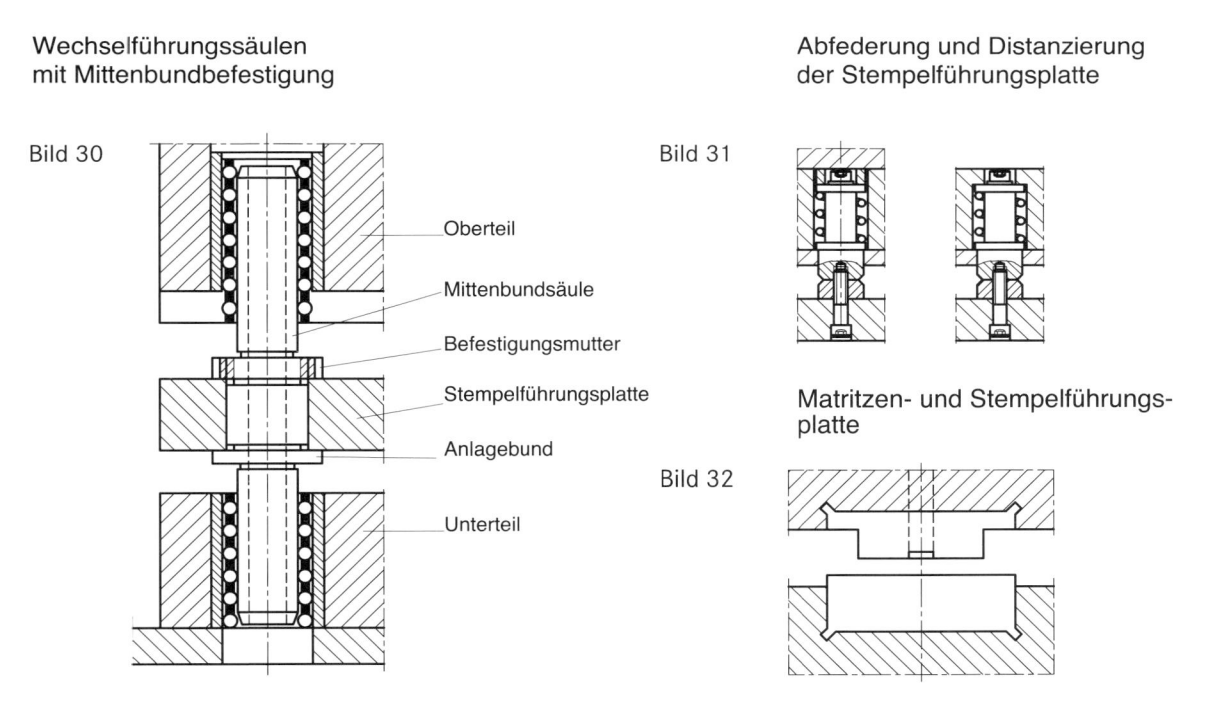

Wechselführungssäulen
mit Mittenbundbefestigung

Abfederung und Distanzierung
der Stempelführungsplatte

Bild 30

- Oberteil
- Mittenbundsäule
- Befestigungsmutter
- Stempelführungsplatte
- Anlagebund
- Unterteil

Bild 31

Matritzen- und Stempelführungsplatte

Bild 32

IV

Präzisionsführungen

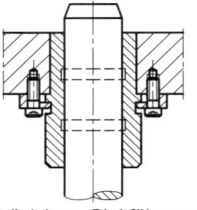

Bild 33

Präzisions-Gleitführung-Sinterwerkstoff

Bild 34

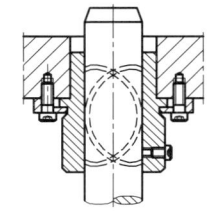

Präzisions-Gleitführung bronzebeschichtet

Bild 35

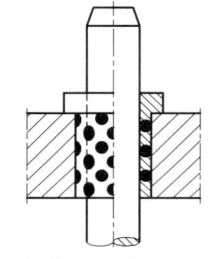

Gleitführung-Bronze mit Festschmierstoff

Bild 36

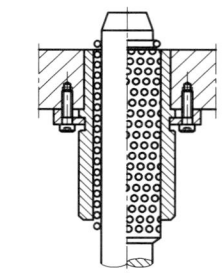

Präzisions-Kugelführung

Bild 37

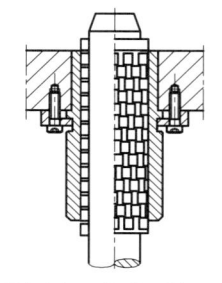

Präzisions-Rollenführung

Führungselemente

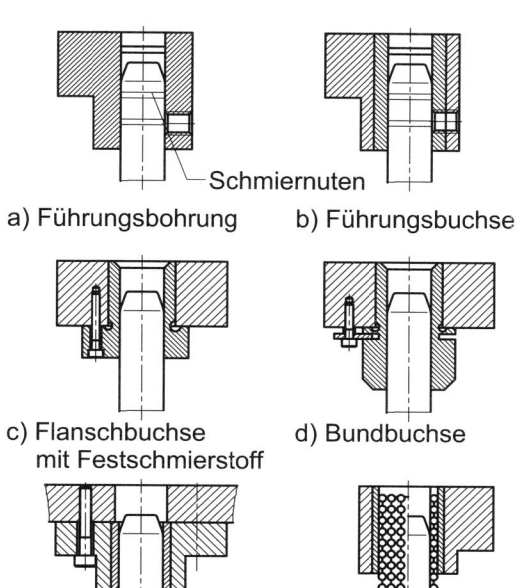

Bild 38

a) Führungsbohrung b) Führungsbuchse — Schmiernuten

c) Flanschbuchse mit Festschmierstoff d) Bundbuchse

e) Flanschlager f) Kugelführung

Befestigungsarten

Bild 39

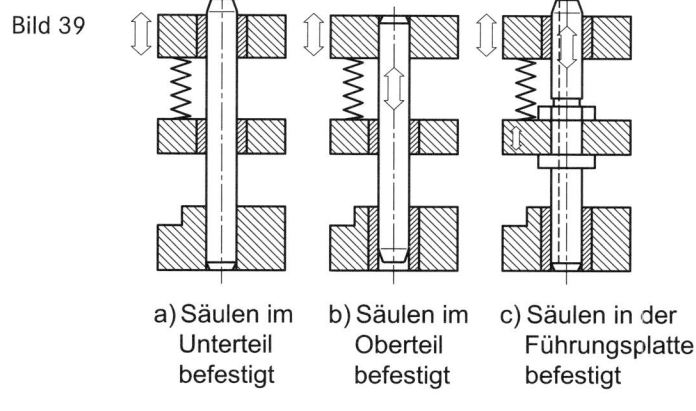

a) Säulen im Unterteil befestigt
b) Säulen im Oberteil befestigt
c) Säulen in der Führungsplatte befestigt

Säulensarten

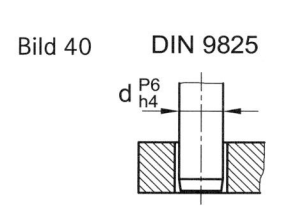

Bild 40 DIN 9825

d_{h4}^{P6} $d_2 h4$ $R_z 1{,}6$ $d_{1\ i6}^{H5}$ d_{h4}^{P6}

a) glatte Säule, eingepresst
b) Säule mit Bund
c) glatte Säule mit Säulenlager

1 Grundplatte
2 Haltestück
3 Säulenlager

Streifenführung – Zwischenlagen

Bild 41

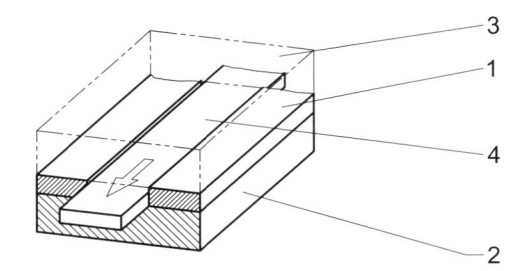

1 Zwischenlage
2 Schneidplatte
3 Führungsplatte
4 Schnittstreifen

Streifenführung – Führungsleisten

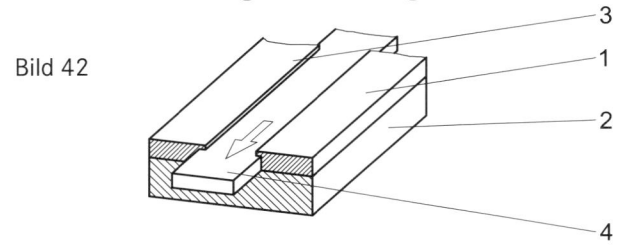

Bild 42

1 Führungsleiste
2 Schneidplatte
3 Führungsleiste
4 Schnittstreifen

Streifenführung – Führungspilze

Bild 43

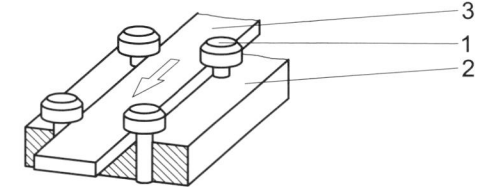

1 Führungspilz
2 Schneidplatte
3 Schnittstreifen

Streifenführung – Druckstück

Bild 44

1 Zwischenlage
2 Schneidplatte
3 Druckstück
4 Schnittstreifen
5 Feder

Streifenführung – Federnde Führungsstücke

Bild 45

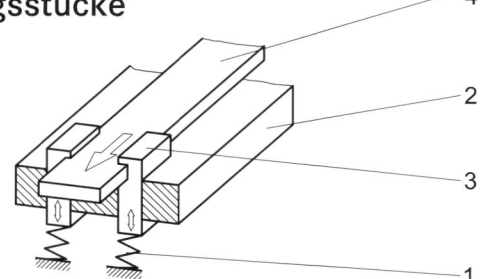

1 Feder
2 Schneidplatte
3 Federndes Führungsstück
4 Schnittstreifen

Säulenführungsgestell – Schmieranschluss

Bild 46

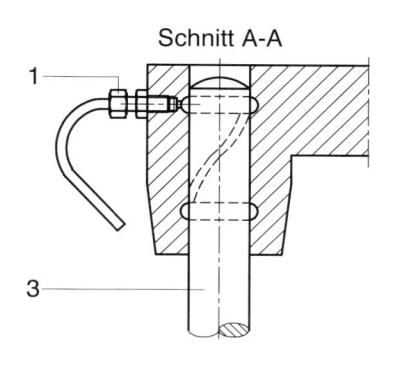

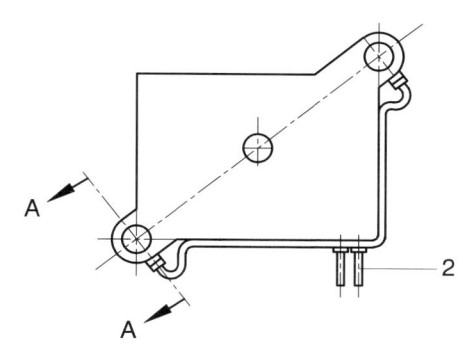

Anschluss eines Säulenführungsgestells an eine Zentralschmierung.
1 Verschraubung, 2 Anschlussleitung, 3 Führungssäule

Schieberführung – Schmieranschluss

Bild 47

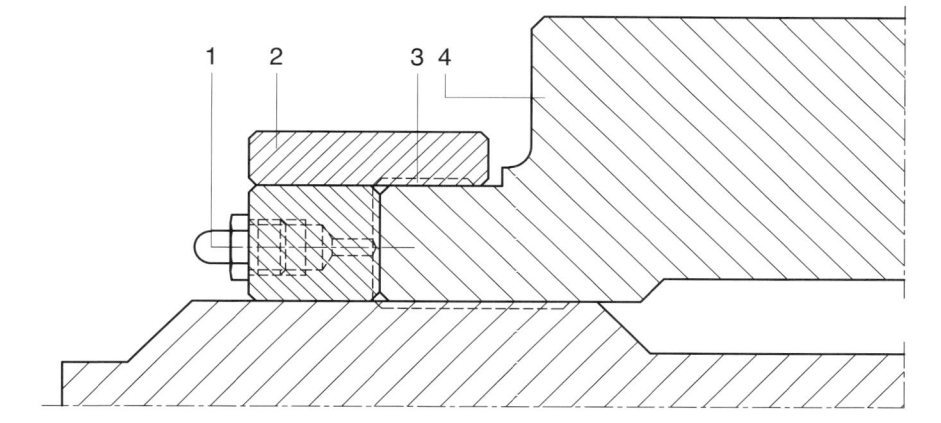

Die gleitenden Flächen sind mit Schmiernuten zu versehen.
1 Schmiernippel, 2 Flachführung, 3 Schmiernut, 4 Flachschieber

Schieberführung – Führungsleiste

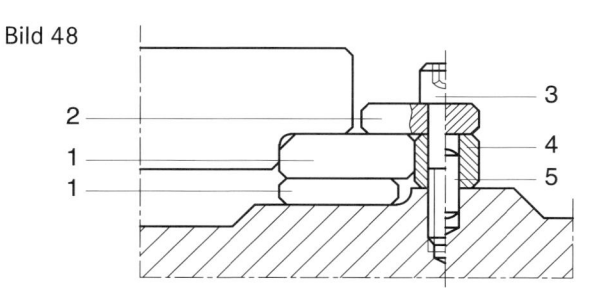

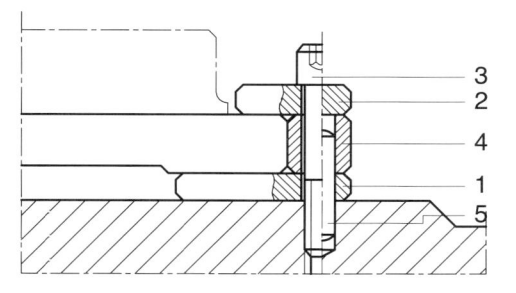

Bild 48

1 Gleitleiste, 2 Deckleiste, 3 Zylinderschraube, 4 Führungsleiste, 5 Zylinderstift

IV Werkzeugelemente

Einbau wartungsarmer Gleitelemente

Bild 49

Stollenführung

Stollenführung

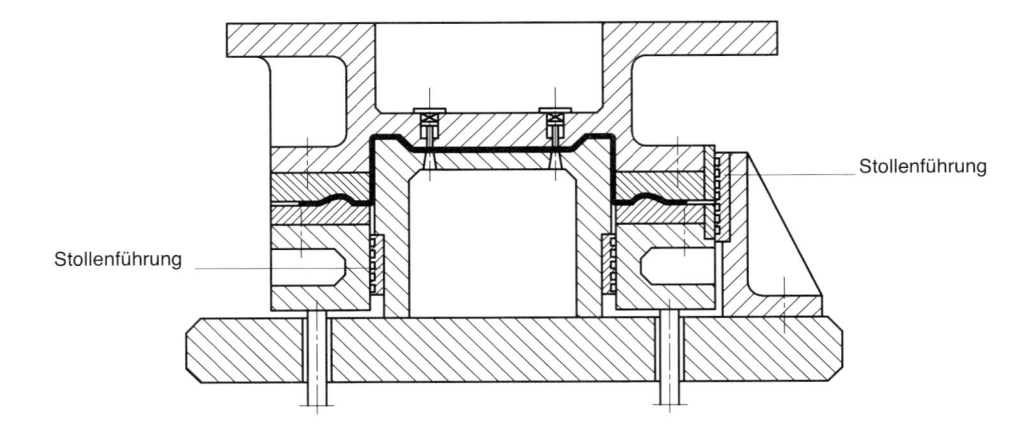

Bild 50

Führungslasche

Stollenführung

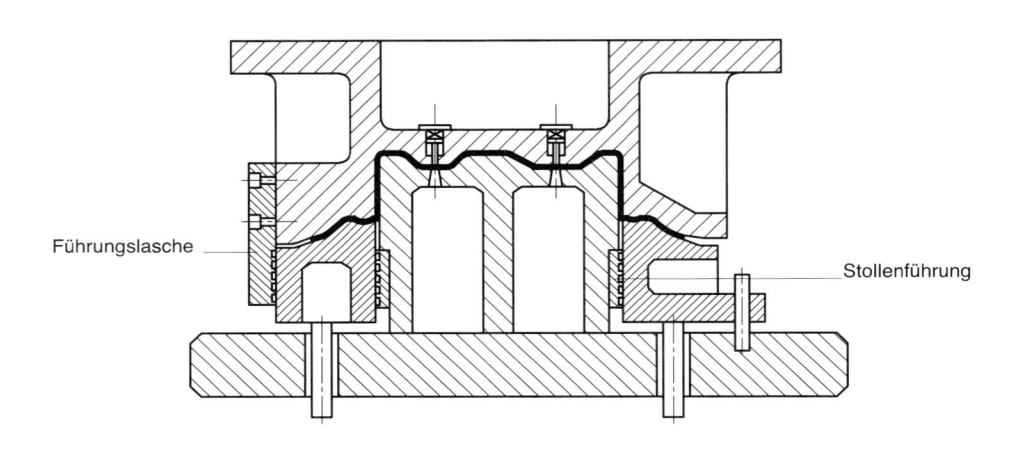

Bild 51

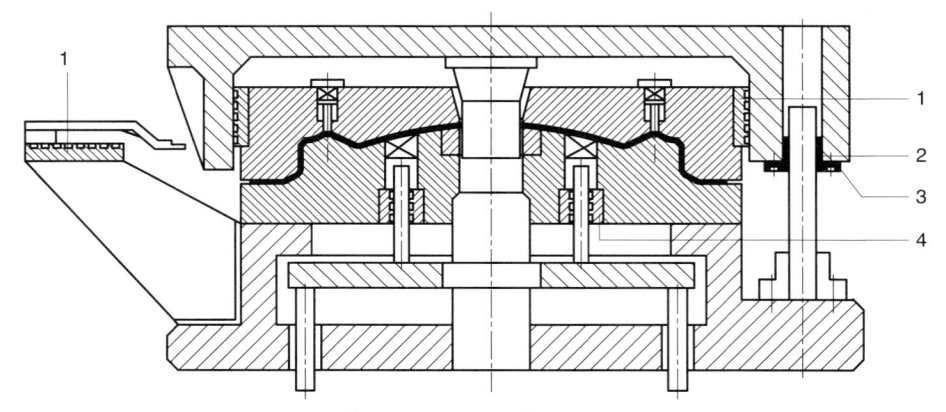

1 Stollenführung, 2 Führungsbuchse, 3 Sicherungsflansch, 4 Führungsbuchse

2. Säulengestelle und Führungen

Einbaubeispiele wartungsarmer Gleitelemente

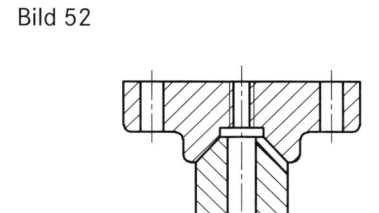

Bild 52

Zentriereinheit

1 Stollenführung, 2 Gleitplatten
3 Gleitplatte mit zwei Gleitflächen
4 Prismenführung, 5 Gleitstück
für Prismenführung

Bild 53

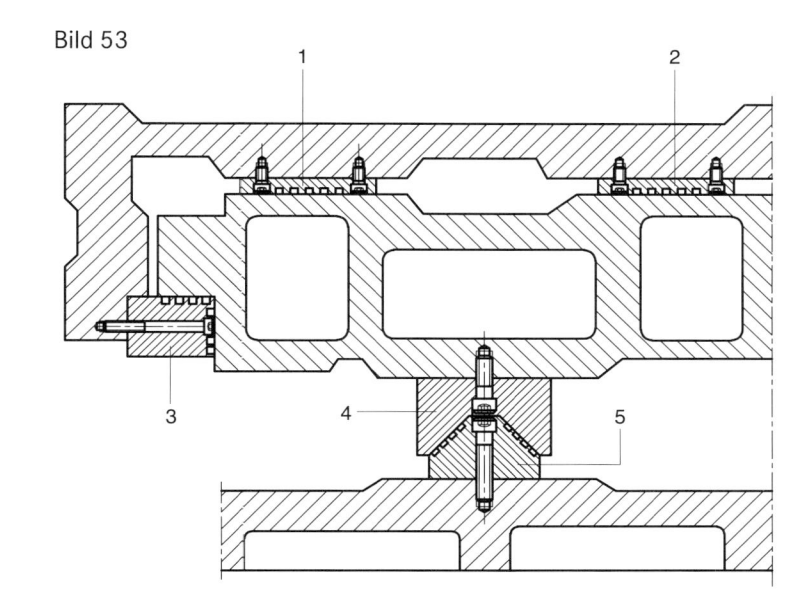

Bild 54

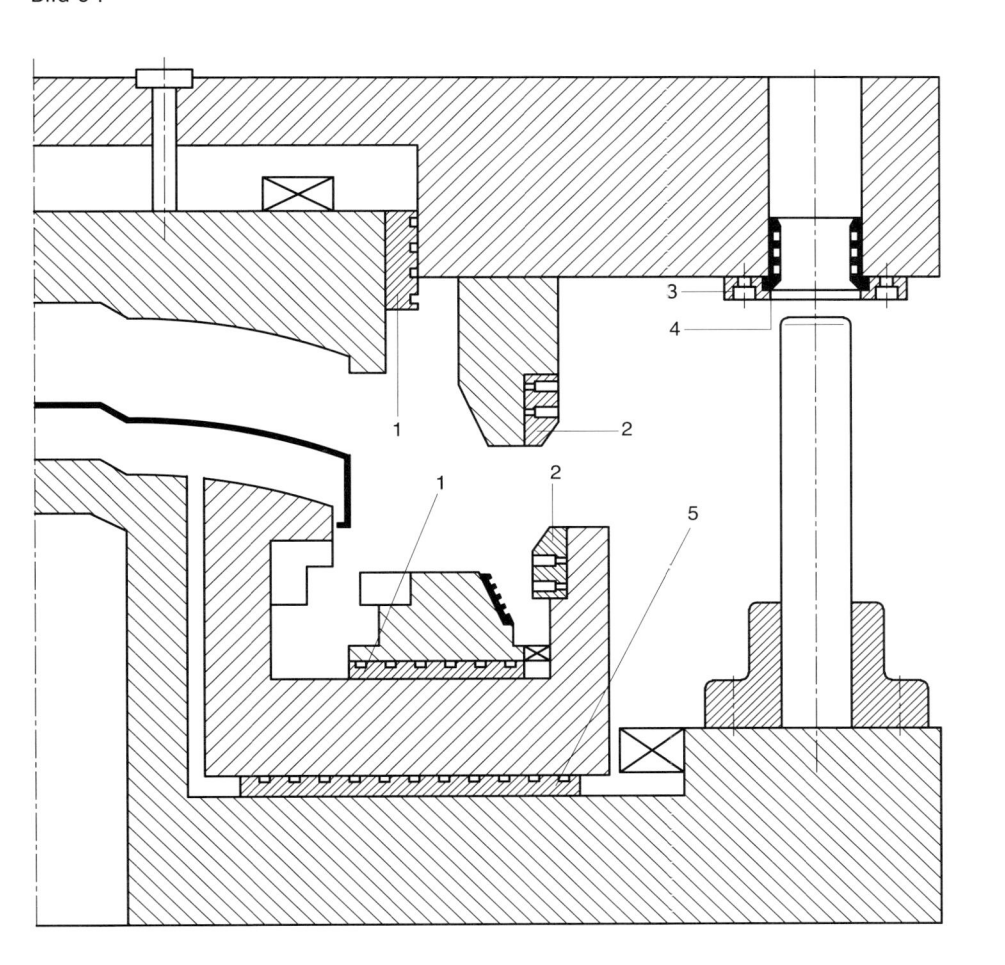

1 Stollenführung
2 Überlaufteil
3 Sicherungsflansch
4 Führungsbuchse
5 Gleitpatte

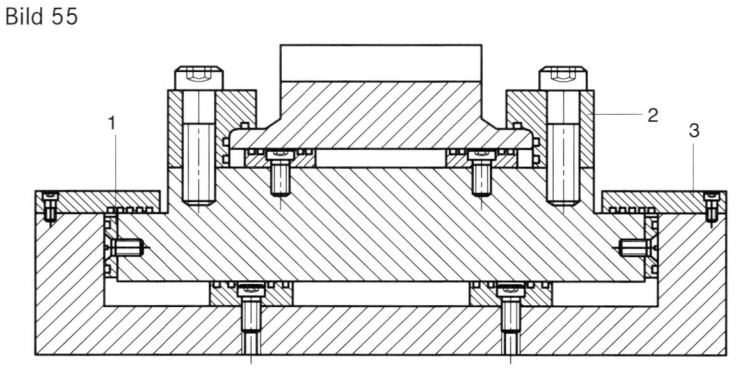

Einbaubeispiele wartungsarmer Gleitelemente

Bild 55

1 Deckleisten, 2 Winkelleisten, 3 Gleitplatten

Bild 56

1 Deckleisten, 2 Gleitplatten

Bild 57

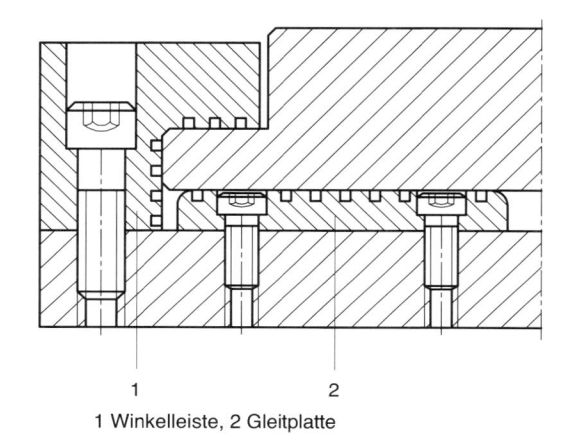

1 Winkelleiste, 2 Gleitplatte

Bild 58

1 Winkelleiste, 2 Gleitplatte

Bild 59

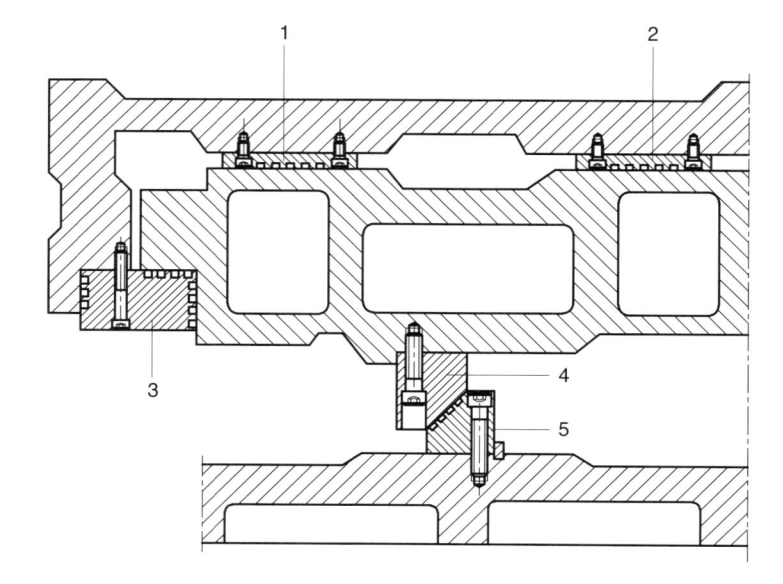

1 Flachleisten
2 Gleitplatten
3 Gleitplatten mit drei Gleitflächen
4 Einseiten Prismen-Gleitstück (Stahl)
5 Einseiten Prismen-Gleitstück (Bronze)

2. Säulengestelle und Führungen

Wechselgestell

Bild 60

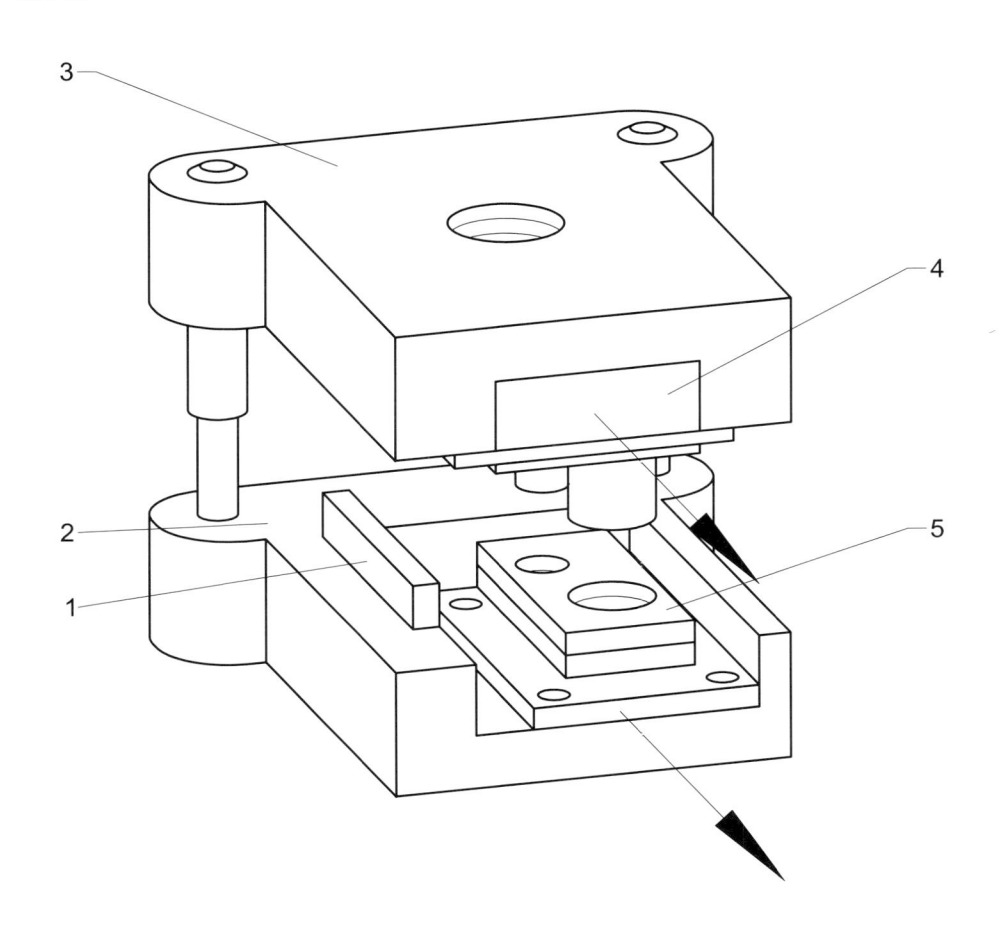

1 Spannvorrichtung
2 Wechselgestell-Unterteil
3 Wechselgestell-Oberteil
4 Schneidstempel-Einsatz, wechselbar
5 Schneidplatteneinsatz, wechselbar

Auswechselgestell – Gestelleinsatz

Bild 61

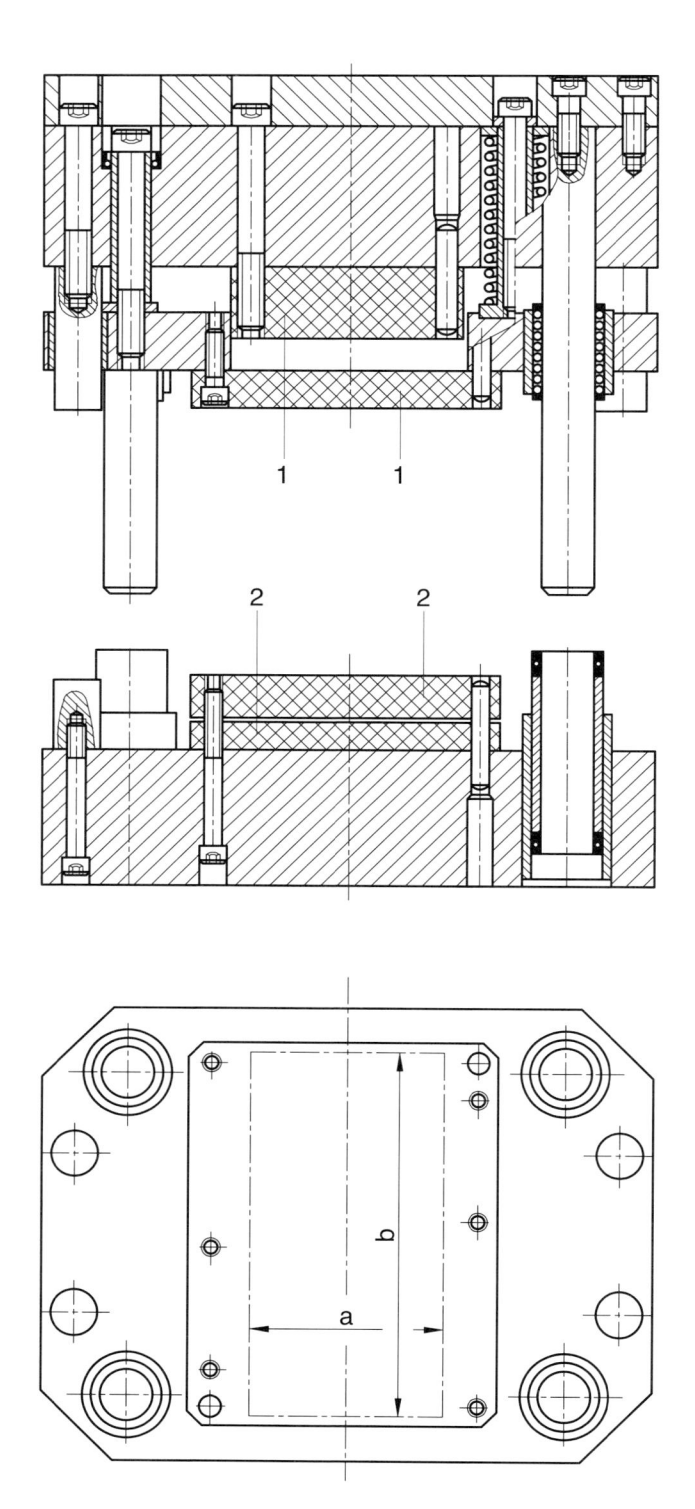

Auswechselbare Platten (1,2) dienen dem Aufbau von Werkzeugelementen und verringern die Wekzeugkosten. Arbeitsfläche: a x b

Pressengesenk – Prinzipaufbau

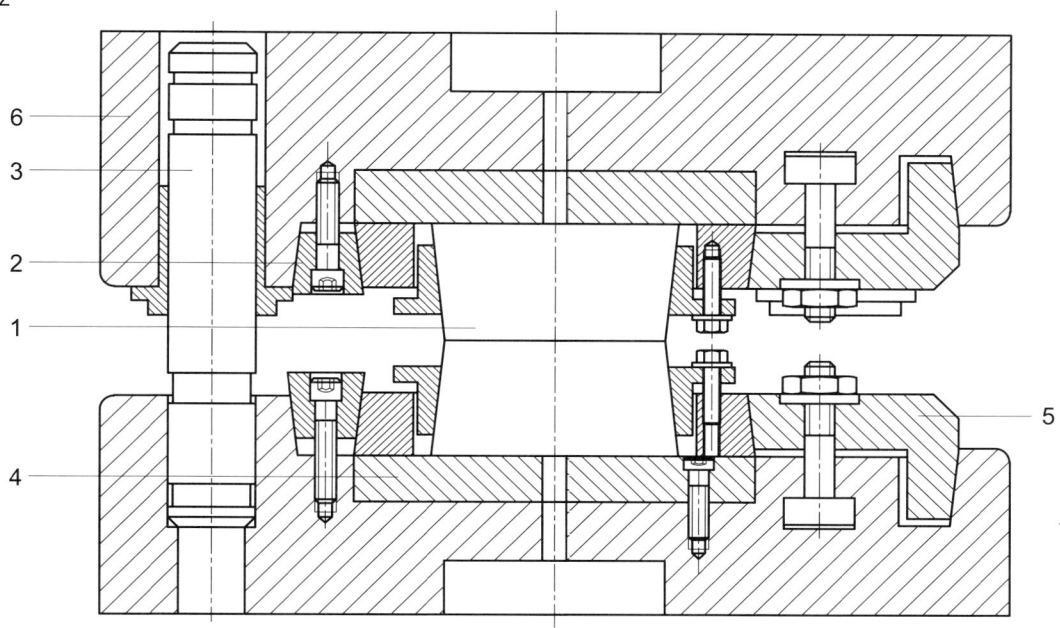

Bild 62

1 Gravureinsatz, Gesenkeinsatz, 2 Klemmelement, 3 Führungssäule, 4 Druckplatte, 5 Spannelement

Einteilung der Schneidwerkzeuge nach dem Fertigungsablauf

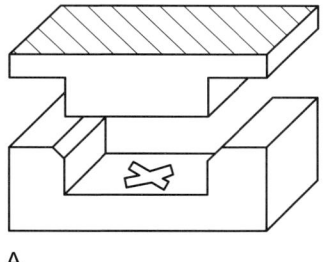

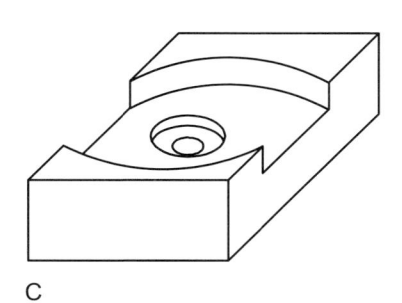

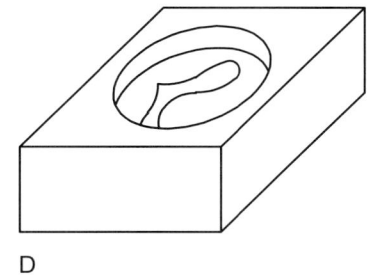

Bild 63

A

B

C

D

Die Grobführung wird durch Gesenkschmiedehammer oder Presse vorgegeben. Die Feinführungen werden am Gesenk angebracht. A Flachführung, Leistenführung, B Flachführung, Knaggenführung, C Rundführung, offene Ringführung, D Rundführung, geschlossene Ringführung

3. Schneidelemente – Stempel, Buchsen, Schneidleisten, Seitenschneider, Abfalltrennung

Bei der Gestaltung der Stempel sind folgende Punkte zu beachten. Die Stempel sollten so eingepasst sein, dass sie sich gerade noch von Hand bewegen lassen. Für die Stempel sind entsprechende Schmiermöglichkeiten vorzusehen (Schmiernuten, Ölwanne). Für die Einsicht auf den Anlagestift kann eine Aussparung vorgesehen werden. Für runde Lochstempel können bei großen Werkzeugen gehärtete Stempelführungsbuchsen eingesetzt werden.

Auf den Schneidstempel wirken beim Stanzprozess drei unterschiedliche Kräftearten: Die Biege-, die Druck- und die Zugkraft. Je besser die im Stanzwerkzeug eingesetzten Schneidstempel diesen Kräften standhalten, desto mehr Produkte können sie bearbeiten. Auf der Suche nach dem idealen Schneidstempel müssen jedoch nicht nur seine technologischen Eigenschaften sondern auch sein Preis beachtet werden.

Obwohl der Schneidstempel, durch entsprechende Normen definiert, oberflächlich betrachtet nur eines von vielen Kleinteilen des Fertigungsprozesses zu sein scheint, ist er doch das Produkt, von dem die Qualität des zu bearbeitenden Werkstücks wie auch die Standzeit des Werkzeugs maßgeblich abhängen.

Deshalb wird viel Aufwand in die Standzeitverlängerung von Schneidstempeln investiert; bis hin zu staatlich geförderten Forschungsprojekten, die sich mit dem Einsatz von keramischen Schneidstoffen und Hartmetall in der Stanztechnik beschäftigen.

Fertigungsart beeinflusst die Standzeit maßgeblich

Die Wahl der Fertigungszeit ist für den Anwender nicht unbedingt auf den ersten Blick sichtbar, dennoch wird die Standzeit beeinflusst. Die entsprechenden Normen schreiben kein Fertigungsverfahren vor. Für den Anwender ist jedoch spätestens dann von entscheidender Bedeutung, welches Fertigungsverfahren gewählt wurde, wenn seine Werkzeuge aufgrund von Kopfabrissen nicht fertigen können.

Es kann vorkommen, dass Schneidstempel derselben Artikelgruppe, aber unterschiedlicher Durchmesser des gleichen Herstellers ungleiche Standzeiten bei gleichen oder ähnlichen Anwendungen aufweisen.

Im Einsatz werden Schneidstempel neben der Biegebelastung vornehmlich auf Zug und Druck belastet. Die Zugbelastung resultiert aus dem Rückziehen des Schneidstempels aus der Buchse und dem gestanzten Blech.

Schneidstempelarten

- Abschneidstempel – Schneidkante einseitig
- Trennstempel – Schneidkanten zweiseitig
- Ausschneidstempel – geschlossene Schneidkante für Außenform
- Lochstempel – geschlossene Schneidkante für Innenform

Schneidbuchsen

Für kleine Durchbrüche kommen Schneidbuchsen zur Anwendung. Bei Großwerkzeugen werden aus Kostengründen auf Baustahlgrundkörper gehärtete Schneidleisten aufgesetzt. Es gibt folgende Schneidbuchsen nach DIN 9845 A ohne Bund, Schneidbuchsen DIN 9845 B mit Bund, Stempelführungsbuchsen DIN 9845 C.

Die Richtlinie VDI 3347 „Einbau von Schneidbuchsen für Stanzerei-Großwerkzeuge" nennt nicht nur die verschiedenen Ausführungsformen von Schneidbuchsen mit und ohne Bund, sondern stellt auch die Anordnung und ihren Einbau in unterschiedlichen

Schneid- und Lochwerkzeugen vor. Ebenso geht die Richtlinie auf Berechnungen zur Auslegung ein und beinhaltet Abmessungen und Maßbeispiele von Schneidbuchsen.

Der Einsatz von Schneidbuchsen trägt zu einer einfachen Instandhaltung von Schneid- und Lochwerkzeugen bei und erhöht somit die Lebensdauer sowie die Wirtschaftlichkeit des Stanzwerkzeugs.

Schneiddurchbruch – Nichtmetalle

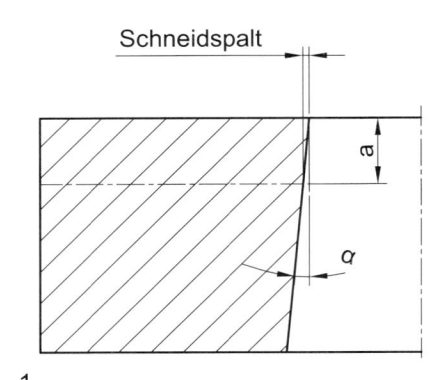

Bild 1

Durch Nachschleifen der Schneidplatte vegrößert sich der Schneidspalt in Abhängigkeit der Abschliffhöhe a und dem Winkel α.

a (mm)	α = 0,5°	α = 0,75°	α = 1°
4	0,03	0,05	0,07
6	0,05	0,08	0,10
8	0,07	0,10	0,14
10	0.09	0, 13	0,18

Bild 2

Die Stempeleintauchtiefe beim Schneiden von Pappe beträgt 1 bis 2 mm. Die Lochmatrize ist 10 mm unterhalb der Schneidkante freizuarbeiten.

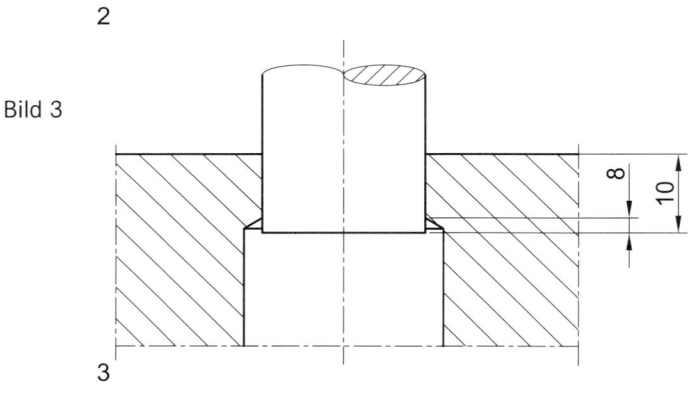

Bild 3

Beim Lochen von Teppich-Zuschnitten ist die Matrize 8 mm unterhalb der Schneidkante freizuarbeiten. Die Stempeleintauchtiefe beträgt 10 mm.

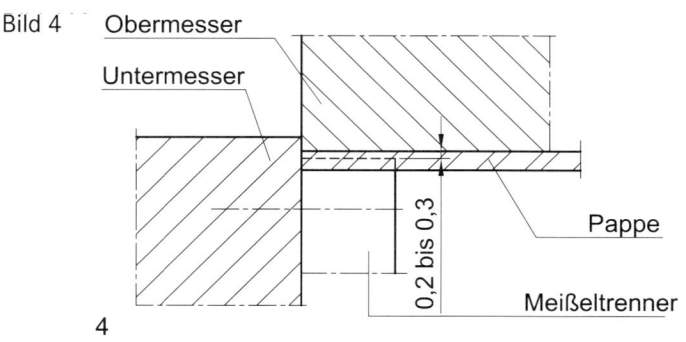

Bild 4

Beim Pappeschneiden kann ein Trennmeißel angebracht werden, dessen Schneidkante 0,2 bis 0,3 mm unter der größten Eintauchtiefe anzuordnen ist.

1 Schneidspaltvergrößerung beim Nachschleifen von Schneidplatten, 2 Lochen von Pappe, 3 Lochen dicker Textilien, 4 Meißeltrenneranordnng beim Pappeschneiden.

Schneiddurchbruch – Richtwerte

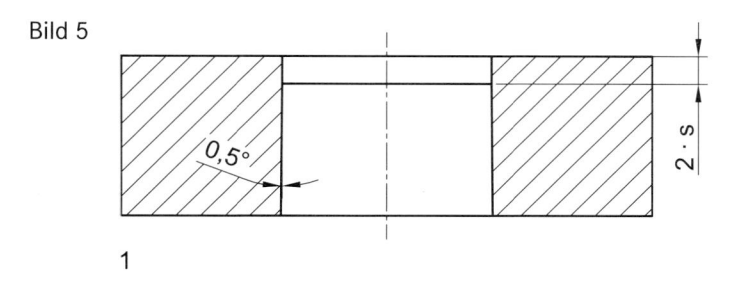

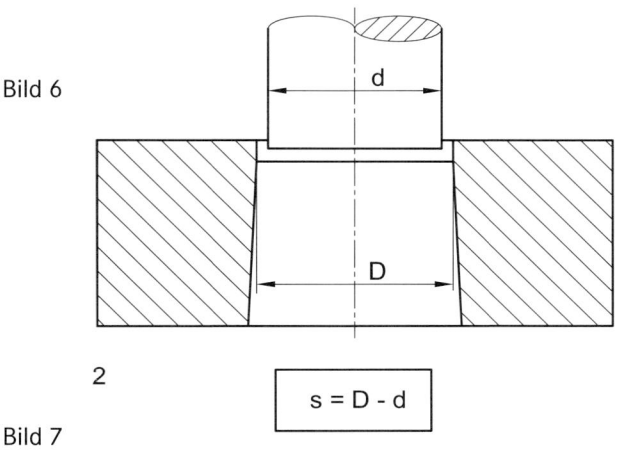

Bild 5

1

Schneidspalt: Einseitiges Spiel zwischen Stempel und Matrize.

Schneidspiel: Gesamtspiel zwischen Stempel und Matrize also 2 x Schneidspalt

Schneidspiel bei hartem Werkstoff und gratfreier Ausführung = 6% der Blechdicke

Schneidspiel bei harten Werkstoff und Normalausführung = 20% der Blechdicke.

Bild 6

2

$s = D - d$

s	S
0,35	0,02
0,53	0,03
0,60	0,04
0,63	0,04
0,70	0,04
0,75	0,05

s	S
0,80	0,05
0,90	0,05
1,00	0,06
1,13	0,07
1,20	0,07
1,25	0,08

Bild 7

3

s	α
0,1 bis 1,5	0,5°
1,75 bis 2,5	0,75°
2,75 bis 8	1,0°

s	u
0,10	0,01
0,15	0,02
0,18	0,02
0,20	0,02
0,22	0,02
0,25	0,03
0,28	0,03

s	u
0,30	0,03
0,35	0,03
0,38	0,04
0,40	0,04
0,44	0,04
0,50	0,05
0,56	0,06

s	u
0,60	0,06
0,63	0,06
0,75	0,08
0,80	0,08
0,88	0,09
1,00	0,10
1,13	0,11

s	u
1,20	0,12
1,25	0,13
1,38	0,14
1,50	0,15
1,75	0,18
1,80	0,18
2,00	0,20

s	u
2,25	0,23
2,50	0,25
2,75	0,28
3,00	0,30
3,25	0,33
3,50	0,35
4,00	0,40

s	u
4,50	0,45
4,75	0,48
5,00	0,50
5,50	0,55
6,30	0,63
7,00	0,70
8,00	0,80

4

1 Freiwinkel α im Durchbruch der Matrize, 2 Werte für das Scheidspiel bei zylindrischem Durchbruch, 3 Freiwinkel α bei kegeligem Durchbruch von Schneidplatten, 4 Schneidspaltrichtwerte bei Schneidplatten, S Schneidspiel in mm, s Blechdicke in mm, u Schneidspalt in mm

Spaltweitendiagramm – Schneidspalt

Bild 8

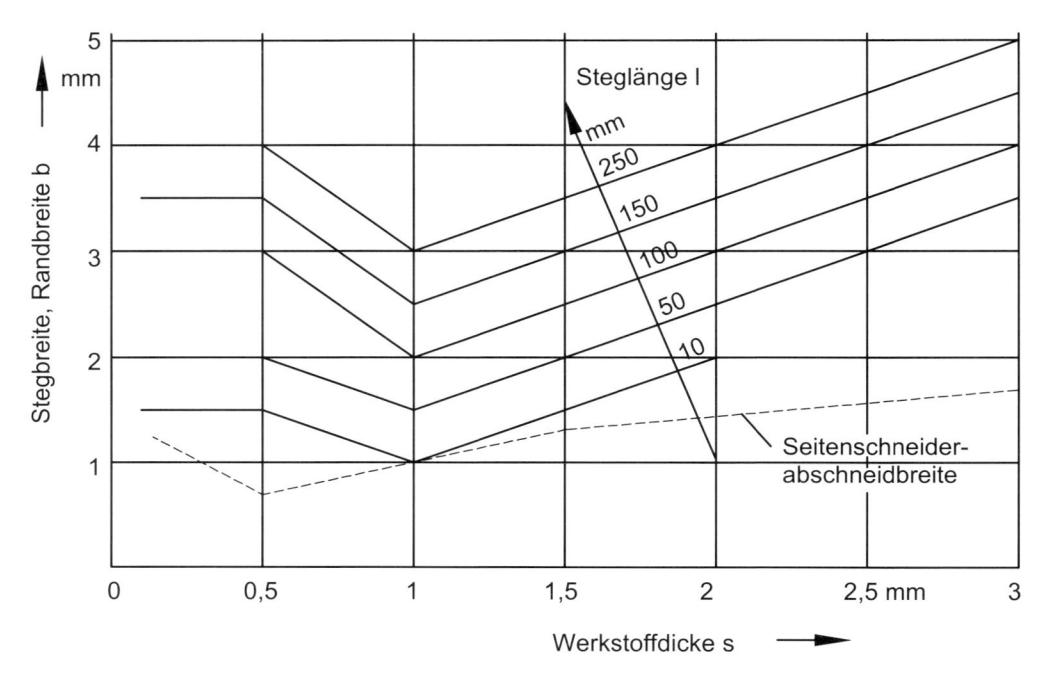

1 Schneiden, Stegbreit, Randbreite
Richtwerte für die Festlegung von Steg- und Randbreiten sowie Seitenschneiderabschnitte.

Bild 9

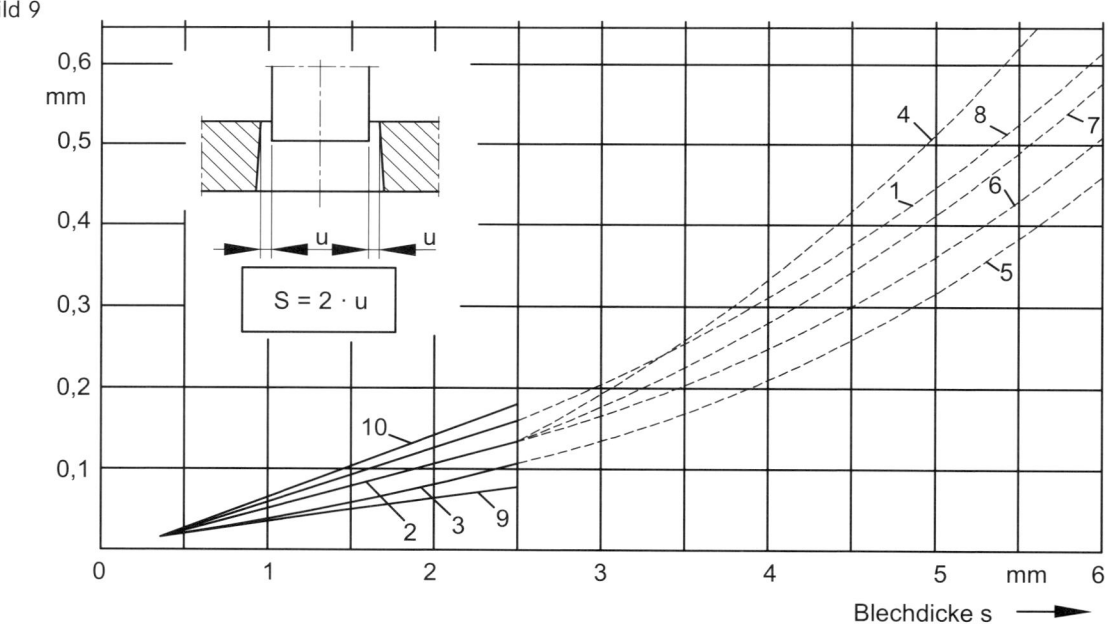

2 Schneiden, Spaltweitendiagramm, Schneidspalt
1 Stahlblech, Stanz- und Tiefziehgüte, 2 Dynamoblech mit kleinem Si-Gehalt, 3 Dynamoblech mit großem Si-Gehalt, 4 gewöhnliches Stahlblech, 5 Messing, weich, 6 Messing, halbhart und hart, 7 Kupfer, weich, 8 Kupfer, halbhart und hart, 9 Aluminium, rein, 10 Duraluminium,
S Schneidspiel, u Schneidspalt

Schneidspalt

Bild 10

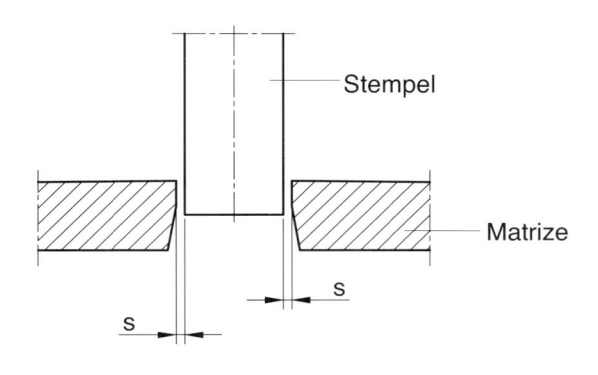

- Stempel
- Matrize

2 x Schneidspalt (s) = Spiel
Spiel = Ø Matrize - Ø Stempel = 2 x Schneidspalt

Als Standardschneidspalt (s) wird empfolen: s = 0,1 mm x Blechdicke
z.B bei Blech 2 mm St 37   s = 0,1 x 2 mm = 0,2 mm   Spiel = 2 x 0,2 mm = 0,4 mm

Formbeispiele – Schneidstempel und Schneidbuchsen

Bild 11

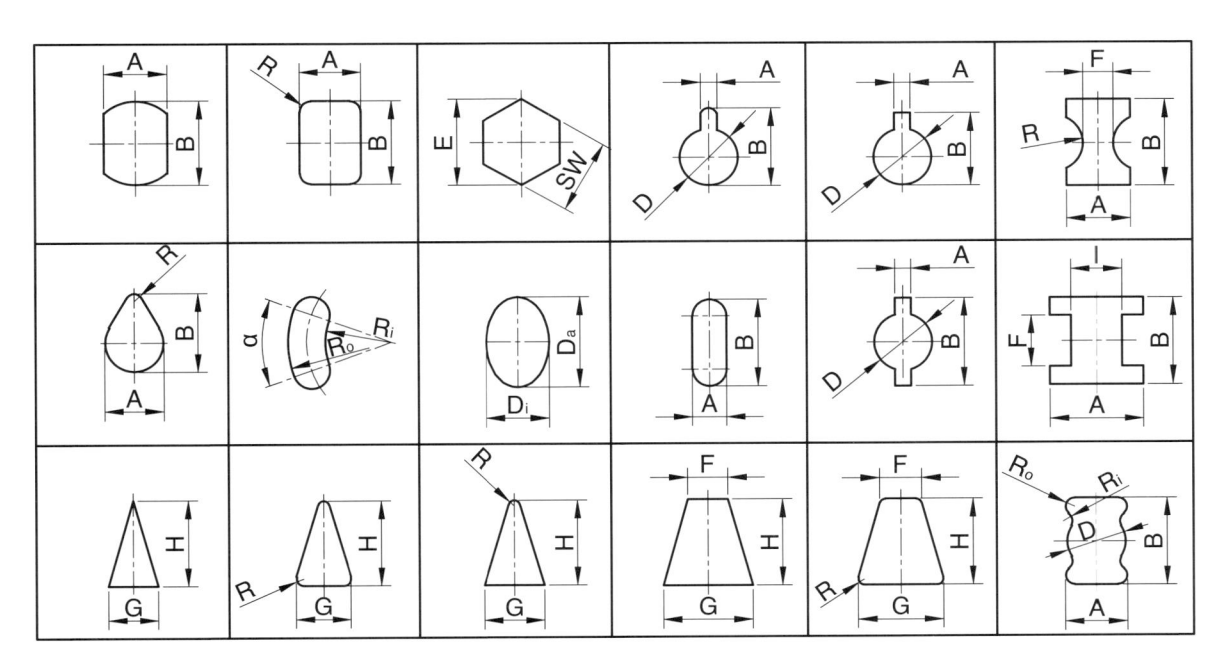

Schneidwerkzeug – Schneidspalt, Nichtmetallstoffe

Bild 12

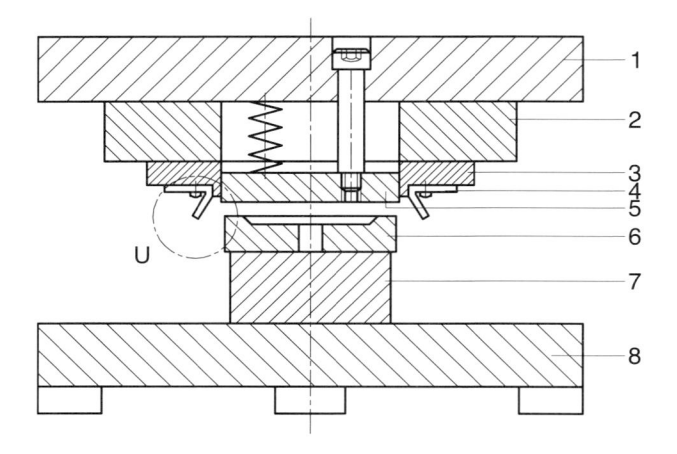

Es wird als Gesamtschneidwerkzeug ausgeführt. Bei allen Schneidwerkzeugen für Pappe, Teppich und Folien bleiben Stempel bzw. Werkzeugunterteile weich, Matrize, Lochstempel und Schneidbuchsen werden gehärtet.
(Schneidspalt bei Pappe 0,02...0,05 mm; Folien und Teppiche 0,01...0,03 mm).

1 Werkzeugoberteil, 2 Aufnahmeplatte, 3 Schneidplatte, 4 verstellbarer Einweiser, 5 Auswerfer, 6 Schneidstempel, 7 Unterteil, 8 Grundplatte

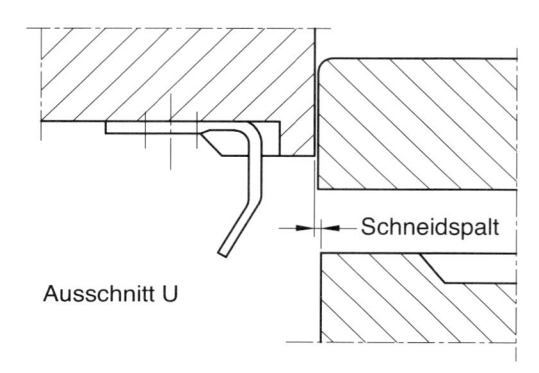

Ausschnitt U

Schneidwerkzeug – Schneidspalt, Blechbeschichtung

Bild 13

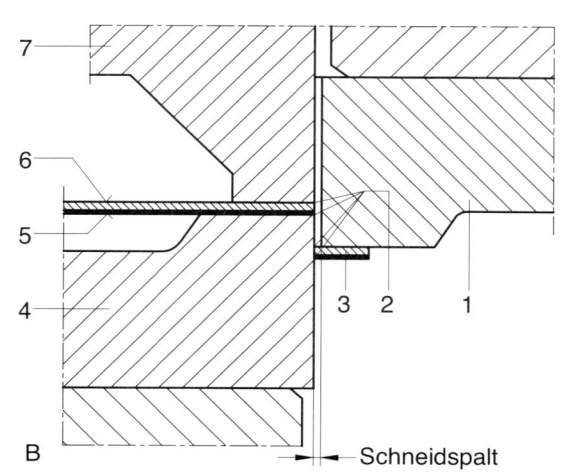

Bei beschichteten Blechen, z.B. Platalschicht, soll die Schichtseite auf dem Werkzeuguntermesser aufliegen, damit sich beim Schneiden die Schicht nicht vom Blech löst. Der Schneidspalt soll 10% der Werkstoffgesamtdicke betragen.

1 Obermesser, Matrize, 2 Grat, 3 Abfall, 4 Untermesser, Stempel, 5 Schichtseite, 6 Blech, Grundwerkstoff, 7 Niederhalter

Formbeispiele – Schneidstempel und Schneidbuchsen

Bild 14

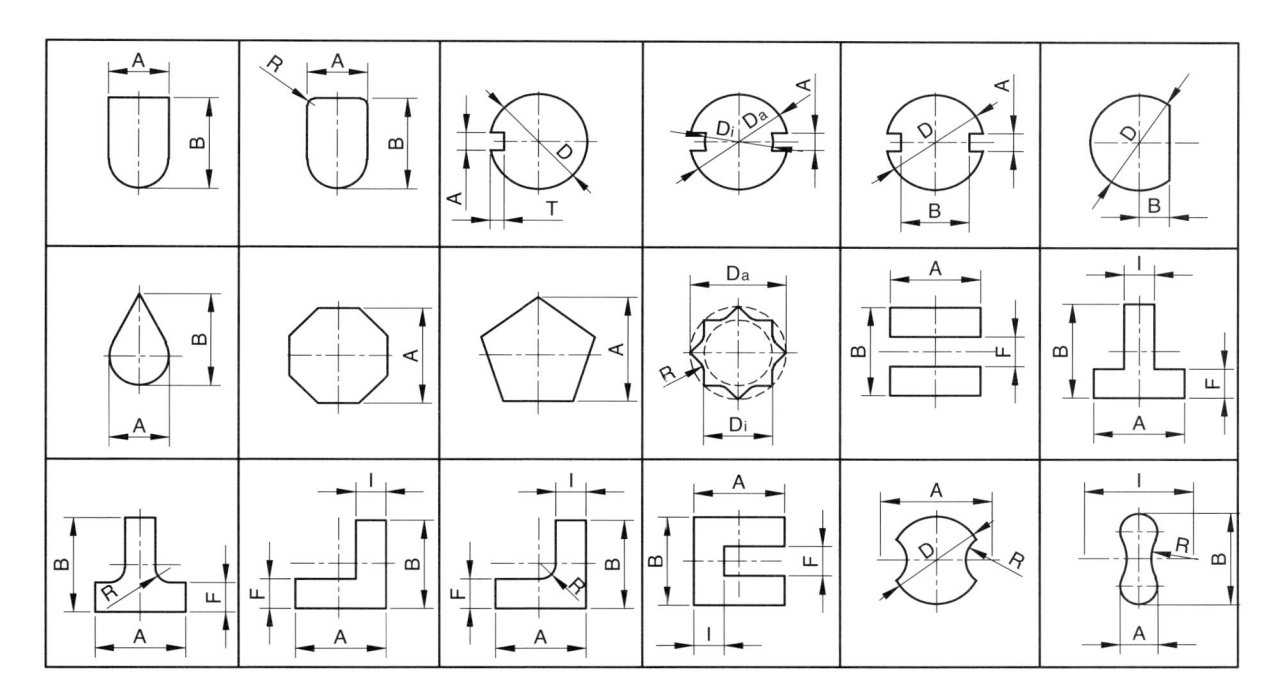

Verdrehsicherung für Formschneidstempel

Bild 15

quadratisch = Form S
mit Verdrehsicherung

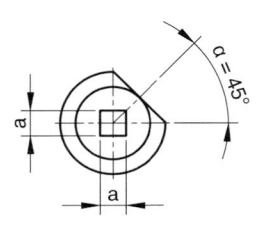

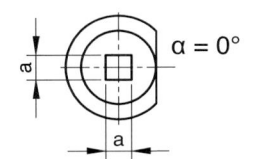

rechteckig = Form R
mit Verdrehsicherung

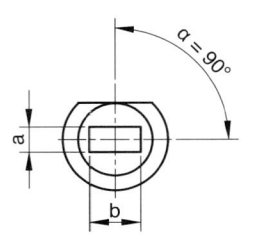

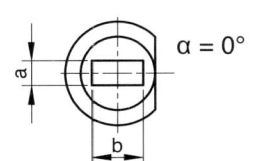

langrund = Form O
mit Verdrehsicherung

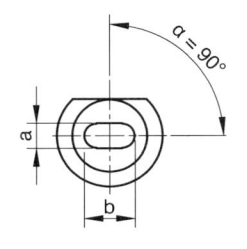

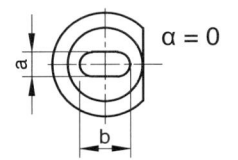

IV Werkzeugelemente

Beispiele für Sonderanfertigungen von Schneidstempeln

Bild 16

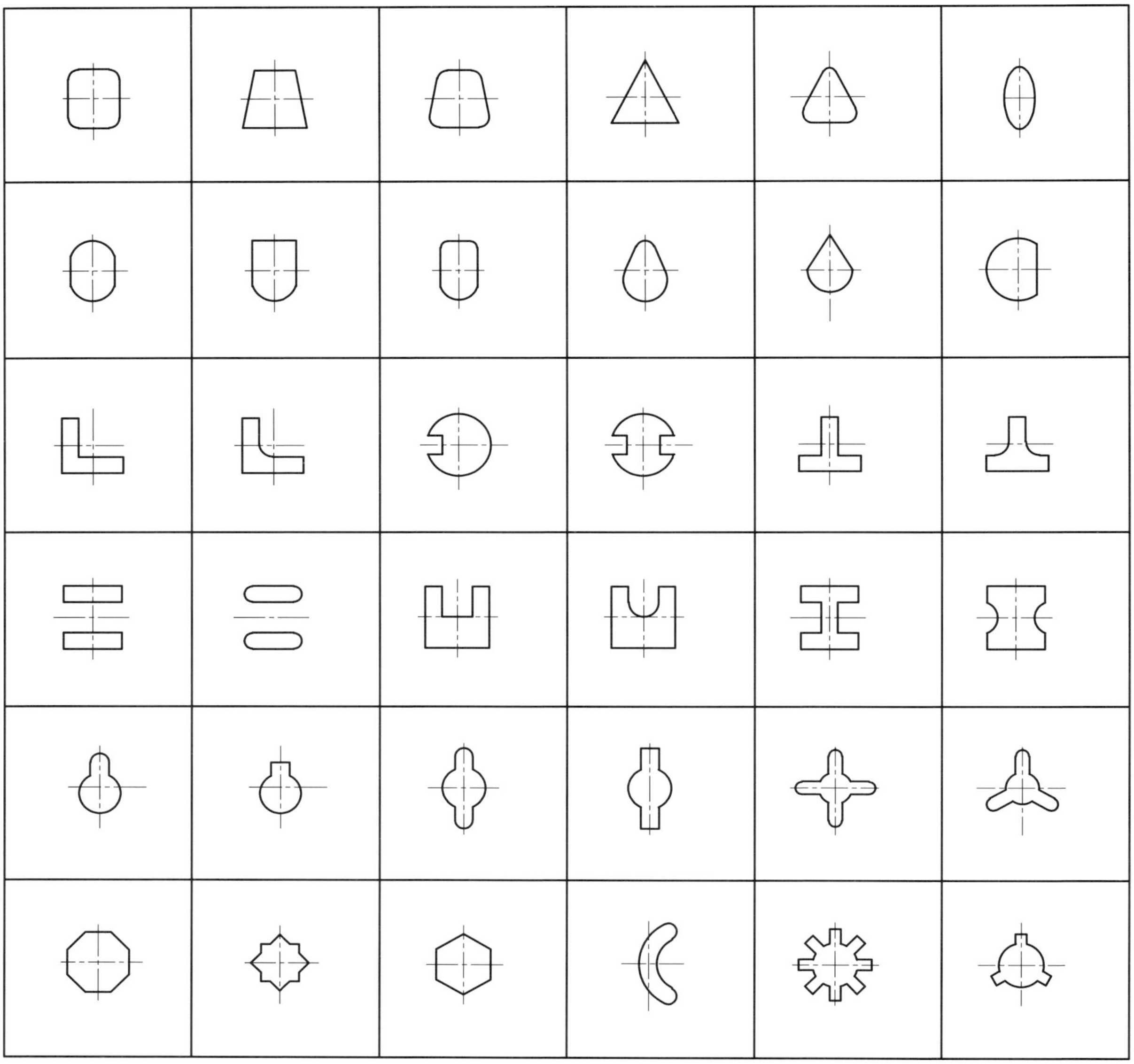

Lochstempel

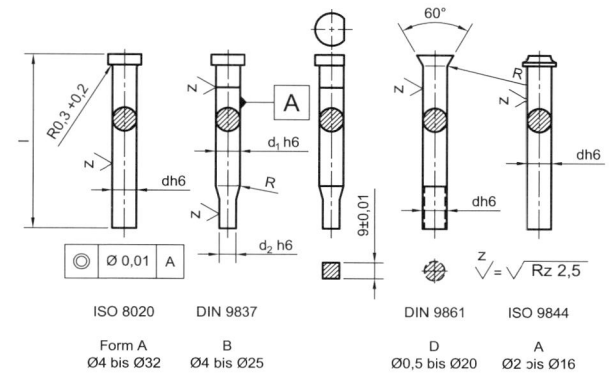

Bild 17

ISO 8020	DIN 9837		DIN 9861	ISO 9844
Form A	B		D	A
Ø4 bis Ø32	Ø4 bis Ø25		Ø0,5 bis Ø20	Ø2 bis Ø16

Bezeichnung eines Schneidstempels Form D mit d=7,5mm und l=71mm:
Schneidstempel DIN 9861 D - 7,5x71mm

Ausschneidstempel für Werkzeuge ohne Führung

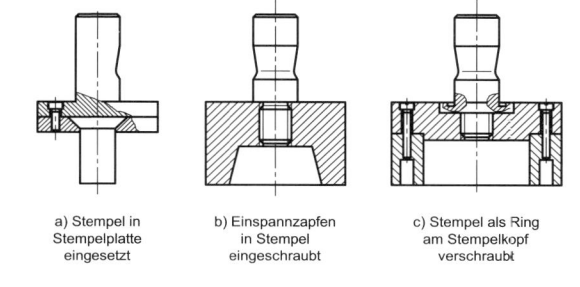

Bild 18

a) Stempel in Stempelplatte eingesetzt
b) Einspannzapfen in Stempel eingeschraubt
c) Stempel als Ring am Stempelkopf verschraubt

Aufnahmehülsen (Docken)

Bild 19

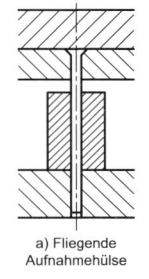

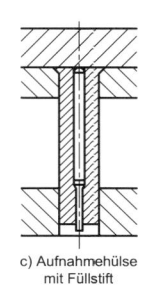

a) Fliegende Aufnahmehülse
b) Durchgeführte Aufnahmehülse
c) Aufnahmehülse mit Füllstift

Werkzeug mit Aufschlagstücken

Bild 20

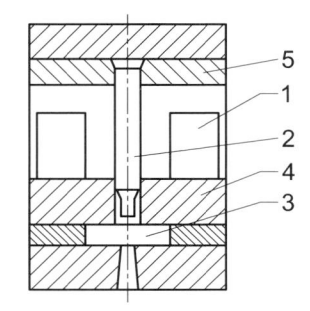

1 Aufschlagstück
2 abgesetzter Stempel
3 Streifenkanal
4 Führungsplatte
5 Stempelplatte

IV Werkzeugelemente

Schneidstempelarten

Bild 21

Abschneid-stempel		Schneidkante einseitig
Trenn-stempel		Schneidkanten zweiseitig
Ausschneid-stempel		geschlossene Schneidkante für Außenform
Loch-stempel		geschlossene Schneidkante für Innenform

Stempelbefestigung

Bild 22

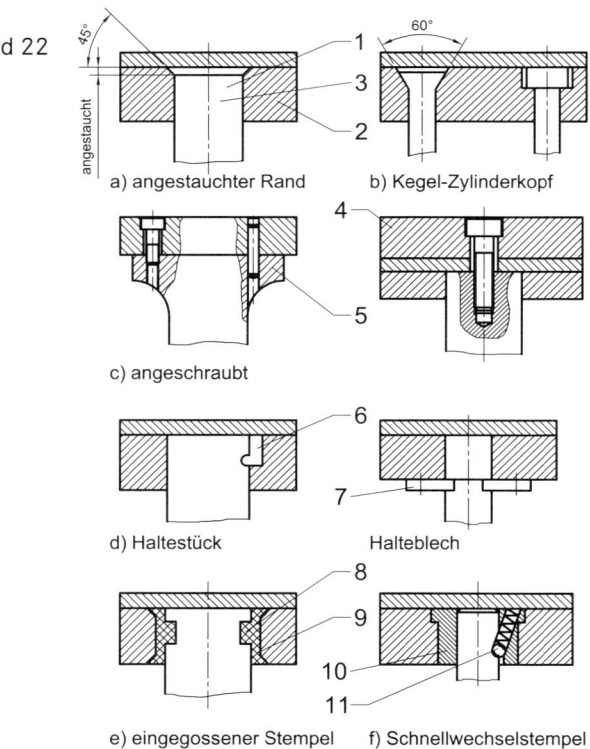

a) angestauchter Rand
b) Kegel-Zylinderkopf
c) angeschraubt
d) Haltestück
Halteblech
e) eingegossener Stempel
f) Schnellwechselstempel

1 Kopf angelassen
2 Stempelplatte
3 Stempel

4 Kopfplatte

5 Flansch

6 Haltestück

7 Halteblech

8 Haltenut
9 Gießharz

10 Aufnahmebuchse
11 Kugelhalterung

PASS-Stempel mit Scherschräge

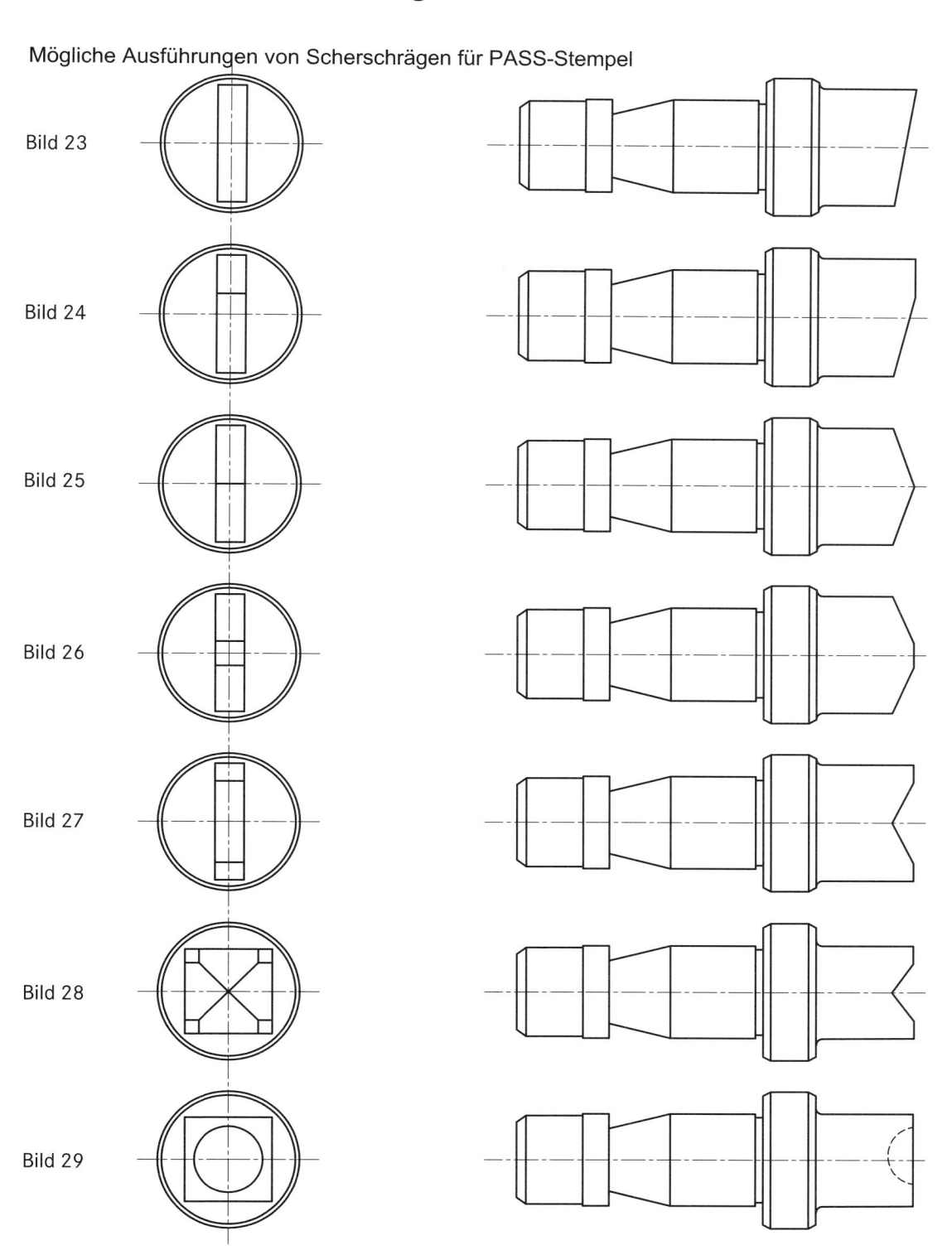

Mögliche Ausführungen von Scherschrägen für PASS-Stempel

Bild 23

Bild 24

Bild 25

Bild 26

Bild 27

Bild 28

Bild 29

Schneidstempel – Hartmetalleinsatz

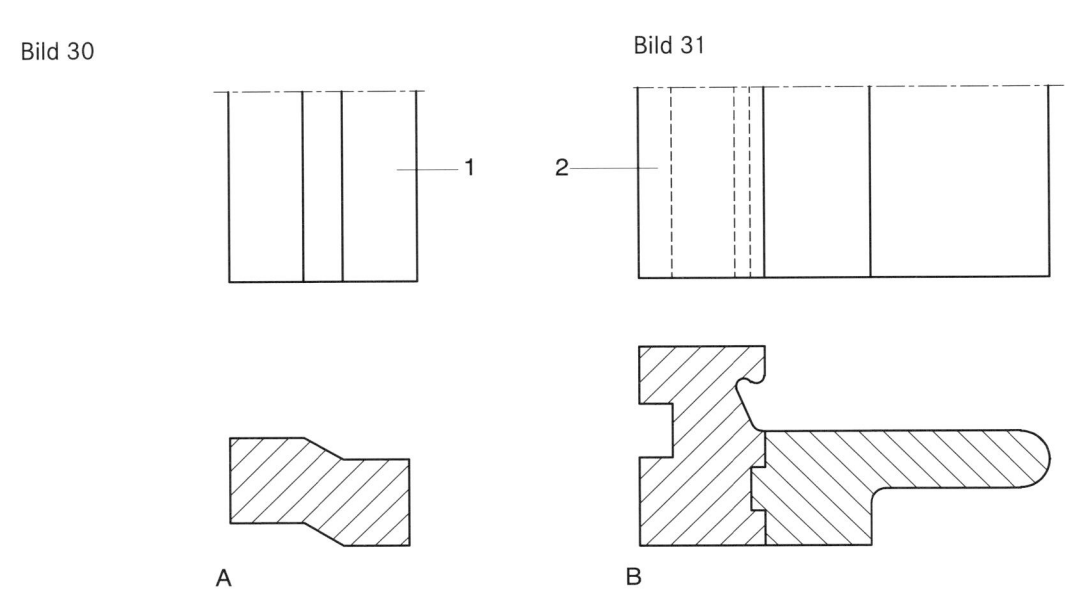

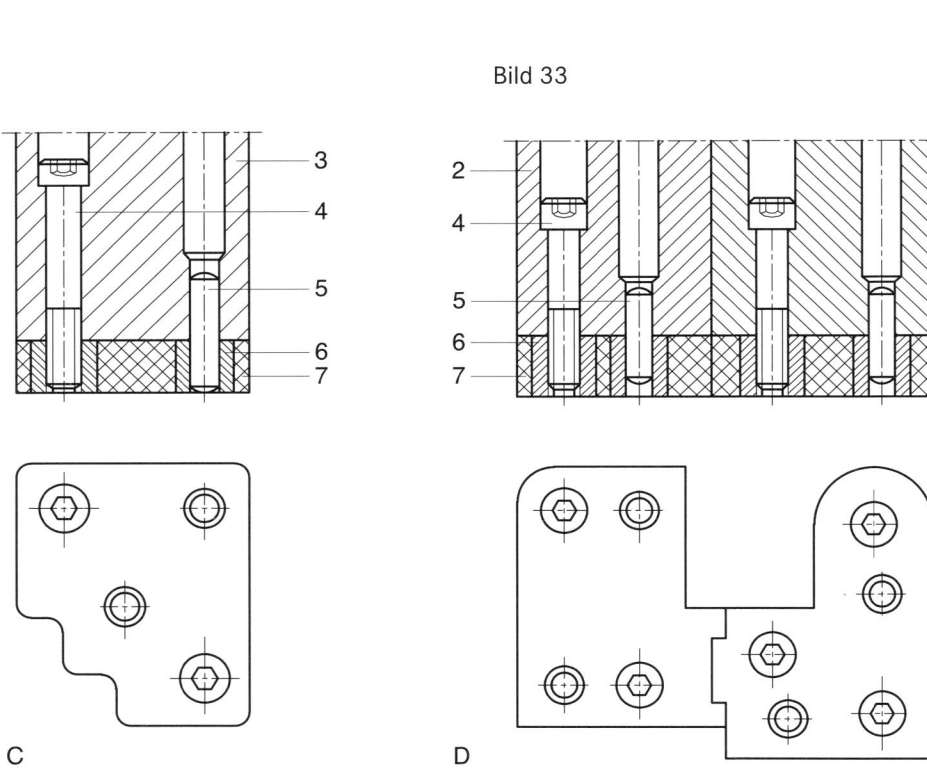

Bild 30

Bild 31

A   B

Bild 32

Bild 33

C   D

A Formschneidstempel ungeteilt, B geteilter Formschneidstempel, C Formschneidstempel ungeteilt mit Hartmetallbestückung, D geteilter Schneidstempel (hartmetallbestückt).

1 Schneidstempel, 2 Segment des Schneidstempels, 3 Schneidstempelschaft, 4 Zylinderschraube, 5 Zylinderstift, 6 Stopfen, 7 Schneideinsatz

3. Schneidelemente – Stempel, Buchsen, Schneidleisten, Seitenschneider, Abfalltrennung

Schneidstempel – Stempelführung, Docke

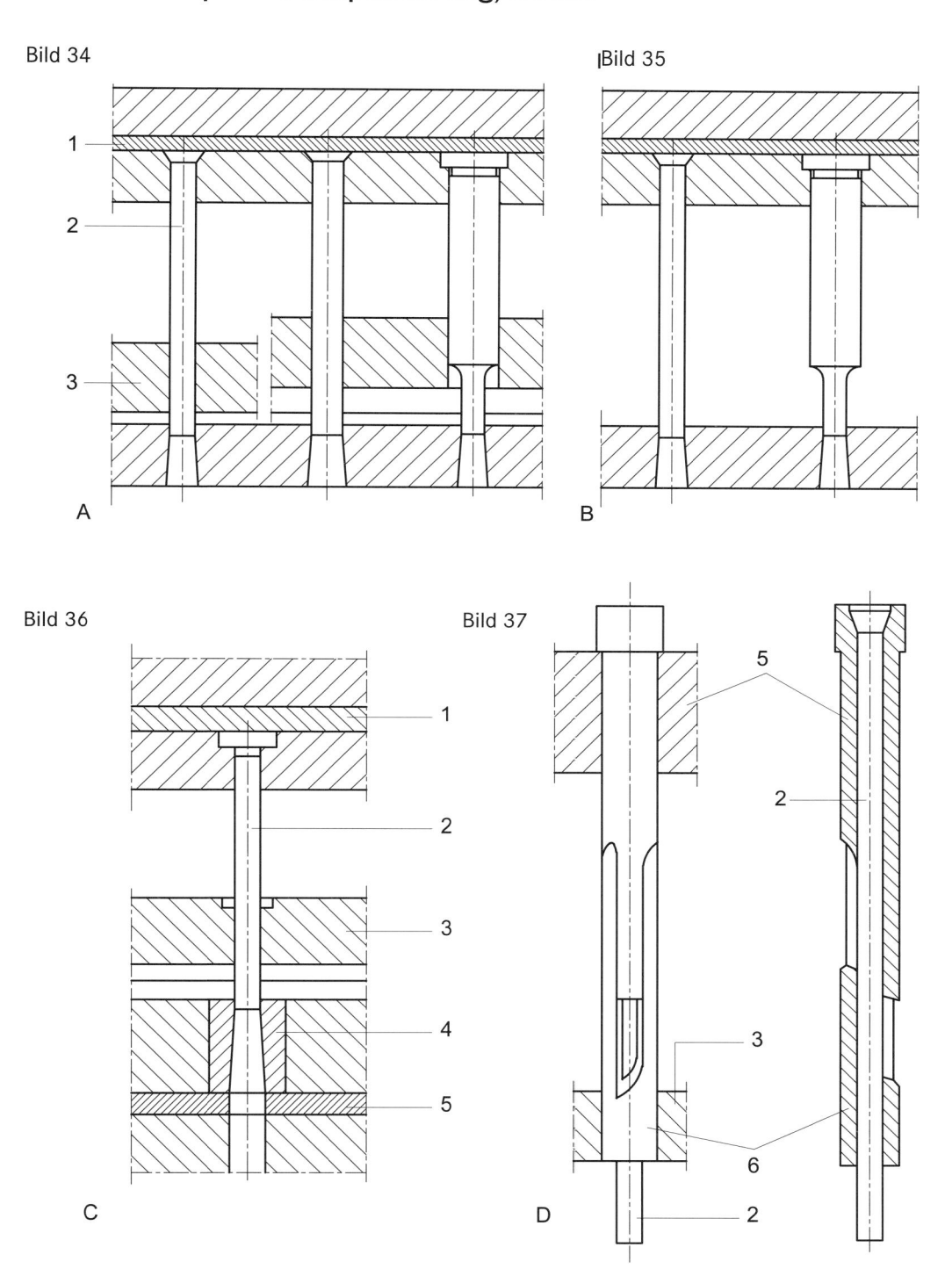

Bild 34

A

Bild 35

B

Bild 36

C

Bild 37

D

A geführter Stempel, B ungeführter Stempel, C Stempelführung, D zweiteilige Führungsdocke

1 Druckplatte, 2 Schneidstempel, 3 federnde Führung, 4 Schneidbuchse, 5 Führungsdocke Oberteil
6 Führungsdocke Unterteil

Schneidstempelbefestigung – Stempelhalterung

Bild 38

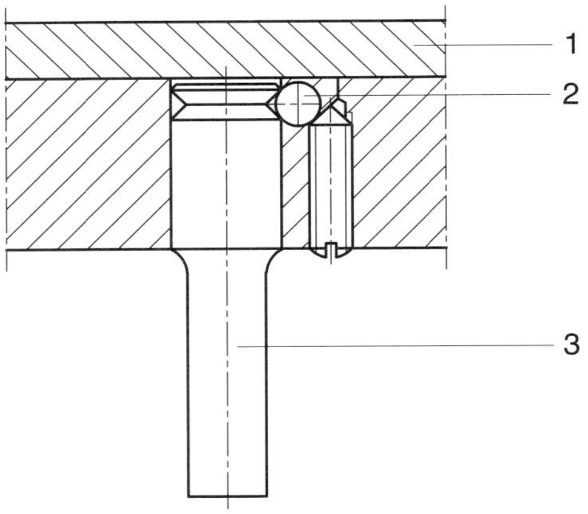

Bild 39

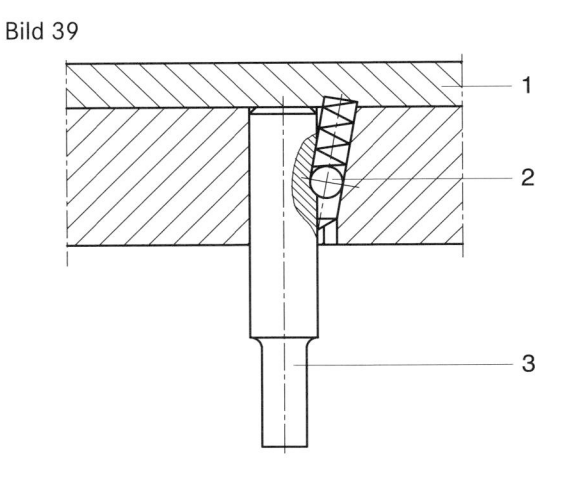

Bild 40

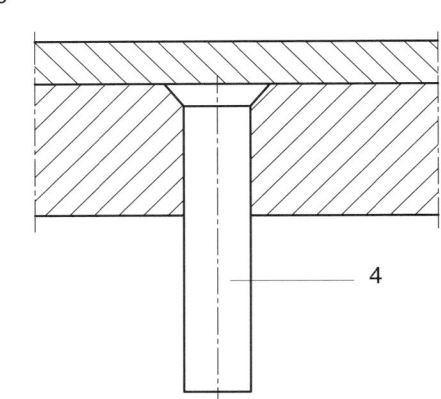

Bild 41

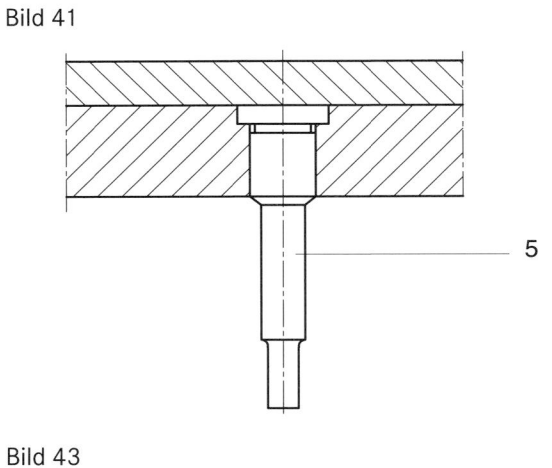

Bild 42

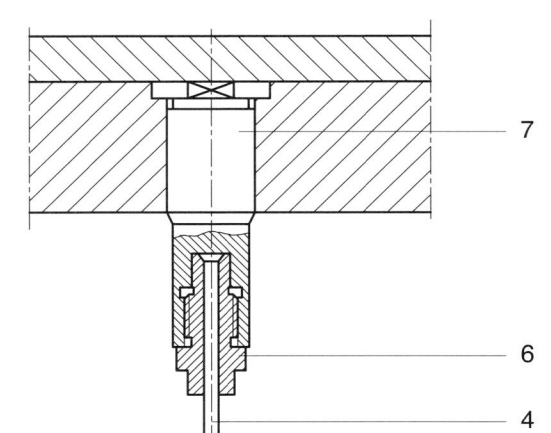

Bild 43

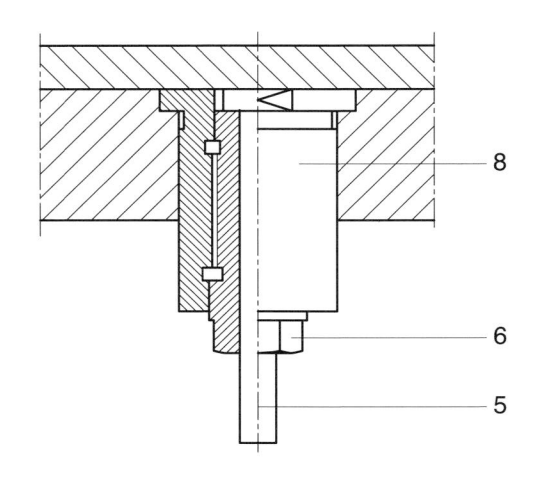

1 Druckplatte, 2 Klemmkugel, 3 Schneidstempel, 4 angehämmerter Kopf, 5 Stempel mit Bund,
6 Überwurf, 7 Stempelhalter, 8 Haltebuchse

3. Schneidelemente – Stempel, Buchsen, Schneidleisten, Seitenschneider, Abfalltrennung

Stempelhalter

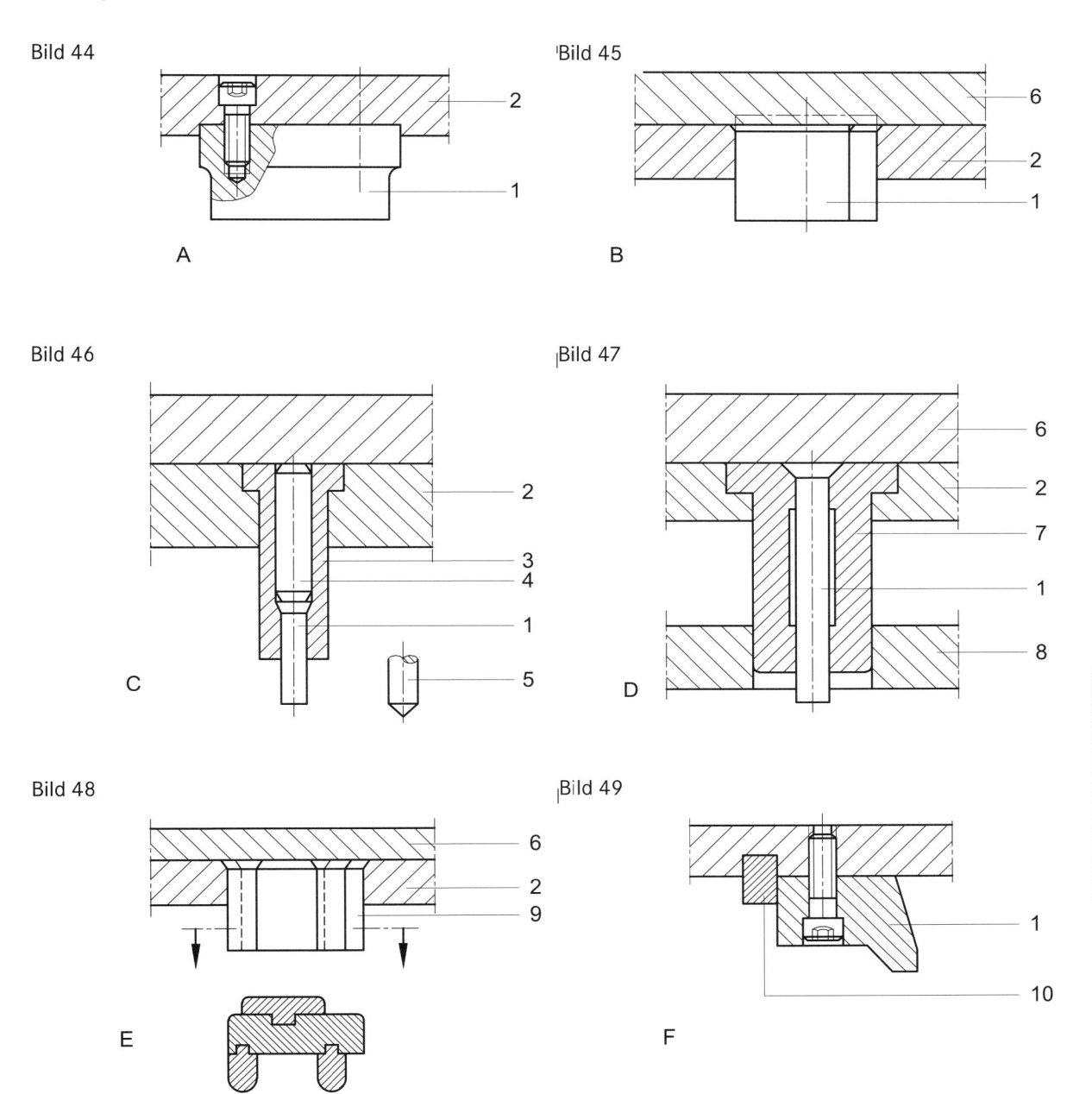

Bild 44 A

Bild 45 B

Bild 46 C

Bild 47 D

Bild 48 E

Bild 49 F

A Formstempel gehobelt, in Stempelhalter eingelassen, zum Ausschneiden kleiner und mittlerer Profile,
B Formstempel mit angehämmerten Kopf, C Lochstempel für das Lochen von Durchmessern von 0,8...12 beim Stempelwechsel ist das Werkzeug auseinanderzunehmen, D glatter Stempel in Führungsglocke,
E geteilter Stempel mit angestauchten Kopf, F geschraubtes Stempelsegment.

1 Stempel, 2 Stempelhalteplatte, 3 Zylinderhülse, 4 Druckstift, 5 Stempel mit körnerähnlichem Anschliff zum Lochen von Blechen mit Lochdurchmesser (0,5...0,6) x Blechdicke, 6 Druckplatte, 7 Führungsdocke, 8 Stempelführungsplatte, 9 geteilter Schneidstempel, 10 Anlageleiste.

Schneidstempel – Stempelbefestigung

Bild 50

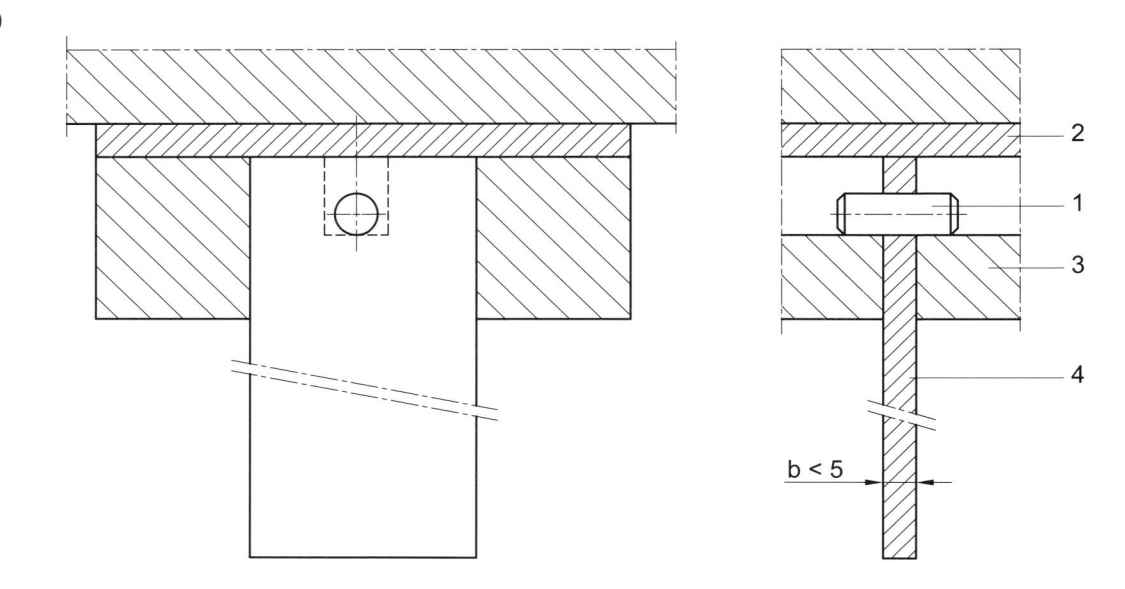

Bei schmalen Schneidstempeln kann die Stempelsicherung durch einen Haltestift erfolgen.
1 Zylinderstift, 2 Druckplatte, 3 Stempelhalteplatte, 4 Schneidstempel

Schneidstempel – Schraubenbefestigung   Schneidstempel – Stempelteilung

Bild 51   Bild 52

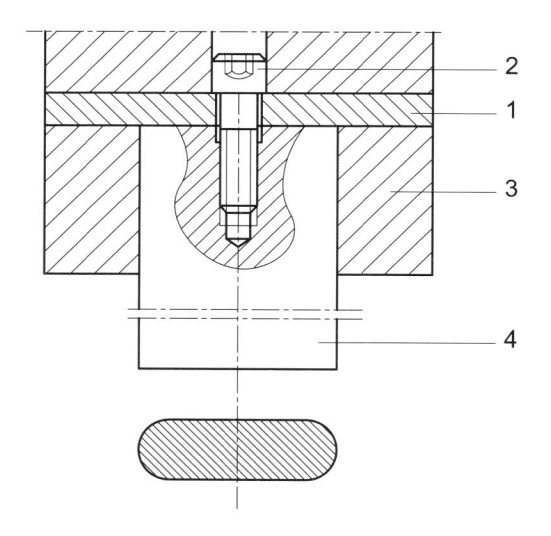

Schraubenbefestigung

Die Anzahl und Grösse der Schrauben richtet sich nach der Arbeitskraft und nach dem Stempelquerschnitt.
1 Druckplatte, 2 Innensechskantschraube, 3 Stempelhalteplatte, 4 Formstempel

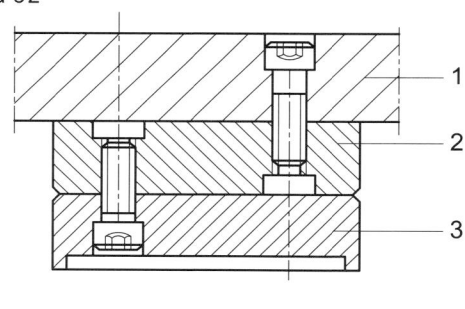

Stempelteilung

Für das Ausschneiden großer Teile wird hier hochwertiger Werkzeugstahl gespart.
1 Werkzeugoberteil, 2 Zwischenplatte, 3 Schneidstempel

Beispiele für Stempelbefestigung

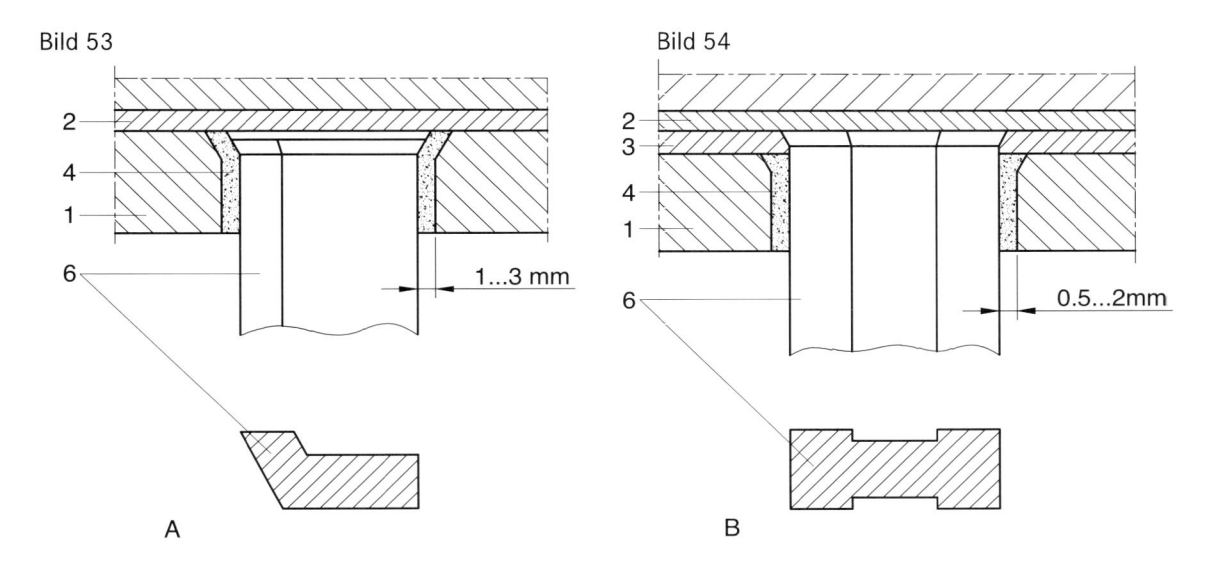

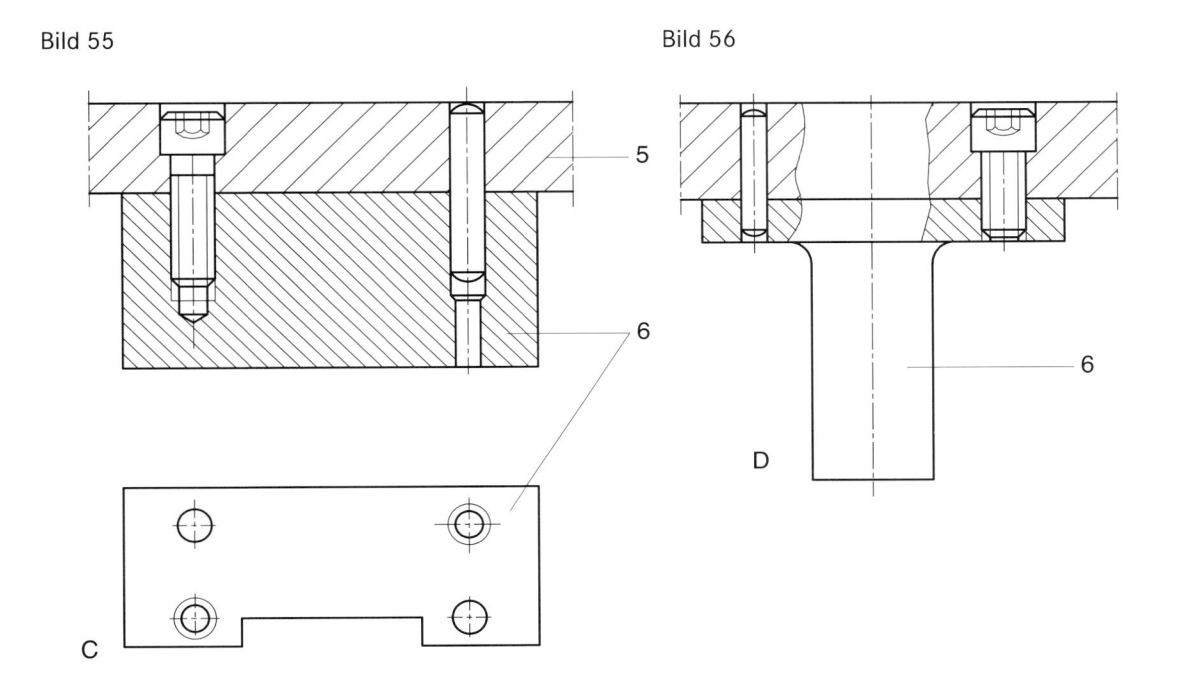

Bild 53

Bild 54

Bild 55

Bild 56

A Stempel angestaucht und dann eingegossen, B Lösung, wenn größere Abstreifkräfte (> 25 N/mm²) auftreten, C Direkanschraubung des Schneidstempels, wenn die Auflagefläche genügend groß ist, D Stempelauflagefläche durch einen Bund vergrößert, Direktanschraubung.

1 Stempelhalteplatte, 2 Druckplatte, 3 Halteeinsatz, 4 Gießwerkstoff, 5 Säulenführungsgestell-Oberteil, 6 Schneidstempel

Schneidbuchsenbefestigung

Bild 64

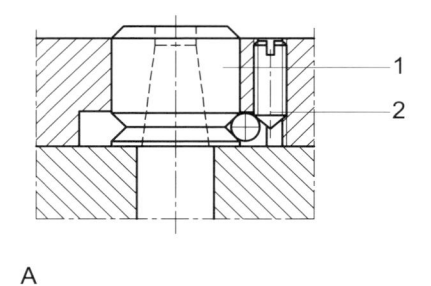

A

Bild 65

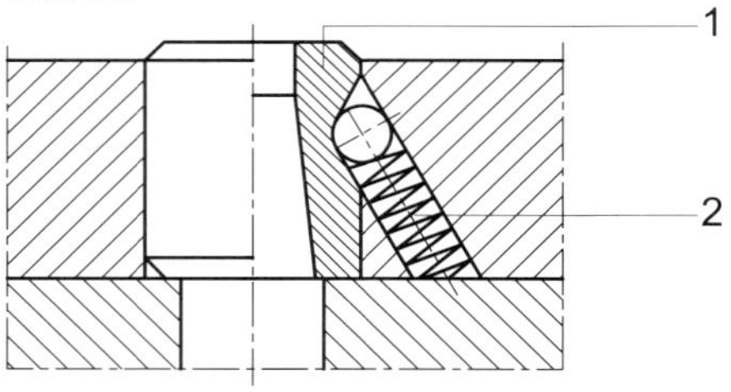

B

Bild 66

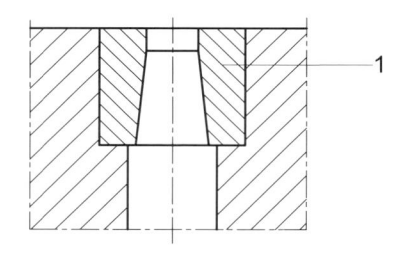

C

Bild 67

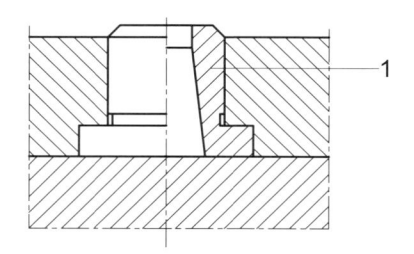

D

Bild 68

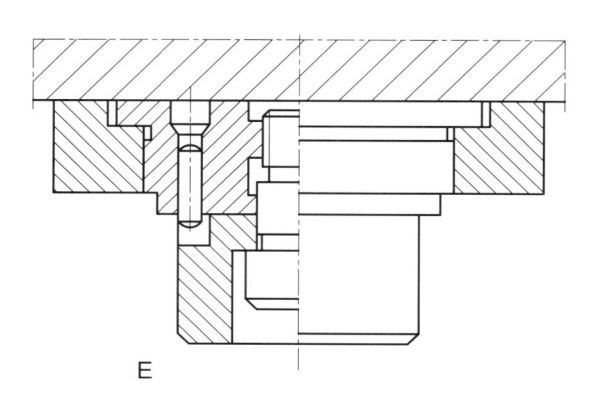

E

Bild 69

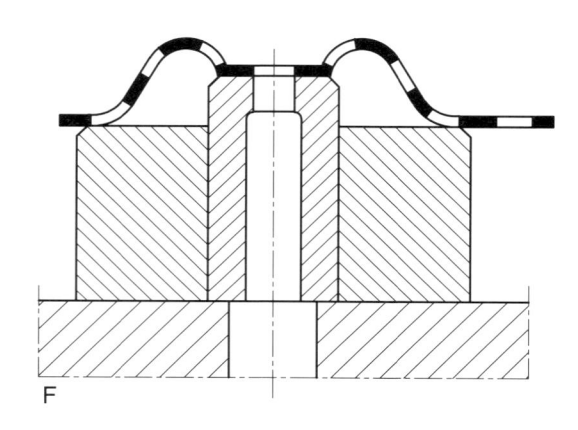

F

A Kugelklemmung (3 bis 30 mm Schneidstempeldurchmesser), B Kugelschnapper bis 3 mm Blechdicke und Stempeldurchmesser bis 30 mm, C Schneidbuchse ohne Bund, D Schneidbuchse mit Bund, E auswechselbare Schneidbuchse mit Schraubklemmung für grosse Durchmesser (50 bis 250 mm), verstiftet, F vorstehende Schneidbuchse eingepresst.
1 Schneidbuchse, 2 Befestigung

Schneidleiste

Bild 70

Bild 71

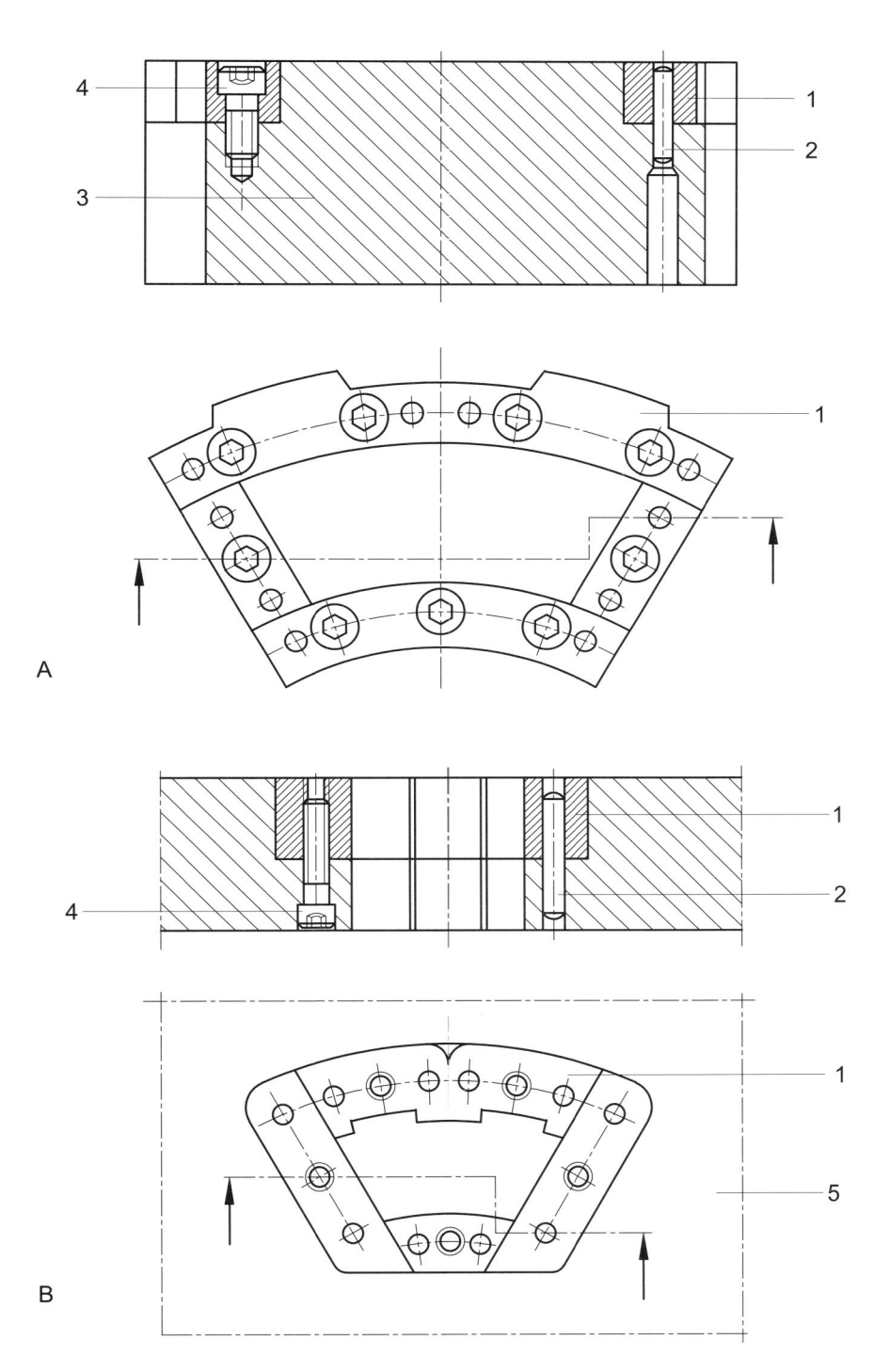

Schneidleisten werden wegen Härteverzug und -rissen sowie zur Einsparung von legiertem Werkzeugstahl ab Nenngrößen 200 mm x 250 mm eingesetzt. A Schneidstempel, B Schneidplatte
1 Schneideinsatz, 2 Zylinderstift, 3 Schneidstempel, 4 Innensechskantschraube, 5 Schneidkasten

Platinenschneidwerkzeug – Schneidleistenbefestigung

Bild 72

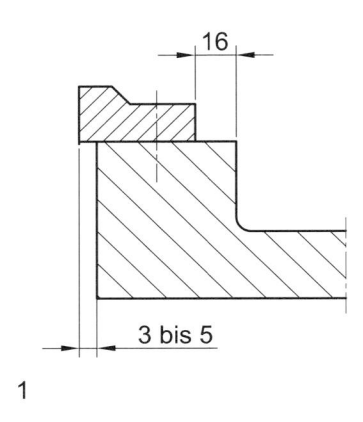

1

Bild 73

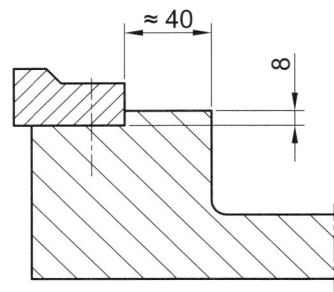

2

Bild 74

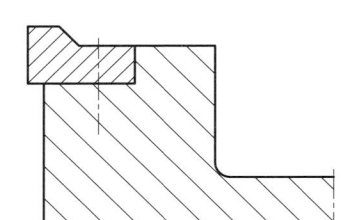

3

Bild 75

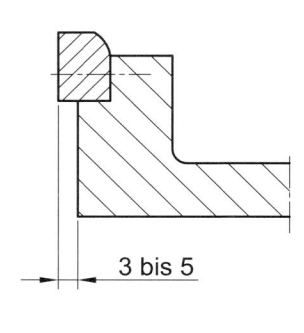

4

Bild 76

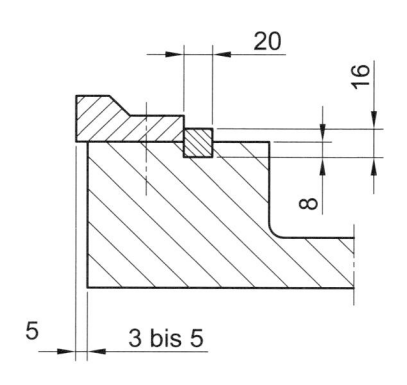

5

Bild 77

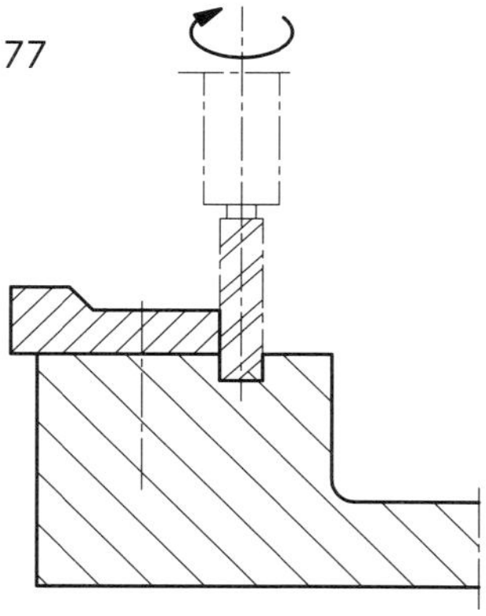

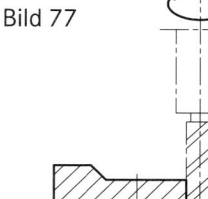

6

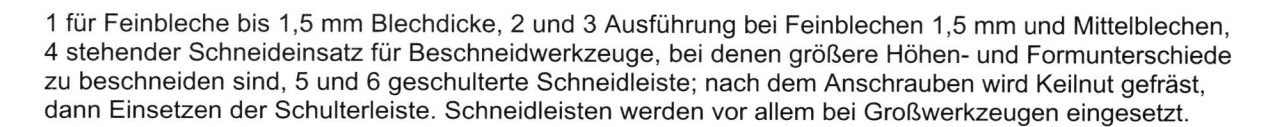

1 für Feinbleche bis 1,5 mm Blechdicke, 2 und 3 Ausführung bei Feinblechen 1,5 mm und Mittelblechen, 4 stehender Schneideinsatz für Beschneidwerkzeuge, bei denen größere Höhen- und Formunterschiede zu beschneiden sind, 5 und 6 geschulterte Schneidleiste; nach dem Anschrauben wird Keilnut gefräst, dann Einsetzen der Schulterleiste. Schneidleisten werden vor allem bei Großwerkzeugen eingesetzt.

Seitenschneider – Gießharzanwendung

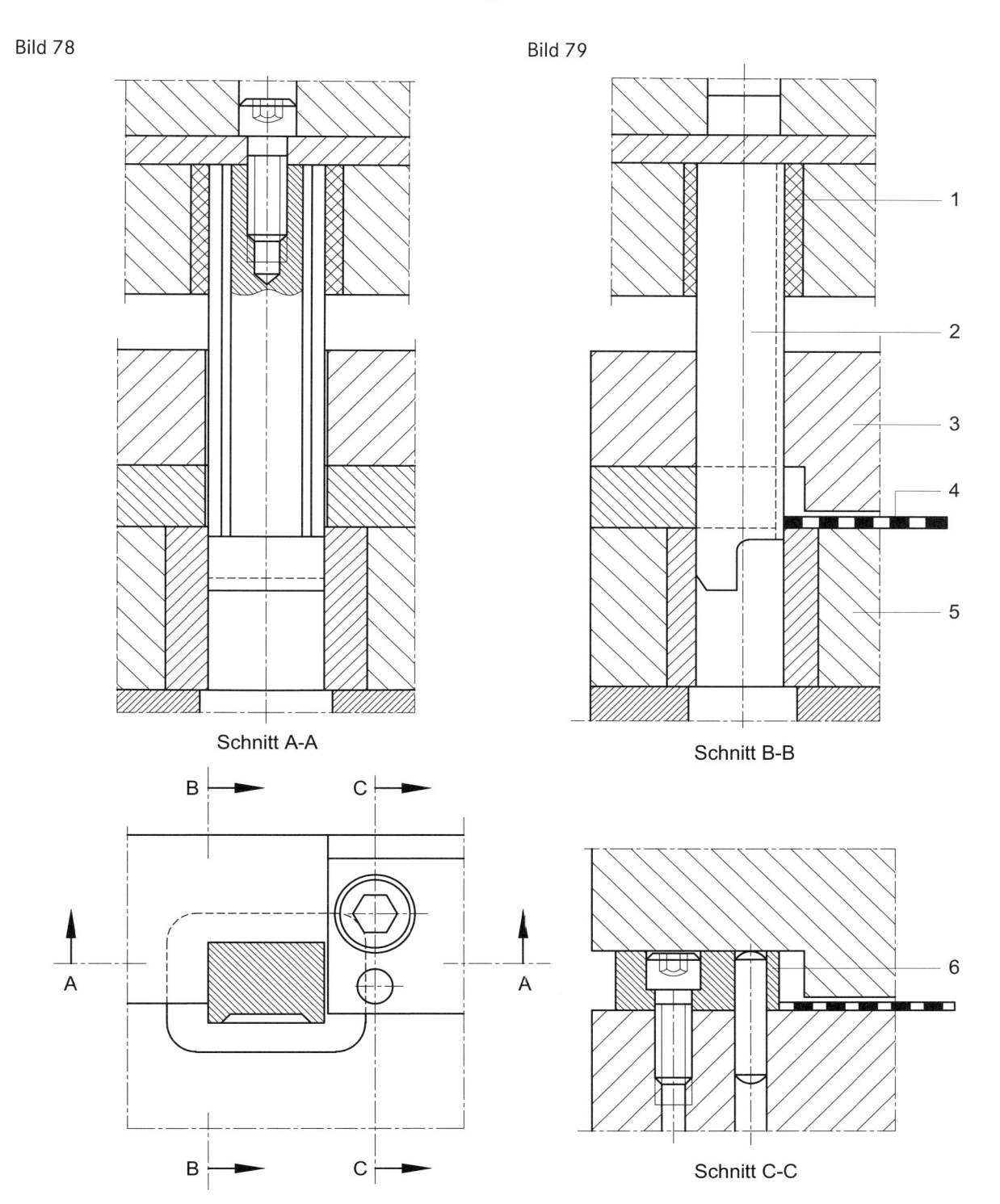

Bild 78

Bild 79

Schnitt A-A

Schnitt B-B

Schnitt C-C

Der Seitenschneider wird nach dem Durchbruch der Schnittbuchse bzw. Platte eingegossen.
1 Giessharz, 2 Seitenschneider, 3 federnder Niederhalter, 4 Materialstreifen, 5 Matrize, 6 Anschlag

IV Werkzeugelemente

Seitenschneider – Seitenschneiderführung

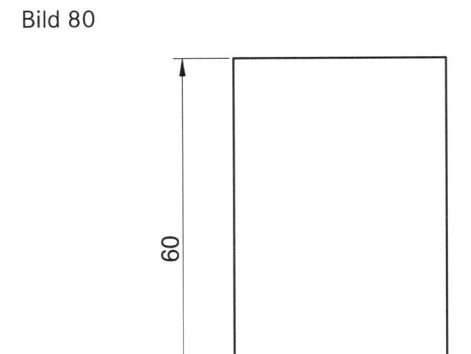

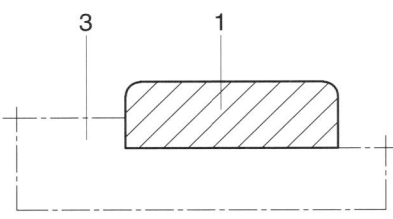

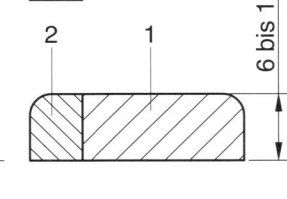

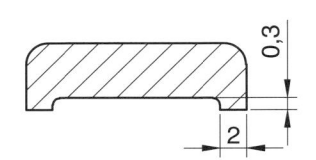

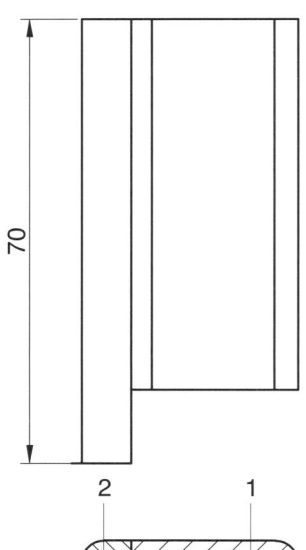

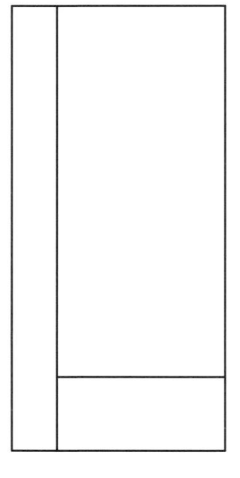

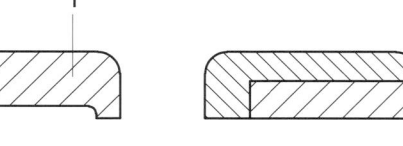

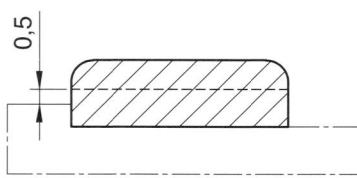

Bild 80

1 Seitenschneider, 2 Führung, 3 Werkstoffstreifen

Streifenführung – Zentrierbrücke

Bild 81

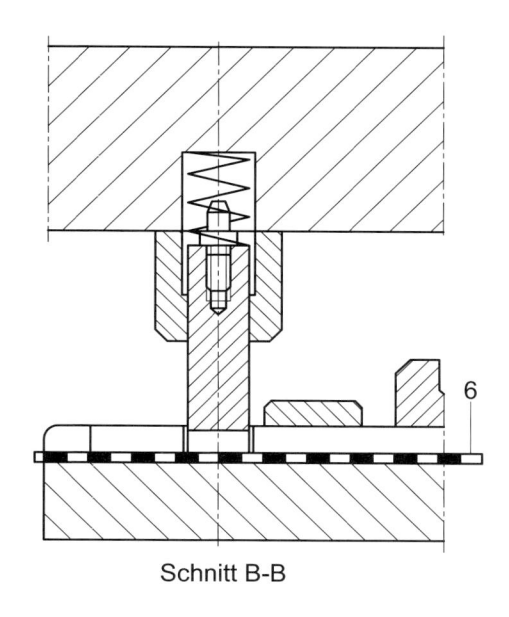

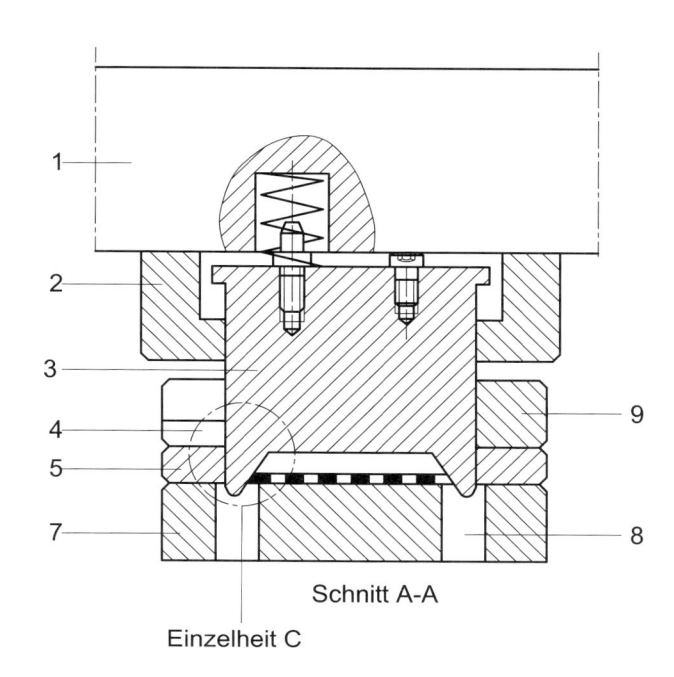

Schnitt B-B

Schnitt A-A

Einzelheit C

Bild 82

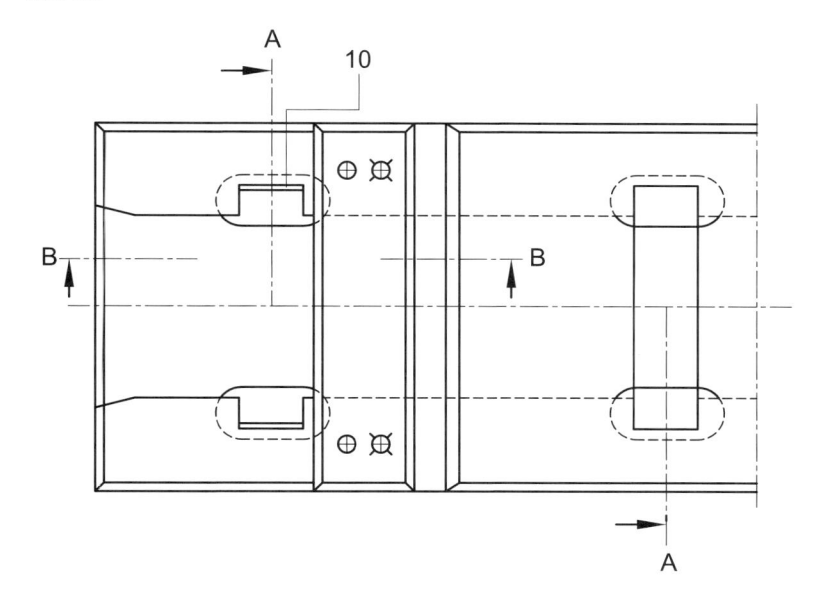

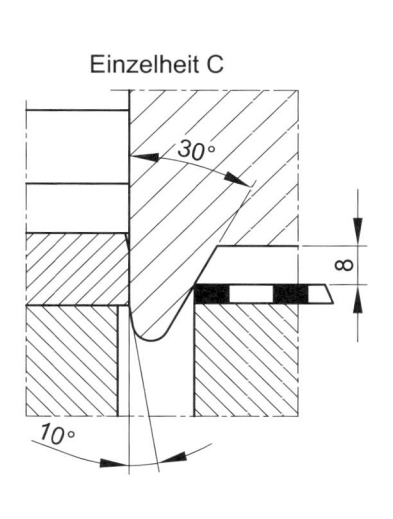

Einzelheit C

Die Zentrierbrücke wird in der Abstreiferplatte oder in der Führungsleiste geführt.

1 Werkzeugoberteil, 2 Führung, 3 Zentrierbrücke, 4 Abdeckung, 5 Führungsleiste, 6 Blechstreifen, 7 Streifenauflage, Werkzeugunterteil, 8 Plattendurchbruch, 9 Abstreiferplatte, Führungsfläche für Zentrierbrücke

Abfallkanal – Abfallbrecher

Bild 83

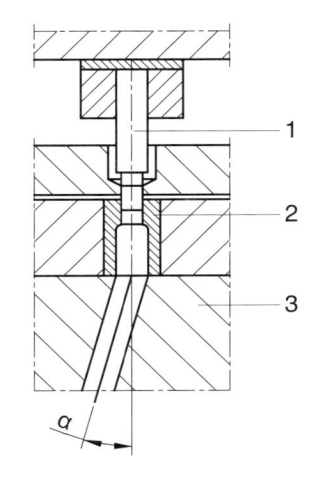

Bild 84

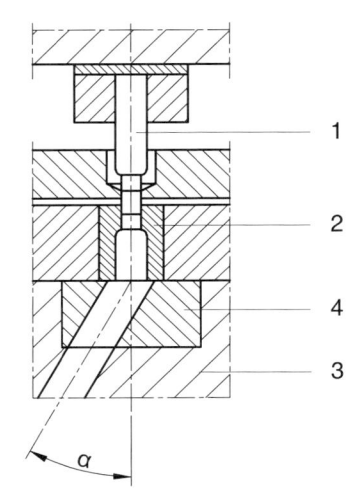

Bild 85

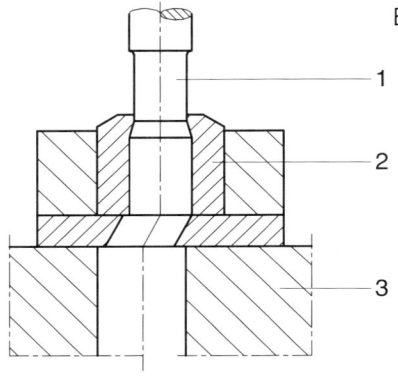

Bild 86

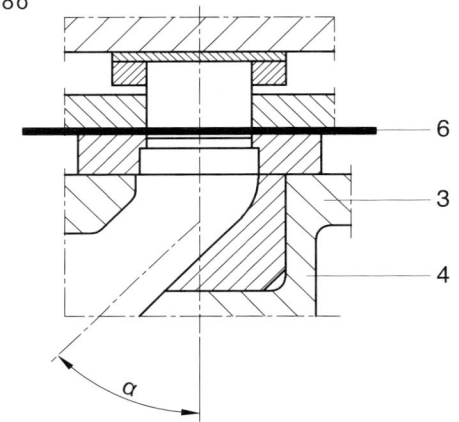

Bild 87

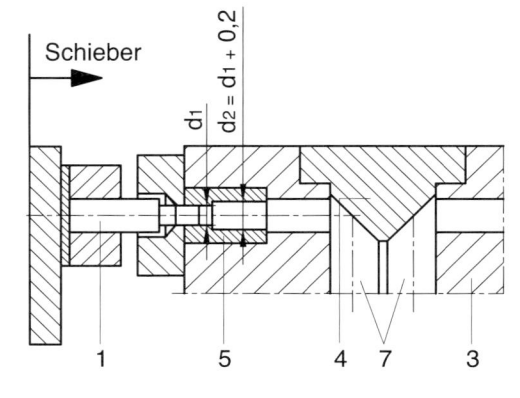

Abfälle dürfen sich im Werkzeug nicht stauen. Rutschbleche genügen nicht. Abfallbrecher sind gehärtet. Einsätze, die das Umlenken des Abfalls erzwingen und eine Stangenbildung verhindern.
Bei $\alpha \leq 30°$ schrägen Abfallkanal bohren oder Abfallbrecher vorsehen, bei $\alpha \geq 30°$ Abfallbrecher einsetzen.
1 Lochstempel, 2 Schneidbuchse, 3 Werkzeugunterteil, 4 Abfallbrecher, 5 Schneidbuchse in horizontaler Ausführung bei einem Werkzeug mit Lochschiebern, 6 Werkstoffstreifen, 7 Abfallkanal

Schneidkontur – Abfalltrenner

Bild 88

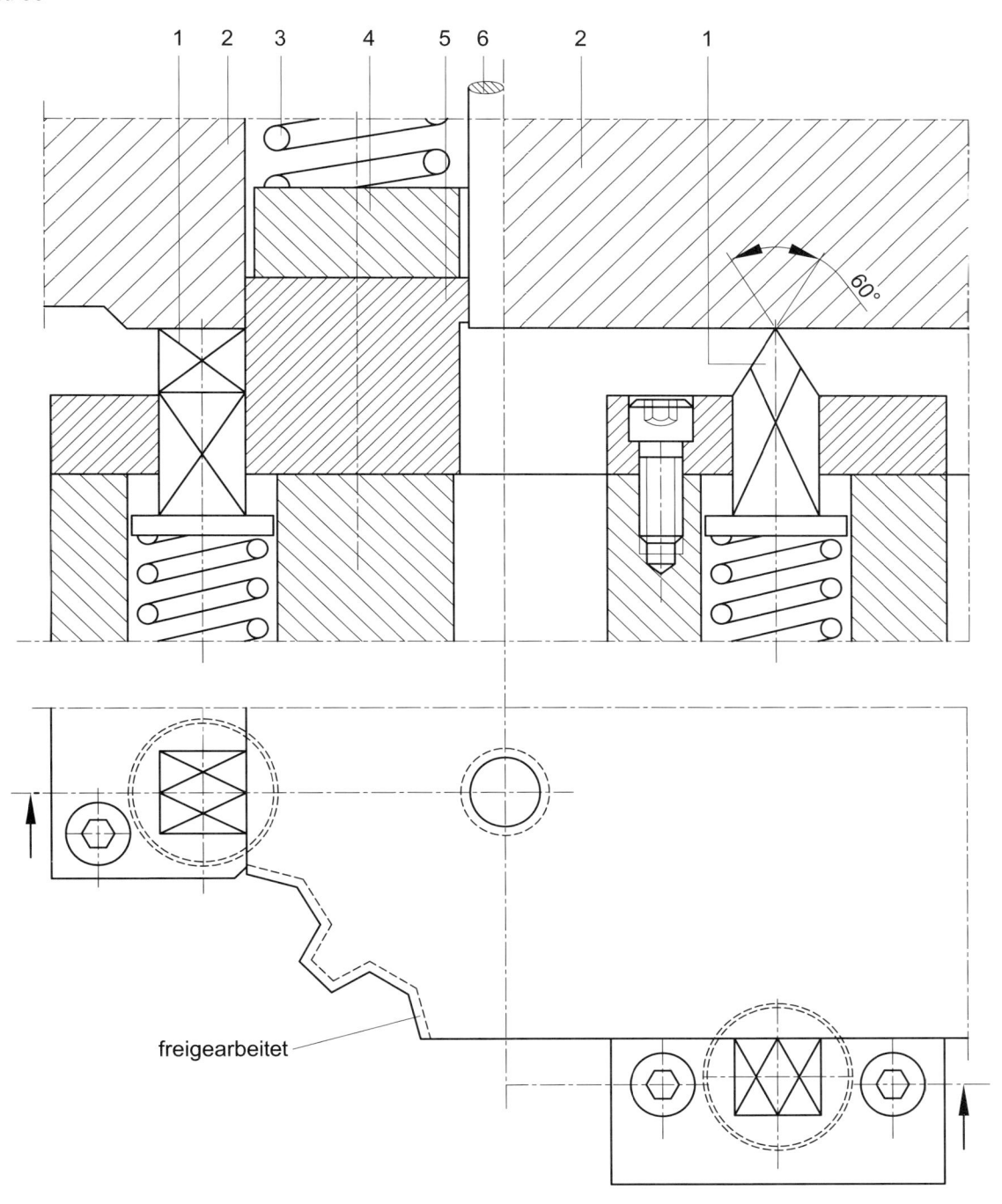

Abfälle sind durch Trennmesser zu teilen, möglichst nur zwei Trennmesser in Durchlaufrichtung, damit die Abfälle seitlich abgeführt werden. Beim Schneiden von Folien sind gefederte Meißeltrenner zu verwenden (Stempeleintauchtiefe etwa 10 mm) Außerdem sind Stempel und Lochmatrizen etwa 8 mm unterhalb der Schneidkante freizuarbeiten. 1 Abfalltrenner, 2 Matrize, 3 Druckfeder, 4 Auswerfer, 5 Schneidstempel. 6 Lochstempel

Abfallbeseitigung – Abfalltrenner

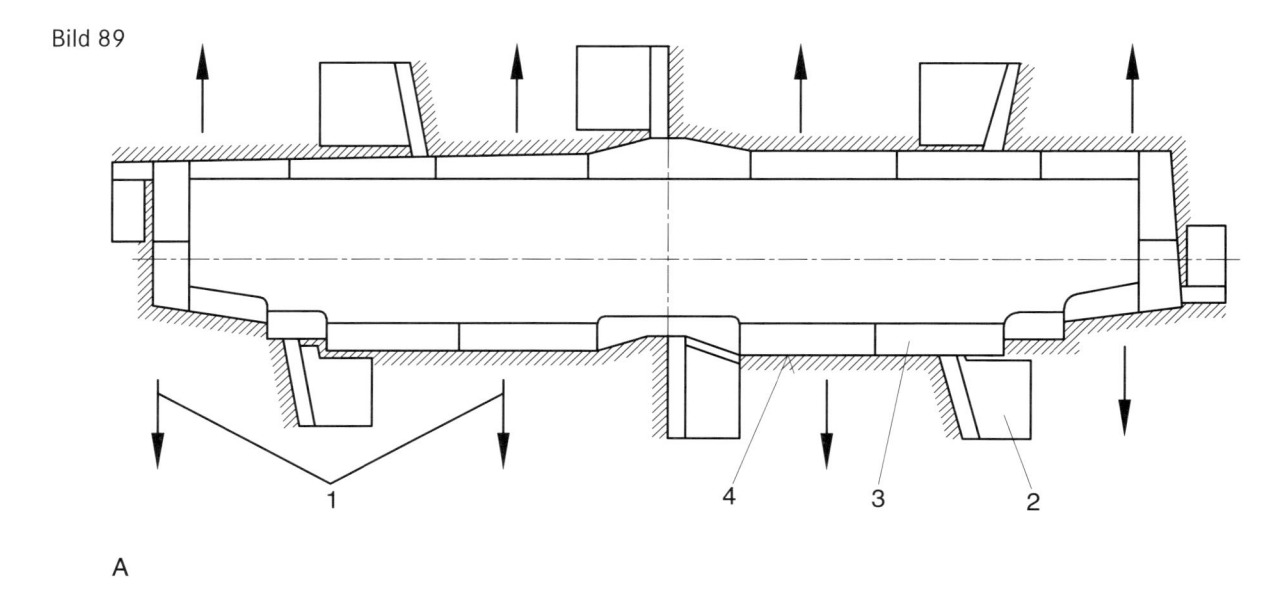

Bild 89

A

Bild 90

B

Bild 91

C

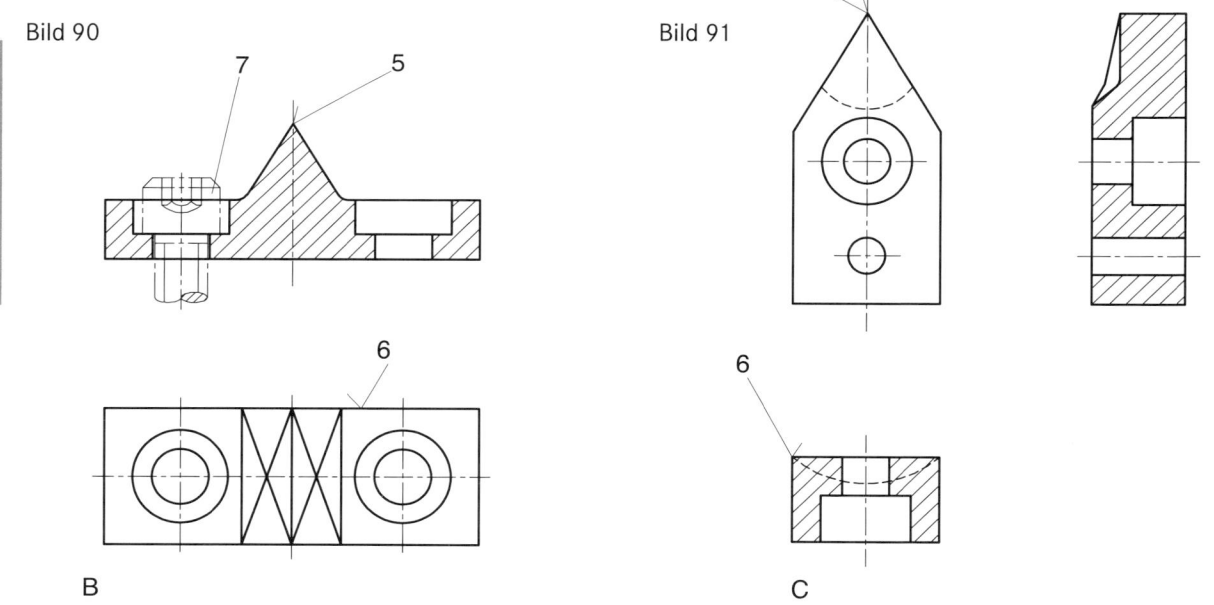

Abfalltrenner sollen den Abfall zerschneiden. Oftmals wird dadurch ein Abstreifer überflüssig.
Die Anzahl der Abfalltrenner richtet sich nach Art und Form des Abfallrandes bzw. nach der Werkstückform
A Anordnung der Trennmesser in einem Schneidwerkzeug (Draufsicht), B Abfalltrenner, C Abfalltrenner
mit seitlicher Befestigung.
1 Abgleitrichtung des Abfalls (auf angebrachten Gleitflächen), 2 Abfalltrenner, 3 Schneidleiste, 4 Schneidkante, 5 Spitze gehärtet, 6 Fläche angepasst, 7 Innensechskantschraube

4. Druckübertragungsmittel – Druckbolzen, Federdruckapparate, Einspannzapfen, Kupplungszapfen

Einspannzapfen

Einspannzapfen sind nach DIN 9859 genormt. Oberteile bei kleineren und mittleren Werkzeugen werden mit dem Pressenstößel verbunden. Die Einspannzapfen können in der Kopfplatte eingeschraubt oder aufgeschraubt oder eingepresst werden.
Bei einfachen Schneidwerkzeugen können Einspannzapfen und Stempel auch aus einem Stück gefertigt werden. Säulengestelle werden durch Kupplungszapfen und Aufnahmefutter mit dem Pressenstößel verbunden. Der Kupplungszapfen hängt lose im Aufnahmefutter, die auftretenden Fehler in den Führungen des Pressenstößel können sich nicht auf das Werkzeug übertragen.

- Es gibt Einspannzapfen mit Gewinde nach DIN 9859 CE und Halteschraube DIN 561
- Einspannzapfen mit Flansch nach DIN 9859 Form EE / Befestigung mit Zylinderschraube
- Einspannzapfen mit Bund eingepresst nach DIN 9859 Form DE
- Einspannzapfen und Stempel aus einem Stück gefertigt.

Kupplungszapfen

Ein Kupplungszapfen oder der Ausstoßer ist dem Werkzeug zugehörig. Er wird über Segmente mit der Kupplung formschlüssig verbunden und mit einem Kolben gesichert.

Druckbolzen

Druckbolzen dienen der Kraftübertragung von Druckkissen der Presse zum Werkzeug und werden für Kissen im Tisch wie Stößel gleichermaßen eingesetzt. Ausgleichbolzen übertragen ebenso wie die Druckbolzen Druckkräfte und gleichen die blechteilbedingte asymmetrische Druckverteilung der Druckbolzen im Werkzeug aus. Hierdurch ist eine gleichmäßige Kissenbeanspruchung sowohl im Tisch als auch im Stößel einer Presse gewährleistet.
Zwischenbolzen überbrücken größere Abstände zwischen Blechhalterunterkante und. Abstreiferoberkante und der Aufspannfläche des Werkzeugs.
Sie werden dann eingesetzt wenn Druckbolzen mit zu großer Länge und der damit reduzierten Knickfestigkeit bzw. Abweichungen von vorhandenen Normlängen zu vermeiden sind.

Federdruckapparate

Federdruckapparate dienen in Schneidwerkzeugen zum Abfedern der Niederhalter, Ausstoßer und beweglichen Führungsplatte.
Federelemente werden über Druckfedern, Tellerfedern, Elastomerfedern und Gasdruckfedern betätigt.

Werkzeugoberteil

Bild 1

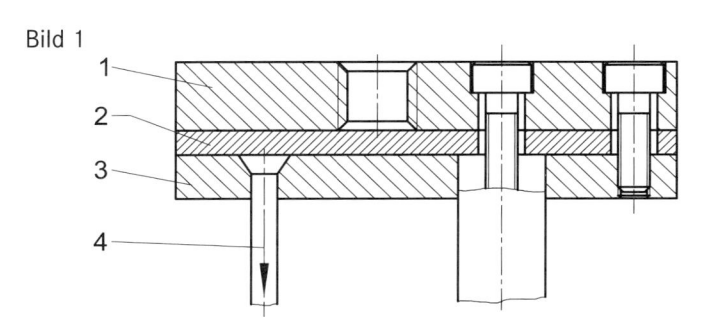

1 Kopfplatte
2 Druckplatte
3 Stempelplatte
4 Abstreifkraft

Einspann- und Kupplungszapfen

Bild 2

nach DIN 9859 CE
nach DIN 9859 EE

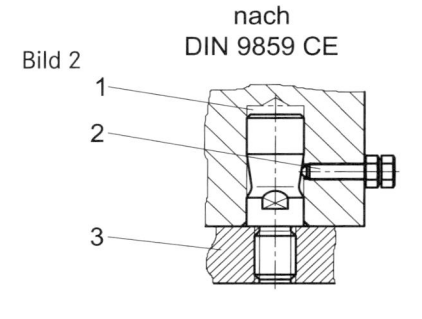

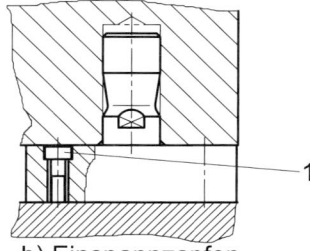

links:
1 Stößelbohrung
2 Halteschraube DIN 561
3 Kopfplatte

rechts:
1 Zylinderschraube 4x

a) Einspannzapfen mit Gewinde
b) Einspannzapfen mit rundem Flansch

nach DIN 9859 DE

1 Hals
2 Bund
3 Kopfplatte

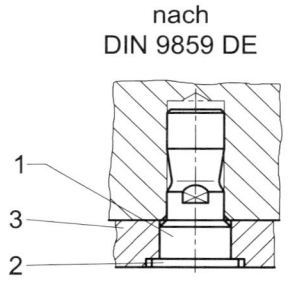

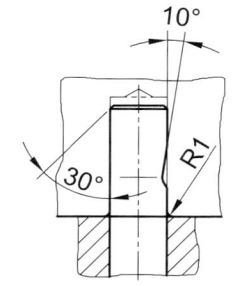

c) Einspannzapfen mit Bund, eingepresst
d) Einspannzapfen und Stempel aus einem Stück

links:
1 Pilzkopf
2 Bohrung für Ausstoßer
3 Kopfplatte
4 Federraum

rechts:
1 Aufnahmefutter
2 Kupplungszapfen

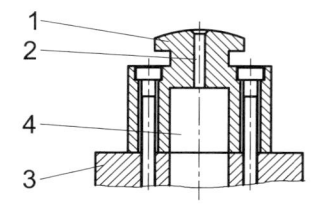

e) Kupplungszapfen mit Federraum
f) Aufnahmefutter für Kupplungszapfen

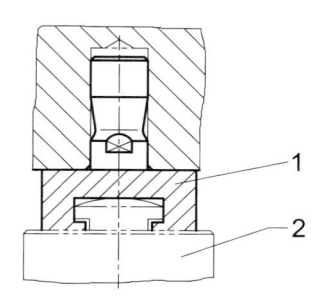

Einspannzapfen – Kupplungszapfen

Bild 3

Ausschnitt U

Ausschnitt V

A

Bild 4

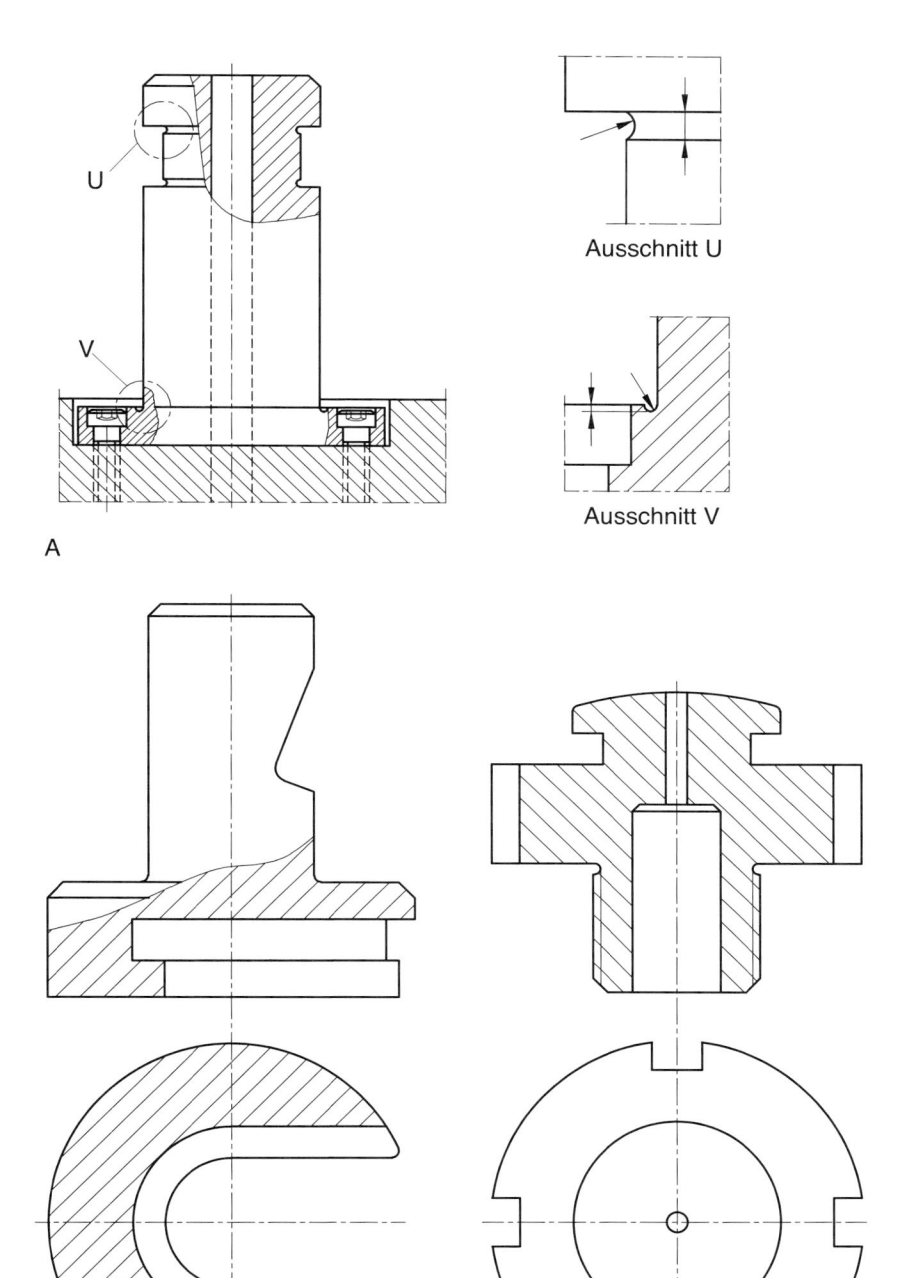

B

A Einspannzapfen für den Anschluss mit Hilfe eines geteilten Rings, B Einspannzapfen mit Kupplungselementen. Der Pilzkopf gewährleistet einen gewissen Positionsausgleich und schützt dadurch das Werkzeug.

Ausstoßer – Federdruckeinrichtung

Bild 5

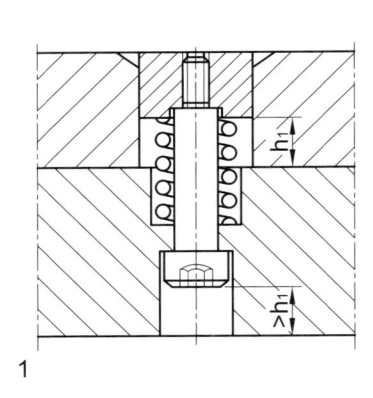

Bild 6

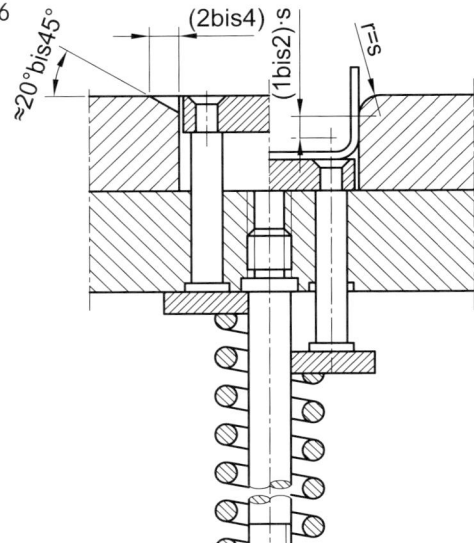

Bild 7

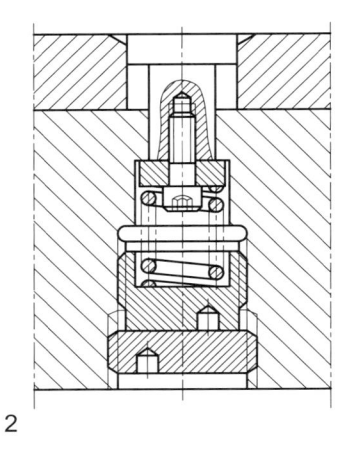

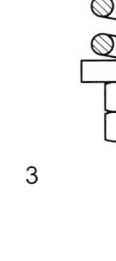

Bild 8

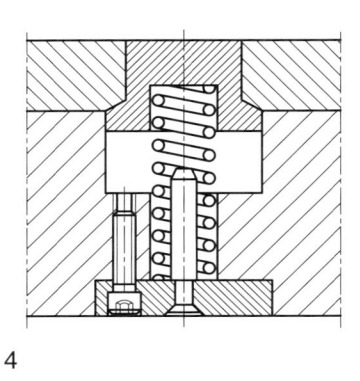

1 federnder Ausstosser, ungünstig weil Federkraft auf Gewinde wirkt, 2 einstellbare Ausstosserkraft, Verstellmutter gekontert (Verstellmutter 1mm Gewindesteigung; Kontermutter mit Feingewinde 1,5 mm Steigung), 3 Federdruckapparat für grosse Auswerferkraft, 4 Auswerfer für kleine Auswerferkräfte, r Biegekantenradius, s Blechdicke des auszuwerfenden Teils.

Druckelement Zylinderfeder

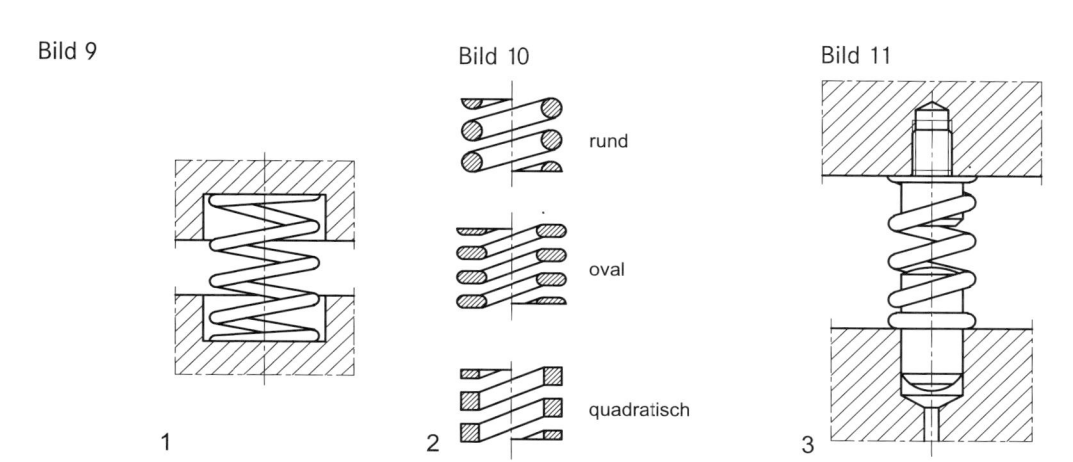

Bild 9　　　　Bild 10　　　　　　　　Bild 11

rund

oval

quadratisch

1　　　　2　　　　　　　　　　　3

1 Grundlochaufnahme, 2 Drahtquerschnitte, 3 Bolzenaufnahme

Druckelement Federeinbau – Federkraft

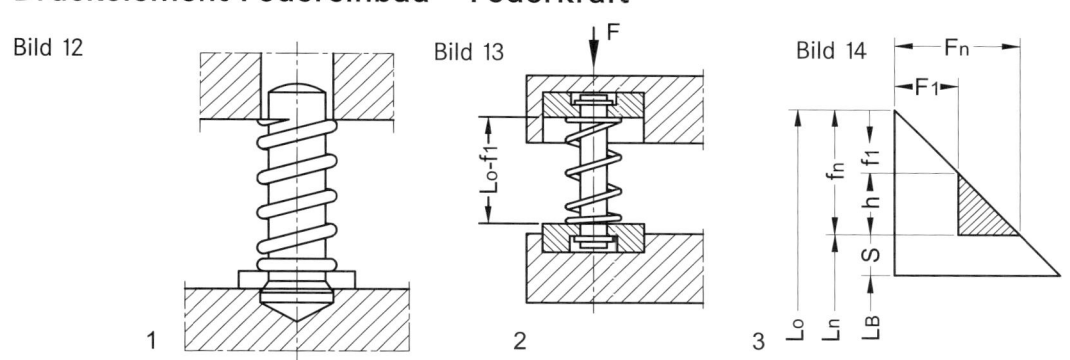

Bild 12　　　　Bild 13　　　　　　　Bild 14

1　　　　　　2　　　　　　　　　　3

1 Bolzenführung, 2 Systemfedereinheit, 3 Fedrdiagramm
f_n Federweg bei Kraft F_n, f_1 Federweg durch Vorspannung, F_1 Vorspannungskraft, h Arbeitsweg
L_0 Federlänge unbelastet, L_B Blocklänge der Feder, L_n kleinste zulässige Länge der belasteten Feder,
s Sicherheitsweg bis zur Blocklänge

Druckelement Tellerfeder – Federsäule

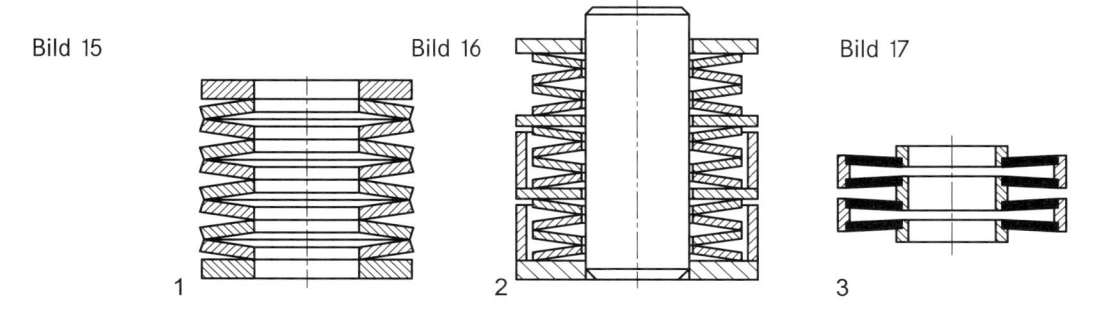

Bild 15　　　　　　Bild 16　　　　　　　Bild 17

1　　　　　　　　2　　　　　　　　　3

Federkraft und Kennlinie können durch die Art der Schichtung und Anzahl der Teller beeinflusst werden.
1 wechselseitig geschichtete Federsäule, 2 Reihenschaltung mit Zwischenringen, 3 Federsäule mit Halteringen.

Federkissen – Federapparat

Bild 18

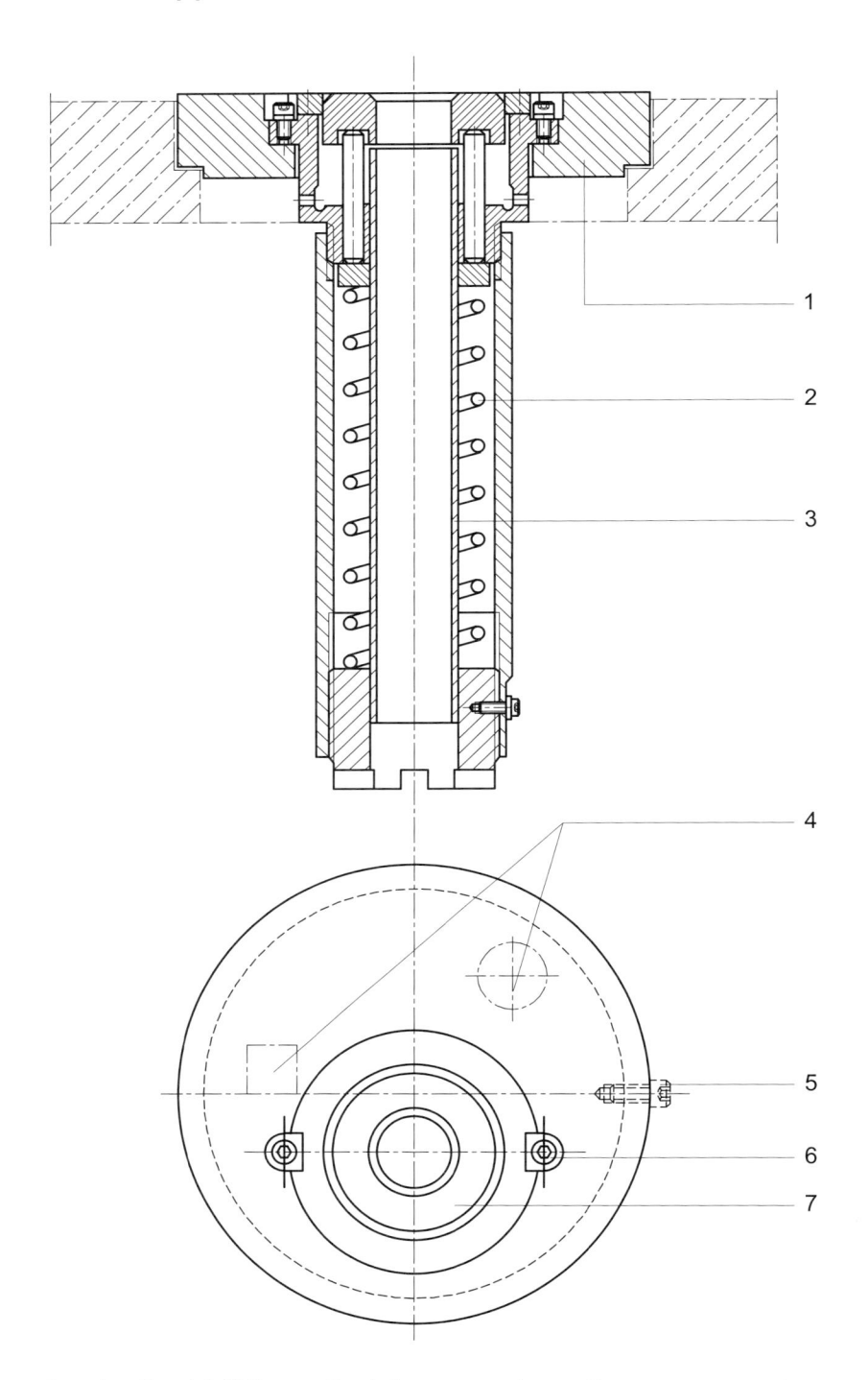

Der Federapparat hat eine Durchfallöffnung. Er wird vorzugsweise an Exzenterpressen eingesetzt.
1 Tischeinsatz der Exzenterpresse, 2 Federpaket (Tellerfedersatz oder Schraubenfeder), 3 Innenrohr zur Teileführung, 4 mögliche Durchbrüche für die Abfallführung, evtl. muss der Tischeinsatz nach dem Werkzeug hergestellt werden, 5 Zylinderschraube, 6 Befestigungsschraube, 7 Federapparat, in diesem Fall außermittig angebaut.

Feder- und Distanzeinheiten

Bild 19

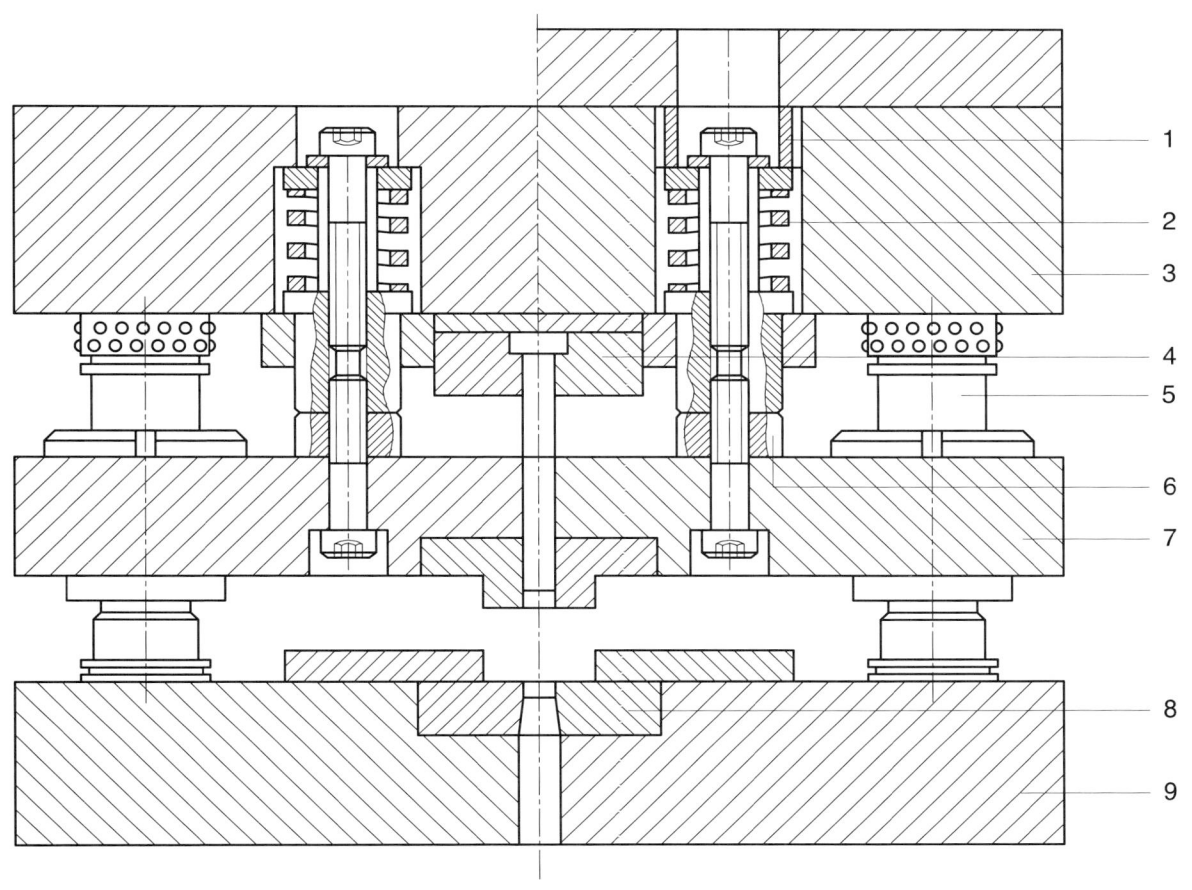

1 Distanzring, 2 Schraubendruckfeder, 3 Kopfplatte, 4 Stempelplatte, 5 Führungssäule, 6 Abstimmscheibe, 7 Stempelführung, 8 Schnittplatte, 9 Grundplatte

Hinweis:

Nachschliff der Stempel in mm = Nachschliff der Abstimmscheibe.

IV Werkzeugelemente

Abstreifer – Gummifeder

Bild 20

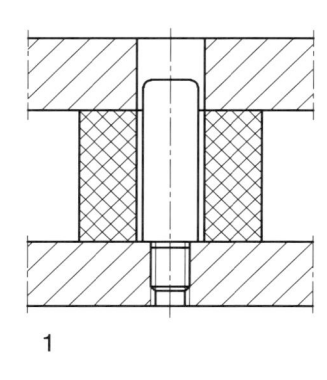

Bild 21

1

2

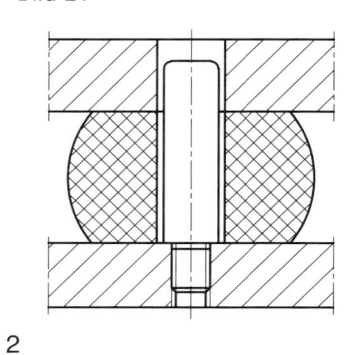

Bild 22

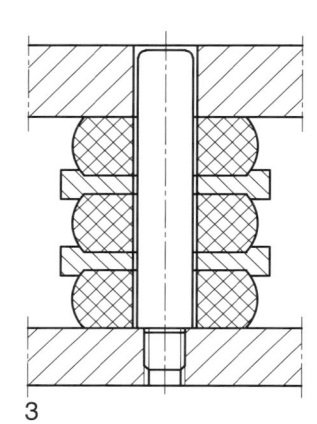

Bild 23

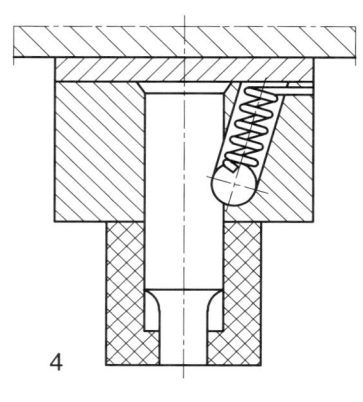

3

4

Bild 24

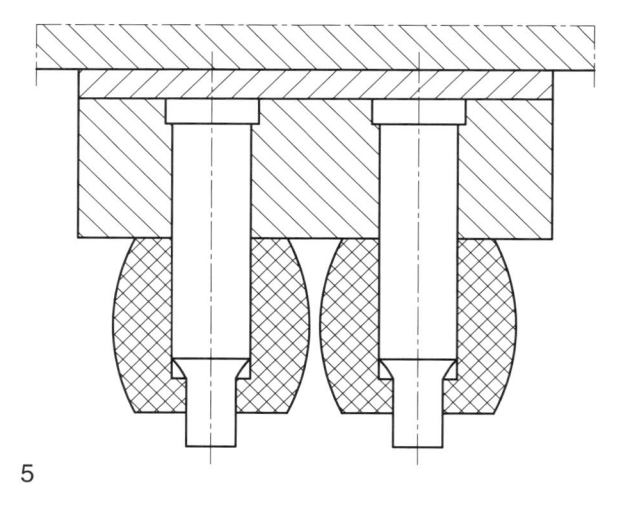

5

1 unbelastete Feder, 2 belastete Feder, 3 Federsäule mit Zwischenteller, 4 Lochstempel mit Gummiabstreifer, 5 Gummifeder als Abstreifer für Lochstempel (belasteter Zustand)

Federblöcke

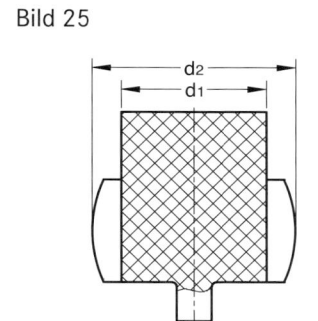

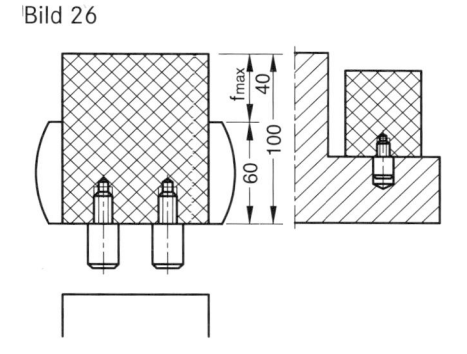

Bild 25

Federblock rund

Bild 26

Federblock eckig

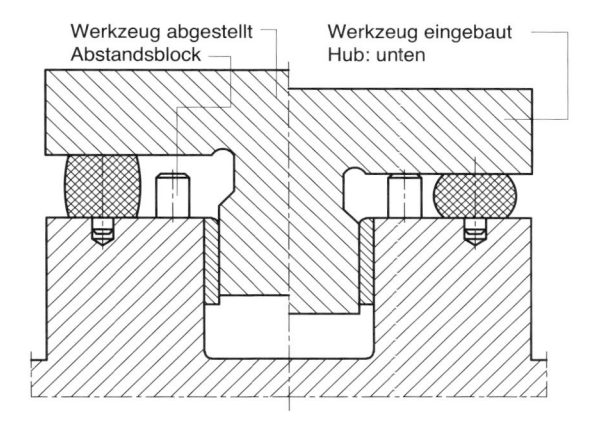

Bild 27

Die Federblöcke werden zum Abstellen und Einrichten von Werkzeugen benutzt und ersetzen Abscherbolzen

Streifenführungsbolzen

Bild 28

Bild 29

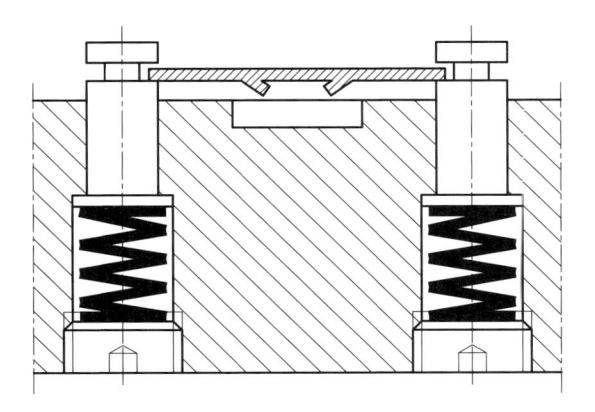

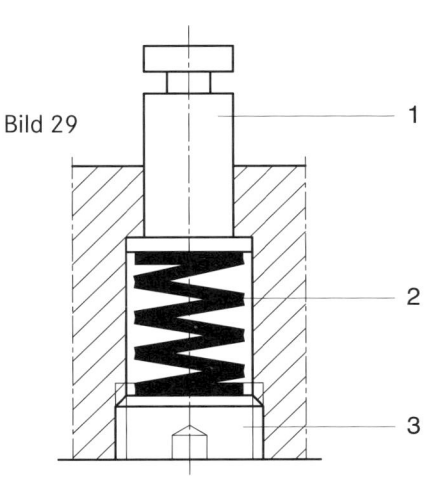

1 Streifenführungsbolzen, 2 Schraubendruckfeder, 3 Verschlussschraube

Einweiser – Suchweg

Bild 30

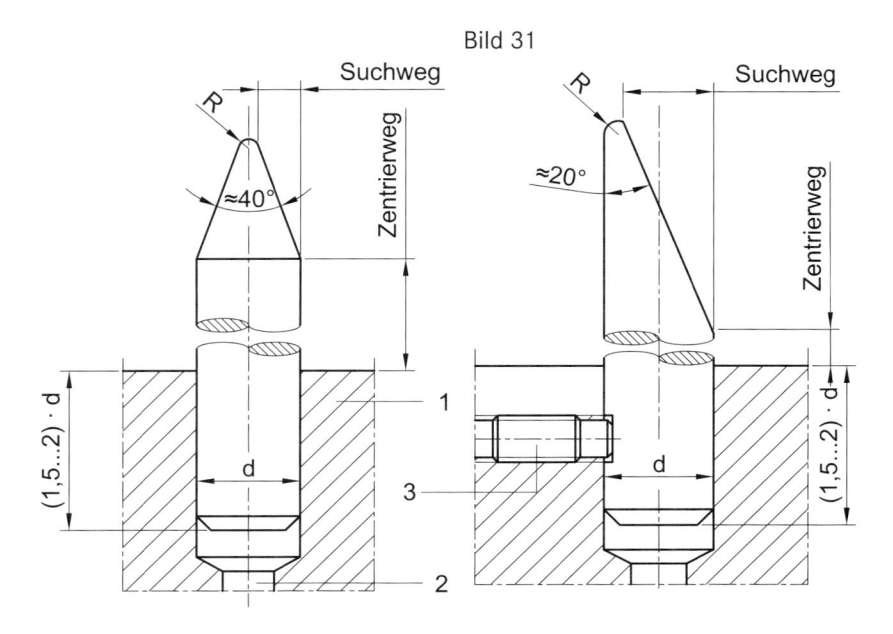

Bild 31

Einweiser nehmen Aussenformen auf, Suchstifte Innenformen. A Einweiser ohne Sicherung im Werkzeugunterteil; für kleine Teile, B Einweiser für kleine Teile mit Gewindestiftsicherung, auch für Werkzeugoberteil geeignet. 1 Werkzeug, 2 Demontagebohrung, 3 Gewindestift

Einweiser – Federeinweiser

Bild 32

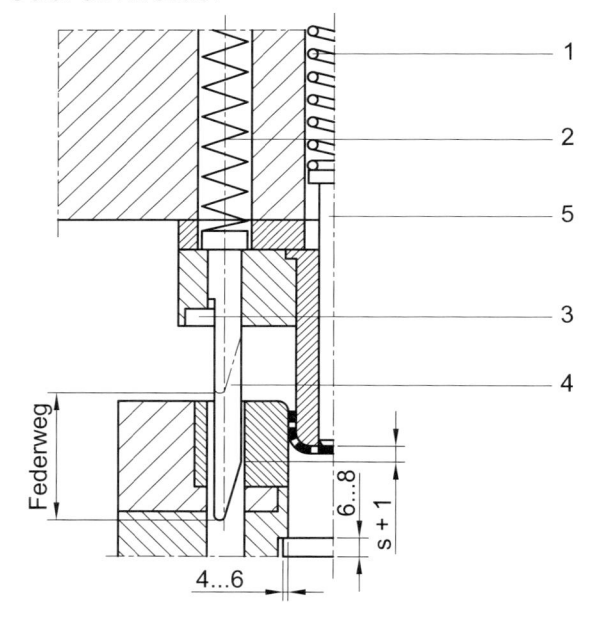

Gefederte Einweiser werden in Stufenfolgewerkzeuge und in Werkzeugen für Kurbelpressen verwendet. Für die Federkräfte gelten die gleichen Festlegungen wie für Suchstifte.
1 Abdrückfeder, 2 Schraubenfeder für Einweiser, 3 Verdrehsicherung (Keil), 4 Einweiser (federnd), 5 Abdrückstift, s Blechdicke

Einspannzapfen – Pendelaufnahme

Bild 33

A

Bild 34

B

Bild 35

C

Bild 36

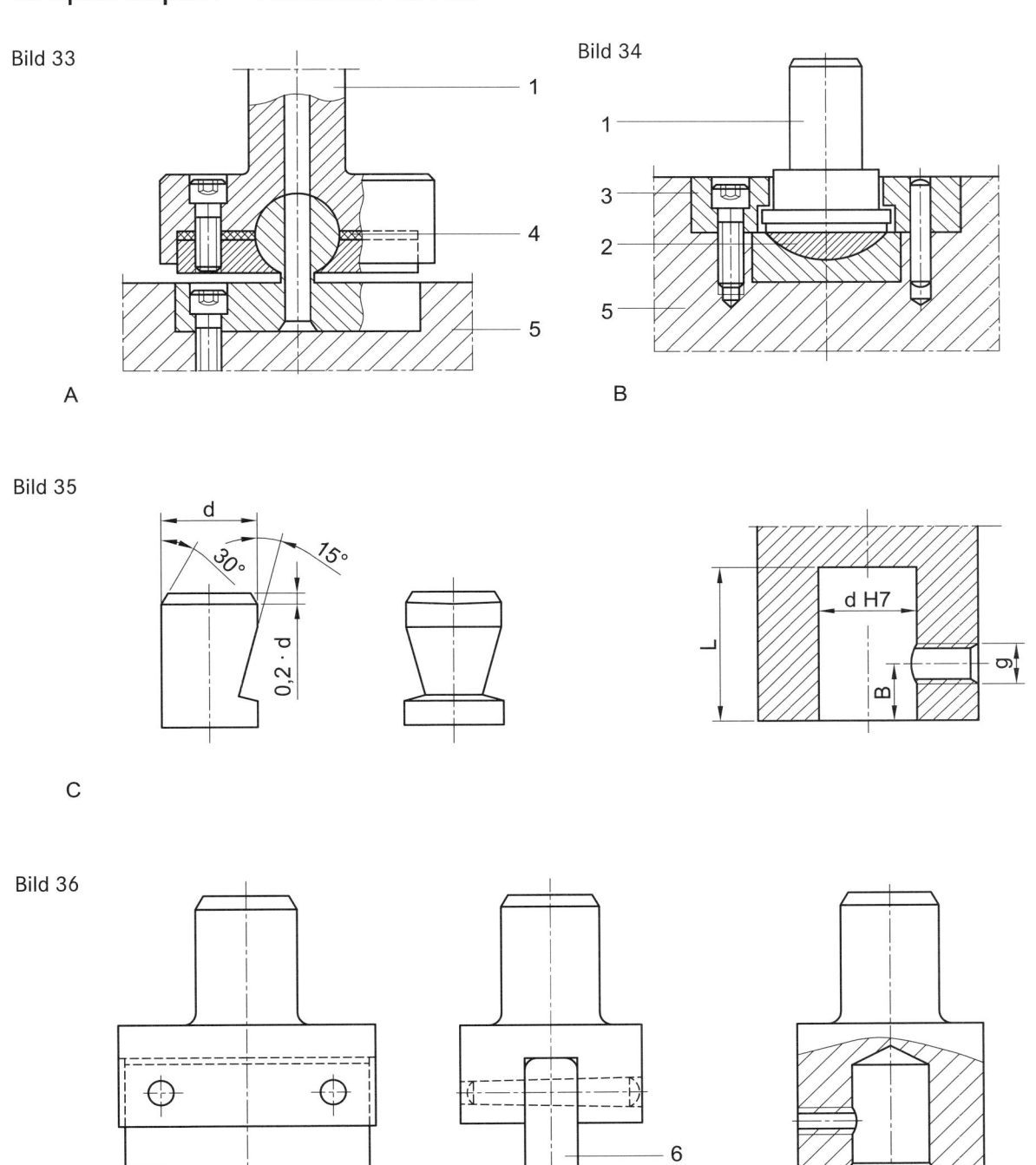

D   E

Kugel- oder kalottenförmige Anschlussstücke verringern den Wekzeugverschleiß. A Kugelanschluss mit Gummizwischenlage, B kalottenförmige Beilage, C Zapfenanschluss im Pressenstössel, D Einspannzapfen für Biegestempel, E Adapter für Einspannzapfen zur Anpassung an nichtgenormte Aufnahmebohrungen. 1 Einspannzapfen, 2 kalottenförmige Beilage, 3 Widerlager, 4 Gummibeilage, 5 Werkzeugoberteil, 6 Biegestempel

Einspannzapfen – Befestigungsarten

Bild 36

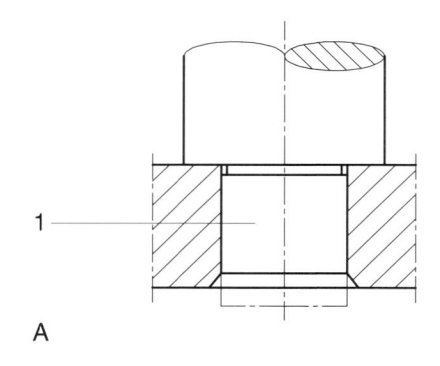

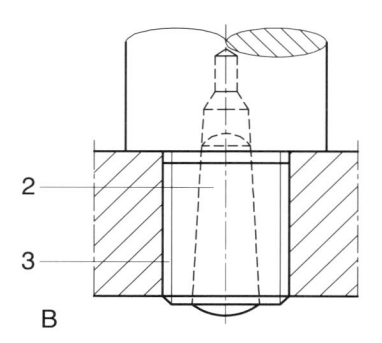

A   B

Bild 37

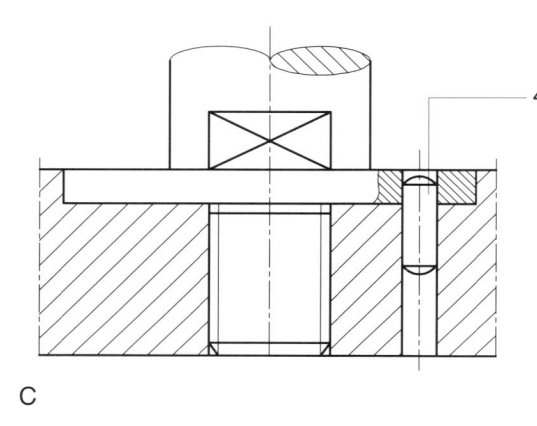

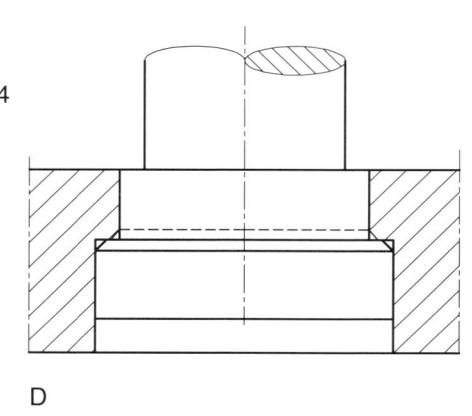

C   D

Bild 38

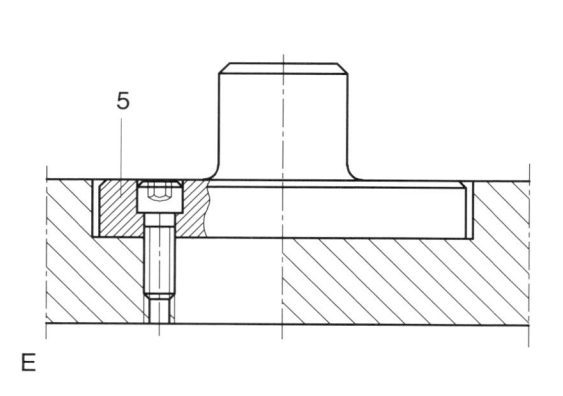

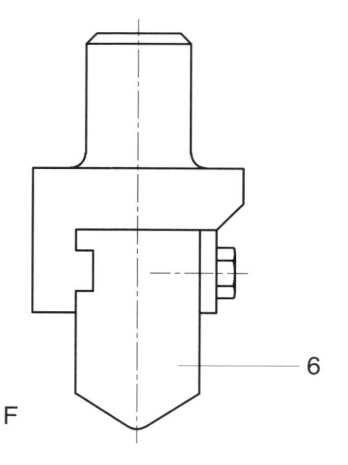

E   F

A Presssitz und Anstauchen, B Einschrauben und Sichern mit Kegelstift, C Gewinde und Verdrehsicherung, D Halten mit gestuftem Absatz, E Schraubenbefestigung, F Form und kraftpaarige Verbindung. 1 Anstauchbolzen, 2 Kegelstift, 3 Gewinde, 4 Zylinderstift, 5 Anschraubflansch, 6 Biegestempel.

Gesenkeinsatz – Gesenkbefestigung

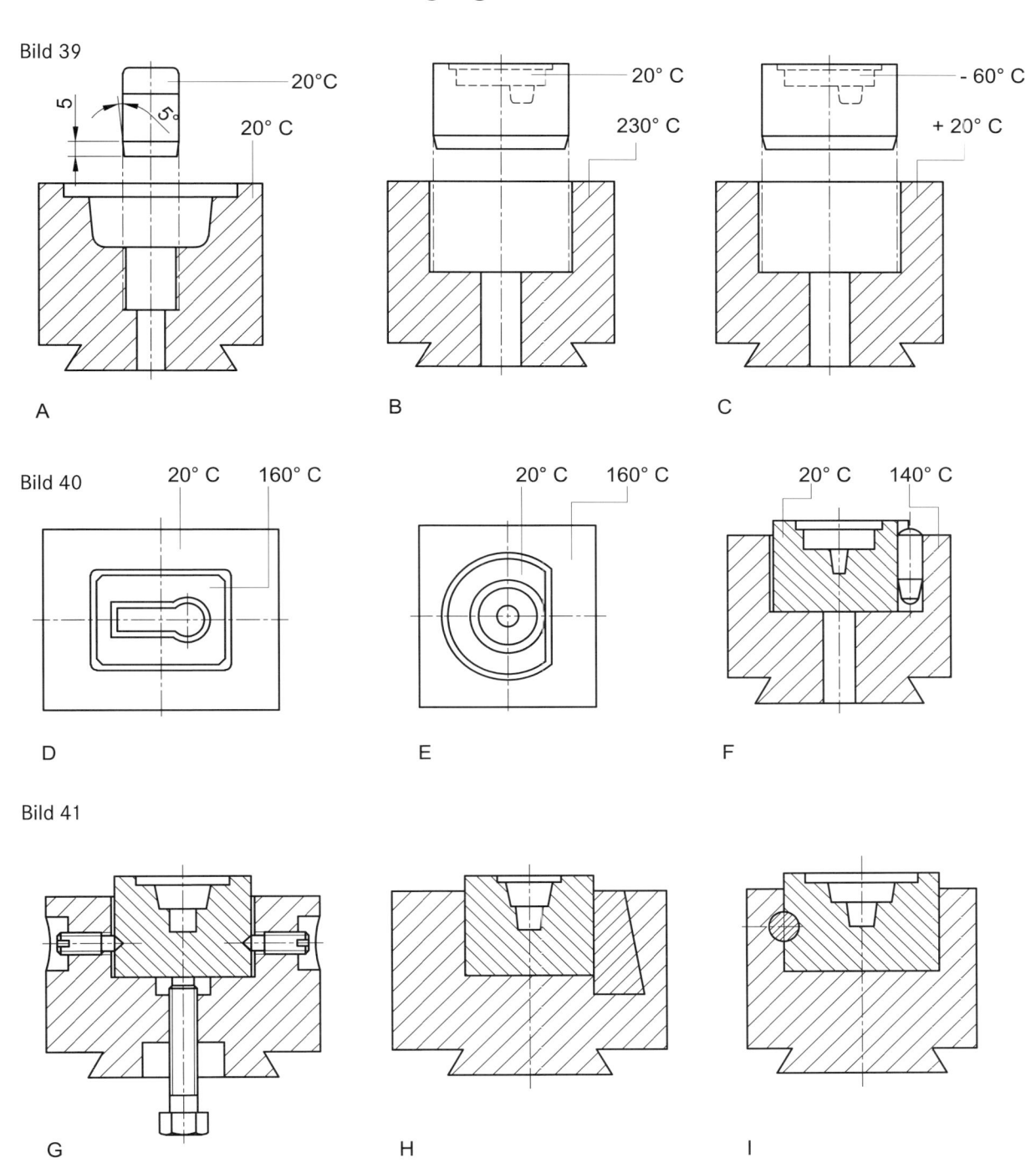

Bild 39

A B C

Bild 40

D E F

Bild 41

G H I

Um wertvollen Stahl zu sparen, wird die Gravur (Gesenkeinsatz) in einem Werkzeughalter (Gesenkhalter) befestigt. A Kalteinpressen, Längspresspassung, B Schrumpfpassung, C Dehnpassung, D Schrumpfpassung mit Formpaarung, E Schrumpfpassung und Formpaarung durch Merkmale in der Außenform, F Schrumpfpassung und Formpaarung mit Bolzen oder Kegelstift, G Formpaarung durch Schrauben, H Formpaarung durch Querkeil, I Formpaarung durch Kegelstift oder Rundbolzen.

Mehrfachwerkzeug mit gefedertem Niederhalter

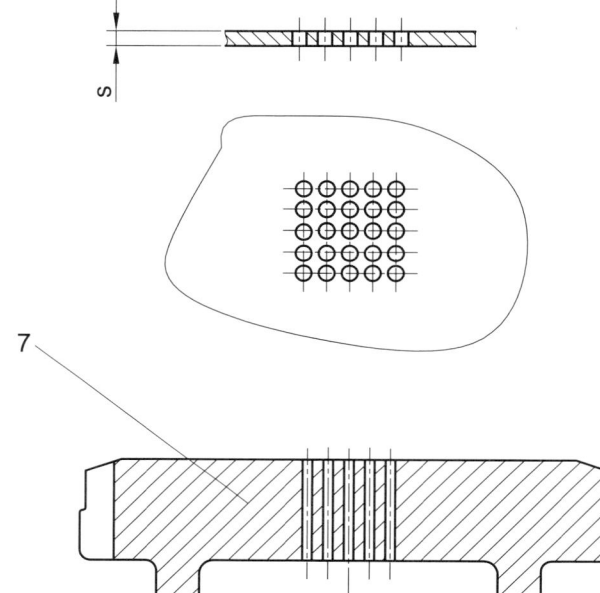

Bild 42

Pass-fit

1 Einspannzapfen
2 Führungsplatte
3 Matrize
4 Stempel
5 Gummiring
6 Gegenhalter
7 Formplatte unten

Trennwerkzeugoberteile

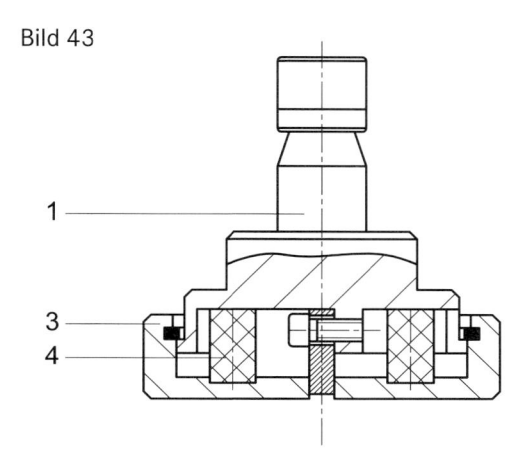

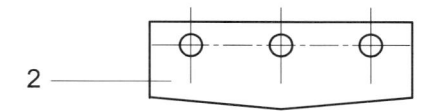

Bild 43

1 Einspannzapfen
2 Formeinsatz
3 Grundaufnahme
4 Gummifeder

Bild 44

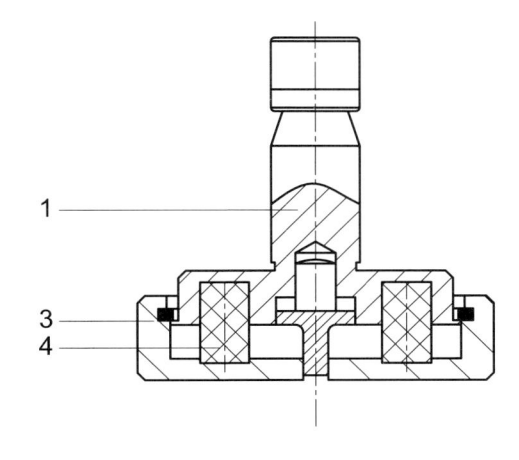

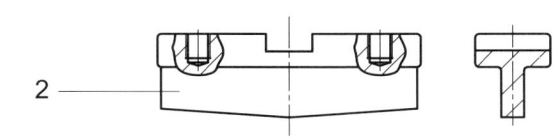

1 Einspannzapfen
2 Formeinsatz
3 Grundaufnahme
4 Gummifeder

IV Werkzeugelemente

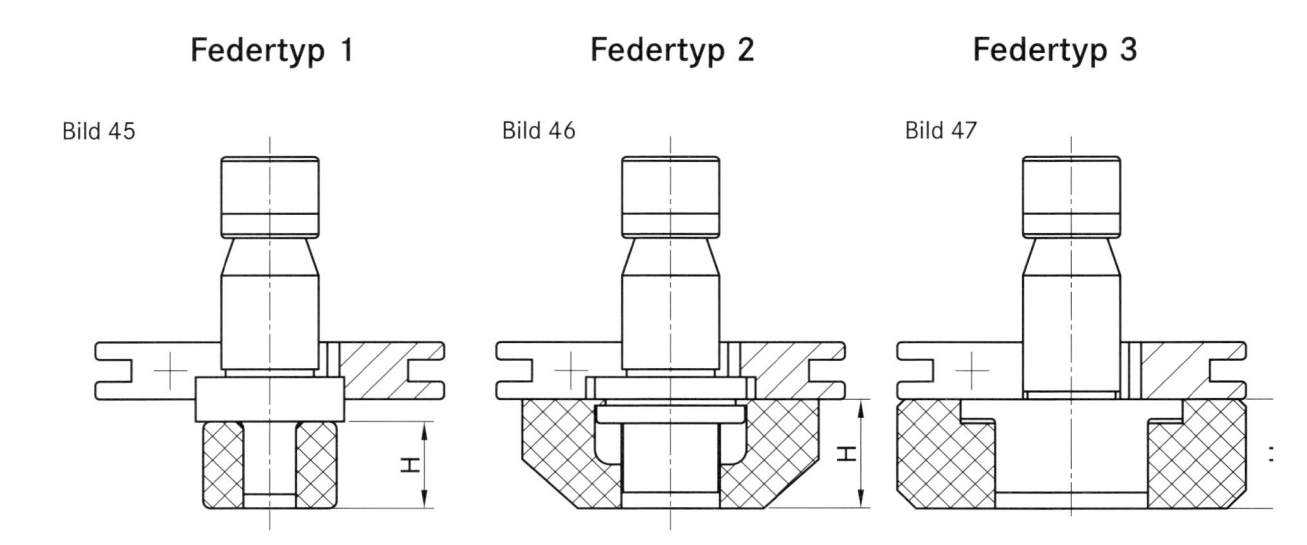

Federtyp 1
Bild 45

Federtyp 2
Bild 46

Federtyp 3
Bild 47

Gefedertes Senkwerkzeug – Ansenkung von unten, ohne Durchstellung

Bild 48

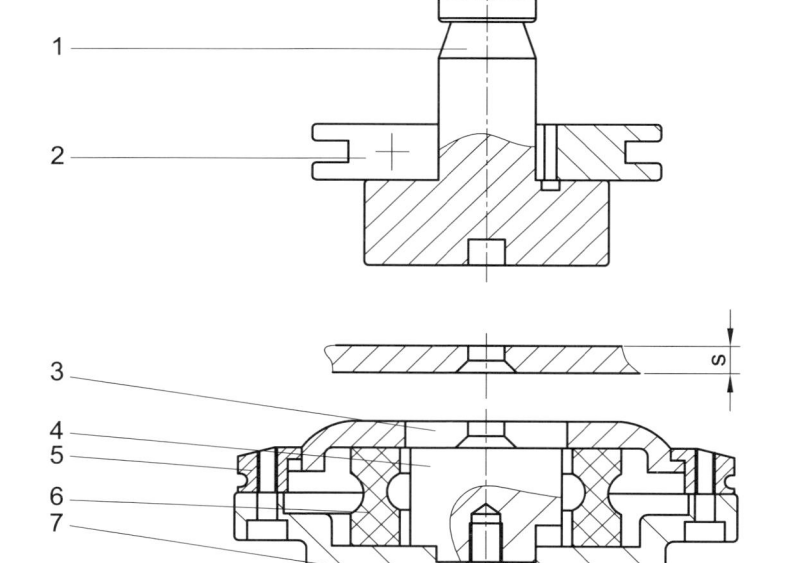

1 Einspannzapfen
2 Führungsplatte
3 Matrize
4 Formstempel
5 Halteplatte
6 Gummifeder
7 Aufnahme

380

5. Schraubverbindungen, Suchstifte, Spannelemente

Schraubverbindungen

Die Platten und Ringe der Werkzeuge werden durch Schrauben miteinander verbunden. Die entsprechenden Bohrungen, Senkungen und Gewinde müssen lagegenau übereinander platziert werden. Da die Schraubenköpfe komplett in die Platten eingelassen sind, werden Inbus-Schrauben verwendet.

Spannelemente

Durch die Spanneinrichtung einer Vorrichtung soll das bereits in seiner Lage bestimmte Werkstück während dessen Bearbeitung sicher festgehalten werden.
Die Spanneinrichtung einer Vorrichtung besteht meistens aus dem Spannelement, Hilfsspannelement und Bedienungselement.

Dazu gehören die Schraubspannung, die Keilspannung, Exzenterspannung, der Spiralexzenter und der Spannexzenter.

Werkstückspannsysteme

An Werkstückspannsysteme werden folgende Anforderungen gestellt:
Werkstück aufnehmen und fest spannen, Werkstück positionieren,
große Wiederholgenauigkeit aufweisen und schnelles Ein- und Ausspannen ermöglichen.
Es ist darauf zu achten, dass die Spannelemente so dicht wie möglich an der Bearbeitungsstelle angebracht werden.

Oberwerkzeug – Schraubenverbindung

Bild 1

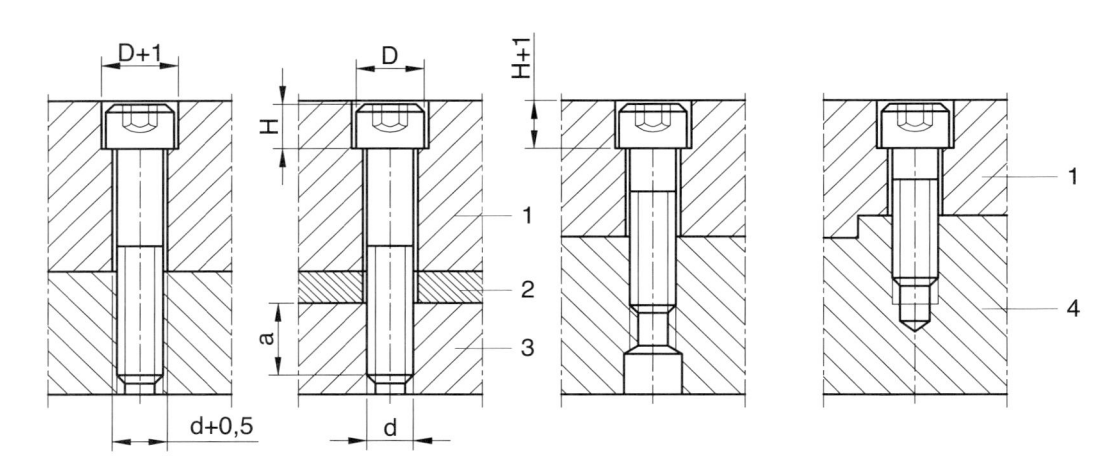

1 Platte, 2 Beilage, 3 Stempelaufnahme, 4 Stempel, a ≥ 1,5 x d

Unterwerkzeug – Schraubenverbindung

Bild 2

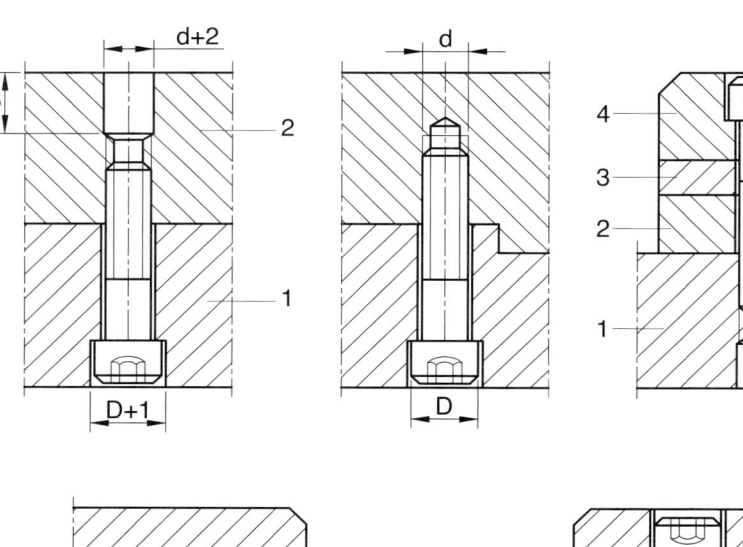

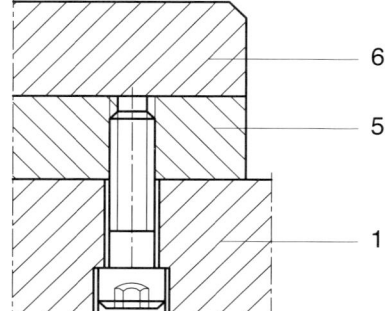

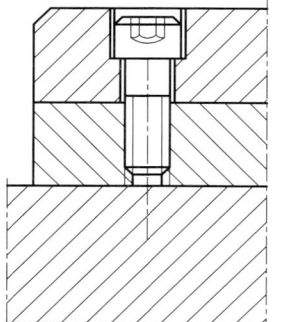

1 Grundplatte, 2 Ziehring, 3 Führungsleiste, 4 Abstreifer, 5 Ziehringhalter, 6 aus Segmenten zusammengesetzter Ziehring; Lochdurchmesser d + 2 gilt nur, wenn c > 2 x d

Werkzeugoberteil – Stiftverbindungen

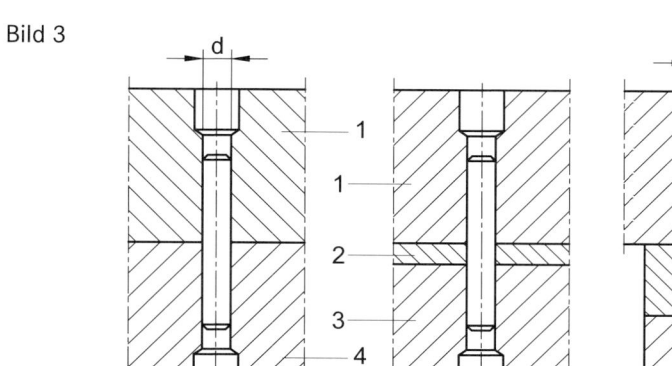

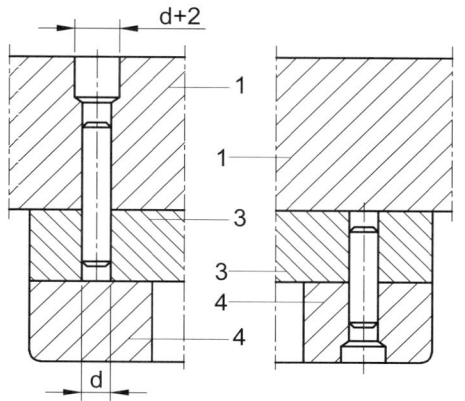

Bild 3

1 Platte, 2 Beilage, 3 Stempelaufnahme, 4 Stempel

Werkzeugunterteil – Stiftverbindungen

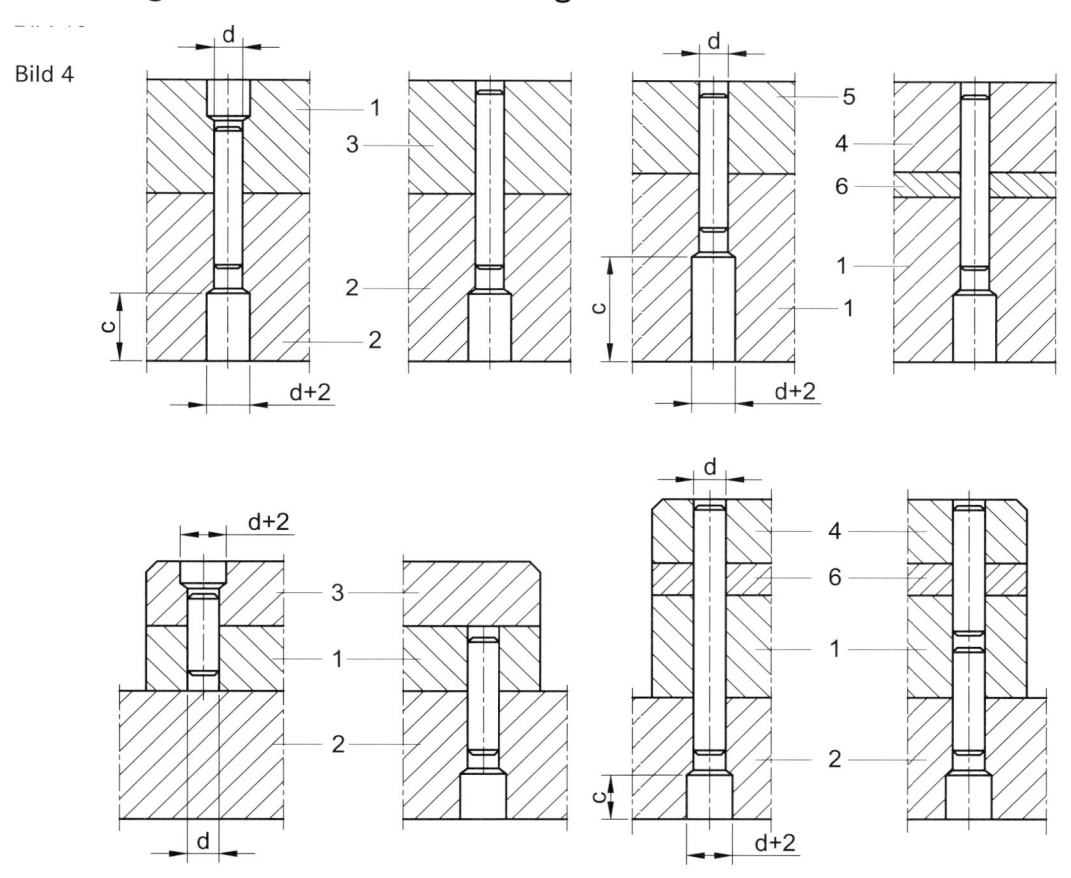

Bild 4

1 Matrize, 2 Platte, 3 Matrizenaufnahme bei Großwerkzeugen, 4 Abstreifer bei Großwerkzeugen,
5 Zentriereinrichtung, 6 Führungsleiste, Lochdurchmesser d + 2 gilt nur wenn c > 2 x d

Suchstift – Befestigungsarten

Bild 5

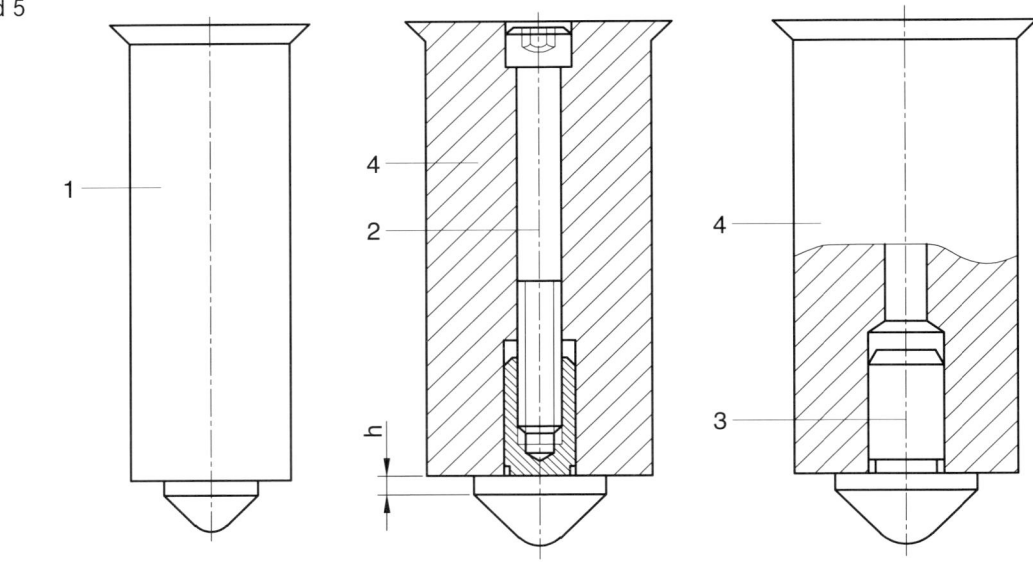

Bild 6

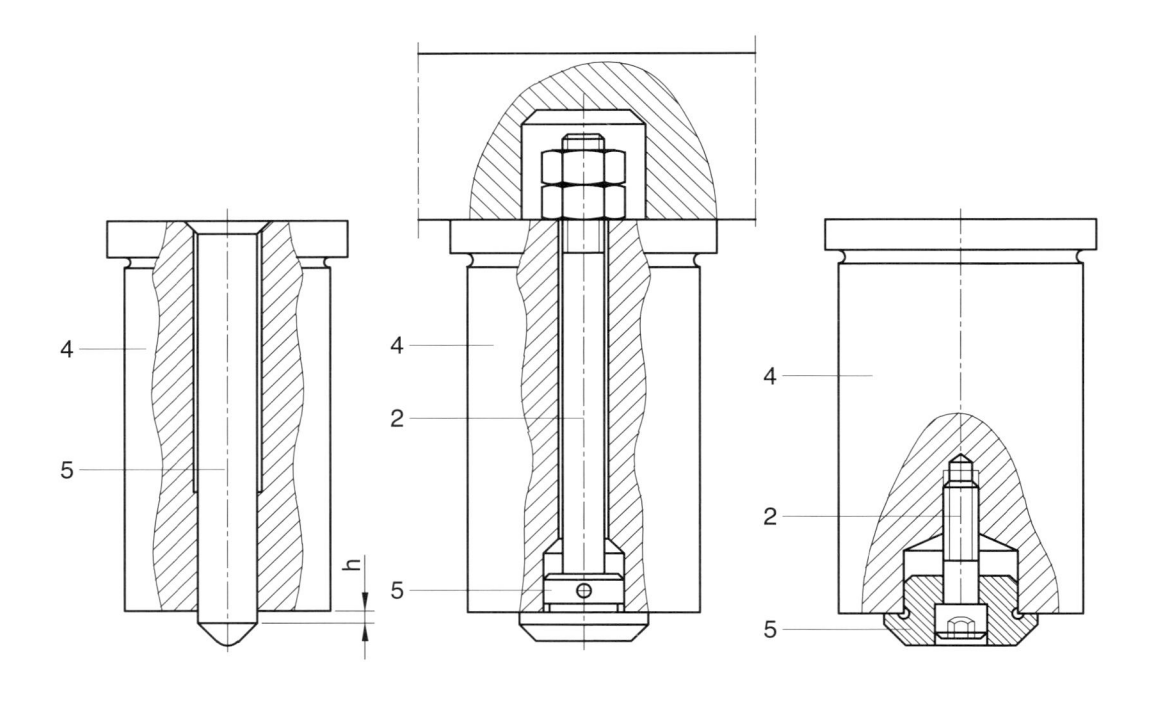

1 Lochstempel und Suchstift aus einem Teil, 2 Schraubenbefestigung, 3 Suchstift eingepresst,
4 Lochstempel, 5 Suchstift eingesteckt, h = 0,75 x Blechdicke

Suchstift – Befestigungsarten

Bild 7

A

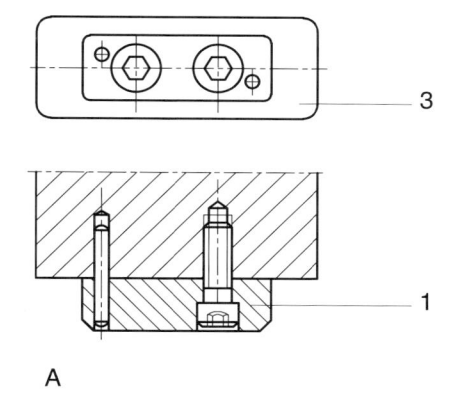

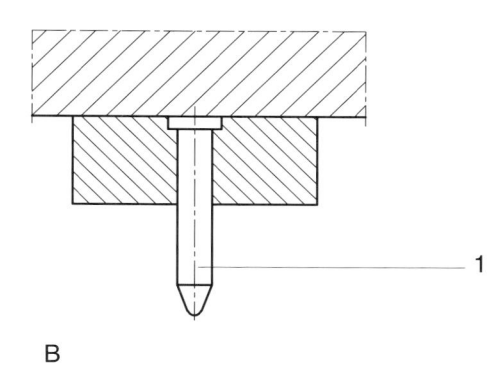

B

Bild 8

C

D

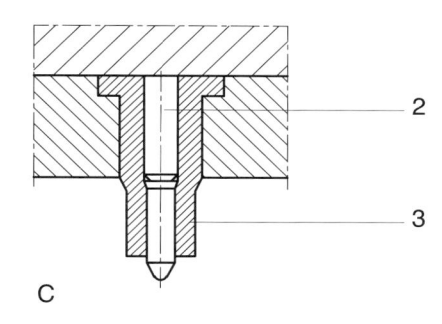

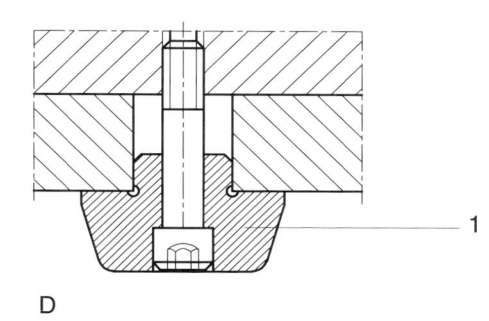

Bild 9

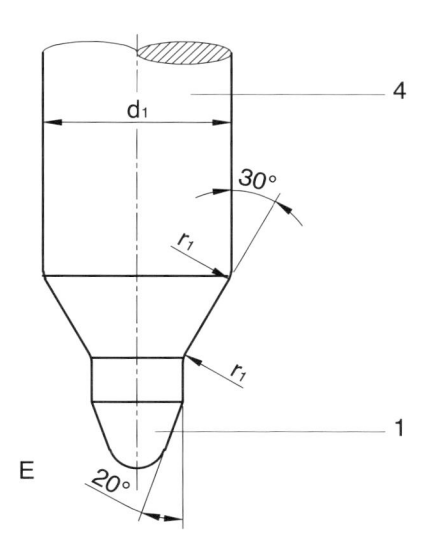

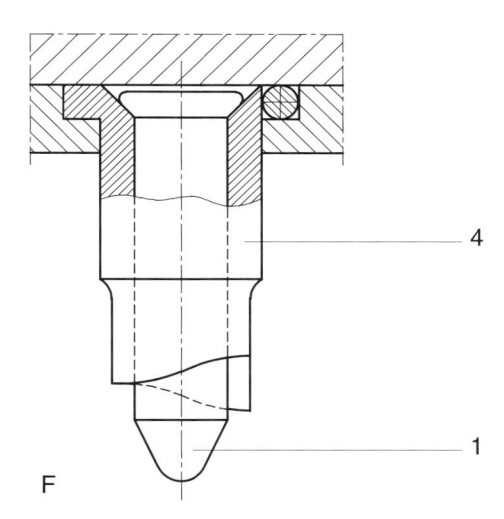

E

F

A Zentrierelement für rechteckkige Durchbrüche, B einfachste Art eines Suchstifts (Durchmesser 5..10mm)
C Suchstift mit Abstimmbolzen zum Längenabgleich (bis 10 mm Durchmesser), D Zentrierelement für
ein Beschneidwerkzeug, E Durchziehstempel mit angearbeiteter Suchstiftspitze zum Suchen der Vor-
lochung, F Gewindedurchziehstempel mit eingestecktem Suchstift,
1 Suchelement, 2 Abstimmbolzen, 3 Schneidstempel, 4 Durchziehstempel

Suchstift im Abstreifer eines Folgewerkzeuges

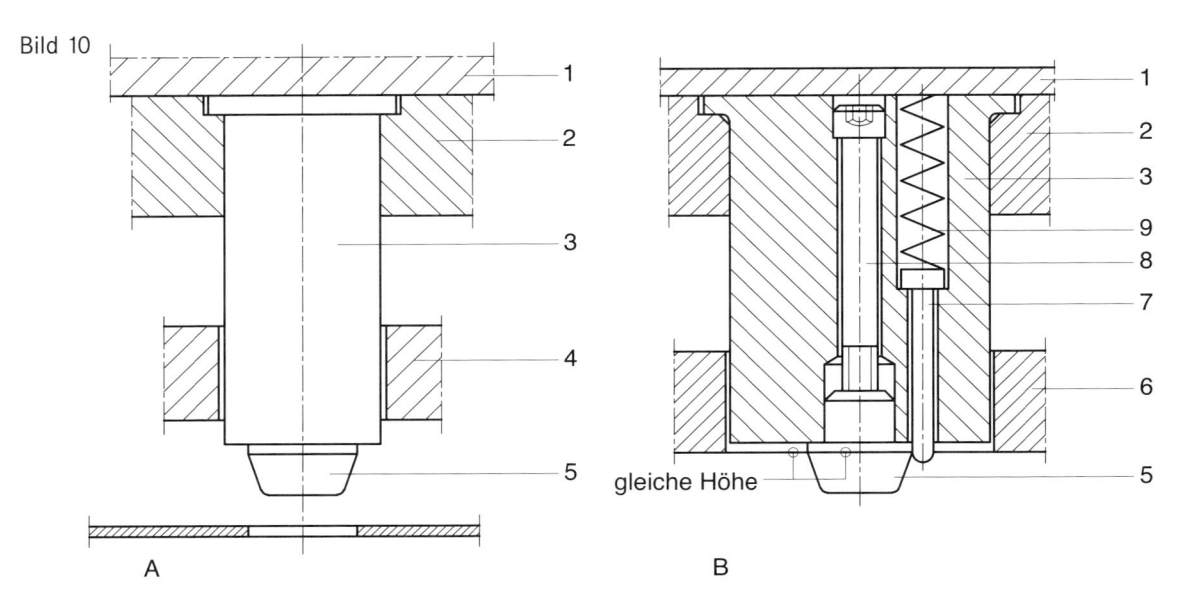

Bild 10

A   B   gleiche Höhe

In Folge- bzw. Folgeverbundwerkzeugen sollen die Suchstifte starr ausgeführt werden. Der Suchvorgang soll möglichst im Abfall angeordnet werden. Suchstifte sind so lang auszuführen, dass sie das Teil zentrieren, bevor es vom Niederhalter festgehalten wird. A Variante mit starrem Abstreifer, B Variante mit federndem Abstreifer. 1 Druckplatte, 2 Stempelhalteplatte, 3 Stempel, 4 starrer Abstreifer, 5 runder Suchstift, 6 federnder Auswerfer, 7 Abdrückstift, 8 Schraube mit Sicherung, 9 Schraubenfeder

Suchstift im Stufenfolgewerkzeug mit Suchstiftfeder

Bild 11

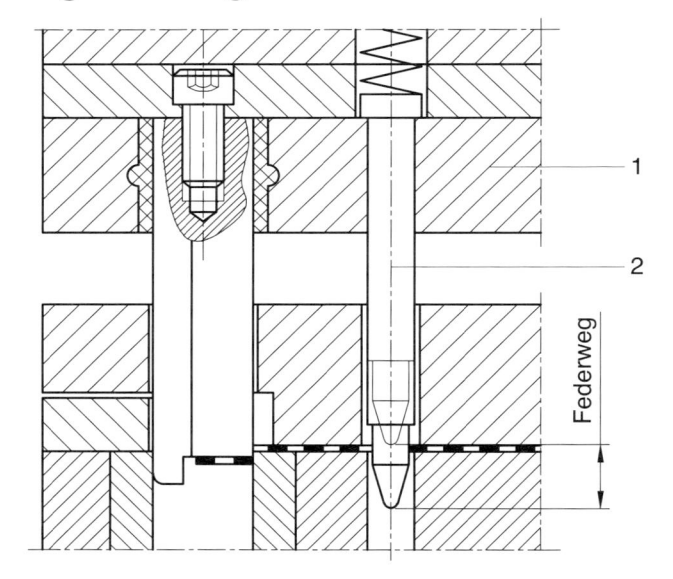

Federweg

Bei Federn unter Suchstiften können Federweg und Federkraft zu 90% ausgenutzt werden. Gefederte Suchstifte sind in Stufenfolgewerkzeugen und in Werkzeugen für Kurbelpressen vorzusehen.
Federkräfte: Wenn Blechdicke s = 1,6 mm, dann 500 bis 800 N; wenn s = 1,6 bis 2,5 mm, dann 1.350 N; wenn s = 2,5 bis 4 mm, dann 2.700 N.
1 Stempelhalteplatte, 2 Suchstift gefedert

Werkzeugaufspannung – Spannrand-Spannelement

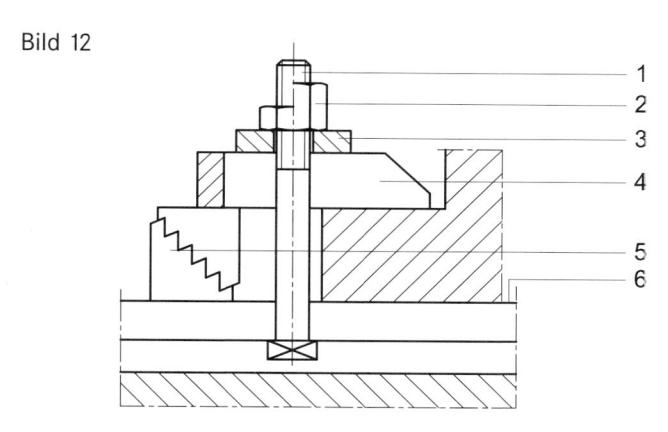

Bild 12

1 T-Nut-Schraube, 2 Sechskantmutter, 3 Unterlegscheibe, 4 Spanneisen, 5 Spanntreppe, 6 Tischauflage

Werkzeugaufspannung – Spannschlitz-Spannelement

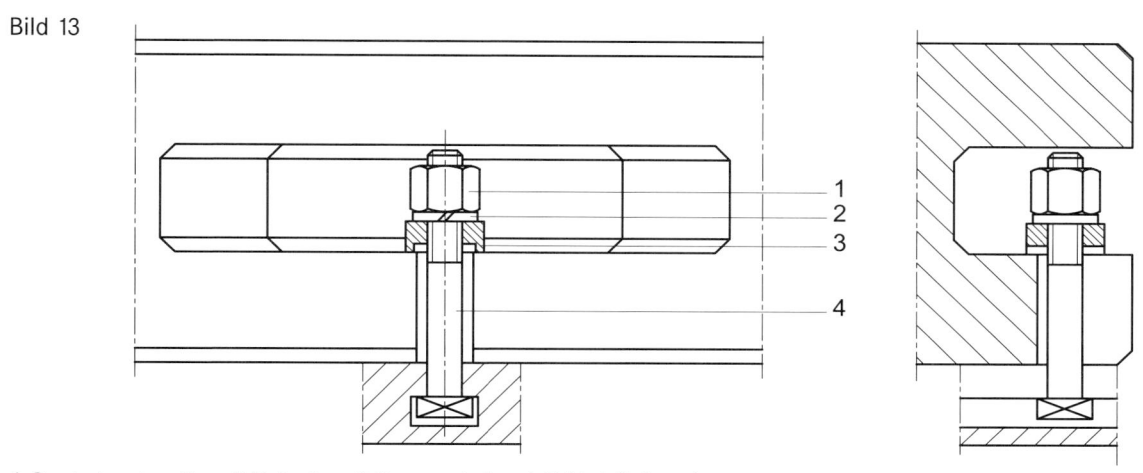

Bild 13

1 Sechskantmutter, 2 Scheibe, 3 Spannplatte, 4 T-Nut-Schraube

Werkzeugaufspannung – Spanneisen-Spannelement

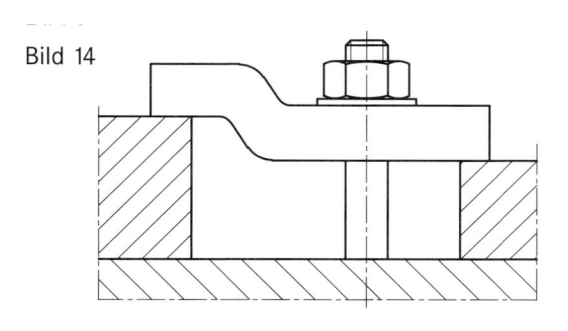

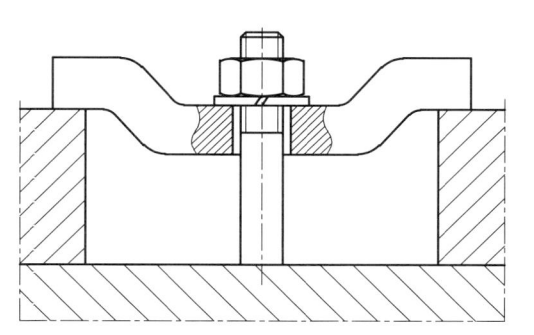

Bild 14

Befestigung von Werkzeugunterteilen mit gekröpften Spanneisen

6. Hilfselemente – Auswerfer, Abstreifer, Anschläge, Zentrierung, Ausrichtung

Hilfsspannelemente

Bei verschiedenen Vorrichtungen wirken die Spannelemente nicht direkt, sondern über die Hilfselemente auf das Werkstück, z.B. über die Druckscheibe oder über ein Druckstück.

Diese Teile haben die Aufgabe die eigentliche Spannkraft zu verteilen, sie umzulenken oder ihre Größe zu ändern.

Die Druckstücke oder die Druckscheibe sollen die Spannkraft so auf das Werkstück verteilen, dass keine unzulässig hohe Flächenpressung und keine Beschädigung des Werkstücks auftreten. Bei unebenen Werkstücke soll keine einseitige Belastung auftreten.

Spanneisen

Zu den am meisten in der Praxis verwendeten Spanneisen zählen die Spanneisen nach DIN 6315 und DIN6314. Mit Ihnen erreicht man eine möglichst große Spannkraft. Es gibt weitere Spannelemente, z.B. der Spannhebel, die pneumatische und hydraulische Spanneinheit sowie die Druckverteilung durch plastische Medien.

Auswerfer

Der mechanische Auswerfer befördert überwiegend bei kleinen Lochwerkzeugen, das fertige Werkstück nach erfolgtem Abstreifen aus dem Werkstück.

Ein Ausstoßer entfernt von innen her wirkend beim Ausschneiden das Werkstück und beim Lochen den Abfall aus der Schneidplatte.

Es gibt federnde Ausstoßer (Abstreifer), zwanzig-weise-Ausstoßer, feste Abstreifer und Druckluft-Auswerfer.

Anschläge

Feste und einstellbare Anschläge werden bei Abschneidwerkzeugen verwendet .

Durch Einstellen der Anschläge können mit einem Werkzeug die Teile in verschiedener Länge geschnitten werden.

Der Anlagestift ist sehr preiswert in der Herstellung und im Einbau.

Der Anlagestift wird bei den Schneidwerkzeugen mit und ohne Führungen sowie bei den Gesamtschneidwerkzeugen verwendet.

Der Anlagestift dient zur Vorschubbegrenzung, der Suchstift zur Vorschub- und Lageberichtigung.

Zentrierelemente.

Zentrierelemente fixieren die bewegliche Formplatte und die angrenzenden Bauteile,

damit alle in einer Aufspannung wirtschaftlich gebohrt werden können. Die Passfläche der Zentriereinheiten werden kegelig, prismatisch oder rechteckig ausgeführt.

Die Elemente sind auch als Normalien im Handel erhältlich.

Zentriereinheit für Ober- und Unterteil

Bild 1

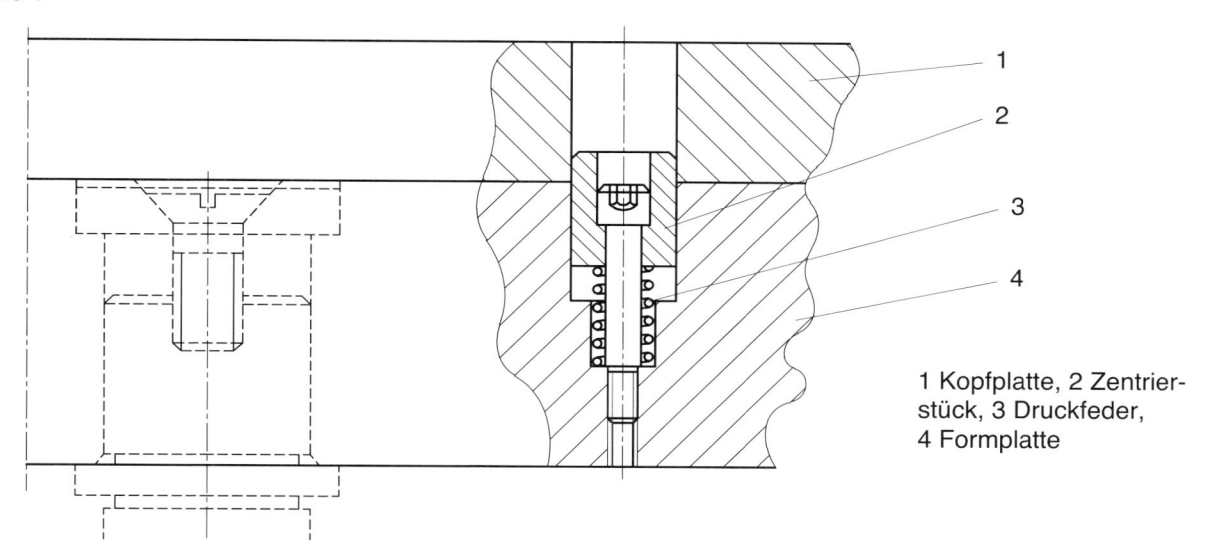

1 Kopfplatte, 2 Zentrierstück, 3 Druckfeder, 4 Formplatte

Bild 2

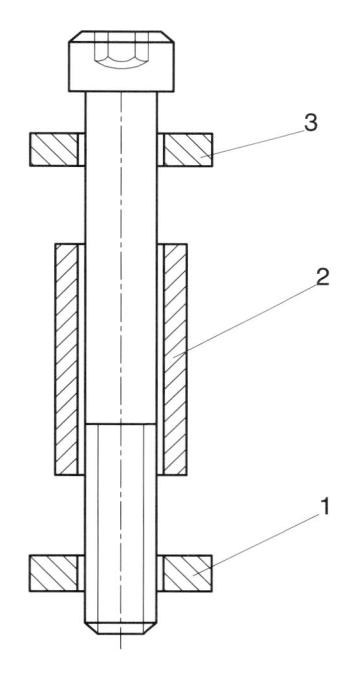

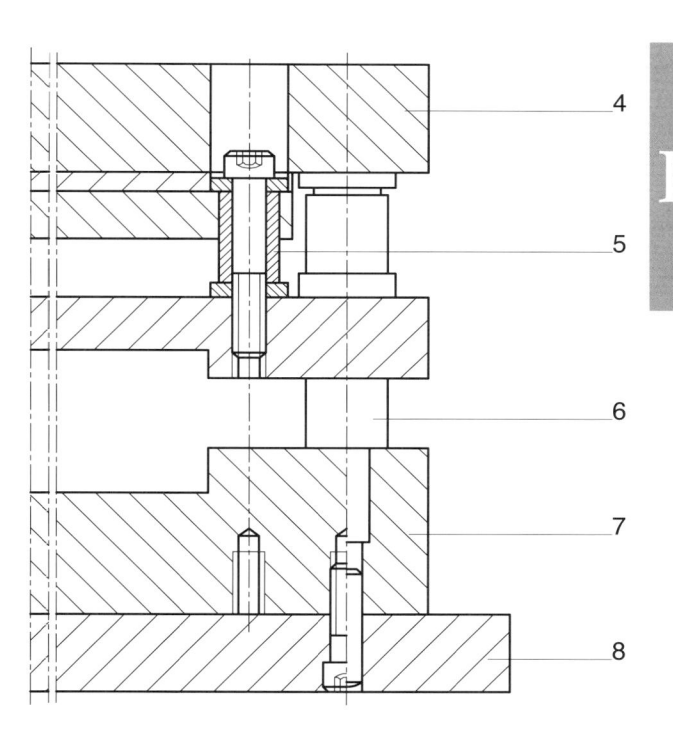

1 Scheibe, 2 Zentrierhülse, 3 Scheibe, 4 Kopfplatte, 5 Zentrierhülse, 6 Führungssäule, 7 Formplatte, 8 Grundplatte, 9 Zwischenplatte

Federnder Ausstoßer

Bild 3

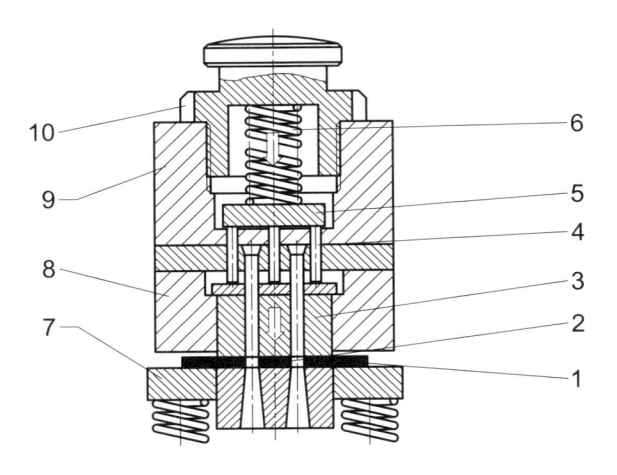

1 Schnittstreifen
2 Werkstück
3 Ausstoßer
4 Ausstoßerstifte
5 Federteller
6 Druckfeder
7 Abstreifer
8 Schneidplatte
9 Oberteil
10 Kupplungszapfen

Zwangsweiser Ausstoßer

Bild 4

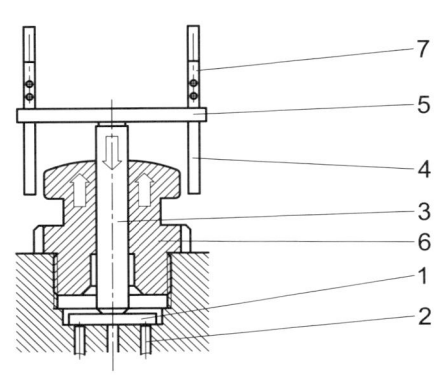

1 Ausstoßerplatte
   (Zwischenplatte)
2 Ausstoßerstifte
3 Ausstoßerbolzen
4 Pressenstößelführung
5 Ausstoßerleiste
6 Kupplungszapfen
7 einstellbare
   Ausstoßeranschläge

Abfallsicherung

Bild 5

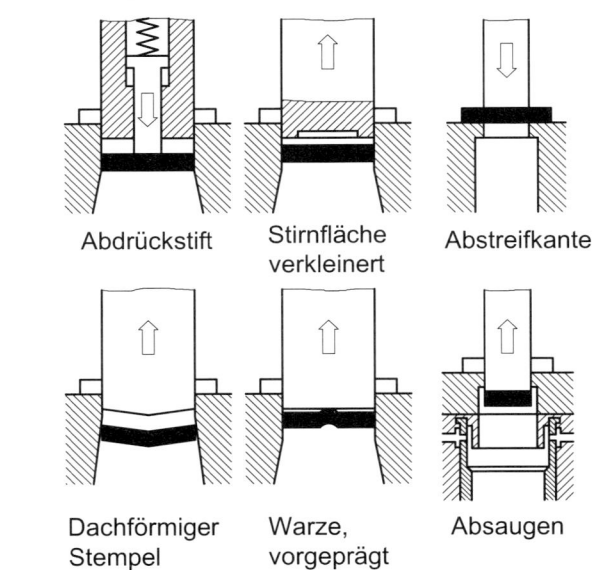

Abdrückstift   Stirnfläche verkleinert   Abstreifkante

Dachförmiger Stempel   Warze, vorgeprägt   Absaugen

Zentrierelement – Dämpfungseinheit

Bild 6

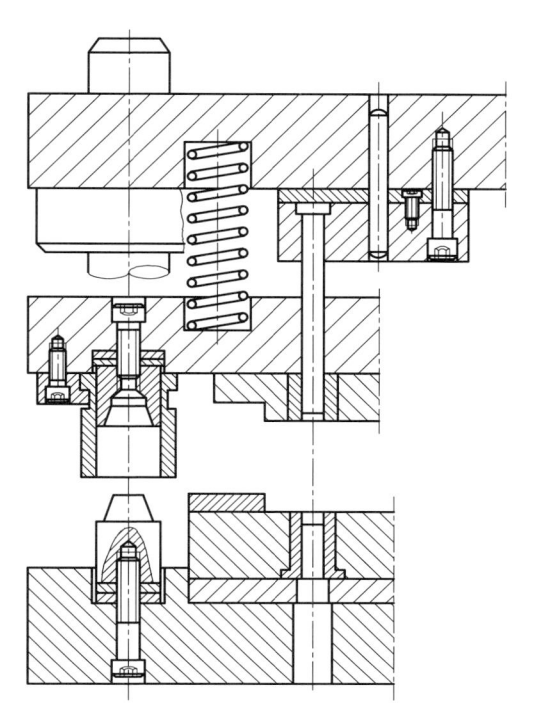

Die Stempelführungsplatte wird kurz vor dem Auftreffen auf den Blechstreifen von mindestens vier Dämpfungshülsen abgefangen. Das dient der Standzeiterhöhung und Lärmsenkung.

Führungsbuchse – Rollenführung

Bild 7

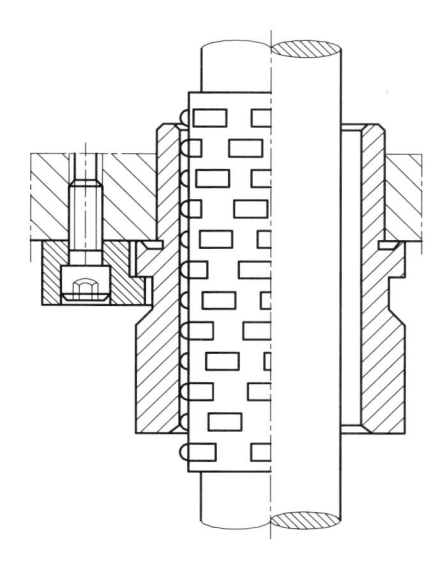

Rollenführungen sind vorgespannte Wälzlager und ergeben eine spielfreie Führung. Durch die Satteltonnenform wird eine Linienberührung in Buchse und Säule erreicht.

Wechselsäule – Führungssäule

Bild 8

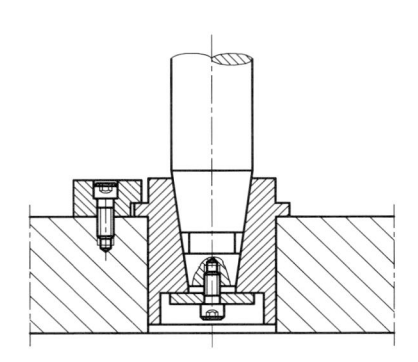

Die Säule wird mit konischem Schaft aufgenommen. Sie erlaubt den Schnellwechsel

Aufnahmeplatte – Schnellwechsel-Schneidelement

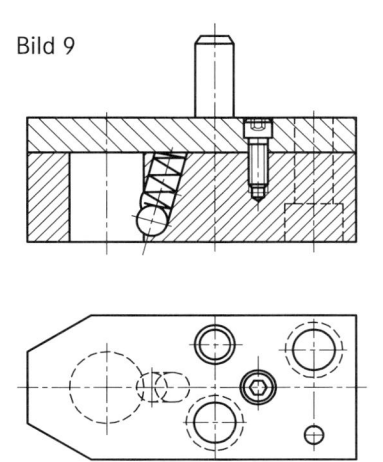

Bild 9

Vorgefertigte Elemente mit Rasterelement für den Schnellwechsel von Schneidstempeln

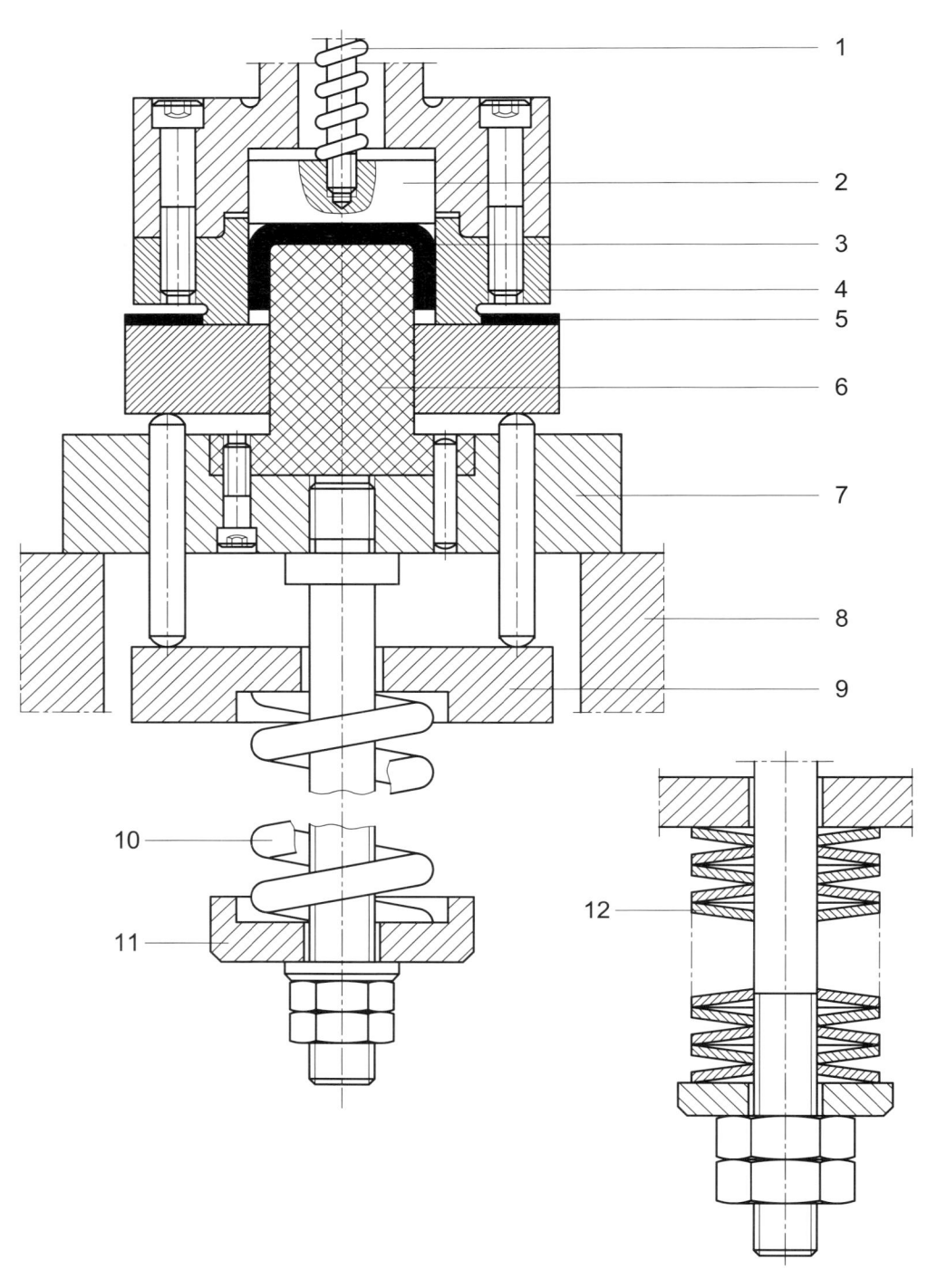

Zentrierelement – Dämpfungseinheit

Bild 10

1 Ausstosserfeder, 2 Ausstosser, 3 Werkstück, 4 Ziehmatrize, 5 Aufnahme, 6 Ziehstempel, 7 Unterplatte, 8 Pressentisch, 9 Druckplatte, 10 Druckfeder, 11 Federteller, 12 Tellerfedersäule

Einrichthilfen – Zentrierelemente

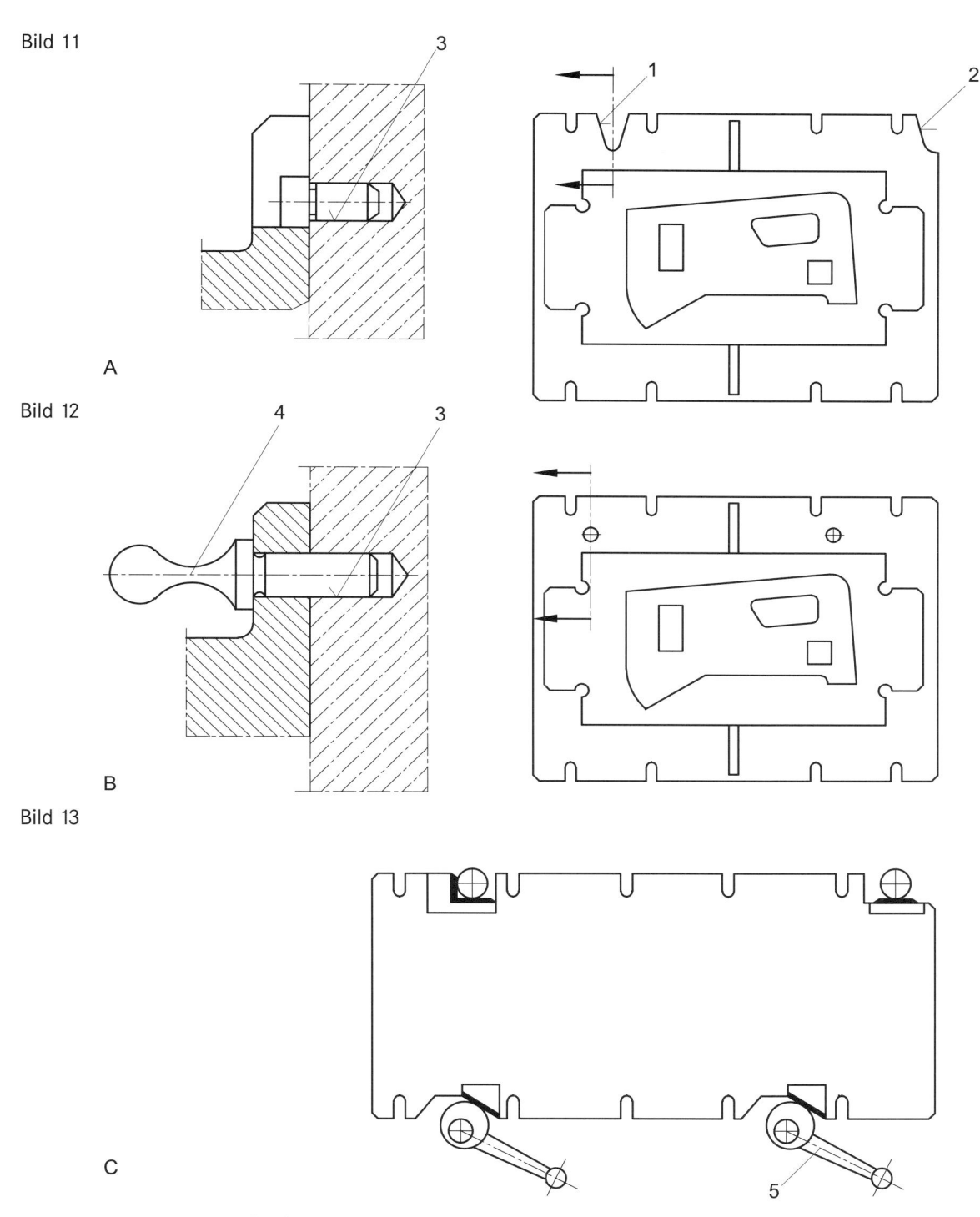

Bild 11

A

Bild 12

B

Bild 13

C

A Einschiebezentrierung für Großwerkzeuge, B Werkzeugzentrierung mit Steckbolzen (für größere Werkzeuge), C Grundplattenzentrierung für Stufenwerkzeugsatz. 1 V-förmiger Anlageschlitz, 2 Anlagefläche am Spannflansch, 3 Zentrier- oder Luftbolzenloch im Pressentisch, 4 Absteckbolzen, 5 Exzenterspannhebel.

Abstreifer – Federabstreifer

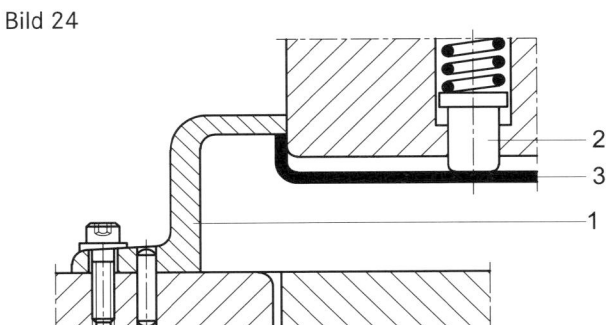

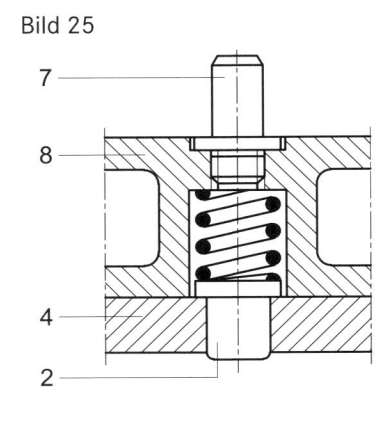

Bild 24

A

Bild 25

B

Bild 26

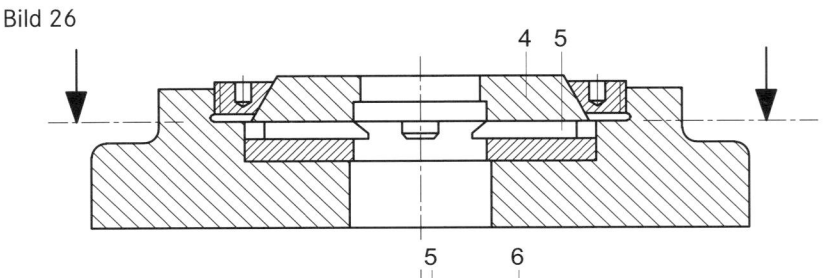

Bild 27

C

D

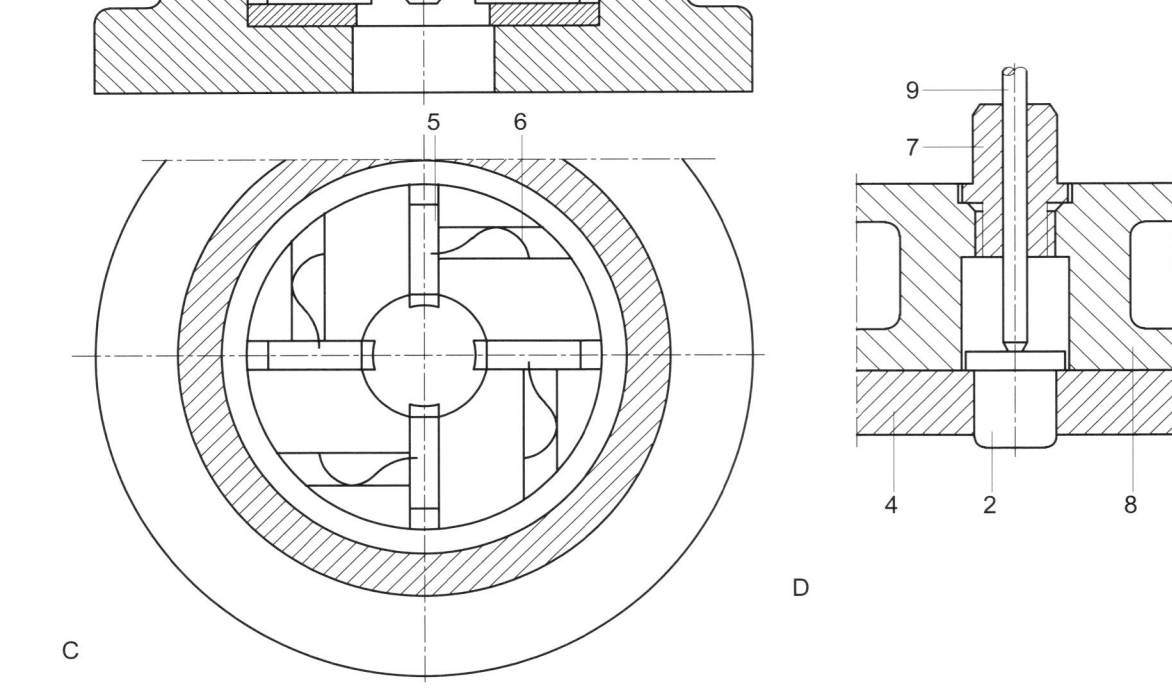

A Abstreifen eines Ziehteils vom Ziehstempel, B federnder Auswerfer für kleine Auswerferkräfte,
C Abstreiferkrallen unterhalb eines Ziehrings, D Zwangsauswerfer für große Auswerferkräfte.
1 Abstreiferblech, 2 Auswerfer, 3 Werkstück, 4 Ziehring, 5 Abstreiferkralle, 6 Blattfeder, 7 Einspannzapfen, 8 Werkzeugoberteil, 9 Übertragungsstift für Zwangsauswurf

Vorschubüberwachung – Abstreifer

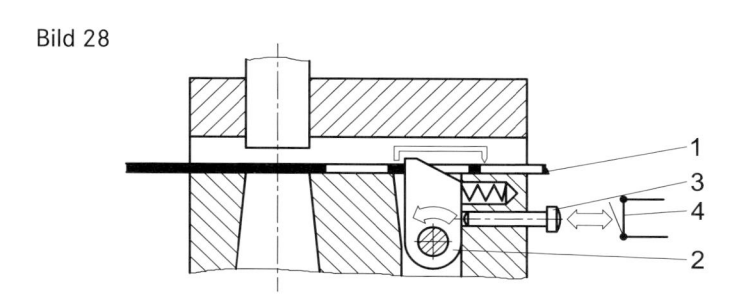

Bild 28

1 Schnittstreifen
2 gefederter Anlagehebel
3 Kontaktstift
4 Kontaktschalter

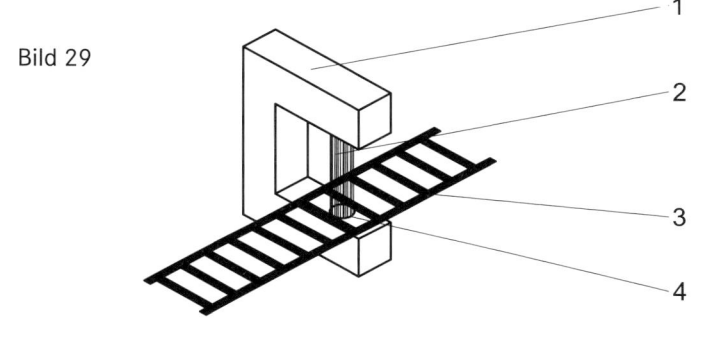

Optoelektronische Vorschubüberwachung

Bild 29

1 Durchlicht-Lichtschranke
2 Lichtstrahl
3 Abfallstreifen
4 Lochkante

Fester Abstreifer

Bild 30

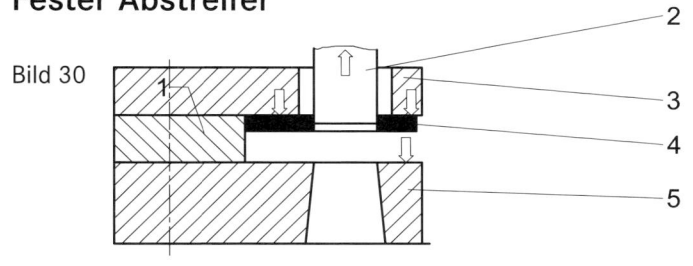

1 Anlageleiste
2 Stempel
3 fester Abstreifer
4 Werkstück
5 Schneidplatte

Fester Abstreifer

Bild 31

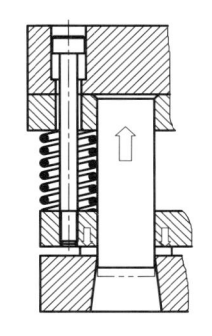

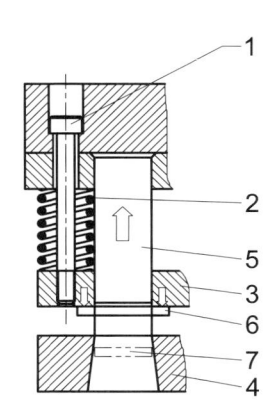

1 Ansatzschraube
2 Feder
3 Abstreifer
4 Schneidplatte
5 Stempel
6 Streifen
7 Werkstück

Auswerfer – Zylinderführung

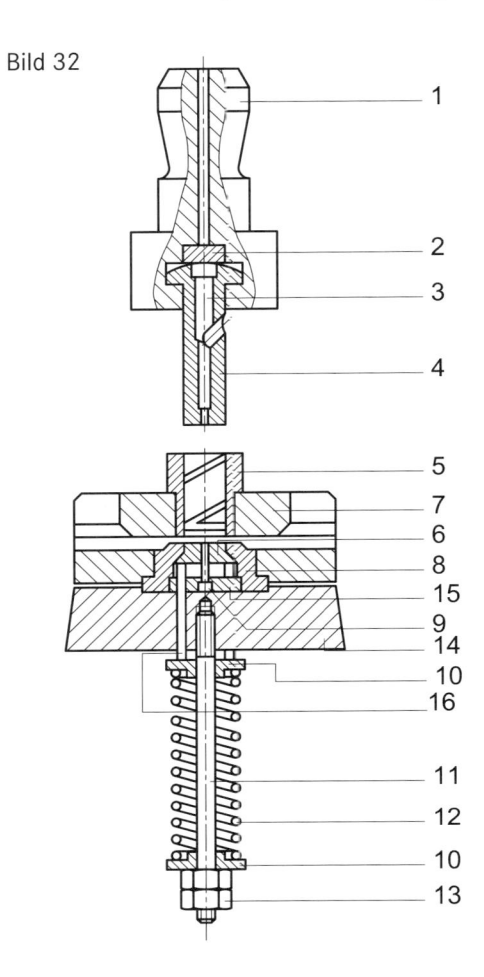

Bild 32

Ausführung mit rohrgeführter Druckfeder

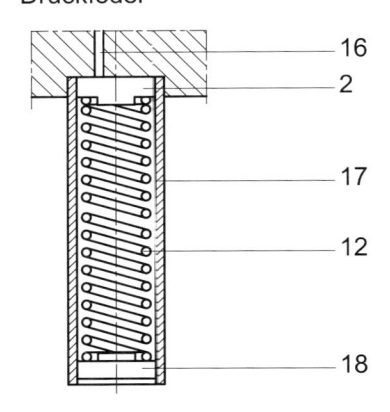

Freischnitt – Abstreifer

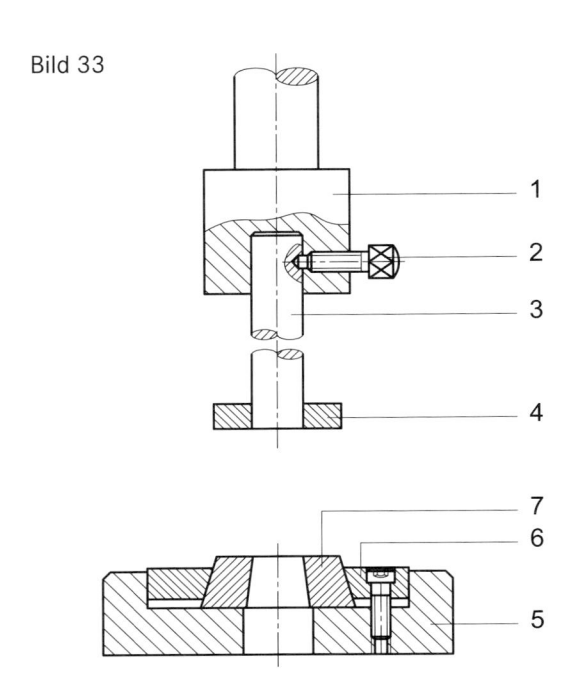

Bild 33

Ausführung mit Gummiabstreifer

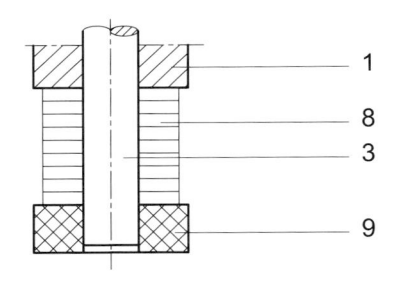

1 Kopfstück, 2 Spannschraube, 3 Lochstempel, 4 Abstreifer, 5 Grundplatte, 6 Spannring, 7 Schneidring, 8 Pappe, 9 Gummi

---

1 Einspannkopf, 2 Druckstück, 3 Füllstück, 4 Schneidstempel, 5 Führungsbuchse, 6 Auswerfer, 7 Führungsgehäuse, 8 Schneidplatte, 9 Lochstempel, 10 Federteller, 11 Führungsbolzen, 12 Druckfeder, 13 Mutter, 14 Grundplatte, 15 Stempelhalteplatte, 16 Auswerferbolzen, 17 Federgehäuse, 18 Verschlussschraube

Spanneisen für auswechselbare Schneidplatte

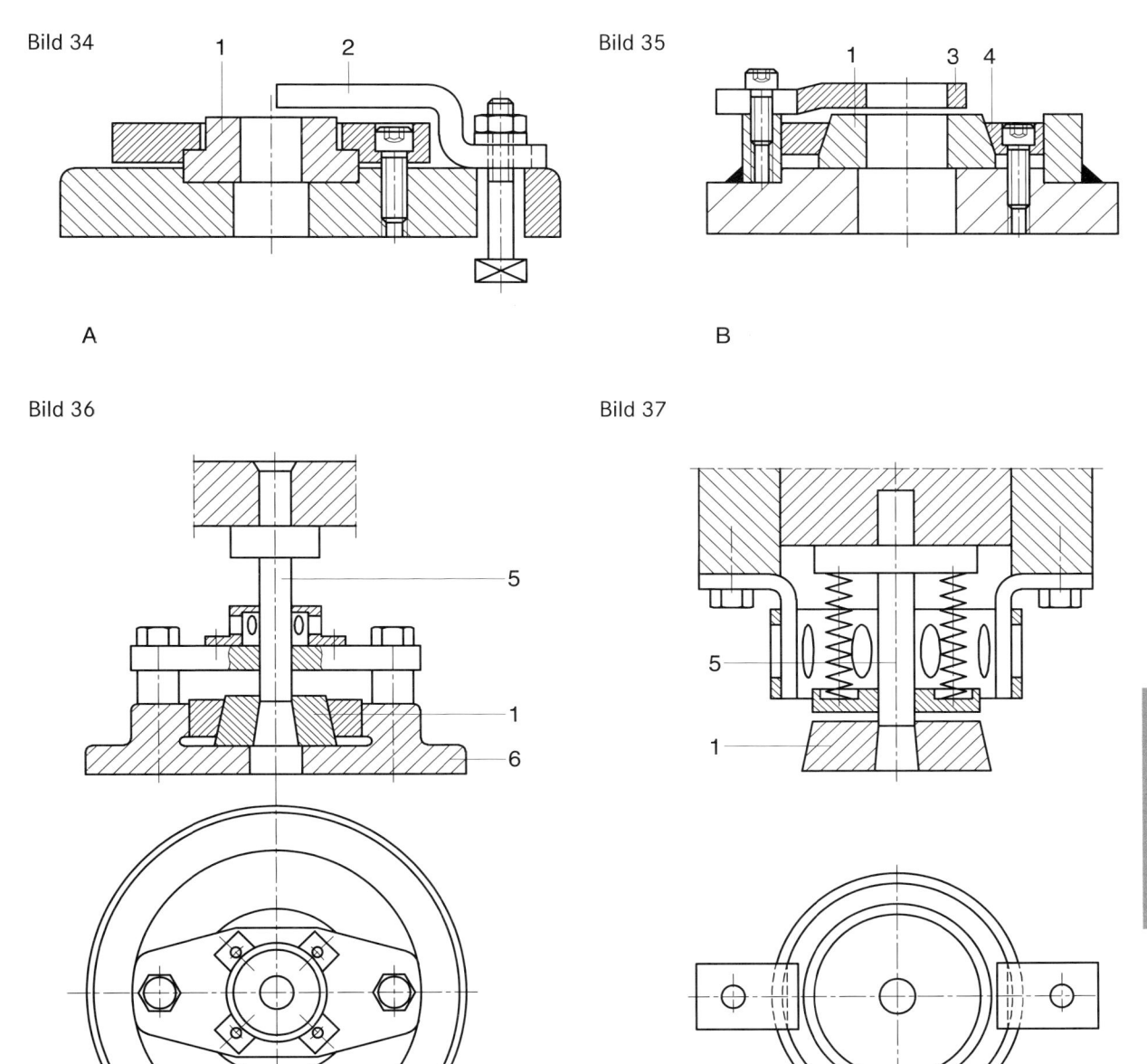

Bild 34

A

Bild 35

B

Bild 36

C

Bild 37

D

A Gekröptes Spanneisen als Abstreifer, das gleichzeitig zum Aufspannen des Werkzeugunterteils dient, auswechselbare Schneidplatte, B Werkzeugunterteil mit Spannring und aufgesetzem Abstreifer, C Abstreiferbrücke mit Schutzkorb über dem Werkzeugunterteil, D Abstreifer als gefederte Platte am Werkzeugoberteil, Schutzkorb an der Presse befestigt.
1 Schneidplatte, 2 Spanneisen, 3 Abstreifer, 4 Spannring, 5 Schneidstempel, 6 Werkzeugunterteil

Freischneidwerkzeug – Abstreifer

Bild 38

A

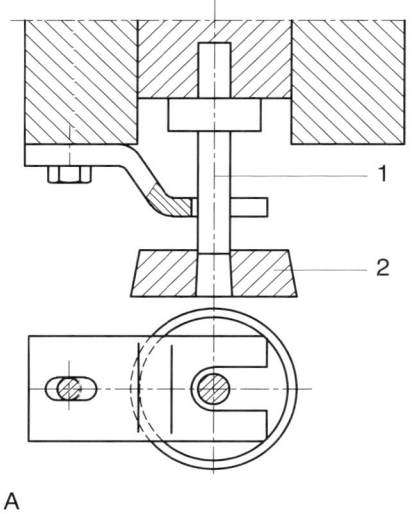

Bild 39

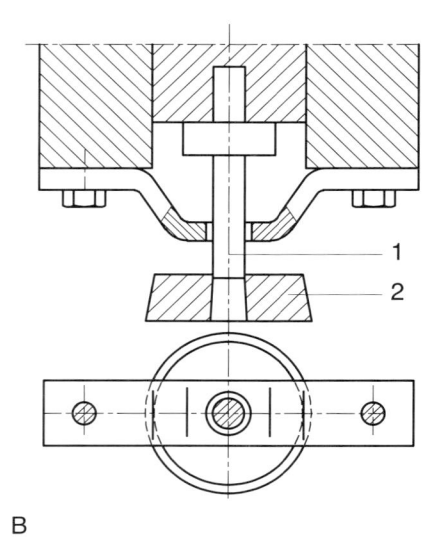

B

Bild 40

C

Bild 41

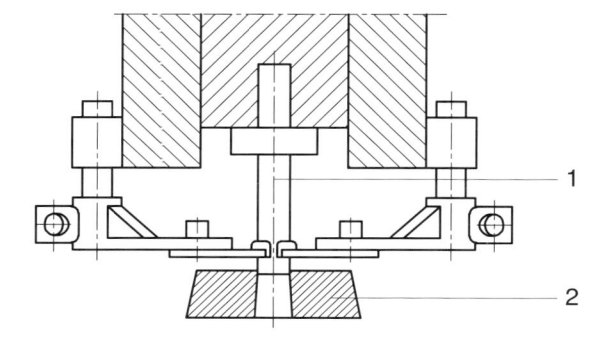

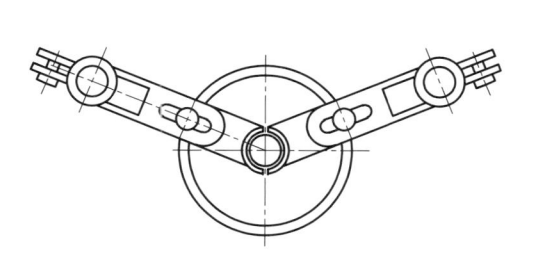

D

A Abstreifergabel am nichtbewegten Teil der Presse befestigt, B Abstreiferbrücke, C einstellbare Abstreifer, schwenkbar angebracht, D Abstreifer mit Schutzkorb am Werkzeugunterteil befestigt.
1 Schneidstempel, 2 Schneidplatte, 3 Spannring, 4 Werkzeugunterteil

Gesamtschneidwerkzeug – Ausstoßer, Auswerferbolzen

Bild 42

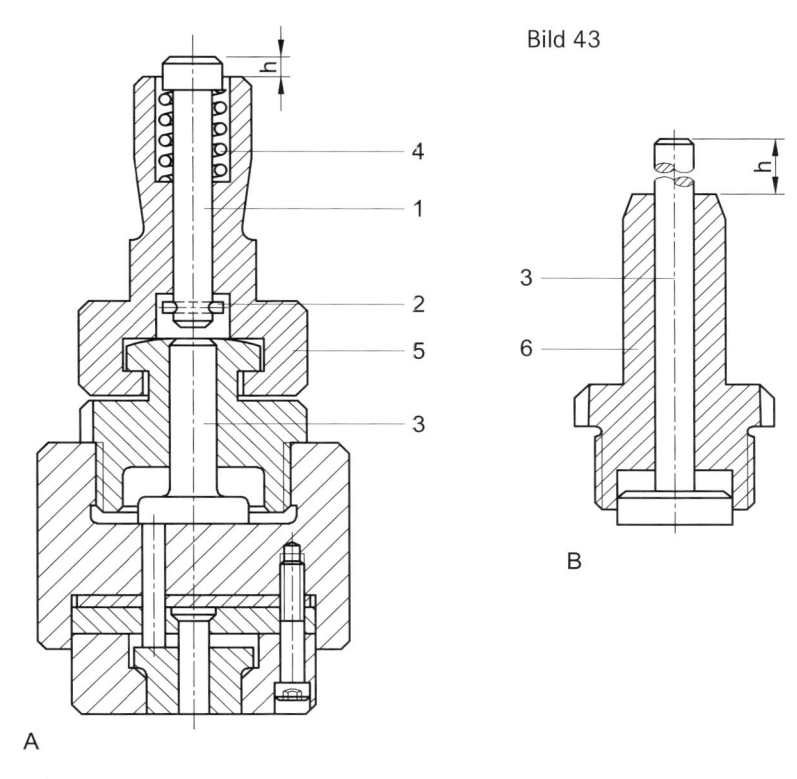

Bild 43

A

B

Das Auswerfen erfolgt zwangsweise durch die Maschine. Der Auswurfhub "h" ist von der Presse abhängig und verschieden groß. A Ausführung mit Kupplungszapfen und geteiltem Auswerferbolzen, B Ausführung mit Einspannzapfen.
1 Übertragungsbolzen, 2 Zylinderstift, 3 Druckbolzen, 4 schwache Feder, 5 Kupplungsstück, 6 Einspannzapfen.

Gesamtschneidwerkzeug – Ausstoßer, Ausstoßtraverse

Bild 44

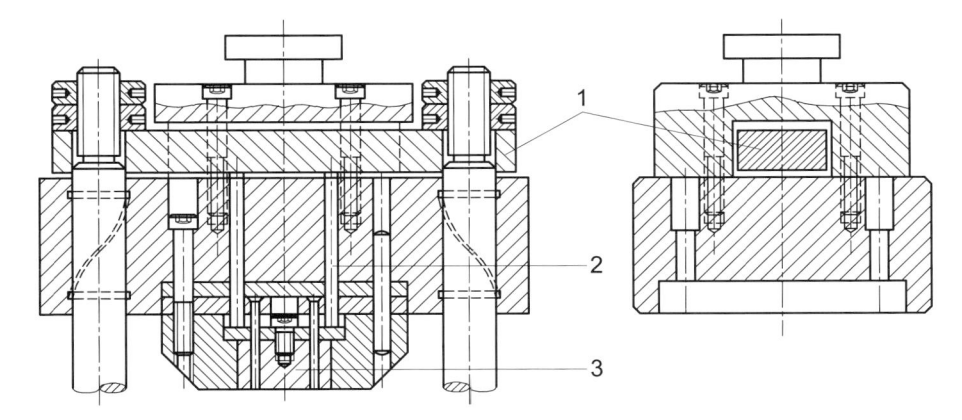

Auf den Führungssäulen befindet sich eine Traverse, gegen die beim Rücklauf gefahren wird.
Die Druckstifte schlagen an der Traverse an.
1 Traverse, 2 Druckstift, 3 Auswerfer

Auswerfer

Bild 45

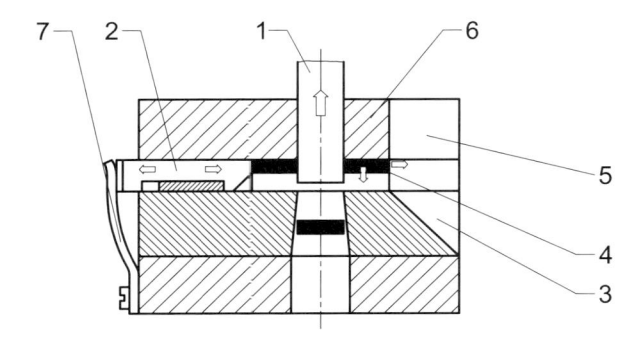

1 Lochstempel
2 Auswerfer
3 Abschrägung für herausfallendes Werkstück
4 Werkstück
5 Aussparung für Werkstückeinlage
6 Führungsplatte, zugleich fester Abstreifer
7 Blattfeder

Druckluftauswerfer

Bild 46

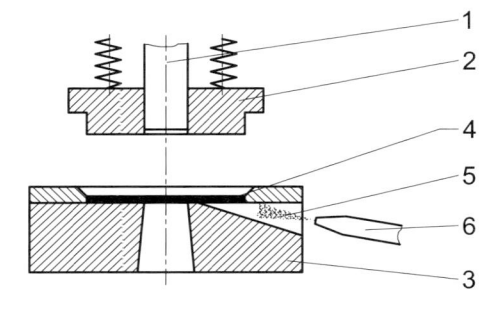

1 Schneidstempel
2 federnder Abstreifer
3 Schneidplatte
4 Werkstück
5 Druckluftstrahl
6 Druckluftdüse

Zwangsauswerfer – Auswerfereinstellung

Bild 47

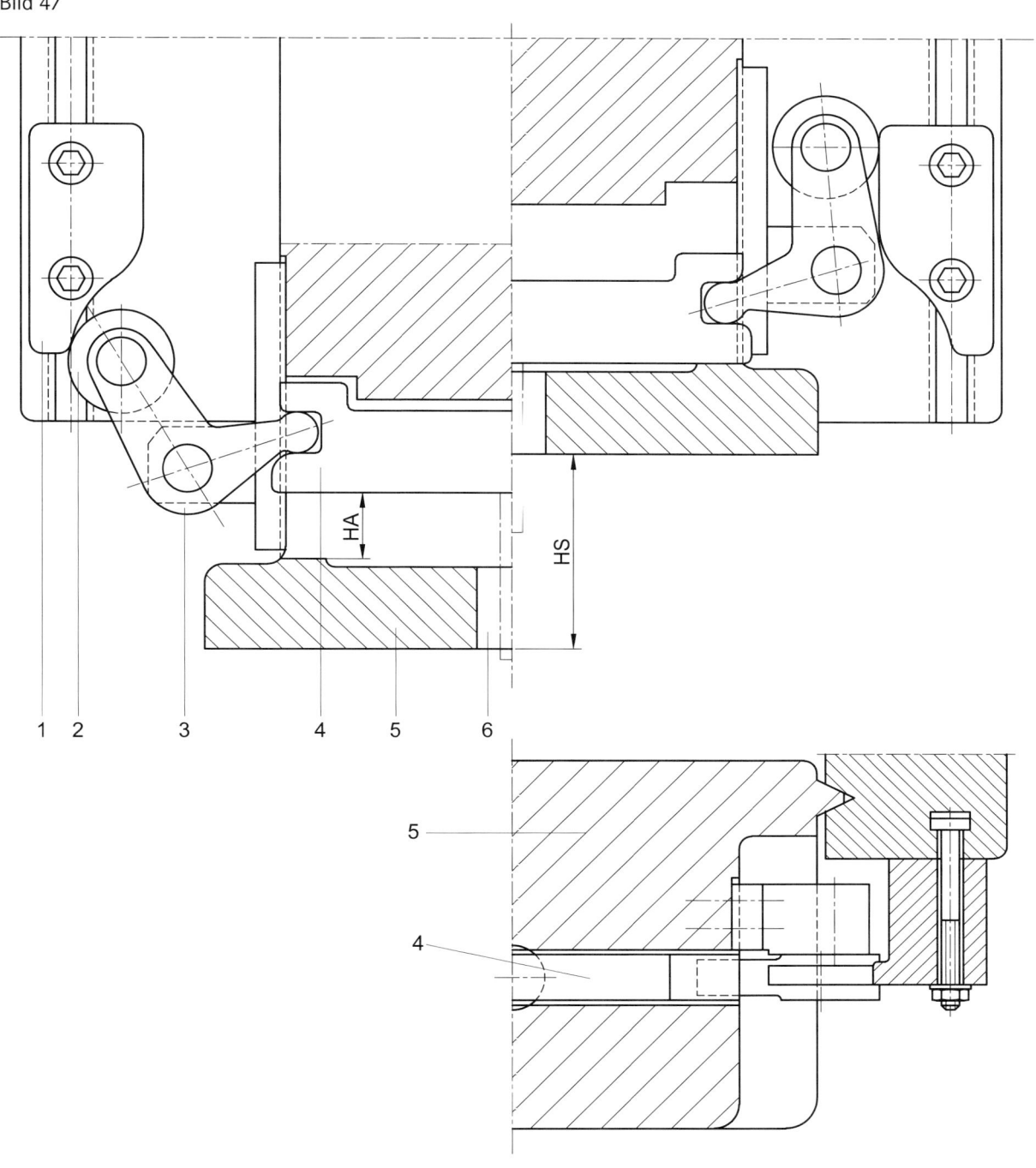

Verstellbare Zwangsauswerfer erlauben Einstellungen, bei denen die Teile beim Stößelhochgang liegen bleiben und durch Greifer erfasst bzw. durch mechanische Auswerfer ausgestoßen werden können.
1 Betätigungsnocken, 2 Rolle, 3 Übertragungshebel, 4 Auswerfertraverse, 5 Pressenstößel, 6 Öffnung für Auswerferbolzen (Bewegungsübertragung zum Werkzeug) HA Auswerferhub, HS Stempelhub

Niederhalter – Bundbuchse

Bild 48

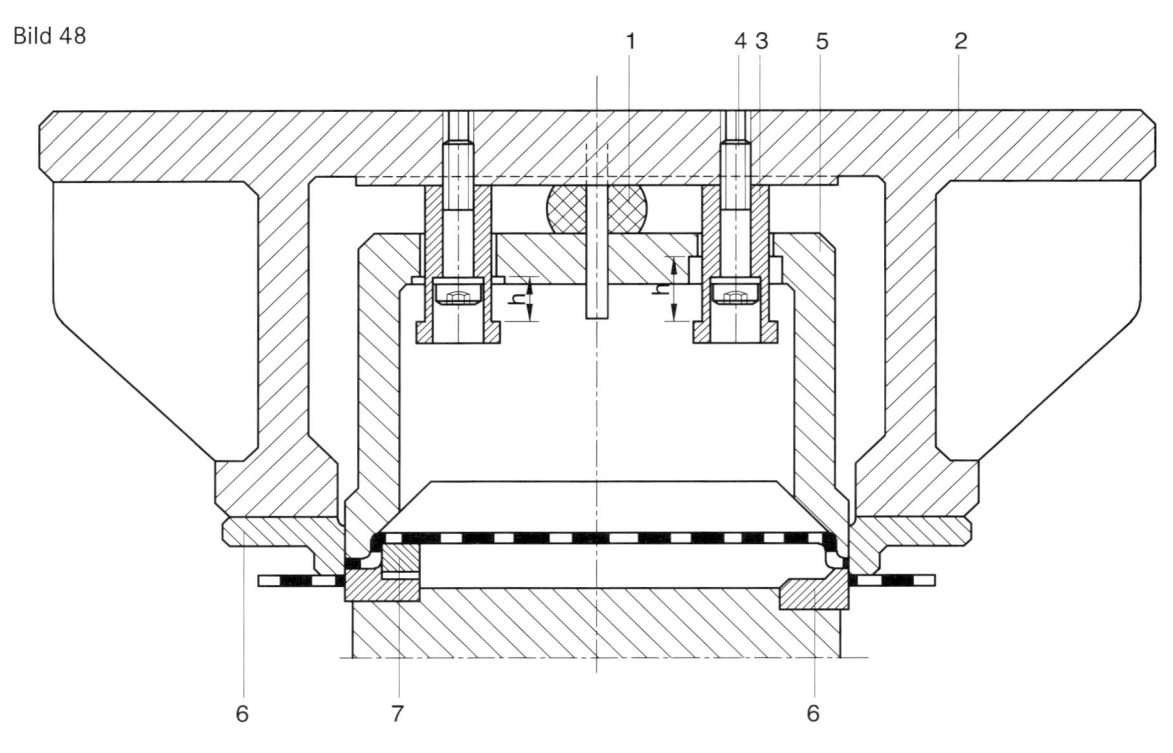

Der Niederhalter wird durch Bundbuchsen gehalten. 1 Gummifeder, 2 Werkzeugoberteil, 3 Bundbuchse, 4 Innensechskantschraube, 5 Niederhalter, 6 Schneidleiste, 7 Auflage, h Niederhalterhub

Hubbegrenzung – Verdrehsicherung

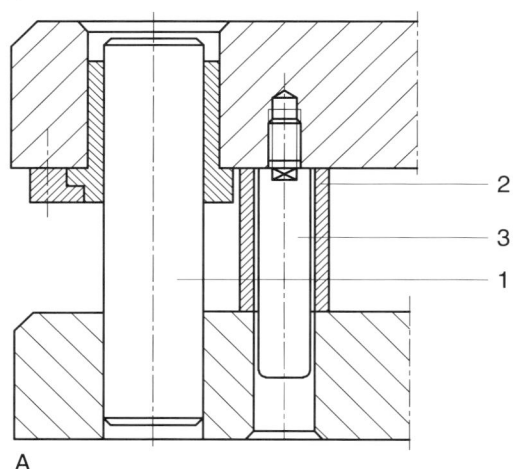

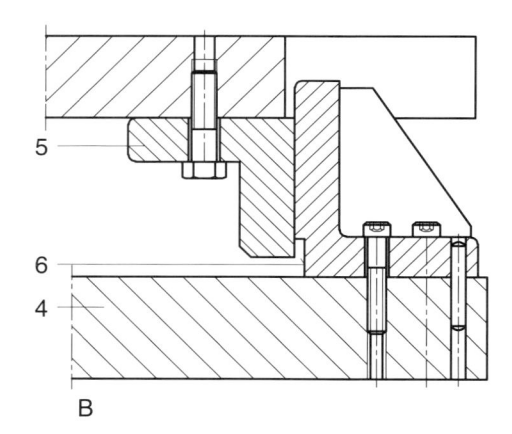

Bild 49   Bild 50

A   B

A Hubbegrenzung mit Abstandsbuchse, B Führung und Verdrehsicherung mit Winkel.

1 Führungssäule, 2 Abstandsbuchse, 3 Bolzen, 4 Werkzeugunterteil, 5 Führungswinkel, 6 freigeschliffen

Werkzeugwechselsystem – Klemmsystem

Bild 51

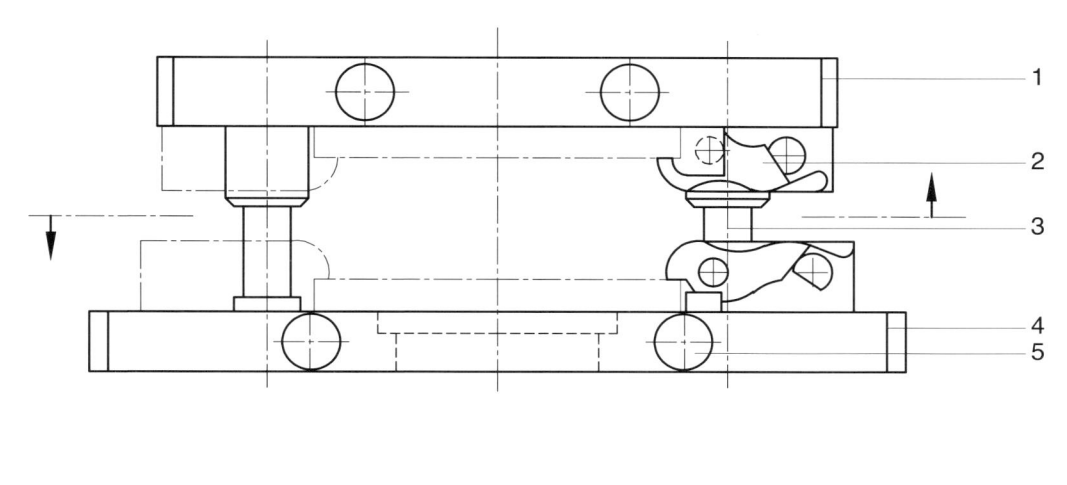

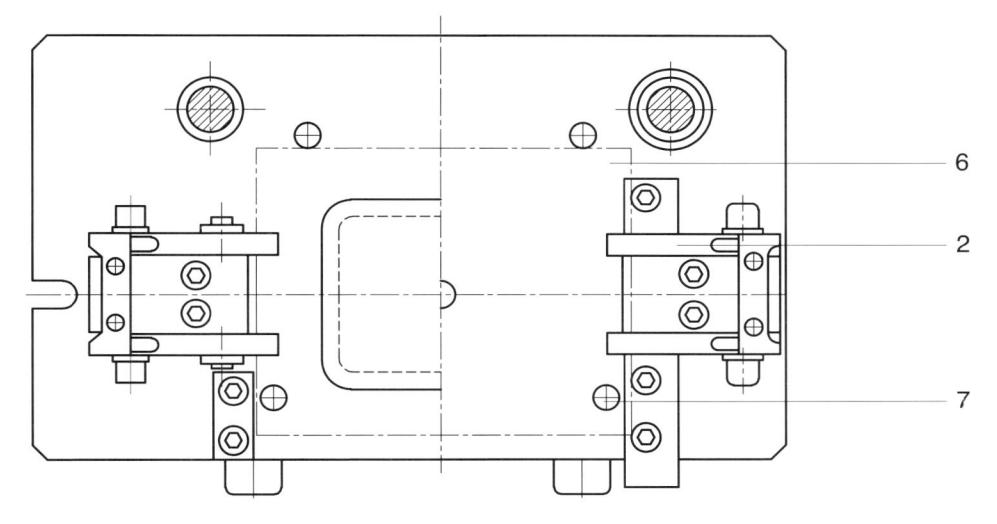

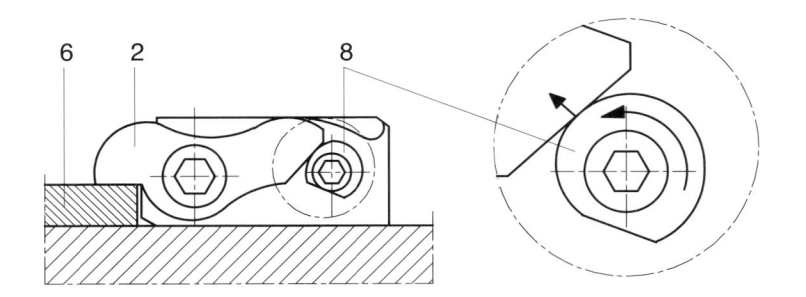

Das eigentliche Werkzeug wird auf einer Montageplatte aufgebaut und geklemmt; Werkzeugwechselzeit etwa 1min, Positionierfehler 0,02 mm.
1 Führungsgestelloberteil, 2 Spanneinheit, 3 Führungssäule, 4 Führungsgestellunterteil, 5 Drehknopf zur Werkzeugpositionierung, 6 Montageplatte, 7 Positionierstift, 8 Spannkurve

Einstellvorrichtung für Stempel

Bild 52

Feder-Klemmhebel zum Schnellspannen der Ausrichtplatte

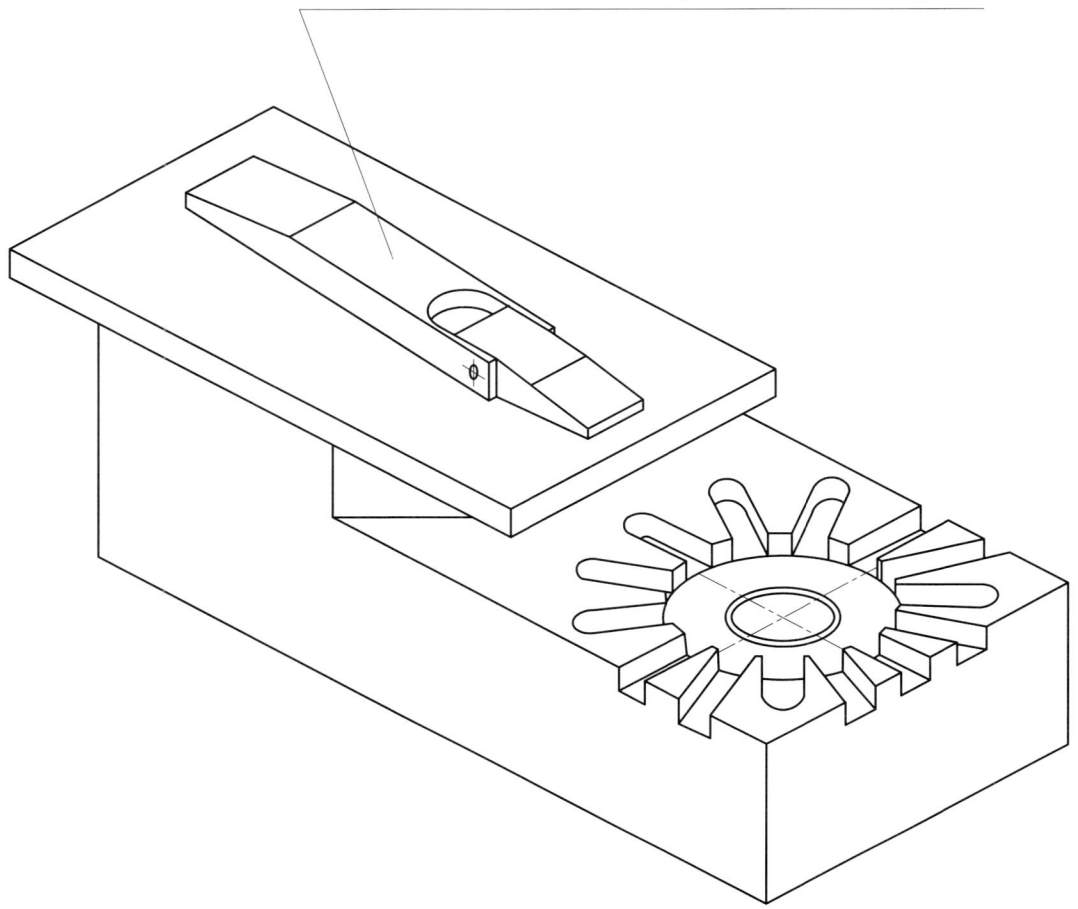

Winkeleinstellmöglichkeiten:

1° -22,5° -30° -45° -60° -67,5° -90°

Spannvorrichtung zum Scharfschleifen der Stempel

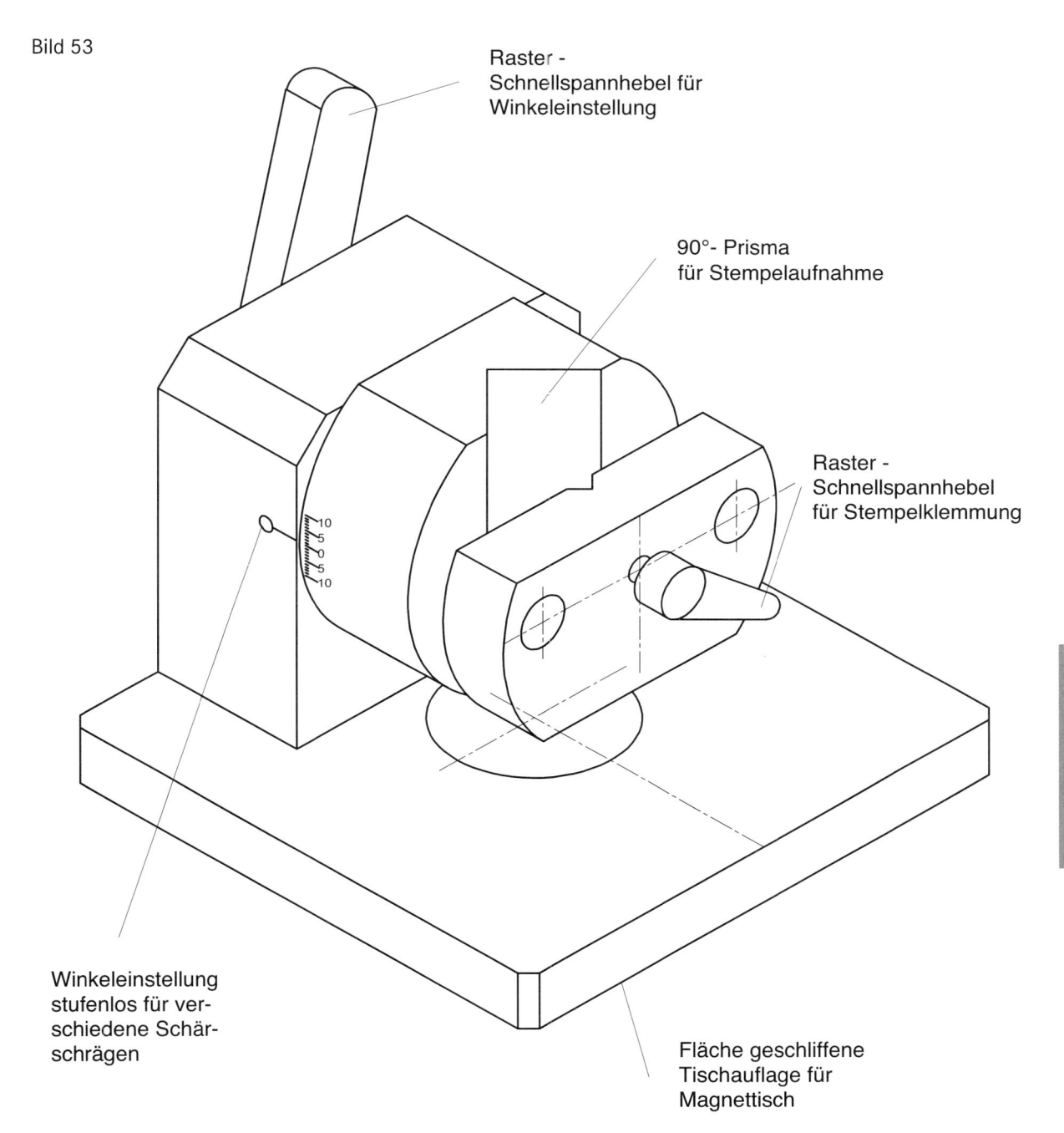

Bild 53

- Raster - Schnellspannhebel für Winkeleinstellung
- 90°- Prisma für Stempelaufnahme
- Raster - Schnellspannhebel für Stempelklemmung
- Winkeleinstellung stufenlos für verschiedene Schärschrägen
- Fläche geschliffene Tischauflage für Magnettisch

IV Werkzeugelemente

Erstanschlag – Federbolzenanschlag

Bild 54

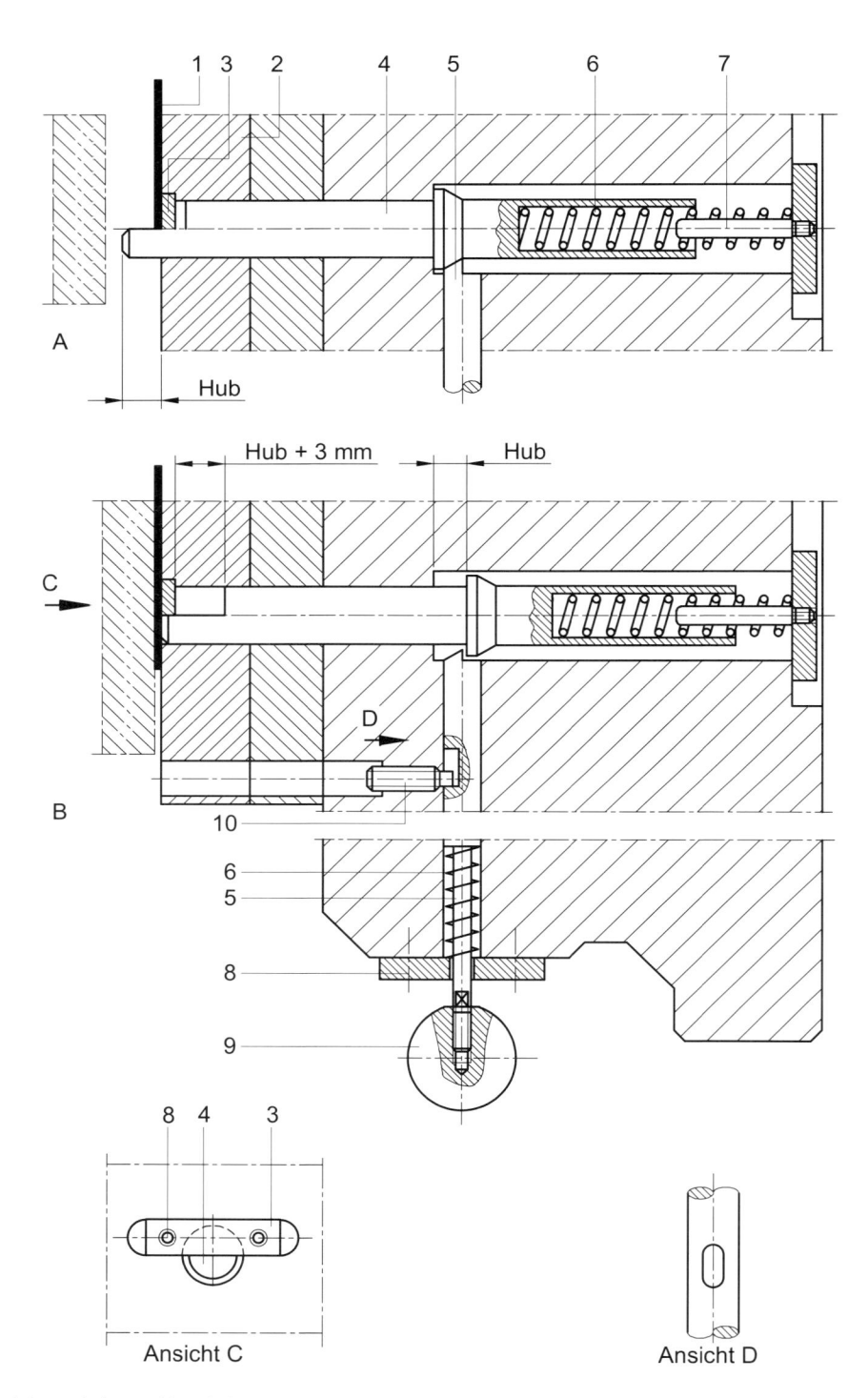

Der Erstanschlag wird von Hand durch Ziehen des Knopfes entriegelt. Beim Niedergehen des Stößels wird der Anschlag selbsttätig ausser Funktion gesetzt. A Werkzeugstellung Hub oben, B Werkzeugstellung Hub unten. 1 Materialstreifen, 2 Schneidplatte, 3 Verdrehsicherung, 4 Federbolzen, 5 Auslöseschieber, 6 Druckfeder, 7 Federbolzen, 8 Zylinderschraube, 9 Kugelkopf, 10 Gewindestift

Werkzeuganschlag – Anschlaggestaltung

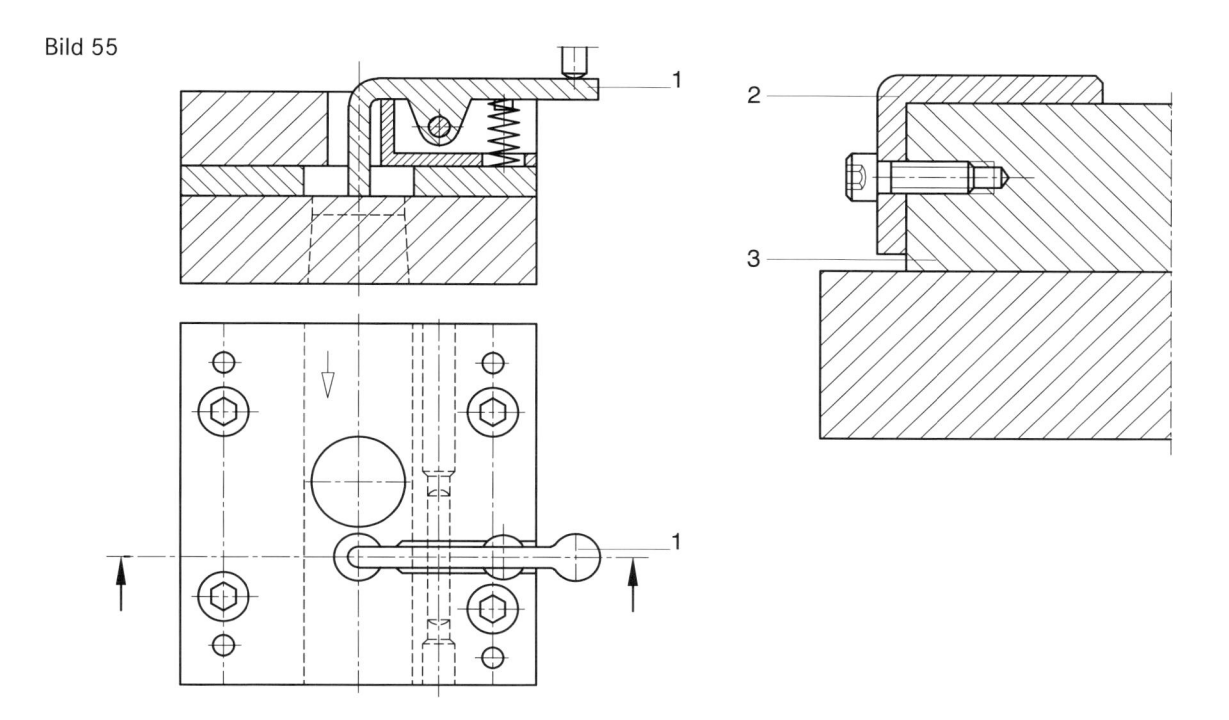

Bild 55

1 Hakenanschlag in Lochwerkzeug, 2 Winkelanschlag zum Einhängen, 3 Schneidplatte

Werkzeuganschlag – Hakenschlag

Bild 56

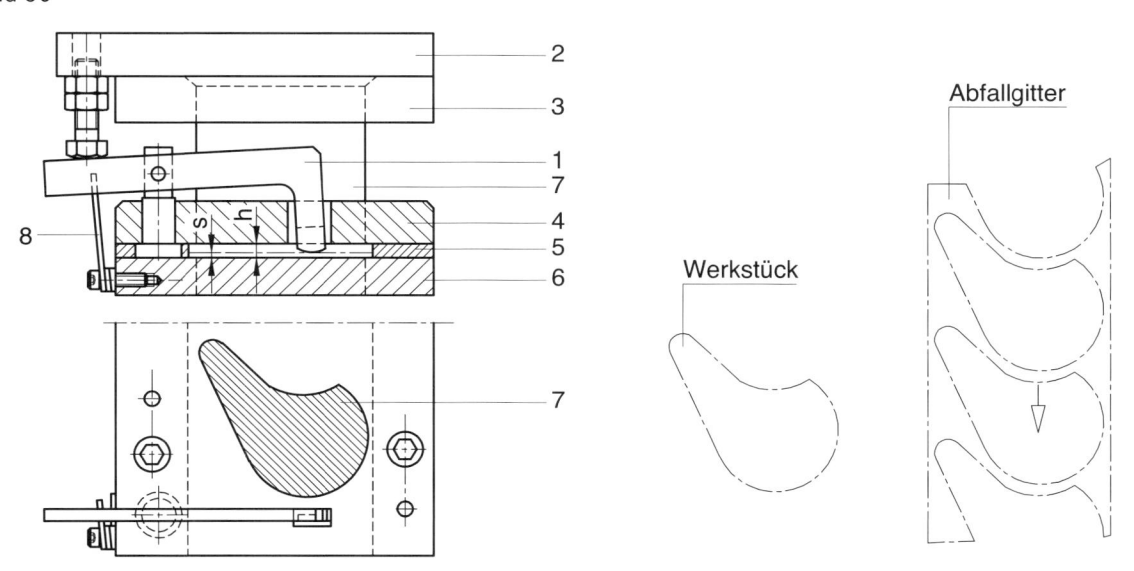

1 Hakenanschlag, 2 Kopfplatte, 3 Stempelhalteplatte, 4 Führungsplatte, 5 Zwischenlage, 6 Schneidplatte, 7 Ausschneidstempel, 8 Schenkelfeder, h = s + (0,5....1), s Blechdicke

7. Pressenautomatisierung, Werkstückzuführung, Werkstückabführung

Verschiedene Bewegungen der Pressen können unabhängig von einander gesteuert werden, mechanisch oder elektronisch. Eine Pressenautomatisierung wird erst bei größeren Stückzahlen je nach Größe der Werkstücke rentabel. Zuführung und Abtransport der Werkstücke laufen allgemein im Dauerbetrieb synchron. Exzenterpressen für leichte und mittelschwere Kräfte, Kurbelpressen für mittelschwere und schwere Kräfte.

Durch den Einsatz moderner Steuertechnologie lassen sich der Bedienungskomfort und die Gesamtausbringung wesentlich steigern. Besondere Schwerpunkte sind der rechnergeführte Synchronlauf zwischen den Einzelpressen und den Transporteinrichtungen, der Einsatz von problemorientierten grafischen Benutzoberflächen an Pressensteuerungen und umfassende Diagnoseprogramme. Die Verwendung eines Rechnernetzes für Pressensteuerung, Prozessdatenerfassung erfüllt zusätzlich die Voraussetzung zur Einbindung des Presswerkes in einen Verbund.

Kostenreduzierung und Qualitätssteigerung sind zentrale Forderungen an die Produktion und an die Produktionsmittel. Voraussetzung dafür schafft die Automation in einer Anlage im Presswerk. Höhere Produktivität und bessere Qualität, größere Flexibilität und Bearbeitungsmöglichkeiten sowie weniger Nacharbeit und Ausschuss sind das Ergebnis.

Eine Pressenautomatisierung kann sowohl mit getrennter Steuerung von Presse und Bandanlage oder mit einer gemeinsamen Steuerung durchgeführt werden. Der Vorteil gegenüber getrennten Systemen ist neben der gemeinsamen Sicherkonzeption eine einheitlicher Bedienungsoberfläche, die durchgängig alle Funktionen von Presse und Bandanlage abdeckt.

Pressenautomatisierung – Werkzeugkontakt, Abtasteinrichtung

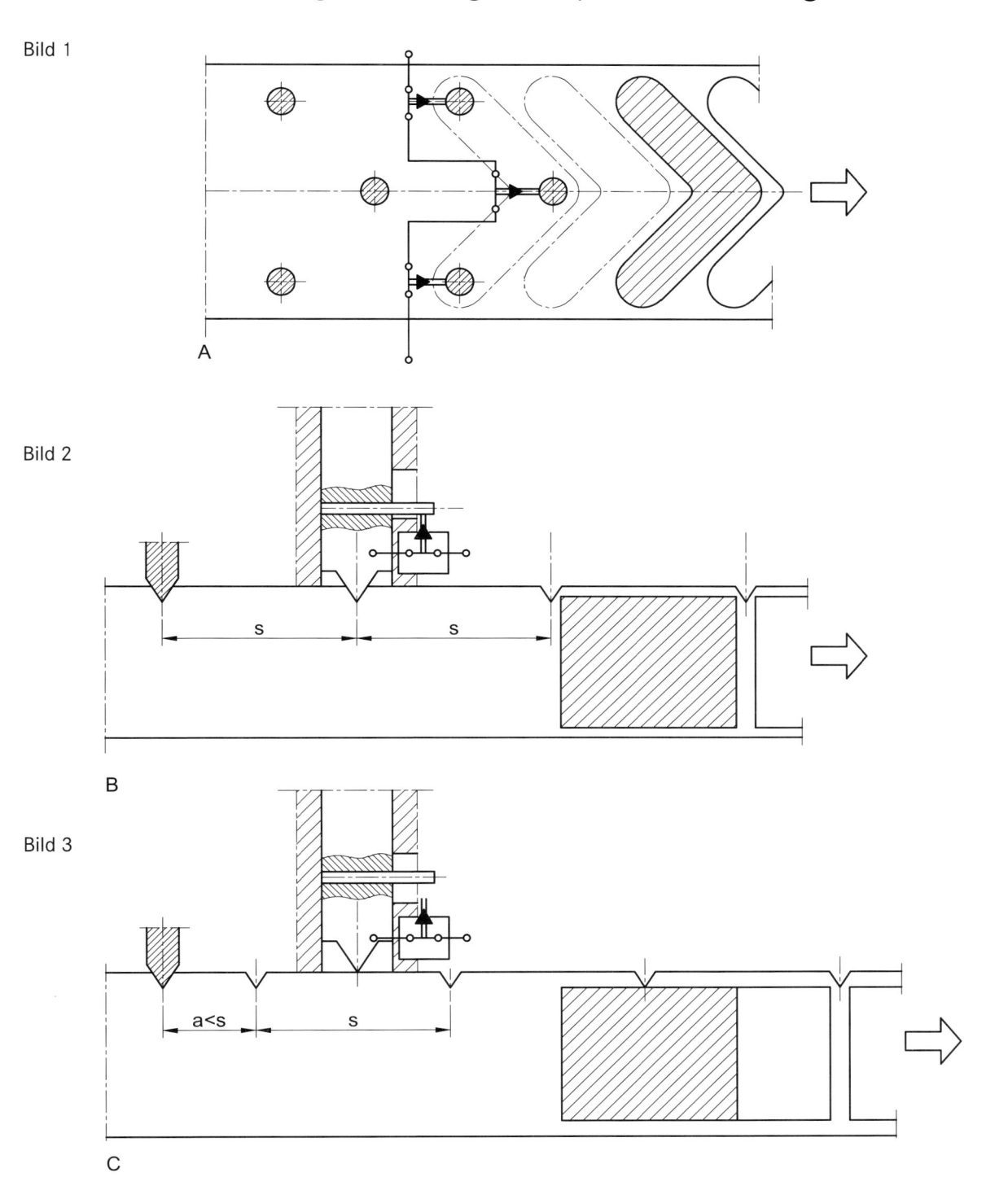

Bild 1

A

Bild 2

B

Bild 3

C

A Kontrolle dreier Lochungen durch Stößel, die im Fehlerfall in Reihe geschaltete Taster auslösen, zwecks selbsttätiger Maschinenabschaltung, B Vorschubwegkontrolle durch Taststößel, der auf einem Schalter wirkt; der Weg s ist fehlerfrei, C Vorschub ist fehlerhaft, es wird Versatz festgestellt.

Pressenautomatisierung – Werkzeugkontrolle, Kontrolltaster

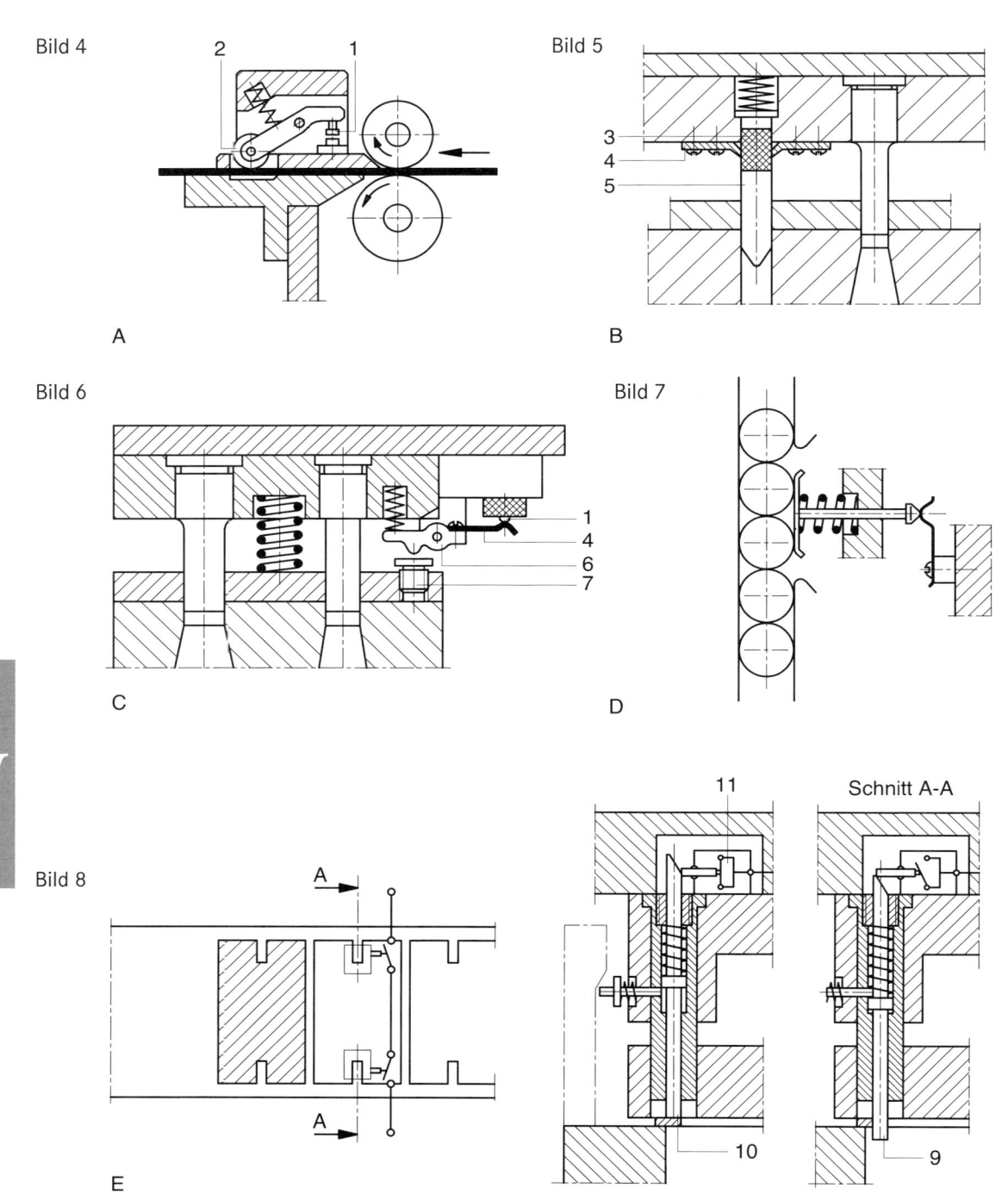

Bild 4

A

Bild 5

B

Bild 6

C

Bild 7

D

Bild 8

E

Schnitt A-A

A Bandzuführkontrolle, B Innenkonturkontrolle, C Doppelblechkontrolle, D Rondenzuführkontrolle, E Außenkonturkontrolle;
1 Kontakt, 2 Tastrolle, 3 Taststift mit Isolierring, 4 Kontaktfeder, 5 Stift aus elektrisch leitendem Material, 6 Tasthebel, 7 Stellschraube, 8 Tastplatte, 9 Kontur in Ordnung, Kontakte offen, 10 Kontur nicht in Ordnung, Kontakte geschlossen, 11 Stößeltaster

Pressenautomatisierung – Saugergreifer

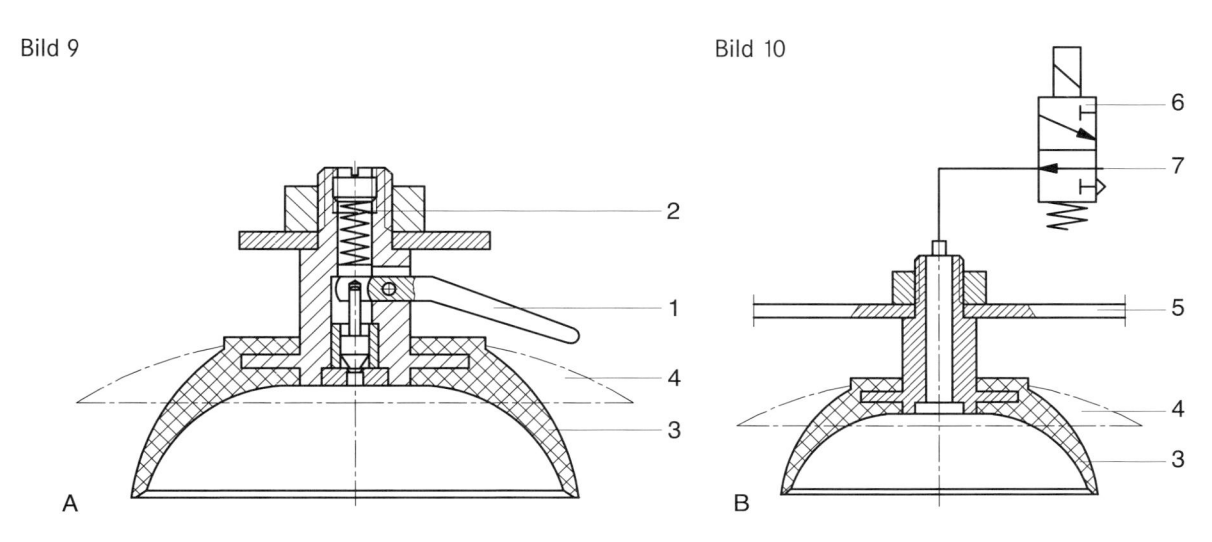

Bild 9

Bild 10

A Haftsauger (Auffahren und Festsaugen, Belüften über Ventilhebel, B Vakuumsauger mit Anschluss an eine Vakuumpumpe;
1 Belüftungshebel mit Ventilkegel, 2 Druckfeder, 3 Gummisauger, 4 Formänderung des Saugers in aufgepresstem Zustand, 5 Arm der Handhabungseinrichtung, 6 Wegeventil, 7 Saugluftanschluss

Pressenautomatisierung – Saugplatte

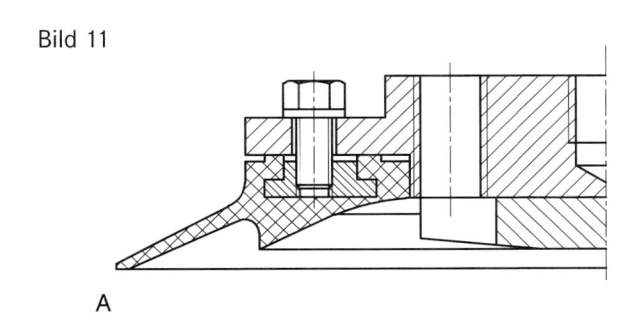

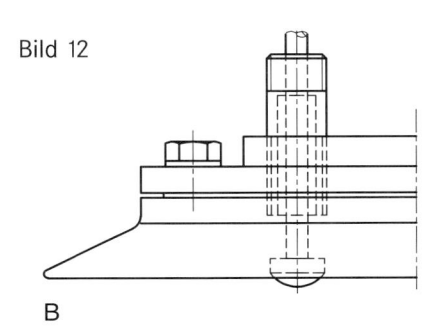

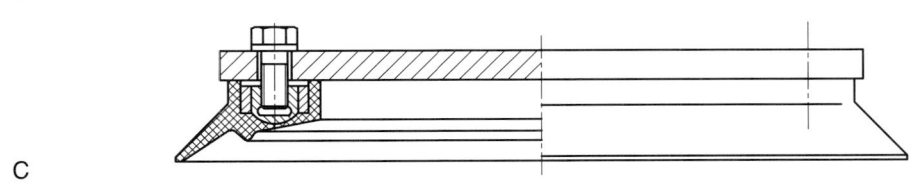

Bild 11

Bild 12

Bild 13

A Sauger mit Abschäleinsatz zur besseren Trennung von dünnen geölten Blechen bis etwa 3 mm,
B Sauger mit Tastventil zum Selbstzuschalten des Vakuums (Tastspitzenüberstand etwa 2 mm)
C Saugplatte in runder oder ovaler Ausführung

IV Werkzeugelemente

Pressenautomatisierung – Blechzuführung

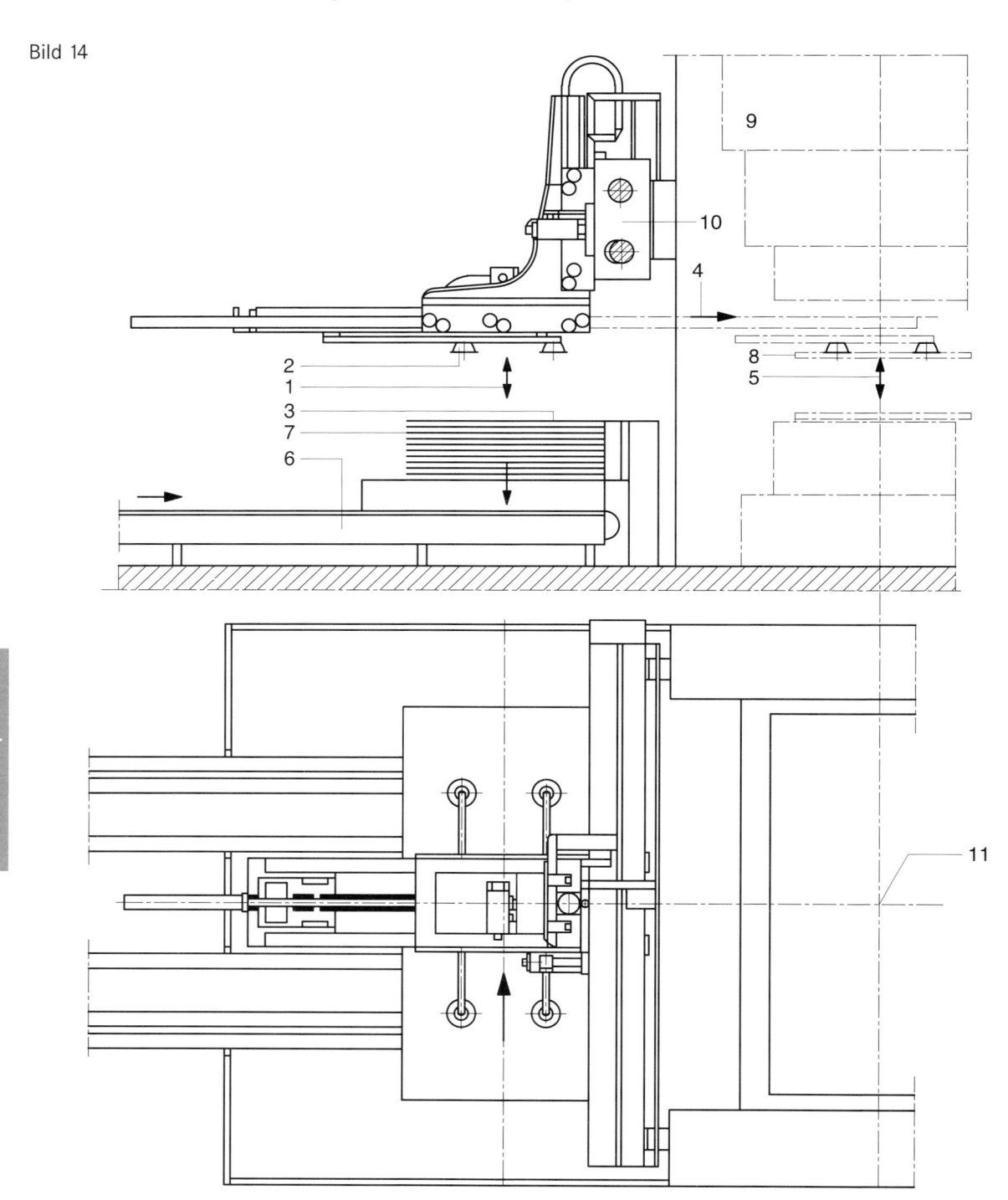

Bild 14

1 Greifhub, 2 Sauger, 3 Greifposition, 4 Zuführbewegung, 5 Einlegehub beim Einlegen in das Werkzeug, 6 Flurförderer, 7 Ronden, Teile- oder Zuschnittstapel, 8 Ronde, 9 Pressenoberteil, 10 Handhabungseinrichtung, 11 Werkzeugmitte

Pressenautomatisierung – Auswerfer

Bild 15

A

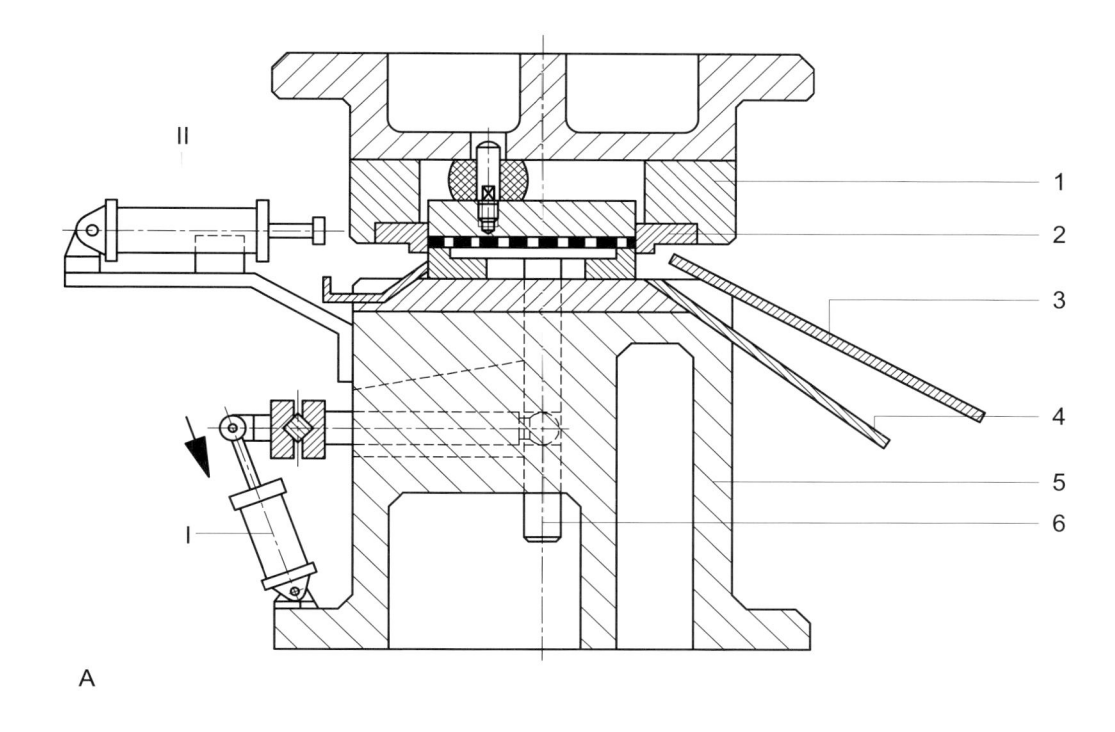

Bild 16

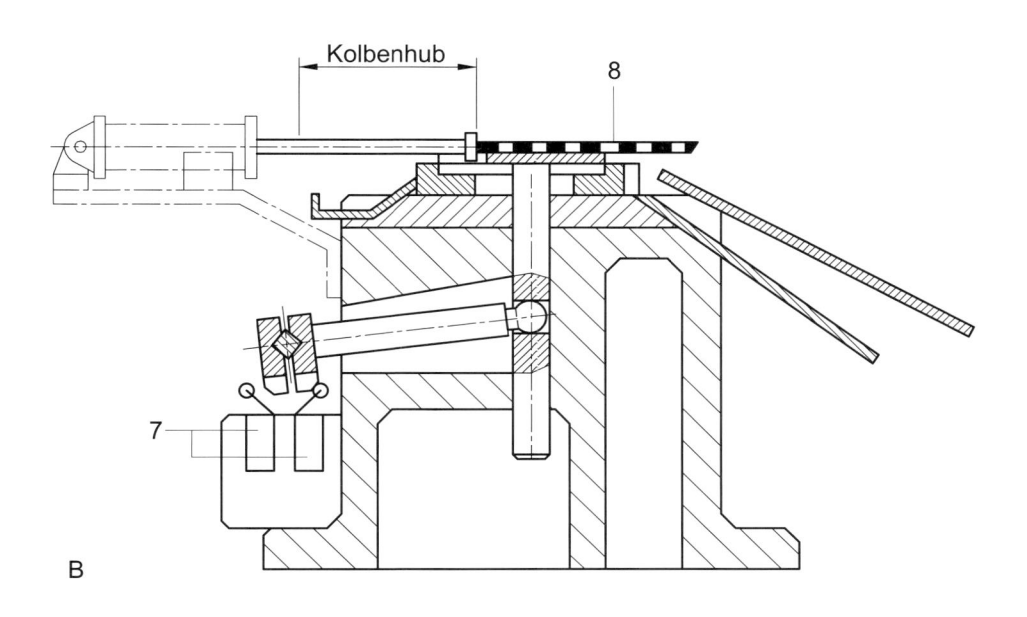

B

Um die Platine auszuwerfen, muss sie erst angehoben werden (Arbeitszylionder I) Der Zylinder II schiebt nach dem Stößelhochgang die Platine aus. Diese kippt und gleitet ab. A Arbeitsvorgang Platine Ausschneiden, B Auswerfervorgang.
1 Werkzeugoberteil, 2 Schneidring, 3 Gleitbahn für Nutzteile, 4 Gleitbahn für Abfallteile, 5 Pressenunterteil, 6 Aushubstößel, 7 Endschalter, 8 Platine

Werkstückabführung – Scherenarmausgeber als Rollenbahn

Bild 17

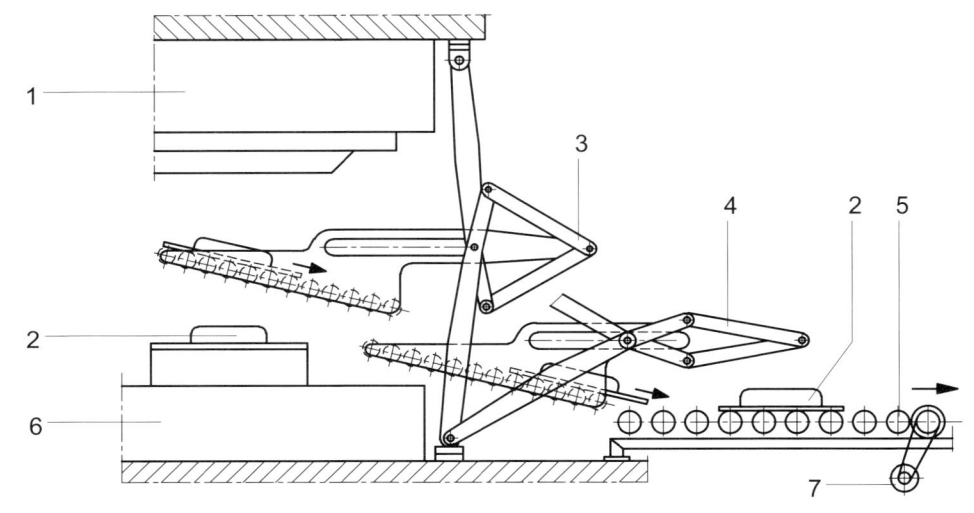

Der Ausgeber wird durch die Hubbewegung der Presse angetrieben. Das ausgeworfene Teil fällt auf die Rollenbahn. 1 Werkzeugoberteil, 2 Werkstück, 3 Gelenkstellung bei geöffnetem Werkzeug, 4 Gelenkstellung bei geschlossenem Werkzeug, 5 Rollenbahn, 6 Werkzeugunterteil, 7 Rollengangantrieb

Werkstückabführung, Tablettausgeber als Rollenbahn

Bild 18

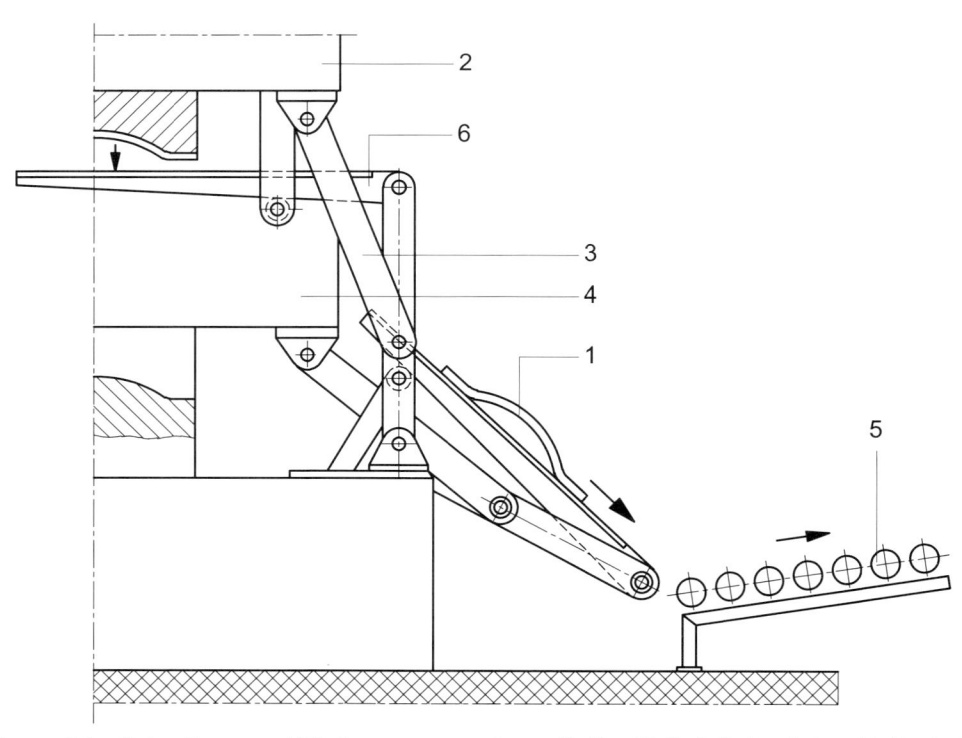

Der Mechanismus ist mit der Pressenstößelbewegung gekoppelt. Das Teil gleitet auf einer Rollenbahn ab.
1 Werkstück, 2 Pressenstößel in oberer Stellung, 3 Gelenkmechanismus, 4 Pressenstößel unten,
5 Abführrollenband, 6 Aufnahmetablett

Werkstückabführung – Röllchenbahn

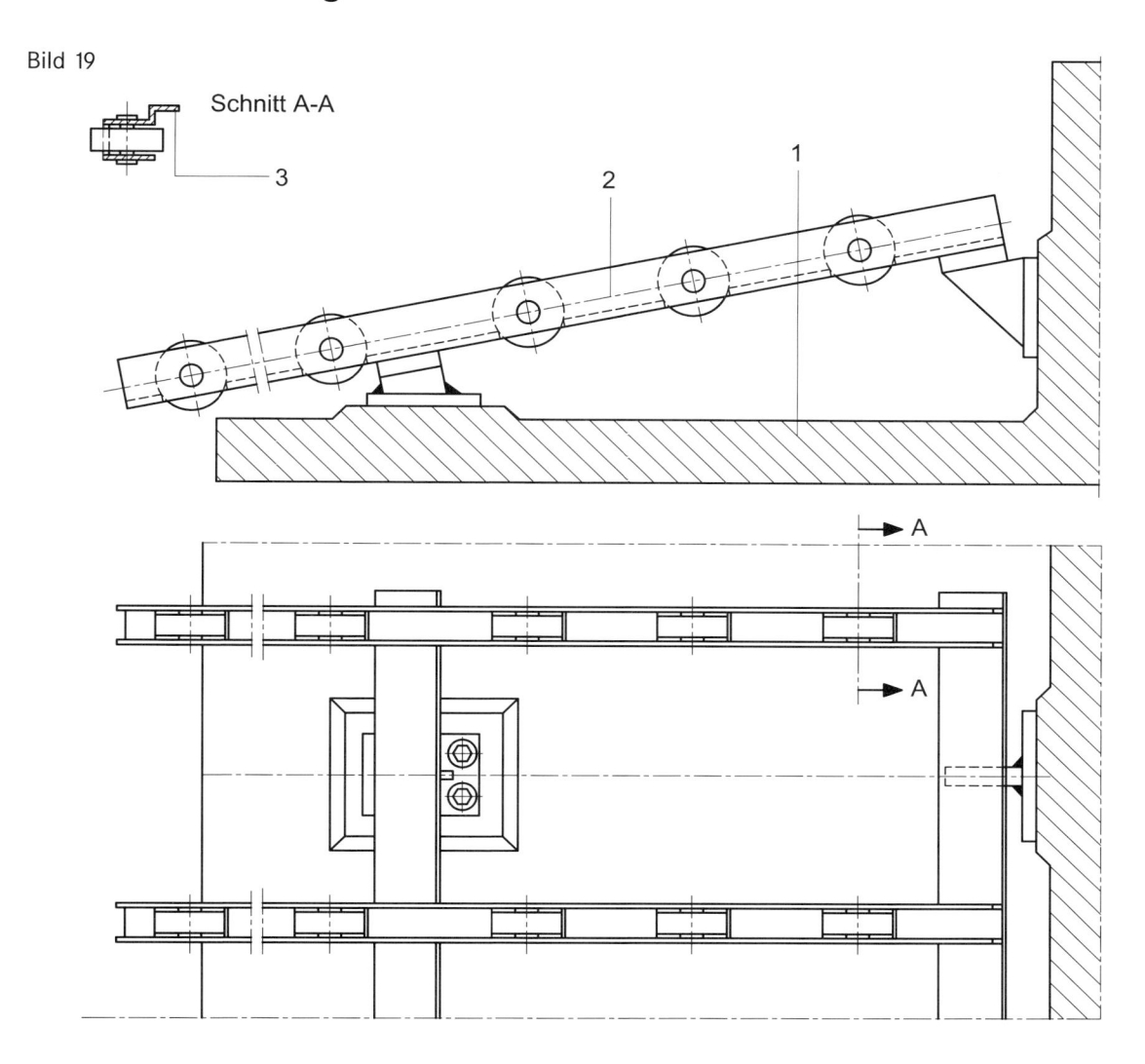

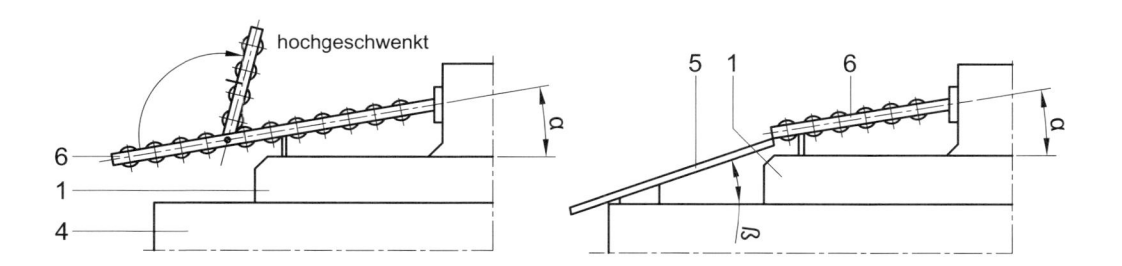

Bild 19

Schnitt A-A

Abfälle und Nutzteile können durch Schwerkraftwirkung aus dem Pressenbereich entfernt werden.
1 Werkzeuggrundplate, 2 Röllchenbahnleiste, 3 Leitblech, bei Bedarf angeschweißt, 4 Pressentisch,
5 Gleitblech, pressenzugehörig, 6 Röllchenbahn, werkzeugabhängig; α mindestens 10°, β mindestens 20°

Werkstückabführung – Gleitblech als Rutsche

Bild 20

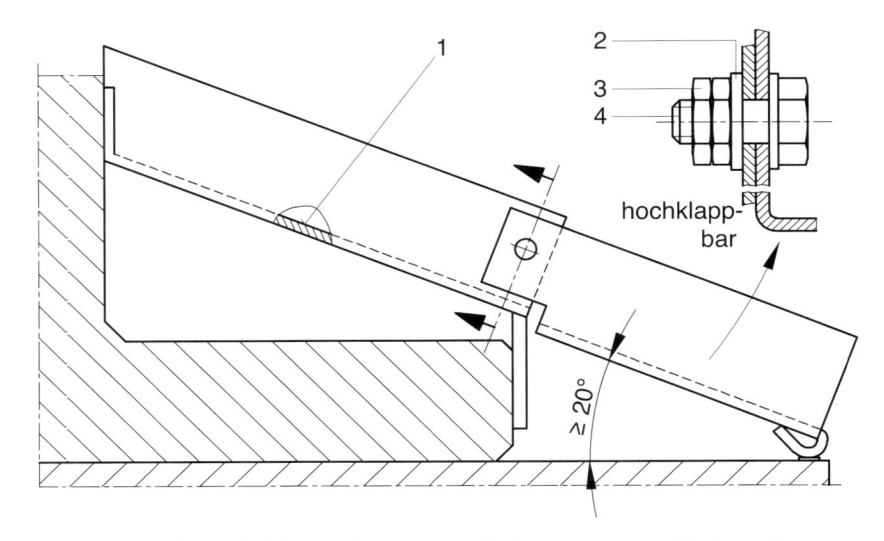

hochklappbar

Nutzteile und Abfälle müssen über die Kante des Pressentisches herausgeführt werden.
1 Gleitfläche, glatt, ungebeizt, 2 Scheibe, 3 Sechskantmutter, 4 Sechskantschraube

Werkstückabführung – Gleitbahn als Buckelblechrinne

Bild 21

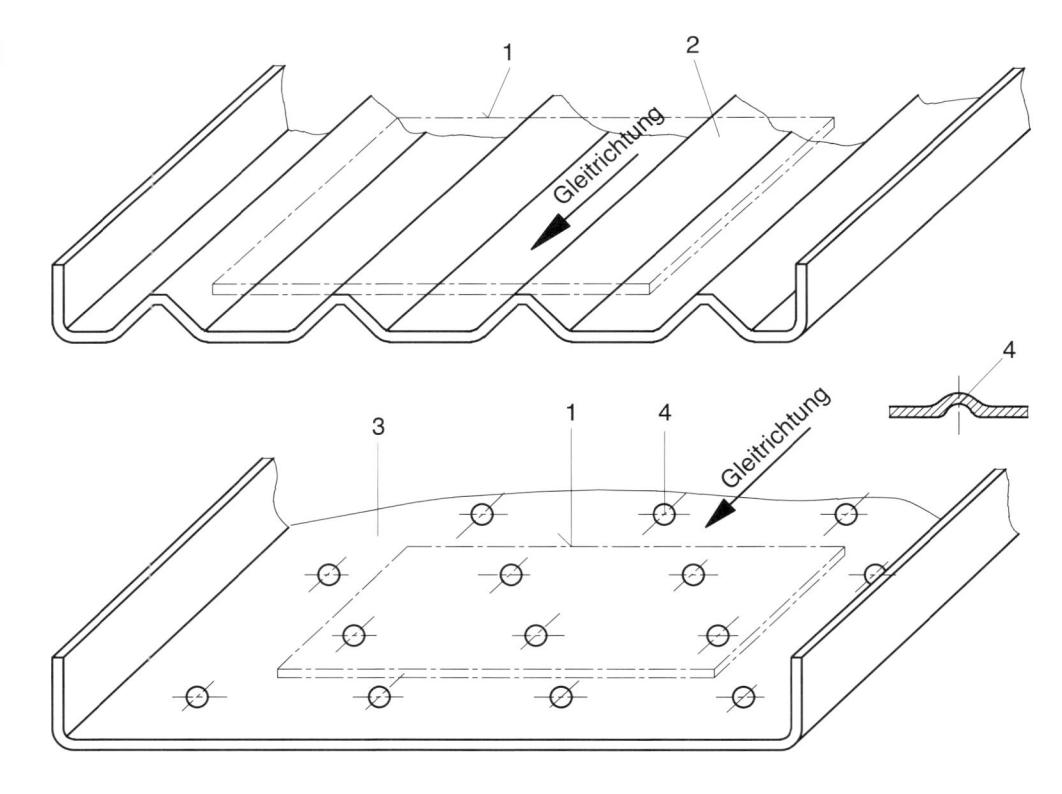

Das Werkstück soll mindestens auf drei Buckeln oder zwei Längssicken aufliegen.
1 Werkstück, 2 Sickenblech, 3 Buckelblech, 4 Buckel

Zuführeinrichtung – Bandzuführung, Walzenvorschubapparat

Bild 22

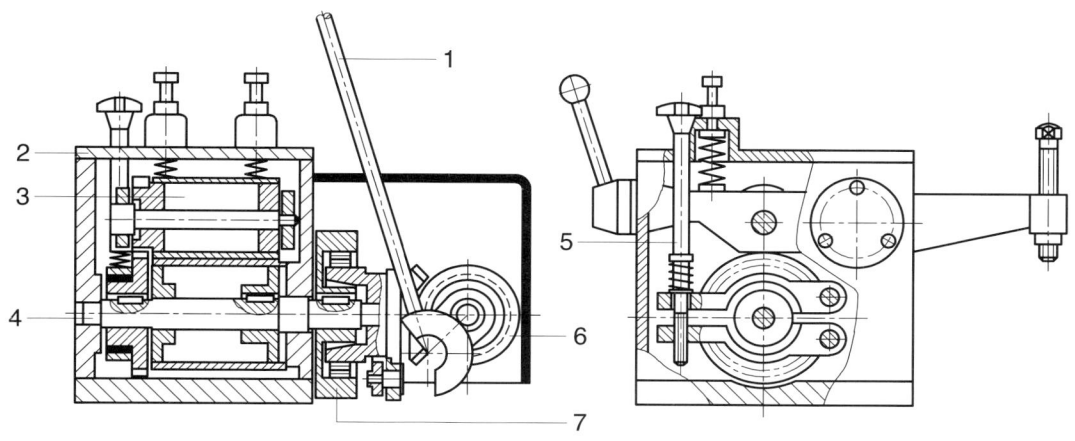

1 Antriebsstange zur Presse, 2 Getriebekasten, 3 Vorschubwalze, 4 Antriebswelle, 5 Bremse
6 Kegelradgetriebe, 7 Richtgesperre

Zuführeinrichtung – Bandzuführung, Klemmmesser-Vorschubapparat

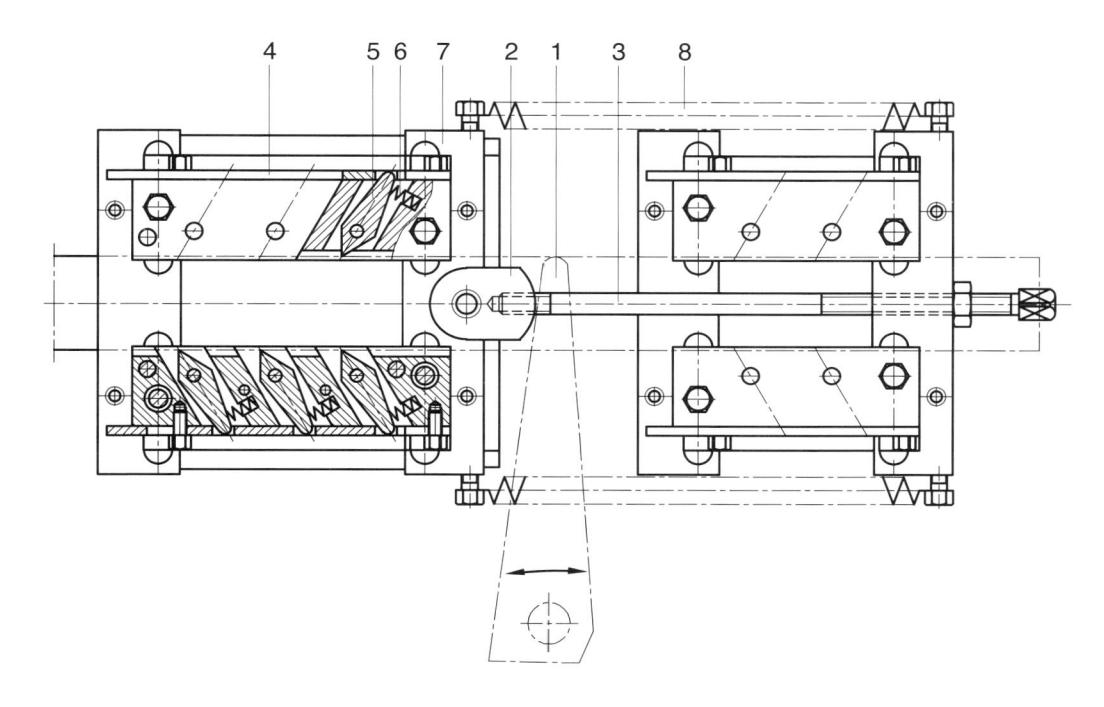

Bild 23

1 Antriebsschwinge, 2 Druckstück, 3 Stellschraube, 4 Halteplatte, 5 Klemmmesser, 6 Druckfeder,
7 Schieber, 8 Zugfeder

Entnahmeeinrichtung – Mittenarmentnehmer, Beschickungseinrichtung

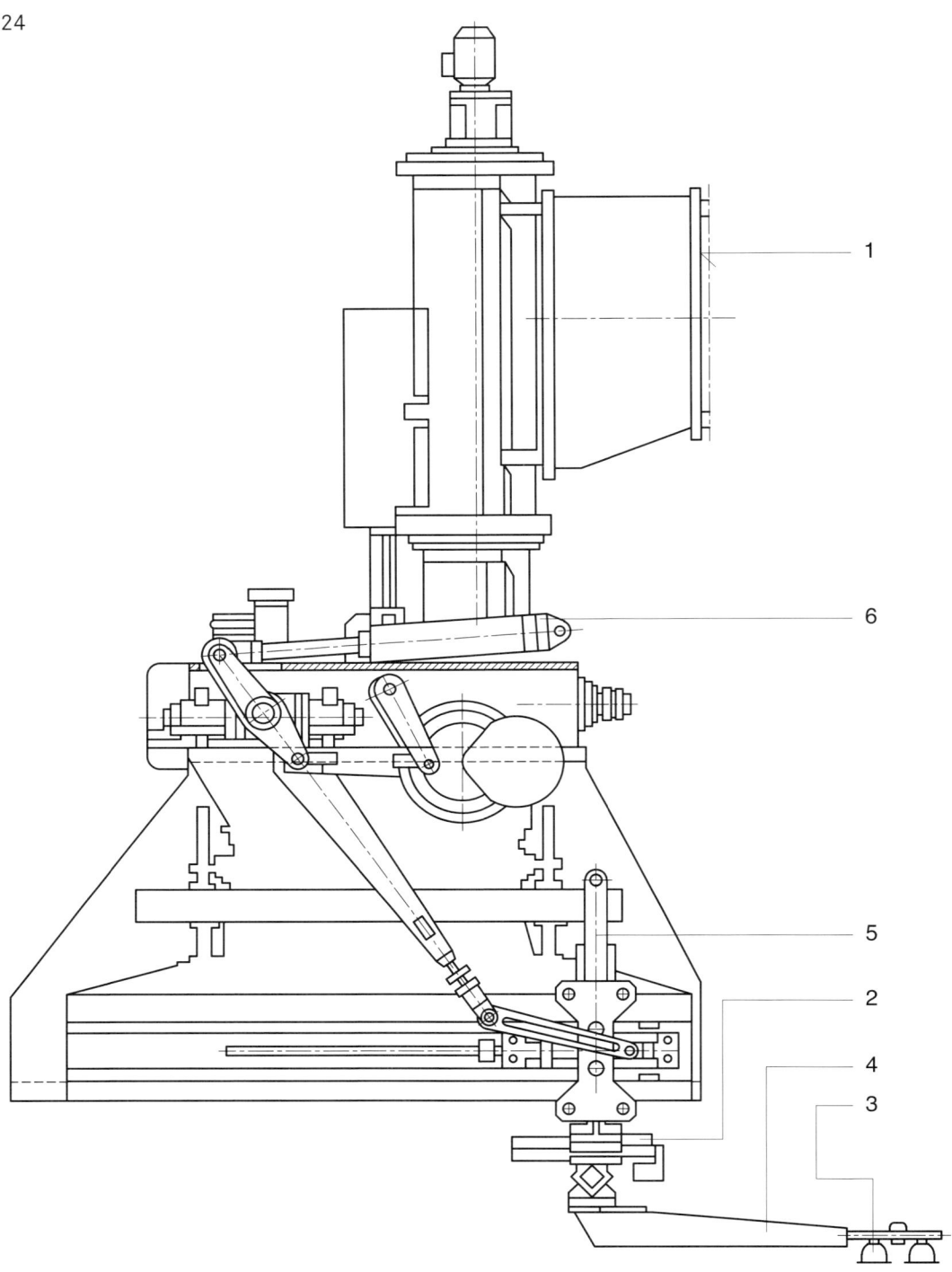

Bild 24

1 Anschlussflansch an Presse, 2 Einrichtemechanik, 3 Sauger, 4 Greiferarm, 5 mechanisches Getriebe, 6 Pneumatikzylinder

Abführeinrichtung – Dornmagazin, Drehtellermagazin

Bild 25

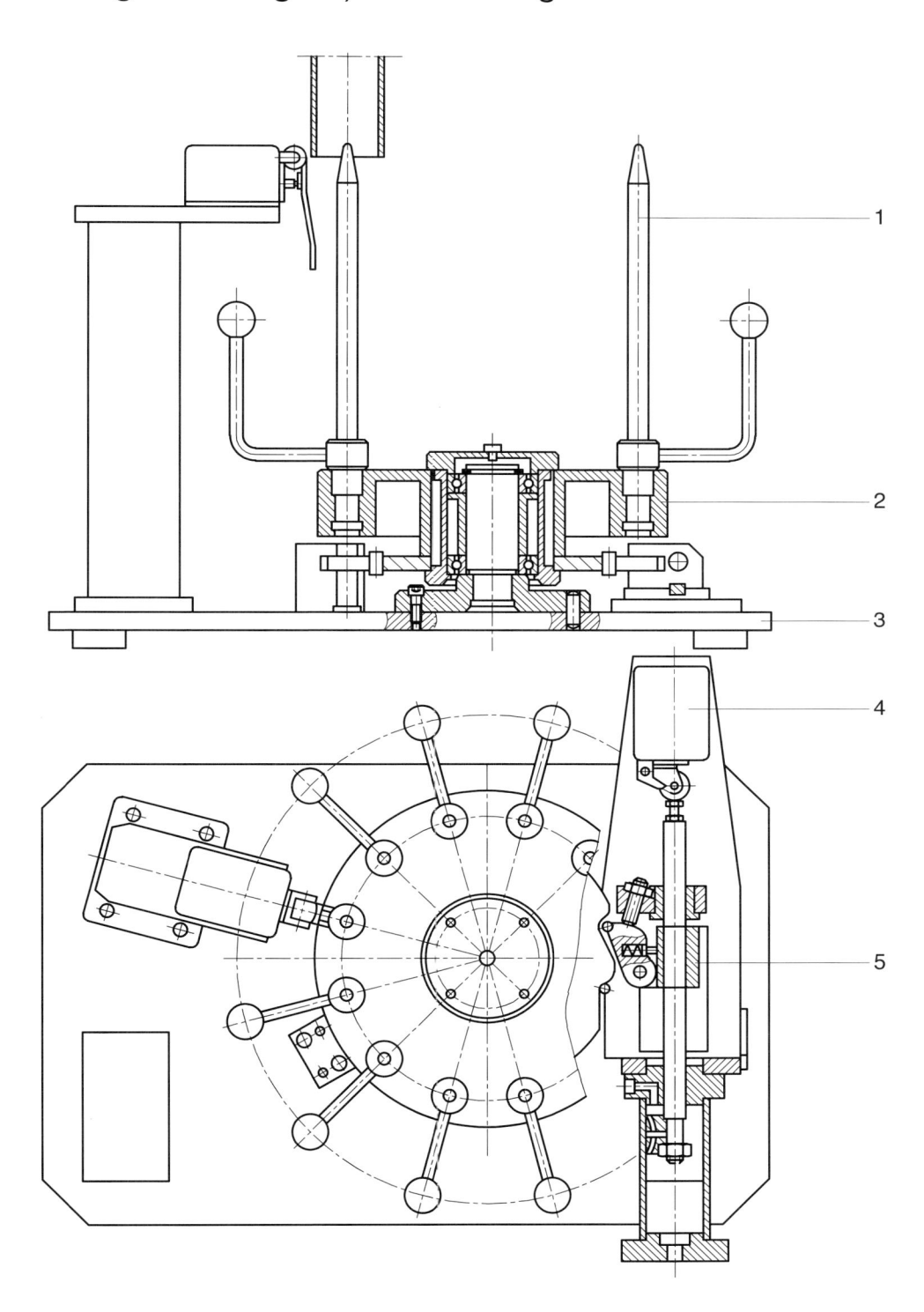

Die Vorrichtung übernimmt aus dem Werkzeug ausfallende Blechteile mit Lochung und magaziniert diese auf Stapeldornen
1 Stapeldorn, 2 Schaltteller, 3 Grundplatte, 4 Endschalter, 5 Schaltmechanismus

Teil V

Fügen

1. Fügen

Fügen ist das Zusammenbringen von verschiedenen Werkstücken (Bauteilen) geometrisch bestimmter fester Form mittels formloser Stoffe oder Verbindungselementen. Dabei wird der Zusammenhalt zwischen den Fügeteilen örtlich geschaffen oder vermehrt.

Nach E-DIN 8580 gehört auch das Fügen verschiedener Stellen eines Körpers z.B. eines Ringes dazu, während das Aufbringen von formlosem Stoff auf ein Werkstück als Beschichten definiert wird.

Die Eigenschaften von Fügeverbindungen werden wesentlich von der Schlussart der Verbindung bestimmt. Für Fügeverbindungen sind drei elementare Schlussarten bekannt, der Formschluss, Kraftschluss und Stoffschluss.

Beim Formschluss wird eine Verbindung durch den mechanischen Kontakt zwischen den zu fügenden Bauteilen hergestellt. So werden z.B. Kräfte über die sich berührenden Flächen an Feder und Stiftverbindungen aufgenommen. Beim Kraftschluss wird die Verbindung durch Reibkräfte hergestellt, z.B. bei Klemmverbindungen und Presspassungen. Bei stoffschlüssigen Verbindungen erfolgt an den Grenzschichten der Fügeteile eine physikalische oder chemische Verbindung, die nicht zerstörungsfrei lösbar ist.

Typische elementare Fügeverbindungen sind Schweiß-, Löt-, Klebe-, Schraub-, Niet-, Clinch-, Press- und Falzverbindungen.

Die wichtigsten Unterscheidungsmerkmale zu Verbindungen sind auf die drei Schlussarten zurückzuführen.

Die in diesem Kapitel zusammengestellten Beispiele beinhalten Fügeverbindungen, die durch Umformen entstehen, wie Falzen, Bördeln, Clinchen und Nieten. Dies sind durchweg formschlüssige Fügeverbindungen. Dem gegenüber stehen die stoffschlüssigen Verbindungen Löten, Kleben, Schweißen. Bei Löten und Kleben finden Sie einige Beispiele zur konstruktiven Ausführung und Gestaltung der Verbindung, beim Schweißen die Schemazeichnungen einiger Schweißverfahren.

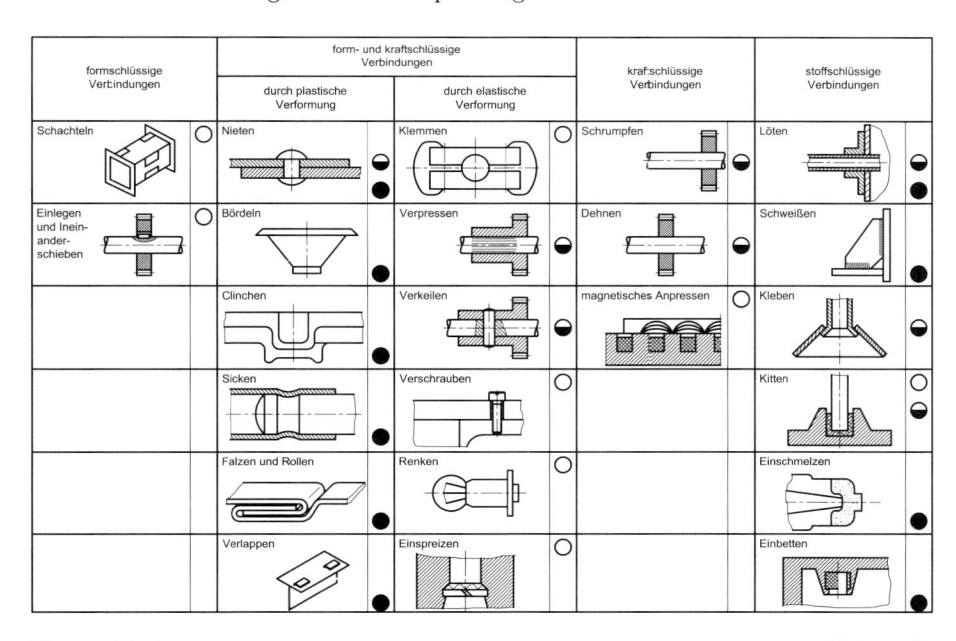

Fügeverbindungen

Verbindungen sind:
- lösbar ○
- bedingt lösbar ◐
- nicht lösbar ●

V Fügen

Elementare Schlussarten und Einsatzformen

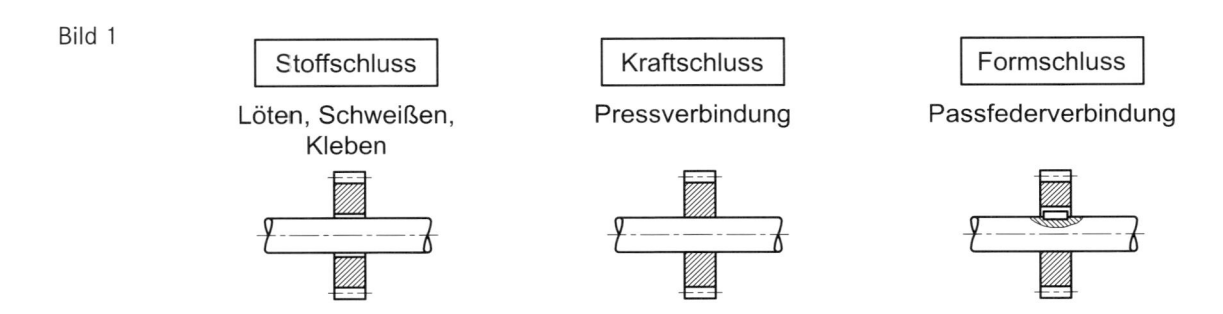

Bild 1

Stoffschluss	Kraftschluss	Formschluss
Löten, Schweißen, Kleben	Pressverbindung	Passfederverbindung

Fügen mittels thermischer Energie

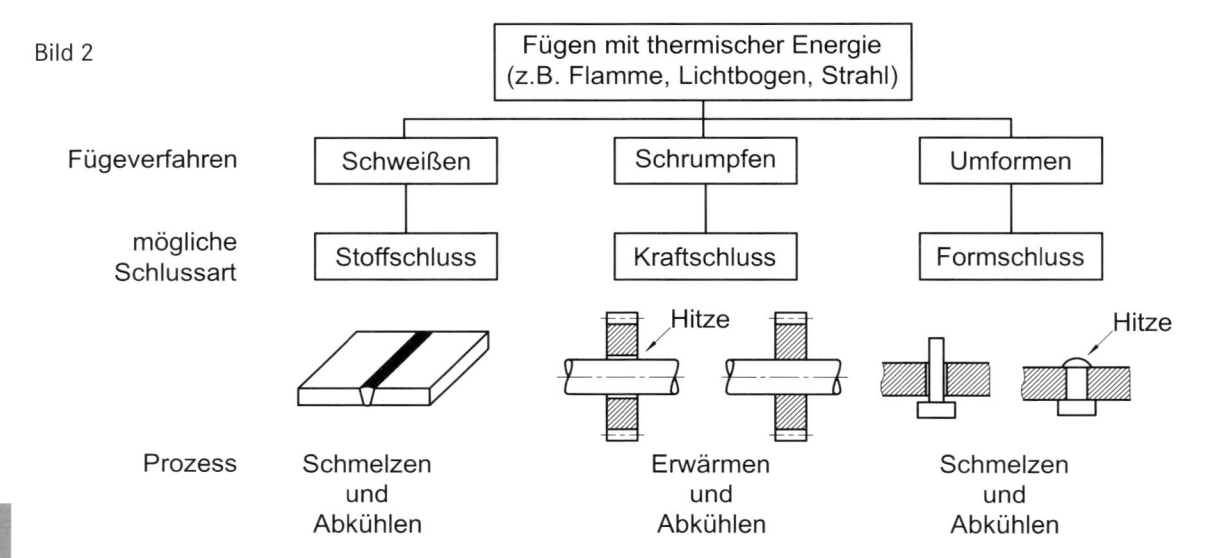

Bild 2

Fügen mit thermischer Energie (z.B. Flamme, Lichtbogen, Strahl)

Fügeverfahren	Schweißen	Schrumpfen	Umformen
mögliche Schlussart	Stoffschluss	Kraftschluss	Formschluss
Prozess	Schmelzen und Abkühlen	Erwärmen und Abkühlen	Schmelzen und Abkühlen

Verfahrensvarianten zum Fügen durch Umformen eines Verbindungselementes

Bild 3

Verfahren	Beschreibung	Beispiel
Vollnieten	Kraft- und formschlüssiges Fügen durch Umformen eines Verbindungselementes (Vollniet) nach Einstecken in die vorgelochten Werkstücke.	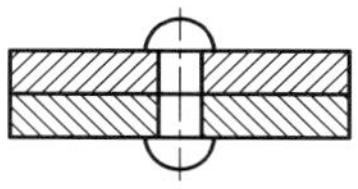
Blindnieten	Kraft- und formschlüssiges Fügen bei einseitiger Zugänglichkeit durch Umformen eines Verbindungselementes (Blindniet) mittels eines Nietdorns. Bisher keine Normung in E DIN 8593-5.	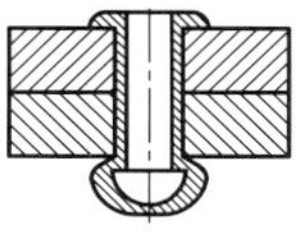
Schließringnieten	Kraft- und formschlüssiges Fügen mit einem zweiteiligen Verbindungselement, bei dem ein Schließringbolzen in die vorgelochten Werkstücke eingesteckt und anschließend mit dem Schließring die Verbindung hergestellt wird. Bisher keine Normung in E DIN 8593-5.	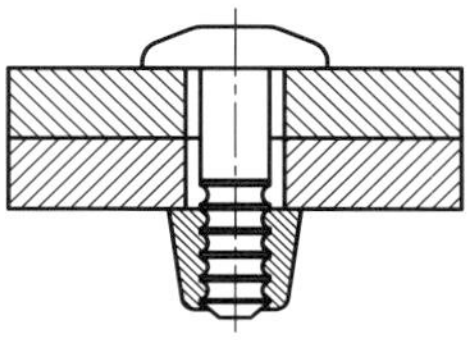
Hohlnieten	Überwiegend formschlüssiges Fügen durch Umlegen überstehender Teile eines Verbindungselementes (Hohlniet).	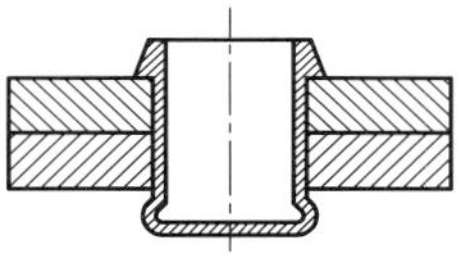
Heften	Herstellen einer formschlüssigen Fügeverbindung durch Einstanzen eines Verbindungselementes mit anschließendem Umformen.	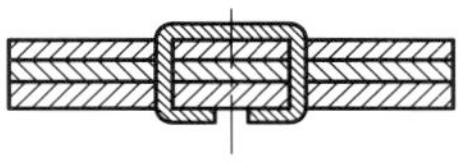
Wickeln mit Draht	Fügen eines drahtförmigen Werkstückes mit einem räumlich ausgedehnten Werkstück durch formschlüssiges Umschließen durch das drahtförmige Werkstück.	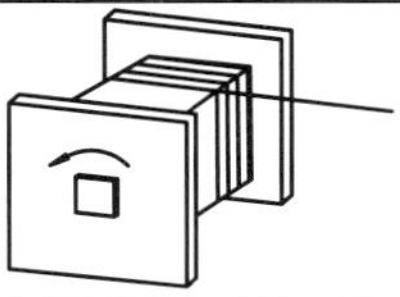

Herstellung einer Flachfalzverbindung (ein- und zweistufig)

Bild 24

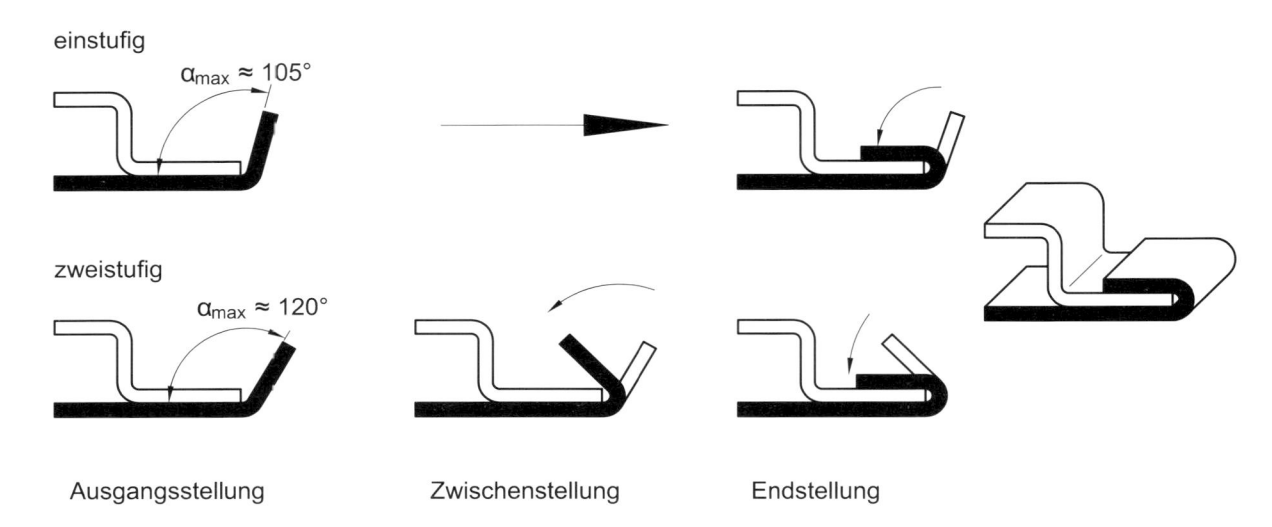

einstufig $\alpha_{max} \approx 105°$

zweistufig $\alpha_{max} \approx 120°$

Ausgangsstellung   Zwischenstellung   Endstellung

Herstellung einer Wulstfalzverbindung

Bild 25

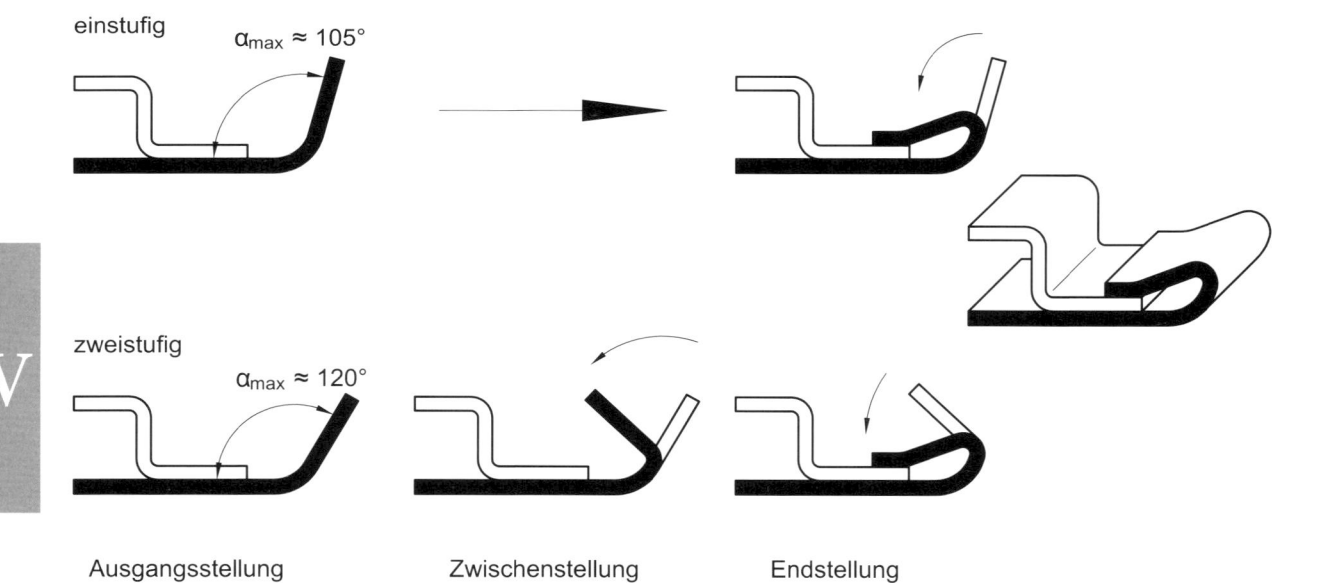

einstufig $\alpha_{max} \approx 105°$

zweistufig $\alpha_{max} \approx 120°$

Ausgangsstellung   Zwischenstellung   Endstellung

Fügen durch Bördeln

Bild 26

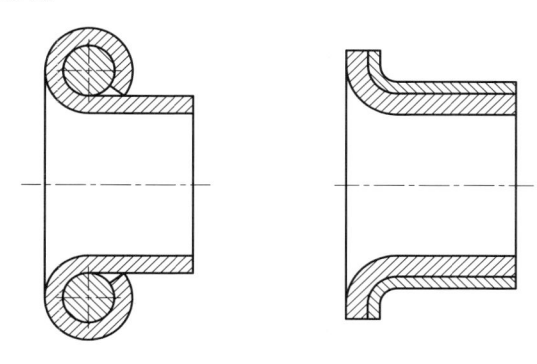

Fügen durch Falzen

Bild 27

Beispiele verschiedener Falz- und Bördelverbindungen

Bild 28

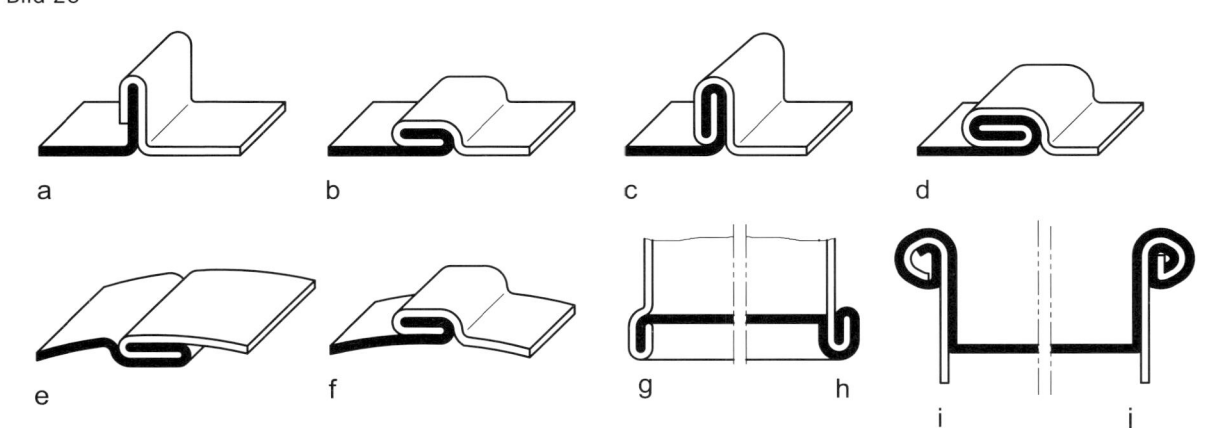

a stehender Falz
b liegender Falz
c stehender Doppelfalz
d liegender Doppelfalz
e Innenfalz
f Außenfalz
g einfacher Bodenfalz
h doppelter Bodenfalz
i Trapezfalz
j Spitzfalz

Verfahrensablauf beim Clinchen (mehrstufig, nicht schneidend)

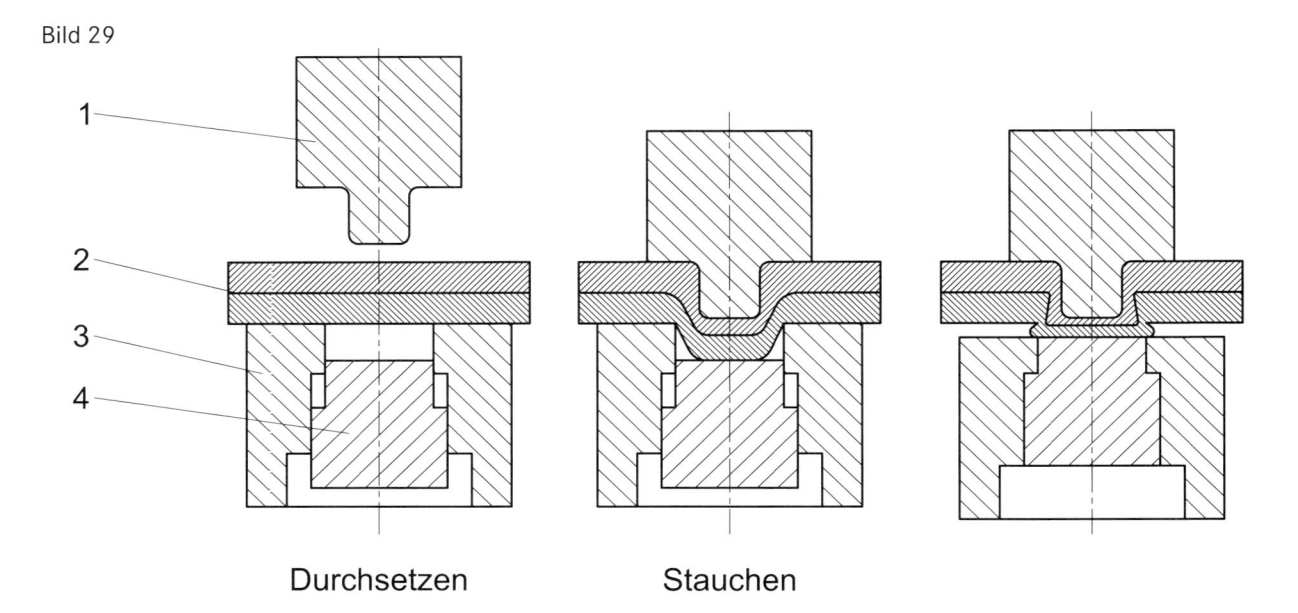

Bild 29

Durchsetzen   Stauchen

1 Durchsetzstempel
2 Werstücke
3 Matrize
4 Stauchstempel

Ablauf beim linienförmigen Fügen

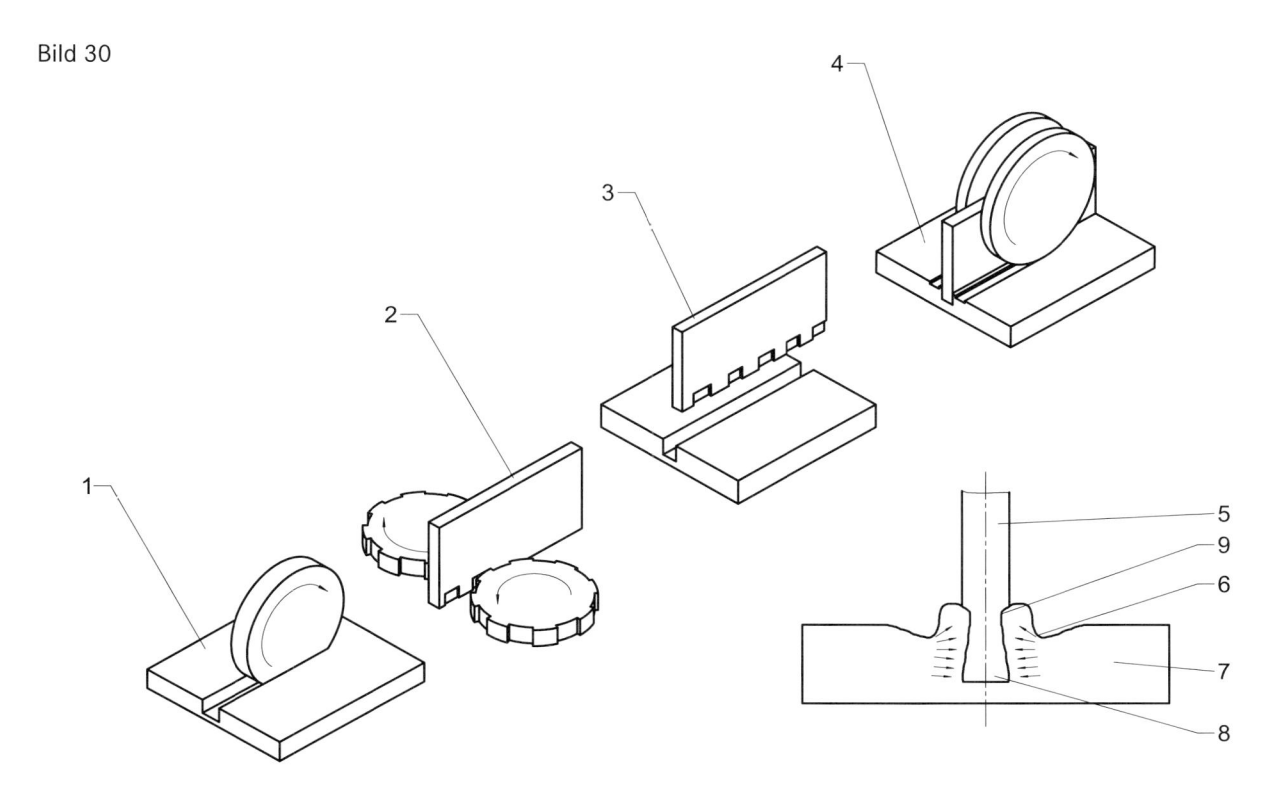

Bild 30

1 Nuten des Gurtes
2 Profilieren des Steges
3 Einsetzen des Stegbleches
4 Fügen von Steg und Gurt

5 Stegblech
6 Schließnut
7 Gurtblech
8 Nut
9 Profilierung des Stegbleches

Ablauf beim Verschrauben mit einer fresslochformenden Schraube

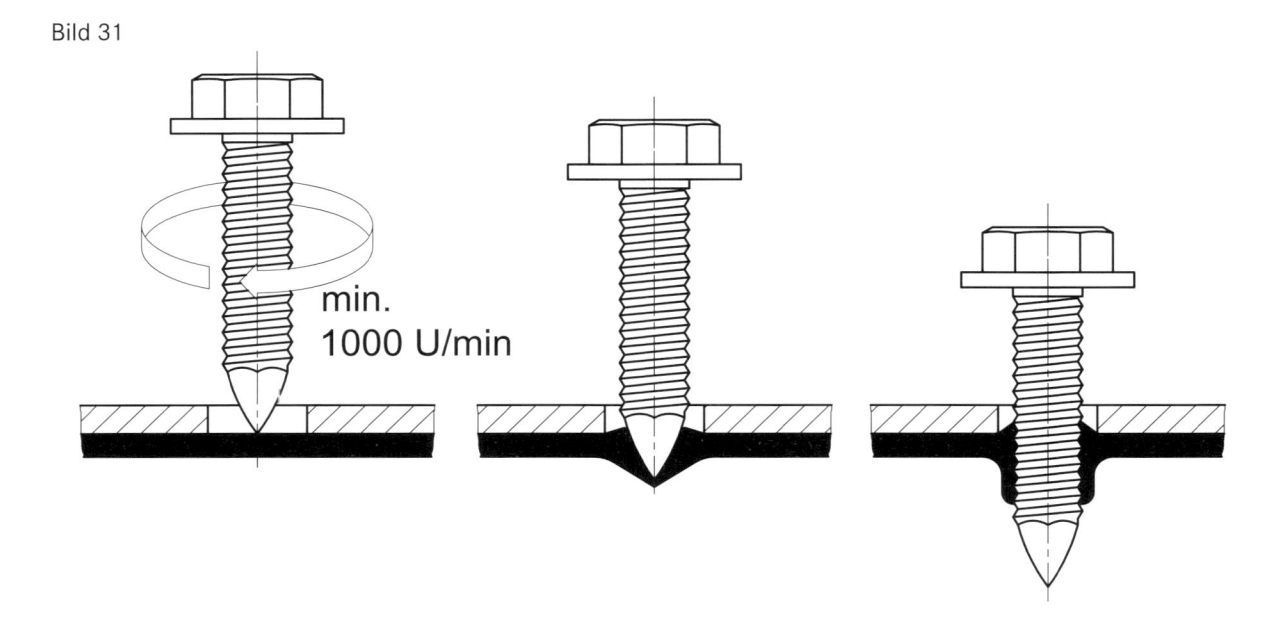

Bild 31

min.
1000 U/min

2. Nietverbindungen

Ein Niet ist ein plastisch verformbares, zylindrisches Verbindungselement. Durch das Nieten wird eine formschlüssige Nietverbindung zweier Bauteile hergestellt.

Nietverbindungen werden vorwiegend zum Fügen von Blechteilen eingesetzt. Niete werden aus Stahl, Kupfer, Messing, Aluminiumlegierungen, Kunststoff und Titan hergestellt. Bei Blindnieten bestehen Nietkörper und Dorn nicht unbedingt aus dem gleichem Material.

In die zu verbindenden Bauteile müssen Bohrungen eingebracht werden, die einen etwas größeren Durchmesser als der Niet haben.
Durch diese Bauteile wird der Niet hindurch geschoben, sodass der eigentliche Niet über diese Bauteile hinaus steht. Anschließend wird das überstehende Ende des Niet durch Bearbeiten mit dem Hammer zu einem Kopf (dem so genannten Schließkopf) geformt, der die Bauteile sicher verbindet. Der dem Schließkopf gegenüber liegende Teil des Nietes heißt Setzkopf, der Teil dazwischen Nietschaft.

Nieten bietet gegenüber Schrauben den Vorteil, dass in keines der Bauteile ein Gewinde eingebracht werden muss. Der Nachteil jedoch ist, dass die Verbindung nicht zerstörungsfrei zu lösen ist . Dieser Nachteil ist jedoch in einigen Bereichen der wichtigste Vorteil dieser Fügetechnik, eben dort, wo es auf unlösbare Verbindungen ankommt. Hierzu gehört unter anderem der Flugzeugbau, bei dem Nietverbindungen die wesentliche Grundlage der Strukturbauteile darstellen. Im Gegensatz zu Schraubverbindungen, welche durch komplexe Messungen (Drehmoment u. ä) überprüft werden müssten, ist eine kraftschlüssige Nietverbindung optisch und ohne Messaufwand an dem geformten Schließkopf zu erkennen.

Ein Niet ist ein zylindrischer (ausgenommen Sonderformen) Bolzen aus Metall, der ein verdicktes Ende, den Kopf, hat. Je nach Verwendungszweck werden unterschiedliche Kopfformen verarbeitet, z.B. Halbrund-, Senk-, Flachrund- und Flachsenkkopf. Der Niet liegt mit dem Kopf auf der einen Seite der zu verbindenden Werkstücke an. Der Schaft wird durch das vorgebohrte oder vorgestanzte Loch durchgesteckt und durch Druck in die Breite verformt, so dass die Werkstücke fest miteinander verbunden werden. Der Druck kann plötzlich durch Schlag oder kontinuierlich z.B. durch eine hydraulische Presse aufgebracht werden. Nieten mit einem Durchmesser von mehr als 8 mm werden geschlagen, das heißt im Schmiedefeuer auf Gelbglut erwärmt, glühend eingeschlagen und der Kopf geformt. Beim Abkühlen zieht sich der Niet zusammen und verspannt die zu verbindenden Werkstücke. Somit wird zwischen Kalt- und Warmnietverbindungen unterschieden. Konventionelle Nietverfahren sind Vollnieten, Blindnieten und Stanznieten.

Arten von Nietverbindungen

Vollniete

Die wohl älteste Verbindungstechnik ist das Vernieten mit Vollnieten. Die Ursprünge der Nieten mit Vollnieten lassen sich in die Bronzezeit zurückverfolgen. Dennoch hat diese Verbindungsmethode wichtige Merkmale, die sie auch heute noch bei sicherheitskritischen Verbindungen unersetzlich macht. Hierzu gehört neben der Stahlkonstruktion für Baugewerbe vor allem der Flugzeugbau. Auch modernste Flugzeuge werden heute noch durch das Vernieten von Blechstrukturen mit Vollnieten hergestellt.
Der wichtigste Grund für die Verwendung von Vollnieten liegt in der einfachen Herstellung und Qualitätsprüfung von Nietverbindungen. Das ist gerade bei sicherheitskritischen Anwendungen, die einer hohen Dauerschwingbelastung ausgesetzt sind, ein großer Vorteil.

Blindniete

Ein Blindniet ist eine spezielle Form von Niet, welche nur den Zugang zu einer Seite der zu verbindenden Bauteile erfordert und mit einer speziellen Blindnietzange befestigt wird. Der Blindniet besteht aus einem hohlen Nietkörper mit Kopf an der (beim Nieten zugänglichen) Vorderseite und aus einem längeren, durchgesteckten Dorn mit Kopf am hinteren Nietende. Der Dorn ist mit einer Sollbruchstelle versehen. Beim Blindnieten erfolgt der Fügevorgang von nur einer (im Regelfall der äußeren) Seite des Bauteils aus. Der Blindniet wird durch die Bohrung eingeführt, anschließend wird der herausragende Dorn mit einer Blindnietzange angezogen. Der Nietdornkopf staucht dabei den Nietkörper an der gegenüberliegenden unzugänglichen Seite, sodass sich ein Schließkopf herausbildet. Der Niet sitzt nun fest, aber der Dorn ragt noch solange aus dem Niet hervor bis er durch weiteren Zug an der Sollbruchstelle innerhalb des Nietkörpers zerteilt wird. Der Rest des Dorns befindet sich dann in der Zange und wird weggeworfen.
Bei Blindnieten für Spezialanwendungen (Flugzeug u. ä) wird der im Niet verbleibende Dornrest mit einem beim Verarbeiten eingepresstem Ring gesichert . Dadurch können sich keine Teile lösen und die höhere Scherfestigkeit des Dornmaterials kann voll genutzt werden.

Stanzniete

Ziel des Stanznietens ist das mittelbare, nicht lösbare Verbinden von Blechteilen, ohne das beim Vollnieten oder Blindnieten notwendige Vorlochen. Zu diesem Zweck kommt ein Nietelement (Hilfsfügeteil) zum Einsatz, das gleichzeitig als Stempel fungiert. Abhängig vom verwendeten Nietelement sind prinzipiell zwei Stanznietverfahren von Bedeutung: Stanznieten mit Vollniet oder Stanznieten mit Halbhohlniet. Gemeinsam ist beiden Verfahren, dass sie eine zweiseitige Zugänglichkeit der Bauteile erfordern und dass die Herstellung der Verbindung in einem einstufigen Setzvorgang geschieht.

Bedeutung der Nietverbindung in der Technik

Die Bedeutung des klassischen Vollniets als Nietverbindung hat heutzutage erheblich nachgelassen. Gegenüber den oben erwähnten Vorteilen sind einige Nachteile zu nennen:

- Zu vernietende Bauteile müssen übereinander gelegt und zusammen durchgebohrt werden, sonst passt der Niet wegen Fertigungstoleranzen nicht durch.
Gegebenenfalls muss das Loch mit einem Fräser oder einer Reibahle nachgearbeitet werden. Dieses Verfahren ist umständlich und teuer; Schraubverbindungen sind hier günstiger.

- Jede Nietverbindung muss einzeln geprüft werden.

- Durch eine Nietverbindung wird der Kraftfluss umgeleitet, es entsteht ein zusätzliches Biegemoment im Bauteil. Schweißverbindungen haben diesen Nachteil nicht .

- Das zusätzliche Biegemoment kann nur durch mehrschnittige Verbindungen aufgehoben werden, diese sind aber teuer.

- Durch Lochleibung entstehen in dünnen Blechen im Bereich des Niets hohe Spannungen. Um diese zu verringern, muss die Blechdicke erhöht werden. Schweißverbindungen haben keine Lochleibung.

- Nietverbindungen sind korrosionsempfindlich, ein Abrosten der zu verbindenden Bauteile oder der Nietköpfe kann schnell zu einem Lockern der Verbindung führen.
Diese Eigenschaften haben dazu geführt, dass die Nietverbindung in technischen Anwendungen weitestgehend durch die Schweißverbindung ersetzt wurde. Anwendungsgebiete bestehen dort, wo Schweißen nicht geeignet ist (z.B. Leichtbau) sowie bei der Reparatur von Altanlagen.

2. Nietverbindungen

Nietwerkzeug – Werkzeugelemente

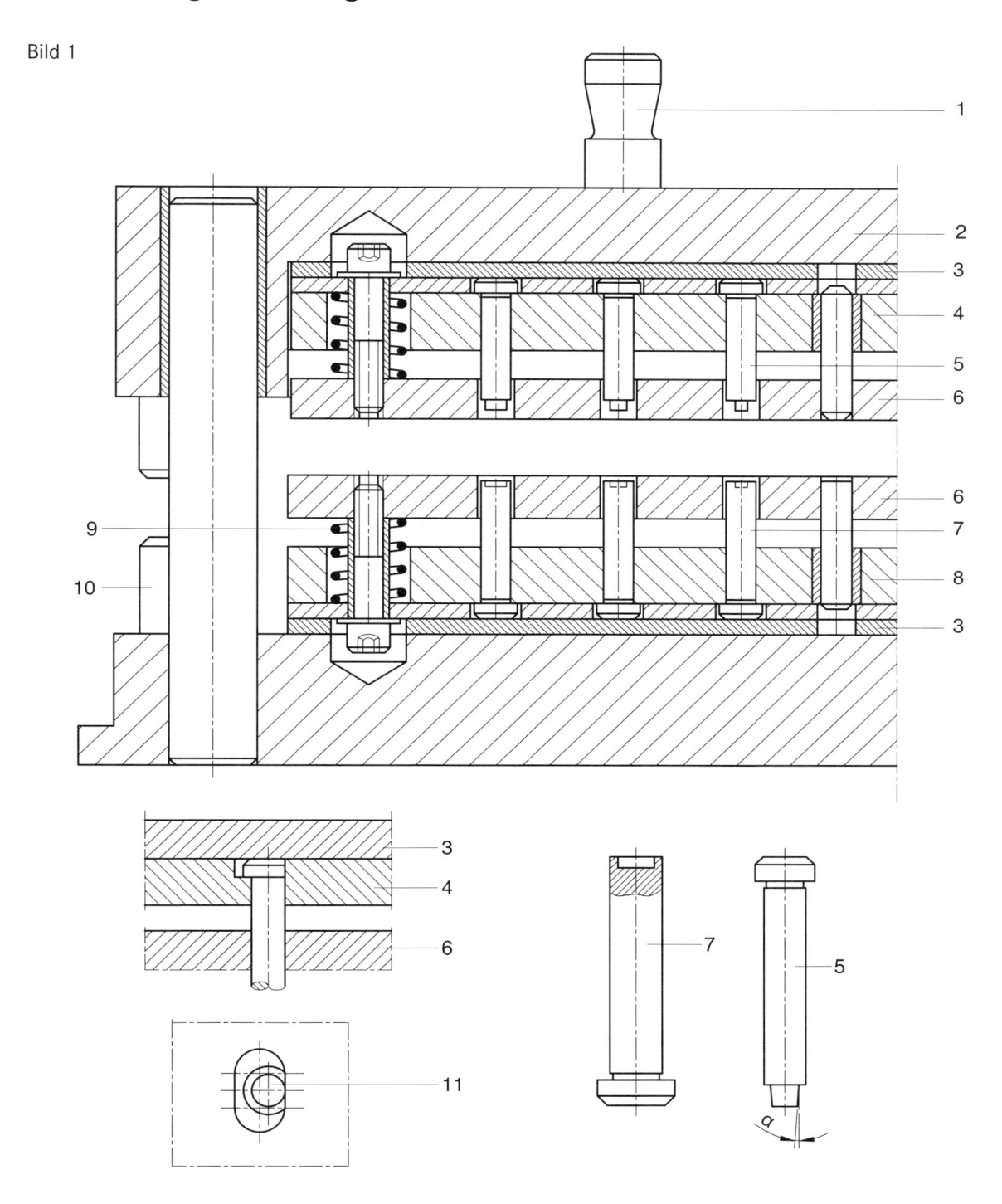

Bild 1

1 Einspannzapfen, 2 Säulenführungsgestell, 3 Druckplatte, gehärtet, 4 Stempelhalteplatte,
5 Tox-Stempel, 6 Abstreiferplatte, gehärtet, 7 Tox-Matrize, 8 Matrizenhalteplatte, 9 Druckfeder,
10 Distanzbolzen zur Pressenhubbegrenzung, 11 Variante eines Tox-Stempels für enge Punktabstände
mit Verdrehsicherung

Verfahrensablauf beim Stanznieten mit Halbhohlniet

Bild 2

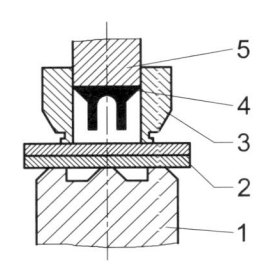

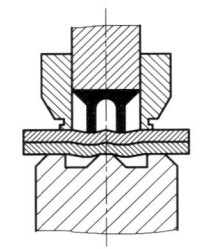

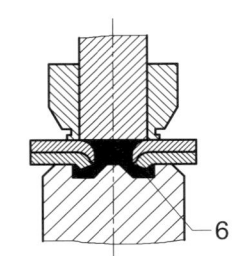

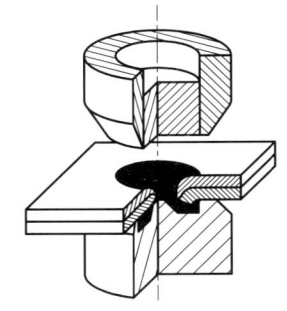

1 Matrize
2 Werkstücke
3 Niederhalter
4 Halbhohlstanzniet
5 Butzen

Verfahrensablauf beim Stanznieten mit Halbhohlniet

Bild 3

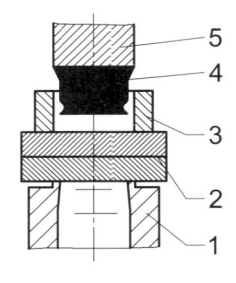

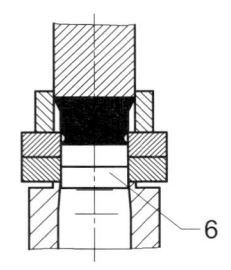

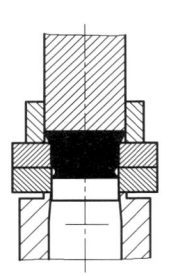

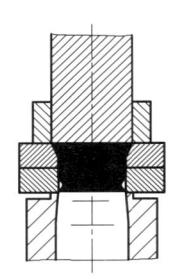

1 Matrize
2 Werkstücke
3 Niederhalter
4 Vollstanzniet
5 Butzen

Einsatz verschiedener Schließring- und Blindnieten im Nutzfahrzeugbau

Bild 4

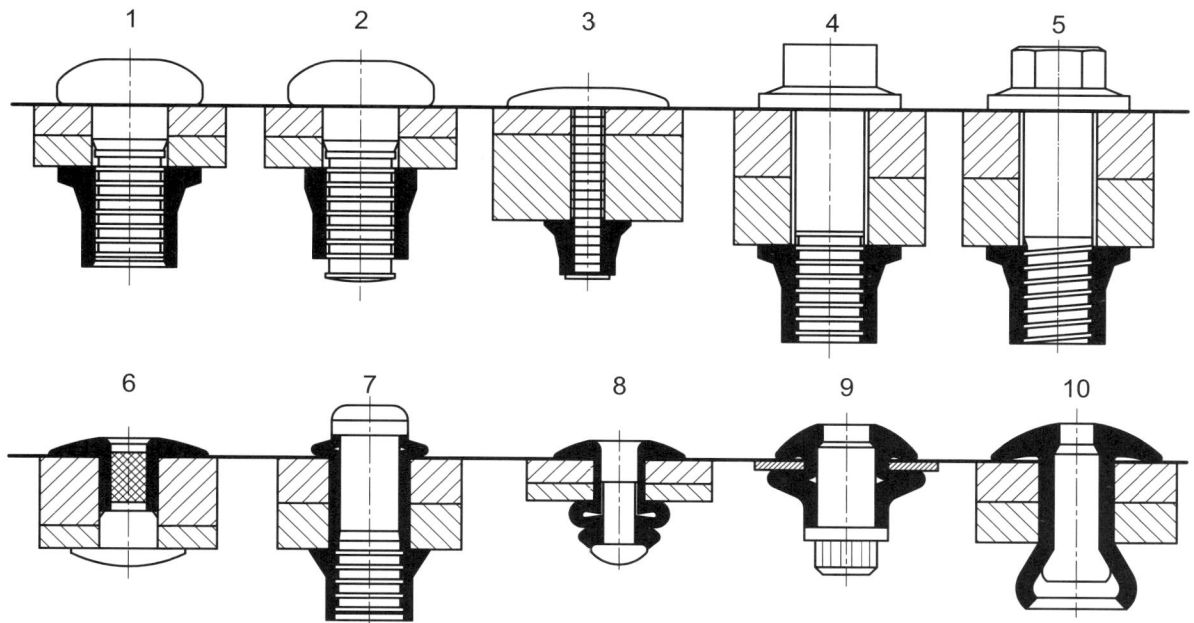

1 Standard-Schließringbolzen mit Flansch-Schließring
2 Standard-Schließringbolzen mit Standard-Schließring
3 Mehrbereichs-Schließringbolzen mit flachem Setzkopf und Flansch-Schließring
4 Hochfest vorgespannter Schließringbolzen mit Flansch-Schließring
5 Hochfest vorgespannter Sechskant-Schließringbolzen mit Rillensteigung und Flansch-Schließring
6 Schließringbolzen mit Spezialverriegelung
7 Blind gefügter Schließringbolzen für hohe Schwingbeanspruchung
8 Blindniet ohne Nietdornverriegelung
9 Hochfester Planbruch-Blindniet mit Nietdornsicherung
10 Blindniet mit tragendem Nietdorn und integrierter Nietdornsicherung

Auswahl verschiedener Blindnietarten mit schematischem Fügeablauf

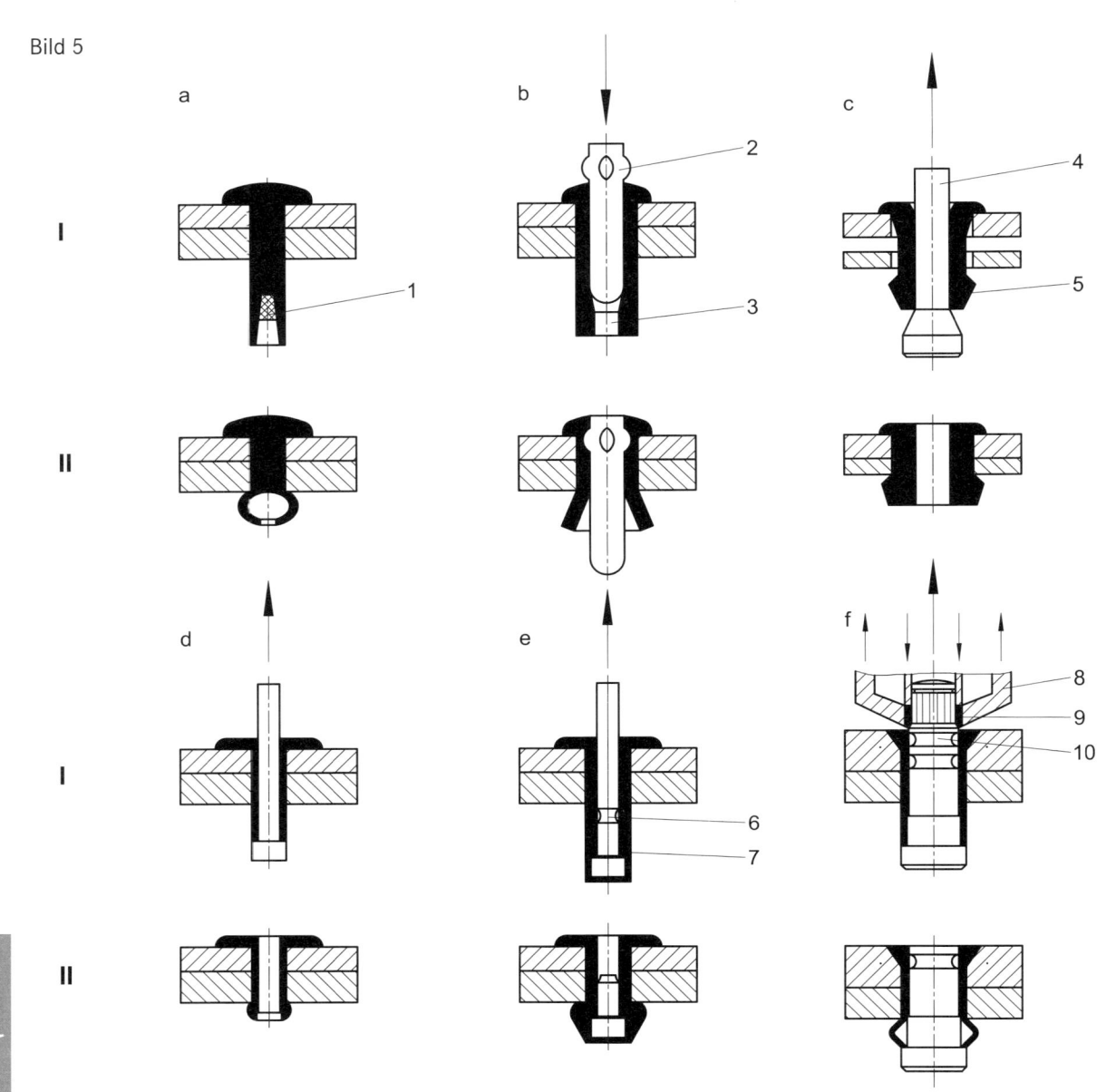

Bild 5

1 Sprengladung
2 Spreizdorn
3 Niethülse
4 Nietdorn
5 Niethülse
6 Sollbruchstelle
7 geschlossene Niethülse
8 Werkzeug
9 Sicherungsring
10 Sollbruchstelle

I = Ausgangszustand zur Ausbildung des Schließkopfes
II = gefügte Verbindung

Verfahrensablauf beim Blindnieten

Bild 6

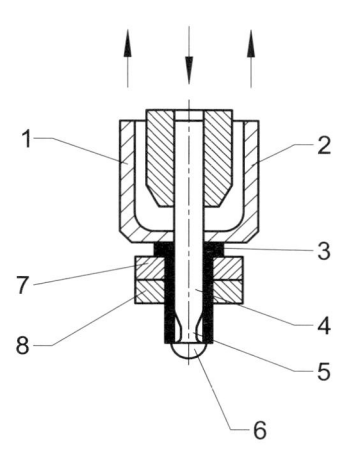

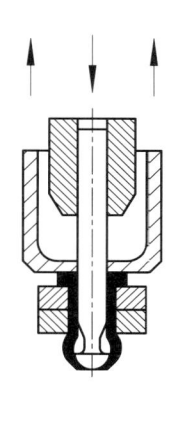

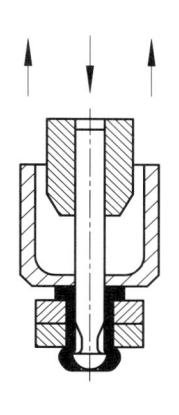

1 Mundstück
2 Klemmbacken
3 Setzkopf
4 Nietdorn
5 Sollbruchstelle
6 Nietdornkopf
7 Platte oben
8 Platte unten

Herstellung einer Hohlnietverbindung durch Rollen

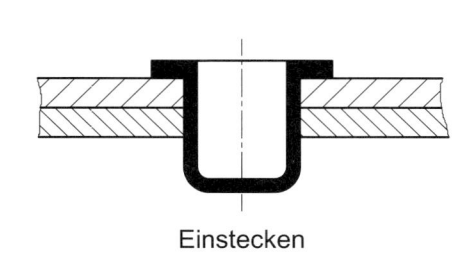

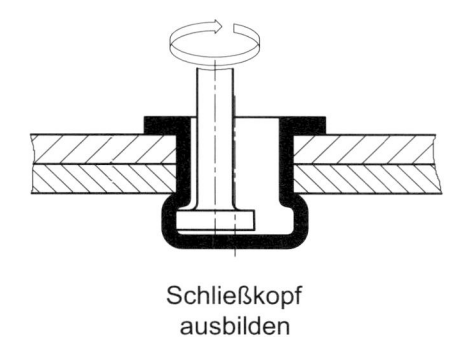

Bild 7

Einstecken

Schließkopf ausbilden

Fügevorgang eines Schließringbolzensystems

Bild 8

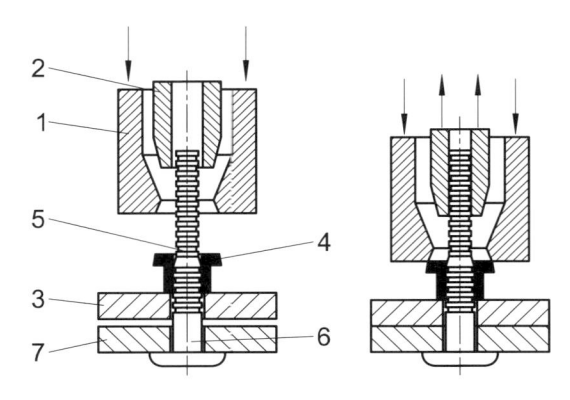

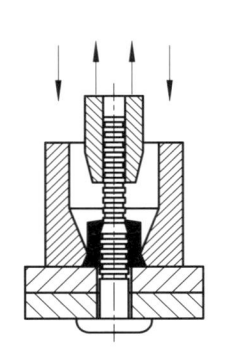

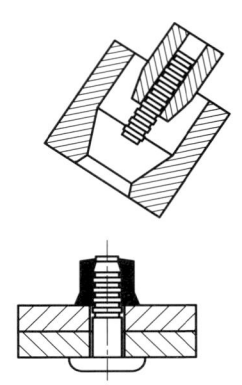

1 Setzwerkzeug
2 Klemmbacken
3 Platte oben
4 Schließring
5 Sollbruchstelle
6 Schließringbolzen
7 Platte unten

Nietwerkzeug – Tox-Verbindung, Arbeitsprinzip

Bild 9

A

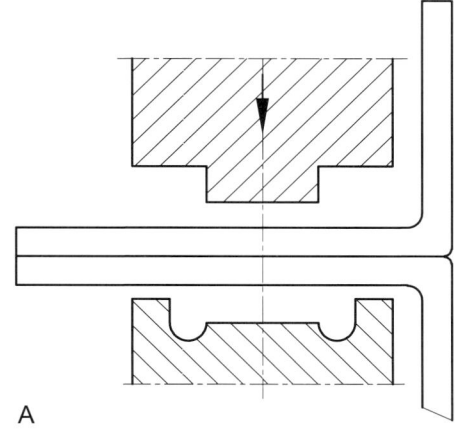

Bild 10

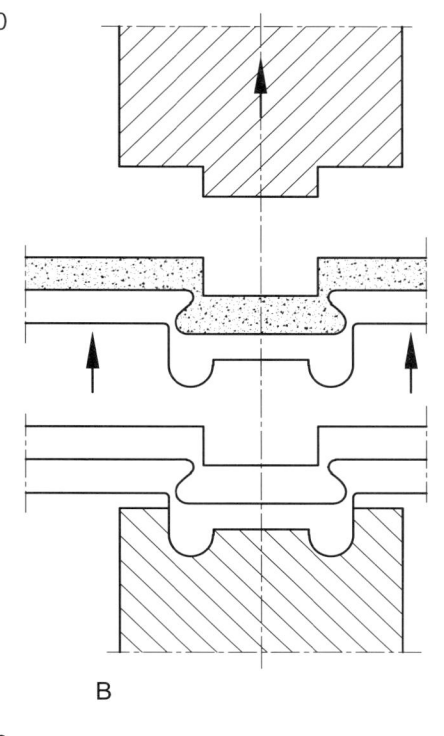

B

Bild 11

C

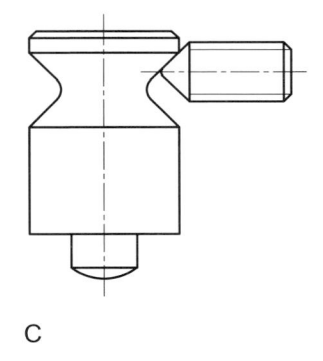

Bild 12

D

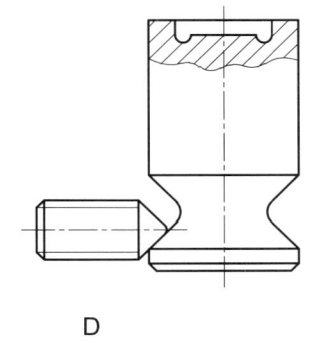

Bild 13

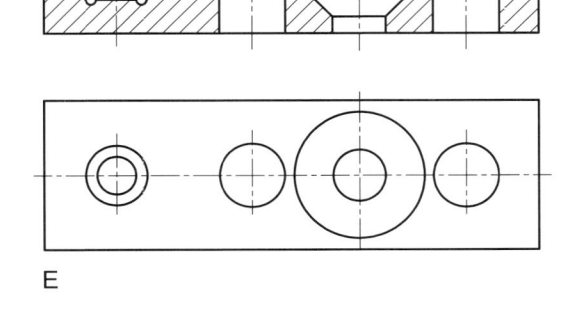

E

Ein Rundstempel presst die zu verbindenden Materialien wie beim Tiefziehen in die Matrize. Bei weiterem Kraftaufbau wird das Material gezwungen, die Hinterschneidungen der Matrize auszufließen. Es entsteht eine punktförmige Verbindung.
A Tox-Werkzeugsatz in Arbeitsstellung,
B Entnahmeforgang, C Einzelpunktstempel rund, D Einzelpunktmatrize rund, E Einzelpunkt- oder Mehrpunktmatrize flach

3. Löten

Das Löten ist ein Fügeverfahren, welches seit Beginn der Verarbeitung metallischer Werkstoffe trotz einer zunehmenden Vielfalt an anderen Fügeverfahren einen bedeutenden Platz in der Fertigungstechnik einnimmt. Zusammen mit dem Schweißen und Kleben zählt das Löten zu den stoffschlüssigen Fügeverfahren.

Das Löten ist seit etwa 6000 Jahren bekannt. Ein ursprünglich dominierendes Anwendungsgebiet war die Fertigung von Schmuck und Kunstgegenständen. In diesen Branchen ist das Löten auch heute noch unverzichtbar.

Zu Beginn des 20. Jahrhunderts waren die in Massenfertigung produzierten Fahrräder ohne hart gelötete Rahmen ebensowenig denkbar wie weich gelötete Kühler für Kraftfahrzeuge. In der sich schnell entwickelnden Elektronik wurde das Weichlöten zum wichtigsten Fügeverfahren. Neue Werkstoffe, wie technische Keramiken oder Superlegierungen, bedurften zu deren Einführung in die Praxis nicht zuletzt sicherer, reproduzierbarer und wirtschaftlicher Fügeverfahren.

Auf Grund der Vielzahl lötbarer Werkstoffe und der Vielfalt an Konstruktionen, die gelötet werden müssen, etablierten sich entsprechend zahlreiche Lötverfahren.

Das Wesensmerkmal des Lötens ist das Herstellen von Verbindungen zwischen zu fügenden Körpern, wobei sich an der Fügestelle ein im Gegensatz zu den gefügten Körpern neues Kristallgitter mit einer spezifischen Zusammensetzung ausbildet. Es existiert innerhalb einer Lötstelle und dem gefügten Körper eine chemische Bindung. Durch Löten wird eine nicht lösbare, stoffschlüssige Verbindung hergestellt. Als Verbindungsmaterial dient meist eine leicht schmelzbare Metall-Legierung, das Lot . Mit dessen Hilfe wird eine metallische Verbindung von zwei metallischen Bauteilen erzeugt.

Nachteilig wirkt sich das Vorhandensein unterschiedlicher Metalle und Legierungen an Lötverbindungen aus. Bei Anwesenheit eines Elektrolyten (z. B. Feuchtigkeit) entstehen galvanische Elemente wie ein Lokalelement, was zu verstärkter Korrosion führen kann.

Keramik und Glasbauteile können mit Glaslot oder, wenn sie vorher metallisiert wurden, mit Metalllot und Metallteilen verbunden werden.

Einteilung der Lötverfahren

Entscheidend für die Einteilung ist die Liquidustemperatur des Lotes:

- bis 450 °C – Weichlöten
- ab 450 °C – Hartlöten
- über 900 °C – Hochtemperaturlöten (im Vakuum oder unter Schutzgas; siehe DIN 8505 Teil 2)

Die Anwendung entscheidet über das einzusetzende Verfahren.
Hartlötverbindungen weisen im Allgemeinen eine geringere Festigkeit auf als Schweißverbindungen, aber fast immer eine höhere als Weichlötverbindungen. Zum Hartlöten geeignete Werkstoffe sind Stahl, Kupfer, Messing, Silber, Gold, Aluminium.

Je nach Geräteeinsatz unterscheidet man:

- Lötkolbenlöten
- Tauchlöten
- Wellenlöten / Schwalllöten
- Reflow-Löten
- Lichtlöten
- Induktives Löten
- Widerstandslöten
- Kaltlöten
- Vakuumlöten.

Löten von Rohren

Kupfer und Edelstahlrohre werden häufig verlötet. Für die Verbindung und Richtungsänderungen von Gas beziehungsweise Flüssigkeit führenden Leitungen stehen eine Vielzahl von Formstücken, die so genannten Fittings, zur Verfügung.

Je nach Einsatzzweck ist Hart- oder Weichlöten vorgeschrieben, wobei definitionsgemäß unter 450 °C eine Weichlötung und ab 450 °C eine Hartlötung erfolgt, bei der auch unterschiedliche Lote und Flussmittel Verwendung finden.

Gas, Ölversorgung sowie Heizungsleitungen mit Vorlauftemperaturen von über 110 °C müssen immer hartgelötet werden.

Leitungen für Kältemittel, z.B. bei der Installation von Direktverdampfer-Wärmepumpen, müssen unter Stickstoff hartgelötet werden, um eine Zunderbildung im Inneren des Rohres zu verhindern.

Gestaltungsbeispiele für das Löten

Bild 1

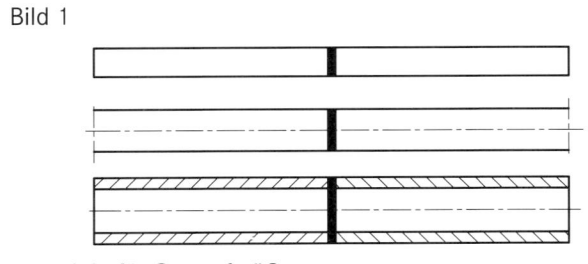

Beispiele für Stumpfstöße

Bild 2

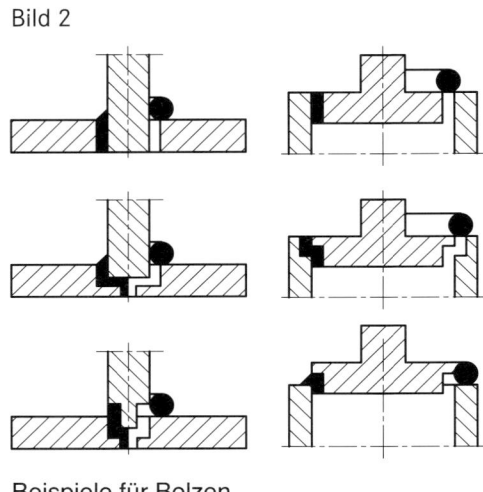

Beispiele für Bolzen

Bild 3

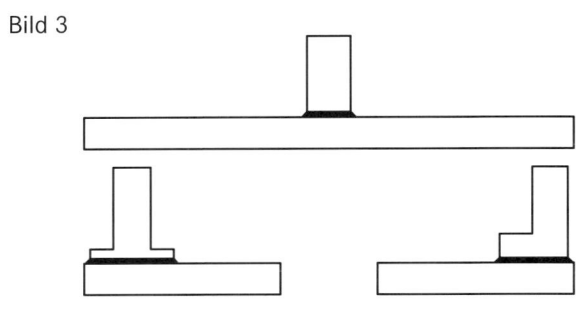

Beispiele für T - Stöße

Bild 4

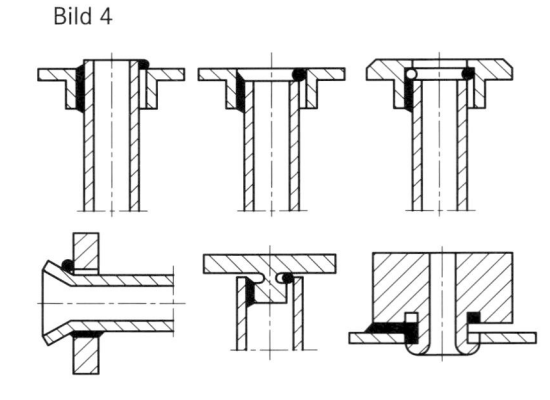

Beispiele für Flansche

Bild 5

Beispiele für Schrägstöße

Bild 6

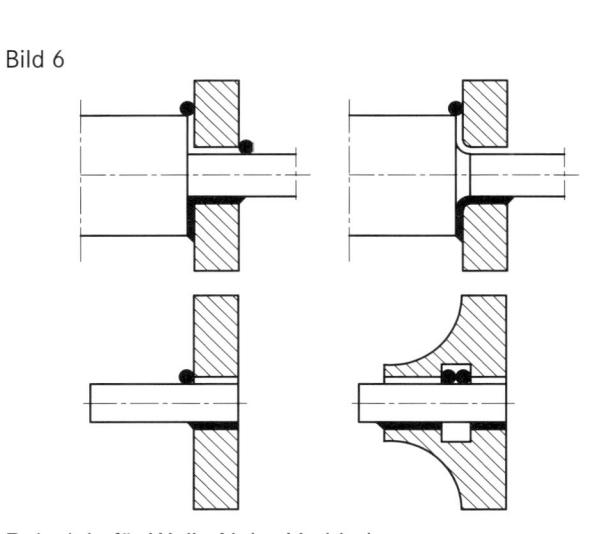

Beispiele für Welle-Nabe-Verbindung

Bild 7

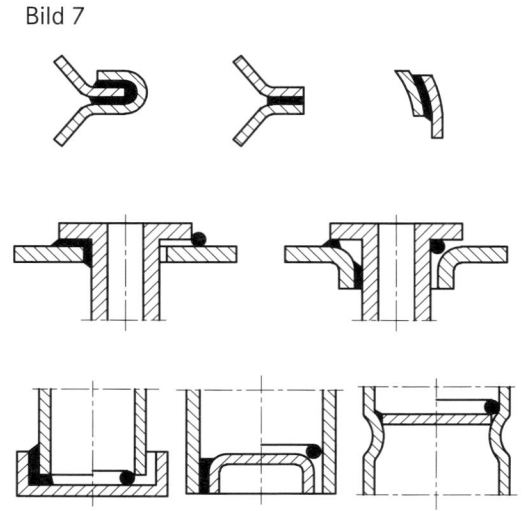

Beispiele für Behälter

Konstruktive Ausbildung von Lötverbindungen

Bild 8

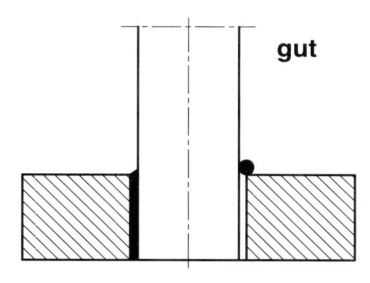

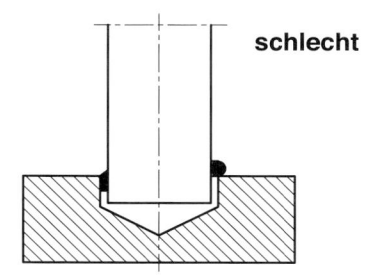

Bild 9

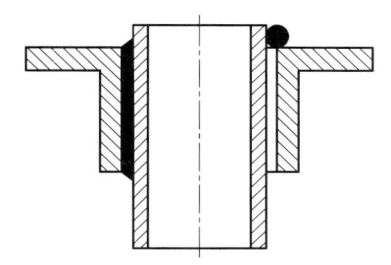

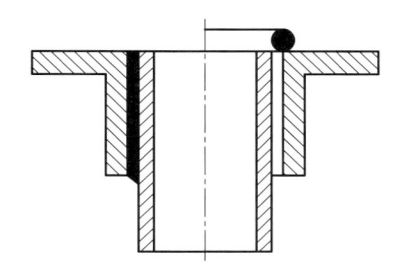

Bild 10

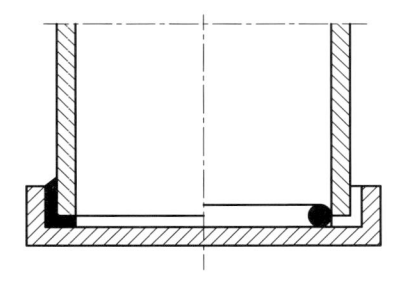

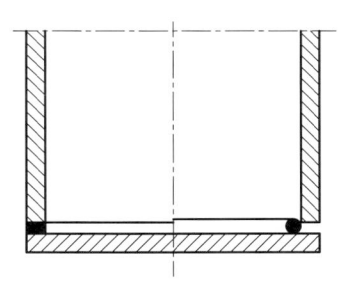

Bild 11

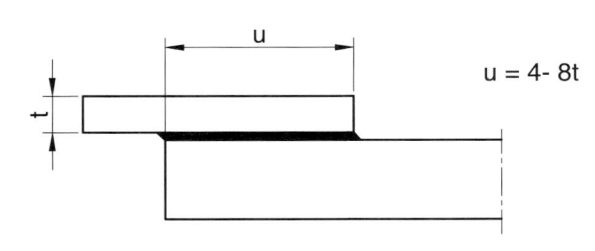

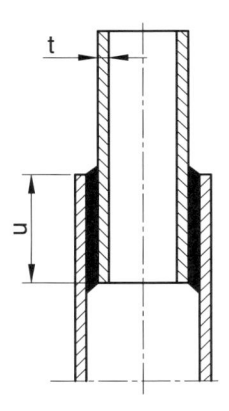

$u = 4 - 8t$

Richtwerte für die Überlappungslänge

Gestaltungsbeispiele für das Löten

Bild 12: Konstruktionsbeispiele für lötgerechte Gestaltung und Ausführung in Bezug auf das Lotfließverhalten

konstruktiv zweckmäßig	konstruktiv unzweckmäßig	Bemerkungen
		Das Lot soll bei nicht konstanter Lötspaltbreite in Richtung der Spaltverengung fließen. Andernfalls: Reduzierter kapillarer Fülldruck und ungenügende Spaltfüllung.
		Die durch das Lot zu benetzende Fläche sollte nicht unterbrochen sein. Fasen, Einstiche u.a. sind zu vermeiden. Andernfalls: Reduzierter, häufig gänzlich aufgehobener, kapillarer Fülldruck und ungenügende oder keine Spaltfüllung.
		Bei sehr großen Lötflächen mit entsprechend großen Fließwegen kann die Lötfläche ggf. reduziert werden, z.B. in Form einer Ringfläche. Die Verminderung der Lötfläche wird durch die Vorteile, z.B. Senkung der Lötfehlerwahrscheinlichkeit und verbesserte Spaltfüllung, ausgeglichen. Andernfalls: große Fließwege, höhere Wahrscheinlichkeit von Lötfehlern.
		Lot möglichst in einem Lötdepot vorsehen, um Fließwege kurz zu halten. Andernfalls: Gefahr ungenügender Spaltfüllung.
		Das Lot möglichst vom Bauteilinnern nach außen fließen lassen. Hierdurch kann Flussmittel entweichen, visuelle Kontrolle der Spaltfüllung ist möglich. Andernfalls: Gefahr von Flussmitteleinschlüssen, erschwerte Qualitätskontrolle.

Gestaltungsbeispiele für das Löten

Bild 13: Stoßarten in der Löttechnik

Stoßart	Bemerkungen
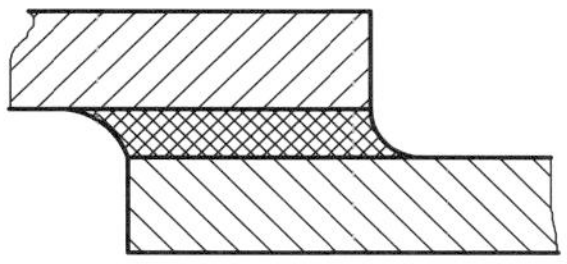 Überlappstoß	Teile liegen parallel aufeinander und überlappen teilweise oder vollständig: - Für Lötverbindungen prinzipiell vorteilhaft - vergleichsweise große Lötflächen realisierbar - bevorzugt für Verbindungen von Blechen und Rohren Sonderfall: Einsteckverbindung: Bauteile stecken ineinander. Zwischen den Mantelflächen besteht der Lötspalt, vorzugsweise für Verbindungen von Rohren mit Armaturen
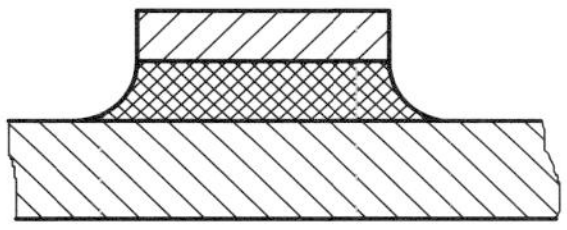 Parallelstoß	Teile liegen parallel aufeinander. - Für Lötverbindungen prinzipiell vorteilhaft - vergleichsweise große Lötflächen realisierbar - bevorzugt für Verbindungen von Blechen und Rohren
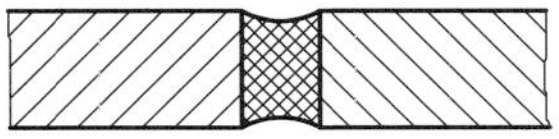 Stumpfstoß	Teile liegen in einer Ebene und stoßen stumpf aufeinander. - bevorzugt angewandt für Fugenlötung, aber auch Spaltlötung möglich - nur relativ kleine Lötflächen vorhanden
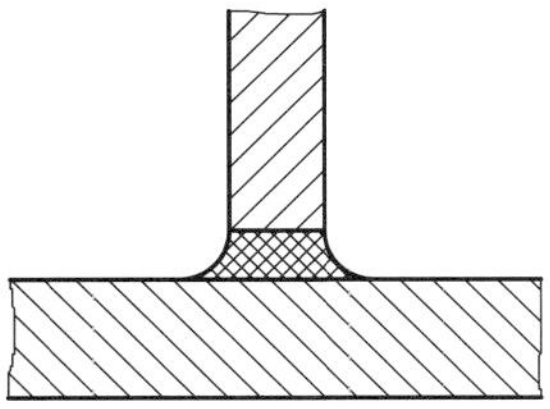 T-Stoß	Teile stoßen rechtwinklig aufeinander. - bevorzugt angewandt für Fugenlötung, aber auch Spaltlötung möglich - typisch für Lichtbogenlötungen - nur relativ kleine Lötflächen vorhanden
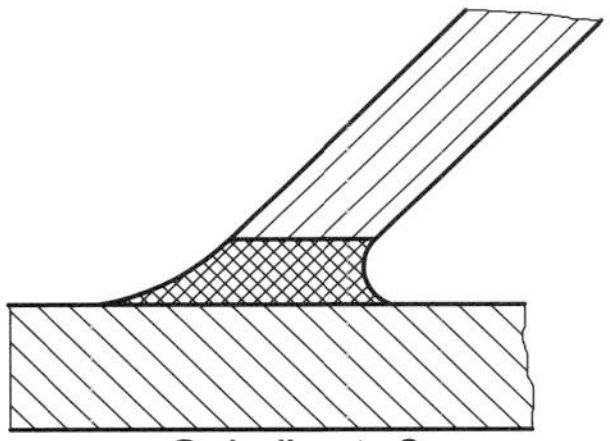 Schrägstoß	Teile stoßen in beliebigem Winkel aufeinander. - bevorzugt angewandt für Fugenlötung, aber auch Spaltlötung möglich - typisch für Lichtbogenlötungen - nur relativ kleine Lötflächen vorhanden

Gestaltungsbeispiele für das Löten

Bild 14: Gestaltung in Bezug auf die Krafteinleitung

konstruktiv zweckmäßig	konstruktiv unzweckmäßig	Bemerkungen
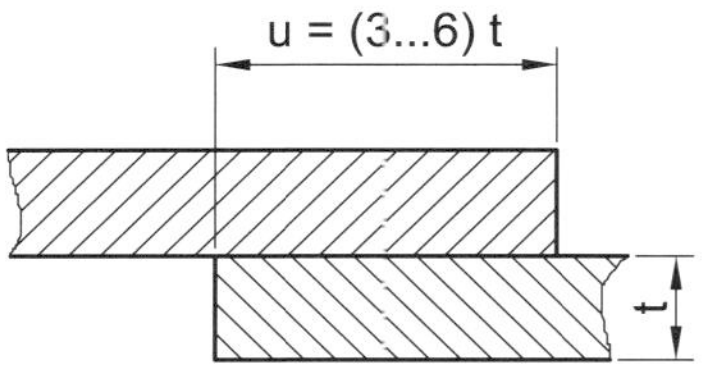 $u = (3...6)\,t$	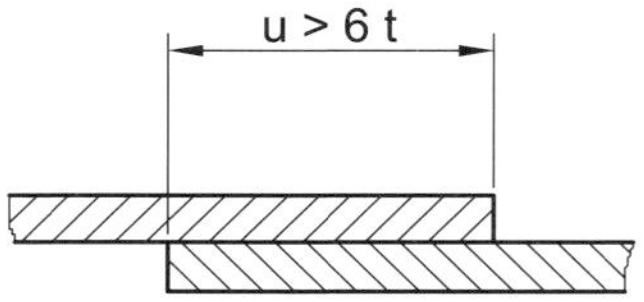 $u > 6\,t$	Um für die Lötverbindung die Belastbarkeit des Grundwerkstoffs zu erreichen, genügt als Überlapplänge i. A. das 3- bis 6fache der kleinsten vorhandenen Blechdicke. Falls Überlappung zu groß: Zunehmende Wahrscheinlichkeit von Lötfehlern. Überdimensionierung und verminderte Wirtschaftlichkeit infolge größeren Werkstoffbedarfs
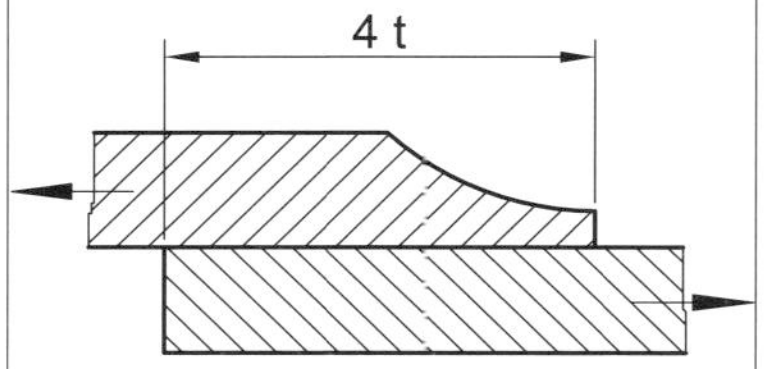 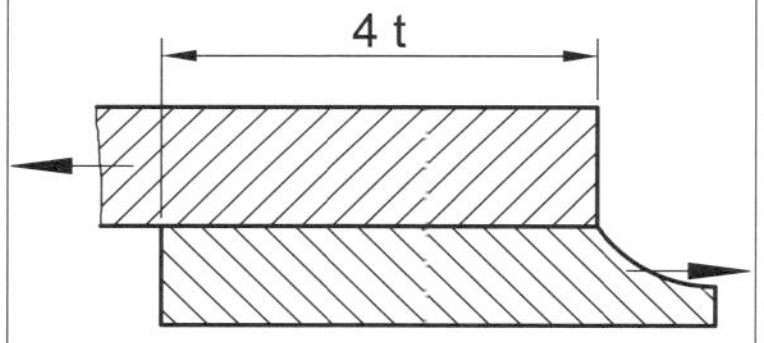 $4\,t$ / $4\,t$	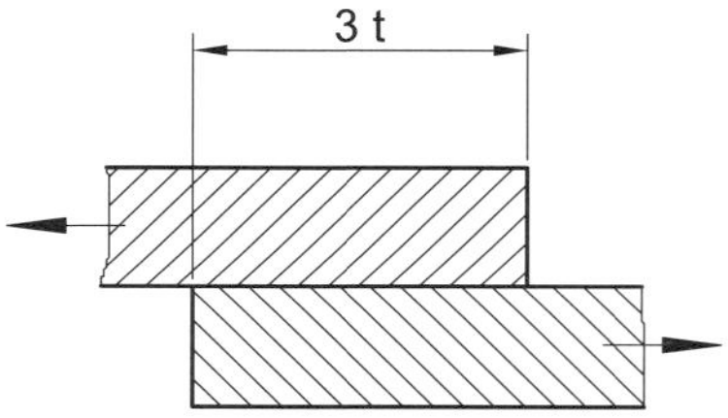 $3\,t$	Steifigkeitssprünge vermeiden, besonders bei dynamisch beanspruchten Konstruktionen. Andernfalls: Gefahr von Spannungskonzentration und Bauteilversagen durch Bruch oder reduzierte Bauteil-Lebensdauer.
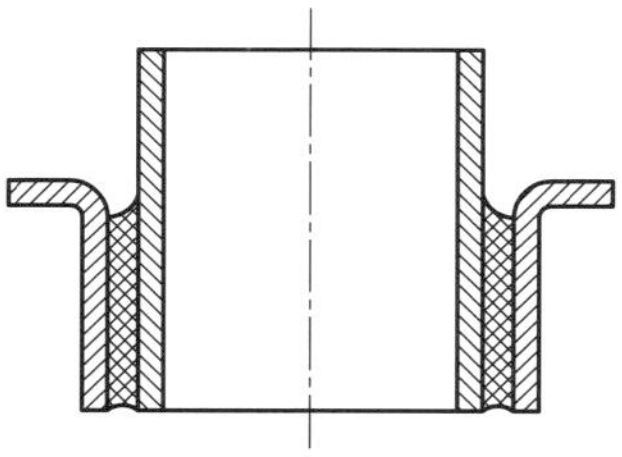 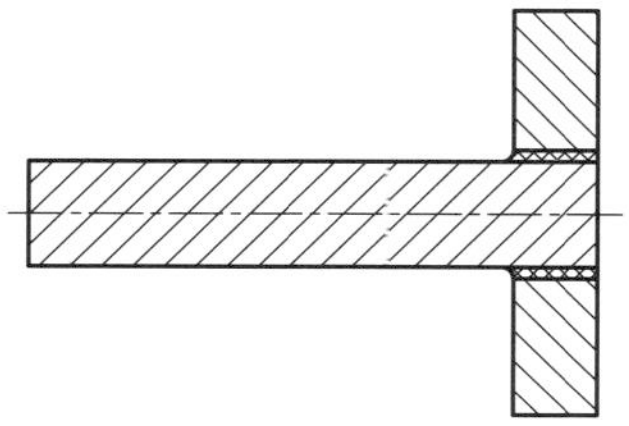	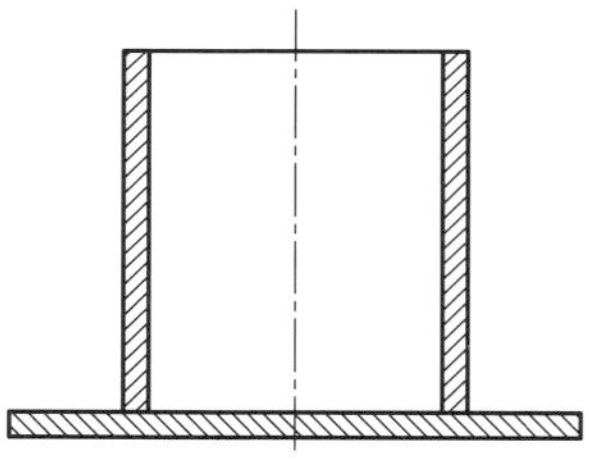 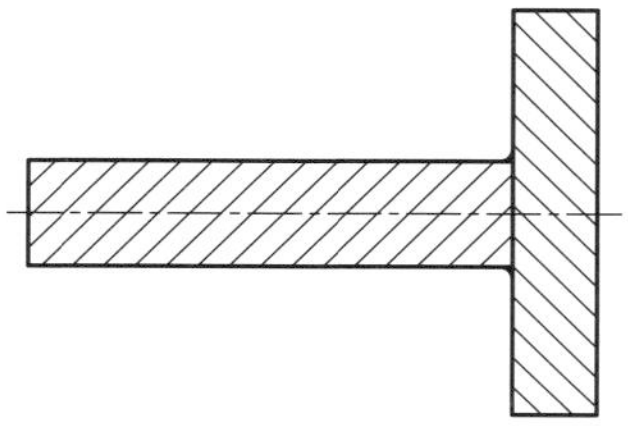	Möglichst große Lötflächen anstreben, z.B. Stumpf- oder T-Stöße durch Überlappstöße oder Einsteckverbindungen ersetzen. Andernfalls: Verminderte Festigkeit der Lötverbindung

4. Kleben

Kleben bezeichnet ein Fertigungsverfahren aus der Hauptgruppe Fügen. Wie Schweißen und Löten gehört auch das Kleben zu den stoffschlüssigen Fügeverfahren der Fertigungstechnik. Durch Kleben werden die Bauteile mittels Klebstoff stoffschlüssig verbunden.

Der Klebstoff haftet an der Fügeteiloberfläche durch physikalische (selten auch chemische) Wechselwirkungen. Dieses Phänomen der Haftung wird Adhäsion genannt.

Anders als Schweißen oder Löten gehört die Klebetechnik zu den wärmearmen Fügeverfahren. Auch findet beim Kleben kein Diffusionsprozess zwischen Zusatzwerkstoff und Fügeteil statt. Daher weisen Klebverbindungen immer geringere Festigkeiten als Lötverbindungen auf.
Diese auf den ersten Blick nachteilige Eigenschaft kann jedoch durch großflächige Klebungen kompensiert werden. Dies bedingt eine dem Kleben angepasste Konstruktion und Gestaltung der Klebestellen.

Technisch betrachtet ist das Kleben ein Fügeverfahren, welches nahezu alle Werkstoffe miteinander und untereinander verbinden kann. Dabei ist die Klebetechnik besonders schonend, da sie nicht großer Hitze bedarf, welche Verzug, Abkühlspannungen oder Gefügeveränderung der Fügeteile zur Folge haben kann. Zum Kleben werden auch keine schwächenden Löcher in den Fügeteilen benötigt, wie etwa beim Schrauben oder Nieten. Außerdem wird beim Kleben die Kraft flächig vom einen zum anderen Fügeteil übertragen.

Die technische Umsetzung des Klebens ist anspruchsvoll. Das hat folgende Gründe: Die mechanische Belastbarkeit der Haftung in der Grenzschicht zwischen Klebstoff und Fügeteiloberfläche sowie die Beständigkeit derselben und andere qualitätsbestimmende Eigenschaften können nicht zerstörungsfrei geprüft werden. Daher muss der Klebeprozess technisch so gut beherrscht werden, dass man sich auf das Ergebnis ohne vollständige Prüfung verlassen kann. Besonders erfolgsrelevant ist die Fähigkeit, auf dem Fügeteil einen haftungsfreundlichen, verlässlichen und reproduzierbaren Oberflächenzustand erzeugen zu können.

Vorteile des Klebens gegenüber herkömmlichen Verbindungsverfahren

- Großflächige Verbindungen gegenüber dem Löten oder Schweißen vergleichsweise einfach herstellbar.
- Gleichmäßige Spannungsverteilung und Kraftübertragung über die gesamte Klebefläche bei klebegerechter Gestaltung der Verbindung, wirksam bei statischer und dynamischer Belastung. Beim Schrauben und Nieten entstehen hingegen Spannungsspitzen an den Verbindungselementen.
- Unveränderte Oberfläche und Gefügestruktur. Durch die beim Schweißen auftretenden Temperaturen kann es hingegen zu Änderungen der Gefügestruktur und der mechanischen Eigenschaften der Werkstoffe kommen. Ebenso wird beim Nieten und Schrauben die sichtbare Oberfläche verändert. Beim Kleben bleibt die Oberfläche unverändert, was zu optimalen optischen und aerodynamischen Eigenschaften führt. Durch die Verbindung auf der ganzen Fläche und der Elastizität des Klebstoffs ist die Schwingungsdämpfung einer Klebefuge besser als bei geschweißten, geschraubten oder genieteten Verbindungen.
- Gewichtsersparnis. Besonders im Leichtbau werden Klebstoffe gern eingesetzt, da hier Teile von geringer Stärke(bis 0,5 mm) verbunden werden können. Dies ist durch thermische Fügeverfahren problematisch bis unmöglich.

- Dichtende Verbindungen. Klebstoffe können auch gleichzeitig als Dichtstoff für Gase und Flüssigkeiten dienen. Die Klebstoffschicht verhindert das Eindringen von Kondenswasser und eine damit verbundene Korrosion.
- Verbinden unterschiedlicher Werkstoffe. Durch Klebstoffe können Werkstoffe gefügt werden, die einem thermischen Fügeverfahren nicht zugänglich sind(Glas – Metall, Holz – Metall, Aluminium – Stahl). Durch die (überlicherweise) elektrische und thermische Isolation durch den Klebstoff wird die Bildung von Lokalelementen und verbundene Kontakt Korrosion bei Metallen verhindert.
- Zu verbindende Werkstoffe werden nicht beschädigt. Eine Klebverbindung erfordert keine Veränderung der Werkstücke und kann in vielen Fällen ohne Beschädigung der Werkstücke rückgängig gemacht werden.
- Keine Erwärmung der zu verbindenden Werkstücke erforderlich.
- Kein Wärmeverzug oder Spannungen in den verbundenen Werkstücken.
- Zusätzlicher Freiheitsgrad. Die Auswahl des Klebstoffes trägt entscheidend zum mechanischen Verhalten des Bauteils bei.

Nachteile des Klebens

- Anspruchsvolle Umsetzung
- Die Herstellung einer Klebverbindung erfordert einen im Vergleich zu den anderen Verfahren höheren Aufwand, um eine gute Klebung zu erzielen.
- Der Klebstoff und die Oberflächevorbehandlung müssen auf die zu verbindenden Werkstoffe abgestimmt werden, die zu erwartenden Beanspruchungen müssen bekannt sein.
- Wirkt auf ein geklebtes Bauteil dauerhaft eine statische Belastung ein, kann es aufgrund der geringen Zeitstandfestigkeit einiger Klebstoffe zum Kriechen und so zum Versagen kommen.
- Die vorgegebenen Verarbeitungsschritte sind exakt einzuhalten.
- Alterung. Wie jedes organische Material unterliegt auch der Klebstoff einer Alterung, welche die Gebrauchsdauer einer Klebung einschränken kann. Für die Alterung sind mechanische (statische und dynamische Kräfte), chemische(Feuchtigkeit, Lösungsmittel, Reinigungsmittel, Salze, Sauerstoff) physikalische(Wärme, UV-und andere Strahlung) und biologische(Schimmelpilze) Einflüsse verantwortlich.
- Kontrollverfahren. Für eine bestehende Klebverbindung gibt es kein zerstörungsfreies Kontrollverfahren.

Klebgerechte Konstruktionen

Allgemeine Gestaltungsregel

Bild 1

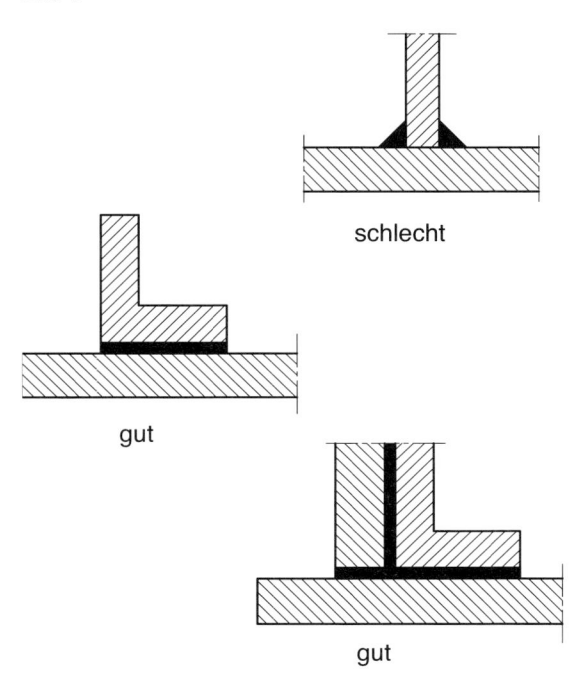

Schälbeanspruchung

Druckbeanspruchung

Zugbeanspruchung

Zugscherbeanspruchung

Druckscherbeanspruchung

Überlappstöße

Bild 2

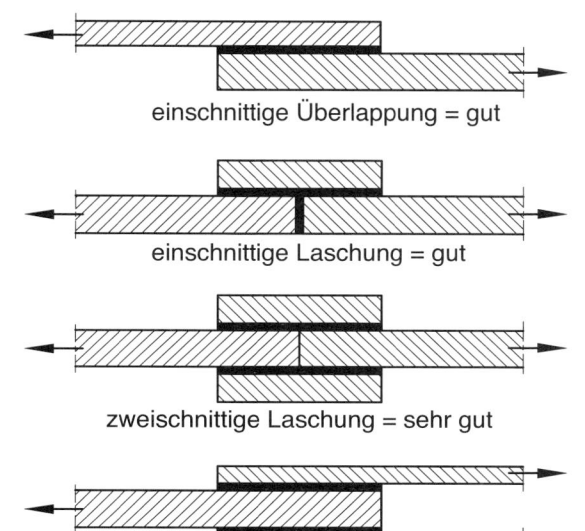

einschnittige Überlappung = gut

einschnittige Laschung = gut

zweischnittige Laschung = sehr gut

zweischnittige Überlappung = sehr gut

T - Stöße

Bild 3

schlecht

gut

gut

Stumpfstöße

Bild 4

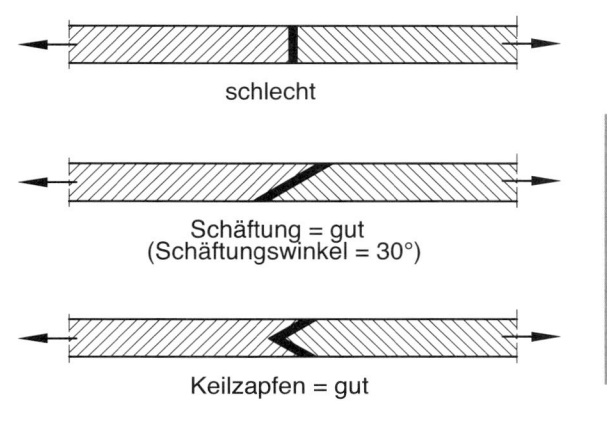

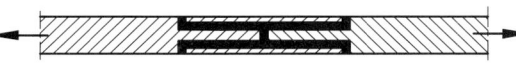

schlecht

Schäftung = gut
(Schäftungswinkel = 30°)

Keilzapfen = gut

abgesetzte Doppellasche = sehr gut

Gestaltungsbeispiele für eine Beanspruchung der Klebeverbindung durch Schälen

Bild 5

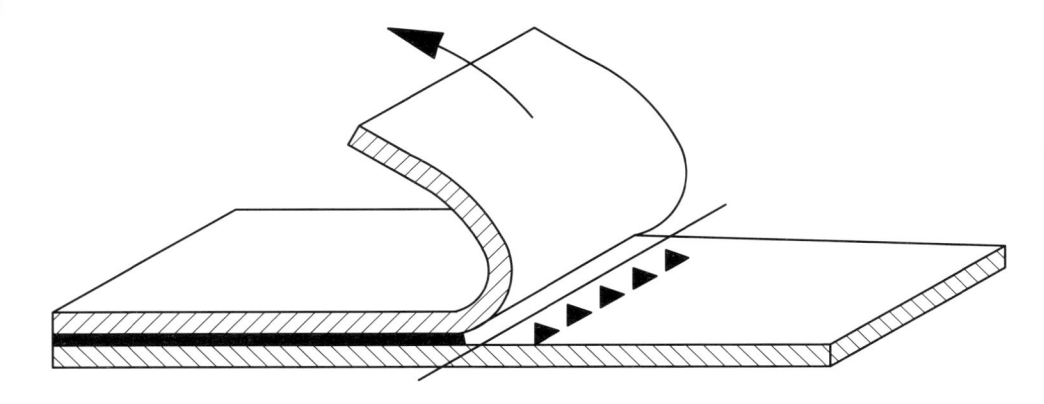

ungünstige Beanspruchung

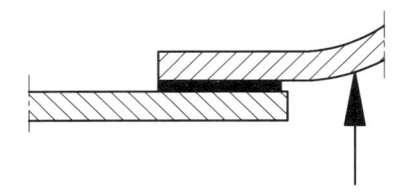

Schälbeanspruchung = schlecht

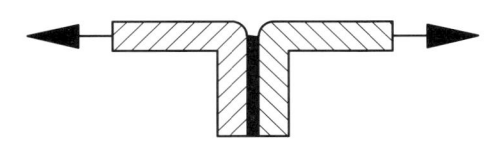

Zugschälbeanspruchung = sehr schlect

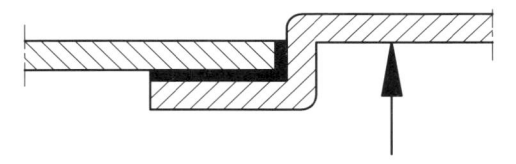

Umwandlung in Zug- und Druckbeanspruchung = gut

Umwandlung in zugscherbeanspruchung = gut

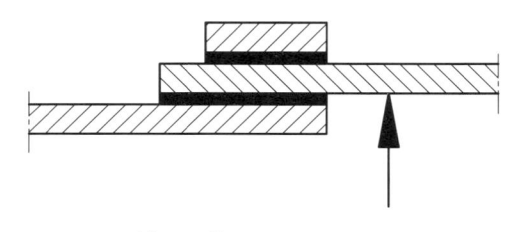

Versteifung = gut

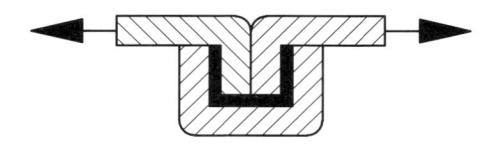

Versteifung = gut

Gestaltungsbeispiele für eine Beanspruchung der Klebeverbindung durch Verdrehen

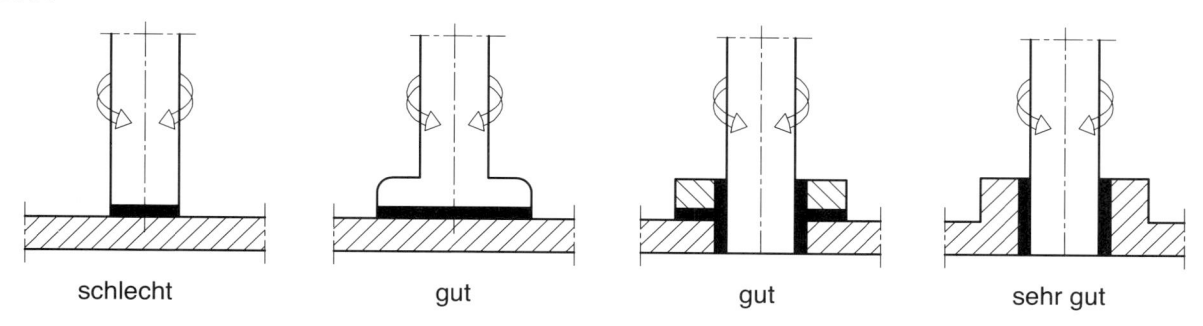

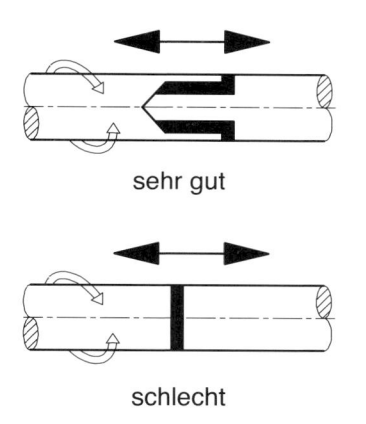

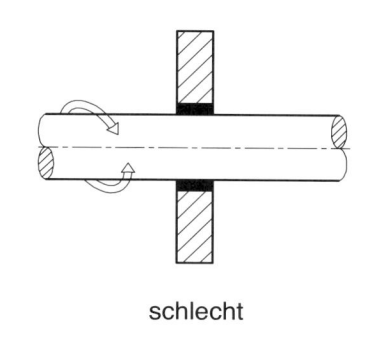

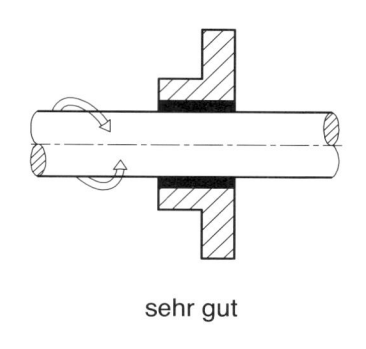

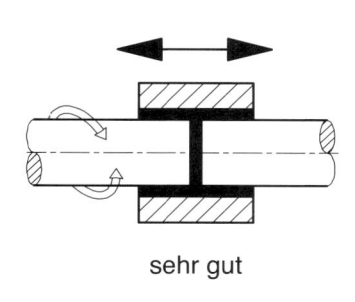

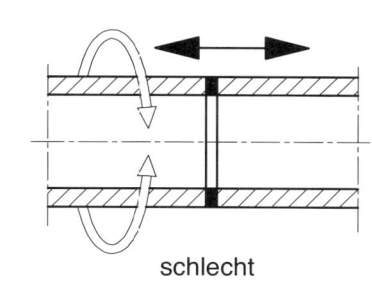

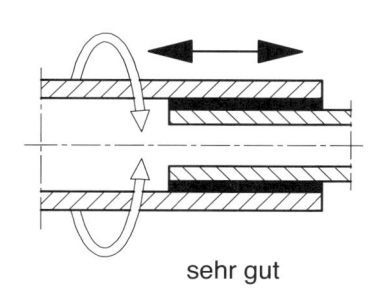

Bild 6

5. Schweißen

Unter Schweißen versteht man (gemäß DIN EN 14610 und DIN 1910-100) das unlösbare Verbinden von Bauteilen unter Anwendung von Wärme oder Druck mit oder ohne Schweißzusatzwerkstoffen.

Besonders häufig werden Schmelzschweißverfahren für meist metallische Materialien angewendet, jedoch auch für Glas (bei Gebrauchsprodukten oder bei Glasfasern in der Nachrichtentechnik) sowie für thermoplastische Kunststoffe. Die Verbindung erfolgt je nach Schweißverfahren in einer Schweißnaht oder einem Schweißpunkt, beim Reibverschweißen auch in einer Fläche. Die zum Schweißen notwendige Energie wird von außen zugeführt.

Schmelzschweißen ist Schweißen bei örtlich begrenztem Schmelzfluss ohne Anwendung von Kraft mit oder ohne gleichartigen Schweißzusatz. So kann man unter anderem Metalle, Thermoplaste oder Glas verschweißen.

Das Material kann nach dem Schweißen und dem Abkühlen nachteilige Eigenschaften aufweisen (Aufhärtung, Versprödung) was durch Materialwahl, Atmosphäre und Verfahren vermieden werden muss.

Beim Schmelzschweißen von Stahl ist zu beachten, dass nur bei einfachen Stählen mit einem Kohlenstoffgehalt bis 0,22% C (Festigkeit 500 N/ mm²) ohne weiteres dauerhafte Schweißverbindungen zustande kommen. Bei höherfesten und legierten Stählen sind, um Rissbildung und Brüchen vorzubeugen, Abkühlen, Anlassen, Spannungsarmglühen notwendig oder es müssen spezielle Schweißverfahren angewendet werden.

Je nach Zweck des Schweißen wird unterschieden in Verbindungs- und Auftragsschweißen. Verbindungsschweißen ist Fügen (DIN 8580) von Werkstücken. Auftragsschweißen ist Beschichten (DIN 8580) eines Werkstückes durch Schweißen.

Sind der Grund und der Auftragswerkstoff artfremd, wird unterschieden zwischen Auftragsschweißen von Panzerungen, Plattierungen und von Pufferschichten.

Der Begriff Bahnschweißen wird bei Verwendung von Robotern für das automatisierte Schweißen verwendet.

Feuerschweißen

Das Feuerschweißen ist die älteste bekannte Schweißmethode Dabei werden die zu verbindenden Metalle im Feuer unter Luftabschluss in einen teigigen Zustand gebracht und anschließend durch großen Druck, zum Beispiel durch Hammerschläge, miteinander verbunden. Diese dürfen anfangs nicht zu stark sein, da sonst die zu verbindenden Teile wieder auseinander geprellt werden.

Mit Feuerschweißen wurden früher vom Schmied unter anderem Waffen geschmiedet, zum Beispiel, Dolche und Schwerter aus Damaszener Stahl.

Gasschmelzschweißen

Das Lichtbogenhandschweißen, kurz E-Handschweißen genannt, ist eines der ältesten elektrischen Schweißverfahren für metallische Werkstoffe, welches heute noch angewandt wird. Da die ersten Stabelektroden nicht umhüllt waren, war die Schweißstelle nicht vor Oxidation geschützt. Deshalb waren diese Elektroden schwierig zu verschweißen.

Der elektrische Lichtbogen, der zwischen einer Elektrode und dem Werkstück brennt, wird als Wärmequelle zum Schweißen genutzt. Durch die hohe Temperatur des Lichtbogens wird der Werkstoff an der Schweißstelle aufgeschmolzen. Gleichzeitig schmilzt die Stabelektrode als Zusatzwerkstoff ab und bildet eine Schweißraube. Zur Erzeugung des Lichtbogens kann Gleichstrom oder Wechselstrom verwendet werden.

Als Schweißstromquellen (Schweißaggregate) dienen Schweißtransformatoren mit oder ohne Schweißgleichrichter, Schweißumformer (z.B. bei Arbeiten an Stadtbahn-Schienen, betrieben aus deren Oberleitung) oder Schweißinverter (stromgeregelte Schaltnetzteile).

Stabelektroden werden als Zusatzwerkstoff beim Lichtbogenschweißen verwendet. Für jede Schweißarbeit gibt es geeignete Elektroden.

Schutzgasschweißen

Das MIG/MAG-Schweißen ist eines der jüngeren Lichtbogenschweißverfahren.
MIG bedeutet Metall-Inertgasschweißen. Hierbei wird kein Aktivgas, sondern nur ein Inertgas(in der Regel Argon, aber auch Helium) zugeführt, um den Luftsauerstoff von der Schweißnaht fernzuhalten. Diese Schutzgase werden benötigt, um hochlegierte Stähle, NE-Metalle und Al-Legierungen zu schweißen. Das MAG-Schweißverfahren wird bei höher legierten Stähle eingesetzt.

WIG-Impulsschweißen

Eine Weiterentwicklung des WIG-Schweißens ist das Schweißen mit pulsierendem Strom. Dabei pulsiert der Schweißstrom zwischen einem Grund- und Impulsstrom mit variablen Frequenzen, Grund- und Impulsstromhöhen und -breiten.
Beim WIG-Schweißen können Bleche mit einer Dicke von 0,6 mm einwandfrei stumpfgeschweißt werden, da die Stabilität des Lichtbogens sowie die konzentrierte Wärmeeinbringung ein kleines definiertes Schmelzbad erlauben.

Weitere Schweißverfahren sind:

- Plasmaschweißen (Wolfram-Plasmaschweißen)
- Arcatom-Schweißen
- WIG-Orbitalschweißen
- Reibschweißen
- Rotationsreibschweißen
- Ultraschallschweißen
- Unterpulverschweißen
- Laserstrahlschweißen
- Tiefschweißen
- Laserschweißen von Kunststoffen
- Elektronenstrahlschweißen
- Aluminothermisches Schweißen
- Diffusionsschweißen

Beispiele für Schmelzschweißverfahren

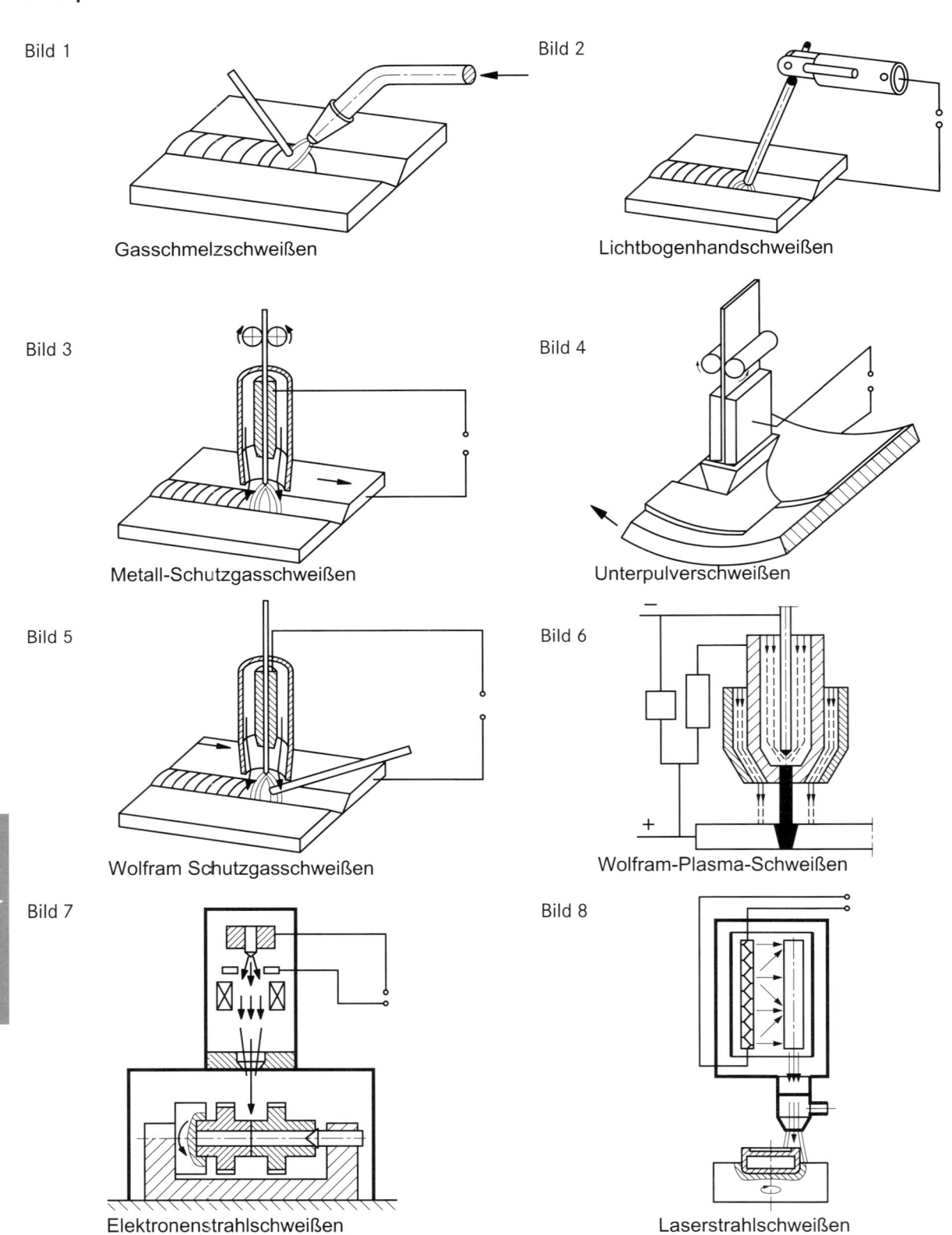

Bild 1

Gasschmelzschweißen

Bild 2

Lichtbogenhandschweißen

Bild 3

Metall-Schutzgasschweißen

Bild 4

Unterpulverschweißen

Bild 5

Wolfram Schutzgasschweißen

Bild 6

Wolfram-Plasma-Schweißen

Bild 7

Elektronenstrahlschweißen

Bild 8

Laserstrahlschweißen

Beispiele für Pressschweißverfahren

Bild 9

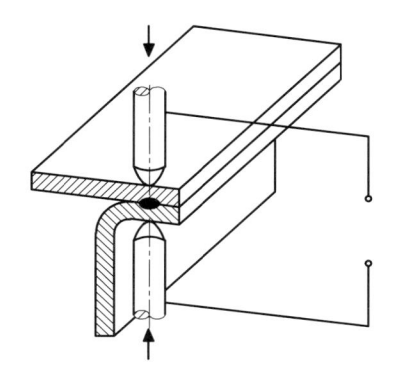

Widerstandspunktschweißen

Bild 10

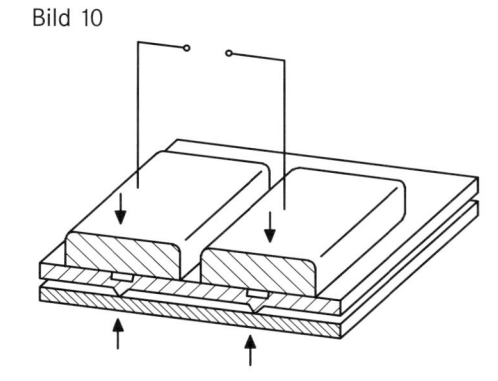

Buckelschweißen

Bild 11

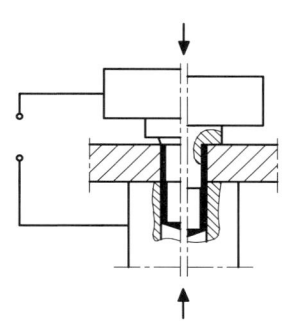

Widerstandsbolzenschweißen

Bild 12

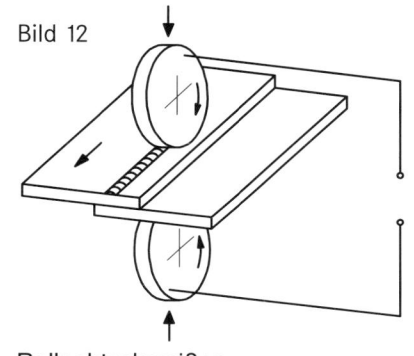

Rollnahtschweißen

Bild 13

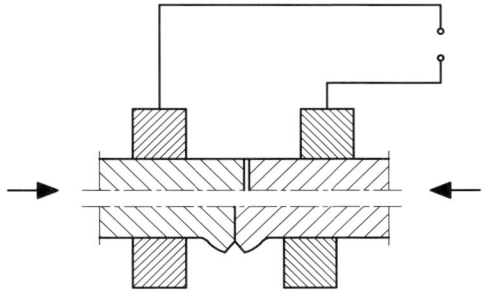

Abbrennstumpfschweißen

Bild 14

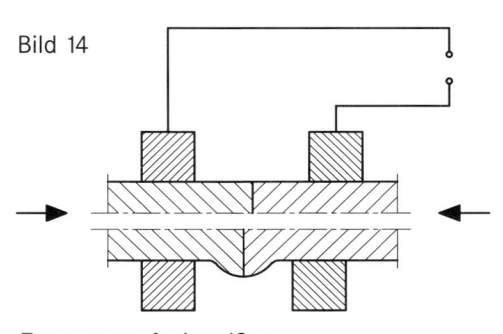

Pressstumpfschweißen

Bild 15

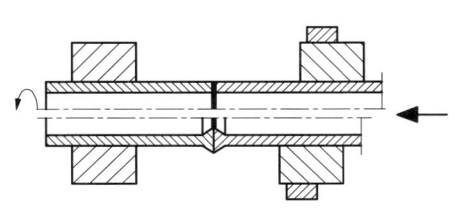

Reibschweißen

Bild 16

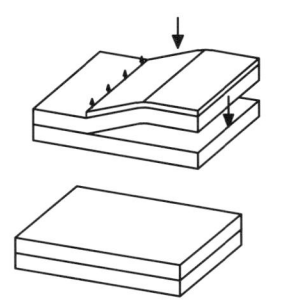

Sprengschweißen

Schweißgerechtes Gestalten

Bild 17

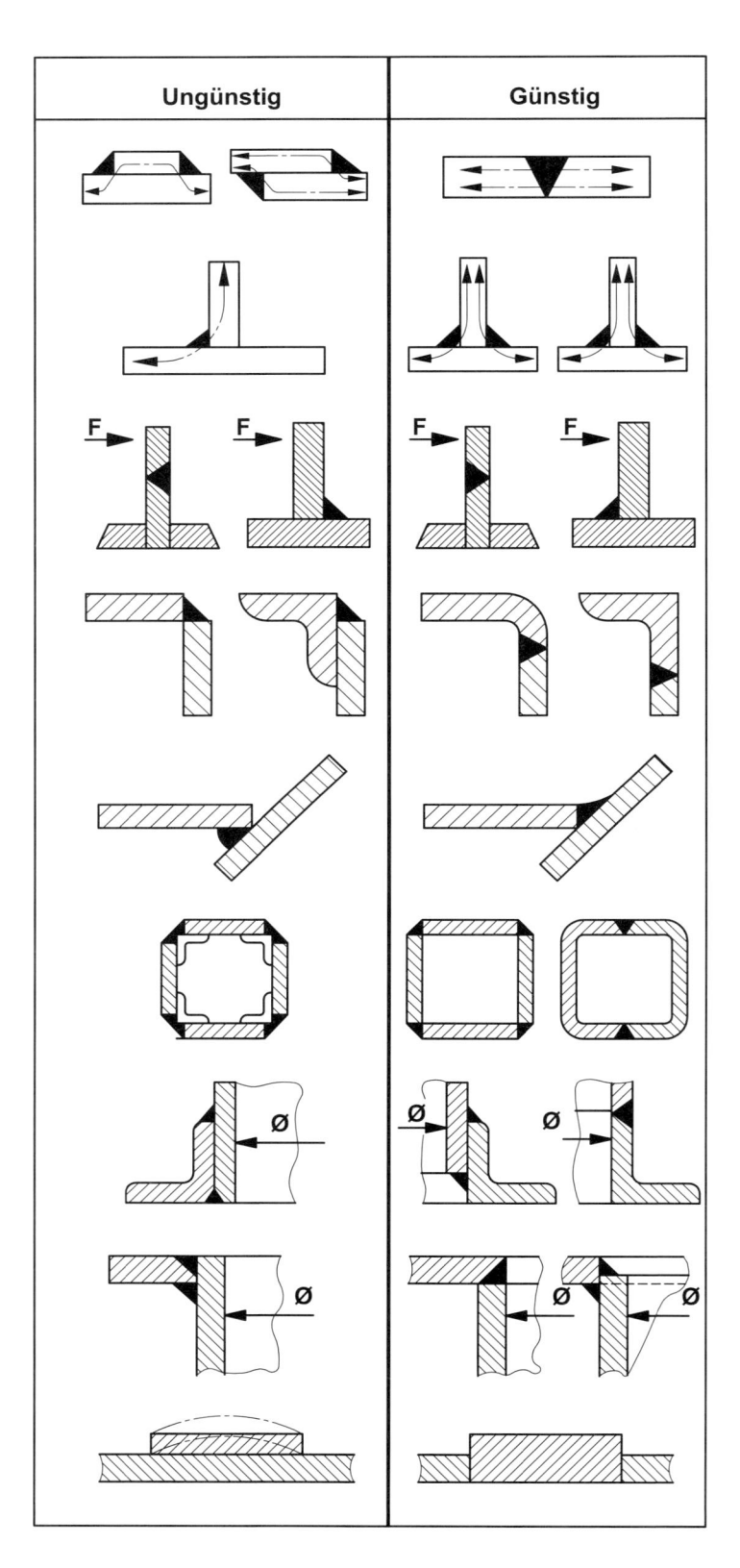

Ungünstig	Günstig

Schweißgerechtes Gestalten

Bild 18

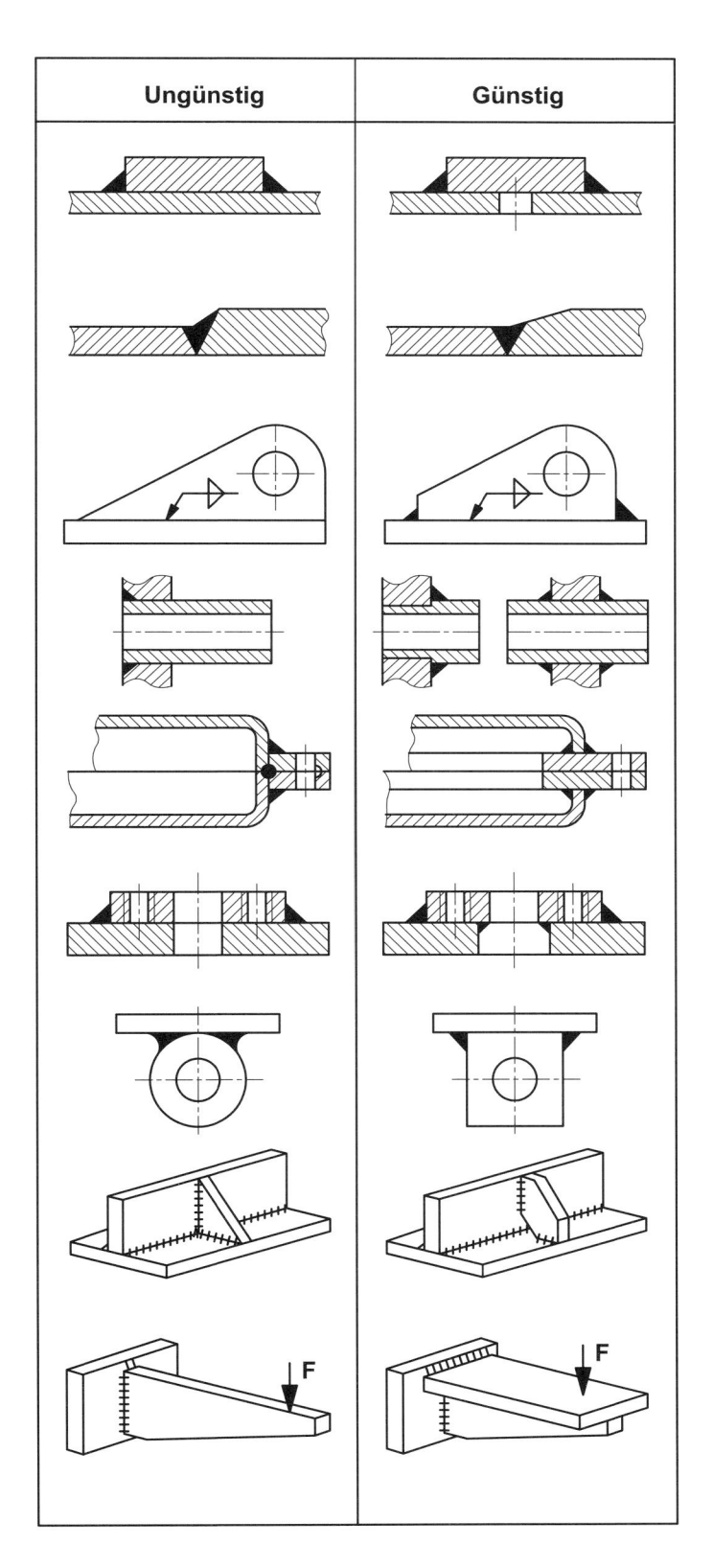

Ungünstig	Günstig

Beanspruchungsgerechte Gestaltung

Bild 19

Nur für vorwiegend statische Beanspruchung	Günstig für dynamische Beanspruchung

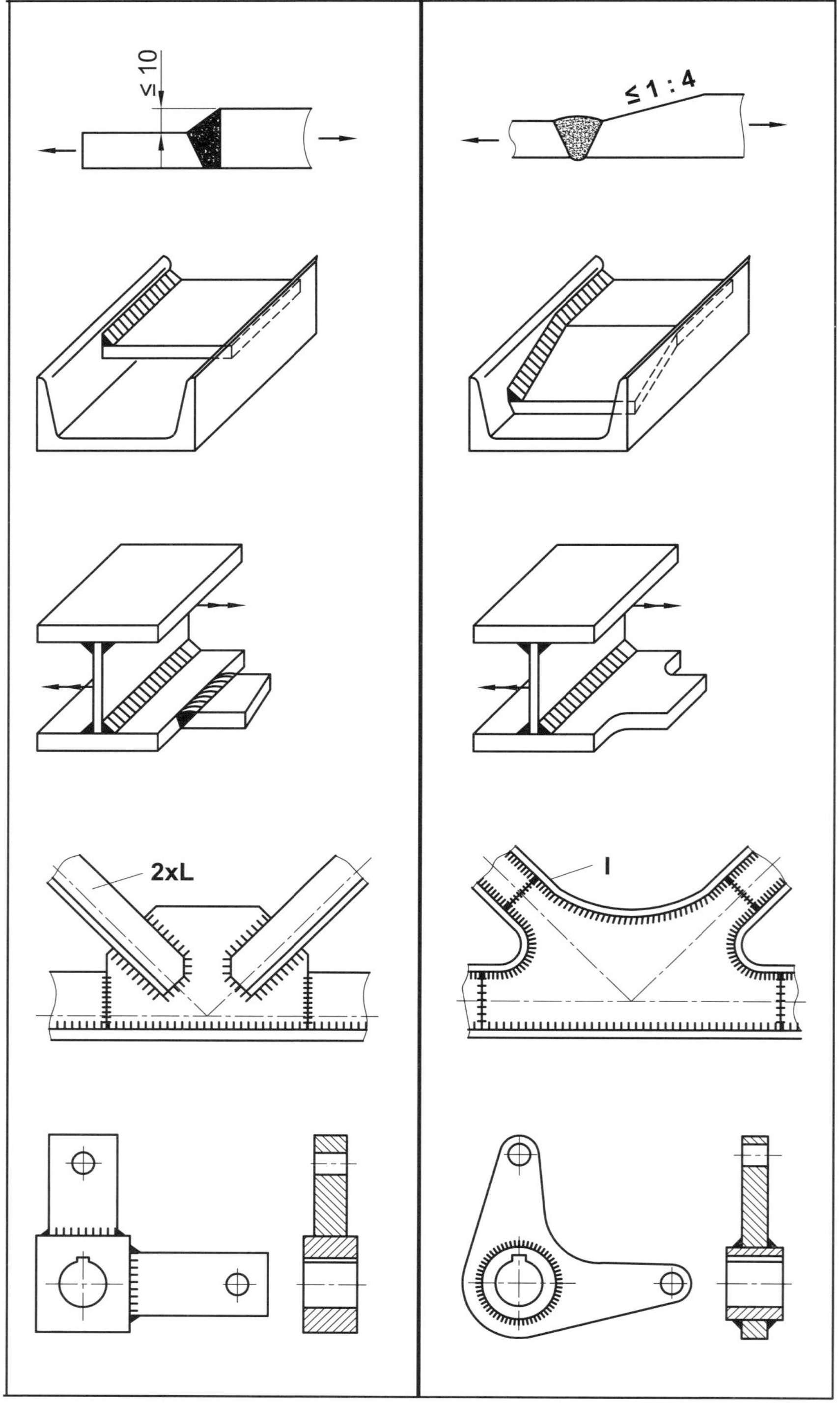

5. Schweißen

Konstruktionsbeispiele für Stumpfnähte

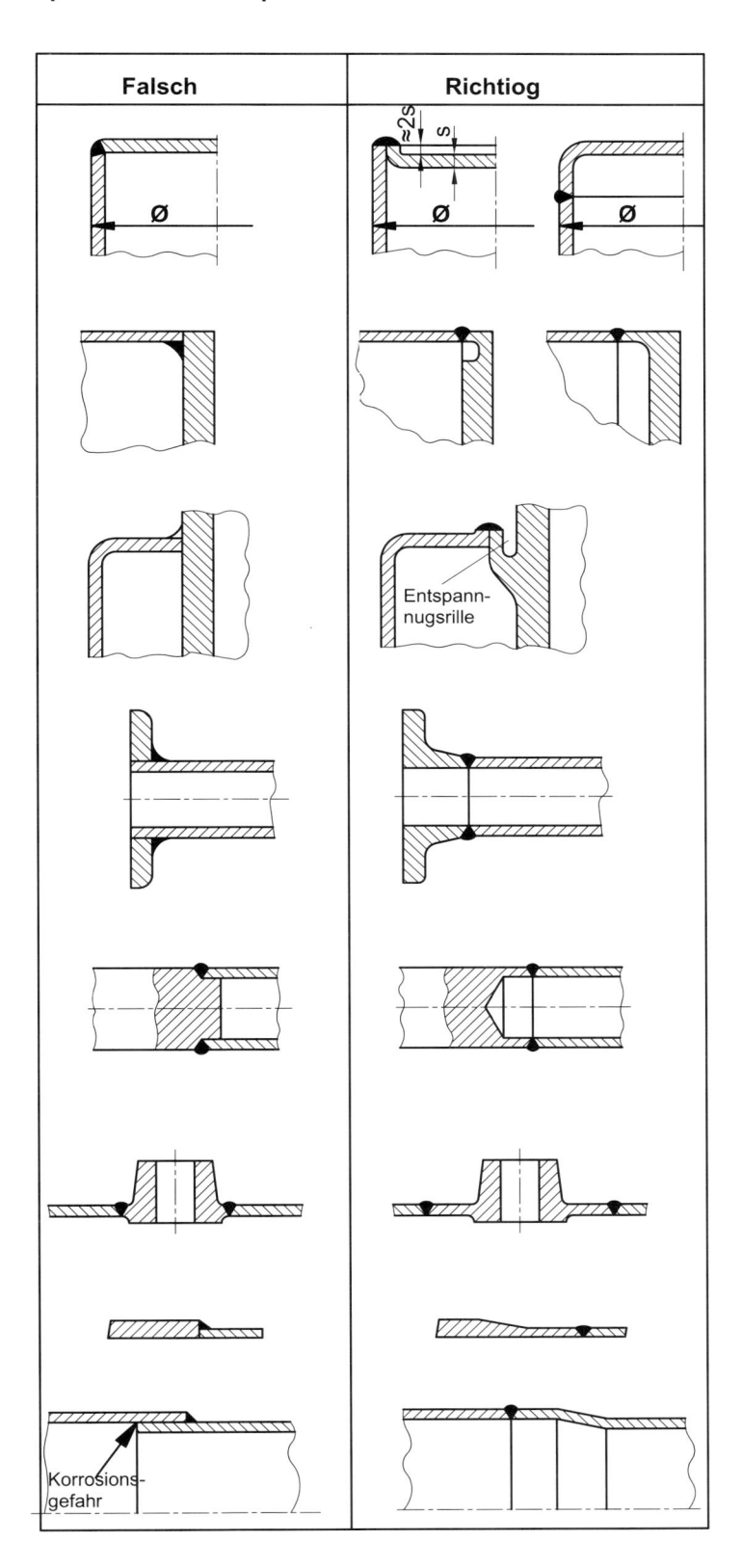

Bild 20

Falsch	Richtiog

Entspannnugsrille

Korrosionsgefahr

Kesselwandverstärkungen

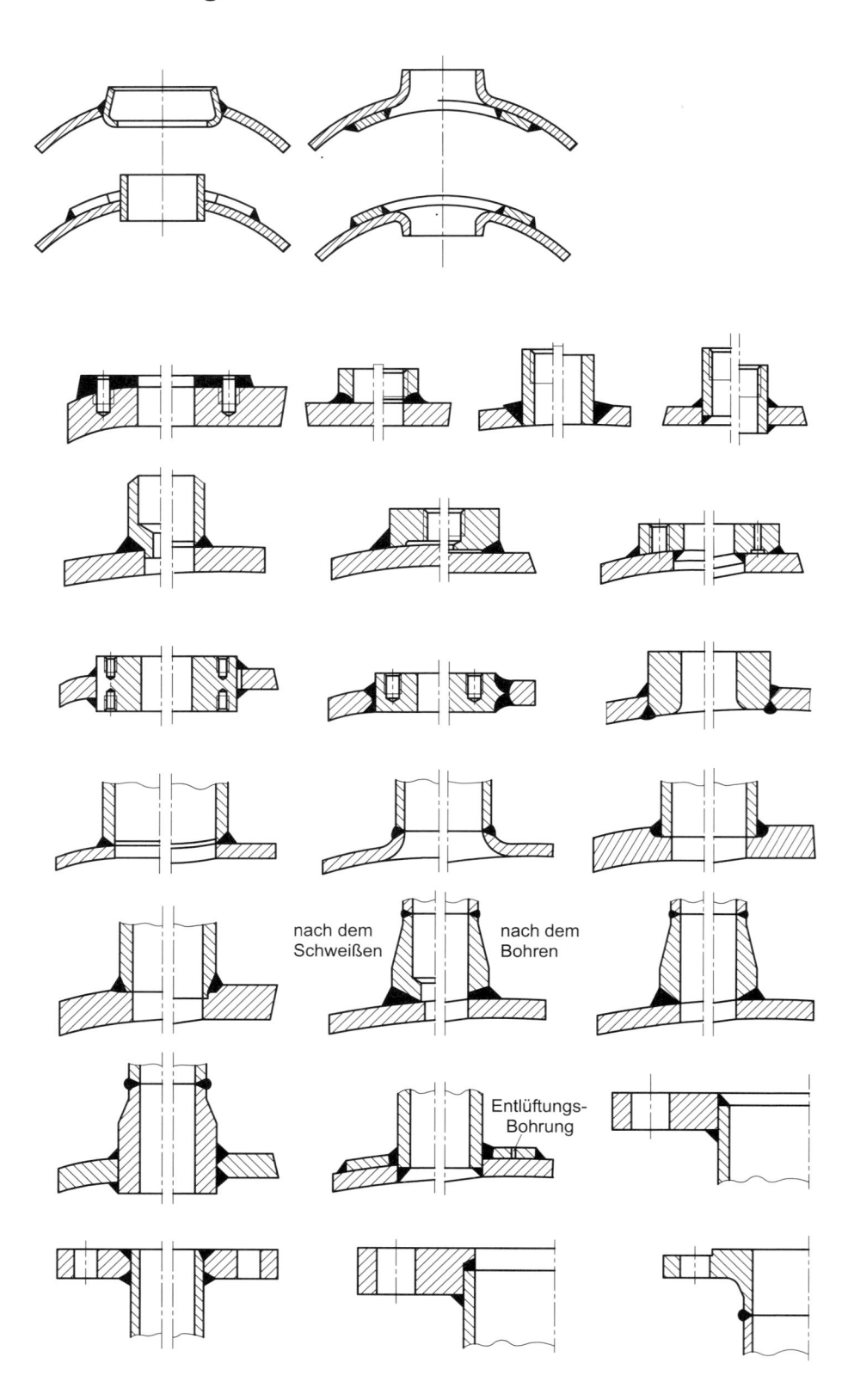

Bild 21

nach dem Schweißen nach dem Bohren

Entlüftungs-Bohrung

Beispiele ein- und doppelarmiger Hebel mit verschiedenartig eingesetzten Naben

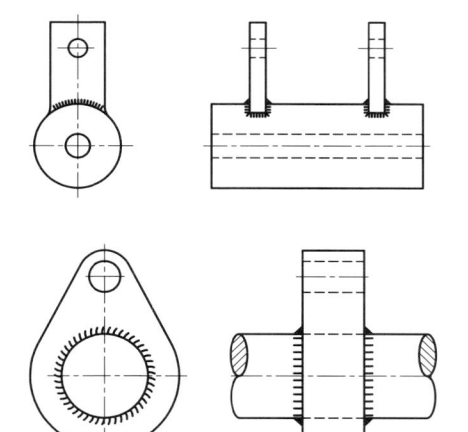

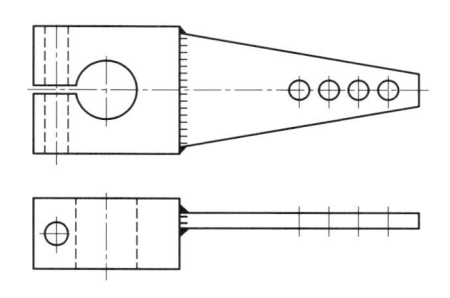

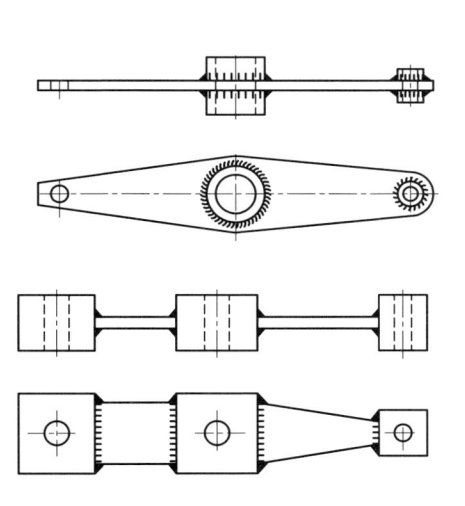

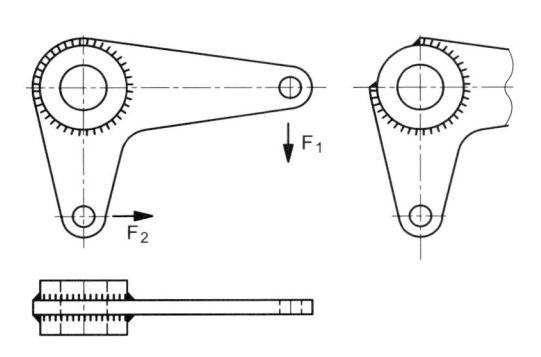

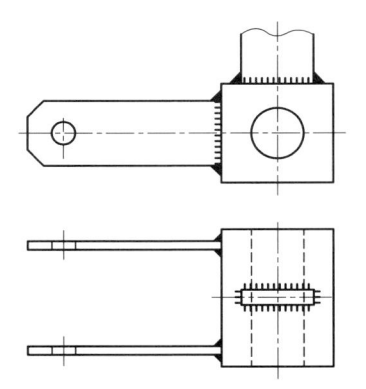

Bild 22

Teil VI

3 D-Konstruktionen

Hinweis:
Gewinde und Federn sind vereinfacht, d. h. ohne Steigung, dargestellt

3 D-Konstruktionen im Überblick

Folgeschneidwerkzeug für Platte mit zwei Bohrungen	472
Folgeverbundwerkzeug	474
Säulenführungsgestell-Folgeschnitt für Platte mit Formloch	476
Beschneidewerkzeug	478
Ziehwerkzeug für Wanne	480
Ziehwerkzeug mit Bremswulst	482
Komplettschnitt für Profilplatte	484
Lochwerkzeug mit Keiltrieb	486
Doppelwerkzeug-Beschneiden und Formlochen	488
Komplettschnitt für Formplatte	490
Komplettschnitt für Stern	492
Lochschnitt für Profilplatte	494
Säulenführungsgestell-Schneid- und Ziehwerkzeug für Kappe mit Bohrung	496
Schnittzugschnitt für Napf	498
Abtrennwerkzeug	500
Lochwerkzeug mit Keilschieber	502

Folgeschneidwerkzeug für Platte mit 2 Bohrungen

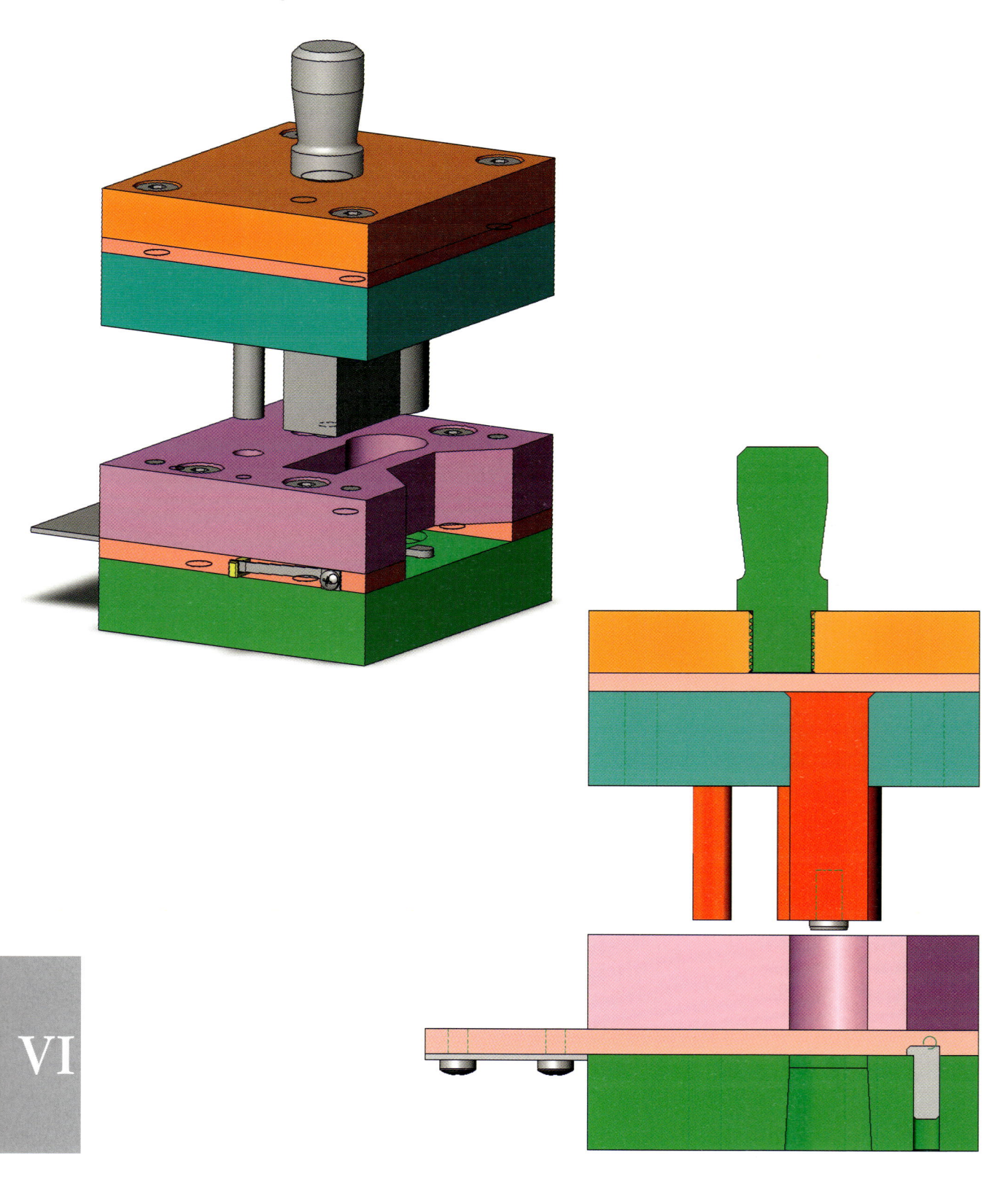

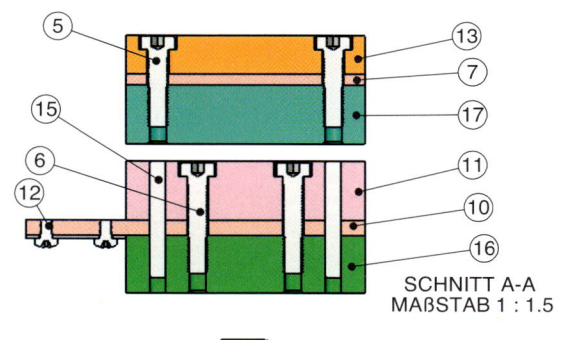

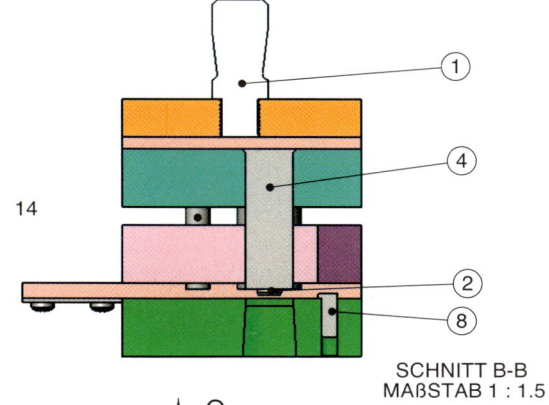

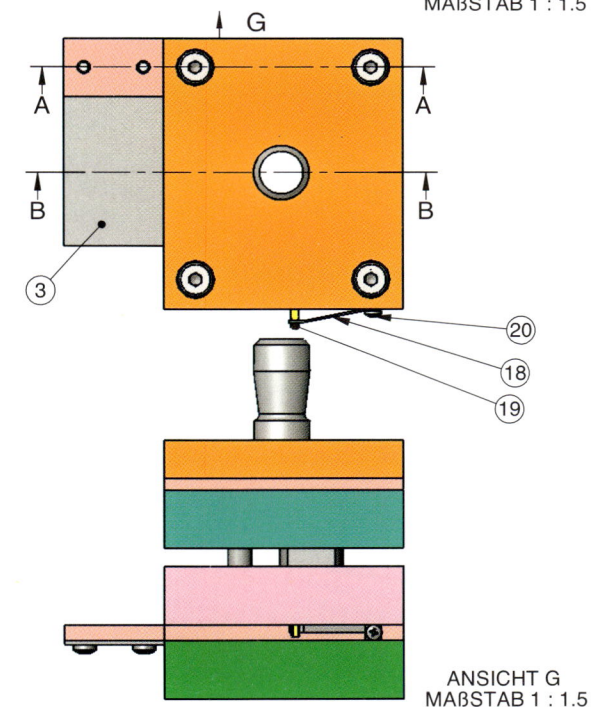

Folgeschneidwerkzeug für Platte mit 2 Bohrungen

POS-NR.	BENENNUNG	MENGE
1	Zsb. Einspannzapfen	1
2	Zsb. Suchstift	2
3	Auflageblech	1
4	Ausschneidstempel	1
5	DIN 7984 - M5 x 20 --- 17.6S	4
6	DIN 7984 - M5 x 25 --- 22.6S	4
7	Druckplatte	1
8	Einhängestift	1
9	Führungsleite	1
10	Führungsleite lang	1
11	Führungsplatte	1
12	ISO 7045 - M3 x 5 - Z --- 5S	2
13	Kopfplatte	1
14	Lochstempel	2
15	Parallel Pin ISO 8734 - 4 x 30 - B - St	4
16	Schneidplatte	1
17	Stempelaufnahmeplatte	1
18	Blattfeder	1
19	Erstanschlag	1
20	ISO 7045 - M2 x 3 - Z --- 3S	1

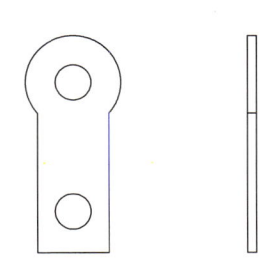

SCHNITT A-A
MAßSTAB 1 : 1.5

SCHNITT B-B
MAßSTAB 1 : 1.5

ANSICHT G
MAßSTAB 1 : 1.5

VI

Folgeverbundwerkzeug

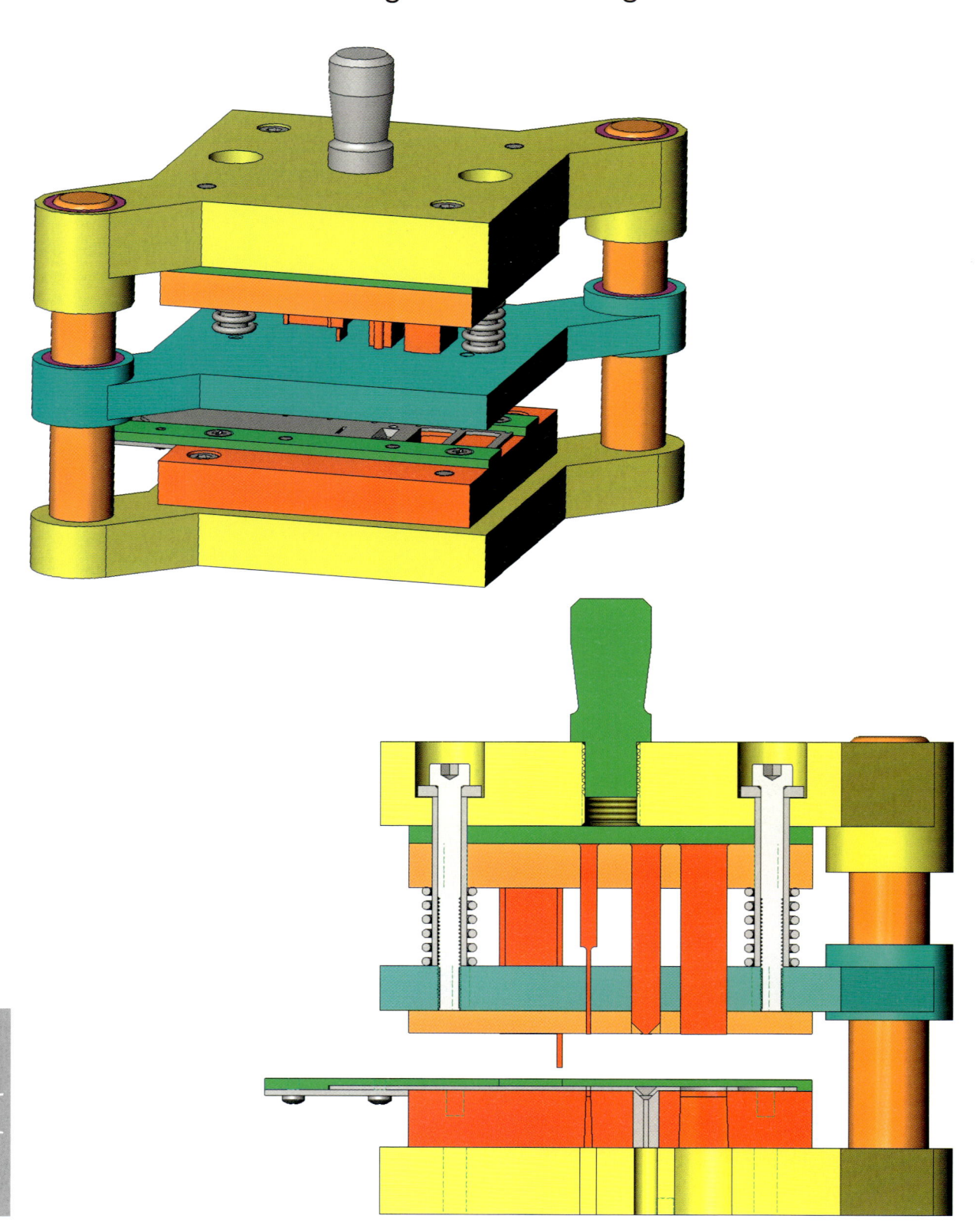

Folgeverbundwerkzeug

POS-NR.	BENENNUNG	MENGE
1	Zsb. Einspannzapfen	1
2	Zsb. Grundplatte	1
3	Abstandshülse	2
4	Ausschneidstempel	1
5	DIN 7984 - M3 x 6 --- 4.5S	2
6	DIN 912 M4 x 20 --- 20S	2
7	DIN 912 M4 x 40 --- 20S	2
8	Druckplatte	1
9	Feder f. Führungsplatte	2
10	Führungsbuchse f Führungsplatte	2
11	Führungsbuchse f Kopfplatte	2
12	Führungsplatte	1
13	Führungsplatteneinsatz	1
14	Kopfplatte	1
15	Lochstempel	2
16	Parallel Pin ISO 8734 - 3 x 10 - A - St	2
17	Parallel Pin ISO 8734 - 4 x 24 - A - St	2
18	Prägestempel	1
19	Scheibe	2
20	Schnittstempel	1
21	Seitenschneider	1
22	Stempelhalteplatte	1
23	Streifen	1

SCHNITT A-A
MAßSTAB 1 : 1.3

Werkstück
Abdeckplatte

VI

VI 3 D-Konstruktionen

Säulenführungsgestell-Folgeschnitt für Platte mit Formloch

Säulenführungsgestell-Folgeschnitt für Platte mit Formloch

POS-NR.	BENENNUNG	MENGE
1	Zsb. Einspannzapfen	1
2	Abstreiferplatte	1
3	Auflageblech	1
4	Ausschneidstempel	1
5	Blattfeder	1
6	DIN 7984 - M6 x 12 --- 9S	4
7	DIN 7984 - M6 x 20 --- 17S	4
8	DIN 7984 - M6 x 25 --- 22S	4
9	Druckplatte	1
10	Einhängestift	1
11	Erstanschlag	1
12	Formlochstempel	1
13	Führungsleiste	1
14	Führungsleiste lang	1
15	Führungssäule	2
16	Gleithülse	2
17	ISO 7045 - M2 x 3 - Z --- 3S	1
18	ISO 7045 - M3 x 5 - Z --- 5S	2
19	ISO 7046-1 - M6 x 10 - Z --- 10S	2
20	Parallel Pin ISO 8734 - 4 x 40 - A - St	4
21	Scheibe für Führungssäule	2
22	Schnittplatte	1
23	Stempelaufnahmeplatte	1
24	Säulengestell oben	1
25	Säulengestell unten	1

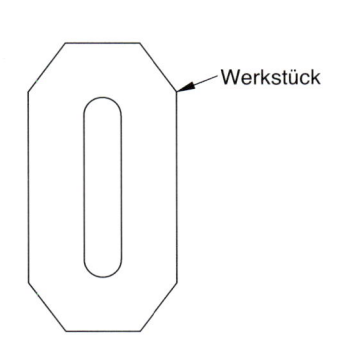

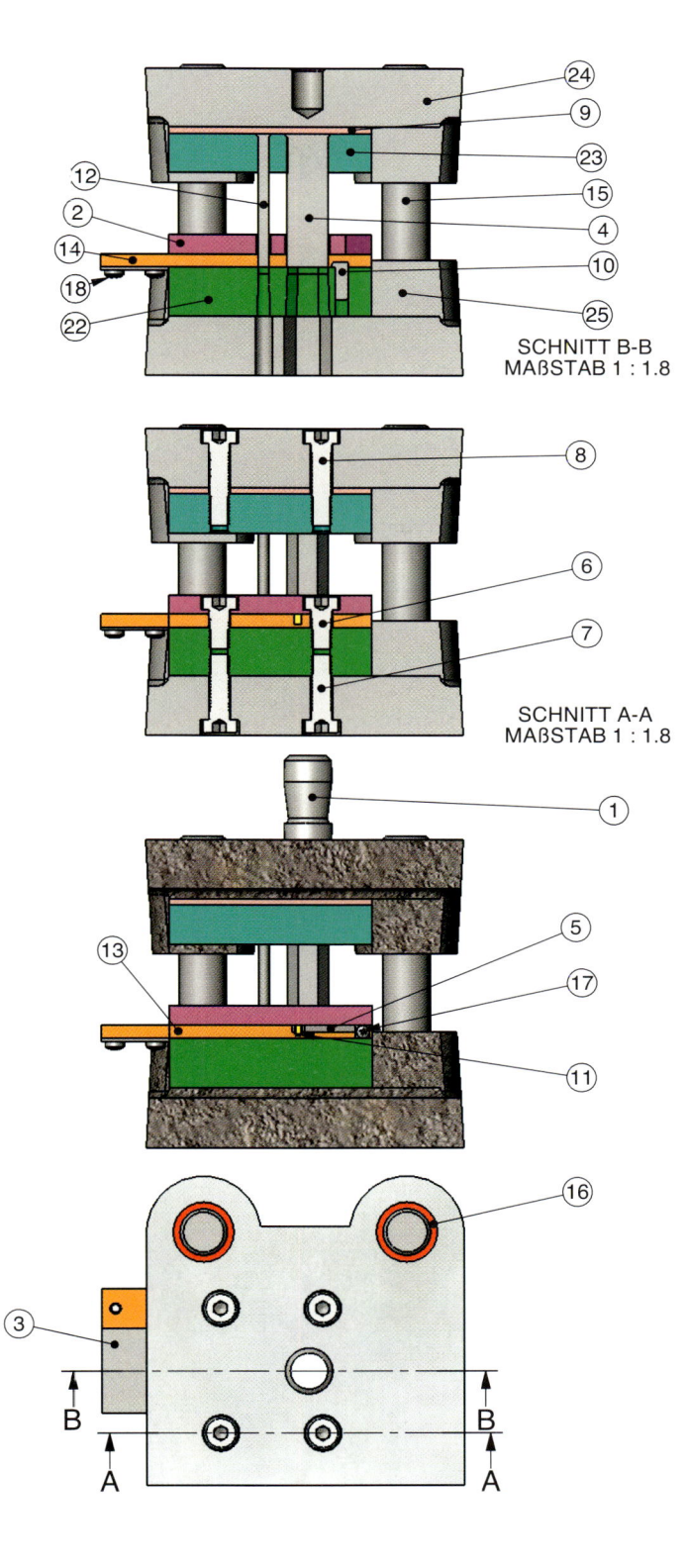

SCHNITT B-B
MAßSTAB 1 : 1.8

SCHNITT A-A
MAßSTAB 1 : 1.8

Werkstück

VI

477

Beschneidewerkzeug

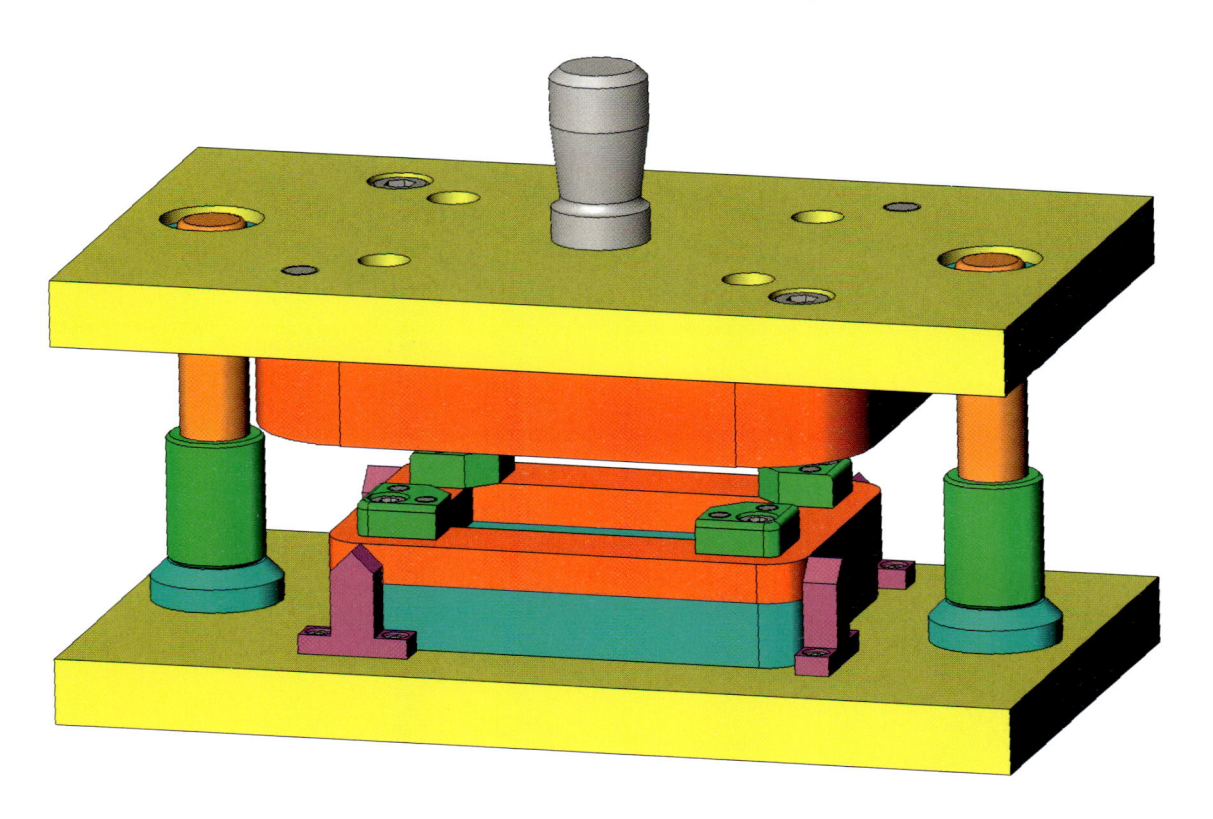

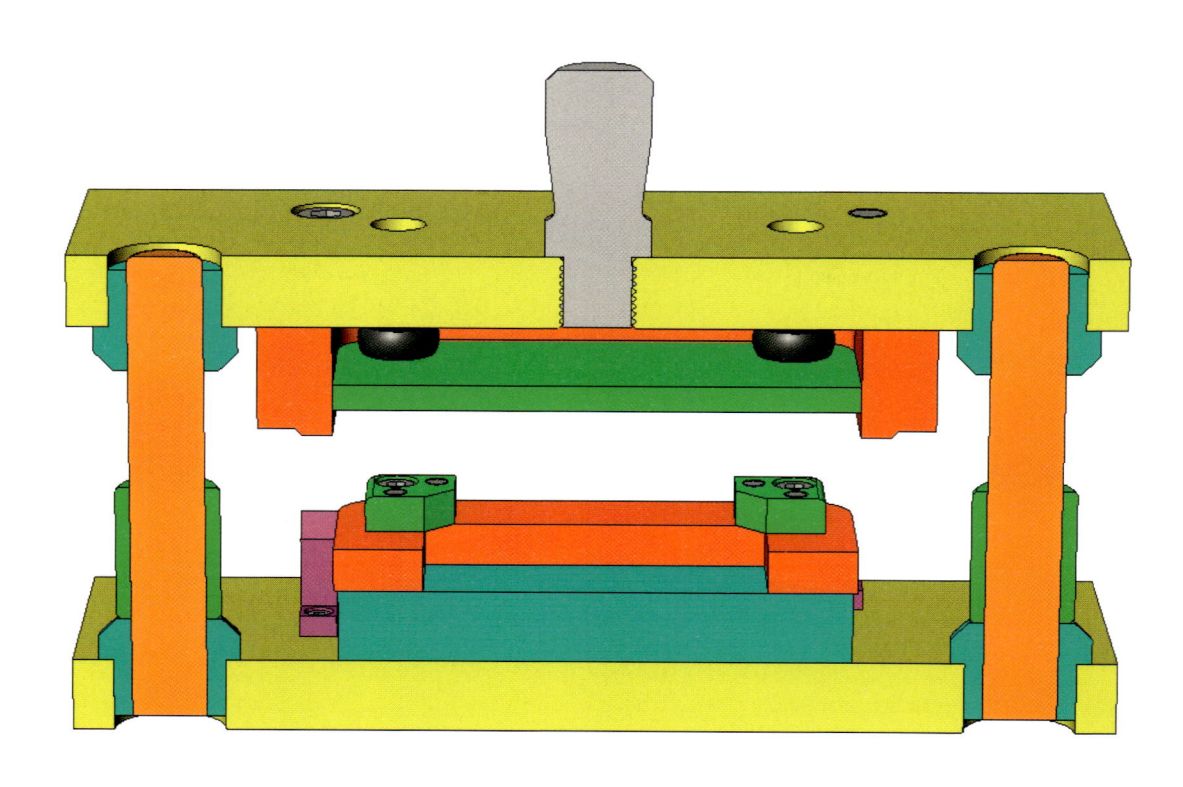

Beschneidewerkzeug

POS-NR.	BENENNUNG	MENGE
1	Zsb. Einspannzapfen	1
2	Zsb. Grundplatte	1
3	Zsb. Passschraube	4
4	Abstandshülse	2
5	Auswerfer oben	1
6	DIN 912 M5 x 12 --- 12S	2
7	Gummifeder	4
8	Kopfplatte	1
9	Messer oben	1
10	Parallel Pin ISO 8734 - 5 x 18 - A - St	2
11	Säulenlager	2

SCHNITT C-C
MAßSTAB 1 : 1.4

SCHNITT B-B
MAßSTAB 1 : 1.4

SCHNITT A-A
MAßSTAB 1 : 1.4

Werkstück Wanne vor dem Beschneiden

Werkstück Wanne

VI

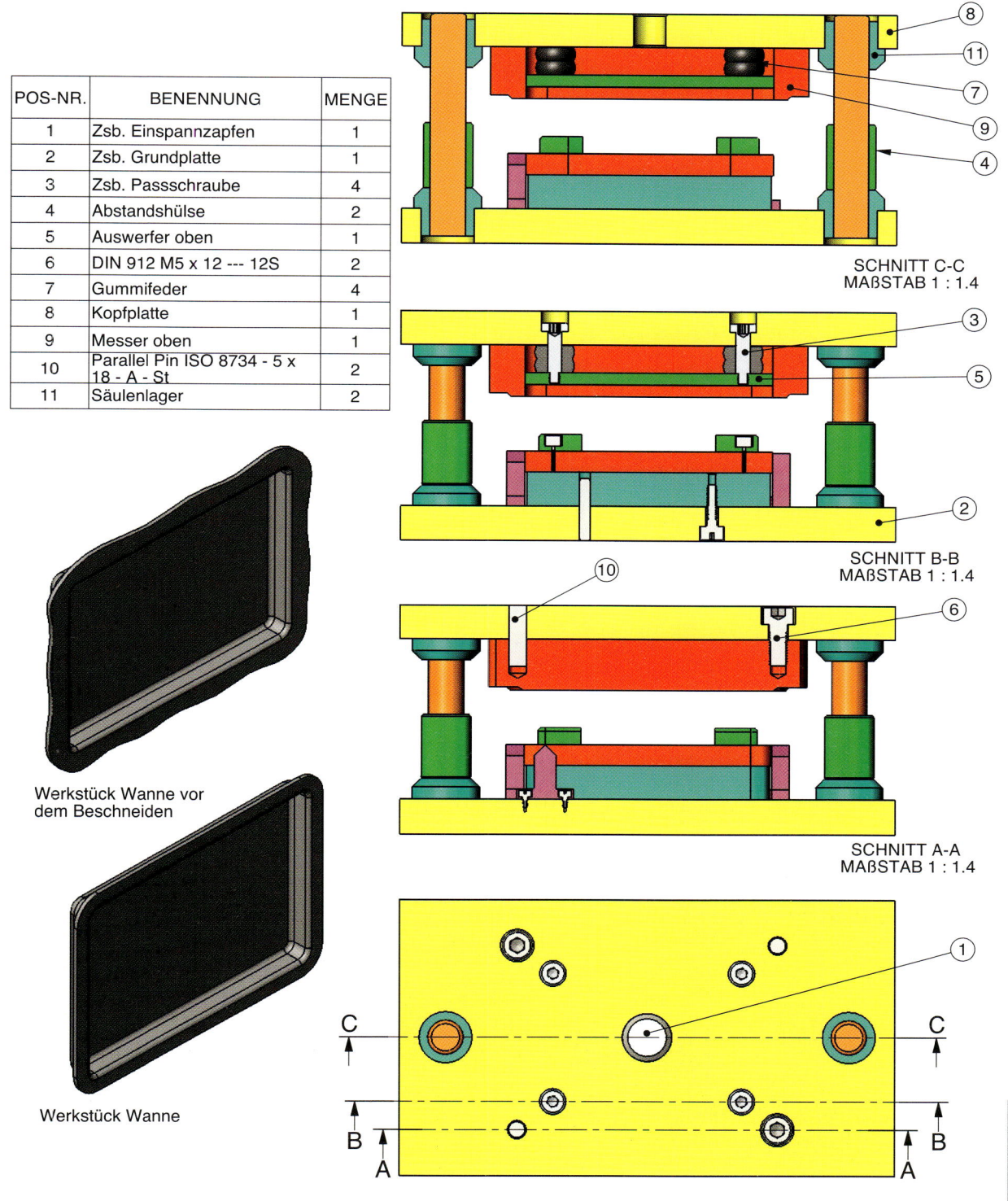

Ziehwerkzeug mit Wanne

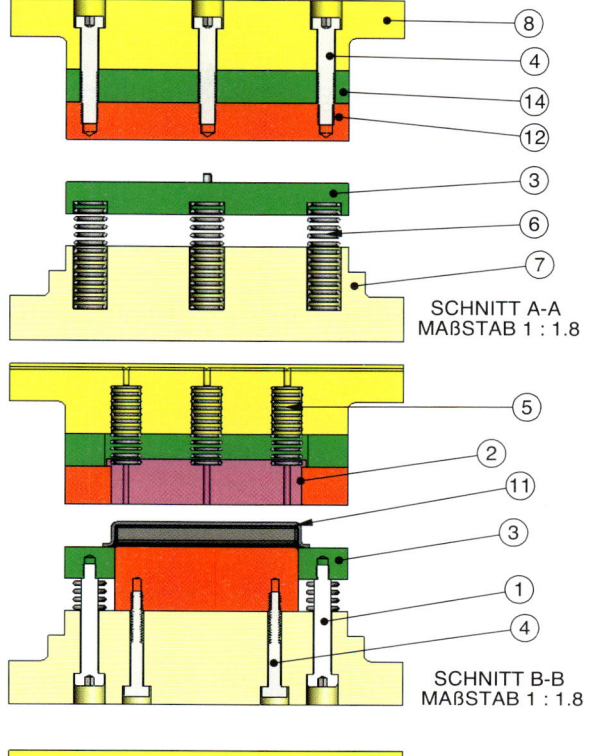

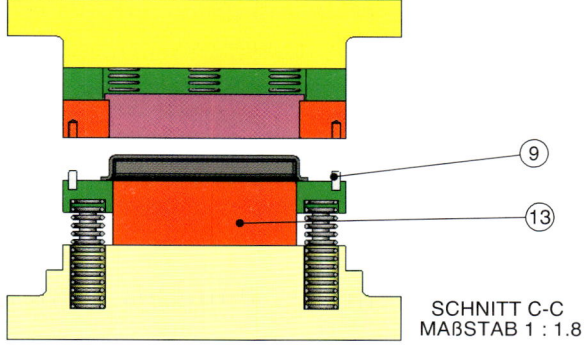

Ziehwerkzeug mit Wanne

POS-NR.	BENENNUNG	MENGE
1	Zsb. Schraube für Blechh.	4
2	Auswerfer oben	1
3	Auswerfer-Blechhalter	1
4	DIN 7984 - M5 x 30 --- 16S	10
5	Feder oben	6
6	Feder unten	8
7	Grundplatte	1
8	Kopfplatte	1
9	Parallel Pin ISO 8734 - 2.5 x 6 - A - St	4
10	Parallel Pin ISO 8734 - 4 x 32 - A - St	2
11	Werkstück-Wanne	1
12	Ziehring oben	1
13	Ziehstempel unten	1
14	Zwischenring oben	1

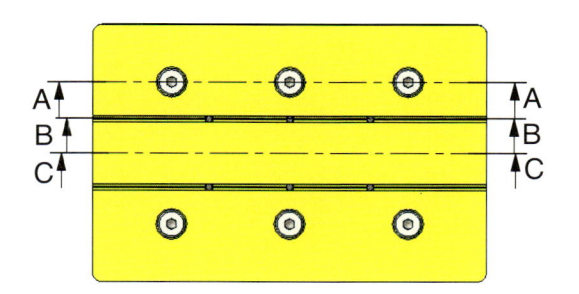

Werkstück

SCHNITT A-A
MASSTAB 1 : 1.8

SCHNITT B-B
MASSTAB 1 : 1.8

SCHNITT C-C
MASSTAB 1 : 1.8

VI

Ziehwerkzeug mit Bremswulst

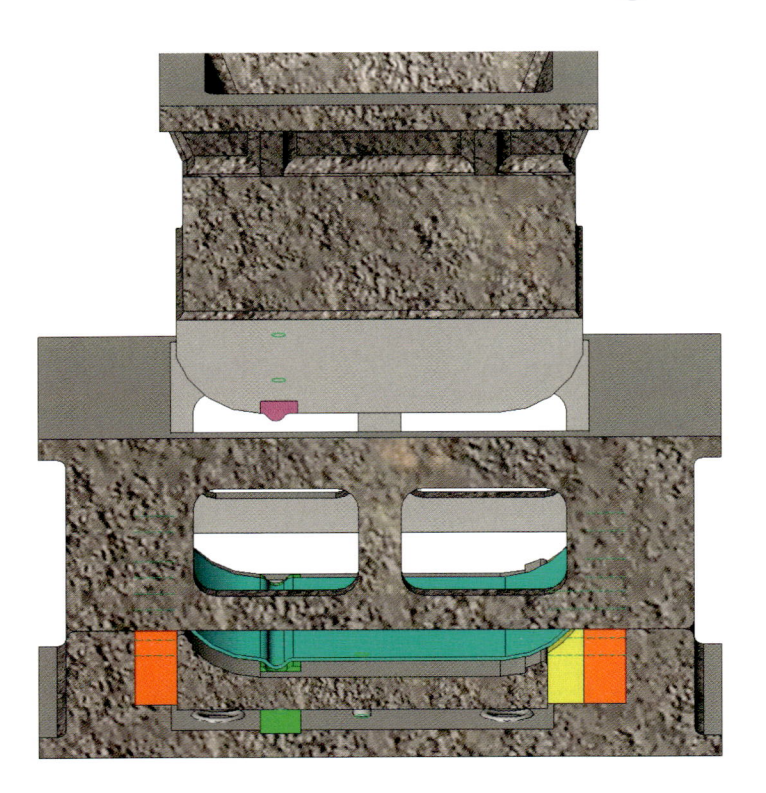

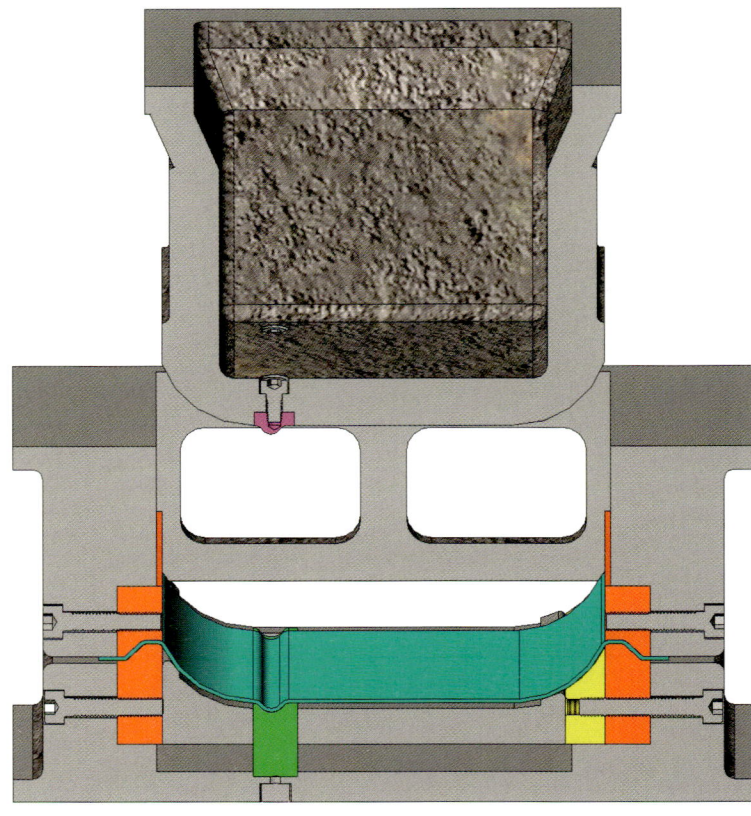

Ziehwerkzeug mit Bremswulst

POS-NR.	BENENNUNG	MENGE
1	Grundplatte	1
2	Ziehleiste unten	2
3	Werkstück Ziehteil	1
4	Ziehleiste 2 unten	1
5	Bremswulst unten	1
6	DIN 912 M4 x 25 --- 25S	2
7	DIN 912 M4 x 20 --- 20S	6
8	DIN 912 M4 x 8 --- 8S	2
9	Auswerfer unten	1
10	Zsb. Schraube f. Ausw. Formst.	2
11	Feder f. Auswerfer	4
12	Blechhalter	1
13	Ziehleiste oben	2
14	Ziehstempel	1
15	Bremswulst oben	1
16	DIN 912 M3 x 6 --- 6S	2

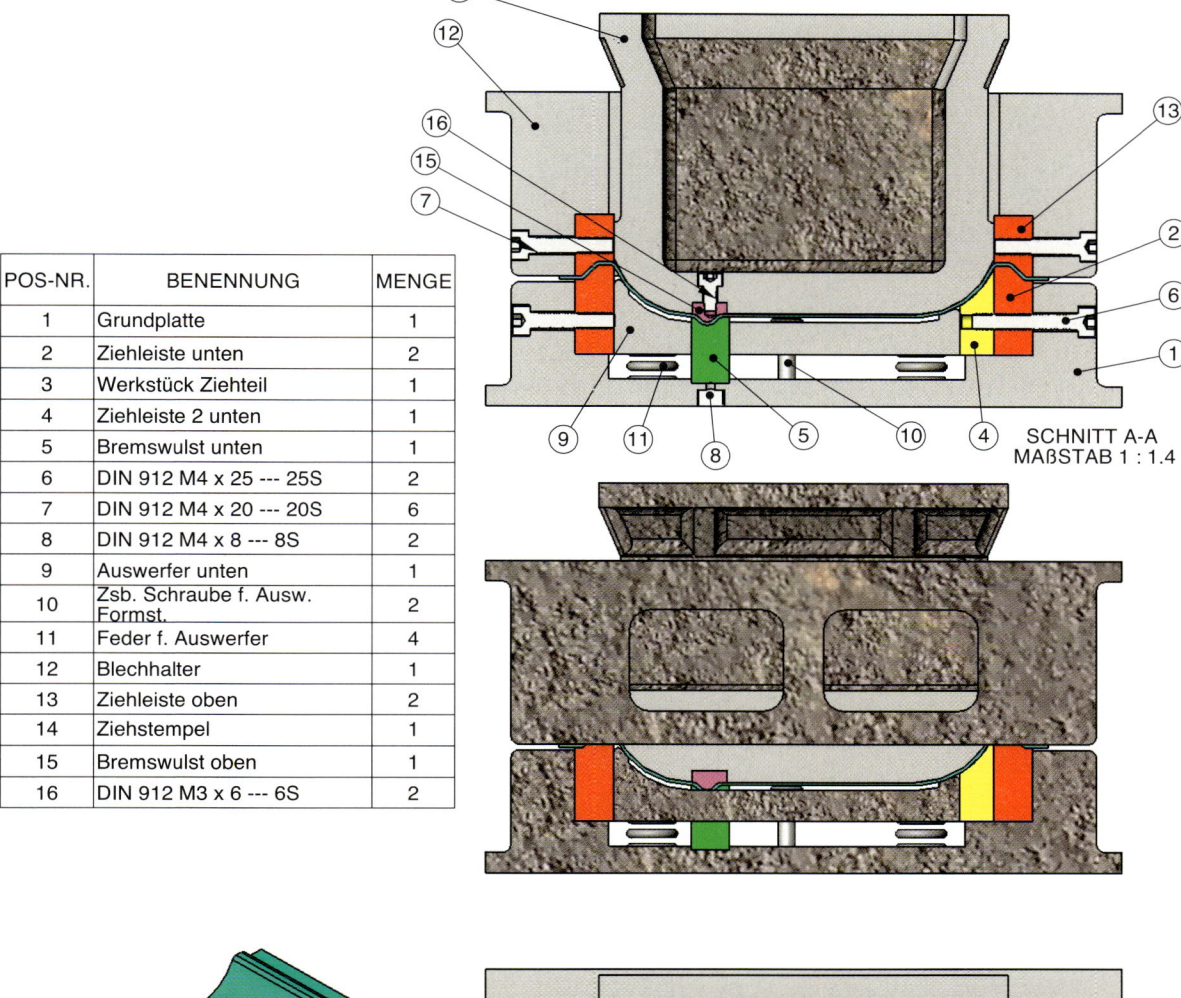

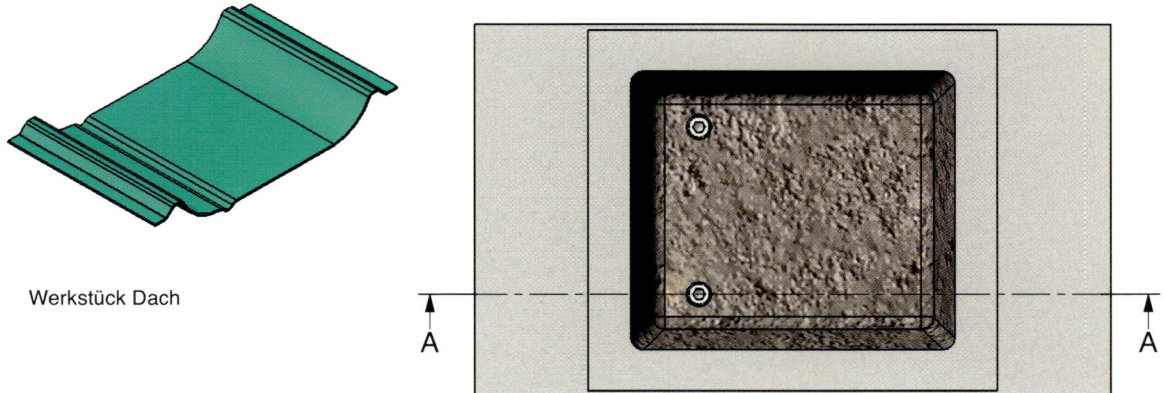

SCHNITT A-A
MAßSTAB 1 : 1.4

Werkstück Dach

VI

Komplettschnitt Profilplatte

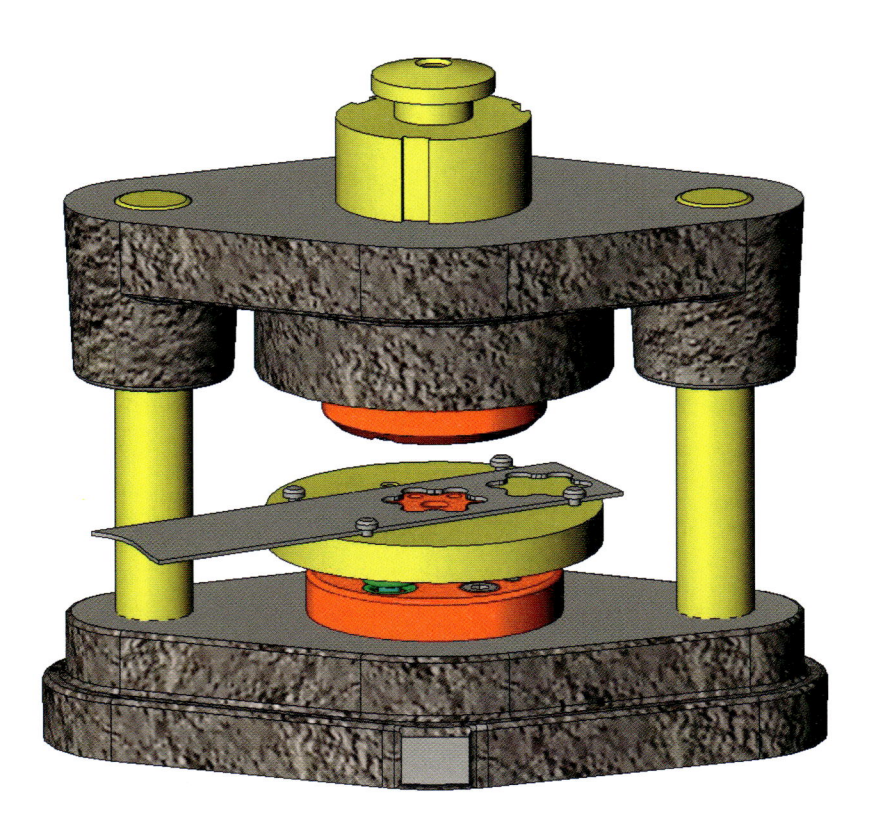

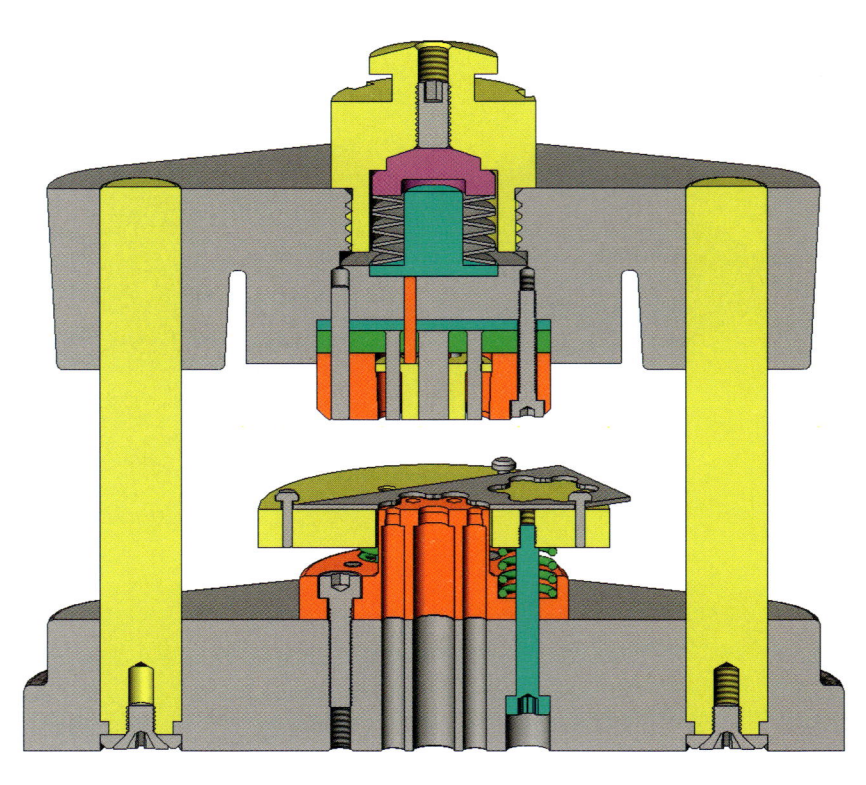

Komplettschnitt Profilplatte

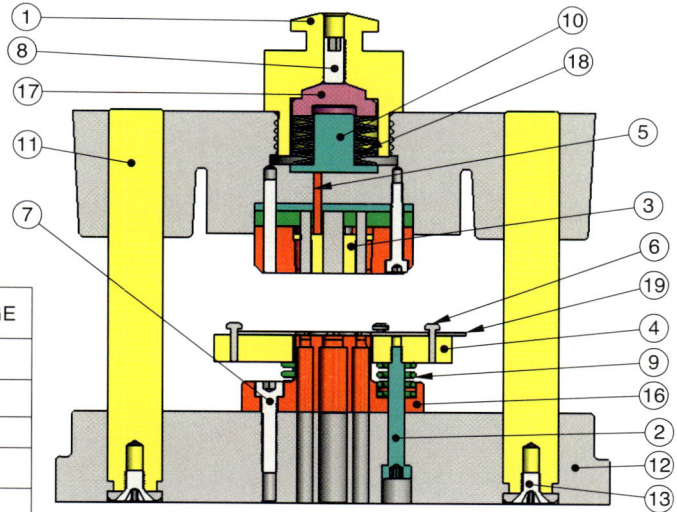

POS-NR.	BENENNUNG	MENGE
1	Zsb. Kopfplatte f. Komplettschnitt-Profilp.	1
2	Zsb. Schraube f. Ausw. Formst.	3
3	Auswerfer oben	1
4	Auswerferp. u Streifenführung	1
5	Auswerferstift oben	3
6	Bolzen f. Streifenf.	4
7	DIN 912 M4 x 20 --- 20S	3
8	DIN 913 - M6 x 12-S	1
9	Feder unten	3
10	Federbolzen oben	1
11	Führungssäule	2
12	Grundplatte	1
13	ISO 7046-1 - M5 x 8 - Z --- 8S	2
14	Parallel Pin ISO 8734 - 3 x 22 - A - St	2
15	Scheibe f. Säule	2
16	Schneidstempel unten	1
17	Teller f Auswerfer oben	1
18	Tellerfederpaket	1
19	Werkstoffstreifen	1

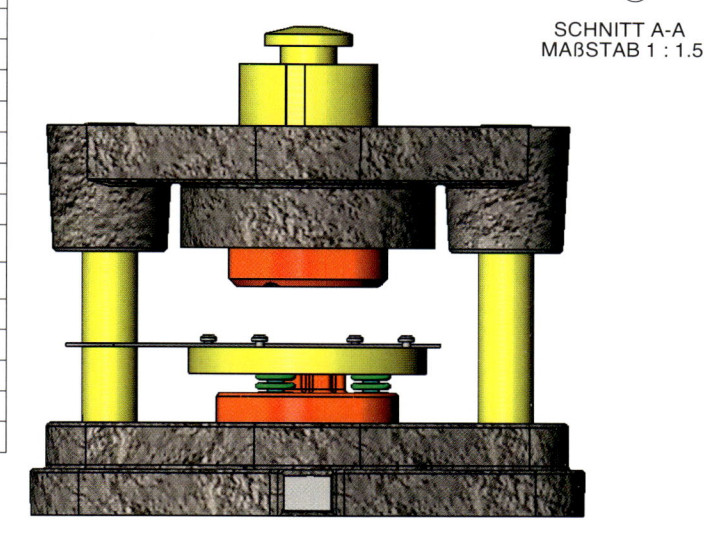

SCHNITT A-A
MAßSTAB 1 : 1.5

Werkstück-Profilplatte

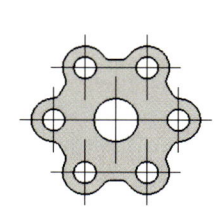

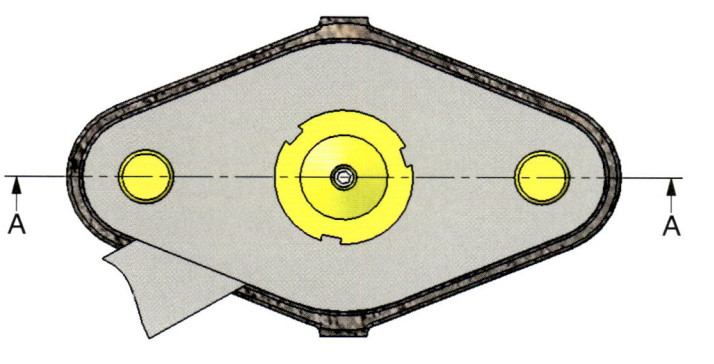

VI

Lochwerkzeug mit Keiltrieb

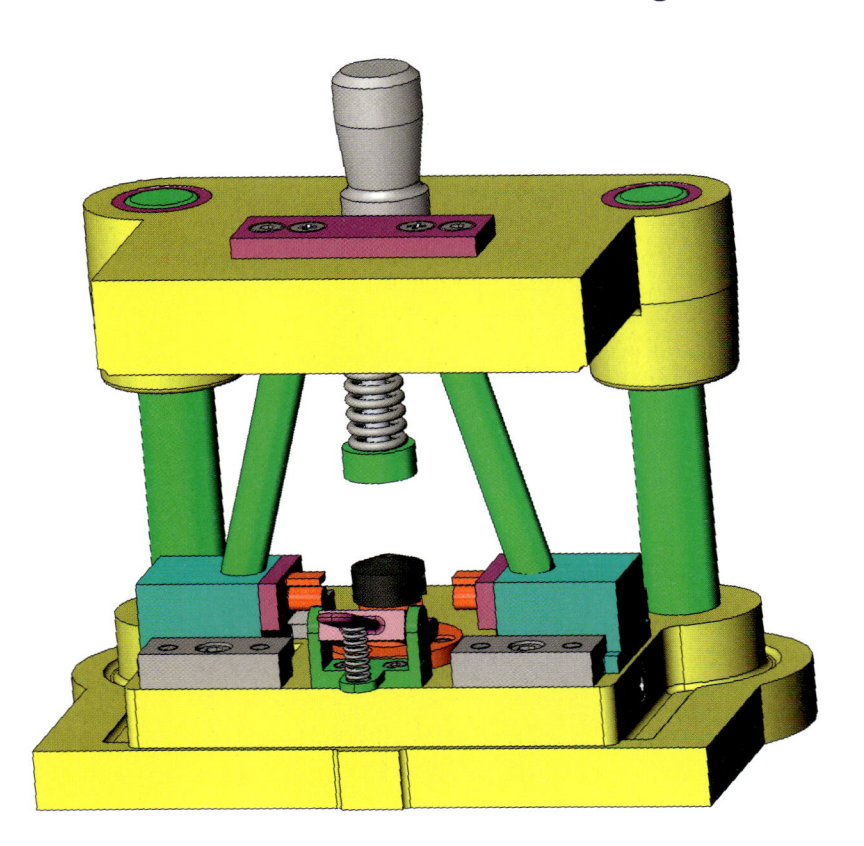

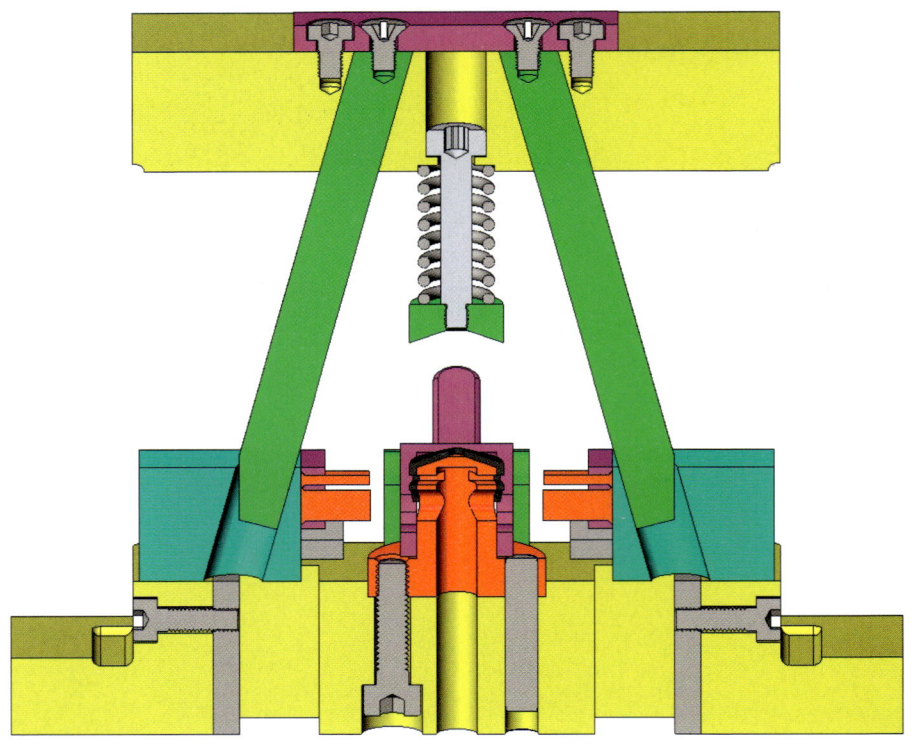

Lochwerkzeug mit Keiltrieb

POS-NR.	BENENNUNG	MENGE
1	Zsb. Einspannzapfen	1
2	Zsb. Grundplatte	1
3	Zsb. Schieber	2
4	Zsb. Schraube f. Druckstück	1
5	Befestigung Schrägsäule	1
6	DIN 7984 - M3 x 5 --- 5S	2
7	Druckstück oben	1
8	Feder Gegenhalter	1
9	Führungshülse	2
10	Gabel f. Auswerfer unten	1
11	ISO 7046-1 - M3 x 6 - Z --- 6S	2
12	Kopfplatte	1
13	Parallel Pin ISO 8734 - 3 x 18 - A - St	1
14	Schrägsäule	2
15	Werkstück Kappe	1

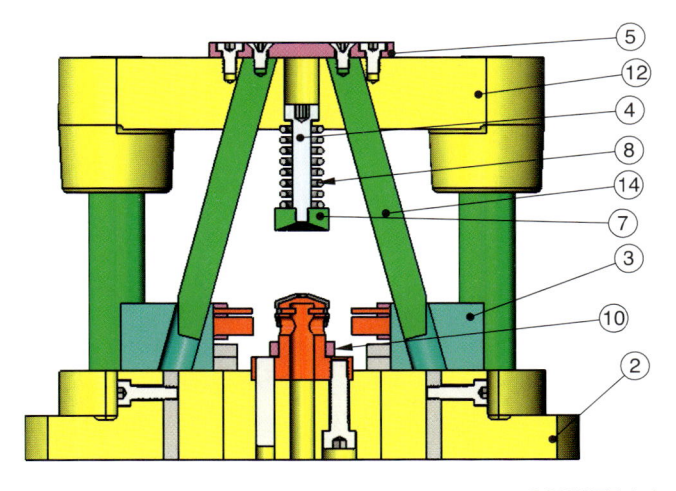

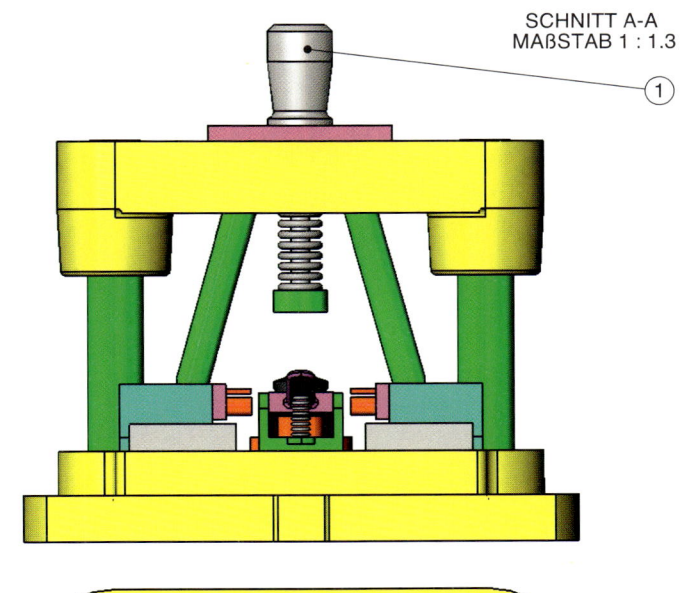

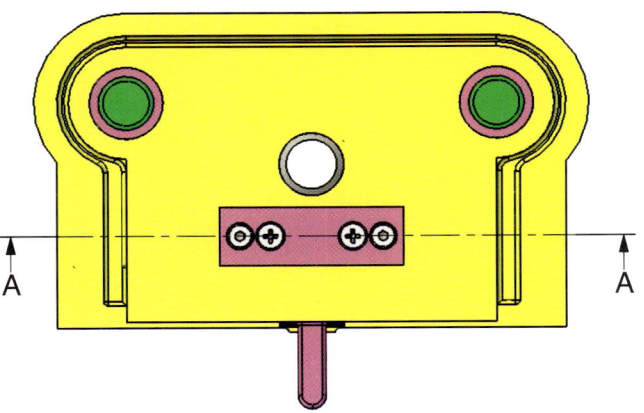

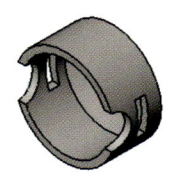

SCHNITT A-A
MAßSTAB 1 : 1.3

Werkstück Kappe

Doppelwerkzeug-Beschneiden und Formlochen

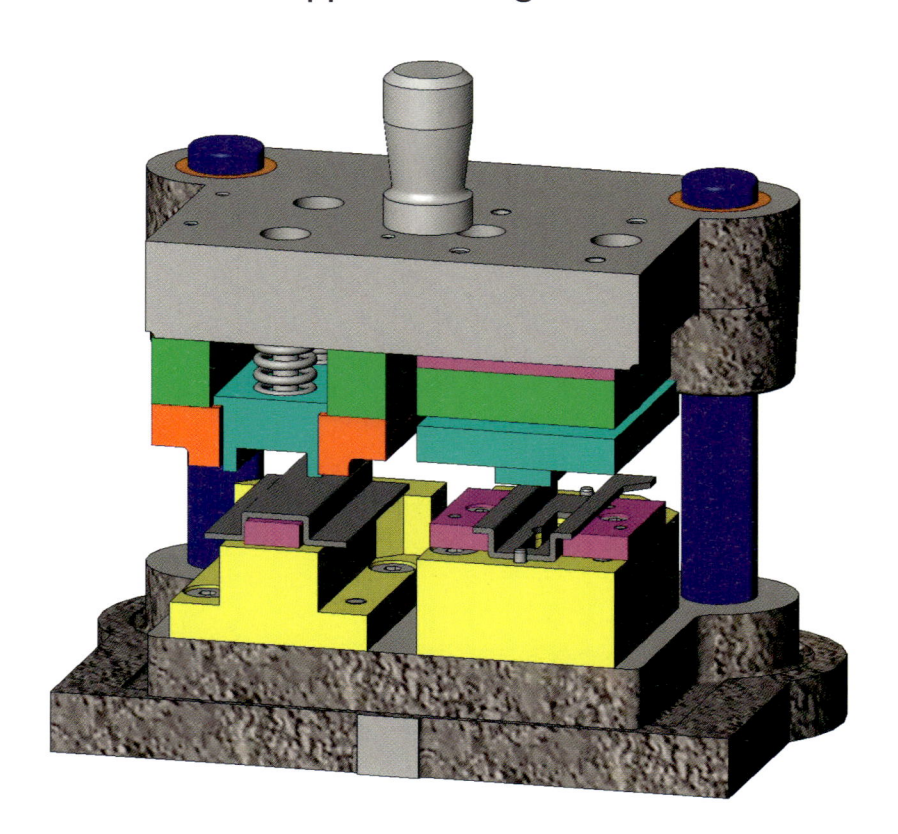

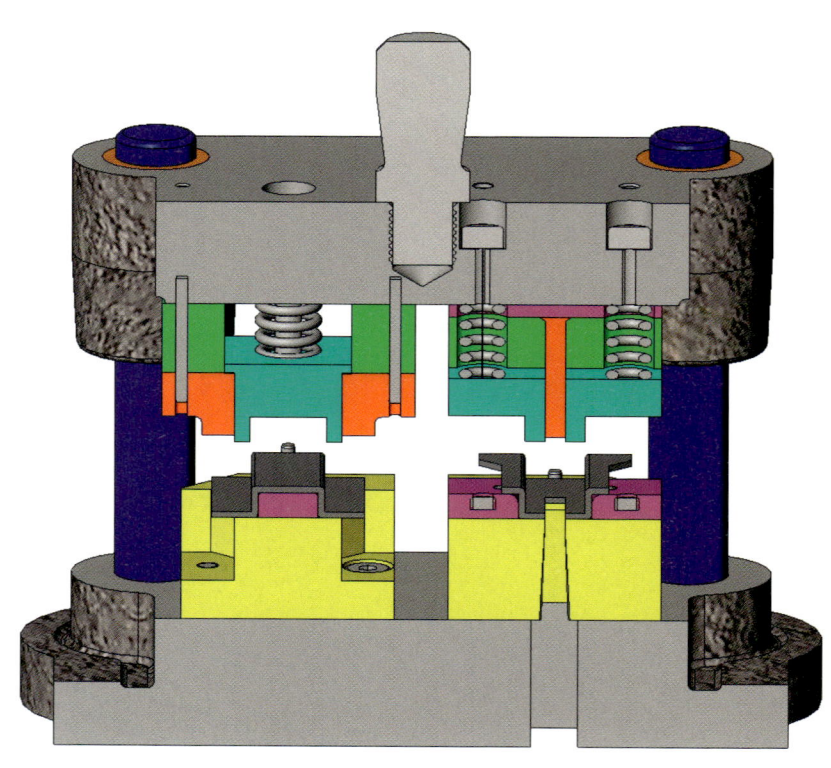

Doppelwerkzeug-Beschneiden und Formlochen

POS-NR.	BENENNUNG	MENGE
1	Zsb. Einspannzapfen	1
2	Zsb. Schraube f. Ausw. Formst.	2
3	Zsb. Schraube f. Ausw. oben	2
4	Aufnahmeplatte für Formst	1
5	Auswerfer oben	1
6	Auswerferp. für Formst	1
7	DIN 7984 - M3 x 6 --- 4.5S	2
8	DIN 7984 - M4 x 18 --- 15.9S	2
9	DIN 7984 - M4 x 8 --- 5.9S	2
10	DIN 912 M2 x 20 --- 20S	4
11	DIN 912 M2 x 5 --- 5S	2
12	DIN 912 M3 x 12 --- 12S	2
13	Druckplatte	1
14	Feder f. Auswerf oben	2
15	Feder f. Auswerf. Formst.	2
16	Fixierung auf Schneidst.	1
17	Formschneidstempel	1
18	Führungshülse	2
19	Grundaufnahme	1
20	ISO 7046-1 - M4 x 8 - Z --- 8S	2
21	Kopfplatte	1
22	Leiste f Formplatte	1
23	Leiste-Schneidm.	2
24	Parallel Pin ISO 8734 - 2 x 10 - A - St	1
25	Parallel Pin ISO 8734 - 2 x 20 - A - St	4
26	Parallel Pin ISO 8734 - 2 x 6 - A - St	2
27	Parallel Pin ISO 8734 - 2 x 8 - A - St	6
28	Parallel Pin ISO 8734 - 3 x 12 - A - St	2
29	Parallel Pin ISO 8734 - 3 x 14 - A - St	2
30	Parallel Pin ISO 8734 - 3 x 22 - A - St	2
31	Scheibe f. Säule	2
32	Schneidmesser	1
33	Schneidstempel	1
34	Schnittplatte f. Formloch	1
35	Säule	2
36	Werkstück nach dem Schneiden	1
37	Werkstück vor dem Schneiden	1

SCHNITT A-A
MAßSTAB 1 : 1.6

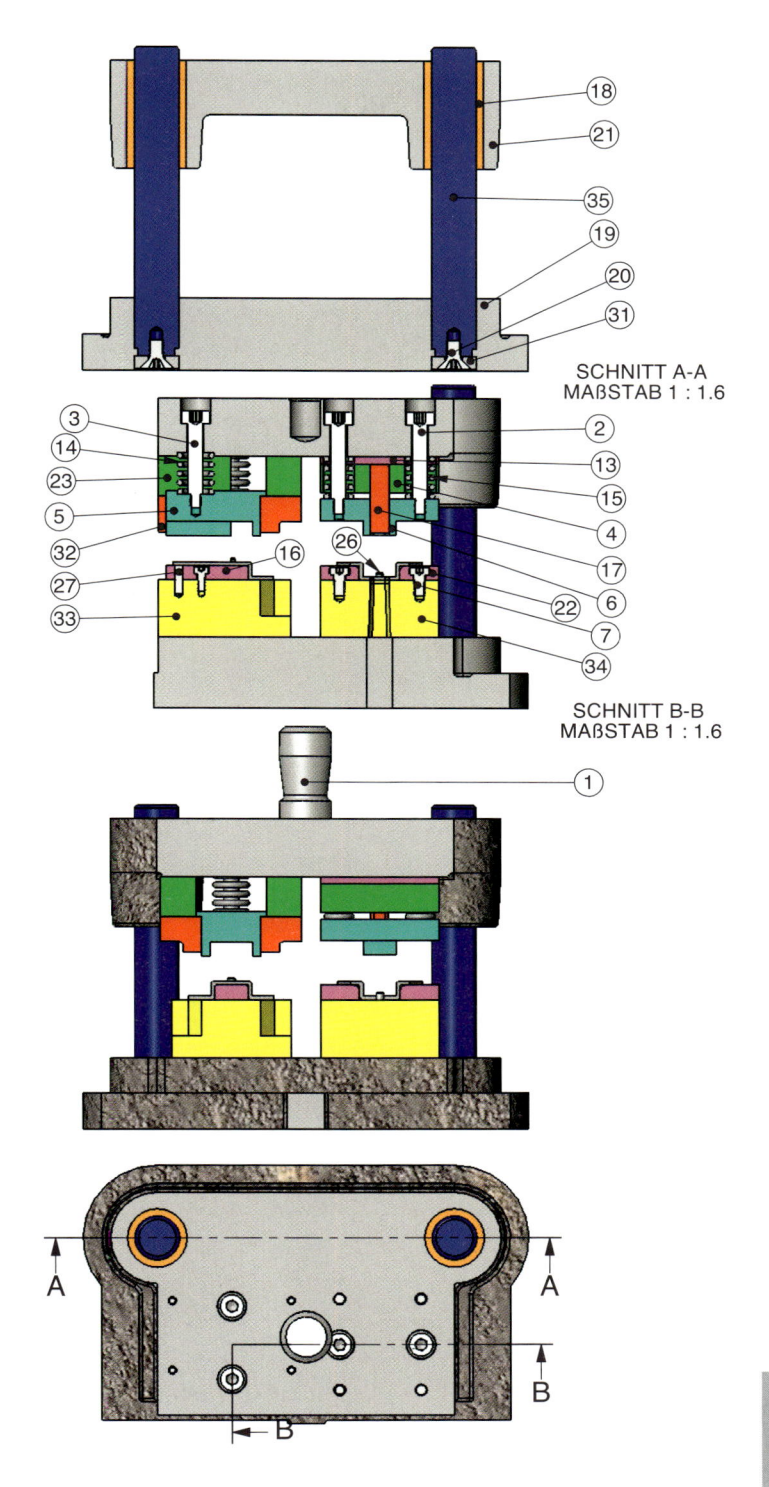

SCHNITT B-B
MAßSTAB 1 : 1.6

Werksück nach dem Schneiden

VI

489

Komplettschnitt für Formplatte

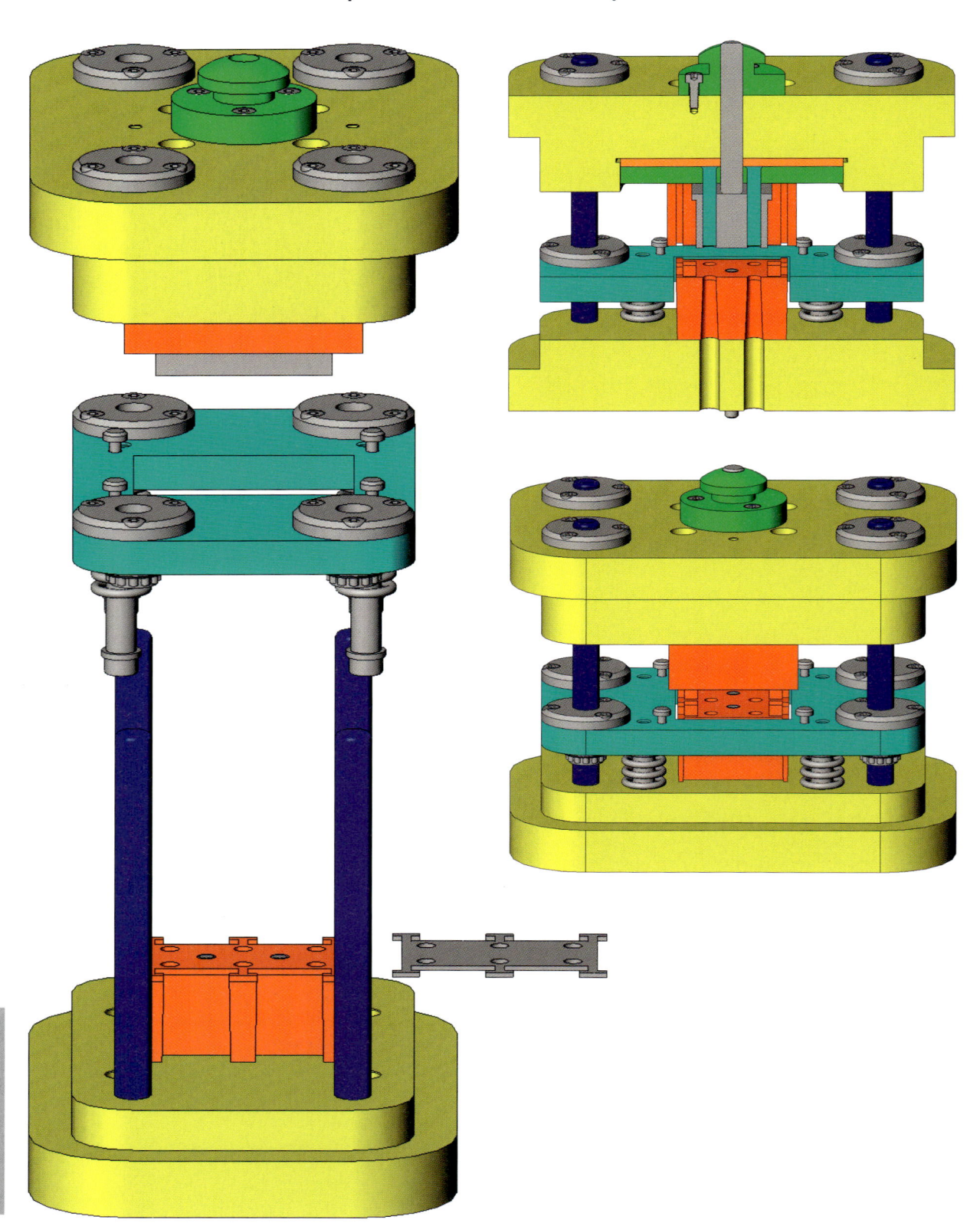

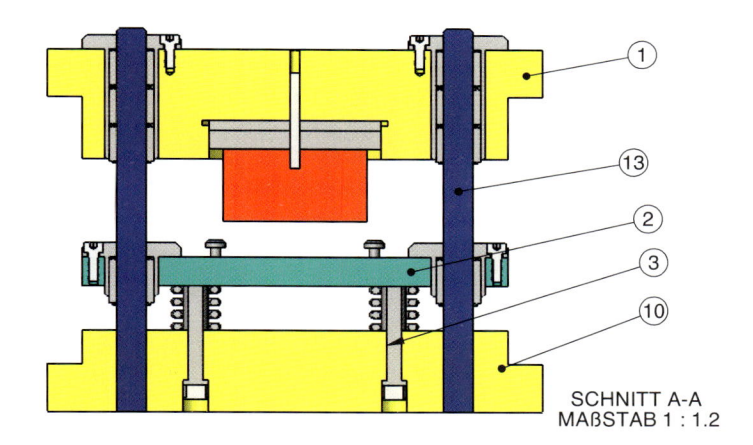

Komplettschnitt für Formplatte

SCHNITT A-A
MAßSTAB 1 : 1.2

SCHNITT B-B
MAßSTAB 1 : 1.2

POS-NR.	BENENNUNG	MENGE
1	Zsb. Kopfplatte	1
2	Zsb. Streifenführung	1
3	Abstandshülse	4
4	Auswerfer oben	1
5	Auswerferbolzen oben	1
6	Auswerferbolzen unten	2
7	DIN 7984 - M3 x 18 --- 16.5S	2
8	DIN 912 M3 x 25 --- 18S	4
9	Feder f.Streifenf.	4
10	Grundplatte	1
11	Parallel Pin ISO 8734 - 3 x 20 - A - St	2
12	Schnittplatte	1
13	Säule	4

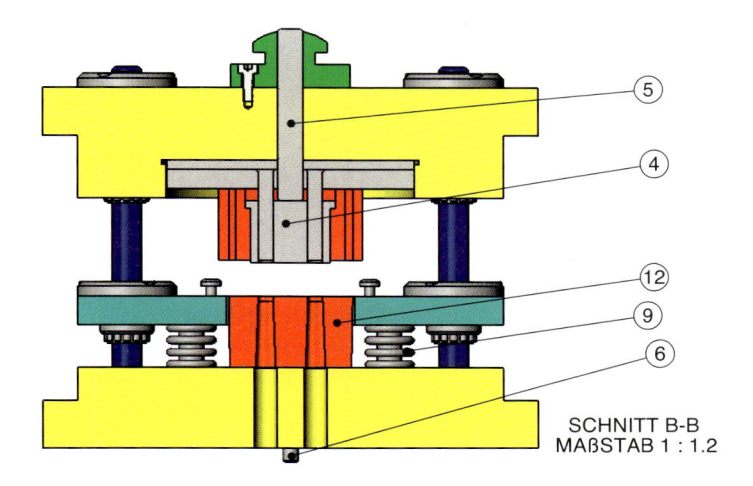

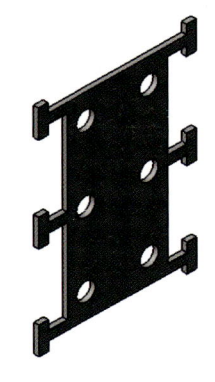

Werkstück Formplatte

VI

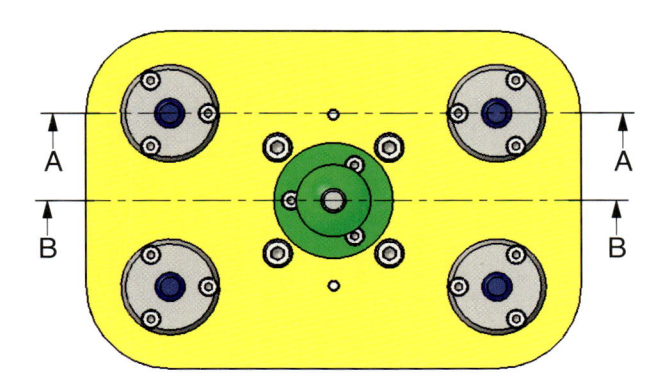

Komplettschnitt für Stern

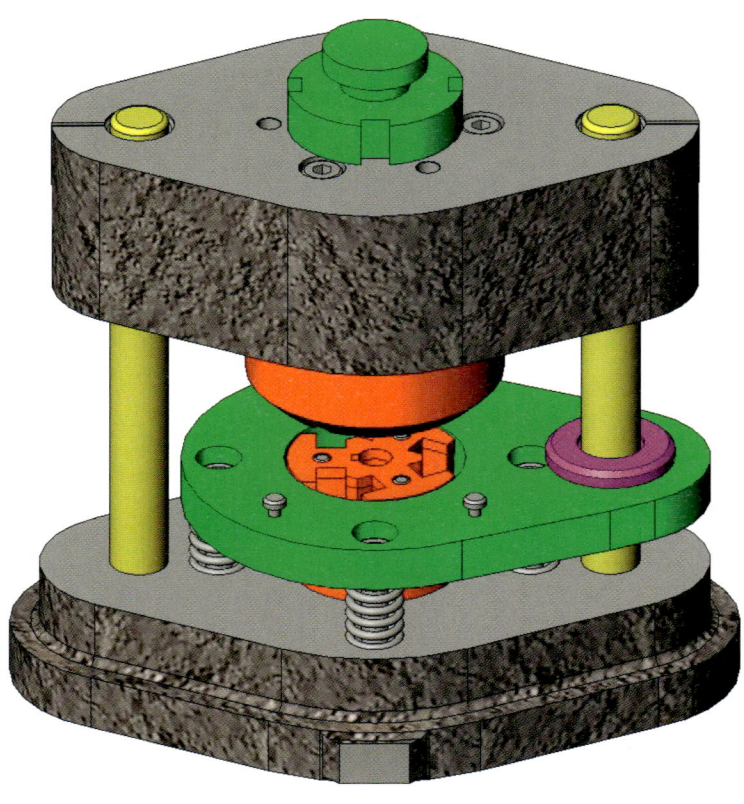

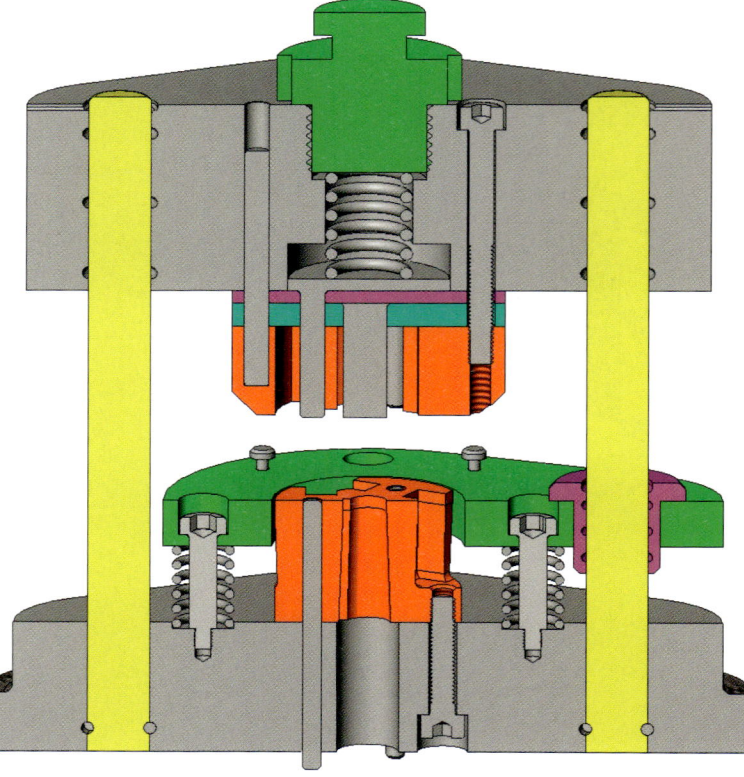

Komplettschnitt für Stern

POS-NR.	BENENNUNG	MENGE
1	Grundplatte	1
2	Führungssäule	2
3	Snap ring B 10 DIN 7993	2
4	Streifenauflage	1
5	Schneidplatte	1
6	Führungsb. f. Streifenführ.	1
7	DIN 912 M4 x 20 --- 20S	3
8	Parallel Pin ISO 8734 - 3 x 26 - A - St	2
9	Ausstosserbolzen unten	3
10	Führungsbolzen f. Streifen	4
11	Zsb.Distanzschraube	4
12	Feder f. Streifenführung	4
13	Kopfplatte	1
14	Druckplatte	1
15	Stempelaufnahmepl.	1
16	Formlochstempel	1
17	Schneidstempel	1
18	DIN 912 M4 x 40 --- 20S	3
19	Parallel Pin ISO 8734 - 4 x 40 - A - St	3
20	Auswerfer oben	1
21	Zsb. Einspannzapfen	1
22	Feder f. Auswerfer oben	1

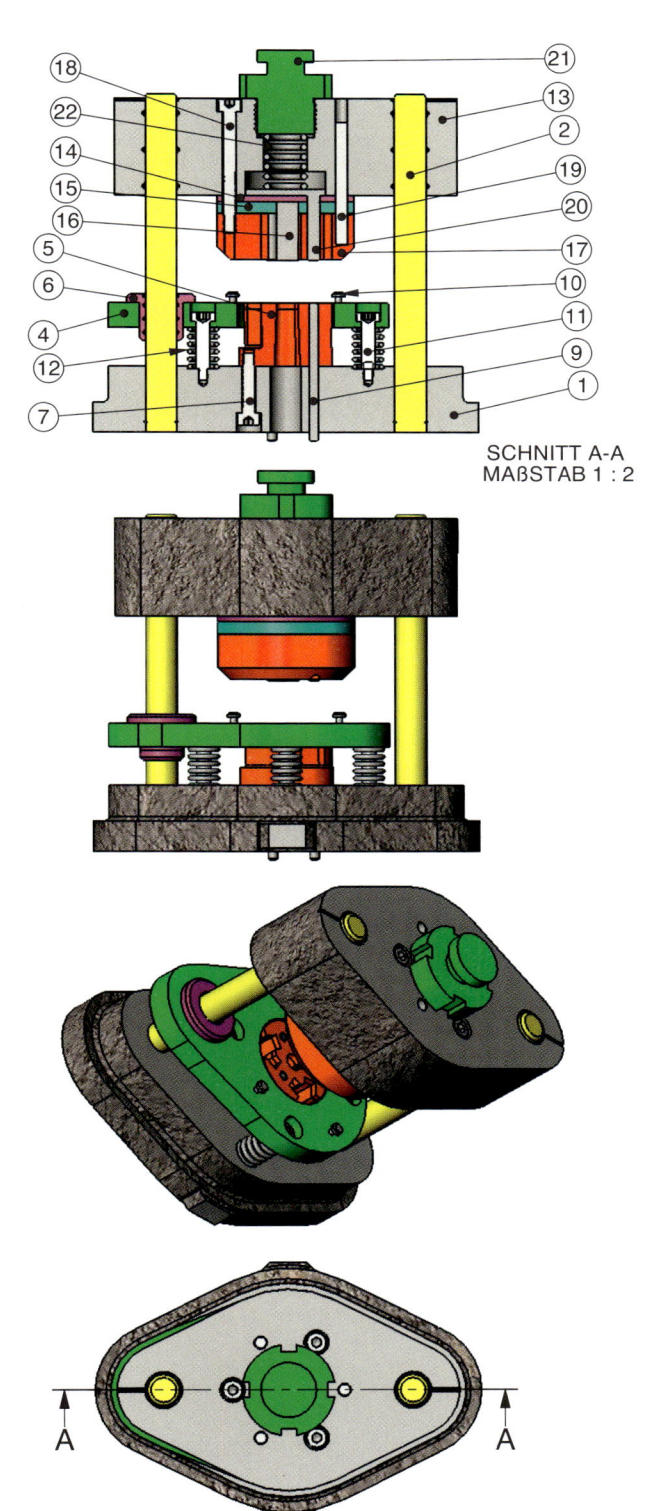

SCHNITT A-A
MAßSTAB 1 : 2

Werkstück-Stern
Massstab 1,5:1

VI

Lochschnitt für Profilplatte

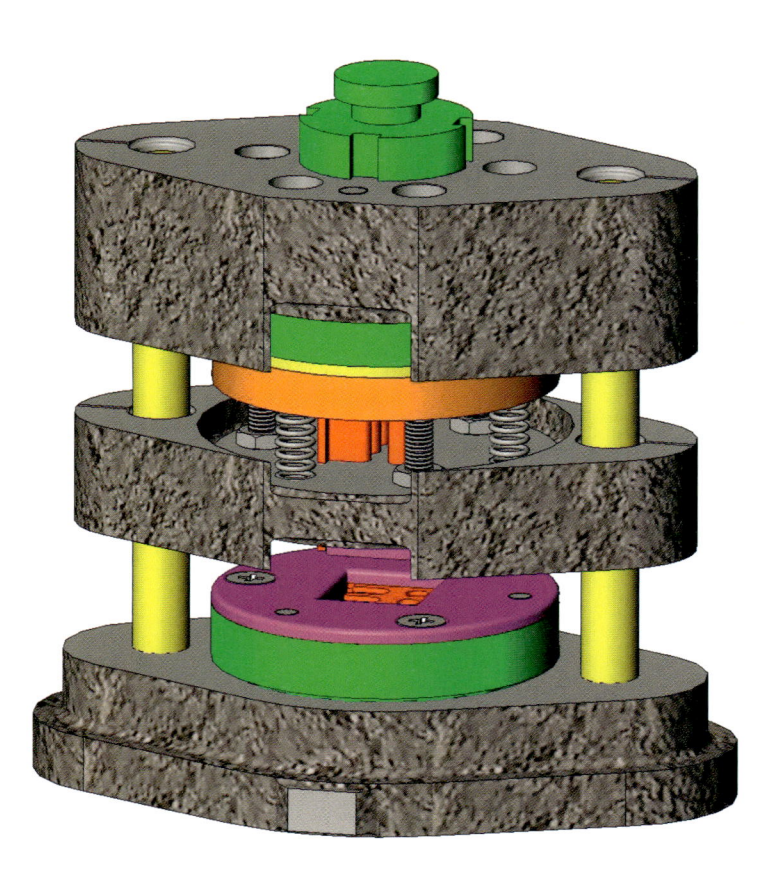

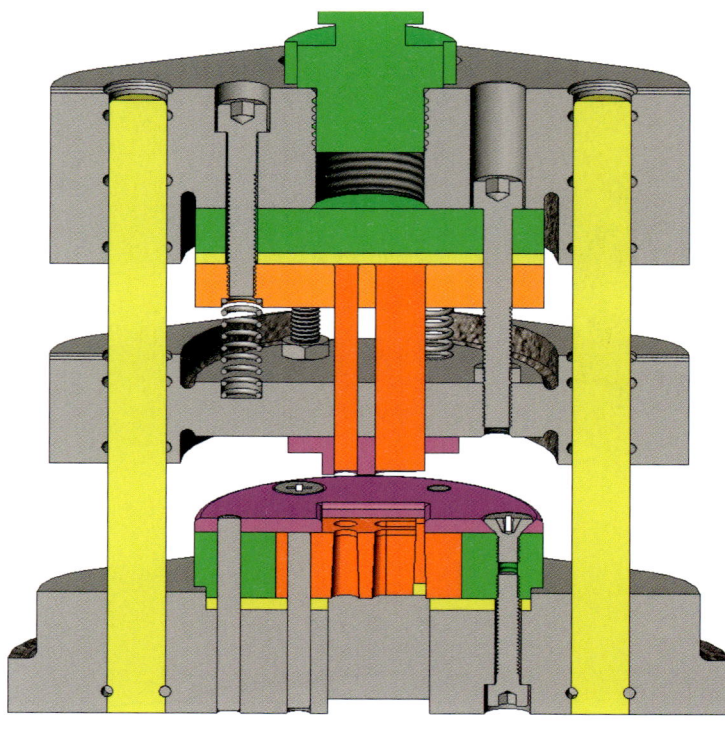

Lochschnitt für Profilplatte

POS-NR.	BENENNUNG	MENGE
1	Grundplatte	1
2	Aufnahmeplatte unten	1
3	Druckplatte unten	1
4	Schneideinsatz	1
5	Werkstückaufnahme	1
6	Parallel Pin ISO 8734 - 4 x 35 - A - St	3
7	Parallel Pin ISO 8734 - 4 x 32 - A - St	1
8	ISO 7046-1 - M4 x 8 - Z --- 8S	3
9	DIN 912 M4 x 20 --- 20S	3
10	Zsb.Kopfplatte f. Lochwerkz. f. Profilplatte	1
11	Auswerferplatte	1
12	Auswerfer u. Führung	1
13	ISO 7046-1 - M3 x 6 - Z --- 6S	4
14	DIN 912 M5 x 40 --- 22S	3
15	Hexagon Thin Nut ISO 4035 - M5 - N	3
16	Feder	3
17	Führungssäule	2
18	Snap Ring 2x12	2

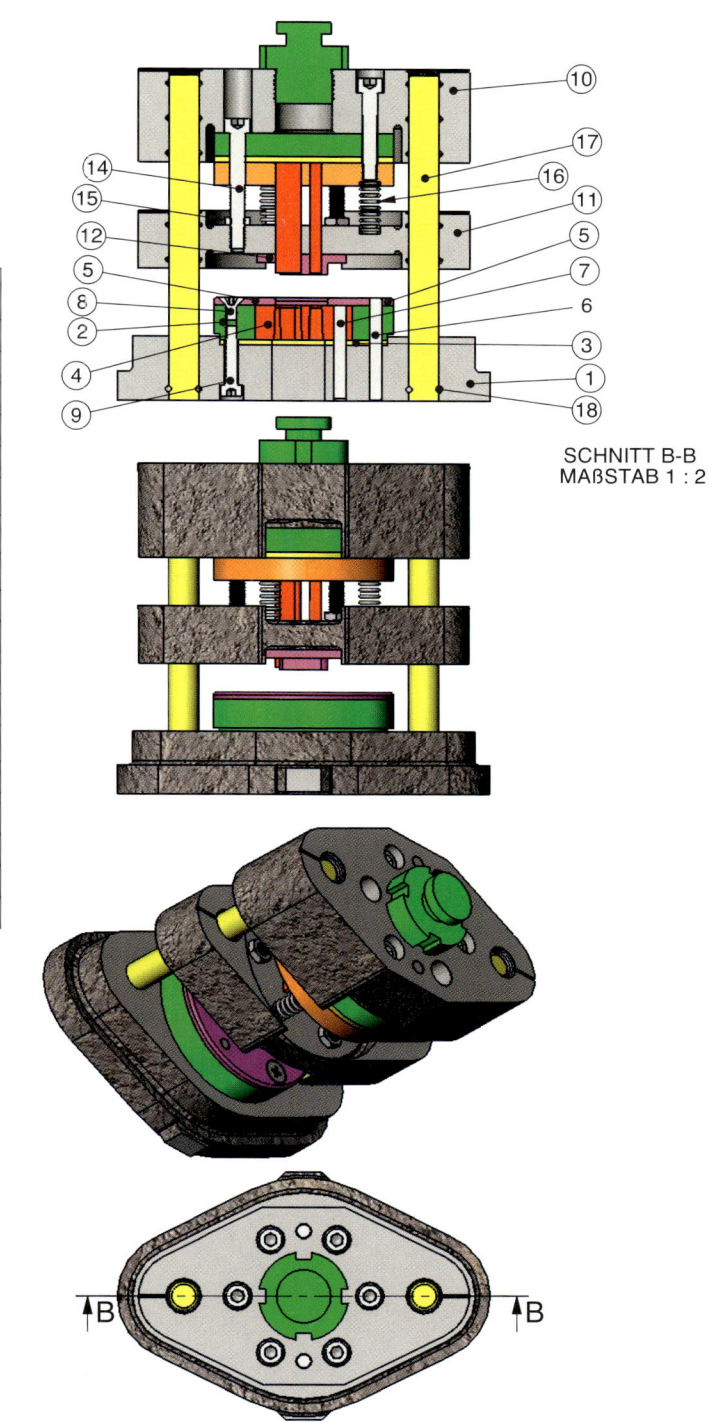

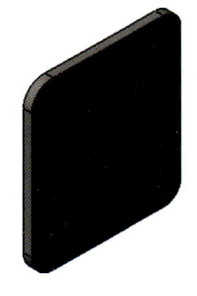

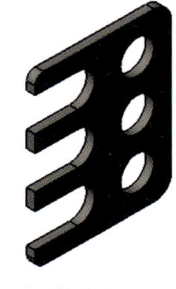

SCHNITT B-B
MAßSTAB 1 : 2

Werkstück vor dem Bearbeiten

Profilplatte

VI

Säulenführungsgestell-Schneid- und Ziehwerkzeug für Kappe mit Bohrung

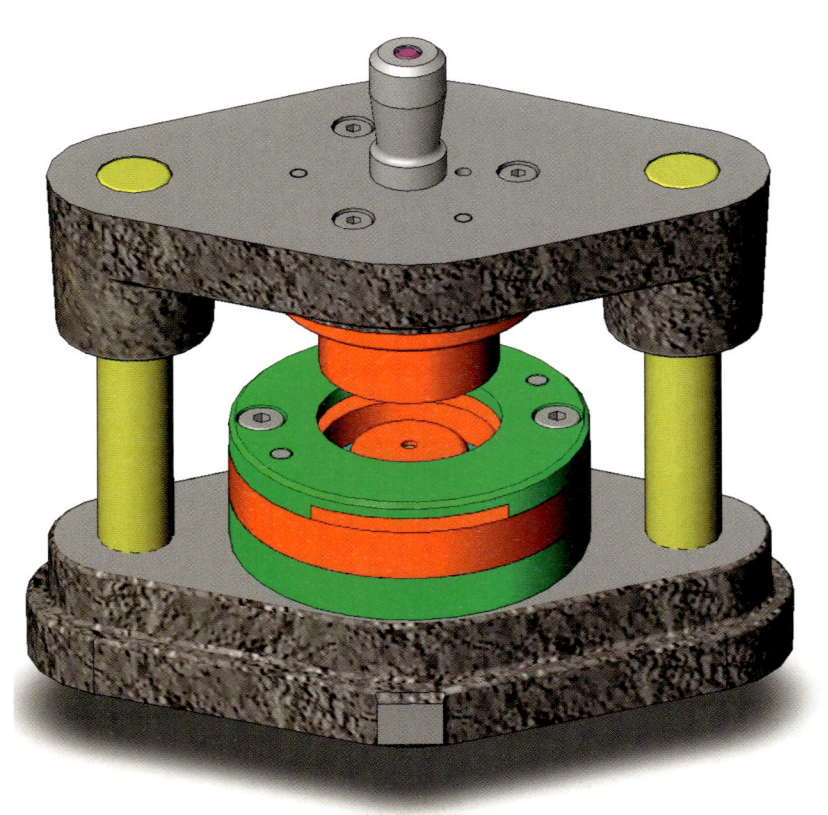

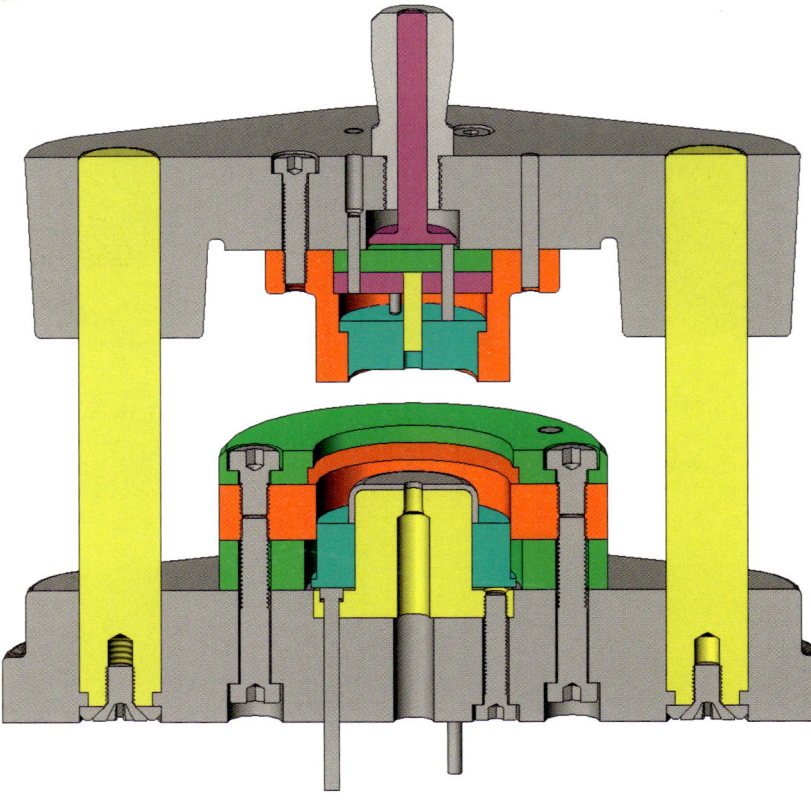

Säulenführungsgestell-Schneid- und Ziehwerkzeug für Kappe mit Bohrung

POS-NR.	BENENNUNG	MENGE
1	Zsb. Einspannzapfen	1
2	Abstreiferplatte	1
3	Auswerfer oben	1
4	Auswerferstift oben	1
5	Auswerferstift unten	3
6	Blechhalter u. Auswerfer unten	1
7	DIN 7984 - M4 x 20 --- 17.9S	6
8	DIN 7984 - M5 x 30 --- 16S	2
9	DIN 7984 - M5 x 8 --- 5.6S	2
10	Druckplatte f Lochst.	1
11	Führungssäule	2
12	Gestell oben	1
13	Gestell unten	1
14	Halteplpatte f Lochst.	1
15	ISO 7046-1 - M5 x 10 - Z --- 10S	2
16	Lochstempel	1
17	Parallel Pin ISO 8734 - 2 x 14 - A - St	4
18	Parallel Pin ISO 8734 - 3 x 24 - A - St	2
19	Parallel Pin ISO 8734 - 4 x 32 - A - St	2
20	Scheibe f. Säule	2
21	Schneid- u Ziehstempel oben	1
22	Schneidring	1
23	Werkstück	1
24	Ziehstempel u Schneidp. unten	1
25	Zwischenring	1

SCHNITT A-A
MAßSTAB 1 : 1.6

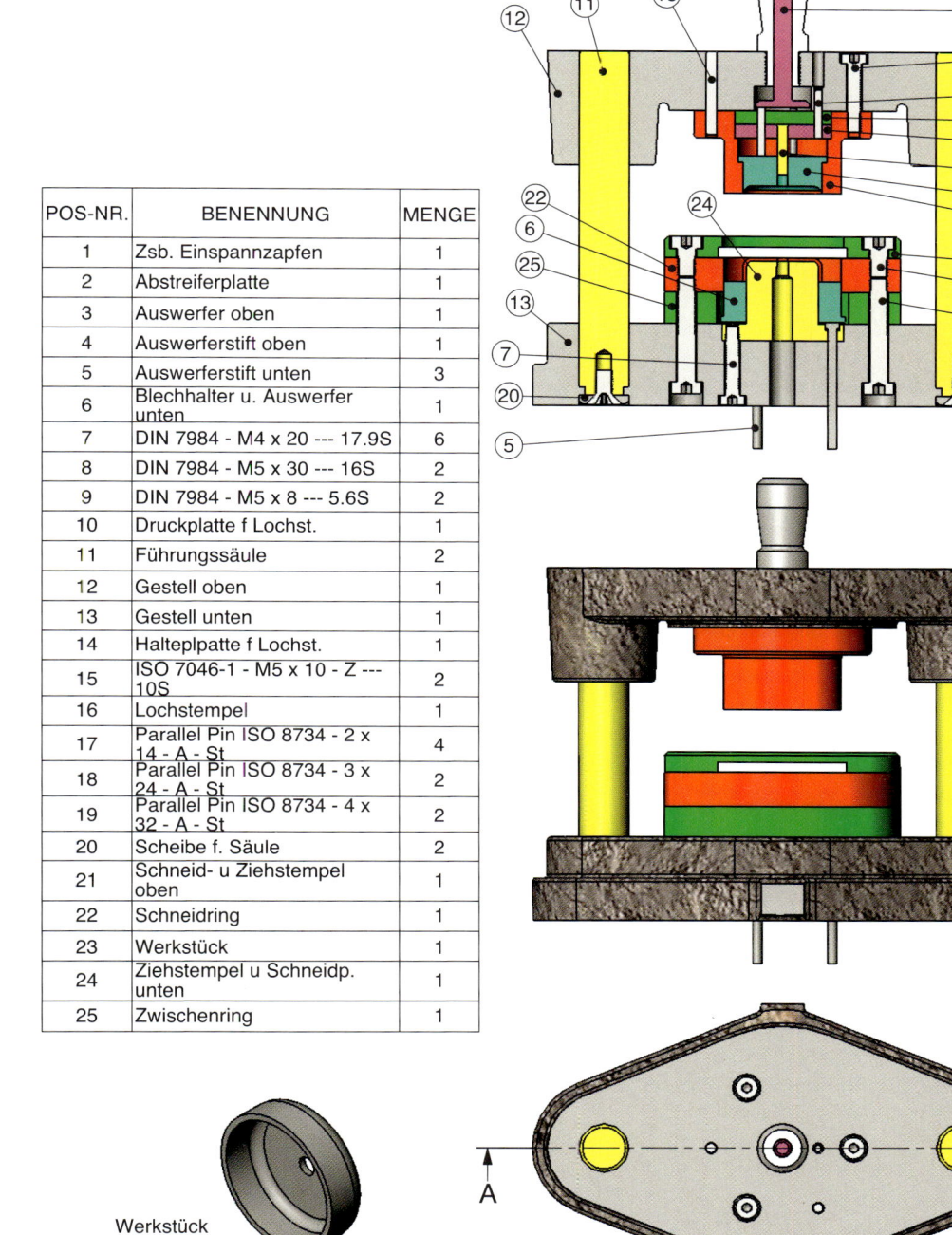

Werkstück

VI

497

Schnittzugschnitt für Napf

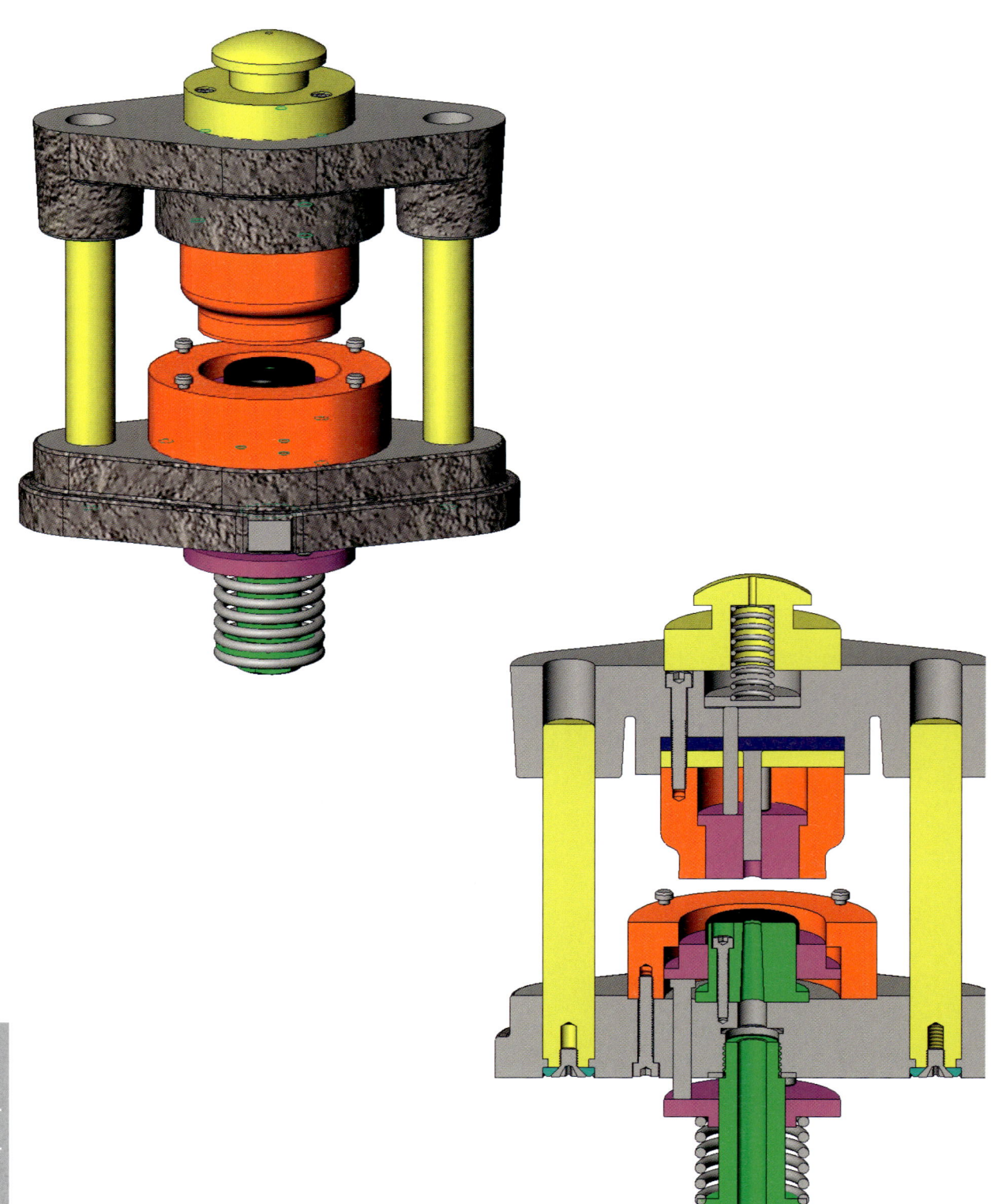

Schnittzugschnitt für Napf

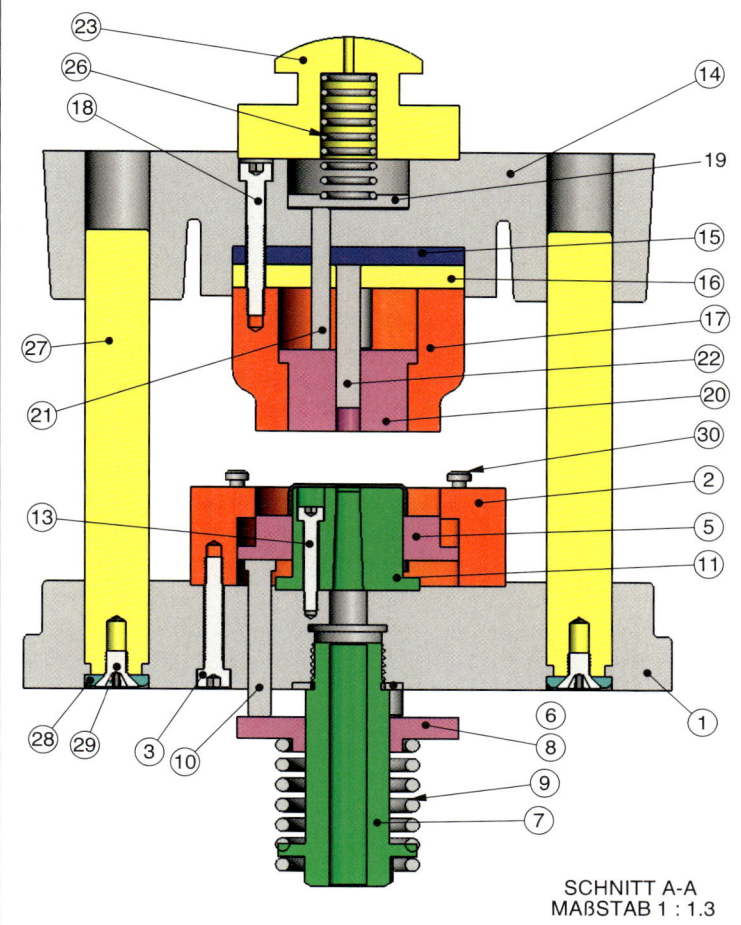

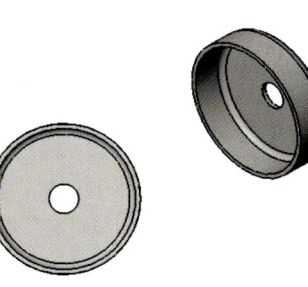

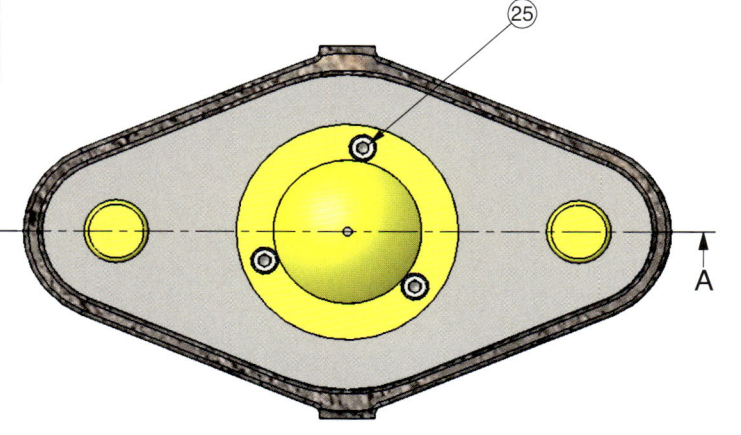

POS-NR.	BENENNUNG	MENGE
1	Grundplatte	1
2	Halte- u. Schneidplatte	1
3	DIN 912 M4 x 25 --- 25S	3
4	Parallel Pin ISO 8734 - 4 x 30 - A - St	1
5	Auswerfer unten	1
6	Scheibe f Federpaket	1
7	Zsb. Federbolzen f Federpaket	1
8	Druckplatte f. Federpaket	1
9	Feder f. Federp. unten	1
10	Auswerferstift unten	3
11	Ziehstempel unten	1
12	Werkstück, Napf	1
13	DIN 912 M3 x 20 --- 20S	3
14	Kopfplatte	1
15	Druckplatte oben	1
16	Stempelaufnahmeplatte oben	1
17	Schneid- u. Ziehstempel oben	1
18	DIN 912 M4 x 30 --- 20S	3
19	Druckplatte f. Federpaket oben	1
20	Auswerfer oben	1
21	Auswerferstift oben	3
22	Lochstempel	1
23	Einspannzapfen	1
24	Parallel Pin ISO 8734 - 4 x 35 - A - St	1
25	DIN 912 M3 x 12 --- 12S	3
26	Feder f. Auswerfer oben	1
27	Führungssäule	2
28	Scheibe f. Säule	2
29	ISO 7046-1 - M5 x 8 - Z --- 8S	2
30	Stift f. Streifenführung	4

SCHNITT A-A
MAßSTAB 1 : 1.3

Werkstück Napf

VI

Abtrennwerkzeug

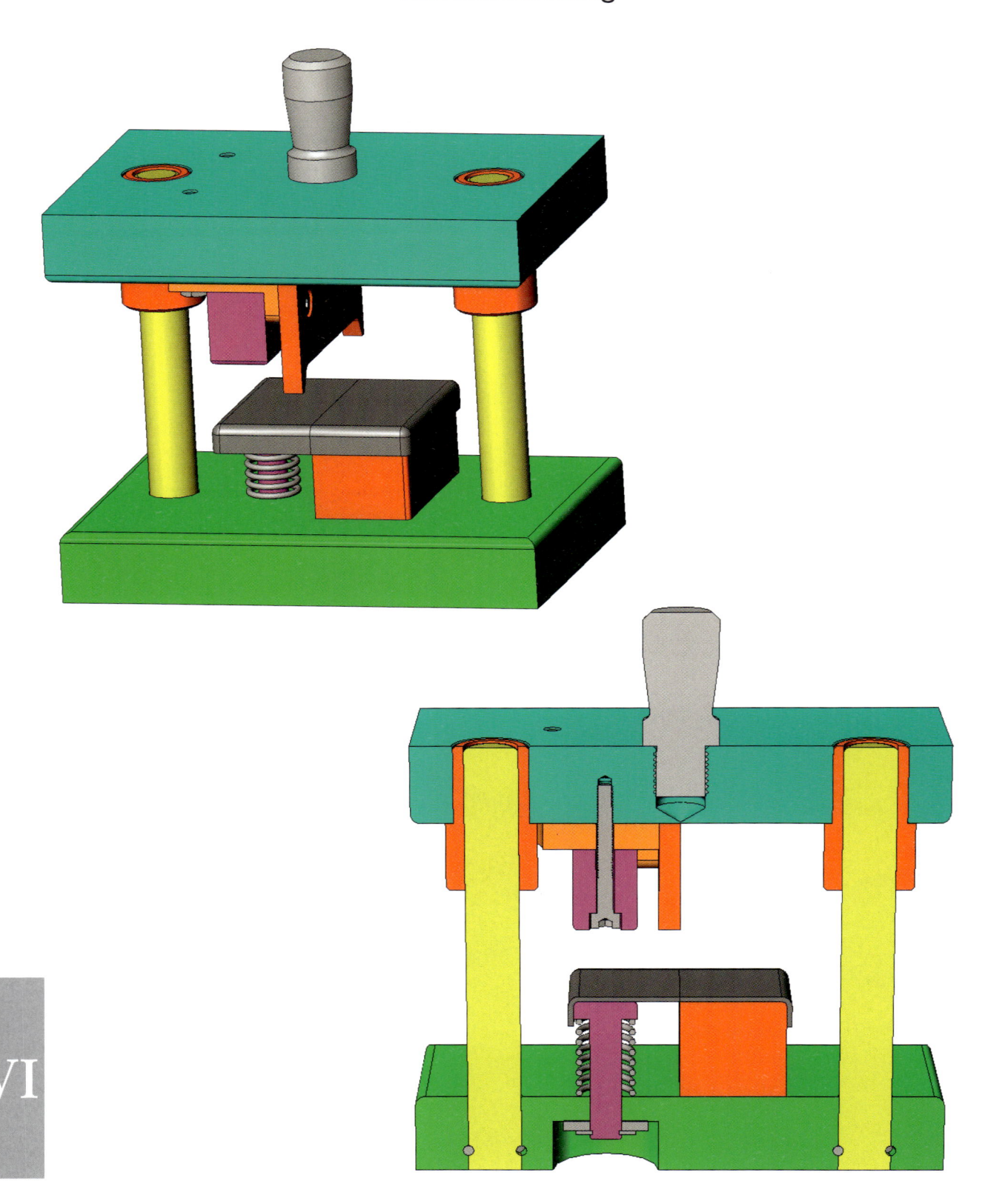

Abtrennwerkzeug

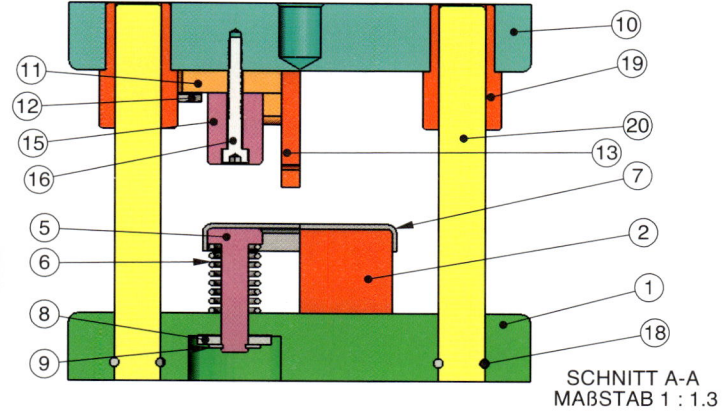

SCHNITT A-A
MAßSTAB 1 : 1.3

POS-NR.	BENENNUNG	MENGE
1	Grundplatte	1
2	Schneidplatte	1
3	DIN 912 M4 x 25 --- 25S	2
4	Parallel Pin ISO 8734 - 4 x 28 - A - St	2
5	Auflagebolzen	1
6	Feder	1
7	Werkstück Wanne	2
8	Scheibe f. Auflageb.	1
9	Lock washer DIN 6799 - 5	1
10	Kopfplatte	1
11	Aufspannwinkel	1
12	ISO 4017 - M3 x 12-S	2
13	Trennmesser	1
14	DIN 7984 - M3 x 5 --- 5S	2
15	Druckstück	1
16	DIN 912 M3 x 25 --- 18S	1
17	Zsb. Einspannzapfen	1
18	Snap Ring 2x12	2
19	Führungsbuchse	2
20	Führungssäule	2

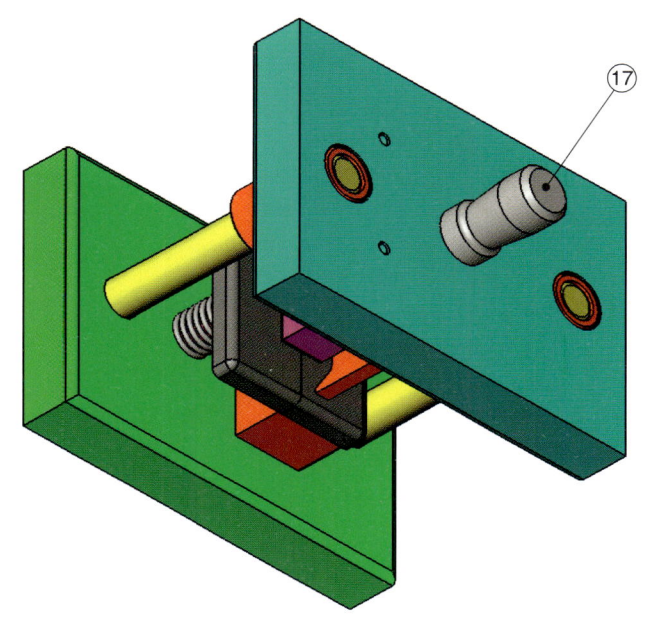

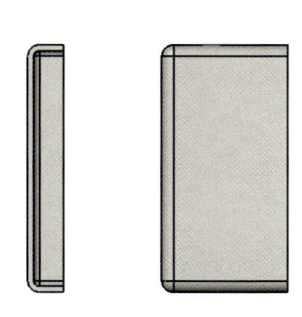

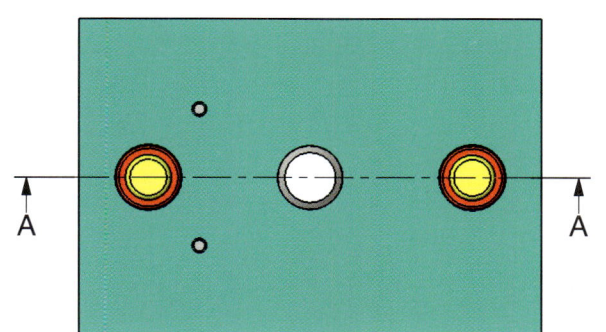

Werkstück geteilte Wanne

VI

Lochwerkzeug mit Keilschieber

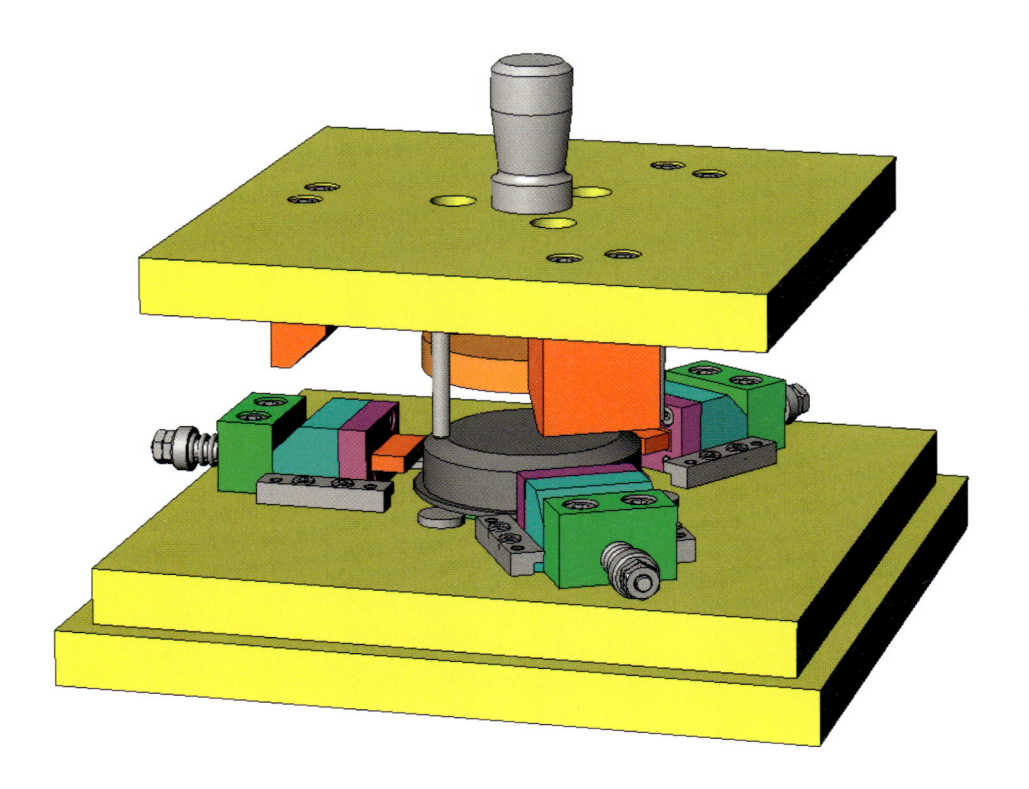

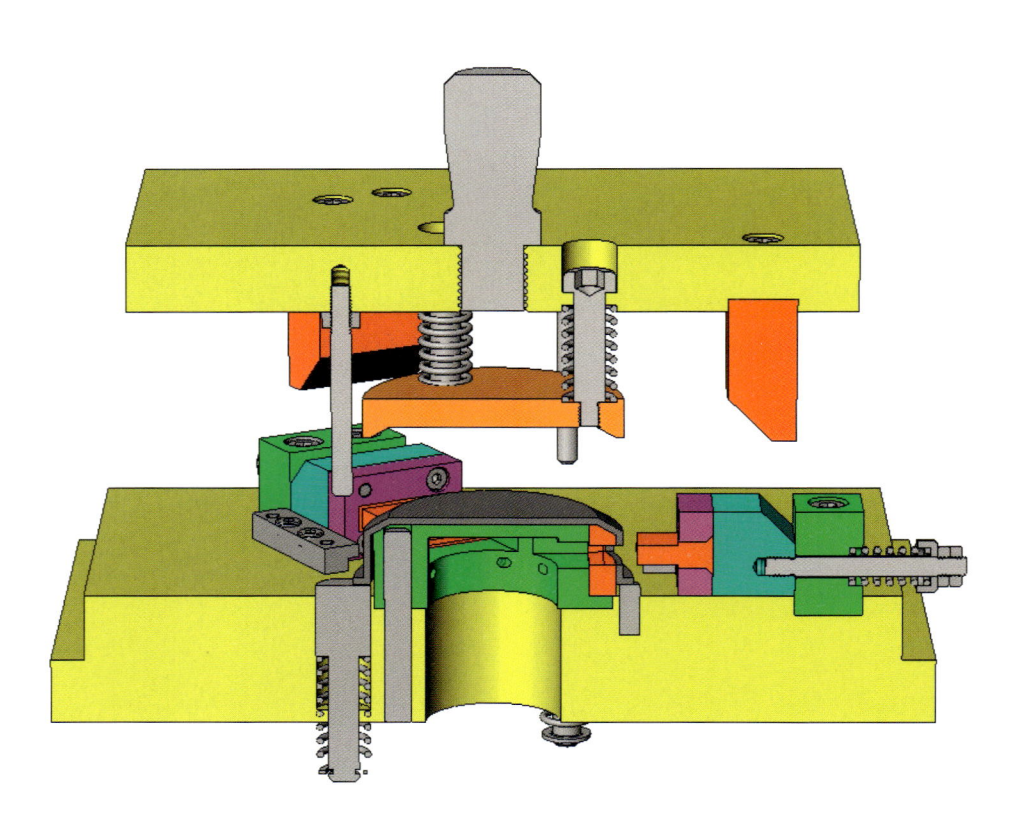

Lochwerkzeug mit Keilschieber

POS-NR.	BENENNUNG	MENGE
1	Zsb, Kopfplatte	1
2	Zsb, Locheinheit	3
3	Zsb.Distanzschraube	3
4	Ausstosser unten	3
5	DIN 912 M2 x 5 --- 5S	12
6	DIN 912 M3 x 16 --- 16S	6
7	DIN 912 M4 x 16 --- 16S	2
8	Feder f Ausstosser u.	3
9	Feder f. Niederhalter	3
10	Führungsleiste	6
11	Gegenhalter f Keilsch.	3
12	Grundplatte	1
13	ISO 7046-1 - M2 x 5 - Z --- 5S	6
14	Lock washer DIN 6799 - 3.2	3
15	Niederhalterr	1
16	Parallel Pin ISO 8734 - 2 x 6 - A - St	12
17	Parallel Pin ISO 8734 - 3 x 8 - A - St	3
18	Parallel Pin ISO 8734 - 4 x 30 - A - St	1
19	Schneidplatte	3
20	Werkstück Deckel mit Querlöchern	1
21	Werkstückaufnahme	1

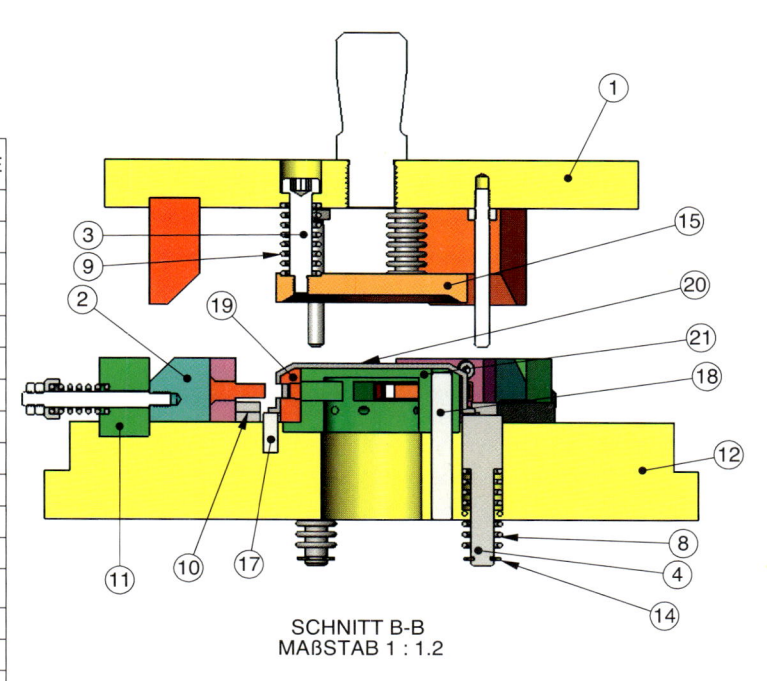

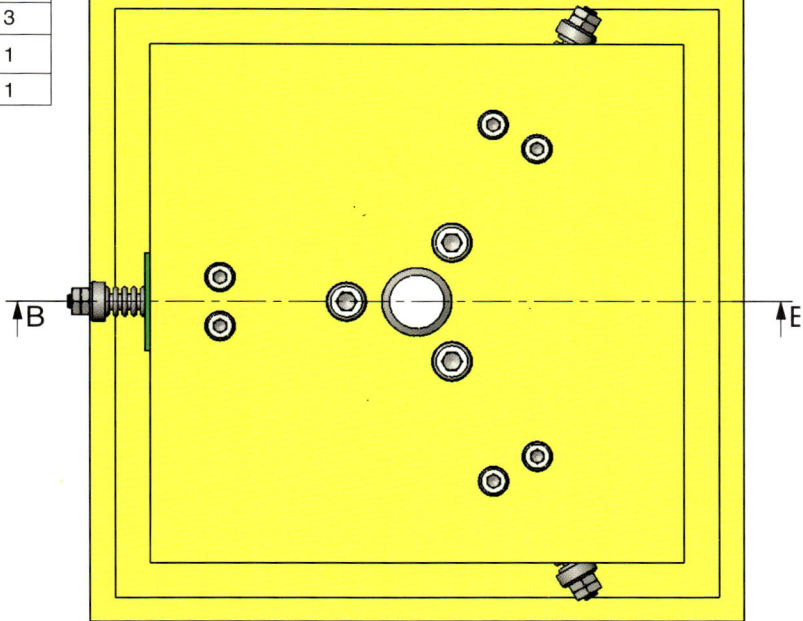

SCHNITT B-B
MAßSTAB 1 : 1.2

Werkstück
Deckel mit Querlöcher

VI

503

Teil VII

Anhang

1. Glossar

Abfalltrenner: Zusätzlicher Schneidkeil am Werkzeugrand, um das Abfallgitter in Stücke zu teilen. Die Maßnahme dient der Abfallabführung.

Blechhalter: Druckplatte, die vor Beginn eines Ziehvorgangs auf dem Blech aufsetzt und dieses andrückt, um einer Faltenbildung beim Einlauf in den Ziehring entgegenzuwirken.

Bombierung: Durchbiegekompensation von Unter- und Oberbalken an Abkantpressen mit Hilfe von Hydraulikzylindern. Das Maß der Durchbiegung wird von der Steuerung in Abhängigkeit der Arbeitsdaten berechnet.

Bremswulst: Leisten in größeren Ziehwerkzeugen, die durch eine zusätzliche Verformung das Nachfließen des Bleches beim Ziehen bremsen sollen. Sie sind am Blechhalter eingelassen.

Feinschneidwerkzeug: Ausschneidwerkzeug, bei dem der Stempel nicht in die Schneidplatte eintaucht, sondern bis 0,1 mm an diese herangeführt und dann umgesteuert wird.

Flächenschlussverfahren: Verfahren zur Erreichung parkettierfähiger Formen von Schnittteilen, um abfallfrei bzw. abfallarm fertigen zu können.

Führungsdocke: Zweiteilige Hülse mit gegenseitiger stirnflächiger Verzahnung, die zur Versteifung über dünne Lochstempel gesteckt wird.

Gießharz: Harzmasse, meist ein Epoxidharzsystem, die im Werkzeugbau verwendet wird, um Stempel mit Gleitspiel in Führungsplatten oder festsitzende Schneidelemente einzugießen.
Der Schwund des Materials beim Aushärten ist sehr klein. Eingießen von Werkzeugteilen dient der Kostenersparnis.

Gummikissen: Gummiblock, der für einfache Schneidwerkzeuge, vornehmlich für Kleinserien, verwendet wird. Er drückt das Blech über eine Schneidplatte. Der überstehende Blechrand muss relativ groß sein.

Hydroformung: Tiefziehen gegen ein druckreguliertes Wasserkissen. Der Vorzug besteht in der sehr genauen Abformung des Ziehstempels.

Linienschwerpunkt: Schwerpunkt einer Schneidkontur, der aus den Schwerpunkten der einzelnen Schneidlinien bestimmt wird und der bei gleichmäßiger Materialdicke auch der Kraftschwerpunkt ist. Der Einspannzapfen soll im Kraftschwerpunkt befestigt werden.

Nachschneidwerkzeug: Sie sind den Ausschneidwerkzeugen ähnlich, haben aber keinen Schneidspalt und müssen sehr stabil gebaut sein.

Ringzacke: Bei Feinschneidwerkzeugen ein der Schneidkontur im Abstand folgender Keil zum Andrücken des Materials gegen den Schneidstempel.

Nesting: Verschnittoptimierte Anordnung von Blechzuschnitten auf definierten Blechtafeln, auch als Schachtelung bezeichnet. Das N. kann Bestandteil von CAD/CAM -Systemen für die Blechverarbeitung sein.

Schneidspalt: Kleinster Spalt zwischen zwei Schneidkanten (Spaltweite) während des Schneidvorganges, z.B. zwischen Schneidplatte und Schneidstempel. Gemessen wird senkrecht zur Schneidebene. Das Schneidenspiel ist der doppelte Betrag des Schneidspalts.

Seitenschneider: Zusätzlicher Schneidstempel, der zur Vorschubbegrenzung im Werkzeug dient.

Standmenge: Im Gegensatz zur spannenden Formgebung wird die Leistungsfähigkeit eines Werkzeugs nicht nach der Standzeit, sondern nach der Anzahl der geschnittenen Gut- Werkstücke zwischen zwei

Werkzeugsschliffen angegeben. Bei Umformwerkzeugen ist es die Anzahl von Gut-Stücken zwischen zwei Werkzeug-Generalüberholungen.

Stempelführung: Führungsarten sind Freischneidwerkzeuge (ohne Stempelführung), Hinterführung-, säulengeführtes und plattengeführtes Schneidwerkzeug. Die Art hängt von der jeweiligen Arbeitsaufgabe ab.

Streifenbild: Darstellung der auszuschneidenden Teile im Streifen, insbesondere bei Folgeschneid- und Folgeverbundwerkzeugen zur Sichtbarmachung der Technologie für das Teil.

Stufenwerkzeug: Schneid- oder Umformwerkzeug für den Einbau in eine Mehrstufenpresse d.h. die Teile werden innerhalb einer Presse über mehrere Werkzeuge geführt. Ausheben und Weitergeben stellen besondere Anforderungen an den Werkzeugaufbau.

Tailored: Blechzuschnitte, die aus einzelnen zugeschnittenen Platinen unterschiedlicher Werkstofffestigkeit und -dicke durch Schweißen zusammengesetzt wurden.
In dieser Verbundform werden sie dann Umformvorgängen unterworfen.

Traktrixkurve: Trichterförmige Einlaufkurve eines Ziehringes für den blechhalterlosen Schnitt beim Tiefziehen. Dafür sind auch kegelige Ziehringeinläufe geeignet.

Trennlinie: Schneidlinie beim Trennen, die man in offenen und geschlossenen Schnitt unterscheidet.

Ziehkissen: Im Maschinenunterteil einer Presse eingebaute pneumatische oder hydrostatische Zusatzeinrichtung, die bei einigen Umformvorgängen Absorptions- und Zusatzkraft bereitstellt, z.B. beim Tiefziehen als Blechhalter, wenn die Presse einfachwirkend ausgeführt ist.

Quelle: Krahn/Nörthemann/Hess/Strzys, Konstruktionselemente 2 /Vogelbuch Verlag Würzbug Seite 12 und 13.

2. Literatur- und Quellenverzeichnis

1. Fertigungsverfahren: Begriffe, Umformen, Fügen. 2. Auflage, DIN-Taschenbuch 109, Berlin Beuth Verlag, 1986

2. Heesch, H./Kienzle, O.: Flächenschluss, System der Formen lückenlos anschließender Flachteile, Berlin, Springer Verlag, 1963

3. Hesse, S.: Umformmaschinen, Würzburg; Vogel Buchverlag, 1995

4. Krahn/Nörthemann/Strzys/Hesse: Umform und Schneidwerkzeuge 1. Auflage 1996, Konstruktionselemente, Vogel Buchverlag

5. Scheipers, P.: Handbuch der Metallbearbeitung, 3. Auflage /2004/ Europa Verlag Haan/Gruiten

6. Tschätsch, H./Dietrich, J.: Praxis der Umformtechnik, Vieweg + Teubner Verlag, 9. Auflage, 2008

7. Keller/Kilgus/Klein/Winkow: Metalltechnik –Werkzeugbau, 13. Auflage 2001, 14. Auflage, Europa –Verlag in Haan/Gruiten

8. Hilbert, H-L.: Stanztechnik, Band I und II, München, Wien, Hanser Verlag, 1972

9. Janke, H./Retzke, R./Werber, W.: Umformen und Schneiden, 4. Auflage, Berlin, Verlag Technik, 1978

10. Jander, K; M.: Schneid und Blechumformwerkzeuge, Berlin: Verlag Technik, 1971

11. Kaczmarek, E.: Praktische Stanzerei, Berlin, Heidelberg, Springer Verlag, 1954

12. Lange, K.: Lehrbuch der Umformtechnik, Band 1 bis 3, Berlin Heidelberg, Springer Verlag, 1975

13. Oehler, G./Kaiser, F.: Schnitt-, Stanz- und Ziehwerkzeuge, 7. Auflage, Berlin, Heidelberg, Springer Verlag, 1993

14. Romanowski, W. P.: Handbuch der Stanztechnik, Berlin, Verlag Technik, 1959

15. Semlinger, E./Hellweg, W.: Spanlose Fertigung, Schneiden – Biegen – Tiefziehen, Braunschweig, Wiesbaden, Verlag Vieweg, 1990

16. Stanzteile: 3 Auflage, DIN-Taschenbuch 67, Berlin, Beuth Verlag 1989

17. Stanzwerkzeuge: 5. Auflage, DIN-Taschenbuch 46, Berlin, Beuth Verlag, 1988

18. Tschätsch, H.: Handbuch der Umformtechnik, 3. Auflage, Darmstadt, Hoppenstedt Technik-Tabellen Verlag, 1990

19. Krahn/Nörthemann/Strzys/Hesse: Umform und Schneidwerkzeuge, Vogel Buchverlag, Würzburg, Seite 8, 1996

3. Normen und Richtlinien

Begriffe: DIN-Normen zur Umformtechnik und Blechbearbeitung

DIN 8580	Begriffe der Fertigungsverfahren, Entwurf
DIN 8582	Fertigungsverfahren Umformen, Einordnung, Unterteilung
DIN 8583	Fertigungsverfahren Druckumformen, Teil 1–6
DIN 8584	Fertigungsverfahren Zugdruckumformen, Teil 1–6
DIN 8585	Fertigungsverfahren Zugumformen, Teil 1–4
DIN 8586	Fertigungsverfahren Biegeumformen
DIN 8587	Fertigungsverfahren Schubumformen
DIN 8588	Begriffe der Fertigungsverfahren Zerteilen

Pressen, Scheren, Blechbearbeitungsmaschinen

DIN 810	Pressen; Stößel-Bohrungen für Einspannzapfen
DIN 86	Einständer-Exzenterpressen, Abnahmebedingungen
DIN 3145 Bl. 1.	Pressen zum Kaltmassivumformen; Mechanische und hydraulische Pressen/S 8
DIN 3145 Bl. 2	Pressen zum Kaltmassivumformen; Stufenpressen / 10 S
DIN 3166 Bl.	Halbwarmfließpressen von Stahl; Grundlagen /
DIN 8651	Zweiständer-Exzenterpressen, Abnahmebedingungen
DIN 55170	Einständer-Tisch-Exzenterpressen; Baugrößen
DIN 55181	Mechanische Zweiständerpressen, einfachwirkend, mit Nennkräften von 400 kN bis 4000 kN; Baugrößen.
DIN 55184	Mechanische Einständerpressen, Einbauraum für Werkzeuge; Baugrößen, Aufspannplatten, Einlegeplatten, Einlegeringe.
DIN 55185	Mechanische Zweiständer-Schnell-Läuferpressen mit Nennkräften von 250 kN bis 4000 kN; Baugrößen
DIN 55220	Schwenkbiegemaschinen (Abkantmaschinen); Baugrößen
DIN 55230	Tafelscheren mit parallel geführten Messerbalken, Baugrößen
DIN 55802	Schwenkbiegemaschinen; Abnahmebedingungen
DIN 55803	Druck und Planiermaschinen; Abnahmebedingungen

Maschinenelemente – genormte Teile.

DIN 1546	Diamant-Ziehsteine für Drähte aus Eisen und Nichteisenmetallen
DIN 1547	Hartmetall-Ziehsteine und Ziehringe; Begriffe, Bezeichnung, Kennzeichnung Teil 1–10
DIN 8099	Hartmetall-Ziehdorne, mit aufgelötetem Hartmetallring, Teil 1
DIN 8099	Hartmetall-Ziehdorne, mit aufgeschraubtem Hartmetallring, Teil 2
DIN 9831	Führungsbuchsen
DIN 9834	Führungsbuchsen für Großwerkzeugen
DIN 9835	Führungsbolzen für Gummi und Kunststoff-Federn

Gestaltung, Herstellung, Instandhaltung von Dornen und Stempeln VDI 3186 Bl.2
Gestaltung, Herstellung, Instandhaltung von Pressbüchsen und Schrumpfverbänden VDI 3186 Bl. 3
DIN 6319   Kegelpfannen
Keilbiegen; Werkzeuggestaltung VDI 3389
Keiltriebe in Stanzerei-Großwerkzeugen VDI 3386
Kleinlochungen VDI 2904
Kontaktschalter, elektrische; in Stanzwerkzeugen VDI 33600
Kugelführungen; Einbaurichtlinien VDI 3355

Laschenführungen in Stanzerei-Großwerkzeugen
VDI 3387
Lochstempel mit Bund VDI 3374 Bl.1 mit Kugelsicherung, Schnellwechsel-Lochstempel VDI 3374 Bl.2
Muttern für TT-Nuten DIN 508

Perforierstempel, runder Schneidstempel DIN 9840
Präge-Richtwerkzeuge VDI 3382
Präzisionszylinderstifte DIN 6325, ISO 8734
Präzisionszylinderstifte mit Innengewinde
DIN 7979, ISO 8735

Schneidbuchsen mit Stempelführungsbuchsen
DIN 9845
Schneidsegmente für Stanzerei-Großwerkzeuge
VDI 3347
Schneidspalt, Schneidstempel und Schneidplattenmaße für Schneidwerkzeuge der Stanztechnik
VDI 3368
Schneidstempel mit Befestigung durch Kugel
DIN 9839
Schneidstempel-Nomenklatur und Begriffe
Schneidstempel rund, abgesetzter Schaft DIN 9861,
T 2 ISO 9181
Schneidstempel, abgesetzter Schaft, Befestigung
durch Kugel DIN 9843
Schneidstempel rund, Perforierstempel mit durchgehendem Schaft DIN 9840
Schneidstempel rund, mit zylindrischem Kopf und
durchgehendem Schaft ISO 8021
Schneidstempel rund, zylindrischer Kopf,
abgesetzter Schaft DIN 9831
Schneidwerkzeuge; Ausschneiden, Lochen,
Ausklinken, Beschneiden VDI 3380
Schnellwechsel-Schneidstempel, rund, abgesetzter
Schaft DIN 98743, DIN 9839
Schnittgrathöhen an Stanzteilen DIN 9830
Schraubenfeder zylindrische DIN 2098
Schrauben für T-Nuten DIN 787
Schutzeinrichtungen DIN 310011
Schutzgitter für Werkzeuge und Vorrichtungen
DIN 24042
Sechskantmutter, ballig DIN 6330
Sicherheitsmaßnahmen an Stanzwerkzeugen
VDI 3346 E

Sicherungen von Stanzwerkzeugen durch elektrische Kontaktschalter VDI 3360 Bl. 1
Spanneisen, flach DIN 6314
Spanneisen, gabelförmig DIN 6315
Spanneisen, gekröpft DIN 6316
Spannschlitze für Stanzerei-Großwerkzeuge
VDI 3376
Spannunterlagen, verstellbar DIN 6326
Stahlplatten für Säulengestelle DIN 9837, ISO 6753
Stanzteile aus Strahl DIN 6930
Steckbolzen für Stanzerei-Großwerkzeuge
VDI 3365
Stößelbohrungen für Einspannzapfen DIN 810

Tellerfedern-Berechnungen DIN 2092
Tellerfedern, Maße, Werkstoff, Eigenschaften
DIN 2093
Tiefziehen; Zieh- und Stempelrundungen in Großwerkzeugen VDI 3175
T-Nuten (Maße) DIN 650
T-Nutenschrauben DIN 787
T-Nutensteine DIN 508
Tragschrauben VDI 3366
Tragzapfen mit Schrauben VDI 3366
Transportelemente für Stanzerei-Großwerkzeuge
VDI 3366
Treppenböcke DIN 6318

Verbundwerkzeuge VDI 3351
Vorschubbegrenzung in Stanzwerkzeugen VDI 3385

Werkzeuge der Stanztechnik (Platten für Säulengestelle) DIN 9873
Werkzeuggestaltung für die spanlose Bearbeitungnichtrostender Feinbleche VDI 3375

Ziehstäbe, Einfließwülste in Stanzerei-Großwerkzeugen VDI 3377
Zubringeinrichtungen für Blechgroßteile an Pressen
VDI 3245
Zubringeinrichtungen für Blechkleinteile in der
Blechverarbeitung VDI 3246
Zylinderschrauben mit Innensechskant DIN 912,
ISO 47622
Zylinderschrauben mit niedrigem Kopf DIN 6912

Zylinderschrauben mit Ansatzschaft DIN 9841
Zylinderschrauben mit niedrigem Kopf DIN 7984

Maßgebend ist für den Anwender der Norm die Fassung mit dem neuesten Ausgabedatum der DIN Blätter und VDI-Richtlinien. Diese Blätter sind beim Beuth-Verlag GmbH, Burggrafenstrasse 6 in 10787 Berlin erhältlich.

Werkzeugeinsätze, Führungssäulen

DIN 913	Gewindeeinsätze mit Innensechskant, ISO 4026
DIN 9825 ISO 9182	Säulengestelle
DIN 9833 ISO 9182	Säulen für Großwerkzeuge
DIN 9832	Haltestücke für Führungsbuchsen (Großwerkzeuge)
DIN 9835	Gummifeder, ISO 10069 für Stanzwerkzeuge VDI 3362
VDI 4026	Gießharz im Schnitt- und Stanzwerkzeugbau

Internationale Normen

ISO 1651-1974	Ziehdorne für Rohre
ISO 1684-1975	Ziehsteine und Ziehringe; Bezeichnung 8099 T1, T2, Kennzeichnung, Abmessungen
ISO 1973-2804	Ziehsteine und Ziehringe für Stangen und Rohre, Rohrkerne aus Hartmetall; Abmessungen

Werkzeuge und Arbeitsverfahren der Stanztechnik

DIN 9811	Säulengestelle, technische Lieferbedingungen, Einbaurichtlinien, Teil 1 und 2
DIN 9812	Säulengestelle mit mittigstehenden Führungssäulen
DIN 9814	Säulengestelle mit mittigstehenden Führungssäulen und beweglicher Stempelführungsplatte
DIN 9816	Säulengestelle mit mittigstehenden Führungssäulen und dicker Säulenführungsplatte
DIN 9819	Säulengestelle mit überstehenden Führungssäulen
DIN 9822	Säulengestelle mit hintenstehenden Führungssäulen
DIN 9825	Führungssäulen für Säulengestelle, Teil 2
DIN 9861	Runde Schneidstempel bis 16 mm Schneiddurchmesser
DIN 9869	Begriffe für Werkzeuge der Stanztechnik, Schneidtechnik, Teil 2
DIN 9870	Begriffe der Stanztechnik, Teil 1–3

Werkstoffe

DIN 1013	Stabstahl, warmgewalzt, Teil 1 und 2
DIN 1654	Kaltstauch- und Kaltfließpressstähle, Teil 1–5
DIN 1708	Kupfer, Kathoden und Gussformate
DIN 1712	Aluminium, Teil 1 und 3
DIN 1725	Aluminiumlegierungen, Teil 1, 3 und 5
DIN 1729	Magnesium, Knetlegierungen
DIN 1747	Stangen aus Aluminium und Aluminium-Knetlegierungen Teil 1 und 2
DIN 1748	Strangpressprofile aus Aluminium und Aluminium-Knetlegierungen, Teil 1–4
DIN 1756	Rundstangen aus Kupfer-Knetlegierungen; Maße
DIN 1757	Drähte aus Kupfer und Kupfer-Knetlegierungen, gezogen, Maße
DIN 1787	Kupfer, Halbzeug
DIN 1798	Rundstangen aus Aluminium, gezogen, Maße
DIN 1799	Rundstangen aus Aluminium, gepresst, Maße
DIN 17100	Allgemeine Baustähle
DIN 17111	Kohlenstoffarme unlegierte Stähle für Schrauben, Mutter und Niete
DIN 17006	Eisen und Stahl; systematische Benennungen, Teil 4
DIN 17200	Vergütungsstähle, Technische Lieferbedingungen

DIN 17210 Einsatzstähle, Gütevorschriften, Technische Lieferbedingungen, Entwurf
DIN 17240 Warmfeste und hochwarmfeste Werkstoffe für Schrauben und Muttern
DIN 17440 Nichtrostende Stähle, Technische Lieferbedingungen

(*Quellenangabe:* Praxis der Umformtechnik / Heinz Tschätsch / 6. Auflage Verlag Vieweg, Jahr 2001)

VDI-Richtlinien für die Umform- und Schneidtechnik

2906 Bl. 4 Schnittflächenqualität beim Schneiden und Lochen von Werkstücken aus Metall; Knabberschneiden (Nibbeln) / 4 S
2906 Bl. 5 Schnittflächenqualität beim Schneiden, Bescheiden und Lochen von Werkstücken aus Metall; Feinschneiden (siehe auch VDI 33451) / 8 S
2906 Bl. 6 Schnittflächenqualität beim Schneiden, Beschneiden und Lochen von Werkstücken aus Metall; Konterschneiden / 4 S
2906 Bl. 7 Schnittflächenqualität beim Schneiden, Beschneiden und Lochen von Werkstücken aus Metall; Plasmastrahlschneiden / 6 S
2906 Bl. 8 Schnittflächenqualität beim Schneiden, Beschneiden und Lochen von Werkstücken aus Metall; Laserstrahlschneiden / 6 S
2906 Bl. 9 Schnittflächenqualität beim Schneiden, Beschneiden und Lochen von Werkstücken aus Metall; funkenerosives Schneiden / 4 S
2906 Bl. 10 Schnittflächenqualität beim Schneiden, Beschneiden und Lochen von Werkstücken aus Metall; Abrasiv-Wasserstrahlschneiden / 6 S
3001 E Bördelverbindungen im Karosseriebau / 6 S
3137 Begriffe, Benennungen, Kenngrößen des Umformens / 8 S
3138 Bl.1, Bl 2 Kaltmassivumformen von Stählen und NE-Metallen – Grundlagen für das Kaltfließpressen / 19 S
3145 Bl. 1 Pressen zum Kaltmassivumformen; mechanische und hydraulische Pressen / 8 S
3145 Bl. 2 Pressen zum Kaltmassivumformen; Stufenpressen / 10 S
3166 Bl.1 Halbwarmfließpressen von Stahl; Grundlagen / 3 S
3174 Bl. 1 E Walzen von Außengewinden / 14 S
3180 Gesenk und Gravureinsätze für Schmiedegesenke / 8 S
3193 Bl. 2 Hydraulische Pressen zum Kaltmassiv und Blechumformen; Messanleitung für die Abnahme / 10 S
3194 Bl. 1 Kurbel-Exzenter, Kniehebel und Gelenkpressen zum Kaltmassiv-Formen; Formblatt für Anfrage, Angebot und Bestellung / 15 S
3194 Bl. 2 Kurbel-Exzenter-Kniehebel und Gelenkpressen zum Kaltmassiv-Umformen, Messanleitung für die Abnahme / 10 S
3195 E Umrüstvorgänge an Pressen zum Kaltmassivumformen vom Drahtbund / 20 S
3196 Umrüsten von Pressen und Anlagen zum Kaltmassivumformen von Stabdraht und Rohrabschnitten oder Platinen / 12 S
3198 Beschichten von Werkzeugen der Kaltmassivumformung; CVD- und PVD-Verfahren / 8 S
3320 Bl. 2 E Werkzeugnummerung – Werkzeugordnung; Werkzeuge zum Urformen, Stoffbereiten; Umformen / 40 S
3320 Bl. 6 Werkzeugnummerung – Werkzeugordnung; Werkzeuge zum Fügen (Zerlegen), Beschichten, Stoffeigenschaftändern / 30 S
3320 Bl. 7 Werkzeugnummerung – Werkzeugordnung; Werkzeuge ohne Zuordnung zu Verfahren (vorwiegend Handwerkzeuge außerhalb der Bereiche) 1–61 / 23 S

3352 E	Umrüsten von Großpressen für die Blechbearbeitung / 10 S	3370 Bl. 2	E-Mechanisierungselemente in Stanzerei-Großwerkzeugen – Werkstückgebundenes Mechanisierungszubehör / 14 S
3357	Gleitplatten in Stanzerei-Großwerkzeugen / 4 S		
3363	Ansatzschrauben, Ansatzbuchsen in Stanzerei-Großwerkzeugen / 6 S	3370 Bl.3	E-Mechanisierungselement in Stanzerei-Großwerkzeugen, werkzeuggebundene Elemente für Platinenschnitte / 7 S
3364	Positionieren von Werkstücken, Modellen und Hilfsmitteln des Stanzerei-Großwerkzeugbaus auf Werkzeugmaschinen / 8 S		
		3374 E	Lochstempel mit Bund-Rund-Form mit und ohne Auswerferstift und Stempelhalteplatten / 12 S
3366	Transportelemente für Stanzerei-Großwerkzeuge / 12 S	3378	Schmierung von Stanzerei-Großwerkzeugen / 8 S
3368	Schneidspalt, Schneidstempel und Schneidplattenmaße für Schneidwerkzeuge der Stanztechnik / 8 S	3386	Keiltriebe in Stanzerei-Großwerkzeugen / 12 S
		3388	Werkstoffe für Stanzwerkzeuge / 12 S
3370 Bl. 1 E	Mechanisierungselemente in Stanzerei-Großwerkzeugen, werkzeuggebundene Elemente / 11 S	3388 E	Werkstoffe für Schneid- und Umformwerkzeuge.

4. Stichwortverzeichnis

3 D- Konstruktionen im Überblick 469

A

Abfallbefestigung – Abfalltrenner 364
Abfallkanal – Abfallbrecher 362
Abfallsicherung 390
Abführeinrichtung – Dornmagazin, Drehtellermagazin 423
Abgraten 36
Abgratschneidwerkzeuge 27
Ablauf beim linienförmigen Fügen 435
Ablauf beim Verschrauben mit einer Fresslochformenden Schraube 436
Ablauf des Schneidvorganges 13
Abscherwerkzeug zum Ausstanzen des Sechskantes 159, 162
Abschneider – Abfalltrenner 53
Abschneidstempel 353
Abschneidwerkzeug – Ausklinkung 57
Abstreckziehen 205
Abstreckziehwerkzeug
– Abstreckziehwerkzeug 179
– Durchziehwerkzeug 179
Abstreifer
– Federabstreifer 396
– Gummifeder 372
Abtrennwerkzeug 500
– Säulenführung 56
Anschlag
– Anschneidanschlag 410
– Stellanschlag 410
Anwendungsbeispiele für Säulengestelle
– Auswechselgestelle
– Gestelleinsatz 334
Arbeitsbeispiele zur Erzeugung von Profilen mit
– Abkantpressen 220
– Schwenkbiegemaschinen 220
Arbeitsprinzip beim Beschneidwerkzeug 35
Arbeitsprinzip beim Eilverfahren
– Lochwerkzeug 113
– Ausschneidwerkzeug 29
Arbeitsprinzip beim Feinschneiden 38

Arbeitsprinzip beim Folgeschneidwerkzeug 68
Arbeitsprinzip beim Gesamtschneiden 88
Arbeitsstufen 72
Arten von Nietverbindungen 437
Aufbau eines Tiefziehwerkzeuges für doppelt wirkende Pressen 211
Aufnahme für genaue Biegeteile 241
Aufnahmehülsen 345
Aufnahmeplatte – Schnellwechsel-Schneidelement 391, 392
Ausführung eines Lochwerkzeugs 141
Ausführung mit Gummiabstreifer 398
Ausführung mit rohrgeführter Druckfeder 398
Ausgegossene Führungsplatte 31
Ausklinkwerkzeug 34
Ausklinkwerkzeug Werkstückaufnahme 144
Ausschneidstempel 89
Ausschneidstempel für Werkzeuge ohne Führung 345
Ausschneidwerkzeug 32
Ausschneidwerkzeug ohne Führung 29, 141
Ausschneidwerkzeug – Säulenführung 51
Außenformung – Formrolle 282
Ausstoßer – Federdruckeinrichtung 368
Austanstanzwerkzeug 302
Auswahl verschiedener Blindnietarten mit schematischem Fügeablauf 442
Auswerfer 402
– Ausgeber 395
– Druckkissen 57
– Federboden 227
– Sicherung 54
– Zylinderführung 398

B

Beanspruchungsgerechte Gestaltung 464
Bedeutung der Nietverbindung in der Technik 439
Befestigungsarten 327
Beispiele
– ein- und doppelarmiger Hebel mit verschiedenartig eingesetzten Naben 467

- für Pressschweißverfahren 461
- für Schmelzschweißverfahren 460
- für Sonderabkantwerkzeuge 248
- für Sonderanfertigungen von Schneidstempeln 344
- für UKB Sonder-Abkantwerkzeug 246
- verschiedener Falz- und Bördelverbindungen 433

Beschneidwerkzeug 478
Beschneidwerkzeug und Lochwerkzeug 110
Beschneidwerkzeug
- Abfalltrenner 46
- Großwerkzeug 46
- Wackelschnitt 48, 53
- Säulenführungsgestell 33
- Blockstanze 36
- Keiltrieb 35, 61
- Plattenbauweise 47

Biegebacken - mit Biegeautomaten 217
V-Biegung 227
Biegeelement Hartstoffeinsatz 239
Biegegesenk Paketbiegung 225
Biegehebel - mit Biegeautomaten 217
Kernleiste 233
Biegen
- mit Biegeautomaten 217
- mit drehendem Werkzeug 279
- mit drehender Werkzeugbewegung 279
- mit geradliniger Werkzeugbewegung 279
- über Keilstempel 240
- von Kunststofftafeln 243
- Z- förmiger Teile 215

Biegerolle Mehrbiegung 233
Biegestempel
- Biegematrize 222
- Kipphebelantrieb 237
- Mehrfachbiegung 237
- Werkzeugaufbau 237

Biegestempelgestaltung - Sonderbiegewerkzeug 221
Biegeumformen
- Biegewerkzeuge 215
- Biegewerkzeuge mit Gummiunterlage 251

Biegeverbundwerkzeug 217
Biegevorgang 241

Biegewerkzeug mit Gummikissen 219
Biegewerkzeug für genaue Teile 217
Biegewerkzeug für L-förmige Teile 218
Biegewerkzeug für U-förmige Teile 218
Biegewerkzeug für Z- förmige Teile 218
Biegewerkzeug mit beweglichen Backen 217
Biegewerkzeug mit Gummikissen 277
Biegewerkzeuge 6
Biegewerkzeuge mit beweglichen Backen 217
Biegumformen – Abkantwerkzeuge 244
Blechhalter
- Federsatz 184
- Großwerkzeug 195

Blechhaltering – Auflageschieber 185
Blindniete 438
Bohrungen an Biegekanten 241
Bremswulst 211 – Anordnung 196

D

Dimensionierung von Schneidstempel und Matritze 19
Direktes Strangpressen (Vorwärtspressen) 155
Distanzstück – Abstandsring 394
Doppelbiegung Biegehaken 232
Doppelwerkzeug – Beschneiden und Formlochen 488
Drehbiegebacken – Rückfederung 228
Druckelement ‚Tellerfeder – Federsäule 369
Druckelement
- Federeinbau
- Federkraft 369
- Zylinderfeder 369

Drücken mit Formrollen 279
Druckluftauswerfer 402
Druckübertragungsmittel
- Druckbolzen
- Federdruckapparate
- Einspannzapfen
- Kupplungszapfen 365

Druckumformen
- Fließpressen 147
- Stauchen 159
- Strangpressen 154
- Walzen 163

E

Effekte beim Tiefziehen 171
Einbau
- wartungsarme Gleitelemente 330, 331, 333
- Endlos-Sickenwerkzeug, gefedert. 288
Einhängestift – Anschlaggestaltung 411
Einlegehilfe – Rondenanschlag 187
Einleitung der Schneidwerkzeuge nach dem Fertigungsablauf 29, 335
Einrichthilfen – Zentrierelemente 393
Einrollwerkzeug mit Rollbiegen, Zwangsauswerfer 280
Einrollwerkzeug – Rollbiegen 280.
Einsatz verschiedener Schließringe und Blindnieten im Nutzfahrzeugbau 441
Einschneidwerkzeug 57
Einspannzapfen
- Befestigungsarten 376
- Kupplungszapfen 367
- Pendelaufnahme 375
Einstellvorrichtung für Stempel 400
Einteilung der Lötverfahren 446
Einweiser – Suchweg 374
Einziehwerkzeug 279
Einziehwulst 211
Elementare Schlussarten und Einsatzformen 428
Endlos
- Kiemenwerkzeug, starr 289
- Sickenwerkzeug, starr 286, 287
Endlos Absetzwerkzeugstange, starr – Umformung in beide Richtungen 291
Endlos Sickenwerkzeug, gefedert – Umformung von unten nach oben 284
Entnahmeeinrichtung – Mittenarmentnehmer, Beschickungseinrichtung 422
Erstanschlag – Federbolzenanschlag 408

F

Faserverlauf und Biegen 241
Feder und Distanzeinheiten 371
Federblöcke 370
Federelemente 28
Federkissen – Federapparat 370
Federnder Abstreifer 203
Federnder Ausstoßer 390

Feinschneiden – Arbeitsprinzip-Richtwerte 39
Feinschneidwerkzeug 52 ,62
- Ringzacke 41
- Werkzeugaufbau 42
Fester Abstreifer 397
Feuerschweißen 458
Fließpress- Werkzeug 151
Folgeschneidwerkzeug 73, 79
Folgeschneidwerkzeug Einbauanschlag 80
Folgeschneidwerkzeug für Platte mit zwei Bohrungen 472
Folgeschnitt
- Einbaustift 49
- Formschneidstempel 78
- Mehrfachwerkzeug 77
- Streifenführung 76
Folgeschnittwerkzeug mit gefedertem Niederhalter 294
Folgeverbundwerkzeug 474
- mit Plattenführung 71
- mit Schnittstreifen 84
- mit Streifenbild 70
- mit zwei hinterstehenden Führungssäulen 69
- säulengeführt 86
Folgewerkzeug 65 – Gummikissen 173
Formbeispiele – Schneidstempel und Schneidbuchsen 341, 343
Formbiegung
- Biegestempel 238
- Keilschieber 223
Formpressen ohne Grat 160
Formstanzwerkzeug
- Auswerfer Formstempel 37
- Gesenk 168
Formteillochung – Keilschieber 145
Freies Biegen 215
Freischneidwerkzeug
- Abstreifer 400
- Schneidstempel 355
Freischnitt
- Abstreifer 398
- Federabstreifer 49
Fügen 427
Fügen durch Bördeln 433
Fügen durch Umformen 430

Fügen mittels thermischer Energie 428
Fügevorgang eines Schließringbolzensystems 444
Führungsbuchse - Rollenführung 391
Führungseinheiten 324
Führungselemente 327

G

Gasschmelzschweißen 458
Gefertigtes Senkwerkzeug - Ansenkung von unten, ohne Durchstellung 380
Gegenhalter - U-Biegung 228
Gesamtschneidwerkzeug 89
Gesamtschneidwerkzeug
- Arbeitsprinzip 39
- Ausstoßer, Ausstoßtraverse 401
- Auswerferbolzen 401
Gesamtschnitt 93
- Kugelführung 96
- Formlochstempel 95
- Formschneidstempel 99
- Säulenführung 92
- Zylinderführung 98
Gesamtverbundwerkzeug zum Ausschneiden, Tiefziehen, Stülpziehen und Hohlprägen 85
Gesenkbiegen 215
Gesenkeinsatz - Gesenkbefestigung 377
Gesenkschmieden - Beispiele 310
Gesenkteilung 169
Gesenkteilung beim Backengesenk 169
Gestaltungsbeispiele für das Löten 448, 450, 451, 452.
Gestaltungsbeispiele für eine Beanspruchung der Klebeverbindung durch Schälen 456
Gestaltungsbeispiele für eine Beanspruchung der Klebeverbindung durch Verdrehen 457
Gewindedurchziehwerkzeug - Durchziehstempel 178
Gewindedurchzugswerkzeug mit gefedertem Auswerfer 291
Gewindedurchzugwerkzeug 306
Gewindedurchzugwerkzeug mit gefederten Auswerfer 285
Gewindeform und Vorstanzwerkzeug für Blechschrauben 290, 308
Gewindewalzen 165

Glattwalzen 165
Gleitziehen von Vollkörpern 171, 212
Gleitziehen von Hohlkörpern 171
Gliederung der Umform- und Schneidwerkzeuge und Stanzen 3
Glossar 507, 508
Großwerkzeug - Ziehstempelverlängerung 199
Grundbegriffe der Schneidtechnik 27
Gummikissen - Schneiden mit Gummi 173
Gummimatrize mit Hinterschneidung 265

H

Halte- und Führungslager 318
Hauptteile des Gesamtschneidwerkzeugs 89.90
Herstellung einer Flachfalzverbindung (ein- und zweistufig) 432
Herstellung einer Hohlnietverbindung durch Rollen 443
Hilfselemente
- Auswerfer, Abstreifer, Anschläge, Zentrierung
- Ausrichtung 388
Hinterführung 353
Hinterschneidwerkzeug 32
Hohlkörperfeinwalzen 165
Hohlprägen mit Gummikissen 219, 277
Hubbegrenzung - Verdrehsicherung 404
Hydrauliklocheinheit 137
Hydroformung Ausbauwerkzeug 190
Hydroformung und Niederhalter 189
Hydroformung und Werkzeugaufbau 189, 190

I

Innenformleisten - Schwenkbiegehacken 237
Internationale Normen

K

Kartenführungswerkzeug 307
Kegelform - Ringniederhalter 183
Keilschieber - Doppelbiegung 229
Keiltrieb - Keilwerkzeug 104
Kennmaße bei der Herstellung von Falzverbindungen 431
Kesselwandverstärkungen 466
Kleben 453
Klebgerechte Konstruktionen 455

Knabberschneidwerkzeug 35
Kombiniertes Fließpressverfahren 149
Kombiniertes Umformen – mechanisch, pneumatisch 213
Kombinination Vorwärts-Rückwärts-Fließpressen 150
Komplettschnitt
- für Formplatte 490
- für Profilplatte 484
- für Stern 492
Konstruktionsbeispiele für Stumpfnähte 465
Konstruktive Ausbildung von Lötverbindungen 449
Konstruktive Ausführung der Ziehwerkzeugen 108
Kontinuierliches Scherschneiden 21
Kontinuierliches Schlitzen 21
Kräfte beim Scherschneiden 17
Kragenziehwerkzeug
- Vorlochstempel
- Durchziehstempel 177
Kragenziehwerkzeugkombination 178

L
Längswalzen 163
Locheinheit 140
- Abfallführung 114
- Formteillochung 117, 118
- mit schnellem Werkzeugwechsel 134, 135
- Rundlochwerkzeug 116
- Schlagplatte 114
- Stempelform 115
Lochen und Ausschneiden 101
Lochschnitt für Profilplatte 494
Lochschnitt
- Säulenführung 75
- Zentrierleiste 129
Lochstempel 345 – Schräglochberechnung 143
Lochvorrichtung – Großwerkzeug 200
Lochwerkzeug
- Formteillochung 108
- Keilschieber 108, 109, 502
- Keiltrieb 486
- Langloch-Aufspannleiste 112
- Teilzuführung 144
Löten 446
Löten von Rohren 447
Luftloch im Ziehstempel 205

M
Maschinenelemente – genormte Teile 510
Matrizenadapter 244
Mehrfachbiegung
- Biegestempelgestaltung 235
- Werkzeugaufbau 235
Mehrfachwerkzeug mit gefedertem Niederhalter 378
Mehrfachwerkzeuge – Gesamtschneiden 66
Mehrstufenwerkzeug – Drehtellerzuführung 202
Messer und Auswerfer 26
Messerschneidwerkzeug 25
Messerschnitt – Gesamtschnitt 37
Montagebeispiele 250

N
Nachteile des Klebens 454
Napf
- Umformwerkzeug, gefedert 295
- Umformwerkzeug, starr 300
Niederhalter
- Bundbuchse 404
- Federsatz 181
- Zentralfeder 181
Nietverbindung 437
- Werkzeugelemente 439
Nietwerkzeug – Tox- Verbindung, Arbeitsprinzip 445
Normen und Richtlinien 510
Nutenschnitt – Federabstreifer 37

O
Oberwerkzeug – Schraubenverbindung 382
Oberwerkzeugverlängerungen 250

P
Pass
- Stempel mit Scherschräge 342
Pilgerschrittwalzen 166
Planierwerkzeug – Prägegesenke 168
Platinenschneidwerkzeug 110
Platinenschneidwerkzeug
- Großwerkzeug 58
- Schneidleistenbefestigung 358
Plattenführungsschnitt – Einhängestift 50

Plattenführungsschnitt – Stempelgeführte Werkzeuge 55
Plattenführungsschnitt und Auswerfer 50
Plattenführungswerkzeug 82
Plattenwerkzeug – Schneiden 45
Pneumatiklocheinheit 138, 139
Pneumatikrohrlocheinheit 133
Pneumatikstanzeinheit 107
Prägen thermoplastischer Kunststoffe 215
Präzisionsführungen 326
Präzisions-Werkzeugaufbauten für Folgeverbundwerkzeuge 325
Pressen, Scheren, Blechbearbeitungsmaschinen 510
Pressenautomatisierung
– Auswerfer 417
– Blechzuführung 416
– Saugergreifer 415
– Saugplatte 415
– Werkstückzuführung, Werkstückabhebung 412
– Werkzeugkontakt, Abtasteinrichtung 413
– Werkzeugkontrolle, Kontrolltaster 414
Pressengesenk – Prinzipaufbauten 335
Prizinpieller Aufbau eines Stauchwerkzeugs 162
Profilglattwalzen 165
Profillocheinheit 130, 136
Profilstabwalzen 167

Q
Querfließen 147, 151
Querschnittveränderung beim Biegen 241
Querwalzen 163

R
Randbördelung – Keilschieber 223
Reckwalzen 163, 166
Ringbördelung
– Keilschieber 234
– Ringkalibrierung 234
Ringzackenform 52
Rohrbiegen
– Biegedorn 224
– Biegeelemente 232
– Füllstangen 223
– Keilschieber 224

Rohrbiegewerkzeug 230 – Streifenbiegewerkzeug 230
Rohrlocheinheit 133
Rohrstanzeinheit mit Kassettenwechselsystem 105
Rohrwalzen mittels Stange 166
Rollstanzen-Keilschieber 281, 283
Rückwärts-Hohlfließen 151
Rundbreite-Stegbreite 128
Rundteillocher 112

S
Säulenarten 327
Säulenbauweise 72
Säulenführung
– Doppelwerkzeug 91
– Kombinationsbeispiele 323
– mit Kugelbuchsen 322
Säulenführungsgestell
– 2 Säulenbauart 317
– 4 Säulenbauart 317
– Folgeschnitt für Platte mit Formloch 476
– Rechteckbauform 319
– Rundbauform 319
– Schmieranschluss 329
– Schneid- und Ziehwerkzeug für Kappe mit Bohrung 496
Säulenführungsschnitt 55
– Mehrfachlochlochung 102.
Säulenführungswerkzeug 44
Säulengeführte Streifendruckplatte 321
Säulengestell aus Stahl 320
Säulengestell in Gussbauweise 320
Säulengestell mit Wechselkassetten 132
Säulengestelle – Sonderausführung 132
Säulengestelle und Führungen 315
Scheibenwalzen 165
Scherschneiden 9
– Anwendungen, Begriffe 17, 18
– Definition nach DIN 8588 / 18
– als Zerteilverfahren nach DIN 8588 / 15
– Verfahrensvarianten 20
Scherschneidwerkzeug 21
Schieberelemente
– Stempel
– Buchsen

- Schneidleisten-Seitenschneider-Abfalltrennung 336
Schieberführung – Schmieranschluss 329
Schneidbuchsen, Schneidstempel, Stempelführungsbuchsen beim Lochen 111
Schneidbuchsenbefestigung 356
Schneidbuchsensicherung
- Vorlochwerkzeug
- Anschneidanschlag 120
Schneiddurchbruch – Richtwerte 339
Schneiden, Zerteilen 13
Schneidkontur – Abfalltrenner 363
Schneidkraftberechnung beim Scherschneiden 15
Schneidleiste 357
Schneidplattenteilung 354
Schneidspalt 9, 341
Schneidstempel
- Hartmetalleinsatz 348
- Schneidkantenabschrägung 22
- Schraubenbefestigung 352
- Stempelbefestigung 352
- Stempelführung, Docke 349
Schneidstempelarten 346
Schneidstempelbefestigung – Stempelhalterung 350
Schneidvorgang 9, 11
Schneidwerkzeug 6, 27
- mit Plattenführung 30
- mit Schneidplattenführung 27
- nach der Art der Stempelführung 30
- Nichtmetallstoffe 342
- ohne Führung 30
- Rohrabschneider mit Schneidrad 24
- Schneidspalt
- Vorschubbegrenzung 122
Schneidzugwerkzeug 94
Schnittfläche beim Scherschneiden 17
Schnittwerkzeug zur Herstellung einer gelochten Scheibe 100
Schnittzugschnitt für Napf 498
Schnittzugschnitt – Werkzeugaufbau 97
Schrägwalzen 163
Schraubenverbindungen, Suchstifte, Spannelemente 381
Schüttelbeschneidwerkzeug 36, 43, 63

Schutzgasschweißen 459
Schweißbuckelwerkzeug, gefedert 297
Schweißbuckelwerkzeug mit gefedertem Auswerfer 308
Schweißen 458
Schweißgerechtes Gestalten 462, 463
Schweißnoppenwerkzeug 304
Seitenlocher – Seitenschlitzstempel 103
Seitenschneider 123
- Gussharzanwendung 359
- Seitenschneideranordnung 121
Seitenschneiderbefestigung 360
Senkformwerkzeug gefedert – Umformung von unten nach oben 290
Sonder-Abkantwerkzeuge 246
Sonderwalzen 165
Spaltweitendiagramm-Schneidspalt 340
Spanneisen für auswechselbare Schneidplatte 399
Spannplatte 31, 113
Spannvorrichtung zum Scharfschleifen der Stempel 407
Spreizbiegestempel – Biegeendkraft 229
Spreizwerkzeug 279
Stahlsäulengestelle mit/ohne Stempelführungsplatte 316
Stanzwerkzeug mit Säulenführung 83
Starres Senkwerkzeug, gefedert – Umformen von unten nach oben 290
Stauchwerkzeug 161
Stechwerkzeug-Formteilherstellung 117
Stempel beim Kaltfließpressen 212
Stempel und Blechhalter für Erst- und Weiterzug 205
Stempelbefestigung 346, 353
Stempelhalter 351
Stopfenwalzen 166
Strangpressen – Definition 155
Strangpressen von Rohren 157
Strangpressverfahren 156
Streckziehen mit Druckluft 214
Streckziehen mit Druckluft und Negativwerkzeug 214
Streifenbild
- Schneidautomat 127
- Seitenschneider 124

- Stegbreite 123
- Werkstoffausnutzung 126

Streifenführung
- Druckstück 328
- Federeinsatz 74
- Federbügel 74
- Federnde Führungsstücke 328
- Führungsleisten 328
- Führungsspitze 328
- Zentrierbrücke 361
- Zwischenlagen 328

Streifenführungsbolzen 373
Stufenwerkzeug – Werkzeugsatz 193
Stülpziehen 204
Stülpziehwerkzeug
- Blechhalter 182
- Ziehring 182

Suchstift
- Befestigungsarten 384, 385
- im Abstreifer eines Folgewerkzeuges 386
- im Stufenfolgewerkzeug mit Suchstiftfeder 386

T

Tiefvorgang 203
Tiefziehen
- Blechhalter
- Einlaufwulst 201
- eines Werkstückes mit Flansch 203

Tiefziehen Gummikissen
- Blechhalter 201
- mit Wirkmedien 170
- mit zweiten Zug 207
- Napfziehen
- Ziehstempel 201
- Zweifach Stülpzug 201

Tiefziehwerkzeug für doppelte wirkende Pressen 206
Tiefziehwerkzeug mit Zentralfeder 206
Trennstanzeinheiten 87
Trennwerkzeug mit PU-Niederhalter zum Trennen an Umformungen 299
Trennwerkzeug – Trennschnitt 56
Trennwerkzeugoberteile 379
Typische Stauteile 161
Typische Teile für das kombinierte Fließpressen 149, 152

Typischer Aufbau eines Schneidwerkzeugs 15

U

U-Biegen 215
U-Biegewerkzeug
- Keilschieber 231
- Prägedruck 231

U-Biegung – Biegebacken 226
Umformverfahren thermoplastischer Kunststoffe 243
Umformwerkzeug
- Lasche 293
- Brücke 303
- Schnittleiste geteilt 309
- für Kleinteile 278
- rund 292

Unterteilung der Schneidverfahren 13
Unterwerkzeug – Schraubenverbindung 382

V

Vorschubüberwachung
- Abstreifer 397

V-Biegen 215
VDI -Richtlinien für die Umform- und Schneidtechnik 513
Verbundwerkzeuge 6, 80
Verdrehsicherung für Formschneidstempel 327
Verfahrensablauf beim Blindnieten 443
- beim Clinchen (mehrstufig, nicht schneidend) 434
- beim Scherschneiden 19
- beim Stanzen mit Halbhohlniet 440
- beim Stanznieten mit Halbhohlniet 440

Verfahrensprinzip des Feinschneidens 16
Verfahrensvarianten zum Fügen durch Umformen eines Verbindungselementes 429
Vierkantlochung Formlochung 119
Vorlochstufen mit Suchstift 142
Vorwärts-Hohlfließpressen mit Gegenstempel 150
Vorwärts-Hohlfließpressen ohne Gegenstempel 150
Vorwärts und Rückwärts-Vollfließpressen 150
Vorwärtsfließpressen und Rückwärtsfließpressen 149
Vorwärts-Fließpressteile 152

W

Walzbiegen 215
Walzen von Rohren 163
Warmformwerkzeug zur Herstellung von Kunststoff-Hohlkörpern 213
Wechselgestell 333
Wechselsäule – Führungssäule 391, 392
Weiten mit Flüssigkeiten 219, 277
Weiten mit Gummistempel 219, 277
Wendeschnitt
- Anschlaggestaltung 60
- Säulenführung 60

Werkstoffe 512
Werkstoffverhalten 217
Werkstückabführung
- Gleitbahn als Buckelblechrinne 420
- Gleitblech als Rutsche 420
- Röllchenbahn 419
- Scherenarmausgeber als Rollbahn 418

Werkzeug
- für das Rückwärtsfließpressen 153
- für das Vorwärtsfließpressen 153
- für V und U-Biegen 263
- mit abgefederten Elementen 64
- mit Aufschlagstücken 345
- mit ausgerundetem Formstempel 254
- mit durchbrochener und dünner Matrize 260
- mit flachen und spitzen Stempeln mit Kantenumrundung 266
- mit Formbügel 255
- mit Führungsplatte 31
- mit Gummifeder 262
- mit Gummistempel 274
- mit Gummiunterlage 275, 276
- mit Gummiunterlage für dicke und dünne Bleche U-Form 272
- mit Gummiunterlage für flache Rundungen und U-Formen 270
- mit Gummiunterlage für kombinierte Verformung rund und eckig 273
- mit Gummiunterlage für Rundungen 269
- mit Gummiunterlage für Spitze Winkel und abgerundete W-Form 271
- mit Gummiunterlage zum mehrstufigen Biegen rechter Winkel 267
- mit Gummiunterlagen zum mehrstufigen Biegen spitzer und stumpfer Winkel 268
- mit Haltering 258
- mit Mulde und Stützring 259
- mit prismatischem Formstempel 253
- mit prismatischem und rundem Formstempel 256
- mit Stützringen 257
- mit Stützrollen 261
- zum Entgraten 40
- zum indirekten Stangenpressen von Rohren über mitlaufenden Dorn 157
- zum Rundbiegen, zwei Varianten 264
- zum Umformen und Abschneiden 277

Werkzeuganschlag
- Anschlaggestaltung 409
- Hakenschlag 409

Werkzeugaufspannung
- Spannrad
- Spannelement 387

Werkzeuge für Spezialabkantungen 249
Werkzeuge und Arbeitsverfahren der Stanztechnik 512
Werkzeugelemente 313
Werkzeugführung – Blechhalter 195
Werkzeugoberteil 366 – Stiftverbindungen 383
Werkzeugsatz
- Mehrstufenpresse 191, 192
- zur Scharnierherstellung 301
- Führungssäulen 512

Werkzeugsaufspannung – Spannrand-Spannelement 387
Werkzeugtypen Schneidwerkzeug – Bauart 23
Werkzeugwechselsystem – Klemmsystem 405
WIG – Impulsschweißen 459

Z

Zentriereinheit für Ober- und Unterteil 389
Zentrierelement – Dämpfungseinheit 391, 392
Zentrierwarzenwerkzeug 305
- gefedert 298
- mit gefedertem Auswerfer 297

Zieheinrichtung – Pneumatikzylinder 187
Ziehen
- Reckziehen
- Arbeitsprinzip 201

Ziehkanten und Ziehstempelradien 205
Ziehleiste – Bremswulst 197
Ziehring – Konusziehring 172
Ziehring
– Niederhalter 172
– Ziehringform 186
Ziehringteilung 180
Ziehspaltenweite bei Erst und Weiterzug – Zieharbeit 209
Ziehstempel – Stempelform 176
Ziehstufe – Abmessungsverhältnisse 174
Ziehwerkzeug 6, 212
– mit Bremswulst 482
– für Wanne 480
– Werkzeugführung 195

Ziehwerkzeug-Blechhalter – Großwerkzeug 194
Ziffernprägewerkzeug 298
– mit auswechselbaren Ziffereinsätzen 295
Zuführeinrichtung
– Bandzuführung, Klemmmesser-Vorschubapparat 421
– Bandzuführung, Walzenvorschubapparat 421
Zugabstufung – Werkzeugaufbau 175
Zugdruckumformen – Ziehwerkzeug 170
Zugschnittwerkzeug – Großwerkzeug 198
Zuschnittaufnahmen – Aufnahmeelemente 242
Zuschnittführung 242
Zwangsauswerfer – Auswerfereinstellung 403
Zwangweiser Ausstoßer 390
Zwischenlage – Streifenführung 33

HANSER

Eine Fundgrube!

Krahn/Eh/Vogel
1000 Konstruktionsbeispiele für den Werkzeug- und Formenbau beim Spritzgießen
568 Seiten. Mit CD.
ISBN 978-3-446-41243-9

Auf der Suche nach Konstruktionslösungen erarbeiten sich Konstrukteure immer wieder neue Ideen. Hier wird manches "erfunden", was es längst gibt. Das kostet Zeit und Geld. Deshalb ist es gut, wenn man auf bewährte Lösungen zurückgreifen kann.
Für dieses Buch wurden aus hunderten von Original-Konstruktionszeichnungen interessante Lösungen herausgesucht und einheitlich aufbereitet. Hier finden Praktiker zahlreiche Anregungen und Konstruktionsbeispiele zu den wichtigsten Elementen eines Spritzgießwerkzeugs.

Auf CD-ROM: Alle Konstruktionszeichnungen im Austauschformat zur freien Verwendung und Weiterentwicklung

Mehr Informationen zu diesem Buch und zu unserem Programm unter **www.hanser.de/technik**

HANSER

Eine Fundgrube für Konstrukteure!

Krahn/Eh/Lauterbach
1000 Konstruktionsbeispiele für die Praxis
503 Seiten. 1032 Abb. Mit DVD.
ISBN 978-3-446-41191-3

Auf der Suche nach Konstruktionslösungen erarbeiten sich Konstrukteure, Planer, Fertigungstechniker und Meister immer wieder neue Ideen. Hier wird manches »erfunden«, was es längst gibt. Dies bedeutet einen großen Verlust an Zeit und Geld. Deshalb ist es gut, auf bewährte Lösungen zurückgreifen zu können.

In dem vorliegenden Werk wurden aus tausenden von Original-Konstruktionszeichnungen interessante Konstruktionslösungen herausgesucht und einheitlich aufbereitet. Alle Beispiele liegen als 2D-CAD-Daten im dwg- und dxf-Format bzw. als 3D-CAD-Daten im Solidworks-Format auf DVD bei.

Mehr Informationen zu diesem Buch und zu unserem Programm unter **www.hanser.de**